Reinhard Larsen

Praxisbuch Anästhesie

Reinhard Larsen

Praxisbuch Anästhesie

1. Auflage

Mit 132 Abbildungen

ELSEVIER
URBAN & FISCHER

URBAN & FISCHER München

Zuschriften und Kritik an:
Elsevier GmbH, Urban & Fischer Verlag, Karlstraße 45, 80333 München

Autor:
Prof. Dr. med. Reinhard Larsen
Direktor der Klinik für Anästhesiologie, Intensivmedizin und Schmerztherapie
Universitätsklinik des Saarlandes
Kirrberger Straße
Gebäude 57/EG
66421 Homburg/Saar

Wichtiger Hinweis für den Benutzer
Die Erkenntnisse in der Medizin unterliegen laufendem Wandel durch Forschung und klinische Erfahrungen. Herausgeber und Autoren dieses Werkes haben große Sorgfalt darauf verwendet, dass die in diesem Werk gemachten therapeutischen Angaben (insbesondere hinsichtlich Indikation, Dosierung und unerwünschten Wirkungen) dem derzeitigen Wissensstand entsprechen. Das entbindet den Nutzer dieses Werkes aber nicht von der Verpflichtung, anhand weiterer schriftlicher Informationsquellen zu überprüfen, ob die dort gemachten Angaben von denen in diesem Buch abweichen und seine Verordnung in eigener Verantwortung zu treffen.
Wie allgemein üblich wurden Warenzeichen bzw. Namen (z.B. bei Pharmapräparaten) nicht besonders gekennzeichnet.

Bibliografische Information der Deutschen Nationalbibliothek
Die Deutsche Nationalbibliothek verzeichnet diese Publikation in der Deutschen Nationalbibliografie; detaillierte bibliografische Daten sind im Internet über http://dnb.d-nb.de abrufbar.

09 10 11 12 13 5 4 3 2 1

Um den Textfluss nicht zu stören, wurde bei Patienten und Berufsbezeichnungen die grammatikalisch maskuline Form gewählt. Selbstverständlich sind in diesen Fällen immer Frauen und Männer gemeint.

Planung und Lektorat: Martina Braun, München
Redaktion: Willi Haas, München; Ulrike Kriegel, München
Herstellung: Petra Laurer, München
Fotografien: Prof. Dr. med. Reinhard Larsen
Zeichnungen: Katja Dalkowski, Buckendorf
Covergestaltung: SpieszDesign Büro für Gestaltung, Neu-Ulm
Titelfotografie: © Andrea Pohl, Homburg/Saar
Satz: abavo GmbH, Buchloe; TnQ, Chennai/Indien
Druck und Bindung: L.E.G.O. S.p.A., Lavis (TN), Italien

ISBN 978-3-437-24760-6
Aktuelle Informationen finden Sie im Internet unter www.elsevier.de und www.elsevier.com.

Vorwort

Dieses Buch ist eine evidenz- und leitlinienbasierte Darstellung der praktischen Anästhesie. Im Gegensatz zu meinem Hauptwerk „Anästhesie“, in dem auch die theoretischen und klinischen Grundlagen des Fachs dargelegt werden, beschränkt sich das Praxisbuch auf die „Essentials“ und „Softskills“ für den Alltagsgebrauch. Dies sind vor allem angewandte Physiologie, Medikamente, Handwerkszeug, Techniken, gebräuchliche Anästhesieverfahren, perioperative Medizin und schließlich die Anästhesie für die einzelnen operativen Disziplinen. Das Konzept wird vervollständigt durch eine knappe, aber anästhesierelevante Beschreibung wesentlicher Operationsverfahren einschließlich Lagerung, Blutbedarf, erforderliches Monitoring, spezifische Schmerztherapie und typische Komplikationen des Eingriffs. Es ist ein wesentliches Ziel dieses Buchs, dem Anwender in kompakter und prägnanter Form die wissenschaftlich begründeten Standards und Handlungsempfehlungen des Fachgebiets zu vermitteln. Um das Verständnis von Zusammenhängen und die Merkfähigkeit zu verbessern, wurde auf den weithin üblichen Telegrammstil klinischer Leitfäden und Kompendien verzichtet, und stattdessen ein Konzept entwickelt, das den Leser detailliert und umfassend, aber dennoch auf direktem Weg in aller Klarheit über das praktische Vorgehen informiert.

Das Buch wendet sich an alle in der Anästhesie praktisch Tätigen, aber auch an Chirurgen und Internisten sowie alle anderen, denen die interdisziplinäre Zusammenarbeit am Herzen liegt und die ihr Verständnis für die Belange und Probleme unseres Fachgebiets erweitern möchten.

Es ist mir ein besonderes Anliegen, Frau Martina Braun, Lektorat Medizin des Verlags Urban & Fischer im Elsevier Verlag, für ihr niemals nachlassendes Engagement bei der Verwirklichung des Projekts und die stets außerordentlich angenehme Zusammenarbeit zu danken. Mein Dank gilt weiterhin den ärztlichen und pflegerischen Mitarbeitern der Klinik für Anästhesiologie, Intensivmedizin und Schmerztherapie des UKS Saarland, deren unbefangene Fragen und kritische Diskussionen mich immer wieder auf die Praxisrelevanz des klinischen Wissens zurückgeführt haben.

Homburg, im Februar 2009 *Reinhard Larsen*

Benutzerhinweise

Acht unterschiedliche Kästen sorgen für die schnelle Erfassbarkeit aller wesentlichen Fakten des jeweiligen Themas.

! Merke

Pharmakologie

EBM

Leitlinien/Empfehlungen

Labor

Klinik

Spezielle Hinweise zum Thema

✓ Praktisches Vorgehen

I Pharmakologische und physiologische Grundlagen

1 Inhalationsanästhetika

1

Volatile Anästhetika (▶ Tab. 1-1) unterdrücken Abwehrbewegungen auf Schmerzreize und bewirken eine Amnesie für die Zeit der Anästhesie. Die Substanzen sind gut steuerbar, weil die Narkosetiefe leicht durch Änderungen der inspiratorischen Anästhetikumkonzentration dem jeweiligen Operationsstimulus angepasst werden kann. Durch Kombination mit Opioiden werden Dosisbedarf und Nebenwirkungen reduziert.

Tab. 1-1 Eigenschaften gebräuchlicher Inhalationsanästhetika

Eigenschaften	Halothan*	Enfluran*	Isofluran	Sevofluran	Desfluran	Lachgas (N_2O)
Molekulargewicht (D)	197,4	184,5	184,5	200,1	168	44
Siedepunkt (°C)	50,2	56,5	48,5	58,5	22,8	–
Spezifisches Gewicht (bei 25 °C)	1,6	1,52	1,50	1,53	1,50	–
Dampfdruck (mm Hg bei 20 °C)	243	172	238	160	664	–
MAC in 100% O_2 (Erw. mittleres Lebensalter)	0,75	1,68	1,28	2,05	6	104
MAC in 70% N_2O	0,29	0,57	0,56	0,8	2,83	–
Verteilungskoeffizienten (bei 37 °C)						
Blut/Gas	2,54	1,91	1,46	0,69	0,42	0,47
Gehirn/Blut	1,9	1,4	1,6	1,7	1,29	1,1
Muskel/Blut	3,4	1,7	2,9	3,13	2,02	1,2
Fett/Blut	51	36	45	47,5	27,2	2,3
Öl/Gas	224	98,5	90,8	53,4	18,7	1,4
Gummi/Gas	120	74	62	29,1	19,3	1,2
Konservierungsstoff	Thymol	keiner	keiner	keiner	keiner	keiner
Stabilität						
Alkali	etwas instabil	stabil	stabil	sehr instabil	stabil	stabil
ultraviolettes Licht	instabil	stabil	stabil	stabil	stabil	stabil
Metall	Korrosion	stabil	stabil	stabil	stabil	stabil
Metabolisierungsgrad (%)	ca. 20	ca. 5	ca. 0,2	3–5	ca. 0,02	0

* in Deutschland nicht mehr gebräuchlich

1.1 Wirkstärke der Inhalationsanästhetika – MAC-Wert

Um eine bestimmte Narkosetiefe zu erreichen, ist eine bestimmte Mindestkonzentration des Inhalationsanästhetikums in der Alveolarluft (bzw. im Gehirn) erforderlich. Diese Konzentration wird als MAC-Wert bezeichnet und gilt als Maß für die Wirkstärke des Inhalationsanästhetikums.

! Merke
Die minimale alveoläre Konzentration eines Inhalationsanästhetikums (MAC_{50}) ist die alveoläre Konzentration, bei der 50% aller Patienten auf die Hautinzision nicht mehr mit Abwehrbewegungen reagieren.

Die minimale alveoläre Konzentration, MAC, wird in % von 1 Atmosphäre angegeben; sie ist somit ein Maß für den Partialdruck des Anästhetikums in den Alveolen und – da im Gleichgewicht Partialdruckgleichheit herrscht – im Gehirn.

Die einzelnen Anästhetika besitzen eine unterschiedliche Wirkstärke und somit auch unterschiedliche MAC-Werte.

1.1.1 Modifizierte MAC-Definitionen

Die herkömmliche MAC-Definition bezieht sich auf die Unterdrückung grober Abwehrbewegungen bei der Hautinzision, berücksichtigt jedoch nicht die kardiovaskulären Reaktionen auf Laryngoskopie, endotracheale Intubation und Hautinzision. Andere MAC-Definitionen wie MAC EI_{50}, MAC EI_{95}, MAC BAR_{50} und MAC BAR_{95} beziehen diese klinisch besonders bei Patienten mit Herzerkrankungen wichtigen Reaktionen ein und ermöglichen eine bessere Anpassung der Narkosetiefe an die jeweiligen Stimuli.

MAC_{awake}

Dieser für die Ausleitungsphase ermittelte Wert gibt an, bei welcher Konzentration des Inhalationsanästhetikums 50% der Patienten nach Aufforderung ihre Augen öffnen bzw. noch nicht reagieren. Die MAC_{awake} beträgt etwa 0,3–0,5 des MAC-Werts für den Hautschnitt. Mit zunehmendem Alter nimmt der Wert ab. Niedrige Opioiddosen beeinflussen die MAC_{awake} nicht wesentlich.

Klinisch wichtig ist, dass bei Erreichen des MAC_{awake}-Werts noch eine Amnesie besteht, der Verlust der Erinnerung also bei geringeren Konzentrationen einsetzt als der Bewusstseinsverlust. Bei der balancierten Anästhesie wird der MAC_{awake}-Wert als Parameter für die Steuerung der Hypnose eingesetzt.

1.1.2 MAC-reduzierende Faktoren

Folgende Faktoren vermindern die MAC und damit den Dosisbedarf:
- höheres Lebensalter
- Hypothermie
- Schwangerschaft
- Opioide
- Ketamin
- Sedativ-Hypnotika und Anästhetika
- akute Alkoholeinnahme
- schwere Hypoxämie und Anämie

- starker Blutdruckabfall
- Methyldopa, Reserpin, MAO-Hemmer
- Hypothyreose.

1.1.3 MAC erhöhende Faktoren

Bei chronischen Alkoholikern ist der Bedarf an Inhalationsanästhetika erhöht; Fieber erhöht im Tierexperiment linear die MAC; bei Temperaturen über 42 °C nimmt die MAC jedoch ab. Hyperthyreose soll ebenfalls den MAC-Wert erhöhen.

1.2 Pharmakologie gebräuchlicher Inhalationsanästhetika

In Deutschland gebräuchliche volatile Anästhetika sind Isofluran, Desfluran und Sevofluran.

Die volatilen Anästhetika (▶ Abb. 1-1) unterscheiden sich vor allem in physikochemischen Eigenschaften, Wirkstärke und Metabolismus, hingegen nicht wesentlich in den anästhetischen, kardiovaskulären und respiratorischen Wirkungen.

→ Alle volatilen Inhalationsanästhetika beeinträchtigen, dosisabhängig, die Hirn-, Herz-Kreislauf- und Atemfunktion.

1.2.1 Kardiovaskuläre Wirkungen

Die kardiovaskulären Wirkungen der in Deutschland gebräuchlichen volatilen Anästhetika sind in ▶ Tabelle 1-2 zusammengefasst.

Arterieller Blutdruck

Alle volatilen Anästhetika senken dosisabhängig den arteriellen Blutdruck, in erster Linie durch Vasodilatation mit Abnahme des systemischen Gefäßwiderstands. Durch chirurgische Stimulation steigt der Blutdruck wieder an. Die Aktivität der Barorefiexe wird eingeschränkt.

Herzfrequenz

Unter Sevofluran bleibt die Herzfrequenz bei Freiwilligen stabil, unter Desfluran kann sie zunehmen, ebenso unter Isofluran, vermutlich durch Interaktion mit den

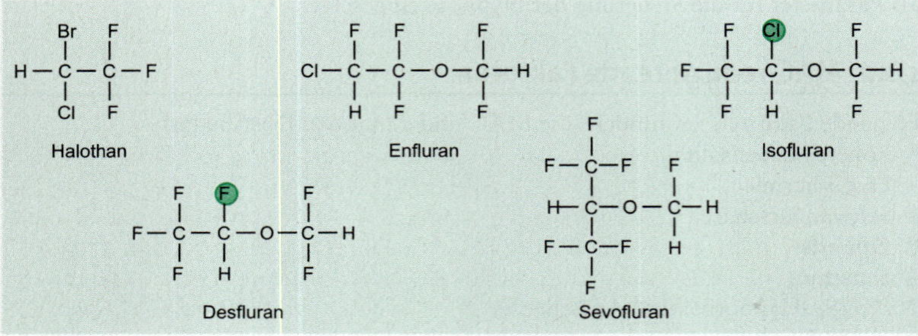

Abb. 1-1 Strukturformeln von Inhalationsanästhetika.

Tab. 1-2 Kardiovaskuläre Wirkungen volatiler Anästhetika bei Herzgesunden

Parameter	Isofluran	Desfluran	Sevofluran
mittlerer arterieller Druck	Abfall	Abfall	Abfall
Herzfrequenz	Zunahme	Zunahme	Zunahme
systemischer Gefäßwiderstand	Abnahme	Abnahme	Abnahme
Kontraktilität	Abnahme	Abnahme	Abnahme
Herzzeitvolumen	geringe Abnahme	geringe Abnahme	geringe Abnahme
Sensibilisierung des Myokards gegen Katecholamine	nein	nein	nein
Koronardurchblutung	Abnahme	Abnahme	Abnahme
Hirndurchblutung	keine Zunahme bei < 1 MAC	wie Isofluran	wie Isofluran
Leberdurchblutung	erhalten?	erhalten?	erhalten?
Nierendurchblutung	erhalten?	erhalten?	erhalten?

Barorezeptoren. Bei rascher Konzentrationssteigerung von Isofluran und Desfluran kann die Herzfrequenz vorübergehend stark ansteigen.

→ Eine **Sensibilisierung des Myokards** gegenüber endogenen und exogenen Katecholaminen mit arrhythmogener Wirkung ist bei Isofluran, Desfluran und Sevofluran nicht zu erwarten.

Myokardkontraktilität

Alle volatilen Anästhetika wirken dosisabhängig negativ inotrop, d.h., sie beeinträchtigen die Myokardkontraktilität; hierbei bestehen zwischen Isofluran, Desfluran und Sevofluran keine wesentlichen Unterschiede. Die Compliance des linken Ventrikels wird nicht beeinflusst.

Koronardurchblutung

Volatile Anästhetika dilatieren die Koronararterien; die Koronardurchblutung ist höher als der myokardiale Bedarf, erkennbar am Anstieg der koronarvenösen O_2-Sättigung. Koronare Steal-Phänomene sollen bei Patienten mit koronarer Herzkrankheit aber nicht auftreten.

Kardioprotektion (Präkonditionierung)

Im Tierversuch können volatile Anästhetika das Myokard vor reversiblen und irreversiblen ischämischen Schäden schützen.

Ischämische Präkonditionierung bezeichnet einen Vorgang, bei dem eine kurzfristige Ischämie das Myokard vor weiteren ischämischen und durch Reperfusion bedingten Schäden schützt oder deren ungünstige Auswirkungen reduziert. Volatile Anästhetika imitieren diesen Mechanismus, wobei der protektive Effekt auch nach Elimination der Anästhetika noch nachweisbar ist. Bisher gibt es allerdings keine Beweise, dass durch die Präkonditionierung mit volatilen Anästhetika die Morbidität und Letalität von Patienten mit koronarer Herzkrankheit vermindert werden.

1.2.2 Respiratorische Wirkungen

Alle volatilen Anästhetika bewirken eine dosisabhängige Atemdepression; der arterielle pCO_2 steigt an, die Reaktion der medullären Atemzentren auf CO_2-Anstieg und paO_2-Abfall (Hypoxämie) wird vermindert. Das Atemzugvolumen nimmt ab, die Atemfrequenz zu.

Bronchomotorentonus

Alle volatilen Anästhetika relaxieren die Bronchialmuskulatur durch direkte Dämpfung der Kontraktilität. Der Ruhetonus wird allerdings nicht wesentlich beeinflusst; erst wenn der Tonus erhöht ist, z.B. bei Asthma oder COPD, nimmt der Atemwegswiderstand unter den volatilen Anästhetika ab.

Reizung der Atemwege

Isofluran und Desfluran können zu Atemanhalten, Husten und Laryngospasmus führen und sind daher für die Inhalationseinleitung einer Narkose nicht geeignet. Sevofluran und Lachgas reizen dagegen nicht die Atemwege.

Pulmonaler Gefäßwiderstand

Der dilatierende Effekt von Isofluran, Desfluran und Sevofluran an den Lungengefäßen ist gering; allerdings können diese Substanzen die hypoxische pulmonale Vasokonstriktion abschwächen.

1.2.3 Leber

Isofluran, Desfluran und Sevofluran senken dosisabhängig den Perfusionsdruck im Splanchnikusgebiet; hierdurch kann die portale Durchblutung abnehmen. Der Blutfluss in der A. hepatica wird dagegen gesteigert. Hepatotoxische Effekte sind sehr selten.

> **! Merke**
> Isofluran, Desfluran und Sevofluran gelten als sichere Substanzen bei Patienten mit chronischen Lebererkrankungen.

1.2.4 Niere

Volatile Anästhetika können, wie andere Anästhetika, die Nierendurchblutung, glomeruläre Filtrationsrate und Urinausscheidung vorübergehend vermindern. Die Veränderungen sind klinisch nicht von Bedeutung. Beim Abbau von Isofluran und Desfluran fallen nur sehr geringe Mengen Fluorid an; eine nephrotoxische Wirkung ist daher nicht zu befürchten.

Beim Abbau von Sevofluran entsteht mehr anorganisches Fluorid, jedoch ist auch hierbei keine Nierenschädigung zu erwarten (s. u.). Zur Bildung von Compound A siehe unten.

1.2.5 Neuromuskuläre Wirkungen

Volatile Anästhetika relaxieren dosisabhängig die Muskulatur, so dass bei entsprechender Narkosetiefe eine Larynxmaske oder ein endotrachealer Tubus eingeführt werden kann. Außerdem verstärken diese Substanzen die Wirkung von Muskelrelaxanzien.

→ Alle volatilen Anästhetika sind Trigger der malignen Hyperthermie (▶ Kap. 30)

1.2.6 Uterus

Isofluran, Desfluran und Sevofluran relaxieren dosisabhängig die Muskulatur des schwangeren Uterus bis hin zur Atonie und vermindern die Uterusdurchblutung (Einzelheiten ▶ Kap. 34).

1.3 Isofluran

1.3.1 Physikochemische Eigenschaften

Isofluran, CHF_2-$OCHClCF_3$ (▶ Abb. 1-1), ist das Strukturisomer von Enfluran. Die Substanz ist eine klare, farblose, nicht brennbare Flüssigkeit von ätherartigem Geruch.

Pharmakologie

Eigenschaften von Isofluran:
- Molekulargewicht: 184,5 D
- Siedepunkt: 48,5 °C
- Dampfdruck bei 20 °C: 238 mmHg
- Blut/Gas-Verteilungskoeffizient: 1,4
- MAC-Werte: 1,28 in 100% O_2; 0,56 in 70% N_2O

Isofluran ist licht- und alkalibeständig, benötigt keinen Stabilisatorzusatz, reagiert nicht mit Metall, löst sich jedoch in Gummi.

1.3.2 Pharmakokinetik

Isofluran weist, nach Desfluran und Sevofluran, den niedrigsten Blut/Gas-Verteilungskoeffizienten auf. Hierdurch nähert sich die alveoläre Konzentration rasch der inspiratorischen Konzentration: Innerhalb von 5–10 min steigt die alveoläre Konzentration auf 50% der inspiratorischen Konzentration an.

Die Elimination von Isofluran hängt jedoch von der Narkosedauer ab.

1.3.3 Anästhesie

Narkoseeinleitung: Die Narkose muss intravenös eingeleitet werden, vor allem weil Isofluran in höherer Konzentration zu Atemanhalten oder Husten führt, so dass die weitere Aufnahme der Substanz begrenzt wird.

Um danach rasch, d.h. innerhalb von etwa 15 min, eine chirurgische Anästhesie zu erreichen, müssen während der Narkoseeinleitung folgende inspiratorische Isoflurankonzentrationen zugeführt werden:
- 3–4% initial bei Zufuhr von Raumluft oder Sauerstoff
- 1,5–3,5% bei Kombination mit Lachgas.

Aufrechterhaltung der Narkose: Der Dosisbedarf für die Aufrechterhaltung der Narkose ist sehr variabel und liegt im Durchschnitt bei einer inspiratorischen Konzentration von 0,68–1,37%.

Die Steuerung der Narkosetiefe erfolgt, wie bei den anderen Inhalationsanästhetika, vorwiegend anhand der kardiovaskulären Wirkungen und der Reaktionen auf anästhesiologische und chirurgische Stimuli.

Narkoseausleitung: Die Zufuhr von Isofluran kann kurz vor Operationsende oder mit Beginn der Hautnaht, bei Fortführung der Lachgaszufuhr, unterbrochen werden. Nach einer mehrstündigen Isoflurannarkose öffnen die Patienten durchschnittlich nach 10 min die Augen und können nach rund 13 min Fragen beantworten.

1.4 Desfluran

1.4.1 Physikochemische Eigenschaften

Desfluran, CF_2H-O-CFH-CF_3 (▶ Abb. 1-1), ist ein vollständig halogenierter (fluorierter) Methylethylether, der sich von Isofluran lediglich durch den Austausch eines Chloratoms gegen ein Fluoratom unterscheidet. Die Substanz ist nicht brennbar und nicht explosiv; das Handelspräparat liegt als klare Flüssigkeit in dunklen Flaschen vor; ein Stabilisatorzusatz ist nicht enthalten, da das Molekül extrem stabil ist, u. a. gegen die Einwirkung von Atemkalk, ultraviolettem Licht oder Metall.

Des Weiteren ist Desfluran das Inhalationsanästhetikum mit dem niedrigsten Siedepunkt (22,8 °C bei Atmosphärendruck). Aus diesem Grund und wegen des hohen Dampfdrucks kann die Substanz nicht in herkömmlichen Vaporen verwendet werden, sondern erfordert eine spezielle Technologie mit beheizten Verdampfern (▶ Kap. 17).

Der Geruch von Desfluran wird als stechend und eher unangenehm beschrieben.

Pharmakologie

Eigenschaften von Desfluran:

- Molekulargewicht: 168 D
- spezifisches Gewicht bei 20 °C: 1,465
- Geruch: stechend, eher unangenehm, atemwegsreizend
- Siedepunkt: 22,8 °C
- Dampfdruck bei 20 °C: 664 mmHg
- Blut/Gas-Verteilungskoeffizient: 0,42
- MAC_{50}-Werte: 6–9 Vol.% in 100% O_2; 2,5–3,5 Vol.% in 70% N_2O
- Stabilisatorzusatz: keiner
- klinisch relevante Fluoridbildung: keine
- Metabolisierungsrate: ca. 0,02%

1.4.2 Pharmakokinetik und Metabolismus

Desfluran weist von allen volatilen Anästhetika den niedrigsten Blut/Gas- und Gewebe/Blut-Verteilungskoeffizienten und damit auch die geringste Löslichkeit auf. Hieraus ergibt sich ein rascherer Konzentrationsanstieg in Alveolen, Blut und Gehirn; entsprechend verläuft die Einleitung der Narkose schneller als bei allen anderen Inhalationsanästhetika, auch lässt sich die Narkose rascher vertiefen und abflachen und so der unterschiedlichen Intensität chirurgischer Stimuli schneller anpassen.

Des Weiteren wird Desfluran nach Unterbrechung der Zufuhr rascher eliminiert, und der Patient erwacht schneller aus der Narkose als nach anderen Inhalationsanästhetika. Die Narkosedauer spielt hierbei keine Rolle.

→ Der wesentliche klinische Vorteil von Desfluran gegenüber anderen Inhalationsanästhetika liegt in der besseren Steuerbarkeit, besonders bei Niedrigflussnarkosen.

Desfluran wird – mit Ausnahme des ersten Kompartiments – rascher eliminiert als alle anderen volatilen Anästhetika (▶ Abb. 1-2) und ist außerdem das Inhalationsanästhetikum mit der geringsten Metabolisierungsrate und dem geringsten toxischen Potential.

1.4.3 Wirkungsstärke – MAC-Werte

Die Substanz ist das schwächste der derzeit gebräuchlichen volatilen Anästhetika. Bei Versuchspersonen im mittleren Lebensalter, die einem supramaximalen Stimulus ausgesetzt werden, beträgt der MAC_{50}-Wert 6 Vol.%. Einzelheiten ▶ Tab. 1-3.

- Die **MAC_{awake}**, d.h. die minimale alveoläre Konzentration, bei der die Patienten nicht mehr auf verbale Aufforderungen reagieren, beträgt für Desfluran 2,4 Vol.%, d.h. im Mittel etwa ein Drittel des konventionellen MAC-Werts.

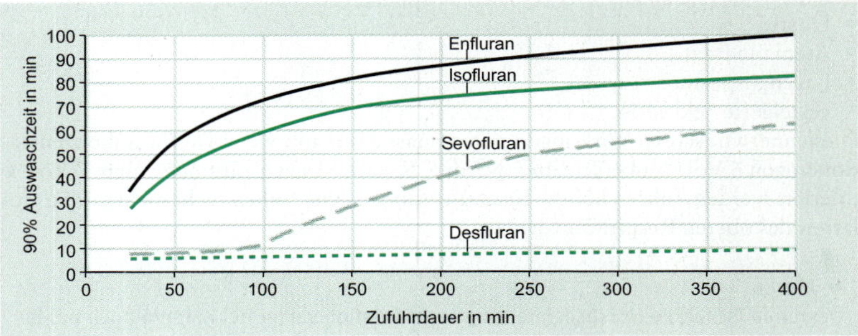

Abb. 1-2 Kontextsensitive Auswaschzeiten für volatile Anästhetika. Desfluran wird selbst nach sehr langer Anwendungsdauer unverändert rasch eliminiert, während bei den anderen Substanzen mit zunehmender Narkosedauer auch die Eliminationszeit zunimmt (mod. nach Bailey JM, 1997).

Tab. 1-3 Vergleich der MAC-Werte von Desfluran und Sevofluran in Abhängigkeit vom Lebensalter und vom Lachgaszusatz

	0,5–12 Jahre	18–30 Jahre	31–65 Jahre	70–80 Jahre
	MAC in 100% Sauerstoff (Vol.%)			
Desfluran	8,5	7,25	6,0	5,2
Sevofluran	2,5	2,4	2,0	1,4
	MAC in 50–70% Lachgas (Vol.%)			
Desfluran	6–8	3,7	3,8	1,7
Sevofluran	2,0	1,4	1,1	0,7

1.4.4 Kardiovaskuläre Wirkungen

Die Wirkungen von Desfluran auf das Herz-Kreislauf-System entsprechen im Wesentlichen denen von Isofluran und Sevofluran. Das Herzzeitvolumen bleibt über einen Bereich von 0,83–1,66 MAC in der Regel unverändert.

Koronare Herzkrankheit: Bei koronarchirurgischen Patienten können in der Einleitungsphase unter alleiniger Desfluranzufuhr gehäuft Myokardischämien, Tachykardien und Anstiege des systemischen arteriellen und des pulmonalarteriellen Drucks auftreten, vermutlich aufgrund einer sympathoadrenergen Stimulation durch zu rasche Steigerung der inspiratorischen Desflurankonzentration.

! Merke

Desfluran sollte bei Patienten mit klinisch relevanter koronarer Herzkrankheit nicht als Monoanästhetikum zugeführt werden, sondern nur als Supplement von Opioiden.

1.4.5 Respiratorische Wirkungen

Die respiratorischen Wirkungen entsprechen im Wesentlichen denen von Isofluran und Sevofluran.

Im Gegensatz zu den anderen gebräuchlichen Inhalationsanästhetika bewirkt Desfluran in der Einleitungsphase bei Kindern und Erwachsenen eine Reizung oder Stimulation der oberen Atemwege, die sich in folgender Weise manifestieren kann:

- Husten
- Atemanhalten
- Laryngospasmus
- gesteigerte Sekretion.

Diese unerwünschten Wirkungen treten meist dann auf, wenn Desflurankonzentrationen von 6 Vol.% überschritten werden. Sobald Konzentrationen von 6–7 Vol.% toleriert werden, führen höhere Konzentrationen gewöhnlich nicht mehr zur Stimulation des oberen Respirationstrakts.

! Merke

Desfluran ist für die Narkoseeinleitung per Inhalation weder bei Kindern noch bei Erwachsenen geeignet.

1.4.6 Andere Wirkungen

Muskelrelaxierung: Desfluran relaxiert dosisabhängig die Skelettmuskulatur und verstärkt und verlängert die Wirkung der nichtdepolarisierenden und der depolarisierenden Muskelrelaxanzien. Ab etwa 4% Desfluran kann ein oropharyngealer Tubus eingeführt werden, in höheren Konzentrationen ein Endotrachealtubus ohne zusätzliche Muskelrelaxanzien.

Zentrales Nervensystem: Die Substanz dilatiert dosisabhängig die Hirngefäße und vermindert den zerebralen Gefäßwiderstand. Die Hirndurchblutung nimmt zu, der zerebrale Sauerstoffverbrauch hingegen ab. Höhere Konzentrationen von Desfluran (> 1 MAC) können, bedingt durch die Zunahme der Hirndurchblutung, den intrakraniellen Druck steigern. Die CO_2-Reaktivität der Hirndurchblutung soll durch Desfluran nicht beeinträchtigt werden.

Im EEG tritt bei 1,7 MAC eine „burst suppression“ auf. Krampfaktivitäten sind unter Desfluran nicht nachweisbar. Des Weiteren dämpft Desfluran somatosensorisch evozierte Potentiale: Die Amplitude wird konzentrationsabhängig vermindert, während die Latenz unverändert bleibt. Dieser Effekt ist maximal ausgeprägt bei 1,5 MAC und wird durch höhere Konzentrationen nicht weiter beeinflusst (Einsatz in der Neurochirurgie ▶ Kap. 38).

1.4.7 Absorption in Atemkalk

In frischem Natron- oder Bariumkalk mit einem Wassergehalt von 15% ist Desfluran – auch bei Temperaturen von 60–80 °C – stabil, d.h., es findet kein Abbau des Anästhetikums statt. Anders hingegen bei trockenem Natronkalk: Hier werden, in Abhängigkeit von der Temperatur, 0,21–0,32 ml flüssiges Desfluran von 85 g Natronkalk absorbiert, vermutlich durch Bindung an Kieselsäure. Bariumkalk enthält keine Kieselsäure und absorbiert keine nennenswerten Mengen von Desfluran.

1.4.8 Klinische Anwendung

Die wesentlichen klinischen **Vorteile** von Desfluran gegenüber anderen Inhalationsanästhetika sind:

- sehr rasche An- und Abflutung
- gute Eignung für die Low- und Minimal-Flow-Anästhesie
- stabiles Molekül, extrem geringer Metabolismus, sehr geringes toxisches Potential.

Nachteile:

- Reizung der oberen Atemwege (keine Inhalationseinleitung bei Kindern)
- mögliche sympathoadrenerge Stimulation mit Blutdruckanstieg und Tachykardie bei rascher Steigerung der Konzentration
- speziell erforderliche Verdampfertechnologie
- geringe Wirkstärke, daher hoher Verbrauch, wenn keine Low-Flow- oder Minimal-Flow-Technik angewandt wird
- Triggersubstanz der malignen Hyperthermie.

Narkoseeinleitung

Aufgrund seiner niedrigen Blut- und Gewebelöslichkeit und des damit verbundenen raschen Anstiegs der alveolären Konzentration werden sehr rasch die gewünschten Desflurankonzentrationen im Blut erreicht.

Blutdruckanstieg und Tachykardie durch Desfluran. In der Einleitungsphase können rasche Konzentrationssteigerungen von Desfluran ab etwa 6 Vol.% (1 MAC) zu einer starken sympathoadrenergen Reaktion mit einem massiven Blutdruckanstieg und Tachykardie führen. Diese Reaktion kann durch Vorinjektion von Fentanyl, β-Blockern oder Clonidin abgeschwächt werden.

! Merke

Blutdruckanstieg und Tachykardie in der Einleitungsphase mit höheren Konzentrationen von Desfluran dürfen nicht als Zeichen einer zu flachen Narkose fehlgedeutet werden. Tritt diese Reaktion auf, muss die Desflurankonzentration erniedrigt statt erhöht werden!

Tab. 1-4 Aufwachverhalten nach Sevofluran- und Desflurananästhesie bei Versuchspersonen (1,25 MAC für 8 h, Frischgasfluss 2 l/min; nach Eger)

	Sevofluran	Desfluran
Aufforderungen befolgen	28 ± 8 min	14 ± 4 min
Orientiertheit	33 ± 9 min	19 ± 4 min

Um die vor allem für Koronarkranke und Hypertoniker gefährliche sympathoadrenerge Stimulation zu vermeiden, sollte die Desflurankonzentration in der Einleitungsphase nur in kleinen Schritten und nicht zu rasch erhöht werden.

Aufrechterhaltung der Narkose

Wie bei anderen volatilen Anästhetika richtet sich die Desflurankonzentration für die Aufrechterhaltung der Narkose vor allem nach dem Grad der chirurgischen Stimulation, supplementierenden Pharmaka wie Opioiden oder Benzodiazepinen, Patientenfaktoren usw. Die Steuerung erfolgt ebenfalls nach den derzeit üblichen klinischen Kriterien. Insgesamt soll Desfluran aufgrund seiner pharmakokinetischen Eigenschaften eine bessere Steuerbarkeit, d.h. raschere Anpassung der Narkosetiefe an den jeweiligen chirurgischen Bedarf, aufweisen als andere volatile Anästhetika.

Ausleitung und Aufwachverhalten

Aufgrund der geringen Löslichkeit von Desfluran erwachen die Patienten rascher und vollständiger als nach allen anderen volatilen Anästhetika, allerdings liegen die Unterschiede im Minutenbereich (▶ Tab. 1-4), so dass der Zeitpunkt der Verlegung des Patienten aus dem Aufwachraum nicht wesentlich beeinflusst wird.

Vergleich mit Sevofluran. Bei freiwilligen Versuchspersonen verläuft das Erwachen nach 8-stündiger Desflurananästhesie signifikant schneller als nach Sevoflurananästhesie (▶ Tab. 1-4).

1.5 Sevofluran

1.5.1 Physikochemische Eigenschaften

Sevofluran, $CF_3CF_3CHOCH_2F$ (▶ Abb. 1-1), ist ein halogenierter Fluoromethyl-Polyfluoroisopropylether, der als Halogen nur Fluorid enthält.

Sevofluran ist eine farblose, nicht brennbare Flüssigkeit von mildem, ätherartigem Geruch und einer niedrigen Löslichkeit in Fett und im Blut. Der Blut/Gas-Verteilungskoeffizient ist, mit Ausnahme von Desfluran, niedriger als der anderer Inhalationsanästhetika.

Pharmakologie

Eigenschaften von Sevofluran:

- Molekulargewicht: 200,06 D
- spezifisches Gewicht bei 20 °C: 1,53
- Siedepunkt: 58,5 °C
- Dampfdruck bei 20 °C: 160 mmHg
- Blut/Gas-Verteilungskoeffizient: 0,69
- MAC_{50}-Werte: 2,05 Vol.% in 100% O_2, 0,66 Vol.% in 70% N_2O

- Stabilisatorzusatz: keiner
- signifikante Fluoridfreisetzung: ja
- Metabolisierungsrate: 3–5%
- Interaktion mit Absorberkalk: ja

1.5.2 Pharmakokinetik und Metabolismus

Der wesentliche Unterschied zwischen Sevofluran und anderen volatilen Anästhetika, mit Ausnahme von Desfluran, besteht in den pharmakokinetischen Eigenschaften und der Freisetzung möglicherweise klinisch relevanter Mengen von anorganischem Fluorid.

- Aufgrund des niedrigen Blut/Gas-Verteilungskoeffizienten ergibt sich für Sevofluran ein rascher Konzentrationsanstieg in Alveolen, Blut und Gehirn, und entsprechend schnell verläuft auch die Narkoseeinleitung. Wegen des etwas höheren Blut/Gas-Verteilungskoeffizienten und der größeren Fettlöslichkeit von Sevofluran ist der Anstieg insgesamt etwas geringer als der von Desfluran.
- Die Narkose lässt sich, mit Ausnahme von Desfluran, rascher vertiefen und abflachen als mit anderen Inhalationsanästhetika. Hieraus ergibt sich eine gute Steuerbarkeit von Sevofluran, die klinisch nur unwesentlich von Desfluran abweicht.
- Auch die Ausleitungsphase der Narkose verläuft, abgesehen von Desfluran, deutlich schneller als bei anderen Inhalationsanästhetika, da Sevofluran rasch eliminiert wird.

Fluoridfreisetzung aus Sevofluran

Sevofluran wird zu 3–5 % in der Leber metabolisiert. Hierbei entstehen Hexafluoridisopropanol und anorganisches Fluorid. Während Hexafluoridpropanol teils glukuronidiert, teils ausgeatmet wird und keine toxischen Wirkungen ausübt, ist anorganisches Fluorid nephrotoxisch. Als Schwellenwert der Nephrotoxizität von anorganischem Fluorid werden 50 µmol/l im Serum angesehen; dieser „Schwellenwert" wird aber unter Sevfluirananästhesie nicht erreicht, so dass die Substanz als sicher gilt.

Bildung von Compound A im Atemkalk

Sevofluran ist, im Gegensatz zu Desfluran, im Atemkalk nicht stabil und reagiert mit dem Kalk unter Bildung verschiedener Abbauprodukte. Ein Abbauprodukt ist Compound A, ein Vinylether mit nephrotoxischen Eigenschaften.

Die Menge der im Atemkalk gebildeten Compound A hängt von folgenden Faktoren ab:

- Konzentration des Anästhetikums
- Höhe des Frischgasflows: je niedriger der Flow, desto stärker die Compound-A-Bildung
- Art des Absorberkalks: stärkere Bildung mit Bariumkalk als mit Natronkalk
- Wassergehalt des Atemkalks: starke Bildung in trockenem Atemkalk
- Temperatur des Kalks.

Durch Verwendung des Absorberkalks Amsorb (Calciumhyroxid) kann die Bildung von Compound A und von Kohlenmonoxid verhindert werden.

1

Wirkungsstärke – MAC-Werte

Sevofluran ist schwächer anästhetisch wirksam als Isofluran, jedoch stärker als Desfluran. Der MAC_{50}-Wert beträgt für Sevofluran beim Erwachsenen 1,71 ± 0,07 Vol.% in Sauerstoff, die alveoläre Konzentration, bei der 95% der Patienten auf Schmerzreize nicht mehr mit Abwehrbewegungen reagieren (AD_{95}), 2,07 Vol.%. Im Kindesalter sind höhere Werte erforderlich: Der MAC_{50}-Wert beträgt bei Kindern zwischen 3 und 5 Lebensjahren 2,49 ± 0,08 Vol.%, die AD_{95} 2,88 Vol.%. Lachgaszusatz vermindert bei Erwachsenen den MAC-Wert auf 0,66 Vol.%, die AD_{95} auf 0,94 Vol.%.

→ Der MAC_{awake} beträgt für Sevofluran 0,67 Vol.%.

Pharmakologie

MAC_{50}-Werte von Sevofluran für Erwachsene:

bis 25 Jahre: mit 100% Sauerstoff: 2,6%
mit 65% N_2O: 1,4%
bis 40 Jahre: mit 100% Sauerstoff: 2,1 %
mit 65% N_2O: 1,1%
bis 60 Jahre: mit 100% Sauerstoff: 1,7%
mit 65% N_2O: 0,9%
bis 80 Jahre: mit 100% Sauerstoff: 1,4%
mit 65% N_2O: 0,7%

1.5.3 Kardiovaskuläre und respiratorische Wirkungen

- Die allgemeinen hämodynamischen Wirkungen von Sevofluran entsprechen im Wesentlichen denen von Isofluran und Desfluran. Im Gegensatz zu Desfluran bewirkt Sevofluran in der Einleitungsphase keine sympathoadrenerge Reaktion mit Hypertonie und Tachykardie, wenn die inspiratorischen Konzentrationen rasch über 1 MAC hinaus gesteigert werden. Stattdessen führen ansteigende Sevoflurankonzentrationen regelmäßig zu einem Blutdruckabfall.
- Im Tierexperiment lassen sich **myokardprotektive Wirkungen** von Sevofluran während und nach einer Myokardischämie nachweisen.
- Die respiratorischen Wirkungen von Sevofluran entsprechen im Wesentlichen denen anderer Inhalationsanästhetika. Im Gegensatz zu Desfluran werden die oberen Atemwege durch Sevofluran nicht stimuliert.
- Sevofluran ist für die Narkoseeinleitung per Inhalation bei Kindern besser geeignet als alle anderen Inhalationsanästhetika.
- Erwachsene können ebenfalls mit Sevofluran per Inhalation eingeleitet werden; die i.v. Einleitung verläuft jedoch rascher, glatter und vermutlich auch sicherer.

1.5.4 Klinische Anwendung

Die Steuerbarkeit von Sevofluran entspricht weitgehend der von Desfluran. Das Verhalten von Blutdruck und Herzfrequenz scheint mit Sevofluran stabiler zu sein als mit den herkömmlichen Anästhetika.

Narkose mit Sevofluran beim Erwachsenen:

1. Einleitung mit i.v. Hypnotikum
2. Konzentration in der Einleitungsphase: 1–8 Vol.%
3. Aufrechterhaltung: ohne Lachgaszusatz 1,5–3 Vol.%, mit Lachgas: 0,5–3 Vol.%

4. bei Kombination mit Opioiden kann die Konzentration meist erheblich reduziert werden
5. Muskelrelaxierung: Dosisbedarf für nichtdepolarisierende Anästhetika vermindert.

Narkoseeinleitung per Inhalation

Vor allem Kinder können mit Sevofluran relativ rasch per Inhalation eingeleitet werden, besonders wenn am Verdampfer die Höchstkonzentration von 8 Vol.% eingestellt wird (Einzelheiten ▶ Kap. 36). Möglich ist jedoch auch die sog. Ein-Atemzug-Einleitung („single breath induction") beim Erwachsenen, bei der, nach vollständiger Füllung des Narkosesystems, der Patient zunächst 1 × tief ein- und maximal ausatmet, danach über eine fest aufgesetzte Gesichtsmaske das Narkosegasgemisch 1 × tief einatmet und dann die Luft anhält. Bleibt die Atmung erhalten, sollte die inspiratorische Sevoflurankonzentration schrittweise reduziert werden. Gewöhnlich tritt innerhalb von 40–60 s nach dem initialen Atemzug der Schlaf ein. Die Patientenzufriedenheit ist aber tendenziell geringer als bei i.v. Einleitung mit Propofol (Metaanalyse Joo HS, Perks WJ Sevoflurane versus propofol for anesthetic induction: a meta-analysis. Anesth Analg 2000; 91[1]:213–19). Einleitung bei Kindern siehe ▶ Kapitel 36.

Ausleitung und Aufwachverhalten

Aufgrund der pharmakokinetischen Eigenschaften erwachen die Patienten nach einer Sevoflurananästhesie gewöhnlich früher als nach Isoflurananästhesie. Die Unterschiede liegen allerdings lediglich im Bereich einiger Minuten.

→ Im direkten Vergleich verläuft die Narkoseausleitung nach Sevofluran bei Freiwilligen aber nur etwa halb so schnell wie nach Desfluran.

Die Unterschiede im Aufwachverhalten zwischen Sevofluran und Desfluran (▶ Tab. 1-4) sind auf die günstigeren pharmakokinetischen Eigenschaften von Desfluran zurückzuführen.

Postoperative Unruhezustände oder Verhaltensauffälligkeiten. Delirante Unruhezustände in der Aufwachphase und Verhaltensauffälligkeiten im weiteren Verlauf nach operativen Eingriffen sind bei Kindern häufig zu beobachten. Ungeklärt ist (wie oft behauptet), ob diese Phänomene nach Sevofluran häufiger auftreten als nach anderen Inhalationsanästhetika.

1.6 Auswahl des volatilen Anästhetikums

Die Vor- und Nachteile der Inhalationsanästhetika sind in ▶ Tabelle 1-5 zusammengestellt. In Deutschland werden praktisch nur noch Desfluran, Sevofluran und Isofluran eingesetzt: hierdurch wird die Auswahl erheblich erleichtert.

Die Inhalationsanästhetika Desfluran und Sevofluran haben beide einen erwünscht niedrigen Blut/Gas- und Blut/Gewebe-Verteilungskoeffizienten und werden daher rasch aufgenommen und eliminiert, sind somit besser steuerbar als Isofluran. Jedoch weisen beide Substanzen auch **Nachteile** auf, die eine Klassifizierung als „ideal" oder zumindest als „nahezu ideal" nicht rechtfertigen.

- Desfluran ist zwar im Wesentlichen inert und wird kaum metabolisiert, riecht aber unangenehm und irritiert die Atemwege. Außerdem führt es bei rascher Konzentrationssteigerung bei einigen Patienten in der Einleitungsphase zu sym-

1

Tab. 1-5 Vor- und Nachteile gebräuchlicher volatiler Anästhetika

Substanz	Vorteile	Nachteile
Isofluran	geringer HZV-Abfall, vermindert Hirnstoffwechsel, geringe Biotransformation, gute Muskelrelaxierung, relativ billig	unangenehmer Geruch, starker Vasodilatator, Blutdruckabfall, Hepatotoxizität möglich
Desfluran	rasche Aufnahme und Elimination, stabiles Molekül, geringste Biotransformation, Hepatotoxizität sehr gering	niedriger Siedepunkt – spezieller Verdampfer, Irritation der Atemwege, sympathoadrenerge Stimulation mit Blutdruckanstieg und Tachykardie, teuer
Sevofluran	rasche Aufnahme und Elimination, kein stechender Geruch, keine Irritation der Atemwege, nicht lebertoxisch	Biotransformation, erhöht Serumfluoridkonzentration, reagiert mit Atemkalk, teuer

pathoadrenerger Reaktion mit Blutdruckanstieg und Tachykardie und erfordert außerdem einen speziellen, elektrisch betriebenen Verdampfer.

- **Sevofluran** riecht zwar nicht stechend, ermöglicht die Inhalationseinleitung auch bei Erwachsenen und kann mit konventionellen Verdampfern zugeführt werden. Es ist aber nicht vollständig stabil in Atemkalk, unterliegt in größerem Ausmaß der Metabolisierung als Desfluran und erhöht außerdem die Serumfluoridkonzentration, besonders bei Anwendung im Low-Flow-System.

Bei kritischer Wertung ergeben sich mit beiden Anästhetika ingesamt leichte Verbesserungen der Steuerbarkeit und der Aufwachparameter, jedoch ist deren klinische Bedeutung, gemessen am sog. Kosten-Nutzen-Verhältnis, eher gering.

EBM

Aufwachverhalten nach Desfluran oder Sevofluran

Metaanalyse (Macario et al. 2005; 25 randomisierte klinische Studien): Bei Narkosen bis zu einer Dauer von 3,1 h erwachen Patienten nach Desfluran 1–1,2 min früher als nach Sevofluran. Bei der Aufenthaltsdauer im Aufwachraum ergeben sich keine Unterschiede, ebenso wenig bei der Häufigkeit von postoperativer Übelkeit und Erbrechen.

1.7 Lachgas (Stickoxydul, N_2O)

Lachgas wird häufig zur Supplementierung der Allgemeinanästhesie eingesetzt, weil es die Wirkungen der anderen Anästhetika verstärkt und dadurch deren Dosisbedarf herabsetzt. Als alleiniges Anästhetikum wird das Gas hingegen wegen seiner geringen hypnotischen und analgetischen Wirkstärke für operative Eingriffe nicht angewandt.

1.7.1 Physikochemische Eigenschaften

Lachgas ist ein anorganisches, farb-, geruch- und geschmackloses Gas, das als farblose Flüssigkeit in Stahlzylindern (Kennfarbe: grau) unter einem Druck von 51 atm und im Gleichgewicht mit der Gasphase geliefert wird. Beim Öffnen des Zylinders wird ein Teil des N_2O wieder gasförmig. Der Druck von 51 atm im Zylinder bleibt hierbei so lange konstant, wie sich noch flüssiges Gas im Zylinder befindet. Praktisch gilt daher Folgendes:

Merke

Der Füllungszustand eines Lachgaszylinders kann am Manometer nicht zuverlässig abgelesen werden. Der Druck fällt erst ab, wenn das flüssige Lachgas verdampft ist. Dann steht jedoch nur noch eine geringe Gasmenge zur Verfügung.

Lachgas ist sehr schlecht blutlöslich und bindet sich nicht an Blutbestandteile. Der Transport im Plasma erfolgt ausschließlich in physikalischer Lösung.

Pharmakologie

Eigenschaften von Lachgas:

- Molekulargewicht: 44 D
- Aggregatzustand bei Raumtemperatur: Gas
- Blut/Gas-Verteilungskoeffizient: 0,47
- Fett/Gas-Verteilungskoeffizient: 1,4
- MAC-Wert: 104 (für 1 MAC sind hyperbare Bedingungen erforderlich)

1.7.2 Pharmakokinetik

Lachgas weist eine dem Desfluran vergleichbar geringe Löslichkeit im Blut und im Gehirn auf, entsprechend steigt der Partialdruck im Gehirn während der Einleitung rasch an, und die Wirkung setzt schnell ein. Umgekehrt strömt das Gas nach Unterbrechung der Zufuhr rasch aus dem Gehirn in das Blut, wird ausgeatmet, und der Patient erwacht. Die Elimination aus dem Organismus erfolgt ausschließlich über die Lungen; eine Metabolisierung findet nicht statt.

1.7.3 Anästhesie

Lachgas ist nur ein **schwaches** Anästhetikum und wird daher fast ausschließlich zur Supplementierung anderer Anästhetika eingesetzt. Selbst mit Konzentrationen von 80% wird höchstens das Stadium III_1 nach Guedel erreicht; bei dieser Konzentration besteht jedoch schon Hypoxiegefahr. Darum gilt:

Merke

Die maximale inspiratorische Konzentration von Lachgas sollte 70% nicht überschreiten.

Lachgas reduziert den MAC-Wert aller volatilen Anästhetika erheblich und damit deren Dosisbedarf und deren kardiovaskuläre (und respiratorische) Nebenwirkungen.

Außerdem wird Lachgas bei der balancierten Anästhesie in Kombination mit Opioiden und Muskelrelaxanzien eingesetzt. Bei dieser Narkosetechnik sind die kardiovaskulären Nebenwirkungen besonders gering, allerdings ist eine kontrollierte Beatmung erforderlich, auch wird das Bewusstsein nicht immer sicher ausgeschaltet.

1.7.4 Kardiovaskuläre und respiratorische Wirkungen

Die **Herz-Kreislauf-Wirkungen** von Lachgas bestehen wahrscheinlich aus zwei Komponenten:

- direkte negativ inotrope Wirkung (am isolierten Papillarmuskel)
- Stimulation von Sympathikuszentren im zentralen Nervensystem.

Klinisch sind die Effekte meist ohne Bedeutung, jedoch treten beim Herzkranken die kardiovaskulär dämpfenden Wirkungen von Lachgas, abhängig vom Schweregrad der Erkrankung, meist deutlicher hervor.

Die **respiratorischen** Wirkungen von Lachgas sind gering: leichte oder keine Atemdepression. Bei Kombination mit anderen Inhalationsanästhetika sind die atemdepressorischen Wirkungen jedoch deutlicher.

1.7.5 Diffusion in gasgefüllte Körperhöhlen

Klinisch wichtig ist die Diffusion von Lachgas in luftgefüllte Räume des Körpers nach Antransport mit dem Blut. Hierdurch nehmen, je nach Dehnbarkeit des betroffenen Raumes, das Volumen und/oder der Druck im Hohlraum zu: je höher die alveoläre Lachgaskonzentration, desto rascher die Diffusion in die luftgefüllten, geschlossenen Körperhöhlen!

Bei entsprechender Zeitdauer und Durchblutung nähert sich die Lachgaskonzentration im Hohlraum der alveolären Konzentration an, kann sie jedoch nicht überschreiten.

Betroffen sind von der Lachgasdiffusion vor allem:
- luftgefüllte Darmschlingen, z.B. bei Ileus
- Pneumothorax: Verdopplung oder Verdreifachung in 10–30 min
- Pneumoperitoneum
- Luftembolie
- luftgefüllte Tubusmanschette
- Mittelohr (▶ Kap. 41).

Bei Pneumothorax ist Lachgas absolut kontraindiziert, bei Luftembolien muss die Zufuhr sofort unterbrochen werden; bei Ileus sollte auf Lachgas verzichtet werden.

1.7.6 Klinische Anwendung

Lachgas wird wegen seiner geringen anästhetischen Potenz praktisch nur als Supplement von Inhalationsanästhetika und Opioiden eingesetzt, deren Dosis dadurch reduziert werden kann. Dem stehen folgende Nachteile gegenüber:
- Diffusion in luftgefüllte Räume
- Hemmung von Vitamin B_{12}, hierdurch Inaktivierung von Methylcobalamin und damit der Methioninsynthese
- Risikofaktor für PONV
- keine Zufuhr von O_2 in hohen Konzentrationen möglich.

Eine neue, randomisierte Untersuchung an 2050 Patienten (Myles 2007) hat ergeben, dass beim Einsatz von Lachgas bei größeren Eingriffen mit einer Dauer von mehr als 2 h postoperativ signifikant häufiger wesentliche Komplikationen sowie PONV auftraten als bei den Patienten, die kein Lachgas erhielten, sondern mit hohen Sauerstoffkonzentrationen beatmet wurden. Auch konnten diese Patienten früher von der Intensivstation verlegt werden.

! Merke

Angesichts der verfügbaren Substanzen mit hoher Sicherheitsbreite gibt es keinen hinreichenden Grund mehr, Lachgas weiter für Routinenarkosen einzusetzen.

1.8 Xenon

Xenon ist das einzige der Edelgase, das unter normobaren Bedingungen anästhetische Wirkungen aufweist. Das Gas kommt in geringsten Mengen (maximal 0,086 ppm) in der Luft vor und muss hieraus in einem teuren Verfahren gewonnen werden. Xenon kann mit Zellproteinen und Membranbestandteilen reagieren, und hierauf beruht vermutlich die anästhetische Wirkung.

- Xenon ist ein farb-, geruch- und geschmackloses Gas, das aus verflüssigter Luft gewonnen wird.
- Von allen Anästhesiegasen weist Xenon mit 0,14 den niedrigsten Blut/Gas-Verteilungskoeffizienten auf, und entsprechend rasch verlaufen die Narkoseeinleitung- und -ausleitung.
- Xenon trägt nicht zum Treibhauseffekt bei.
- Xenon wird nicht metabolisiert, sondern vollständig ausgeatmet, allerdings kann sich das Gas in den Därmen und im Fettgewebe ansammeln. Die Ausleitung verläuft schneller als mit allen anderen Inhalationsanästhetika einschließlich Lachgas.

Anästhetische Potenz. Xenon wirkt hypnotisch und analgetisch. Die minimale alveoläre Konzentration (MAC) beträgt 71%; damit ist die Substanz stärker wirksam als Lachgas. Durch Zufuhr von 60–70% Xenon wird der intraoperative Opioidbedarf vermindert.

1.8.1 Kardiovaskuläre Wirkungen

Xenon hat keinen oder nur einen geringen Einfluss auf die allgemeine und pulmonale Hämodynamik und auch keine arrhythmogene oder das Myokard gegen Adrenalin sensibilisierende Wirkung. Die Myokardkontraktilität oder linksventrikuläre Funktion wird nicht oder allenfalls minimal beeinträchtigt. Die kardiovaskulären Wirkungen anderer Inhalationsanästhetika wie Isofluran, Desfluran oder Sevofluran werden durch gleichzeitige Xenonzufuhr nicht verstärkt. Xenonkonzentrationen von mehr als 60% können die Hirndurchblutung und den intrakraniellen Druck steigern.

1.8.2 Klinische Anwendung

Xenon gilt als nahezu ideales Anästhesiegas, vor allem wegen des raschen Wirkungseintritts und der raschen pulmonalen Elimination ohne jeden Metabolismus und wegen der fehlenden kardiovaskulären und pulmonalen/respiratorischen Wirkungen. Zudem ist Xenon kein Trigger der malignen Hyperthermie. Wegen der sehr hohen Kosten und der insgesamt eher marginalen Vorteile dürfte sich die Anwendung von Xenon auf einen eng umschriebenen Bereich beschränken.

- Klinisch wird Xenon über ein Rückatemsystem mit dem niedrigstmöglichen Gasfluss zugeführt; selbst hiermit gelangen aber nur ca. 20% des Gases in den Körper, der Rest dagegen ungenutzt in die Atmosphäre. Aus ökonomischen Gründen sollte Xenon nur über ein elektronisch gesteuertes Kreissystem zugeführt werden.
- Vor der Xenonzufuhr muss der Stickstoff aus dem Körper ausgewaschen werden, da dieses Gas sonst im Narkosesystem angesammelt wird. Hierzu wird für mindestens 5 min Sauerstoff mit hohem Fluss zugeführt.

1

- Danach kann wie üblich vorgegangen werden: Vorgabe eines Opioids, dann Injektion des i.v. Anästhetikums, z.B. Propofol, Muskelrelaxierung und endotracheale Intubation; Anschluss an das Narkosesystem und Zufuhr von Xenon. Nach ca. 1,5 min werden Xenonkonzentrationen von 40–45% erreicht, nach etwa 8 min von 60–75%. Vor dem Hautschnitt kann erneut ein Opioid injiziert werden.

Literatur

Anders MW: Formation and toxicity of anesthetic degradation products. Ann Rev Pharmacol Toxicol 2005, 45:147–76.

AY, Seo KS, Kim SD, Kim CS, Kim HS: Delayed emergence process does not result in a lower incidence of emergence agitation after sevoflurane anesthesia in children. Acta Anaesthesiol Scand 2005, 49(3):297–9.

Eger EI, Weiskopf RB, Eisenkraft JB: The pharmacology of inhaled anesthetics. 2002, Baxter Healthcare Corporation.

Elliott R A, Payne K, Moore J K, Davies L M, Harper N J, St. Leger A S, Moore E W, Thoms G M, Pollard B J, McHugh G A, Bennett J, Lawrence G, Kerr J: Which anaesthetic agents are cost-effective in day surgery: literature review, national survey of practice and randomised controlled trial. Health Technology Assessment 2002, 6(30):1–264.

Gupta A, Stierer T, Zuckerman R, Sakima N, Parker SD, Fleisher LA: Comparison of recovery profile after ambulatory anesthesia with propofol, isoflurane, sevoflurane and desflurane: a systematic review. Anesth Analg 2004, 98(3):632–41.

Larsen B, Seitz A, Larsen R: Recovery of cognitive function after remifentanil-propofol anesthesia: a comparison with desflurane and sevoflurane anesthesia. Anesth Analg 2000, Jan, 90(1):168–74.

Macario A, Dexter F, Lubarsky D: Meta-analysis of trials comparing postoperative recovery after anesthesia with sevoflurane or desflurane. Am J Health Syst Pharm 2005, 62(1):63–8.

Myles PS, Leslie K, Chan MTV et al.: Avoidance of nitrous oxide for patients undergoing major surgery. A randomized controlled trial. Anesthesiology 2007, 107:221–31.

Sanders RD, Ma D, Maze M. Xenon: elemental anaesthesia in clinical practice. Br Med Bull. 2005, 71:115–35.

Schwarz SK, Butterfield NN, Macleod BA, Kim EY, Franciosi LG, Ries CR: Under "real world" conditions, desflurane increases drug cost without speeding discharge after short ambulatory anesthesia compared to isoflurane. Can J Anaesth 2004, 51(9):892–8.

Siddik-Sayyid SM, Aouad MT, Taha SK, Daaboul DG, Deeb PG, Massouh FM, Muallem MR, Baraka AS: A comparison of sevoflurane-propofol versus sevoflurane or propofol for laryngeal mask airway insertion in adults. Anesth Analg 2005, 100(4):1204–9.

Song JG, Cao YF, Yang LQ, Yu WF, Li Q, Song JC, Fu XY, Fu Q: Awakening concentration of desflurane is decreased in patients with obstructive jaundice. Anesthesiology 2005, 102(3):562–5.

Tercan E, Kotanoglu MS, Yildiz K, Dogru K, Boyaci A: Comparison of recovery properties of desflurane and sevoflurane according to gender differences. Acta Anaesthesiol Scand 2005, 49(2):243–7.

2 Intravenöse Anästhetika

Intravenöse Anästhetika werden vor allem für die Narkoseeinleitung verwendet, Propofol auch für die totale intravenöse Anästhesie. Die Substanzen besitzen – bis auf Ketamin – keine analgetischen Wirkungen und müssen daher bei Operationen mit Opioiden kombiniert werden.

2.1 Propofol

Propofol ist ein rasch und kurz wirkendes Hypnotikum ohne analgetische Eigenschaften. Die wesentlichen Anwendungen sind:
- Narkoseeinleitung
- totale intravenöse Anästhesie in Kombination mit einem Opioid
- Sedierung bei Regionalanästhesien und bei diagnostischen Untersuchungen
- Sedierung von Intensivpatienten.

2.1.1 Chemische Struktur und Zubereitung

Propofol, 2,6-Di-isopropylphenol, ist eine wasserunlösliche Substanz in einer weißen Emulsion aus Sojaöl (Hauptbestandteil), mittelkettigen Trigylceriden (Proprofol-MCT), Eilecithin, Ölsäure, Glycerol, Natriumhydroxid und Wasser für Injektionszwecke. Die verschiedenen Handelspräparate sind als 1%ige (1 ml = 10 mg) Lösung in 20-ml-Ampullen oder 50- und 100-ml-Durchstechflaschen erhältlich, als 2%ige Lösungen nur in Durchstechflaschen (50 ml).

Gebrauchshinweise:
- Vor Gebrauch schütteln, um eine gute Durchmischung der Emulsion zu erreichen.
- Kann unmittelbar vor Gebrauch mit 5%iger Glukoselösung oder 0,9%iger NaCl-Lösung verdünnt oder mit 1%igen Lidocainlösung vermischt werden. Andere Mischungen sind nicht erlaubt! Die Propofolkonzentration darf nicht weniger als 2 mg/ml betragen.
- Jede Ampulle/Flasche nur bei 1 Patienten anwenden, Reste verwerfen.

2.1.2 Pharmakologische Wirkungen

Zentrales Nervensystem

Anästhetische Dosen von durchschnittlich 2–2,5 mg/kg i.v. bewirken innerhalb von 25–40 s einen Bewusstseinsverlust, der nach 90 s ein Maximum erreicht und im Mittel 4,4–8 min anhält.

In subhypnotischen Konzentrationen führt Propofol zur Sedierung und Amnesie.

Kardiovaskuläres System

Blutdruck. Typisch ist der Abfall des systolischen und diastolischen Blutdrucks, bedingt durch dosisabhängige Vasodilatation und negativ inotrope Wirkung.

Besonders ausgeprägt ist der Blutdruckabfall häufig bei Herzkranken, β-Blocker- und Antihypertensiva-Vorbehandlung, Hypovolämie, reduziertem Allgemeinzustand und bei alten Patienten. Daher bei diesen Patienten sehr langsame Injektion und Dosisreduktion!

Herzfrequenz. Bradykardien treten signifikant häufiger auf als bei anderen i.v. Anästhetika, besonders bei geriatrischen Patienten sowie bei Kombination mit Remifentanil, Succinylcholin oder β-Blockern, weiterhin in der pädiatrischen Strabismuschirurgie.

Herzzeitvolumen. Unter Propofol fällt das Herzzeitvolumen ab, vermutlich aufgrund einer negativ inotropen Wirkung. Der Abfall ist ausgeprägter bei alten Patienten und bei Herzkranken als bei sonst gesunden Jüngeren.

Respiratorisches System

Propofol bewirkt eine dosisabhängige Atemdepression: Atemfrequenz und Atemzugvolumen nehmen ab. Einleitungsdosen führen meist zu einem vorübergehenden Atemstillstand (ca. 1 min). Husten und Schluckauf werden selten beobachtet.

2.1.3 Pharmakokinetik

Das kurz wirkende Propofol wird zum großen Teil in der Leber konjugiert, die Ausscheidung der Metaboliten erfolgt hauptsächlich über die Nieren. Längere Infusionsdauer führt zu einer gewissen Kumulation bzw. Verlängerung der kontextsensitiven Halbwertszeit der Substanz.

Pharmakologie

Pharmakokinetische Parameter von Propofol:

- Verteilungshalbwertszeit: 1–8 min
- Proteinbindung: 98%
- Verteilungsvolumen: 2–10 l/kg
- Clearance: 20–30 ml/kg/min
- Eliminationshalbwertszeit: 4–7 h

2.1.4 Klinische Anwendung

Indikationen: s.o.

Kontraindikationen: Allergie gegen Propofol, Sojabohnen und Eier, kardiovaskulär stark beeinträchtigte Patienten, Hypercholesterinämie.

Vorteile

- Rascheres, angenehmeres Einschlafen und Erwachen als mit anderen i.v. Anästhetika
- weniger Schluckauf und Husten bei Anwendung einer Larynxmaske
- nur selten postanästhetische Übelkeit und Erbrechen
- keine Beeinträchtigung der Kortisolsynthese
- keine Histaminfreisetzung
- kein Trigger der malignen Hyperthermie.

Nachteile und Nebenwirkungen

- Blutdruckabfall, besonders ausgeprägt bei alten Patienten (Dosisreduktion!) und bei Patienten mit kardiovaskulären Erkrankungen (Dosisreduktion!)
- Bradykardie, besonders in Kombination mit Remifentanil oder β-Blockern
- Atemdepression bis Apnoe (ca. 1 min), die bei einigen Patienten eine kontrollierte Beatmung erfordert

- teils sehr starke Injektionsschmerzen bei Verwendung von Handrückenvenen (etwa 30 %), Venen der Ellenbeuge ca. etwa 6 %; Schmerz bei Propofol-MCT/LCT etwas geringer
- exzitatorische Phänomene (vor allem Bewegungen) bei ca. 14 %; Myokloni sind hingegen nur selten zu erwarten.

Bei Abklingen der Wirkung nicht selten lebhafte (angenehme oder unangenehme) Träume, teils mit sexuellen Phantasien, die sich auch auf Ärzte und Pflegepersonal beziehen und zu haltlosen Beschuldigungen führen können.

Seltene Nebenwirkungen.

- Krampfanfälle, auch mehrere Stunden nach der Anwendung (ca. 1 auf 50 000 Anwendungen),
- Hypertriglyzeridämie und Pankreatitis
- Allergien
- Propofol-Infusionssyndrom
- Mutismus (reversibel, Fallbericht).

Propofol-Infusionssyndrom. Das sehr seltene Syndrom kennzeichnet einen Symptomenkomplex aus Rhabdomyolyse, progredientem Herzversagen, schwerer metabolischer Azidose und akutem Nierenversagen. Betroffen sind vor allem schwer kranke Kinder unter Langzeitsedierung (> 48 h) mit Propofol, Fallberichte über Erwachsene liegen jedoch ebenfalls vor.

Die Therapie des Krankheitskomplexes ist symptomatisch:

Dosierung

Grundsätzlich sollte die Substanz nach Wirkung dosiert werden; höhere Dosen und rasche Injektion führen zu stärkerem Blutdruckabfall.

Pharmakologie

Dosierungen von Propofol:

Narkoseeinleitung:

- Erwachsene: 1,5–2,5 mg/kg, abhängig von Alter und Art des Eingriffs
- alte Patienten: 1–1,5 mg/kg
- Kinder 3–16 Jahre, gesund: 2,5–3,5 mg/kg; bei ASA III/IV Dosis reduzieren
- Adipositas: Kalkulation der Dosis nach der fettfreien Masse oder nach dem Body-Mass-Index
- endotracheale Intubation ohne Muskelrelaxanzien (mit Fentanyl-Vorinjektion): 2,7 mg/kg; fiberoptische Intubation: 1,4 mg/kg
- chronischer Alkoholismus: 4–6 mg/kg; bei akuter Trunkenheit: Wirkung von Propofol verstärkt
- kardiochirurgische Patienten: 0,5–1 mg/kg, langsam injizieren (ca. 20 mg/10 s)
- neurochirurgische Patienten: 1–2 mg/kg, langsam injizieren (ca. 20 mg/10 s)
- Nierenversagen: keine Dosisänderung
- Leberzirrhose: keine Dosisänderung.

Aufrechterhaltung der Narkose (als TIVA in Kombination mit Opioid):

- Erwachsene bis 55 Jahre: 3–6–12 mg/kg/h
- alte, geschwächte oder ASA-III/IV-Patienten: 3–6 mg/kg/h
- Kinder, Alter 2 Monate–16 Jahre: 125–300 µg/kg/min
- Herzchirurgie: 3–6–12 mg/kg/h
- Neurochirurgie: 3–6–12 mg/kg/h

Sedierung:
- bei Regionalanästhesien: variable Infusion besser als wiederholte Bolusinjektionen; Beginn mit 6–9 mg/kg/h oder 0,5 mg/kg als Bolus; danach 1,5–4,5 mg/kg/h
- bei älteren oder geschwächten Patienten: Dosis um ca. 20% reduzieren
- MRT: initial 1 mg/kg, danach Infusion ca. 5 mg/kg/h

Anwendungshinweise:
- Propofol darf nur von anästhesiologisch oder intensivmedizinisch ausgebildeten Ärzten verabreicht werden (Arzneimittelkommission der Deutschen Ärzteschaft).
- Bei Kindern ab dem 2. Lebensmonat für die Narkoseeinleitung zugelassen.
- Ampullen und Flaschen vor Gebrauch schütteln.
- Bei Kindern unter 16 Jahren nicht für die Sedierung bei Intensivbehandlung einsetzen (Arzneimittelkommission).
- Lösungen unter aseptischen Bedingungen aufziehen, keine Bakterienfilter verwenden.
- Injektionsschmerz lässt sich vermeiden oder abschwächen durch Injektion in große Venen des Unterarms oder der Ellenbeuge oder durch Zusatz von 1%iger Lidocain-Lösung, 1 mg/kg, zur Injektionslösung.
- Nicht mit anderen Injektions- oder Infusionslösungen mischen. Ausnahme: Glukose 5%, NaCl 0,9% und Lidocain 1%.
- Infusionsdauer über das gleiche System: maximal 12 h; nur bei 1 Patienten anwenden; Reste sind zu verwerfen.
- Maximale Infusionsdauer bei erwachsenen Intensivpatienten (ab 17. Lebensjahr): 7 Tage; Dosisreduktion erwägen, Säure-Basen-Parameter und Rhabdomyolyse-Parameter kontrollieren (Arzneimittelkommission).
- Kontinuierliche Pulsoxymetrie bei Sedierung, da Bradypnoe und Hypoxämie möglich; Sauerstoffquelle bereithalten.

2.2 Thiopental

Von den Barbituraten wird nur noch Thiopental als Hypnotikum für die Narkoseeinleitung eingesetzt; Methohexital ist in Deutschland nicht mehr im Handel. Die Steuerbarkeit von Thiopental ist schlecht, analgetische Wirkungen fehlen.

2.2.1 Chemische Struktur und Zubereitung

Thiopental-Natrium (Trapanal, Pentothal), 5-Ethyl-5-(1-methyl-butyl)-2-Thiobarbiturat, entsteht durch Sulfurierung von Pentobarbital. Thiopental ist ein gelbes Pulver mit bitterem Geschmack und leicht schwefelartigem Geruch. Für den klinischen Gebrauch wird die Substanz als wasserlösliches Natriumsalz geliefert. Durch Zusatz von 20 ml Aqua dest. zu 500 mg Trockensubstanz entsteht eine 2,5%ige Lösung.

2.2.2 Pharmakologische Wirkungen

Zentrales Nervensystem

Innerhalb von 10–20 s nach einer Bolusinjektion von Thiopental tritt der Schlaf ein. Die Tiefe der Anästhesie kann in den ersten 40 s noch zunehmen, flacht jedoch da-

2

Tab. 2-1 Kardiovaskuläre Wirkungen von i.v. Anästhetika

Substanz	Mittlerer arterieller Druck -	Herzfrequenz	HZV	Myokardkontraktilität	Systemischer Gefäßwiderstand	Venodilatation
Thiopental	↓	↑	↓	↓	↓ oder ↑	ausgeprägt
Methohexital	↓	↑↑	↓	↓	↓ oder ↑	mäßig
Etomidat	o	o	o	o	o	o
Propofol	↓↓	↓	↓	↓	↓↓	ausgeprägt
Ketamin	↑↑	↑↑	↑	↑ oder ↓*	↑ oder ↓*	o
Midazolam	o oder ↓	↓ oder ↑	o oder ↓	o	↓ oder o	mäßig

* Veränderungen abhängig von der sympathoadrenergen Reserve
o keine Veränderung; ↓ Abnahme, ↓↓ starke Abnahme; ↑ Zunahme, ↑↑ starke Zunahme

nach rasch ab. Nach 5–15 min kehrt das Bewusstsein zurück, gelegentlich auch später. Nachinjektionen verlängern die Anästhesiedauer und die Aufwachphase.

Eine tiefe Anästhesie, bei der die Reaktion auf chirurgische Stimuli aufgehoben ist, tritt erst nach sehr hohen Barbituratdosen auf.

Kardiovaskuläres System

Thiopental beeinträchtigt dosisabhängig die Herz-Kreislauf-Funktion (▶ Tab. 2-1).

Respiratorisches System

Thiopental bewirkt eine dosisabhängige Atemdepression; die Reaktion auf CO_2 und Hypoxie ist vermindert oder sogar aufgehoben. Nach i.v. Injektion von Thiopental können Husten, Schluckauf, Laryngospasmus oder Bronchospasmus auftreten, vor allem bei nur flacher Anästhesie.

Enzyminduktion

Thiopental bewirkt eine erhebliche Induktion mikrosomaler Enzyme. Hierdurch wird der Metabolismus zahlreicher Pharmaka und endogener Substanzen (Steroidhormone, Cholesterin, Gallensäuren u.a.) beschleunigt.

2.2.3 Pharmakokinetik

Die „ultrakurze" Wirkdauer der Substanz beruht auf der raschen Umverteilung in andere stark durchblutete Gewebe wie Herz, Leber, Niere und Magen-Darm-Trakt. Thiopental wird überwiegend in der Leber metabolisiert; Die Metaboliten werden vorwiegend renal ausgeschieden, in geringem Maße auch über die Galle.

Lebererkrankungen siehe ▶ Kapitel 14.

Pharmakologie

Pharmakokinetische Parameter von Thiopental:

- rasche Verteilungshalbwertszeit: 8,5 min
- Eliminationshalbwertszeit: 7–17 h
- Clearance: 3–4 ml/kg/min
- Verteilungsvolumen: 1,5–3 l/kg

- Bei **adipösen** Patienten ist die Eliminationshalbwertszeit von Thiopental verlängert, bedingt durch die Speicherung der Substanz im Fettgewebe.
- Bei **Kindern** ist hingegen die Eliminationshalbwertszeit von Thiopental kürzer als bei Erwachsenen, bedingt durch eine höhere hepatische Clearance. Sie erwachen daher nach höheren oder wiederholten Dosen meist rascher als Erwachsene.

2.2.4 Unerwünschte Nebenwirkungen und Komplikationen

Versehentliche intraarterielle Injektion

Die versehentliche intraarterielle Injektion von Thiopental löst Gefäßspasmen und heftigen Schmerz aus, der abwärts in den Arm einschießt. Meist entwickelt sich ein ausgeprägter Spasmus der Arterie mit distaler Pulslosigkeit und Abblassen der Extremität, bald gefolgt von einer schweren Zyanose. Gangrän und irreversible Nervenschädigungen können die Folge sein.

Sofortbehandlung:
- Injektion von Kochsalzlösung in die betroffene Arterie, um die Substanz zu verdünnen
- Injektion von vasodilatierend wirkendem Lidocain
- Injektion von Heparin
- Sympathikusblockade der betroffenen Extremität

→ Die Gefahr einer versehentlichen intraarteriellen Injektion ist besonders groß, wenn in der Ellenbeuge injiziert wird. Darum sollte dieser Injektionsort nicht für intravenöse Anästhetika gewählt werden.

Exzitatorische Phänomene

Tremor, Muskelzittern und Hypertonus treten gelegentlich nach intravenöser Injektion ultrakurzwirksamer Barbiturate (v.a. Methohexital) auf. Rasche Injektion scheint das Auftreten dieser Phänomene zu begünstigen.

Nachwirkungen und Überhang

Zwar erwachen die Patienten sehr rasch nach der Einzelinjektion des ultrakurzwirksamen Thiopentals, subtile kognitive Störungen können jedoch mehrere Stunden nachweisbar sein. Nachinjektionen führen zum Überhang.

Allergien

Allergische Reaktionen auf Barbiturate treten vor allem bei Patienten mit Asthma, Urtikaria und ähnlichen Erkrankungen auf, sind insgesamt jedoch sehr selten. Sie manifestieren sich als umschriebene Schwellungen, vor allem von Augenlidern, Wangen und Lippen, gelegentlich auch des Larynx sowie als Dermatitis. Laryngospasmus, Bronchospasmus und schwerer Blutdruckabfall können ebenfalls auftreten.

Interaktionen mit anderen Pharmaka

Kombination mit anderen zentral dämpfenden Substanzen potenziert die Wirkung von Barbituraten. Dies gilt besonders für Alkohol. Durch die Induktion mikrosomaler Leberenzyme wird der Metabolismus zahlreicher Substanzen erheblich beschleunigt, z.B. von Kortikosteroiden, Phenytoin oder Digitoxin. Andererseits hemmen die Barbiturate den Metabolismus bestimmter Substanzen, z.B. der trizyklischen Antidepressiva.

2

Porphyrien

Barbiturate verstärken die Porphyrinsynthese und können bei Patienten mit akuter intermittierender Porphyrie einen Anfall auslösen. Daher sind die Substanzen bei akuter intermittierender Porphyrie und bei Porphyria variegata absolut kontraindiziert.

2.2.5 Klinische Anwendung

Thiopental wird nur für die **Narkoseeinleitung** verwendet.

Kontraindikationen:
- Status asthmaticus und andere mit Bronchospasmus einhergehende Erkrankungen (wegen der möglichen bronchokonstriktorischen Wirkung der Barbiturate)
- Barbituratallergie
- dekompensierte Herzinsuffizienz
- akuter Myokardinfarkt
- Pericarditis constrictiva oder akute Herztamponade
- schwere Hypovolämie oder Schock
- akute intermittierende Porphyrie und Porphyria variegata.

Pharmakologie

Thiopental bei Erwachsenen:
- Einleitungsdosis 2–5 mg/kg bzw. nach Wirkung
- Wirkungseintritt < 30 s
- Wirkdauer 5–10 min
- exzitatorische Phänomene +
- Injektionsschmerz: keiner oder +
- anästhetische Wirkkonzentrationen im Blut 10–20 µg/ml
- Aufwachkonzentration 4–8 µg/ml
- Aufwachverhalten: mäßiger bis starker Überhang

Eine **Dosisreduktion** ist vor allem bei älteren Patienten, weiterhin bei schweren Leber- oder Nierenfunktionsstörungen (etwa um 50%), wesentlichen Herzerkrankungen sowie bei Hypovolämie, Anämie und Hypothyreose notwendig.

Bei Alkoholikern und Drogenabhängigen sind meist höhere Dosen erforderlich.

Nebenwirkungen bei der Injektion:
- initialer Knoblauchgeschmack
- Exzitationsphänomene: Tremor, unfreiwillige Muskelbewegungen, Hypertonus der Muskulatur
- Husten, Niesen, gesteigerte Larynxreflexe, Schluckauf, verminderte Atemtiefe, vorübergehende Apnoe
- Blutdruckabfall und Tachykardie.

2.3 Etomidat

Etomidat (Etomidat-Lipuro, Hypnomidate) ist ein potentes und rasch wirkendes Hypnotikum ohne analgetische Komponente und mit den geringsten kardiovaskulären Nebenwirkungen aller i.v. Anästhetika.

2.3.1 Chemische Struktur und Zubereitung

Etomidat, Äthyl-1-(α-methyl-benzyl)-imidazol-5-carboxylat, ist ein karboxyliertes Imidazolderivat. Die Handelspräparate enthalten die Substanz als fertige Injektionslösung von 10 ml in einer Ampulle.

→ In 1 ml Lösung befinden sich 2 mg Etomidat, in 1 Ampulle 20 mg.

Zur Stabilisierung ist Propylenglykol zugesetzt; Etomidat-Lipuro ist dagegen in Fett emulgiert, daher treten hierunter keine Injektionsschmerzen auf.

2.3.2 Pharmakologische Wirkungen

Zentrales Nervensystem

Etomidat wirkt dämpfend auf die Formatio reticularis des Hirnstamms, wahrscheinlich durch einen Gamma-Aminobuttersäure(GABA)-mimetischen Effekt. Die Wirkung kann durch GABA-Antagonisten aufgehoben werden.

Etomidat löst teils starke **Myoklonien** und **Dyskinesien** aus, die durch Vorinjektion von Opioiden (z.B. 0,1 mg Fentanyl) oder Benzodiazepinen meist abgeschwächt oder verhindert werden, jedoch wird hierdurch die Anästhesiedauer verlängert.

Kardiovaskuläres System

Etomidat weist die geringsten Herz-Kreislauf-Wirkungen unter allen gebräuchlichen intravenösen Anästhetika auf (▶ Tab. 2-1).

Beim Herzkranken können Blutdruckabfall und Bradykardie auftreten, sind aber meist wesentlich geringer ausgeprägt als bei anderen i.v. Anästhetika.

Atmung

Nach der Injektion von 0,3 mg/kg Etomidat nehmen das Atemzugvolumen und das Atemminutenvolumen um etwa 20% ab, während die Atemfrequenz um etwa 13% ansteigt. Bei einigen Patienten kann ein 15–30 s dauernder Atemstillstand auftreten.

Die respiratorischen Wirkungen einer Einzeldosis halten etwa 3–5 min an.

Nebennierenrinde

Bereits Einleitungsdosen von Etomidat dämpfen die Nebennierenrindenfunktion; die Plasmakortisol- und Aldosteronspiegel sind in der frühen postoperativen Phase vermindert. Noch 1 h nach Injektion einer Einzeldosis ist die Reaktion der Nebennierenrinde auf ACTH-Stimulation blockiert. Daher sollte die Substanz nicht kontinuierlich infundiert werden.

2.3.3 Pharmakokinetik

Nach der Injektion tritt rasch ein Gleichgewicht zwischen Blut und Gehirn sowie den anderen stark durchbluteten Geweben ein. Hierdurch fällt der Plasmaspiegel bereits in der ersten Minute nach der Injektion ab. Durch Kombination von Etomidat mit Fentanyl wird die Clearance von Etomidat vermindert und die Aufwachzeit verlängert.

Etomidat wird rasch metabolisiert, und zwar überwiegend in der Leber durch hydrolytische Spaltung der Estergruppe zur inaktiven Carboxylsäure der Substanz.

Pharmakologie

Pharmakokinetische Parameter von Etomidat:

- Verteilungshalbwertszeit: 2–4 min
- Proteinbindung: 75%
- Eliminationshalbwertszeit: 2,9–5,3 h
- Clearance: 18–25 ml/kg/min
- Verteilungsvolumen: 2,4–4,5 l/kg

2.3.4 Klinische Anwendung von Etomidat

Indikationen

Etomidat wird vor allem bei kardiovaskulären Risikopatienten sowie bei multimorbiden geriatrischen Patienten zur **Narkoseeinleitung** verwendet.

Nachteile:

- keine analgetische Wirksamkeit
- schlechte Dämpfung sympathoadrenerger Reaktionen bei der endotrachealen Intubation
- häufig Myokloni und unfreiwillige Muskelbewegungen
- Hemmung der Kortisolsynthese, daher nicht als Dauerinfusion anwendbar.

Pharmakologie

Etomidat:

- Einleitungsdosis: 0,15–0,3 mg/kg
- Wirkungseintritt 15–45 s
- Wirkdauer: 3–12 min
- exzitatorische Aktivität: +++
- Injektionsschmerz: +++, in Lipidemulsion ø
- anästhetische Wirkkonzentrationen im Blut: 300–1000 ng/ml
- Aufwachkonzentration: 200–350 ng/ml
- Aufwachverhalten: geringer Überhang

2.4 Ketamin

Ketamin ist ein Phencyclidinderivat, das chemisch den Halluzinogenen nahe steht. Es wird als Monoanästhetikum überwiegend für kleinere chirurgische Eingriffe eingesetzt, selten als Einleitungsmittel für die Allgemeinnarkose.

2.4.1 Chemische Struktur und Zubereitung

Ketamin, 2-(2-Chlorphenyl)-2-methylaminocyclohexanon-hydrochlorid, ist ein wasserlösliches, weißes, kristallines Pulver. Das herkömmliche Präparat ist als 1%ige Lösung (1 ml enthält 10 mg) und als 5%ige Lösung (1 ml enthält 50 mg) im Handel und enthält als racemisches Gemisch die beiden Enantiomere (S)- und (R)-Ketamin. Das Enantiomer (Eutomer) (S)-Ketamin als Reinsubstanz ist stärker wirksam als das Mischpräparat.

2.4.2 Pharmakologische Wirkungen

Zentrales Nervensystem

Ketamin bewirkt am NMDA-Rezeptor eine nichtkompetitive Hemmung des exzitatorischen Neurotransmitters Glutamat. Außerdem wirkt Ketamin agonistisch auf den Opiatrezeptorkomplex; auch wird der zentrale Katecholamintransport gehemmt.

Ketamin erzeugt eine **„dissoziative Anästhesie"**, eine Art kataleptischer Zustand, in dem der Patient von seiner Umgebung abgekoppelt erscheint, ohne dass ein normaler Schlafzustand eintritt. Der Zustand geht mit einer ausgeprägten Analgesie und Amnesie einher. Die analgetische Wirkung ist gegenüber somatischen Schmerzen ausgeprägter als gegenüber viszeralen.

Weitere Wirkungen:
- Augenöffnen trotz Bewusstlosigkeit, horizontaler und vertikaler Nystagmus
- erhöhter Muskeltonus, Muskelbewegungen, gelegentlich Grimassieren und Lautgebung.

> **! Merke**
> Unter Ketamin treten häufig bizarre, teilweise furchterregende Träume und optische Halluzinationen auf, weiterhin Erregungszustände, oft aggressiver Art, deren Schwere meist durch Vorgabe eines Benzodiazepins, z.B. Midazolam, gemindert werden kann.

Kardiovaskuläres System

Ketamin wirkt sympathomimetisch und stimuliert die Herz-Kreislauf-Funktion:
- Anstieg der Herzfrequenz und des arteriellen Blutdrucks
- Zunahme der Myokardkontraktilität
- Zunahme des myokardialen Sauerstoffverbrauchs.

Respiratorisches System

- Bei den meisten Patienten nimmt die Atemfrequenz für etwa 2–3 min zu; gelegentlich tritt ein Atemstillstand auf.
- Die Schutzreflexe des oberen Respirationstrakts sind oft, aber nicht immer erhalten.
- Bei gleichzeitiger Zufuhr von Benzodiazepinen in höheren Dosen kann eine ausgeprägte und lang anhaltende Atemdepression auftreten.

> **! Merke**
> Ketamin in anästhetisch wirksamer Dosierung gewährt bei Patienten mit vollem Magen keinen ausreichenden Schutz vor Aspiration und sollte daher bei diesen Patienten nicht ohne endotracheale Intubation angewandt werden.

2.4.3 Pharmakokinetik

Wegen der hohen Lipoidlöslichkeit dringt die Substanz nach intravenöser Injektion rasch in das Gehirn ein. Nach intramuskulärer Injektion wird Ketamin rasch resorbiert; maximale Plasmaspiegel treten nach Injektion von 6 mg/kg bei Erwachsenen nach 22 min auf, analgetische Konzentrationen werden für 2–3 h aufrechterhalten.

Der Abbau von Ketamin erfolgt in der Leber in komplexen Schritten; die Metaboliten werden renal ausgeschieden.

Pharmakologie

Pharmakokinetische Parameter von Ketamin:
- Verteilungshalbwertszeit: 1–16 min
- Proteinbindung: 75%
- Verteilungsvolumen: 2,5–3,5 l/kg
- Clearance: 12–17 ml/kg/min
- Eliminationshalbwertszeit: 2–4 h

2.4.4 Klinische Anwendung

Indikationen

Hauptanwendungsgebiet für Ketamin sind kleinere chirurgische Eingriffe an der Körperoberfläche. Für Operationen an inneren Organen ist Ketamin wenig geeignet. Wegen der teilweise schwerwiegenden psychischen Nebenwirkungen sollte die Substanz nur nach strenger Indikationsstellung angewandt werden.

Spezielle Indikationen:
- ausgedehnte Wundversorgungen bei Verbrannten
- i.m. Narkoseeinleitung bei unkooperativen Kindern, wenn anders nicht möglich (▶ Kap. 36)
- Narkoseeinleitung bei Schock wegen der Herz-Kreislauf-stimulierenden Wirkung
- präklinische Schmerzbehandlung in der Notfallmedizin.

Kontraindikationen

Die Substanz sollte grundsätzlich nicht angewandt werden, wenn ein Anstieg von Herzfrequenz, arteriellem Blutdruck, Hirndurchblutung oder intrakraniellem Druck kontraindiziert ist.

Absolute Kontraindikationen: koronare Herzerkrankung, Hypertonie, manifeste Herzinsuffizienz, Aorten- und Mitralstenose, Phäochromozytom, nicht eingestellte Hyperthyreose, Uterusruptur und Nabelschnurvorfall, perforierende Augenverletzungen.

Des Weiteren ist Ketamin nicht indiziert bei:
- Epilepsie
- psychiatrischen Erkrankungen
- Eingriffen im Rachen-, Kehlkopf- und Bronchialbereich
- Schädel-Hirn-Trauma ohne ausreichende Beatmung (Normokapnie erforderlich).

Dosierungen

Niedrige Dosen von 0,5 mg/kg i.m. führen zu Analgesie ohne Verlust des Bewusstseins. Bei Dosen von mehr als 6 mg/kg i.m. wird die Aufwachphase um einige Stunden verlängert.

Pharmakologie

Ketamin-Racemat:

- Einleitungsdosis: 1–2 mg/kg i.v.; Nachinjektionen mit der Hälfte der Anfangsdosis
- Wirkungseintritt: 45–60 s
- Wirkdauer: 10–20 min
- exzitatorische Aktivität: +
- Injektionsschmerz: ø
- anästhetische Wirkkonzentration im Blut: 0,6–4 µg/ml
- sedierende Konzentration im Blut: 0,1–1 µg/ml
- Dosierung bei i.m. Einleitung: 5–12 mg/kg
- Notfall-Schmerzbehandlung: 0,25–0,5 mg/kg i.v. oder 0,5–1 mg i.m.
- Aufwachphase: Halluzinationen und Delirium möglich

Praktisches Vorgehen:

1. Um die Hypersalivation durch Ketamin zu mindern, wird die Substanz mit einem Vagolytikum, z.B. Atropin, kombiniert.
2. Außerdem sollten 1–2 mg Midazolam zugeführt werden, um die psychischen Nebenwirkungen beim Aufwachen zu dämpfen.
3. Postoperative Erregungs- oder Unruhezustände können mit Midazolam behandelt werden (allerdings: hierdurch Sedierung).
4. Nach der Narkose sollten die Patienten in einem ruhigen, abgeschirmten Raum untergebracht und möglichst wenig angesprochen werden.

2.4.5 (S)-Ketamin (Ketanest S)

(S)-Ketamin ist besser steuerbar als das Mischpräparat; auch tritt die Wirkung schneller ein; die Aufwachzeiten sind kürzer. Handelspräparate sind Ketamin S 5 (5 mg/ml) und Ketamin S 25 (25 mg/ml).

Pharmakologie

(S)-Ketamin:

- Einleitungsdosis 0,5–1 mg/kg i.v. oder 2–4 mg/kg i.m.; Nachinjektionen: Hälfte der Ausgangsdosis
- Wirkungseintritt 45–60 s
- anästhetische Wirkdauer 10–15 min
- Erholungsphase 20–60 min

Bei Bedarf:

- Dauerinfusion von 0,5–3 mg/kg/h (Dosisreduktion bei schlechtem Allgemeinzustand)
- Supplementierung von Regionalanästhesien: 0,125–0,25 mg/kg, wiederholt nach Bedarf
- Notfallmedizin 0,125–0,25 mg/kg langsam i.v. (Wirkdauer ca. 15 min) oder 0,25 bis 0,5 mg/kg i.m.

Klinische Anwendung: Die Indikationen und Kontraindikationen für den Einsatz von (S)-Ketamin entsprechen weitgehend denen des Racemats. Vorteile gegenüber dem Racemat ergeben sich aus der besseren Steuerbarkeit und den kürzeren Aufwachzeiten von (S)-Ketamin.

2

2.5 Benzodiazepine

Die Benzodiazepine sind keine Anästhetika, sondern Tranquilizer. Sie wirken dosisabhängig sedierend, anxiolytisch, antikonvulsiv und hypnotisch.

Einsatz in der Anästhesie:
- Prämedikation
- Sedierung bei Regionalanästhesie
- i.v. Supplementierung von Opioiden

Bei i.v. Anwendung wird perioperativ am häufigsten Midazolam eingesetzt.

2.5.1 Pharmakologische Wirkungen

Die Hauptwirkungen aller Benzodiazepine sind:
- Sedierung
- Anxiolyse
- Amnesie
- Hypnose
- antikonvulsive Aktivität
- zentrale Muskelrelaxierung.

Eine chirurgische Anästhesie tritt nicht ein, so dass mit Benzodiazepinen allein keine Operationen durchgeführt werden können.

Zentrales Nervensystem

Die Wirkungen der Benzodiazepine entstehen durch Besetzung spezifischer Bindungsstellen, den Benzodiazepinrezeptoren. Diese Rezeptoren fördern die hemmende Wirkung von GABA auf die neuronale Übertragung.

Kardiovaskuläres System

Die kardiovaskulären Wirkungen von Midazolam nach intravenöser Injektion sind beim Herzgesunden gering, können jedoch bei höherer Dosierung und beim Herzkranken ausgeprägter sein und zum Blutdruckabfall führen.

Respiratorisches System

Nach intravenöser Injektion bewirken die Benzodiazepine vorübergehend eine leichte Atemdepression; das Atemzugvolumen nimmt ab, die Atemfrequenz steigt etwas an. Vorübergehende Apnoe ist selten. Folgendes sollte aber beachtet werden:

> **! Merke**
> Die Kombination von Benzodiazepinen mit Opioiden kann zu einer ausgeprägten und lang anhaltenden Atemdepression führen.

2.5.2 Pharmakokinetik

Aufgrund ihrer Eliminationshalbwertszeit können die Benzodiazepine in lang (Eliminationshalbwertszeit > 24 h), mittellang (Eliminationshalbwertszeit 5–24 h) und kurz (Eliminationshalbwertszeit < 5 h) wirkende Substanzen eingeteilt werden (▶ Tab. 2-2).

Hiernach gilt Folgendes:

Tab. 2-2 Pharmakokinetische Parameter von Benzodiazepinen

	Midazolam	Flunitrazepam	Diazepam
Verteilungshalbwertszeit, $t_{1/2\alpha}$ (min)	7–15	–	10–15
Eliminationshalbwertszeit, $t_{1/2\beta}$ (h)	2–4	16–35	24–57
Proteinbindung (%)	94	77–80	98
Verteilungsvolumen (l/kg)	1–1,5	3,8	1–1,5
Clearance (ml/kg/min)	6–8	0,9	0,2–0,5

- Kurz wirkend: Midazolam
- mittellang wirkend: Flunitrazepam
- lang wirkend: Diazepam.

Die Benzodiazepine werden überwiegend in der Leber metabolisiert; die Metaboliten sind teilweise noch aktiv und werden vorwiegend renal ausgeschieden.

2.5.3 Klinische Anwendung der Benzodiazepine

Die wesentlichen Indikationen in der Anästhesiologie sind:
- Prämedikation
- Sedierung bei Regionalanästhesien
- Sedierung bzw. Hypnose für kurze schmerzlose Eingriffe, z.B. Kardioversion
- Narkoseeinleitung bei kardiovaskulär erheblich beeinträchtigten Patienten
- TIVA mit Opioiden bei kardiovaskulären Risikopatienten
- Kombination mit Ketamin zur Abschwächung psychomimetischer Effekte
- Antikonvulsivum, z.B. bei lokalanästhetikainduzierten Krämpfen oder Eklampsie.

! Merke

Grundsätzlich gilt für alle Benzodiazepine, dass die Fahrtüchtigkeit für mindestens 12 h nach der Injektion einer Einzeldosis eingeschränkt ist und die Patienten während dieser Zeit kein Kraftfahrzeug führen oder Maschinen bedienen dürfen.

Kontraindikationen:
- Myasthenia gravis
- Überempfindlichkeit gegen Benzodiazepine
- bekannte paradoxe Reaktion auf Benzodiazepine
- akute Vergiftungen mit Alkohol oder Schlafmitteln
- schwere respiratorische Insuffizienz.

2.5.4 Midazolam

Midazolam, 8-Chlor-6-(2-fluorphenyl-1-methyl)-4-H-imidazo-benzodiazepin, ist ein wasserlösliches Benzodiazepin. Die Injektion der Substanz ist nicht mit Schmerzen verbunden. Das Handelspräparat Dormicum enthält 15 mg in 3 ml, 5 mg in 5 ml, 5 mg in 1 ml oder 50 mg in 10 ml spritzfertiger wässriger Lösung. Die Ampullenlösung ist kompatibel mit Glukose 5% und Natriumchlorid 0,9% in Mischungsverhältnissen von 1:1, 1:125 und 1:250. Die Mischungen sind 24 h stabil.

Pharmakologie

Midazolam:

- Narkoseeinleitung Erwachsene 0,15–0,3 mg/kg i.v., Kinder 0,2 mg/kg i.v.
- Sedierung bei Regionalanästhesien: 0,05–0,1 mg/kg i.v.
- Wirkungseintritt 30–60 s
- Wirkdauer 15–30 min
- für die Anästhesie erforderliche Blutkonzentration 50–200 ng/ml
- Blutkonzentration für Sedierung: 40–100 ng/ml

Bei wiederholter Nachinjektion kleinerer Dosen wird die Wirkdauer deutlich verlängert.

Außerdem führt Midazolam, abhängig von der Dosis und der Injektionsgeschwindigkeit, zu einer zentralen Atemdepression, bis hin zur vorübergehenden Apnoe.

Daher gilt:

! Merke

Nach intravenöser Zufuhr von Midazolam für die Sedierung bei Regionalanästhesien ist eine kontinuierliche und sorgfältige Überwachung der Atemfunktion erforderlich!

2.5.5 Antagonisierung von Benzodiazepinen durch Flumazenil

Die Substanz verdrängt die Benzodiazepine kompetitiv (und konzentrationsabhängig) aus ihrer Rezeptorbindung. Steht der Patient unter der sedierenden oder hypnotischen Wirkung eines Benzodiazepins, wird sofort nach der Injektion eine Weckreaktion ausgelöst: Sedierung, Bewusstlosigkeit, Atemdepression und psychomotorische Wirkungen des Benzodiazepins werden innerhalb von 1–3 min aufgehoben. Wesentliche kardiovaskuläre Wirkungen, wie bei der Antagonisierung von Opioiden durch Naloxon, treten nicht auf.

Indikationen (enges Spektrum!):

- Therapeutische Antagonisierung von Benzodiazepinen
- differentialdiagnostische Zufuhr bei Koma unbekannter Ursache und Verdacht auf Benzodiazepin-Überdosierung
- Antagonisierung nach Narkosen oder Sedierung bei persistierender Bewusstlosigkeit, wenn hierbei Benzodiazepine eingesetzt wurden.

Der routinemäßige Einsatz des sehr teuren Präparats ist hingegen nicht gerechtfertigt.

Pharmakologie

Dosierung und Wirkdauer von Flumazenil (Anexate):

- therapeutische Antagonisierung: 0,1–0,2 mg i.v.; evtl. wiederholt; maximal 3,0 mg
- differentialdiagnostisch bei Koma: 0,5–1,0 mg i.v.
- Wirkdauer von 3 mg: 45–90 min

Schwerwiegende Nebenwirkungen und Kontraindikationen für Flumazenil sind nicht bekannt.

→ Die Plasmahalbwertszeit von Flumazenil beträgt ca. 1 h, entsprechend kurz ist auch die Wirkdauer. Hierdurch kann später eine erneute Sedierung durch den Agonisten auftreten; evtl. muss daher, auch mehrmals, nachinjiziert werden.

Literatur

Arzneimittelkommission der deutschen Ärzteschaft. Schwere unerwünschte Arzneimittelwirkungen nach Propofol-Infusionen zur Sedierung. Deutsches Ärzteblatt 2004, 50:A3446

Bauer M, Wilhelm W, Kraemer T, Kreuer S, Brandt A, Adams HA, Hoff G, Larsen R: Impact of bispectral index monitoring on stress response and propofol consumption in patients undergoing coronary artery bypass surgery. Anesthesiology 2004, 101(5):1096–104.

Kreuer S, Schreiber JU, Bruhn J, Wilhelm W: Impact of patient age on propofol consumption during propofol-remifentanil anaesthesia. Eur J Anaesthesiol 2005; 22(2):123–8.

Motsch J, Roggenbach J: Propofol-Infusionssyndrom. Anaesthesist 2004, 53:1009–22; 1023–4. Übersicht.

Vanlersberge C, Camu F: Etomidate and other non-barbiturates. Handb Exp Pharmacol 2008, 182:267–82.

Vanlersberghe, Camu F: Propofol. Handb Exp Pharmacol 2008, 182:227–52.

Wilhelm W, Biedler A, Huppert A, Kreuer S, Bucheler O, Ziegenfuss T, Larsen R: Comparison of the effects of remifentanil or fentanyl on anaesthetic induction characteristics of propofol, thiopental or etomidate. Eur J Anaesthesiol 2002: 19:350–6.

Wilhelm W, Buchinger H, Biedler A, Altmann S, Larsen R, Kreuer S: Einfluss des Geschlechts auf Propofolverbrauch und Aufwachzeiten bei standardisierter Anästhesietiefe. Anaesthesist 2005, 54(6):567–74.

3 Opioide für Narkosen

Für Narkosen werden in Deutschland die hochpotenten Anilinopiperidinderivate Fentanyl, Remifentanil, Alfentanil und Sufentanil eingesetzt.

Wichtigste Indikationen für den perioperativen Einsatz sind:

- balancierte Anästhesie zusammen mit Inhalationsanästhetika
- analgetische Komponente der totalen intravenösen Anästhesie (TIVA)
- postoperative Schmerztherapie
- Prämedikation (bei Schmerzen).

3.1 Opioidrezeptoren

Die Wirkungen der Opioide entstehen durch die Bindung an die einzelnen Opioidrezeptortypen.

- Die Aktivierung der **μ-Rezeptoren** führt zu Analgesie (vor allem supraspinal), Euphorie, Miosis, Atemdepression, Hustendämpfung und Obstipation.
- **κ_1-Rezeptoren** vermitteln eine Analgesie auf spinaler Ebene, die pharmakologischen Wirkungen von κ_2-Rezeptoren sind unbekannt, und κ_3-Rezeptoren sollen den Schmerz auf supraspinaler Ebene dämpfen.
- Die **δ-Rezeptoren** vermitteln eine Analgesie auf supraspinaler und auf spinaler Ebene, wobei das spinale System stabiler zu sein scheint.

Periphere Opioidrezeptoren. Alle drei Rezeptortypen finden sich nicht nur im zentralen Nervensystem, sondern auch auf den peripheren Endigungen dünner oder unmyelinisierter Hautnerven und in Gelenken, Opioidrezeptor-Messenger-RNS auch in Dorsalwurzelganglien. In entzündeten peripheren Geweben sollen die Opioide analgetisch und antientzündlich wirken.

3.1.1 Klassifizierung der Opioide nach der Rezeptorwirkung

Drei Gruppen von Opioiden können unterschieden werden:

- Morphin und andere morphinartige Agonisten
- Opioide mit gemischter Wirkung
- Opioidantagonisten (z.B. Naloxon).

Reine Agonisten. Morphin, Pethidin, Methadon, Fentanyl, Remifentanil, Alfentanil und Sufentanil sind reine, selektive Agonisten am μ-Rezeptor. Ihre analgetische Wirkung entsteht primär durch Aktivierung der μ-Rezeptoren, ebenso die Atemdepression, Miosis, verminderte gastrointestinale Motilität und Euphorie.

Partielle Agonisten. Buprenorphin aktiviert partiell und selektiv den μ-Rezeptor, weist somit eine geringere Maximalwirkung auf als Morphin, ist aber 30fach stärker **analgetisch** wirksam.

Gemischte Agonisten-Antagonisten. Nalbuphin und Pentazocin sind partielle Agonisten am κ-Rezeptor und Antagonisten oder partielle Agonisten an μ-Rezeptoren. Die selektiven κ-Agonisten wirken analgetisch auf supraspinaler Ebene, aber auch dysphorisierend und psychotomimetisch (desorientierend oder depersonalisierend).

Antagonisten. Naloxon und Naltrexon sind reine, selektive Antagonisten an μ-Rezeptoren, blockieren in sehr hohen Dosen jedoch auch die κ- und δ-Rezeptoren (▶ Tab. 3-1).

Tab. 3-1 Opioidrezeptoren, Agonisten, Antagonisten und ihre Rezeptorwirkungen

Rezeptortyp	Agonisten	Antagonisten	Wirkungen
μ (My)	β-Endorphin	Naloxon	Analgesie
	Morphin	Naltrexon	Euphorie
	Fentanyl	Pentazocin	Miosis
	Remifentanil	Nalbuphin	Atemdepression
	Alfentanil		antitussive Wirkung
	Sufentanil		Übelkeit und Erbrechen
	Buprenorphin		Bradykardie
			Obstipation
κ (Kappa)	Dynorphin	Naloxon	Analgesie
	Pentazocin	Naltrexon	Sedierung
	Nalbuphin		Dysphorie
δ (Delta)	Leu-Enkephalin	Naloxon	Analgesie
	β-Endorphin	Naltrexon	Verhaltensänderungen

3.2 Pharmakologische Eigenschaften

Die für die Anästhesie verwendeten Substanzen Fentanyl, Remifentanil, Alfentanil, Sufentanil reagieren wie das Morphin hauptsächlich mit den μ-Rezeptoren des zentralen Nervensystems und des Darms, in höheren Dosen auch mit anderen Rezeptoren des Opioidsystems. Hierbei können zentrale von peripheren Wirkungen unterschieden werden.

3.2.1 ZNS-Wirkungen

Die wichtigsten zentralen Wirkungen und Nebenwirkungen der Opioide sind:

- Analgesie
- Schläfrigkeit (Sedierung)
- Wohlbefinden, Euphorie
- Veränderung geistiger Funktionen
- Atemdepression
- Muskelrigidität
- Miosis
- Dämpfung des Hustenreflexes
- Übelkeit und Erbrechen.

Analgesie

Die analgetische Wirkung der Opioide ist weitgehend selektiv; andere Sinnesmodalitäten wie Berührung, Vibration, Sehen, Hören usw. werden nicht beeinträchtigt. Kontinuierlicher, dumpfer Schmerz wird besser gedämpft als scharfer, intermittierender Schmerz (z.B. Koliken). Bei entsprechend hoher Dosierung wird jedoch praktisch jeder Schmerz vollständig ausgeschaltet, allerdings einhergehend mit Atemdepression oder Apnoe.

Euphorie, Schläfrigkeit, Narkose

Starke μ-Agonisten bewirken Schlaf, vor allem bei älteren und/oder sehr kranken Patienten; allerdings sind die meisten Patienten erweckbar. Für die Narkosepraxis ist aber Folgendes wichtig:

→ Opioide allein schalten, selbst in sehr hohen Dosen, das Bewusstsein nicht sicher aus und müssen daher in der Regel mit i.v. Anästhetika oder Sedativ-Hypnotika kombiniert werden. Auch erzeugen die Opioide keine Amnesie.

Atemdepression

Alle Opioide führen bereits in analgetischen Dosen zu einer zentralen Atemdepression; die Reaktion der „Atemzentren" in der Medulla oblongata auf ansteigende $paCO_2$-Werte wird vermindert, ebenso die Reaktion der peripheren Chemorezeptoren auf einen Abfall des arteriellen pO_2 (Hypoxämie). Außerdem werden die pontinen und medullären atemregulatorischen Zentren gedämpft.

> **! Merke**
> Die Atemdepression durch Opioide ist dosisabhängig und wird durch fehlende Stimulation und Schlaf oder gleichzeitige Zufuhr von i.v. Anästhetika und Sedativa verstärkt. Der Tod durch Überdosierung von Opioiden beruht fast immer auf einer zentralen Atemlähmung.

Klinische Manifestationen (dosisabhängig):
- Abnahme der Atemfrequenz und des Atemminutenvolumens
- zunächst meist Zunahme des Atemzugvolumens
- Bradypnoe (bis auf 3/min)
- Apnoe.

Muskelrigidität

Opioide können den Muskeltonus bis hin zur Muskelsteife erhöhen und dadurch die Maskenbeatmung erschweren! Betroffen sind vor allem die Muskeln von Thorax, Abdomen und Kehlkopf. Die Rigidität beginnt zumeist innerhalb von 60–90 s nach i.v. Injektion des Opioids oder mit Beginn des Bewusstseinsverlusts, gelegentlich auch Stunden später.

Neuroexzitatorische Phänomene

Opioide können exzitatorische Phänomene hervorrufen, die sich als Nystagmus, Beugung einzelner Extremitäten oder tonisch-klonische Aktivität von Muskeln des Stamms und der Extremitäten manifestieren. Meist halten die Phänomene nur wenige Minuten an und verschwinden spontan oder nach Injektion eines Benzodiazepins. Fentanyl kann in sehr seltenen Fällen zum Delirium und zur Grand-mal-Aktivität führen, ebenso Sufentanil.

Miosis

Alle Opioide bewirken in klinischen Dosen eine Miose, bedingt durch eine stimulierende Wirkung auf das autonome Segment im Kern des N. oculomotorius (Edinger-Westphal-Kern). Das Fehlen einer Miosis weist auf eine fehlende Opioidwirkung hin.

Übelkeit und Erbrechen

Übelkeit und Erbrechen sind typische Nebenwirkungen der Opioide. Sie treten unabhängig von der Art des Opioids und auch unabhängig von der Art der Zufuhr (oral, rektal, i.v., i.m., s.c., peridural, subarachnoidal) auf. Ursache ist eine direkte, opioidinduzierte Stimulation der Chemorezeptoren-Triggerzone.

Behandlung: Antiemetika (▶ Kap. 16)

Toleranz

Die kontinuierliche Zufuhr von Opioiden über einen bestimmten Zeitraum führt zwangsläufig zur Toleranz bzw. Gewöhnung gegenüber den ZNS-Wirkungen: Die Wirkdauer ist verkürzt, die analgetische, sedierende, euphorisierende und atemdepressorische Wirkung abgeschwächt. Eine akute Toleranz unter Anästhesiebedingungen ist ebenfalls beschrieben worden.

Abhängigkeit

Die chronische Zufuhr von Opioiden führt, neben der Toleranz, bei allen Patienten zwangsläufig zur Abhängigkeit, häufig auch zur Sucht. Abruptes Absetzen der Opioide nach längerer Zufuhr löst in der Regel ein Entzugssyndrom aus (▶ Kap. 29), daher muss die Therapie mit Opioiden ausschleichend beendet werden.

3.2.2 Kardiovaskuläre Wirkungen

Insgesamt sind die kardiovaskulären und myokardialen Wirkungen der Opioide, selbst bei Herzkranken, gering, klinisch aber oft nachweisbar:

- **Blutdruckabfall** durch Dilatation der Arteriolen (Dämpfung der Vasomotorenzentren in der Medulla oblongata; Histaminfreisetzung bei Morphin); Abnahme des venösen Rückstroms durch Venodilatation
- **Bradykardie,** vor allem bei hohem Vagotonus, β-Blocker-Therapie, gleichzeitiger Zufuhr von Propofol; bedingt durch Aktivierung kardioinhibitorischer vagaler und Hemmung sympathischer Efferenzen.

→ Die opioidinduzierte Bradykardie kann durch Zufuhr von **Atropin** oder eines anderen Muskarinrezeptor-Blockers verhindert oder beseitigt werden.

3.2.3 Magen-Darm-Trakt, Urogenitaltrakt und Niere

Die wichtigsten Wirkungen sind:

- Obstipation durch Hemmung der propulsiven Darmaktivität
- Harnverhalt durch Tonuszunahme des M. detrusor und des Harnblasensphinkters
- Antidiurese, vermutlich durch vermehrte ADH-Freisetzung.

3.2.4 Haut

Klinische Dosen von Morphin dilatieren die Hautgefäße: Die Haut im Bereich des oberen Thorax sowie von Gesicht und Hals ist gerötet und warm. Der Effekt könnte z.T. auf einer Histaminfreisetzung beruhen.

3

3.2.5 Histaminfreisetzung

Morphin und die semisynthetischen Opioide wie Pethidin und einige der Analoga können Histamin aus Basophilen und aus Mastzellen in der Haut und in der Lunge freisetzen. Die Histaminfreisetzung ist vermutlich dosisabhängig und führt zur Vasodilatation mit Blutdruckabfall. Sie kann durch kombinierte Vorinjektion von H_1- und H_2-Blockern verhindert werden, jedoch nicht durch Naloxon.

3.2.6 Juckreiz

Juckreiz ist eine typische Nebenwirkung aller klinisch eingesetzten Opioide, die nach spinaler oder periduraler Zufuhr wesentlich häufiger vorkommt als nach parenteraler Gabe. Der genaue Mechanismus ist unbekannt; die Aufhebung des Juckreizes durch Naloxon spricht für opioidspezifische Mechanismen.

3.2.7 Interaktionen mit anderen Pharmaka

Interaktionen mit anderen Medikamenten können die zentralen und kardiovaskulären Opioidwirkungen verstärken.

- Benzodiazepine und i.v. Anästhetika reduzieren den Dosisbedarf und verstärken die atemdepressorische und blutdrucksenkende Wirkung der Opioide.
- Opioide können die bradykarde Wirkung von Propofol bei einigen Patienten erheblich verstärken.
- Alle μ-Agonisten vermindern dosisabhängig die minimale alveoläre Konzentration der Inhalationsanästhetika bis maximal um 70% (Einzelheiten ▶ Kap. 1); umgekehrt verstärken Inhalationsanästhetika die zentralen Wirkungen der Opioide, einschließlich eines Synergismus bei der Atemdepression.
- Durch Kombination von Opioiden mit einem Neuroleptikum entsteht eine sog. Neuroleptanalgesie, ein Zustand der Analgesie und Neurolepsie bei erhaltenem Bewusstsein.

3.2.8 Toxikologie/Überdosierung

Die wichtigsten Zeichen der Überdosierung beim nicht narkotisierten Patienten sind:

- Dämpfung des ZNS mit Schläfrigkeit, Atemdepression und Miosis
- Muskelrigidität, besonders der Thoraxwand.

Die Therapie ist symptomatisch und unterstützend: Naloxon, Beatmung.

3.3 Opioide für Narkosen

Für Narkosen werden in der Regel nur die hochpotenten Anilinopiperidinderivate Fentanyl, Alfentanil, Sufentanil und Remifentanil eingesetzt, entweder in Kombination mit Inhalationsanästhetika (balancierte Anästhesie) oder mit i.v. Anästhetika, vor allem mit Propofol (totale intravenöse Anästhesie). Diese Opioide unterscheiden sich im Wesentlichen durch ihre Pharmakokinetik (▶ Tab. 3-2).

3.3.1 Fentanyl

Fentanyl (Phenylethyl-propionyl-anilinopiperidin) ist chemisch ein dem Pethidin verwandtes synthetisches Opioid und pharmakologisch, wie Morphin, ein μ-Rezeptor-Agonist, allerdings mit einer ca. 125fach stärkeren analgetischen Wirkung.

Tab. 3-2 Physikochemische und pharmakokinetische Parameter von Opioiden für Narkosezwecke

Parameter	Morphin	Fentanyl	Sufentanil	Alfentanil	Remifentanil
pKa	7,9	8,4	8	6,5	7,1
ionisierter Anteil bei pH 7,4 (%)	76	91	80	11	33
Plasmaproteinbindung (%)	35	84	93	92	70
Vdss (l)	224	335	123	27	30
Clearance (ml/min)	1050	1530	900	238	4000
hepatisches Extraktionsverhältnis	0,6–0,8	0,8–1	0,7–0,9	0,3–0,5	–
rasche Verteilungshalbwertszeit, $t_{1/2\alpha}$ (min)	1–1,25	1,2–1,9	1,4	1,0–3,5	0,4–0,5
langsame Verteilungshalbwertszeit (min)	1,5–4,4	9,2–19	17,7	9,5–17	2–3,7
terminale Eliminationshalbwertszeit, $t_{1/2\beta}$ (h)	1,7–3,3	3,1–6,6	2,2–4,6	1,4–1,5	0,17–0,33

Vdss = Verteilungsvolumen im Steady State

Tab. 3-3 Analgetische Potenz und Wirkdauer von Opioiden nach i.v. Bolusinjektion

	Analgetische Potenz	Maximaler Wirkungseintritt (min)	Minimale Wirkdauer (min)	Relative Wirkdauer (min)
Morphin	1	30	90	200–250
Alfentanil	30–40	1	11	30–60
Remifentanil	125	1,5–2	10	20
Fentanyl	125	5–8	20–30	60–120
Sufentanil	1000	2–4	30	100–150

Nach einer Bolusinjektion wird die Wirkdauer von Fentanyl durch die Verteilungshalbwertszeit bestimmt, und die Substanz ist „kurz“ wirksam (▶ Tab. 3-3). Wiederholte Injektionen und kontinuierliche Infusion führen dagegen zur Kumulation: kontextsensitive Halbwertszeit und Wirkdauer werden verlängert.

Pharmakologie

Kinetik von Fentanyl:

- Wirkungseintritt:
  - i.v. 1–3 min; maximale analgetische und atemdepressorische Wirkung nach 5–8 min
  - i.m. 7–8 min
  - epidural 20–30 min
- Wirkdauer von 0,1 mg i.v.: 0,5–1 h
- Eliminationshalbwertszeit: 220 min nach i.v. Injektion eines Bolus
- kontextsensitive Halbwertszeit (nach 4-stündiger Infusion): 263 min

Pharmakologie

Dosierung von Fentanyl (nur Anhaltswerte! Grundsätzlich nach Wirkung dosieren):

- Unterdrückung der Intubationsreaktion: 1–10 µg/kg 3–5 min vor Injektion des i.v. Einleitungsanästhetikums (Vorsicht: kann Husten und Muskelrigidität auslösen)
- balancierte Anästhesie oder TIVA: Bolusinjektion von ca. 0,5–2,5 µg/kg, etwa alle 30 min (ca. 3–5 µg/kg/h) oder kontinuierliche Infusion von 2–10 µg/kg/h nach Bolusinjektion von 1–10 µg/kg
- starke akute Schmerzen: 0,05–0,1 mg ca. alle 1–2 h i.v. bzw. nach Bedarf oder PCA (▶ Kap. 29) unter ständiger Überwachung
- Prämedikation bei Patienten mit Schmerzen: 0,05–0,1 mg i.m.

Grundsätzlich ist zu beachten, dass die wiederholte Injektion von Fentanyl und auch die Zufuhr sehr hoher Dosen zu einer lang anhaltenden Atemdepression in der postoperativen Phase führen kann und daher eine entsprechende Überwachung und Sicherung der Atemfunktion erforderlich ist.

Nebenwirkungen: s.o.

3.3.2 Alfentanil

Alfentanil ist ein Tetrazolderivat von Fentanyl. Die Wirkstärke einer Bolusinjektion beträgt etwa ein Viertel der von Fentanyl, die Wirkdauer ist kürzer, vor allem bedingt durch das geringere Verteilungsvolumen.

Die Wirkung von Alfentanil setzt sehr rasch ein und hält aufgrund der Umverteilung nur kurz an. Bei hohen Dosen (0,1–0,2 mg/kg) muss mit Kumulation und verlängerter Wirkung gerechnet werden.

Pharmakologie

Kinetik von Alfentanil:

- Wirkungseintritt:
  - i.v.: 1–2 min, maximaler Effekt nach < 2 min
  - i.m.: < 5 min, maximaler Effekt nach 15 min
- Wirkdauer
  - 10–15 min i.v.
  - 10–60 min i.m.
- Eliminationshalbwertszeit 90–110 min nach i.v. Bolus
- kontextsensitive Halbwertszeit (nach 4-stündiger Infusion): 59 min

Einsatz und Dosierung. Wegen seiner kurzen Wirkdauer wird Alfentanil vor allem für kürzere Eingriffe (< 15 min Dauer) eingesetzt, aber auch als analgetische Komponente einer TIVA. Allerdings ist Remifentanil dem Alfentanil in dieser Hinsicht deutlich überlegen.

Pharmakologie

Dosierung von Alfentanil:

- initialer Bolus bei kurzen Eingriffen: 5–10 µg/kg; wenn erforderlich, Nachinjektionen von ⅓ der Anfangsdosis
- kontinuierliche Infusion bei längeren Eingriffen: initialer Bolus von 10–50 µg/kg, dann kontinuierlich 3–5 µg/kg/h mit 70% N_2O oder Propofol als TIVA

Nebenwirkungen: s.o.
- ausgeprägte Bradykardie, besonders bei Kombination mit Propofol
- Blutdruckabfall (30–40 mmHg)
- postoperative Atemdepression.

3.3.3 Sufentanil

Sufentanil, ein hochselektiver μ-Rezeptor-Agonist, ist das stärkste der klinisch gebräuchlichen Opioide. Die Wirkung setzt rascher ein als die von Fentanyl und hält kürzer an.

Pharmakologie

Kinetik von Sufentanil:
- Wirkungseintritt: 1–3 min
- Wirkdauer eines i.v. Bolus: 35 min
- kontextsensitive Halbwertszeit (nach 4-stündiger Infusion): 34 min
- Eliminationshalbwertszeit: 164 min

Einsatz und Dosierung. Sufentanil wird zumeist als Supplement einer balancierten Anästhesie oder eine TIVA eingesetzt, vor allem bei sehr schmerzhaften Eingriffen, z.B. in der Herzchirurgie.

Pharmakologie

Dosierung von Sufentanil:
- Abschwächung der Intubationsreaktion: 0,3–1 μg/kg 1–3 min vor Intubation
- balancierte Anästhesie: Bolusdosen von 0,1–0,5 μg/kg (mittlerer Bedarf 0,35 μg/kg/h) oder initialer Bolus ca. 0,5 μg/kg, dann kontinuierliche Infusion von ca. 0,5 μg/kg/h (Bereich 0,3–1 μg/kg/h)

3.3.4 Remifentanil

Remifentanil ist ein reiner μ-Opiatrezeptor-Agonist. Die Wirkung setzt rasch ein und hält nur sehr kurz an.
- Der Abbau von Remifentanil erfolgt kontinuierlich im Blut und Gewebe durch **unspezifische Plasma- und Gewebeesterasen** und damit unabhängig von der Aktivität der Cholinesterase und der Pseudocholinesterase, des Weiteren unabhängig von der Nieren- und Leberfunktion.
- Mit 3–4 min weist Remifentanil die kürzeste kontextsensitive Halbwertszeit aller Opioide auf (▶ Abb. 3-1); sie wird auch durch 10-stündige Infusion nicht verändert, d.h., Remifentanil kumuliert nicht.

Pharmakologie

Kinetik von Remifentanil:
- Wirkungseintritt: < 1 min
- Wirkdauer: 3–10 min
- Eliminationshalbwertszeit: 8–20 min
- kontextsensitive Halbwertszeit: 3–4 min für jede Infusionsdauer

- Bei älteren Patienten sollte Remifentanil etwa **um die Hälfte** niedriger dosiert werden als bei jüngeren.

- Bei Adipositas von mehr als 30% sollte Remifentanil nach dem jeweiligen Idealgewicht dosiert werden!
- Wird Remifentanil zusammen mit Propofol infundiert, treten in den ersten 15 min signifikant höhere Plasmakonzentrationen auf als bei alleiniger Infusion von Remifentanil (Bouillon et al., 2002); die Erhaltungsdosen und Aufwachzeiten werden jedoch nicht verändert. Dagegen wird die Pharmakokinetik von Propofol durch Remifentanil nicht beeinflusst.

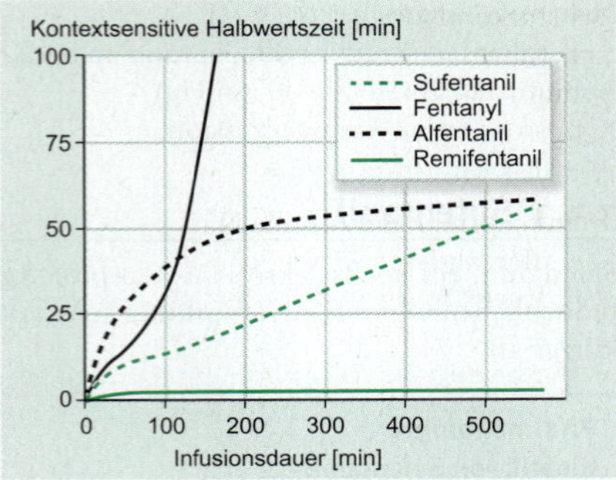

Abb. 3-1 Kontextsensitive Halbwertszeit von Remifentanil, Fentanyl, Alfentanil und Sufentanil (mod. nach Egan et al., 1996).

Pharmakodynamik

Da Remifentanil ein selektiver μ-Rezeptor-Agonist ist, entsprechen seine pharmakologischen Wirkungen im Wesentlichen denen von Fentanyl, Alfentanil und Sufentanil:

Analgetische Wirkstärke

Um vegetative und somatische Reaktionen auf den Hautschnitt zu unterdrücken, ist eine mittlere Dosierung von 0,5 μg/kg/min erforderlich. Stärkere chirurgische Stimuli erfordern eine entsprechend höhere Dosierung. Nach Abstellen der Remifentanil-Infusion klingt auch die analgetische Wirkung sehr rasch ab, so dass bei schmerzhaften Eingriffen sofort nach dem Erwachen starke Schmerzen auftreten können.

Atemdepression

Nach einmaliger Bolusinjektion 1,5 μg/kg Remifentanil ist die Atemdepression innerhalb von 5 min maximal ausgeprägt und hält etwa 10 min an, nach 2 μg/kg etwa 20 min. Auch nach Abstellen einer kontinuierlichen Infusion normalisieren sich die Blutgase innerhalb von 5–15 min, unabhängig von der Höhe der Infusionsrate. Damit weist Remifentanil die kürzeste atemdepressorische (allerdings auch analgetische) Wirkung aller gebräuchlichen Opioide auf.

Wegen der sehr kurzen Wirkdauer von Remifentanil ist eine Antagonisierung nur selten erforderlich.

Herz-Kreislauf-Funktion

Bradykardie und die blutdrucksenkende Wirkung sind meist ausgeprägter als bei Fentanyl oder Sufentanil. Sie treten vor allem nach Bolusinjektionen auf und sind bei älteren Patienten stärker als bei jüngeren.

Prophylaxe:
- niedrigere Anfangsdosierung
- Verzicht auf Bolusinjektionen
- Dosisreduktion in Phasen geringer Stimulation
- Dosisreduktion bei älteren Patienten
- Vorinjektion von Atropin.

Bei stärkerem Blutdruckabfall muss sofort die Dosis reduziert und ein Vasopressor zugeführt werden; Volumenzufuhr allein beseitigt den Blutdruckabfall nicht rasch genug.

Einsatz und Dosierung

Remifentanil kann für alle Narkosen eingesetzt werden; die Steuerbarkeit übertrifft die aller anderen Opioide; hämodynamische Reaktionen auf starke Stimuli wie Blutdruckanstieg und Tachykardie können bei den allermeisten Patienten allein durch Dosiserhöhung rasch beseitigt werden. Die Patienten erwachen zumeist innerhalb von 5–10 min nach Abstellen der Infusion und sind in einer Weise orientiert und kooperativ wie bei keinem anderen Opioid.

Kombination mit Inhalationsanästhetika

Da Remifentanil dosisabhängig den MAC-Wert der Inhalationsanästhetika reduziert, sind bei einer Remifentanil-Infusionsrate von 0,05–1 µg/kg/min für einen ausreichend tiefen Schlaf mit Amnesie bei den meisten Patienten nur sog. MAC_{awake}-Konzentrationen bzw. 0,5 MAC ohne und 0,3 MAC mit Lachgaszusatz erforderlich, z.B.:

- 0,4–0,6 Vol.% Isofluran
- 3 Vol.% Desfluran
- 1 Vol.% Sevofluran.

Diese Konzentrationen können zusammen mit Remifentanil praktisch bis zum Ende der Operation beibehalten werden, ohne dass hierdurch das Erwachen aus der Narkose wesentlich verzögert wird. Die Dosierung von Remifentanil richtet sich hingegen nach der Intensität der chirurgischen Stimulation.

Kombination mit Propofol als TIVA

✓ Praktisches Vorgehen

TIVA mit Remifentanil und Propofol (beispielhaft)

1. Beginn der Remifentanil-Infusion in einer individuell angepassten Dosierung, z.B. 0,1–0,25–0,5 µg/kg/min, und der Propofolinfusion mit 5–6 mg/kg/h.
2. Um die Einleitungsphase abzukürzen, kann die Narkose unmittelbar nach Beginn der Remifentanil-Wirkung auch mit einem Propofolbolus eingeleitet werden.
3. Nach der Intubation: Reduktion der Remifentanilinfusion auf ca. 0,1 µg/kg/min und der Propofolinfusion auf ca. 2 mg/kg/h (mit EEG-Monitor) bis 4 mg/kg/h (ohne EEG-Monitor).
4. Zum Hautschnitt: Erhöhung der Remifentanilinfusion auf ca. 0,2 µg/kg/min oder mehr, je nach Bedarf.
5. In Phasen intensiver chirurgischer Stimulation: Erhöhung der Remifentanil-Infusion, z.B. auf 0,5 µg/kg/min oder mehr.

Ausleitung der Narkose

Da Remifentanil nicht kumuliert und die Wirkung sehr rasch beendet wird, kann die Remifentanil-Infusion bis zum Operationsende oder bis wenige Minuten vorher beibehalten werden.

→ Wurde ein Inhalationsanästhetikum wie Desfluran oder Sevofluran in niedriger Konzentration als Hypnotikum verwendet, kann die Zufuhr ebenfalls bis Operationsende oder kurz davor beibehalten werden; höhere Konzentrationen als

MAC_{awake} können das Erwachen verzögern und sollten daher rechtzeitig reduziert werden.

→ Bei länger dauernden Remifentanil-Narkosen in Kombination mit Propofol kann das Erwachen ebenfalls verzögert werden, so dass auch hier rechtzeitig die Dosierung reduziert werden sollte, wenn der Patient früh extubiert werden soll.

Pharmakologie

Dosierung von Remifentanil:
- Transport des beatmeten Patienten zur Intensivstation: 0,05–0,15 µg/kg/min über Perfusor
- Analgesie bei diagnostischen oder therapeutischen Eingriffen unter erhaltener Spontanatmung (mit Anästhesie-Überwachung!): 0,01–0,2 µg/kg/min über Perfusor

Warnhinweise und Vorsichtsmaßnahmen
- Anwendung nur unter entsprechender Anästhesieüberwachung mit bereitgestelltem Notfallinstrumentarium.
- Gefahr des Blutdruckabfalls und der Bradykardie.
- Bei rascher Bolusinjektion oder Infusion: starke Muskelrigidität mit Beeinträchtigung der Ventilation oder Atemstillstand möglich.
- Gefahr der intraoperativen Wachheit, wenn Propofol-Begleitinfusion < 75 µg/kg/min bei Patienten < 55 Jahre oder wenn als „Monoanästhetikum" zugeführt.
- Wegen Bradykardiegefahr Vorsicht bei Patienten mit vorbestehender Bradykardie (β-Blocker-Therapie).
- Vorsicht bei Adipositas permagna: Apnoegefahr.
- Bei schmerzhaften Eingriffen vor Abstellen des Remifentanil-Perfusors: Analgetikum zuführen.

Postoperativer Schmerz
Da die Wirkung von Remifentanil sehr rasch beendet wird, können bereits frühzeitig und schlagartig heftige postoperative Schmerzen auftreten, die sofort behandelt werden müssen. Zur Prophylaxe sollten daher nach schmerzhaften Eingriffen die Analgetika bereits kurz vor Ende der Operation, spätestens aber mit Abstellen der Dauerinfusion oder Extubation zugeführt werden. Je nach Intensität des zu erwartenden postoperativen Schmerzes werden prophylaktisch Opioide oder Nichtopioidanalgetika zugeführt, z.B. Piritramid, Paracetamol, Diclofenac oder Metamizol.

3.4 Opioidantagonisten
Die Wirkung von Opioiden kann durch spezifische Antagonisten, die selbst Derivate des Opiums sind, aufgehoben werden.

Naloxon
Naloxon, das N-Allylderivat von Oxymorphon, ist ein reiner Opioidantagonist ohne agonistische Wirkung. Die Substanz wirkt kompetitiv antagonistisch an allen Opioidrezeptoren, weist jedoch die höchste Affinität zu den µ-Rezeptoren auf.

Anwendung und Dosierung

Die wichtigsten **Indikationen** für Naloxon sind:

- postoperativer Opioidüberhang mit Atemdepression und Bewusstseinseinschränkung
- Behandlung von Juckreiz oder Harnverhalt unter periduraler oder intraspinaler Opioidanalgesie
- diagnostisch bei unklaren Komazuständen; zu beachten ist aber, dass Naloxon bei Opioidabhängigen ein Entzugssyndrom auslöst.

Naloxon kann i.v. oder i.m. zugeführt werden. Dosierung s. Kasten.

→ Bei zu rascher Injektion können Blutdruck und Herzfrequenz erheblich ansteigen, gelegentlich werden Herzrhythmusstörungen oder ein Lungenödem ausgelöst: Daher Vorsicht bei Herzkranken!

Die kardiovaskulären Reaktionen können durch titrierende Zufuhr von Naloxon in niedriger Dosierung zumeist verhindert werden.

Pharmakologie

Naloxon:

- Dosierung: titrierend, jeweils 0,4 mg beim Erwachsenen, etwa alle 3 min zuführen
- keine vollständige Antagonisierung der Analgesie!
- Wirkungseintritt: i.v. 1–3 min, i.m./s.c. 2–5 min
- Wirkdauer: 45–60 min
- Eliminationshalbwertszeit: 60–90 min

Wurden sehr hohe Dosen von Opioiden zugeführt, muss bei einigen Patienten mit einer Rückkehr der Atemdepression nach ca. 1 h gerechnet werden. Daher: Überwachung der Atemfunktion bei diesen Patienten.

3.5 Intraoperativer Einsatz von Opioiden

Die Allgemeinanästhesie auf Opioidbasis gehört zu den am häufigsten eingesetzten Verfahren. Der Einsatz als Monoanästhetikum ist zumeist nicht sinnvoll, da hiermit keine sichere Ausschaltung des Bewusstseins erreicht werden kann.

Vorteile der Opioide:

- Ausgeprägte bis maximale analgetische Wirkung
- minimale bis geringe Beeinträchtigung der Herz-Kreislauf-Funktion
- keine Sensibilisierung des Myokards gegen Katecholamine
- leichtere kontrollierte Beatmung durch die atemdepressorische und hustendämpfende Wirkung
- bessere Toleranz gegenüber dem Endotrachealtubus
- meist bis in die frühe postoperative Phase anhaltende Analgesie (Ausnahme Remifentanil)
- vollständige Antagonisierbarkeit.

Grenzen und Nachteile: Meist müssen die Opioide mit anderen Substanzen kombiniert werden, um eine ausreichende Narkosetiefe zu erreichen. Ihr Einsatz als primäre „Anästhetika" wird vor allem durch die unzureichende Tiefe der Bewusstlosigkeit, besonders bei starker chirurgischer Stimulation, eingeschränkt. Daneben muss mit den bereits aufgeführten unerwünschten Nebenwirkungen gerechnet werden.

3.5.1 Balancierte Anästhesie

Dieses derzeit vermutlich am häufigsten angewandte Verfahren der Intubationsnarkose setzt sich aus verschiedenen pharmakologischen Komponenten zusammen:

- starkes Opioid: Fentanyl, Alfentanil, Sufentanil oder Remifentanil
- Inhalationsanästhetikum: Isofluran, Desfluran oder Sevofluran in hypnotischer Konzentration und/oder Lachgas 60–70%
- nicht-depolarisierendes Muskelrelaxans.

Die wesentlichen Vorteile der balancierten Anästhesie gegenüber der reinen Inhalationsanästhesie (▶ Kap. 1) sind die bessere chirurgische Analgesie und, bedingt durch die mögliche Dosisreduktion, die geringeren kardiovaskulären Wirkungen.

3.5.2 Opioide als Komponente der TIVA

Einzelheiten zu Opioiden als Komponente der TIVA siehe ▶ Kapitel 4.

Literatur

Beers R, Camporesi E: Remifentanil update: Clinical science and utility. CNS Drugs 2004, 18(15):1085–1104.

Bruhn J, Kreuer S, Bischoff P, Kessler P, Schmidt GN, Grzesiak A, Wilhelm W: Bispectral index and A-line AAI index as guidance for desflurane-remifentanil anaesthesia compared with a standard practice group: A multicentre study. Br J A 2005, 94(2):63–9.

Freye E: Opioide in der Medizin, 6. Aufl. Springer, Berlin 2004.

Gustorff B, Hoerauf KH, Lierz P, Kress HG: Comparison of different quantitative sensory testing methods during remifentanil infusion in volunteers. Br J Anaesth 2003, 91:203–8.

Gustorff B, Nahlik G, Hoerauf KH, Kress HG: The absence of acute tolerance during remifentanil infusion in volunteers. Anesth Analg 2002, 94:1223–8.

Höhne C, Donaubauer B, Kaisers U: Opioide in der Anästhesie bei Leber- und Niereninsuffizienz. Anaesthesist 2004, 53(3):291–303.

Lang E, Kapila A, Shlugman D et al: Reduction of isoflurane minimal alveolar concentration by remifentanil. Anesthesiology 1996, 85:21–8.

Larsen B, Seitz A, Larsen R: Recovery of cognitive function after remifentanil-propofol anesthesia: a comparison with desflurane and sevoflurane anesthesia. Anesth Analg 2000, 90:168–74.

Minto CF, Schnider TW, Egan TD et al.: Influence of age and gender on the pharmacokinetics and pharmacodynamics of remifentanil. Anesthesiology 1997, 86:10–23.

Scott LJ, Perry CM: Remifentanil: A review of its use during the induction and maintenance of general anaesthesia. Drugs 2005, 65(13):1793–1823.

Sneyd JR: Recent advances in intravenous anaesthesia. British Journal of Anaesthesia 2004, 93(5):725–36.

Vassiliou T, Putzke C, Geldner G, Eberhart L: Cost analysis of remifentanil, mivacurium and ropivacaine – A systematic review. Expert Opinion on Pharmacotherapy 2004, 5(2):415–25.

Wilhelm W, Wrobel M, Kreuer S, Larsen R: Remifentanil. Eine Bestandsaufnahme. Anaesthesist 2003, 52(6):473–94.

4 Totale intravenöse Anästhesie (TIVA)

Die totale intravenöse Anästhesie (TIVA) ist eine Narkosetechnik, bei der ausschließlich intravenöse Substanzen verwendet werden:

- i.v. Anästhetika bzw. Hypnotika für die Bewusstlosigkeit und Amnesie
- Opioide für die Analgesie und Reflexdämpfung.

Bei Bedarf werden diese Substanzen durch Muskelrelaxanzien ergänzt.

4.1 Vorteile und Grenzen der TIVA

Die wichtigsten Vorteile der TIVA gegenüber der Inhalationsanästhesie sind in ▶ Tabelle 4-1 zusammengestellt.

4.2 Auswahl des Hypnotikums

Kurz wirkende und gut steuerbare Substanzen werden bevorzugt; Mittel der Wahl ist Propofol.

4.2.1 Propofol

Propofol wird am häufigsten für die Einleitung und Aufrechterhaltung der TIVA eingesetzt. Zu Einzelheiten der Pharmakologie von Propofol sei auf ▶ Kapitel 2 verwiesen.

Narkoseeinleitung

- Die Einleitungsdosis beträgt meist 1–2,5 mg/kg; die Zielkonzentration im Plasma von 5 µg/kg wird innerhalb von 3 min erreicht.
- Bei älteren Patienten, die vor der Einleitung ein Opioid erhalten haben, muss die Einleitungsdosis auf etwa 1 mg/kg reduziert werden.
- Kinder benötigen für die Einleitung höhere Dosen – meist 5 mg/kg und mehr.
- Opioide und Benzodiazepine vermindern den Dosisbedarf für Propofol.
- Um kardiovaskuläre Reaktionen auf Laryngoskopie und endotracheale Intubation zu unterdrücken, sollten vor der Propofolzufuhr 1–10 µg/kg Fentanyl injiziert werden.

Aufrechterhaltung der Narkose

Propofol wirkt nicht analgetisch und muss daher für die chirurgische Anästhesie mit Opioiden oder Ketamin kombiniert werden.

Die bei Kombination mit einem Opioid erforderlichen Plasmakonzentrationen von Propofol und anderen i.v. Anästheitka sind in ▶ Tabelle 4-2 zusammengestellt, die erforderlichen Dosierungen in ▶ Tabelle 4-3.

Tab. 4-1 Vorteile der TIVA gegenüber der Inhalationsanästhesie
• glattere Einleitung mit weniger exzitatorischen Phänomenen
• rasches, vorhersehbares Erwachen mit geringem Überhang
• kein Trigger der malignen Hyperthermie
• besondere Eignung für neurochirurgische und kardiochirurgische Eingriffe
• Vermeidung der Nachteile von Lachgas
• geringere Häufigkeit von postoperativer Übelkeit und Erbrechen
• keine Belastung der Atmosphäre wie bei den Inhalationsanästhetika

Tab. 4-2 Erforderliche Blutkonzentrationen von Hypnotika und Opioiden für die intravenöse Anästhesie und Sedierung

Substanz	Große Eingriffe	Kleine Eingriffe	Sedierende oder analgetische Konzentration	Aufwachkonzentration
Hypnotika				
Propofol	4–6 µg/ml	2–4 µg/ml	1–2 µg/ml	1–1,5 µg/ml
Midazolam	100–200 ng/ml	50–200 ng/ml	40–100 ng/ml	50–150 ng/ml
Ketamin	1–4 µg/ml	0,6–2 µg/ml	0,1–1 µg/ml	nicht untersucht
Opioide				
Remifentanil	4–10 ng/ml	3–6 ng/ml	0,75–2 ng/ml	–
Alfentanil	250–450 ng/ml	100–300 ng/ml	25–75 ng/ml	–
Fentanyl	4–8 ng/ml	2–5 ng/ml	1–2 ng/ml	–
Sufentanil	0,5–2 ng/ml	0,3–1,5 ng/ml	0,02–0,2 ng/ml	–

Tab. 4-3 Dosierungsempfehlungen für Hypnotika und Opioide bei der TIVA

Substanz	Initialer Bolus („loading dose“)	Aufrechterhaltung
Hypnotikum		
Propofol	1–2,5 mg/kg	3–12 mg/kg/h
Midazolam	0,1–0,42 mg/kg	0,125–0,25 mg/kg/h
Ketamin	0,5–1 mg/kg	1,5–4,5 mg/kg/h
Opioid		
Remifentanil	1–3 µg/kg	0,125–0,5 µg/kg/min
Alfentanil	10–50 µg/kg	30–120 µg/kg/h
Fentanyl	2–4 µg/kg	1,2–5 µg/kg/h
Sufentanil	0,5–1 µg/kg	0,3–1,2 µg/kg/h

Pharmakologie

Manuelles Infusionsschema für Propofol bei Kombination mit einem Opioid (Äquivalenzdosis zu 1–2 ng/ml Fentanyl):

- initialer Bolus: 1–2 mg/kg
- dann Infusion von 10 mg/kg/h für 10 min
- 8 mg/kg/h für weitere 10 min
- dann 6 mg/kg/h zur Aufrechterhaltung

Mit diesem Schema wird innerhalb von 2 min eine Propofol-Plasmakonzentration von 3,67 µg/ml erreicht und während der Infusion aufrechterhalten. Folgendes wird empfohlen:

→ Bei einer TIVA mit Propofol sollten **Plasmakonzentrationen von 3,5 µg/ml** nicht unterschritten werden, um ein Erwachen des Patienten während der Operation zu verhindern.

Die kontextsensitive Halbwertszeit von Propofol beträgt nach 3-stündiger Infusion ca. 25 min, nach 8-stündiger Infusion ca. 40 min. Nach Zufuhr höherer Dosen muss mit verzögertem Erwachen gerechnet werden.

4.2.2 Midazolam

Der Dosisbedarf ist sehr variabel, die Steuerbarkeit nicht mit der von Propofol vergleichbar und das Erwachen oft verzögert bzw. nicht sicher vorhersehbar. Auch muss nach einer TIVA mit Midazolam und einem Opioid mit verlängerter Atemdepression gerechnet werden. Die für eine TIVA empfohlenen Plasmakonzentrationen und Dosierungen von Midazolam sind in ▶ Tabelle 4-2 und ▶ 4-3 zusammengestellt.

4.3 Auswahl des Opioids

Opioide sind die analgetische Komponente der TIVA. Da sie selbst in hohen Dosen das Bewusstsein nicht sicher ausschalten, müssen sie für Operationen mit einem Hypnotikum bzw. i.v. Anästhetikum kombiniert werden.

4.3.1 Remifentanil

Diese Substanz ist von der Steuerbarkeit her unter den Opioiden am besten für die TIVA geeignet: Die Anästhesie kann, je nach Intensität der Stimuli, ebenso rasch vertieft wie abgeflacht werden. Die Erholungsphase ist unabhängig von der Dauer der Infusion, d.h., die Patienten erwachen rasch und zuverlässig nach Abstellen der Infusion. Die für eine TIVA in Kombination mit einem Hypnotikum erforderlichen Plasmakonzentrationen und Dosisempfehlungen sind in ▶ Tabelle 4-2 und ▶ 4-3 zusammengestellt.

4.3.2 Alfentanil

Das Erwachen erfolgt nicht so rasch wie nach Remifentanil. Im Gegensatz zur TIVA mit Remifentanil sollte die als analgetisch ausreichend ermittelte Infusionsrate von Alfentanil während der Operation beibehalten und die Propofolinfusion je nach Bedarf variiert werden, da sich hiermit eine bessere Stabilität des Anästhesieniveaus erreichen lassen soll. Die Alfentanil-Infusion sollte 10–20 min vor der Operation beendet werden, um ein rascheres Erwachen des Patienten mit ausreichender Spontanatmung zu ermöglichen. Erforderliche Plasmakonzentrationen und Dosierungsempfehlungen sind in ▶ Tabelle 4-2 und ▶ 4-3 zusammengestellt.

4.3.3 Sufentanil

Die Wirkung von Sufentanil setzt deutlich langsamer ein als die von Remifentanil und Alfentanil. Wie bei Alfentanil sollte die als ausreichend analgetisch wirksam ermittelte Sufentanil-Dosierung möglichst beibehalten und die Propofol-Dosierung der Intensität der Stimuli angepasst werden. Etwa 10–20 min vor OP-Ende sollte die Sufentanil-Infusion unterbrochen werden. Erforderliche Plasmakonzentrationen und Dosierungsempfehlungen siehe ▶ Tabelle 4-2 und ▶ 4-3.

4.3.4 Fentanyl

Unter den beschriebenen Opioiden weist Fentanyl die schlechteste Steuerbarkeit auf und ist daher für eine TIVA am wenigsten geeignet.

4.4 Praktisches Vorgehen bei der TIVA

Bei der TIVA sollten die einzelnen Komponenten möglichst **kontinuierlich infundiert** werden, um größere Schwankungen der Plasmakonzentrationen mit Phasen zu flacher oder zu tiefer Narkose zu vermeiden. Außerdem führt die kontinuierliche Infusion zu weniger Nebenwirkungen, rascherem Erwachen und geringerem Dosisbedarf der einzelnen Substanzen.

Die kontinuierliche Infusion der TIVA-Komponenten über einen Perfusor kann manuell oder computergesteuert als Target-controlled-Infusion (TCI) erfolgen.

4.4.1 Target-controlled-Infusion

Im Gegensatz zur manuellen Steuerung des Perfusors anhand klinischer Zeichen wird bei der zielkontrollierten Infusion die vom Anästhesisten für die jeweilige Intensität der Stimuli als erforderlich angesehene Konzentration im Plasma (bzw. Gehirn) am Perfusor eingestellt. Das TCI-Gerät berechnet dann automatisch aufgrund der einprogrammierten pharmakokinetischen Parameter und des vom Anästhesisten eingegebenen Alters und Gewichts des Patienten die für die eingestellte Plasmakonzentration erforderliche Infusionsrate. Die Anpassung der Infusionsrate erfolgt ebenfalls automatisch. Hierdurch werden die Plasmakonzentrationen stets im vorgegebenen Bereich gehalten und starke Schwankungen mit stärkeren Nebenwirkungen sowie ein ständiges manuelles Nachstellen des Perfusors vermieden. Die Anpassung der Narkosetiefe an den jeweiligen Grad der Stimulation erfolgt durch Neueingabe der erforderlichen Plasmakonzentration.

→ Wegen der großen pharmakodynamischen Variabilität ist aber die Zielkonzentration lediglich eine Hilfsgröße. Die Steuerung der Narkosetiefe muss auch bei der TCI individuell erfolgen.

4.4.2 Einleitung der TIVA

Die TIVA kann per Bolusinjektion oder per Infusion eingeleitet werden. Die i.v. Einleitung ist schneller, jedoch treten häufiger kardiovaskuläre Nebenwirkungen auf.

Die Einleitung mit dem TCI-Perfusor ist ebenfalls möglich.

→ Die Wahl der Plasma-Zielkonzentration von Propofol für die Narkoseeinleitung richtet sich nach den klinischen Zeichen der Narkosetiefe und den kardiovaskulären Nebenwirkungen.

4.4.3 Aufrechterhaltung der Narkose

Für die Aufrechterhaltung der TIVA durch kontinuierliche Infusion werden verschiedene Verfahren eingesetzt:

- variable Zufuhr des Hypnotikums, konstante Zufuhr des Opioids
- konstante Zufuhr des Hypnotikums, variable Zufuhr des Opioids
- variable Zufuhr des Hypnotikums und des Opioids.

Die Kombination hoher Remifentanildosen mit einer mäßig reduzierten Propofoldosierung führt zu deutlich rascherem Erwachen als das umgekehrte Vorgehen.

4.4.4 Ausleitung und Erwachen

Soll der Patient am Ende der Operation rasch erwachen, sollte die Konzentration des Opioids dem verminderten analgetischen Bedarf in der Endphase der Operation angepasst werden (Anhaltswerte ▶ Tab. 4-2). Auch die Dosis des Hypnotikums kann reduziert werden, allerdings sollte ein vorzeitiges Erwachen des Patienten vermieden werden. Bei diesem Vorgehen beträgt die Zeit für das Erwachen nach einer mehrstündigen Propofol/Remifentanil-Anästhesie etwa 6–12 min.

Literatur

Breslin DS, Mirakhur RK, Reid JE, Kyle A: Manual versus target-controlled infusions of propofol. Anaesthesia 2004;59(11):1059–63.

Bruhn J, Kreuer S, Bischoff P, Kessler P, Schmidt GN, Grzesiak A, Wilhelm W: Bispectral index and A-line AAI index as guidance for desflurane-remifentanil anaesthesia compared with a standard practice group: a multicentre study. Br J Anaesth 2005;94(1):63–9.

Schraag S, Kreuer S, Bruhn J, Frenkel C, Albrecht S: Target controlled infusion (TCI) – ein Konzept mit Zukunft? Anaesthesist 2008, 47:223–230.

Sneyd JR: Recent advances in intravenous anaesthesia. Br J Anaesth 2004;93(5):725–36. Review.

Sneyd JR, Andrews CJ, Tsubokawa T: Comparison of propofol/remifentanil and sevoflurane/remifentanil for maintenance of anaesthesia for elective intracranial surgery. Br J Anaesth 2005;94(6):778–83.

Van Poucke GE, Bravo LJ, Shafer SL: Target controlled infusions: targeting the effect site while limiting peak plasma concentration. IEEE Trans Biomed Eng 2004;51(11):1869–75.

5 Muskelrelaxanzien

Die wichtigsten **Indikationen** für Muskelrelaxanzien sind:
- Erleichterung der endotrachealen Intubation
- Verbesserung der Operationsbedingungen bei bestimmten Eingriffen
- Erleichterung der maschinellen Beatmung bei ausgewählten Intensivpatienten.

Zwei Gruppen peripher wirkender Muskelrelaxanzien werden unterschieden:
- **depolarisierende** Muskelrelaxanzien: Succinylcholin
- **nichtdepolarisierende** Muskelrelaxanzien (ND-Muskelrelaxanzien): Mivacurium, Atracurium, Rocuronium, Vecuronium, Pancuronium.

5.1 Neuromuskuläre Blockade

5

Hauptwirkort der Muskelrelaxanzien sind die Acetylcholinrezeptoren der motorischen Endplatte; hier wird die Erregungsübertragung beeinträchtigt oder vollständig blockiert. Für eine klinisch erkennbare Blockade müssen mindestens 70–80% der Rezeptoren durch das Relaxans besetzt sein („Eisbergphänomen"); eine komplette Blockade der neuromuskulären Erregung tritt erst ein, wenn 90–95% der Rezeptoren besetzt sind.

5.2 Charakterisierung von Muskelrelaxanzien

Die neuromuskuläre Potenz und der Verlauf der neuromuskulären Blockade von Muskelrelaxanzien werden in folgender Weise charakterisiert:
- **ED_{95}** ist die Dosis eines Muskelrelaxans, die zu einer 95%igen neuromuskulären Blockade führt. Sie wird in mg/kg oder in µg/kg angegeben.
- **Intubationsdosis** ist die für ausreichende Intubationsbedingungen erforderliche Dosis eines Muskelrelaxans. Sie entspricht etwa der zweifachen ED_{95}.
- **Anschlagzeit** ist die Zeit von Injektionsbeginn bis zur maximalen neuromuskulären Blockade.
- **Klinische Wirkdauer, DUR_{25},** ist die Zeit zwischen der Injektion des Muskelrelaxans bis zur Erholung der neuromuskulären Blockade auf 25% des Ausgangswerts. Während dieses Zeitraums besteht für die meisten Eingriffe eine ausreichende neuromuskuläre Blockade. Nach der DUR_{25} können die Relaxanzien in folgender Weise eingeteilt werden:
  - kurz wirkende: $DUR_{25} < 20$ min
  - mittellang wirkende: DUR_{25} 20–50 min
  - lang wirkende: $DUR_{25} > 50$ min.
- **Gesamtwirkdauer, DUR_{95},** ist die Zeit zwischen der Injektion des Muskelrelaxans bis zur Erholung der neuromuskulären Blockade auf 95% des Ausgangswerts. Sie beträgt im Allgemeinen das Zweifache der DUR_{25}. Nach dieser Zeit kann der Patient in der Regel extubiert werden.
- **Erholungsindex (recovery index, RI)** ist die Zeit zwischen 25- und 75%iger Erholung der neuromuskulären Blockade.

5.3 Depolarisierende Muskelrelaxanzien – Succinylcholin

Succinylcholin kann zwei Arten von neuromuskulären Blockaden hervorrufen:
- **Depolarisationsblock:** anhaltende Depolarisation der motorischen Endplatte, kann nicht antagonisiert werden

- **Phase-II-Block (Dualblock):** entsteht durch wiederholte Nachinjektionen (7 bis 10 mg/kg) oder kontinuierliche Infusion über einen längeren Zeitraum (30 bis 60 min), kann teilweise durch Cholinesterasehemmer antagonisiert werden.

5.3.1 Aufnahme, Verteilung und Ausscheidung

Succinyl wird i.v. injiziert, i.m. Injektion ist ebenfalls möglich; orale Zufuhr bleibt dagegen ohne Wirkung. Nach Diffusion von der motorischen Endplatte in das Blut wird Succinylcholin im Plasma rasch durch **Plasmacholinesterase** (= Pseudocholinesterase oder Butyrylcholinesterase des Plasmas und der Leber) hydrolysiert; daher ist die Wirkdauer ultrakurz.

Störungen des Abbaus von Succinylcholin mit Verlängerung der neuromuskulären Blockade finden sich bei atypischen Cholinesterasen oder bei erniedrigter Pseudocholinesterase-Serumkonzentration.

Dibucainzahl und Pseudocholinesteraseaktivität. Selbst eine erhebliche Abnahme der Pseudocholinesteraseaktivität verlängert die Wirkung von Succinylcholin in der Regel nicht wesentlich. Dagegen wird bei abnormen genetischen Varianten der Pseudocholinesterase die Wirkdauer erheblich verlängert. Die meisten dieser Varianten werden durch **Dibucain** in wesentlich geringerem Maße gehemmt als die normale Pseudocholinesterase (20% gegenüber 80% unter Standardbedingungen im Labor). Die Dibucainzahl gibt an, um wie viel Prozent die abnorme Pseudocholinesterase durch Dibucain gehemmt wird.

5.3.2 Nebenwirkungen und Komplikationen

Succinylcholin ist eine Substanz mit zahlreichen, manchmal lebensbedrohlichen Nebenwirkungen.

Kardiovaskuläre Wirkungen und autonomes Nervensystem

Succinylcholin stimuliert alle cholinergen autonomen Ganglien, d.h. die nikotinartigen Rezeptoren in sympathischen und parasympathischen Ganglien, außerdem die muskarinartigen cholinergen Rezeptoren im Sinusknoten des Herzens. Hierdurch können folgende Störungen ausgelöst werden:

- **kardiale:** Sinusbradykardie, Knotenrhythmen, ventrikuläre Rhythmusstörungen
- **sonstige:** Blutdruckabfall, vermehrter Speichelfluss, gesteigerte Bronchialsekretion, Tonussteigerung im Magen-Darm-Trakt.

Anstieg des Augeninnendrucks

Succinylcholin erhöht etwa 1 min nach der Injektion den Augeninnendruck, nach etwa 6 min verschwindet der Effekt wieder. Die Ursache ist unbekannt. Einsatz bei Augenoperationen siehe ▶ Kapitel 39.

Anstieg des intrakraniellen Drucks

Succinylcholin steigert vorübergehend die Hirndurchblutung; bei Patienten mit intrakranieller Raumforderung (Blutung, Hirnödem) kann hierdurch auch der intrakranielle Druck ansteigen (s. a. ▶ Kap. 38).

Tab. 5-1 Risikofaktoren der succinylcholininduzierten Hyperkaliämie

- längere Immobilisierung
- Sepsis
- ausgeprägte Katabolie
- Langzeitanwendung von ND-Muskelrelaxanzien
- Verbrennungskrankheit: 10–60 Tage nach der Verbrennung
- Muskeltrauma (Polytrauma): nach der 1. Woche bis zu 60 Tagen
- schwere abdominale Infektion
- Denervierungsphänomene, z.B. Schlaganfall, Querschnittssyndrom, Guillain-Barré-Syndrom, Botulismus, Erkrankungen der ventralen Hörner: in den ersten 6 Monaten nach Erkrankungsbeginn

Hyperkaliämie und hyperkaliämischer Herzstillstand

Kurz nach der Injektion von Succinylcholin kann durch die Depolarisation bei sonst Gesunden die Serumkaliumkonzentration voübergehend um etwa 0,5–1,0 mval/l ansteigen. Bei bestimmten Patienten oder Konstellationen kann der Kaliumanstieg so ausgeprägt sein, dass ein Kammerflimmern oder eine Asystolie ausgelöst wird. Trotz sofortiger Reanimationsmaßnahmen soll die Mortalität 40–55% betragen. Die wichtigsten Risikofaktoren sind in ▶ Tabelle 5-1 zusammengestellt.

Folgendes muss beachtet werden:

! Merke

Myopathien wie Duchenne- oder Becker-Dystrophie sind Risikofaktoren der succinylcholininduzierten Rhabdomyolyse mit hyperkaliämischem Herzstillstand. Daher darf Succinylcholin bei diesen Patienten nicht eingesetzt werden.

Erhöhung des intragastrischen Drucks

Durch die initialen Kontraktionen der Bauchmuskulatur nach Succinylcholin-Injektion kann der intragastrische Druck über den kritischen Bereich von etwa 28 cm H_2O ansteigen. Hierdurch öffnet sich der gastroösophageale Sphinkter, so dass eine Aspiration von Mageninhalt auftreten kann. Daher sollte die Substanz fraktioniert und langsam injiziert werden.

Muskelkater

Muskelschmerzen, unmittelbar postoperativ, treten vor allem bei jungen Patienten auf, die Succinylcholin erhalten haben. Frauen und ambulante Patienten sind häufiger betroffen. Eine Beziehung zu den Muskelfaszikulationen wurde immer behauptet, jedoch bisher nicht bewiesen.

Masseterspasmen

Succinylcholin kann Spasmen der Masseteren hervorrufen, ein Effekt, der vor allem bei Kindern auftritt. Ursache ist eine verstärkte Reaktion an der motorischen Endplatte. Der Masseterspasmus darf nicht als diagnostisches Zeichen der malignen Hyperthermie gewertet werden.

Myoglobinurie

Bei einigen Patienten kann Succinylcholin zur Zerstörung von Muskelfasern mit Myoglobinämie und Myoglobinurie führen.

Sofortbehandlung in schweren Fällen: Diurese steigern und Urin alkalisieren, um ein akutes Nierenversagen zu verhindern.

Anaphylaxie, Histaminfreisetzung

Eine echte Anaphylaxie soll nach Succinylcholin häufiger auftreten als nach anderen Muskelrelaxanzien. Succinylcholin kann weiterhin Histamin freisetzen, meist erkennbar als Hauterythem.

5.3.3 Klinische Anwendung von Succinylcholin

Succinylcholin ist das am raschesten und am kürzesten wirkende Muskelrelaxans. Die Substanz gewährt aber in der Situation der „unmöglichen Maskenbeatmung und unmöglichen Intubation", selbst bei ausreichender Präoxygenierung, keinen sicheren Schutz vor Hypoxie oder Asphyxie.

Indikationen

Succinylcholin ist nach wie vor das Relaxans der Wahl für die rasche Intubation bei Patienten mit Ileus oder vollem Magen, weiterhin bei Sectio caesarea. Weitere mögliche Indikationen sind:
- Reposition von Knochenbrüchen
- kurze endoskopische Eingriffe
- Laryngospasmus (niedrig dosieren, z.B. 20 mg)
- Elektroschock.

Folgendes sollte aber bedacht werden:

> **Leitlinien/Empfehlung**
> **Empfehlung der DGAI 2003 (nicht evidenzbasiert):**
> „Succinylcholin sollte nur noch in wenigen Sonder- und Notfällen als ein nützliches (unentbehrliches?) Medikament verwendet werden, jedoch nicht mehr zur routinemäßigen Muskelrelaxierung im Rahmen elektiver Eingriffe."

Kontraindikationen

Zu den wichtigsten Kontraindikationen für Succinylcholin gehören:
- atypische Cholinesterase
- schwerer erworbener Pseudocholinesterasemangel
- starke Hyperkaliämie
- Polytrauma, lange Immobilisation
- Verbrennungskrankheit
- maligne Hyperthermie
- Myotonien und Muskeldystrophien.

Succinylcholin bei Kindern. Succinylcholin kann nach i.v. Injektion bei bis dahin scheinbar gesunden Kindern einen nicht behebbaren Herzstillstand auslösen. Häufig ließen sich bei diesen Fällen eine Hyperkaliämie, Rhabdomyolyse und Azidose nachweisen; oft bestand auch eine bis dahin nicht bekannte Duchenne-Muskeldystrophie.

> **! Merke**
> Succinylcholin sollte bei Kindern nur in Notfällen eingesetzt werden, nicht hingegen für die Routineintubation.

Dosierung und Anwendungsweise

Succinylcholin wird beim Erwachsenen (langsam!) intravenös injiziert, bei der Notfallintubation von kleinen Kindern und Neugeborenen möglichst nur nach Vorinjektion von Atropin.

Pharmakologie

Dosierung von Succinylcholin:
- Einzeldosis i.v.: 0,5–1 mg/kg
- bei Präcurarisierung mit einem ND-Muskelrelaxans: 1,5 mg/kg (verzögerter Wirkungseintritt möglich!)
- i.m.: 2–3 mg/kg
- maximale Erschlaffung 60–90 s nach i.v. und 3–4 min nach i.m. Injektion
- Wirkdauer 5–10 min, Rückkehr der vollen Muskelkraft nach 12–15 min

Succinylcholin sollte nicht wiederholt nachinjiziert und auch nicht als Dauerinfusion zugeführt werden, um einen Phase-II-Block mit sehr langer Wirkdauer zu vermeiden. Der Dualblock kann durch Cholinesterasehemmer teilweise aufgehoben werden, nicht hingegen der reguläre Depolarisationsblock.

Präcurarisierung. Die Vorinjektion eines ND-Muskelrelaxans in niedriger Dosierung (Präcurarisierung) wird nicht mehr empfohlen, da sie den Patienten bereits anrelaxieren kann. Alternativ kann nach der Einleitung zunächst eine geringe SuCh-Dosis vorinjiziert werden, z.B. 10 mg.

5.4 Nichtdepolarisierende Muskelrelaxanzien

Diese Substanzen blockieren die neuromuskuläre Übertragung durch eine kompetitive Hemmung von Acetylcholin am nikotinartigen Rezeptor der motorischen Endplatte (Nichtdepolarisationsblock). Die Blockade kann durch Anticholinesterasen aufgehoben werden. In ▶ Tabelle 5-2 sind klinisch gebräuchliche ND-Relaxanzien zusammengestellt, in ▶ Tabelle 5-3 ihre Pharmakodynamik und -kinetik.

5.4.1 Nichtdepolarisationsblock

ND-Muskelrelaxanzien konkurrieren mit Acetylcholin um die α-Subeinheiten des Cholinozeptors und um präsynaptische Cholinozeptoren.

Insgesamt ist der Nichtdepolarisationsblock in folgender Weise gekennzeichnet:

Tab. 5-2 Nichtdepolarisierende Muskelrelaxanzien

Freiname	Handelspräparate
Vecuronium	Norcuron
Pancuronium	Pancuronium
Atracurium	Tracurium, Atracurium
Cis-Atracurium	Nimbex
Rocuronium	Esmeron
Mivacurium	Mivacron

Tab. 5-3 Pharmakodynamik und -kinetik gebräuchlicher ND-Muskelrelaxanzien ($t_{1/2\beta}$ = Eliminationshalbwertszeit; Vdss = Verteilungsvolumen)

	Mivacurium	Rocuronium	Vecuronium	Cisatracurium	Atracurium
ED95 (mg/kg)	0,08	0,3	0,05	0,05	0,25
Anschlagzeit (min) bei 2 × ED95	3,3 ± 1	1,8 ± 0,5	2,4 ± 0,7	5 ± 1	2 ± 0,8
DUR25 (min) bei 2 × ED95	17 ± 3	41 ± 7	35 ± 5	45 ± 9	39 ± 6
Erholungsindex (min) bei 2 × ED95	7 ± 2	17 ± 5	14 ± 5	13 ± 2	12 ± 5
$t_{1/2\beta}$ (min)	2 ± 1	88 ± 18	70 ± 20	22 ± 3	20 ± 3
Vdss (ml/kg)	290 ± 200	184 ± 41	244 ± 38	144 ± 34	120 ± 19
Clearance (ml/kg/min)	80 ± 40	2,8 ± 0,6	5,2 ± 1	5,3 ± 1,2	5,6 ± 0,6

- Kompetitiver Block, der durch ansteigende Acetylcholinkonzentrationen beseitigt wird.
- Mehr als 75% der Rezeptoren müssen besetzt sein, bevor die Muskelzuckung signifikant vermindert wird.
- Die Zuckungsamplitude wird über einen engen Bereich von 76- bis 92%iger Rezeptorbesetzung vermindert.
- Bei rascher Stimulation nimmt die Amplitude der ausgelösten Muskelzuckung stetig ab (= „Fading").

5.4.2 Chemische Struktur

Nach der chemischen Struktur können zwei Gruppen von Muskelrelaxanzien unterschieden werden:
- **Aminosteroide:** Rocuronium, Vecuronium, Alcuronium, Pancuronium
- **Benzylisochinoline:** Atracurium, Cisatracurium, Mivacurium.

5.4.3 Klassifikation nach der Wirkdauer

Je nach Wirkdauer (DUR_{25}) werden folgende Substanzen unterschieden:
- lang wirkende ND-Relaxanzien (DUR_{25} > 50 min): Pancuronium, Alcuronium
- mittellang wirkende ND-Relaxanzien (DUR_{25} 20–50 min): Vecuronium, Rocuronium, Atracurium, Cisatracurium
- kurz wirkende ND-Relaxanzien (DUR_{25} < 20 min): Mivacurium.

5.4.4 Lähmung der Muskulatur

Nach Injektion des nichtdepolarisierenden Muskelrelaxans tritt zuerst eine Muskelschwäche auf, schließlich werden die Muskeln vollkommen schlaff und sind motorisch nicht mehr erregbar.
- Der Muskel wird erst gelähmt, wenn mindestens 75% seiner Rezeptoren durch das Muskelrelaxans blockiert sind.

- Die kleinen schnellen Muskeln werden früher relaxiert als die großen Extremitätenmuskeln.
- In der Erholungsphase kann die Rückkehr der Zuckungsreaktion am Daumen als sicheres Zeichen einer ausreichenden Funktion der Atemmuskulatur gewertet werden.

5.4.5 Histaminfreisetzung

Muskelrelaxanzien können über drei Mechanismen Histamin aus den Mastzellen freisetzen:
- antigenvermittelt als echte Anaphylaxie
- Komplementaktivierung
- chemische Freisetzung.

Vorübergehende chemische Freisetzung von Histamin ist der häufigste Mechanismus (▶ Tab. 5-4), hervorgerufen durch direkte Wirkung von ND-Muskelrelaxanzien mit Benzylisochinolin-Struktur auf die Oberfläche von Mastzellen. Antigen-Antikörper-Reaktionen sind nicht beteiligt.

Mögliche Wirkungen:
- Tachykardie und Blutdruckabfall
- Hauterythem
- Giemen und Bronchospasmus.

→ Das Ausmaß der chemischen Histaminfreisetzung hängt von der **Dosis** und von der **Injektionsgeschwindigkeit** ab.

Für Atracurium liegt der Schwellenwert für die Histaminfreisetzung bei einer Dosis von 0,5 mg/kg (Häufigkeit 30 %), für Mivacurium bei 0,2 mg/kg (Häufigkeit 40 %).

5.4.6 Kardiovaskuläre Wirkungen

Kardiovaskuläre Wirkungen entstehen durch Stimulation des autonomen Nervensystems und/oder Histaminfreisetzung (▶ Tab. 5-4). Beobachtet werden vor allem Tachykardie, Arrhythmien und Blutdruckabfall, bei Vecuronium gelegentlich auch ausgeprägte Bradykardien.

Tab. 5-4 Wirkungen auf das autonome Nervensystem und Histaminfreisetzung durch Muskelrelaxanzien

Substanz	Autonome Ganglien	Vagale muskarinartige Rezeptoren des Herzens	Histaminfreisetzung
Succinylcholin	stimulierend	stimulierend	leichte
Atracurium	keine	keine	leichte
Cisatracurium	keine	keine	gering bis keine
Mivacurium	keine	keine	leichte
Pancuronium	keine	mäßig blockierend	keine
Vecuronium	keine	keine	keine
Rocuronium	keine	keine	keine

5.4.7 Atracurium

Im Gegensatz zu den anderen nichtdepolarisierenden Relaxanzien zerfällt Atracurium überwiegend spontan (= temperaturabhängige Hofmann-Elimination) und unterliegt außerdem der Esterspaltung, die unabhängig von der Pseudocholinesterase erfolgt. Die Halbwertszeit dieser Prozesse beträgt ca. 20 min.

Vorteile:
- Elimination unabhängig von der Leber- und Nierenfunktion und der Aktivität des Enzyms Pseudocholinesterase
- keine Kumulation.

Pharmakologie

Eigenschaften von Atracurium:
- ED95: 0,25 mg/kg
- Intubationsdosis: 0,3–0,4 mg/kg; rasche Intubation: 0,5–0,6 mg/kg
- Anschlagzeit nach 0,3–0,4 mg/kg: 2–3 min
- Erhaltungsdosis: 5–15% der Intubationsdosis
- DUR25 nach 0,3–0,4 mg/kg: 40–50 min; nach 0,2 mg/kg: 30–40 min
- DUR95 nach 0,3–0,4 mg/kg: 50–70 min; nach 0,2 mg/kg: 45–60 min
- Erholungsindex: 10–15 min
- kontinuierliche Infusion 6-8 μg/kg/min konstant oder variable Dosierung nach TOF
- Antagonisierung: 0,05–5 mg Neostigmin + 0,5–2 mg Atropin i.v

Höhere Dosen können einen temporären Blutdruckabfall und Anstieg der Herzfrequenz hervorrufen, vermutlich bedingt durch Histaminfreisetzung.

Aufbewahrung. Um die muskelrelaxierende Potenz von Atracurium zu erhalten, muss die Substanz bei 4–5 °C im Kühlschrank bis unmittelbar vor Gebrauch aufbewahrt werden.

5.4.8 Cisatracurium

Cisatracurium, eines der Isomere von Atracurium, liegt als gebrauchsfertige Lösung vor.

Vorteile gegenüber Atracurium:
- geringere oder keine Histaminfreisetzung
- weniger Laudanosinbildung.

Pharmakologie

Eigenschaften von Cisatracurium:
- Relaxierungsdosis bzw. ED95: 0,05 mg/kg
- Intubationsdosis 2–3 × ED95 = 0,1–0,15 mg/kg
- Anschlagzeit nach 0,1 mg/kg: 3–5 min
- Erhaltungsdosis: 5–15% der Intubationsdosis
- Wirkdauer oder DUR25: ca. 45 min
- Erholungsindex: 15 min
- Infusionsrate 1–2 μg/kg/min

Cisatracurium ist aufgrund seiner mittellangen Wirkung für alle Eingriffe mit einer Dauer von mindestens 30–45 min geeignet. Die Substanz wird **organunabhängig** durch Hofmann-Elimination abgebaut; eine Esterhydrolyse, wie bei Atracurium, erfolgt jedoch nicht.

5.4.9 Mivacurium

Mivacurium ist ein nichtdepolarisierendes Benzylisochinolin-Muskelrelaxans, das als fertige Injektionslösung vorliegt. Mivacurium ist das am kürzesten wirkende nichtdepolarisierende Muskelrelaxans, jedoch unterliegen Anschlagzeit und Relaxierungsgrad einer erheblichen interindividuellen Variabilität.

Pharmakologie

Dosierung und Eigenschaften von Mivacurium:
- ED95 0,07–0,08 mg/kg (Anschlagzeit ca. 3,3 min; DUR95: 25 min)
- Intubationsdosis: 0,2–0,25 mg/kg (höher als 2 × ED95!); Anschlagzeit ca. 2,5 min, DUR95: 31 min
- Erhaltungsdosis: 5–15% der Intubationsdosis
- DUR25 nach 0,15 mg/kg: 15–20 min; nach 0,25 mg/kg: 20–25 min
- Erholungsindex: 5–10 min (relativ unabhängig von Dosis und Zufuhrmodus)
- kontinuierliche Infusion: 0,36–0,48 mg/kg/h bei balancierter Anästhesie; 0,24–0,30 mg/kg/h bei Inhalationsanästhesie
- Antagonisierung: 40 µg/kg Neostigmin (+ Atropinzusatz)

Mivacurium wird durch Plasmacholinesterase inaktiviert. Daher verläuft die Spontanerholung von der Mivacurium-Blockade deutlich schneller als bei den anderen ND-Relaxanzien.

Kardiovaskuläre Nebenwirkungen wie Blutdruckabfall und Tachykardie beruhen auf Histaminfreisetzung.

Inaktivierung

Mivacurium wird durch Plasma-(Pseudo-)Cholinesterasen inaktiviert; die Eliminationshalbwertszeit beträgt 3–6 min. Das als Plasma- oder auch Pseudocholinesterase (PChE) bezeichnete Enzym kommt in Plasma, Herz, ZNS, Leber, Niere und Pankreas vor und ist nicht identisch mit der Acetylcholinesterase (AChE) an den Nervenendigungen und im Erythrozyten. Die hydrolytische Aktivität hängt vom Genotyp ab und wird als **Dibucainzahl** quantifiziert. Je niedriger die Dibucainzahl, desto geringer die Aktivität und desto länger die Wirkdauer.

Atypische Pseudocholinesterase

Bei Patienten mit atypischer Pseudocholinesterase wurde die Wirkung von 0,2 mg/kg Mivacurium um 50% verlängert; bei einigen Patienten reichten bereits 0,03 mg/kg Mivacurium aus, um eine vollständige Lähmung hervorzurufen, die mehrere Stunden anhielt.

Leberinsuffizienz

Bei Leberinsuffizienz sind die DUR_{25} von Mivacurium auf ca. 60 min und der Erholungsindex um das Dreifache verlängert.

Niereninsuffizienz

Bei Niereninsuffizienz kann die Wirkdauer ebenfalls verlängert sein (DUR_{25} ca. 30 min; Erholungsindex 11,5 min), jedoch soll der Effekt weniger ausgeprägt sein als bei Leberinsuffizienz.

Histaminfreisetzung

Besonders bei Anwendung der Intubationsdosis von 0,2–0,25 mg/kg kommt es häufig zur Histaminausschüttung, die sich klinisch als Hauterythem, oft im Bereich der Injektionsvene, und als vorübergehender Blutdruckabfall um 12–59% manifestieren kann. Bei Dosen von < 0,2 mg/kg sind die kardiovaskulären Reaktionen hingegen meist gering. Prämedikation mit H_1/H_2-Rezeptor-Antagonisten kann die Histaminfreisetzung vermindern.

Klinische Anwendung

Wegen seiner kurzen Wirkdauer ist Mivacurium in erster Linie für kurze Eingriffe (ca. 15–60 min) und für ambulante Operationen geeignet. Die Erholung von der neuromuskulären Blockade verläuft nach kontinuierlicher Infusion etwa doppelt so schnell wie nach Infusion von Atracurium oder Vecuronium und unterscheidet sich nicht wesentlich von der nach einer Bolusinjektion:

In ▶ Tabelle 5-5 sind die Erholungszeiten von Mivacurium nach kontinuierlicher Infusion im Vergleich zu denen anderer Muskelrelaxanzien zusammengestellt.

! Merke

Mivacurium sollte kurz vor Operationsende nicht während einer abklingenden Blockade lang wirkender ND-Relaxanzien zugeführt werden, um eine kurz dauernde Relaxierung für den Wundverschluss zu erhalten, da hierdurch die Relaxierung unvorhersehbar verlängert wird.

Zum Einsatz bei Kindern siehe ▶ Kapitel 36.

5.4.10 Rocuronium

Das Aminosteroid Rocuronium ist ein Vecuroniumderivat (rapid onset vecuronium), das als gebrauchsfertige Injektionslösung zur Verfügung steht. Die Substanz wird zu 80% hepatobiliär eliminiert, zu 10–20% renal. Neuromuskulär aktive Metaboliten entstehen nicht. → Rocuronium ist das ND-Relaxans mit dem raschesten Wirkungseintritt!

Tab. 5-5 Infusionsraten und Erholungszeiten verschiedener Muskelrelaxanzien

Muskelrelaxans	Infusionsrate (µg/kg/min)	Erholungszeit 5–95% (min)	Erholungszeit 25–75% (min)
Succinylcholin	20–60	8	5
Mivacurium	6–8	14	7
Atracurium	6–8	25	11
Vecuronium	1–2	30	14
Rocuronium	10–11	30	14

Die kardiovaskulären Nebenwirkungen sind gering, Histamin wird nicht freigesetzt.

Pharmakologie

Dosierung und Eigenschaften von Rocuronium:
- Relaxierungsdosis oder ED95 0,3 mg/kg; Anschlagzeit ca. 2,5 min; Wirkdauer ca. 24 min
- kontinuierliche Infusion: 10–11 μg/kg/min bei TIVA, 8 μg/kg/min bei Inhalationsanästhesie
- Intubationsdosis: 0,6–1,2 mg/kg; Anschlagzeit 60–150 s, Wirkdauer 30–60 min
- Erhaltungsdosis: 5–15% der Intubationsdosis
- kontinuierliche Infusion: 10–12 μg/kg/min
- DUR25 ca. 35 min
- Erholungsindex: 12–15 min
- Antagonisierung:
  - 0,05 mg/kg Neostigmin + 0,5–2 mg Atropin; bei 10% Twitch-Recovery innerhalb von 7,1 min ausreichende Antagonisierung, bei 25%iger Recovery innerhalb von 4,6 min
  - Sugammadex: 2–16 mg/kg; bei 16 mg/kg Rückkehr von TOFR 0,9 nach 1,2 mg/kg Rocuronium im Median nach 1,5 min

5

Ältere Patienten. Die Wirkung setzt um ca. 20% langsamer ein, die DUR_{25} und der Erholungsindex sind um 20–40% verlängert. Die Clearance und das Verteilungsvolumen sind vermindert.

Rocuronium für die „Ileuseinleitung"?

Wegen des relativ schnellen Wirkungseintritts wird Rocuronium in einer Intubationsdosis von ca. 1,2 mg/kg anstelle von Succinylcholin für die Ileuseinleitung empfohlen. Allerdings tritt nicht bei allen Patienten die Wirkung vorhersehbar rasch ein, auch hält die Wirkung einer Intubationsdosis um ein Vielfaches länger an als die von Succinylcholin, ein Gesichtspunkt, der besonders bei Intubationsschwierigkeiten von wesentlicher Bedeutung ist, durch Einsatz des Antagonisten/Reversors Sugammadex jedoch relativiert wird.

Leber- und Niereninsuffizienz

Bei ausgeprägter Leberinsuffizienz ist die Wirkung von Rocuronium verlängert; die Eliminationshalbwertszeit nimmt zu, die Clearance ab; das Verteilungsvolumen ist erhöht.

Bei Niereninsuffizienz sind die Anschlagzeit und die Wirkdauer von Rocuronium nicht wesentlich verlängert.

5.4.11 Vecuronium

Vecuroniumbromid ist ein Steroidanalogon von Pancuronium mit mittellanger Wirkdauer ohne wesentliche Wirkung auf autonome Ganglien und muskarinartige postganglionäre Rezeptoren. Auch wird in klinischen Dosen kein Histamin freigesetzt.

Pharmakologie

Dosierung und Eigenschaften von Vecuronium:

- ED95 0,05 mg/kg
- Intubationsdosis: 0,08–0,1 mg/kg; rasche Intubation: 0,2 mg/kg; Anschlagzeit 1,5–2,3 min; Wirkdauer 20–30 min
- Nachinjektionen: 5–15% der Intubationsdosis
- DUR25 nach 0,08–0,1 mg/kg: 45–60 min; nach 0,05 mg/kg: 30–60 min
- DUR95 nach 0,08–0,1 mg/kg: 60–80 min; nach 0,05 mg/kg: 50–60 min
- Erholungsindex: 10–15 min
- Antagonisierung:
  - 0,05 mg/kg Neostigmin + 0,5–2 mg Atropin oder
  - Sugammadex i.v. Bolus (Dosierung: 2–4 mg/kg)

Der Abbau von Vecuronium erfolgt überwiegend in der Leber; die Metaboliten werden biliär und zu einem geringeren Teil renal eliminiert.

5.4.12 Pancuronium

Pancuronium ist das am längsten wirkende Muskelrelaxans. Die Substanz ist ein bisquaternäres Ammoniumsteroid mit curariformer Wirkung auf die motorische Endplatte. Die Wirkung setzt verzögert ein, hält lange und unvorhersehbar an; die Steuerbarkeit ist entsprechend schlecht. Daher sollte die Substanz nicht mehr für Operationen eingesetzt werden.

Pharmakologie

Dosierung und Eigenschaften von Pancuronium:

- ED95 0,06–0,07 mg/kg; Anschlagzeit ca. 4,5 min; Wirkdauer ca. 45 min
- Intubationsdosis: 0,08–0,12 mg/kg; Anschlagzeit nach 0,08–0,12 mg/kg: 2–3 min, nach 0,07 mg/kg: 3–5 min
- Erhaltungsdosen: 5–15% der Intubationsdosis
- DUR25 nach 0,08–0,1 mg/kg: 90–100 min; nach 0,07 mg/kg: 80–90 min
- DUR95 nach 0,08–0,1 mg/kg: 120–150 min; nach 0,07 mg/kg: 120 min
- Erholungsindex: 25 min
- Antagonisierung: 0,05 mg/kg Neostigmin + 0,5–2 mg Atropin

5.5 Praktische Anwendung von Muskelrelaxanzien

5.5.1 Allgemeine Grundsätze

Wegen der Lähmung der Atemmuskulatur dürfen Muskelrelaxanzien nur von Ärzten angewandt werden, die mit diesen Substanzen vertraut sind und die Methoden der endotrachealen Intubation sicher beherrschen.

→ Injektion von Muskelrelaxanzien immer erst nach Injektion des i.v. Anästhetikums und nur, wenn der Patient sicher über eine Gesichtsmaske beatmet werden kann.

→ Bei Verdacht auf Intubationsschwierigkeiten keine lang wirkenden Relaxanzien einsetzen, sondern Succinylcholin.

Dosierung

Grundsätzlich sollten Muskelrelaxanzien so niedrig wie möglich dosiert werden, um eine für die jeweilige Operation ausreichende Relaxierung zu erreichen.

Bei der Dosierung muss beachtet werden, dass der Relaxanzienbedarf von Patient zu Patient erheblich schwanken kann. Ein Nervenstimulator erleichtert die Ermittlung der „richtigen“ Dosierung (▶ Kap. 5.5.3).

Priming principle

Die Anwendung des Priming principle, d.h. der initialen Vorinjektion einer kleinen ND-Dosis (10 %), wird wegen der Gefahr der Anrelaxierung nicht mehr empfohlen.

Erhaltungsdosen

Die nach wie vor üblichen Erhaltungsdosen von 25 % der Intubationsdosis sollten auf **5–15 % reduziert** werden, um Relaxansüberhänge zu vermeiden. Die Wirkdauer der niedrigen Erhaltungsdosis ist zwar kürzer, jedoch wird hierdurch die Steuerbarkeit der Relaxierung verbessert.

Kontinuierliche Infusion

Bei der Infusion kurz und mittellang wirkender ND-Muskelrelaxanzien werden bereits nach wenigen Minuten konstante Plasmakonzentrationen innerhalb des therapeutischen Bereichs erreicht und dank der relativ kurzen Eliminationshalbwertszeit aufrechterhalten. Überdosierungen werden vermieden und außerdem eine rasche und zuverlässige Erholung von der Blockade erzielt. Die Titrierung der Infusionsrate erfolgt am besten mit einem Nervenstimulator: 1 oder 2 Zuckungen nach TOF-Stimulation gelten als Endpunkt für Steady-State-Konzentrationen.

> **Pharmakologie**
>
> **Erholungszeiten nach Infusion von ND-Relaxanzien:**
> - Vecuronium 25%ige Erholung: 13 min; 95%ige Erholung: 32 min
> - Atracurium 25%ige Erholung: 12,5 min; 95%ige Erholung: 26,6 min
> - Mivacurium 25%ige Erholung: 5,7 min; 95%ige Erholung: 13,6 min

5.5.2 Klinische Beurteilung des Relaxierungsgrades

- **Intraoperativ:** Bewegungen des Patienten, Pressen der Bauchmuskulatur, Tonus der Fingermuskulatur.
- **Postoperativ:** Augenöffnen und Fixieren; Stärke des Händedrucks, Armanheben; Kopfheben und -halten.

Die klinische Beurteilung setzt große Erfahrung voraus, die aber nicht vor Irrtümern schützt:

- Fehleinschätzung des Relaxierungsgrads
- Zufuhr unnötig hoher Dosen des Muskelrelaxans
- Übersehen einer klinisch relevanten Restblockade mit Gefahr der postoperativen Ateminsuffizienz.

Diese Nachteile können durch Einsatz eines Nervenstimulators vermieden werden.

5.5.3 Überwachung der Relaxierung mit Nervenstimulatoren

Durch den Einsatz von Nervenstimulatoren kann die neuromuskuläre Blockade objektiv erfasst werden, außerdem die Art der Blockade und ein postoperativer Relaxansüberhang (Restblockade).

Stimulationsverfahren

Der periphere motorische Nerv wird mit Hautelektroden stimuliert, die über dem Verlauf des Nervs aufgeklebt werden müssen. Die Reaktion auf den Reiz wird entweder visuell oder taktil eingeschätzt, am besten aber elektromyographisch oder akzelerometrisch erfasst.

Unter klinischen Bedingungen wird am häufigsten der N. ulnaris am Handgelenk oder am Ellenbogen stimuliert und dabei die Kontraktion der Finger (M. adductor pollicis und M. flexor digitorum) visuell oder taktil erfasst.

Reizung bei normaler neuromuskulärer Funktion

Ist der Patient nicht relaxiert, treten bei supramaximaler Stimulation mit Einzelreizen niedriger Frequenz Muskelzuckungen von jeweils gleicher und maximaler Intensität auf. Unter der Einwirkung von Muskelrelaxanzien nehmen dagegen die Zuckungsamplitude und die Spannungsentwicklung in den stimulierten Muskeln ab. Das Ausmaß dieser Reaktion hängt von der Anzahl der geblockten Rezeptoren in der motorischen Endplatte ab.

In der Praxis werden unterschiedliche Stimulationsmuster eingesetzt, weil der Nichtdepolarisationsblock verschiedene Eigenschaften aufweist, je nachdem, welche Art von Stimulation angewandt wird. Mögliche **Stimulationsmuster** sind:

- Einzelreize
- „Train-of-Four" (TOF)
- Tetanus

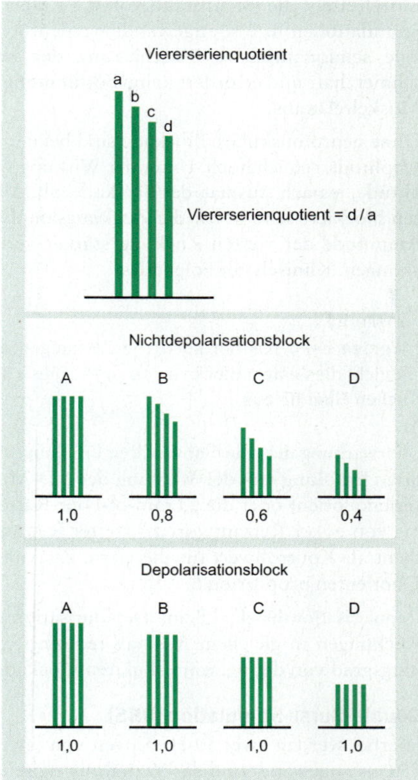

Abb. 5-1 Einzelreize in Viererserie („Train-of-Four", TOF).
Oben: Viererserienquotient (TOFR) beim Nichtdepolarisationsblock: Die Amplitude der vierten Zuckung ist stärker vermindert als die der drei übrigen Zuckungen; Einzelreize in Viererserie mit 2 Hz.
Mitte: Nichtdepolarisationsblock. Einzelreize in Viererserie mit 2 Hz. A) Ausgang ohne Relaxans: Alle Zuckungen habe die gleiche Größe. B), C) und D) Nach Gabe des Muskelrelaxans wird der Viererserienquotient mit zunehmender Blockade kleiner.
Unten: Depolarisationsblock. Einzelreize in Viererserie mit 2 Hz. A) Ausgang vor Gabe des Relaxans. B), C) und D) Zuckungsreaktion nach Zufuhr des Relaxans: Die Zuckungsamplitude ist vermindert, der Viererserienquotient bleibt hingegen unverändert.

- posttetanische Reizung
- Double-Burst-Suppression.

„Train-of-Four" (TOF)

Beim „Train-of-Four" (TOF, Vierfachreiz) handelt es sich um eine Serie von vier Einzelreizen, die im Abstand von 0,5 s, also mit einer Frequenz von 2 Hz bzw. 4 Stimulationen in 2 s, angewandt werden (▶ Abb. 5-1). Das Verfahren ermöglicht eine semiquantitative Einschätzung der neuromuskulären Blockade, ist nicht schmerzhaft und erfordert keine Bestimmung von Kontrollwerten vor Injektion des Muskelrelaxans.

Ohne neuromuskuläre Blockade sind bei der Reizung in Viererserie alle Zuckungsamplituden gleich hoch. Unter der Wirkung von Muskelrelaxanzien nimmt die Amplitude, je nach Ausmaß der Blockade, ab. Allerdings müssen ca. 70% der Rezeptoren blockiert sein, bevor die Zuckungsamplitude sich ändert. Bei dem Test ist die Amplitude der vierten Zuckung stärker vermindert als die der anderen drei Zuckungen. Klinisch gilt Folgendes:

> **! Merke**
> Werden beim TOF nur noch 1–2 Zuckungen auf 4 Einzelreize wahrgenommen, entspricht dies einem Block von 90–95%. Diese Blockade reicht für die meisten chirurgischen Eingriffe aus.

Überwachung der neuromuskulären Erholung. Für die Beurteilung der neuromuskulären Erholung von der Wirkung der ND-Muskelrelaxanzien wird der sog. Viererserienquotient oder die „Train-of-Four-Ratio" (TOFR) gebildet, also das Verhältnis von erster Reizantwort zu vierter Reizantwort. Die erste Zuckung jeder Serie dient als Kontrollwert für die vierte Zuckung. Das Ausmaß der Blockade ist dem Quotienten proportional.

Depolarisationsblock. Beim Depolarisationsblock wird die Amplitude aller vier Zuckungen in gleichem Ausmaß reduziert, daher kann mit der TOFR der Erholungsgrad von der neuromuskulären Blockade **nicht** eingeschätzt werden.

Double-Burst-Stimulation (DBS)

Hierbei werden zwei 50-Hz-Salven von jeweils drei Einzelreizen im Abstand von 750 ms angewandt und das Verhältnis zwischen zweiter und erster Muskelkontraktion beurteilt. Dieses Verhältnis korreliert eng mit der TOFR, kann aber manuell besser wahrgenommen werden. Eine erneute DBS darf erst nach Ablauf von 12 bis 15 s erfolgen. Allerdings können Restblockaden mit DBS nicht sicher ausgeschlossen werden.

Beurteilung der Reaktion

Die Reaktion auf die unterschiedlichen Stimulationsmuster kann klinisch erfolgen oder aber mit entsprechenden Geräten quantifiziert werden.

- **Visuell und taktil:** das Ausmaß der Muskelzuckung wird beobachtet oder erfühlt – ein einfaches und billiges, aber oft unzuverlässiges Verfahren.
- **Mechanomyographie**: misst die Kraftentwicklung des Muskels (z.B. des Daumens) als Reaktion auf den Stimulus. Mögliche Stimulationsverfahren sind Einzelreize, Tetanus, TOF, posttetanische Reizung und Double-Burst-Stimulation, jedoch liefert die TOF-Reizung allein in der Regel zuverlässige Messergebnisse.

- **Elektromyographie**: misst die elektrische Reaktion des Muskels auf den Stimulus (= evoziertes Elektromyogramm, EMG).
- **Akzelerometrie**: misst die bei der Muskelkontraktion auftretende Beschleunigung und errechnet dann die TOFR. Für den klinischen Routineeinsatz hinreichend genau ist der TOF-Watch.

Klinische Anwendung des Nervenstimulators

Wenn möglich, sollte bei Operationen ein Nervenstimulator eingesetzt werden, um den Relaxierungsgrad und die Erholung von der neuromuskulären Blockade besser beurteilen und Restblockaden ausschließen zu können.

Nichtdepolarisationsblock

Nach Injektion einer Intubationsdosis eines ND-Muskelrelaxans werden drei Phasen der Muskelblockade durchlaufen (▶ Abb. 5-2).

Tiefe Relaxierung: Sie beginnt innerhalb von 3–6 min nach Injektion der Intubationsdosis und ist gekennzeichnet durch Reaktionslosigkeit auf einen elektrischen Stimulus: Weder TOF noch Einzelreiz löst eine Reaktion des stimulierten Muskels aus.

Chirurgische Relaxierung: Diese Phase beginnt, wenn die erste Reaktion auf einen TOF-Stimulus erfolgt. Im weiteren Verlauf kehren die vier Reaktionen auf den TOF schrittweise zurück. Hierbei besteht eine enge Beziehung zwischen dem Ausmaß der Blockade und der Anzahl der Reaktionen auf den TOF. Lässt sich nur eine Zuckung auslösen, so besteht noch eine 90- bis 95%ige Blockade der Rezeptoren. Mit Erscheinen der vierten Zuckung sind noch 60–85% der Rezeptoren besetzt.

! Merke

Ein bis zwei Zuckungen nach TOF-Stimulation sind für die meisten chirurgischen Eingriffe das Zeichen einer ausreichenden Relaxierung, vorausgesetzt, die Narkose ist tief genug.

Bei flacher Narkose können in diesem Stadium allerdings Husten, Pressen oder Bewegungen auftreten, so dass eine stärkere Relaxierung erforderlich ist, wenn die Narkose nicht vertieft werden soll.

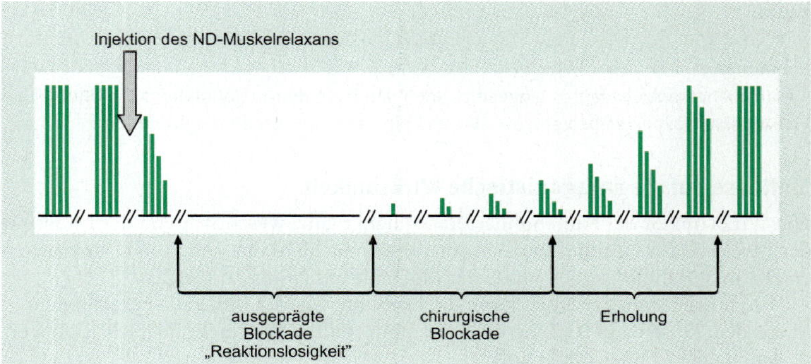

Abb. 5-2 Phasen der neuromuskulären Blockade durch ND-Muskelrelaxanzien (TOP-Stimulation; nach Viby-Mogensen).

Erholungsphase: Mit Wiederauftreten von vier Zuckungsreaktionen beginnt die Erholungsphase. Meist besteht in dieser Phase eine gute Übereinstimmung zwischen TOF-Stimulationsergebnis und klinischen Zeichen:

- TOFR < 0,4: Der Patient kann den Arm oder Kopf nicht heben. Das Atemzugvolumen kann normal sein, jedoch sind die Vitalkapazität und die Inspirationskraft meist noch vermindert.
- TOFR 0,6: Der Patient kann den Kopf für 3 s heben, die Vitalkapazität und Inspirationskraft sind aber häufig noch eingeschränkt.
- TOFR 0,7–0,75: Der Patient kann die Augen weit öffnen, die Zunge herausstrecken, den Kopf für mindestens 5 s heben und ausreichend husten.
- TOFR > 0,8: Vitalkapazität und Inspirationskraft haben sich normalisiert.
- TOFR > 0,9: Die Funktion der Pharynxmuskulatur ist wiederhergestellt.

Folgendes sollte aber beachtet werden:

> **! Merke**
> Erst ab einer elektro- oder mechanomyographisch ermittelten TOFR von > 0,9 kann eine klinisch relevante Restblockade sicher ausgeschlossen werden. Bei einer TOFR des M. adductor pollicis von < 0,9 bestehen dagegen noch Funktionsstörungen der Pharynxmuskulatur mit erhöhter Aspirationsgefahr sowie eine Störung der Atemfunktion durch Restblockade des M. genioglossus!

Depolarisationsblock und Phase-II-Block

Bei einem durch Succinylcholin hervorgerufenen Depolarisationsblock ist beim TOF (▶ Abb. 5-1) oder Tetanus die Zuckungsamplitude nicht abgeschwächt, ebenso wenig die posttetanische Potenzierung.

Beim Phase-II-Block findet sich hingegen ein „Fading" auf TOF und Tetanus sowie eine posttetanische Potenzierung.

5.5.4 Antagonisierung von Muskelrelaxanzien

Die muskelrelaxierende Wirkung von ND-Muskelrelaxanzien kann durch **Anticholinesterasen** (Cholinesterasehemmern) wie Neostigmin, Edrophonium und Pyridostigmin aufgehoben werden. Diese Substanzen inaktivieren das Enzym Acetylcholinesterase und erhöhen hierdurch die aktuelle Acetylcholinkonzentration am Rezeptor.

> **! Merke**
> Anticholinesterasen werden eingesetzt, wenn am Ende der Operation noch ein Überhang an Muskelrelaxanzien besteht, der eine ausreichende Spontanatmung verhindert.

Einflüsse auf die antagonistische Wirksamkeit

Die Wirksamkeit der Anticholinesterasen hängt ganz wesentlich von der Intensität der Blockade zum Zeitpunkt der Antagonisierung ab, daher sollten ND-Relaxanzien erst in der abklingenden Phase der Blockade antagonisiert werden.

- Durch Erhöhung der Dosis kann die Erholung von der Blockade beschleunigt werden. Dosen von 0,07 mg/kg Neostigmin sollten aber nicht überschritten werden, da ein Ceiling-Effekt auftritt.
- Unterkühlung vermindert den Relaxanzienbedarf, jedoch nicht den Bedarf an Anticholinesterasen.

Zur Interaktion von Antibiotika mit Relaxanzien siehe ▶ Tabelle 5-6.

Nebenwirkungen der Anticholinesterasen

Durch Wirkung an anderen nikotinartigen Rezeptoren und an muskarinartigen Rezeptoren können folgende unerwünschte, mitunter bedrohliche Nebenwirkungen auftreten:

- ausgeprägte Bradykardie durch vagale Stimulation des Herzens
- Bronchokonstriktion
- Steigerung der Darmmotorik bis hin zu Spasmen
- Zunahme der Speichel- und Bronchialsekretion
- Kontraktion der Harnblase
- Konstriktion der Pupillen.

Um die muskarinartigen Wirkungen abzuschwächen, müssen die Anticholinesterasen mit Atropin oder einem anderen Anticholinergikum kombiniert werden.

→ Dosierung von Atropin: 7–15 µg/kg; kann zusammen mit Neostigmin injiziert werden.

Praktisches Vorgehen bei der Antagonisierung

Grundsätzlich sollten Antagonisten nur zugeführt werden, wenn die Erholung von der neuromuskulären Blockade bereits begonnen hat, die Erholung somit beschleunigt wird. Die Dosierung des Antagonisten sollte sich nach der Intensität der Blockade und der Wirkdauer des Muskelrelaxans richten. In ▶ Tabelle 5-7 sind Dosierungsempfehlungen für Neostigmin zusammengestellt.

Tab. 5-6 Interaktion von Antibiotika mit Relaxanzien

Succinylcholin	Nichtdepolarisierende Relaxanzien
Neomycin	
Streptomycin	Streptomycin
Gentamicin	Gentamicin
Kanamycin	
Colistin	Colistin
Polymyxin	Polymyxin
Clindamycin	Lincomycin

Tab. 5-7 Dosierung von Neostigmin (+ Atropinzusatz: 7–15 µg/kg) zur Antagonisierung von ND-Muskelrelaxanzien in Abhängigkeit von der Restblockade

Intensität des Blocks	TOF-Zuckungen	Lang wirkende ND-Muskelrelaxanzien	Mittellang wirkende ND-Muskelrelaxanzien	Kurz wirkende ND-Muskelrelaxanzien
ausgeprägt	1–2	0,07 mg/kg	0,05–0,6 mg/kg	0,05 mg/kg
mittelgradig	3	0,06–0,07 mg/kg	0,04 mg/kg	keine Antagonisierung
gering	4 mit „Fading“	0,05 mg/kg	0,03–0,04 mg/kg	keine Antagonisierung

Anschlagzeit und Wirkdauer

Der maximale Wirkungseintritt von Edrophonium erfolgt innerhalb von 1–2 min, der von Neostigmin erst nach 7–11 min und der von Pyridostigmin nach 15–20 min. Die Wirkdauer des Antagonisten ist in der Regel länger als die des antagonisierten Muskelrelaxans.

Einschätzung der antagonistischen Wirksamkeit

Bei der klinischen und taktilen Einschätzung der antagonistischen Wirksamkeit bzw. muskulären Erholung werden relevante Restblockaden häufig nicht erkannt. Daher sollte die Antagonisierung mit Hilfe eines Nervenstimulators überwacht werden.

Eine TOFR von < 0,7 ist Zeichen einer noch anhaltenden Relaxanswirkung. Eine geringe Restblockade wird allerdings vom TOF nicht erfasst. Besteht noch ein „Fading", sollte der Patient nicht aus dem Aufwachraum verlegt werden.

5

Ungenügendes Ansprechen: Die wichtigsten Ursachen für ein ungenügendes Ansprechen auf den Antagonisten sind:

- zu frühe Injektion des Antagonisten bzw. Blockade noch zu tief
- zu kurze Einwirkzeit des Antagonisten
- Patient unterkühlt
- verstärkte Relaxanswirkung durch Interaktion mit anderen Medikamenten
- Störungen des Säure-Basen- und Elektrolythaushalts.

Sugammadex (Bridion)

Sugammadex (Handelspräparat: Bridion, 2-ml- und 5-ml-Ampullen, jeweils mit 100 mg/ml) gehört zu den Cyclodextrinen. Diese ringförmigen, hydrophilen Zuckermoleküle können in ihrem hydrophoben Innenraum Moleküle aufnehmen und dadurch inaktivieren. Mit Sugammadex kann die Wirkung von Aminosteroidrelaxanzien wie **Rocuronium und Vecuronium, unabhängig von ihrem Injektionszeitpunkt,** innerhalb weniger Minuten vollständig antagonisiert werden. Die Substanz wirkt nicht an der motorischen Endplatte, sondern im Plasma: Hier wird Rocuronium oder Vecuronium von Sugammadex eingehüllt, so dass die Plasmakonzentration rasch abfällt und aufgrund des hohen Konzentrationsgradienten weiteres Rocuronium von der Endplatte in das Blut gelangt. Eine Rückkehr der Blockade tritt nicht auf, wenn die unten empfohlenen Dosen verabreicht werden. Allerdings sollte Folgendes beachtet werden:

→ Flucloxacillin (Staphylex) und Fusidinsäure können steroidale Muskelrelaxanzien aus ihrer Bindung mit Sugammadex verdrängen und eine Recurarisierung herbeiführen. Toremifen verzögert möglicherweise die Erholung von der neuromuskulären Blockade nach Sugammadex-Gabe.

→ Dagegen hat die Art des Anästhesieverfahrens keinen Einfluss auf die Wirksamkeit von Sugammadex.

→ Auch treten, im Gegensatz zu Neostigmin, mit Sugammadex keine kardiovaskulären, pulmonalen und gastrointestinalen Nebenwirkungen auf, weil die Freisetzung und der Metabolismus von Acetylcholin nicht beeinflusst werden.

Pharmakokinetik: Sugammadex wird renal eliminiert; ein hepatischer Metabolismus findet nicht statt. Die Eliminationshalbwertszeit beträgt 100 min.

Rapid sequence induction oder Blitzintubation

Die Wirkung von Rocuronium oder Vecuronium kann mit Sugammadex zu jedem beliebigen Zeitpunk innerhalb von 2 min aufgehoben werden. Dies gilt auch für die Rocuronium-Intubationsdosis von 1,2 mg/kg, für deren Antagonisierung 16 mg/kg Sugammadex erforderlich sind. Die Antagonisierung verläuft rascher als die Spontanerholung von einem Succinylcholinblock. Damit könnte Rocuronium eine Alternative zu Succinylcholin bei der „Ileuseinleitung" sein.

Misslingen der Maskenbeatmung und Intubation

Bei unerwartet schwierigem Atemweg oder „Can't intubate can't ventilate"-Situation kann ein Rocuronium- oder Vecuroniumblock mit Sugammadex innerhalb sehr kurzer Zeit aufgehoben werden. Die Bedeutung dieser Wirkung beim Umgang mit dem schwierigen Atemweg ist bislang nicht untersucht worden.

Pharmakologie

Dosierung von Sugammadex zur Antagonisierung/Reversion von Rocuronium:

- Mindestdosis 2 mg/kg, um Wiederauftreten der neuromuskulären Blockade zu vermeiden!
- zügige i.v. Bolusinjektion innerhalb von 10 s
- 2 mg/kg i.v., wenn Spontanerholung nach Rocuronium- oder Vecuroniumblockade mindestens T2 erreicht hat; mittlere Dauer bis TOFR 0,9 nach Rocuronium: ca. 2 min (Bereich: 0,7–6,4 min)
- 4 mg/kg i.v., wenn Spontanerholung auf mindestens 1–2 PTC (post tetanic counts); mittlere Dauer bis TOFR 0,9: ca. 3 min (Bereich: 1,2–16,1 min)
- 16 mg/kg i.v. für die sofortige Aufhebung der Rocuroniumblockade; mittlere Erholungsdauer bis auf TOFR 0,9: median: 1,5 min (Bereich: 0,5–14,3 min)

Wartezeit vor erneuter Zufuhr von Rocuronium oder Vecuronium nach Antagonisierung mit Sugammadex:

- 24 h (Empfehlung des Herstellers)
- wenn vor Ablauf dieser Zeit Blockade erforderlich: nichtsteroidales ND-Relaxans oder Succinylcholin einsetzen

→ Die Eliminationshalbwertszeit von Sugammadex beträgt 100 min; entsprechend ist 200–300 min nach Sugammadex erneut injiziertes Rocuronium wieder wirksam (s. aber Herstellerempfehlung im Kasten)

Nebenwirkungen:

- Geschmacksstörungen (beim wachen Patienten)
- Husten
- unwillkürliche Bewegungen, Grimassieren oder Kauen auf den Tubus; als „Aufweckreaktion" gedeutet
- Interaktion mit Toremifen, Flucloxacillin und Fuzidinsäure: s.o.
- Enkapsulierung einiger Kontrazeptiva nicht ausgeschlossen.

5.6 Muskelrelaxanzien bei neurologischen Erkrankungen

Bestimmte neurologische Erkrankungen können die Intensität und Dauer der neuromuskulären Blockade erheblich beeinflussen.

Myasthenia gravis. Myasthenische Patienten reagieren auf nichtdepolarisierende Relaxanzien, als ob bereits eine partielle Anrelaxierung vorliegt, d.h., es besteht gegenüber diesen Substanzen eine sehr große Empfindlichkeit. Die Wirkung von Succinylcholin wird durch Anticholinesterasen-Therapie verlängert, weil weniger Cholinesterase für den Abbau zur Verfügung steht. Daher Dosisreduktion! Kann auf Muskelrelaxanzien nicht verzichtet werden, sollten nur geringe Dosen nichtdepolarisierender Relaxanzien unter Kontrolle eines Nervenstimulators gegeben werden. Die Relaxanzien sollten postoperativ nicht antagonisiert werden; vielmehr ist es ratsam, den Patienten bis zur Rückkehr einer ausreichenden Spontanatmung zu beatmen.

Myasthenisches Syndrom. Dieses Syndrom ähnelt der Myasthenia gravis; es tritt bei einigen Karzinompatienten auf und geht mit einer extremen Empfindlichkeit gegenüber allen Muskelrelaxanzien einher.

Myotonien (Myotonia congenita, Myotonia dystrophica, Paramyotonia congenita). Die Reaktion auf nichtdepolarisierende Relaxanzien ist normal. Die Injektion von Succinylcholin hingegen ist gefährlich, weil die Substanz eine generalisierte Kontraktur der Skelettmuskulatur auslösen kann, so dass eine ausreichende Spontanatmung nicht mehr möglich ist. Auch bei anderen neurologischen Erkrankungen wie familiärer periodischer Lähmung, nukleären Atrophien und amyotrophischer Lateralsklerose sollten Muskelrelaxanzien möglichst nicht verwendet werden.

Literatur

Eikermann M, Groeben H, Husing J, Peters J: Predictive value of mechanomyography and accelerometry for pulmonary function in partially paralyzed volunteers. Acta Anaesthesiol Scand 2004, 48(3):365–70.

Flockton EA, Mastronardie P, Hunter JM, et al.: Reversal of rocuronium-induced neuromuscular block with sugammadex is faster than reversal of cisatracurium-induced block with neostigmin. Br J Anesth 2008; 100:622–30.

Fuchs-Buder T: Neuromuskuläres Monitoring in Klinik und Forschung. Springer Berlin 2008.

Geldner G, Fuchs-Buder T, Hofmockel R, Diefenbach C, Ulm K, Blobner M: Die Anwendung von Muskelrelaxanzien zur Routineeinleitung in Deutschland. Anaesthesist 2003;52(5):435–41.

Huggins RM, Kennedy WK, Melroy MJ, Tollerton DG: Cardiac arrest from succinylcholine-induced hyperkalemia. Am J Health Syst Pharm 2003; 1;60(7):694–7.

Murphy GS, Szokol JW, Marymont JH et al.: Intraoperative acceleromyographic monitoring reduces the risk of residual neuromuscular blockade and adverse respiratory events in the postanaesthesia care unit. Anaesthesiology 2008; 109:389–98.

Naguib M, Samarkandi AH, Abdullah K, Riad W, Alharby SW: Succinylcholine dosage and apnea-induced hemoglobin desaturation in patients. Anesthesiology 2005;102(1):35–40.

Perry J, Lee J, Wells G: Rocuronium versus succinylcholine for rapid sequence induction intubation. Cochrane Database Syst Rev 2003 (1):CD002788. Review.

Pühringer FK, Rex C, Sielenkämper et al.: Reversal of profound, high-dose rocuronium-induced neuromuscular blockade by sugammadex at two different time points. Anesthesiology 2008; 109.188–97.

Schreiber JU, Lysakowski C, Fuchs-Buder T, Tramer MR: Prevention of succinylcholine-induced fasciculation and myalgia: a meta-analysis of randomized trials. Anesthesiology 2005;103(4):877–84.

Schreiber JU, Mencke T, Biedler A, Furst O, Kleinschmidt S, Buchinger H, Fuchs-Buder T: Postoperative myalgia after succinylcholine: no evidence for an inflammatory origin. Anesth Analg 2003;96(6):1640–4.

6 Lokalanästhetika

Lokalanästhetika hemmen den Einstrom von Natrium durch den spannungsabhängigen Natriumkanal und blockieren dadurch reversibel die Erregungsleitung in Nervenendigungen, peripheren Nerven und Spinalnervenwurzeln. Sensibilität und Motorik werden ausgeschaltet.

Lokalanästhetika sind kardio- und zerebrotoxisch.

6.1 Chemische Struktur

Zwei Arten von Lokalanästhetika werden unterschieden:

- **Aminamide,** bei denen der aromatische Molekülanteil über eine Amidbindung mit der Aminogruppe verknüpft ist
- **Aminoester,** bei denen der aromatische Molekülanteil über eine Esterbindung mit der Aminogruppe verknüpft ist.

Die **nichtionisierte, lipidlösliche Base** ist die aktive Form des Lokalanästhetikums außerhalb des Nervs: Sie bestimmt die Penetration, bewirkt aber keine Impulsblockade.

Das **wasserlösliche Kation** ist der aktive Teil an der inneren Oberfläche des Axons: Es blockiert den Natriumkanal, hat aber keinen Einfluss auf die Außenseite der Nervenmembran.

6.2 Physikochemische Eigenschaften

Die klinischen Wirkungen von Lokalanästhetika wie Wirkstärke, Schnelligkeit des Wirkungseintritts und Wirkdauer werden ganz wesentlich von der Lipidlöslichkeit, dem Ionisationsgrad und der Proteinbindung bestimmt.

- Hohe Lipidlöslichkeit verzögert die Anschlagzeit eines Lokalanästhetikums, verstärkt die anästhetische Potenz und verlängert die Wirkdauer.
- Geringe Lipidlöslichkeit führt zu raschem Wirkungseintritt, schwächerer anästhetischer Potenz und kurzer Wirkdauer.
- Je höher die Proteinbindung, desto länger die Wirkdauer; Beispiele: Bupivacain, Levobupivacain und Ropivacain.

6.3 Wirkungen an der Nervenmembran

Primärer Wirkort der Lokalanästhetika sind die ionenselektiven, spannungsabhängigen Na^+-Kanäle. Hier werden Bildung und Weiterleitung von Impulsen direkt blockiert.

6.3.1 Peripherer Nerv

Periphere Nerven sind **gemischte** Nerven: Sie enthalten sensorische (afferente) und motorische (efferente) Fasern. Die Zellkörper der sensorischen Fasern liegen in den Hinterwurzelganglien, die der motorischen Fasern hingegen im Vorderhorn des Rückenmarks.

Faserdicke und Funktion

Nach abnehmendem Durchmesser werden die Nervenfasern in drei Klassen eingeteilt (▶ Tab. 6-1):

Tab. 6-1 Einteilung und Funktion von Nervenfasern

Fasertyp	Anatomische Lokalisation	Durchmesser (μm)	Leitungsgeschwindigkeit (m/s)	Funktion	Empfindlichkeit für Blockade
A-Fasern (myelinisiert) Aα	Afferenzen und Efferenzen zu Muskelspindeln, Skelettmuskeln	13–20	70–120	Motorik, Propriozeption	+
Aβ	Sehnenorgan	6–12 9	30–70 25–70	Propriozeption SAI, SAII, RA-Rezeptor, Haarfollikelsensor, Vibration	++
Aγ	Efferenzen zu Muskelspindeln	5	15–30	Muskeltonus	++
Aδ	sensorische Wurzeln und Afferenzen peripherer Nerven	1–3	12–30	Schmerz, Temperatur	+++
B-Fasern (myelinisiert)	präganglionär sympathisch	3	3–15	Vaso-, Viszero-, Sudo- und Pilomotorik	++++
C-Fasern (nichtmyelinisiert)	postganglionär sympathisch	0,3–1,3	0,7–1,3	Vaso-, Viszero-, Sudo- und Pilomotorik	++++
Hinterwurzel	sensorische Wurzel und Afferenzen peripherer Nerven	0,4–1,2	0,1–2	Schmerz, Temperatur, Berührung	++++

- A-Fasern: myelinierte somatische Nerven hoher Leitungsgeschwindigkeit
- B-Fasern: myelinisierte präganglionäre autonome Nerven
- C-Fasern: nicht myelinisierte Nerven.

Im Organismus gibt es zwei getrennte Schmerzleitungssysteme:

- ein rasch leitendes System über Aδ-Fasern
- ein langsam leitendes System über C-Fasern.

Die verschiedenen Nervenfasern werden nicht gleichzeitig von einem Lokalanästhetikum geblockt, sondern in einer bestimmten zeitlichen Aufeinanderfolge, die am Patienten leicht überprüft werden kann:

- zuerst die Sympathikusblockade mit Warmwerden der Haut (Gefäßdilatation)
- dann die Aufhebung von Temperatur- und Schmerzempfindung
- zuletzt die Blockade von Berührung, Druck und Motorik.

Minimale blockierende Konzentration (C_m)

Um die Erregungsleitung eines Nervs zu blockieren, ist eine minimale Konzentration erforderlich, die als C_m bezeichnet wird. Sie ist definiert als die niedrigste Konzentration eines jeweiligen Lokalanästhetikums, mit der ein Nerv innerhalb einer bestimmten Zeit (meist 10 min) geblockt werden kann. Aufgrund ihrer C_m können die Lokalanästhetika in ihrer anästhetischen Wirkstärke (und weitgehend parallel dazu auch Wirkdauer) unterschieden werden:

Wirkstärke von Lokalanästhetika:

- schwache Wirksamkeit: Procain
- mittlere Wirksamkeit: Lidocain, Mepivacain, Prilocain, Chlorprocain
- starke Wirksamkeit: Bupivacain, Levobupivacain, Ropivacain, Etidocain, Tetracain.

6.4 Pharmakokinetik

Bei den Lokalanästhetika ist zwischen regionaler und systemischer (▶ Tab. 6-2) Pharmakokinetik zu unterscheiden, denn die Substanzen diffundieren nach der lokalen Injektion nicht nur in das umgebende Gewebe und den Nerv, sondern werden auch in das Blut aufgenommen und mit dem Kreislauf im gesamten Körper verteilt.

6.4.1 Lokale Verfügbarkeit

Die lokale Verfügbarkeit eines Lokalanästhetikums wird bestimmt durch die Ausbreitung im Gewebe und durch Diffusion. Die Diffusion des Lokalanästhetikums in den Nerven wird durch Gewebebarrieren behindert. Hierzu gehören Epineurium, Perineurium und Endoneurium. Hohe Lipoidlöslichkeit und niedriges Molekulargewicht bewirken eine rasche Diffusion des Lokalanästhetikums. Durch Erhöhung der Dosis stehen lokal mehr Moleküle für die Diffusion in den Nerven (aber auch in das Blut!) zur Verfügung: Die Nervenblockade setzt schneller ein, ist ausgeprägter und hält länger an.

6.4.2 Systemische Resorption

Bereits innerhalb weniger Minuten nach der lokalen Injektion erscheinen die Lokalanästhetika im Blut. Die Diffusion erfolgt durch das Kapillarendothel und verläuft umso schneller, je größer die Kapillardichte, d.h. die Durchblutung, ist.

Das **Ausmaß der Resorption** von Lokalanästhetika wird vor allem von folgenden Faktoren bestimmt:

Tab. 6-2 Pharmakokinetische Parameter einzelner Aminoamid-Lokalanästhetika nach Angaben verschiedener Autoren (Vdss = Verteilungsvolumen im Steady State; $t_{1/2b}$ = Eliminationshalbwertszeit)

Substanz	Vdss (l)	Clearance (l/min)	$t_{1/2\beta}$ (h)	Hepatische Extraktionsfraktion
Prilocain	191–261	2,37–2,84	1,6	–
Lidocain	91	0,95	1,6	0,65
Mepivacain	84	0,78	1,9	
Bupivacain	73	0,58	2,7	0,38
Ropivacain	59	0,73	1,9	0,49
Etidocain	133	1,11	2,7	

- Injektionsort
- physikochemische Eigenschaften der Substanz
- Dosis
- Anzahl der Nachinjektionen und deren zeitlicher Abstand
- Zusatz eines Vasokonstriktors.

Nach Aufnahme in das Blut wird das Lokalanästhetikum sofort verdünnt und rasch zu den gut durchbluteten Kompartimenten wie Hirn, Herz, Lunge, Niere und Leber transportiert.

Plasmaproteinbindung. Die einzelnen Lokalanästhetika werden in unterschiedlichem Ausmaß an Plasmaproteine gebunden. Nur der freie, nicht an Proteine gebundene Anteil einer Substanz kann aber das Plasma verlassen und in die Gewebe eindringen. Somit bestimmt die Proteinbindung (mit anderen Faktoren), wie schnell das Lokalanästhetikum sich im Gewebe ausbreitet und anschließend eliminiert wird.

6.4.3 Metabolismus und Elimination

Wie bereits dargelegt, unterscheiden sich Metabolismus und Elimination der amidartigen Lokalanästhetika grundlegend von denen der esterartigen.

- **Aminoester** werden hydrolytisch unter Mitwirkung der Pseudocholinesterase gespalten.
- **Aminoamide** werden in der Leber zunächst N-dealkyliert und anschließend hydrolysiert. Nur Prilocain wird initial zu o-Toluidin-Metaboliten hydrolysiert; diese Metaboliten sind Methämoglobinbildner. Die Eliminationshalbwertszeit der Amide beträgt 1,6–2,7 h (▶ Tab. 6-2); bei Lebererkrankungen muss mit einer Verlängerung gerechnet werden.

6.5 Klinische Pharmakologie

6.5.1 Wirkungseintritt

Der Wirkungseintritt oder die Anschlagzeit eines Lokalanästhetikums hängt in erster Linie von den physikochemischen Eigenschaften der Substanz ab, vor allem von ihrem pK_a-Wert bzw. nichtionisierten, d.h. basischen Anteil in der Lösung (▶ Kap. 6.4).

Außerdem spielen unter klinischen Bedingungen noch andere Faktoren eine Rolle. Hierzu gehören:

- Dosis des Lokalanästhetikums: je höher, desto rascher tritt die Wirkung ein.
- Injektionsort oder Art der Blockade: am schnellsten bei Spinalanästhesie.
- Alkalisierung der Lokalanästhetikumlösung; Zusatz von CO_2.

Ablauf der Blockade. Die neurale Blockade erfasst nicht schlagartig alle Nervenfasern, sondern zuerst die im Randbereich des Nervs liegenden **Mantelfasern,** danach die in der Mitte laufenden **Kernfasern.** Der Blockadeablauf lässt sich am Patienten gut beobachten, weil die Mantelfasern mehr die proximalen Teile einer Extremität versorgen, die Kernfasern hingegen mehr die distalen. Aus diesem Grund breitet sich im Versorgungsgebiet der geblockten Nerven die Anästhesie von proximal nach distal aus.

Die **motorische Blockade** setzt wegen der erforderlichen größeren minimalen Konzentration des Lokalanästhetikums (dickere Fasern) später ein und wird auch früher beendet als die sensorische Blockade.

6.5.2 Wirkdauer

Die Wirkdauer der Blockade hängt von zahlreichen Faktoren ab; im Allgemeinen nimmt die Wirkdauer mit steigender Konzentration zu.

Einteilung der Lokalanästhetika nach der Wirkdauer:
- kurze Wirkdauer: Procain, Chlorprocain
- mittlere Wirkdauer: Lidocain, Mepivacain, Prilocain
- lange Wirkdauer: Ropivacain, Bupivacain, Levobupivacain, Etidocain, Tetracain.

Durch **Zusatz eines Vasopressors** kann bei zahlreichen Substanzen die Wirkdauer wesentlich verlängert und häufig auch die Erfolgsrate einer Blockade vergrößert werden.

6.5.3 Differentielle sensorische bzw. motorische Blockade

Einige Lokalanästhetika können eine differentielle Blockade der Sensorik und Motorik hervorrufen, d.h. die sensorischen Funktionen ausreichend blocken, ohne eine ausgeprägte motorische Blockade hervorzurufen. Dies gilt vor allem für Bupivacain und Ropivacain, mit denen dieser Effekt unabhängig von der jeweiligen Blockadetechnik erreicht werden kann.

6.5.4 Kombination von Lokalanästhetika

Durch Mischung verschiedener Lokalanästhetika wird versucht, die Anschlagzeit zu verkürzen und die Wirkdauer zu verlängern. Entsprechend wird eine Substanz mit raschem Wirkungseintritt, aber kurzer Wirkdauer mit einer lang wirkenden Substanz kombiniert, die einen verzögerten Wirkungseintritt aufweist. Klinische Vorteile sind nicht nachgewiesen.

6.6 Systemisch-toxische Wirkungen

Systemisch-toxische Reaktionen auf das Lokalanästhetikum entstehen durch Überdosierung oder versehentliche intravasale Injektion! Sie manifestieren sich primär als Funktionsstörungen des Gehirns und des Herzens. Insgesamt sind toxische Reaktionen auf das Lokalanästhetikum mit 0,09–1,5 % aller Regionalanästhesien selten.

6.6.1 Zentrales Nervensystem

Zentrale Reaktionen beruhen auf **zu hohen Plasmaspiegeln** und manifestieren sich in folgender Weise:
- Unruhe
- Muskelzittern
- generalisierte Krämpfe
- Koma
- zentrale Atemlähmung.

Tab. 6-3 Schwellendosen für toxische Frühreaktionen des ZNS auf verschiedene Lokalanästhetika bei i.v. Injektion

Substanz (mg/kg) für ZNS	Relative anästhetische Potenz in vivo	Schwellendosis Reaktionen
Procain	1	19,2
Chlorprocain	1	22,8
Lidocain	2	6,4
Mepivacain	2	9,8
Prilocain	2	› 6,0
Etidocain	6	3,4
Bupivacain	8	1,6

In ▶ Tabelle 6-3 sind Schwellendosen der Lokalanästhetika zusammengestellt, die nach i.v. Injektion beim Menschen zu frühen Zeichen und Symptomen toxischer ZNS-Wirkungen führen können.

Ursachen toxischer ZNS-Reaktionen

Die wichtigsten Gründe für zu hohe Plasmakonzentrationen eines Lokalanästhetikums bei Regionalanästhesien sind:

- Überdosierung des Lokalanästhetikums
- Injektion in eine Vene oder Arterie
- rasche Resorption am Injektionsort.

Klinisch ist wichtig, dass den generalisierten Krämpfen zumeist **Warnzeichen** vorangehen, die bereits auf einer zentral toxischen Wirkung des Lokalanästhetikums beruhen.

Klinik

Präkonvulsive Warnzeichen bei toxischen ZNS-Reaktionen

- **taubes Gefühl von Lippen und Zunge**
- **metallischer Geschmack**
- Schläfrigkeit
- Schwindelgefühl
- Ohrklingeln
- verwaschene Sprache
- Muskelzittern
- Nystagmus
- Sehstörungen.

In jedem Fall sind die präkonvulsiven Warnzeichen ein Alarmsignal für den Anästhesisten, auf das er umgehend reagieren muss (siehe weiter unten).

Generalisierte Krämpfe

Generalisierte Krämpfe sind die **gefährlichste zerebrale Komplikation** einer Lokalanästhetikum-Überdosierung. Unbehandelt können die generalisierten Krämpfe zum Tod des Patienten führen.

! Merke

Die Krampfschwelle des Gehirns gegenüber Lokalanästhetika kann durch zahlreiche Faktoren modifiziert werden. Respiratorische und metabolische Azidose begünstigen das Auftreten von Krämpfen, während Hypokapnie (Hyperventilation) die Krampfschwelle heraufsetzt.

Prophylaxe zerebraler Reaktionen

Toxische Reaktionen des zentralen Nervensystems auf Lokalanästhetika sind gewöhnlich vermeidbar, wenn bestimmte Vorsichtsmaßnahmen durchgeführt werden.

✓ Praktisches Vorgehen

Prophylaxe zerebraler Reaktionen

1. **Prämedikation mit einem antikonvulsiv wirksamen Pharmakon,** wenn Lokalanästhetika in großer Menge zugeführt werden. Hierbei gelten Diazepam, Flunitrazepam oder Clonazepam als Mittel der Wahl.
2. **Blutspiegel des Lokalanästhetikums so niedrig wie möglich halten.** Praktisches Vorgehen: häufiges Aspirieren und langsame Injektion; Gesamtdosis so niedrig wie möglich; bei entsprechenden Lokalanästhetika Vasopressor zusetzen; nicht intravasal injizieren (Testdosis!).
3. **Beim Auftreten von Warnzeichen:**
   - Injektion des Lokalanästhetikums sofort abbrechen
   - Patienten hyperventilieren lassen („tief einatmen"); hierdurch wird die Krampfschwelle erhöht
   - Sauerstoff zuführen
   - Diazepam 2,5–5 mg i.v.

6

Klinisch ist noch wichtig:

! Merke

Hohe Blutspiegel und nachfolgend toxische ZNS-Reaktionen können sofort (intravasale Injektion) oder innerhalb von 20–30 min nach der lokalen Injektion des Lokalanästhetikums auftreten. Darum muss der Patient während dieser Zeit besonders sorgfältig überwacht werden (verbaler Kontakt).

Behandlung der Krämpfe

Meist reichen geringe Dosen **Diazepam** (2,5–5 mg i.v.) oder **Clonazepam** (z.B. Rivotril 0,5 mg i.v.) aus, um die Krämpfe zu unterbrechen. Bei Bedarf kann nachinjiziert werden; übermäßige Zufuhr muss jedoch vermieden werden.

→ **Barbiturate** sind zwar ebenfalls gut antikonvulsiv wirksam, sollten jedoch wegen der hypnotischen und atemdepressiven Wirkung nicht mehr gegeben werden.

→ **Bei Atemstillstand** wird der Patient über eine Maske mit Sauerstoff beatmet und hierbei hyperventiliert. Eine **Muskelrelaxierung** sollte nur durchgeführt werden, wenn die Beatmung nicht anders möglich ist.

→ **Bei Herzstillstand** kardiopulmonale Wiederbelebung entsprechend den in ▶ Kapitel 32 angegebenen Richtlinien.

6.6.2 Kardiotoxizität

Alle Lokalanästhetika wirken, in Abhängigkeit von der Plasmakonzentration, direkt kardiotoxisch; zum einen durch Störungen der elektrophysiologischen Prozesse, zum anderen durch eine Beeinträchtigung der mechanischen Herzaktion und der Myokardkontraktilität. Des Weiteren wirken sie vasodilatierend und blockieren autonome Herz- und Gefäßnervenfasern. Im Einzelnen treten bei **Überdosierung** folgende **Wirkungen** auf:

- Abnahme der Myokardkontraktilität (negative Inotropie)
- Verminderung der Automatie: Sinusbradykardie bis hin zum Herzstillstand
- Abnahme der Reizleitungsgeschwindigkeit mit Zunahme des PR-Intervalls und der QRS-Dauer
- ventrikuläre Herzrhythmusstörungen: Kammertachykardie, Kammerflimmern, besonders durch Bupivacain
- Vasodilatation bei hohen Blutkonzentrationen (durch direkte arterioläre Dilatation).

Myokardkontraktilität

Bupivacain, Tetracain und Etidocain wirken stärker negativ inotrop als Ropivacain, Lidocain, Mepivacain, Prilocain und Procain. Bupivacain wirkt, möglicherweise wegen der größeren Lipoidlöslichkeit und der Blockade von Kaliumkanälen, am stärksten negativ inotrop. Die negativ inotrope Wirkung von Lokalanästhetika wird durch Hyperkapnie, Hypoxie und Azidose verstärkt.

Verhältnis von Kardiotoxizität zu ZNS-Toxizität

Meist reagiert das Herz – zumindest soweit klinisch nachweisbar – weniger empfindlich auf die Lokalanästhetika als das Gehirn, und entsprechend treten zerebrale toxische Reaktionen früher auf als kardiotoxische.

Klinisch ist zu beachten, dass die Beziehung zwischen Kardiotoxizität und ZNS-Toxizität für Bupivacain nicht so eng ist wie für die anderen Lokalanästhetika beschrieben, sondern kardiale Wirkungen auch auftreten können, ohne dass zerebrale Störungen vorangehen.

→ Bupivacain kann bereits in subkonvulsiven Plasmakonzentrationen ventrikuläre Arrhythmien auslösen.

In ▶ Tabelle 6-4 ist der Ablauf kardiovaskulärer Reaktionen auf toxische Plasmakonzentrationen von Lokalanästhetika zusammengestellt.

Behandlung toxischer kardiovaskulärer Wirkungen

Die Therapie toxischer kardiovaskulärer Wirkungen durch Lokalanästhetika ist symptomatisch und richtet sich vor allem nach dem Schweregrad:

√ Praktisches Vorgehen

Behandlung kardiotoxischer LA-Wirkungen

1. Sauerstoff atmen lassen
2. Bei schweren Störungen kardiovaskuläre Medikamente: Vasopressoren (z.B. Noradrenalin), inotrope Substanzen (Dobutamin/Dopamin)
3. Bei Herzstillstand: kardiopulmonale Wiederbelebung (▶ Kap. 32)
4. Bei ventrikulärer Tachykardie oder Kammerflimmern: Kardioversion bzw. Defibrillation; wenn erfolglos, ergänzt durch Injektion von Amiodaron

Tab. 6-4 Toxische kardiovaskuläre Reaktionen auf Lokalanästhetika (nach Covino)

Initiale Stimulation:
• Hypertension und Tachykardie durch ZNS-Stimulation
Primäres Stadium der Dämpfung:
• negative Inotropie • Abfall des Herzzeitvolumens • leichte bis mäßige Hypotension
Sekundäres Stadium der Dämpfung:
• starker Abfall des Herzzeitvolumens • periphere Vasodilatation • ausgeprägter Blutdruckabfall
Terminales Stadium:
• Sinusbradykardie • intrakardiale Leitungsstörungen • ventrikuläre Arrhythmie (Bupivacain) • Herzstillstand

6.6.3 Empfohlene Höchstdosen

Im Allgemeinen befindet sich der Anästhesist bei Einhaltung der empfohlenen Höchstdosen auf der sicheren Seite, wird jedoch damit den unterschiedlichen Regionalanästhesieverfahren nicht gerecht, weil der Injektionsort unberücksichtigt bleibt. Denn bei den einzelnen Regionalanästhesieverfahren ist wegen der unterschiedlichen lokalen Resorptionsmenge auch die Gefahr toxischer Reaktion unterschiedlich groß – es sei denn, das Lokalanästhetikum wird versehentlich intravasal injiziert.

→ Nicht begründet sind Empfehlungen von „sicheren" Höchstdosen anhand des **Körpergewichts,** da bislang kein Zusammenhang zwischen Körpergewicht und maximalen Plasmakonzentrationen des Lokalanästhetikums nachgewiesen worden ist.

6.7 Neurotoxizität

Klinisch gebräuchliche Konzentrationen von Lokalanästhetika schädigen in der Regel nicht das Nervengewebe. Es liegen aber Fallberichte über neutoroxische Wirkungen vor, vor allem bei kontinuierlicher Spinalanästhesie mit hyperbarer Lidocainlösung und bei subarachnoidaler Injektion von Chlorprocain.

6.8 Allergische Reaktionen

Allergien auf Lokalanästhetika sind extrem selten und werden fast nur bei **esterartigen** Substanzen (Tetracain, Chlorprocain, Procain) beobachtet.

Über die Möglichkeit allergischer Reaktionen auf Lokalanästhetika sollte der Patient aufgeklärt werden.

6.9 Klinische Anwendung

Aufgrund des anatomischen Wirkortes können die in ▶ Tabelle 6-5 angegebenen regionalen Blockadetechniken unterschieden werden.

6.10 Einzelne Lokalanästhetika

Die im Folgenden angegebenen Dosen gelten nur für Erwachsene. Da keine Beziehung zwischen Körpergewicht und erforderlicher Dosis eines Lokalanästhetikums besteht, wurde auf eine Dosierungsangabe pro kg Körpergewicht verzichtet.

Für die Dosierungen werden bestimmte Höchstdosen empfohlen. Hierbei handelt es sich um **Richtwerte.** Die Toleranz nach oben oder unten ist großen individuellen Schwankungen unterworfen. Klinisch richtet sich die Dosierung vor allem nach der jeweils gewählten Anästhesietechnik bzw. dem Injektionsort. Eine Übersicht der klinischen Anwendung amidartiger Lokalanästhetika zeigt ▶ Tabelle 6-6.

6.10.1 Auswahl der Substanzen

Angesichts des großen Spektrums unterschiedlicher Lokalanästhetika kann die Auswahl nach bestimmten Kriterien erfolgen, z.B.:
- Regionalanästhesieverfahren
- Art und Dauer der Operation
- Art der gewünschten Blockade, z.B. nur sensorisch
- systemische Toxizität.

Tab. 6-5 Einteilung der Regionalanästhesien
Infiltrationsanästhesie
• extravasal • intravenös
Periphere Nervenblockaden
• Blockade einzelner Nerven • Blockade von Nervenstämmen bzw. -plexus
Zentrale Nervenblockaden
• Periduralanästhesie – lumbal – kaudal – thorakal – zervikal • Spinalanästhesie – hohe – mittelhohe – tiefe – Sattelblock
Oberflächenanästhesie

6

Tab. 6-6 Klinische Anwendung amidartiger Lokalanästhetika (o.A. = ohne, m.A. = mit Adrenalinzusatz). Die Höchstdosen sind lediglich Empfehlungen, die im Einzelfall überschritten werden können. Die Wirkdauer hängt von der jeweiligen Blockadetechnik und von der injizierten Menge des Lokalanästhetikums ab.

Substanz	Anwendung	Konzentration (%)	Volumen (ml)	Wirkungseintritt (min)	Wirkungsdauer (min)	Maximale Einzeldosis (mg)
Lidocain	• Infiltration (Lösung), kleine Nervenblockade	0,5–1				200 o.A. 500 m.A.
	• große Nervenblockade	1–1,5	30–50	10–20	120–240	
	• Periduralanästhesie	1–2	15–30	5–15	30–90	
	• Spinalanästhesie	5, hyperbar	1–2	5	30–90	
Prilocain	• Infiltration, kleine Nervenblockade	0,5–1			30–90 o.A. 120–360 m.A.	400 o.A. 600 m.A.
	• große Nervenblockade	1–2	30–50	10–20	180–300	
	• Periduralanästhesie	2	15–30	5–15	150–600	
Mepivacain	• Infiltration, kleine Nervenblockade	0,5–1			45–90 o.A. 120–360 m.A.	300 o.A. 500 m.A.
	• große Nervenblockade	1–2	30–50	10–20	180–300	
	• Periduralanästhesie	1,5–2	15–30	5–15	60–180	
	• Spinalanästhesie	4, hyperbar	1–2	5		
Bupivacain	• Infiltration, kleine Nervenblockade	0,25–0,5			120–240 o.A., 180 bis 420 m.A.	175 o.A. 225 m.A.
	• große Nervenblockade	0,25–0,5	30–50	15–30	360–720	
	• Periduralanästhesie	0,25–0,75	15–30	10–20	180–300	
	• Spinalanästhesie	0,5	2–4	10	75–250	

Tab. 6-6 Klinische Anwendung amidartiger Lokalanästhetika (o.A. = ohne, m.A. = mit Adrenalinzusatz). Die Höchstdosen sind lediglich Empfehlungen, die im Einzelfall überschritten werden können. Die Wirkdauer hängt von der jeweiligen Blockadetechnik und von der injizierten Menge des Lokalanästhetikums ab. *(Forts.)*

Substanz	Anwendung	Konzentration (%)	Volumen (ml)	Wirkungseintritt (min)	Wirkungsdauer (min)	Maximale Einzeldosis (mg)
Levobupivacain	• Infiltration, kleine Nervenblockade	0,25–0,5	1–60	1–5		175 o.A. 225 m.A.
	• Plexusblockade, große Nervenblockade	0,25–0,5	30–50		–	
	• Periduralanästhesie	0,25–0,75	10–30	8–20		
	• Spinalanästhesie	0,5	2–4	10	75–250	
Ropivacain	• Infiltration, kleine Nervenblockade	0,2–0,5	1–100	1–5	120–360	300
	• große Nervenblockade	0,5–1	15–30	15–30	360–720	
	• Periduralanästhesie	0,2–1	15–30	10–20	180–360	

Auswahl des Lokalanästhetikums

1. Für kurze Eingriffe werden kurz wirkende Lokalanästhetika eingesetzt, für lange dauernde Eingriffe lang wirkende Substanzen oder kontiuierliche Blockadetechniken.
2. Lang wirkende Lokalanästhetika wie Bupivacain oder Ropivacain sind bei korrekter Anwendung ebenso sicher wie kurz wirkende Substanzen, da sie langsamer vom Injektionsort in das Blut aufgenommen werden.
3. Kurz wirkende Lokalanästhetika ermöglichen bei kontinuierlichen Techniken zwar eine gute Steuerung der Analgesie, führen aber zu stärkerer Kumulation im Plasma als lang wirkende Substanzen.
4. Die Blockade großer Nerven, Plexus und Nervenwurzeln erfordert für eine wirksame Blockade höhere Konzentrationen des Lokalanästhetikums als die kleiner Nerven oder Nervenendigungen.

6.10.2 Lidocain

Der pK_a-Wert von Lidocain beträgt 7,9, der pH-Wert der wässrigen Lösung des Hydrochlorid-Salzes liegt bei 6,5. Die Proteinbindung im Plasma beträgt 58–75%. Die Ausbreitung der Substanz im Gewebe ist stärker als die der anderen Lokalanästhetika.

Der Abbau von Lidocain erfolgt ganz überwiegend in der Leber, nur etwa 1% wird unverändert renal eliminiert.

Klinische Anwendung. Die Substanz kann für sämtliche Blockadetechniken in den in ▶ Tabelle 6-6 angegebenen Konzentrationen und Dosen verwendet werden.

Nach Injektion einer maximalen Dosis darf eine zweite Injektion – nach etwa 90 min – höchstens mit der Hälfte der Initialdosis erfolgen, um zu hohe Plasmaspiegel zu vermeiden.

6.10.3 Mepivacain

Der pK_a-Wert beträgt 7,6, der pH-Wert des gut wasserlöslichen Hydrochlorid-Salzes 6,5. Die **Proteinbindung** im Plasma liegt zwischen 64 und 84%.

Klinische Anwendung. Die Substanz besitzt etwa die gleiche anästhetische Wirksamkeit und Toxizität wie Lidocain, jedoch ist Mepivacain für die Oberflächenanästhesie nicht geeignet. Adrenalinzusatz verlängert die Wirkung nicht in gleichem Maße wie bei Lidocain (Einzelheiten ▶ Tab. 6-6).

6

6.10.4 Prilocain

Der pK_a-Wert beträgt 7,9, der pH-Wert des gut wasserlöslichen Hydrochlorid-Salzes 4,6. Die **Proteinbindung** im Plasma liegt bei 55%. Prilocain wird überwiegend in der Leber abgebaut; dabei entsteht der Methämoglobinbildner o-Toluidin.

Klinische Anwendung. Die anästhetische Wirkstärke gleicht der von Lidocain, jedoch ist die Substanz weniger toxisch; die Wirkdauer entspricht etwa der von Lidocain ohne Adrenalinzusatz. Klinischer Einsatz siehe ▶ Tabelle 6-6.

→ Werden Dosen von mehr als 600 mg bzw. > 8 mg/kg angewandt, z.B. bei kontinuierlicher Periduralanästhesie, tritt eine Methämoglobinämie auf. Hierbei hängt das Ausmaß der Methämoglobinbildung direkt von der Prilocaindosis ab.

→ Behandlung der Methämoglobinämie: 1–5 mg/kg Methylenblau.

! Merke
Wegen der Methämoglobinbildung sollte Prilocain nicht in der geburtshilflichen Anästhesie und nicht bei Glukose-6-Phosphat-Dehydrogenase-Mangel verwendet werden.

6.10.5 Bupivacain

Die kommerzielle Bupivacain-Lösung ist eine Mischung des links- und des rechtsdrehenden Enantiomers. Bupivacain-Base ist stark fettlöslich; der pK_a-Wert beträgt 8,01; der pH-Wert der wässrigen Lösung des Hydrochlorid-Salzes liegt bei 6. Die **Proteinbindung** im Plasma ist mit 88–95% sehr hoch. Der Abbau von Bupivacain erfolgt überwiegend in der Leber. Bei Leberinsuffizienz sollte die Dosis reduziert werden.

Klinische Anwendung. Bupivacain ist etwa viermal stärker anästhetisch (und toxisch) wirksam als Lidocain. Die Substanz wird vor allem für die Peridural- und Spinalanästhesie eingesetzt (Einzelheiten ▶ Tab. 6-6).

→ Für die **intravenöse Regionalanästhesie** ist Bupivacain wegen der kardiotoxischen Wirkung nicht geeignet!

Kardiotoxizität. Im Tierversuch kann bereits die Injektion einer konvulsiven oder subkonvulsiven Dosis von Bupivacain ventrikuläre Herzrhythmusstörungen hervorrufen, während bei Lidocain und Mepivacain dieser Effekt nicht auftritt. Hypoxie, Hyperkapnie, Azidose und Hyperkaliämie verstärken die Kardiotoxizität von

Bupivacain. Als Ursache der durch Bupivacain induzierten Herzrhythmusstörungen wird die anhaltende Blockade der Natriumkanäle in der Membran des Herzens angesehen

→ Bupivacain dringt rasch in den Natriumkanal ein und blockiert ihn, gelangt aber nur langsam wieder heraus. Dieses Phänomen wird als „fast in – slow out" bezeichnet.

6.10.6 Levobupivacain (Chirocain)

Levobupivacain ist das linksdrehende (S)-Enantiomer von Bupivacain. Wirkstärke, Blockadeablauf und Wirkdauer entsprechen der von Bupivacain.

Das Handelspräparat Chirocain ist eine farblose Flüssigkeit mit einem pH-Wert von 4,0–6,5. Die Proteinbindung im Plasma beträgt 93,4%. Levobupivacain wird hepatisch metabolisiert und zu 70% über die Nieren, zu 24% über die Faeces ausgeschieden.

6

Kardio- und ZNS-Toxizität. Im Tierversuch weist Levobupivacain (wie Ropivacain) eine größere toxische Sicherheitsbreite auf als Bupivacain.

6.10.7 Ropivacain

Ropivacain ist ein N-propyl-Homologon von Bupivacain und Mepivacain; im Gegensatz zu diesen beiden Substanzen, die als racemische Gemische vorliegen, enthält das Handelspräparat nur S(–)-Enantiomere. Auf den Natriumkanal der Herzmembran wirkt Ropivacain als „fast-in-intermediate-out"-Substanz. Ropivacain wird ganz überwiegend in der Leber durch das Cytochrom-P_{450}-System metabolisiert

→ Bei erheblicher Leberinsuffizienz sollte die Ropivacaindosis reduziert oder der Einsatz der Substanz ganz vermieden werden.

Klinische Anwendung. Ropivacain kann für die in ▶ Tabelle 6-6 zusammengestellten Regionalanästhesien und für die Spinalanästhesie angewandt werden. Das Handelspräparat liegt als 0,2%ige, 0,75%ige und 1%ige Lösung vor.

In vitro weist Ropivacain eine um 25% geringere anästhetische Potenz auf als Bupivacain. Klinisch unterscheidet sich Ropivacain in Anschlagzeit, Wirkintensität und -dauer aber nicht wesentlich von Bupivacain. Die motorische Blockade ist etwas geringer ausgeprägt.

Kontraindikationen:
- intravenöse Regionalanästhesie
- Parazervikalblockade.

Kardiotoxizität. Im Tierexperiment ist Ropivacain weniger kardiotoxisch als Bupivacain und Levobupivacain, allerdings auch schwächer analgetisch wirksam. Insgesamt scheint Ropivacain klinisch bei Regionalanästhesien eine etwas größere Sicherheitsbreite aufzuweisen als Bupivacain. Es liegen aber Fallberichte über durch Ropivacain 0,75% induzierte Herzstillstände bei hinterer lumbaler Plexusblockade (2 min nach Injektion von 25 ml) und bei unterer Extremitätenblockade (60 min nach einer Gesamtdosis von 300 mg) vor.

6.11 Zusätze für Lokalanästhetika

Häufig werden den Lokalanästhetika Vasopressoren, Stabilisatoren und antimikrobielle Substanzen zugesetzt, die gelegentlich klinisch bedeutsame Nebenwirkungen hervorrufen können.

6.11.1 Vasopressoren

Durch Zusatz eines Vasopressors wird die Resorption der meisten Lokalanästhetika vom Injektionsort in das Blut vermindert, so dass die Blutspiegel um 30–50% weniger ansteigen. Hierdurch wird die **Toxizität** herabgesetzt und bei einigen Substanzen auch die **Wirkungsdauer** erheblich verlängert.

Adrenalin

Adrenalin (Suprarenin) wird den Handelspräparaten der Lokalanästhetika in einer **Verdünnung von 1:200 000** zugesetzt, bei **Lidocain 1:100 000 bzw. 1:80 000.**

50 ml Lokalanästhetikum mit der Adrenalindosis 1:200 000 enthalten 0,25 mg Adrenalin.

→ Eine Gesamtdosis von 0,25 mg Adrenalin sollte nicht überschritten werden, um kardiovaskuläre Nebenwirkungen zu vermeiden.

Wegen der starken vasokonstringierenden Wirkung ist der Adrenalinzusatz bei Injektion eines Lokalanästhetikums in **Endarteriengebiete** (z.B. Finger, Zehen, äußeres Ohr, Penis) kontraindiziert.

Die wichtigsten systemischen **Nebenwirkungen** von Adrenalin sind Tachykardie und Blutdruckanstieg, meist verbunden mit Aufgeregtheit und Herzklopfen. Sie treten vor allem dann auf, wenn das Lokalanästhetikum versehentlich intravasal injiziert wurde.

Kontraindikationen:

- Hypertonie
- Mitralstenose
- koronare Herzerkrankung
- Hyperthyreose
- Diabetes mellitus
- Gefäßerkrankungen.

Phenylephrin

Phenylephrin (Neo-Synephrin) wird als 1%ige Lösung in einer Standarddosis von 0,5 ml als Zusatz für die Spinalanästhesie verwendet, kann jedoch auch bei Infiltrations- und Periduralanästhesie eingesetzt werden. Hierdurch verlängert sich die Wirkung oft um etwa 100%, bei Adrenalinzusatz hingegen nur um 50%.

Noradrenalin

Noradrenalin (Arterenol) ist ebenfalls als Vasopressor in einigen Lokalanästhetika (für die Zahnheilkunde) enthalten. In der Anästhesiologie wird die Substanz wegen der gewebereizenden Wirkung nicht eingesetzt.

Ornipressin

Ornipressin (POR 8), ein synthetisches Vasopressin ohne antidiuretische und koronarienkonstringierende Wirkung, wird als Vasopressorzusatz von Lokalanästhetika für die Zahnheilkunde verwendet, z.B. wenn eine Kontraindikation für Katecholamine besteht.

Für die Spinalanästhesie ist POR 8 nicht geeignet, bei kardiovaskulären Risikopatienten (**schwerer Hypertonus, Koronarkrankheit**) kontraindiziert.

→ Höchstdosis 2,5 IE POR 8, maximale Konzentration 1 E/6 ml Lokalanästhetikum.

6.11.2 Stabilisatoren und antimikrobielle Zusätze

Die amidartigen Lokalanästhetika sind sehr stabil und benötigen zumeist keine stabilisierenden Zusätze, wenn sie in Ampullen aufbewahrt werden.

Bei adrenalinhaltigen Lokalanästhetika ist jedoch ein **Antioxidans** erforderlich, um einen Zerfall der Substanz zu verhindern:

Zahlreiche Lokalanästhetika enthalten als antimikrobiellen Zusatz **Methyl-4-Hydroxybenzoat** (**Methylparaben**). Diese Substanz wirkt gegen grampositive Bakterien und Pilze, jedoch weniger gut gegen gramnegative Bakterien.

6

Literatur

Chazalon P, Tourier JP, Villevielle T, Giraud D, Saissy MJ, Mion G, Benhamou D: Ropivacaine-induced cardiac arrest after peripheral nerve block: successful resuscitation. Anesthesiology 2003, 99:1449–51.

Graf BM, Abraham I, Eberbach N, Kunst G, Stowe DF, Martin E: Differences in cardiotoxicity of bupivacaine and ropivacaine are the result of physicochemical and stereoselective properties. Anesthesiology 2002, 96(6):1427–34.

Huet O, Eyrolle LJ, Mazoit JX, Oxier YM: Cardiac arrest after injection of ropivacaine for posterior lumbar plexus blockade. Anesthesiology 2003, 99:1451–3.

Knudsen K, Beckmann M, Suurküla M, Blomberg S, Sjövall J, Edvardsson N: Central nervous and cardiovascular effects of i.v. infusions of ropivacaine, bupivacaine and placebo in volunteers. Br J Anaesth 1997, 78:507–14.

Stewart J, Kellett N, Castro D: The central nervous system and cardiovascular effects of levobupivacaine and ropivacaine in healthy volunteers. Anesth Analg 2003, 97(2):412–6.

Wulf H, Worthmann F, Behnke H et al.: Pharmacokinetics and pharmacodynamics of ropivacaine 2 mg/ml, 5 mg/ml, or 7,5 mg/ml after ilioinguinal blockade for inguinal hernia repair in adults. Anesth Analg 1999, 89:1471.

Zink W, Graf BM: Benefit-risk assessment of ropivacaine in the management of postoperative pain. Drug Safe 2004, 27(14):1093–114. Review.

7 Kardiovaskuläre Medikamente

Perioperative Störungen der Herz-Kreislauf-Funktion werden bevorzugt mit rasch wirkenden und gut steuerbaren Substanzen behandelt.

7.1 Sympathomimetika

Die Sympathomimetika sind **adrenerge Agonisten,** d.h., sie stimulieren direkt oder indirekt die Erregungsübertragung adrenerger Nerven. Direkte Agonisten reagieren mit dem Rezeptor selbst, während indirekte Agonisten Noradrenalin aus den postganglionären sympathischen Nervenendigungen freisetzen. Sympathikomimetika wirken auf alle Herzfunktionen positiv bzw. **stimulierend:** Herzfrequenz, Schlagvolumen und Herzzeitvolumen nehmen zu.

In ▶ Tabelle 7-1 sind die wichtigsten Sympathomimetika und ihre adrenergen Rezeptoren zusammengestellt.

7.1.1 Adrenalin

Adrenalin ist ein natürliches Katecholamin, das im Nebennierenmark gebildet wird und auf das Herz-Kreislauf-System und den Stoffwechsel einwirkt.

Die Herz-Kreislauf-Wirkungen von Adrenalin entstehen durch die Stimulation von α_1- sowie β_1- und β_2-Rezeptoren. Welche Wirkung überwiegt, hängt von der zugeführten Dosis ab (▶ Tab. 7-2).

- **β_1-Rezeptoren** des Herzens: Zunahme der Kontraktilität und der Erregungsleitung.
- **Blutgefäße:** Bei Dosen von über 10 µg/min überwiegt insgesamt die α-Stimulation mit Vasokonstriktion.

Indikationen:

- Herzstillstand
- Anaphylaxie
- schwerster Bronchospasmus
- schwere, symptomatische Bradykardie

Tab. 7-1 Sympathomimetika und ihre Rezeptoren

Substanz	Rezeptoren	Dosierung
Adrenalin	α, β	0,05–0,5 µg/kg/min
Noradrenalin	α, β	0,2–1 µg/kg/min
Isoproterenol	β	1–5 µg/min
Dopamin	dopaminerge, β, α	2–30 µg/kg/min
Dobutamin	β	1–10 µg/kg/min

Tab. 7-2 Rezeptorwirkungen von Adrenalin (Suprarenin)

Dosis	Wirkung
1–2 µg/min	primär β-Stimulation
2–10 µg/min	gemischte α- und β-Stimulation
10–20 µg/min	primär α-Stimulation

- Low-Output-Syndrom: selten eingesetzt: Dobutamin bevorzugt; Dosierung 2–20 μg/min über Perfusor.

Nebenwirkungen:
- Tachykardie und Arrhythmien
- periphere Vasokonstriktion mit Zunahme des Gefäßwiderstandes und Abfall des HZV.

7.1.2 Noradrenalin

Noradrenalin ist der Transmitter postganglionärer sympathischer Nervenendigungen und gleichzeitig auch Transmitter im zentralen Nervensystem.

Die **Herz-Kreislauf-Wirkungen** von Noradrenalin beruhen auf einer Stimulation der β_1-Rezeptoren des Herzens und der peripheren α-Rezeptoren:
- Konstriktion der Arteriolen mit Anstieg des peripheren Gefäßwiderstands
- Konstriktion der Venen
- Zunahme der Myokardkontraktilität und der Erregungsleitung; durch Gegenregulation überlagert: Reflexbradykardie durch Blutdruckanstieg; periphere Vasokonstriktion und Bradykardie wirken dem Anstieg des Herzzeitvolumens entgegen.

Einsatz in der Anästhesiologie:
- starker Blutdruckabfall bei erniedrigtem peripherem Gefäßwiderstand; Dosierung 2–16 μg/min über Perfusor, möglichst über ZVK
- Schock.

Die Dauer der Zufuhr sollte sich auf ein Minimum beschränken, um die schädigenden Wirkungen so gering wie möglich zu halten.

Nebenwirkungen:
- Abnahme der Nierendurchblutung
- Steigerung des myokardialen Sauerstoffbedarfs
- ventrikuläre Arrhythmien
- Gewebenekrose bei paravasaler Infusion.

7.1.3 Dopamin

Dopamin ist ein natürliches Katecholamin, das in postganglionären Nervenendigungen und im Nebennierenmark als Vorstufe von Noradrenalin gebildet wird.

Die **Herz-Kreislauf-Wirkungen** von Dopamin beruhen auf einer Stimulation dopaminerger und β- sowie α-adrenerger Rezeptoren. Die jeweiligen Rezeptorwirkungen sind dosisabhängig:
- niedrige Dosen stimulieren vor allem die dopaminergen Rezeptoren in Nieren-, Splanchnikus- und Koronargefäßen: Die Durchblutung dieser Gefäßgebiete nimmt zu.
- Mittlere Dosen stimulieren vor allem die β_1-Rezeptoren.
- Hohe Dosen stimulieren die α-Rezeptoren. Mit steigender Dosierung nimmt der periphere Widerstand zu, die Nierendurchblutung ab.

Indikationen: schwere akute Herzinsuffizienz, kardiogener Schock.

→ In der Regel wird jedoch Dobutamin bevorzugt und Dopamin kaum noch eingesetzt.

7

Pharmakologie

Dosierung von Dopamin:

- 2–30 μg/kg/min über Perfusor
- Kombination mit einem anderen Katecholamin, wenn gewünschter kardiovaskulärer Effekt nicht mit Dosen von 10–15 μg/kg/min erreicht werden kann.

Nebenwirkungen:

- Tachykardie und Arrhythmien
- ausgeprägte Vasokonstriktion mit Abnahme der peripheren Durchblutung (auch der Niere)
- Steigerung des myokardialen Sauerstoffbedarfs.

7.1.4 Dobutamin

Dobutamin ist ein selektiver β_1-Agonist mit minimaler β- oder α-agonistischer Wirkung.

Indikationen:

- akute Herzinsuffizienz
- akuter Myokardinfarkt
- Low-Output-Syndrom nach Herzoperation.

Günstige Wirkungen sind besonders dann zu erwarten, wenn der periphere Widerstand hoch und der Blutdruck normal ist.

Pharmakologie

Dobutamin:

- Dosierung 1–10 μg/kg/min
- Wirkungseintritt: sofort
- Wirkdauer < 10 min
- bei Hypotension Kombination mit Noradrenalin

Nebenwirkungen (dosisabhängig):

- Tachykardie und Arrhythmien
- Abnahme des peripheren Gefäßwiderstandes mit Abfall des Blutdrucks
- Zunahme des myokardialen Sauerstoffbedarfs.

7.1.5 Dopexamin

Die Substanz stimuliert dopaminerge und β-adrenerge Rezeptoren, wobei die Affinität zu den β_2-Rezeptoren 10fach größer zu sein scheint als zu den β_1-Rezeptoren.

Indikationen: akute, schwere Herzinsuffizienz, die nicht auf herkömmliche Therapie anspricht.

Pharmakologie

Dopexamin:

- kontinuierliche Zufuhr über Perfusor
- Dosierung: 1–4 μg/kg/min
- Dosen von 4 μg/kg/min sollten nicht überschritten werden
- keine Zufuhr von Natriumbikarbonat, Heparin, Hydrokortison und Penicillinen über den gleichen i.v. Zugang

Kontraindikationen:
- Hypovolämie
- HOCM/Aortenstenose
- Lungenembolie
- instabile Angina pectoris
- Phäochromozytom
- septischer Schock.

Nebenwirkungen und Gefahren (dosisabhängig):
- Tachykardie, besonders ab 4 µg/kg/min
- Steigerung des myokardialen Sauerstoffverbrauchs
- Myokardischämien bei Patienten mit Koronarkrankheit.

7.1.6 Phenylephrin

Die Substanz stimuliert selektiv die α_1-Rezeptoren (direkte Wirkung) und kann i.v., i.m., s.c. und nasal zugeführt werden.

Handelspräparate (über internationale Apotheke): Neosynephrin, Neofrin, Nostril u.a.

Wirkungen

Phenylephrin ist ein starker Vasopressor ohne wesentliche chronotrope und inotrope Wirkungen. Herzrhythmusstörungen treten nur sehr selten auf.

Nebenwirkungen und Komplikationen:
- Hypertonie
- Kopfschmerzen, Unruhe, Tremor, Benommenheit
- Hautblässe, Schwitzen
- Reflexbradykardie
- Herzrhythmusstörungen (sehr selten).

Einsatz in der Anästhesiologie

- Behandlung und Prophylaxe von Blutdruckabfällen durch Spinal-, Periduralund Allgemeinanästhesien
- Vasopressorzusatz bei Spinalanästhesien.

Pharmakologie

Phenlyephrin:
- Wirkungseintritt: i.v. < 1 min; i.m./s.c. 10 min
- Wirkdauer: i.v. 15–20 min; i.m./s.c. 0,5–2 h
- Dosierung bei Blutdruckabfall abhängig vom Schweregrad: 0,05–0,1 mg als i.v. Bolus; 2–5 mg i.m./s.c.
- Infusion: 10–200 µg/min
- Zusatz zum Lokalanästhetikum bei Spinalanästhesien: 2–5 mg

Kontraindikationen/Vorsicht geboten:
- schwere Hypertonie
- ventrikuläre Tachykardie
- Bradykardie
- schwere Arteriosklerose
- Kombination mit Oxytocin in der Geburtshilfe.

Interaktionen:
- Die Wirkung wird verstärkt durch MAO-Hemmer und trizyklische Antidepressiva (Phenylephrindosis reduzieren!).
- Bei Kombination mit Oxytocin schwere, anhaltende Hypertonie möglich.
- Phenytoine schwächen die Wirkung ab.

7.1.7 Ephedrin

Ephedrin ist kein Katecholamin, sondern ein indirekt wirkendes Sympathomimetikum. Die Substanz setzt Noradrenalin aus dem Axoplasma frei (starke indirekte Wirkung), stimuliert jedoch außerdem direkt die α- und β-Rezeptoren (schwache direkte sympathomimetische Wirkung).

Handelspräparate sind über die internationale Apotheke zu beziehen.

Wirkungen

In der Peripherie wirkt Ephedrin wie Noradrenalin; im Zentralnervensystem tritt eine Psychostimulation auf (sog. Weckamin mit Steigerung von Aufmerksamkeit, Leistungsbereitschaft, Stimmungslage und Motorik).

Die kardiovaskulären Wirkungen von Ephedrin halten erheblich länger an als die von Noradrenalin, die blutdrucksteigernde Wirkung ist jedoch wesentlich schwächer. Bei wiederholter Injektion in kurzen Abständen lässt die Wirkung nach.

Nebenwirkungen und Komplikationen:
- Herzrhythmusstörungen
- Hypertonie
- Steigerung des myokardialen Sauerstoffverbrauchs
- Herzstillstand
- paradoxer Bronchospasmus
- Kopfschmerzen
- Übelkeit und Erbrechen
- Engegefühl in der Brust, Herzklopfen
- Tremor
- Angst
- Schlaflosigkeit
- Glaukomanfall (bei engem Kammerwinkel).

Einsatz in der Anästhesiologie

- Behandlung der Hypotension bei Allgemeinanästhesien und bei Spinal-/Periduralanästhesien
- Vasopressor in der Geburtshilfe
- Abschwellung der Nasenschleimhaut.

Pharmakologie

Ephedrin:
- Wirkungseintritt nach i.v. Injektion < 1 min; i.m. variabel
- Wirkdauer: 10–60 min
- Dosierung: 5–20 mg langsam i.v.; 25–50 mg i.m./s.c.

Kontraindikationen/Vorsicht geboten:
- Koronarkrankheit
- Myokardinfarkt
- Herzrhythmusstörungen
- Hypertonie
- Phäochromozytom
- Schlaganfall in der Vorgeschichte
- Hyperthyreose
- Parkinson-Erkrankung
- zerebrovaskuläre Erkrankungen
- benigne Prostatahypertrophie.

7.1.8 Amezinium

Dieses synthetische indirekte Sympathomimetikum setzt Noradrenalin aus den Vesikeln der Nerven frei und hemmt außerdem die Wiederaufnahme von Noradrenalin und dessen Abbau durch MAO. Hierdurch werden die α- und β_1-Rezeptoren indirekt stimuliert; die Wirkungen ähneln denen von Noradrenalin.

Handelspräparat: Supratonin. 1 Durchstechflasche enthält 5 mg Ameziniummetilsulfat in 15 mg Pulver. Hieraus muss die Injektionslösung hergestellt werden.

Wirkungen und Nebenwirkungen: Sie entsprechen im Wesentlichen denen von Ephedrin (siehe dort). Die Plasmahalbwertszeit wird mit 9–13 h angegeben.

Einsatz in der Anästhesiologie:
- zugelassen für die Prophylaxe und Behandlung des Blutdruckabfalls bei Spinal- und Periduralanästhesie
- der Einsatz bei Sectio in Spinal- oder Periduralanästhesie ist möglich.

Pharmakologie

Amezinium (Supratonin):
- Wirkungseintritt innerhalb weniger Minuten
- Wirkdauer: mehrere Stunden
- Halbwertszeit: 9–13 h
- Dosierung: initial 5 mg **langsam** i.v., bei Bedarf weitere 5 mg i.v.
- Kontraindikationen/Vorsicht geboten: siehe unter Ephedrin
- Interaktionen: siehe unter Ephedrin

7.2 Phosphodiesterasehemmer

Diese Substanzen hemmen die Phosphodiesterase Typ III (PDE III). Ihre Wirkung beruht im Wesentlichen auf einer Erhöhung des cAMP-Gehalts im Herzmuskel. Wegen ihrer positiv inotropen und dilatierenden Wirkungen auf Venen und Arterien werden die Phosphodiesterasehemmer auch als **„Inodilatoren"** bezeichnet. Primäre Indikation für ihren Einsatz ist die Herzinsuffizienz bzw. in der Herzchirurgie das therapierefraktäre Low-Output-Syndrom (▶ Kap. 43).

7.2.1 Amrinon

Amrinon steigert dosisabhängig die Myokardkontraktilität und dilatiert periphere Arterien und Venen. Bei Herzinsuffizienz der Schweregrade III und IV nimmt das

HZV zu, rechter Vorhofdruck, pulmonaler und peripherer Gefäßwiderstand nehmen ab.

Die gleichzeitige Zufuhr von Amrinon und Katecholaminen wirkt potenzierend und reduziert den Katecholaminbedarf.

Pharmakologie

Dosierung von Amrinon:

- Initiale Bolusinjektion von ca. 0,75–1,5 mg/kg (Bereich 0,5–3,5 mg/kg) über 3–5 min i.v.; nach 15–30 min ein weiterer Bolus von ca. 0,75 mg/kg, danach Dauerinfusion in einer Dosis von 5–10 μg/kg/min, bei therapierefraktärem kardiogenem Schock bis zu 20 μg/kg/min
- Maximaldosis: 18 mg/kg/d
- Dosisreduktion bei Abfall der Füllungsdrücke des Herzens

Nebenwirkungen und Gefahren:

- Blutdruckabfall, besonders bei höherer Dosierung
- gelegentlich Tachykardie, vor allem bei hohen Dosen
- Herzrhythmusstörungen
- Thrombozytopenie (bei chronischer Einnahme).

7.2.2 Enoximon

Enoximon ist ein Imidazolderivat, dessen Wirkungen im Wesentlichen denen anderer Phosphodiesterase-III-Hemmer entsprechen: **positiv inotrop** und **chronotrop.**

Bei Patienten mit Herzinsuffizienz: Zunahme des HZV, Abfall von systemischem Gefäßwiderstand und Lungenkapillarenverschlussdruck (PCWP); keine wesentliche Änderung des mittleren arteriellen Drucks und der Herzfrequenz.

Pharmakologie

Enoximon:

- Dosierung beim Low-Output-Syndrom initial ca. 0,5 mg/kg langsam i.v., danach kontinuierliche Infusion von 2,5–10 μg/kg/min bzw. nach Wirkung
- Halbwertszeit nach i.v. Zufuhr ca. 6 h
- Nebenwirkungen: wie Amrinon.

7.3 β-Rezeptor-Antagonisten

Diese Substanzen verbinden sich mit dem β-adrenergen Rezeptor, ohne mit ihm zu reagieren. Die Wirkung der β-adrenergen Agonisten wird durch β-Blocker kompetitiv gehemmt.

7.3.1 Einteilung

Ein β-Blocker wird als **kardioselektiv** bezeichnet, wenn er hauptsächlich auf die β_1-Rezeptoren des Herzens wirkt.

Neben der Selektivität können noch β-Blocker mit membranstabilisierender von solchen mit intrinsischer sympathomimetischer Wirkung unterschieden werden.

7.3.2 Kardiovaskuläre Wirkungen

Die wichtigsten **Wirkungen** sind:
- negative Inotropie und Chronotropie: Abnahme von Herzfrequenz und Herzzeitvolumen
- Abnahme des myokardialen O_2-Verbrauchs, bedingt durch Abnahme der Herzfrequenz und Kontraktilität
- antihypertensive Wirkung.

Nebenwirkungen und Gefahren:
- akute Herzinsuffizienz
- AV-Dissoziation oder Herzstillstand bei vorbestehendem partiellem AV-Block
- **Entzugssyndrom,** gekennzeichnet durch massiven Blutdruckanstieg und schwere Angina-pectoris-Anfälle
- **Bronchokonstriktion** beim Asthmatiker mit Zunahme des Atemwegswiderstandes.

7.3.3 Klinische Anwendung

Indikationen:
- Hypertonie
- koronare Herzerkrankung
- Herzrhythmusstörungen
- obstruktive Kardiomyopathie.

Wichtigste Indikationen für eine perioperative Zufuhr sind **supraventrikuläre Tachykardien,** gelegentlich auch eine **Hypertonie,** die mit anderen Maßnahmen nicht zu beseitigen ist.

In ▶ Tabelle 7-3 sind perioperativ gebräuchliche β-Blocker und ihre i.v. Dosierung zusammengestellt.

Esmolol

Dieser hochkardioselektive β_1-adrenerge Rezeptorblocker ist wegen seiner pharmakokinetischen Eigenschaften für den perioperativen Einsatz besonders geeignet: Die Verteilungshalbwertszeit beträgt 2 min, die Eliminationshalbwertszeit 9 min. Die kurze Halbwertszeit beruht auf der raschen Hydrolyse durch Erythrozytenesterasen. Eine hepatische Metabolisierung findet nicht statt.

Tab. 7-3 β-Blocker – i.v. Dosierung

Präparat	Darreichung	i.v. Dosierung
Esmolol (Brevibloc)	1 Amp. à 10 ml ≙ 100 mg	3–4 ml langsam i.v. Erhaltung: Perfusor mit 5 Amp. (= 500 mg/50 ml; 1 ml ≙ 10 mg), 50–200 µg/kg/min, bei 70 kg 21–84 ml/h
Metoprolol (Beloc)	1 Amp. à 5 ml ≙ 5 mg	5 mg langsam i.v. (max. 1 mg/min!), wiederholbar nach 10 min, max. 20 mg/d
Propranolol (Dociton)	1 Amp. à 1 ml ≙ 1 mg	1 mg langsam i.v. (1–2 min), wiederholbar mit 2–5 min Abstand bis max. 4 mg. Max. 10 mg/d; bei Narkose 5 mg/d
Pindolol (Visken)	1 Amp. à 2 ml ≙ 0,4 mg	0,4 mg langsam i.v., wiederholbar (0,2 mg) nach 10–20 min

Einsatz in der Anästhesiologie. Wegen der kurzen Wirkdauer wird Esmolol vor allem eingesetzt, wenn in Akutsituationen nur eine **vorübergehende** β-Blockade erwünscht ist:

- Abschwächung oder Verhinderung kardiovaskulärer Reaktionen auf den Intubationsreiz
- Behandlung einer akuten Tachykardie oder Myokardischämie
- Supplementierung einer kontrollierten Hypotension
- postoperative Hypertension, Myokardischämie oder supraventrikuläre Arrhythmien.

Die Substanz wird als Bolus injiziert oder kontinuierlich infundiert.

Pharmakologie

Esmolol (Brevibloc):

- Wirkungseintritt: sofort
- Wirkdauer: 10–20 min.

Supraventrikuläre Tachykardie:

- initialer Bolus: 0,5 mg/kg über 1 min
- kontinuierliche Infusion von 0,1–0,2 mg/kg/min
- wenn erforderlich: zusätzliche Boli von 0,5 mg/kg.

Hypertensive Reaktionen:

- initialer Bolus: 0,5–1,5 mg/kg
- kontinuierliche Infusion von 0,05 bis maximal 0,2 mg/kg/min.

7

7.4 Vasodilatatoren

Vasodilatatoren werden in der Anästhesiologie häufiger eingesetzt, um einen intraoperativ erhöhten Blutdruck zu senken. Substanzen mit raschem Wirkungseintritt und guter Steuerbarkeit werden hierbei bevorzugt.

7.4.1 Nitroglyzerin

Nitroglyzerin wird vor allem bei **koronarer Herzerkrankung** eingesetzt, intraoperativ zur **Blutdrucksenkung** auch beim Herzgesunden. Primär dilatiert Nitroglyzerin die venösen Kapazitätsgefäße, das Blut wird peripher gepoolt, und der venöse Rückstrom nimmt ab. Bei intravenöser Infusion werden zusätzlich die Arteriolen und die Koronarien dilatiert.

Intraoperative Zufuhr von Nitroglyzerin

Am häufigsten wird Nitroglyzerin intraoperativ eingesetzt, um einen deutlich erhöhten Blutdruck zu senken, beim Herzkranken auch bei:

- Anstieg des Wedge-Drucks auf über 18 mm Hg
- signifikanten ST-Veränderungen im EKG des Koronarkranken (1 mm)
- akuten rechts- oder linksventrikulären Funktionsstörungen
- Koronarspasmen.

Pharmakologie

Nitroglyzerin:

- Wirkungseintritt: i.v. sofort, Spray 2 min, sublinguale Kps. 1–3 min
- Wirkdauer: i.v. 3–5 min; Spray 4–10 min, sublinguale Kps. 4–8 min

- Halbwertszeit: 1–4 min
- Dosierung:
  - i.v. Bolus 5–20 µg langsam injizieren
  - kontinuierliche Infusion: Beginn mit ca. 10 µg/min, steigern bis zum gewünschten Effekt bis ca. 200 µg/min

Nebenwirkungen:
- Blutdruckabfall, besonders bei Hypovolämie (bei vorsichtiger Dosierung meist vermeidbar)
- Reflextachykardie
- Kopfschmerzen (beim wachen Patienten).

7.4.2 Urapidil

Urapidil wirkt vasodilatierend durch die Blockade peripherer α_1-Rezeptoren; ein zentraler Effekt spielt hierbei ebenfalls eine Rolle (Stimulation von 5-HT_{1A}-Rezeptoren). Das arterielle Gefäßsystem ist von der Dilatation stärker betroffen als das venöse.

Indikationen: intraoperative hypertensive Entgleisung, kontrollierte Hypotension (▶ Kap. 27).

Pharmakologie
Dosierung Urapidil:
- initial 10–50(–100) mg i.v., evtl. Injektion nach 5 min wiederholen
- kontinuierliche Infusion: initial 2 mg/min, Erhaltungsdosis durchschnittlich 9 mg/h

7.4.3 Nifedipin

Der Kalziumantagonist Nifedipin wird zur Behandlung der koronaren Herzerkrankung und der arteriellen Hypertonie eingesetzt.
- **Angina pectoris:** Abnahme des myokardialen Sauerstoffbedarfs (Senkung des Afterloads durch Arteriodilatation) und Verbesserung des myokardialen Sauerstoffangebots
- **Prinzmetal-Angina und instabile Angina:** beseitigt die zugrunde liegenden Koronarspasmen und wirkt prophylaktisch
- **Hypertonie:** direkte Vasodilatation.

Eine Dauermedikation mit Nifedipin kann bis zum Zeitpunkt der Operation ohne Gefährdung des Patienten fortgesetzt werden.

Pharmakologie
Nifedipin:
- bei Blutdruckanstieg: Bolusinjektionen von ca. 400 µg i.v.
- kontinuierliche Infusion: durchschnittliche Dosierung 2–5 µg/min (Infusion und Zuleitung vor Lichteinfall schützen).

Gefahren:
- starker Blutdruckabfall
- Reflextachykardie mit Steigerung des myokardialen Sauerstoffverbrauchs

- Aufhebung der hypoxischen pulmonalen Vasokonstriktion bei Patienten mit vorbestehenden Lungenerkrankungen
- Kopfschmerzen, Hitzegefühl und Gesichtsflush, Benommenheit, Übelkeit und Erbrechen.

7.4.4 ACE-Hemmer

Wirkungen

ACE-Hemmer hemmen das Angiotensin-I-Konversionsenzym (ACE/Kinase II) und blockieren die Umwandlung des inaktiven Angiotensins I (AT I) in das aktive Angiotensin II (AT II): Die durch AT II vermittelte Vasokonstriktion nimmt ab, ebenso die Aldosteronproduktion: Der arterielle Blutdruck fällt ab (Hauptmechanismus). Außerdem wird die Katecholaminsekretion im sympathischen Nervensystem vermindert.

! Merke
Bei Hypovolämie (z.B. durch Diuretikavorbehandlung, Natriumrestriktion) können die ACE-Hemmer einen starken Blutdruckabfall auslösen. Bei Aortenstenose ist äußerste Vorsicht geboten!

Bei kompensierter Niereninsuffizienz muss die Zufuhr einschleichend begonnen werden.

Indikationen und Kontraindikationen

Indikationen:
- manifeste Herzinsuffizienz (Einzelheiten ▶ Kap. 14)
- asymptomatische Myokardfunktionsstörungen
- akuter Myokardinfarkt
- arterielle Hypertonie (Einzelheiten ▶ Kap. 14)
- metabolisches Syndrom
- Nephropathie (protektive Wirkung vor allem bei diabetischer Genese).

Kontraindikationen:
- beidseitige Nierenarterienstenose
- Leberinsuffizienz
- C1-Esterase-Inhibitor-Mangel
- relativ: Aorten- und Mitralklappenstenose
- Schwangerschaft und Stillzeit.

Nebenwirkungen: Blutdruckabfall.

Einsatz in der Anästhesie

ACE-Hemmer werden in der Regel nicht als primäre Substanzen in der Anästhesie eingesetzt. Meist handelt es sich um Patienten, die wegen einer Herzinsuffizienz oder einer Hypertonie mit ACE-Hemmern eingestellt sind.

→ ACE-Hemmer prädisponieren zu **Blutdruckabfällen** während der Narkose und in der frühen postoperativen Phase, die schwer zu behandeln sein können. Daher ist zu prüfen, ob die Zufuhr vor der Operation angesetzt werden sollte.

Dauerbehandelte Patienten sind während der Narkose und im frühen postoperativen Verlauf durch hypotensive Phasen gefährdet.

7.5 Antiarrhythmika

Während der Narkose ist die Anwendung von Antiarrhythmika nur selten erforderlich; wenn indiziert, werden die Substanzen intravenös zugeführt. Der Anästhesist sollte nur Substanzen einsetzen, mit denen er vertraut ist; im Zweifelsfall sollte ein Kardiologe hinzugezogen werden.

In ▶ Tabelle 7-4 sind die wichtigsten hämodynamischen Auswirkungen gebräuchlicher Antiarrhythmika zusammengestellt.

7.5.1 Lidocain

Das Lokalanästhetikum Lidocain ist ein Klasse-Ib-Antiarrhythmikum mit kurzer Wirkdauer.

Indikation: ventrikuläre Herzrhythmusstörungen.

Tab. 7-4 Hämodynamische Auswirkungen der Antiarrhythmika, geordnet nach Wirkstoffklassen

Klasse	Substanz	Myokardkontraktion	Gefäßwiderstand	Herzzeitvolumen	Blutdruck
Ia	Chinidin				
	• intravenös	↓↓	↓↓↓	↓→↑	↓↓
	• oral	→↓	→↓	→	→↓
	Procainamid				
	• intravenös	↓	↓↓	→	↓↓
	• oral	↓	↓	→	→
	Ajmalin	→↓	→↓	→↓	↓
	Disopyramid	↓↓↓	↑↑	↓↓↓	↑
Ib	Lidocain	→	→	→	→
	Mexiletin	→	→	→	→
	Tocainid	→	↑	→	→
Ic	Flecainid	→↓	?→	?→	→
	Propafenon	↓↓	↓↓	↓	→↓
	Encainid	→	→	→	→
II/III	Amiodaron	↓	↓	↓→↑	↓
	Sotalol	↓↓	↓	↓	↓
IV	Verapamil	↓↓	↓↓	↓→↑	↓↓
	Diltiazem	↓	↓	→↑	↓
	Phenytoin	↓	↓	→	↓
	Diprafenon	↓↓	↓↓	↓	↓↓↓

↓ = Abnahme; ↑ = Zunahme; → = keine Änderung

Pharmakologie

Dosierung von Lidocain (Generika, Xylocain):

- initialer i.v. Bolus 1–2 mg; Wirkdauer 10–20 min; danach
- kontinuierliche Infusion von 1–5 mg/min

Toxizität: siehe ▶ Kapitel 6.

7.5.2 Propafenon

Dieses Klasse-Ic-Antiarrhythmikum verzögert die atrioventrikuläre und intraventrikuläre Erregungsleitung.

Indikationen:

- ventrikuläre Extrasystolen
- paroxysmale Tachykardien (Mittel der Wahl bei Präexzitationssyndrom)
- paroxysmale supraventrikuläre Reentry-Tachykardien
- symptomatisches WPW-Syndrom.

Pharmakologie

Dosierung von Propafenon (Generika, Rytmonorm):

- 0,5–1 mg/kg i.v.

Gefahren:

- QRS-Verbreiterung (toxische Wirkung)
- Kammerflimmern oder Asystolie.

7.5.3 Verapamil

Der Kalziumantagonist Verapamil (Klasse-IV-Antiarrhythmikum) hemmt den langsamen Kalziumeinstrom in die Herzmuskelzelle und die Spontanentladung von Schrittmacherzellen.

Außerdem wirkt Verapamil negativ inotrop und peripher vasodilatierend.

Indikationen:

- supraventrikuläre Herzrhythmusstörungen
- Angina pectoris
- Vorhofflimmern oder -flattern, um die Kammerfrequenz zu senken.

Kontraindikationen:

- Hypotension
- Sinusknotensyndrom
- höhergradige AV-Blockierungen
- manifeste Herzinsuffizienz
- Schock
- β-Blocker-Therapie.

Pharmakologie

Dosierung von Verapamil (Generika, Isoptin):

- 5 mg langsam i.v.
- wenn erforderlich: nach 5–10 min weitere 5 mg
- allergrößte Vorsicht bei Störungen der Myokardfunktion

Gefahren:
- Blutdruckabfall aufgrund der negativ inotropen und peripher vasodilatierenden Wirkung
- hochgradige AV-Blockierungen (Therapie: Sympathomimetika).

7.5.4 Amiodaron

Die antiarrhythmische Wirkung der Substanz beruht auf einer Verlängerung der Repolarisationsphase. Die Eliminationshalbwertszeit beträgt 29 Tage.

Indikationen:
- therapierefraktäre, salvenartige Extrasystolen und Kammertachykardien
- Vorhofflimmern (besonders bei eingeschränkter Ventrikelfunktion)
- tachykarde supraventrikuläre Herzrhythmusstörungen
- kardiale Reanimation.

Kontraindikationen:
- Sinusknotensyndrom
- AV-Block II. und III. Grades
- Vorsicht bei Störungen der Schilddrüsenfunktion.

> **Pharmakologie**
> **Dosierung von Amiodaron (Cordarex) bei lebensbedrohlichen Herzythmusstörungen:**
> - initial 5 mg/kg langsam über mindestens 3 min i.v. (dabei EKG-Überwachung und Blutdruckkontrolle); keine zweite Injektion vor Ablauf von 15 min
> - einmalige Infusion von 300 mg innerhalb von 20 min bis 2 h
> - Dauerinfusion: 10–20 mg/kg/24 h

Nebenwirkungen:
- bei Akuttherapie: Blutdruckabfall, Bradykardie, HZV-Abfall
- bei Dauertherapie: Alveolitis, interstitielle Lungenfibrose, Hypo- oder Hyperthyreose, AV-Block, QT-Verlängerung, Torsades des pointes.

7.5.5 Adenosin

Diese körpereigene Substanz wirkt an den Adenosinrezeptoren, von denen bislang zwei bekannt sind:
- A1-Rezeptoren an den Herzmuskelzellen: negativ chronotrope, dromotrope und inotrope Wirkung
- A2-Rezeptoren an Endothelzellen und glatten Muskelzellen: Vasodilatation.

Die extrakardialen Wirkungen sind gering. Die Substanz kann nur i.v. zugeführt werden.

Indikationen:
- **paroxysmale supraventrikuläre Tachykardie** (wichtigste Indikation; Erfolgsrate 90–95%)
- AV-Knoten-Reentry-Tachykardien
- AV-Reentry-Tachykardien (WPW-Syndrom)
- Differentialdiagnose von Herzrhythmusstörungen.

Kontraindikationen:
- AV-Block Grad II oder III
- Sinusknotensyndrom
- Vorhofflimmern/-flattern

- COPD
- Asthma bronchiale.

Pharmakologie

Dosierung von Adenosin (Adenoskan, Adrekar):

- 3 mg rasch i.v.
- wenn unwirksam: 6 mg i.v.
- wenn weiter unwirksam: 9 oder 12 mg i.v. nach 1–2 min
- Bolusdosen von 12 mg sollten nicht überschritten werden
- Halbwertszeit: 1–2 s
- Wirkdauer i.v. Bolus 1–5 s

Nebenwirkungen: Flush, Dyspnoe, Engegefühl, Kopfschmerzen, Husten und Übelkeit, Vorhofflimmern (Fallberichte).

Literatur

Behnia R, Molteni A, Igi R: Angiotensin-converting enzyme inhibitors: Mechanisms of action and implications in anesthesia practice. Current Pharmaceutical Design 2003, 9(9):763–76.

Haverkamp W, Breithardt G: Moderne Herzrhythmustherapie. Thieme, Stuttgart 2003.

Licker M et al.: Cardiovascular responses to anesthetic induction in patients chronically treated with angiotensin-converting enzyme inhibitors. Can J Anesth 2000, 47(5):433–40.

Mewis C, Riessen R, Spyridopoulos I (Hrsg.): Kardiologie compact. Thieme, Stuttgart 2006.

Mizutani K et al.: A comparison of propranolol with esmolol for the treatment of tachycardia during emergence from anesthesia. Jap J Anesthesiology 2005, 54(6):632–7.

Skrabanja ATP, Bouman EAC, Dagnelie PC: Potential value of adenosine 5'-triphosphate (ATP) and adenosine in anaesthesia and intensive care medicine. Br J Anaesthesia 2005, 94(5):556–62.

Son J-S et al.: The short-acting β1-adrenoceptor antagonists esmolol and landiolol suppress the bispectral index response to tracheal intubation during sevoflurane anesthesia. Anesthesia and Analgesia 2005, 100(3):733–7.

8 Herzfunktion

Primäre Aufgabe des Herzens ist es, sich selbst und die peripheren Gewebe mit ausreichend oxygeniertem Blut und Substraten zu versorgen und so den metabolischen Bedarf zu decken. Wichtigster Funktionsparameter ist hierbei das Herzzeitvolumen.

8.1 Aktionsphasen des Herzens

Der Herzzyklus besteht nach Wiggers aus fünf verschiedenen Aktionsphasen, die in ▸ Abbildung 8-1 dargestellt sind:

- **Isovolumetrische Anspannungsphase:** alle vier Klappen sind geschlossen, und es wird kein Blut ausgeworfen.
- **Auxobare Austreibungsphase:** mit Öffnen der Taschenklappen wird ein Teil des Volumens ausgeworfen.
- **Protodiastole:** beginnt mit Abfall des Ventrikeldrucks und dauert bis zum Schluss der Aorten- und Pulmonalisklappe; es wird weiterhin Volumen ausgeworfen. Das am Ende der Systole im Ventrikel zurückbleibende Volumen wird als endsystolisches Volumen (ESV) bezeichnet.
- **Isovolumetrische Erschlaffungsphase:** die Taschenklappen schließen sich, der Druck fällt ab, das Volumen ändert sich nicht.
- **Füllungsphase:** die Atrioventrikularklappen öffnen sich, der Ventrikel füllt sich aufgrund des Ventilebenenmechanismus bereits zu etwa 80%; in der Diastase strömt das restliche Volumen ein.

8

Pumpleistung der Vorhöfe. Bei niedrigen Herzfrequenzen trägt die Kontraktion der Vorhöfe nur wenig zur Füllung der Ventrikel bei. Bei hohen Frequenzen dagegen schließt sich die Kontraktion der Vorhöfe unmittelbar an die rasche Füllungsphase an, und ihr Beitrag zur Füllung des Herzens nimmt zu.

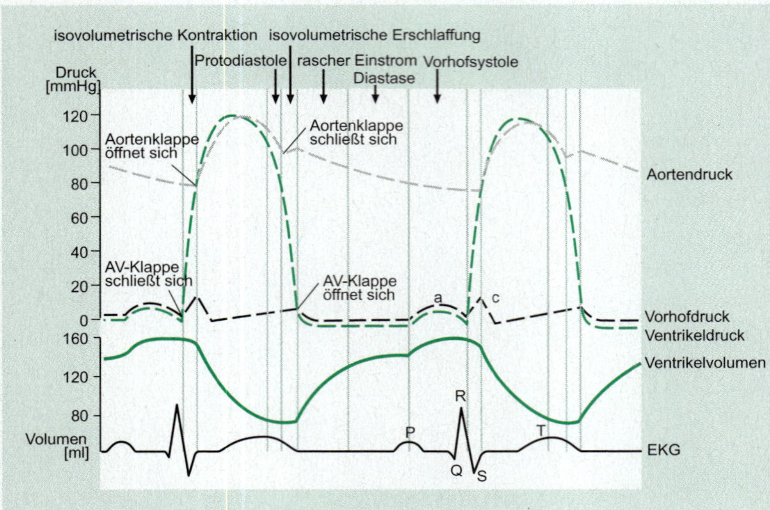

Abb. 8-1 Ablauf der Herzaktion (Erklärung im Text).

8.1.1 Herzvolumina während der Aktionsphasen

Folgende Volumina können im Verlauf der Herzaktion unterschieden werden: **Enddiastolisches Volumen** (EDV) = das am Ende der Diastole in den Ventrikeln enthaltene Volumen.

→ EDV des linken Ventrikels: 70 ± 20 ml/m².

Endsystolisches Volumen (ESV) = das am Ende der Systole, also nach vollständigem Auswurf des Schlagvolumens, im Ventrikel zurückbleibende Volumen.

→ endsystolisches Volumen: 44–55 ml/m².

8.1.2 Drücke während des Herzzyklus

Im Verlauf des Herzzyklus ändern sich die Drücke phasisch (▶ Abb. 8-1 und ▶ 8-2).

Systolischer Druck. Er wird vom linken Ventrikel aufgebracht und hängt vom peripheren Widerstand, vom elastischen Gesamtwiderstand der zentralen Arterien und von der Größe des Herzzeitvolumens ab (vereinfacht: Druck = Fluss [HZV]/Widerstand). Der wesentliche Druckabfall erfolgt in den Arteriolen, die somit den Hauptanteil des peripheren Gefäßwiderstands ausmachen.

Enddiastolische Drücke. Sie hängen vom Funktionszustand des Ventrikels, von der Ventrikeldehnbarkeit und der Stärke der Vorhofkontraktion ab. Klinisch wesentliche Veränderungen der enddiastolischen Drücke treten nur bei Erkrankungen bzw. Funktionsstörungen auf. Im Alter nehmen die Drücke geringgradig zu, vermutlich aufgrund einer verminderten Dehnbarkeit der Ventrikelwand.

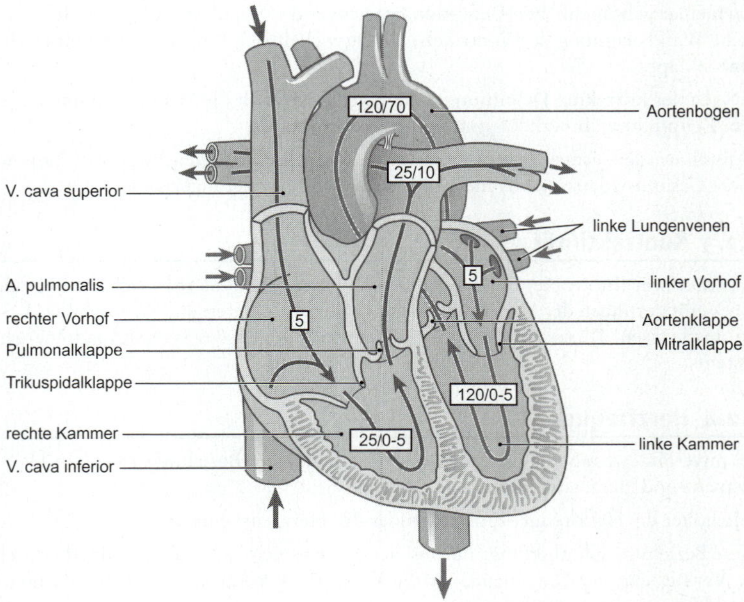

Abb. 8-2 Verlauf des Blutstroms durch das Herz mit den jeweiligen Drücken (in mm Hg).

8

8.2 Determinanten der linksventrikulären Funktion

Die mechanische Funktion des linken Ventrikels hängt von vier Determinanten ab:
- Vorlast (Preload)
- Nachlast (Afterload)
- Kontraktilität
- Herzfrequenz.

8.2.1 Vorlast (Preload)

Die Vorlast ist die Kraft, mit der die Ventrikelwand während der Diastole gedehnt wird, d.h. die enddiastolische Wandspannung (amerik. „wall stress"), vereinfacht berechnet nach der Laplace-Beziehung als Kraft pro Querschnitt.

$$\text{Wandspannung} = \frac{\text{linksventrikulärer Druck} \times \text{Ventrikelradius}}{\text{Wanddicke} \times 2}$$

Hiernach nimmt die Wandspannung durch folgende Faktoren zu:
- Anstieg des linksventrikulären Drucks
- Dilatation des linken Ventrikels
- Verdünnung der Ventrikelwand.

Klinisch werden annäherungsweise der linksventrikuläre enddiastolische Druck (bzw. der Lungenkapillaren-Verschlussdruck, ▶ Kap. 24) oder das linksventrikuläre enddiastolische Volumen als Kenngrößen für die Höhe der Vorlast gewertet.

8

8.2.2 Nachlast (Afterload)

Nach einer gebräuchlichen Definition bezeichnet die Nachlast die maximale systolische Wandspannung des Ventrikels. Sie entwickelt sich kurz vor dem Öffnen der Aortenklappe.

→ Nach der korrekten Definition ist die Nachlast jedoch die Wandspannung zu jedem Zeitpunkt während der systolischen Kontraktion.

Klinisch werden – stark vereinfachend – der diastolische Aortendruck und der periphere Gesamtwiderstand als Indikatoren der Nachlast herangezogen.

8.2.3 Kontraktilität

Kontraktilität (Inotropie) bezeichnet die Fähigkeit des Myokards, sich unabhängig von Veränderungen der Vor- oder Nachlast zu kontrahieren und wechselnden Lasten anzupassen. Diese Anpassung erfolgt unter Einfluss des sympathoadrenergen Systems.

8.2.4 Herzfrequenz

Bei unverändertem Schlagvolumen besteht eine lineare Beziehung zwischen Herzfrequenz und Herzzeitvolumen.

→ Je höher die Herzfrequenz, desto größer das Herzzeitvolumen!

Diese Beziehung gilt allerdings nur bis zu einer Frequenz von ca. 170/min, da durch die Verkürzung der Diastolendauer die Vorlast des Ventrikels oder die Koronardurchblutung abnehmen können.

8.3 Indizes der ventrikulären Pumpleistung

8.3.1 Ventrikelfunktionskurven

Ventrikelfunktionskurven beschreiben die mechanische Aktivität des Ventrikels als Funktion der Vorlast. Zur Aufstellung der Funktionskurven werden Schlagvolumen, Schlagarbeit oder Herzzeitvolumen gegen den links- oder rechtsventrikulären Druck als Index der Vorlast graphisch aufgetragen.

8.3.2 Auswurffraktion (Ejektionsfraktion)

Die Ejektionsfraktion (EF) gilt als klinisch besonders nützlicher Parameter der linksventrikulären Pumpfunktion. Sie beschreibt die Beziehung zwischen dem Schlagvolumen und dem enddiastolischen Volumen.

$$EF = \frac{\text{enddiastolisches} - \text{endsystolisches Volumen}}{\text{enddiastolisches Volumen}}$$

oder

$$EF = \frac{\text{Schlagvolumen (SV)}}{\text{enddiastolisches Volumen (EDV)}}$$

→ Normalwert der linksventrikulären EF in Ruhe: 0,5–0,7 (= 50–70%).

Die Ejektionsfraktion kann nichtinvasiv oder invasiv bestimmt werden.

8.3.3 Druck-Volumen-Beziehungen

Die Funktion des Ventrikels kann auch durch Darstellung von Druck-Volumen-Beziehungen beurteilt werden. In solchen Beziehungen werden die Höhe und Breite der Schleifen von systolischem Ventrikeldruck und Schlagvolumen bestimmt. Die Fläche unter dem systolischen Anteil der Kurve ist ein Maß für die Herzarbeit während der Auswurfphase, die Fläche unter dem diastolischen Anteil ein Maß für die Arbeit während der ventrikulären Füllung und Dilatation. Die Herzarbeit ist das Produkt aus Druck und Volumen, d.h., sie entspricht der Fläche der Druck-Volumen-Schleife.

Die Schlagarbeit des Herzens kann nach folgender Formel berechnet werden:

→ Schlagarbeit = Schlagvolumen × (mittlerer linksventrikulärer systolischer Auswurfdruck − mittlerer linksventrikulärer diastolischer Druck).

8.3.4 Ventrikelfunktion unter Belastung

Unter Belastung wird die Pumpfunktion des Herzens – entsprechend dem Bedarf – erheblich gesteigert. Die wichtigsten Faktoren für die Steigerung der Pumpfunktion sind:

- Zunahme der Herzfrequenz
- Steigerung der sympathoadrenergen Aktivität mit Zunahme der Kontraktilität oder Inotropie.

8.3.5 Funktion des rechten Ventrikels

Verglichen mit dem linken Ventrikel, steigt der Druck im rechten Ventrikel während der Systole weniger steil an und fällt auch langsamer ab. Wegen des sehr niedrigen pulmonalen Gefäßwiderstands betragen die normalen systolischen Drücke des rechten Ventrikels lediglich 30–40 mmHg. Die Ejektionsfraktion ist, wie bereits dargelegt, mit 0,55 ebenfalls niedriger als die des linken Ventrikels.

Compliance. Die Volumendehnbarkeit des dünnwandigen rechten Ventrikels ist größer als die des linken. Da beide Ventrikel im Herzbeutel liegen, wird die rechtsventrikuläre Compliance von den Füllungsdrücken des linken Ventrikels beeinflusst: Steigt der linksventrikuläre enddiastolische Druck an, nimmt die Compliance des rechten Ventrikels ab.

Determinanten der Pumpfunktion. Die Pumpfunktion des rechten Ventrikels hängt vom Druck ab, gegen den er sich entleeren muss, des Weiteren vom Füllungsvolumen und von der Kontraktilität.

8.4 Myokardstoffwechsel

Das Herz deckt seinen Energiebedarf durch den oxidativen Metabolismus von Glukose, Laktat, freien Fettsäuren, Pyruvat und Ketonkörpern; eine anaerobe Glykolyse ist hingegen nur für ganz kurze Zeit möglich. Unter physiologischen Bedingungen passt sich die Koronardurchblutung autoregulativ dem jeweiligen Substratbedarf des Herzens an. Hierbei hängt die Höhe der Koronardurchblutung vor allem vom myokardialen Sauerstoffverbrauch ab und damit von den Faktoren, die den Sauerstoffverbrauch des Herzens bestimmen.

8.4.1 Myokardialer Sauerstoffverbrauch

Der Sauerstoffverbrauch des Herzens ist bereits in Ruhe sehr hoch:
- myokardialer O_2-Verbrauch $\left(M\dot{V}O_2\right)$ in Ruhe: 8–12 ml/min/100 g Herzgewicht
- arteriokoronarvenöse O_2-Gehaltsdifferenz: ca. 11 Vol.%.

Unter starker körperlicher Belastung nimmt der myokardiale Sauerstoffverbrauch um das Vier- bis Fünffache zu, entsprechend stark nimmt auch die Koronardurchblutung zu.

Determinanten des myokardialen Sauerstoffverbrauchs. Der Sauerstoffverbrauch hängt vor allem von hämodynamischen Parametern ab, die als Hauptdeterminanten bezeichnet werden (▶ Tab. 8-1).

Tab. 8-1 Determinanten des myokardialen Sauerstoffverbrauchs

Hauptdeterminanten („major determinants")
• Herzfrequenz • Kontraktilität bzw. Inotropie • myokardiale Wandspannung
Determinanten untergeordneter Bedeutung („minor determinants")
• basaler Myokardstoffwechsel • Aktivierungsenergie für die kontraktilen Elemente • äußere Herzarbeit

Merke
Eine Zunahme von Herzfrequenz, Kontraktilität und Wandspannung steigert den myokardialen Sauerstoffverbrauch, eine Abnahme dieser Parameter senkt ihn.

8.5 Koronardurchblutung

Die Koronardurchblutung ist für den Anästhesisten praktisch nur dann von Bedeutung, wenn Erkrankungen der Koronararterien vorliegen, des Weiteren bei einigen wenigen Herzerkrankungen.

8.5.1 Koronarer Perfusionsdruck und Koronarwiderstand

Die Koronardurchblutung beträgt etwa 5 % des Herzzeitvolumens und hängt unter physiologischen Bedingungen hauptsächlich von einem ausreichenden koronaren Perfusionsdruck und vom koronaren Widerstand ab.

→ Koronardurchblutung (MBF) in Ruhe = 82 ± 10 ml/min/100 g Herzgewicht.

Der koronare Perfusionsdruck der Subendokardregion ist (beim Koronargesunden) die Druckdifferenz zwischen dem mittleren diastolischen Aortendruck (MDAP) und dem linksventrikulären enddiastolischen Druck (LVEDP):

→ Koronarer Perfusionsdruck = MDAP – LVEDP (oder PCWP).

→ Die Koronardurchblutung bleibt über einen Perfusionsdruckbereich von ca. 60 bis 130 mm Hg weitgehend konstant (Autoregulation). Sie kann unter Belastung durch maximale Dilatation der Arteriolen auf das Fünf- bis Sechsfache gesteigert werden (= **Koronarreserve**).

Koronardurchblutung während des Herzzyklus. Während der Systole werden die intramyokardialen Koronargefäße durch die hohen intramyokardialen Drücke komprimiert und so der Einstrom des Blutes in die Koronararterien vermindert, der koronarvenöse Ausstrom hingegen gesteigert (▶ Abb. 8-3).

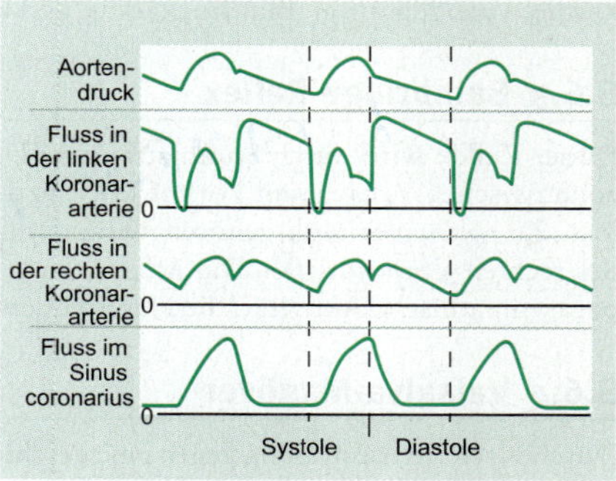

Abb. 8-3 Fluss in der rechten und linken Koronararterie und im Sinus coronarius während des Herzzyklus.

8

8.6 Kardiale Reflexe

Für die Anästhesie sind einige kardiale Reflexe von Bedeutung, da sie durch Anästhetika beeinträchtigt oder durch perioperative Manipulationen ausgelöst werden können.

8.6.1 Barorezeptorenreflexe

In der Aorta und im Karotissinus befinden sich Dehnungsrezeptoren, über die Barorezeptorenreflexe oder der Karotissinusreflex ausgelöst werden. Die Rezeptoren werden durch einen **Anstieg des Blutdrucks** (> 170 mm Hg) stimuliert. Die afferenten Impulse lösen eine Abnahme der sympathoadrenergen und eine Zunahme der parasympathischen Aktivität aus, die sich in folgender Weise manifestieren:

- Verminderung der Myokardkontraktilität
- Abnahme der Herzfrequenz bzw. Bradykardie
- Verminderung des Gefäßtonus.

Ein **Blutdruckabfall** löst die gegenteiligen Effekte aus, wobei allerdings bei Drücken unter 50–60 mmHg die Barorezeptorenreflexe weitgehend ineffektiv sind.

8.6.2 Bezold-Jarisch-Reflex

Dieser hemmende Reflex wird durch Stimulation von Dehnungsrezeptoren in der Wand des linken Ventrikels ausgelöst. Die afferenten Impulse laufen über den N. vagus und führen zu einer Zunahme der parasympathischen Aktivität mit Bradykardie, Vasodilatation, Blutdruckabfall und koronarer Vasodilatation.

8.6.3 Bainbridge-Reflex

Dieser Reflex wird durch Stimulation von Dehnungsrezeptoren in der Übergangszone zwischen V. cava und Vorhof sowie in der Wand des rechten Ventrikels ausgelöst. Zu solchen Stimuli gehören Veränderungen des zentralen Venendrucks oder des rechten Vorhofdrucks. Die Afferenzen verlaufen im N. vagus und hemmen die parasympathische Aktivität: die Herzfrequenz steigt an.

8.6.4 Valsalva-Manöver

Durch forcierte Ausatmung gegen eine geschlossene Stimmritze (z.B. bei der Bauchpresse) steigen der intrathorakale Druck und der zentrale Venendruck an, während der venöse Rückstrom abnimmt. Hierdurch fallen Herzzeitvolumen und arterieller Blutdruck ab, und die Barorezeptoren werden aktiviert. Ihre Aktivierung führt zu sympathoadrenerger Stimulation mit reflektorischem Anstieg der Herzfrequenz. Mit Öffnen der Glottis nimmt der venöse Rückstrom zu, dadurch auch das Herzzeitvolumen und der Blutdruck. Die Herzfrequenz wird reflektorisch über die Barorezeptorenaktivität verlangsamt.

Literatur

Erdmann E (Hrsg.): Klinische Kardiologie. 7. Aufl. Springer, Berlin 2009.

Heß W: Herz und Kreislauf. Angewandte Physiologie und Pathophysiologie. ABW Wissenschaftsverlagsgesellschaft 2004.

Mewis C, Riessen R, Spyridopoulos I (Hrsg.): Kardiologie compact. Thieme, Stuttgart 2006.

Reindell H, Neumann FJ, Kalusche D (Hrsg.): Herzkrankheiten, 5. Aufl. Springer, Berlin 2004.

9 Physiologie der Atmung

Bei der Atmung können vier Teilprozesse unterschieden werden:

- **Ventilation:** Belüftung der Alveolen mit Frischgas aus der Umgebung und ihre Entlüftung während der Exspiration; sie geschieht durch Konvektion
- **pulmonaler Gasaustausch:** (passive) Diffusion von O_2 aus den Alveolen in das Lungenkapillarblut und von CO_2 aus dem Lungenkapillarblut in die Alveolen
- **Transport** von O_2 zu den Geweben und von CO_2 aus den Geweben zur Lunge mit dem zirkulierenden Blut
- **Regulation** der Atmung.

Ventilation und Gasaustausch in der Lunge werden auch als **äußere Atmung** bezeichnet, der Verbrauch von O_2 und die Bildung von CO_2 im Stoffwechsel als **innere Atmung.** Äußere und innere Atmung sind durch das Transportsystem Blutkreislauf miteinander verknüpft.

Verwendete Abkürzungen

V Gasvolumen
Q Blutvolumen
p Druck
F fraktionelle Konzentration
A Alveolarraum
I Inspirationsluft
E Exspirationsluft
D Totraum („deadspace“)
$\dot{V}$ Gasmenge pro Zeiteinheit
$\dot{Q}$ Blutmenge pro Zeiteinheit
a arterielles Blut
v venöses Blut
$\dot{v}$ gemischtvenöses Blut
c Gehalt
s Sättigung

9.1 Lungenvolumina

9.1.1 Totalkapazität der Lunge

Als Totalkapazität (TLC, „total lung capacity“) wird das nach einer maximalen Inspiration in der Lunge befindliche Volumen bezeichnet. Die Totalkapazität ist aus zwei großen Teilvolumina zusammengesetzt: der Vitalkapazität und dem Residualvolumen.

Vitalkapazität

Die Vitalkapazität (VC) ist die Volumendifferenz zwischen maximaler Ein- und Ausatmung, d.h. die Luftmenge, die nach einer maximalen Inspiration maximal ausgeatmet werden kann, also die Summe aus Atemzugvolumen, inspiratorischem Reservevolumen und exspiratorischem Reservevolumen. Die Vitalkapazität wird spirometrisch bestimmt.

Residualvolumen

Das Residualvolumen (RV) ist die Luftmenge, die nach einer maximalen Exspiration in der Lunge zurückbleibt und daher spirometrisch nicht erfasst werden kann. Der Anteil des Residualvolumens an der Totalkapazität der Lunge beträgt ca. 26%.

Funktionelle Residualkapazität (FRC). Dies ist die Summe aus Residualvolumen und exspiratorischem Reservevolumen, also das endexspiratorische Lungenvolumen: RV + ERV. Bei Lungengesunden entspricht das intrathorakale Gasvolumen (IGV) der FRC.

9.1.2 Sollwerte und Bedeutung der Lungenvolumina

Totalkapazität, Vitalkapazität und Residualvolumen hängen von Körpergröße, Geschlecht, Alter und Trainingszustand ab, während der Anteil der Vitalkapazität und des Reservevolumens an der Totalkapazität weitgehend unabhängig von Geschlecht und Größe ist. Bei Frauen sind alle angeführten Volumina und Kapazitäten um 20–25% niedriger als bei Männern.

! Merke

Lungenvolumina sind anatomische Messgrößen, die keine Aussagen über den pulmonalen Gasaustausch ermöglichen. Nur ausgeprägte Veränderungen können diagnostisch verwertet werden. Für die Lungenfunktion sind Veränderungen der Ventilation und Perfusion von größerer Bedeutung als Veränderungen der Lungenvolumina.

In ▶ Tabelle 9-1 sind Normwerte der Lungenvolumina zusammengestellt. Die Lungenvolumina werden von der Temperatur und vom Atmosphärendruck beeinflusst; daher sollten die gemessenen Werte auf BTSP-Bedingungen umgerechnet werden.

Klinische Bedeutung der Vitalkapazität

Wie bereits dargelegt, hängt die Vitalkapazität sehr stark vom Lebensalter und von der Körpergröße ab. Daneben sind aber auch noch andere Faktoren zu berücksichtigen. Hierzu gehören:

- Tageszeitliche Schwankungen um 3–5% des Absolutwerts
- Körperlage: Reservevolumina im Liegen 20% niedriger
- extrapulmonale Einflüsse, z.B. Pleuraerguss, Pleuraverwachsungen, Schmerzen, eingeschränkte Zwerchfellbeweglichkeit
- pulmonale Erkrankungen: Lungenfibrose.

Klinisch ist Folgendes wichtig:

! Merke

Erst eine reproduzierbare Abnahme der Vitalkapazität um › 25% des Sollwerts gilt als Anzeichen einer wesentlichen Funktionsstörung. Auf die zugrunde liegende Ursache kann hieraus allerdings nicht geschlossen werden.

Tab. 9-1 Lungenvolumina bei gesunden jungen Männern und Frauen

Parameter	Männer (l)	Frauen (l)
Totalkapazität (TLC)	7,0	6,2
Vitalkapazität (VC)	5,6	5,0
Residualvolumen (RV)	1,4	1,2
Funktionelle Residualkapazität (FRC)	3,2	2,8

9

Bedeutung der funktionellen Residualkapazität

Die funktionelle Residualkapazität wirkt normalerweise als Puffer gegen zu starke Schwankungen der alveolären und arteriellen Sauerstoff- und Kohlendioxidpartialdrücke im Verlauf des Atemzyklus. Außerdem verhindert das Residualvolumen den Kollaps der Alveolen während der Exspiration.

Verkleinerung der funktionellen Residualkapazität

Eine Abnahme der FRC führt zu größeren Schwankungen des alveolären O_2-Partialdrucks im Verlauf des Atemzyklus. Während der Exspiration nähert er sich dem pO_2 des venösen Mischbluts an, während der Inspiration dem der Inspirationsluft. Dieser Effekt entspricht dem einer ungleichmäßigen Ventilation, und es entwickelt sich eine leichte Hypoxie.

- Adipositas und Schwangerschaft verkleinern die FRC.
- Im Liegen ist die FRC kleiner als im Stehen.

Vergrößerung der funktionellen Residualkapazität

Eine Zunahme des Residualvolumens und der FRC über die Normwerte hinaus hat keinen wesentlichen Einfluss auf den pulmonalen Gasaustausch. Insgesamt kann jedoch eine erhöhte FRC mit folgenden **Nachteilen** einhergehen:

- Wird die inspiratorische O_2-Konzentration erhöht, steigt der alveoläre pO_2 nicht so rasch an wie bei normaler FRC, da der Sauerstoff in dem vergrößerten Raum zunächst stärker verdünnt wird.
- Überblähte Lungen während ruhiger Atmung.
- Ist das Residualvolumen erhöht, so sind die Lungen auch nach einer maximalen Exspiration noch überbläht.
- Eine Überblähung der Lungen erhöht den anatomischen Totraum und beeinträchtigt die Atemmechanik durch die Weitstellung des Thorax.
- Eine erhebliche Zunahme der FRC verkleinert die Inspirationskapazität, wenn nicht gleichzeitig die Totalkapazität der Lunge vergrößert ist. Hierdurch kann der Patient sein Inspirationsvolumen nicht nach Bedarf steigern; d.h., die Ventilationsreserve ist vermindert.

Klinisch ist Folgendes wichtig:

> **! Merke**
> Obstruktive Lungenerkrankungen erhöhen, restriktive Lungenerkrankungen verkleinern das Residualvolumen. Eine genaue Beurteilung der Befunde ist allerdings nur zusammen mit anderen Ventilationsparametern möglich. Daher ist die alleinige Messung von Residualvolumen und FRC diagnostisch nicht sinnvoll.

9.2 Ventilation der Lunge

Als Ventilation oder Belüftung der Lunge wird der zyklische Vorgang der Ein- und Ausatmung der Atemluft bezeichnet. Wichtigste Aufgabe der Ventilation ist die Aufrechterhaltung physiologischer O_2- und CO_2-Partialdrücke in der Alveolarluft und im arteriellen Blut.

→ Die Ventilation wird so gesteuert, dass in der Alveolarluft ein pO_2 von ca. 100 mm Hg und ein pCO_2 von ca. 40 mm Hg herrschen.

Die alveoläre Ventilation umfasst den Teil des Atemzugvolumens, der in die Alveolen gelangt. Sie kann durch folgende Parameter beschrieben werden:

- Atemfrequenz: Ruhewert 7–20/min; Bradypnoe und Tachypnoe sind pathologisch
- Atemzugvolumen: Ruhewert 350–850 ml bzw. 6 ml/kg KG
- Totraumvolumen: 150–200 ml; 2 ml/kg oder 30 % des Atemzugvolumens. Je höher die Atemfrequenz, desto höher die Totraumventilation
- Atemminutenvolumen: beim Mann 6–10 l/min, bei Frauen 20–25 % weniger.

9.2.1 Alveoläre Ventilation

Nur das in die Alveolen gelangende Atemvolumen kann am pulmonalen Gasaustausch teilnehmen. Dieses alveoläre Volumen wird bestimmt von der Größe des Totraums und der Größe des Atemzugvolumens.

Die alveoläre Minutenventilation umfasst das gesamte Frischluftvolumen, das pro Minute zu den Alveolen gelangt. Es errechnet sich aus der Atemfrequenz und dem alveolären Anteil des Atemzugvolumens:

→ alveoläre Minutenventilation (AMV_{alv}) = Atemfrequenz × (Atemzugvolumen − Totraumvolumen):

$$AMV_{alv} = f \times (V_T - V_D)$$

Folgendes ist zu beachten:

> **! Merke**
> Bei niedrigen Atemzugvolumina und hohen Atemfrequenzen kann die alveoläre Ventilation abnehmen, während bei sehr hohen Atemzugvolumina die Bedeutung der Totraumventilation für die alveoläre Ventilation zunehmend geringer wird.

9.3 Atemmechanik

Die Atemmechanik befasst sich v.a. mit den Faktoren, die die Luftströmung in der Lunge während der Ein- und Ausatmung bestimmen, insbesondere den Beziehungen zwischen Druck und Volumen sowie zwischen Druck und Stromstärke.

9.3.1 Atemmuskulatur

Die Atemmuskeln erzeugen die für die Ventilation erforderlichen Kräfte. Wichtigster Inspirationsmuskel bei Ruheatmung ist das **Zwerchfell;** Exspirationsmuskeln werden bei Ruheatmung nicht aktiviert; die Ausatmung erfolgt passiv. Erst bei gesteigertem Ventilationsbedarf oder bestimmten Lungenerkrankungen werden die Exspirationsmuskeln eingesetzt, und die Ausatmung wird, wie die Inspiration, ein aktiver Vorgang.

9.3.2 Strömung der Atemluft

Während der Inspiration müssen die durch die Kontraktion der Atemmuskulatur entstehenden Kräfte folgende **Widerstände** überwinden, damit die Atemluft strömen kann:

- elastische Widerstände von Lunge und Thorax
- Reibungswiderstände bei den Bewegungen des Lungen- und Thoraxgewebes
- Strömungswiderstände des Tracheobronchialbaums.

Bei der Ausatmung müssen sich die Kräfte umkehren, damit die Luft aus den Alveolen in die Umgebung strömen kann, d.h., der Alveolardruck muss größer sein als der Atmosphärendruck. Am Ende der Inspiration erschlafft die Atemmuskulatur und übt keine dehnende Wirkung mehr auf Lunge und Thorax auf. Die elastischen Gewebe von Lunge und Thorax ziehen sich aufgrund der Retraktionskraft zusammen; die Lunge wird komprimiert, und die Luft strömt entlang dem entstehenden Druckgefälle aus den Alveolen in die Atmosphäre.

! Merke
Die Inspiration ist ein aktiver Vorgang, die Exspiration erfolgt hingegen passiv. Nur bei körperlicher Belastung oder sehr hohen exspiratorischen Widerständen ist für die Exspiration eine Kontraktion der Exspirationsmuskulatur erforderlich.

9.3.3 Faktoren, die das Füllvolumen der Lunge bestimmen

Das Volumen von Lunge und Thorax hängt vom dehnenden Druck bzw. von der transmuralen Druckdifferenz ab.

→ transmurale Druckdifferenz = Innendruck − Außendruck.

In den Atemorganen sind verschiedene transmurale Druckdifferenzen wirksam, die sich aus dem intrapulmonalen Druck, dem intrapleuralen Druck und dem Atmosphärendruck ergeben. Für die Atemmechanik werden alle Drücke auf den Atmosphärendruck (Barometerdruck) bezogen. Nulldruck ist der Barometerdruck, ein negativer Druck ist subatmosphärisch, ein positiver Druck liegt über dem Atmosphärendruck.

Intrapulmonaler Druck

Der im Innern der Lunge, d.h. in den Alveolen, herrschende Druck wird als intrapulmonaler Druck oder **Alveolardruck** (p_A) bezeichnet.

Transpulmonale Druckdifferenz. Dies ist die Druckdifferenz zwischen Alveolardruck und Druck im Pleuraspalt: pA − pPI. Der Druck in einer Alveole ist immer größer als der Druck des umgebenden Gewebes, außer es befindet sich kein Volumen mehr in der Alveole. Mit zunehmendem Lungenvolumen nimmt auch der transpulmonale Druckgradient stetig zu. Der transpulmonale Druckgradient ist nicht gleichmäßig über die gesamte Lunge verteilt: In den oberen Lungenanteilen enthalten die Alveolen ein größeres Volumen als in den abhängigen Partien. Daher ist in diesen stärker gedehnten Alveolen auch der transmurale Druckgradient größer. Der Gradient nimmt von oben nach unten etwa um 1 cm H_2O (0,1 kPa) pro 3 cm ab.

Intrapleuraler Druck

Im Pleuraspalt herrscht ein negativer Druck (korrekt: subatmosphärischer Druck). Er liegt normalerweise am Ende der Exspiration etwa 5 cm H_2O (0,5 kPa) und am Ende der Inspiration etwa 8 cm H_2O (0,8 kPa) unterhalb des Atmosphärendrucks. Der subatmosphärische Druck im Pleuraspalt entsteht durch die Retraktionskraft der Lunge und ist umso größer ist, je stärker die Lunge während der Inspiration gedehnt wird. Da die Pleurablätter mit einem Flüssigkeitsfilm überzogen sind, können sie sich nicht voneinander lösen.

9.3.4 Elastizität der Lunge

Die Lunge ist elastisch, d.h., sie kann ihre durch Einwirkung äußerer Kräfte während der Inspiration entstandene Formänderung wieder aufheben, wenn die dehnende Kraft nicht mehr einwirkt. Die Beziehung von Volumenänderung pro Einheit der Druckänderung wird als Dehnbarkeit oder **Compliance** bezeichnet, der reziproke Wert als Steifigkeit oder **Elastance.** Mit zunehmender Dehnung nimmt die Compliance ab und die Elastance zu.

Die Elastizität der Lunge wird daneben durch Oberflächenkräfte in den Alveolen beeinflusst.

Alveoläre Oberflächenkräfte und Surfactant. Eine mit Flüssigkeit gefüllte Lunge lässt sich, bei gleicher Druckänderung, wesentlich stärker dehnen als eine luftgefüllte. Ursache dieses Phänomens sind Oberflächenkräfte, die an gekrümmten Grenzflächen zwischen flüssiger und gasförmiger Phase der Alveolarwände entstehen und der Dehnung entgegengerichtet sind.

Die Oberflächenspannung der Alveolen ist etwa zehnmal kleiner, als für eine wässrige Grenzschicht zu erwarten wäre. Entsprechend ist ein wesentlich geringerer Druck erforderlich, um die Alveolen mit dem gleichen Volumen zu füllen. Diese bessere Dehnbarkeit beruht auf einem oberflächenaktiven Film der Alveolen, dem Surfactant, der die Oberflächenspannung herabsetzt. Der Surfactant verhindert, dass die kleinen Alveolen kollabieren und sich dabei in die großen entleeren.

9.3.5 Elastizität des Thorax

Auch der Thorax besitzt eine Elastizität bzw. Retraktionskraft. Wird der Thorax geöffnet, so gehen die Rippen in Inspirationsstellung, und das Volumen des Brustkorbs nimmt zu, und zwar etwa um 1 l über der funktionellen Residualkapazität. Dringt Luft in den Pleuraspalt, so geht die kapilläre Anziehungskraft (Kohäsion) zwischen Lunge und Brustwand verloren: Die Lunge kollabiert und der Thorax wird weiter.

9.3.6 Compliance des Atemapparats

Die passive Beziehung zwischen Druck und Volumen wird als mechanische Compliance (C) bezeichnet. Die Compliance ist definiert als Volumenänderung pro Einheit Druckänderung. Um die Compliance zu bestimmen, müssen somit Druck und Volumen gemessen werden:

$$C = \frac{V}{p} \; (\mathrm{l / cmH_2O \ oder \ l / kPa})$$

Die Compliance ist ein Maß für den elastischen Widerstand des Atemapparats bzw. von Lunge und Thorax. Sie kann mit Hilfe von Druck-Volumen-Kurven bzw. Ruhedehnungskurven gemessen werden.

Für die **Ruheatmung** gelten folgende Compliancewerte:

C_{Th+L} = 0,1 l/cm H_2O (1 l/kPa)

C_L = 0,26 l/cm H_2O (2,6 l/kPa)

C_{Th} = 0,26 l/cm H_2O (2,6 l/kPa)

9

Die Gesamtcompliance von Thorax und Lunge ist etwa halb so groß wie die Compliance von Lunge oder Thorax allein.

Elastance. Die Steifigkeit (Elastance), der Reziprokwert der Compliance für den gesamten Atemapparat, ergibt sich aus der Summe der Elastance von Lunge und Thorax:

$$\frac{1}{C_{L+Th}} = \frac{1}{C_L} + \frac{1}{C_{Th}}$$

Gesamtelastance = Lungenelastance + Thoraxelastance.

Spezifische Compliance. Wie bereits erläutert, hängt die Compliance vom Lungenvolumen ab. Um Aussagen über die Retraktionskraft der Lunge zu ermöglichen, muss das Lungenvolumen angegeben werden, bei dem die Compliance gemessen worden ist. Der Quotient aus Compliance und Lungenvolumen wird als spezifische Compliance bezeichnet:

$$\text{spezifische Compliance} = \frac{\text{Compliance}}{\text{Lungenvolumen}}$$

- Ist die spezifische Compliance vermindert, so ist die Lunge weniger dehnbar, z.B. bei Lungenfibrose. Die Atemarbeit ist erhöht; außerdem treten Störungen des Belüftungs-Durchblutungs-Verhältnisses auf.
- Beim Lungenemphysem hingegen kann die spezifische Compliance vergrößert, die Lunge also stärker dehnbar sein.

Bei der Atmung muss aber nicht nur die beschriebene elastische Retraktion von Lunge und Thorax überwunden werden, sondern auch der Widerstand gegen die Luftströmung, der sog. Strömungswiderstand.

9.3.7 Atemwegswiderstand

Die luftleitenden oberen und unteren Atemwege setzen der Luftströmung während der Atmung einen Widerstand entgegen. Damit Luft strömen kann, muss in den Atemwegen ein Druckgefälle erzeugt werden (▸ Kap. 9.3.2), das den Strömungswiderstand überwindet. Während der Inspiration muss die treibende Druckdifferenz, der Strömungsdruck, im Mund höher sein als der Druck in den Alveolen, bei der Ausatmung muss hingegen der Alveolardruck höher sein als der Munddruck.

Conductance. Die Leitfähigkeit ist der Reziprokwert der Resistance; die Maßeinheit wird in l/s pro cm H_2O angegeben. Die spezifische Leitfähigkeit ist die Conductance der unteren Atemwege, dividiert durch das Lungenvolumen. Sie berücksichtigt die Bedeutung des Lungenvolumens für den Atemwegswiderstand.

Widerstand bei laminarer und turbulenter Strömung

Bei **laminarer Strömung** ist der Atemwegswiderstand nach dem Hagen-Poiseuille-Gesetz direkt proportional der Viskosität des Gases und der Länge der Atemwege und umgekehrt proportional zur 4. Potenz des Radius der leitenden Rohre.

Bei **turbulenter oder Wirbelströmung** ist eine größere Druckdifferenz erforderlich, um den Strömungswiderstand zu überwinden, als bei laminarer Strömung; außerdem besteht eine Abhängigkeit von der Dichte des Gases.

Hohe Strömungsgeschwindigkeiten treten nur in den weitlumigen Atemwegen wie Trachea und Hauptbronchien auf, jedoch nur bei schneller Atmung. In den kleinen Atemwegen hingegen ist die Strömungsgeschwindigkeit sehr niedrig, weil der Luftstrom auf eine Unzahl von Bronchiolen verteilt wird.

Unterschiedliche Größe der Atemwegswiderstände

Entgegen gängiger Vorstellung sind es nicht die kleinen Atemwege, in denen der Widerstand am höchsten ist, sondern die größeren, d.h. obere Atemwege, Trachea, Hauptbronchien sowie Lappen- und Segmentbronchien bis zur 6. Generation bis zu einem Durchmesser von 2 mm. In diesen Abschnitten sind mehr als 80% des Atemwegswiderstands lokalisiert, in den Bronchiolen mit einem Durchmesser unter 2 mm weniger als 20%.

Faktoren, die den Atemwegswiderstand beeinflussen

Der Atemwegswiderstand wird vom Lungenvolumen und vom Tonus der Bronchialmuskulatur beeinflusst.
- Bei maximaler Inspiration nimmt der Atemwegswiderstand ab, bei maximaler Exspiration hingegen zu.
- Bei sehr kleinen Lungenvolumina können die Bronchiolen kollabieren und hierdurch der Widerstand erheblich ansteigen.

9.3.8 Atemarbeit

Atmung erfordert Arbeit der Atemmuskulatur, um die elastischen Widerstände von Lunge und Thorax und die viskösen Widerstände gegen die Luftströmung sowie die Gewebewiderstände zu überwinden. Für die Atmung gilt:
- Atemarbeit ist das Produkt aus Druck und Volumenzunahme, d.h. die Arbeit, die erforderlich ist, um ein Volumen (V) gegen einen Druck (p) vom Wert V_1 zum Wert V_2 zu verändern.
- Arbeit wird von der Atemmuskulatur bei Ruheatmung praktisch nur während der Inspiration verrichtet; die Exspiration erfolgt passiv durch die bei der Inspiration gedehnten elastischen Elemente.
- Der O_2-Verbrauch bei der Atemarbeit ist sehr gering.

9.4 Lungenkreislauf

Der Lungenkreislauf oder kleine Kreislauf ist in folgender Weise aufgebaut:
- Pumpe: rechter Ventrikel
- Verteilersystem: Arterien und Arteriolen
- Austauschsystem: Lungenkapillaren
- Sammelsystem: Venolen und Venen.

9.4.1 Drücke im Lungenkreislauf

Zwar fließt praktisch das gesamte Herzzeitvolumen durch die Lunge, dennoch sind die Drücke und Widerstände im Pulmonalkreislauf niedrig (Niederdrucksystem).

Im Lungenkreislauf sind folgende Drücke zu unterscheiden:
- **Intravaskulärer Druck:** Blutdruck in einem beliebigen Abschnitt des Gefäßsystems

- **transmuraler Druck:** Differenz zwischen Druck im Blutgefäß und Druck im umgebenden Gewebe
- **Perfusionsdruck:** Druckdifferenz zwischen einem Ort im Blutgefäß und einem zweiten Ort, der weiter stromabwärts liegt, also der Druck, der den Strömungswiderstand im Gefäß überwindet und das Blut zum Strömen bringt.
  Im Lungenkreislauf gilt:

→ Der pulmonale Perfusionsdruck ist die Differenz zwischen dem Druck am Beginn und am Ende des Lungenkreislaufs: dem mittleren Druck in der Pulmonalarterie und dem Druck im linken Vorhof. Er beträgt normalerweise ca. 10 mm Hg.
Der linke Vorhofdruck entspricht dem Druck in den Lungenvenen. Er kann entweder direkt im linken Vorhof gemessen werden oder aber indirekt (und angenähert) über einen Pulmonaliskatheter als Lungenkapillaren-Verschlussdruck oder Wedge-Druck.

Pulmonalarteriendrücke

Die Wände der Pulmonalarterien sind dünn und außerordentlich dehnbar; daher hängen Form und Durchmesser sehr stark vom transmuralen Druck ab. Der Druck in der Pulmonalarterie selbst beträgt nur ⅐ bis ⅙ des systemischen arteriellen Blutdrucks, während sich die kapillären und die venösen Drücke in beiden Kreisläufen nicht wesentlich voneinander unterscheiden.

- Der mittlere pulmonalarterielle Druck schwankt aufgrund der hydrostatischen Kräfte und beträgt in der Lungenspitze ca. 6 mm Hg, in der Lungenbasis hingegen ca. 24 mm Hg.
- Auch die Atmung beeinflusst den Druck: Die intrapleuralen Druckschwankungen während des Atemzyklus werden auf das Herz und die großen Gefäße übertragen und bewirken entsprechend zyklische Schwankungen der Pulmonalarteriendrücke.
- Bei maximaler Inspiration wird der intrapleurale Druck so stark negativ, dass der pulmonalarterielle Druck abfällt und die Durchblutung der Lungenspitzen insgesamt sistiert, und dies, obwohl der venöse Rückstrom und die Herzfrequenz zunehmen.

9

Lungenkapillardruck

Der Lungenkapillardruck beträgt 7–10 mm Hg, ist also niedrig. Er kann nicht direkt gemessen werden, muss aber niedriger sein als in den Arteriolen und höher als in den Venolen, da sonst das Blut nicht von den Arterien durch die Kapillaren zu den Venen fließen könnte.

Erhöhter Pulmonalarteriendruck

Eine pathologische Erhöhung des Drucks im Lungenkreislauf hat zwei **Auswirkungen:**

- Zunahme der Kapillarpermeabilität mit Transsudation von Flüssigkeit (Lungenödem)
- vermehrte Druckarbeit für den rechten Ventrikel mit der Gefahr der Rechtsherzinsuffizienz.

Folgende Mechanismen können den pulmonalarteriellen Druck erhöhen:

- Druckerhöhung im linken Vorhof, also nach dem Lungenkreislauf, z.B. bei Mitralstenose oder Linksherzversagen
- Erhöhung des Widerstands im Lungenkreislauf bei unverändertem Blutfluss

- Zunahme der Lungendurchblutung bei unverändertem Gefäßwiderstand und linkem Vorhofdruck
- Kombination dieser Mechanismen.

Aus dem Druck in der Pulmonalarterie kann nicht ohne weiteres auf den Druck in den Lungenkapillaren geschlossen werden. So kann der pulmonalarterielle Druck stark erhöht, der Lungenkapillardruck hingegen normal sein, und zwar wenn der Widerstand in den Arterien und Arteriolen stark zugenommen hat. Dann tritt trotz starker Rechtsherzbelastung oder -insuffizienz kein Lungenödem auf.

9.4.2 Pulmonaler Gefäßwiderstand

Der pulmonale Gefäßwiderstand beschreibt die Beziehung zwischen dem pulmonalen Perfusionsdruck und der Durchblutung der Lunge:

$$\text{pulmonaler Gefäßwiderstand} = \frac{\text{mittlerer Pulmonalarteriendruck} - \text{linker Vorhofdruck}}{\text{Herzzeitvolumen}}$$

→ Normalwert ca. 144 dyn × s × cm^{-5} (0,24 kPa/l/min) oder 1,4 mm Hg/l/min.

Insgesamt entfallen mehr als 50% des Widerstands in der Lunge auf Gefäße ohne glatte Muskulatur, also Gefäße, die sich nicht aktiv kontrahieren können. Damit erfolgt die Durchblutung der Lunge im Wesentlichen druckpassiv.

Nervale Kontrolle der Blutgefäße. Die sympathoadrenergen α-Rezeptoren bewirken eine pulmonale Vasokonstriktion, die β-Rezeptoren eine Vasodilatation. Betroffen sind hiervon die glatten Muskeln der Arterien und Arteriolen mit einem Durchmesser von mehr als 30 µm.

Das parasympathische Nervensystem bewirkt durch seinen Transmitter Acetylcholin eine pulmonale Vasodilatation, vermutlich durch Freisetzung von NO.

Veränderungen des pulmonalen Gefäßwiderstands

Der Lungengefäßwiderstand wird nahezu ausschließlich durch passive Veränderungen der Gefäßweite reguliert: Ein Anstieg des Drucks in den Pulmonalarterien – aber auch in den Pulmonalvenen – dehnt die Gefäße, ihr Querschnitt nimmt zu, und der pulmonale Gefäßwiderstand nimmt ab.

Auch das Lungenvolumen beeinflusst den pulmonalen Gefäßwiderstand: Er nimmt mit zunehmendem Lungenvolumen bis zum Erreichen der FRC ab! Nähert sich das Lungenvolumen der Totalkapazität, so nimmt der Gefäßwiderstand mit ansteigendem Volumen zu.

Hypoxische pulmonale Vasokonstriktion

Ein Abfall des alveolären pO_2 (alveoläre Hypoxie) oder des gemischtvenösen (pulmonalarteriellen) pO_2 führt zu einer Konstriktion der die Alveolen versorgenden arteriellen Blutgefäße mit einem Durchmesser von unter 1 mm und zu einem Anstieg der pulmonalen Gefäßwiderstands. Diese Reaktion wird als hypoxische pulmonale Vasokonstriktion (oder Euler-Liljestrand-Mechanismus) bezeichnet.

! Merke

Durch die hypoxische pulmonale Vasokonstriktion erhalten schlecht belüftete Lungenareale mit niedrigem pO_2 weniger Blut; auf diese Weise wird die Durchblutung regional der Belüftung angepasst.

Hyperkapnie verstärkt die hypoxische pulmonale Vasokonstriktion, vermutlich bedingt durch die Azidose.

Hypokapnie (Hyperventilation) dilatiert dagegen die Pulmonalgefäße und senkt den pulmonalen Gefäßwiderstand.

9.4.3 Lungendurchblutung

Für die Durchblutung der Lungen ist – im Gegensatz zum Körperkreislauf – nur ein geringer **Perfusionsdruck** erforderlich. Er beträgt bei einem mittleren Pulmonalarteriendruck von 15 mm Hg und einem linksventrikulären enddiastolischen Druck von 8 mm Hg lediglich 15 mm Hg − 8 mm Hg, also 7 mm Hg. Demgegenüber beträgt der Perfusionsdruck für den Körperkreislauf ca. 90 mm Hg.

In Ruhe beträgt die **Durchblutung** der Lunge, entsprechend dem normalen Herzzeitvolumen, ca. 6 l/min; bei Belastung steigt sie auf mehr als 25 l/min an.

Ungleichmäßige Verteilung der Lungendurchblutung. Nach West können bei aufrechter Körperhaltung grob drei Zonen der schwerkraftabhängigen Verteilung der Lungendurchblutung unterschieden werden:

- **Zone I:** In der Lungenspitze ist der Druck im arteriellen Schenkel der Kapillaren niedriger als der alveoläre Druck. Die Gefäße werden komprimiert, und die Durchblutung sistiert.
- **Zone II:** In der mittleren Zone der Lungen ist der intravaskuläre Druck am Ende der komprimierbaren arteriellen Gefäße größer als der Alveolardruck, der pulmonalvenöse Druck allerdings niedriger als der Alveolardruck. Daher wird die Durchblutung von der Differenz zwischen dem Druck in der Pulmonalarterie und dem Alveolardruck bestimmt, also nicht von der Differenz zwischen arteriellem und venösem Druck.
- **Zone III:** In der Lungenbasis ist nicht nur der pulmonalarterielle, sondern auch der pulmonalvenöse Blutdruck größer als der Alveolardruck, entsprechend wird die Durchblutung von der Druckdifferenz zwischen arteriellem und venösem Blutdruck bestimmt.

9.5 Verhältnis von Ventilation und Perfusion

Die Beziehung zwischen Größe der Ventilation (V) und Durchblutung der Lungenkapillaren (Q) wird durch das Ventilations/Perfusions-Verhältnis (V/Q) beschrieben. In Ruhe beträgt die alveoläre Ventilation etwa 4 l/min, die Lungendurchblutung hingegen etwa 5 l/min. Hieraus ergibt sich ein Ventilations/Perfusions-Verhältnis von 0,8. Wären Belüftung und Durchblutung der Alveolen homogen, so ergäbe sich jeweils ein V/Q von 1,0. Es wurde aber bereits dargelegt, dass sowohl die Belüftung der Lunge als auch ihre Durchblutung inhomogen sind. Funktionell wirken sich erhöhte oder erniedrige Ventilations/Perfusions-Verhältnisse als Zunahme des alveolären Totraums oder als intrapulmonaler Rechts-links-Shunt oder als Kombination beider Faktoren aus.

9.5.1 Alveolärer Totraum

Wird eine Alveole nur belüftet, aber nicht durchblutet, so findet lediglich eine alveoläre Totraumventilation ohne pulmonalen Gasaustausch statt. Das Ventilations/Perfusions-Verhältnis ist unendlich. Der pO_2 und der pCO_2 dieser Alveolen entsprechen denen der Inspirationsluft.

9.5.2 Shuntdurchblutung

Wird eine Alveole nur durchblutet, aber nicht belüftet, so liegt eine alveoläre Kurzschlussdurchblutung vor (sog. wahrer Shunt). Der V/Q-Quotient erreicht einen Wert von 0, d.h., es findet ebenfalls kein Gasaustausch mehr statt. Nimmt die Belüftung einer Alveole bei unveränderter Durchblutung ab, so wird der Quotient V/Q kleiner – ebenso, wenn die Durchblutung zunimmt, die Belüftung aber gleich bleibt.

Die pO_2- und pCO_2-Werte im Shuntblut entsprechen denen im gemischtvenösen Blut. Hierdurch wird der arterielle pO_2 erniedrigt und der arterielle pCO_2 erhöht.

Der funktionelle Shunt aufgrund von V/Q-Verteilungsstörungen kann durch Erhöhung der inspiratorischen O_2-Konzentration um 10–20% beeinflusst werden: Der pO_2 steigt in den Bezirken mit niedrigem V/Q an der Lungenbasis an, und die arterielle O_2-Sättigung nimmt zu.

Extraalveolärer Shunt. Die extraalveoläre Shuntdurchblutung macht 2–5% des Herzzeitvolumens aus. Diese Blutmenge nimmt nicht am Gasaustausch teil, sondern fließt unter Umgehung des Lungenkreislaufs direkt in das arterielle System.

→ Der anatomische Shunt kann nicht durch Erhöhung der inspiratorischen O_2-Konzentration beeinflusst werden, d.h., die arterielle O_2-Sättigung verändert sich hierbei nur wenig.

9

9.6 Pulmonaler Gasaustausch

9.6.1 Zusammensetzung der Inspirationsluft

Die Inspirationsluft ist ein Gasgemisch atmosphärischer Zusammensetzung (▶ Tab. 9-2). Der O_2-Anteil macht 20,9% aus, der weitaus überwiegende Anteil, nämlich 79%, ist Stickstoff (N_2), der Rest Edelgase wie Argon, Helium usw. Der jeweilige Volumenanteil eines Gases in diesem Gemisch wird als Fraktion (F_I) bezeichnet:

$F_IO_2 = 0{,}209$

$F_IN_2 = 0{,}781$

$F_ICO_2 = 0$

9.6.2 Partialdrücke der Atemgase

Die einzelnen Gase liegen im Inspirationsgemisch nicht nur in unterschiedlicher Konzentration vor, sondern üben auch jeweils einen spezifischen Gasdruck aus, der als Teildruck oder Partialdruck bezeichnet wird und proportional zur Anzahl der vorhandenen Gasmoleküle ist.

- Der Partialdruck eines Gases in einem Gasgemisch entspricht seinem fraktionellen Anteil.

Tab. 9-2 Fraktionen und Partialdrücke der Atemgase bei Ruheatmung in Meereshöhe

	F_I	p_I (mm Hg), feucht	F_A	p_A (mm Hg)
Stickstoff, N_2	0,79	563	0,754	573
Sauerstoff, O_2	0,21	150	0,131	100
Kohlendioxid, CO_2	0,0004	0,3	0,053	40
Wasserdampf, H_2O	0	47	0,062	47

F_I inspiratorische Fraktion; p_I inspiratorischer Partialdruck, F_A alveoläre Fraktion, p_A alveolärer Partialdruck

- Der Gesamtdruck des Luftgemisches ergibt sich aus der Summe der Partialdrücke, in der Inspirationsluft also der Gase N_2, O_2 und CO_2. In der Lunge kommt noch der Wasserdampf hinzu, weil die Inspirationsluft in den Atemwegen mit Wasser aufgesättigt wird.
- In einem Gasgemisch verhält sich jedes Gas so, als ob es allein vorhanden wäre, d.h., die anderen Gase haben keinen Einfluss auf den Partialdruck des betreffenden Gases (Dalton-Gesetz).
- Der Partialdruck kann aus dem Gesamtdruck (= Barometerdruck, p_B) und dem fraktionellen Anteil bzw. der Konzentration des Gases berechnet werden: Für den O_2-Partialdruck der Inspirationsluft gilt auf Meereshöhe (760 mm Hg Barometerdruck) nach Aufsättigung mit Wasserdampf (47 mm Hg) in den Atemwegen:

$$p_1O_2 = (760 - 47) \times 0,21 = 150\,\text{mm Hg}$$

9.6.3 Alveoläre Ventilation

Die alveoläre Ventilation umfasst den Volumenanteil der Frischluft, der mit jedem Atemzug bis in die Alveolen gelangt. Nur dieser Anteil des Atemvolumens kann am Gasaustausch teilnehmen. Der übrige Anteil des Atemzugvolumens befindet sich in den zuführenden Atemwegen. Er wird als **anatomischer Totraum** (V_D) bezeichnet, weil er nicht am pulmonalen Gasaustausch teilnimmt, sondern unverändert wieder ausgeatmet wird.

→ Die Größe des anatomischen Totraums (in ml) beträgt etwa das Zweifache des Körpergewichts (KG), d.h. 150 ml.

Als **alveolärer Totraum** werden hingegen Alveolen bezeichnet, die zwar belüftet, aber nicht durchblutet werden – in denen also ebenfalls kein Gasaustausch stattfindet. Anatomischer und alveolärer Totraum werden als „physiologischer" Totraum zusammengefasst. Die alveoläre Minutenventilation (V_A) ergibt sich aus der Differenz zwischen Gesamtminutenventilation, V_E, und der Totraumventilation VD (VD = VD × f):

$$V_A = V_E - V_D \text{ oder}$$
$$V_A = (V_T - V_D) \times f$$

Aus den Formeln wird deutlich, dass bei tiefer Inspiration ein größerer Anteil des Atemzugvolumens in die Lungen gelangt als bei flacher Atmung. Eine Zunahme der Atemfrequenz bei unverändertem Atemzugvolumen erhöht vor allem die Totraumventilation.

9.6.4 CO_2-Abgabe, O_2-Aufnahme und alveoläre Atemgasfraktionen

Aus der Alveolarluft wird ständig O_2 in das Blut aufgenommen, während gleichzeitig das im Stoffwechsel gebildete CO_2 in die Alveolarluft einströmt. Der entnommene Sauerstoff muss ersetzt und das gebildete CO_2 ausgeschieden werden. Dies geschieht durch die alveoläre Ventilation, den zyklischen Vorgang der In- und Exspiration.

Respiratorischer Quotient. Das Verhältnis von CO_2-Abgabe zu O_2-Aufnahme wird als respiratorischer Quotient bezeichnet. Bezogen auf Standardbedingungen, beträgt die O_2-Aufnahme eines Erwachsenen in Ruhe 280 ml/min, die CO_2-Abgabe 230 ml. Hieraus ergibt sich ein respiratorischer Quotient von 0,82, d.h., es wird mehr O_2 aus den Alveolen in das Blut aufgenommen, als CO_2 aus dem Blut in die Alveolen abgegeben. Entsprechend ist das ausgeatmete Volumen etwas kleiner als das eingeatmete.

Zusammensetzung des alveolären Gasgemisches bei Ruheatmung
- O_2-Konzentration, F_AO_2 = 0,13 (13 Vol.%)
- CO_2-Konzentration, F_ACO_2 = 0,056 (5,6 Vol.%)
- Stickstoffkonzentration, FN_2 = 0,76 (76 Vol.%)

9.6.5 Alveoläre Partialdrücke

Der pulmonale Gasaustausch hängt vor allem von der Höhe der alveolären Partialdrücke ab: Nur wenn Partialdruckgradienten zwischen Alveolen und dem Blut bestehen, können die Atemgase diffundieren. Damit das Blut Sauerstoff aus den Alveolen aufnehmen kann, muss also der alveoläre pO_2 höher sein als der gemischtvenöse. Umgekehrt kann CO_2 aus dem Blut nur dann in die Alveolen abgegeben werden, wenn der gemischtvenöse pCO_2 höher ist als der alveoläre. Wichtigste Aufgabe der alveolären Ventilation ist somit die Aufrechterhaltung physiologischer Partialdrücke der Atemgase.

Normalwerte der alveolären Partialdrücke bei Ruheatmung
p_AO_2 = 100 mm Hg (13,3 kPa)
p_ACO_2 = 40 mm Hg (5,3 kPa)

Der alveoläre pO_2 ist am Ende der Inspiration am höchsten, am Ende der Exspiration am niedrigsten.

Alveoläre Ventilation und alveolärer pCO_2

Sind die Alveolen belüftet und durchblutet, so diffundiert CO_2 aus dem gemischtvenösen Blut in die Alveolen und wird ausgeatmet. Die alveoläre Fraktion (Konzentration) von CO_2 hängt von der CO_2-Abgabe (Produktion) und der alveolären Ventilation ab. Ist die CO_2-Abgabe unverändert, so gilt: je größer die alveoläre Ventilation, desto niedriger die alveoläre CO_2-Konzentration.

Respiratorischer Gleichgewichtszustand. Der Verlauf des alveolären pCO_2 ist von der Ventilation abhängig. Hieraus ergibt sich, dass eine Abnahme der Ventilation um mehr als 1 l bei gleichbleibender CO_2-Produktion zu einem starken Anstieg des alveolären pCO_2 führt. Andererseits bewirkt eine nur mäßige Zunahme der Ventilation über den Bedarf einen erheblichen Abfall des alveolären pCO_2; jenseits dieses Punktes, also im Bereich sehr niedriger Werte, nimmt aber der alveoläre pCO_2 trotz weiterer Steigerung der Atmung nicht mehr so stark ab.

→ Im Gleichgewichtszustand (CO_2-Ausscheidung = CO_2-Produktion) entspricht der arterielle pCO_2 etwa dem durchschnittlichen alveolären pCO_2.

Alveoloarterielle pO_2-Differenz

Bei Atmung von Raumluft in Meereshöhe beträgt die normale alveoloarterielle pO_2-Differenz, p(A-a) DO_2, durchschnittlich 10–15 mm Hg, die obere Grenze 25 mm Hg. Bei Atmung von 100%igem Sauerstoff steigt die Differenz auf 50–60 mm Hg an. Zwei normale Mechanismen sind die Ursache der Partialdruckdifferenz

- anatomischer Shunt
- physiologischer Shunt.

Pulmonaler Gasaustausch

Der pulmonale Gasaustausch erfolgt in den Alveolen durch Diffusion, ist also ein rein passiver Vorgang ohne jede aktive Transportmechanismen.

Eine vollständige Durchmischung der alveolären Atemgase tritt in weniger als 10 ms ein; die Atemgase weisen somit in den Alveolen eine gleichmäßige Zusammensetzung auf. In den Alveolen diffundiert O_2 aus einer Gasphase in eine Flüssigkeit (Blut) und CO_2 aus einer Flüssigkeitsphase (Blut) in eine Gasphase.

9

Nach dem Henry-Gesetz ist die gelöste Gasmenge dem Partialdruck des Gases proportional; je höher der Partialdruck, desto mehr Gas wird gelöst. Diese Beziehung gilt allerdings nur für Gase, die mit der Flüssigkeit keine chemische Reaktion eingehen.

- Die Löslichkeit von CO_2 ist 24-mal größer als die von Sauerstoff. Wegen seiner größeren Löslichkeit diffundiert CO_2 in einer Flüssigkeit wesentlich schneller als O_2. In den Alveolen hingegen diffundiert das CO_2 langsamer, weil das Molekül eine größere Dichte aufweist als das O_2-Molekül.
- Im Gegensatz zum Sauerstoff wird die Diffusion von CO_2 – abgesehen von allerschwersten Erkrankungen der Lunge – nicht gestört.

Pulmonale Diffusionskapazität

Die O_2-Aufnahme aus den Alveolen in das Lungenkapillarblut ist proportional der Partialdruckdifferenz zwischen Alveolen und Kapillarblut und der Diffusionsfläche sowie umgekehrt proportional der Diffusionsstrecke. Die Diffusionskapazität gibt an, wie viel ml O_2 pro mm Hg treibender Druckdifferenz pro Minute aus den Alveolen in das Lungenkapillarblut diffundieren.

→ Die Diffusionskapazität einer gesunden Lunge beträgt in Ruhe 20–50 ml O_2/min pro mm Hg Partialdruckdifferenz.

Hypoxie

Bei ausgeprägter alveolärer Hypoxie (inspiratorische O_2-Konzentration 12–14% in Meereshöhe) wird während der Transitzeit kein Gleichgewicht zwischen alveolärem und kapillärem pO_2 erreicht, vielmehr besteht am venösen Ende der Kapillare eine größere Partialdruckdifferenz als Zeichen der eingeschränkten O_2-Diffusionskapazität.

9.7 Regulation der Atmung

Die Atmung wird so gesteuert, dass ihre Zielgrößen – pO_2, pCO_2 und pH-Wert – im Normbereich gehalten werden. Der Atemrhythmus wird von Neuronen im respiratorischen Netzwerk der Medulla oblongata erzeugt und läuft autonom ab. Abgesehen von dieser zentralen Rhythmogenese wird die Atmung noch durch chemische Faktoren gesteuert.

Atemzyklus unter Ruhebedingungen
- Atemfrequenz: 10–20/min
- Gesamtdauer des Zyklus: 3–6 s
- Dauer der Inspirationsphase: 1–2,5 s
- Dauer der Exspirationsphase: 2–3,5 s

9.7.1 Chemische Regulation der Atmung

Wichtigste Zielgrößen der Atmung sind:
- $paCO_2$
- paO_2
- pH-Wert bzw. H^+-Konzentration.

Diese Parameter werden durch die reflektorische Anpassung der Ventilation im arteriellen Blut konstant gehalten. Die Kontrolle erfolgt durch periphere und zentrale Chemorezeptoren. CO_2 ist wahrscheinlich die primäre Substanz für die chemische Kontrolle der Ventilation.

pCO_2-Antwortkurve

Die CO_2-Antwortkurve beschreibt die Beziehung zwischen den arteriellen pCO_2-Werten und den Atemminutenvolumina. Sie ist das Ergebnis der Reaktion des gesamten Atemsystems auf Anstiege des $paCO_2$. Bis zu einem arteriellen pCO_2 von 60–70 mm Hg verläuft die Kurve linear; ihre Steilheit ist ein Maß für die Empfindlichkeit der Atmungsregulation durch den $paCO_2$. Normalerweise nimmt die Ventilation um ca. 2–3 l/min pro mm Hg CO_2-Anstieg zu, d.h., die Steilheit beträgt ca. 2–3 l/min/mm Hg. Die Reaktion erreicht innerhalb weniger Minuten ein Gleichgewicht.

→ Die Steilheit der CO_2-Antwortkurve gehört zu den besten Parametern, mit denen die Reaktion des Atemsystems auf Veränderungen des arteriellen pCO_2 und die Dämpfung des Regulationssystems durch Medikamente eingeschätzt werden können.

pO_2-Antwortkurve

Die Beziehung zwischen Ventilation und paO_2 verläuft nichtlinear. Erst ein starker Abfall des paO_2 in den hypoxischen Bereich bewirkt eine deutliche Steigerung der Ventilation, und zwar innerhalb weniger Sekunden. Allerdings wird die Reaktion nach etwa einer Minute durch die hypoxiebedingte Hyperventilation mit Hypokapnie wieder abgeschwächt und die Atmung im weiteren Verlauf noch mehr vermindert, selbst wenn der $paCO_2$ konstant gehalten wird.

9.8 Nichtrespiratorische Funktionen der Lunge

Primäre Aufgaben der Lunge sind die alveoläre Ventilation und der pulmonale Gasaustausch. Daneben erfüllt sie aber auch wichtige Abwehr-, Filter- und Stoffwechselfunktionen:

- Schutz- und Abwehrfunktionen wie Anfeuchtung, Erwärmung und Filterung der Atemluft, zelluläre Abwehr, alveoläre Proteine und Lipide, Immunglobuline
- metabolische und Speicherfunktionen, einschließlich Metabolisierung einiger Medikamente.

Literatur

Klinke R, Pape HC, Silbernagl S (Hrsg.): Physiologie. 5. Aufl. Thieme, Stuttgart 2005.
Larsen R, Ziegenfuss T: Beatmung, 4. Aufl. Springer, Berlin–Heidelberg–New York 2009.
Lumb A: Nunn's Applied Respiratory Physiology, 6th ed. Elsevier 2005.
Schmidt RF, Lang F (Hrsg.): Physiologie des Menschen. 29. Aufl. Springer, Berlin 2005.
Ulmer WT, Nolte D, Lecheler J, Schäfer T (Hrsg.): Die Lungenfunktion, 7. Aufl., Thieme, Stuttgart – New York 2003.

10 Blutgase

Der Transport von Sauerstoff und Kohlendioxid gehört zu den wichtigsten Aufgaben des Blutes. Sauerstoff wird für zahlreiche metabolische Prozesse benötigt, Kohlendioxid gehört zu den Endprodukten des oxidativen Stoffwechsels.

Beide Gase sind nur wenig im Blut löslich und werden daher überwiegend in **chemischer Bindung** im Blut transportiert. Allerdings kann der Austausch zwischen Blut und Gewebe bzw. Gewebe und Blut nur in physikalischer Form erfolgen.

10.1 Sauerstoff

O_2 diffundiert durch die alveolokapilläre Membran in das Blut und wird dort überwiegend chemisch an das Hämoglobin gebunden und mit dem Blutstrom zu den Geweben transportiert; nur ein sehr geringer Teil befindet sich in physikalischer Lösung.

10.1.1 O_2-Kaskade

Auf seinem Weg von den Atemorganen bis zu den Geweben und mit dem gemischtvenösen Blut zurück zur Lunge fällt der O_2-Partialdruck (pO_2) kontinuierlich ab.

pO2 in der Inspirationsluft

Der pO_2 der Umgebungsluft hängt vom Barometerdruck ab: je höher der Barometerdruck, desto größer der pO_2 und umgekehrt. Die in den Respirationstrakt gelangte Luft wird mit Wasserdampf gesättigt: Der pO_2 wird verdünnt, während die fraktionale O_2-Konzentration unverändert bleibt. Nach dem **Boyle-Gesetz** gilt Folgendes:

$$\text{inspiratorischer } pO_2 = (\text{Atmosphärendruck} - \text{Wasserdampfdruck bei } 37\ °C) \times O_2\text{-Konzentration}$$

$$\text{in mm Hg: } (760 - 47) \times 0{,}2094 = 149 \text{ mm Hg}$$
$$\text{oder in kPa: } (101{,}3 - 6{,}3 \text{ kPa}) \times 0{,}2094 = 19{,}9 \text{ kPa.}$$

Alveolärer pO_2

Auf dem Weg zu den Alveolen nimmt der pO_2 weiter ab und erreicht dort schließlich einen Wert von 105 mm Hg.

Der alveoläre pO_2 hängt in erster Linie von folgenden Faktoren ab:
- trockener Barometerdruck
- inspiratorische O_2-Konzentration: Erhöhung der inspiratorischen O_2-Konzentration steigert den alveolären pO_2 und umgekehrt
- O_2-Verbrauch: Nimmt der O_2-Verbrauch zu, so muss auch die alveoläre Ventilation gesteigert werden, um den alveolären pO_2 im Normbereich zu halten.

Alveoloarterielle pO_2-Differenz

Das gemischtvenöse Blut strömt mit einem pO_2 von ca. 40 mm Hg in die Lungenkapillaren ein und wird dort aufgrund des großen pO_2-Gefälles von 50–60 mm Hg mit O_2 aufgesättigt. Die Transitzeit des Erythrozyten beträgt bei normalem Herzzeitvolumen 0,7 s, jedoch wird bereits in Ruhe innerhalb von 0,2–0,3 s ein Gleichgewicht zwischen dem alveolären und dem lungenkapillären pO_2 erreicht.

Nach dem Gasaustausch über die alveolokapilläre Membran besteht allerdings zwischen den Alveolen und dem arteriellen Blut keine Partialdruckgleichheit, sondern eine (altersabhängige) Differenz. Sie beträgt beim jungen Menschen ca. 15 mm Hg und beim gesunden alten Menschen ca. 37,5 mm Hg. Diese pO_2-Gradienten entstehen durch venöse Beimischungen, die auch als **physiologischer** Shunt bezeichnet werden.

10.1.2 Transport von O_2 im Blut

O_2 wird in zwei Formen mit dem Blut zu den Geweben transportiert:
- physikalisch gelöst in den wässrigen Blutbestandteilen
- chemisch an Hämoglobin gebunden.

Der chemisch gebundene Anteil überwiegt den physikalischen bei weitem.

O_2-Transport in physikalischer Lösung

Nach der Passage der alveolokapillären Membran gelangen die O_2-Moleküle zunächst in das Blutplasma. Im Blutplasma wird O_2 nur physikalisch gelöst, und zwar nach dem **Henry-Dalton-Gesetz:** Danach ist die im Plasma gelöste O_2-Menge pro Volumen bzw. die Konzentration direkt proportional dem Partialdruck des O_2:

$$O_2\text{-Konzentration in der Lösung } c = \alpha \times pO_2$$

(α = Löslichkeitskoeffizient; p = Partialdruck)

Hierbei gilt Folgendes:

→ 100 ml Plasma enthalten bei einem pO_2 von 100 mm Hg lediglich 0,3 ml O_2 in physikalischer Lösung.

Selbst durch Atmung von 100%igem O_2 bzw. einen alveolären pO_2 von 673 mm Hg ergibt sich lediglich eine physikalisch gelöste O_2-Menge von 2 ml/100 ml Blut.

10

O_2-Transport in chemischer Bindung an Hämoglobin

Die weitaus überwiegende Menge des O_2, nämlich 21 ml/100 ml Blut, wird in chemischer Bindung an das Hämoglobin der Erythrozyten transportiert. Die Anlagerungsreaktion des O_2 an das Eisenatom des Hämmoleküls wird als Oxygenation bezeichnet, die Abspaltung als Desoxygenation. Es gilt:
- Oxyhämoglobin (HbO_2) = mit O_2 beladenes Hämoglobin
- Desoxyhämoglobin (Hb) = Hämoglobin ohne O_2.

O_2-Bindungskapazität des Hämoglobins. 1 Mol Hämoglobin kann maximal 4 ml O_2 binden.

> 1 g Hämoglobin bindet 1,34 ml O_2 (Hüfner-Zahl).

Die **O_2-Kapazität** ist die maximale O_2-Menge, die bei einem hohen pO_2 vom Hämoglobin gebunden werden kann. Sie hängt vom jeweiligen Hb-Gehalt des Blutes ab.

10.1.3 O_2-Sättigung des Hämoglobins und O_2-Bindungskurve

Der arterielle pO_2 bestimmt die O_2-Sättigung des arteriellen Blutes (sO_2), d.h. den prozentualen Anteil des mit Sauerstoff gesättigten (oxygenierten) Hämoglobins (HbO_2) am Gesamthämoglobingehalt des Blutes:

$$sO_2 = \frac{cO_2Hb}{cO_2Hb + cDesoxyHb + cCoHb + cMetHb}$$

(c = Konzentration)

→ Der Normalwert der arteriellen O_2-Sättigung beträgt 96%.

Eine 100%ige Sättigung des Hämoglobins wird praktisch nicht erreicht, da 0,5% des Hämoglobins als MetHb und 1–2% als COHb vorliegen. Zudem nimmt eine geringe Menge des Blutes nicht am pulmonalen Gasaustausch teil, sondern strömt direkt in den arteriellen Kreislauf ein (sog. Shunt).

Partielle O_2-Sättigung. Im Gegensatz zu der beschriebenen, auf das Gesamt-Hb bezogenen O_2-Sättigung bezeichnet die partielle O_2-Sättigung (psO_2) den prozentualen (fraktionellen) Anteil des O_2Hb an der Summe von HbO_2 und DesoxyHb:

$$psO_2(\%) = \frac{cO_2Hb}{cO_2Hb + cDesoxyHb}$$

O_2-Bindungskurve

Die O_2-Sättigung des Hämoglobins hängt vom jeweiligen pO_2 ab. Jedem pO_2 entspricht auch eine bestimmte O_2-Sättigung des Hämoglobins. Diese Beziehung kann durch die O_2-Bindungskurve graphisch dargestellt werden. Die O_2-Bindungskurve verläuft nicht linear, sondern S-förmig, und dieser Verlauf ist für die Transportfunktion von großer praktischer Bedeutung:

- Im Bereich hoher pO_2-Werte (> 60 mm Hg) verläuft die Kurve flach, eine Zunahme oder ein Abfall der pO_2-Werte in diesem Bereich hat nur einen geringen Einfluss auf die O_2-Sättigung.
- Im Bereich niedriger pO_2-Werte (< 60 mm Hg) verläuft die Kurve sehr steil, und bereits eine geringe Abnahme des pO_2 führt zu einem starken Abfall der O_2-Sättigung und umgekehrt.

Verschiebungen der O_2-Bindungskurve

Veränderungen der O_2-Affinität des Hämoglobins führen zu Rechts- oder Linksverschiebung der O_2-Bindungskurve (▶ Abb. 10-1): Bei einer **Rechtsverschiebung** der O_2-Bindungskurve wird bei gleichem pO_2 weniger O_2 vom Hämoglobin gebunden, d.h., die O_2-Affinität ist vermindert. Allerdings wird der Sauerstoff aus der Hämoglobinbindung auch besser freigesetzt. Eine Rechtsverschiebung tritt auf bei

- Azidose
- pCO_2-Anstieg (Hyperkapnie)
- Fieber.

Linksverschiebung bedeutet, dass bei gleichem pO_2 das Hämoglobin

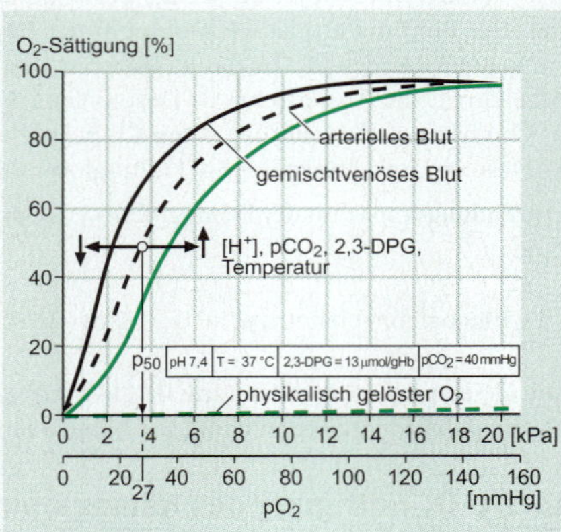

Abb. 10-1 Der Einfluss von pH-Wert, Bluttemperatur, pCO_2 und 2,3-DPG-Konzentration auf die O_2-Sättigung und den p_{50}-Wert des Blutes (mod. nach Matthys, 2001).

mehr O_2 binden kann, die Affinität somit zugenommen hat. Allerdings wird O_2 auch schlechter freigegeben. Eine Linksverschiebung der Bindungskurve tritt auf bei:

- Alkalose
- Hypothermie
- 2,3-Diphosphoglyzerat(DPG)-Mangel.

Inaktive Hämoglobinformen

Das Eisenatom des Hämoglobins kann nicht nur Sauerstoff, sondern auch andere anorganische Moleküle binden. Hierdurch wird die O_2-Aufnahme blockiert. Von Bedeutung sind:

- **Carboxyhämoglobin:** Kohlenmonoxid (CO) besitzt eine 300-mal größere Affinität zum Hämoglobin als Sauerstoff. Das Molekül verdrängt den Sauerstoff aus seiner Hämoglobinbindung und bindet sich – reversibel, aber fest – an das zweiwertige Hämeisen; es entsteht Carboxyhämoglobin. Die Aufnahme von O_2 wird blockiert, die O_2-Bindungskurve nach links verschoben, die O_2-Abgabe an die Gewebe erschwert.

→ Carboxyhämoglobin findet sich besonders im Blut von Rauchern (bis zu 10%) und von Taxifahrern.

- **Methämoglobin (MetHb):** Das zweiwertige Eisen des Häms kann durch Oxidationsmittel wie Nitrite, Nitrate und anilinhaltige Substanzen zum dreiwertigen Eisen oxidiert werden. Hierdurch entsteht Methämoglobin, das kein O_2 binden kann und daher auch nicht für den O_2-Transport zur Verfügung steht.

10.1.4 O_2-Gehalt und O_2-Status des Blutes

Die wichtigste O_2-Größe des arteriellen Blutes ist die O_2-Konzentration bzw. der O_2-Gehalt, caO_2 (ml O_2/dl Blut). Der O_2-Gehalt ist die Summe von physikalisch gelöstem und chemisch gebundenem Sauerstoff. Er hängt von folgenden arteriellen Größen ab:

- O_2-Partialdruck, paO_2 (mm Hg oder kPa)
- O_2-Sättigung, saO_2 (%)
- Hämoglobingehalt, cHb (g/dl).

Der O_2-Gehalt des Blutes kann nach folgender Formel berechnet werden:

$$caO_2(\text{ml/dl}) = saO_2(\%) \times cHb\,(\text{g/dl}) \times 1{,}34 + (paO_2 \times 0{,}003)$$

Normalwerte des arteriellen O_2-Gehalts (caO_2)

- Männer 20,4 ml/dl
- Frauen 18,6 ml/dl

Voraussetzungen für einen normalen O_2-Gehalt sind normale paO_2-, saO_2- und Hb-Werte.

Störungen des arteriellen O_2-Status siehe ▶ Kapitel 24.

10.1.5 O_2-Angebot an die Organe

Die O_2-Versorgung der Organe hängt vom O_2-Angebot mit dem arteriellen Blutstrom ab.

10

→ Das O_2-Angebot ist die Menge an O_2, die dem Organismus pro Minute zur Verfügung gestellt wird.

Für den Gesamtorganismus ergibt sich das O_2-Angebot (AO_2) aus dem Produkt von Herzzeitvolumen und arteriellem O_2-Gehalt (caO_2):

$$AO_2\,(ml/min) = HZV \times caO_2\ (ml/dl)$$

$$1020\ ml/min = 5\ l/min \times 20,4\ ml/dl$$

Hieraus folgt: In Ruhe liegt das O_2-Angebot an die Organe um ein Mehrfaches über dem tatsächlichen O_2-Bedarf, d.h., es besteht eine große funktionelle Reserve.

Das O_2-Angebot an ein **einzelnes** Organ wird bestimmt durch die Größe der Organdurchblutung, Q (ml/min), und den O_2-Gehalt dieses Blutes:

$$AO_2 \text{ an das Organ} = \dot{Q}\,(ml/min) \times caO_2\ (ml/dl)$$

Das Gesamt-O_2-Angebot an die Organe wird also von folgenden Variablen bestimmt:
- Herzzeitvolumen
- O_2-Sättigung
- Hämoglobingehalt.

Wird nur eine Variable halbiert, nimmt auch das O_2-Angebot um die Hälfte ab.

→ Das minimale, für das Überleben erforderliche O_2-Angebot beträgt in Ruhe 300 bis 400 ml/min.

Ein erheblicher Abfall des Herzzeitvolumens führt zur Stagnationsanoxie, ein Abfall der arteriellen O_2-Sättigung zu einer anoxischen Anoxie und eine Abnahme des Hämoglobingehalts zur anämischen Anoxie.

10

Herzzeitvolumen und gemischtvenöser O_2-Gehalt

Fällt das Herzzeitvolumen unter einen kritischen Wert ab, so kann eine Gewebehypoxie auftreten. Zunächst wird aber vermehrt O_2 aus dem venösen Blut ausgeschöpft. Der O_2-Ruhebedarf beträgt ca. 250 ml/min, das Herzzeitvolumen ca. 5 l/min. Somit transportiert jeder Liter Blut 250/5 = 50 ml O_2 zu den Geweben:

Da der O_2-Gehalt des arteriellen Blutes ca. 200 ml/l beträgt, enthält das aus den Organen abströmende gemischtvenöse Blut 150 ml O_2/l:

$$200\ ml - 50\ ml = 150\ ml\ O_2/l \text{ bzw. } 15\ Vol.\%$$

Bei gleichem O_2-Gehalt fällt demnach der gemischtvenöse pO_2 ab, wenn das Herzzeitvolumen abfällt und umgekehrt – vorausgesetzt, der O_2-Verbrauch bleibt unverändert. Die Bestimmung des gemischtvenösen O_2-Gehalts und des pO_2 ermöglicht daher innerhalb gewisser Grenzen Aussagen über die O_2-Versorgung der Gewebe.

Beziehung zwischen O_2-Angebot und O_2-Verbrauch

Das Verhältnis von O_2-Angebot (AO_2) zu O_2-Verbrauch (VO_2) wird als O_2-Extraktion bezeichnet und in Prozent angegeben. Die gemischtvenöse O_2-Sättigung ergibt sich aus der Differenz zwischen arterieller O_2-Sättigung und der O_2-Extraktion. Unter Ruhebedingungen beträgt die O_2-Extraktion 25%. Bei einer arteriellen O_2-Sättigung von 97% ergibt sich demnach folgende gemischtvenöse O_2-Sättigung:

$$97\% - 25\% = 72\%$$

Fällt das O_2-Angebot nur mäßig ab, so wird der O_2-Verbrauch aufrechterhalten, und zwar durch eine Zunahme der O_2-Extraktion aus dem Blut. Hierdurch nimmt auch die gemischtvenöse O_2-Sättigung ab. Erst mit Überschreiten eines kritischen Schwellenwertes des O_2-Angebots besteht eine lineare Beziehung zwischen O_2-Angebot und O_2-Verbrauch, und es entwickelt sich eine Hypoxie mit anaerobem Metabolismus und Bildung von Laktat.

10.2 Kohlendioxid

10.2.1 Herkunft von CO_2

CO_2 ist das Endprodukt des oxidativen (aeroben) Stoffwechsels. Pro verbrauchtem O_2-Molekül entstehen etwa 0,8 Moleküle CO_2. Vom Ort seiner Entstehung diffundiert das physikalisch gelöste CO_2 entlang einem Druckgradienten von ca. 6 mm Hg in das Kapillarblut und wird dort in seine Transportformen überführt. Das CO_2 wird zur Lunge transportiert und ausgeatmet, in Ruhe pro Minute etwa 200 ml.

10.2.2 Transport von CO_2 im Blut

Kohlendioxid wird im Blut zu ca. 90% in chemischer Bindung transportiert, der Rest in physikalischer Lösung. Im Blut liegen folgende Transportformen von Kohlendioxid vor:

- physikalische Lösung: ca. 12%
- Bikarbonat: ca. 50% in Erythrozyten und ca. 27% im Plasma
- Karbamat: ca. 11%.

10.2.3 CO_2-Bindungskurve des Blutes

Die CO_2-Bindungskurve beschreibt die Beziehung zwischen dem CO_2-Gehalt aller drei Formen, also dem gesamten CO_2-Gehalt, und dem CO_2-Partialdruck des Blutes. Im Gegensatz zur O_2-Bindungskurve weist diese Kurve aber keine Sättigungscharakteristik auf, nähert sich also keinem Maximalwert.

10.2.4 CO_2-Speicher

Der Körper enthält ca. 120 l Kohlendioxid und Bikarbonat, das ist etwa das 120fache des O_2-Vorrats. Das Kohlendioxid befindet sich in verschiedenen Kompartimenten des Organismus, von denen jedes eine andere Zeitkonstante aufweist.

Hierbei puffern die mittleren und langsamen Kompartimente Veränderungen im raschen Kompartiment. Ändert sich daher die Atmung, so ändert sich die CO_2-Konzentration nur langsam: Erst nach 20–30 min wird ein neuer Gleichgewichtszustand erreicht.

Literatur

Külpmann WR, Stummvoll HK, Lehmann P: Elektrolyte, Säure-Basen und Blutgase. 3. Aufl. Springer 2003.
Matthys H, Seeger W (Hrsg.): Pneumologie, 4. Aufl. Springer, Berlin–Heidelberg–New York 2008.
Lumb A: Nunn's applied respiratory physiology. 6th ed. Butterworth Heinemann 2005.
Schmidt RF, Lang F (Hrsg.): Physiologie des Menschen, 29. Aufl. Springer Berlin–Heidelberg–New York 2005.

11 Säure-Basen-Haushalt

11.1 Physiologische Grundlagen

Die H^+-Ionen-Konzentration der Extrazellularflüssigkeit beträgt 35–44 nmol/l. Der pH-Wert ist der negative dekadische Logarithmus der H^+-Ionen-Konzentration.

→ pH-Wert des arteriellen Blutes: 7,36–7,44.

Im Stoffwechsel entstehen pro Tag 40–80 mval/l nichtflüchtige oder metabolische Säuren (40–80 mmol/l/24 h) und 24 000 mmol flüchtiges CO_2 aus der Verbrennung von Kohlenhydraten und Fetten.

11.1.1 Regulation der H^+-Ionen-Konzentration

Die H^+-Ionen-Konzentration bzw. der pH-Wert wird durch folgende vier Regulationsmechanismen konstant gehalten:

- Sofortige Pufferung in der Extra- und Intrazellularflüssigkeit
- respiratorisch: Ausscheidung der flüchtigen Säure CO_2 über die Lungen
- metabolisch: renale Ausscheidung von Wasserstoffionen
- Neutralisierung von Bikarbonat in der Leber.

Pufferung

Folgende Puffersysteme wirken Veränderungen der H^+-Ionen-Konzentration entgegen:

- Kohlensäure-Bikarbonat-System: offen für Säure
- Hämoglobin
- Proteine
- Phosphat
- Ammoniak/Ammonium: offen für Base.

Wichtigster Puffer der Extrazellularflüssigkeit ist das **Kohlensäure-Bikarbonat-System.** Es besteht aus einem Gemisch von Kohlensäure (H_2CO_3) und Natriumkarbonat. Das im aeroben Stoffwechsel entstehende CO_2 löst sich in Wasser und wird unter Mitwirkung des Enzyms Karboanhydrase zu H_2CO_3 hydratisiert. Hierdurch wird CO_2 rasch in das Blut aufgenommen, zur Lunge transportiert und dort ausgeatmet.

pCO_2 repräsentiert die respiratorische Komponente des Säure-Basen-Haushalts, HCO_3^- die metabolische Komponente, denn Bikarbonat puffert nur metabolische Säuren und Basen.

Alle Pufferungsvorgänge beginnen innerhalb sehr kurzer Zeit nach Beginn der Störungen der H^+-Ionen-Konzentration.

Hämoglobinpuffer. 80% der Nicht-Bikarbonat-Pufferaktivität des Blutes entfallen auf das Hämoglobin. Die Pufferkapazität hängt von der Oxygenierung des Hämoglobins ab (Bohr-Effekt).

Pulmonale Regulation des Säure-Basen-Haushalts

Steigt die CO_2-Konzentration an, so fällt der pH-Wert ab; nimmt hingegen die CO_2-Konzentration ab, so steigt der pH-Wert an. Der Einfluss der Atmung auf die H^+-Ionen-Konzentration ergibt sich aus der folgenden Gleichung:

$$CO_2 + H\ O_2 \rightleftharpoons H_2CO_3 \rightleftharpoons H^+ + HCO_3^-$$

Bei einer Zunahme der H^+-Ionen-Konzentration verschiebt sich das Gleichgewicht nach links: Die vermehrt anfallenden H^+-Ionen werden durch HCO_3^- neutralisiert. Es entsteht Kohlensäure (H_2CO_3) während die Bikarbonatkonzentration (HCO_3^-) abnimmt. Die Kohlensäure zerfällt in H_2O und CO_2, das rasch über die Lungen ausgeatmet wird, bis sich das physiologische Verhältnis zwischen HCO_3^- und H_2CO_3 wieder eingestellt hat.

Die Atmung reagiert **innerhalb weniger Minuten** auf Veränderungen der H^+-Ionen-Konzentration. Eine Zunahme der H^+-Ionen-Konzentration steigert die Atmung und umgekehrt.

Renale Regulation

In der Niere werden täglich etwa 4500 mmol HCO_3^- glomerulär filtriert und zum größten Teil im proximalen Tubulus reabsorbiert. Bei diesem Vorgang verbindet sich HCO_3^- mit einem H^+-Ion, das im Austausch gegen Na^+ die Zelle verlassen hat, zu H_2CO_3, das nachfolgend zu CO_2 und H_2O dissoziiert (katalysiert durch das Enzym Karboanhydrase). CO_2 diffundiert in die proximale Tubuluszelle und verbindet sich dort mit OH^- zu HCO_3^-, das mit Na^+ als Ko-Transporter durch die peritubuläre Membran in das Blut transportiert wird. Auf diese Weise kehrt filtriertes Bikarbonat ohne Nettoverlust von H^+ in das Blut zurück.

→ Die Niere ist das wichtigste Organ für die Ausscheidung von H^+-Ionen!

Die Reabsorption von Bikarbonat reicht nicht aus, um den pH-Wert des Blutes konstant zu halten. Vielmehr muss die Niere zusätzlich 1–3 mmol/kg H^+ aus dem Stoffwechsel der mit der Nahrung aufgenommenen Proteine, vor allem der schwefelhaltigen Aminosäuren, ausscheiden.

Rolle der Leber

In der Leber wird aus HCO_3^- und Ammonium (NH_4^+) Harnstoff synthetisiert und damit die starke Base HCO_3^- durch die schwache Säure NH_4^+ irreversibel neutralisiert. Der entstehende Harnstoff wird im Urin ausgeschieden. Eine Abnahme der Harnstoffsynthese führt zur Einsparung von Bikarbonat. Die Leber spielt somit eine wichtige Rolle bei der Regulation des Säure-Basen-Gleichgewichts.

11.2 Störungen des Säure-Basen-Gleichgewichts

Je nach Ursache werden respiratorische, metabolische oder respiratorisch-metabolische Störungen des Säure-Basen-Gleichgewichts unterschieden (▶ Tab. 11-1), nach dem Verlauf akute oder chronische Störungen.

Ein Schema zur automatischen Befundung des Säure-Basen-Haushalts im Blut ist in ▶ Abbildung 11-1 dargestellt.

Tab. 11-1 Störungen des Säure-Basen-Gleichgewichts und Zustand nach Kompensation

Störung	pH	pCO_2	HCO_3^-	BE
Respiratorische Azidose				
akut, unkompensiert	↓	↑	normal	normal
subakut, partiell kompensiert	↓	↑	↑	↑
chronisch, voll kompensiert	normal	↑	↑	↑
Respiratorische Alkalose				
akut, unkompensiert	↑	↓	normal	normal
subakut, partiell kompensiert	↑	↓	↓	↓
chronisch, voll kompensiert	normal	↓	↓	↓
Metabolische Azidose				
akut, unkompensiert	↓	normal	↓	↓ (–)
subakut, partiell kompensiert	↓	↓	↓	↓ (–)
chronisch, voll kompensiert	normal	↓	↓	↓ (–)
Metabolische Alkalose				
akut, unkompensiert	↑	normal	↑	↑ (–)
subakut, partiell kompensiert	↑	↓	↑	↑ (–)
chronisch, voll kompensiert	normal	↓	↑	↑ (+)

↑: Anstieg; ↓: Abfall
(+) und (–) = positive oder negative Abweichung

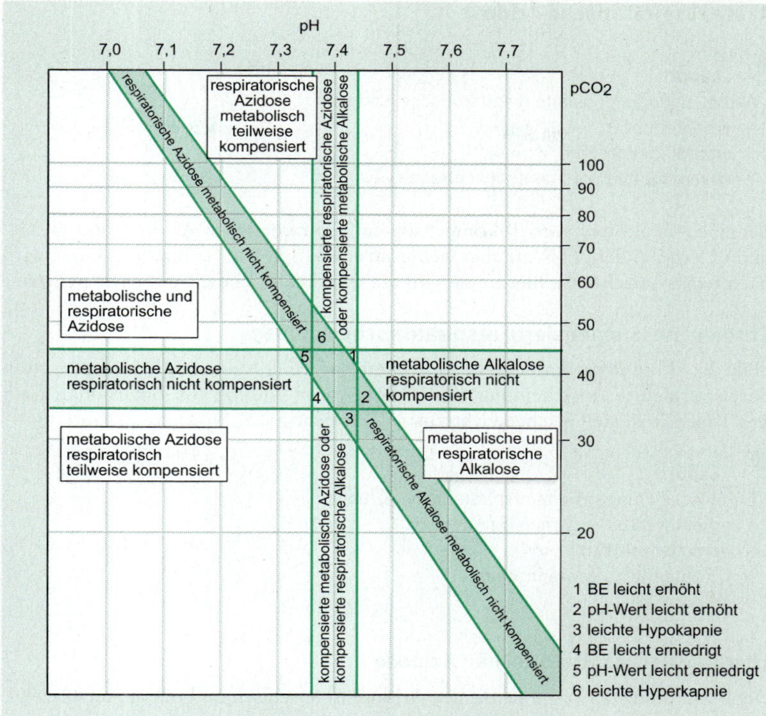

Abb. 11-1 Schema zur automatischen Befundung des Säure-Basen-Haushalts im Blut. Als lebensbedrohlich gelten pH-Werte unter 7,0 und über 7,7, ebenso $paCO_2$-Werte, die anhaltend über 100 oder unter 20 mm Hg liegen (BE = Basenabweichung; mod. nach Matthys, 2001).

11.3 Respiratorische Störungen

11.3.1 Respiratorische Azidose

Eine primäre respiratorische Azidose entsteht durch ungenügende Ventilation.

Kennzeichen:

- Anstieg des $paCO_2$ (Hyperkapnie)
- Abfall des pH-Werts bzw. Zunahme der H^+-Ionen-Konzentration.

Gegenregulatorisch wird sofort der **Kohlensäure-Bikarbonat-Puffer** aktiviert; nach mehreren Stunden setzen außerdem **renale** Kompensationsmechanismen ein, die bei anhaltender Hyperkapnie nach ca. 3–5 Tagen maximal ausgeprägt sind.

Ursachen: Eine primäre respiratorische Azidose beruht grundsätzlich auf der ungenügenden Ausscheidung von CO_2 durch die Lungen, also einem **ventilatorischen Atemversagen.**

Akute respiratorische Azidose

Labor

Akute, nichtkompensierte respiratorische Azidose:
- erhöhter $paCO_2$
- erniedrigter pH-Wert
- unveränderte Bikarbonatkonzentration

Bei einer subakuten, partiell kompensierten respiratorischen Azidose sind HCO_3^- und BE erhöht, der pH-Wert aber weiterhin erniedrigt. Die O_2-Bindungskurve wird nach rechts verschoben; hierdurch wird die O_2-Abgabe an die Gewebe erleichtert.

Chronische kompensierte respiratorische Azidose

Hält die akute Hyperkapnie an, so beginnt nach 6–8 h die renale Kompensation durch vermehrte Ausscheidung von H^+-Ionen und Bildung von Bikarbonat; nach 2–3 Tagen wird ein Gleichgewichtszustand erreicht.

Labor

Chronische kompensierte respiratorische Azidose:
- erhöhter $paCO_2 \geq 45$ mm Hg
- normaler pH-Wert,
- erhöhte HCO_3^--Konzentration
- erhöhter BE

Therapie der respiratorischen Azidose

Die Behandlung der respiratorischen Azidose ist spezifisch und/oder unterstützend.

11.3.2 Respiratorische Alkalose

11

Die respiratorische Alkalose entsteht durch alveoläre Hyperventilation.

Labor

Respiratorischen Alkalose:
- Abfall des $paCO_2$ auf ≤ 36 mm Hg
- Abnahme der H^+-Ionen-Konzentration und Anstieg des pH-Werts
- Bikarbonat unverändert

Innerhalb weniger Minuten nach Beginn der Hyperventilation werden die Puffersysteme des Blutes aktiviert: HCO_3^- fällt ab, die fixen Säuren im Blut, z.B. Laktat, steigen vorübergehend an. Bei chronischer Alkalose entwickeln sich innerhalb der ersten 24 h renale Kompensationsmechanismen, die nach 2–3 Tagen ein Maximum erreichen.

Zu den wichtigsten **Ursachen** einer respiratorischen Alkalose gehören:
- Reaktion auf eine Hypoxämie (kompensatorische Hyperventilation)
- Lungenerkrankungen
- Fehleinstellung des Beatmungsgeräts
- kontrollierte Hyperventilation
- Reaktion auf eine metabolische Azidose
- Leberzirrhose, Thyreotoxikose.

Eine respiratorische Alkalose ohne Hypoxämie beruht fast immer auf zerebralen Störungen, Angst oder Schmerzen.

Akute respiratorische Alkalose

Eine klinisch relevante akute respiratorische Alkalose liegt vor, wenn der $paCO_2$ auf < 30 mm Hg abgefallen und der pH-Wert auf > 7,5 angestiegen ist.

Chronische respiratorische Alkalose

Labor

Chronische respiratorische Alkalose:
- $paCO_2 \leq 36$ mm Hg
- pH-Wert normal
- HCO_3^- und BE erniedrigt.

Eine Alkalose mit pH-Werten von > 7,55 gilt als behandlungsbedürftig. Das Vorgehen richtet sich primär nach der Ursache.

11.4 Metabolische Störungen

Alle nicht respiratorisch bedingten Abweichungen des Säure-Basen-Gleichgewichts vom physiologischen Bereich werden als metabolische Störungen bezeichnet. Wiederum können zwei primäre Formen unterschieden werden:
- metabolische Azidose
- metabolische Alkalose.

11.4.1 Diagnostik metabolischer Störungen

Um die metabolischen von den nicht respiratorischen Störungen abgrenzen zu können, müssen folgende Parameter des arteriellen Blutes bestimmt werden.

11

Standardbikarbonat

Dies ist die HCO_3^--Konzentration im Plasma einer vollständig oxygenierten Blutprobe bei einem $paCO_2$ von 40 mm Hg (5,3 kPa) und 37 °C.

Das Standardbikarbonat bleibt vom pCO_2 weitgehend unbeeinflusst; entsprechend beruhen Abweichungen auf einer metabolischen Störung.

→ Standardbikarbonat-Normalwerte: 22–26 mmol/l.

Pufferbasen (buffer base)

Dies ist die Summe der puffernden Anionen des Blutes, bestehend aus dem HCO_3^- des Plasmas und der Erythrozyten sowie den Pufferanionen des Hämoglobins und der Plasmaproteine. Die Konzentration der Pufferbasen ist unabhängig vom $paCO_2$, jedoch abhängig von der Hämoglobin-Gesamtkonzentration. Sie nimmt bei metabolischer Azidose ab und bei metabolischer Alkalose zu.

→ Normalwert: 48 mmol/l.

Basenabweichung (Basenüberschuss, Base Excess, BE)

Die Basenabweichung gibt an, wie viel Säure oder Base zur Rücktitration des Blutes auf den Normalwert von pH 7,4 benötigt wird, ist also die Differenz zwischen aktueller Pufferbase im Blut und Pufferbase nach Rücktitration des Blutes mit starker Säure oder Base auf einen pH-Wert von 7,4 bei einem $paCO_2$ von 40 mm Hg und 37 °C.

Die Basenabweichung oder der Base Excess wird nicht vom pCO_2 und von der Hämoglobinkonzentration des Blutes beeinflusst und ist daher ein zuverlässiger Parameter für nicht respiratorisch bedingte Störungen des Säure-Basen-Gleichgewichts.

→ Normalwerte: –3 bis +3 mmol/l.

Ein Überschuss an Basen wird als positive Basenabweichung bezeichnet und mit einem „+“ versehen; er ist charakteristisch für die metabolische Alkalose. Demgegenüber wird ein Mangel an Basen als negative Basenabweichung oder Basendefizit bezeichnet und mit einem „–“ versehen; er kennzeichnet die metabolische Azidose.

11.4.2 Metabolische Azidose

Labor

Metabolische Azidose:
- pH-Wert erniedrigt
- aktuelle HCO_3^--Konzentration erniedrigt
- Pufferbasen erniedrigt
- (negative) Basenabweichung erniedrigt
- Standardbikarbonat erniedrigt

Anionenlücke (anion gap)

11

Aus Gründen der Elektroneutralität muss die Konzentration der Anionen im Serum derjenigen der Kationen entsprechen. Tatsächlich findet sich aber im Serum eine sog. Anionenlücke, d.h. eine Differenz zwischen der Summe der messbaren Anionen (Cl^-, HCO_3^-) und der messbaren Kationen (Na^+, K^+). Sie entsteht durch das Vorhandensein nicht messbarer Anionen im Serum wie Phosphat, Sulfat, Proteinat und organischen Säuren.

Metabolische Azidosen mit vergrößerter Anionenlücke

Nehmen die nicht messbaren Anionen zu, so wird die Anionenlücke größer (**> 12 mmol/l**). Azidosen mit vergrößerter Anionenlücke sind normo- oder hypochlorämisch.

Ursachen:
- Nierenversagen: verminderte H^+-Ausscheidung
- Laktatazidose
- Ketoazidose: Diabetes mellitus, Alkohol, Fasten
- Intoxikationen: Salizylate, Methanol, Äthylglykol, Paraldehyd, Toluol.

Laktatazidose

Eine Anhäufung der Säure Laktat, des Produkts des anaeroben Glukoseabbaus, kann grundsätzlich auf einer vermehrten Produktion oder verminderten Clearance beruhen. Bei einer Laktatazidose ist praktisch immer auch die Clearance beeinträchtigt.

→ Laktatkonzentrationen von mehr als 5 mmol/l gelten als Indikator einer Laktatazidose.

Zwei Formen werden unterschieden:

- Typ A entsteht durch Minderperfusion und/oder O_2-Mangel der Gewebe
- Typ B umfasst alle anderen Formen der Laktatazidose.

Die **Diagnose** ergibt sich aus der signifikant erhöhten Serum-Laktatkonzentration.

Therapie. Wichtigstes Behandlungsziel ist die Beseitigung der auslösenden Ursache, bei Typ A also die Wiederherstellung einer ausreichenden Durchblutung bzw. O_2-Versorgung der Gewebe. Bikarbonat sollte nur bei schwerer Azidose, d.h. einem pH-Wert < 7,15, zugeführt werden.

Metabolische Azidosen mit normaler Anionenlücke

Bei einer metabolischen Azidose mit normaler Anionenlücke ist typischerweise das Plasmachlorid erhöht. Das Cl^- ersetzt das verlorene Plasma-HCO_3^-.

Wichtigste Ursachen der hyperchlorämischen metabolischen Azidose sind gastrointestinale oder renale Bikarbonatverluste, z.B. durch Diarrhö oder renale tubuläre Azidose.

Klinische Auswirkungen metabolischer Azidosen

Die klinischen Auswirkungen werden vor allem von der Geschwindigkeit und dem Ausmaß des pH-Wert-Abfalls bestimmt. Akut auftretende Azidosen gehen immer mit klinischen (unspezifischen) Zeichen wie zerebralen und kardiovaskulären Störungen einher, chronische in der Regel nicht.

Als kritisch gilt ein Abfall des pH-Werts auf ≤ 7,2!

Diagnose metabolischer Azidosen

Labor

Kennzeichen metabolischer Azidosen:

- erniedrigter pH-Wert
- verminderte HCO_3^--Konzentration
- Zunahme der (negativen) Basenabweichung, d.h. BE < −3mmol/l
- bei respiratorischer Kompensation auch erniedrigter arterieller pCO_2

Respiratorische Kompensation. Bei einer metabolischen Azidose fällt der arterielle pCO_2 kompensatorisch um 1–1,5 mm Hg pro mmol/l-Abnahme der arteriellen Bikarbonatkonzentration ab. Eine Vollkompensation wird hierbei aber nicht erreicht.

Kombinierte Störungen. Die metabolische Azidose mit erhöhter Anionenlücke kann zusammen mit einer Azidose mit normaler Anionenlücke oder mit einer metabolischen Alkalose auftreten.

Therapie metabolischer Azidosen

Die Azidämie wird mit Puffersubstanzen korrigiert. Ob gepuffert werden muss, hängt vor allem vom arteriellen pH-Wert, von den Kompensationsreaktionen und der zugrunde liegenden Ursache ab. Bei Laktatazidose und Ketoazidose ist die Zufuhr von Puffersubstanzen umstritten, jedoch muss die Ursache beseitigt werden.

! Merke

Bei einem pH-Wert von < 7,15 ist zumeist die Zufuhr von Puffersubstanzen erforderlich. Bei der Korrektur der metabolischen Azidose wird zunächst nur ein pH-Wert von > 7,2 angestrebt, keine Vollkorrektur.

→ Die Bikarbonatkonzentration sollte möglichst über 10–12 mmol/l gehalten werden.

Natriumbikarbonat. Alle Säuren, die eine metabolische Azidose hervorrufen, werden durch Bikarbonat gepuffert. Der Bedarf an Bikarbonat zur Korrektur der metabolischen Azidose kann nach folgender Formel berechnet werden:

→ Bikarbonatbedarf (mmol) = BE × 0,3 × kg.

Zu den wichtigsten **Nebenwirkungen** der Bikarbonatzufuhr gehören:

- Hypernatriämie
- Hyperosmolalität
- Anstieg des $paCO_2$ mit Gefahr der intrazellulären Azidose
- Linksverschiebung der O_2-Bindungskurve.

Bei Hypernatriämie ist Bikarbonat kontraindiziert. Alternativ kann **Tris-Puffer** zugeführt werden.

11.4.3 Metabolische Alkalose

Ursachen

Metabolische Alkalosen entstehen vor allem durch H^+-Verluste aus dem Körper. Die wichtigsten Ursachen sind in ▶ Tabelle 11-2 zusammengefasst.

Magensaftverluste und Diuretikatherapie führen zu Chloridverlusten; die Chloridkonzentration im Serum und im Urin ist erniedrigt.

11

Klinische Auswirkungen

- **respiratorische Alkalose:** Parästhesien, karpopedale Spasmen, Schwindelgefühl
- **metabolische Alkalose:** meist keine klinischen Zeichen nachweisbar.

Diagnose

Die Diagnose wird durch die Blutgasanalyse gestellt; die zugrunde liegende Ursache ergibt sich zumeist aus der Anamnese und dem körperlichen Untersuchungsbefund. Bei jeder Alkalose sollten auch die Serumelektrolyte bestimmt werden.

Tab. 11-2 Ursachen metabolischer Alkalosen
• Verlust von saurem Magensaft: Erbrechen, Drainage über Magensonde • Diuretikatherapie: Schleifendiuretika, Thiazide • Diarrhöen mit Chloridverlusten • posthyperkapnisch, d.h. nach Korrektur einer chronischen Hyperkapnie • übermäßige Zufuhr von Bikarbonat und bikarbonathaltigen Infusionslösungen • Hyperaldosteronismus • schwerer Kaliummangel • Leberversagen

Labor

Metabolische Alkalose:

- pH-Wert > 7,44
- HCO_3^- > 26 mmol/l
- Standardbikarbonat > 25 mmol/l
- Basenabweichung > +3 mmol/l

Kompensationsreaktion: Primär respiratorisch durch Hypoventilation. Bei der Kompensationsreaktion steigt der $paCO_2$ maximal auf ca. 60 mm Hg an.

Labor

Respiratorisch kompensierte metabolische Alkalose:

- pH-Wert nahezu normal
- HCO_3^- erhöht
- Standardbikarbonat erhöht
- positive Basenabweichung
- $paCO_2$ erhöht.

Therapie der metabolischen Alkalose

Metabolische Alkalosen müssen nur selten behandelt werden, da meist keine ungünstigen Auswirkungen des erhöhten pH-Werts nachweisbar sind. Somit kann zunächst nach der Ursache gesucht und dann eine spezifische Behandlung eingeleitet werden. **Symptomatische Maßnahmen:**

- Zufuhr von Chlorid: erhöht die H^+-Ionen-Konzentration
- Acetazolamid: steigert die Bikarbonatausscheidung im Urin
- Salzsäure: bei schweren Alkalosen ca. 20–30 mmol HCl/h
- Arginin- und Lysinhydrochlorid, heutzutage nur noch selten eingesetzt.

Literatur

Halperin ML, Goldstein MB: Fluid, electrolyte, and acid-base physiology. A problem-based approach. Elsevier Books, Oxford 2009.

Matthys H, Seeger W (Hrsg.): Pneumologie, 4. Aufl. Springer, Berlin 2008.

Rose BD, Post T: Clinical physiology of acid-base and electrolyte disorders. 5th ed. McGraw-Hill Comp. 2001.

Shapiro B, Peruzzi W, Kozlowski-Templin R: Clinical Application of Blood Gases, 5th ed. Mosby-Year Book Medical, Chicago 1994.

12 Perioperative Blutgerinnung

Untersuchungen des Gerinnungssystems werden präoperativ durchgeführt, wenn sich aus der standardisierten Blutungsanamnese (▶ Kap. 13) Hinweise auf Störungen der Blutgerinnung ergeben.

12.1 Diagnostik

Bei Verdacht auf Störungen der Blutgerinnung wird in der Regel das folgende **diagnostische Basisprogramm** durchgeführt:
- Thromboplastinzeit nach Quick (TPZ)
- aktivierte partielle Thromboplastinzeit (aPTT)
- Thrombinzeit (TZ)
- Fibrinogenkonzentration
- Thrombozytenzahl, evtl. Blutungszeit.

Ihr Vorhersagewert für ein erhöhtes perioperatives Blutungsrisiko ist aber gering. Zudem spielen Störungen der Thrombozytenfunktion bzw. des Von-Willebrand-Faktors als Ursache von Blutungskomplikationen eine viel größere Rolle, als das plasmatische Gerinnungssystem.

Die Interpretation von Gerinnungstests ist in ▶ Tabelle 12-1 zusammengestellt.

12.1.1 Thromboplastinzeit (TPZ) oder Prothrombinzeit (PT)

Quick-Test

Dies ist der wichtigste Test für das **Extrinsic-System;** erfasst wird die Aktivität der Faktoren II, V, VII, X und Fibrinogen. Gemessen wird die Zeit in Sekunden von der Reagenszugabe bis zur fassbaren Fibrinbildung. Sie wird in Prozent der Gerinnungsaktivität angegeben; die normale Gerinnungszeit entspricht 100%. Eine Abnahme der Aktivität der genannten Faktoren auf 50% sowie ein Abfall der Fibrinogenkonzentration auf < 100 mg/dl verlängern in der Regel die Thromboplastinzeit.

Bedeutung der Thromboplastinzeit nach Quick:
- 70–100% Normalwert
- 30–50% relative Kontraindikation für Operationen, besonders an den inneren Organen
- 15–25% therapeutischer Bereich der Kumarintherapie
- < 4% lebensbedrohliche Blutungen zu erwarten.

Ursachen einer verlängerten Thromboplastinzeit bzw. eines erniedrigten Quickwerts:
- verminderter Prothrombinkomplex (II,V,VII, X), z.B. durch Vitamin-K-Mangel oder Synthesestörungen bei Lebererkrankungen
- Hemmwirkung durch therapeutische Heparinzufuhr (> 1 E Heparin/ml Plasma)
- Hemmwirkung durch Fibrinogenspaltprodukte (> 5 mg/dl)
- starke Verminderung von Fibrinogen (< 100 mg/dl), z.B. durch gesteigerte Fibrinolyse und/oder Abnahme von Faktor V.

INR (International Normalized Ratio)

Anstelle des Quick-Werts sollte die INR zur **Kontrolle der oralen Antikoagulanzientherapie** verwendet werden, da der Quick-Wert vom jeweils verwendeten Reagens abhängt, also nicht standardisiert ist und dadurch unterschiedliche Quick-Wert-Bereiche zwischen einzelnen Labors bestehen.

Tab. 12-1 Interpretation von Gerinnungstests

Thrombozyten	Blutungszeit	aPTT	Thromboplastinzeit (Quick)	Thrombinzeit	Fibrinogen	Fibrinspaltprodukte	Mögliche Ursachen
↓		normal	normal				Massivtransfusion, exzessiver Verbrauch, Splenomegalie, Knochenmarkdepression, immunologische Zerstörung
normal	↑	normal	normal				Thrombozytenfunktionsstörung, v.-Willebrand-Erkrankung, NSAID, Acetylsalicylsäure
normal		↑	normal				Hämophilie, Heparinkontamination
normal		normal	↑				Leberkrankungen, Vitamin-K-Mangel, Kumarin
normal		↑	↑	↑			Vitamin-K-Mangel, Heparin, Kumarin
normal	↑	↑	↑	↑			Heparin, Fibrinogenmangel, Fibrinspaltprodukte, DIC
↓	↑	↑	↑	↑			Massivtransfusion, DIC, Heparin
↓	↑	↑	↑		↓	↑	DIC

↓ vermindert/erniedrigt; ↑ verlängert/erhöht

12

Hierbei gilt Folgendes:
- INR 1,0 = normale Blutgerinnung (Quick-Wert 100%)
- INR 2,0 = Gerinnungszeit des Standardreagens verdoppelt
- INR 3,0 = Gerinnungszeit des Standardreagens verdreifacht.

→ Therapeutische Zielbereiche bei Antikoagulation: INR 2,0–3,5.

12.1.2 Aktivierte partielle Thromboplastinzeit (aPTT)

Dies ist der wichtigste Test des **Intrinsic-Systems.** Die aPTT ist vor allem von den Faktoren VIII, IX, XI und XII abhängig; erfasst werden des Weiteren die Faktoren II, V, X und sekundär stärkere Verminderungen von Fibrinogen.

→ Normalwert der aPTT < 36 s.

Inhibitoren der Blutgerinnung wie Heparin, AT III und Fibrinogenspaltprodukte verlängern die aPTT. Der Test reagiert empfindlich auf die Heparintherapie.

Eine **leicht verlängerte aPTT** (36–43 s) mit verlängerter Thromboplastinzeit zeigt eine Gerinnungsstörung im Intrinsic- und Extrinsic-System. Wichtige Ursachen:
- Kumarintherapie
- Verbrauchskoagulopathie
- schwerer Leberschaden.

Ursachen einer stark verlängerten aPTT (> 43 s) **bei verlängerter Thromboplastinzeit:** schwere Verbrauchskoagulopathie.

Bei **gleichzeitig verlängerter Thrombinzeit und Thromboplastinzeit** kommen als Ursachen in Frage:
- Heparinkonzentration > 1 E/ml Plasma
- schwere Verbrauchskoagulopathie mit oder ohne sekundäre Hyperfibrinolyse
- primäre Hyperfibrinolyse
- Protaminüberdosierung (in der Herzchirurgie).

Bei gesteigerter Gerinnungsaktivität ist die aPTT verkürzt.

12.1.3 Thrombinzeit (TZ)

Bei diesem Test wird durch Zugabe von Thrombin zum Plasma aus Fibrinogen das Fibrin gebildet. Die Thrombinzeit ist eine Fibrinpolymerisationszeit und daher von der Fibrinogenkonzentration und den Fibrinogenderivaten abhängig.

Bei Anwesenheit von Antikoagulanzien (Heparin, Hirudin), Antikörpern und Polymerisationshemmern ist die TZ verlängert.

→ Normalwert der Thrombinzeit: 18–22 s (abhängig von der Methode).

Ursachen einer verlängerten Thrombinzeit:
- Heparintherapie ab 0,2–0,5 E Heparin/ml Plasma
- Fibrinogenspaltprodukte (ab 5 mg/dl) durch Hyperfibrinolyse oder Verbrauchskoagulopathie mit sekundärer Hyperfibrinolyse
- Überdosierung von Protamin
- selten: angeborene oder erworbene Hypofibrinogenämien (< 60 mg/dl).

Bei verlängerter Thrombinzeit ist meist auch die aPTT verlängert, bei starker Verlängerung der TZ auch die Thromboplastinzeit nach Quick.
- Ist die Thrombinzeit auf nicht mehr messbare Werte verlängert, liegt entweder eine Heparinüberdosierung oder eine extreme Hyperfibrinolyse (Defibrinierung) vor.
- Eine Verkürzung der Thrombinzeit kann Hinweis auf eine gesteigerte Gerinnungsaktivität sein.

! Merke

Sind die drei Globaltests Thromboplastinzeit, aPTT und Thrombinzeit normal, so liegt keine schwere Störung der plasmatischen Gerinnung vor. Allerdings muss beachtet werden, dass die drei Tests einen Faktor-XIII-Mangel nicht erfassen.

12.1.4 Fibrinogen

Die normale Fibrinogenkonzentration beträgt 200–400 mg/dl. Ein **Fibrinogenmangel** entsteht fast immer durch eine erworbene Gerinnungsstörung – in der Regel durch einen erhöhten Fibrinogenverbrauch in der Kreislaufperipherie.

Häufigste Ursachen eines Fibrinogenmangels:
- Verbrauchskoagulopathie
- reaktive oder primäre Hyperfibrinolyse
- Verlust von Fibrinogen durch Wundflächen, Aszites, Tumoren.

Bei der **Interpretation des Messwertes** sollte Folgendes beachtet werden:
- Eine normale Fibrinogenkonzentration schließt eine Verbrauchskoagulopathie oder Hyperfibrinolyse nicht aus.
- Fibrinogenkonzentrationen von < 120 mg/dl reichen für eine normale Blutstillung bei Operationen nicht mehr aus.
- Die Anwesenheit von Heparin oder Fibrinogenspaltprodukten kann zu falsch niedrigen Werten führen.
- Erhöhte Werte finden sich bei akuten Entzündungen, nach Operationen und fakultativ bei Tumoren.

Fibrinolytische Spaltprodukte. Stark erhöhte Konzentrationen von Spaltprodukten weisen auf eine Hyperfibrinolyse als Ursache einer hämorrhagischen Diathese bzw. auf eine sekundäre Hyperfibrinolyse nach disseminierter intravasaler Gerinnung hin. Sind die D-Dimer-Konzentrationen im Plasma normal, so sind eine Lungenembolie, DIC und tiefe Beinvenenthrombose praktisch ausgeschlossen, nicht aber eine Thrombophilie.

12.1.5 Thrombozytenzählung

Die Bestimmung der Thrombozytenzahl gehört zur Basisdiagnostik von Gerinnungsstörungen!

→ Normalwerte: 150 000–400 000/µl.

Die Thrombozyten können quantitativ und qualitativ verändert sein: Thrombozytopenie, Thrombozytose (essentielle, reaktive) sowie Störungen der Thrombozytenfunktion.

! Merke

Blutungsrisiko bei Thrombozytopenie ohne weitere Störungen des Blutgerinnungssystems:
- > 100 000/µl: auch bei größeren Operationen keine Blutungsgefahr
- 50 000–100 000/µl: bei schweren Traumen oder Operationen möglicherweise erhöhte Blutungsneigung
- 20 000–50 000/µl: Blutungsneigung bereits bei leichteren Verletzungen, Hämatomneigung, evtl. Petechien
- < 10 000/µl: hohes Risiko schwerer Spontanblutungen

Die gerinnungsfördernden Funktionen der Thrombozyten bleiben bis zu Werten von etwa 30 000/µl, evtl. auch bis zu 10 000/µl erhalten, solange keine zusätzlichen Funktionsstörungen der Thrombozyten bestehen.

12.1.6 Blutungszeit

Die Blutungszeit hängt von der Thrombozytenzahl und -funktion ab.

→ Normalwerte: 2–8 min.

Die Blutungszeit kann durch folgende Störungen oder Erkrankungen **verlängert** sein:

- Thrombozytopenie und Thrombozytopathie
- v.-Willebrand-Jürgens-Syndrom
- Afibrinogenämie
- einige Dysfibrinogenämien
- vaskuläre hämorrhagische Diathesen
- Wirkung von Medikamenten, z.B. Acetylsalicylsäure, Plasmaexpander, hohe Heparinkonzentration.

Folgendes sollte beachtet werden:

> **! Merke**
> Eine normale Blutungszeit schließt eine thrombozytär bedingte hämorrhagische Diathese nicht aus, da erst Thrombozytenzahlen von weniger als 30 000/µl die Blutungszeit verlängern.

Andererseits kann bei Thrombozytenzahlen von 100 000/µl die Blutungszeit verlängert sein, wenn eine Thrombozyto**pathie** besteht.

Bei einer deutlichen Verlängerung der Blutungszeit auf mehr als 10 min sollte präoperativ immer die Ursache abgeklärt werden.

12.1.7 Thrombelastogramm (TEG)

Mit der Thrombelastographie kann zwischen Störungen der plasmatischen Gerinnung und Funktionsstörungen der Thrombozyten unterschieden werden. Die hiermit bestimmten Aggregationskurven werden bei den meisten Geräten automatisch ausgewertet. Für den OP-Bereich kann das ROTEG-System als „Point-of-Care-System" eingesetzt werden. Das System erfasst auch eine Thrombopenie und eine gesteigerte Fibrinolyse.

12.1.8 Diagnostik von Störungen des Fibrinolysesystems

Für die Diagnostik einer Hyperfibrinolyse kann die Thrombinzeit herangezogen werden. Ist die Thrombinzeit normal, so liegt keine klinisch relevante Hyperfibrinolyse vor. Für eine weitergehende Diagnostik sind spezielle Tests erforderlich.

12.2 Angeborene Gerinnungsstörungen

Angeborene Störungen der Blutgerinnung wie z.B. die Hämophilie A oder B können schwere intraoperative Blutungen auslösen, jedoch sind diese Erkrankungen insgesamt selten und in der Regel präoperativ bekannt, so dass die Aktivität des fehlenden Gerinnungsfaktors durch gezielte Substitution präoperativ in den für die Operation erforderlichen Gerinnungsbereich angehoben werden kann.

12.2.1 Hämophilie A

Hierbei handelt es sich um eine angeborene plasmatische Gerinnungsstörung, bedingt durch die erniedrigte Aktivität von Faktor VIII.

Präoperatives Vorgehen

Für kleinere elektive Eingriffe sollte die Aktivität von Faktor VIII präoperativ auf etwa 50% angehoben und für die Dauer des Risikos von Wundblutungen aufrechterhalten werden, bei großen Eingriffen hingegen auf 80–100%.

- Die Substitution sollte ca. 1–2 h vor der Operation mit Faktorenkonzentrat erfolgen; bei Narkosebeginn sollte die angestrebte Faktoraktivität erreicht sein.
- Als Präparat wird **Faktor-VIII-Konzentrat** eingesetzt, nicht Frischplasma. Liegt jedoch bereits eine akute Blutung vor, kann im Notfall auch Frischplasma infundiert werden.

Anästhesiologische Besonderheiten

- Keine i.m. Injektionen
- keine rückenmarknahen Regionalanästhesien
- während der Operation Blutgerinnung kontrollieren; bei Abfall der Faktor-VIII-Aktivität erneute Substitution
- sorgfältigste chirurgische Blutstillung
- Faktor-VIII-Aktivität nach größeren Eingriffen mindestens 50% des Normalen, bei Eingriffen am Gehirn oder Herzen möglichst 80–100%
- Substitutionstherapie unter Kontrolle der Faktor-VIII-Aktivität über mehrere Tage fortsetzen.

12.2.2 Hämophilie B

Diese ebenfalls angeborene Erkrankung ist gekennzeichnet durch eine plasmatische Gerinnungsstörung, bedingt durch erniedrigte Aktivität von Faktor IX.
Zum Vorgehen s. Hämophilie A (▶ Kap. 12.2.1).

12

12.2.3 v.-Willebrand-Erkrankung (v.-Willebrand-Jürgens-Syndrom)

Diese angeborene Erkrankung des plasmatischen Gerinnungssystems ist durch einen pathologischen oder erniedrigten v.-Willebrand-Faktor (vWF) bedingt.

Folgende Typen der v.-Willebrand-Erkrankung werden unterschieden:

- Typ 1: intakter vWF vermindert
- Typ 2: vWF qualitativ defekt
- Typ 3: vollständiges Fehlen des vWF
- Plättchentyp: vWF-Rezeptor-Defekt der Thrombozytenmembran, daher keine plasmatische, sondern eine thrombozytär bedingte Gerinnungsstörung. Das klinische Bild entspricht allerdings der typischen vWF-Erkrankung.

! Merke
Verletzungen und Operationen können bei Patienten mit v.-Willebrand-Erkrankung zu lebensbedrohlichen Blutungen führen!

Diagnostik

Bei Verdacht auf eine v.-Willebrand-Erkrankung sollten die Globaltests der Gerinnung durchgeführt werden:

- Die aPTT ist, abhängig von der Faktor-VIII-Aktivität, verlängert, die übrigen Suchtests sind normal.
- Die Blutungszeit ist bei normaler Thrombozytenzahl verlängert.

→ Bei nur geringer Verlängerung der aPTT und einer klinisch festgestellten Blutung sollte immer an das Vorliegen einer v.-Willebrand-Erkrankung gedacht werden, zumal die aPPT erst dann deutlich verlängert ist, wenn die Faktor-VIII-Aktivität auf unter 30% absinkt.

Pharmakologie
Therapie bei v.-Willebrand-Erkrankung (abhängig vom Typ):

- Bei **Typ 1:**
  - DDAVP (Desmopressin, z.B. Minirin) 0,4 μg/kg in 100 ml 0,9%iger NaCl-Lösung, über 30–60 min per Infusion
  - Gleichzeitig 2 × 0,25 g Tranexamsäure (z.B. Ugurol), um die durch Desmopressin aktivierte Fibrinolyse zu hemmen
  - Dieses Stimulationsschema bis zum primären Wundverschluss in Abständen von 12 h wiederholen; wenn DDAVP nicht wirksam: vWF substituieren.
- Bei den **anderen Typen und Subtypen** ist DDAVP ohne Wirkung.
- Beim **Subtyp 2B** und beim Plättchentyp ist DDAVP kontraindiziert, da es Thrombosen auslösen kann.
- Beim **Plättchentyp** sind Thrombozytenkonzentrate das Medikament der Wahl.

12.3 Erworbene Gerinnungsstörungen

Erworbene Gerinnungsstörungen (▶ Tab. 12-2) sind wegen ihrer Häufigkeit für die operative Medizin von wesentlich größerer Bedeutung als hereditäre.

12.3.1 Disseminierte intravasale Gerinnung (DIC)

Die disseminierte intravasale Gerinnung (DIC = „disseminated intravascular coagulation") entsteht durch eine generalisierte intravasale Aktivierung des Gerinnungs- und Fibrinolysesystems. Hierdurch kommt es zur Thrombenbildung in der Mikrozirkulation und gleichzeitig zum Verbrauch von Gerinnungsfaktoren und Thrombozyten. Sekundär oder gleichzeitig wird das Fibrinolysesystem aktiviert und dadurch die Blutungsneigung verstärkt.

Verbrauchskoagulopathie. Im Verlauf der disseminierten intravasalen Gerinnung werden Gerinnungsfaktoren in exzessiver Menge verbraucht, schließlich tritt eine Blutung auf, weil für die Blutstillung nicht mehr ausreichend Faktoren zur Verfügung stehen. Diese Verbrauchskoagulopathie ist **Folge** der disseminierten Gerinnung.

Am häufigsten tritt eine DIC bei **Infektionen** und bei **geburtshilflichen Komplikationen** auf.

Tab. 12-2 Erworbene plasmatische Gerinnungsstörungen und zugehörige Laborbefunde

Störung/ Erkrankung	Blutungs-zeit	Thrombo-zytenzahl	Thrombo-plastinzeit	aPTT	Thrombinzeit	Fibrinogen	Weiterführende Diagnostik	Bemerkungen
Vitamin-K-Mangel; Kumarin-Überdosierung	normal	normal	↑	↑	↑	normal	Faktoren II, IX, X, V	Ausschluss von Lebererkrankungen
schwere Lebererkrankungen	↑*	↑*	↑	↑	↑	pathologisch*	Reptilasezeit, Faktor V	DD: DIC, Hyperfibrinolyse
Inhibitoren plasmatischer Gerinnungsfaktoren	normal*	normal*	normal*	↑	normal	normal	Einzelfaktorenanalyse, Plasmaaustauschversuch	bei Einzelfaktordefekt: häufig Inhibitor Ursache
Dysfibrinogenämie	normal	normal	↑	↑*	↑	↓	Reptilasezeit, Antigentest	seltene Erkrankung

↓ vermindert/erniedrigt; ↑ verlängert/erhöht
* = Befunde nicht immer eindeutig
DD = Differentialdiagnose

12

Klinisches Bild und Diagnostik

Bei der Gerinnungsanalyse ergibt sich ein **Multikomponentendefekt.** Das Vollbild der DIC mit Verbrauchskoagulopathie ist in folgender Weise gekennzeichnet:

- groß- und kleinflächige Einblutungen in Haut und Schleimhäuten; Blutungen aus Wunden und Stichkanälen
- Multiorganversagen: akutes Nierenversagen, akutes Lungenversagen, Leberversagen, zerebrale Störungen.

Therapie

Wichtigste Maßnahme ist die Behandlung der Grunderkrankung und/oder die Beseitigung der auslösenden Ursache (z.B. hämorrhagischer Schock), ergänzt durch Gerinnungstherapie in Zusammenarbeit mit einem Hämostaseologen.

12.4 Thrombozytäre Gerinnungsstörungen

Eine Abnahme der Thrombozytenzahl (Thrombozytopenie) und/oder eine Funktionsstörung der Thrombozyten (Thrombozytopathie) kann zu hämorrhagischen Diathesen führen. **Ursachen von Thrombozytopenien:**

- verminderte Bildung = Synthesestörung
- gesteigerter Abbau = Umsatzstörung
- Änderungen des Verteilungsvolumens = Verteilungsstörungen.

Typische Blutungszeichen:

- **Petechien,** vor allem in Haut, Schleimhäuten, Darm und Gehirn
- Spontanblutungen: erst bei Thrombozytenzahlen von < 10 000/µl zu erwarten
- **Sugillationen (großflächige Blutungen)** bei erheblicher Thrombozytopenie mit Thrombopathie.

Thrombozytentransfusion siehe ▶ Kapitel 26.

12.4.1 Heparininduzierte Thombozytopenie (HIT)

Zwei Typen der heparininduzierten Thrombozytopenie werden unterschieden:

- **Typ I** beruht auf einer direkten Wechselwirkung von Heparin mit Thrombozyten und ist klinisch nicht von Bedeutung.
- **Typ II** entsteht durch Antikörperbildung gegen einen Heparin-Plättchenfaktor-4-Komplex, ist also immunvermittelt.

12

Pathophysiologie

Bei HIT II entwickeln sich unter einer Heparintherapie Antikörper gegen den Heparin-Plättchenfaktor-4-Komplex. Der Heparin-PF4-Antikörperkomplex aktiviert und agglutiniert die Thrombozyten und induziert eine Thrombozytopenie, häufig auch Thrombosen in Venen und Arterien

Klinisches Bild und Diagnostik

HIT II tritt meist vier bis zehn Tage nach Beginn einer erstmaligen Heparintherapie auf, manchmal auch mehrere Tage nach Absetzen des Heparins. Die ausgelösten Thrombosen führen zu Verschlüssen von Gefäßen in Extremitäten, Herz und Gehirn.

Bei HIT II fällt die Thrombozytenzahl innerhalb von ein bis zwei Tagen auf weniger als 50% des Ausgangswerts ab, im Mittel auf 60 000/µl. Die Diagnose wird dann durch Spezialtests gesichert.

Therapie

Bereits bei Verdacht auf HIT Typ II muss die Heparintherapie sofort unterbrochen und der Patient mit einem nicht kreuzreagierenden Antikoagulans, z.B. Danaparoid, Lepidurin oder Argatroban, weiterbehandelt werden. Thrombozytenaggregationshemmer sind in der akuten Phase des HIT-Syndroms wirkungslos und daher nicht indiziert. Orale Antikoagulanzien sind kontraindiziert, da sich hierunter eine Kumarinnekrose entwickeln kann.

12.4.2 Thrombozytopathien

Erworbene Thrombozytopathien sind die häufigste Ursache thrombozytär bedingter Blutungen.

Die wichtigsten Faktoren oder Störungen, die Thrombopathien hervorrufen können, sind:
- Medikamente, z.B. ASS (▶ Tab. 12-3)
- Anwendung der Herz-Lungen-Maschine
- Urämie
- chronische myeloproliferative Erkrankungen
- Dysproteinämie
- erworbene v.-Willebrand-Jürgens-Erkrankung
- erworbene δ-Speicherkrankheit.

Tab. 12-3 Arzneimittelinduzierte Thrombopathien
Beeinflussung des Thrombozytenstoffwechsels • Cyclooxygenaseinhibitoren: Acetylsalicylsäure, NSAID • Thromboxan-Synthese-Inhibitoren, Thromboxan-Rezeptor-Antagonisten
Erhöhung des Thrombozyten-cAMP • Adenylatcyclaseaktivatoren: PGI2 • Phosphodiesterasehemmer: Dipyridamol
Antibiotika • Penicilline • Cephalosporine • Nitrofurantoin
Kardiovaskuläre Medikamente • β-Rezeptoren-Blocker • Nitroglyzerin • Kalziumantagonisten • Diuretika
Andere Medikamente • Heparin • Protamin • Streptokinase • Phenothiazine • Dextrane • Ticlopidin • Röntgenkontrastmittel

Typisch für Thrombopathien sind vermehrtes Nasenbluten und Zahnfleischbluten sowie verstärkte Blutungen nach einer Verletzung.

Therapie: Im Vordergrund steht die Behandlung der Grundkrankheit. Bei medikamenteninduzierter Thrombopathie muss das Medikament abgesetzt werden. Bei nicht stillbaren Blutungen ist die Transfusion von Thrombozytenkonzentraten indiziert. Leitlinien zur Thrombozytentransfusion siehe ▶ Kapitel 26.

12.5 Erworbene Hyperfibrinolysen

Hyperfibrinolysen sind durch eine erhöhte fibrinolytische Aktivität im Plasma gekennzeichnet. Sie können zu fibrinolytischen Blutungen führen. Einer Hyperfibrinolyse liegt immer eine Erkrankung oder Störung zugrunde. Die wichtigsten perioperativen Ursachen sind:

- Operationen an Prostata, Nierenbecken, Lunge, Leber und Uterus
- Medikamente: Thrombolytika, Katecholamine, Vasopressinderivate, Nikotinsäure, anabole Steroide.

Labor
- Thromboplastinzeit, aPTT und Thrombinzeit verlängert oder ungerinnbar
- Fibrinogenkonzentration deutlich erniedrigt
- Fibrinspaltprodukte und D-Dimere stark erhöht
- Reptilasezeit verlängert

Therapie: Die Behandlung sollte in enger Zusammenarbeit mit einem Hämostaseologen erfolgen.
- Bei noch aktiviertem Gerinnungssystem sind Antifibrinolytika (ε-Aminocapronsäure, Tranexamsäure) kontraindiziert.
- Fällt die Fibrinogenkonzentration unter 20 mg/dl, sollte **Fibrinogen** substituiert werden, bis eine Konzentration von 100 mg/dl erreicht worden ist.

12.6 Perioperative Thrombozytenaggregationshemmer

12

Diese Substanzen werden vor allem prophylaktisch bei atherosklerotischen Erkrankungen eingesetzt.

12.6.1 Acetylsalicylsäure

ASS hemmt **irreversibel** das Enzym Cyclooxygenase (COX-1) der Thrombozyten und blockiert dadurch die Bildung des plättchenabhängigen Faktors Thromboxan A.

Pharmakologie

Acetylsalicylsäure:
- antithrombotische Dosis ca. 100 mg
- Wirkungseintritt 9–24 min nach Einnahme
- Plasmahalbwertszeit: 15 min
- thrombozytenhemmende Wirkdauer der Einzeldosis: 7–12 Tage
- 5 Tage nach Absetzen: ca. 50% der Thrombozyten wieder normal funktionsfähig

- evidenzbasierte Dosis bei bekannten thromboembolischen Erkrankungen: 75–162 mg/d
- Wirkung kann nicht antagonisiert werden
- bei klinisch relevanter Blutung:
  - DDAVP (Minirin)
  - Thrombozytentransfusion

Praktische Hinweise:

→ ASS erhöht das operative Blutungsrisiko um den Faktor 1,5; das Risiko schwerer oder tödlicher Blutungen wird durch niedrig dosiertes ASS aber nicht erhöht.

→ Bei Notfalloperationen an Patienten unter niedrig dosierter ASS-Therapie sind meist keine besonderen Maßnahmen erforderlich.

→ Klinisch relevante Nachblutungen können mit DDAVP oder Thrombozytentransfusion (▶ Kap. 26) behandelt werden.

DDAVP zur Aufhebung der ASS-Wirkung

Die Substanz mobilisiert vW-Faktor aus endothelialen Speichern und verbessert die Aggregationsfähigkeit der Thrombozyten.

Pharmakologie

DDAVP (Minirin):
- Dosierung: 0,3–0,4 µg/kg innerhalb von 30 min infundieren
- Wirkungeintritt nach 30 min
- Wirkdauer 8–12 h
- Wiederholung der Infusion: alle 12–24 h
- nach 4–5 Tagen Tachyphylaxie möglich, dann mehrtägige Therapiepause

12.6.2 Clopidogrel

Die aktiven Metaboliten dieser Substanz hemmen selektiv und **irreversibel** die ADP-abhängigen Aktivierungsmechanismen der Thrombozyten.

Pharmakologie

Clopidogrel (Plavix, Iskover):
- Initialdosis 1× 300 oder 600 mg (für raschen Wirkungseintritt)
- Wirkungseintritt 3–6 h nach Einnahme, maximaler Effekt nach ca. 7 Tagen
- Plasmahalbwertszeit ca. 8 h
- Normalisierung der Thrombozytenfunktion 3–7 Tage nach Absetzen
- bei klinisch relevanter Blutung oder vor Notfalleingriffen: Thrombozytentransfusion

Kombination von ASS mit Clopidogrel (duale Plättchenhemmung)

Nach einem Nicht-ST-Hebungsinfarkt (NSTEMI) sollten alle Patienten ihr Leben lang ASS in niedriger Dosierung (75–162 mg) einnehmen, zusätzlich für die Dauer von 9 Monaten 75 mg/d Clopidogrel. Das Absetzen dieser Substanzen vor Operationen mit hohem Blutungsrisiko kann zu schweren kardialen Komplikationen und Thrombosen führen. Darum Rücksprache mit dem Kardiologen!

12.6.3 Erneute Zufuhr von Thrombozytenaggregationshemmern nach der Operation

Bei Risikopatienten sollten die Thrombozytenaggregationshemmer so bald wie möglich nach der Operation wieder zugeführt werden. Hierbei muss aber die Blutungsgefahr besonders berücksichtigt werden.

12.7 Therapie mit Vitamin-K-Antagonisten (VKA)

Kumarinderivate, z.B. Phenprocoumon (Marcumar, Falithrom) und Warfarin (Coumadin), hemmen die Karboxylierung der Gerinnungsfaktoren II, VII, IX und X, außerdem die Proteine C und S. Die Substanzen werden zur oralen Thromboseprophylaxe eingesetzt; der Effekt wird anhand der Prothrombinzeit (Quick bzw. INR) überwacht.

Indikationen:

- Vorhofflimmern, angestrebte INR 2–3,0
- nach mechanischem Herzklappenersatz, INR 2,5–3,5, lebenslange Zufuhr
- nach biologischem Klappenersatz, INR 2,5–3,5, Zufuhr für 3 Monate
- nach tiefen Beinvenenthrombosen, INR 2,0–3,0, Zufuhr für mindestens 3 Monate
- Lungenembolien, INR 2,0–3,0, Zufuhr für mindestens 3 Monate.

Leitlinien/Empfehlungen

ACCP-Empfehlungen 2004 zur perioperativen oralen Antikoagulation mit Warfarin (VKA)

- Niedriges Thromboembolierisiko:
  - VKA 4 Tage vor OP absetzen
  - präop. evtl. UFH oder NMH
  - postop. kurze Prophylaxe mit UFH oder NMH, wenn indiziert
- Mittleres Thromboembolierisiko:
  - VKA 4 Tage vor OP absetzen
  - präop. Prophylaxe mit UFH (3× 5000 IE/d s.c.) oder NMH (z.B. Dalteparin 1× 500 IE/d s.c.)
  - postop. Prophylaxe mit UFH oder NMH
- Hohes Thromboembolierisiko:
  - VKA 4 Tage vor OP absetzen
  - präoperativ therapeutisch dosiertes UFH (400–600 IE/kg; aPTT 2,5fach verlängert) oder NMH, z.B. 2× 100 IE/kg Dalteparin s.c.
  - Absetzen von Heparin 5 h vor OP (wenn i.v.) oder 12–24 h vor OP (wenn s.c.)
  - postoperativ therapeutisch dosiertes UFH oder NMH
- Eingriffe mit niedrigem Blutungsrisiko
  - VKA in niedriger Dosierung fortsetzen; INR 1,3–1,5
  - wenn nötig: zusätzlich prophylaktisch dosiertes UFH oder NMH
  - bei Zahnextraktionen topisch Antifibrinolytika (z.B. Tranexamsäure)

UHF = unfraktioniertes Heparin, NMH = niedermolekulares Heparin

12

Praktische Hinweise:

- Phenprocoumon (Marcumar) **7–10 Tage** vor der Operation absetzen; Anstieg der Thromboplastinzeit auf 50% frühestens nach 2 Tagen

- bei Blutungen oder dringlichen Eingriffen: Antagonisierung mit Vitamin K, 2–5 mg i.v. Hierdurch Normalisierung einer therapeutischen INR innerhalb von 12 h, bei oraler Gabe innerhalb von 24 h
- bei Überdosierung von VAK (INR > 5): 5–10 mg Vitamin K, bei Bedarf wiederholt, da die Halbwertszeit von Vitamin K nur 3 h beträgt
- bei bedrohlichen Blutungen/Notfalleingriffen: zusätzlich Frischplasma: 1 ml/kg FFP erhöht den Quick-Wert um ca. 1 %. Wirksamer ist PPSB: 1 E/kg steigert den Quick-Wert um ca. 1–2 %. Initialdosis: 20–50 E/kg
- **Eingriffe, bei denen die orale Antikoagulation fortgeführt werden kann (Zielwert: INR 1,3–1,5):**
  - Kataraktoperationen
  - Zahnextraktion (auch mehrerer Zähne)
  - ERCP
  - kleine dermatologische Operationen.

12.8 Heparintherapie, Fibrinolyse

Eine therapeutische (**Voll-**)**Heparinisierung** muss in der Regel wenige Stunden vor einer elektiven Operation unterbrochen werden. Bei Notoperationen kann die Heparinwirkung mit Protamin (Dosisverhältnis 1:1) aufgehoben werden; der Effekt sollte durch Bestimmung der Thrombinzeit oder ACT kontrolliert werden.

→ Die prophylaktische oder therapeutische Zufuhr von unfraktioniertem oder niedermolekularem Heparin in niedriger Dosierung kann perioperativ fortgesetzt werden. Vorgehen bei Regionalanästhesie siehe ▶ Kapitel 21 und ▶ 22.

→ Muss bei einem Patienten mit **therapeutischer Fibrinolyse** ein Notfalleingriff vorgenommen werden, so wird das Fibrinolytikum abgesetzt und die Fibrinolyse mit einem Antifibrinolytikum (z.B. Tranexamsäure) blockiert und werden, wenn erforderlich, fehlende Faktoren durch Zufuhr von Frischplasma substituiert.

Literatur

Ansell J, Hirsh J, Pller L, et al. The pharmacology and management of the vitamin K antagonists: the 7th ACCP Conference on Antithrombotic and Thrombolytic Therapy. Chest 2004, 126:S204–S233.

Antithrombotic Trialist's Collaboration: Collaborative meta-analysis of randomised trials of antiplatelet therapy for prevention of death, myocardial infarction, and stroke in high risk patients. BMJ 2002, 324:71–86.

Barthels M, Depka M von: Das Gerinnungskompendium. Thieme, Stuttgart 2003.

IAKH-Workshop Perioperatives Management der Gerinnungsstörung. Anästhesiologie und Intensivmedizin. Supplement Nr. 5 I, November 2007.

II Klinische Anästhesie

13 Präoperative Einschätzung, Narkoserisiko und Wahl des Anästhesieverfahrens

13.1 Präoperative Einschätzung

Jeder Patient wird rechtzeitig vor der geplanten Operation oder Maßnahme von einem Anästhesisten angesehen und klinisch eingeschätzt.

13.1.1 Ziele

- Einschätzung des körperlichen und psychischen Zustands
- Einstufung des Narkoserisikos
- Auswahl des Narkoseverfahrens
- Aufklärung des Patienten und Einholen des Einverständnisses für die Narkose
- Verminderung von Angst und Aufregung
- Verordnung der Prämedikation.

Der Anästhesist muss anhand der gewonnenen Informationen die **Narkosefähigkeit des Patienten** selbstständig und in voller ärztlicher und rechtlicher Verantwortung überprüfen und, wenn nötig, weitere Untersuchungen selbst durchführen oder veranlassen.

13.1.2 Zeitpunkt

Die präoperative Einschätzung für Narkosen sollte zu einem Zeitpunkt erfolgen, der die Planung weiterer Maßnahmen für die präoperative Vorbereitung und Behandlung des Patienten ermöglicht.

13.1.3 Wer soll die präoperative Einschätzung durchführen?

Für die Beurteilung der Narkosefähigkeit, die Freigabe für die Narkose und die Wahl des für den Eingriff angemessenen Narkoseverfahrens ist grundsätzlich der Anästhesist verantwortlich. Präoperativ durch den niedergelassenen Arzt erhobene Laborparameter und Untersuchungsbefunde wie z.B. EKG und Röntgenbild sollten vom Anästhesisten für die präoperative Einschätzung herangezogen werden, um unnötige und kostspielige Doppeluntersuchungen zu vermeiden.

13.2 Befragung des Patienten

Befragung und Untersuchung sollten sich auf Organsysteme konzentrieren, deren Funktion durch anästhesiologische Maßnahmen sowie Anästhetika und Adjuvanzien beeinflusst wird oder die selbst die Wirkung von Anästhetika und Adjuvanzien beeinflussen.

Der Patient sollte gezielt zu folgenden Punkten befragt werden:

Kardiovaskuläre Vorgeschichte (s. a. ▶ Kap. 14):

- Können Sie sich selbst versorgen?
- Wie viele Treppen können Sie ohne Unterbrechung steigen oder können Sie mehr als 500 m in einer Ebene gehen?
- Können Sie nur mit untergelegten Kissen schlafen? Wie viele Stunden?
- Wie oft müssen Sie nachts Wasser lassen?
- Haben Sie schon einmal Schmerzen in der Brust gehabt? Wann treten oder traten die Schmerzen auf? Bei Anstrengung? Aufregung? Kälte? In Ruhe?
- Haben Sie zu hohen Blutdruck? Wird der hohe Blutdruck behandelt? Womit? Seit wann?

- Sind oder waren Sie jemals herzkrank? Wenn ja, welche Medikamente nehmen Sie ein? Seit wann?
- Haben Sie schon einmal einen Herzinfarkt gehabt?

Pulmonale Vorgeschichte (s. a. ▶ Kap. 14):
- Rauchen Sie? Seit wann? Wie viel?
- Husten Sie jeden Morgen? Gelegentlich? Haben Sie Auswurf? Farbe?
- Hatten Sie kürzlich Husten oder waren Sie erkältet?
- Leiden Sie unter Asthma? Chronischer Bronchitis? Lungenemphysem?
- Hatten Sie schon einmal eine Lungenentzündung?

Niere (s. a. ▶ Kap. 14):
- Sind oder waren Sie jemals nierenkrank?

Leber (s. a. Kap. 14):
- Hatten Sie jemals eine Gelbsucht bzw. Hepatitis, Malaria oder kürzlich Kontakt mit jemandem, der hierunter litt?
- Trinken Sie regelmäßig Alkohol? Wie viel und was?

Zentrales Nervensystem (s. a. ▶ Kap. 14):
- Haben Sie jemals unter Krämpfen gelitten?
- Bestanden bei Ihnen schon einmal Lähmungen oder Taubheitsgefühle in den Armen oder Beinen?
- Sehen Sie manchmal Doppelbilder?
- Leiden Sie öfter unter Kopfschmerzen?
- Bestehen bei Ihnen andere Schmerzzustände?

Sonstige Faktoren:
- Besteht bei Ihnen eine Blutungsneigung (s. a. ▶ Kap. 13.2.1) oder Zahnfleischbluten
- Leiden Sie unter Allergien? Wogegen?
- Sind Sie schon einmal narkotisiert und operiert worden? Traten hierbei irgendwelche Schwierigkeiten auf?
- Traten bei Familienmitgliedern Komplikationen während Narkosen und Operationen auf?
- Nehmen Sie derzeit Medikamente oder Drogen ein?
- Sind Sie schwanger oder könnten Sie schwanger sein?
- Tragen Sie Zahnprothesen?
- Neigen Sie zu Übelkeit und Erbrechen?
- Leiden Sie unter Schluckstörungen oder Sodbrennen?
- Auch sollte behutsam erfragt werden, ob der Patient einer Risikogruppe für AIDS angehört oder ob eine „Immunschwäche" bekannt ist.

13.2.1 Standardisierte Blutungsanamnese

Thrombozytenfunktionsstörungen und das v.-Willebrand-Syndrom gehören zu den häufigsten Ursachen perioperativer Gerinnungsstörungen. Sie können mit einer standardisierten Blutungsanamnese besser erfasst werden als mit der Basis-Gerinnungsdiagnostik (▶ Kap. 12). Nur wenn sich aus der Anamnese Hinweise auf eine Störung der Blutgerinnung ergeben, wird eine Labor-Basisdiagnostik durchgeführt, mit der auch kombinierte plasmatisch-zelluläre und primäre Hämostasestörungen erfasst werden.

Fragen zur Blutungsanamnese

- Nasenbluten (ohne andere Ursachen)?
- Blaue Flecken oder punktförmige Blutungen?
- Gelenkblutungen, Blutungen in Weichteile oder Muskeln?
- Längeres Nachbluten beim Zahnziehen?
- Zahnfleischbluten?
- Verstärkte Blutung während oder nach Operationen?
- Schlechte Wundheilung?
- Fälle von Blutungsneigung in der Blutsverwandtschaft?
- Einnahme von Rheumamitteln, Aspirin, Mitteln zur „Blutverdünnung"?
- Monatsblutungen verstärkt oder verlängert?

13.2.2 Einnahme von Medikamenten

Eine sorgfältige Erhebung der Medikamentenanamnese ist ebenfalls erforderlich, da einige Substanzen perioperativ nicht abgesetzt werden dürfen, um Entzugssyndrome oder eine akute Verschlechterung oder Dekompensation von Organfunktionen zu vermeiden (▶ Kap. 15), und außerdem Interaktionen mit den während der Narkose zugeführten Substanzen auftreten können. In ▶ Tabelle 13-1 sind für den Anästhesisten wichtige Medikamente zusammengestellt.

Tab. 13-1 Präoperative Medikamente, die für die Operation und Narkose von Bedeutung sind

Substanzen	Zu berücksichtigende Faktoren
Antihypertensiva	
ACE-Hemmer	Blutdruckabfall
Clonidin	Rebound-Hypertonie bei Absetzen
Diuretika	Hypovolämie, Hypokaliämie
MAO-Hemmer	Interaktion mit Sympathomimetika (1–2 Wochen vorher absetzen)
Reserpin	Entleerung der Katecholaminspeicher
Koronarmittel	
β-Blocker, Nitrate, Kalziumantagonisten	Gefahr der Myokardischämie bei Absetzen
Antiarrhythmika	
Amiodaron	Bradykardie, Lungenschädigung
Disopyramid	Beeinträchtigung der Myokardfunktion
Digitalis	Toxizität erhöht bei Niereninsuffizienz
Bronchodilatatoren	Therapie fortsetzen, da Gefahr des Bronchospasmus
Theophyllin	Tachykardie, Diurese
Antikoagulanzien	
Kumarin	Nach Absetzen: Wirkung nicht sofort aufgehoben
Heparin	Von Bedeutung bei rückenmarknaher Regionalanästhesie
Acetylsalicylsäure	3–5 Tage vorher absetzen; hohe Dosen: keine rückenmarknahe Regionalanästhesie; evtl. erhöhtes Thromboserisiko bei Absetzen beachten

Tab. 13-1 Präoperative Medikamente, die für die Operation und Narkose von Bedeutung sind *(Forts.)*

Substanzen	Zu berücksichtigende Faktoren
Antidiabetika	
Insulin	Perioperative Zufuhr erforderlich
Orale Antidiabetika	Rechtzeitig absetzen, da Gefahr der Hypoglykämie (siehe ▶ Kap. 14)
Kortikosteroide	Perioperative Supplementierung erforderlich; mögliche Weichteilschwellungen beachten
NSAID	Magen-Darm-Ulzera, Nierenfunktionsstörungen, Störungen der Thrombozytenfunktion, rückenmarknahe Regionalanästhesien: Aufhebung der Wirkung durch Frischplasma oder FFP nur im Notfall
Kontrazeptiva	Erhöhtes Thromboserisiko, unzuverlässige Wirkung (Pat. informieren)

13.2.3 Körperliche Untersuchung

Im Anschluss an die Befragung wird eine begrenzte körperliche Untersuchung durchgeführt. Sie umfasst bei allen Patienten folgende Faktoren:

- Palpation, Perkussion und Auskultation von Herz und Lungen
- Messung von Herzfrequenz und arteriellem Blutdruck
- Inspektion und Palpation des Abdomens
- Inspektion und Palpation peripherer Arterien und Venen
- Inspektion der Haut: Blässe? Zyanose? Ikterus?
- Beurteilung des Zahnstatus, der Kiefergelenke und der oberen Atemwege (▶ Kap. 19)
- Beurteilung der Pupillengröße
- Messung von Körpertemperatur, Größe und Körpergewicht (vor der Visite durch das Pflegepersonal).

13.3 Voruntersuchungen

Durch präoperative Untersuchungen sollen Krankheiten aufgedeckt werden, die für das anästhesiologische Vorgehen und das Narkoserisiko von besonderer Bedeutung sind (▶ Tab. 13-2 und ▶ Kap. 14).

13.3.1 Präoperative Laboruntersuchungen

Laborparameter sollten präoperativ nur dann bestimmt werden, wenn aufgrund von Anamnese, klinischem Untersuchungsbefund oder Art des geplanten Eingriffs eine entsprechende Indikation gegeben ist.

Hierbei kann zwischen ungerichtetem, routinemäßig durchgeführtem Basislaborprogramm (▶ Tab. 13-3) und gezielt angeforderten Laborparametern (▶ Tab. 13-4) unterschieden werden.

Leitlinien/Empfehlungen
Empfehlungen der DGAI zur anästhesiologischen Voruntersuchung
„Bei organgesunden Patienten in jungen und mittleren Lebensjahren ohne spezifische Risikohinweise besteht in der Regel keine zwingende medizinische Notwendigkeit, diese ergänzenden Untersuchungen routinemäßig durchzuführen."

13

Tab. 13-2 Störungen und Erkrankungen, die eine rechtzeitige Einschätzung durch den Anästhesisten erfordern

Allgemein	• Erkrankungen, die zu einer Beeinträchtigung der normalen täglichen Aktivität führen • Erkrankungen oder Zustände, die in den letzten 6 Monaten eine kontinuierliche Unterstützung oder Überwachung zu Hause erforderten • Aufnahme ins Krankenhaus wegen akuter Exazerbation einer chronischen Störung innerhalb der letzten 2 Monate
Herz-Kreislauf	• Angina pectoris, Koronarkrankheit oder Myokardinfarkt in der Vorgeschichte • Herzrhythmusstörungen, die mit Symptomen einhergehen • schlecht eingestellter Hypertonus (diastolisch > 100 mm Hg, systolisch > 160 mm Hg) • Herzinsuffizienz in der Vorgeschichte
Lunge und Atemwege	• Asthma oder COPD, die einer chronischen Medikation bedarf oder innerhalb der letzten 6 Monate exazerbiert ist oder sich verschlechtert hat • größere Eingriffe an den Atemwegen oder abweichende Anatomie • Tumoren oder Obstruktion der oberen und/oder unteren Atemwege • chronische respiratorische Insuffizienz, die Heimbeatmung oder -überwachung erfordert
Endokrine Störungen	• nicht diätetisch eingestellter Diabetes mellitus (Insulin oder orale Antidiabetika) • Störungen der Nebenniere • hormonell aktive Schilddrüsenerkrankungen
Neuromuskuläre Erkrankungen	• zerebrale Anfälle oder wesentliche ZNS-Erkrankungen in der Vorgeschichte (z.B. multiple Sklerose) • Myopathien oder andere Muskelerkrankungen
Lebererkrankungen	jede aktive hepatobiliäre Erkrankung oder Funktionsstörung
Erkrankungen des Muskel- und Skelettsystems	• Kyphose und/oder Skoliose mit funktioneller Beeinträchtigung • Erkrankung des Kiefergelenks • Verletzungen der Hals- oder Brustwirbelsäule
Onkologische Erkrankungen	• Chemotherapie • onkologische Erkrankungen mit wesentlicher funktioneller Beeinträchtigung
Gastrointestinale Erkrankungen	• Hiatushernie • symptomatische Refluxkrankheit
Adipositas permagna (BMI ≥ 0,4)	

13

Blutbild

Anämie. Als tolerierbare Grenzwerte gelten ein Hämoglobingehalt von 9–10 g/dl oder ein Hämatokritwert von 29% bei Männern und von 27% bei Frauen. Werden diese Werte unterschritten, sollte präoperativ zunächst die Ursache geklärt werden:

- Sind bei der Operation stärkere Blutverluste zu erwarten, sollte der erniedrigte Hämoglobingehalt präoperativ in den o.g. Bereich angehoben werden.

Tab. 13-3 Präoperative Laboruntersuchungen beim asymptomatischen Patienten mit leerer Anamnese und unauffälligem körperlichem Untersuchungsbefund

Säuglinge in den ersten Lebensmonaten	• Hb oder Hkt
Kinder vom 4. Lebensmonat bis zum 18. Lebensjahr	• keine Laborwerte • Ausnahme: wird Kreuzblut benötigt, dann Hb oder Hkt
Erwachsene ab dem 18. Lebensjahr	• Hb oder Hkt • Elektrolyte: Kalium • Kreatinin • Blutzucker • Leberenzyme: ALAT, γ-GT

Tab. 13-4 Differenzierte Anforderung präoperativer Laborwerte

Hämoglobin/Hämatokrit	• Frauen › 40; Männer › 60 Jahre • Operation mit potentiellen größeren Blutverlusten • bekannte Anämie • Blutungsstörungen • hämatologische maligne Erkrankungen • Strahlen- oder Chemotherapie • chronische Nierenerkrankungen • schwere chronische Erkrankungen
Weißes Blutbild	• Infektionskrankheiten • leukozytäre Erkrankungen • Strahlen- oder Chemotherapie • Therapie mit Immunsuppressiva oder Steroiden • Hypersplenismus • aplastische Anämie
Gerinnungsstatus	• bei Verdacht aufgrund der Blutungsanamnese oder bei bekannter Blutungsstörung • Antikoagulanzientherapie • Blutungen, Anämie • Thrombose • Lebererkrankungen • Malabsorption, schlechter Ernährungszustand
Thrombozyten	• bekannte Thrombozytopathie • Blutungen oder Purpura • Leukämie • Strahlen- oder Chemotherapie • Hypersplenismus • Anämien (aplastische, autoimmune, myelophthisische, perniziöse) • Transplantatabstoßung
Elektrolyte	• Nierenerkrankungen • Diabetes mellitus • Diuretikatherapie • Laxanzienabusus • Digitalismedikation • Einnahme von Steroiden

Tab. 13-4 Differenzierte Anforderung präoperativer Laborwerte *(Forts.)*

Serumkreatinin, -harnstoff	• Nierenerkrankungen • kardiovaskuläre Erkrankungen • Diabetes mellitus • Diuretikatherapie • Digitalismedikation
Blutglukose	• Diabetes mellitus • Einnahme von Steroiden
Leberenzyme	• Lebererkrankungen • Hepatitisexposition • Alkoholabusus

- **Leichte Anämien** (11–12 g/dl Hämoglobin) müssen präoperativ nicht korrigiert werden.
- Bei chronisch anämischen Patienten mit wesentlichen kardialen, pulmonalen oder zerebrovaskulären Erkrankungen ist eine präoperative Erythrozytensubstitution erforderlich, wenn folgende, primär durch die Anämie hervorgerufene Symptome bestehen: Dyspnoe, Herzklopfen, Schwindel, länger anhaltende Tachykardie oder Angina pectoris.
- Bei **Sichelzellanämien** sollte der Anteil des abnormen HbS vor großen Eingriffen durch Austauschtransfusion auf weniger als 40% vermindert werden.

Polyzythämie. Eine präoperative Polyzythämie kann das Narkose- und Operationsrisiko aufgrund einer vermehrten Blutungs- und Thromboseneigung erhöhen. Hämatokritwerte von 57% bei Männern und 54% bei Frauen gelten als obere Grenzwerte, bei deren Überschreiten eine präoperative Behandlung eingeleitet werden sollte.

13.3.2 Elektrokardiogramm

Leitlinien/Empfehlungen

Empfehlung von Fachgesellschaften für ein Routine-EKG

- GPAC[1] und NICE[2] halten ein Routine-EKG vor elektiven Eingriffen nicht für erforderlich.
- Andere nationale Fachgesellschaften empfehlen das EKG bei allen Patienten › 60 Jahre oder bei Männern › 50–60 Jahre und bei Frauen › 60–70 Jahre oder bei Männern › 40–45 Jahre und Frauen › 55 Jahre.

13

13.3.3 Thorax-Röntgenbild

Für das anästhesiologische Vorgehen relevante Röntgenbefunde des Thorax sind bei asymptomatischen Patienten selten.

1 GPAC Guidelines and Protocols Advisory Committee (USA)
2 NICE National Institute for Clinical Excellence

Leitlinien/Empfehlungen
Empfehlungen für ein präoperatives Thoraxröntgenbild

- GPCA: ein präoperatives Routine-Röntgenbild des Thorax, unabhängig vom Lebensalter, ist nicht erforderlich.
- NICE: Thoraxröntgenbild bei Patienten › 80 Jahre sowie bei Patienten ‹ 60 Jahre mit Asthma oder Nikotinabusus empfohlen.
- Andere Fachgesellschaften: Röntgenbild bei allen Einwanderern aus Entwicklungsländern, bei denen in den letzten 12 Monaten kein Thorax-Röntgenbild angefertigt wurde, außerdem bei Patienten › 60 Jahre, bei Patienten mit Body-Mass-Index › 30 und bei Rauchern von mehr als 20 Zigaretten pro Tag.

Vorgehen bei Begleiterkrankungen siehe ▶ Kapitel 14.

13.3.4 Präoperative Lungenfunktionsprüfungen

Eine routinemäßige Spirometrie ist nicht indiziert, da hiermit postoperative pulmonale Komplikationen nicht vorausgesagt werden können. Daher sollte die Lungenfunktion nur gezielt untersucht werden (▶ Tab. 13-5).

Tab. 13-5 Indikationen für die präoperative Lungenfunktionsprüfung

- Patienten mit Hinweisen auf eine chronische Lungenerkrankung
- starke Raucher mit chronischem Husten
- Patienten mit Deformitäten des Thorax oder der Wirbelsäule
- Oberbauch-, Herz- und Lungenoperationen
- erhebliche Adipositas

13.3.5 Die Rolle des Konsiliars

Routinemäßige Konsiliaruntersuchungen vor Narkosen sind nicht erforderlich, ebenso wenig eine „Freigabe" des Patienten für die Operation durch den Konsiliar.

13.3.6 Voruntersuchungen bei Notfalleingriffen

Bei Notfallpatienten sind Voruntersuchungen meist nur in begrenztem Umfang möglich, auch kann manchmal deren Ergebnis nicht abgewartet werden. In ▶ Tabelle 13-6 ist das anästhesiologische Vorgehen bei Notoperationen zusammengefasst.

13

13.4 Einstufung des Narkoserisikos

Aufgrund der erhobenen Befunde wird das Narkoserisiko für den Patienten festgelegt. Am häufigsten wird hierfür das Schema der American Society of Anesthesiologists (ASA) angewandt:

ASA-Risikogruppen für Narkosen

1. Normaler, gesunder Patient
2. Leichte Allgemeinerkrankung ohne Leistungseinschränkung
3. Schwere Allgemeinerkrankung mit Leistungseinschränkung
4. Schwere Allgemeinerkrankung, die mit oder ohne Operation das Leben des Patienten bedroht
5. Moribund, Tod innerhalb von 24 h mit oder ohne Operation zu erwarten

Tab. 13-6 Voruntersuchungen bei Notoperationen

- Anamnese und kurze körperliche Untersuchung
- EKG, wenn indiziert und zeitlich durchführbar
- Thorax-Röntgen: wenn indiziert und zeitlich durchführbar
- **Labor:**
  - Hämoglobin oder Hämatokrit
  - Blutgruppe, evtl. Kreuzprobe u. Blutanforderung
  - Blutglukose
  - Serumelektrolyte, vor allem Kalium
  - Kreatinin
  - ALAT, γ-GT
  - Gerinnungsstatus und Thrombozyten
  - Blutgase und Säure-Basen-Parameter, wenn indiziert

Je höher die ASA-Einstufung, desto größer die perioperative Letalität.

Nachteile der ASA-Einstufung:
- großer subjektiver Ermessensspielraum des Anästhesisten
- keine Berücksichtigung anderer Risikofaktoren.

13.4.1 Spezifisches Narkoserisiko

Faktoren, die das Risiko von Narkose und Operation erhöhen:
- Herz-Kreislauf-Erkrankungen
- Lungenerkrankungen, vor allem die klinisch manifeste COPD; Zigarettenrauchen
- Art der Operation: erhöhtes Risiko bei Oberbaucheingriffen, intrathorakalen Eingriffen, Zweihöhleneingriffen, Gefäßoperationen, intrakraniellen Eingriffen und Notfalloperationen
- Dauer der Operation (> 3–4 h)
- hohes Lebensalter mit Begleiterkrankungen; Alter < 1 Jahr.

Häufigkeit von Anästhesietodesfällen: Die anästhesiebedingte Mortalität ist sehr niedrig:
- 0,5–0,9 Patienten pro 10 000 Narkosen sterben primär durch die Anästhesie (= 0,005–0,009 %).
- 1–2 aller Todesfälle auf 10 000 Narkosen sind zumindest teilweise oder vollständig durch die Anästhesie bedingt (= 0,01–0,02 %).
- Die Anästhesiemortalität bei **ambulanten Eingriffen** beträgt derzeit etwa 0,012 bis 0,029 Patienten auf 10 000 Narkosen.

13

Einzelheiten zu **Narkosezwischenfällen** siehe ▶ Kapitel 30.

13.4.2 Verschiebung der Operation

Ergeben die Voruntersuchungen bei elektiven Eingriffen, dass der Zustand des Patienten durch eine entsprechende Behandlung weiter verbessert und hierdurch das Risiko von Narkose und Operation gesenkt werden kann, sollte die Operation in Übereinstimmung mit dem Operateur und dem Patienten verschoben werden.

13.5 Wahl des Anästhesieverfahrens

Die Wahl des Narkoseverfahrens und der Anästhetika richtet sich vor allem nach dem klinischen Zustand des Patienten und der geplanten Operation. Grundsätzlich wird das für den Patienten sicherste Narkoseverfahren angewandt.

Empfehlungen für die Wahl des Narkoseverfahrens:
- Bei Kindern ist die Allgemeinnarkose das Verfahren der Wahl.
- Bei Erwachsenen sollten kurze und periphere Eingriffe in **Lokalanästhesie** durchgeführt werden.
- Lang dauernde Operationen und große Eingriffe erfolgen am besten in Allgemeinanästhesie mit endotrachealer Intubation und kontrollierter Beatmung.
- Bei sehr dicken Patienten mit kurzem Hals sollte wegen der Gefahr der Atemwegobstruktion **keine Maskennarkose** durchgeführt werden.
- Bei Patienten mit schweren pulmonalen und/oder kardiovaskulären Erkrankungen sind Vorteile und Gefahren regionaler Verfahren sorgfältig abzuwägen.
- Patienten, die unter **Antikoagulanzientherapie** stehen, dürfen keine rückenmarknahe Anästhesie erhalten (▶ Kap. 20 und ▶ 21).
- Bei unkooperativen oder verwirrten Patienten sollten keine Regionalanästhesien durchgeführt werden.
- Notoperationen bei Patienten mit vollem Magen werden in Intubationsnarkose oder, wenn möglich, in Regionalanästhesie durchgeführt, nicht in Masken- oder Larynxmaskennarkose (▶ Kap. 30).

13.6 Aufklärung und Einwilligung des Patienten

Die Aufklärung des Patienten über das Vorgehen bei der Narkose ist aus medizinischen, psychologischen und juristischen Gründen erforderlich. Am Ende des Aufklärungsgesprächs steht die ausdrückliche **Einwilligung** des Patienten in die vorgeschlagenen und erforderlichen Maßnahmen. Die Aufklärung über Risiken des Verfahrens muss umso umfassender sein, je weniger dringlich der Eingriff ist. Bei sofort indizierten Notoperationen ist hingegen eine umfangreiche Aufklärung nicht erforderlich.
- Kann der Patient vor dringlichen Eingriffen nicht einwilligen, muss die Einwilligung des gesetzlichen Vertreters eingeholt werden.
- Ist der gesetzliche Vertreter nicht umgehend zu erreichen, so wird nach dem mutmaßlichen Willen des Patienten entschieden.
- Bei Kindern unter 14 Jahren müssen **beide** Eltern in den Eingriff einwilligen; bei dringlichen Eingriffen genügt die Zustimmung eines Elternteils.
- Verweigern die Eltern einen lebensrettenden Eingriff (z.B. Zeugen Jehovas), muss eine richterliche Sofortgenehmigung für den Eingriff unter Umgehung des elterlichen Willens eingeholt werden.
- Kinder zwischen 14 und 18 Jahren können in einen Eingriff einwilligen, wenn sie in der Lage sind, Bedeutung und Folgen des Eingriffs ausreichend zu erkennen und hiernach ihren Willen auszurichten.

Worüber aufgeklärt und worauf hingewiesen werden muss oder sollte:
- typische Risiken des jeweiligen Narkoseverfahrens und seine Alternativen
- Beginn der präoperativen Nahrungskarenz mindestens 6–8 h vor geplanten Eingriffen (Kleinkinder ▶ Kap. 36)
- Einstellen des Rauchens spätestens am Tag vor der Operation

- ungefährer Zeitpunkt der Operation
- Prämedikation: wozu, wann, ob i.m., i.v. oder per os
- Maßnahmen im Einleitungsraum: Blutdruckmanschette, Venenkanüle, evtl. Arterienkanüle, EKG, Sauerstoffmaske, Art der Narkoseeinleitung
- postoperative Maßnahmen: Aufwachraum, evtl. Intensivbehandlung, Endotrachealtubus (Nicht-sprechen-Können), Beatmung, Monitore, Drainagen.

Art und Umfang der Aufklärung sollten im Prämedikationsprotokoll festgehalten und vom Patienten als Einwilligung unterschrieben werden.

Literatur

Aders A, Aders H: Anaesthetic adverse incident reports: an Australian study of 1,231 outcomes. Anaesth Intensive Care 2005;33(3): 336–44.

Arbous MS, Meursing AEE, van Kleef J et al: Impact of anesthesia management characteristics on severe morbidity and mortality. Anesthesiology 2005, 102 (2):257–268.

DGAI. Entschließungen, Empfehlungen, Vereinbarungen, Leitlinien. 4. Aufl. Aktiv Druck, Ebelsbach 2006.

Fleisher LA (ed.): Evidenzbasierte Anästhesie. Elsevier, München 2007.

Gibbs N, Rodoreda P: Anaesthetic mortality rates in Western Australia 1980–2002. Anaesth Intensive Care 2005;33(5):616–22.

Kawashima Y, Takahashi S, Suzuki M et al: Anesthesia-related mortality and morbidity over a 5-year period in 2.363.038 patients in Japan. Acta Anaesthesiol Scand 2003, 47:809–817.

Pfanner G, Koscielny J, Pernerstorfer T: Präoperative Blutungsanamnese. Empfehlungen der Arbeitsgruppe perioperative Gerinnung der Österreichischen Gesellschaft für Anästhesiologie, Reanimation und Intensivmedizin. Anaesthesist 2007, 56:604–611.

14 Vorgehen bei Begleiterkrankungen

Zahlreiche Begleiterkrankungen erfordern, unabhängig von der Art des geplanten Eingriffs, ein spezielles präoperatives und intraoperatives Vorgehen, häufig in enger interdisziplinärer Zusammenarbeit zwischen Anästhesist, Operateur und Konsiliarärzten wie Internisten und Pädiatern.

14.1 Kardiovaskuläre Erkrankungen

14.1.1 Präoperative Einschätzung

Erkrankungen des Herz-Kreislauf-Systems erhöhen, je nach Schweregrad, ganz wesentlich das Narkose- und Operationsrisiko.

Zu den wichtigsten **lebensbedrohlichen kardiovaskulären Komplikationen** in der perioperativen Phase gehören:

- Myokardinfarkt, Herzinsuffizienz bzw. kardiales Lungenödem
- kardiogener Schock
- Herzrhythmusstörungen, vor allem ventrikuläre Tachykardien
- Lungenembolien
- akuter Herztod.

Weitere ebenfalls bedeutsame kardiovaskuläre Komplikationen sind:

- Hypertonie
- Hypotension.

Klinische Vorgeschichte und Risikofaktoren

Der Patient wird nach den Zeichen und Symptomen kardiovaskulärer Erkrankungen und dem Grad der körperlichen Belastbarkeit befragt, außerdem nach der Einnahme kardiovaskulärer Medikamente und nach Begleiterkrankungen.

Fragen nach der Leistungsfähigkeit oder Belastbarkeit. Für die klinische Beurteilung der Leistungsfähigkeit reichen die Angaben des Patienten über seine Belastbarkeit im täglichen Leben und ihre Einstufung im Duke-Activity-Status-Index aus.

Geschätzter Energiebedarf verschiedener Aktivitäten anhand metabolischer Äquivalente (MET)

- 1–4 MET: selbständige Versorgung (Essen, Trinken, Toilette), langsames Gehen in der Ebene (bis 4,8 km/h), Staubsaugen
- 5–10 MET: Treppensteigen über mehr als 1 Etage, Heben schwerer Gegenstände, schnelles Gehen in der Ebene (6,4 km/h), Golfspielen, Tennis-Doppel, Bowling, Tanzen
- › 10 MET: Teilnahme an anstrengenden Sportarten wie Schwimmen, Einzel-Tennis, Fußball, Basketball, Skifahren

Nach der Anzahl der ermittelten METs kann die Leistungsfähigkeit in folgender Weise klassifiziert werden:

- > 10 MET: sehr gute funktionelle Kapazität
- 7–10 MET: gute funktionelle Kapazität
- 4–6 MET: mittlere funktionelle Kapazität
- < 4 MET: schlechte funktionelle Kapazität.

Diagnostische Verfahren

Das Ausmaß der präoperativen kardiologischen Diagnostik richtet sich vor allem nach den individuellen Umständen und der Art der chirurgischen Erkrankung.

→ Bei chirurgischen **Notfällen** ist häufig nur eine begrenzte präoperative Einschätzung möglich; eine detaillierte Abklärung erfolgt dann in der postoperativen Phase.

→ Bei **elektiven** Eingriffen ist hingegen eine sorgfältige Risikostratifizierung erforderlich, um die perioperative Morbidität und Letalität so gering wie möglich zu halten. Wenn nötig, muss der elektive Eingriff verschoben werden, um die Ausgangsbedingungen für den Patienten zu verbessern.

- **Lungenfunktionsprüfung:** Sie sollte nur bei klinisch relevanten Hinweisen auf vorbestehende Lungenerkrankungen erfolgen (siehe einzelne Krankheitsbilder).
- **Thoraxröntgenbild:** Vor jeder Operation werden bei Verdacht bzw. Vorliegen einer Herzerkrankung ein p.a. und ein seitliches Thoraxröntgenbild angefertigt, vor allem, um Veränderungen des Herzens und der großen Gefäße sowie kardial bedingte pulmonale Veränderungen festzustellen (Einzelheiten siehe betreffende Krankheitsbilder).
- **Elektrokardiogramm:** Bei jedem Verdacht auf eine Herzerkrankung ist, unabhängig vom Alter des Patienten, ein präoperatives EKG erforderlich.
- **Echokardiographie:** Sie gehört zu den wichtigsten nichtinvasiven Verfahren, mit denen die globale und regionale Ventrikelfunktion sowie die Wanddicke und Klappenfunktion untersucht werden können. Der Anästhesist sollte sich präoperativ mit den entsprechenden Befunden vertraut machen.
- **Herzkatheter:** Die Indikation für eine präoperative Herzkatheteruntersuchung stellt der Kardiologe. Wurde bereits eine Herzkatheteruntersuchung durchgeführt, müssen die entsprechenden Befunde am Tag der Narkosevisite vollständig vorliegen.

Anhand der gewonnenen Daten wird der Patient klassifiziert und danach das anästhesiologische Vorgehen festgelegt.

New-York-Heart-Association-Status

Diese Klassifizierung beruht auf dem Herzstatus und der Prognose. Der Herzstatus bezieht sich auf die gesamte Einschätzung von Ursache, pathologischer Anatomie und Pathophysiologie der kardiovaskulären Erkrankung. Die Prognose beruht auf der Einschätzung des Nutzens und der Gefahren der medizinischen und chirurgischen Behandlung:

Funktionelle NYHA-Klassifikation bei Herzinsuffizienz (revidierte Fassung)

- **I:** Herzerkrankung ohne körperliche Einschränkung. Alltägliche körperliche Belastung verursacht keine unangemessene Erschöpfung, Rhythmusstörungen, Luftnot oder Angina pectoris.
- **II:** Herzerkrankung mit leichter Einschränkung der körperlichen Leistungsfähigkeit. Keine Beschwerden in Ruhe. Alltägliche körperliche Belastung verursacht Erschöpfung, Rhythmusstörungen, Luftnot oder Angina pectoris.
- **III:** Herzerkrankung mit höhergradiger Einschränkung der körperlichen Leistungsfähigkeit bei gewohnter Tätigkeit. Keine Beschwerden in Ruhe. Geringe körperliche Belastung verursacht Erschöpfung, Rhythmusstörungen, Luftnot oder Angina pectoris.
- **IV:** Herzerkrankung mit Beschwerden bei allen körperlichen Aktivitäten und in Ruhe. Bettlägerigkeit.

Risikofaktoren kardiovaskulärer Komplikationen

Nach den Leitlinien der ACC/AHA (2007) sollte das kardiale Risiko stabiler Patienten für nicht-herzchirurgische Eingriffe anhand des Index von Lee eingeschätzt werden. Dieser Index umfasst sechs unabhängige Risikofaktoren und gehört zu den am häufigsten eingesetzten Klassifizierungssystemen.

Revidierter kardialer Risikoindex nach Lee
Risikofaktoren:

- Hochrisiko-Operation (s. nächster Kasten)
- koronare Herzkrankheit (früherer Myokardinfarkt, früheres positives Belastungs-EKG, Einnahme von Nitroglyzerin, aktuelle Angina pectoris, abnorme Q-Welle)
- Herzinsuffizienz (Anamnese, Klinik)
- zerebrovaskuläre Erkrankungen (TIA, PRIND, Schlaganfall)
- Diabetes mellitus (insulinpflichtig)
- Niereninsuffizienz (Serumkreatinin < 2 mg/dl)

Klasse	Anzahl der Risikofaktoren	Kardiales Risiko (%)
I	keine	0,4–0,5
II	1	0,9–1,3
III	2	4–7
IV	≥3	9–11

(Lee TH, Marcantonio ER, Mangione CM, et al.: Derivation and prospective validation of a simple index for prediction of cardiac risk of major noncardiac surgery. Circulation 1999, 100:1043–9)

Folgende Faktoren sind **Marker** kardiovaskulärer Erkrankungen, erhöhen aber für sich genommen nicht das perioperative kardiovaskuläre Risiko:

- hohes Lebensalter
- abnormes EKG (linksventrikuläre Hypertrophie, Linksschenkelblock, ST-T-Abnormitäten)
- kein Sinusrhythmus (z.B. Vorhofflimmern)
- niedrige funktionelle Kapazität
- nicht eingestellter Hypertonus

Kardiales Risiko von Operationen. Im Folgenden ist das kardiale Risiko – **Herztod oder nichttödlicher Herzinfarkt** – bei verschiedenen Eingriffen zusammengestellt.

Kardiales Risiko verschiedener Operationen
Hochrisiko-Operationen (> 5%):

- große Notfalleingriffe, besonders im höheren Lebensalter
- große Gefäßoperationen, z.B. abdominale Aortenaneurysmen
- periphere Gefäßoperationen
- lange Eingriffe mit großen Flüssigkeitsverschiebungen und/oder Blutverlusten.

Mittleres kardiales Risiko (1–5%):

- intraperitoneale und intrathorakale Eingriffe
- Karotis-Endarteriektomie
- Eingriffe an Kopf und Hals
- orthopädische Eingriffe
- Prostataoperationen.

Niedriges kardiales Risiko (< 1%):
- endoskopische Eingriffe
- oberflächliche Operationen
- Kararakt-OP
- Brustoperationen
- ambulante Eingriffe.

Welche Patienten sollten präoperativ kardiologisch untersucht werden?

Ergeben sich bei der Prämedikationsvisite Hinweise auf eine signifikante Herzerkrankung, sollte der Patient dem kardiologischen Konsiliar vorgestellt werden.

Leitlinien/Empfehlungen
ACC/AHA-Leitlinie 2007
Aktive Herzerkrankungen, bei denen der Patient vor elektiven nicht-herzchirurgischen Eingriffen untersucht und behandelt werden sollte (Klasse I, Evidenzgrad B):
- **Instabile Koronarsyndrome:**
  - instabile oder schwere Angina (CCS Klasse III oder IV)
  - kürzlich erlittener Infarkt (≥ 7 bis 30 Tage)
- Dekompensierte Herzinsuffizienz: NYHA IV; Verschlechterung oder Neuauftreten einer Herzinsuffizienz)
- **Bedeutsame Herzrhythmusstörungen:**
  - hochgradiger AV-Block, Mobitz-II-AV-Block, AV-Block III. Grades
  - symptomatische ventrikuläre Arrhythmie
  - supraventrikuläre Arrhythmie (einschließlich Vorhofflimmern) mit unkontrollierter Herzfrequenz (> 100/min)
  - symptomatische Bradykardie
  - neu aufgetretene ventrikuläre Tachykardie
- **schwere Herzklappenerkrankung:**
  - schwere Aortenstenose (Druckgradient ≥ 40 mm Hg, Klappenöffnungsfläche ≤ 1,0 cm^2 oder symptomatisch)
  - symptomatische Mitralstenose (progrediente Belastungsdyspnoe, belastungsbedingte Synkope oder Herzinsuffizienz

Leitlinien/Empfehlungen
Präoperative kardiologische Untersuchung bei Verdacht auf Herzerkrankungen (Praxisleitlinien der ACC/AHA 2007)

1. Schritt: Einschätzung der Dringlichkeit der nicht kardiochirurgischen Operation. Wenn Notfall: keine weitere (kardiologische) Diagnostik, sondern sofortige Operation (Klasse I, Evidenzgrad C). Der Kardiologe sollte Empfehlungen für die perioperative medikamentöse Behandlung und Überwachung geben.

2. Schritt: Bei Vorliegen einer aktiven Herzerkrankung (siehe Kasten oben): Verschiebung oder Absetzen elektiver Eingriffe, bis das kardiale Problem nach den ACC/AHA-Leitlinien geklärt und angemessen behandelt worden ist (Klasse I, Evidenzgrad B). Wenn nicht: Schritt 3.

3. Schritt: Bei stabilen Patienten ändern Interventionen aufgrund von kardiovaskulären Untersuchungen nur selten die Behandlung. Daher können geplante Eingriffe mit niedrigem kardiovaskulärem Risiko (< 1%) bei stabilen Patienten durchgeführt werden, selbst wenn sie einer Hochrisikogruppe angehören (Klasse I, Evidenzgrad B).

14

4. Schritt: Bei guter funktioneller Kapazität (MET ≥ 4) ohne Symptome ändern die Ergebnisse kardiovaskulärer Untersuchungen nur selten das Vorgehen, daher können geplante Eingriffe bei diesen Patienten durchgeführt werden (Klasse I, Evidenzgrad B). Bei Patienten mit bekannter Herz-Kreislauf-Erkrankung oder mindestens einem klinischen Risikofaktor scheint die perioperative Kontrolle der Herzfrequenz mit β-Blockern angemessen zu sein (s.u.).

5. Schritt: Bei Patienten mit schlechter funktioneller Kapazität, Symptomen oder unbekannter funktioneller Kapazität entscheiden klinische Risikofaktoren über die Notwendigkeit weiterführender Untersuchungen:

- Liegen keine klinischen Risikofaktoren vor, ist keine Änderung des Vorgehens erforderlich und der Patient kann wie geplant operiert werden.
- Hat der Patient einen oder zwei klinische Risikofaktoren, sollte entweder unter β-Blocker-Kontrolle der Herzfrequenz elektiv operiert oder sollten weitere Untersuchungen erwogen werden, wenn hierdurch das Vorgehen geändert würde.
- Bei Patienten mit drei oder mehr klinischen Risikofaktoren ist das operationsspezifische kardiale Risiko von Bedeutung. Bei Gefäßoperationen: weitere Untersuchungen erwägen, wenn deren Ergebnisse das Vorgehen ändern würden (Klasse IIa, Evidenzgrad B).
- Bei Eingriffen mit mittlerem Risiko (1–5%): geplanten Eingriff unter β-Blocker-Kontrolle der Herzfrequenz durchführen (Klasse II, Evidenzgrad B) oder nicht-invasive Untersuchungen erwägen, wenn deren Ergebnisse das Vorgehen ändern würden.
- Bei Patienten mit einem oder zwei klinischen Risikofaktoren: Gefäßoperationen oder Operationen mit mäßigem Risiko: wie zuvor beschrieben vorgehen.
- Bei Patienten ohne klinische Risikofaktoren: geplante Operation durchführen (Klasse I, Evidenzgrad B).

Aus den Ergebnissen nicht-invasiver Untersuchungen kann das weitere perioperative Vorgehen festgelegt werden.

Perioperative medikamentöse Therapie

Derzeit ist nicht hinreichend belegt, dass durch eine unmittelbar vor der Operation eingeleitete medikamentöse Therapie das Risiko kardialer Komplikationen gesenkt werden kann. Es gibt aber Hinweise, dass die perioperative Gabe von β-Blockern die Häufigkeit perioperativer Myokardischämien vermindert, möglicherweise auch das perioperative Infarktrisiko und die Letalität bei **Hochrisikopatienten.** Die Zufuhr der β-Blocker sollte möglichst Tage oder Wochen vor der geplanten Operation begonnen werden; die Zielherzfrequenz sollte 50–60 Schläge/min betragen. Ob ähnliche Effekte auch mit α_2-Agonisten zu erreichen sind, ist bislang nicht gesichert.

EBM

Evidenzgrade der perioperativen medikamentösen Therapie (ACC/AHA-Praxisleitlinien 2002):

- Klasse I:
  - β-Blocker, die erforderlich sind, um Angina pectoris, symptomatische Arrhythmien oder eine Hypertonie zu kontrollieren
  - β-Blocker bei Patienten mit hohem kardialem Risiko aufgrund von Ischämiezeichen während der präoperativen Diagnostik, die sich einem gefäßchirurgischen Eingriff unterziehen müssen.

- Klasse IIa: β-Blocker bei präoperativ festgestellter unbehandelter Hypertonie, bekannter Koronarkrankheit oder Hauptrisikofaktoren für eine KHK
- Klasse IIb: α_2-Agonisten zur perioperativen Kontrolle des Blutdrucks, bei bekannter KHK oder Hauptrisikofaktoren für eine KHK
- Klasse III:
  - β-Blocker bei Kontraindikationen für eine β-Blockade
  - α_2-Agonisten bei Kontraindikationen für α_2-Agonisten.

14.1.2 Hypertonie

Die Hypertonie ist ein Hauptrisikofaktor für koronare, zerebrale und renale Gefäßerkrankungen.

Definition und Klassifikation

Mit zunehmendem Lebensalter steigt der Blutdruck an, während sich die Blutdruckamplitude, also die Differenz zwischen systolischem und diastolischem Druck, weitet.

Klassifikation der Hypertonie (nach JNC7, 2003)

Einteilung	Systolisch (mm Hg)	Diastolisch (mm Hg)
normal	< 120	< 80
Prähypertonie	120–139	80–89
Schweregrad 1	140–159	90–99
Schweregrad 2	> 160	> 100

Ein **labiler Hypertonus** ist gekennzeichnet durch den Wechsel zwischen normalen und erhöhten Blutdruckwerten.

Der vor allem bei älteren Patienten vorkommende isolierte **systolische Hypertonus** gilt als wichtiger Risikofaktor für kardiovaskuläre Komplikationen, wenn der arterielle Mitteldruck hierbei den oberen Normbereich von 107 mm Hg überschreitet.

Risiken der Hypertonie

Die wichtigsten Risiken der Hypertonie sind:

- Myokardhypertrophie
- Herzinsuffizienz
- koronare Herzkrankheit
- Myokardinfarkt
- zerebrovaskuläre Insulte
- Nephrosklerose.

Hypertensiver Notfall

Zu unterscheiden ist zwischen hypertensivem Notfall (früher „hypertensive Krise") und hypertensiver Dringlichkeit:

- **Hypertensiver Notfall** = krisenhafter Blutdruckanstieg, verbunden mit akuten Schäden von Endorganen. Entscheidend ist hierbei nicht die absolute Höhe des Blutdrucks, sondern das Neuauftreten oder die akute Verschlechterung von Endorganschäden.
- **Hypertensive Dringlichkeit** = plötzliche Blutdruckanstiege (180/110 mm Hg) als Erstmanifestation oder bei vorbestehender Hypertonie, jedoch ohne akute vitale Gefährdung.

Medikamentöse Behandlung der Hypertonie

Folgende Blutdruckwerte werden angestrebt:

Zielblutdruckwerte bei antihypertensiver Therapie
- junge und mittelalte Patienten, Diabetiker: Normalwerte, mindestens < 130/80 mm Hg
- ältere Patienten: mindestens hochnormale Werte: < 140/80 mm Hg
- Patienten mit Niereninsuffizienz: < 130/80 bzw. < 125/75 mm Hg bei Proteinurie > 1 g/dl

Die **wichtigsten Antihypertensiva:**
- Diuretika
- β-Blocker
- Kalziumantagonisten
- ACE-Hemmer
- AT1-Antagonisten (AT-II-Rezeptoren-Blocker)
- spezielle Indikationen: α_1-Rezeptor-Blocker, α-Methyldopa, Dihydralazin.

Für den Anästhesisten ist wichtig: Ein maximaler Therapieeffekt der Antihypertensiva ist nach 2–6 Wochen zu erwarten.

Präoperative antihypertensive Behandlung

Das Risiko **perioperativer kardiovaskulärer Komplikationen** ist bei Patienten mit leichter bis mäßiger Hypertonie (Grad 1 und 2 bzw. Blutdruckwerte < 180/110) ohne Organmanifestationen nicht erhöht, d.h., die Schweregrade sind keine eigenständigen Risikofaktoren für kardiovaskuläre Komplikationen. Bestehen hingegen spezifische hypertensive Organschäden oder Begleiterkrankungen, insbesondere von Herz, Gehirn und Niere, so muss, abhängig vom Schweregrad dieser Schädigungen, von einem erhöhten Operations- und Narkoserisiko ausgegangen werden.

Präoperatives Vorgehen bei Hypertonie.
- leichte oder mäßige Hypertonie: keine Verschiebung der Operation
- schwere, erst kürzlich oder während der präoperativen Untersuchung festgestellte Hypertonie: vor geplanten OPs sekundäre Ursache ausschließen
- bei hinreichendem Verdacht auf ein **Phäochromozytom:** geplante OP verschieben und Diagnostik veranlassen.

14

Leitlinien/Empfehlungen

Leitlinie ACC/AHA 2007: Vorgehen bei Hypertonie Grad 3

Bei Hypertonie Grad 3, d.h. systolischen Blutdruckwerten von ≥ 180 mm Hg und diastolischen Blutdruckwerten von ≥ 110 mm Hg sollte der mögliche Nutzen einer Verschiebung elektiver Operationen mit Optimierung der antihypertensiven Therapie gegen die möglichen Nachteile einer Verzögerung des Eingriffs abgewogen werden. Mit schnell wirkenden Antihypertensiva kann der Blutdruck meist innerhalb weniger Stunden kontrolliert werden.

Perioperative Fortsetzung der antihypertensiven Behandlung

Eine Dauermedikation mit Antihypertensiva sollte perioperativ fortgesetzt werden, um eine Rebound-Hypertonie und einen Anstieg der Herzfrequenz zu vermeiden. Daher sollte der Patient die Antihypertensiva auch am Operationsmorgen zusammen mit seiner üblichen Prämedikation erhalten.

→ Werden **ACE-Hemmer und AT-II-Antagonisten** noch am Operationsmorgen zugeführt, muss perioperativ häufiger mit behandlungsbedürftigen Blutdruckabfällen gerechnet werden. Bei therapierefraktärer Hypotension sollte **Vasopressin** eingesetzt werden.

→ Für die Fortsetzung der **Diuretikazufuhr** auch am Operationsmorgen gibt es derzeit keine evidenzbasierten Empfehlungen.

14.1.3 Koronare Herzerkrankung

Die manifeste koronare Herzkrankheit erhöht die perioperative Morbidität und Mortalität und erfordert ein spezifisches anästhesiologisches Vorgehen, das sich an den pathophysiologischen Besonderheiten der Erkrankung ausrichtet (▶ Kap. 43).

Definition und Manifestationen

Die koronare Herzerkrankung umfasst alle klinischen Zustände und Ereignisse, die durch eine isolierte oder diffuse Atherosklerose der Koronararterien (Koronarsklerose) hervorgerufen werden.

Klinische Manifestationen:

1. Angina pectoris: stabil, instabil
2. stumme Myokardischämien
3. akuter Myokardinfarkt
4. ischämisch bedingte Herzinsuffizienz
5. Herzrhythmusstörungen
6. plötzlicher Herztod.

Pathophysiologie

Die manifeste koronare Herzerkrankung ist gekennzeichnet durch ein Missverhältnis zwischen myokardialem Sauerstoffbedarf und Sauerstoffangebot. Die regionale Minderdurchblutung des Myokards (Ischämie) beruht auf einer kritischen Stenose (> 75% bzw. Abnahme des engsten Durchmessers auf < 1,5 mm) großer extramuraler (epikardialer) Koronararterien.

Myokardinfarkt

Der akute (nichtoperative) Herzinfarkt entsteht am häufigsten durch einen Plättchenthrombus, der sich im Bereich einer hochgradigen Stenose (engster Durchmesser < 1 mm), auf dem Boden einer Plaquefissur oder -ruptur, bildet und das Gefäß vollständig verschließt. Hierdurch tritt, wenn unbehandelt, innerhalb von etwa 3 h eine weitgehend globale und irreversible Schädigung des Myokards ein, gekennzeichnet durch Verlust der Pumpfunktion und die Gefahr lebensbedrohlicher ventrikulärer Herzrhythmusstörungen.

Stabile Angina pectoris

Sie wird durch Belastung ausgelöst, ferner durch Aufregung bzw. Tachykardie.

- Belastungs-EKG: ST-Strecken-Senkung > 0,1 mV
- Thallium-Myokardszintigramm: regionale reversible Aktivitätsminderungen
- im linksventrikulären Hohlraumszintigramm: Abnahme der Auswurffraktion, oft auch verminderte regionale Wandbeweglichkeit
- im Koronarangiogramm: bei etwa ⅔ der Patienten Dreigefäßerkrankung nachweisbar, in der Regel mit hochgradigen, d.h. 75–90%igen Stenosen oder auch kompletten Verschlüssen. Bei den meisten Patienten bestehen Störungen der Wandbeweglichkeit (Akinesie oder Hypokinesie), die Auswurffraktion liegt unter 65%.

Die wichtigsten **Komplikationen** im weiteren Verlauf sind: instabile Angina pectoris, Myokardinfarkt und Reinfarkt.

Medikamentöse Therapie der stabilen Angina pectoris (Klasse-I-Substanzen)

- Acetylsalicylsäure (Klasse I); wenn kontraindiziert: Clopidrogel (Klasse IIa), Kombination mit ASS ist ebenfalls möglich
- β-Rezeptoren-Blocker: angestrebte Herzfrequenz 50–60/min, bei schwerer Angina pectoris < 50/min (sofern hierdurch keine Symptome ausgelöst werden)
- Langzeitnitrate, z.B. Isosorbidmononitrat, wenn β-Blocker kontraindiziert sind
- Kalziumantagonisten, wenn β-Blocker kontraindiziert sind; bei Verapamil und Diltiazem muss die Gefahr der Bradykardie und AV-Blockierung beachtet werden
- Lanzeitnitrate oder Kalziumantagonisten als Ersatz von β-Blockern, wenn diese während der Initialtherapie zu erheblichen Nebenwirkungen geführt haben
- Nitrolingual sublingual oder als Spray beim akuten Angina-pectoris-Anfall
- Lipidsenker, wenn LDL-Cholesterin > 130 mg/dl; Ziel: < 100 mg/dl
- ACE-Hemmer bei Hypertonie, Diabetes, Herzinsuffizienz, vorangegangenem Infarkt

Invasive Therapieverfahren: Ballondilatation, Stent und Koronarbypass-Operation (▶ Kap. 43).

Akutes Koronarsyndrom

Der Begriff „akutes Koronarsyndrom“ (ACS) bezeichnet die unmittelbar lebensbedrohlichen Phasen der koronaren Herzkrankheit, d.h.:

- instabile Angina pectoris
- Myokardinfarkt ohne ST-Hebungen (NSTEMI) oder mit ST-Hebungen (STEMI)
- plötzlicher Herztod.

Leitsymptom (allerdings niedriger Spezifität) ist der akute Thoraxschmerz.

Akutes Koronarsyndrom ohne ST-Hebung

Typisch ist eine akute Angina pectoris, die erstmals oder als Verstärkung einer bislang stabilen Symptomatik auftreten kann.

→ Spezifisch für eine Myokardischämie sind neu aufgetretene ST-Strecken-Senkungen von > 0,1 mV in zwei und mehr Ableitungen.

→ Die herzspezifischen Marker (CK-MB und/oder Troponin I bzw. T) sind bei instabiler Angina pectoris im Normbereich, bei NSTEMI dagegen erhöht.

→ Erhöhte Troponinwerte finden sich frühestens 3–4 h nach dem Ischämieereignis.

Leitlinien/Empfehlungen

Primärtherapie beim akuten Koronarsyndrom (Leitlinie der Deutschen Gesellschaft für Kardiologie 2004)

- Sauerstoff nur bei Hypoxämie, pulmonalen Rasselgeräuschen, nicht bei normalem paO_2
- initial Glyzerolnitrat 0,4–0,8 mg sublingual, evtl. wiederholt; bei anhaltenden Beschwerden Nitroglyzerin 5–10 µg/min i.v.; Steigerung um 10 µg/min alle 3–5 min (wenn systolischer Blutdruck > 100 mm Hg) bis zur Maximaldosis von 200 µg/min
- bei thorakalen Schmerzen trotz Nitrat- und β-Blocker-Therapie: Morphin titrierend in Dosen von 3–5 mg
- bei vagaler Reaktion: Atropin, 0,5 mg, evtl. wiederholt
- β-Blocker, sofern keine Kontraindikationen bestehen, z.B. Metoprolol 3 × 5 mg langsam i.v.; Dauertherapie 50–100 mg p.o./d. Zielherzfrequenz 50–60/min
- Diltiazem oder Verapamil p.o. oder i.v. (wenn keine Kontraindikationen vorliegen) bei Patienten mit therapierefraktärer Angina pectoris unter maximaler β-Blocker- und Nitratwirkung oder bei Kontraindikationen für diese Substanzen
- Acetylsalicylsäure ≥ 250 mg i.v. als Initialdosis, Fortsetzung als Dauertherapie
- wenn keine invasive Maßnahme geplant ist: zusätzlich Clopidogrel 300 mg p.o. zur Aufsättigung, ab 2. Tag 75 mg/d
- Heparin 70 E/kg i.v.; maximal 5000 E oder Enoxaparin 30 mg i.v. und 1 mg/kg s.c.

Akuter Myokardinfarkt (AMI) mit persistierender ST-Strecken-Hebung (STEMI)

Für die Diagnose „akuter Myokardinfarkt" müssen zwei der drei nachstehenden Kriterien erfüllt sein:

- infarkttypische Beschwerden
- ischämietypische Veränderungen im 12-Kanal-EKG; einer der folgenden EKG-Befunde:
  - ST-Strecken-Hebung > 0,1 mV in mindestens zwei zusammenhängenden Extremitätenableitungen oder
  - > 0,2 mV in mindestens zwei zusammenhängenden Brustwandableitungen oder
  - Linksschenkelblock mit typischer Infarktsymptomatik
- Anstieg und Abfall herzspezifischer Enzyme im Serum.

Wegen der Dringlichkeit von **Reperfusionsmaßnahmen** (Fibrinolyse, PCI) darf der Anstieg spezifischer biochemischer Marker (Myoglobin, Troponin T, Troponin I, CK-MB) für die Diagnose nicht abgewartet werden.

Perioperative Myokardischämien

Vorübergehende Myokardischämien treten bei ca. 30% aller Patienten mit koronarer Herzkrankheit im Zusammenhang mit nicht-herzchirurgischen Eingriffen auf. Auslösende Mechanismen können sein:

- Steigerung des myokardialen Sauerstoffbedarfs durch Tachykardie, Hypertension, Zunahme der Kontraktilität oder des enddiastolischen Volumens bzw. Drucks
- Abnahme der Koronardurchblutung durch Abfall des koronaren Perfusionsdrucks; ungenügendes Sauerstoffangebot bei Anämie
- Umverteilung der Koronardurchblutung bzw. „coronary steal"-Phänomen
- Zunahme des koronaren Gefäßwiderstandes durch Tonussteigerung oder Spasmen im Bereich einer exzentrischen Koronarstenose unter dem Einfluss sympathoadrenerger Impulse oder vasoaktiver Substanzen.

→ Myokardischämien bzw. ST-Senkungen von kurzer Dauer (< 30 min) erhöhen sehr wahrscheinlich nicht das Risiko kardialer Komplikationen.

→ ST-Senkungen, deren kumulierte Dauer 60–120 min überschreitet, erhöhen dagegen signifikant das perioperative Infarktrisiko.

→ Bei Risikopatienten können bereits Anstiege der Herzfrequenz auf 85–95/min ein akutes perioperatives Koronarsyndrom auslösen.

→ Hypoxämie und Anämie können wesentlicher Faktor eines akuten perioperativen Koronarsyndroms sein.

Perioperativer Myokardinfarkt

Der perioperative Infarkt tritt per Definition während der Operation oder innerhalb der ersten Woche nach der Operation auf. In der Regel handelt es sich um einen NSTEMI; nur bei 2% der Patienten liegt perioperativ ein ST-Hebungs-Infarkt vor. Bei 50–70% der Patienten verläuft der perioperative Myokardinfarkt klinisch stumm; die Diagnose wird durch EKG und anhand von Laborparametern gestellt. Die Letalität beträgt derzeit 10–20%.

→ Die höchste Gefährdung besteht in den ersten 3–4 Tagen nach der Operation mit einem Maximum am 3. Tag.

Begünstigende Faktoren:
- Herzinsuffizienz und niedrige Auswurffraktion (< 35%)
- koronarangiographisch gesicherte Dreigefäßerkrankung
- Infarkt in der Vorgeschichte: perioperative Reinfarktrate 3,2–7,7%
- Art der Operation: Oberbaucheingriffe und intrathorakale Operationen

Diagnose. Ein großer Teil der perioperativen Myokardinfarkte verläuft asymptomatisch.

→ Das Auftreten neuer Q-Zacken im EKG mit einer Dauer von mehr als 0,04 s gilt als Kriterium für einen transmuralen Infarkt.

→ Subendokardiale Infarkte manifestieren sich als ST-T-Segment-Veränderungen. Allerdings sind vorübergehende Veränderungen dieses Segments (Abflachung, Negativierung) in den ersten Stunden nach der Narkose bei Patienten mit koronarer Herzerkrankung relativ häufig.

Präoperative Einschätzung des Koronarkranken

Von herausragender Bedeutung ist eine sorgfältige Erhebung der speziellen Vorgeschichte einschließlich der medikamentösen Therapie, während weiterführende diagnostische Maßnahmen besonderen Fragestellungen vorbehalten sind. Im Zweifelsfall sollte ein Kardiologe konsultiert werden.

Die Schwere der Angina pectoris kann nach den Kriterien der **Canadian Cardiovascular Society** klinisch in vier Grade eingeteilt werden, wobei allerdings einige Autoren deren klinische Aussagekraft bezweifeln.

CCS-Schweregrade der Angina pectoris

- Schweregrad I: Normale körperliche Aktivität wie Spazierengehen oder Treppensteigen führt nicht zu Angina pectoris. Angina tritt auf bei starker, schneller oder lang anhaltender Belastung oder während der Erholungsphase.
- Schweregrad II: Die normale körperliche Aktivität ist leicht eingeschränkt. Angina tritt auf bei raschem Gehen oder Treppensteigen, Aufwärtsgehen, Gehen oder Treppensteigen nach den Mahlzeiten, im Wind, unter emotionaler Belastung oder wenige Stunden nach dem Erwachen.
- Schweregrad III: Die normale körperliche Aktivität ist erheblich eingeschränkt. Der Patient kann ein bis zwei Häuserreihen entlanggehen und einen Treppenabsatz ersteigen.
- Schweregrad IV: Beschwerden bei jeglicher körperlicher Aktivität oder auch in Ruhe.

Bei Patienten der Schweregrade III und IV sollen perioperativ gehäuft kardiale Komplikationen auftreten.

Infarkt in der Vorgeschichte

Nach den ACC/AHA-Leitlinien gelten ein **akuter** Myokardinfarkt (erste 7 Tage) und ein **kürzlich erlittener** Infarkt (8 Tage bis 1 Monat) als Hauptrisikofaktoren für kardiale Komplikationen, sofern klinische Symptome oder nicht-invasive Untersuchungsverfahren auf wesentliche ischämische Risiken hinweisen.

Demgegenüber gelten ein Infarkt in der Vorgeschichte oder abnorme Q-Zacken als **mittlerer** Risikofaktor. Lässt sich durch Belastungstests kein Risiko für das verbliebene Myokard nachweisen, ist das Reinfarktrisiko bei nichtkardialen Operationen niedrig. Daher wird Folgendes empfohlen:

Leitlinien/Empfehlungen
Frühester Zeitpunkt für elektive Eingriffe nach Myokardinfarkt (ACC/AHA-Leitlinie 2002)

- elektive Eingriffe frühestens 4–6 Wochen nach einem Myokardinfarkt
- bei folgenden Patienten sollten elektive Eingriffe **verschoben** werden:
  - ausgeprägte Postinfarktangina
  - große reversible Ausfälle im Perfusionsszintigramm
  - ausgeprägte ST-Senkung unter Belastung oder andere schwerwiegende Zeichen der Myokardischämie.

Zustand nach Stent-Implantation

In der Frühphase nach Stent-Implantation ist das perioperative Infarktrisiko ebenfalls signifikant erhöht; hinzu kommt die Gefahr schwerwiegender Blutungen. Myokardinfarkt oder Herztod beruhen meist auf einer Stent-Thrombose, hervorgerufen durch Absetzen der antithrombotischen Medikation 1–2 Tage vor der Operation; Blutungen können auftreten, wenn die antithrombotische Therapie perioperativ nicht unterbrochen wird.

! Merke
In den ersten 7–9 Wochen nach einer koronaren Stent-Implantation sollten keine elektiven Eingriffe durchgeführt werden.

PTCA. In den ersten Stunden bis Tagen nach der PTCA ist die Gefahr einer Thrombose im dilatierten Gefäßabschnitt erhöht. Daher sollten in den ersten 7 Tagen nach einer PTCA keine elektiven Eingriffe durchgeführt werden. Innerhalb dieser Zeit werden die Heilungsprozesse im Bereich der dilatierten Stenose weitgehend abgeschlossen.

Vorangegangene Koronarbypass-Operation. In den ersten 1–6 Monaten nach einer ACB-Operation ist das Risiko eines perioperativen Infarkts erhöht; dies scheint besonders für gefäßchirurgische Eingriffe bei Hochrisikopatienten zu gelten.

Ruhe-EKG

Das Ruhe-EKG ist für die Früherkennung besonders der latenten koronaren Herzerkrankung nicht geeignet. Auch der frische und vor allem der alte Infarkt werden nur bei etwa 75% der Patienten erkannt.

Nichtinvasive Bestimmung der linksventrikulären Funktion in Ruhe

Eine verminderte linksventrikuläre Ejektionsfraktion (LV-EF) erhöht die perioperative Morbidität und Letalität; das höchste Risiko weisen Patienten mit einer LV-EF von < 35% auf.

Leitlinien/Empfehlungen
Bestimmung der linksventrikulären Ruhefunktion vor nichtkardialen Operationen (ACC/AHA-Praxisleitlinien 2002)

- **Klasse I:** Patienten mit Zeichen der Herzinsuffizienz (nicht zwingend, wenn in vorangegangenen Untersuchungen LV-Funktionsstörungen nachgewiesen wurden)
- **Klasse IIa:** Patienten mit früherer Herzinsuffizienz sowie Patienten mit Dyspnoe unbekannter Ursache
- **Klasse III:** als Routineuntersuchung bei Patienten ohne frühere Herzinsuffizienz.

Nichtinvasive Belastungs- oder Stresstests

Funktionelle Belastungstests (Belastungs-EKG; pharmakologische-Stressechokardiographie, Myokardszintigraphie mit ergometrischer oder pharmakologischer Belastung) dienen folgenden Zielen:

- Ermittlung der funktionellen Kapazität
- Aufdeckung wesentlicher präoperativer Myokardischämien oder Herzrhythmusstörungen
- Einschätzung des perioperativen kardialen Risikos und der Langzeitprognose.

Leitlinien/Empfehlungen
Indikationen für präoperative nichtinvasive Stresstests (ACC/AHA-Leitlinie 2007)

- Patienten mit aktiver Herzerkrankung, bei denen ein nicht-herzchirurgischer Eingriff geplant ist, sollten vorher nach den ACC/AHA-Leitlinien eingeschätzt und behandelt werden (Klasse I, Evidenzgrad B)
- Patienten mit drei oder mehr klinischen Risikofaktoren und geringer Belastbarkeit (MET ≤4), die eine Gefäßoperation benötigen und bei denen hierdurch das Vorgehen geändert wird (Klasse IIa, Evidenzgrad B)
- zu erwägen bei Patienten mit mindestens ein bis zwei klinischen Risikofaktoren und geringer Belastbarkeit, die eine Operation mit mittlerem kardialem Risiko benötigen, wenn hierdurch das Vorgehen geändert wird (Klasse IIb, Evidenzgrad B)
- zu erwägen bei Patienten mit mindestens ein bis zwei klinischen Risikofaktoren und guter Belastbarkeit (≥ 4 METs) (Klasse IIb, Evidenzgrad B9.

Test **ohne Nutzen** bei:
- Patienten ohne klinische Risikofaktoren, die eine nicht-herzchirurgische Operation mit mittlerem Risiko benötigen (Klasse III, Evidenzgrad C)
- Patienten, die eine Operation mit niedrigem Risiko benötigen (Klasse III, Evidenz C)

→ Bei Patienten mit pathologischem EKG unter niedriger Belastungsstufe ist das Risiko perioperativer kardialer Komplikationen erhöht.

→ Die **Dobutamin-Stressechokardiographie** gilt aufgrund von Metaanalysen als bester präoperativer Test (Beattie WS: A meta-analytic comparison of preoperative stress echocardiography and nuclear imaging. Anesth Analg 2006, 102:8–16).

→ Die **Myokardperfusionsszintigraphie** sollte wegen des insgesamt geringen positiven Vorhersagewerts nur bei ausgewählten Patienten mit hohem Risiko für perioperative kardiale Komplikationen durchgeführt werden.

Präoperative koronare Revaskularisierung mit Koronarbypass-Operation oder PCI

Bei stabiler Koronarkrankheit ist eine prophylaktische **Koronarbypass-Operation** vor einem nicht-herzchirurgischen Eingriff nicht indiziert, sondern nur bei ausgewählten Patienten mit hohem Risiko. Auch die Indikationen für eine PTCA entsprechen denen nicht-operativer Patienten, da durch eine prophylaktische PTCA die Häufigkeit perioperativer kardialer Komplikationen nicht gesenkt wird.

Leitlinien/Empfehlungen
Präoperative koronare Revaskularisierung bei nicht-herzchirurgischen Eingriffen (ACC/AHA-Leitlinie 2007)

Klasse I und Evidenzgrad A:
- stabile Angina pectoris und signifikante linke Hauptstammstenose
- stabile Angina pectoris und 3-Gefäß-Erkrankung
- stabile Angina pectoris bei 2-Gefäß-Erkrankung mit signifikanter LAD-Stenose und EF < 0,5 oder Ischämie bei nicht-invasivem Test
- instabile Angina mit hohem Risiko oder NSTEMI

Präoperative Medikamente

β-Bocker

In neueren randomisierten Untersuchungen konnte die prophalyktische Wirksamkeit von β-Blockern nicht nachgewiesen werden. Nach Auffassung der ACC/AHA sprechen die Ergebnisse aber für einen Nutzen der perioperativen β-Blockade bei nicht-herzchirurgischen Eingriffen, besonders bei Hochrisikopatienten. Danach sollen β-Blocker die Häufigkeit von perioperativen Myokardischämien vermindern und möglicherweise auch das Infarktrisiko und das Risiko des plötzlichen Herztods reduzieren.

14

Leitlinien/Empfehlungen
Perioperative β-Blockade (ACC/AHA-Leitlinien 2007)
- Die Zufuhr von β-Blockern sollte Tage bis Wochen vor der Operation begonnen werden. Angestrebt wird eine Herzfrequenz von 60/min. Die β-Blocker-Zufuhr sollte intra- und postoperativ fortgesetzt werden und eine Herzfrequenz von 60–65/min erreichen (Klasse-I-Empfehlung, Evidenzgrad C).
- Bei Patienten, die bereits β-Blocker zur Behandlung von Angina pectoris, symptomatischen Arrhythmien, Hypertonie oder anderen Klasse-I-Indikationen erhalten, sollte die β-Blocker-Therapie perioperativ fortgesetzt werden (Klasse I, Evidenzgrad B).
- Patienten, bei denen eine absolute Kontraindikation für β-Blocker besteht, dürfen diese Substanzen nicht erhalten (Klasse III, Evidenzgrad C).

Wird mit der β-Blocker-Zufuhr erst kurz vor der Operation begonnen, scheinen die Effekte – verglichen mit Plazebo – eher ungünstig zu sein: So ergab die POISE-Studie an 10 000 Patienten (Metroprolol: Beginn der Zufuhr 2–4 h präoperativ, Fortsetzung für 30 Tage) Folgendes:

- Abnahme der Myokardinfarkthäufigkeit, jedoch
- vermehrt Blutdruckabfälle und Bradykardien,
- Anstieg der Apoplexrate und der Letalität.

Statine

Statine vermindern möglicherweise das Risiko kardialer Komplikationen bei nichtherzchirurgischen Eingriffen, allerdings liegen hierzu derzeit keine ausreichenden Beweise vor.

Kalziumantagonisten

In einer Metaanalyse ergab sich, dass Kalziumantagonisten, vornehmlich Diltiazem, perioperativ die Häufigkeit von Myokardischämien und supraventrikulären Rhythmusstörungen vermindern, tendenziell auch das Infarktrisiko und das Risiko des plötzlichen Herztods. Intraoperativ können Kalziumantagonisten die negativ inotropen und dromotropen Wirkungen der Inhalationsanästhetika verstärken: Blutdruckabfall und AV-Block können die Folge sein.

Thrombozytenaggregationshemmer

ASS reduziert das Risiko für Myokardinfarkt, Schlaganfall und Herztod, allerdings wird die Blutungsgefahr erhöht.

Leitlinien/Empfehlungen
Perioperative Thrombozytenaggregationshemmer (Empfehlungen verschiedener Fachgesellschaften)

- Bei Eingriffen mit niedrigem Blutungsrisiko müssen Thrombozytenaggregationshemmer nicht abgesetzt werden.
- Bei Eingriffen mit mittlerem Blutungsrisiko muss das Ischämierisiko eingeschätzt werden. Ist das Ischämierisiko gering, kann die Zufuhr von Clopidogrel für 5 Tage unterbrochen und postoperativ so bald wie möglich wieder aufgenommen werden. Bei hohem Ischämierisiko sollte der Eingriff verschoben werden. Ist dies nicht möglich, kann Clopidogrel 5 Tage vorher abgesetzt werden.
- Eingriffe mit hohem Blutungsrisiko sollten verschoben werden; ist dies nicht möglich, müssen ASS und Clopidogrel 5 Tage vor der geplanten Operation abgesetzt werden.
- Die alleinige Gabe von ASS scheint das Risiko epiduraler Hämatome bei Spinal- oder Periduralanästhesie nicht zu erhöhen, wohl aber die Kombination von ASS und Heparin zur Thromboseprophylaxe (DGAI-Empfehlung; Einzelheiten s. ▶ Kap. 21)

Vorgehen bei Patienten mit Stent s. o.

Prämedikation

Im Allgemeinen ist bei Koronarpatienten eine stärkere Sedierung erforderlich, um Angst und Aufregung (mit Zunahme des Tonus der Koronararterien und Angina pectoris) zu vermeiden.

Wahl des Anästhesieverfahrens

Das Anästhesieverfahren hat keinen nachweisbaren Einfluss auf die Häufigkeit perioperativer kardialer Komplikationen. Auch wird das Behandlungsergebnis weder durch Routineeinsatz von ST-Segment-Monitor, Pulmonaliskatheter, transösophagealer Echokardiographie noch durch intravenöses Nitroglyzerin verbessert.

Regionalanästhesie

Alle gebräuchlichen Verfahren (Nervenblockaden, Plexusblockaden, Spinal- und Periduralanästhesie) sind grundsätzlich möglich. Bei Spinal- und Periduralanästhesie muss aber die Gefahr des Blutdruckabfalls mit Abnahme des koronaren Perfusionsdrucks besonders beachtet werden. Eine ausgedehnte oder totale Sympathikusblockade sollte vermieden werden.

Inhalationsanästhetika

Die kontrollierte Dämpfung der Herz-Kreislauf-Funktion durch die Inhalationsanästhetika wird bei Patienten mit guter Ventrikelfunktion meist als günstig angesehen, sofern ein zu starker Abfall des koronaren Perfusionsdrucks vermieden wird. Vorteilhaft ist auch die gute Blockade sympathoadrenerger Reaktionen auf starke Stimuli. Im Tierexperiment können volatile Anästhetika das Myokard vor ischämischen Schäden schützen (Präkonditionierung), ebenso vor Reperfusionsschäden nach Ischämie (Postkonditionierung). Die klinische Bedeutung der kardioprotektiven Effekte kann derzeit nicht eingeschätzt werden.

Opioide

Derzeit wird die Kombination mittlerer Opioiddosen mit Inhalationsanästhetika in niedrigen Konzentrationen als günstiges Narkoseverfahren bei Patienten mit ausreichender Ventrikelfunktion angesehen. Dabei spielt die Wahl des jeweiligen volatilen Anästhetikums klinisch wahrscheinlich keine wesentliche Rolle.

Intraoperative Überwachung

Die intraoperative Überwachung richtet sich vor allem nach dem Ausmaß des operativen Eingriffs und dem Schweregrad der Erkrankung. Die Indikation für eine arterielle Kanülierung wird im Allgemeinen großzügiger gestellt, so z.B. wenn hyperdyname Reaktionen zu erwarten sind oder eine schlechte Ventrikelfunktion vorliegt.

EKG

Im Mittelpunkt der Überwachung steht das Elektrokardiogramm, das vor allem der Diagnose von perioperativen Myokardischämien dient. Am häufigsten werden hierfür V_5/II-Ableitungen eingesetzt (▶ Kap. 24).

Leitlinien/Empfehlungen

Perioperative ST-Strecken-Überwachung (ACC/AHA-Praxisleitlinien 2002)

- Klasse IIa, Evidenzgrad B: bei bekannter KHK oder bei Gefäßoperationen, wenn verfügbar mit computerisierter ST-Strecken-Analyse: kann perioperative Moykardischämien aufdecken
- Klasse IIb, Evidenzgrad B: Patienten mit einem oder mehreren koronaren Risikofaktoren

Pulmonalarterienkatheter

Der intraoperative Routineeinsatz eines Pulmonalarterienkatheters ist nicht gerechtfertigt, besonders bei Patienten mit geringem Risiko perioperativer hämodynamischer Störungen. Möglicherweise profitieren aber Hochrisikopatienten hiervon.

Leitlinien/Empfehlungen
Empfehlung für den intra- und postoperativen Einsatz eines Pulmonaliskatheters (ACC/AHA-Praxisleitlinien 2007)
Klasse IIb, Evidenz B: Patienten, bei denen das Risiko größerer hämodynamischer Störungen besteht, die leicht durch einen Pulmonaliskatheter aufgedeckt werden können. Die Entscheidung muss folgende drei Faktoren berücksichtigen: die Erkrankung des Patienten, die Art des chirurgischen Eingriffs (d.h. intra- und postoperative Flüssigkeitsverschiebungen) sowie die praktischen Gegebenheiten (Erfahrung in der Anwendung des PAK und der Interpretation der Ergebnisse).

Transösophageale Echokardiographie

Mit der TEE können intraoperative Myokardischämien leichter aufgedeckt werden als mit dem EKG oder dem Pulmonalarterienkatheter. Der Notfalleinsatz der TEE ist gerechtfertigt, wenn eine akute, anhaltende und lebensbedrohliche hämodynamische Störung auftritt, der Routineeinsatz des TEE bei nichtkardialen Eingriffen scheint dagegen nicht gerechtfertigt zu sein (ACC/AHA 2007).

Perioperative Blutzuckerkontrolle

Bei Diabetikern oder Patienten mit akuter Hyperglykämie, bei denen ein hohes Risiko für Myokardischämien besteht oder die sich einer Gefäßoperation oder einem großen nichtkardialen Eingriff unterziehen und bei denen die Aufnahme auf eine Intensivstation geplant ist, sollten die perioperativen Blutzuckerwerte **≤150 mg/dl** betragen (Klasse IIa, Evidenzgrad B).

→ Der Nutzen einer strikten Blutzuckereinstellung bei Patienten, die postoperativ nicht auf eine Intensivstation aufgenommen werden sollen, ist dagegen nicht gesichert (Klasse IIb, Evidenzgrad C).

Aufrecherhaltung der Körpertemperatur

Hypothermie erhöht bei Risikopatienten die Häufigkeit von Myokardischämien; durch Aufrechterhaltung der Normothermie kann das Risiko um 55% gesenkt werden.

Leitlinien/Empfehlungen
Aufrechterhaltung der Körpertemperatur (ACC/AHA Leitlinien 2007)
Für die meisten Eingriffe sollte die Körpertemperatur im Normbereich gehalten werden, ausgenommen von Phasen, in denen eine induzierte Hypothermie als organprotektive Maßnahme eingesetzt wird (Klasse I, Evidenzgrad B).

Leitsätze für die Narkose

Oberstes Prinzip der Narkose für den Koronarkranken ist die Aufrechterhaltung des myokardialen Sauerstoffgleichgewichts.

Ziele der Narkoseführung beim Koronarkranken
- Herzfrequenz zwischen 50 und 60/min
- systolischer Blutdruck nicht höher als 15% vom Normal- bzw. Ausgangswert
- diastolischer Druck › 60 mm Hg
- keine extreme Hämodilution bzw. Anämie

Postoperative Intensivüberwachung

Infarktgefährdete Patienten sollten nach der Operation auf eine Überwachungsstation gelegt werden.

14.1.4 Chronische Herzinsuffizienz

Herzinsuffizienz prädisponiert, abhängig vom jeweiligen Schweregrad, zu perioperativem Herzversagen und erhöhter Letalität. Besonders gefährdet sind Patienten der NYHA-Schweregrade III und IV (▸ Kap. 14.1.1) sowie Patienten mit S3-Galopp bzw. 3. Herzton und gestauten Jugularvenen.

Ursachen

Zu den häufigsten Ursachen der Herzinsuffizienz gehören:

- arterielle Hypertonie
- koronare Herzerkrankung.

→ Eine akute Herzinsuffizienz in der perioperativen Phase beruht am häufigsten auf einem akuten Koronarsyndrom. Hauptgefahr ist der kardiogene Schock.

Präoperative Einschätzung und Diagnostik

Leitlinien/Empfehlungen

Stadieneinteilung der Herzinsuffizienz nach den ACC/AHA-Leitlinien 2001

- **A:** Patienten mit Risikokonstellation für spätere Entwicklung einer Herzinsuffizienz; keine feststellbaren strukturellen oder funktionellen Auffälligkeiten, keine Zeichen der Herzinsuffizienz.
  Beispiele: arterielle Hypertonie, koronare Herzerkrankung, Diabetes mellitus, kardiotoxische Substanzen, Alkoholabusus, rheumatisches Fieber, familiäre Disposition.
- **B:** Patienten mit struktureller Herzerkrankung, jedoch ohne Symptome der Herzinsuffizienz.
  Beispiele: linksventrikuläre Hypertrophie oder Fibrose, linksventrikuläre Dilatation oder Hypokontraktilität, asymptomatischer Herzklappenfehler, früherer Myokardinfarkt.
- **C:** Patienten mit aktueller oder früherer Herzinsuffizienzsymptomatik mit struktureller Herzerkrankung.
  Beispiele: Dyspnoe, Erschöpfung bei diastolischer Dysfunktion, asymptomatischer Patient unter Herzinsuffizienztherapie.
- **D:** Patienten mit fortgeschrittener struktureller Herzerkrankung und mit deutlicher Herzinsuffizienzsymptomatik in Ruhe trotz maximaler medikamentöser Therapie.
  Beispiele: gehäufte Hospitalisierung, Indikation zur Herztransplantation, Bridging oder Assist-Systeme, präfinale Konstellation.

Ergeben sich bei der präoperativen Untersuchung durch den Anästhesisten Anhaltspunkte für eine Herzinsuffizienz, sollte der Patient vom Internisten/Kardiologen untersucht werden.

Präoperative Behandlung

Die manifeste Herzinsuffizienz erhöht das perioperative Risiko für lebensbedrohliche kardiale Komplikationen, insbesondere das Pumpversagen mit nachfolgenden sekundären Organfunktionsstörungen, erheblich. Darum gilt folgender Grundsatz:

! Merke
Keine elektiven Eingriffe bei Patienten mit manifester Herzinsuffizienz!

→ Jede klinisch manifeste Herzinsuffizienz und jede asymptomatische Störung der kardialen Pumpfunktion mit einer EF < 0,4 gilt als Indikation für eine präoperative Behandlung. Hierbei werden folgende Medikamente eingesetzt:
- ACE-Hemmer
- AT1-Blocker
- β-Blocker: bei NYHA II–IV oder EF <0,4; keine β-Blocker mit intrinsischer sympathomimetischer Aktivität einsetzen
- Diuretika, üblicherweise kombiniert mit ACE-Hemmern und β-Blockern
- Aldosteron-Antagonisten: bei NYHA III–IV zusätzlich zu den Standardmedikamenten (Serumkreatinin möglichst < 2,5 mg/dl, Serumkalium < 5 mmol/l
- Digitalis: nur bei NYHA III und IV sowie bei Tachyarrhythmien, nicht prophylaktisch!

Antikoagulanzien
Eine Routine-Antikoagulation ist bei Patienten mit Herzinsuffizienz nicht indiziert. Dagegen werden herzinsuffiziente Patienten mit intermittierendem oder chronischem Vorhofflimmern mit Antikoagulanzien behandelt (Klasse-I-Empfehlung); bei begleitender KHK erhalten herzinsuffiziente Patienten Thrombozytenaggregationshemmer (Klasse-IIa-Empfehlung).

Sympathomimetika
Siehe auch ▶ Kapitel 7.

Bei schwerster Herzinsuffizienz oder überbrückend vor Herztransplantationen können positiv inotrope Substanzen **intravenös** infundiert werden (Klasse-IIa-Empfehlung). Beim kardiogenem Schock gilt Dobutamin als Katecholamin der 1. Wahl (wenn systol. Blutdruck > 90 mm Hg); bei ausgeprägter Hypotonie wird die Substanz mit Noradrenalin kombiniert.

! Merke
Bei Herzinsuffizienz kontraindizierte Medikamente:
- nichtsteroidale Antiphlogistika
- Metformin
- Cilostazol
- Antiarrhythmika Klasse I und III (Ausnahme: Amiodaron)
- Kalziumantagonisten (Ausnahme: tachyarrhythmisches Vorhofflimmern)
- Thiazolidindione

Implantierbarer Kardioverter-Defibrillator (ICD)
Zu den häufigen Todesursachen bei chronischer Herzinsuffizienz gehören maligne ventrikuläre Herzrhythmusstörungen. Durch Implantation eines ICD kann ein plötzlicher Herztod bei Postinfarktpatienten mit einer EF < 30% wirksamer verhindert werden als durch Medikamente allein.

Anästhesiologisches Vorgehen
Elektive Eingriffe dürfen bei manifester Herzinsuffizienz, wie bereits dargelegt, nicht durchgeführt werden.

Prämedikation

Bei kompensierter Herzinsuffizienz kann zumeist in üblicher Weise prämediziert werden. Bei klinisch manifester Herzinsuffizienz müssen die Sedativa, in Abhängigkeit vom Schweregrad, in ihrer Dosis reduziert werden. Bei schlechtem Allgemeinzustand sollte auf eine Prämedikation verzichtet werden.

Regionalanästhesie

Bei kompensierter Herzinsuffizienz können regionale Anästhesieverfahren für periphere Eingriffe eingesetzt werden, zumal sich eine leichte Abnahme des erhöhten peripheren Widerstands oft günstig auf die Herzfunktion auswirkt.

Ausgedehnte Spinal- oder Periduralanästhesien müssen jedoch vermieden werden, insbesondere wenn klinische Zeichen der Herzinsuffizienz vorliegen, weil durch die weitreichende Sympathikusblockade der periphere Widerstand und der venöse Rückstrom unkontrollierbar abnehmen und zu schwersten Störungen der Herzfunktion bzw. Abfall des Herzzeitvolumens führen können.

Allgemeinanästhesie

Patienten mit klinisch manifester Herzinsuffizienz reagieren oft sehr empfindlich auf negativ inotrop wirkende Anästhetika. Volatile Anästhetika wie Isofluran, Desfluran und Sevofluran sollten daher bei diesen Patienten nicht oder nur in stark reduzierter Konzentration eingesetzt werden.

- Die Narkose kann mit Etomidat, Ketamin oder Midazolam eingeleitet werden.
- Die Aufrechterhaltung der Narkose erfolgt am besten mit Opioiden und, wenn toleriert, Propofol oder Midazolam in reduzierter Dosis.
- Wenn erforderlich, wird die Myokardfunktion mit β-Sympathomimetika wie Dobutamin unterstützt, bei Bedarf in Kombination mit Noradrenalin.
- Bei der intraoperativen Flüssigkeitszufuhr muss die verminderte Toleranz des Myokards gegenüber einer Volumenbelastung berücksichtigt werden. Hypovolämie muss aber vorsichtig ausgeglichen werden.
- Oft sind diuretikainduzierte Kaliumverluste präoperativ nicht ausreichend substituiert worden, so dass intraoperativ vermehrt mit Störungen der Erregbarkeit des Herzens gerechnet werden muss. Vorsichtig Kalium substituieren!

Intraoperative Überwachung

Welche Überwachungsmethoden zusätzlich eingesetzt werden, hängt vor allem von der Art der Operation ab. Allerdings sollte bei Patienten mit klinisch manifester Herzinsuffizienz die Indikation für die arterielle Kanülierung, weitgehend unabhängig vom Eingriff, großzügig gestellt werden. Dies gilt umso mehr, wenn intraoperativ eine Therapie mit positiv inotropen Substanzen und/oder Vasodilatatoren erforderlich ist.

Postoperative Intensivüberwachung

Bei Patienten mit kompensierter Herzinsuffizienz ist im Aufwachraum erhöhte Aufmerksamkeit geboten (Gefahr der Dekompensation durch Blutdruckanstieg usw., s.o.), während Patienten mit klinisch manifester Herzinsuffizienz postoperativ möglichst auf einer Intensivstation überwacht und behandelt werden sollten.

Akute Dekompensation (Lungenödem, Low-Output-Syndrom, kardiogener Schock)

Eine chronische Herzinsuffizienz kann perioperativ trotz optimal eingestellter Therapie akut dekompensieren und zum kardiogenen Lungenödem oder kardiogenen Schock führen.

Die wichtigsten **Therapiemaßnahmen** sind:
- Verbesserung des O_2-Angebots: β-Sympathomimetika, Phosphodiesterasehemmer, Levosimendan
- Senkung des O_2-Verbrauchs.

Bleiben medikamentöse Maßnahmen erfolglos, kann als letztes Mittel eine intraaortale Ballongegenpulsation durchgeführt oder ein linksventrikuläres Assistsystem eingesetzt werden.

14.1.5 Cor pulmonale und pulmonale Hypertonie

Ein chronisches Cor pulmonale erhöht – bei entsprechendem Schweregrad – ganz wesentlich das Risiko für lebensbedrohliche perioperative kardiale und pulmonale (!) Komplikationen. Darum muss bei Patienten mit chronischen Lungenerkrankungen immer gezielt nach Zeichen der Rechtsherzinsuffizienz gesucht werden.

Schweregrade der pulmonalen Hypertonie
- Latente Hypertonie: PAP:
  - in Ruhe: < 20 mm Hg
  - bei Belastung mit 50 W: > 28 mm Hg
- Manifeste Hypertonie: PAP in Ruhe > 20 mm Hg
- Latente Rechtsherzinsuffizienz: RAP:
  - in Ruhe < 8 mm Hg
  - bei Belastung > 9 mm Hg
- Manifeste Herzinsuffizienz: RAP in Ruhe > 9 mm Hg

PAP = mittlerer Pulmonalarteriendruck; RAP = rechter Vorhofdruck

Pathophysiologie

Das chronische Cor pulmonale beruht auf einer Zunahme des pulmonalen Gefäßwiderstands, bedingt durch anatomische oder vasomotorische Veränderungen im Lungenkreislauf. Hierdurch entsteht eine pulmonale Hypertonie mit Belastung des rechten Ventrikels und nachfolgender Hypertrophie und Dilatation sowie, bei entsprechender Ausprägung, einer Insuffizienz des rechten Herzens.

Präoperative Einschätzung

Das klinische Bild des Cor pulmonale ist meist unspezifisch, weil die zugrunde liegende Lungenerkrankung mit ihren Zeichen überwiegt.

Klinische Schweregrade der pulmonalen Hypertonie
- **NYHA I:** keine Symptome unter Alltagsbelastung
- **NYHA II:** Normale körperliche Aktivität führt zu Dyspnoe oder Müdigkeit, thorakalen Schmerzen oder Schwächeanfällen.
- **NYHA III:** Leichte Belastungen führen zu den oben genannten Symptomen.
- **NYHA IV:** Zeichen der manifesten Herzinsuffizienz; Dyspnoe kann bereits in Ruhe vorhanden sein.

EKG

Bei entsprechender Ausprägung des Cor pulmonale bestehen folgende EKG-Befunde:
- P pulmonale: P-Welle höher als 2,5 mm
- Rechtstyp
- hohe R-Zacken
- ST-Senkung und negative T-Wellen in den rechtspräkordialen Ableitungen
- kompletter oder inkompletter Rechtsschenkelblock.

Echokardiographie

Dies ist das wichtigste primäre, nichtinvasive diagnostische Verfahren. Bei chronischem Cor pulmonale besteht eine Hypertrophie der rechten Ventrikelwand auf mehr als 5 mm; das Volumen des rechten Ventrikels erscheint im Vergleich zur Masse vermindert, die Form des Ventrikels ist konzentrisch-oval (sog. Linksventrikulisation), teilweise finden sich paradoxe Septumbewegungen.

Rechtsherzkatheter

Die Rechtsherzkatheteruntersuchung gehört zu den Standardverfahren bei pulmonaler Hypertonie. Registriert werden die Druckwerte im rechten Vorhof, rechten Ventrikel, in der Pulmonalarterie und in Wedge-Position.

Präoperative Behandlung

Elektive Eingriffe müssen wegen des hohen Risikos so lange verschoben werden, bis sich der Patient im bestmöglichen Zustand befindet (s.o.). Hauptgefahren sind das akute **Rechtsherzversagen** und die **pulmonale Dekompensation.**

Die wichtigsten Behandlungsmaßnahmen neben der respiratorischen Therapie (▶ Kap. 14.2) sind:
- Bettruhe
- Sauerstofftherapie
- vorsichtige Diuretikatherapie bei Dekompensation mit Flüssigkeitsretention
- Antikoagulation bei rezidivierenden Lungenembolien; INR 2,5–3,5, bei anderen Formen 2–2,5
- Digitalis: ohne Nutzen, wenn nicht gleichzeitig eine Linksherzinsuffizienz vorliegt
- Prostazyklin: indiziert bei Respondern im NYHA-Stadium III oder IV, wenn die zentralvenöse Sättigung weniger als 60 % und der Herzindex weniger als 2,1 l/min/m^2 betragen
- Bosentan: Endothelinrezeptorantagonist
- Sildenafil (Phosphodiesterasehemmer), dilatiert die Pulmonalgefäße.

Anästhesiologisches Vorgehen

Im Wesentlichen gelten die gleichen Grundsätze wie für die manifeste Linksherzinsuffizienz (▶ Kap. 14.1.4). Außerdem müssen die Besonderheiten der zugrunde liegenden respiratorischen Erkrankung berücksichtigt werden (▶ Kap. 14.2.6).

14.1.6 Herzrhythmusstörungen

Nur bei wenigen speziellen Herzrhythmusstörungen sind die Verschiebung elektiver Eingriffe und die Einleitung einer präoperativen Behandlung gerechtfertigt.

Bradyarrhythmien

Alle Bradyarrhythmien, die mit hämodynamischen Störungen bzw. klinischer Symptomatik wie Benommenheit oder Synkopen, Leistungsminderung, Angina pectoris oder Herzinsuffizienz einhergehen, sollten mit einem Herzschrittmacher behandelt werden, wenn Medikamente wie Digitalis oder β-Rezeptoren-Blocker als Ursache ausgeschlossen werden können.

Bifaszikuläre Blöcke

Chronische bifaszikuläre Blöcke (kompletter Rechtsschenkelblock mit linksanteriorem oder posteriorem Hemiblock) sind keine Indikation für eine temporäre Schrittmachersonde. Nur wenn zusätzlich ein AV-Block I. Grades besteht, sollte eine passagere Schrittmachersonde gelegt werden. Dies gilt auch für den bifaszikulären Block mit Synkopen oder bei Angina pectoris in der Vorgeschichte sowie bei kürzlich erlittenem Myokardinfarkt.

Vorhofflattern

Paroxysmales Vorhofflattern kann meist durch Kardioversion behandelt werden; als Rezidivprophylaxe ist die Digitalisierung oft von Nutzen. Geht das Flattern mit AV-Block und normaler Kammerfrequenz einher, ist keine Therapie erforderlich.

Vorhofflimmern

Vorhofflimmern ist die häufigste kardiale Ursache von Hirnembolien. Häufigste Begleiterkrankung von Vorhofflimmern ist – zusammen mit der KHK – die arterielle Hypertonie.

Die wichtigsten **Therapieziele** bei Vorhofflimmern sind:

- Wiederherstellung des Sinusrhythmus; Verhindern von Rezidiven
- Kontrolle der Ventrikelfrequenz
- Prophylaxe thromboembolischer Komplikationen.

Zu beachten ist, dass neu aufgetretenes Vorhofflimmern eine Spontankonversionsrate von ca. 50–60% innerhalb der ersten 48 h aufweist und die Kardioversion am effektivsten ist, wenn sie innerhalb von 7 Tagen nach Beginn des Vorhofflimmerns erfolgt.

Die pharmakologische Kardioversion ist einfacher durchzuführen als die elektrische, allerdings weniger effektiv; die Embolierate ist mit beiden Verfahren gleich.

→ **Amiodaron** ist das einzige Notfallmedikament für schwerkranke Patienten; der Wirkungseintritt kann allerdings verzögert sein. Die Wirkung ist dosisabhängig, nur hohe Dosen sind wirksam (mindestens 1,5 g/24 h i.v.).

14

→ Wegen des erhöhten Thromboembolierisikos nach Kardioversion wird in der Regel eine Antikoagulation durchgeführt (s.u. Leitlinien).

Elektrische Kardioversion: Bei Vorhofflattern werden 50 J angewandt, bei Vorhofflimmern 200 J. Durch antiarrhythmische Begleittherapie kann die Erfolgsrate auf 94% gesteigert werden.

Für die elektrische Kardioversion des Vorhofflimmerns werden von der ACC/AHA folgende Leitlinien angegeben:

Leitlinien/Empfehlungen

ACC/AHA-Praxisleitlinien für die elektrische Kardioversion von Vorhofflimmern

- Bei akutem Krankheitsbild mit Lungenödem, kardialer Dekompensation usw. wird umgehend kardiovertiert.
- Ist eine Kardioversion geplant, sollte sofort eine Antikoagulation mit Heparin begonnen werden.
- Bei Vorhofflimmern unbekannter Dauer oder einer Dauer von mehr als 48 h müssen die Patienten 3–4 Wochen oral antikoaguliert werden.
- Alternative: Ausschluss linksatrialer Vorhofthromben durch TEE:
  - sofortiger Beginn mit Heparin i.v. bis zur Kardioversion
  - bei Nachweis eines Thrombus zunächst orale Antikoagulation für 3–4 Wochen.

Wegen der hohen Rezidivrate nach Kardioversion wird häufig eine **antiarrhythmische Rezidivprophylaxe** durchgeführt. Die wichtigsten hierfür eingesetzten Substanzen sind:

- Flecainid und Propafenon
- Amiodaron
- β-Blocker, v.a. Sotalol (weniger effektiv als Amiodaron).

Vorhofflimmern bei der Prämedikationsvisite. Wird das Vorhofflimmern erstmals bei der präoperativen Untersuchung festgestellt, sollte der Patient zur Abklärung und Frage des therapeutischen Vorgehens dem Kardiologen vorgestellt werden.

- Tritt das Vorhofflimmern im Zusammenhang mit der Narkose auf, sollte – sofern der Patient hämodynamisch stabil ist – zunächst abgewartet werden, da häufig eine Spontanremission eintritt.
- Ist das akut aufgetretene Vorhofflimmern dagegen mit hoher Ventrikelfrequenz, hämodynamischer Instabilität mit erniedrigtem Blutdruck, pulmonaler Stauung oder Angina pectoris verbunden, wird kardiovertiert und der Sinusrhythmus medikamentös stabilisiert.

Supraventrikuläre und ventrikuläre Extrasystolen

Supraventrikuläre Extrasystolen prädisponieren nicht zu spezifischen perioperativen Komplikationen, so dass meist auch keine präoperative Behandlung erforderlich ist.

Beeinträchtigen die Extrasystolen die Hämodynamik, kann therapeutisch Lidocain oder Propafenon eingesetzt werden (Dosierungen ▶ Kap. 7).

Supraventrikuläre Tachyarrhythmien

Supraventrikuläre Tachykardien treten meist anfallsweise auf; langsame Tachykardien verlaufen häufig asymptomatisch, schnelle Tachykardien führen zu Herzklopfen und Schwindel. Eine elektive Operation sollte erst erfolgen, wenn die Störung medikamentös stabil eingestellt worden ist.

Symptomatische Formen bedürfen der **Akuttherapie;** Ziel ist die Verlangsamung der Überleitung im AV-Knoten. Folgende Medikamente können eingesetzt werden:

- β-Blocker, z.B: Metoprolol 5 mg i.v.
- Kalziumantagonisten, z.B. Verapamil 5–10 mg i.v.
- Ajmalin 1 mg/kg i.v.

Diese Substanzen können auch für die Rezidivprophylaxe zugeführt werden.

Akuttherapie des WPW-Syndroms

- Adenosin 6 mg als Bolus, wenn unwirksam, nach 5 min 12 mg i.v.
- Ajmalin 1 mg/kg
- Verapamil und Digitalis sollten nicht angewandt werden; besteht Vorhofflimmern, sind beide Substanzen kontraindiziert

Ventrikuläre Tachykardien

Die anhaltende ventrikuläre Tachykardie ist ein Notfall, der Reanimationsbereitschaft und eine EKG-Überwachung erfordert.

✓ **Praktisches Vorgehen**

Soforttherapie der anhaltenden ventrikulären Tachykardie

1. Elektrische Kardioversion (R-Zacken-synchronisiert) in Narkose: Beginn mit 100 J, dann 200 und 360 J, möglichst biphasisch. Wenn unwirksam oder sofort wiederkehrend: Amiodaron 150–300 mg i.v.
2. Wenn Kreislauf stabil: Ajmalin 1–1,5 mg/kg fraktioniert i.v. über 5 min (alternativ Propafenon oder Flecainid 1–2 mg/kg) oder
3. Amiodaron 150 mg über 10 min i.v. (v.a., wenn strukturelle Herzerkrankung besteht). Bei Bedarf Bolus alle 10–15 min wiederholen bis maximal 2 g/24 h. Alternativ: Beginn mit Perfusor, 1 g/24 h

Wegen unvorhersehbarer hämodynamischer und elektrophysiologischer Effekte sollten möglichst nicht mehrere Antiarrhythmika nacheinander injiziert werden.

14.1.7 Herzklappenerkrankungen

Klinisch wesentliche Erkrankungen der Herzklappen prädisponieren zu **postoperativer Herzinsuffizienz.** Das kardiovaskuläre Risiko wird wahrscheinlich vor allem vom Schweregrad der Herzinsuffizienz bestimmt.

→ Elektive Eingriffe sind bei Herzklappenfehlern nicht kontraindiziert, jedoch sollte sich der Patient im Stadium der Kompensation befinden.

→ Ist der Herzfehler nicht hinreichend genau untersucht worden, sollte bei klinisch relevanten Befunden präoperativ eine Abklärung durch den Internisten bzw. Kardiologen erfolgen.

Einzelheiten sind bei den jeweiligen Herzfehlern in ▶ Kapitel 43 beschrieben.

Folgende Besonderheiten sollten noch beachtet werden:

Antikoagulation bei Patienten mit mechanischen Herzklappen

Patienten mit mechanischen Herzklappen stehen wegen des hohen Risikos **thromboembolischer Komplikationen** unter einer Dauertherapie mit Antikoagulanzien (Kumarinderivate); angestrebt wird ein Quick-Wert von ca. 20%. Hierdurch wird das Risiko intra- und postoperativer Blutungen beträchtlich erhöht, so dass ein entsprechend angepasstes Vorgehen erforderlich ist.

- Bei Patienten mit **Aortenklappenersatz** kann die orale Zufuhr von Antikoagulanzien mehrere Tage vor der Operation unterbrochen werden, um für den Eingriff einen normalen Quick-Wert zu erreichen.

- Bei Patienten mit **Mitralklappenersatz** sollte hingegen die Kumarinzufuhr erst ca. 1–2 Tage vor der Operation abgebrochen und mit Vitamin K per os antagonisiert werden. Meist wird empfohlen, ca. 12 h nach der Operation eine intravenöse Heparintherapie einzuleiten, um thromboembolische Komplikationen an der künstlichen Herzklappe zu vermeiden.
- Bei Patienten mit **alten Herzklappenmodellen** sollte die Antikoagulanzientherapie einige Tage vor der Operation auf Heparin umgestellt und möglichst in dieser Form in der perioperativen Phase fortgeführt werden. Bei wesentlicher Blutung kann mit Protamin antagonisiert werden (▶ Kap. 43).
- **Rückenmarknahe Anästhesieverfahren** sollten bei Patienten mit Herzklappenersatz und Antikoagulanzientherapie vermieden werden.

Antiarrhythmika sollten bei Patienten mit Herzklappenerkrankungen präoperativ nicht abgesetzt werden, um akute Verschlechterungen der Hämodynamik zu vermeiden.

Prophylaktische Antibiotikazufuhr: Die perioperative Zufuhr von Antibiotika zur Endokarditisprophylaxe wird bei allen Patienten mit Herzklappenfehlern empfohlen. Mit der Zufuhr sollte ca. 30–60 min vor der endotrachealen Intubation begonnen werden.

Aortenstenose

Einzelheiten siehe ▶ Kapitel 43.

Das operative Risiko ergibt sich aus dem Schweregrad der Aortenstenose, begleitender koronarer Herzkrankheit und dem Risiko des geplanten Eingriffs. Zur Hochrisikogruppe gehören Patienten mit Vorhofflimmern, niedriger Ejektionsfraktion, Niereninsuffizienz und hohem Lebensalter.

Besonderheiten für die Anästhesie:

- Normovolämie und Sinusrhythmus aufrechterhalten; angestrebte Herzfrequenz 50–70/min.
- Tachykardie vermeiden, da hierdurch die Diastolendauer verkürzt und bei hypertrophiertem Ventrikel die subendokardiale Durchblutung beeinträchtigt wird.
- Eine Bradykardie muss ebenfalls vermieden werden, da hierunter wegen des fixierten Schlagvolumens das Herzzeitvolumen abfällt.
- Neu aufgetretenes Vorhofflimmern beeinträchtigt wegen der fehlenden Vorhofkontraktion die Füllung des Ventrikels um bis zu 40%. Hierdurch fällt das Herzzeitvolumen bedrohlich ab, so dass umgehend der Sinusrhythmus wiederhergestellt werden muss (Kardioversion oder medikamentös).
- Wegen der verminderten Compliance des linken Ventrikels (Hypertrophie mit diastolischen Funktionsstörungen und erhöhtem LVEDP) ist eine **höhere Vorlast** erforderlich, um das Schlagvolumen bzw. HZV aufrechtzuerhalten. Vorlastsenkende Pharmaka (z.B. Nitrate) sind daher nicht indiziert!
- Keine Nitrate bei Angina pectoris wegen der Gefahr des Blutdruckabfalls durch Venodilatation.
- Eine Steigerung der Myokardkontraktilität, z.B. durch positiv inotrope Pharmaka, steigert den myokardialen Sauerstoffbedarf und muss daher vermieden werden.
- Ein Abfall des peripheren Gefäßwiderstands führt zum Abfall des koronaren Perfusionsdrucks (bzw. mittleren diastolischen Aortendrucks) und muss daher vermieden bzw. umgehend durch Zufuhr eines Vasopressors behandelt werden.

- Die Narkoseeinleitung führt praktisch bei allen Patienten zum Blutdruckabfall, der bei Propofol ausgeprägter ist als bei Etomidat.

Ob bei schwerer aber stabiler Aortenstenose regionale Anästhesieverfahren (Spinal-, Periduralanästhesie) eingesetzt werden sollten, muss individuell unter sorgfältiger Abwägung von Nutzen und Risiko entschieden werden.

Aorteninsuffizienz

Einzelheiten siehe ▶ Kapitel 43. Besteht präoperativ der Verdacht auf eine Aorteninsuffizienz, ist zunächst eine entsprechende Abklärung erforderlich. Bestätigt sich die Diagnose, müssen eine Endokarditisprophylaxe und eine angemessene Therapie eingeleitet werden. Die strikte Kontrolle der Flüssigkeitszufuhr und eine Senkung der Nachlast sind erforderlich.

Besonderheiten für die Anästhesie:

- Bradykardien sollten vermieden werden, da hierdurch die Diastolendauer verlängert wird und das Regurgitationsvolumen zunimmt.
- Höhere Herzfrequenzen vermindern das Regurgitationsvolumen und werden besser toleriert; angestrebt werden Frequenzen von 80–90/min.
- Der linke Ventrikel ist chronisch volumenüberlastet und benötigt für eine ausreichende Füllung eine höhere Vorlast. Intraoperative Nachlastsenkung zusammen mit Erhöhung der Vorlast kann sich günstig auf das HZV auswirken.
- Ein Anstieg des systemischen Gefäßwiderstands erhöht das Regurgitationsvolumen und steigert den LVEDP; das systemische HZV kann abfallen, durch Nachlastsenkung hingegen verbessert werden.
- Sind kontraktilitätssteigernde Medikamente erforderlich, sollten β-Sympathikomimetika oder Inodilatoren bevorzugt werden, weil hierdurch auch die Nachlast gesenkt wird.

Mitralstenose

Einzelheiten siehe ▶ Kapitel 43.

Bei leichter oder mäßiggradiger Mitralstenose ist vor allem eine Kontrolle der Herzfrequenz erforderlich, da Tachykardien die diastolische Füllungszeit vermindern und so zu schwerer Lungenstauung führen können. Wenngleich eine signifikante Mitralstenose das Risiko einer Herzinsuffizienz erhöht, ist eine Mitralklappenoperation vor der elektiven nicht-kardialen Operation nicht indiziert; es sei denn, durch die Klappenoperation sollen das Überleben verlängert und Komplikationen verhindert werden.

Besonderheiten für die Anästhesie:

- Die Vorlast muss ausreichend hoch sein, da für den Blutfluss durch die Klappe ein hoher Druckgradient zwischen linkem Vorhof und Ventrikel erforderlich ist.
- Angestrebte Herzfrequenz 50–70/min; Tachykardien vermindern den Blutfluss durch die stenotische Klappe: das HZV fällt ab. Bradykardien können ebenfalls zum Abfall des HZV führen, weil das Schlagvolumen fixiert ist.
- Häufig besteht eine sekundäre pulmonale Hypertonie, bedingt durch die Druck- und Volumenbelastung des linken Vorhofs. Zusätzliche Anstiege des pulmonalen Gefäßwiderstands müssen daher vermieden werden.

Mitralinsuffizienz

Einzelheiten siehe ▶ Kapitel 43.

Bei Nachweis einer Mitralinsuffizienz ist eine Endokarditisprophylaxe erforderlich. Bei schwerer Insuffizienz sind präoperativ eine strikte Beschränkung der Volumenzufuhr und eine Senkung der Nachlast (Diuretika) indiziert, um den Patienten für die Operation hämodynamisch zu stabilisieren. Zu beachten ist, dass bereits eine geringe Erniedrigung der LV-EF Zeichen einer eingeschränkten Ventrikelreserve sein kann.

Besonderheiten für die Anästhesie:

- Eine ausreichende Vorlast ist erforderlich, um das Schlagvolumen aufrechtzuerhalten.
- Bei hochgradiger Mitralinsuffizienz darf die Volumenzufuhr wegen der Gefahr des akuten Lungenödems nur vorsichtig titrierend erfolgen, z.B. unter TEE-Überwachung.
- Angestrebte Herzfrequenz 70–90/min; durch kürzere Diastolendauer wird das Regurgitationsvolumen vermindert.
- Ein Anstieg des systemischen Gefäßwiderstands muss vermieden werden, da hierdurch das Regurgitationsvolumen zunimmt und das periphere HZV abfällt.
- Um das Schlagvolumen aufrechtzuerhalten, ist eine ausreichende Kontraktilität erforderlich.
- Oft besteht wegen der Druck- und Volumenbelastung des linken Vorhofs eine pulmonale Hypertonie. Akute Anstiege des pulmonalen Gefäßwiderstands müssen wegen der Gefahr der Rechtsherzdekompensation vermieden werden. Therapie: Senkung der rechtsventrikulären Nachlast durch Inhalation pulmonaler Vasodilatatoren.

14.1.8 Kongenitale Herzfehler

Einzelheiten zur Pathophysiologie und zum anästhesiologischen Vorgehen sind in ▶ Kapitel 43 beschrieben.

Kinder mit schweren angeborenen Herzfehlern sollten, auch wenn es sich um kleine operative Eingriffe handelt, nur von Anästhesisten betreut werden, die über ausreichende Erfahrung auf diesem Gebiet verfügen. Im Zweifelsfall sollte der Patient für die Operation in ein entsprechendes Zentrum verlegt werden.

14.2 Respiratorische Erkrankungen

Erkrankungen der Atmungsorgane prädisponieren zu postoperativen pulmonalen Komplikationen, vor allem zu Atelektasen, Pneumonien und akuter respiratorischer Insuffizienz. Diese Komplikationen treten besonders oft nach **Oberbaucheingriffen** und **Thoraxoperationen** auf.

14.2.1 Klinische Vorgeschichte

Zunächst wird der Patient gezielt nach den Symptomen respiratorischer Erkrankungen und dem Grad der Belastbarkeit gefragt. Wurde bereits eine respiratorische Therapie eingeleitet, sollte nach Art der Medikamente, Einnahmegewohnheiten und Ansprechen auf die Behandlung gefragt werden. Bei chronischen Lungenerkrankungen muss außerdem gezielt nach den Zeichen der Rechtsherzinsuffizienz und pulmonalen Hypertonie gesucht werden.

Rauchen. Zigarettenrauchen erhöht das Risiko postoperativer pulmonaler Komplikationen um das Sechsfache; daher sollten Patienten ermutigt werden, das Rauchen mehrere Wochen vor geplanten Eingriffen einzustellen. Der Carboxyhämoglobinspiegel fällt allerdings bereits nach zweitägiger Zigarettenabstinenz deutlich ab, ein Effekt, der sich bei schweren Rauchern günstig auf die arterielle Sauerstoffsättigung auswirkt.

14.2.2 Laboruntersuchungen

Bestimmt werden zunächst die Standard-Laborwerte für große Eingriffe, bei Bedarf ergänzt durch spezielle Untersuchungen wie Sputumanalyse, Blutgaswerte und Säure-Basen-Parameter. Besonders geachtet werden sollte auf einen erhöhten Hämatokritwert trotz ausreichender Hydrierung sowie einen erhöhten $paCO_2$ und einen erniedrigten paO_2.

14.2.3 Weitere Untersuchungen

Hierzu gehören bei allen Patienten mit Lungenerkrankungen:
- EKG: nach Zeichen der Rechtsherzbelastung suchen
- Thorax-Röntgenbild: a.p. und seitlich.

14.2.4 Lungenfunktionsprüfungen

Für den Anästhesisten sind vor allem die „kleine Spirometrie" (IVC, FEV_1) und die arterielle Blutgasanalyse von Bedeutung. Bei unauffälliger Anamnese und körperlicher Untersuchung ist die Spirometrie dagegen nicht indiziert.

Forcierte exspiratorische Vitalkapazität (FVC)

Eine Verminderung der FVC kann durch obstruktive und restriktive Lungenerkrankungen bedingt sein.

! Merke
Beträgt die Vitalkapazität präoperativ weniger als 50% des Normalwerts bzw. weniger als 1,75–2 l, so muss bei über 30% der Patienten mit einer postoperativen respiratorischen Insuffizienz gerechnet werden.

Forcierte exspiratorische Einsekundenkapazität (FEV_1)

Dies ist das nach einer maximalen Inspiration innerhalb der ersten Sekunde so rasch und kräftig wie möglich ausgeatmete Volumen (FEV_1). Der Wert wird meist in Prozent der forcierten Vitalkapazität angegeben: FEV_1/FVC (%) und als relative Einsekundenkapazität bezeichnet. Die Einsekundenkapazität ist der beste spirometrische Parameter zur präoperativen Einschätzung des Schweregrads einer Lungenerkrankung.

→ Bei Atemwegsobstruktion ist die FEV_1 vermindert.

→ Bei restriktiven Lungenerkrankungen ist die FEV_1 im Verhältnis zur Vitalkapazität proportional oder weniger vermindert.

→ Eine kombinierte obstruktive und restriktive Störung liegt vor, wenn die FVC weniger als 70% beträgt und die relative Einsekundenkapazität (FEV_1/FVC) ebenfalls unter 70% liegt.

FEV1 und respiratorisches OP-Risiko

- FEV_1 > 2 l: kein erhöhtes respiratorisches Risiko
- FEV_1 0,8–2 l: erhöhtes perioperatives Risiko
- FEV_1 < 0,8 l: hohes Operationsrisiko, unabhängig von den arteriellen Blutgaswerten

14.2.5 Pulmonaler Gasaustausch

Der pulmonale Gasaustausch kann am einfachsten anhand der arteriellen Blutgasanalyse beurteilt werden. Bestimmt werden paO_2 und $paCO_2$ und meist auch noch der Säure-Basen-Status.

Klinische Bedeutung:

- Die Hypoxie bei chronisch-obstruktiven Lungenerkrankungen beruht vor allem auf Störungen des Ventilations/Perfusions-Verhältnisses.
- Präoperativ am ruhenden Patienten ermittelte paO_2-Werte ermöglichen keine zuverlässigen Aussagen über den postoperativen Verlauf.
- Eine chronische Hyperkapnie ist Hinweis auf eine fortgeschrittene schwere Lungenerkrankung und damit ein wichtiger Risikofaktor für postoperative pulmonale Komplikationen.

14.2.6 Chronische Bronchitis und Lungenemphysem (COPD)

Die COPD (chronic obstructive pulmonary disease) ist gekennzeichnet durch eine Kombination aus chronischem Husten, gesteigerter Sputumproduktion, Atemnot, Atemwegsobstruktion und eingeschränktem pulmonalem Gasaustausch. Die progrediente Krankheit entwickelt sich auf dem Boden einer chronischen Bronchitis und/oder eines Lungenemphysems; wichtigster ätiologischer Faktor ist das Zigarettenrauchen.

→ Im Verlauf entwickelt sich eine leichte bis schwere pulmonale Hypertonie mit entsprechender Rechtsherzbelastung, die in ein Cor pulmonale übergehen kann.

→ Das klinische Bild ist sehr variabel: Patienten, bei denen das Emphysem im Vordergrund steht, weisen eine stärkere Dyspnoe und Einschränkung der Leistungsfähigkeit bei geringerer Obstruktion auf als jene mit Überwiegen der chronischen Bronchitis.

Röntgenbild

Bei Überwiegen des Emphysems: Zwerchfelle tief stehend und abgeflacht; Bronchial- und Gefäßzeichnung in der Peripherie vermindert; Herzsilhouette schlank und verlängert; Luftgehalt des Retrosternalraums vermehrt; insgesamt überblähte Lunge.

Bei Überwiegen der chronischen Bronchitis: Zwerchfellkuppel gerundet; bronchovaskuläre Zeichnung in den unteren Lungenpartien vermehrt; Herzsilhouette eher vergrößert. Bei Rechtsherzinsuffizienz weitere Zunahme der Herzsilhouette, prominente Pulmonalarterien.

Lungenfunktion

Die Diagnose COPD wird durch Lungenfunktionstests gesichert:

- Ist das Verhältnis von FEV_1/VC normal, liegt in der Regel keine COPD vor.
- Steht das Emphysem im Vordergrund, so sind Residualvolumen, funktionelle Residualkapazität und Totalkapazität erhöht, die Vitalkapazität und maximale

exspiratorische Atemstromstärke vermindert und die Exspirationszeit verlängert. Die elastische Retraktionskraft der Lunge ist stark eingeschränkt, der Austausch von CO_2 entsprechend vermindert.
- Überwiegt die chronische Bronchitis, so ist die Totalkapazität oft normal und das Residualvolumen mäßig vergrößert; die maximale exspiratorische Atemstromstärke ist jedoch immer vermindert. Die elastische Retraktionskraft der Lunge ist nicht oder nur wenig eingeschränkt, so dass auch der $paCO_2$ normal oder nur leicht erhöht ist.

Arterielle Blutgasanalyse

Je nach Ausmaß der Lungenfunktionsstörung findet sich unter **Raumluftatmung** folgende Konstellation:
- **arterielle Hypoxämie** (Abfall des pO_2 auf unter 60 mm Hg) bei normalem $paCO_2$ oder
- **respiratorische Globalinsuffizienz,** d.h. eine arterielle Hypoxämie und Hyperkapnie ($paCO_2$ > 45 mm Hg). Arterielle saO_2-Werte von mehr als 90% zeigen in der Regel, dass keine akute Gefährdung des Patienten besteht.

Echokardiographie

Besteht der Verdacht auf ein Cor pulmonale, so können mit der Echokardiographie die pulmonale Hypertonie und die Größe des rechten Ventrikels eingeschätzt werden.

Schweregradeinteilung

Aufgrund von Lungenfunktionstests und dem klinischen Bild werden drei Schweregrade der COPD unterschieden (▶ Tab. 14-1); Patienten der Gruppe 0 gelten als gefährdet.

Akute Exazerbation der COPD

Die Exazerbation ist definiert als akute Verschlechterung der COPD, die eine Änderung der Behandlung erfordert. Akute Verschlechterungen treten häufig auf; klinisch wichtige Auslöser sind akute Infektionen, zu starke Sedierung und vor allem große operative Eingriffe.

Tab. 14-1 Schweregradeinteilung der COPD (nach Deutsche Atemwegsliga, 2002)

Schweregrad	Kriterien
0 (Risikogruppe)	• normale Spirometrie • chronische Symptome (Husten, Auswurf)
I (leichtgradig)	• FEV_1 ≥ 80% S, FEV_1/VC < 70% • mit/ohne chronische Symptome (Husten, Auswurf)
II (mittelgradig)	• FEV_1 < 80% S, FEV_1/VC < 70% • mit/ohne chronische Symptome (Husten, Auswurf, Dyspnoe)
III (schwer)	• FEV_1 < 30% S, FEV_1/VC < 70% • FEV_1 < 50% S und respiratorische Insuffizienz oder Zeichen der Rechtsherzinsuffizienz

Anmerkung: Für die Schweregradeinteilung gelten die Messwerte der FEV_1 nach Bronchodilatation. S = Soll

Leitsymptom der akuten Exazerbation ist die zunehmende Atemnot, häufig verbunden mit vermehrtem Husten, Zunahme der Sputumproduktion und -viskosität, gelb-grüner Verfärbung des Auswurfs, Engegefühl im Brustkorb.

! Merke

Folgende Blutgaswerte weisen auf eine akut lebensbedrohliche Exazerbation der COPD hin:

- paO_2 < 50 mm Hg
- $paCO_2$ > 70 mm Hg
- pH-Wert < 7,3

Bei dieser Konstellation ist eine umgehende intensivmedizinische Behandlung des COPD-Patienten erforderlich.

Präoperative Vorbereitung

Durch Prophylaxemaßnahmen können die postoperative Morbidität und Mortalität der Patienten nachweislich gesenkt werden.

Wichtige präoperative Maßnahmen bei chronisch-obstruktiven Lungenerkrankungen

- Nikotinabstinenz
- gezielte antibiotische Behandlung akuter respiratorischer Infektionen
- Therapie des Bronchospasmus
- Sekretolyse
- Atemübungen
- physikalische Atemtherapie
- Sauerstofftherapie
- Behandlung des Cor pulmonale

Prämedikation

Besteht eine Hyperkapnie und/oder Hypoxämie (bzw. pulmonale Partial- oder Globalinsuffizienz), dürfen keine atemdepressiv wirkenden Prämedikationssubstanzen zugeführt werden.

Wahl des Anästhesieverfahrens

Die Art des Anästhesieverfahrens bei COPD-Patienten hat keinen wesentlichen Einfluss auf die Häufigkeit postoperativer pulmonaler Komplikationen wie Atelektasen, Pneumonien oder respiratorische Insuffizienz.

Regionalanästhesie

→ Bei kleinen Eingriffen sollten periphere Nervenblockaden oder Plexusanästhesien bevorzugt werden

→ Spinal- und Periduralanästhesien für Operationen an den Extremitäten und transurethrale Eingriffe sind ebenfalls möglich, sofern eine ausgedehnte motorische Blockade vermieden wird. Dies gilt besonders für die Bauchmuskulatur, die von vielen Patienten für die aktive Exspiration eingesetzt werden muss und deren Ausschaltung zu einer schweren respiratorischen Insuffizienz führen kann.

→ Bei schwerer COPD ist eine **Oberkörperhochlagerung** individuellen Grades erforderlich, um die Atemfunktion aufrechtzuerhalten. Diese Lagerung muss dann auch während der Operation beibehalten werden.

Allgemeinnarkose

Die Allgemeinnarkose bei Patienten mit chronisch-obstruktiver Lungenerkrankung sollte als Intubations- oder Larynxmaskennarkose mit **kontrollierter Beatmung** durchgeführt werden.

Bei schwerem Cor pulmonale sollten volatile Anästhetika allenfalls in niedriger Konzentration zugeführt werden.

Muskelrelaxanzien

Kurz wirkende Substanzen in niedriger Dosierung sollten bevorzugt werden. Auch sollte beachtet werden, dass zahlreiche Patienten für ihre Atmung auf eine ausreichende Funktion der **Bauchmuskeln** und anderer Atemhilfsmuskeln angewiesen sind. Erst wenn dies gewährleistet ist, dürfen die Patienten extubiert werden. Die Kontrolle mit einem Nervenstimulator wird empfohlen.

Narkosebeatmung

Bei der Einstellung des Respirators müssen die pathophysiologischen Besonderheiten der Erkrankung berücksichtigt werden, insbesondere der Kollaps der kleinen Atemwege bei der Exspiration mit Verzögerung bzw. Unterbrechung des Atemstroms.

Narkosebeatmung bei schwerer COPD

- Nicht zu hohe Atemzugvolumina: ca. 6–8 ml/kg
- Atemzeitverhältnis, I:E = 1:2 bis 1:4
- Niedrige Beatmungsdrücke wegen der erhöhten Pneumothoraxgefahr. Einstellung der inspiratorischen Druckbegrenzung auf ca. 40 mbar
- Ein externer PEEP kann dem endexspiratorischen Bronchiolenkollaps entgegenwirken, muss aber unterhalb des intrinsischen PEEP eingestellt werden. Werte von 5–8 mbar sind im Allgemeinen sicher.
- Inspiratorische Sauerstoffkonzentration so niedrig wie möglich
- Atemminutenvolumen nur so hoch, dass $paCO_2$ nicht unter 45 mm Hg

Postoperative Überwachung

Patienten mit **chronischer Hyperkapnie** sollten postoperativ auf eine Überwachungs- oder Intensivstation verlegt werden.

14.2.7 Asthma bronchiale

Die Häufigkeit perioperativer pulmonaler Komplikationen beim Asthmatiker wird mit 1–2% angegeben. Wichtigstes Risiko ist der **akute Bronchospasmus oder Asthmaanfall.**

Allen Asthmaformen ist die unspezifische Hyperreaktivität des Tracheobronchialbaums gemeinsam.

! Merke

Substanzen, die einen Asthmaanfall auslösen können:
- Acetylsalicylsäure (z.B. Aspirin)
- Pyrazolonderivate (z.B. Metamizol = Novalgin)
- Indometacin (Amuno)
- Morphin und seine Derivate
- β-Rezeptoren-Blocker
- Cholinesterasehemmer
- Histamin
- Leukotriene (LTC_4 und LTD_4)
- Cimetidin (Tagamet)
- sulfithaltige Substanzen, Schwefeldioxid

Pathophysiologie

Im Mittelpunkt des Asthmaanfalls steht die akute Abnahme des Atemwegsdurchmessers, hervorgerufen durch drei pathogenetische Mechanismen:
- Bronchospasmus durch Kontraktion der glatten Muskulatur
- Ödem der Bronchialschleimhaut durch Histaminfreisetzung
- Bildung dicker und zäher Schleimpfröpfe in den Bronchien und kleinen Atemwegen.

Therapie

Abgesehen von der Ausschaltung bekannter Noxen wird das Asthma akut und chronisch mit Pharmaka behandelt. Hierfür werden vor allem folgende Substanzen eingesetzt:
- Bronchospasmolytika: β-Sympathomimetika
- Theophyllinderivate
- Anticholinergika: nur in Kombination mit β_2-Sympathomimetika
- Cromoglicinsäure und Ketotifen: nur prophylaktisch
- Kortikosteroide: bei Langzeittherapie inhalativ, akut i.v. (volle Wirkung frühestens nach 4 h).

Bronchodilatatoren. β_2-Sympathomimetika vermindern den Tonus der Bronchialmuskulatur, hemmen die Freisetzung von Mediatorsubstanzen aus den Mastzellen und steigern die mukoziliäre Funktion.
- **Fenoterol, Salbutamol und Terbutalin** können als Dosieraerosol zugeführt werden. Die Wirkung setzt sofort ein und hält etwa 4–6 h an. Im akuten Anfall wird oft Adrenalin (Suprarenin) s.c. zusammen mit einem der β_2-Sympathomimetika per Inhalation zugeführt.
- **Theophyllin** dilatiert die Bronchien und verbessert die mukoziliäre Klärfunktion; die therapeutische Breite ist gering. Im Anfall kann die Substanz intravenös zugeführt werden, die kardialen Nebenwirkungen müssen beachtet werden.
- **Magnesiumsulfat:** Reagiert der Patient nicht ausreichend auf β_2-Sympathomimetika, kann beim lebensbedrohlichen Asthmaanfall Magnesiumsulfat i.v. zugeführt werden. Dosierung: 1,2–2,5 g in 50 ml Elektrolytlösung über 20 min infundieren. Vorsichtsmaßnahmen und Nebenwirkungen siehe ▶ Kapitel 14.

Ergänzend werden häufig Expektoranzien, Sekretolytika und Mukolytika eingesetzt.

Präoperative Vorbereitung

Elektive Eingriffe sollten beim Asthmatiker nur bei weitgehender Beschwerdefreiheit durchgeführt werden. Präoperative Lungenfunktionsprüfungen und eine arterielle Blutgasanalyse sind im anfallsfreien Intervall von geringem Wert und sollten daher nicht durchgeführt werden.

- Bei akutem Infekt sollte die Operation verschoben und frühestens 2 Wochen nach Abklingen durchgeführt werden.
- Geringgradiges präoperatives Giemen ist in der Regel keine Kontraindikation für eine Narkose.
- Bei mildem Asthma (peak flow >80% des Sollwerts) ist perioperativ in der Regel keine zusätzliche medikamentöse Behandlung erforderlich.
- Im akuten Asthmaanfall darf keine Narkose eingeleitet werden. Elektive Eingriffe sollten verschoben werden.

Prämedikation

Bei vielen Patienten ist eine stärkere Sedierung erforderlich, da Angst und Aufregung einen akuten Asthmaanfall auslösen können.

- Standard-Prämedikationssubstanzen beim Asthmatiker sind die Benzodiazepine.
- Opioide sollten wegen der potentiell bronchokonstriktorischen Wirkung nicht für die Prämedikation eingesetzt werden.
- Eine Dauermedikation mit Asthmamitteln sollte perioperativ fortgesetzt werden.
- Bei Langzeitmedikation mit Kortikosteroiden: Zufuhr perioperativ fortsetzen, bei schweren Formen evtl. Dosis erhöhen.

Wahl des Anästhesieverfahrens

Die Hauptgefahr bei der Narkose des Asthmatikers ist der **akute Bronchospasmus,** der unter ungünstigen Umständen in einen lebensbedrohlichen Status asthmaticus übergehen kann, insgesamt aber selten ist (Häufigkeit nach Warner et al., 1996: 1,7%).

→ **Regionalanästhesien** sind vorteilhaft, weil ein wesentlicher potentiell anfallauslösender Faktor – der Endotrachealtubus – wegfällt. Anxiolyse mit einem Benzodiazepin kann erforderlich sein.

Allgemeinnarkose. Als Mittel der Wahl gelten wegen ihrer bronchodilatierenden Wirkung die volatilen Anästhetika Isofluran, Desfluran und Sevofluran.

- **Opioide** können bei anästhesierten Patienten einen Asthmaanfall auslösen, jedoch scheint das Risiko gering zu sein. Bei den meisten Patienten können Opioide mit volatilen Anästhetika kombiniert werden.
- Für die **Muskelrelaxierung** sollten Substanzen bevorzugt werden, die kein oder nur wenig Histamin freisetzen, z.B. Rocuronium oder Cisatracurium.

14

√ Praktisches Vorgehen
Narkose beim Asthmatiker

1. Wenn möglich: Larynxmaskennarkosen bevorzugen, um die potentiell anfallauslösende endotracheale Intubation zu vermeiden.
2. i.v. Einleitung: Propofol, Etomidat oder Ketamin; Thiopental ist weniger günstig.
3. Endotracheale Intubation: tiefe Narkose erforderlich, um keinen Asthmaanfall auszulösen.

4. Aufrechterhaltung: bevorzugt volatiles Anästhetikum in Kombination mit Opioiden. Ketamin wirkt ebenfalls bronchodilatierend und kann daher alternativ verwendet werden, wenn Inhalationsanästhetika kontraindiziert sind. Unter Ketamin sollte kein Aminophyllin zugeführt werden: Gefahr des Krampfanfalls!
5. Muskelrelaxanzien sollten sparsam verwendet werden, damit der Patient möglichst am Ende der Operation extubiert werden kann.
6. Cholinesterasehemmer, wie z.B. Neostigmin, dürfen wegen ihrer bronchokonstriktorischen Wirkung nicht oder nur nach Vorinjektion ausreichend hoher Atropindosen zur Antagonisierung der Muskelrelaxanzien eingesetzt werden.
7. Bei der kontrollierten Beatmung sollte eine lange Exspirationszeit gewählt werden, um eine möglichst vollständige Ausatmung zu erreichen.

Perioperativer Bronchospasmus

Der Bronchospasmus ist die am meisten gefürchtete Komplikation bei der Narkose von Asthmatikern.

Diffentialdiagnose „Anstieg des Beatmungsdrucks":

- Ballonhernie oder Abknicken des Tubus
- einseitige Intubation
- Verlegung des Tubus durch Sekret oder Blut
- Verlegung der großen Atemwege
- nachlassende Muskelrelaxierung mit Pressen/Gegenatmen
- Pneumothorax/Spannungspneumothorax
- pulmonale Aspiration von Mageninhalt oder Fremdkörpern.

✓ **Praktisches Vorgehen**

Behandlung des intraoperativen Bronchospasmus

1. Narkose mit einem Inhalationsanästhetikum vertiefen, chirurgische Stimulation unterbrechen lassen.
2. Kontrollierte Beatmung mit 100% Sauerstoff.
3. Überprüfen, ob Tubus und Atemwege frei sind: endotracheal absaugen, Tubus entblocken und erneut blocken.
4. Injektion von Bronchodilatatoren: β_2-Rezeptor-Agonisten sind Mittel der Wahl, z.B. Terbutalin oder Salbutamol: als Aerosol über den Endotrachealtubus oder 0,25–0,5 mg s.c. alle 3–6 h (in Narkose wegen der unklaren peripheren Durchblutung nicht zu empfehlen). In schweren Fällen Salbutamol oder Reproterol i.v.
5. Aminophyllin 5 mg/kg langsam i.v.; danach evtl. Dauerinfusion von ca. 0,7–0,9 mg/ kg/h, relativ schwache bronchodilatorische Wirkung, außerdem enge therapeutische Breite, daher eher selten eingesetzt.
6. Adrenalin bei Anaphylaxie: 1 Amp. mit Kochsalzlösung 0,9% auf 10 ml aufziehen und sehr langsam, nach Wirkung, i.v. injizieren.
7. Kortikosteroide nur bei schweren, therapieresistenten Formen indiziert. Dosierung: z.B. 20–40 mg Methylprednisolon i.v. alle 4 h.
8. Vorsichtiges endobronchiales Absaugen der Sekrete, evtl. Spülung mit jeweils bis zu 10 ml warmer physiologischer Kochsalzlösung.
9. Druckkontrollierte Beatmung, wenn möglich, mit Intensivrespirator:
   - niedrige Beatmungsfrequenz: 6–10/min
   - $p_{insp.} < 40$ mbar (wenn möglich)
   - PEEP initial 4–8 mbar

14

- I:E > 1:2 bis 1:4
- Atemminutenvolumen so hoch, dass pH > 7,2
- permissive Hyperkapnie.

10. arterielle Blutgase und Säure-Basen-Parameter kontrollieren.

Postoperative Schmerzkontrolle

- Bei Oberbauch- und Thoraxoperationen sind epidurale Verfahren vorteilhaft.
- Bei PCA gelten Fentanil, Alfentanil und Pethidin als sicher; Mophin kann dagegen über eine Histaminfreisetzung Bronchospasmen auslösen.
- NSAID können ebenfalls einen Asthmaanfall auslösen (Häufigkeit 8–20%) und sollten daher möglichst vermieden werden.

14.2.8 Interstitielle Lungenerkrankungen (Lungenfibrosen)

Hierbei handelt es sich um chronische, nicht maligne, nicht infektiöse Erkrankungen des unteren Respiraktionstrakts. Durch Verlust von alveolokapillären Einheiten wird die Diffusion von O_2 aus den Alveolen in das Blut eingeschränkt, während der Austausch von CO_2 weiterhin ungestört verläuft. Klinische Kennzeichen sind Dyspnoe und eingeschränkte Belastbarkeit.

Die interstitiellen Lungenerkrankungen sind **restriktive** Erkrankungen.

Lungenfunktion:

- verminderte Lungenvolumina (Vitalkapazität und Totalkapazität)
- normales oder übernormales Verhältnis von Einsekundenkapazität zu forcierter Vitalkapazität (FEV_1/FVC)
- eingeschränkte Diffusionskapazität
- leicht erniedrigter paO_2, weiterer Abfall unter Belastung
- leicht erniedrigter $paCO_2$; bleibt auch unter Belastung erniedrigt
- normaler pH-Wert, Abfall bei zunehmender Hypoxie.

Anästhesiologisches Vorgehen:

- Je nach Schweregrad des Krankheitsbildes: Lungenfunktionsprüfung, Messung der arteriellen Blutgase; Beseitigung akuter respiratorischer Infekte, Sekretolyse, Thorax-Physiotherapie, Atemübungen usw.
- Prämedikation bevorzugt mit Benzodiazepinen in Dosierungen, die nicht die Atemfunktion beeinträchtigen.
- Das Anästhesieverfahren richtet sich weitgehend nach der Schwere der Erkrankung. Nicht zu ausgedehnte Regionalanästhesien sind möglich.
- Alle Allgemeinnarkosen erfolgten unter kontrollierter Beatmung. Hierbei sind oft hohe Drücke erforderlich, um die „steife" Lunge zu dehnen. Die inspiratorische Sauerstoffkonzentration wird so gewählt, dass sich ein normaler paO_2 ergibt.
- Der Patient sollte erst extubiert werden, wenn eine ausreichende Atmung sicher aufrechterhalten werden kann. Verlängerte postoperative Beatmung sollte jedoch vermieden werden. Sind die Lungenvolumina erheblich vermindert, muss mit Störungen der Hustenfunktion gerechnet werden.

14.2.9 Obstruktive Schlafapnoe (OSA)

Die Diagnose der OSA wird durch Polysomnographie gesichert. OSA ist häufig mit Komorbidität verbunden, so dass eine entsprechende Abklärung erforderlich ist:

Mit OSA häufiger assoziierte Erkrankungen:
- Hypertonie
- Adipositas
- Koronarkrankheit, Myokardfunktionsstörungen und Arrhythmien
- pulmonalarterielle Hypertonie
- Refluxkrankheit.

Anästhesiologisches Vorgehen

Je nach Schweregrad scheint bei Patienten mit OSA das Risiko perioperativer kardiorespiratorischer Komplikationen erhöht zu sein. Ein standardisiertes Narkoseverfahren gibt es derzeit nicht.
- Bei schweren OSA-Formen sollte eine präoperative CPAP-Therapie erwogen werden.
- Bei peripheren Eingriffen können regionale Anästhesieverfahren bevorzugt werden.
- Patienten mit OSA leiden häufiger unter Refluxkrankheit und Schluckstörungen. Dann „Ileuseinleitung".
- Bei schweren Formen: Präoxygenierung mit erhöhtem Oberkörper und CPAP-Atmung (10 mbar) für 3–5 min.
- Extubiert wird erst dann, wenn der Patient ausreichend atmet und er seine Atemwege sicher offen halten kann; eine neuromuskuläre Restblockade muss ausgeschlossen sein.

Postoperative Überwachung und Schmerztherapie

Eine routinemäßige Intensivüberwachung wegen zu erwartender Schwierigkeiten mit den Atemwegen wird bei OSA-Patienten nicht empfohlen. Bei schwerem OSA sollten postoperativ die Zufuhr von Sauerstoff und der Einsatz von Nasen-CPAP erwogen werden.

Postoperative Schmerztherapie: Opioide und Sedativa können die Symptome des OSA verstärken, so dass entsprechende Vorsicht geboten ist. NSAID können, soweit möglich, allein oder ergänzend zu den Opioiden eingesetzt werden. Regionale Katheteranalgesieverfahren sind vermutlich vorteilhafter als Opioide.

14.3 Endokrine Erkrankungen

Bei den endokrinen Erkrankungen spielen vor allem der Diabetes mellitus und die Funktionsstörungen der Schilddrüse eine wichtige Rolle, während andere Erkrankungen, gemessen an ihrer Häufigkeit, in der operativen Medizin weniger bedeutsam sind.

14.3.1 Diabetes mellitus

Zwei Grundformen des Diabetes mellitus werden unterschieden: Typ 1 und Typ 2:
- Typ 1: absoluter Insulinmangel, hervorgerufen durch Zerstörung der B-Zellen des Pankreas
- Typ 2: periphere Empfindlichkeit auf Insulin vermindert (Insulinresistenz) und Insulinbedarf erhöht; Insulinsekretion gestört. Hierzu gehören mehr als 90% aller Diabetiker.

Leitlinien/Empfehlungen
Diagnose des Diabetes mellitus (Praxis-Leitlinien der Deutschen Diabetes-Gesellschaft)

- Nüchternblutzucker (≥ 8 h)
  - venöses Plasma (8 h) ≥ 126 mg/dl (≥ 7 mmol/l)
  - Vollblut, kapillär (hämolysiert) ≥ 110 mg/dl (≥ 6,1 mmol/l)
- Oraler Glukosetoleranztest; 2-h-Wert:
  - venöses Plasma ≥ 200 mg/dl (≥ 11,1 mmol/l)
  - Vollblut, kapillär (hämolysiert): ≥ 200 mg/dl (≥ 11,1 mmol/l).

Insulintherapie bei Typ-1-Diabetes

Typ-1-Diabetiker werden mit Insulin behandelt, um den Blutzucker zu kontrollieren und eine diabetische Ketoazidose zu verhindern:

→ Durchschnittliche Insulintagesdosis: 0,5–1 E/kg Körpergewicht, davon ⅔ am Morgen und ⅓ am Abend.

Häufig sind jedoch wesentlich höhere Dosen erforderlich, auch muss die Verteilung der Dosen dem individuellen Bedarf angepasst werden.

Reguläres Insulin:
- Wirkungseintritt i.v. 15 min, s.c. 30 min
- maximale Wirkung 2 h nach i.v. Injektion; Wirkdauer 6–10 h.

Wichtigste akute Komplikation der Insulintherapie ist die **Hypoglykämie.**

Therapie des Typ-2-Diabetes

Orale Antidiabetika werden eingesetzt, wenn sich die metabolischen Therapieziele anders nicht erreichen lassen. Verwendet werden:
- Metformin
- Sulfonylharnstoffe
- Glitazone (Thiazolidindione)
- α-Glucosidase-Hemmer.

Insulinbehandlung bei Typ-2-Diabetes: Werden die metabolischen Ziele (HbA_{1c} < 7%) auch bei Kombination der allgemeinen Maßnahmen mit oralen Antidiabetika nicht erreicht, ist meist die Zufuhr von Insulin erforderlich.

Risiken von Narkose und Operation

Operations- und Narkoserisiken ergeben sich zum einen aus der Erkrankung selbst, zum anderen aus den diabetesbedingten Folgekrankheiten. Hierbei sind vor allem folgende Faktoren zu berücksichtigen:
- Entgleisung des Stoffwechsels durch den Operationsstress mit Hyperglykämie und Ketose
- Hypoglykämie durch orale Antidiabetika oder Insulin
- autonome Neuropathie: orthostatischer Blutdruckabfall, Herzstillstand
- Aktivierung der Blutgerinnung mit Thromboseneigung
- gestörte zelluläre Infektabwehr.

Um die Risiken zu mindern, sind eine sorgfältige präoperative Untersuchung und Einstellung des Diabetes in enger Zusammenarbeit mit dem Diabetologen bzw. Internisten erforderlich. Folgendes sollte beachtet werden:

! Merke

Größere elektive Eingriffe sollten verschoben werden, wenn überhöhte Nüchtern- und postprandiale Blutzuckerwerte sowie erhöhte HbA_{1c}-(Glykohämoglobin-)Werte vorliegen. Ziel ist, die Blutzuckereinstellung ambulant zu optimieren und das HbA_{1c} auf unter 7% zu senken

Präoperative Untersuchungen

Bei elektiven Eingriffen ist eine gründliche internistische Konsiliaruntersuchung erforderlich. Hierbei sollte gezielt nach den für die Anästhesie wichtigen Folgekrankheiten und Komplikationen des Diabetes mellitus gesucht werden:

- koronare Herzkrankheit
- zerebrovaskuläre Insuffizienz, Insultgefährdung
- periphere arterielle Verschlusskrankheit
- Nephropathie mit renaler Insuffizienz
- periphere Neuropathie einschließlich autonomer Neuropathie
- akute Infekte.

Autonome Neuropathie. Die autonome Neuropathie des Diabetikers ist wegen der möglichen Funktionsstörungen für die Anästhesie von besonderer Bedeutung. Ihre Häufigkeit nimmt mit der Dauer der Erkrankung und dem Lebensalter zu.

Anästhesiologische Risiken:

- Labilität des Blutdruckverhaltens während der Operation, insbesondere Gefahr des Blutdruckabfalls
- orthostatische Hypotension bei Lagerungsmanövern
- verzögerte Magenentleerung mit möglicherweise erhöhter Aspirationsgefahr
- verminderter Atemantrieb auf Hypoxie: Gefahr der Atemdepression im Aufwachraum
- Blasenentleerungsstörungen mit Gefahr der postoperativen Harnretention
- intraoperativer Herzstillstand (selten).

Ziele der perioperativen Diabetestherapie

In der perioperativen Phase müssen vor allem folgende spezifische Gefahren vermieden werden:

- stressbedingte Hyperglykämien
- katabole Stoffwechsellage
- Ketoazidose, Laktatazidose sowie hyperosmolares nichtketoazidotisches Koma beim **insulinabhängigen** Diabetiker
- Hypoglykämie bei Vorbehandlung mit Insulin oder/und oralen Antidiabetika.

Um diese Ziele zu erreichen, müssen folgende Parameter überwacht werden:

- Blutglukose; Aceton (3×/Tag oder öfter)
- Bilanzierung der Energiezufuhr und der Energieverluste
- Körpergewicht
- nach Bedarf: Blutgase und Säure-Basen-Parameter, Osmolalität, Kreatinin, Harnstoff, Transferrin.

! Merke

Das Ausmaß der Überwachung richtet sich vor allem nach der Dauer der perioperativen Behandlung und der Labilität des Diabetes. Ist der Blutzucker stabil mit 1–2 Insulininjektionen einzustellen, so besteht keine Ketosegefahr; ist der Blutzucker hingegen labil, d.h., sind 2–4 Insulininjektionen erforderlich, besteht erhöhte Ketosegefahr.

→ Ist ein Postaggressionsstoffwechsel zu erwarten, wird beim **Typ 1** die Insulindosis entsprechend angepasst. Lang wirkendes Insulin sollte einige Tage vor der Operation auf mittel oder kurz wirksames Insulin umgestellt werden, am OP-Tag auf eine Infusion.

→ Eine Umstellung auf Insulin beim **Typ-2-Diabetes** wird restriktiv gehandhabt, und zwar aus folgenden Gründen:

- höheres Risiko der Hypoglykämie bei Insulinzufuhr
- Immunisierung (auch bei hochgereinigten Insulinen)
- Entwicklung einer Insulinabhängigkeit.

Nach derzeitigen Empfehlungen sollte erst bei Ausgangsblutzuckerwerten von > 180 mg/dl (10 mmol/l) eine zusätzliche Insulintherapie durchgeführt werden. Nach größeren Operationen ist manchmal eine Insulininfusion erforderlich, bei Bedarf ergänzt durch Glukose-Kalium-Infusion.

Besonderheiten von Narkose und Operation

Für die perioperative Phase ergeben sich einige Besonderheiten, die bei der Therapie beachtet werden sollten:

- **Regionale Anästhesieverfahren** sollten beim Diabetiker – wenn möglich – bevorzugt werden, da hierbei postoperativ frühzeitig auf eine orale Ernährung und Medikamenteneinnahme umgestellt und so die Stoffwechselführung erleichtert werden kann.
- Keine hohe Spinal- oder Periduralanästhesie bei nachgewiesener autonomer Neuropathie (starker Blutdruckabfall).
- Kein Zusatz von Vasokonstriktoren zum Lokalanästhetikum wegen möglicher Mikroangiopathien.
- Narkose und Operation steigern als Stressoren den Blutzucker und den Insulinbedarf.
- Die Resorption von s.c. injiziertem Insulin ist während der Narkose aufgrund der gestörten Durchblutung nicht vorhersehbar.
- In der frühen postoperativen Phase fehlen beim noch schlafenden oder sedierten Patienten die Warnzeichen der Hypoglykämie, so dass entsprechende Kontrollen der Blutzuckerwerte erforderlich sind.
- Ist eine orale Nahrungszufuhr postoperativ zunächst nicht möglich, wird vorübergehend auf parenterale Ernährung umgestellt.

Blutzuckerkontrolle am Tag vor der Operation

Präoperativ sollten Blutzuckerwerte im Bereich von 80–180 mg/dl angestrebt werden.

Bei Eingriffen ohne Nahrungskarenz kann in folgender Weise vorgegangen werden:

- normale (isokalorische) Diät
- Insulin in unveränderter Dosis.

Bei 8- bis 12-stündiger Nahrungskarenz kann die normale Diät bis 19 Uhr zugeführt werden. Weiteres Vorgehen:
- stabiler Typ-1-Diabetes: Abenddosis Insulin auf ⅔ reduzieren; keine Spätmahlzeit
- labiler Typ-1-Diabetes: unveränderte Insulindosis + 25 g Glukose als Infusion von 21–7 Uhr.
- Typ-2-Diabetes: abends keine Sulfonylharnstoffe; Nahrungskarenz. Metformin mindestens 2 Tage vor geplanten Eingriffen absetzen.

Perioperative Behandlung

Leitlinien für das perioperative Vorgehen bei Diabetes mellitus liegen derzeit nicht vor.

Insulinabhängiger Diabetes

Durch optimale präoperative Einstellung des Blutzuckers kann die intraoperative Stoffwechsellage günstig beeinflusst werden. Daher sollte der Patient bei großen Operationen etwa 2 Tage vor der Operation stationär aufgenommen und die Stoffwechselsituation normalisiert werden.

→ Insulinpflichtige Diabetiker erhalten intraoperativ **grundsätzlich** Insulin i.v., außerdem eine Glukoseinfusion, die den Erhaltungsbedarf (2–3 g/kg/d) deckt. Hierbei können vereinfacht folgende Regeln für den Insulin- und Glukosebedarf herangezogen werden:
- 1 IE Insulin senkt den Blutzucker um 27 mg/dl (1,5 mmol/l).
- 10 g Glukose erhöhen den Blutzucker um 36 mg/dl (2 mmol/l).
- Die intraoperative Zufuhr von Altinsulin erfolgt am besten als kontinuierliche Infusion über einen Perfusor; Bolusinjektionen sind ebenfalls möglich.
- Liegen die Blutzuckerwerte im Normbereich und wird nur ein **kurzer** Eingriff durchgeführt, kann, unter Abwägung des individuellen Risikos und stündlicher Blutzuckerkontrolle, auf eine intraoperative Insulinzufuhr verzichtet werden.

Die wichtigsten **Therapieziele** sind:
- konstante und normale Blutzuckerwerte (80–120 mg/dl)
- Vermeidung von Hypoglykämie
- Verhinderung einer Ketoazidose.

√ Praktisches Vorgehen

Typ-1-Diabetes

1. Geplante Eingriffe möglichst am frühen Morgen.
2. Am Operationstag bleibt der Patient nüchtern; das bisherige Insulin wird auf Altinsulin umgestellt.
3. Gegen 6 Uhr wird der Blutzuckerwert bestimmt und mit der Infusion von Glukose (5- bis 10%ig), ca. 6 g/h (120 ml/h Glukose 5% oder 60 ml/h Glukose 10%) begonnen; außerdem Infusion von Insulin (Perfusoransatz 50 IE Altinsulin mit isotoner Elektrolytlösung auf 50 ml aufgezogen: 1 ml enthält 1 IE). Dosierung von Insulin siehe ▶ Tabelle 14-2.
4. Alternativ wird zunächst lediglich um 6 Uhr der Blutzuckerwert bestimmt und der Patient bei Werten im Normbereich ohne Glukose- und Insulinzufuhr in den OP transportiert. Erst dort wird mit der Zufuhr von Insulin und Glukose (nach Blutzuckerwert) begonnen. Liegen die Blutzuckerwerte außerhalb des Normbereichs, muss jedoch nach Anweisung des zuständigen Arztes mit der Insulin- und Glukosezufuhr bereits auf der Station begonnen werden.

14

5. Intraoperative Blutzuckerkontrollen alle 1–2 h, ebenso in der frühen postoperativen Phase. Nach Vorliegen der Blutzuckerwerte wird über das Vorgehen entschieden (▶ Tab. 14-2).
6. Bei kontinuierlicher Infusion muss die Tendenz der Blutzuckerwerte beachtet werden: Dosisreduktion bei fallenden Werten, Erhöhung bei ansteigenden.
7. Bei kataboler Stoffwechsellage und Kaliumverlusten: Kaliumsubstitution.
8. Sobald der Patient wieder ausreichend Nahrung zu sich nehmen kann: Umstellung auf das ursprünglich eingenommene Retardpräparat.

Oral eingestellter Diabetes

Bei großen, lang dauernden Eingriffen und/oder mehrtägiger Nahrungskarenz sollte der Patient, unter engmaschiger Kontrolle der Blutzuckerwerte, auf Insulin umgestellt werden. Bei kleinen bis mittleren Eingriffen ist eine Umstellung auf Insulin dagegen nicht erforderlich. Orale Antidiabetika dürfen wegen ihrer langen Wirkdauer am Operationstag nicht zugeführt werden. Im Einzelnen gilt Folgendes:

Absetzen oraler Diabetika vor Operationen:
- Sulfonylharnstoffe, Glitazone und Acarbose: 24 h
- Biguanide bzw. Metformin: 48 h.

✓ Praktisches Vorgehen

Typ-2-Diabetes
1. Am OP-Morgen Nüchternblutzucker bestimmen, keine oralen Antidiabetika zuführen.
2. Glukoseinfusion anschließen (Dosierung wie oben angegeben).
3. Bei Umstellung auf Insulin: Insulinzufuhr nach Blutzuckerwerten unter engmaschiger Kontrolle der Werte.
4. Bei Patienten, die unter Metformin-Erhaltungsdosen standen: Kontrolle der Serumlaktatkonzentrationen 3 × täglich für etwa 48 h.

Notfalleingriffe
1. Präoperative Blutglukosekonzentration, Serumelektrolyte und -pH-Wert bestimmen.
2. Stoffwechsellage korrigieren.
3. Letzte Zufuhr von Insulin oder Sulfonylharnstoffen ermitteln und Risiko von Hypoglykämien einschätzen.
4. Kontinuierliche Infusion von Insulin beginnen, außerdem Glukoseinfusion, bei Bedarf auch Kalium.
5. Intraoperativ engmaschige Blutzuckerkontrollen.

Tab. 14-2 Schema der intraoperativen Insulinzufuhr nach Blutzuckerwerten

Blutzucker	Kontinuierliche Insulininfusion (mg/dl) (Richtwerte)
< 120	keine Insulinzufuhr
120–200	1 IE/h
200–250	1,5 IE/h
250–300	2 IE/h

Behandlung intraoperativer diabetischer Notfälle

Intraoperativ können sich, je nach Intensität von Stimulation („Stress") und Stoffwechsellage, Notfallsituationen entwickeln, die sofort behandelt werden müssen. Die größte Gefahr geht von der **Hypoglykämie** aus, da während der Narkose die typischen Zeichen und Symptome fehlen und sich daher rasch eine **irreversible Hirnschädigung** entwickeln kann.

Hypoglykämie (Plasmaglukose < 50 mg/dl)

Häufigste und immer vermeidbare Ursache einer intraoperativen Hypoglykämie ist die Zufuhr von Insulin ohne gleichzeitige Infusion von Glukoselösung. Begünstigend wirken des Weiteren das nicht rechtzeitige Absetzen oraler Antidiabetika und eine Niereninsuffizienz. Sie verlängert die Wirkung von Insulin und von oralen Antidiabetika.

! Merke

Um eine intraoperative Hypoglykämie zu vermeiden, sollte der Blutzucker intraoperativ nicht zu scharf eingestellt werden. Außerdem muss Glukoselösung infundiert werden.

Die Sofortbehandlung erfolgt mit 5 g Glukose als Bolus i.v., gefolgt von einer Glukoseinfusion mit 1–2 mg/kg/min unter engmaschiger Kontrolle der Blutzuckerwerte.

Hyperosmolares nichtketoazidotisches Koma

Bei älteren Patienten mit leichtem Diabetes mellitus entwickeln sich gelegentlich exzessiv hohe Blutzuckerkonzentrationen mit Dehydratation. Meist wird genügend Insulin produziert, so dass keine Ketoazidose auftritt. Die Hyperosmolarität kann zu Koma und generalisierten Krämpfen führen.

Behandlung:

- rasche Rehydratation mit 1–2 l plasmaisotoner Elektrolytlösung über 1–2 h
- gleichzeitig 5–10 E Insulin
- zu rasche Korrektur der Hyperosmolarität sollte wegen der Gefahr des Hirnödems vermieden werden.

Diabetische Ketoazidose

Bei ungenügender Insulinwirkung kommt es zur Anhäufung von Ketonkörpern und metabolischer Azidose. Häufige Auslöser sind Infektionen, Traumen oder unbeabsichtigte Unterbrechung der Insulinzufuhr. Zwar besteht fast immer eine Hyperglykämie (300–500 mg/dl); sie korreliert jedoch nicht mit dem Schweregrad der Azidose.

√ Praktisches Vorgehen

Therapie der diabetischen Ketoazidose

1. 10 IE Insulin als i.v. Bolus, danach kontinuierliche Infusion (Faustregel: Blutzucker/150 = Insulineinheiten/h).
2. Infusion isotoner Elektrolytlösungen unter Kontrolle von zentralem Venendruck, Blutdruck, Herzfrequenz und Urinausscheidung; zu erwartendes Defizit: ca. 4–10 l!
3. Wenn Urinausscheidung > 0,5 ml/kg/h: Zufuhr von 10–40 mval Kaliumchlorid.
4. Wenn Blutzucker bei 250 mg/dl: Zufuhr von Glukoselösung 5%, ca. 100 ml/h;
5. Wenn pH-Wert < 7,1: Zufuhr von Natriumbikarbonat erwägen.

Laktatazidose

Durch Entgleisung des Stoffwechsels oder durch Biguanide kann eine Typ-B1-Laktatazidose ausgelöst werden. Bei diabetischer Laktatazidose muss die Grundkrankheit behandelt werden; hierzu gehört vor allem die Zufuhr von Flüssigkeit, Elektrolyten und Insulin. Die biguanidinduzierte Laktatazidose kann durch Hämodialyse der Substanz beseitigt werden.

14.3.2 Hypoglykämie

Eine Hypoglykämie kann durch Insulinome, Hypophysenunterfunktion, Nebenniereninsuffizienz, Fruktoseintoleranz, Galaktosämie sowie nach Magenoperationen ausgelöst werden.

Eine **postprandiale Hypoglykämie** kann bei Galaktosämie, Fruktoseintoleranz oder nach Magenoperationen auftreten. Diese Patienten bleiben morgens nüchtern und erhalten eine **Glukoseinfusion;** hierdurch wird die reaktive Hypoglykämie vermieden.

Bei den anderen Störungen können die Symptome der Hypoglykämie während der Narkose verschleiert werden. Darum: intraoperative Überwachung des Blutzuckers und ggf. Infusion von Glukose.

14.3.3 Cushing-Syndrom

Das Syndrom ist durch exzessive Glukokortikoidsekretion gekennzeichnet. Zu den Hauptursachen zählen: iatrogene Induzierung durch Kortikoidtherapie (z.B. bei Asthma); beidseitige Nebennierenhyperplasie durch gesteigerte ACTH-Sekretion; primäre Nebennierentumoren.

Die für Operation und Narkose wichtigsten **Störungen** sind:

- Hypertonie, Herzinsuffizienz
- Flüssigkeitsretention
- Hypernatriämie und Hypokaliämie
- Eiweißmangel
- oft Hyperglykämie bzw. Diabetes mellitus
- Polyurie
- hämorrhagische Diathese
- gastrointestinaler Reflux
- Schlafapnoe
- proximale Myopathie
- Osteoporose.

Präoperatives Vorgehen.

14

Die wichtigsten Maßnahmen umfassen:

- Behandlung des Hypertonus,
- Einstellung des Blutzuckers,
- Normalisierung des intravasalen Volumens und des Elektrolythaushalts.

Beim iatrogenen Cushing-Syndrom liegt eine sekundäre Atrophie der Nebennierenrinde vor. Diese Patienten können nicht angemessen auf den „Stress“ der perioperativen Phase reagieren und benötigen daher eine entsprechende intraoperative Glukokortikoidsubstitution, und zwar etwa 300 mg Hydrocortison i.v. am Operationstag.

14.3.4 Conn-Syndrom

Das Conn-Syndrom ist durch eine exzessive Sekretion von Mineralokortikoiden gekennzeichnet (**primärer Hyperaldosteronismus** durch ein aldosteronproduzierendes Adenom der Nebenniere). Die wichtigsten Störungen sind:

- Hypertonie
- Kaliummangel mit Hypokaliämie und hypokaliämischer Alkalose
- Diabetes insipidus renalis
- Hypovolämie
- Muskelschwäche (durch Hypokaliämie).

Präoperatives Vorgehen. Die Normalisierung von intravasalem Volumen, Elektrolytgleichgewicht und Nierenfunktion steht im Vordergrund.

→ Die Behandlung erfolgt mit dem Aldosteronantagonisten Spironolacton (Aldactone). Die Wirkungen von Spironolacton sind erst nach 1–2 Wochen maximal ausgeprägt.

→ Der Kaliummangel ist beträchtlich, so dass in der Regel mindestens 24 h zum Ausgleich des Defizits erforderlich sind (Behandlung des Kaliummangels siehe ▶ Kap. 25).

→ Der Tumor wird operativ entfernt.

14.3.5 Nebennierenrindeninsuffizienz

Das **Addison-Syndrom** ist durch einen relativen oder absoluten Mangel an Kortikoiden gekennzeichnet. Ursachen sind z.B. abruptes Absetzen einer Kortikoidtherapie, ungenügende ACTH-Sekretion, Zerstörung der Nebennierenrinde durch Karzinome, Tuberkulose oder Autoimmunerkrankungen. Die wichtigsten **Zeichen und Störungen** sind:

- Hypovolämie
- Hypotonie
- Hyponatriämie, Hyperkaliämie
- metabolische Azidose
- Gewichtsverlust
- Schwäche.

Gefährdet sind die Patienten vor allem durch „Stresssituationen" wie Traumen mit Blutverlusten, Narkose und Operation; hierbei kann eine lebensbedrohliche **Addison-Krise** ausgelöst werden, die sich wie folgt manifestiert:

- Kreislaufkollaps bzw. Schock
- Hyponatriämie, Hyperkaliämie, Hypoglykämie,
- Hämokonzentration.

Präoperative Vorbereitung.

Die wichtigsten Maßnahmen sind:

- Beseitigung von Hypovolämie, Hyponatriämie und Hyperkaliämie.
- Substitutionstherapie mit Kortikoiden: Am Operationstag sollten 300 mg Hydrocortison i.v. zugeführt werden.

Behandlung der perioperativen Addison-Krise.

- Zufuhr von Glukokortikoiden in hohen Dosen
- Ersatz der Natrium- und Wasserverluste mit isotoner Kochsalzlösung
- vasoaktive Substanzen bei Hypotonie
- Korrektur der Hypoglykämie.

14.3.6 Phäochromozytom

Phäochromozytome sind katecholaminproduzierende Tumoren aus chromaffinem Gewebe, die meist im Nebennierenmark, jedoch auch in anderen Geweben des Körpers zu finden sind. Die **klinischen Zeichen** entstehen durch die Sekretion von Noradrenalin und Adrenalin:

- Hypertonus, oft mit exzessiven, anfallsartig auftretenden Blutdruckspitzen
- Tachykardie
- Kopfschmerzen
- ausgeprägtes Schwitzen.

Ist ein Phäochromozytom diagnostiziert worden, muss es, nach medikamentöser Vorbehandlung, operativ entfernt werden. Die **Ziele der medikamentösen Vorbehandlung** sind:

- Kontrolle des Hypertonus durch β-Blocker
- Kontrolle von Tachykardien und Arrhythmien durch β-Blocker
- Normalisierung des Blutvolumens durch Volumenzufuhr.

α-Rezeptoren-Blockade. Das Vorgehen ist nicht standardisiert. Meist wird mit der α-Blocker-Therapie 7–10 Tage vor der geplanten Operation begonnen; bei Patienten mit kürzlichem Infarkt, Katecholamin-Kardiomyopathie oder katecholamininduzierter Vaskulitis ist jedoch ein längerer Zeitraum erforderlich.

→ Zielblutduckwerte sind 120/80 mm Hg im Sitzen und > 90 mm Hg systolisch im Stehen.

Für die präoperative α-Blockade wird Phenoxybenzamin bevorzugt, für die Langzeitbehandlung ausgewählter Patienten die α_1-Blocker Prazosin, Terazosin oder Doxazosin. Urapidil kann ebenfalls für die präoperative Vorbereitung verwendet werden.

Anästhesiologisches Vorgehen

- Meist ist eine stärkere Prämedikation erforderlich, um eine Aktivierung des sympathoadrenergen Systems durch Angst und Aufregung zu verhindern.
- Vor Narkoseeinleitung arterielle Kanülierung und direkte Blutdruckmessung.
- Narkoseverfahren: balancierte Anästhesie oder TIVA.
- Für die endotracheale Intubation ist eine ausreichende Narkosetiefe erforderlich, um Blutdruckspitzen zu vermeiden.
- Intraoperativ muss mit Blutdruckanstiegen bis hin zu hypertensiven Notfällen gerechnet werden. Um den Blutdruck zu normalisieren, kann Natrium-Nitroprussid infundiert werden: Die Wirkung setzt sofort ein und hält nur wenige Minuten an. Dosierung: ca. 0,5–5 μg/kg/min.
- Blutdruckabfälle durch Volumenmangel sind ebenfalls möglich und sollten zunächst mit Volumenzufuhr behandelt werden. Vasopressoren und inotrope Substanzen sind selten indiziert.

Postoperative Komplikationen

Anhaltende Hypotension oder Hypertonie sind die typischen Komplikationen nach Phäochromozytom-Operationen.

14.3.7 Hyperthyreose

Die Hyperthyreose ist durch eine Überproduktion von Thyroxin (T_4) und/oder Trijodthyronin (T_3) gekennzeichnet.

Grundsätzlich gilt:

! Merke

Jede Hyperthyreose sollte vor elektiven Eingriffen so lange medikamentös behandelt werden, bis ein euthyreoter Zustand erreicht worden ist.

Für eine optimale Einstellung der antihyperthyreoten Medikation sind etwa 2 Wochen erforderlich. Bei ausgedehnter Struma müssen **Tracheazielaufnahmen** angefertigt werden, um eine evtl. Einengung und Deviation der Trachea einschätzen zu können.

Thyreotoxische Krise

Operationen, Traumen, Infektionen, psychischer „Stress" usw. können bei Patienten mit Hyperthyreose in der Vorgeschichte oder bei nicht ausreichend vorbehandelter Hyperthyreose eine thyreotoxische Krise auslösen.

Kennzeichen:
- Anstieg der Körpertemperatur
- ausgeprägte Sinustachykardie oder Vorhofflimmern
- Verwirrtheit und Eintrübung des Bewusstseins
- Agitation
- evtl. Herzinsuffizienz.

Anästhesie bei Schilddrüsenoperationen

Die wichtigsten Indikationen für Schilddrüsenoperationen sind Strumen, Tumoren und die therapierefraktäre Hyperthyreose. Die Operation erfolgt in der Regel in Allgemeinanästhesie.

→ Bei **Riesenstrumen** muss mit erschwerter Intubation und mit größeren Blutverlusten gerechnet werden, außerdem mit einer postoperativen Tracheomalazie.

→ **Retrosternale Strumen** können asymptomatisch verlaufen, führen aber meist zur Kompression mediastinaler Strukturen. Schluckstörungen, Dyspnoe, Erstickungsanfälle und Heiserkeit gehören zu den häufigsten Symptomen.

Präoperative Untersuchungen

Die spezifische Untersuchung richtet sich auf den Funktionszustand der Schilddrüse und auf mögliche Einengungen der Atemwege:
- Thoraxröntgenbild, CT, MRT
- HNO-Konsil: indirekte Laryngoskopie zum Ausschluss präoperativer Funktionsstörungen der Stimmbänder.

Vorgehen bei der Allgemeinanästhesie

Am häufigsten wird eines der üblichen Verfahren der Allgemeinanästhesie (balancierte Anästhesie, TIVA) mit endotrachealer Intubation und Muskelrelaxierung eingesetzt. Larynxmaskennarkosen sind grundsätzlich möglich, jedoch verrutscht die LMA leicht bei chirurgischen Manipulationen.

Weitere Maßnahmen:
- vollständiger Augenschutz; absolut sichere Fixierung des Endotrachealtubus
- Oberkörpehochlagerung, Kopf leicht überstreckt, beide Arme angelagert, daher Verlängerung der Infusionsleitungen. Die Oberkörperhochlagerung muss langsam erfolgen, um einen schlagartigen Blutdruckabfall zu vermeiden. Der arterielle Mitteldruck sollte hierbei ca. 70 mm Hg nicht unterschreiten (Gefahr der Hirnischämie).

Intraoperative Schilddrüsenüberfunktion. Treten intraoperativ die Zeichen der Hyperthyreose oder der thyreotoxischen Krise auf, ist die Zufuhr von Propylthiouracil und Natriumjodid indiziert. Die kardiovaskulären Wirkungen der thyreotoxischen Krise können häufig durch β-Rezeptoren-Blocker vermindert werden. Die Gabe von Kortikosteroiden wird ebenfalls empfohlen, außerdem die Zufuhr von Flüssigkeit, Elektrolyten und Glukose.

Extubation. Erst bei ausreichender Muskelfunktion auch im Bereich der oberen Atemwege sollte der Patient extubiert werden.
- Bei Verdacht auf N.-recurrens-Schädigung: Funktion der Stimmbänder überprüfen, z.B. mit einem Fiberbronchoskop. Die Durchschneidung eines Rekurrensnervs führt zu Stridor, die Durchtrennung beider Nerven zu kompletter Stimmbänderlähmung, die wahrscheinlich eine Tracheotomie erfordert.
- Husten sollte wegen der Blutungsgefahr unbedingt vermieden werden.
- Erst bei stabiler Atemfunktion und sicheren Atemwegen den Patienten in den Aufwachraum transportieren.

Postoperative Überwachung

Wichtigstes Risiko in der postoperativen Phase ist die **Nachblutung** im Halsbereich mit Kompression der Atemwege und akuter Erstickungsgefahr. Größere Hämatome müssen umgehend entlastet werden, in Notsituationen durch Öffnung der Operationsnähte bereits im Patientenbett. Der Wundschmerz ist meist nicht sehr ausgeprägt, so dass nur geringe Mengen von Analgetika erforderlich sind.

Weitere mögliche **Komplikationen** sind:
- Laryngospasmus
- Larynxödem,
- Pneumothorax durch die Drainage
- Hypokalzämie bei Entfernung der Epithelkörperchen (Kalzium i.v. zuführen)
- Übelkeit und Erbrechen (gehäuft, daher großzügige PONV-Prophylaxe empfohlen).

14.3.8 Hypothyreose

Die Hypothyreose entsteht durch eine ungenügende Sekretion von Schilddrüsenhormonen mit erniedrigter Serumthyroxinkonzentration. Schwere Formen sind gekennzeichnet durch Bradykardie, Kardiomegalie, Herzinsuffizienz, Perikard- und Pleuraergüsse.

→ Bei Hypothyreose sollte vor elektiven Eingriffen der euthyreote Zustand wiederhergestellt werden.

Bei Notoperationen muss evtl. Thyroxin oder Trijodthyronin oral bzw. i.v. zugeführt werden.

Präoperative Einschätzung und Prämedikation

Zu den speziellen Laboruntersuchungen gehört die Bestimmung der Schilddrüsenfunktion.

Vorsicht ist bei der **Prämedikation** geboten: Hypothyreote Patienten reagieren besonders empfindlich auf Sedativhypnotika, Opioide und Anästhetika, so dass die Dosis entsprechend reduziert werden muss. Besonders gefährdet sind die Patienten durch eine medikamenteninduzierte **Atemdepression und Bewusstlosigkeit.**

Intraoperatives Vorgehen

Grundsätzlich sollten alle Medikamente vorsichtig dosiert werden, da zumeist eine stark gesteigerte Empfindlichkeit besteht.

Hypothyreote Patienten sind besonders durch folgende **Störungen** gefährdet:
- Abfall der Körpertemperatur: perioperativer Wärmeschutz erforderlich
- Hypoventilation: während der Narkose kontrolliert beatmen, postoperativ bis zur Rückkehr einer ausreichenden Spontanatmung
- Verdünnungshyponatriämie: Wasserzufuhr einschränken.

14.3.9 Akromegalie

Die Erkrankung beruht auf einer gesteigerten Sekretion des Wachstumshormons (STH). Die wichtigsten Zeichen sind:
- Natrium- und Kaliumretention
- Hyperglykämie
- Atherosklerose
- Herzrhythmusstörungen.

Präoperativ sollte gezielt nach Störungen der Herz-Kreislauf- und Atemfunktion sowie des Blutzuckers gesuchtg werden.

14.3.10 Diabetes insipidus

Der Diabetes insipidus entsteht durch eine verminderte Sekretion des antidiuretischen Hormons (ADH). Hierdurch werden große Mengen verdünnten Urins ausgeschieden und eine sekundäre Polydipsie ausgelöst. Meist ist eine Substitutionstherapie mit Vasopressin bzw. **Minirin** erforderlich.

Präoperative Maßnahmen. Einschätzung des Volumenstatus; Ausgleich einer Dehydratation bzw. Hypovolämie.

14.3.11 Syndrom der unangemessenen ADH-Sekretion

Bei diesem Syndrom erfolgt die Sekretion des ADH unabhängig von der Serumosmolarität, über die normalerweise die ADH-Sekretion reguliert wird. Hierdurch treten Hyponatriämie und Flüssigkeitsretention auf. Die Behandlung richtet sich nach der zugrunde liegenden Ursache; außerdem muss die Zufuhr von Wasser eingeschränkt werden.

14.4 Stoffwechsel- und Ernährungsstörungen

14.4.1 Adipositas

Nach dem Body-Mass-Index (BMI) werden drei Schweregrade der Adipositas unterschieden:

- Grad I: BMI 30–34, 9 kg/m²
- Grad II: BMI 35–39,9 kg/m²
- Grad III (Adipositas permagna): BMI ≥ 40 kg/m² oder BMI >35 kg/m² mit wesentlicher Komorbidität.

Komorbidität bei Adipositas:

- Hypertonie
- koronare Herzkrankheit
- Herzinsuffizienz
- Schlaganfall
- Typ-2-Diabetes
- Cholezystolithiasis, Steatohepatitis, Refluxkrankheit
- obstruktives Schlafapnoesyndrom
- Hypoventilationssyndrom (Pickwick-Syndrom)
- Osteoarthritis
- Karzinome.

Lungenfunktion bei Adipositas permagna:

- Atemzugvolumen normal oder erhöht; bei Pickwick-Syndrom vermindert
- FRC erheblich vermindert
- totale Lungenkapazität vermindert
- Atemwiderstände erhöht
- Atemarbeit erhöht.

Prämedikation

Patienten mit Adipositas permagna sollten nicht mit Sedativa oder Opioiden prämediziert werden: Gefahr der respiratorischen Dekompensation.

Wahl des Narkoseverfahrens

Die Wahl des Anästhesieverfahrens hängt, neben den Begleiterkrankungen, auch von der Art des Eingriffs ab.

- **Regionalanästhesien** (Spinal- und Periduralanästhesien) sind bei peripheren Eingriffen häufig möglich; mitunter aber technisch schwierig. Ausgedehnte Blockaden sollten wegen der Gefahr der Hypoventilation vermieden werden, ebenso stärkere Sedierung.
- **Allgemeinnarkosen** sind immer Intubationsnarkosen mit kontrollierter Beatmung. Larynxmaskennarkose sind kritisch zu bewerten; Maskennarkosen sollten unbedingt vermieden werden.
- **Aspirationsrisiko**: Magensaftvolumen und -pH-Wert entsprechen denen von Normalgewichtigen; Beweise für ein erhöhtes Aspirationsrisiko bei Adipositas permagna liegen nicht vor.

Lagerung

Die Lagerung ist bei extremer Adipositas eine besondere Herausforderung:

- überprüfen, ob der OP-Tisch für das Gewicht zugelassen ist
- Lagerung nur mit ausreichender Anzahl von Assistenzpersonen

- wenn nötig: übergroßen OP-Tisch einsetzen
- Extremitäten sorgfältig abpolstern, um Lagerungsschäden zu vermeiden.

√ Praktisches Vorgehen

Adipositas permagna

1. Für die Narkoseeinleitung sollten Kopf und Oberkörper erhöht gelagert werden, um die Atemmechanik und die Intubationsachse zu verbessern.
2. Die FRC ist vermindert, auch nimmt das Atemzugvolumen in Rückenlage ab, so dass sich bei Apnoe sehr rasch eine Hypoxämie entwickelt. Aus diesem Grund ist eine **korrekte Präoxygenierung** essentiell; meist wird hiermit jedoch keine dem Normgewichtigen vergleichbare Denitrogenierung erreicht; d.h., die arterielle O_2-Sättigung kann bei der Intubationsapnoe sehr rasch abfallen (▶ Kap. 18).
3. Ab einem BMI von 26 kg/m^2 ist das Risiko einer **schwierigen Maskenbeatmung** um das Dreifache erhöht; Zahnlosigkeit, Bart sowie Schnarchen in der Vorgeschichte erhöhen das Risiko zusätzlich.
4. Treten Intubationsschwierigkeiten auf, kann auch bei diesen Patienten eine Intubationslarynxmaske mit hoher Erfolgsrate angewandt werden.
5. Die Wahl des Inhalationsanästhetikums scheint bei starker Adipositas keine wesentliche Rolle zu spielen; die Aufwachzeiten von Desfluran und Sevofluran unterscheiden sich bei diesen Patienten nicht wesentlich.
6. Muskelrelaxanzien sollten unter Kontrolle eines Nervenstimulators zugeführt werden; dosiert werden sollte nach dem Idealgewicht, da sonst die Wirkung erheblich verlängert werden kann. Für die Intubation sollte Succinylcholin bevorzugt werden. Vor der Extubation muss die muskuläre Funktion vollständig zurückgekehrt sein (TOF-Ratio ≥0,9).
7. Für die Blutdruckmessung muss eine Manschette entsprechender Breite gewählt werden, um Fehlmessungen (zu hohe Werte) zu vermeiden; evtl. arterielle Kanüle einführen.
8. Die Extubation erfolgt am wachen, halbsitzend gelagerten Patienten.
9. Bei extrem Übergewichtigen wird eine Intensivüberwachung in den ersten 2 postoperativen Tagen empfohlen. Mit respiratorischen Komplikationen muss gerechnet werden.

14.4.2 Anorexie und Kachexie

Bei Patienten mit Anorexia nervosa beträgt der Gewichtsverlust oft bis zu 40% des ursprünglichen Körpergewichts. Bei diesen Patienten muss präoperativ gezielt nach folgenden **Störungen** gesucht werden:

- metabolische Azidose
- Hypokaliämie, Hypokalzämie, Hypomagnesiämie
- Hypothermie
- endokrine Störungen
- EKG-Veränderungen
- Kardiomyopathie.

→ **Elektive Eingriffe** sollten möglichst so lange verschoben werden, bis die begleitenden Störungen ausreichend behandelt worden sind.

→ Bei **Notoperationen** ist eine invasive Überwachung erforderlich; durch eine vorsichtige Flüssigkeitstherapie sollte versucht werden, das zirkulierende Blutvolumen zu normalisieren. Bei zu raschem Volumenersatz kann jedoch ein Lungenödem ausgelöst werden.

14.4.3 Porphyrien

Bei diesen angeborenen oder erworbenen Störungen der Hämbiosynthese kommt es aufgrund von Enzymdefekten zu Überproduktion, Anhäufung und vermehrter Ausscheidung von Porphyrinpigmenten. Für den Anästhesisten sind vor allem die hepatischen Porphyrien von Bedeutung.

Akute intermittierende Porphyrie

Die (autosomal-dominant vererbte) Krankheit ist gekennzeichnet durch wiederholte Attacken mit akuten Bauchschmerzen sowie schweren neurologischen und psychiatrischen Funktionsstörungen.

Wichtigste Zeichen von Funktionsstörungen des autonomen Nervensystems:

- labiler Hypertonus und Sinustachykardie
- orthostatische Hypotension
- arterielle Vasospasmen in der Retina und der Haut der Extremitäten
- Schwitzen.

Im akuten Anfall werden vermehrt δ-Aminolävulinsäure und Porphobilinogen im Urin ausgeschieden.

Auslöser

Zu den wichtigsten Auslösern der akuten intermittierenden Porphyrie gehören: Medikamente, Hungern, Dehydratation, Sepsis, weibliche Geschlechtshormone. Für den Anästhesisten sind vor allem folgende Substanzen wichtig:

Pharmaka, die eine akute intermittierende Porphyrie auslösen können oder in entsprechendem Verdacht stehen

- Barbiturate
- Benzodiazepine
- Etomidat
- Pancuronium
- Clonidin
- Pentazocin
- Meprobamat
- Glutethimid
- Phenytoin
- Äthylalkohol

In ▶ Tabelle 14-3 sind sichere, umstrittene sowie unsichere bzw. auslösende Substanzen bei Porphyrie zusammengestellt.

Anästhesiologische Besonderheiten

→ Substanzen von denen sicher bekannt ist, dass sie Auslöser eines akuten Anfalls sein können, dürfen nicht verabreicht werden. Dies gilt insbesondere für Barbiturate.

→ Regionalanästhesien sind grundsätzlich möglich.

→ Akute Anfälle werden mit Glukoseinfusionen in hohen Dosen (> 500 g/d) behandelt; ihre Wirksamkeit ist jedoch bisher noch nicht in kontrollierten Studien nachgewiesen worden.

Tab. 14-3 Sichere, wahrscheinlich sichere und unsichere Medikamente bei akuten hepatischen Porphyrien (DGAI 2008)

„Sichere" Medikamente	„Wahrscheinlich sicher"	„Unsichere" Medikamente
Propofol	Ketamin	Barbiturate
		Etomidat
Morphin	Alfentanil	Pentazocin
Fentanyl	Sufentanil	Diclofenac
Remifentanil	Pethidin	
Buprenorphin		
Naloxon		
Acetylsalicylsäure		
Paracetamol		
Lachgas	Isofluran	Enfluran
Halothan	Sevofluran	
Xenon	Desfluran	
Succinylcholin	Atracurium	Pancuronium
Neostigmin	Cisatracurium	
	Vecuronium	
	Rocuronium	
Promethazin	Midazolam	Flunitrazepam
		Clonazepam
Procain	Bupivacain	Lidocain
	Prilocain	
	Ropivacain???	
Penicilline		Sulfonamide
Cephalosporine		Erythromycin
		Griseofulvin
Betablocker	Clonidin	Verapamil
Nitroglycerin		Nifedipin
Adrenalin		Phenytoin
Dopamin		Theophyllin
Glukokortikoide		Östrogene
Oxytocin		Danazol

Tab. 14-3 Sichere, wahrscheinlich sichere und unsichere Medikamente bei akuten hepatischen Porphyrien (DGAI 2008) *(Forts.)*

„Sichere" Medikamente	„Wahrscheinlich sicher"	„Unsichere" Medikamente
Thyroxin		
Heparin	Cimetidin	Sulfonylharnstoffe
		Äthanol

14.5 Lebererkrankungen

Fortgeschrittene Erkrankungen der Leber erhöhen die perioperative Morbidität und Letalität besonders wenn das Leberparenchym betroffen ist. Wichtige Risikofaktoren sind hierbei das Lebensalter, die Art der Operation und die Komorbidität.

14.5.1 Präoperative Untersuchung der Leberfunktion

Die Leberfunktion wird mit folgenden Parametern eingeschätzt:

Einschätzung der Leberfunktion

1. **Exkretionsleistung und Cholestase:**
   - Serumbilirubin: direktes und indirektes
   - alkalische Phosphatase (AP)
   - Gamma-Glutamyl-Transferase (γ-GT).
2. **Syntheseleistung:**
   - Serumalbumin
   - Plasmacholinesterase
   - Quick-Test (INR), PTT
   - Einzelfaktoren der Blutgerinnung wie AT III, Faktor II, V.
3. **Hepatozelluläre Integrität:**
   - AST (GOT)
   - ALT (GPT)
   - GLDH.
4. **Quantitative Funktionstests** (exkretorische und metabolische Kapazität):
   - Indozyaningrün(ICG)-Clearance
   - Aminpyrin-Atemtest
   - MEGX-Rest
   - GSA-Szintigraphie.

Gerinnungsstörungen bei Lebererkrankungen

Als typisch für Lebererkrankungen gilt zwar die verlängerte Thromboplastinzeit nach Quick, bedingt durch verminderte Synthese der Vitamin-K-abhängigen Faktoren des Prothrombinkomplexes. Bei schweren Lebererkrankungen muss jedoch mit wesentlich komplexeren Störungen der Blutgerinnung gerechnet werden, die besonders bei größeren operativen Eingriffen zu massiven Blutungen führen können und eine entsprechende Substitutionstherapie erfordern.

Therapie:
- Vitamin K
- FFP
- Thrombozytentransfusion: bei Blutungen, wenn Thrombozyten < 30 000/µl.

Klinische Bedeutung pathologischer Leberwerte

- Ist nur ein Leberwert erhöht, z.B. ALT oder γ-GT, besteht kein erhöhtes OP-Risiko.
- Sind bei asymptomatischen Patienten mehrere Werte erhöht, liegt wahrscheinlich eine relevante Lebererkrankung vor, jedoch keine Leberzirrhose.
- Patienten mit bekannter, funktionell aber stabiler Lebererkrankung weisen kein erhöhtes OP-Risiko auf.
- Bei symptomatischer bzw. fortgeschrittener Lebererkrankung oder dekompensierter Zirrhose sind perioperative Morbidität und Letalität deutlich erhöht.

14.5.2 Anästhesie und Leberfunktion

Bei Patienten mit vorgeschädigter Leber sollten folgende **Vorsichtsmaßnahmen** beachtet werden:
- niedrigen Blutdruck vermeiden
- ausreichendes zirkulierendes Blutvolumen aufrechterhalten
- keine hohen Beatmungsdrücke anwenden
- nicht hyperventilieren
- α-adrenerge Stimulation vermeiden.

Hepatischer Metabolismus von Anästhesiemedikamenten. Zahlreiche Pharmaka werden durch Biotransformation bzw. Stoffwechsel in der Leber eliminiert. Ist die Leber durch die Erkrankung in ihrer Funktion schwerwiegend beeinträchtigt, kann die Wirkung verlängert sein:
- **Barbiturate**: Wirkung variabel: unverändert oder verstärkt und verlängert
- **Opioide:** Remifentanil wird unabhängig von der Leberfunktion inaktiviert; Fentanyl, Sufentanil und Alfentanil werden in der Leber metabolisiert, daher kann die Wirkung bei schweren Lebererkrankungen verlängert sein. Morphin sollte nicht eingesetzt werden.
- **Benzodiazepine:** Die Wirkung von Midazolam und Diazepam ist verstärkt und verlängert.
- **Inhalationsanästhetika:** kein ungünstiger Einfluss auf die Leberfunktion. Isofluran, Desfluran und Sevofluran verschlechtern bei fortgeschrittenen Lebererkrankungen nicht die Leberfunktion. Die Substanzen gelten im Gegenteil als sicher, wenn anhaltende Blutdruckabfälle vermieden werden.
- **Muskelrelaxanzien:** Atracurium und Cisatracurium sind wegen ihrer leberunabhängigen Inaktivierung für Patienten mit Leberzirrhose die Mittel der Wahl. Die Wirkdauer anderer ND-Relaxanzien kann hingegen verlängert sein. Die Wirkung von Succinylcholin ist bei normaler Cholinesterasekonzentration nicht verändert.

14.5.3 Akute Virushepatitis

Die Virushepatitis gehört zu den häufigsten Lebererkrankungen, meist bedingt durch spezifische Hepatitisviren (A, B, C, D oder E). Das klinische Bild ist gekennzeichnet durch Übelkeit, Erbrechen, Krankheitsgefühl und Schmerzen im rechten Oberbauch.

Narkose und Operation verschlimmern sehr häufig das Krankheitsbild der akuten Hepatitis; entsprechend hoch ist auch die perioperative Letalität.

! Merke

Keine elektiven Eingriffe bei akuter Virushepatitis, auch dann nicht, wenn nur ein begründeter Verdacht besteht! Elektive Operationen sollten bis mindestens einen Monat nach Normalisierung der Leberfunktionswerte verschoben werden.

√ Praktisches Vorgehen

Noteingriffe bei Patienten mit akuter Virushepatitis

1. Schutz des Personals vor einer Infektion.
2. Grundsätzlich so wenig Pharmaka wie möglich zuführen.
3. Sofern möglich, können bei normaler Blutgerinnung regionale Anästhesieverfahren eingesetzt werden.
4. Bestimmte Medikamente, Überdruckbeatmung und Hypokapnie können die Leberdurchblutung vermindern.
5. Die Wirkung von i.v. Anästhetika kann verlängert sein (hepatischer Metabolismus). Daher sollten volatile Inhalationsanästhetika bevorzugt werden.
6. Muskelrelaxierung mit Atracurium oder und Cisatracurium wegen organunabhängiger Elimination. Succinylcholin in Intubationsdosis kann ebenfalls angewandt werden.

14.5.4 Chronische Hepatitis

Eine Hepatitis, die länger als 6 Monate andauert, wird als chronisch bezeichnet. Zwei Formen werden unterschieden:

- **chronisch-persistierende Hepatitis:** Leberfunktion im Wesentlichen ungestört, daher keine Kontraindikationen für Routineeingriff
- **chronisch-aggressive (aktive) Hepatitis:** schwerwiegende Erkrankung, die oft in ein Leberversagen oder eine Zirrhose übergeht.

Narkose und Operation können die Leberfunktion bei chronisch-aggressiver Hepatitis verschlechtern; daher sollte die Indikation für einen operativen Eingriff streng gestellt werden. Vor geplanten Eingriffen sollte ein Hepatologe konsultiert werden.

14.5.5 Alkoholhepatitis

Die Alkoholhepatitis wird als Vorläufer der Leberzirrhose angesehen. Die Diagnose wird durch Leberbiopsie gesichert. Die Prognose der Erkrankung ist ernst. Narkose und Operation gehen mit extrem hoher Morbidität und Mortalität einher. Daher gilt:

→ Keine elektiven Eingriffe bei Patienten mit akuter Alkoholhepatitis.

Wahleingriffe sollten bis mindestens 3 Monate nach Abklingen der akuten Alkoholhepatitis verschoben werden. Notoperationen: siehe akute Virushepatitis.

14.5.6 Leberzirrhose

Das klinische Bild reicht vom asymptomatischen Patienten mit nahezu normalen Leberfunktionstests bis zu schwerer Dekompensation mit Ikterus und Aszites.

Das Operationsrisiko bei Patienten mit chronischer Lebererkrankung – besonders der Leberzirrhose – kann nach der Klassifikation Child und Pugh (▶ Tab. 14-4) oder mit dem MELD-Score (▶ Kap. 45) eingeschätzt werden. Es hängt weiterhin von der Art der Operation ab.

! Merke

Bei Leberzirrhose Child C oder MELD > 15, schwerer Koagulopathie oder schweren extrahepatischen Manifestationen der Lebererkrankung sollten wegen der Gefahr des akuten Leberversagens keine elektiven oder semielektiven Eingriffe durchgeführt werden.

Hepatorenales Syndrom. Hierbei handelt es sich um ein akutes Nierenversagen bei Patienten mit fortgeschrittener Lebererkrankung, meist einer Zirrhose, vermutlich bedingt durch progrediente Abnahme der Nierendurchblutung.

Hepatopulmonales Syndrom (HPS). Das Syndrom ist folgendermaßen gekennzeichnet:

- fortgeschrittene akute oder chronische Lebererkrankung
- erhöhter alveolär-arterieller O_2-Gradient unter Raumluftatmung
- Dilatation pulmonaler Präkapillaren und Kapillaren, direkte arteriovenöse Verbindungen
- intrapulmonaler Rechts-links-Shunt
- Störungen des Ventilations/Perfusions-Verhältnisses; Einschränkung der Diffusion
- Hypoxämie.

Einzig wirksame Therapie ist die Lebertransplantation.

Tab. 14-4 Child-Pugh-Klassifikation zur prognostischen Beurteilung chronischer Lebererkrankungen

	A	B	C
Albumin (g/l)	> 3,5	2,8–3,5	< 2,8
Bilirubin (mg/dl)	< 2,0	2,0–3,0	> 3,0
Aszites	nein	kontrolliert	refraktär
Enzephalopathie	nein	minimal	Koma
Quick-Wert (INR)	> 70% (< 1,7)	40–70% (1,7–2,3)	< 40% (> 3)
Pugh-Score (Punkte)	5–6	7–9	10–15
OP-Risiko	< 1%	ca. 10%	50–80%

Präoperative Vorbereitung

- Blutgerinnung: eine signifikant verlängerte Prothrombinzeit sollte mit Vitamin K und FFP normalisiert werden. Bei verlängerter Blutungszeit kann Desmopressin (Minirin) eingesetzt werden.

- Elektrolytstörungen, vor allem eine Hypokaliämie sowie eine schwere metabolische Azidose, sollten präoperativ ausgeglichen werden.
- Bei schweren Ernährungsstörungen sollte, wenn möglich, bereits präoperativ eine Ernährungstherapie eingeleitet werden.
- Aszites sollte vor allem bei Baucheingriffen therapiert werden, um eine Nahtdehiszenz zu verhindern.
- Die Nierenfunktion sollte präoperativ eingeschätzt werden.
- Bei portaler Hypertension könnte eine TIPS indiziert sein (▶ Kap. 45).

Postoperative Schmerztherapie

- Paracetamol ist eine sichere und wirksame Substanz, wenn die Dosen reduziert werden.
- NSAID erhöhen das Risiko für Ösophagusvarizenblutungen, Nierenfunktionsstörungen und Diuretikaresistenz. Sie sollten daher möglichst nicht eingesetzt werden. Dies gilt auch für selektive COX-2-Hemmer.
- Opioide dürfen nur mit großer Vorsicht eingesetzt werden; es ist immer ratsam, die Dosen zu reduzieren.

14.6 Nierenerkrankungen

Von Bedeutung für die Narkose sind nur die funktionellen Auswirkungen bzw. der Grad der Funktionseinschränkung, nicht die einzelnen Krankheiten.

14.6.1 Präoperative Untersuchung der Nierenfunktion

Die wichtigsten präoperativen Basisuntersuchungen zur Orientierung über die Nierenfunktion sind:
- Serumkreatinin
- Serumharnstoff
- Serumelektrolyte.

Diese Parameter sind aber meist erst dann verändert, wenn die Nierenfunktion bereits deutlich eingeschränkt ist.

14.6.2 Chronische Niereninsuffizienz

Der Schweregrad der urämischen Zeichen steht in direkter Beziehung zur Höhe der Serumharnstoffkonzentration. Praktisch alle Organe sind von der Urämie betroffen:
- Überwässerung mit Hyponatriämie, Ödemen und Herzinsuffizienz
- metabolische Azidose
- Hyperkaliämie
- evtl. Hyperkalzämie durch sekundären Hyperparathyreoidismus, häufiger jedoch Hypokalzämie
- gastrointestinale Symptome: Gastroparese, Übelkeit, Erbrechen, Gastroenteritis, peptische Ulzera, Blutungen
- Thrombozytopathie mit verlängerter Blutungszeit und gesteigerter Blutungsneigung
- Anfälligkeit gegenüber Infektionen und Sepsis
- ausgeprägte Anämie.

Anästhesiologisches Vorgehen

Bei der präoperativen Vorbereitung und Narkose von Patienten mit chronischer Niereninsuffizienz müssen einige typische Besonderheiten und Störungen beachtet werden.

Präoperative Dialysebehandlung

Zu den wichtigsten präoperativen Maßnahmen bei urämischen Patienten gehört die Dialysetherapie am Vortag oder am Morgen der Operation. Ziel ist ein ausgeglichener Wasser- und Elektrolythaushalt, um kardiovaskuläre Instabilität durch Überwässerung und Elektrolytstörungen, vor allem eine Hyperkaliämie während der Operation zu vermeiden.

→ Bei Notoperationen muss evtl. noch unmittelbar vor dem Eingriff eine Kurzdialyse erfolgen, um exzessiv erhöhte Serumkaliumwerte und eine bedrohliche Überwässerung auszugleichen.

→ Serumkaliumwerte von 5,5–6 mmol/l sollten als obere Grenzwerte angesehen werden.

Zwischen Dialyse und elektiver Operation sollten 4–6 h liegen, damit sich ein Gleichgewicht zwischen den Kompartimenten einstellen kann.

Hypertonie

Bei etwa 10–15% der chronisch-urämischen Patienten besteht ein Hypertonus, der medikamentös behandelt werden muss. Risiken sind Linksherzhypertrophie und koronare Herzkrankheit.

Chronische Anämie und Bluttransfusionen

Die chronische Urämie führt praktisch bei allen Patienten zur normochromen, normozytären Anämie, teilweise mit Hämoglobinwerten von 5–7 g/dl (Hämatokritwerte von 15 bis 25%). Durch die Anämie nimmt das Herzzeitvolumen kompensatorisch zu; Herzfrequenz und Schlagvolumen sind erhöht; es besteht ein hyperdynamer Kreislauf.

! Merke

Bei chronischer Urämie ist eine präoperative Korrektur stark erniedrigter Hb-Werte mit Erythrozytenkonzentraten in der Regel nicht erforderlich.

Bluttranfusionen sollten möglichst vermieden werden, da hierdurch eine Sensibilisierung gegen HLA-Antigene ausgelöst wird. Wesentliche Blutverluste werden bei anämischen Patienten mit gewaschenen, leukozytendepletierten Erythrozytenkonzentraten ersetzt.

Störungen der Blutgerinnung

Typisch für die Urämie sind Thrombozytenfunktionsstörungen (Thrombozytopathien). Die Blutungszeit ist verlängert; Thrombozytenzahl, Thrombinzeit, Quick-Wert und partielle Thromboplastinzeit sind hingegen meist normal. Die Störung führt häufig zu vermehrten Blutungen im Operationsgebiet und erhöhtem Bedarf an Bluttransfusionen.

→ Thrombozytär bedingte Blutungen können mit Desmopressin (0,3 mg/kg per Infusion über 20 min) behandelt werden.

Arteriovenöse Shunts

Beim Umgang mit den arteriovenösen Shunts ist Folgendes zu beachten:

- keine Punktionen oder Katheterisierungen von Venen und Arterien am Shuntarm
- möglichst nur Kanülierung von Handrückenvenen am Nicht-Shunt-Arm
- Messung des Blutdrucks nur am Nicht-Shunt-Arm
- für die zentrale Venenkatheterisierung V. subclavia oder V. jugularis verwenden
- Durchgängigkeit des Shunts perioperativ wiederholt mit dem Stethoskop überprüfen. Blutdruckabfall und vor allem ein Abfall des Herzzeitvolumens begünstigen den thrombotischen Verschluss von Shunts.

Infektionsgefahr

Sie ist bei chronisch-urämischen Patienten wesentlich erhöht. Darum muss bei allen Maßnahmen auf strikte Asepsis geachtet werden.

Wirkung von Medikamenten

Die meisten Medikamente werden unverändert oder nach hepatischer Metabolisierung über die Nieren ausgeschieden. Hypalbuminämie und Azidose erhöhen den freien Anteil der stark proteingebundenen Substanzen. Die **Initialdosis** der meisten Substanzen kann in üblicher Höhe injiziert werden, Erhaltungsdosen können jedoch kumulieren und sollten daher entsprechend reduziert werden.

Prämedikation

Bei terminaler Niereninsuffizienz sollten Sedativa oder Opioide, wenn überhaupt, dann nur in reduzierter Dosis zugeführt werden.

Auswahl des Narkoseverfahrens

Ein spezielles Narkoseverfahren für Patienten mit chronischer Urämie gibt es nicht.

→ Thiopental, Propofol und Etomidat können für die Einleitung der Narkose verwendet werden; TIVA und balancierte Anästhesie sind gleichwertig.

→ Regionalanästhesien sind möglich, wenn keine Störungen der Blutgerinnung bestehen.

→ Bei **chronisch-urämischen** Patienten sollte von einer erhöhten Aspirationsgefahr ausgegangen werden.

Muskelrelaxanzien

Succinylcholin wird nicht renal eliminiert und kann daher eingesetzt werden, allerdings nur bei Serumkaliumwerten < 5,5 mmol/l. Sicherste ND-Relaxanzien sind Atracurium und Cisatracurium. Mivacurium, Rocuronium und Vecuronium können in Einzeldosen zugeführt werden, jedoch nicht als kontinuierliche Infusion.

Kontrollierte Beatmung

Chronisch-urämische Patienten, bei denen eine metabolische Azidose mit kompensatorischer Hyperventilation vorliegt, sollten bei der kontrollierten Beatmung ebenfalls hyperventiliert werden ($paCO_2$ ca. 32 mm Hg), um eine Zunahme der Azidose mit weiterem Anstieg des Serumkaliums zu vermeiden.

Intraoperative Volumenzufuhr

→ Exzessive Flüssigkeits- und Elektrolytzufuhr müssen bei chronischer Niereninsuffizienz unbedingt vermieden werden.

→ Minimale Flüssigkeitszufuhr mit NaCl 0,9%; kaliumhaltige Lösungen sollten vermieden werden.

→ Flüssigkeitsverluste müssen aber vollständig ersetzt werden, um eine Hypovolämie zu vermeiden; geeignet sind Gelatine-Lösungen. Mäßige Blutverluste können mit Gelatine-Lösungen ersetzt werden, größere Verluste mit Erythrozytenkonzentraten. HES sollte nicht eingesetzt werden.

14.7 Neurologische und psychiatrische Erkrankungen

14.7.1 Epilepsie

Wichtigstes spezielles Ziel der anästhesiologischen Behandlung ist die Prävention perioperativer Krampfanfälle.

Anästhesiologisches Vorgehen

Für die Narkose sollten folgende **Leitsätze** beachtet werden:

- Elektive Eingriffe nur bei medikamentös gut eingestellten Patienten, sonst Verschiebung der Operation.
- Letzte orale Dosis der Medikamente am Operationsmorgen verabreichen.
- Prämedikation bevorzugt mit antikonvulsiv wirkenden Benzodiazepinen.
- Regionalanästhesieverfahren sind vorteilhaft. Allgemeinanästhesie: TIVA und balancierte Anästhesie sind gleichwertig. Hepatische Enzyminduktion durch Antiepileptika möglich.
- Hyperventilation senkt die Krampfschwelle und muss daher grundsätzlich vermieden werden.

14.7.2 Parkinson-Syndrom

Das Parkinson-Syndrom beruht auf einem Mangel an Dopamin in den Basalganglien. Im Mittelpunkt der Erkrankung stehen die Akinese und eines der folgenden Symptome: Rigor, Ruhetremor und posturale Hypotension.

Die medikamentöse Therapie des Parkinson-Syndroms soll die dopaminerge Aktivität verstärken und die cholinerge Aktivität vermindern.

Anästhesiologisches Vorgehen

Die wichtigsten **Gefahren** sind:

- Schluckstörungen und Funktionsstörungen der Larynxmuskulatur mit erhöhter Aspirationsgefahr!
- Atemstörungen durch Thoraxrigidität, Hyperkinesie und Obstruktion der oberen Atemwege
- orthostatische Hypotension
- Nebenwirkungen und Interaktionen der Antiparkinsonmittel
- Laryngospasmus bei der Extubation
- Akinese durch Absinken der Wirkkonzentrationen der Antiparkinsonmittel
- postoperatives Atemversagen.

! Merke

Bei Parkinson-Krankheit kontraindizierte Medikamente:
- Phenothiazine, z.B: Atosil
- Butyrophenone, z.B. DHBP, Haloperidol
- Metoclopramid, z.B. Paspertin, Cerucal, MCP
- Reserpin

Perioperative Dauermedikation. Die Antiparkinsonmittel sollten perioperativ nicht abgesetzt, sondern auch noch am Operationsmorgen gegeben werden. Abruptes Absetzen kann sehr rasch zur Akinese oder zum Freezing (plötzliche Blockade des Gehens) führen.

Prämedikation. Butyrophenone (z.B. DHBP, Haloperidol) und Phenothiazine (z.B. Atosil) dürfen nicht für die Prämedikation eingesetzt werden (s.o.). Benzodiazepine (Dosis anpassen!) und Anticholinergika können zugeführt werden.

Praktische Anästhesie

Spezifische Narkoseverfahren für den Parkinsonkranken existieren nicht. Spinal- und Periduralanästhesie sind grundsätzlich möglich, bei ausgeprägtem Krankheitsbild jedoch technisch mitunter schwierig durchzuführen.

Besonderheiten:
- **Propofol** sollte bei stereotaktischen Eingriffen vermieden werden, da es, laut Fallberichten, Dyskinesien auslösen und den Tremor aufheben kann.
- **Opioide** können die (thorakale) Muskelrigidität verstärken und insbesondere postoperativ die Atmung behindern. Alfentanil kann Dystonien auslösen.
- **Flüssigkeitszufuhr:** Ältere Parkinson-Kranke sind nicht selten aufgrund ungenügender Trinkmengen **hypovolämisch,** so dass vor allem bei der Narkoseeinleitung der Blutdruck stark abfallen kann. Daher ausreichende präoperative Flüssigkeitszufuhr und geringere Dosierung der Narkosemittel!

Postoperative Besonderheiten

In der unmittelbaren postoperativen Phase muss vor allem die Atemfunktion sorgfältig überwacht werden.
- Die Zufuhr der Antiparkinsonmittel sollte so rasch wie möglich nach der Operation wieder aufgenommen werden.
- Pethidin sollte nicht zugeführt werden, wenn die Patienten den MAO-B-Hemmer Selegiline erhalten.
- NSAID für die Schmerztherapie gelten als sicher.

14.7.3 Multiple Sklerose

Ein spezifisches Vorgehen ist bei der Anästhesie nicht erforderlich. Eine akute Exazerbation der Erkrankung durch Narkose und/oder Operation ist gewöhnlich nicht zu befürchten.

14.7.4 Myasthenia gravis

Die Myasthenia gravis ist eine Autoimmunreaktion auf den Acetylcholinrezeptor an der postsynaptischen Membran der motorischen Endplatte. Die Acetylcholinrezeptoren werden von Antikörpern besetzt und zerstört. Der Thymus ist bei der großen Mehrzahl der Patienten hyperplastisch; nach Thymektomie bessert sich in 75% der Fälle das Krankheitsbild.

Therapie

Zu den wichtigsten Behandlungsverfahren gehören:
- Cholinesterasehemmer
- Kortikosteroide
- Immunsuppressiva, z.B. Azathioprin, Ciclosporin
- Plasmapherese
- Thymektomie.

Cholinerge Krise. Hohe Dosen von Cholinesterasehemmern können eine cholinerge Krise auslösen, die in folgender Weise gekennzeichnet ist:
- Muskelschwäche, außerdem Muskelzuckungen, Faszikulationen und schmerzhafte Muskelkrämpfe
- Muskarinartige Effekte der Cholinesterasehemmer: Übelkeit, Erbrechen, Blässe, Schwitzen, Speichelfluss, Koliken, Durchfälle, Miosis, Bradykardie.

Anästhesiologisches Vorgehen

Die wesentlichen perioperativen Besonderheiten und Gefahren der Myasthenie sind:
- verlängerte Wirkdauer von Succinylcholin unter Anticholinesterasen-Therapie
- gesteigerte Empfindlichkeit für ND-Muskelrelaxanzien
- akute postoperative Verschlechterung des Krankheitsbildes mit respiratorischer Insuffizienz
- cholinerge Krise (selten).

Präoperative Maßnahmen

Grundsätzlich sollten elektive Eingriffe nur bei ausreichend kontrollierter und stabiler Myasthenie durchgeführt werden. Dies gilt auch für die Thymektomie.

→ Bei geringen myasthenischen Symptomen sollte die Zufuhr der Anticholinesterasen am OP-Tag ausgesetzt werden.

→ Bei ausgeprägtem Krankheitsbild sollte die Zufuhr der Anticholinesterasen am OP-Tag fortgesetzt werden.

Prämedikation

→ Wegen der unvorhersehbaren Wirkung sollten die Patienten nicht mit Sedativa, vor allem Benzodiazepinen, und Opioiden prämediziert werden. H_2-Blocker können dagegen eingesetzt werden.

→ Bei Patienten, die auf Anticholinesterasen angewiesen sind, sollten am OP-Morgen ihre übliche Dosis erhalten.

→ Patienten unter Erhaltungsdosen von Kortikosteroiden sollten vor der Operation die übliche „Stressdosis" erhalten (▶ Kap. 15).

Anästhesieverfahren, Anästhetika und Muskelrelaxanzien

Regionalanästhesie, Intubationsnarkosen und Larynxmaskennarkosen sind grundsätzlich möglich. Volatile Inhalationsanästhetika sind für Allgemeinanästhesien besonders geeignet, weil sie den Bedarf an Muskelrelaxanzien reduzieren oder weil hiermit ganz auf deren Einsatz verzichtet werden kann.

! Merke

Sind Muskelrelaxanzien dringend erforderlich, muss bei ausgeprägter Myasthenie die Dosis erheblich reduziert werden (s.o.); die Wirkung sollte mit einem Nervenstimulator kontrolliert werden. Bevorzugter Antagonist bei Myasthenie-Patienten ist Pyridostigmin; Neostigmin (0,04–0,08 mg/kg) kann jedoch ebenfalls verwendet werden. Die Substanzen sollten jeweils mit Atropin (0,015–0,02 mg/kg kombiniert werden.

In der postoperativen Phase ist eine sorgfältige **Überwachung der Atemfunktion** erforderlich.

14.7.5 Muskeldystrophien

Diese Gruppe von Erkrankungen ist gekennzeichnet durch einen progredienten Verlust der Skelettmuskelfunktion. Bei einigen seltenen Typen kann aber sowohl quergestreifte als auch glatte Muskulatur befallen sein, so dass sich Besonderheiten für die Narkose ergeben. Bei Beteiligung der glatten Muskulatur besteht eine Hypomotilität des Magen-Darm-Trakts, die Magenentleerung ist verzögert, das **Aspirationsrisiko** möglicherweise erhöht.

→ **Succinylcholin** sollte bei Muskeldystrophien, vor allem beim Typ Duchenne, vermieden werden, da eine Rhabdomyolyse und ein hyperkaliämischer Herzstillstand ausgelöst werden können (Einzelheiten s. ▶ Kap. 5).

→ In der postoperativen Phase muss bei Patienten mit Muskeldystrophie Typ Duchenne vor allem die Atemfunktion überwacht und bei Bedarf unterstützt werden.

14.7.6 Myotonien

Hierzu gehören die myotone Dystrophie, die hyperkaliämische periodische Lähmung, die Paramyotonia congenita und die Myotonia congenita. Charakteristisch ist die verzögerte Relaxation des Skelettmuskels nach einer willkürlichen Kontraktion. Die Kontraktion des Muskels wird weder durch eine Regionalanästhesie noch durch Muskelrelaxanzien oder eine tiefe Allgemeinanästhesie aufgehoben. Bei der Anästhesie muss auf eine Beteiligung der Herzmuskulatur und der Atemmuskulatur geachtet werden.

→ **Succinylcholin** kann eine anhaltende Kontraktur der Muskulatur hervorrufen und ist kontraindiziert, die Reaktion auf ND-Relaxanzien ist dagegen normal.

→ **Neostigmin** kann eine myotone Reaktion auslösen und sollte daher vermieden werden.

- Bei Patienten mit myotoner Dystrophie besteht ein Mitralklappenprolaps, häufig auch Störungen der Erregungsleitung und Herzrhythmusstörungen.
- Regionale Anästhesieverfahren können angewandt werden, wenngleich hierunter die Kontraktur der Muskulatur nicht verschwindet.
- Postoperativ sollte auf muskulär bedingte Störungen der Atemfunktion geachtet werden.

14.7.7 Elektrokrampftherapie (EKT)

Bei der EKT wird durch elektrische Reizung des Gehirns ein generalisierter Krampfanfall ausgelöst.

Indikationen:
- wahnhafte Depression, depressiver Stupor, schizoaffektive Psychose mit schwerer depressiver Verstimmung
- Depression mit hoher Suizidalität oder Nahrungsverweigerung
- akute, lebensbedrohliche (perniziöse) Katatonie.

Präoperative Einschätzung

Meist handelt es sich um ältere Patienten, häufig mit Begleiterkrankungen, die antipsychotische Pharmaka einnehmen und einer umfassenden Anamneseerhebung nicht zugänglich sind. Da die EKT als Serie durchgeführt wird, sollten immer die Vorprotokolle auf Besonderheiten durchgesehen werden.

Kontraindikationen:
- Kürzlich erlittener Myokardinfarkt
- hypertensiver Notfall
- erhöhter intrakranieller Druck
- kürzlich erlittener Hirninfarkt
- intrakranielle Raumforderung mit Begleitödem
- relativ: zerebrales Aneurysma und Angiom.

Prämedikation: Eine Sedierung ist nicht indiziert, zumal hierdurch das Erwachen zusätzlich verzögert wird.

Durchführung der EKT

In der Regel erfolgt die EKT als Serie von 8–12 Behandlungen, meist im Abstand von 2–3 Tagen. Der Krampfanfall muss mindestens 25–30 s anhalten; der Anfall wird durch ein EEG objektiviert. Der Eingriff erfolgt in Kurznarkose unter Muskelrelaxation, Beatmung mit Sauerstoff über Maske und Zahnschutz. Praktisch kann in folgender Weise vorgegangen werden:

√ Praktisches Vorgehen
Elektrokrampftherapie
1. Propofol in üblicher Einleitungsdosis; alternativ Thiopental, Etomidat.
2. Aufpumpen einer 2. Manschette am Arm der Gegenseite über den systolischen Blutdruck, damit an diesem Arm die Konvulsionen nach der Injektion von Succinylcholin erkennbar sind.
3. Nach Überprüfung der Maskenbeatmung Injektion von Succinylcholin, 0,5–1,5 mg/kg, danach Elektrokrampf.
4. Anschließend Beatmung über Maske bis zur Rückkehr der Spontanatmung; die Zufuhr weiterer Propofoldosen ist in der Regel nicht erforderlich.
5. Nach dem Erwachen Verlegung auf die psychiatrische Station; bei Patienten mit wesentlichen kardiovaskulären Vorerkrankungen ist eine längere Überwachungsphase erforderlich.

Die EKT ist ein risikoarmes Verfahren. Die beschriebenen Todesfälle beruhten zumeist auf kardiovaskulären Komplikationen bei Patienten mit kardiovaskulären Vorerkrankungen.

14.8 Alkoholabusus

Alkoholismus ist das größte Suchtproblem in Deutschland: 1,5–2 Millionen Menschen gelten als alkoholkrank. Alkoholbedingte Störungen (AUD = alcohol use disorders) sind bei ca.18% der operativen Patienten nachweisbar.

14.8.1 Akute Alkoholvergiftung

Die Wirkungen von Äthylalkohol unterliegen großen individuellen Schwankungen. Blutspiegel von 5‰ führen bei der Hälfte der Patienten zum Tod; wichtigste Ursache für einen letalen Ausgang ist die alkoholbedingte **Atemdepression.**

→ Keine elektiven Eingriffe bei akuter Trunkenheit!

Notoperationen bei akuter Alkoholintoxikation:
- Aspirationsgefahr erhöht
- Anästhetikabedarf vermindert
- Empfindlichkeit auf Blutverluste und „Operationsstress" gesteigert
- Toleranz des Gehirns gegenüber Hypoxie vermindert
- Alkoholbedingte Störungen der Thrombozytenfunktion können Blutungen begünstigen.

Postoperativ sollte die Atemfunktion besonders sorgfältig überwacht werden.

14.8.2 Chronischer Alkoholismus

Die chronische Einnahme von Alkohol führt zu beschleunigtem Abbau, Toleranzentwicklung und Abhängigkeit, des Weiteren zu sekundären Erkrankungen und Störungen.

Entzugserscheinungen treten meist 12–72 h nach vollständiger Unterbrechung der Alkoholzufuhr auf, nicht selten jedoch bereits nach einem relativen Abfall der Blutalkoholkonzentration auf 1–3‰.

Anästhesiologisches Vorgehen

Elektive Eingriffe sollten möglichst nur bei trockenen Alkoholikern durchgeführt werden, da hierdurch ein Entzugssyndrom sicher vermieden wird.
- Bei der präoperativen Untersuchung sollte besonders auf Lebererkrankungen geachtet werden.
- Die Empfindlichkeit gegenüber Sedativa, i.v. Anästhetika und volatilen Anästhetika ist vermindert, der Dosisbedarf entsprechend erhöht.
- Die Narkoseeinleitung verläuft oft verzögert und ist gekennzeichnet durch Exzitation und erhöhten Dosisbedarf.
- Die Narkose kann mit volatilen Anästhetika in Kombination mit Opioiden aufrechterhalten werden.
- Keine Magensonde bei Ösophagusvarizen einführen.
- Bei nicht trockenen Alkoholikern ist wegen der Gefahr des Entzugsdelirs eine postoperative Überwachung und Therapie erforderlich.

Postoperative Komplikationen:
- Entzugssyndrom
- Infektionen
- Sepsis
- akute kardiale Ergüsse
- Blutungen.

14.9 Opioidsucht

Chronischer Opioidmissbrauch führt zu Toleranzentwicklung sowie körperlicher und psychischer Abhängigkeit; Begleiterkrankungen sind keine Seltenheit. Oft ist die Sucht nicht leicht zu erkennen, besonders bei sozial gut angepassten Personen (z.B. Ärzten). Die wichtigste perioperative Gefahr bei Süchtigen ist das (oft verkannte, jedoch meist nicht lebensbedrohliche) **Entzugssyndrom** (▶ Kap. 29), das in folgender Weise gekennzeichnet ist:

- Ängstlichkeit, Erregbarkeit, Unruhe
- Hypertonus, Hypotonus, Tachykardie
- Veränderungen der Körpertemperatur und der Atmung
- bittendes oder forderndes Verhalten
- Gähnen, Schwitzen, Tränenfluss
- Mydriasis, Gänsehaut, Tremor, warme und kalte Flushs
- Knochenschmerzen, Schwindel.

Das Syndrom beginnt, je nach verwendeter Substanz, ca. 3–12 h nach der letzten Einnahme und dauert 4–10 d an, mit einem Höhepunkt am 3.–6. Tag bzw. für Pethidin nach ca. 12 h.

Anästhesiologisches Vorgehen

- Bei elektiven Eingriffen möglichst vorher Entzugsbehandlung.
- Ist Entzug nicht möglich, Opioidzufuhr perioperativ fortsetzen, Entzugstherapie erst nach der Operation in einer spezialisierten Institution (▶ Kap. 29).
- Meist ist eine stärkere Prämedikation unter Einschluss der Opioiddosis erforderlich.
- Regionalanästhesien sind grundsätzlich möglich, jedoch sind die wachen Patienten oft nicht leicht zu führen.
- Auf Ketamin sollte verzichtet werden, da die Substanz bei Süchtigen oft einen „bad trip" hervorruft.
- Vorsicht mit Naloxon; Gefahr eines abrupten bedrohlichen Entzugssyndroms.
- Bei **ehemals Opioidabhängigen** sollten keine Opioide für Narkosen verwendet werden. Bewährt haben sich Inhalationsanästhetika. Die postoperative Schmerzbehandlung kann mit peridural applizierten Lokalanästhetika erfolgen, alternativ mit kleinen Dosen von Opioiden (▶ Kap. 29).

14.10 AIDS

Beim Nachweis von HIV-Antikörpern im Blut (s.u.) liegt eine Infektion vor. Der Infizierte ist infektiös, so dass entsprechende Vorsichtsmaßnahmen erforderlich sind.

Zu den **Risikogruppen** (eigentlich: „Patienten mit Risikoverhalten" gehören):

- promiskuitive homosexuelle Männer
- Drogenabhängige (bei i.v. Drogenzufuhr mit „needle sharing")
- Prostituierte
- Hämophile (Substitution von Gerinnungsfaktoren, vor allem Faktor VIII)
- Kinder HIV-infizierter Mütter.

Das Risiko, sich bei einmaliger perkutaner Verletzung durch eine mit HIV-Blut kontaminierte Kanüle zu infizieren, wird auf 0,5% geschätzt.

14.10.1 Therapie

Die **antiretrovirale Therapie** besteht aus einer Kombination von Proteasen-Inhibitoren (PI) und Reverse-Transkriptase-Inhibitoren (RTI) (sog. HAART = higly active antiretroviral therapy). Die wichtigsten **Nebenwirkungen** von HAART sind:

- Anämie, Neutropenie
- Polyneuropathie
- Durchfälle, Anstieg der Leberenzyme, schwere Hyperglykämien
- Anstieg der Triglyzeride, Arteriosklerose, koronare Herzkrankheit
- Hemmung des Cytochrom-P_{450}-Systems und Enzyminduktion in der Leber.

Durch die Cytochrom-P_{450}-Hemmung kann die Wirkung von Benzodiazepinen (Midazolam, Flunitrazepam, Diazepam), Opioiden (Ausnahme: Remifentanil), volatilen Anästhetika (Ausnahme Desfluran), Antihistaminika und Amid-Lokalanästhetika verstärkt und verlängert werden.

14.10.2 Anästhesiologisches Vorgehen

Grundsätzlich sollte jeder Patient als potentiell infektiös angesehen werden und den Arzt und das Pflegepersonal zu entsprechenden Schutzmaßnahmen veranlassen.

- bei allen invasiven Maßnahmen: Handschuhe, Mundschutz, evtl. gesonderte Schutzkittel und Schutzbrille
- bei Narkosen möglichst Einmalartikel verwenden; Materialien und Geräte patientenbezogen einsetzen
- bei Verletzungen mit Kontaminationsmöglichkeit sofortige Desinfektion, Ausblutung der Verletzung und erneute Wundreinigung. Meldung beim Betriebsarzt zur Einleitung eines D-Arzt-Verfahrens (Anerkennung als Berufskrankheit) und der serologischen Ausgangsdiagnostik; evtl. prophylaktisch antiretrovirale Medikamente. Bei Infektion ist nach 6–8 Wochen mit einem positiven Antikörpertest zu rechnen.

Die Wahl von Anästhetika, Anästhesietechnik und Überwachungsmaßnahmen richtet sich vor allem nach dem Stadium der Erkrankung und der Manifestation opportunistischer Infektionen.

- Strikte Asepsis bei allen invasiven Maßnahmen (Kanülierung, Intubation usw.), um das Einschwemmen von Bakterien zu vermeiden.
- Pflegepersonal, das den Patienten im Aufwachraum überwacht, sollte während dieser Zeit keine anderen Patienten betreuen. Auch hier gilt: Handschuhe, Schutzkittel und Schutzbrille tragen.
- Bei kardiopulmonaler Wiederbelebung keine Mund-zu-Mund-Beatmung, sondern sofortige endotracheale Intubation.

14

Literatur

Biro P, Pasch T: Anästhesie bei seltenen Erkrankungen. Springer, Berlin–Heidelberg–New York 2004.

Cooper RM: The LMA, laparoscopic surgery and the obese patient – can vs should. Can J Anesth 2003, 50:1, 5–10.

den Herder C, Schmeck J, Appelboom DJ, de Vries N: Risks of general anaesthesia in people with obstructive sleep apnoea. BMJ 2004, 329(7472):955–9. Review.

Devereaux PJ, Beattie WS, Choi T-L et al.: How strong is the evidence for the use of perioperative β-blockers in non-cardiac surgery? Systematic review and meta-analysis of randomised controlled trials. BMJ 2005, 331(7512):313–21.

Farling PA: Thyroid disease. Br J Anaesth 2000, 85(1):15–28. Review.

Gordon HS, Johnson ML, Wray NP, Petersen NJ, Henderson WG, Khuri SF, Geraci JM: Mortality after noncardiac surgery. Prediction from administrative versus clinical data. Med Care 2005, 43(2):159–167.

Haller H: Die neuen Richtlinien zur Behandlung der Hypertonie. Internist 2005, 538–547.

Kehrl W, Schottke-Hennings H, Offergeld Ch, Grundmann T: Is the observation of patients with sleep-apnea-syndrome after surgery of the upper airway in an intensive care unit generally necessary? Laryngorhinootologie 2005, 84(4):266–72.

Lindholm LH, Carlberg B, Samuelsson O: Should beta-blockers remain first choice in the treatment of primary hypertension? A metaanalysis. Lancet 2005, 366:1545–53.

McGory ML, Maggard MA, Ko CY: A meta-analysis of perioperative beta blockade: What is the actual risk reduction? Surgery 2005, 138(2):171–179.

McDonald S: Is neuraxial blockade contraindicated in the patient with aortic stenosis? Evidence-based case report. Reg Anesth Pain Med 2004, 29(5):496–502.

Miriam A, Korula G: A simple glucose insulin regimen for perioperative blood glucose control: the Vellore regimen. Anesth Analg 2004, 99(2):598–602.

Pauwels R, Rabe F: Burden and clinical features of chronic obstructive pulmonary disease (COPD). Seminar Lancet 2004, 364:613–20.

Peyton PJ, Myles PS, Silbert BS et al. and the MASTER Anesthesia Trial Study Group: Perioperative epidural analgesia and outcome after major abdominal surgery in high risk patients. Anesth Analg 2003, 96:548–54.

Priebe HJ: Perioperative myocardial infarction – aetiology and prevention. Review. Br J Anaesth 2005, 95(1):3–19.

Ramakrishna G, Sprung J, Barugur SR, Chandrasekaran K, McGoon MD: Impact of pulmonary hypertension on the outcomes of noncardiac surgery. JACC 2005, 45(10)1691–99.

Robertshaw HJ, McAnulty GR, Hall GH: Strategies for managing the diabetic patient. Best Pract Res Clin Anaesthesiol 2004, 18(4):631–43. Review.

Stoelting RK, Dierdorf S, McCammon RL: Anesthesia and Co-existing Disease. 4th ed. Churchill Livingstone, New York 2002.

Travers A, Jones AP, Kelly K, Barker SJ, Camargo CA, Rowe BH: Intravenous β_2-agonists for acute asthma in the emergency department (Cochrane Review). In: The Cochrane Library, Issue 2, 2001. Oxford: Update Software.

Warner DA, Waner MA, Barnes RD et al: Perioperative respiratory complications in patients with asthma. Anesthesiology 1996, 85:460–467.

Leitlinien

Leitlinie der DGA I: Empfehlung zur Durchführung von Anästhesien bei Patienten mit Porphyrie. Anästh Intensivmed 2008; 49: 612–615.

Leitlinie der Deutschen Diabetes-Gesellschaft: Definition, Klassifikation und Diagnostik des Diabetes mellitus. Aktualisierung 10/2004. AWMF online unter http://leitlinien.net/

Leitlinie der Deutschen Diabetes-Gesellschaft: Therapieziele und Behandlungsstrategien beim Diabetes mellitus. Aktualisierung 5/2002. AWMF online unter http://leitlinien.net/

Leitlinie der Deutschen Hypertonie-Gesellschaft: Prävention, Erkennung, Diagnostik und Therapie der arteriellen Hypertonie. Aktualisierung 11/2003. AWMF online unter http://leitlinien.net/

ACC/AHA 2002 Guideline update for the management of patient with chronic stable angina. www.acc.org oder www.acc.org oder www.americanheart.org

ACC/AHA 2007 Guideline update on perioperative cardiovascular evaluation for noncardiac surgery. www.acc.org oder www.americanheart.org

Leitlinie zur Diagnose und Behandlung der chronischen koronaren Herzerkrankung der Deutschen Gesellschaft für Kardiologie – Herz- und Kreislaufforschung (DGK). Z Kardiol 2003, 92:501–521.

Leitlinien zur Therapie der chronischen Herzinsuffizienz der Deutschen Gesellschaft für Kardiologie Herz- und Kreislaufforschung.
Leitlinie der Deutschen Atemwegsliga und der Deutschen Gesellschaft für Pneumologie zur Diagnostik und Therapie von Patienten mit chronisch obstruktiver Bronchitis und Lungenemphysem. Pneumologie 2002, 56:704–738.
Practice guidelines for the perioperative management of patients with obstructive sleep apnea. American Society of Anesthesiologists. Anesthesiology 2006, 105(5): 1081–1093.

15 Präoperative Dauermedikation

Wegen unzureichender Datenlage fehlen eindeutige Empfehlungen. Folgende Prinzipien sollten beachtet werden:

- Besteht die Gefahr, dass sich durch das Absetzen der Medikamente der Zustand des Patienten akut verschlechtert oder gar ein bedrohliches Entzugssyndrom droht, werden die Pharmaka auch perioperativ zugeführt.
- Sind dagegen die Gefahren einer fortgeführten Dauertherapie größer als der Nutzen, werden die Medikamente ausreichend lange vor der Operation abgesetzt.
- Liegen diese beiden Gründe nicht vor, kann individuell entschieden werden: Absetzen oder Fortführen.

15.1 Antihypertensiva

Eine Dauermedikation mit Antihypertensiva sollte präoperativ nicht unterbrochen werden, weil sonst mit einer stärkeren Labilität des Blutdruckverhaltens während der Narkose gerechnet werden muss. Einzelheiten siehe ▶ Kapitel 14.

15.2 Kalziumantagonisten

Pharmakologie siehe ▶ Kapitel 7.

Nicht evidenzbasierte Empfehlung:

- Bei instabiler Angina pectoris oder Koronarspasmen sollte die Zufuhr perioperativ fortgesetzt werden.
- Bei Hypertonie ist die Datenlage unklar; Absetzen führt aber nicht zur Rebound-Hypertonie.

15.2.1 ACE-Hemmer

Pharmakologie siehe ▶ Kapitel 7.

Nicht evidenzbasierte Empfehlung:

- Bei Einnahme gegen Hypertonie: Zufuhr perioperativ fortsetzen, jedoch häufiger hypotensive Episoden zu erwarten.
- Bei Einnahme gegen Herzinsuffizienz: präoperativ absetzen.

15.2.2 Angiotensin-II-Antagonisten

Pharmakologie siehe ▶ Kapitel 7.

Die Wirkungen ähneln denen der ACE-Hemmer: wird die Therapie fortgesetzt, treten intraoperativ häufiger Blutdruckabfälle auf.

Nicht evidenzbasierte Empfehlung:

- Präoperativ absetzen, postoperativ wieder zuführen, wenn Blutdruck stabil.

15.2.3 Hydralazin

Eine orthostatische Hypotension tritt weniger häufig auf, da die Substanzen vorwiegend auf die Arteriolen einwirken. Es liegt keine gesicherte Empfehlung vor.

15.2.4 Clonidin

Für den Anästhesisten wichtige **Nebenwirkungen** sind:
- orthostatische Hypotension und Bradykardie
- Sedierung, Benommenheit, trockener Mund, Übelkeit.

Nicht evidenzbasierte Empfehlung:
- Dauertherapie perioperativ fortsetzen, da sonst eine akute hypertensive Entgleisung ausgelöst werden kann, meist 18–20 h nach der letzten Dosis.

15.2.5 Reserpin

Für den Anästhesisten sind folgende **Wirkungen und Nebenwirkungen** bei chronischer Einnahme wichtig:
- Blutdruckabfall und Bradykardie
- überschießende Reaktion auf Katecholamine: Blutdruckanstieg
- Sedierung, Depressionen.

Hinweise für das praktische Vorgehen:
- Die Wirkung von Sedativa und Hypnotika wird durch Reserpin verstärkt, daher Dosisreduktion!
- Bei Blutdruckabfall: direkte Sympathomimetika wie Phenylephrin einsetzen, nicht Ephedrin.
- Der Dosisbedarf für Inhalationsanästhetika bzw. der MAC-Wert wird um 20–30 % vermindert.
- Bei Hypertonie: direkte Vasodilatatoren wie Nitroprussid.

15.2.6 Alpha-Methyldopa

Methyldopa wird meist mit einem Diuretikum kombiniert, wegen der Nebenwirkungen jedoch nur noch selten eingesetzt.

Für den Anästhesisten wichtige **Nebenwirkungen:**
- orthostatische Hypotension und Bradykardie
- in höheren Dosen Sedierung.

Abruptes Absetzen von α-Methyldopa kann zu starkem Blutdruckanstieg führen. Behandlung: Nitroprussid.

15.3 Betablocker

Pharmakologie siehe ▶ Kapitel 7.

Für die Narkosepraxis ist Folgendes wichtig:
- Abruptes Absetzen kann ein lebensbedrohliches Entzugssyndrom auslösen (▶ Kap. 7).
- Intraoperative Nebenwirkungen: vermehrt Bradykardien und Blutdruckabfälle.

Empfehlung:
- Die Dauermedikation sollte perioperativ fortgesetzt werden (▶ Kap. 14).

15.4 Digitalis

Allgemein wird empfohlen, die Substanzen 36–48 h (Digoxin) bzw. 5 Tage (Digitoxin) vor der Operation abzusetzen. Gründe:
- häufig Überdigitalisierung von Krankenhauspatienten
- gesteigerte Empfindlichkeit bei Elektrolytstörungen (besonders Hypokaliämie), Hypoxie, Störungen des Säure-Basen-Haushalts, Medikamenten, Schilddrüsenerkrankungen
- erschwerte Interpretation perioperativer Herzrhythmusstörungen.

Bei Vorhofflimmern mit schneller Überleitung kann Digitalis perioperativ weiter zugeführt werden.

15.5 Diuretika

Diuretika werden zur Dauertherapie der Hypertonie und der Herzinsuffizienz eingesetzt.

Nebenwirkungen:
- Hypokaliämie
- Dehydratation mit Hypovolämie, dadurch: Blutdruckabfall und Herzrhythmusstörungen während der Narkose.

Weitere Nebenwirkungen:
- Thiazide: hypochlorämische Alkalose, Hypokaliämie, Hyperurikämie und Hyperkalzämie
- Spironolacton: Hyperkaliämie, Hyponatriämie
- Thiazide und Furosemid: vermutlich Verlängerung der neuromuskulären Blockade durch Relaxanzien.

Nicht evidenzbasierte Empfehlungen:
- Diuretika sollten am OP-Morgen nicht zugeführt werden.
- Bei dringlicher Indikation können die Diuretika perioperativ weiter gegeben werden.

15.6 Antiarrhythmika

Gesicherte Erkenntnisse über Nutzen und Risiken einer perioperativen Fortführung der antiarrhythmischen Dauertherapie liegen nicht vor. Wahrscheinlich können die meisten Antiarrhythmika am Vortag der Operation gefahrlos abgesetzt werden.

Pharmakologie siehe ▶ Kapitel 7.

15.7 Statine

Bisher vorliegende Daten weisen darauf hin, dass Statine das perioperative kardiovaskuläre Risiko senken (▶ Kap. 14).

Nicht evidenzbasierte Empfehlung:
- Die Statinzufuhr sollte perioperativ fortgesetzt werden, besonders bei Patienten mit hohem kardiovaskulärem Risiko.

15.8 Antiasthmatika

Die Dauermedikation sollte perioperativ fortgeführt werden, um einen Asthmaanfall zu vermeiden (▶ Kap. 14).

- Inhalative β-Agonisten sollten am OP-Morgen zugeführt werden.
- Theophyllin sollte wegen der geringen therapeutischen Breite am OP-Morgen nicht gegeben werden.
- Kortikosteroide sollten perioperativ weiter gegeben werden.

15.9 Kortikosteroide

Grundsätzlich können **zwei Anwendungsarten** unterschieden werden:

1. Substitutionstherapie bei Nebennierenrindeninsuffizienz (▶ Kap. 14)
2. Einsatz als entzündungshemmendes, antiallergisches und immunsuppressives Medikament.

In ▶ Tabelle 15-1 sind gebräuchliche Glukokortikoide zusammengestellt; Referenzsubstanz ist Kortisol.

Nebenwirkungen: Entscheidend sind Dauer der Zufuhr und Dosierung. Chronische Einnahme supraphysiologischer Dosen unterdrückt die Nebennierenrindenfunktion und führt zum Cushing-Syndrom.

Tab. 15-1 Vergleichende Pharmakologie endogener und exogener Kortikosteroide

Substanz	Handelspräparat (Auswahl)	Relative antiphlogistische Wirksamkeit (Kortisol = 1)	Relative Mineralokortikoidwirkung (Kortisol = 1)	Eliminationshalbwertszeit (h)	Biologische Wirkdauer (h)	Äquivalenzdosis (mg)
Kortison	Cortison Ciba	0,8	0,8	1,5–3	8–12	20
Kortisol (Hydrocortison)	Hydrocortison Ficortril	1	1	0,5	8–36	25
Prednison	Decortin	4	0,8	3–4	18–36	5
Prednisolon	Decortin H Deltacortril	4	0,8	2–4	12–36	5
Methylprednisolon	Medrate Urbason	5	0,5	2–4	12–36	4
Betamethason	Betnesol	25	0	5	36–54	0,75
Dexamethason	Decadron Fortecortin	25	0	3,5 –5	36–54	0,75
Triamcinolon	Volon Delphicort	5	0	3,5	12–36	4

Weitere Auswirkungen:
- hypokaliämische metabolische Alkalose
- Ödeme und Gewichtszunahme
- Hyperglykämie
- Osteoporose
- Magen-Darm-Ulzera
- Myopathie der Skelettmuskulatur
- ZNS-Funktionsstörungen: Psychosen
- Lymphopenie.

Perioperative Glukokortikoidsubstitution

Bei **erkrankungsbedingter Nebenniereninsuffizienz** ist eine perioperative Substitution zwingend erforderlich (▶ Kap. 14), bei chronischer Einnahme von Kortikosteroiden aus anderen Gründen ist dagegen vor allem die perioperative Dosierung ungeklärt.

Empfehlungen zur perioperativen exogenen Kortikoidsubstitution (nach Salem et al., 1994):
1. geringer chirurgischer Stress (z.B. Leistenhernienoperation): 25 mg Hydrocortison-Äquivalent nur am Operationstag
2. mäßiger chirurgischer Stress (z.B. totaler Gelenkersatz, Kolonresektion, offene Cholezystektomie): 50–75 mg Hydrocortison-Äquivalent/d für 1–2 Tage, dann die präoperative Dosis
3. starker chirurgischer Stress (z.B. Herzoperation, Whipple-Operation, Ösophagusresektion): 100–150 mg Hydrocortison-Äquivalent/d für 2–3 Tage, dann präoperative Dosis.

15.10 Antidepressiva

15.10.1 MAO-Hemmer

Interaktion mit Opioiden

Die Kombination von MAO-Hemmern (z.B. Parnate, Jatrosom) mit **Pethidin** kann ein sog. **Serotoninsyndrom** auslösen, das durch eine serotoninerge Überaktivität gekennzeichnet ist.

→ Pethidin ist bei Patienten, die MAO-Hemmer erhalten, absolut kontraindiziert.

Andere Opioide lösen keine exzitatorischen Reaktionen aus.

Interaktion mit Sympathomimetika

Indirekte Sympathomimetika, die Noradrenalin und Adrenalin freisetzen, können eine hypertensive Krise auslösen. Sie müssen daher vermieden werden.

Direkte Sympathomimetika wie Noradrenalin, Adrenalin oder Phenylephrin können vorsichtig als Vasopressoren eingesetzt werden; mit einer Überempfindlichkeit der Rezeptoren muss gerechnet werden.

Empfehlungen

- Therapie mit MAO-Hemmern perioperativ nur fortsetzen, wenn Patient dringend darauf angewiesen ist.

- Sympathoadrenerge Reaktionen vermeiden.
- Opioide (außer Pethidin, s.o.) können angewandt werden.
- Für die postoperative Schmerzbehandlung regionale Analgesietechniken vorziehen; Opioide sind möglich, außer Pethidin! Sorgfältige Dosisanpassung.

15.10.2 Trizyklische Antidepressiva

Die wichtigsten Wirkungen bei endogener Depression sind: Anhebung der Stimmungslage (nach ca. 2–3 Wochen), Sedierung und Anxiolyse.

Für den Anästhesisten wichtige Nebenwirkungen:
- orthostatische Hypotension, Herzrhythmusstörungen
- EKG: Inversion oder Abflachung der T-Welle, verlängerte Erregungsleitung
- bei Kombination mit Sympathikomimetika Herzrhythmusstörungen möglich
- Harnretention (= anticholinerge Wirkungen).

Nicht evidenzbasierte Empfehlungen:
- bei Patienten unter hohen Erhaltungsdosen: Zufuhr perioperativ fortsetzen
- bei niedriger Erhaltungsdosis und Gefahr von Herzrhythmusstörungen: Substanzen möglichst 7 Tage vor der Operation absetzen.

15.10.3 Lithium

Die Substanz wird zur Behandlung der Manie und zur Prophylaxe der manisch-depressiven Psychose eingesetzt.

Nebenwirkungen:
- Natrium- und Wasserretention in den ersten Tagen nach Beginn der Therapie
- Vergrößerung der Schilddrüse, selten mit Unterfunktion
- Polydipsie und Polyurie
- EKG: reversible Abflachung der T-Welle.

Hinweise für die Narkosepraxis:
- Lithium verlängert die Wirkung von Muskelrelaxanzien.
- Der Narkosebedarf kann vermindert sein, bedingt durch Hemmung der Noradrenalin-, Adrenalin- und Dopaminfreisetzung im Hirnstamm.
- Die Zufuhr der Substanz kann perioperativ unter Kontrolle des Flüssigkeits- und Elektrolythaushalts fortgesetzt werden.

15.11 Neuroleptika

Phenothiazine, Butyrophenone und die neueren atypischen Antipsychotika gelten als sichere Substanzen und können daher bei Patienten mit hohem Risiko einer Exazerbation der Psychose perioperativ zugeführt werden.

15.12 Cimetidin

Cimetidin hemmt den enzymatischen Abbau einiger Pharmaka in der Leber und vermindert außerdem die Leberdurchblutung. Hierdurch können die Halbwertszeit und die Wirkungsdauer der Substanzen verlängert werden: so z.B. von Propranolol, einigen Opioiden, Lidocain und Procain.

15.13 Kontrazeptiva

Gegenwärtig ist nicht bekannt, ob Kontrazeptiva präoperativ abgesetzt werden sollten. Wegen des erhöhten Thromboserisikos empfehlen einige Autoren eine niedrig dosierte Heparinprophylaxe.

15.14 Antibiotika

Klinisch bedeutsam ist vor allem die Interaktion einiger Antibiotika mit Muskelrelaxanzien: Hier ist eine Verlängerung der neuromuskulären Blockade möglich (▶ Kap. 5); daneben sind Einflüsse auf die Blutgerinnung mit Störungen der Thrombozytenfunktion und erhöhter perioperativer Blutungsgefahr zu beachten. Eine notwendige Antibiotikatherapie sollte perioperativ fortgesetzt werden.

15.15 Zytostatika

Von wesentlicher Bedeutung sind vor allem Anämie, Thrombozytopenie und immunsuppressive Wirkungen. Die Infektanfälligkeit und perioperative Blutungsneigung sind wesentlich erhöht, auch noch Tage bis Wochen nach Absetzen der Therapie.

Literatur

Martindale: The Complete Drug Reference, 34nd ed. Edited by K. Parfitt. Pharmaceutical Press 2004.

Schouten O, Hoeks SE, Welten GM, et al.: Effect of statin withdrawal on frequency of cardiac events after vascular surgery. Am J Cardiol 2007, 100(2):316–20.

Spell NO: Stopping and restarting medication in the perioperative period. Med Clin North Am 2001, 85(5):1117–28.

Stoelting, RK, Hillier SC: Pharmacology and Physiology in Anesthetic Practice, 4th ed. Lippincott, Boston 2006.

16 Prämedikation

Die Prämedikation im engeren Sinn umfasst die Verordnung von Sedativa/Anxiolytika, Analgetika, Antazida und Antiemetika vor der Narkose.

16.1 Anxiolyse und Sedierung

Die Angst vor Narkose und Operation nimmt erfahrungsgemäß am Morgen der Operation an Intensität zu. Daher erhalten Erwachsene am OP-Morgen rechtzeitig vor dem Transport in den OP ein Anxiolytikum per os, in der Regel ein Benzodiazepin. Barbiturate und Neuroleptika werden dagegen nicht mehr für die Prämedikation eingesetzt.

16.1.1 Benzodiazepine

Benzodiazepine wirken angstmindernd, beruhigend, sedierend bis hypnotisch, amnestisch, muskelrelaxierend und antikonvulsiv (Einzelheiten ▶ Kap. 2). Die Toxizität ist gering, die therapeutische Breite hoch. Benzodiazepine sind zudem sichere Substanzen bei maligner Hyperthermie.

Interaktionen siehe ▶ Kapitel 2.

Kontraindikationen:
- Myasthenia gravis
- Ataxie
- akute Alkohol-, Opiat- und Schlafmittelintoxikation.

Auswahl der Substanzen: Die Auswahl richtet sich im Wesentlichen nach der Pharmakokinetik, d.h. nach gewünschtem Wirkungseintritt und der Wirkdauer.

Midazolam

Midazolam ist wasserlöslich; die parenterale Injektion geht nicht mit Schmerzen einher und führt auch nicht zu Thrombophlebitiden.

Die Substanz steht in Tablettenform (7,5 mg) und als Injektionslösung zur Verfügung, für Kinder auch als geschmackskorrigierter Saft (Einzelheiten ▶ Kap. 36). Die Metaboliten von Midazolam wirken nicht sedierend.

Pharmakologie

Dosierung von Midazolam bei Erwachsenen:
- 3,5–7 mg bzw. 0,05–1 mg/kg per os oder i.m., 30–60 min vor Narkosebeginn
- Reduktion der Dosis bei Älteren um ca. 15% pro Lebensdekade.

Bei oraler oder intramuskulärer Zufuhr gilt:
- Wirkungseintritt nach 5–10 min
- Wirkungsmaximum nach 30–60 min
- Dauer der amnestischen Wirkung 20–30 min, der anxiolytischen und sedierenden Wirkung 20–40 min
- Normalisierung der mentalen Funktion innerhalb von 4 h.

Diazepam

Das schlecht wasserlösliche Diazepam kann oral, rektal, intramuskulär und intravenös verabreicht werden. Die Prämedikation sollte sich auf die **orale Zufuhr** beschränken: die Substanz wird gut im Dünndarm resorbiert; die Plasmakonzentrationen erreichen nach etwa 60 min ein Maximum.

Pharmakologie

Dosierung von Diazepam für die Prämedikation per os:

- 0,15 mg/kg, d.h. ca. 10 mg, mindestens 1 h vor Narkosebeginn
- Dosisreduktion im Alter um ca. 10% pro Lebensdekade, d.h. auf 2–5 mg für ein Körpergewicht von 70 kg
- als Schlafmittel am Vorabend: 5–15 mg p.o.

Zu beachten ist, dass im hohen Lebensalter die Eliminationshalbwertszeit von Diazepam wegen des erhöhten initialen Verteilungsvolumens erheblich verlängert wird.

Flunitrazepam

Der sedierende oder schlafauslösende Effekt ist stärker als der von Diazepam, ebenso der amnestische und antikonvulsive.

Pharmakologie

Dosierung von Flunitrazepam zur Prämedikation:

- 0,5–1–2 mg p.o., 1–2 h vor Narkosebeginn; maximale Wirkung nach 1–2 h oder
- 1–2 mg i.m., 30–60 min vor Narkosebeginn

→ Bei älteren Patienten Dosis reduzieren, da Gefahr zu starker Sedierung oder Verwirrtheit.

Lorazepam

Lorazepam ist 5–10-mal stärker als Diazepam; ein sedierender Effekt tritt 30 min nach oraler Zufuhr ein, erreicht nach etwa 2 h ein Maximum und hält ca. 4–6 h an. Daher nicht für kurze Eingriffe anwenden!

Pharmakologie

Dosierung von Lorazepam zur Prämedikation:

- 1,0–2,5 mg p.o. 2 h vor der Operation

16.1.2 Opioide

Der Einsatz von Opioiden zur Prämedikation sollte sich auf Patienten beschränken, bei denen bereits präoperativ Schmerzen bestehen oder die opiatabhängig sind. Dabei sollte eine Kombination mit Benzodiazepinen vermieden werden.

16.2 Anticholinergika

Hierzu gehören Atropin, Scopolamin und Glycopyrrolat (▶ Tab. 16-1). Die für die Anästhesie wichtigsten Wirkungen sind in Tabelle 16-1 zusammengefasst. Atropin in höheren Dosen und Scopolamin können ein zentral anticholinerges Syndrom auslösen (▶ Kap. 30).

Anticholinergika wie Atropin, Scopolamin oder Glycopyrrolat sind kein obligater Bestandteil der Prämedikation für Allgemein- oder Regionalanästhesien, sondern werden allenfalls noch gezielt in speziellen Situationen zugeführt!

Tab. 16-1 Wirkungen von Anticholinergika im Vergleich

Substanz	Herzfrequenzsteigerung	Sekretionshemmung	Sedierung und Amnesie
Atropin	+++	+	–
Scopolamin	+	++	+++
Glycopyrrolat	++	+++	–

Kontraindikationen:
- Hyperthyreose
- Herzklappenerkrankungen
- Glaukom.

Pharmakologie

Dosierungen von Atropin für die Prämedikation:
- Erwachsene 0,01 mg/kg, Kleinkinder 0,02 mg/kg
- maximaler Effekt nach 30–45 min; Wirkdauer ca. 2 h; bei i.v. Injektion nach 1 min, Wirkdauer 30 min

16.3 Medikamentöse Aspirationsprophylaxe

Bei jeder Allgemeinanästhesie besteht ein gewisses Risiko der pulmonalen Aspiration von Mageninhalt, vorausgesetzt, der Magen ist nicht leer. Mögliche Folgen der Aspiration sind:
- Verlegung der Atemwege
- Zerstörung des Lungengewebes, ARDS.

Risikofaktoren der pulmonalen Aspiration siehe ▶ Kapitel 30.

Neben der erforderlichen Nahrungskarenz wird häufig zusätzlich eine medikamentöse Aspirationsprophylaxe empfohlen, d.h. die Zufuhr von Pharmaka, die das Magensaftvolumen vermindern und/oder den pH-Wert des Magens anheben. Zu diesen Substanzen gehören:
- H_2-Rezeptor-Antagonisten
- Protonenpumpenhemmer
- Natriumcitrat
- Metoclopramid.

Allerdings gibt es nach wie vor keine Beweise für einen Zusammenhang zwischen Magensaftvolumen und erhöhtem Aspirationsrisiko.

16.3.1 H_2-Rezeptor-Antagonisten

H_2-Rezeptor-Antagonisten wie Cimetidin, Ranitidin, Famotidin und Nizatidin hemmen kompetitiv, selektiv und reversibel die histaminvermittelte Säure- und Pepsinproduktion des Magens am H_2-Rezeptor. Der pH-Wert des Magensafts steigt an, das Magensaftvolumen nimmt ab.

→ Bereits im Magen vorhandene Flüssigkeit wird jedoch durch die H_2-Antagonisten nicht beeinflusst!

Cimetidin

Durch orale Zufuhr (1–1,5 h vor der Operation) wird der pH-Wert des Magensafts bei den meisten Patienten auf > 2,5 angehoben; allerdings kann nicht sicher davon ausgegangen werden, dass hierdurch auch das Magensaftvolumen vermindert wird.

Pharmakologie

Cimetidin zur Aspirationsprophylaxe:
- Dosis 200 mg p.o., 1–1,5 h vor Narkoseeinleitung; bei Adipositas Dosis erhöhen
- Wirkungseintritt: nach 60–90 min
- Wirkungsdauer: ca. 3–4 h

Bei einmaliger oraler Gabe zur Prämedikation sind die Nebenwirkungen von Cimetidin gering, bei älteren Patienten können jedoch bereits hiermit **Verwirrtheitszustände** ausgelöst werden.

Ranitidin

Ranitidin ist stärker und spezifischer wirksam als Cimetidin, auch hält die Wirkung länger an; kardiovaskuläre und zentrale Nebenwirkungen sind seltener, mit klinisch relevanten Medikamenteninteraktionen muss nicht gerechnet werden.

Pharmakologie

Ranitidin zur Aspirationsprophylaxe:
- Dosierung: 150 mg p.o., 2 h vor Narkoseeinleitung
- Wirkungsdauer: bis zu 9 h

Die gleiche Wirkung kann durch orale Einnahme von 300 mg Ranitidin zur Nachtzeit, d.h. am Vorabend der Operation, erreicht werden.

Famotidin und Nizatidin

Insgesamt entsprechen die Wirkungen dieser Substanzen denen von Cimetidin und Ranitidin, sie sind jedoch potenter und können damit niedriger dosiert werden.

16.3.2 Protonenpumpenhemmer (PPH)

Diese Substanzen hemmen die H^+/K^+-ATPase in den Belegzellen des Magens. Klinische Dosen vermindern die Säuresekretion des Magens um etwa 90 %, also deutlich effektiver als die H_2-Blocker (ca. 60 %).

! Merke

Für eine effektive Prophylaxe sollten PPH am Vorabend und am Morgen der Operation verabreicht werden.

Bei Patienten, die PPH als Dauermedikation erhalten, sollte die Zufuhr fortgesetzt werden.

→ Die gleichzeitige Gabe von H_2-Blockern ist nicht indiziert, weil hierdurch keine Verstärkung der Wirkung zu erwarten ist.

16.3.3 Natriumcitrat

Dieses lösliche Antazidum erhöht bei nahezu allen Patienten den pH-Wert des Magensafts auf > 2,5; allerdings kann das Magensaftvolumen zunehmen. Anders als bei den H_2-Rezeptor-Antagonisten setzt die Wirkung von Natriumcitrat sofort ein und verändert den pH-Wert des bereits im Magen vorhandenen Volumens.

Pharmakologie

Natriumcitrat zur Aspirationsprophylaxe:

- Dosierung: 20–30 ml 0,3 molar p.o., ca. 10 min vor Narkoseeinleitung
- Wirkungseintritt: sofort

16.3.4 Metoclopramid

Dieser Dopaminantagonist stimuliert die Motilität des oberen Gastrointestinaltrakts und beschleunigt die Magenentleerung: Das Magensaftvolumen nimmt ab; der Tonus des unteren Ösophagussphinkters wird erhöht. Allerdings beeinflusst Metoclopramid nicht die Säureproduktion und den pH-Wert des Magensafts.

Pharmakologie

Metoclopramid zur Aspirationsprophylaxe:

- oral: 10 mg, ca. 1 h vor Narkoseeinleitung; Wirkungseintritt: nach 30–60 min
- i.v.: 5–20 mg über 3–5 min, 15–30 min vor Narkoseeinleitung

16.3.5 Medikamentöse Aspirationsprophylaxe bei allen Patienten?

Leitlinien/Empfehlungen

Leitlinie der ASA-Task-Force

Die routinemäßige Zufuhr von Antazida, H_2-Antagonisten, Protonenpumpenhemmern und Gastroprokinetika bei Patienten ohne erhöhtes pulmonales Aspirationsrisiko wird nicht empfohlen.

16.4 Prophylaxe von postoperativer Übelkeit und Erbrechen (PONV)

Übelkeit, Brechreiz und Erbrechen (engl. PONV = postoperative nausea and vomiting) gehören zu den typischen und unangenehmen postoperativen Komplikationen. Sie können durch das Narkoseverfahren ausgelöst oder begünstigt werden, treten aber auch unabhängig davon auf. Die Gesamthäufigkeit von PONV nach Allgemeinanästhesie beträgt etwa 30 %.

16.4.1 Risikofaktoren für PONV

In der Übersicht sind Risikofaktoren für PONV zusammengestellt.

EBM

Risikofaktoren für PONV, klassifiziert nach Beweislage und klinischer Bedeutung (nach Apfel)

Gesichert und klinisch besonders bedeutsam	weibliches Geschlecht	+++
	Nichtraucherstatus	++
	Anamnese von PONV oder Reisekrankheit	++
	Allgemeinanästhesie	+++
	volatile Inhalationsanästhetika	++
	lange Narkosedauer	++
	postoperative Opioide	++
Gesichert, aber klinisch weniger bedeutsam	junges Lebensalter und ASA-Status 1 oder 2 Lachgas Neostigmin, Pyridostigmin	
Kontroverse Datenlage	chirurgischer Eingriff Erfahrung des Anästhesisten routinemäßige Magensonde	
Unzureichende Daten	Schmerzen Bewegungen	
Widerlegt	Adipositas (Body-Mass-Index) Menstruationszyklus Angst und Persönlichkeit	

Risiko: + = mäßig; ++ = stark; +++ = sehr stark

Risikoklassifizierung. Das PONV-Risiko bei Erwachsenen mit balancierter Anästhesie kann mit dem Score von Apfel und Mitarb. eingeschätzt werden (▶ Tab. 16-2; allerdings nur bei 70% der Patienten korrekte Vorhersage).

16.4.2 Antiemetika

Für folgende Substanzen ist eine antiemetische Wirkung gesichert:

- $5\text{-}HT_3$-Antagonisten (Serotoninantagonisten)
- Dexamethason
- Droperidol
- Dimenhydrinat.

Metoclopramid scheint wirksam zu sein, wenn höhere Dosen als bislang angewandt werden, vermutlich 25–50 mg.

In ▶ Tabelle 16-3 sind gebräuchliche Substanzen für die Prophylaxe und Behandlung von PONV zusammengestellt.

$5\text{-}HT_3$-Rezeptoren-Antagonisten

Die Serotoninantagonisten blockieren die emetogene Wirkung von Serotonin. HT_3-Rezeptoren-Antagonisten wie Ondansetron, Dolasetron und Granisetron sind prophylatisch wirksam, der antiemetische Effekt ist stärker als der gegen Übelkeit. Die rasche i.v. Injektion kann zu vorübergehenden Sehstörungen führen.

Tab. 16-2 PONV-Risikoscore (nach Apfel)	
Risikofaktor	**Punkte**
Frauen	1
Nichtraucher	1
PONV-Anamnese, Reisekrankheit	1
Postoperative Opioide	1
Gesamtpunktzahl	**PONV-Häufigkeit (%)**
0	10
1	20
2	40
3	60
4	80

Tab. 16-3 Antiemetika und ihre Dosierung (Apfel 2005)

Substanzen	Prophylaxe Erwachsene	Therapie Erwachsene	Prophylaxe Kinder
Ondasetron	4 mg	1 mg	50–100 µg/kg
Tropisetron	5 mg	0,5 mg	60–100 µg/kg*
Dolasetron	12,5–50 mg	12,5 mg	350 µg/kg
Granisetron	0,35–1 mg	0,1 mg	
Dexamethason	4–5 mg frühzeitig	Nicht empfohlen	150 µg/kg
Dimenhydrinat	62 mg	16–32 mg*	500 µg/kg
Droperidol	0,625–1,25 mg	0,625 mg*	50–75 µg/kg
Metoclopramid	25–50 mg	Nicht empfohlen	Nicht empfohlen
Scopolamin	Transderm. Pflaster	Nicht empfohlen	Nicht empfohlen

* Dosierungsempfehlung bei unzureichender Datenlage. Dosierungen für Kinder sollten die Gesamtdosis für Erwachsene nicht überschreiten.

Dexamethason

Dexamethason wirkt prophylaktisch antiemetisch, vor allem in Kombination mit 5-HT_3-Rezeptoren-Antagonisten (s.u.). Die Substanz sollte bereits zu Beginn der Narkose zugeführt werden.

Droperidol

Die Wirkung gegen Übelkeit ist stärker als die gegen Erbrechen; die Injektion kurz vor OP-Ende ist vermutlich wirksamer als die Injektion bei der Narkoseeinleitung.

Beim Einsatz von Droperidol sollten oft sehr unangenehme psychische Nebenwirkungen berücksichtigt werden.

Dimenhydrinat

Dieser unspezifische, preiswerte Histaminantagonist weist eine den anderen Antiemetika vergleichbare antiemetische Wirkung auf. Wegen der unsicheren Resorption von Suppositorien sollte die Substanz i.v. injiziert werden (Präparat: Vomex-A-Injektionslösung i.v.).

16.4.3 Maßnahmen zur Minderung des PONV-Risikos

Für die Prophylaxe von PONV wird derzeit folgendes Vorgehen empfohlen:
- Das Basisrisiko niedrig halten.
- Abwarten und sehen – wenn nötig, behandeln.
- Keine Routineprophylaxe, sondern nur bei erhöhtem PONV-Risiko.

EBM

Gesicherte Maßnahmen zur Senkung des PONV-Risikos:
1. Minderung des Basisrisikos
   - TIVA statt Inhalationsanästhetika
2. Abwarten und beobachten – wenn nötig behandeln:
   - tritt PONV auf: Injektion von 1 mg Ondansetron, evtl. kombiniert mit 4 mg Dexamethason
3. Prophylaxe nur bei Hochrisikopatienten:
   - Minderung des Basisrisikos (s.u. 1.)
   - (1–)2 Risikofaktoren: 4 mg Dexamethason i.v. bei Narkosebeginn
   - 3–4 Risikofaktoren: TIVA + 1 (Dexamethason) oder 2 Antiemetika
   - alternativ: 2–3 Antiemetika: Dexamethason + Serotoninantagonist + Dimenhydrinat. Als letzte Wahl Droperidol

Im Einzelfall sollte nach Apfel von diesem Schema abgewichen und großzügiger verfahren werden, z.B. wenn durch Erbrechen der Operationserfolg in Frage gestellt würde.

16.4.4 Behandlung von PONV

Jedes erstmalige Erbrechen und jede zumindest mittelschwere Übelkeit sollten medikamentös behandelt werden, da sonst bei 50% der Patienten mit weiteren Episoden zu rechnen ist. Hierfür sollten Substanzen eingesetzt werden, die **nicht** bereits vorab zur Prophylaxe verabreicht worden sind, da sonst mit keiner Wirkung zu rechnen ist, z.B.:
- $5\text{-}HT_3$-Antagonist, z.B. 1 mg Ondansetron
- Dimenhydrinat (Vomex A), 16–32 mg i.v.
- Droperidol 0,625 mg.

Dexamethason wird dagegen ausschließlich für die Prophylaxe empfohlen!

16.5 α_2-adrenerge Rezeptoragonisten (Clonidin)

Clonidin, ein zentraler α_2-Rezeptor-Agonist mit antihypertensiver Wirkung, wird von einigen Anästhesisten in einer Dosierung von etwa 5 µg/kg p.o. für die Prämedikation eingesetzt, um kardiovaskuläre Reflexreaktionen wie Hypertonie und Tachykardie durch endotracheale Intubation und starke chirurgische Stimuli zu verhindern.

16.6 Praktische Grundsätze für die Prämedikation

- Prämedikationssubstanzen sind kein Ersatz für ein beruhigendes präoperatives Gespräch des Anästhesisten mit dem Patienten.
- Prämedikationssubstanzen sollten individuell ausgewählt werden, nicht schematisch und niemals ohne persönliche Visite durch einen Anästhesisten. Zu starke Sedierung muss vermieden werden, um die Kooperationsfähigkeit des Patienten und dessen Schutzreflexe zu erhalten.
- Am Vorabend der Operation kann bereits ein Hypnotikum (Benzodiazepin) verordnet werden.
- Die Prämedikation für den Operationstag wird schriftlich, mit Angabe des Zeitpunkts der Einnahme, im Narkoseprotokoll niedergelegt.
- Benzodiazepine sind die Mittel der Wahl für die Anxiolyse und Sedierung.
- Anticholinergika sind kein essentieller Bestandteil der Routineprämedikation.
- Die Einnahme der Prämedikationssubstanzen sollte bevorzugt oral, zusammen mit etwas klarer Flüssigkeit, erfolgen, und zwar rechtzeitig, um einen maximalen Effekt zu erreichen.
- Ambulante Patienten erhalten in der Regel keine Prämedikation.

Literatur

Apfel CC, Greim CA, Haubitz I et al.: A risk score to predict the probability of postoperative vomiting in adults. Acta Anaesthesiol Scand 1998, 42:495–501.

Apfel CC, Kortilla K, Abdalla M et al.: A factorial trial of six interventions for the prevention of postoperative nausea and vomiting. N Engl J Med 2004, 350 (24): 2441–2451.

Apfel CC, Roewer N: Einflussfaktoren von Übelkeit und Erbrechen nach Narkosen. Fiktionen und Fakten. Anaesthesist 2000, 49:629–642.

Borgeat A, Katodramis G, Schenker CA: Postoperative nausea and vomiting in regional anesthesia. A review. Anesthesiology 2003, 98(2):530–547.

Charbit B, Albaladejo P, Funck-Brentano C, Legrand M, Samain E, Marty J: Prolongation of QTc interval after postoperative nausea and vomiting treatment by droperidol or ondansetron. Anesthesiology 2005, 102(6)1094–1100.

Eberhart L, Morin A, Geldner G, Wulf H: Minimierung von Übelkeit und Erbrechen in der postoperativen Phase. Dtsch Ärztebl 2003, 100(40):A 2584–2591.

17 Narkosesysteme und Narkosebeatmung

Narkosesysteme dienen der Zufuhr von Inhalationsanästhetika. Wegen der Gefahr tödlicher Zwischenfälle durch Funktionsstörungen und Fehlbedienung von Narkosesystemen ist Folgendes zu beachten:

- Narkosesysteme dürfen nur von Ärzten mit entsprechender Geräteeinweisung bedient werden.
- Vor jedem Einsatz muss die Funktion des Geräts sorgfältig überprüft werden.

17.1 Bestandteile von Narkosesystemen

Funktionell umfasst ein Narkosesystem alle Bestandteile, durch die ein Patient Narkosegase und Sauerstoff einatmet und zusammen mit CO_2 teilweise oder vollständig wieder ausatmet.

17.1.1 Gasquellen

Die Zufuhr von Sauerstoff und Lachgas zum Narkosesystem erfolgt entweder über eine **zentrale Gasversorgung** oder über **Gaszylinder;** Inhalationsanästhetika werden dagegen direkt über in das System integrierte Verdampfer zugeführt.

Zentrale Gasversorgung

In Krankenhäusern ist die zentrale Gasversorgung Standard. Die Gase werden im OP direkt über Wandauslässe oder spezielle Säulen entnommen und über Absaugvorrichtungen entfernt.

Um Verwechslungen zu vermeiden und die Sicherheit zu erhöhen, werden die Gase an der Anschlussstelle mit jeweils unterschiedlichen Kupplungsstücken, die nur in den Anschluss für das entsprechende Gas passen, entnommen. Zusätzlich sind die Gasschläuche farblich gekennzeichnet: Sauerstoff **blau;** Lachgas **grau.**

Gaszylinder

In Ambulatorien und Praxen werden Gaszylinder zur Versorgung der Narkosegeräte eingesetzt.

Sauerstoffzylinder

Kennfarbe: **blau.** Der Gasdruck im Zylinder kann am Kontrollmanometer abgelesen werden; er beträgt für eine volle Flasche 200 bar. Eine 10-l-Flasche enthält 2000 l Sauerstoff.

Lachgaszylinder

Kennfarbe: **grau.** Lachgas liegt im Zylinder als Flüssigkeit vor, daher kann aus dem Druck im Zylinder nicht auf den Vorrat in Litern geschlossen werden. Der kritische Bereich, bei dem sich nur noch gasförmiges Lachgas in der Flasche befindet, ist am Kontrollmanometer **rot** gekennzeichnet.

17.1.2 Rotameter

Rotameter oder Gasflussmesser messen den Durchfluss der Gase auf ihrem Weg von der Gasquelle (zentrale Gasversorgung, Gaszylinder) durch das Narkosesystem zum Patienten. Jedes Gas benötigt ein geeichtes spezifisches Rotameter.

Konventionelle Rotameter bestehen aus Glasröhren mit Kontrollventil, in neueren Narkosegeräten wird die Gaszufuhr durch elektronische Flowmeter gesteuert. Ein Oxygen-Ratio-Control(ORC)-Ventil verhindert, dass ein hypoxisches Gasgemisch (d.h. zu viel Lachgas) zum Patienten gelangt.

17.1.3 Verdampfer

Volatile Anästhetika liegen bei Raumtemperatur und Atmosphärendruck als Flüssigkeiten vor. Sie müssen daher, bevor sie dem Patienten zugeführt werden können, in den **dampfförmigen** (volatilen) Zustand umgewandelt werden. Die Umwandlung der volatilen Anästhetika in ihre Dampfphase erfolgt durch für jedes Gas spezifische Verdampfer. Diese Apparate liefern eine dosierbare Konzentration des Inhalationsanästhetikums, das zusammen mit den **Frischgasen** in die Lungen des Patienten geleitet wird.

Der **Vapor 19** (Drägerwerke) ist ein variabler Flow-Verdampfer, der jeweils als spezifischer Verdampfer für Isofluran und Sevofluran geliefert wird. Die Konzentrationsgenauigkeit wird im Temperaturbereich von 10–40 °C mit 90% angegeben.

Desfluranverdampfer TEC 6: Wegen des niedrigen Siedepunkts und des hohen Dampfdrucks von Desfluran ist eine spezielle Verdampfertechnologie erforderlich. Der TEC 6 ist ein beheizter und elektronisch gesteuerter Desfluranverdampfer, in dem das flüssige Desfluran auf 39 °C erhitzt wird. Hierdurch ergibt sich ein konstanter Dampfdruck von 1460 mm Hg in der Verdampferkammer.

Aufstellung der Verdampfer. Die beschriebenen Verdampfer werden grundsätzlich zwischen den Rotameterblock und das eigentliche Narkose- bzw. Atemsystem geschaltet. Hierdurch ist gewährleistet, dass immer nur Frischgas in den Verdampfer gelangt. Bei Narkosegeräten mit einem **O_2-Bypass** darf der Bypass niemals durch den Verdampfer geleitet werden.

17.1.4 Reservoirbeutel

Die gebräuchlichen Narkosesysteme verfügen über einen Reservoirbeutel für Frischgas. Hierüber kann der Patient manuell beatmet werden und bei Spontanatmung zusätzlich zu dem an den Rotametern eingestellten Flow Atemgas entnehmen. Während der Exspiration fließen die Frischgase in den Beutel und werden dort gespeichert; überschüssiges Gas kann durch ein regulierbares Überdruckventil entweichen.

17.1.5 Atemschläuche

Die Narkosegase werden über Atemschläuche zum Patienten transportiert. Um den Widerstand gering zu halten, sollten die Schläuche so kurz und so weit wie möglich sein. Den größten Durchmesser besitzen Faltenschläuche; sie weisen außerdem den Vorteil auf, dass Knickbildungen vermieden werden. Da die Atemschläuche dehnbar sind, nehmen sie einen Teil des eingestellten Atemminutenvolumens auf. Dieser Anteil gehört zum **funktionellen Totraum** und muss bei der Einstellung der Beatmung am Narkosegerät berücksichtigt werden.

17.1.6 Atemventile

Narkosesysteme verfügen über Ventile, die den Gasstrom in eine bestimmte Richtung lenken.

Bei halboffenen Narkosesystemen kann die Rückatmung von Exspirationsluft durch sog. Nichtrückatmungsventile verhindert werden. Drei Typen von Nichtrückatmungsventilen lassen sich unterscheiden:

- Nichtrückatmungsventile für die Spontanatmung
- Nichtrückatmungsventile für die kontrollierte Beatmung
- kombinierte Ventile für Spontanatmung und Beatmung.

Im Narkosebetrieb werden kombinierte Ventile eingesetzt.

17.1.7 Absorption von CO_2

Im halbgeschlossenen und im geschlossenen Narkosesystem, den sog. Rückatemsystemen, wird das ausgeatmete Gasgemisch teilweise oder vollständig zurückgeatmet. Vor der Rückatmung muss das ausgeatmete CO_2 aus dem Gasgemisch entfernt werden, um eine Hyperkapnie zu vermeiden. Dies geschieht auf chemischem Wege durch Atemkalk, der die Säure CO_2 durch eine Base neutralisiert.

Atemkalk

Das ausgeatmete Gasgemisch wird durch einen Behälter (CO_2-Absorber) geleitet, in dem sich 3–6 mm große Atemkalkgranula befinden, die das ausgeatmete CO_2 binden. Zwei Sorten von Atemkalk sind in Deutschland gebräuchlich:

- **Natriumkalk** (kaliumhydroxidfrei), bestehend aus $Ca(OH)_2$ (80%), Na(OH) (2–4%) und H_2O. 100 g Kalk binden 26 l Kohlendioxid
- **Kalziumhydroxidkalk:** Hauptbestandteil ist Kalziumhydroxid, Alkalimetall-Hydroxide sind nicht enthalten; dieser Kalk reagiert nicht mit Inhalationsanästhetika (daher keine Compound-A-Bildung) und ist besonders für Niedrigflussnarkosen geeignet.

Beiden Kalksorten ist der **Farbindikator** Ethylviolett zugesetzt, der sich bei Erschöpfung des Kalks von weiß nach violett verfärbt. Der Absorptionsvorgang ist eine exotherme Reaktion, bei der Wärme freigesetzt wird; hierbei schreitet die Erwärmungszone in Gasrichtung voran. Erschöpfter Atemkalk wird hart und trocken und erwärmt sich nicht mehr.

! Merke

Zeichen der Erschöpfung von Atemkalk:

- Anstieg der inspiratorischen CO_2-Konzentration auf 1% (7 mm Hg)
- Farbumschlag des Indikators von weiß nach violett (unsicheres Zeichen)
- Der Kalk wird trocken und hart und erwärmt sich nicht mehr.

Verbrauchter Atemkalk muss frühzeitig ausgetauscht werden, um eine Rückatmung von CO_2 zu verhindern.

CO_2-Absorber

In diese Behälter wird der Atemkalk für den Narkosegebrauch gefüllt. Die Absorber werden in das Kreissystem eingeschaltet; das ausgeatmete Gas tritt hierbei von unten in den Absorber ein. Die Hauptabsorption findet zunächst am Gaseinlass und an den Seiten des Absorbers statt.

Beim Füllen der Absorber sollte beachtet werden, dass die Granula dicht beieinanderliegen. Lockere Füllung führt zu „Straßenbildung"; hierbei strömt die Atemluft entsprechend dem geringeren Widerstand bevorzugt durch die Kanäle, ohne am Absorptionsprozess teilzunehmen: Unvollständige Bindung von CO_2 ist die Folge.

Empfehlungen für den Umgang mit Atemkalk

1. Atemkalk gut verschließen und trocken aufbewahren, um den vorgegebenen Wassergehalt zu erhalten.
2. Kanister nicht schütteln oder werfen, weil hierdurch die Kalkgranula zerbröckeln.
3. Kalk aus bereits eröffneten Kanistern möglichst umgehend aufbrauchen.
4. Kanister dicht befüllen, um Straßenbildung der Granula zu vermeiden (hierdurch ungenügende Absorption).

17.2 Einzelne Narkosesysteme

Funktionell werden vier Narkosesysteme unterschieden (▶ Tab. 17-1):

Praktischer ist jedoch die Unterscheidung zwischen Nichtrückatem- und Rückatemsystemen (▶ Tab. 17-2): In Nichtrückatemsystemen wird das ausgeatmete Gas vollständig aus dem System geleitet, in Rückatemsystemen dagegen – nach Elimination von CO_2 – teilweise (halbgeschlossenes System) oder vollständig (geschlossenes System) zurückgeatmet.

17.2.1 Halboffenes System (Nichtrückatemsystem)

Im halboffenen Narkosesystem wird das Inhalationsanästhetikum durch Frischgas transportiert und verdünnt. Frischgas (= Inspirationsgas) und Exspirationsluft sind durch ein patientennah angebrachtes Nichtrückatemventil strikt voneinander getrennt, so dass keine Rückatmung des ausgeatmeten Volumens stattfinden kann.

! Merke

Der Frischgasfluss muss im halboffenen System mindestens so hoch sein wie das Atemminutenvolumen des Patienten, je nach Systemcharakteristik auch vielfach höher. Hierbei gilt: Je höher der Frischgasfluss, desto mehr Überschussgas wird ungenutzt ausgeatmet.

In den Inspirationsschenkel des halbgeschlossenen Systems **mit Ventil** ist ein Reservoirbeutel integriert, aus dem der Patient bei tiefer Einatmung ein ausreichendes Gasvolumen entnehmen kann. CO_2-Absorber sind nicht erforderlich.

Tab. 17-1 Einteilung von Narkosesystemen

Narkosesystem	Reservoirbeutel	Rückatmung
offenes	nein	nein
halboffenes	ja	nein
halbgeschlossenes	ja	partiell
geschlossenes	ja	vollständig

Tab. 17-2 Unterschiede zwischen Nichtrückatemsystemen und Rückatemsystemen (mod. nach Baum, 1998)

Eigenschaften	Nichtrückatemsysteme	Rückatemsysteme
Aufbau	einfach	komplex
Änderungen der Frischgaszusammensetzung	sofortige Änderung der Gaszusammensetzung im System	verzögerte Änderung der Gaszusammensetzung im System
Narkosegaszusammensetzung	entspricht der Frischgaszusammensetzung	je größer Rückatmung, desto größer Differenz der Frischgaszusammensetzung
Anfeuchtung und Erwärmung der Narkosegase	keine bis geringe	je nach Frischgasflow ausreichend bis gut
Narkosegasverbrauch	hoch bis sehr hoch	niedrig bei entsprechender Rückatmung
Narkosegasemission	steigt mit der Höhe des Frischgasflows	nimmt mit erniedrigtem Frischgasflow ab
Nutzungsmöglichkeiten	meist halboffen, nur in geringem Maße halbgeschlossen	je nach Frischgasflow: halboffen, halbgeschlossen, geschlossen
Kosten für Narkosegase	je höher der Frischgasflow, desto teurer die Narkose	je niedriger der Frischgasflow, desto billiger die Narkose

Wesentliche Nachteile:
- geringe Ausnutzung der Narkosegase
- hoher Narkosegasverbrauch, dadurch hohe Kosten
- keine Klimatisierung der Atemgase
- hohe Narkosegasemission.

17.2.2 Rückatemsysteme: halbgeschlossenes und geschlossenes System

Die halbgeschlossenen und die geschlossenen Systeme sind als Kreissysteme konstruiert.

Kreissystem

Das Kreissystem ist ein kreisförmig angeordnetes System von Schläuchen, in dem ein durch Ein- und Ausatemventile gerichteter Gasstrom so fließt, dass ein In- und ein Exspirationsschenkel entstehen. Am patientennahen Y-Stück gehen beide Schenkel ineinander über. Nach CO_2-Elimination kann die Exspirationsluft partiell oder vollständig zurückgeatmet werden. Hierbei strömt das Gas jeweils einmal durch den CO_2-Absorber, der entweder in den Inspirations- oder Exspirationsschenkel des Systems eingeschaltet ist. Das System besitzt einen Reservoirbeutel, aus dem der Patient bei erhaltener Spontanatmung Gas entnehmen oder mit dem er manuell beatmet werden kann.

Platzierung des Verdampfers

17

Die Verdampfer für das Inhalationsanästhetikum werden nicht in das Kreissystem integriert, sondern in den Frischgasstrom **vor** das Kreissystem geschaltet. Bei dieser

Anordnung hängt die Konzentration im Kreissystem von der Aufnahme des Anästhetikums ab. Sie ist jedoch niemals höher als die am Verdampfer eingestellte Konzentration.

Bakterienfilter

In das Kreissystem werden meist Bakterienfilter vor den Inspirationsschlauch geschaltet, um Kreuzinfektionen zu vermeiden. Auch muss bei Verwendung von Bakterienfiltern nicht das gesamte Kreissystem für jeden Patienten erneut ausgewechselt werden. Nach einem Arbeitstag von 6–8 h muss der Filter erneuert und das Kreissystem desinfiziert werden.

Narkotikafilter

Wenn keine spezielle Absaugung vorhanden ist, werden Narkotikafilter in das Kreissystem eingeschaltet, um die entweichenden überschüssigen Narkosegase zu binden und so das im OP tätige Personal vor möglichen Schäden zu schützen. Der Filter muss nach 6 Arbeitsstunden ausgewechselt werden.

Halbgeschlossenes Narkosesystem

Beim halbgeschlossenen Narkosesystem wird ein Teil der ausgeatmeten Gase – nach Absorption von CO_2 – wieder zurückgeatmet, ein Teil ungenutzt ausgeatmet. Hierfür muss das zugeführte Frischgasvolumen größer sein als die vom Patienten aufgenommene Gasmenge, jedoch kleiner als das Atemminutenvolumen. Um eine Überblähung der Lungen zu verhindern, kann das überschüssige Frischgas durch ein **Überdruckventil** entweichen. Das rezirkulierende Gasvolumen ist dem Frischgasfluss umgekehrt proportional, das Überschussgasvolumen direkt proportional.

Vorteile (verglichen mit halboffenen Systemen):
- bessere Nutzung der Narkosegase, dadurch geringerer Verbrauch und weniger Kosten
- bessere Anfeuchtung und Erwärmung der Atemgase
- weniger Narkosegasemission.

Nachteil:
- schlechtere Steuerbarkeit der Narkosegaszusammensetzung.

! Merke
Der erforderliche Frischgasfluss beträgt im halbgeschlossenen Kreissystem 2–4 l/min.

Geschlossenes System

Im geschlossenen System kann die ausgeatmete Luft nicht in die Atmosphäre entweichen; sie muss daher – nach Elimination von CO_2 – **vollständig** zurückgeatmet werden, weil das Überdruckventil geschlossen ist. Das geschlossene System ist, wie das halbgeschlossene System, kreisförmig angeordnet. Als Frischgas müssen nur der für den Metabolismus des Patienten erforderliche Sauerstoff (ca. 4 ml/kg/min) und die vom Organismus aufgenommene Anästhetikummenge eingestellt werden.

Quantitative Narkose im geschlossenen System. Bei diesem System (z.B. Physioflex- und ZEUS-Narkosegerät) werden die Narkosegase – elektronisch gesteuert – über einen geschlossenen Regelkreis dosiert. Das flüssige Inhalationsanästhetikum wird in das System eingespritzt und der exspiratorische Sollwert sehr rasch erreicht und konstant gehalten. Bei absoluter Dichtigkeit des Systems entsprechen die in das System eingegebenen Gasvolumina der jeweiligen Aufnahme durch den Patienten. Überschussgas wie bei der Low-Flow- oder Minimal-Flow-Anästhesie ist nicht mehr vorhanden.

17.2.3 Frischgas

Die dem Patienten über das Narkosesystem zugeleiteten Narkosegase werden zusammen mit dem darin enthaltenen Sauerstoff als Frischgas bezeichnet. Je höher der Frischgasfluss, desto weniger Gas wird rückgeatmet und desto mehr als Überschuss aus dem System geleitet. Rückatemsysteme können daher, je nach Frischgaseinstellung, halboffen, halbgeschlossen oder geschlossen genutzt werden:

Sauerstoff

Um den laufenden Sauerstoffbedarf des Organismus zu decken, muss dem Frischgas Sauerstoff in ausreichender Konzentration zugesetzt werden. Während der Narkose nimmt der O_2-Verbrauch ab und liegt nach etwa 25 min im Bereich des Grundumsatzes.

Sauerstoffkonzentration im Frischgasflow. Da während der Narkose Störungen des pulmonalen Gasaustausches auftreten, besteht die Gefahr einer Hypoxämie, wenn das Narkosegasgemisch einen zu geringen Sauerstoffanteil enthält. Aus Sicherheitsgründen gilt daher:

! Merke
Die inspiratorische Sauerstoffkonzentration sollte während der Narkose 30% nicht unterschreiten.

Lachgas

Die Aufnahme von Lachgas ist in den ersten Minuten hoch, nimmt aber in den folgenden 20–30 min rasch ab. Danach wird über einen langen Zeitraum eine nahezu unveränderte Lachgasmenge aufgenommen. Für die Narkose kann unter einer inspiratorischen Lachgaskonzentration von 60–65% die Sicherheitskonzentration von 30% Sauerstoff zugeführt werden. Dieses Konzentrationsverhältnis beider Gase kann mit einem hohen Frischgasflow aufrechterhalten werden.

! Merke
Bei längerer Narkosedauer nimmt die Lachgasaufnahme deutlich ab. Wird in dieser Phase dem Inspirationsgas mehr Lachgas zugesetzt, als von der Lunge aufgenommen wird, so steigt die Lachgaskonzentration im System an und die Sauerstoffkonzentration fällt ab.

Volatile Anästhetika

Ihre Aufnahme ist in den ersten 10 min der Narkose hoch, nimmt dann rasch ab und verläuft in einer zweiten Phase schließlich annähernd konstant.

17.2.4 Low-Flow- und Minimal-Flow-Anästhesie (Niedrigflussnarkose)

Im halbgeschlossenen System können Narkosen auch mit sehr niedrigem Frischgasfluss durchgeführt werden. Definitionsgemäß muss der Rückatemanteil hierbei mindestens 50% betragen. Je nach Höhe des Frischgasflows werden Low-Flow- und Minimal-Flow-Anästhesie unterschieden:

- Low-Flow-Anästhesie: Frischgasfluss 1 l/min
- Minimal-Flow-Anästhesie: Frischgasfluss 0,5 l/min.

Die Unterschiede zwischen Low-Flow-Anästhesie, Minimal-Flow-Anästhesie und Narkosen im geschlossenen System sind in ▶ Tabelle 17-3 zusammengefasst. Aufgrund ihrer Eigenschaften sind Desfluran und Sevofluran am besten für Niedrigflussnarkosen geeignet.

! Merke

Bei Verwendung eines Luft-Sauerstoff-Gemischs sollte die Sauerstoffkonzentration im Frischgas während der Niedrigflussphase bei Low-Flow-Anästhesie mindestens 50%, bei Minimal-Flow-Anästhesie mindestens 60% betragen.

Vorteile der Niedrigflussnarkose. Die wesentlichen Vorteile der Niedrigflussnarkosen ergeben sich aus der Rückatmung der ausgeatmeten Narkosegase:

- Senkung des Narkosegasverbrauchs und der Kosten
- effektivere Ausnutzung der Narkosegase, besonders bei Desfluran und Sevofluran
- Abnahme der Emission von Lachgas und volatilen Anästhetika, d.h. geringere Arbeitsplatz- und Umweltbelastung
- höhere Atemgastemperatur und höherer Feuchtigkeitsgehalt, somit geringere Feuchtigkeits- und Wärmeverluste.

Durchführung der Niedrigflussnarkose

Bei der Low-Flow- und Minimal-Flow-Anästhesie sind verschiedene Phasen zu unterscheiden, die ein angepasstes Vorgehen erfordern:

- Initialphase
- Wechsel zur Low-Flow-Anästhesie

Tab. 17-3 Unterschiede zwischen Low-Flow-Anästhesie, Minimal-Flow-Anästhesie und Narkosen im geschlossenen System

Parameter	Low-Flow-Anästhesie	Minimal-Flow-Anästhesie	Geschlossenes Narkosesystem
Frischgasfluss	1 l/min (konstant)	0,5 l/min (konstant)	kontinuierliche Anpassung an Aufnahme
Frischgaszusammensetzung	0,5 l O_2 und 0,5 l N_2O	0,3 l O_2 und 0,2 l N_2O	kontinuierliche Anpassung an Verbrauch
Rückatmung	mindestens 50%	nahezu vollständig	vollständig nach CO_2-Elimination
Narkosegaszusammensetzung	verändert sich im Narkoseverlauf	verändert sich im Narkoseverlauf	konstant während Narkoseverlauf
Narkosesystem	halbgeschlossen	halbgeschlossen	geschlossen

- Wechsel zur Minimal-Flow-Anästhesie
- Ausleitungsphase.

Initialphase

Der Frischgasfluss darf nicht sofort mit Narkosebeginn reduziert werden, sondern erst nach Ablauf einer Initialphase mit hohem Flow. Nur so lässt sich rasch eine ausreichende Narkosetiefe erzielen und der Stickstoff eliminieren.

! Merke

In den ersten 10–15 min der Low-Flow- und Minimal-Flow-Anästhesie wird ein Frischgasfluss von 4–5 l/min eingestellt; der O_2-Anteil beträgt 30%, der Lachgasanteil 70%. Die Konzentration des volatilen Anästhetikums richtet sich nach der jeweils gewählten Substanz. Nach ca. 10-15 min wird eine exspiratorische Konzentration von 0,8 MAC erreicht.

Wechsel zur Low-Flow-Anästhesie

Der Patient nimmt 10 min nach Narkosebeginn noch ca. 600 ml Frischgas auf. Wird jetzt der Frischgasfluss auf 1 l/min reduziert, nimmt der Rückatmungsanteil erheblich zu und damit auch der Anteil sauerstoffarmer (Exspirations-)Luft. Daher muss die Sauerstoffkonzentration im Frischgas auf mindestens 40% – besser auf 50% – erhöht werden, um eine inspiratorische Sauerstoffkonzentration von 30% zu gewährleisten. Befindet sich der Verdampfer im Frischgasstrom, so muss außerdem die Konzentration des volatilen Anästhetikums gesteigert werden, um einen Wert von 0,8 MAC aufrechtzuerhalten. Denn durch die Reduktion des Frischgasflusses nimmt auch die zugeführte **Menge** des Inhalationsanästhetikums ab.

Wechsel zur Minimal-Flow-Anästhesie

Bei Minimal-Flow-Anästhesie ist eine längere Initialphase erforderlich als bei der Low-Flow-Anästhesie, um ein ausreichendes Frischgasvolumen für die Aufnahme durch den Patienten und die Kompensation von Leckagen aufrechtzuerhalten. Daher sollte der Frischgasfluss frühestens nach 15 min, bei sehr kräftigen Patienten erst nach 20 min auf 0,5 l/min reduziert werden. Da auch der Rückatemanteil noch höher liegt als bei der Low-Flow-Anästhesie, muss die Sauerstoffkonzentration im Frischgas auf mindestens 50% – besser auf 60% – gesteigert werden. Eine Erhöhung der Konzentration des volatilen Anästhetikums ist ebenfalls erforderlich, da aufgrund des reduzierten Flows die zugeführte Menge ebenfalls abnimmt (z.B. Isofluran 2,5 Vol.%).

Inspiratorische Sauerstoffkonzentration

In den ersten 30–45 min nimmt die inspiratorische O_2-Konzentration zu, da die Lachgasaufnahme in dieser Phase relativ hoch ist. Im weiteren Verlauf nimmt die Lachgasaufnahme jedoch ab, und die inspiratorische O_2-Konzentration fällt ab. Daher sollten bei Low-Flow-Anästhesie mit Erreichen einer inspiratorischen O_2-Konzentration von 30% der O_2-Flow um 10%, also von 500 auf 600 ml/min, erhöht und der Lachgasanteil von 500 auf 400 ml/min reduziert werden. Bei Minimal-Flow-Anästhesie sollten der O_2-Anteil von 300 auf 350 ml/min gesteigert und der Lachgasanteil von 200 auf 150 ml/min reduziert werden. Fällt im weiteren Narkoseverlauf die inspiratorische O_2-Konzentration erneut auf 30% ab, sollte der Anteil von Sauerstoff und Lachgas wiederum, wie zuvor beschrieben, angepasst werden.

Zu beachten ist, dass muskulöse Patienten erheblich mehr Sauerstoff aufnehmen als dünne oder ältere Patienten mit geringer Muskelmasse.

Steuerung der Konzentration des volatilen Anästhetikums

Wird bei Niedrigflussnarkosen die Konzentration des volatilen Anästhetikums im Frischgas geändert, so treten entsprechende Änderungen der Narkosegaskonzentration im Atemsystem nur mit großer zeitlicher **Verzögerung** ein. Daher muss in der Praxis Folgendes beachtet werden:

> **! Merke**
> Um die Narkose bei Low-Flow- oder Minimal-Flow-Anästhesie rasch zu vertiefen, muss die Einstellung am Verdampfer um 1–2 Vol.% erhöht, um sie rasch abzuflachen, dagegen um den gleichen Wert vermindert werden. Für rasche Konzentrationsänderungen muss außerdem der Frischgasflow vorübergehend auf 4–5 l/min erhöht werden.

Bei diesem Vorgehen verändert sich die Konzentration des volatilen Anästhestikums in der Regel innerhalb von 5 min um 0,5 Vol.%. Danach kann der Flow wieder reduziert und die Konzentration des volatilen Anästhetikums dem jeweiligen Bedarf angepasst werden.

Volumenmangel

Wird weniger Frischgas zugeführt, als der Patient aufnimmt, und geht Gas durch mögliche Leckagen verloren, so entwickelt sich ein Gasvolumenmangel. Diese Gefahr besteht vor allem beim Übergang von der Initialphase mit hohem Flow auf die Low- oder Minimal-Flow-Anästhesie, da zu diesem Zeitpunkt noch verhältnismäßig viel Gas aufgenommen wird und der Überschuss entsprechend geringer ist als zu einem späteren Zeitpunkt.

→ Der Mangel an Frischgas ist am Narkosegerät am Abfall des Atemzugvolumens sowie des inspiratorischen Spitzen- und Plateaudrucks erkennbar.

Bei muskelkräftigen, großen Patienten empfiehlt es sich, das Frischgas beim Übergang von der Initialphase einer Minimal-Flow-Anästhesie zur Niedrigflussphase zunächst nur auf 0,7 l/min zu reduzieren, um einen akuten Volumenmangel zu vermeiden. Bei Gasvolumenmangel muss die Frischgaszufuhr für ca. 1–2 min erhöht werden; anschließend kann der Flow wieder vermindert werden.

Ausleitungsphase

Wegen der verzögerten Konzentrationsänderungen im Exspirationsgas kann bei Low-Flow- und Minimal-Flow-Anästhesie die Zufuhr der volatilen Anästhetika, je nach Narkosedauer, bereits 15–30 min vor Operationsende unterbrochen werden. 5–10 min vor der geplanten Extubation werden dann die Narkosegase mit einem hohen O_2-Flow (100%) aus dem System ausgespült.

Überwachung der Niedrigflussnarkose

Essentielles Monitoring:

- inspiratorische O_2-Konzentration (untere Alarmgrenze auf 30% einstellen)
- ausreichende Gasfüllung des Atemsystems: Spitzendruck oder Atemminutenvolumen
- Anästhetikakonzentration im Atemsystem (kontinuierlich)
- in- und exspiratorische CO_2-Konzentration (kontinuierlich).

Niedrigflussnarkose mit Isofluran

Praktisches Vorgehen
(nach Baum)

1. Initialphase (10–15 min): Einstellung des Verdampfers auf 1,5 Vol.%; Frischgasfluss 4–5 l/min.
2. Low-Flow-Anästhesie: nach 10 min Reduktion des Flows auf 1 l/min und Erhöhung der Isoflurankonzentration auf 2 Vol.%.
3. Minimal-Flow-Anästhesie: nach 15–20 min Reduktion des Frischgasflows auf 0,5 l/min und Erhöhung der Isoflurankonzentration auf 2,5 Vol.%.
4. Weitere Einstellung der Narkosegaskonzentration nach Erfordernis des Eingriffs und Reaktion des Patienten.

Niedrigflussnarkose mit Sevofluran

Sevofluran sollte wegen der Kosten und der bei hohem Frischgasflow geringen Effizienz nur bei Niedrigflussnarkosen eingesetzt werden. Außerdem sollte ausschließlich **Natronkalk** als CO_2-Absorber verwendet werden.

Praktisches Vorgehen
(nach Baum)

1. Initialphase: Frischgasflow 4,4 l/min für 10 min, Sevoflurankonzentration am Verdampfer 2,5 Vol.%.
2. Low-Flow-Anästhesie:
   - mit Lachgas: Flow 0,5 l O_2 und 0,5 l N_2O; Sevofluran auf 3 Vol.% erhöhen
   - ohne Lachgas: Flow 0,3 l//min O_2 und 0,2 l/min Luft.
3. Minimal-Flow-Anästhesie:
   - mit Lachgas: Flow 0,3 l/min O_2 und 0,2 l/min N_2O; Sevofluran-Einstellung am Verdampfer auf 3,5 Vol.% erhöhen
   - ohne Lachgas: Flow 0,3 l/min O_2 und 0,2 l/min Luft; Sevofluran-Einstellung am Verdampfer auf 5 Vol% erhöhen.
4. 10–15 min vor OP-Ende Verdampfer schließen; niedrigen Frischgasfluss beibehalten.
5. 5–10 min vor Extubation: 5 l O_2 zuführen.

Niedrigflussnarkosen mit Desfluran

Desfluran sollte wegen der Kosten und der bei hohem Frischgasflow geringen Effizienz ebenfalls nur bei Niedrigflussnarkosen eingesetzt werden.

Praktisches Vorgehen
(nach Baum)

1. Initialphase (10 min): Frischgasfluss 4,4 l/min, Desflurankonzentration 4–6%.
2. Nach 10 min: Low-Flow-Anästhesie (1 l/min) beginnen, Verdampfereinstellung beibehalten.
3. Bei Minimal-Flow-Anästhesie (0,5 l/min): Konzentration am Verdampfer 1–2 Vol.% über den im Inspirationsgas angestrebten Wert einstellen. Wenn rasche Vertiefung der Narkose erforderlich: Verdampfer auf den maximal möglichen Wert von 18 Vol.%. einstellen. Hierdurch kann bei einem Flow von 0,5 l die inspiratorische Konzentration in 8 min um etwa 8 Vol.% erhöht werden.

17.3 Atemfunktion während der Narkose

Die Atemfunktion wird während der Narkose durch zahlreiche Faktoren beeinflusst, die den pulmonalen Gasaustausch beeinträchtigen und außerdem zu Veränderungen des Ventilationsbedarfs führen können.

17.3.1 Funktionelle Residualkapazität (FRC)

Die funktionelle Residualkapazität (▶ Kap. 9) nimmt bereits wenige Minuten nach Narkosebeginn um 15–20% ab, ganz gleich, ob der Patient spontan atmet oder kontrolliert beatmet wird.

Lagerung

In Standard-Rückenlagerung nimmt die FRC um 0,5–1 l ab, weil das Zwerchfell durch die Baucheingeweide um etwa 4 cm nach kranial verschoben wird. Außerdem gelangt der unterhalb des linken Vorhofs befindliche Teil der Lunge in die abhängige Position; die Durchblutung der abhängigen Lunge nimmt zu, ebenso die Tendenz zur Flüssigkeitsansammlung. Dieser Effekt kann durch übermäßige Flüssigkeitszufuhr während der Narkose zur Transsudation bis hin zum Lungenödem führen.

Muskelrelaxierung

Durch die Muskelrelaxierung verschiebt sich das Zwerchfell stärker kopfwärts; hierdurch nimmt die FRC ab. Bei kontrollierter Beatmung unter Muskelrelaxierung wird das Zwerchfell passiv durch den Beatmungsdruck nach unten verschoben, und zwar bevorzugt im vorderen Anteil aufgrund des geringeren Widerstands der nichtabhängigen Lunge. Der hintere Anteil des Zwerchfells mit dem zugehörigen abhängigen Anteil der Lunge bewegt sich hingegen nur sehr wenig, weil hier der Widerstand am größten ist. Folge: Die am wenigsten durchbluteten Lungenanteile werden stärker belüftet und umgekehrt. Hierdurch können Störungen des pulmonalen Gasaustauschs auftreten.

17.3.2 Sauerstoffkonzentration

Hohe inspiratorische Sauerstoffkonzentrationen während der Narkose können zu Resorptionsatelektasen und intrapulmonalem Rechts-links-Shunt führen. Der kritische Bereich liegt bei inspiratorischen Sauerstoffkonzentrationen von 50%. Hohe Sauerstoffkonzentrationen sollten daher während der Narkose nur bei entsprechender Indikation zugeführt werden.

17.3.3 Hyperkapnie oder Hypokapnie während der Narkose

Hyperkapnie

Häufigste Ursache für einen Anstieg des $paCO_2$ (Hyperkapnie) unter kontrollierter Beatmung ist die falsche Einstellung des Beatmungsgeräts. Weitere Ursachen:
- bei erhaltener Spontanatmung: Hypoventilation durch Anästhetika
- Lungenembolie
- verbrauchter CO_2-Absorber.

Hypokapnie

Auch für den Abfall des $paCO_2$ (Hypokapnie) ist eine falsche Einstellung des Beatmungsmusters die häufigste Ursache. Weitere Ursachen sind u.a.:

- Abnahme der CO_2-Produktion durch tiefe Inhalationsnarkose, Abfall der Körpertemperatur, Hypotension
- spontane Hyperventilation bei zu flacher Narkose.

17.3.4 Atelektasen während der Narkose

Bei den allermeisten Allgemeinnarkosen mit Muskelrelaxierung treten Atelektasen auf, vor allem in den abhängigen Lungenpartien. Die wichtigsten Mechanismen sind:

- Verschluss der Atemwege durch die verminderte FRC
- Kompressionsatelektasen, vor allem in den kaudalen Lungenpartien durch hohe intraabdominelle Drücke, bedingt durch Lageänderungen der Thoraxwand und des Zwerchfells
- Absorptionsatelektasen durch Absorption von Gas aus Lungenabschnitten mit partiell oder vollständig verschlossenen kleinen Atemwegen in das Blut.

17.4 Narkosebeatmung

Bei länger dauernden Narkosen, Anwendung von Muskelrelaxanzien oder TIVA mit Opioiden muss der Patient kontrolliert, d.h. ohne seine Mitwirkung, mit Überdruck beatmet werden.

17.4.1 Beatmung mit positivem endexspiratorischem Druck (PEEP)

Hierbei wird am Ende der Exspiration ein „positiver Druck“ aufrechterhalten (PEEP, „positive endexpiratory pressure“); dieser Druck ist auch während der exspiratorischen Pause wirksam, so dass während des gesamten Atemzyklus innerhalb der Lunge ein positiver Druck herrscht.

Wirkungen von PEEP

PEEP vermindert oder beseitigt den Verschluss der kleinen Atemwege während der Exspiration („airway closure“; Bronchiolenkollaps) und eröffnet kollabierte Alveolen; die funktionelle Residualkapazität nimmt zu. PEEP verbessert den pulmonalen Gasaustausch, wenn ein intrapulmonaler Rechts-links-Shunt die Ursache einer Hypoxie ist, kann aber durch Umverteilung des pulmonalen Blutflusses und Störungen des Ventilations/Perfusions-Verhältnisses die O_2-Aufnahme in der Lunge auch beeinträchtigen.

Mögliche Nebenwirkungen von PEEP:

- Überblähung der Alveolen (mit Zunahme des funktionellen Totraums und Abnahme der Compliance der Lunge)
- Abfall des Blutdrucks und des Herzzeitvolumens (Behinderung des venösen Rückstroms durch den intrathorakalen Druckanstieg; Kompression des Herzens und der Lungenkapillaren)
- Abnahme der Leberdurchblutung (Drosselung des venösen Rückstroms).

Blähen der Lunge (Recruitment-Manöver)

Verschlechtert sich intraoperativ der pulmonale Gasaustausch aufgrund von Atelektasen, kann versucht werden, mit einem sog. inspiratorischen Recruitment-Manöver die Alveolen wieder zu öffnen:

- Bei partiellem Recruitment wird der Beatmungsdruck kurz auf ca. 40 cm H_2O erhöht.
- Bei vollständigem Recruitment wird die Lunge für 7–10 s mit einem Druck von 40 cm H_2O gebläht; anschließend sollte das PEEP-Niveau auf ca. 10 cm H_2O angehoben werden, um einen erneuten Kollaps der Alveolen zu verhindern.

17.4.2 Unerwünschte Nebenwirkungen der maschinellen Beatmung

Die maschinelle Beatmung unterscheidet sich von der Spontanatmung vor allem durch den während der Inspiration herrschenden Überdruck, der zu unvermeidbaren Auswirkungen auf den Organismus führt. Besonders betroffen sind hiervon Herz-Kreislauf-System, Lungen und Nieren. Bei lungengesunden Patienten sind die klinischen Auswirkungen der Narkosebeatmung in der Regel aber gering.

17.4.3 Einstellung des Respirators

Für die Routine-Narkosebeatmung wird der Respirator so eingestellt, dass folgende arterielle Blutgase erreicht werden:

- paO_2 70–100 mm Hg
- $paCO_2$ 34–38 mm Hg (endtidal 32–34 mm Hg)

- Bei **volumenkontrollierter** Beatmung ergeben sich die inspiratorischen Drücke zwangsläufig aus den Eigenschaften des respiratorischen Systems, aktuellem Lungenvolumen und Gasfluss.
- Bei **druckkontrollierter Beatmung** muss der Inspirationsdruck dagegen am Respirator eingestellt werden.
- Das Atemminutenvolumen ergibt sich aus der vorgewählten Atemfrequenz und dem zugeführten Atemhubvolumen.

Grundeinstellung des Respirators bei der Narkosebeatmung

- Atemzugvolumen (6–)8–10 ml/kg
- Atemfrequenz 8–12/min
- Verhältnis Inspiration/Exspiration 1:1,5–1:2
- endinspiratorischer Plateaudruck < 35 mbar

Die Ventilation wird mit kontinuierlicher **Kapnometrie** kontrolliert, die Oxygenierung mit **Pulsoxymetrie**, wenn erforderlich ergänzt durch arterielle Blutgasanalysen. Im Laufe der Narkose nimmt der Ventilationsbedarf in der Regel ab, so dass die Respiratoreinstellung entsprechend angepasst werden muss.

Atemzugvolumen

Bei Narkosegeräten mit Frischgasentkopplung wird das Atemhubvolumen direkt eingestellt und unabhängig von der Höhe des Frischgasflows zugeführt, d.h., das Atemminutenvolumen ist unabhängig vom Frischgasfluss.

Bei Narkosegeräten ohne Frischgasentkopplung (konventionelles Kreissystem) wird das Frischgas direkt in den Inspirationsschenkel des Kreisteils geleitet. Daher setzt sich das Atemhubvolumen aus dem eingestellten Hubvolumen und dem inspiratorisch zufließenden Frischgasvolumen zusammen. Wird der Frischgasflow vermindert, nimmt auch das Atemhubvolumen ab und umgekehrt.

Atemfrequenz

Die Beatmungsfrequenz sollte beim Erwachsenen 8–12/min betragen. Hohe Atemfrequenzen bei kleinem Atemhubvolumen führen zur **Totraumventilation** und müssen daher vermieden werden.

Atemwegsdruck

Folgende Atemwegdrücke sind zu unterscheiden:
- **Spitzendruck** (peak pressure): ergibt sich aus Compliance, Resistance, Atemhubvolumen und PEEP
- **Plateaudruck:** endinspiratorischer Druck; sollte 35 mbar nicht überschreiten
- **mittlerer Atemwegsdruck:** mittlerer Druck über den gesamten Atemzyklus; hängt hauptsächlich vom inspiratorischen Druckverlauf, von der Inspirationsdauer und der Höhe des PEEP ab.

Druckbegrenzung

Der Beatmungsdruck kann mit dem Überdruckventil im Kreissystem begrenzt werden; allerdings geht Volumen verloren, wenn der Öffnungsdruck des Ventils unter dem für die Zufuhr des Atemhubvolumens erforderlichen Atemwegdruck eingestellt wird. Daher sollte der Ventilöffnungsdruck im Kreissystem oberhalb der während eines normalen Beatmungyzyklus auftretenden Atemwegdrücke eingestellt werden.

Atemzeitverhältnis

Das Verhältnis von In- zu Exspiration beträgt normalerweise 1:1,5–1:2. Wird die Exspiration verlängert, steht mehr Zeit für die Entleerung der Lunge zur Verfügung, z.B. bei obstruktiven Lungenerkrankungen. Bei schweren Oxygenierungsstörungen oder stark verminderter Compliance kann dagegen durch Verlängerung der Inspirationszeit die pulmonale O_2-Aufnahme verbessert werden; allerdings muss mit einem Abfall des HZV gerechnet werden.

Inspiratorische O_2-Konzentration

Häufig wird während der Narkose eine höhere O_2-Konzentration eingestellt, als für einen normalen paO_2 erforderlich ist. Dieses Vorgehen ist bei kürzeren Eingriffen vertretbar, kann jedoch bei längeren Narkosen mit Anwendung sehr hoher O_2-Konzentrationen (> 80%) zu Resorptionsatelektasen und Beeinträchtigung der mukoziliären Clearance führen und sollte daher vermieden werden.

Anwendung von PEEP

PEEP wird nicht routinemäßig bei der Narkosebeatmung angewandt, da sich hiermit der Gasaustausch bei unselektierten Patienten nicht verbessern lässt. Bei ausgewählten Patienten kann dagegen mit PEEP (meist 5–10 cm H_2O) eine Hypoxämie beseitigt oder verhindert werden.

Indikationen für intraoperativen PEEP:
- erhebliche Adipositas
- erhöhter intraabdomineller Druck
- zunehmende Verschlechterung des pulmonalen Gasaustauschs
- akutes hypoxämisches Lungenversagen.

Literatur

Baum J: Die Inhalationsnarkose mit niedrigem Frischgasfluß. 3. Aufl. Thieme, Stuttgart 1998.

Dorsch JA, Dorsch SE: Understanding Anesthesia Equipment. Construction, Care and Complications, 5th ed. Wolters Kluwer; Lippincott, Williams & Wilkins, Baltimore 2007.

Eger EI: Anesthetic Uptake and Action. Williams & Wilkins, Baltimore 1974.

Larsen R, Ziegenfuss T: Beatmung. 4. Auflage Springer, Heidelberg 2009.

18 Vorbereitung und Durchführung von Allgemeinanästhesien

18

18.1 Narkosezubehör

Um die Sicherheit zu erhöhen und Narkosezwischenfälle zu vermeiden, sind eine sorgfältige Vorbereitung und Überprüfung des gesamten Anästhesiezubehörs sowie der Überwachungsgeräte und Medikamente vor jeder Narkose, sei es Allgemeinanästhesie oder Regionalanästhesie, erforderlich.

18.1.1 Ausstattung des Anästhesie-Arbeitsplatzes

Die DGAI und der BDA haben 1995 in ihren Richtlinien eine essentielle (nicht verzichtbare) Ausstattung des Anästhesie-Arbeitsplatzes zusammengestellt mit dem Ziel, die Qualität und Sicherheit der Patientenversorgung zu verbessern. Hierbei wird zwischen einem **Standardarbeitsplatz** und einem **erweiterten Arbeitsplatz** für spezielle große Eingriffe unterschieden (z.B. Kardio-, Thorax- und Neurochirurgie) (▶ Tab. 18-1 und ▶ 18-2).

Nicht aufgeführt ist in den Tabellen die zwingend erforderliche Basisausstattung wie Intubationszubehör, Stethoskop usw.

Tab. 18-1 Ausstattung eines „Standard-Anästhesiearbeitsplatzes"

		Arbeitsplatz	Verfügbar
Essentiell	Narkosegerät (EN 740)	E	
	EKG-Monitor	E	
	Blutdruck, noninvasiv	E	
	Pulsoxymetrie	E	
	Kapnometrie	E	
	Narkosegasmessung	E	
	EKG-Registrierung		E
	Defibrillator		E
	Temperatur-Monitoring		E
	Notfall-Instrumentarium[1]		E
	Relaxometrie[2]		E
	ZVD-Messung		E
Empfohlen	Invasive arterielle Druckmessung[3]		E
	Infusions-/Spritzenpumpe		E
	Respirator	E	
	Notfall-Labor		E
	Thermokonditionierung[4]		E

1 Einschließlich Notfallzugang für Trachea, z.B. Koniotomiebesteck
2 nur, wenn Relaxanzien eingesetzt werden
3 abhängig von Patientenzustand und Art der Operation
4 Ausnahmen möglich, z.B. ambulante Eingriffe
E = essentiell

Tab. 18-2 Zusätzliche Ausstattung eines erweiterten Anästhesie-Arbeitsplatzes

		Arbeitsplatz	Verfügbar
Essentiell	Respirator	E	
	Mindestens 2 Module zur invasiven Druckmessung	E	
	Herzzeitvolumen		E
	Dopplersonde[1]		E
	Neuromonitoring[2]		E
	Infusions-/Spritzenpumpen	E	
	Messung von mindestens 2 Temperaturen	E	
	Notfall-Labor		E

1 speziell in der Neurochirurgie
2 fachspezifisch in Absprache mit dem Operateur
E = essentiell

18.1.2 Überprüfung des Narkosegeräts

Die **Medizinproduktebetreiberverordnung** (MPBetreibV) schreibt verbindlich vor, dass jedes Narkosegerät vor seiner Anwendung auf Funktionsfähigkeit und ordnungsgemäßen Zustand überprüft werden muss. Die Kommission für Normung und technische Sicherheit der DGAI hat hierfür entsprechende Geräte-Checklisten (A, W und N) entwickelt, nach denen hierbei vorgegangen werden soll, um die Patientensicherheit zu erhöhen.

Die Sichtprüfung auf ordnungsgemäßen Zustand des Geräts vor Beginn der nächsten im Programm folgenden Narkose ist eine **nicht delegierbare** Aufgabe des Anästhesisten, ebenso die folgenden **Prüfschritte** zu Beginn jeder Narkose:

- Dichtigkeit des Atemsystems
- Korrekte Funktion von Ein- und Ausatemventil und der Handbeatmung
- Funktion der Gasdosiereinrichtungen
- Funktion des APL-Ventils
- Funktion des Respiratormoduls
- Einstellungen des Respiratormoduls.

18.2 Vorbereitung des Patienten zur Narkoseeinleitung

Alle Vorbereitungen zur Narkoseeinleitung müssen in ruhiger und freundlicher Umgebung und auf den Patienten konzentriert erfolgen, um Ängste zu vermindern.

Standard-Maßnahmen:

- Blutdruckmanschette, EKG-Monitor und Pulsoxymeter anschließen
- venöser Zugang: bevorzugt am Handrücken oder Unterarm
- arterielle Kanüle: bei kardiovaskulär gefährdeten oder kritisch kranken Patienten
- Blutdruck-, Herzfrequenz- und O_2-Sättigungswerte im Protokoll eintragen.

18

18.3 Präoxygenierung des Patienten

Durch Atmung von 100%igem Sauerstoff vor der Narkoseeinleitung kann der **pulmonale** Sauerstoffvorrat von ca. 400 ml auf ca. 2650 ml erhöht und so die Apnoezeit für den Intubationsvorgang deutlich verlängert werden.

! Merke

Während einer hyperoxischen Intubationsapnoe fällt der arterielle pO_2 um ca. 40 mm Hg/min ab, der arterielle pCO_2 steigt um ca. 3 mm Hg/min an. Hierdurch wird die sichere Zeit für die Intubationsapnoe auf insgesamt ca. 10 min erhöht. Der $paCO_2$-Anstieg kann vernachlässigt werden.

Allerdings muss Folgendes beachtet werden:

→ Bei Adipositas permagna beträgt die Zeit bis zum Abfall der saO_2 unter Apnoe (nach Präoxygenierung) durchschnittlich nur 196 s (Bereich 55–208s); d.h., die sichere Apnoezeit kann durch Präoxygenierung **nicht** wesentlich verlängert werden. Durch Oberkörperhochlagerung (25–40°)während der Präoxygenierung kann aber die Zeit bis zum Sättigungsabfall häufig verlängert werden.

→ Bei Hochschwangeren beträgt die Zeit bis zum Abfall der saO_2 auf 95% im Mittel 173 s; Oberkörperhochlagerung scheint hierbei keinen günstigen Einfluss zu haben.

Praktisches Vorgehen. Eine annähernd optimale Auffüllung des pulmonalen O_2-Speichers lässt sich durch folgende Maßnahmen erreichen:

- bei adipösen Patienten Oberkörper erhöht lagern (ca. 30°)
- absolut dichter Sitz der Atemmaske, um das Einatmen von Raumluft zu verhindern
- ausreichende Zeit für das Auswaschen des Stickstoffs aus der FRC und Ersatz durch Sauerstoff, d.h. ca. 5–6 min bei einem O_2-Flow von mindestens 6 l/min
- Optimierung des Kreissystems durch vorherige Spülung mit reinem Sauerstoff für ca. 2 min
- kein Zwischenatmen von Raumluft, da sonst wieder Stickstoff in die Lunge gelangt.

→ **Alternatives Vorgehen:** 8 tiefe Atemzüge über eine dicht sitzende Gesichtsmaske mit einem Sauerstofffluss von 12 l/min.

18.4 Narkoseeinleitung

Sind die Basisüberwachungsgeräte angeschlossen und die Ausgangswerte notiert, kann die Narkose eingeleitet werden, bei Erwachsenen in der Regel i.v. mit Standardanästhetika, bei Kindern auch per Inhalation mit Sevofluran.

! Merke

Die wichtigsten **Gefahren der Narkoseeinleitung** sind:

- Hypoxie durch Intubationsschwierigkeiten oder Unmöglichkeit der Maskenbeatmung
- Blutdruckabfall durch die Wirkung der Anästhetika auf das Herz-Kreislauf-System (Vasomotorenzentrum)
- Aspiration von Mageninhalt (sehr gering bei „nüchternen" Patienten, hoch bei „vollem Magen")

18.4.1 Endotracheale Intubation

Intubiert wird nach den in ▶ Kapitel 19 beschriebenen Grundsätzen, in der Regel unter Einsatz von Muskelrelaxanzien. Die Laryngoskopie und auch die endotracheale Intubation sind starke Stimuli, die zu einem erheblichen Anstieg des Blutdrucks und der Herzfrequenz führen können. Durch Vorinjektion von Fentanyl (1–10 μg/kg i.v. ca. 4–6 min vor der Einleitung) schwächt diese Reaktion ab oder verhindert sie. Lässt die Stimulation nach, fällt der Blutdruck häufig ab, so dass die Injektion eines Vasopressors erforderlich ist.

18.4.2 Narkoseeinleitung bei vollem Magen

Bei Patienten mit „vollem Magen" ist das Risiko der pulmonalen Aspiration von Mageninhalt erhöht. Die Aspiration fester Teile kann zum Ersticken führen, die Aspiration von Magensaft oder Darminhalt zur bedrohlichen Aspirationspneumonie (Therapie ▶ Kap. 30).

Risikofaktoren der pulmonalen Aspiration bei nicht nüchternem Patienten („voller Magen")

- Notfalleingriffe
- Adipositas permagna
- akutes Abdomen: Ileus, Peritonitis, gastrointestinale Blutung, Bauchtrauma
- erhöhter intraabdomineller Druck: Aszites, große intraperitoneale Raumforderung
- gastroösophagealer Reflux: Refluxkrankheit, Hiatushernie, Z.n. Magenresektion
- Störungen der Magenentleerung: Magenatonie, Magentumor, autonome diabetische Neuropathie mit Gastroparese, Pylorusstenose, Medikamentenwirkung (Opioide, Sedativa)
- Schluckstörungen: Achalasie, distale Ösophagusstenosen, Ösophagusdivertikel, neurologische Erkrankungen

Prophylaxegrundsätze

Siehe auch ▶ Kapitel 16 und ▶ 30.

Da bei der Narkoseeinleitung die Aspirationsgefahr in der Regel am größten ist, sollten folgende Grundsätze beachtet werden:

- Absauggerät mit dicken Absaugkathetern bereitstellen
- fiberoptische Intubation des wachen Patienten erwägen (Vorgehen ▶ Kap. 19)
- bei Dünndarmileus oder anderer Flüssigkeit im Magen: Magensonde einführen und Magen absaugen, danach Magensonde wieder entfernen
- Oberkörper erhöht lagern und danach mit der Präoxygenierung beginnen
- aktives Erbrechen verhindern
- intraabdominelle Drucksteigerung mit nachfolgender Regurgitation von Mageninhalt verhindern
- keine Maskenbeatmung (außer bei Misslingen der Intubation mit Erstickungsgefahr)
- rasche Intubation des ausreichend relaxierten Patienten.

„Blitzeinleitung" („rapid sequence induction"; „Ileuseinleitung")

Soll der Patient in Narkose intubiert werden, ist ein rasches Vorgehen erforderlich, um eine pulmonale Aspiration bei Erbrechen oder Regurgitation zu verhindern. Intubiert wird oral unter Verwendung eines rasch wirkenden Muskelrelaxans – meist Succinylcholin – und wenn möglich nur durch den erfahrenen Anästhesisten.

√ **Praktisches Vorgehen**

Ileuseinleitung

1. Oberkörper hochlagern, Patienten ausreichend lange präoxygenieren; dabei immer wieder zu tiefem Atmen auffordern.
2. Narkose immer i.v. einleiten, niemals per Inhalation.
3. Wenn Patient schläft: Succinylcholin (ohne Präcurarisierung) oder Intubationsdosis Rocuronium (0,6–0,9 mg/kg) injizieren.
4. Patienten nicht über Maske beatmen; Laryngoskop erst einführen, wenn Narkose und Muskelrelaxierung ausreichend tief, um Husten und Pressen zu vermeiden.
5. Der Sellick-Handgriff ist von fraglichem Nutzen und bei Erbrechen kontraindiziert, da Gefahr der Ösophagusruptur.
6. Patienten rasch endotracheal intubieren.
7. Magensonde einführen und Magen absaugen.

18.5 Aufrechterhaltung der Narkose

Da die Intensität chirurgischer Stimuli im Verlauf der Operation wechselt, muss die Anästhetikadosierung an den jeweiligen Grad der Stimulation angepasst werden. Folgendes sollte beachtet werden:

→ Für eine optimale Steuerung der Narkose muss der Anästhesist den Operationsablauf kennen, das operative Geschehen beobachten und die Narkoseführung rechtzeitig darauf abstimmen.

18.5.1 Muskelrelaxierung

Für die meisten Operationen ist eine vollständige Relaxierung des Patienten nicht erforderlich. Vielmehr sollten Muskelrelaxanzien so dosiert werden, dass dem Operateur das chirurgische Vorgehen erleichtert wird. Die Kontrolle des Relaxierungsgrads erfolgt am besten mit Hilfe eines Nervenstimulators (Einzelheiten ▶ Kap. 5).

18.5.2 Infusionstherapie

Die Verluste durch Perspiratio insensibilis und Urinausscheidung werden mit plasmaisotonen Elektrolytlösungen ersetzt. Die Menge sollte bei geschlossenem Abdomen 0,5 ml/kg/h betragen, bei eröffnetem Abdomen mit Eventration 1 ml/kg/h, Urinverluste werden zusätzlich ersetzt. Ein Flüssigkeitsbolus vor der Narkoseeinleitung ist nicht erforderlich.

- Fällt der Blutdruck aufgrund einer Vasodilatation ab, sollte ein Vasopressor injiziert werden.
- Ist der Blutdruckabfall durch Hypovolämie bedingt, werden titrierend Kolloide infundiert.
- Bluttransfusionen s. ▶ Kap. 26.

18.6 Ausleitung und Erwachen

In der Endphase der Operation nimmt der Anästhetikabedarf in der Regel ab, so dass die Dosierung, je nach gewählter Substanz, zumeist reduziert oder unterbrochen werden kann. Gut steuerbare Substanzen wie Remifentanil, Sevofluran und Desfluran können oft bis zum OP-Ende zugeführt werden.

→ In der Ausleitungsphase muss bei einigen Patienten mit exzitatorischen Reaktionen gerechnet werden, weiterhin mit Muskelzittern, besonders bei ausgekühlten Patienten.

18.6.1 Antagonisierung von Muskelrelaxanzien

Die routinemäßige Antagonisierung von Muskelrelaxanzien ist nicht erforderlich, wenn die Substanzen entsprechend dem Bedarf dosiert und ausreichend lange vor Operationsende nicht mehr zugeführt wurden. Zur Überwachung der neuromuskulären Funktion wird die intraoperative Akzeleromyographie eingesetzt. Einzelheiten siehe ▶ Kapitel 5.

18.6.2 Extubation

Grundsätzlich sollte ein Patient erst dann extubiert werden, wenn die Schutzreflexe der oberen Atemwege vollständig zurückgekehrt sind und eine ausreichende Spontanatmung gewährleistet ist. Husten, Pressen und Stimmbandschluss gegen den Tubus sollten möglichst vermieden werden.

→ In der Phase unmittelbar nach der Extubation besteht die Gefahr des Erbrechens und der pulmonalen Aspiration, vor allem bei Anrelaxierung und/oder Narkoseüberhang.

→ Nach der Extubation wird zunächst noch für einige Minuten Sauerstoff über eine Gesichtsmaske zugeführt.

18.7 Kombination von Allgemeinanästhesie und thorakaler Periduralanalgesie (PDA)

Bei großen thorakalen, abdominellen und retroperitonealen Eingriffen oder ausgedehnten Operationen im Unterbauch kann die Allgemeinanästhesie mit einer thorakalen Periduralanalgesie kombiniert und die Periduralanalgesie anschließend für die postoperative Schmerztherapie eingesetzt werden.

Im günstigen Fall ermöglicht die Kombination der Allgemeinanästhesie mit einer thorakalen PDA die Einsparung von Anästhetika und eine raschere Extubation. Die Steuerung der Anästhesie ist allerdings wegen der Sympathikusblockade mit Gefahr des Blutdruckabfalls u.U. schwieriger, auch können größere Blutverluste während der Operation zu erheblicher **kardiovaskulärer Instabilität** führen. Daneben kann sich die PDA postpoperativ günstig auf verschiedene Organsysteme auswirken, wenn sie Teil eines multimodalen Konzepts ist.

Weitere Einzelheiten siehe ▶ Kapitel 21, 29 und 45.

18

18.8 Fast-Track-Anästhesie

Die Fast-Track-Anästhesie, d.h. die Anästhesie des „schnellen Pfades oder Weges", ist Teil des Konzepts der Fast-Track-Chirurgie. Ziel des Fast-Track-Konzepts ist die umgehende Wiederherstellung bzw. Entlassung des Patienten aus der medizinischen Behandlung. Hierdurch sollen vor allem Kosten gespart und nach Angaben der Befürworter auch die postoperative Morbidität und Letalität gesenkt werden.

Anästhesiologische Komponenten des Fast-Track
- Kurz wirkende, gut steuerbare Anästhetika und Adjuvanzien, wenn möglich auch regionale Verfahren
- Erhalt der Normothermie durch aktiven Wärmeschutz
- restriktive Flüssigkeitstherapie während der Operation, z.B. 2–3,5 l bei Kolonoperationen, jedoch Erhalt der Normovolämie
- PONV-Prophylaxe
- Entfernung der Magensonde bei der Extubation
- thorakaler Periduralkatheter bei entsprechenden Eingriffen
- möglichst kurze Aufwachraumzeit

18.9 Transport in den Aufwachraum

Wie in ▶ Kapitel 28 dargelegt, müssen die meisten Patienten nach einer Narkose im Aufwachraum überwacht werden. Sind die Vitalfunktion stabil, kann der Patient, am besten in Begleitung des Anästhesisten, in den Aufwachraum transportiert werden (Atembeutel mit Maske griffbereit). Zweckmäßig ist die weitere Zufuhr von Sauerstoff während des Transports, auch bei nicht mehr intubierten Patienten, da in dieser Phase eine Hypoxie auftreten kann. Bei Umlagerungsmanövern muss beachtet werden, dass möglicherweise die orthostatischen Regulationsmechanismen noch nicht ausreichend funktionieren und hierdurch der Blutdruck abfallen kann.

Literatur

Bonnet F, Marret E: Influence of anaesthetic and analgesic techniques on outcome after surgery. Br J Anaesth 2005, 95(11):52–8.

Jacob M, Peter K, Rehm M: Perioperatives Flüssigkeitsmanagement. Ein Staffellauf des Wissens. Anaesthesist 2006, 55 (4):369–370.

Kalinowski CP, Kirsch JR: Strategies for prophylaxis and treatment for aspiration. Best Pract Res Clin Anaesthesiol 2004, Dec, 18(4):719–37. Review.

Perry J, Lee J, Wells G: Rocuronium versus succinylcholine for rapid sequence induction intubation. The Cochrane Database of Systematic Reviews 2003, Issue 1. Art. No.: CD002788. DOI: 10.1002/14651858. CD002788.

Schwenk W, Raue W, Haase O, Junghans T, Müller JM: Fast-Track-Kolonchirurgie. Chirurg 2004, 75:508–514.

Schwenk W, Spies C, Müller JM: Beschleunigte Frührehabilitation in der operativen Medizin. Dtsch Ärztebl 2005, 102, Heft 21, A15141520.

Wilmore DW, Kehlet H: Management of patients in fast track surgery. Clinical review. BMJ 2001; 322:473–476.

19 Endotracheale Intubation und Larynxmaske

Der endotracheale Tubus schafft freie Atemwege, schützt vor pulmonaler Aspiration und ermöglicht den Anschluss eines Narkose- oder Beatmungsgeräts.

Zugänge zur Trachea:

- orotracheale Intubation: Standardverfahren für die meisten Narkosen und respiratorischen Notfälle
- nasotracheale Intubation, z.B. bei Eingriffen in Mund oder Oropharynx, Langzeitintubationen
- Krikothyreotomie (Koniotomie, Laryngotomie): Notfallzugang zur Trachea
- Tracheotomie: vor allem bei HNO- und MKG-Patienten.

Die orotracheale Intubation ist das Standardverfahren bei Allgemeinanästhesien.

19.1 Indikationen für die endotracheale Intubation

In ▶ Tabelle 19-1 sind wichtige Indikationen für die endotracheale Intubation zusammengestellt.

19.2 Ausrüstung und Zubehör

19.2.1 Laryngoskope

Laryngoskope mit gebogenem Spatel

Laryngoskope mit gebogenem Spatel (▶ Abb. 19-1) werden vor die Epiglottis, d.h. zwischen Epiglottis und Zungengrund, eingeführt (▶ Abb. 19-6a). Beim Zug in Griffrichtung des Laryngoskops richtet sich die Epiglottis auf und gibt den Blick auf

Tab. 19-1 Indikationen für die endotracheale Intubation
1. Maschinelle Beatmung erforderlich
• Thorakotomie
• Oberbaucheingriffe
• Kraniotomie
• Muskelrelaxierung
• Langzeitbeatmung
2. Maskennarkose nicht durchführbar
3. Ungünstige Operationslagerungen
• sitzende Position
• Bauchlage
• Seitenlage
• extreme Nephrektomielagerung
4. Operationen an Hals oder Luftwegen
5. Schutz vor Aspiration
6. Absaugen von Tracheobronchialsekret

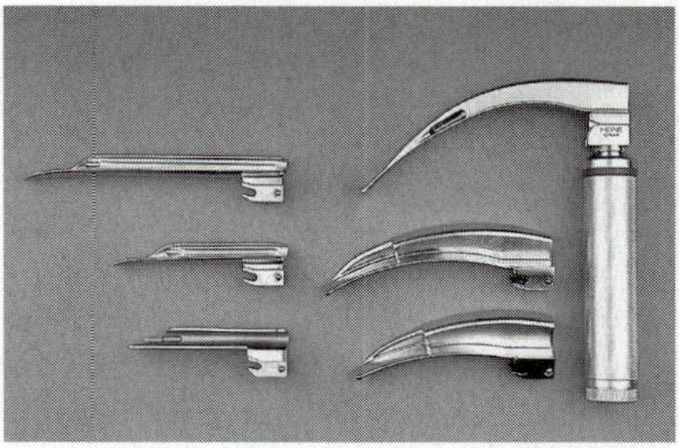

Abb. 19-1 Laryngoskop mit gebogenen (Macintosh-) und geraden (Miller-)Spateln.

die Stimmritze frei. Zahnbeschädigungen sind mit dem gebogenen Laryngoskop weniger leicht möglich als mit dem geraden.

Der leicht gebogene **Macintosh-Spatel** (▶ Abb. 19-1) ist der häufigste Spateltyp für die endotracheale Intubation.

Macintosh-Spatel
- Nr. 1: Neugeborene und Kleinkinder: Spatellänge 9 cm
- Nr. 2: Kinder: Spatellänge 10,8 cm
- Nr. 3: Erwachsene, mittlere Größe: Spatellänge 13 cm
- Nr. 4: Erwachsene, Überlänge: 15,5 cm

Laryngoskope mit geradem Spatel

Mit diesen Spateln (▶ Abb. 19-1) wird die Epiglottis direkt aufgeladen, d.h. auf die laryngeale Fläche der Epiglottis geführt (▶ Abb. 19-6b). Hierdurch wird die Sicht auf die Stimmritze erheblich verbessert. Der gerade Spatel wird am häufigsten bei **Neugeborenen und Kleinkindern** verwendet, weil deren Epiglottis meist relativ lang und verformbar ist und daher mit dem gebogenen Spatel oft nicht intubationsgerecht aufgerichtet werden kann.

Miller-Spatel. Dieser Spatel ist gerade; seine Spitze verläuft etwas gebogen.

Größen des Miller-Spatels
- Nr. 0: Frühgeborene: Spatellänge 7,5 cm
- Nr. 1: Kleinkinder: Spatellänge 10,2 cm
- Nr. 2: Kinder: Spatellänge 15,5 cm
- Nr. 3: Erwachsene, mittlere Größe: Spatellänge 19,5 cm
- Nr. 4: Erwachsene, Überlänge: 20,5 cm

Wahl des Laryngoskops

Die Wahl des Laryngoskops folgt meist persönlichen Neigungen.

Vorteile des geraden Spatels:
- bessere Einstellung der Glottis
- Weg des Tubus kann beim Vorschieben besser kontrolliert werden
- oft kein Mandrin für das Vorschieben des Tubus erforderlich.

Vorteile des gebogenen Spatels:

- geringere Traumatisierung der Zähne
- mehr Platz in der Mundhöhle für den Tubus
- keine Quetschung der Epiglottis.

19.2.2 Endotrachealtuben

Endotrachealtuben (▶ Abb. 19-2) bestehen meist aus Polyvinylchlorid (PVC), seltener aus Polyurethan und Silikon oder Latex und Weichgummi.

Tubusgrößen

Meist wird die Tubusgröße als innerer Durchmesser (ID) in Millimeter angegeben, gelegentlich noch in French (Fr.) oder Charrière (Charr. = Ch.), wobei Charrière den Umfang des Tubus in Millimeter bezeichnet ($= 2\pi \cdot r$).

Die Wahl der Tubusgröße richtet sich vor allem nach dem Alter des Patienten. Richtwerte hierfür sind in ▶ Tabelle 19-2 zusammengestellt. Die Tubendurchmesser nehmen jeweils um 0,5 mm zu.

Tubuslänge

Die Länge eines Tubus variiert mit dem inneren Durchmesser (ID) zwischen 10 und 35 cm; nasale Tuben sind länger als orale.

In ▶ Tabelle 19-3 sind Richtwerte für den Abstand von der Lippe bis zur Tracheamitte angegeben, in der die Tubusspitze liegen soll, um eine endobronchiale Fehllage zu vermeiden.

→ Bei Frauen beträgt diese Entfernung etwa 21–22 cm, bei Männern 23–24 cm.

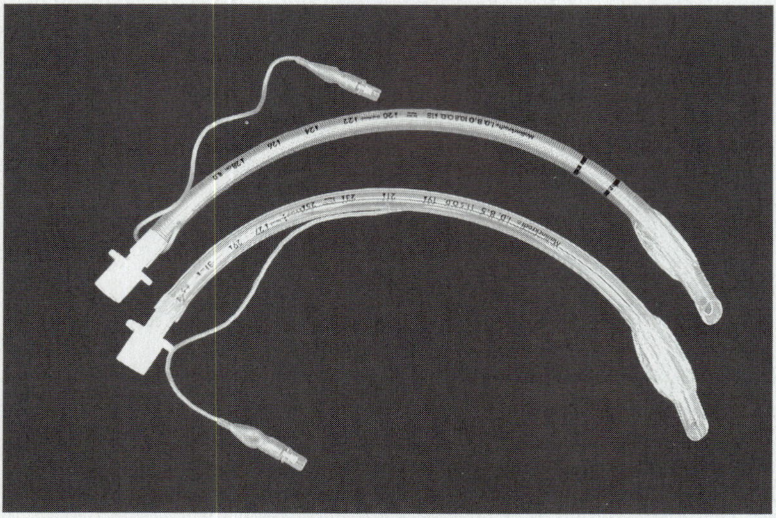

Abb. 19-2 Endotrachealtuben. Oben: Spiraltubus nach Woodbridge; unten Magill-Tubus.

Tab. 19-2 Richtwerte für die Wahl der Tubusgröße bei orotrachealer Intubation

Alter	Innerer Durchmesser, ID [mm]	Umfang, Charrière [mm]
Kinder		
Frühgeborene	2,5	10–12
Neugeborene	3	12–14
1–6 Monate	3,5	16
6–12 Monate	4,0	18
1–2 Jahre	3,5–4,5	16–20
2–3 Jahre	4–5	18–22
3–4 Jahre	4,5–5,5	20–24
4–5 Jahre	5–6	22–26
5–6 Jahre	5,5–6,5	24–28
6–7 Jahre	6–6,5	26–28
7–9 Jahre	6,5	28
10–11 Jahre	6,5–7	28–30
12–13 Jahre	7,5	32
14–16 Jahre	8	34
Erwachsene		
Frauen	7–7,5	28–30
Männer	8–8,5	32–34

Tab. 19-3 Entfernung von der Lippe bis zur Mitte der Trachea (Richtwerte)

Alter	Entfernung Lippe bis Tracheamitte [cm]
Frühgeborene	10
reife Neugeborene	11
1–6 Monate	11
6–12 Monate	12
2 Jahre	13
4 Jahre	14
6 Jahre	15–16
8 Jahre	16–17
10 Jahre	17–18
12 Jahre	18–20
14 Jahre und mehr	20–24

Blockmanschette (Cuff)

Am distalen Ende des Tubus befindet sich eine aufblasbare Manschette (▶ Abb. 19-2). Sie dichtet den Tubus ab und verhindert außerdem die pulmonale Aspiration von Magensaft, Schleim, Blut, Fremdkörpern. Das Blocksystem besteht aus Manschette, Zuleitung zur Manschette und Kontrollballon für den Füllungszustand der Manschette.

Um Trachealschäden zu vermeiden, wird die Manschette gerade so weit geblockt, dass keine Nebenluft mehr im Bereich der Manschette entweichen kann.

→ Als sicher gelten Cuffdrücke zwischen **17 und 23 mm Hg.**
→ Der Maschettendruck sollte mit sog. Cuffwächtern reguliert werden.
→ Tuben mit **Niederdruckmanschetten** sollten gegenüber Hochdruckmanschetten bevorzugt werden, weil hiermit die Gefahr von Druckschädigungen der Tracheawand geringer ist.

Tubusarten

Klinisch werden verschiedene Tubusarten eingesetzt, die sich vor allem in Konstruktion und Material unterscheiden.

Magill-Tubus

Standardtubus: leicht gekrümmt, Querschnitt rund; Spitze seitliche 45° angeschrägt; mit oder ohne Blockmanschette; oral oder nasal einführbar (▶ Abb. 19-2); kann distal kreisförmige Öffnung (**Murphy-Auge**) aufweisen, um exspiratorische Ventilstenose zu verhindern.

Woodbridge-Tubus

Spiraltubus (▶ Abb. 19-2) nicht abknickbar oder komprimierbar, daher vor allem bei Eingriffen im Kopf- und Halsbereich eingesetzt. Vorsicht: häufiges Autoklavieren kann die Spiralen erweichen und zum exspiratorischen Kollaps führen; weitere Gefahr: Cuffhernien.

19.2.3 Führungsstäbe

Beschichtete Führungsstäbe werden in den Tubus eingeführt, um die orale Intubation zu erleichtern. Sie schienen den Tubus und ermöglichen außerdem ein intubationsgerechtes Verbiegen. Um ein Abgleiten in den Tubus zu verhindern, wird das proximale Ende des Stabs rechtwinklig abgebogen.

19.2.4 Intubationszangen

Diese Zangen werden bei der nasalen Intubation eingesetzt, um den in den Hypopharynx vorgeschobenen Tubus in die Trachea vorzuschieben. Am häufigsten wird hierzu die **Magill-Zange** verwendet. Diese Zange muss für die Intubation in die rechte Hand genommen werden, damit die Sicht nicht versperrt wird.

19.3 Einschätzung des Intubationswegs

Intubationsschwierigkeiten gehören zu den häufigsten Ursachen tödlicher Narkosezwischenfälle. Darum muss der Anästhesist bei der Prämedikationsvisite gezielt nach Risikofaktoren suchen, die auf eine schwierige Intubation hinweisen.

Vorgeschichte:

- Frühere Operationen an Nase, Mund, Kehlkopf, Trachea?
- Störungen der Stimmbandfunktion?
- Schwierigkeiten mit der Nase?

- Intubationsschwierigkeiten bei Vornarkosen?

Klinischer Befund:
- Bestehen Anomalien des Gesichts?
- Liegen angeborene Fehlbildungen im Kopf- und Halsbereich vor?
- Sind die Nasenwege frei? Nase inspizieren, Patient schnüffeln lassen.
- Ist das Kiefergelenk frei beweglich? Mund maximal öffnen lassen (normal mindestens 4 cm).
- Wie groß ist die Zunge?
- Lässt sich die Zunge herausstrecken?
- Wie ist der Zustand der Zähne? Lose Zähne? Prothesen? (Befund dokumentieren!)
- Ist der Hals frei beweglich? Rotation, Beugung und Streckung überprüfen.
- Besteht eine Abweichung oder eine Kompression der Trachea (Inspektion des Halses, Spezialaufnahmen der Trachea)?
- Wie ist die Sprechqualität (Stimmbandfunktion)?

! Merke

Befunde, bei denen mit Intubationsschwierigkeiten zu rechnen ist
- kurzer dicker Hals bei vollständigem Gebiss
- vorstehende Schneidezähne mit überstehendem Oberkiefer
- eingeschränkte Beweglichkeit im Kiefergelenk
- langer hoher Gaumen mit langer enger Mundhöhle
- weiter Abstand zwischen Kinnspitze und Zahnreihe
- große Zunge
- eingeschränkte Beweglichkeit des Halses
- angeborene Fehlbildungen im Intubationsbereich (▶ Kap. 36)
- Verletzungen oder Tumoren des Halses

In ▶ Tabelle 19-4 sind Erkrankungen zusammengestellt, bei denen mit Intubationsschwierigkeiten oder unmöglicher Intubation gerechnet werden muss.

19.3.1 Klassifikation des Intubationswegs nach Mallampati

Die Klassifikation nach Mallampati beruht auf dem Verhältnis zwischen Größe der Zunge und dem Pharynxbereich (▶ Abb. 19-3). Für die Untersuchung sollte der Patient aufrecht sitzen; der Kopf befindet sich in Neutralposition. Der Mund wird so weit wie möglich geöffnet und die Zunge maximal herausgestreckt. Die Untersuchung kann auch am liegenden Patienten erfolgen. Je nach Inspektionsbefund wird der Atemweg in folgender Weise klassifiziert:

Mallampati-Klassifikation des Intubationswegs
- I: weicher Gaumen, Uvula, Schlund sowie vorderes und hinteres Tonsillenbett sichtbar: Intubation in der Regel nicht erschwert
- II: weicher Gaumen und Uvula sichtbar: Voraussagen unzuverlässig
- III: weicher Gaumen und Basis der Uvula sichtbar: Voraussagen unzuverlässig
- IV: weicher Gaumen nicht sichtbar: Hinweis auf schwierige Intubation; Stimmbänder bei Laryngoskopie nicht einsehbar

Tab. 19-4 Auswahl von Erkrankungen und Befunden, die mit Intubationsschwierigkeiten verbunden sein können

- Verletzungen von Gesicht, Unter- oder Oberkiefer
- Ankylose des Kiefergelenks, Kieferklemme anderer Ursache
- traumatischer Fremdkörper
- Larynxödem
- Epiglottitis
- Krupp
- submandibuläre oder retropharyngeale Abszesse
- Angina Ludovici
- Blutungen oder Ödem im Bereich der oberen Atemwege
- Strahlentherapie im Bereich der oberen Atemwege
- Verletzungen der Halswirbelsäule
- Morbus Bechterew
- Hypothyreose mit Makroglossie
- Akromegalie
- Tetanus mit Kieferklemme

19.3.2 Abstand zwischen Larynx und Unterkieferrand (Test nach Patil)

Beim Test nach Patil wird bei maximaler Streckung des Kopfes der Abstand zwischen der Prominentia laryngea des Schildknorpels und der Kinnspitze gemessen. Die Strecke beträgt normalerweise mehr als 6,5 cm. Im Allgemeinen gelten folgende Beziehungen:

- Abstand 6–6,5 cm: direkte Laryngoskopie schwierig, besonders wenn zusätzlich vorstehende Zähne, eingeschränkte Beweglichkeit im Kiefergelenk und/oder der Halswirbelsäule vorliegen.
- Abstand < 6 cm oder weniger als 3 Querfinger: direkte Laryngoskopie in der Regel nicht möglich; Zunge und Epiglottis versperren die Sicht auf die Stimmbänder.

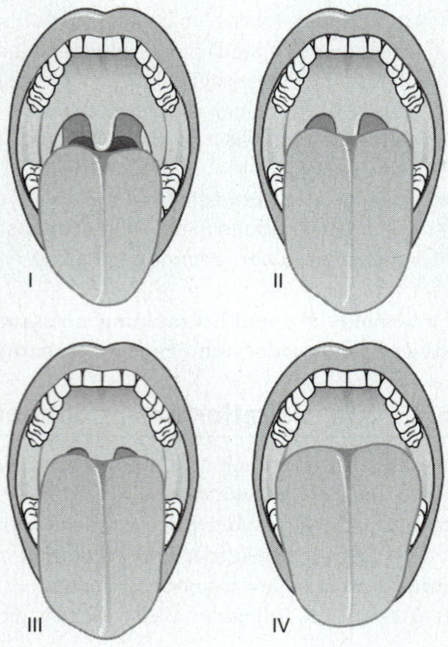

Abb. 19-3 Vorhersage bzw. Einschätzung der schwierigen Intubation.
Mallampati-Klassifikation nach dem Intubationsbefund am wachen Patienten (Einzelheiten im Text).

19.3.3 Beweglichkeit der Halswirbelsäule

Nur wenn die Halswirbelsäule ausreichend beweglich ist, kann direkt laryngoskopiert werden. Beträgt der Abstand zwischen Kinnspitze und Sternum bei geschlossenem Mund und maximaler Reklination weniger als 13,5 cm, ist der Patient sehr wahrscheinlich schwer zu intubieren.

19.3.4 Klassifizierung von fünf Risikofaktoren nach Wilson

Wilson und Mitarb. haben fünf Risikofaktoren der schwierigen Intubation mit dem gebogenen Macintosh-Spatel aufgestellt und daraus einen Risikoindex gebildet, der Intubationsschwierigkeiten voraussagen soll. Die fünf Risikofaktoren sind:

- Körpergewicht
- Beweglichkeit der Halswirbelsäule
- Beweglichkeit des Kiefergelenks
- fliehendes Kinn und
- vorstehende Zähne.

Mit dieser Klassifizierung können ca. 75% der schwierigen Intubationen vorhergesagt werden.

19.3.5 Endoskopische Untersuchung

Vor allem bei pathologischen Atemgeräuschen mit Ursprung in den oberen Atemwegen kann durch flexible Fiberendoskopie am wachen Patienten festgestellt werden, ob mit Intubationsschwierigkeiten zu rechnen ist.

→ Ein inspiratorischer **Stridor** weist auf eine Obstruktion oberhalb der Stimmritze hin, ein exspiratorischer oder ein biphasischer Stridor auf eine subglottische Obstruktion.

19.4 Schwieriger Atemweg und schwierige Intubation

Leitlinien/Empfehlungen

ASA-Leitlinie

Schwieriger Atemweg: Ein schwieriger Atemweg liegt nach den Leitlinien der ASA vor, wenn ein durchschnittlich ausgebildeter Anästhesist Schwierigkeiten hat, den Patienten über eine Gesichtsmaske zu beatmen oder ihn endotracheal zu intubieren (oder beides). Bei etwa 15% der schwierigen oder unmöglichen Intubationen ist auch die Maskenbeatmung schwierig.

Schwierige Laryngoskopie: Eine Laryngoskopie ist schwierig, wenn es mit mehreren konventionellen Laryngoskopieversuchen nicht möglich ist, die Stimmbänder vollständig oder teilweise einzusehen.

Schwierige Intubation: Eine Intubation ist nach den ASA-Leitlinien schwierig, wenn mehrere Intubationsversuche und mehr als 10 min erforderlich sind, um den Tubus in der Trachea zu platzieren, obwohl dabei nach den derzeitigen Regeln, unter korrekter Lagerung des Kopfes und korrekter Anwendung des Laryngoskops, vorgegangen wurde.

Im Gegensatz zur ASA-Definition kann jedoch der bestmögliche Laryngoskopiebefund bereits beim **ersten** Versuch und innerhalb von 30 s erreicht sein und sich dabei für den erfahrenen Anästhesisten ein Schwierigkeitsgrad von IV nach Cormack und Lehane (siehe Kasten) ergeben.

Klassifizierung der schwierigen Laryngoskopie nach Cormack und Lehane

- Grad I: Larynxeingang vollständig sichtbar
- Grad II: nur hinterer Anteil des Larynxeingangs sichtbar
- Grad III: nur Epiglottis sichtbar
- Grad IV: nur weicher Gaumen sichtbar

Bei den Graden III und IV ist die Intubation schwierig!

Häufigkeiten:
- schwierige Intubation (alle Patienten) 1,5–13 %
- fehlgeschlagene Intubation:
  - chirurgische Patienten: 0,05 %
  - Geburtshilfe: 0,13–0,35 %.

Schwierige Maskenbeatmung. Eine Maskenbeatmung ist schwierig, wenn trotz optimaler Kopf- und Halslagerung, optimalen Maskensitzes und Verwendung eines Guedel- oder Wendl-Tubus keine ausreichenden Atemexkursionen und Atemgeräusche erzeugt werden können, um pulsoxymetrisch eine O_2-Sättigung von > 90 % und endexspiratorische CO_2-Werte von 3–4 % aufrechtzuerhalten.

Die Häufigkeit der schwierigen Maskenbeatmung wird mit 5 % angegeben, die der unmöglichen Maskenbeatmung mit 0,01–0,08 %.

Unabhängige Risikofaktoren:
- Vollbart
- Körpermasse-Index > 26 kg/m^2
- fehlende Zähne
- Alter > 55 Jahre
- Schnarchen in der Vorgeschichte.

Liegen bei einem Patienten zwei dieser Faktoren vor, so besteht ein erhöhtes Risiko für eine schwierige Maskenbeatmung.

19.5 Vorgehen bei orotrachealer Intubation

Die orotracheale Intubation ist das Standardverfahren im klinischen Routinenarkosebetrieb. Sie wird, unter direkter Laryngoskopie, in Allgemeinnarkose durchgeführt.

19.5.1 Lagerung des Kopfes

Um die Intubation zu erleichtern, muss der Kopf in **Schnüffelposition** gebracht werden (▶ Abb. 19-4). Hierzu wird der Kopf auf einem

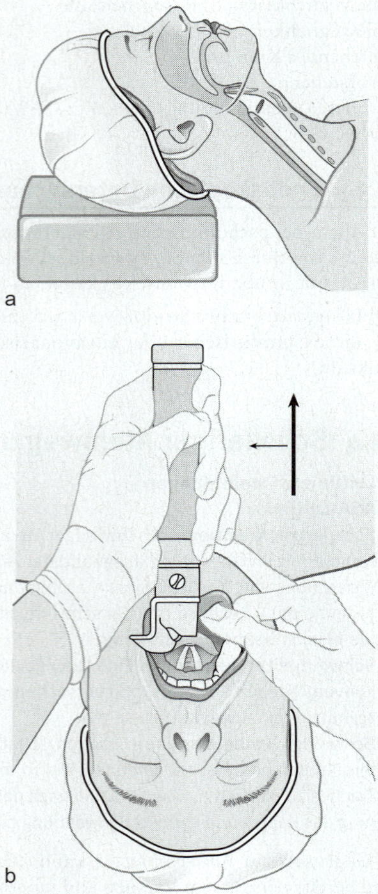

Abb. 19-4 Endotracheale Intubation.

a) Intubationsgerechte Lagerung des Kopfes (Schnüffelposition).
b) Öffnen des Mundes mit der rechten Hand und Einführen des Laryngoskops mit der linken Hand unter Verschiebung der Zunge nach links. Der gebogene Spatel wird vor die Epiglottis geführt, die Epiglottis anschließend durch Zug des Laryngoskops in Griffrichtung angehoben, so dass der Blick auf die Stimmbänder freigegeben wird.

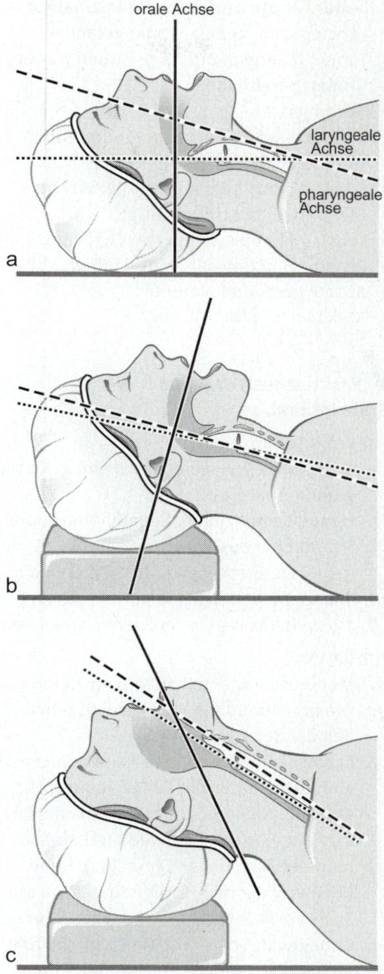

Abb. 19-5 Verlauf der Intubationsachsen bei verschiedenen Lagerungen.
a) Ungünstiger Achsenverlauf bei normaler Kopflagerung.
b) Durch Anheben des Kopfes mit einem Kissen um ca. 10 cm, bei auf dem Tisch liegenden Schultern, nähern sich laryngeale und pharyngeale Achse einander an.
c) Intubationsgerechte Lagerung: Anheben des Kopfes in Verbindung mit Streckung im Atlantookzipitalgelenk schafft eine kurze, nahezu gerade verlaufende Achse von den Schneidezähnen bis zur Epiglottis.

8–10 cm hohen Intubationskissen gelagert, der Hals gebeugt und der Kopf im Atlantookzipitalgelenk gestreckt. In dieser Position ist der Luftweg maximal offen, d.h., er verläuft am meisten gestreckt und ist am größten (▶ Abb.19-5).

19.5.2 Bereitstellung des Zubehörs

Zunächst wird das gesamte Instrumentarium und Zubehör für die Intubation bereitgestellt und auf Funktionsfähigkeit überprüft (Cuff dicht? Laryngoskoplicht ausreichend hell?).

Zubehör für die orotracheale Intubation

- Laryngoskop, gebogen oder gerade
- Tuben; Männer 8 oder 8,5; Frauen 7 oder 7,5 mm ID, Kinder nach Alter, jeweils 3 Größen bereithalten
- Führungsstab
- Konnektoren und Adapter für den Tubus
- 10-ml-Blocker-Spritze
- Guedel-Tubus oder anderer Beißschutz
- Gleitmittel, z.B. Lidocain-Gel
- Lokalanästhetikum-Spray, z.B. Lidocain 4%
- Pflaster zum Befestigen des Tubus
- Absauggerät und -katheter
- Narkose- und Notfallzubehör

√ Praktisches Vorgehen

Orale Intubation

Vor der Intubation:

1. Kopf intubationsgerecht auf einem Kissen oder zusammengefalteten Laken lagern (▶ Abb. 19-4).
2. Hände desinfizieren, Einmalhandschuhe anziehen.
3. Mundhöhle des Patienten auf lose Zähne und Zahnprothesen inspizieren. Bewegliche Zahnprothesen entfernen. Mund maximal öffnen lassen.
4. Ausreichend lange und korrekt präoxygenieren, dann Narkose einleiten.
5. Muskelrelaxans erst injizieren, wenn Beatmung über Maske sicher möglich.

Intubation:

6. Mund des Patienten mit gekreuztem Daumen und Zeigefinger der rechten Hand, wie in ▶ Abbildung 19-4 gezeigt, öffnen. Dabei nicht die Zähne berühren oder an den Zähnen hebeln.
7. Laryngoskop in die linke Hand nehmen und zwischen die Zähne tief in den Mund einführen; dabei die Zunge von rechts her vollständig zur linken Seite herüberdrücken. Nicht die Unterlippe einklemmen!
8. Laryngoskop langsam und atraumatisch weiter in den Rachen vorschieben, während der Zeigefinger der rechten Hand den Oberkiefer vom Gaumen her nach oben und der rechte Mittelfinger von außen auf das Kinn drücken. Alternativ kann auch der in ▶ Abbildung 19-4 gezeigte Griff angewandt werden.
9. Gebogenen Spatel vor die Epiglottis führen, d.h. zwischen Zungengrund und Epiglottis platzieren (▶ Abb. 19-6a); Epiglottis nicht aufladen. Bei tief stehendem Larynx **überlangen** Spatel verwenden. Ist die Epiglottis nicht zu sehen, wurde der Spatel entweder zu tief eingeführt und hat den Kehlkopf aufgeladen, oder er wurde nicht weit genug vorgeschoben.
10. Bei Verwendung eines Laryngoskops mit geradem Spatel: gleiches Vorgehen, jedoch die Epiglottis auf die Vorderseite des Spatels aufladen (▶ Abb. 19-6b).
11. Befindet sich das Laryngoskop vor der Epiglottis: kräftig in Griffrichtung ziehen (aber nicht hebeln!). Hierdurch richtet sich die Epiglottis ganz auf und gibt den Einblick auf die Stimmritze frei.
12. Tubus mit der Spitze von rechts in den Mund einführen, ohne den Spatel als Führungsschiene zu benutzen.

13. Den Tubus vorsichtig, unter Sicht, durch die Stimmritze in die Trachea vorschieben, bis der Cuff im oberen Anteil der Trachea bzw. die distale Tubusspitze in Tracheamitte liegt. Der Tubus befindet sich sicher in der Trachea, wenn die Aryknorpel hinter dem Tubus zu sehen sind. Liegt der geblockte Cuff im Kehlkopf, wird keine Abdichtung erreicht; wird der Tubus zu tief eingeführt, kann er leicht in einen Hauptbronchus (meist rechts) gelangen: einseitige Intubation!
14. Danach Laryngoskop und Führungsstab entfernen und den Tubus vorsichtig blocken.
15. Kontrolle der Tubuslage durch Auskultation beider Lungen in der vorderen Axillarlinie und der Magengegend; außerdem kapnometrische Kontrolle (CO_2 muss ausgeatmet werden).
→ Einseitiges Heben des Thorax weist auf einseitige Intubation hin, fehlendes Heben auf Fehllage im Ösophagus:
16. Bei versehentlicher Intubation des Ösophagus: Tubus sofort herausziehen und den Patienten überbrückend mit Maske/Beutel (100% O_2) beatmen. Dann erneuter Intubationsversuch. Nach erfolgreicher Intubation sollte die in den Magen gelangte Luft über eine Magensonde abgesaugt werden.
17. Nach Abschluss des Intubationsvorgangs Tubus sicher fixieren und an ein Beatmungsgerät bzw. Narkosegerät anschließen.

19.6 Nasotracheale Intubation

Die nasotracheale Intubation erfolgt in der Regel unter direkter Laryngoskopie, nur ausnahmsweise „blind", d.h. ohne laryngoskopisches Einstellen des Kehlkopfs. Die Lagerung des Kopfes ist die gleiche wie bei der oralen Intubation. Das größere bzw.

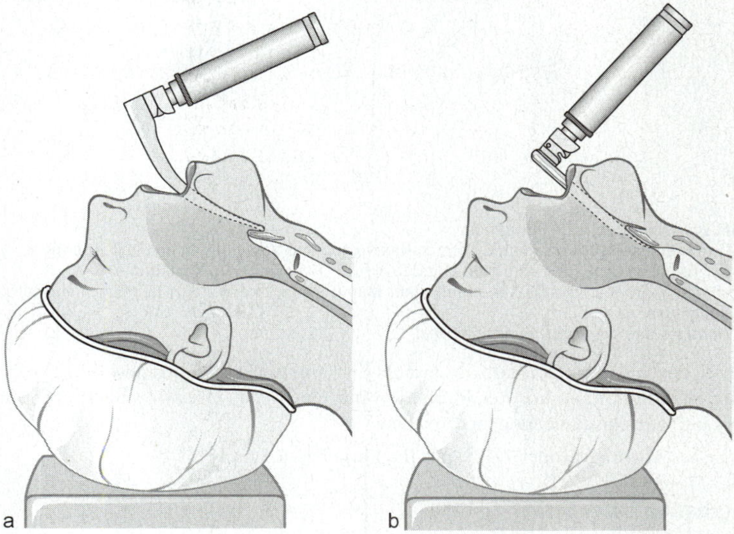

Abb. 19-6 Laryngoskopie mit verschiedenen Spateln.
a) Der gebogene Spatel wird vor die Epiglottis geführt, hierdurch bleibt der Kehldeckel während der Laryngoskopie sichtbar.
b) Der gerade Spatel lädt die Epiglottis auf.

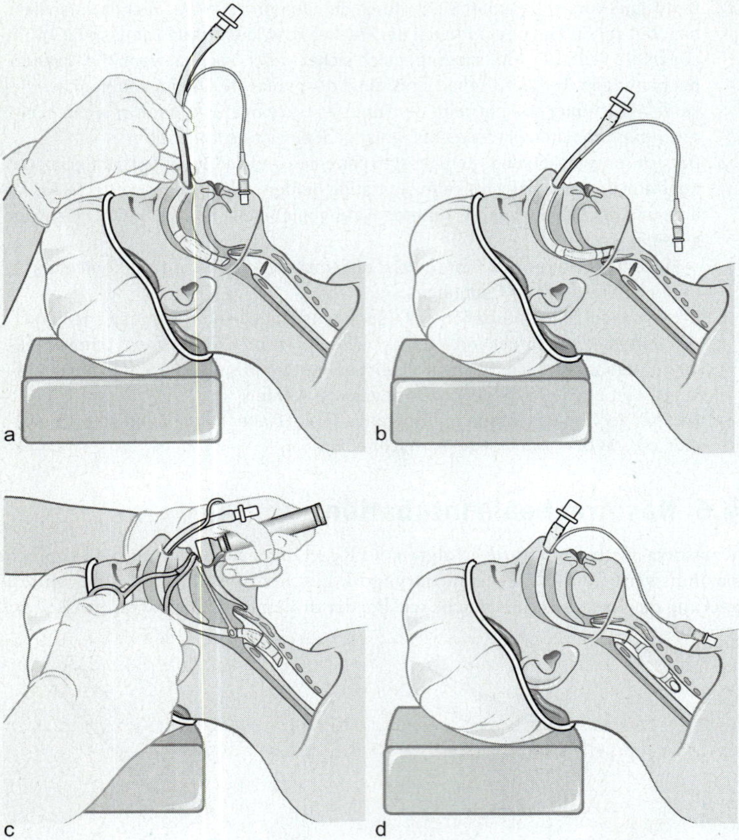

Abb. 19-7 Nasotracheale Intubation.
a) Einführen des Tubus durch den unteren Nasengang und Vorschieben in den Oropharynx.
b) Der Tubus gelangt vor die Epiglottis und lässt sich nicht weiter vorschieben.
c) Vorschieben des nasalen Tubus mit einer Magill-Zange; hierbei darf der Cuff nicht mit der Zange gefasst werden.
d) Richtige Lage des Tubus in der Trachea.

besser durchgängige Nasenloch wird als Eingang für den Tubus gewählt. Die Nasenschleimhaut kann vor der Intubation mit einem Vasopressor eingesprüht werden, um eine Abschwellung zu erreichen.

→ Tubusgrößen: Männer 7–7,5 mm ID, Frauen 6–6,5 mm ID.

Intubation unter Sicht

Dieses Verfahren ist einfacher und erfolgreicher als die blinde Intubation und daher Standard (▶ Abb. 19-7).

√ **Praktisches Vorgehen**

Laryngoskopische nasotracheale Intubation

1. Tubus und Naseneingang mit Gleitmittel (z.B. Lidocain-Gel) einschmieren.
2. Den Tubus bevorzugt in das **rechte** Nasenloch einführen, weil die distale Öffnung des Tubus nach links zeigt, so dass die Conchae beim Vorschieben weniger leicht verletzt werden.
3. Tubus vorsichtig, steil nach unten weisend, ohne Gewalt über den unteren Nasengang in den Nasopharynx, dann in den Oropharynx vorschieben.
4. Liegt der Tubus im Hypopharynx, Laryngoskop einführen und Stimmritze einstellen.
5. Ist der Tubus nicht zu sehen bzw. wölbt sich die Schleimhaut im Pharynxbereich vor, so ist er unter die Schleimhaut gelangt und sollte über das andere Nasenloch neu eingeführt werden. Mit stärkeren Blutungen muss bei dieser Komplikation gerechnet werden (Sauger bereithalten!).
6. Ist die Stimmritze gut sichtbar, wird der Tubus unter leichter Drehbewegung oder mit einer Magill-Zange durch die Stimmritze in die Trachea vorgeschoben.

In ▶ Tabelle 19-5 sind weitere typische Komplikationen der nasotrachealen Intubation zusammengefasst.

19.7 Intubation des wachen Patienten

Die Intubation des wachen Patienten kann, je nach Indikation und besonderen Umständen (z.B. extreme Aspirationsgefahr bei massivem Ileus oder schwere Beeinträchtigung der Herz-Kreislauf-Funktion), oral oder nasal erfolgen. In der Regel ist eine Sedierung und Lokalanästhesie erforderlich.

Sobald die Sedierung und Lokalanästhesie wirken, kann der Tubus vorsichtig, unter beruhigendem Zureden, in die Trachea des Patienten eingeführt werden.

19.8 Fiberendoskopische Intubation

Die fiberendoskopische Intubation ist grundsätzlich indiziert, wenn eine konventionelle orale oder nasale Intubation nicht möglich ist oder Hinweise auf zu erwartende Intubationsschwierigkeiten vorliegen. Sie kann am wachen, aber auch am anästhesierten Patienten oral oder über den unteren Nasengang durchgeführt werden. Jeder Anästhesist sollte dieses effektive Verfahren sicher beherrschen.

Der Zugang kann über den Mund oder über die Nase erfolgen.

Tab. 19-5 Typische Komplikationen der nasotrachealen Intubation

- massives Nasenbluten
- Drucknekrosen im Nasenbereich
- Verletzung von Conchae, Rachenwand und Rachenmandeln
- Verlegung der Tuba Eustachii
- Sinusitis maxillaris (Langzeitintubation)
- Einschleusen von Mikroorganismen aus dem Nasenrachenraum in das Bronchialsystem

19.8.1 Fiberoptische Intubation des wachen Patienten

Die fiberendoskopische Intubation des wachen Patienten erfolgt unter Lokalanästhesie und Sedierung. Der nasale Weg sollte bevorzugt werden, weil das technische Vorgehen leichter ist und außerdem der Patient weniger beeinträchtigt wird.

Vorteile:
- sicherstes Verfahren bei bekannt schwierigen Atemwegen
- erhaltene Spontanatmung, freie Atemwege.

Nachteile:
- Kooperation des Patienten erforderlich (vorher über das geplante Vorgehen aufklären)
- nicht immer angenehm für den Patienten
- störende Schluckbewegungen bei ungenügender Lokalanästhesie
- schwierig bei Kindern und unkooperativen Erwachsenen.

Hilfsmittel für die fiberendoskopische Intubation

Für die orale fiberendoskopische Intubation werden sog. Intubationsatemwege, d.h. speziell konstruierte oropharyngeale Tuben sowie Endoskopiemasken, eingesetzt, die das Vorgehen wesentlich erleichtertern, z.B.:
- **Schlitz-Guedel-Tubus:** hält den Oropharynx offen, ermöglicht das Vorschieben des Endoskops in der Mittellinie und verhindert ein Zerbeißen des Endoskops durch den Patienten. Alternativen: Wilson-Atemweg, Luoman-Atemweg
- **Endoskopiemasken:** Hierbei wird das Endoskop durch eine Membran in der Maske eingeführt und dann in die Trachea vorgeschoben, während ein Helfer den Patienten über die Maske beatmet.
- **Mainzer Universaladapter:** kann auf alle herkömmlichen Atemmasken gesetzt werden und ermöglicht die orale und nasale endoskopische Intubation unter Fortführung der Beatmung; Endoskop und Endotrachealtuben (bis 7 mm ID) werden über eine Silikonmembran im Adapter durch die Maske vorgeschoben.

Lokalanästhesie

Für die fiberendoskopische Intubation der Trachea ist eine ausreichende Oberflächenanästhesie der Schleimhaut des oberen Respirationstrakts erforderlich, um Husten, Schluckbewegungen, Laryngospasmus und exzessive Sekretion zu vermeiden.

Anästhesie der Nasenschleimhaut

Bei nasaler Intubation muss die Nasenschleimhaut ausreichend anästhesiert werden, z.B. mit Lidocain; Wirkdauer 15–20 min, empfohlene Höchstdosen 200 bis 250 mg, außerdem Vasokonstriktor zum Abschwellen der Schleimhaut, z.B. Xylometazolin oder Phenylephrin.

Die Substanzen werden entweder mit der 2-ml-Spritze instilliert oder in die Nase gesprüht.

Anästhesie des Oropharynx

Vor der Anästhesie des Oropharynx sollte ein Anticholinergikum, z.B. Atropin oder Glycopyrrolat, injiziert werden, um die Schleimhäute auszutrocknen. Hierdurch wird eine Verdünnung der Lokalanästhetika verhindert und deren Wirkung verbessert.

Vorgehen:

- 2–3 Sprühstöße Lidocain 10% oder
- Gurgeln mit 2–4 ml visköser Lidocainlösung 2% für 20–30 s (hiermit wird jedoch keine Anästhesie von Rachenhinterwand und Hypopharynx erreicht).

Für das Einsprühen des Oropharynx wird die Zunge des Patienten mit einer Kompresse ergriffen und weitestmöglich herausgezogen, dann werden Gaumen, Zungengrund und Seitenwände des Pharynx eingesprüht.

Anästhesie von Larynx und Trachea

Für die Anästhesie der Larynx- und Trachealschleimhaut können verschiedene Verfahren angewandt werden:

- Technik des Sprühens und Vorschiebens mit dem Fiberendoskop
- Injektion des Lokalanästhetikums durch die Membrana cricothyreoidea
- beidseitige Blockade des N. laryngeus superior: jeweils 2–3 ml Lidocain 1% zwischen dem oberen Horn des Schildknorpels und dem Zungenbein injizieren.

Sedierung

Die fiberendoskopische Intubation ist nicht angenehm, daher sollte der wache Patient sediert werden – jedoch nur so weit, dass seine Kooperationsfähigkeit erhalten bleibt.

- Opiate dämpfen den Hustenreflex und erleichtern so das endoskopische Vorgehen. Atemdepression muss jedoch vermieden werden.
- Benzodiazepine, z.B. Midazolam 0,03 mg/kg, wenn erforderlich, in Kombination mit Opiaten, z.B. Fentanyl.
- Atropin oder Glykopyrrolat vermindern die Speichelsekretion.

Orale fiberoptische Intubation

Die orale Intubation des wachen Patienten (▸ Abb. 19-8) ist schwieriger als die nasale, weil der Übergang vom Oro- in den Hypopharynx nahezu rechtwinklig verläuft.

Vorteile der oralen gegenüber der nasalen Intubation:

- größerer Endotrachealtubus einsetzbar
- schneller durchzuführen
- weniger unangenehm
- Bakteriämie unwahrscheinlich.

Nachteile:

- Mundöffnung erforderlich
- größere Kooperation des Patienten notwendig
- Beschädigung des Endoskops durch Zubeißen möglich
- behinderndes Schlucken häufiger
- fiberendoskopische Technik schwieriger.

Wahl des Endotrachealtubus und des Bronchoskops. Der innere Durchmesser des Endotrachealtubus sollte mindestens 1 mm größer sein als der Durchmesser des Bronchoskops, um ein einwandfreies Vorschieben zu ermöglichen. Am besten geeignet sind weiche, flexible Spiraltuben, die sich den anatomischen Verhältnissen und dem als Führungsschiene dienenden Bronchoskop anpassen.

→ Um ein besseres Vorschieben des Tubus über das Fiberendoskop in die Trachea zu ermöglichen, sollte ein Endoskop mit möglichst großem Durchmesser gewählt werden.

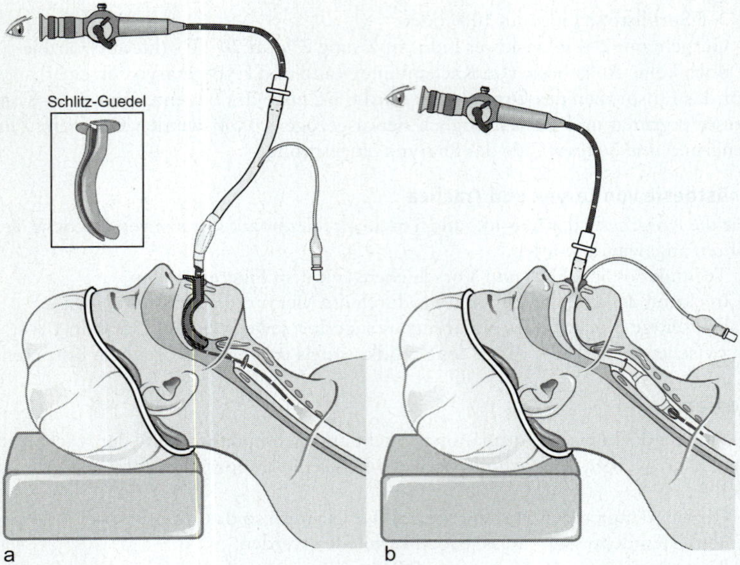

Abb. 19-8 Orale fiberendoskopische Intubation über einen speziellen Oropharyngealtubus.
a) Einführen des Oropharyngealtubus.
b) Vorschieben des Bronchoskops durch den Oropharyngealtubus.

Praktisches Vorgehen

Orale fiberoptische Intubation

1. Anschluss des Überwachungsmonitors, venöser Zugang.
2. Dann Sedierung des Patienten, z.B. mit Fentanyl und/oder Midazolam und Lokalanästhesie des Intubationswegs.
3. Präoxygenierung über Maske, dann kontinuierliche O_2-Zufuhr über Nasensonde.
4. Normale Intubationslagerung des Kopfes oder Flachlagerung mit Extension im Atlantookzipitalgelenk und Einführen eines Beißschutzes zwischen die Frontzähne beider Kiefer.
5. Tubus auf das Bronchoskop ziehen, dann Bronchoskop durch den künstlichen Intubationsatemweg in den Oropharynx vorschieben. Hierbei kommen Uvula, weicher Gaumen und Pharynx in das Blickfeld; beim weiteren Vorschieben gelangt das Endoskop in den Oropharynx.
6. Nun die Spitze des Endoskops nach vorn richten, um die Epiglottis und die Stimmbänder einzustellen. Kopf bei geschlossenem Mund im Atlantookzipitalgelenk strecken, damit sich die Epiglottis nicht der Pharynxhinterwand anlegt. Wenn nötig: Unterkiefer durch Hilfsperson nach vorn ziehen lassen, um Glottis besser einzustellen.
7. Bei langer, schlaffer Epiglottis Spitze des Endoskops unter die Epiglottis schieben, damit die Stimmbänder sichtbar werden.

8. Sind die Stimmbänder sichtbar: Endoskop so einstellen, dass sie im zentralen Gesichtsfeld bleiben. Dann das Endoskop mindestens bis in Tracheamitte vorschieben.
9. Anschießend den Tubus unter drehender Bewegung in die Trachea vorschieben; hierbei das Endoskop in seiner Position sicher fixieren.

Nasale fiberoptische Intubation

Die nasale endoskopische Intubation ist meist einfacher als die orale, weil das Endoskop besser in der Mittellinie gehalten werden kann und die Spitze beim Vorschieben in den Oropharynx auf die Stimmritze gerichtet ist.

Vorteile der nasalen gegenüber der oralen Intubation:
- einfachere fiberendoskopische Technik
- keine Mundöffnung erforderlich
- Beschädigungen des Endoskops durch den Patienten nicht möglich.

Nachteile:
- größerer Zeitaufwand für Vorbereitungen
- geringerer Tubusdurchmesser
- häufig Verletzungen der Nasenschleimhaut mit Blutungen
- Bakteriämie möglich
- subkutane Tunnelbildung
- kontraindiziert bei Schädel-Basis-Frakturen.

Septumdeviationen sind in der Regel kein Grund, auf die nasale Intubation zu verzichten, ebenso wenig kleine Nasenpolypen. Große Polypen sind hingegen eine Kontraindikation für die nasale Intubation.

Zwei Vorgehensweisen werden unterschieden: erst der Tubus und dann das Endoskop oder erst das Endoskop, dann der Tubus.

✓ Praktisches Vorgehen

Nasale fiberoptische Intubation

1. Monitoring, Lokalanästhesie, Abschwellung der Nasenschleimhaut und Sedierung.
2. Nach ausreichender Lokalanästhesie: Auswahl des größeren der beiden Nasengänge für die Intubation.
3. **Erst der Tubus, dann das Endoskop:** Vorschieben des Tubus bis zum hinteren Nasopharynx, jedoch noch nicht in den Oropharynx. Dann Absaugen des Oropharynx durch den Tubus, danach Einführen des Endoskops durch den Tubus und Vorschieben in den Oropharynx.
4. Kommen Epiglottis und Stimmritze ins Blickfeld: Endoskop in Tracheamitte vorschieben.
5. Bei Schwierigkeiten Unterkiefer anheben und Zunge vorziehen.
6. **Erst das Endoskop, dann der Tubus:** Tubus auf das Endoskop fädeln, dann Endoskop durch den unteren Nasengang einführen und über die Stimmritze in die Trachea vorschieben; danach den Tubus am Endoskop entlang in die Trachea einführen.

19.8.2 Fiberoptische Intubation des anästhesierten Patienten

Die fiberoptische Intubation des anästhesierten Patienten kann oral oder nasal, jeweils mit erhaltener Spontanatmung oder unter Muskelrelaxierung, erfolgen. Hierbei sollte Sauerstoff über einen oralen oder nasopharyngealen Katheter oder den Absaugkanal des Endoskops insuffliert werden, damit mehr Zeit für den Intubationsvorgang zur Verfügung steht. Nachteilig ist der Tonusverlust von Zunge und Pharynxmuskulatur, durch den das Vorgehen erschwert wird.

Orale Intubation

Für die Intubation sollte ein künstlicher Atemweg, z.B. ein Schlitz-Guedel-Tubus, verwendet werden, damit das Endoskop in der Mittellinie bleibt und die Einstellung der Stimmritze erleichtert wird. Wenn erforderlich, kann auch ein Laryngoskop konventionell eingeführt und die Zunge damit zur Seite geschoben werden. Alternativ kann die Zunge auch mit einem Zungenspatel angehoben werden. Des Weiteren kann die Intubation über eine Endoskopiemaske oder eine konventionelle Maske unter Verwendung des Mainzer Adapters erfolgen; hierunter kann der Patient weiter beatmet werden. Auf eine Relaxierung sollte möglichst verzichtet werden.

Nasale Intubation

Die Vorbereitungen entsprechen denen der wachen nasalen Intubation. Wiederum sind zwei Verfahren möglich: erst der Tubus, dann das Endoskop oder umgekehrt. Vor- und Nachteile sowie praktisches Vorgehen siehe ▶ Kapitel 19.7.1. Beim Vorschieben des Endoskops muss ein Helfer den Esmarch-Handgriff anwenden, um die Zunge von der Pharynxhinterwand abzuheben.

Verwendung eines Führungsdrahts. Steht kein dünnes Bronchoskop zur Verfügung, kann ein Führungsdraht über den Absaugkanal des Bronchoskops in die Trachea vorgeschoben werden. Danach wird das Bronchoskop entfernt und der Endotrachealtubus behutsam über den als Führung dienenden Draht in die Trachea vorgeschoben.

Fiberendoskopische Intubation über die Larynxmaske siehe ▶ Kapitel 19.9.2.

19.9 Extubation

Am Ende der Operation kann der Patient nach Rückkehr der Schutzreflexe und des Bewusstseins oder in tiefer Narkose extubiert werden, auf keinen Fall im Exzitationsstadium.

Bei Aspirationsgefahr wird immer im Wachzustand extubiert.

19.10 Algorithmus der schwierigen Intubation

Das Vorgehen bei der schwierigen Intubation hängt entscheidend davon ab, ob sie unerwartet auftritt oder aufgrund der Anamnese und der körperlichen Untersuchung vorgesagt werden kann, weiterhin, ob der Patient mit der Maske beatmet werden kann. Für diese Situationen sollte nach entsprechenden Algorithmen vorgegangen werden:

Algorithmen für die schwierige Intubation

A Maskenbeatmung nicht möglich:

- 1 Intubationsversuch (ohne Muskelrelaxierung)
- Hilfe herbeirufen (lassen)
- 1 Versuch, eine Intubations-Larynxmaske zu platzieren
  - oder Combitubus (unter Laryngoskopie)
  - oder, wenn sofort verfügbar, orale fiberoptische Intubation.

B Schwierige Intubation, aber Maskenbeatmung des anästhesierten Patienten möglich:

- Hilfe herbeirufen (lassen)
- Intubationsversuch durch Erfahrenen (insgesamt maximal 3)
- Bei Misslingen:
  - Führungshilfen
  - alternative Laryngoskopspatel
  - fiberoptische Intubation
  - Intubations-Larynxmaske
- wenn nicht erfolgreich: Patienten aufwachen lassen und Rückkehr zur Spontanatmung
- wenn Maskenbeatmung nicht möglich: chirurgischer Atemweg (s. ▶ Kap. 19.9.2).

C Patient in Narkose, Beatmung über Intubationslarynxmaske oder Combitubus möglich:

- endotracheale Intubation für Operation erforderlich:
  - Intubations-Larynxmaske: fiberoptische Umintubation durch die Larynxmaske
  - Combitubus: nasal fiberoptisch am pharyngealen Ballon vorbei
- endotracheale Intubation für Operation **nicht** erforderlich: Beatmung über Larynxmaske oder Combitubus fortsetzen.

D Beatmung über Maske, Larynxmaske oder Combitubus und endotracheale Intubation nicht möglich (can't ventilate, can't intubate):

- rechtzeitiges Einführen einer Ravussin-Kanüle über die Membrana cricothyreoidea
- als Ultima Ratio: offene Koniotomie mit Skalpell/Spreizer oder mit kommerziellen Sets
- bei Kindern unter 10 Jahren: transkutane transtracheale Jet-Ventilation.

Jeder Anästhesist muss im Verhalten bei erwarteter oder unerwarteter schwieriger Intubation theoretisch ausgebildet und praktisch trainiert werden, damit er, ohne in Panik zu geraten, einen der jeweiligen Situation angepassten Handlungsablauf entwickeln kann.

Grundvoraussetzung für die Bewältigung der schwierigen Intubation ist ein spezieller **Notfallwagen „schwierige Intubation"** für jeden Operationstrakt, auf dem das entsprechende Instrumentarium sofort und funktionsfähig zur Verfügung steht (▶ Tab. 19-6).

Umstände eines schwierigen Atemwegs:

- bekannt: schwierige oder unmögliche Intubation in der Vorgeschichte
- erwartet: Erkrankungen oder anatomische Risikofaktoren, die auf einen schwierigen Atemweg hinweisen
- vermutet: Zeichen oder Symptome, die eine schwierige Intubation vermuten lassen

Tab. 19-6 Ausstattung des Notfallwagens „schwierige Intubation"

- Tuben verschiedener Größen
- biegbare Führungsstäbe, Bougies, Tubuswechsler
- Intubationszange, Zungenfasszange
- alternative Laryngoskope, z.B. überlanger Spatel, McCoy-Laryngoskop
- Glidescope
- Bonfils-Intubationsfiberskop, Bullard-Laryngoskop
- Fiberbronchoskop mit Zubehör
- Larynxmasken, Intubationslarynxmasken
- Combitubus, Larynxmaske
- Instrumentarium für die Jet-Ventilation: nur, wenn Gerät vorhanden
- Koniotomiebesteck

- unerwartet: Es liegen keine Hinweise oder Risikofaktoren für einen schwierigen Atemweg vor, jedoch kann der Patient nach der Einleitung nicht intubiert und/oder mit der Maske beatmet werden.

19.10.1 Die erwartet schwierige Intubation

Fiberoptische Intubation

Die fiberendoskopische Intubation ist das Verfahren der Wahl bei vorher bekannter schwieriger Intubation. Alternative Verfahren, auch die blinde nasale Intubation, sind heutzutage weitgehend durch die fiberoptische Intubation verdrängt worden.

Intubation des anästhesierten Patienten

Verweigert ein nüchterner Patient mit bekannten oder mutmaßlichen Intubationsschwierigkeiten die fiberendoskopische Intubation im Wachzustand oder ist eine Intubation im Wachzustand aus anderen Gründen nicht durchführbar, so bestehen folgende Möglichkeiten des Vorgehens:

- Einleitung der Allgemeinnarkose, wenn Maskenbeatmung als möglich eingeschätzt wird, am besten unter erhaltener Spontanatmung; anschließend fiberendoskopische Intubation über Adapter oder Larynxmaske oder konventioneller „optimierter" Intubationsversuch (s.u.)
- Regionalanästhesie anstelle einer Allgemeinnarkose
- chirurgischer Atemweg (sehr selten erforderlich).

Wird für den konventionellen, optimierten Intubationsversuch ein Muskelrelaxans verwendet, muss nach Einleitung der Allgemeinanästhesie vor der Injektion geprüft werden, ob eine Maskenbeatmung möglich ist.

19.10.2 Die unerwartet schwierige Intubation

Bei jeder Narkoseeinleitung muss der Anästhesist grundsätzlich auf Intubationsschwierigkeiten vorbereitet sein und dann nach vorher **institutionell festgelegten Entscheidungsrichtlinien** vorgehen.

Tritt eine unerwartet schwierige Intubation auf, so hat die Sicherstellung der Sauerstoffversorgung zunächst Vorrang vor anderen Maßnahmen, erst danach erfolgt die Bewältigung der schwierigen Intubation.

! Merke

Bei unerwartet schwieriger Intubation gilt es vor allem, Ruhe und Übersicht zu bewahren und nach dem institutionell erlernten Algorithmus vorzugehen.

Beatmung über die Gesichtsmaske

Lässt sich der anästhesierte und möglicherweise auch relaxierte Patient bei der unerwartet schwierigen Intubation ausreichend über eine Maske mit 100%igem Sauerstoff beatmen, so besteht für den Anästhesisten kein Anlass, mit Hektik oder gar Panik zu reagieren. Vielmehr kann er sofort Hilfe herbeiholen lassen und in Ruhe Strategien für die weitere Bewältigung der schwierigen Intubation entwickeln.

Lässt sich dagegen der Patient nicht ausreichend oder gar nicht über die Maske beatmen und ist die Intubation nicht möglich und außerdem die Spontanatmung ausgeschaltet, müssen sofort Maßnahmen ergriffen werden, um die Maskenbeatmung und die Sauerstoffzufuhr zu verbessern.

✓ Praktisches Vorgehen

Optimierung der Maskenbeatmung

1. Kinnspitze anheben und Unterkiefer nach vorn ziehen.
2. Künstliche oro- oder nasopharyngeale Atemwege einführen, zuvor beschriebene Maßnahmen beibehalten.
3. Assistenz durch Hilfsperson: Eine Person setzt die Maske dicht auf, die andere drückt den Atembeutel aus.
4. Lässt sich der Patient ausreichend über Maske beatmen, kann versucht werden, die Erfolgsaussichten der konventionellen Intubation mit einem starren Laryngoskop zu verbessern.
5. Misslingt der optimierte Intubationsversuch, können alternative Intubationstechniken eingesetzt werden.

Optimierter Versuch der konventionellen laryngoskopischen Intubation

Statt nicht endender konventioneller Intubationsversuche, die rasch in die Situation des „Kann nicht beatmen – kann nicht intubieren" einmünden können, sollte der Anästhesist so früh wie möglich einen optimierten Intubationsversuch unternehmen.

Bedingungen für den optimierten (besten) Intubationsversuch:

- erfahrener Anästhesist
- optimale Schnüffelposition, bei sehr Adipösen: Kissen unter die Schultern
- optimaler Druck auf den Larynx (BURP = backward-upward-rightward-pressure)
- wenn Spatel zu kurz: überlangen konventionellen Spatel einsetzen
- Wechsel des Spateltyps.

BURP (= backward-upward-rightward-pressure). Durch optimalen Druck von außen auf den Larynx (nicht identisch mit Krikoiddruck!) mit Verschieben nach hinten, oben und rechts kann die laryngoskopische Sicht bei Grad II, III oder IV nach Cormack oft um mindestens einen Grad verbessert werden. Der Anästhesist kann zunächst dass Manöver mit seiner rechten Hand durchführen und dann, bei optimaler Position, durch einen Helfer nach seinen Anweisungen aufrechterhalten lassen.

Wechsel des Spateltyps. Hierdurch können gelegentlich ebenfalls die Intubationsbedingungen verbessert werden, z.B. Macintosh-Spatel für Patienten mit kleiner, enger Mundhöhle oder großer Zunge, Miller-Spatel bei Patienten mit vorne stehendem Larynx, großen Schneidezähnen oder langer, schlaffer Epiglottis.

Elastische Bougies

Lässt sich der Kehlkopfeingang auch beim optimierten konventionellen Intubationsversuch nicht einstellen, kann ein elastischer Bougie mit leicht abgebogener Spitze unter die Epiglottis und dann in die Trachea vorgeschoben werden. Liegt der Bougie weit genug in der Trachea, kann der Trachealtubus über diese Schiene in die Luftröhre vorgeschoben werden.

Fiberendoskopische Intubation

Misslingt der optimierte konventionelle Intubationsversuch, sollte der Erfahrene umgehend fiberoptisch intubieren, vorausgesetzt, die Maskenbeatmung ist möglich und es liegen keine starken, die Sicht verhindernden Blutungen oder Sekretverlegungen vor. Die mittlere hierfür erforderliche Zeit beträgt 2–4 min.

Was tun, wenn die fiberendoskopische Intubation nicht möglich ist?

Misslingt nach dem optimierten konventionellen Intubationsversuch auch die fiberendoskopische Intubation:
- Spontanatmung des Patienten zurückkehren lassen, danach erneuter Intubationsversuch, da hierunter meist bessere Exposition des Larynx.
- Ist dieser Versuch wegen anhaltender Relaxierung nicht möglich oder misslingt er ebenfalls: Intubations-Larynxmaske einführen und hierüber einen Intubationsversuch unternehmen.
- Bei erneutem Misslingen Patienten erwachen lassen, eine regionale Anästhesietechnik erwägen oder bei dringlicher Operationsindikation eine Tracheotomie unter Lokalanästhesie durchführen lassen.

Fiberendoskopische Intubation über die Larynxmaske

Wurde bei unerwartet schwieriger Intubation als Notfallmaßnahme eine Larynxmaske eingeführt, um eine ausreichende Beatmung sicherzustellen, kann über diesen Zugang fiberendoskopisch intubiert werden (▶ Abb.▶ 19-9).
- Über die Intubations-Larynxmaske (LMA-Fastrach) kann ein 8-mm-ID-Spezialtubus blind oder fiberoptisch in die Trachea vorgeschoben werden.
- Allerdings ist die fiberoptische Position der „klassischen" LMA günstiger als die der ProSeal- und die der Fastrach-LMA.
- Die Größe 4 sollte bei der fiberoptischen Intubation über LMA der Größe 3 vorgezogen werden, weil hiermit ebenfalls eine bessere fiberoptische Position erreicht wird.

→ Die blinde endotracheale Intubation über die konventionelle Larynxmaske wird nicht empfohlen, da die Erfolgsrate der ersten Versuche so niedrig ist, dass eine bedrohliche Hypoxämie eintreten kann.

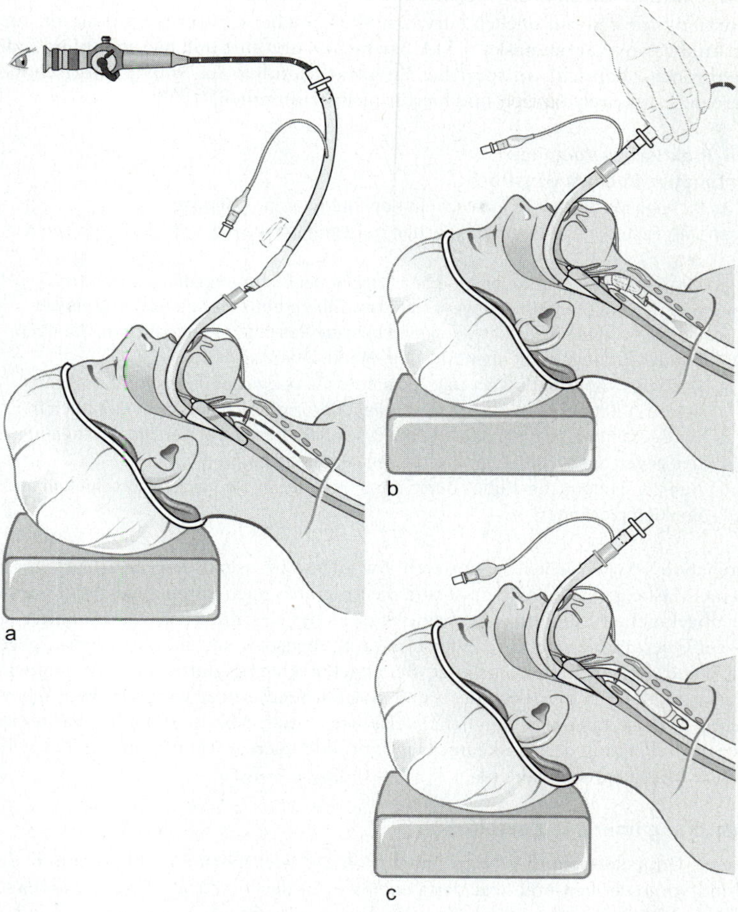

Abb. 19-9 Fiberendoskopische Intubation über eine konventionelle Larynxmaske.
a) Zunächst wird ein gut gleitfähig gemachter Tubus über das Bronchoskop aufgezogen, dann das Bronchoskop weit genug in die Luftröhre vorgeschoben.
b) Danach wird der Tubus über das als Schiene fungierende Bronchoskop durch die Larynxmaske in die Trachea vorgeschoben.
c) Korrekte Position von Tubus und Larynxmaske.

Larynxmaske

Die Larynxmaske ist ein alternativer Notfallatemweg höchster Priorität, wenn die Maskenbeatmung und die endotracheale Intubation nicht möglich sind. Sie kann aber nicht bei laryngealen und subglottischen Behinderungen der Atmung eingesetzt werden.

Blinde Intubation über die Intubations-Larynxmaske

Alternativ zur konventionellen Larynxmaske kann bei schwieriger Intubation auch die Intubations-Larynxmaske (LMA-Fastrach) eingeführt und hierüber blind (oder fiberbronchoskopisch) ein spezieller Endotrachealtubus aus Silikon vorgeschoben werden. Muskelrelaxanzien sind hierfür nicht erforderlich.

✓ Praktisches Vorgehen

Intubation über LMA-Fastrach

1. Richtige Maskengröße auswählen; Kopf in Neutralposition lagern.
2. LMA-Fastrach einführen; hierbei den Haltegriff der Maske nicht als Hebel benutzen.
3. Maske blocken; Patienten beatmen: maximaler Beatmungsdruck 20 cm H_2O.
4. Nun den mit Gleitmittel eingeschmierten Silikontubus mehrmals im Tubus der Maske auf und ab bewegen, um eine bessere Passage zu ermöglichen, dabei Endotrachealtubus nicht über die 15-cm-Marke hinausschieben.
5. Dann den Tubus behutsam ca. 1,5 cm über die 15-cm-Quermarkierung vorschieben. Tritt dabei kein Widerstand auf, liegt der Endotrachealtubus vermutlich frei vor der Stimmritze und hat die Epiglottis angehoben. Stößt der Endotrachealtubus gegen das Vestibulum: Drehbewegungen durchführen.
6. Nun den Endotrachealtubus durch die Stimmritze in die Trachea vorschieben und den Cuff blocken.

Intubationsschwierigkeiten. Sie treten vor allem auf, wenn eine zu große oder zu kleine Maske gewählt worden ist und die Epiglottis nach unten abgeknickt wurde. Bei abgeknickter Epiglottis tritt beim Vorschieben des Tubus etwa 2 cm hinter der 15-cm-Quermarkierung ein Widerstand auf, ebenso wenn die Tubusspitze gegen die Wand des Vestibulums gelangt. Bei abgeknickter Epiglottis wird die geblockte Maske ca. 4–6 cm zurückgezogen und anschließend erneut vorgeschoben; hierbei richtet sich die Epiglottis möglicherweise wieder auf. Misslingt die Intubation immer noch: Position der Maske mit Handgriff korrigieren; wenn weiterhin erfolglos: andere Maskengröße wählen.

Beatmung über den Combitubus

Dieser Doppellumentubus wird (auch von Assistenzpersonal) blind durch den Mund vorgeschoben und liegt dann entweder in der Trachea oder im Ösophagus (▶ Abb. 19-10). Eine Beatmung über den Tubus ist nicht nur bei trachealer, sondern auch bei ösophagealer Lage möglich.

Folgendes sollte aber beachtet werden:

→ Der Combitubus kann nicht angewandt werden bei Störungen im Bereich der Stimmritze (Laryngospasmus, massives Ödem, Tumor, Abszess) oder subglottischer Obstruktion.

Spezielle Laryngoskope, Transilluminationstechnik

Selbst wenn die konventionelle Larnygoskopie nicht gelingt, kann häufig mit verschiedenen Spezial-Laryngoskopen eine für die schwierige Intubation ausreichende Sicht auf den Kehlkopfeingang hergestellt werden. Hierzu gehören:

- Bullard-Laryngoskop mit fiberoptischer Vorrichtung
- Laryngoskop nach Bumm: Zusatzgerät zum Macintosh-Laryngoskop mit Weitwinkeloptik

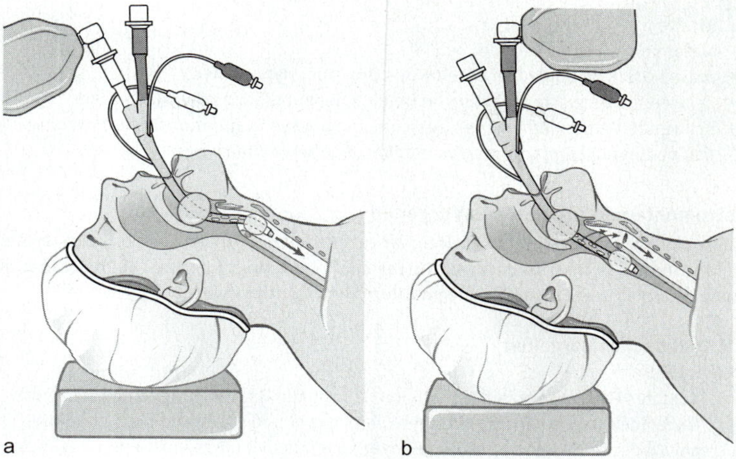

Abb. 19-10 Combitubus.
a) Lage des distalen Tubusendes in der Trachea.
b) Lages des distalen Tubusendes im Ösophagus.
Bei trachealer Lage muss über den trachealen Schenkel, bei ösophagealer Lage über den ösophagealen Schenkel beatmet werden.

- Transilluminationstechnik (z.B. Trachlight); Nutzen für die schwierige Intubation nicht geklärt
- Glidescope.

Notfallrohr

Mit diesem starren Bronchoskop kann häufig bei schwieriger Intubation der Kehlkopfeingang dargestellt werden. Es sollte allerdings wegen der großen Verletzungsgefahr und der schwierigen Technik nur vom Geübten eingeführt werden.

Perkutane transtracheale Jet-Ventilation

Bei diesem Verfahren wird eine 14-bis-16-G-Kanüle durch die Membrana cricothyreoidea in die Trachea vorgeschoben und an einen Jet-Ventilator angeschlossen. Hiermit können vorübergehend eine ausreichende Sauerstoffzufuhr und eine ausreichende CO_2-Elimination erreicht werden.

Koniotomie

Lässt sich der Patient weder mit der Maske beatmen noch intubieren und droht unmittelbar der Erstickungstod, muss als **Ultima Ratio** der chirurgische Zugang zu den Atemwegen gewählt werden. Am besten geeignet ist die Koniotomie, da sie wesentlich rascher, einfacher und akut risikoärmer durchgeführt werden kann als die Tracheotomie.

19

! Merke

Koniotomie als Ultima Ratio:

- massive Schwellungen im Bereich des Oro- oder Hypopharynx
- schwerste allergische Reaktion im Bereich der supraglottischen Atemwege, schwerste Verbrennungen des Gesichts und oberen Respirationstrakts, entzündlich bedingte Raumforderung im Bereich der oberen Atemwege

Instrumente und praktisches Vorgehen

Empfehlenswert ist die Verwendung eines speziellen Koniotomiebestecks (▶ Abb. 19-11). Steht das Instrumentarium nicht zur Verfügung, kann die Koniotomie mit einem Skalpell und einem Nasenspekulum durchgeführt werden.

√ Praktisches Vorgehen

Koniotomie

1. Kopf des Patienten maximal reklinieren, dann die Haut über der Membrana cricothyreoidea (Lig. conicum) zwischen Ringknorpel und Unterrand des Schildknorpels zwischen Daumen und Zeigefinger spannen und längs inzidieren.
2. Dann die Membrana cricothyreoidea mit dem Skalpell quer durchtrennen.
3. Trachea mit dem Nasenspekulum offen halten und über die Öffnung einen Tubus in die Trachea vorschieben (▶ Abb. 19-12).

Grundsätzlich sollte jede Koniotomie so rasch wie möglich in eine Tracheostomie umgewandelt werden, da die Gefahr von Kehlkopfschäden sehr groß ist.

19.10.3 Extubation nach schwieriger Intubation oder bei schwierigem Atemweg

Extubiert wird erst, wenn der Patient wach ist, ausreichend atmet und seine Schutzreflexe zurückgekehrt sind.

→ Grundsätzlich sollte die Extubation eines Patienten nach schwieriger Intubation nur in Anwesenheit eines erfahrenen Helfers und mit bereitgestelltem Instrumentarium für die schwierige Intubation erfolgen! Im Zweifelsfall Führungsdraht oder Jet-Stilett in die Trachea vorschieben, über die reintubiert werden kann.

19.11 Komplikationen der endotrachealen Intubation

Geringe Komplikationen wie Halsschmerzen oder Glottisödem treten bei fast allen Patienten auf, schwerwiegende Komplikationen sind bei kurz dauernder Intubation dagegen selten.

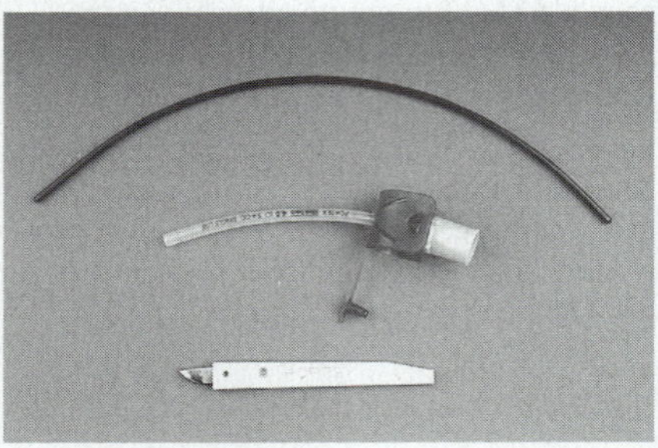

Abb. 19-11 Koniotomiebesteck.

19.11.1 Traumatisch-mechanische Schädigungen

Sie entstehen meist durch unvorsichtiges Vorgehen bei der Intubation oder durch erschwerte Intubationsbedingungen.

Zahnschäden

Sie treten in den meisten Fällen bei vorgeschädigten Zähnen auf.

Begünstigende Faktoren:

- Hebeln mit dem Laryngoskopgriff
- vorstehende obere Schneidezähne
- lockere Zähne.

→ Herausgebrochene Zähne müssen wegen der Aspirationsgefahr sofort mit einer Magill-Zange entfernt werden.

→ Vollständig oder partiell luxierte Zähne sollten möglichst rasch wieder eingepflanzt werden.

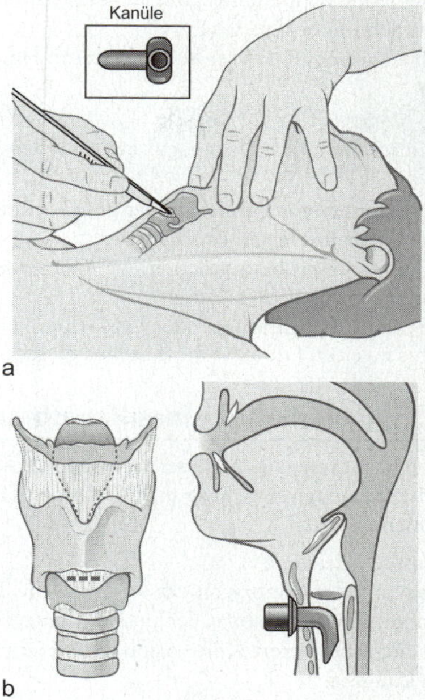

Abb. 19-12 Krikotomie bzw. Koniotomie.
a) Inzision der Membrana cricothyreoidea.
b) Durch die Inzision vorgeschobene Kanüle in der Trachea.

Weitere Komplikationen

- Verletzungen der Hornhaut durch die Hände oder Instrumente des Intubierenden
- Nasenbluten bei nasaler Intubation
- Perforation von Ösophagus, Pharynx und Trachea; meist im Zusammenhang mit einer schwierigen Intubation
- Abrisse von Kehlkopfteilen, Frakturen von Kehlkopf und Zungenbein, Aryknorpelluxation
- pulmonale Aspiration von Mageninhalt, Fremdkörpern (abgebrochene Zähne oder Teile von Prothesen)
- Verletzungen des Halsrückenmarks bei Patienten mit instabiler Halswirbelsäule
- Kiefergelenkbeschwerden in den ersten 3 Tagen nach der endotrachealen Intubation.

19.11.2 Intubation des Ösophagus

Die Intubation des Ösophagus ist eine lebensbedrohliche Komplikation, die sofort erkannt und behoben werden muss. Daher nach jeder Intubation sofort Lagekontrolle!

Klinische Zeichen:

- Aufblähen der Magengegend bei Beatmung
- evtl. gurgelndes Geräusch beim Beatmen,
- kein Atemgeräusch über dem Thorax (unsicheres Zeichen)

- fehlende Rippenbewegungen bei Beatmung
- zunehmende Zyanose
- bei zu spät erkannter Komplikation: Herzstillstand.

! Merke
Die Intubation des Ösophagus kann mit dem Kapnometer sofort erkannt werden.

Bei begründetem Verdacht oder gesicherter Fehllage:
- nicht mehr weiterbeatmen
- Tubus sofort herausziehen, wenn erforderlich: überbrückend Maskenbeatmung
- neuer Intubationsversuch
- besteht Aspirationsgefahr: geblockten Tubus zunächst im Ösophagus belassen, bis zweiter Tubus in die Trachea eingeführt und geblockt worden ist.

19.11.3 Intubation eines Hauptbronchus

Bei Erwachsenen gelangt der zu weit vorgeschobene Tubus meist in den rechten, bei Kindern je nach Anschrägung der distalen Tubusöffnung auch in den linken Hauptbronchus.

Klinische Zeichen:
- asymmetrische bzw. nicht seitengleiche Thoraxbewegungen
- abgeschwächtes bzw. fehlendes Atemgeräusch auf der betroffenen Seite.

Die nicht korrigierte Intubation eines Hauptbrochus führt zur **Atelektase** der anderen Lunge.

19.11.4 Obstruktion des Tubus

Eine partielle oder komplette Verlegung des Tubuslumens kann durch folgende Faktoren auftreten:
- Abknicken des Tubus
- eingedickte Sekrete, Blut oder Fremdkörper im Tubus
- Cuffhernie
- Anliegen der distalen Tubusöffnung an der Tracheahinterwand.

Verlegungen der Atemwege bzw. des Tubus sind immer lebensbedrohlich und müssen sofort erkannt und behandelt werden.

Cuffhernie. Bei dieser akut bedrohlichen Komplikation gleitet die luftgefüllte Tubusmanschette über die Tubusspitze und verlegt die distale Öffnung, so dass die mit der Inspiration in die Lungen gelangende Luft bei der Exspiration nicht mehr entweichen kann.

Klinische Zeichen:
- kontinuierlicher und exzessiver Anstieg des Beatmungsdrucks
- Blutdruckabfall
- Herzstillstand durch Hypoxie.

! Merke
Bei dem geringsten Verdacht auf eine Cuffhernie muss der Tubus entblockt werden. Lässt sich der Patient dann wieder beatmen, lag eine Ballonhernie vor. Dann defekten Tubus umgehend entfernen und durch einen neuen ersetzen.

Ein ähnliches klinisches Bild entsteht auch, wenn die Manschette asymmetrisch aufgeblasen ist und die distale Tubusöffnung hierdurch gegen die Hinterwand der Trachea gedrückt wird.

→ Bei Verdacht auf eine Obstruktion des Tubuslumens aus anderer Ursache sollte zunächst die Durchgängigkeit des Tubus mit einem **Absaugkatheter** überprüft werden.

19.11.5 Komplikationen bei der Extubation

Die wichtigsten Komplikationen bei bzw. kurze Zeit nach der Extubation sind:
- Laryngospasmus
- Aspiration
- Kehlkopfödem (vor allem bei kleinen Kindern) mit Heiserkeit, Stridor und Luftnot: meist durch zu großen Tubus oder traumatische Intubation.

19.11.6 Früh- und Spätkomplikationen

Die wichtigsten Früh- und Spätkomplikationen der Intubation sind:
- Schluckbeschwerden, Heiserkeit und Trockenheitsgefühl im Hals; sie sind sehr häufig; Patienten vorher aufklären!
- Aryknorpelluxation: schwache Stimme, Flüsterstimme, Heiserkeit, Stimmlosigkeit, meist sofort nach der Extubation
- Rekurrensparese (sehr selten); genauer Mechanismus nicht bekannt
- Septum- und Conchae-Nekrosen; Nasennebenhöhleninfektionen (bei nasaler Intubation)
- Ulzerationen: Schmerzen und Heiserkeit
- Trachealstenose: nach Langzeitintubation.

→ Jede Stimmstörung, die länger als 4–7 Tage nach der Extubation anhält, muss endoskopisch abgeklärt werden.

19.12 Larynxmaske

Bei vielen Operationen kann anstelle eines Endotrachealtubus oder einer konventionellen Gesichtsmaske die Kehlkopf- oder Larynxmaske als **supraglottischer** Atemweg eingesetzt werden. Mit dieser Maske werden die Risiken der endotrachealen Intubation vermieden.

Nachteile:
- gelegentlich nicht korrekt zu platzieren
- nicht geeignet für Anwendung höherer Beatmungsdrücke
- kein Schutz vor Laryngospasmus
- kein absoluter Schutz vor Aspiration.

Nach korrekter Platzierung bildet der mit niedrigem Druck aufgeblasene Teil des Maskenkörpers an der Schnittstelle zwischen Ösophagus und Eingang in den Respirationstrakt eine kreisförmige Abdichtung um die Glottis herum.

Autoklavierbare Masken können nach Herstellerangaben 40-mal wiederverwendet werden. Einmalmasken sind ebenfalls erhältlich.

Eine Übersicht über Maskengröße und einführbare Endotrachealtuben sowie Fiberendoskope zeigt ▶ Tabelle 19-7.

Tab. 19-7 Larynxmasken – Maskengröße, einführbare Endotrachealtuben und Fiberendoskope

Maskengröße	Gewicht des Patienten (kg)	ID/ÄD (mm)	Länge (cm)	Cuffvolumen (ml)	Größtmöglicher Endotrachealtubus (ID mm)	Fiberendoskop (Durchmesser) (mm)
1	‹ 6,5	5,25/8	10	2–5	3,5	2,7
2	6,5–20	7/11	11,5	7–10	4,5	3,5
2,5	20–30	8,4/13	12,5	12–15	5	4
3	30–70	10/15	19	15–20	6 ohne Cuff	5
4	70–90	10/15	19	25–30	6 ohne Cuff	5
5	› 90	11,5/16,5	20	35–40	7,5 ohne Cuff	6,5

ProSeal-Larynxmaske (PLMA)

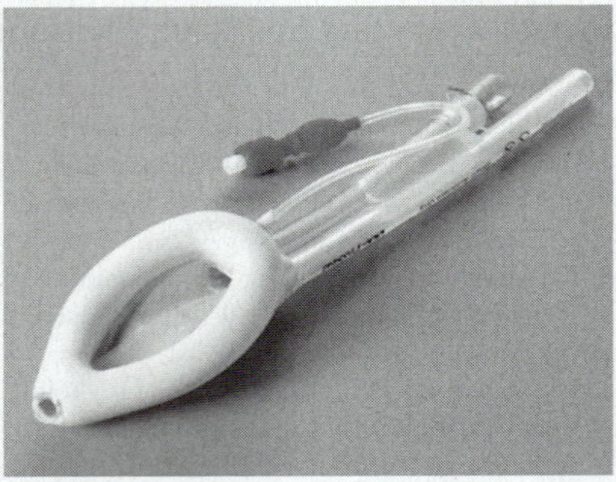

Abb. 19-13 ProSeal-Larynxmaske.

Larynxmaske mit modifiziertem Cuff, der die Abdichtung verbessert (▶ Abb. 19-13). Der abdichtende Cuffdruck liegt 8–11 cm H_2O über dem einer Standardmaske. Die PMLA enthält außerdem einen Drainagetubus, dessen distale Öffnung in der Spitze des Maskenkörpers liegt. Hierüber kann regurgitierte Flüssigkeit abgesaugt und eine Magensonde eingeführt werden. Allerdings ist die PLMA wegen ihres größeren Cuffs ohne Introducer schwieriger einzuführen als die Standardmaske. Bei korrekter Lage isoliert die PMLA die Epiglottis vom oberen Ösophagus; hierdurch wird möglicherweise das Aspirationsrisiko vermindert.

→ Liegt die Spitze nicht korrekt gegen den oberen Ösophagussphinkter, strömt Luft über den Drainagetubus zurück (Kontrolle!).

Flexible Larynxmaske (LMA-Flexible)

Maske mit flexibler Spirale im Schaft, speziell für Kopf- und Halsoperationen, z.B. Tonsillektomien, Adenotomien, Oral- und Zahnchirurgie, Augenoperationen.

Larynxmaske für die Intubation (LMA-Fastrach)

Die Larynxmaske besteht aus einem starren, anatomisch geformten Tubus mit Standardkonnektor, einem Handgriff aus Metall und dem Maskenkörper, der im Gegensatz zu den beiden Stegen der herkömmlichen Larynxmaske nur einen Steg enthält (▶ Abb. 19-14). Das kaudale Ende des Stegs ist frei beweglich und hebt die Epiglottis bei der Intubation durch die Maske an.

19.12.1 Klinische Anwendung

Besteht kein erhöhtes Aspirationsrisiko oder eine schwerwiegende respiratorische Insuffizienz, kann die Larynxmaskennarkose routinemäßig bei vielen Operationen anstelle der konventionellen Intubationsnarkose durchgeführt werden. Über die Larynxmaske kann der Patient kontrolliert/assistiert beatmet werden, bei kurzen Eingriffen auch spontan atmen.

! Merke

Durch Anwendung maximaler Beatmungsdrücke von 20–25 cm H_2O, Atemzugvolumina von 8 ml/kg und niedrigem Inspirationsflow kann bei den meisten Patienten eine ausreichende Ventilation erzielt werden.

Kontraindikationen:

- erhöhtes Aspirationsrisiko, Steinschnittlagerung, Trendelenburg-Lagerung
- Adipositas permagna
- Obstruktion im Bereich des Kehlkopfs oder der Trachea
- extrem eingeschränkte Mundöffnung
- Anwendung hoher Beatmungsdrücke.

19.12.2 Einführen der Larynxmaske

Die Larynxmaske wird in ausreichend tiefer Narkose eingeführt; ein Laryngoskop und die Relaxierung der Muskulatur sind nicht erforderlich.

→ Für das Einführen ist eine minimale Mundöffnung von 1,5 cm erforderlich.

Bei der traditionellen Standardtechnik (▶ Abb. 19-15) wird die Hinterwand des Maskenkörpers mit dem Zeigefinger gegen den harten Gaumen gedrückt, vergleichbar der Zungenbewegung beim Schlucken. Durch den Druck nach hinten gleitet die Larynxmaske über den Zungengrund und weicht so den Kehlkopfanteilen aus.

Korrekte Lage der Larynxmaske

Beim Blocken bewegt sich die Maske leicht aufwärts, erkennbar an einer geringen **Auswärtsbewegung** des Tubus, so dass sich Stimmritze

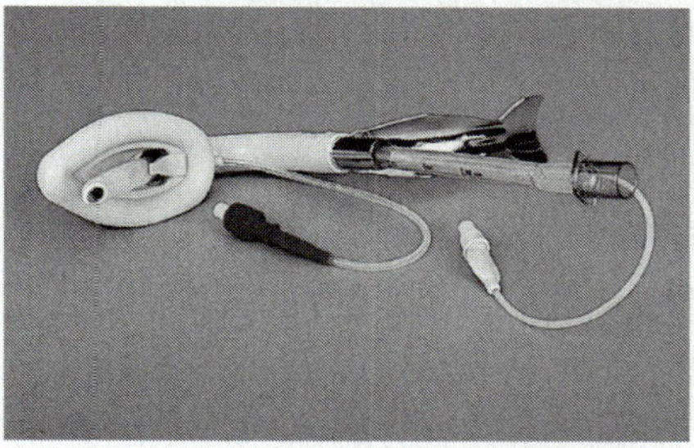

a

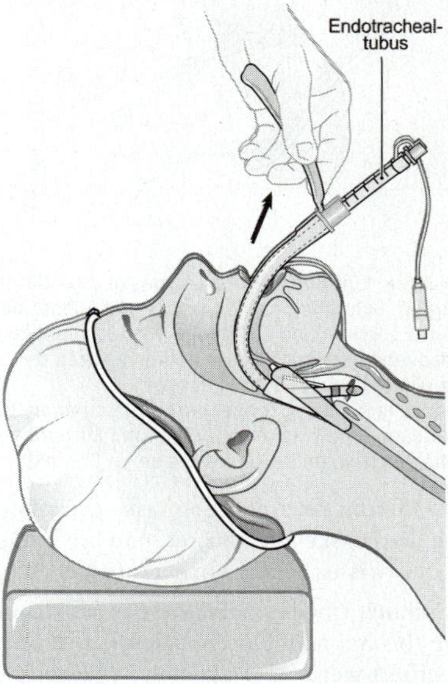

b

Abb. 19-14 LMA-Fastrach für die blinde oder fiberendoskopische Intubation der Trachea.
a) Maske mit eingeführtem Tubus; b) für die endotracheale Intubation wird die LMA am Handgriff gefasst und angehoben und so von der Hinterwand des Pharynx entfernt. Hierdurch kann der Endotrachealtubus leichter blind in die Trachea vorgeschoben werden.

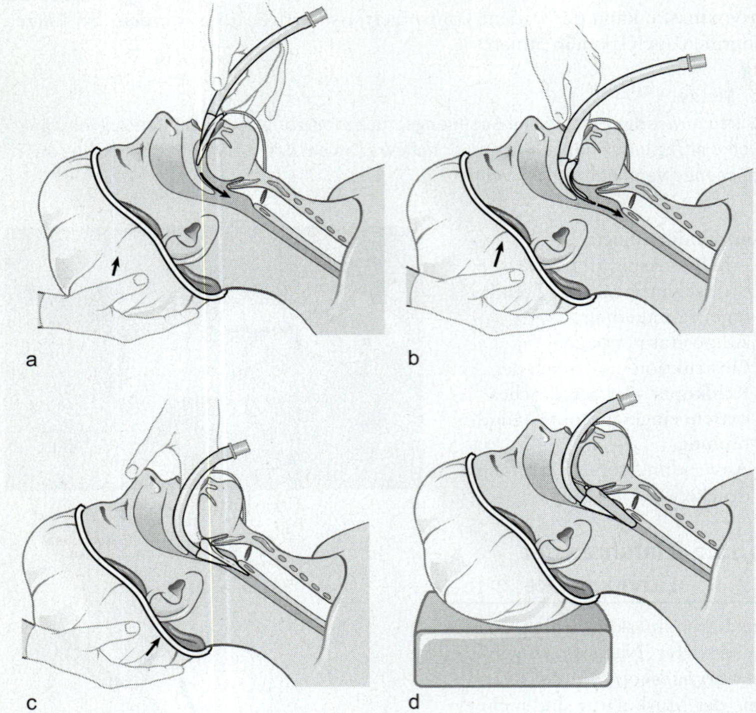

Abb. 19-15 Einführen der Larynxmaske (Standardtechnik).
a) Kopf in Schnüffelposition lagern und leicht überstrecken, dann mit dem Mittelfinger das Kinn herunterdrücken und die Maske mit nach vorn zeigender Öffnung in den Mund einführen.
b) Maskenspitze mit dem Zeigefinger gegen den harten Gaumen drücken, so weit vorschieben, bis sie dem harten Gaumen anliegt.
c) Maske in Richtung Zungengrund vorschieben, bis die hintere Pharynxwand erreicht worden ist.
d) Tubusende mit Daumen, Zeige- und Mittelfinger ergreifen und in die korrekte Position im Hypopharynx bzw. im Bereich des oberen Sphinkters vorschieben.

und Öffnung der Kehlkopfmaske gegenüberstehen. Der Larynx wird bei korrekter Lage der Maske abgedichtet, und die Stimmbänder sind vollständig frei; hierdurch ist ein gewisser Schutz vor pulmonaler Aspiration gegeben.

Beißschutz: Um ein Zubeißen des Schafts einschließlich Obstruktion und Beschädigung (bis hin zum Durchbeißen) zu verhindern, sollte ein Beißschutz in den Mund eingeführt werden. Am besten ist hierfür eine Rolle aus Gaze geeignet. Guedel-Tuben sollten hingegen nicht verwendet werden, da sie häufiger den korrekten Sitz der Maske behindern und zu Undichtigkeiten führen. Bei der Proseal-Maske ist ein Beißschutz bereits integriert.

Praktisches Vorgehen

Einführen der Larynxmaske

1. Standardmonitoring, venöser Zugang, Auswahl der richtigen Maskengröße (▶ Tab. 19-8).
2. Vor dem Einführen den Cuff der Maske vollständig mit einer 10- oder 20-ml-Spritze entleeren.
3. Danach distale Rückseite des Maskenkörpers mit Gleitmittel bestreichen oder mit Wasser anfeuchten.
4. Kopf des Patienten in Schnüffelposition lagern und dabei leicht überstrecken, alternativ auch Lagerung in Neutralposition, z.B. bei Patienten mit Erkrankungen der Halswirbelsäule.
5. Ausreichend präoxygenieren, dann Narkose i.v. einleiten, bevorzugt mit Propofol.
6. Maske nur bei ausreichend tiefer Narkose einführen, da sonst Fehllage oder Laryngospasmus möglich.
7. Larynxmaske mit der Hand erfassen. Hierbei zeigt die Öffnung der Maske nach vorn.
8. Nun mit dem Mittelfinger den Unterkiefer nach unten schieben, den Zeigefinger zur Führung einsetzen. Die Maskenspitze mit dem Zeigefinger gegen den harten Gaumen drücken und so weit in der Mundhöhle vorschieben, bis sie dem harten Gaumen richtig anliegt.
9. Dann die Maske in Richtung Zungengrund vorschieben, bis die hintere Pharynxwand erreicht ist.
10. Danach das Tubusende mit Daumen, Zeige- und Mittelfinger ergreifen und die Maske in einer gleichmäßigen Bewegung bis zu einem fühlbaren Widerstand vorschieben.
11. Nun den Cuff mit Luft blocken; hierbei muss sich das Tubusende leicht nach vorn bzw. aufwärts bewegen. Optimale Füllmengen für den Cuff beachten (▶ Tab. 19-7).
12. Nach Blocken des Cuffs (max. 60 mm Hg): Narkosesystem anschließen und Belüftung beider Lungen durch Auskultation und Kapnometrie überprüfen. Die Handbeatmung muss ohne größeren Widerstand und ohne wesentliches Luftleck möglich sein.
13. Danach Beißschutz einführen und Kehlkopfmaske sicher mit Pflaster fixieren.
14. Ist der Patient bei Narkoseende durch Anruf erweckbar oder öffnet er spontan die Augen und kann den Mund öffnen: die Maske mit geblocktem Cuff herausziehen, erst danach den Beißschutz; dann Pharynx absaugen.

Tab. 19-8 Maskengrößen

- Neugeborene und Säuglinge bis 6,5 kg: Größe 1
- Kinder bis 20 kg: Größe 2
- Kinder 20–30 kg: Größe 2,5
- größere Kinder und Erwachsene: Größe 3
- Erwachsene 70–90 kg: Größe 4
- Erwachsene > 90 kg: Größe 5

Alternative Einführtechniken. Für das Einführen der Larynxmaske werden folgende Modifikationen angegeben:

- leicht seitliches Einführen
- Vorziehen des Unterkiefers bzw. Esmarch-Handgriff durch einen Helfer
- Anwendung eines Laryngoskops
- Einführen mit halb gefülltem Cuff, z.B. bei wachen Patienten.

Funktionsstörungen der Maske

Manchmal lässt sich die Maske zwar korrekt platzieren, jedoch treten im weiteren Verlauf Funktionsstörungen auf. Hierzu gehören:

- Maskenleckage durch Verdrehung der Maske, falsches Cuffvolumen, Abknicken der Maskenspitze nach hinten oder durch zu hohen Beatmungsdruck
- Behinderung der Beatmung: ungenügende Narkosetiefe mit Stimmbandschluss oder erhöhtem Atemwiderstand
- Verrutschen im Verlauf der Narkose: durch Zug oder Verdrehung des Zuleitungsschlauchs oder durch ungenügende Narkosetiefe
- Obstruktion der Atemwege – reflektorisch durch ungenügende Narkosetiefe oder mechanisch: Verlegung durch Epiglottis, überblähter Cuff, Verrutschen der Maske, falsche Maskengröße.

19.12.3 Komplikationen

Klinisch relevante Komplikationen treten bei ca. 1% der Anwendungen auf, verglichen mit 3,4% bei endotrachealer Intubation:

- Laryngospasmus, Husten, Pressen, Aufbäumen, Bronchospasmus
- Sodbrennen, Schluckbeschwerden, Heiserkeit
- Stimmband-Funktionsstörungen, vermutlich durch übermäßige Blockung der Maske
- Lähmung des N. recurrens, hypoglossus und lingualis (Fallberichte).

19.13 Larynxtubus

Der Larynxtubus wird als Alternative zur Larynxmaske eingesetzt; die Indikationen und Kontraindikationen sowie die Vor- und Nachteile entsprechen im Wesentlichen denen der Larynxmaske. Der Tubus kann bei ca. 94% der Patienten korrekt platziert werden.

19.13.1 Aufbau und Größen

Der Tubus ist am distalen Ende verschlossen und besitzt – wie der Combitubus – zwei Manschetten: Ein großer, proximaler Cuff verschließt den Nasenrachenraum, ein kleinerer, distaler Cuff dichtet den Ösophaguseingang ab. Die Beatmung erfolgt über ventral gelegene Öffnungen, die sich zwischen den beiden Cuffs befinden (▶ Abb. 19-16 und ▶ 19-17).

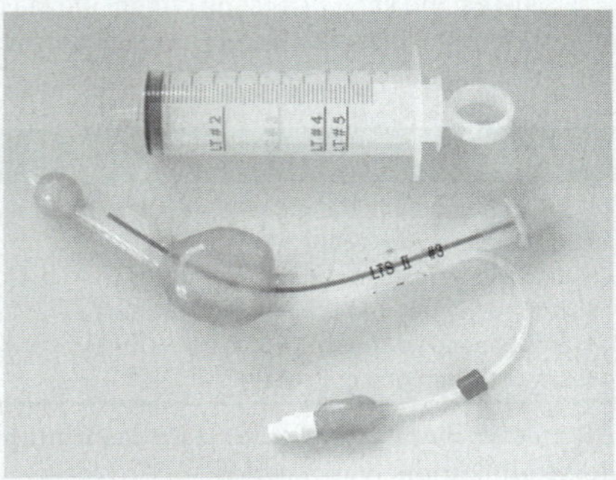

Abb. 19-16 Larynxtubus mit proximalem Cuff für den Verschluss des Nasenrachenraums und distalem Cuff für die Abdichtung des Ösophagus. Die Spitze des Tubus ist verschlossen.

Der Larynxtubus ist autoklavierbar und kann nach Herstellerangaben bis zu 50-mal wiederverwendet werden. Die Auswahl der Größe erfolgt bei Kindern nach dem Körpergewicht, bei Erwachsenen nach

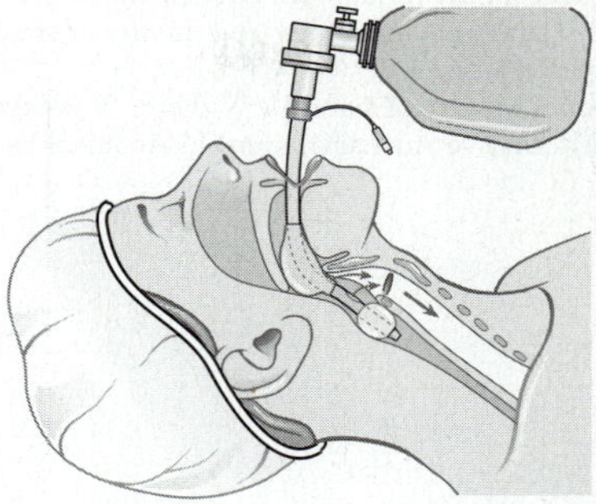

Abb. 19-17 Korrekte Position des Larynxtubus: Der distale Cuff dichtet den Ösophagus ab, der proximale den Nasenrachenraum. Die Atemluft gelangt durch die Öffnung zwischen den beiden Cuffs über den Kehlkopf in die Lunge.

Tab. 19-9 Larynxtubusgrößen und Blockvolumina

Körpergewicht (kg) bzw. Körpergröße (cm)	Größe des Larynxtubus	Erforderliches Blockvolumen (ml)
< 5 kg	0	10
5–12 kg	1	20
12–25 kg	2	35
< 155 cm	3	60
155–180 cm	4	80
> 180 cm	5	90

der Körpergröße (▶ Tab. 19-9). Der Larynxtubus S enthält zusätzlich einen Drainagekanal für das Einführen einer Magensonde.

19.13.2 Einführen des Tubus

Der Tubus wird, wie die Larynxmaske, ohne Muskelrelaxierung und ohne Hilfsmittel eingeführt (▶ Abb. 19-17):

→ Bei korrekter Lage der Tubusspitze im oberen Ösophagus befindet sich die mittlere schwarze Markierungslinie am Tubusschaft in Höhe der Schneidezähne.

Mögliche postoperative Komplikationen siehe Larynxmaske.

Literatur

Asai T, Shingu K: The laryngeal tube. Review. Br J Anaesth 2005, 95(6):729–736.

Brimacombe JR: Laryngeal Mask Anesthesia. Principles and Practice. Saunders, Philadelphia 2005.

Cooper RM: The LMA, laparoscopic surgery and the obese patient – can vs should. Can J Anesth 2003, 50:1, 5–10.

Dörges V, Paschen H-R: Management des schwierigen Atemwegs. Springer, Berlin 2004.

Hagenberg CA (ed.): Benumof's Airway Management. 2nd edition. Mosby Elsevier 2007.

Krier C, Georgi R (Hrsg.): Airway Management. Die Sicherung der Atemwege. Thieme, Stuttgart 2001.

Mencke T, Echternach M, Kleinschmidt S, Lux P, Barth V, Plinkert PK, Fuchs-Buder T: Laryngeal morbidity and quality of tracheal intubation. Anesthesiology 2003, 98:1049–56.

Wrobel M, Grundmann U, Wilhelm W, Wagner S, Larsen R: Der Larynxtubus – eine Alternative zur Larynxmaske? Anaesthesist 2004, 53(8):702–708.

20 Spinalanästhesie

Die Spinalanästhesie bewirkt eine sympathische, sensorische und motorische Blockade. Die systemischen Auswirkungen sind gering, wenn die Blockadehöhe Th 10 nicht überschreitet. Die wichtigsten Indikationen für eine Spinalanästhesie sind:
- Eingriffe an der unteren Extremität
- perineale Eingriffe
- Operationen im Unterbauch.

20.1 Anatomische Grundlagen

20.1.1 Bänder der Wirbelsäule

Bei der Punktion des Subarachnoidalraums im lumbalen Bereich müssen folgende Bänder von außen nach innen durchstochen werden (▶ Abb. 21-1, ▶ Kap. 21):
- Lig. supraspinale
- Lig. interspinale
- Lig. flavum.

20.1.2 Inhalt des Wirbelkanals

Der knöcherne Wirbelkanal erstreckt sich vom Foramen magnum der Schädelbasis bis zum Hiatus sacralis des Kreuzbeins und enthält folgende Bestandteile:
- Rückenmark: endet am Oberrand des 2.–3. Lendenwirbels, Conus medullaris meist zwischen L1 und L2, Cauda equina bis zum Steißbein
- Liquor cerebrospinalis: zwischen Subarachnoidea und Pia mater
- Hüllen des Rückenmarks: Pia mater, Arachnoidea, Dura
- Wurzeln der Spinalnerven: 31 Paare, jeweils mit Vorder- und Hinterwurzeln
- Periduralraum und zugehörige Strukturen.

Liquor cerebrospinalis. Liquor ist eine klare, farblose Flüssigkeit:
- Gesamtvolumen ca. 120–150 ml
- Menge im lumbosakralen Subarachnoidalraum 21–81 ml
- spezifische Dichte 1003–1009.

Das individuelle Liquorvolumen bestimmt ganz wesentlich die Ausbreitung und die Wirkdauer der Spinalanästhesie.

20.1.3 Spinale Dermatome

Jedem Rückenmarksegment ist ein bestimmtes **Hautgebiet** (Dermatom) zugeordnet, das von diesem Segment über einen bestimmten Spinalnerven sensorisch versorgt wird. Aufgrund dieser anatomischen Beziehungen kann die gesamte Körperoberfläche schematisch in Segmente oder Dermatome eingeteilt und nach den zugehörigen Rückenmarksegmenten benannt werden (▶ Abb. 20-1).

Hierbei muss jedoch Folgendes beachtet werden:

→ Die Dermatome gelten nur für die Haut. Unter dem Dermatom liegende Organe oder Muskeln werden häufig von anderen Nerven versorgt (▶ Abb. 20-2).

20.1.4 Sympathisches Nervensystem

Bei der Spinal- und Periduralanästhesie werden auch sympathische Fasern geblockt.

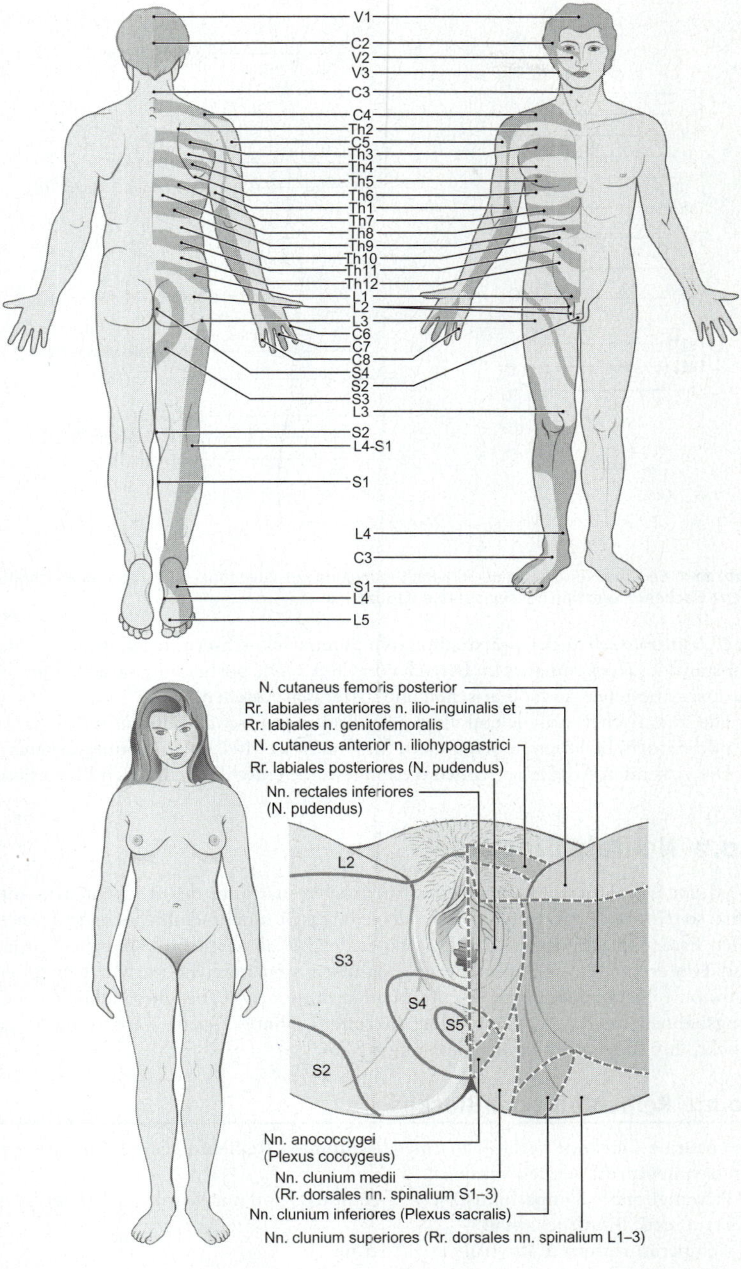

Abb. 20-1 Dermatome und ihre zugehörigen Rückenmarksegmente.

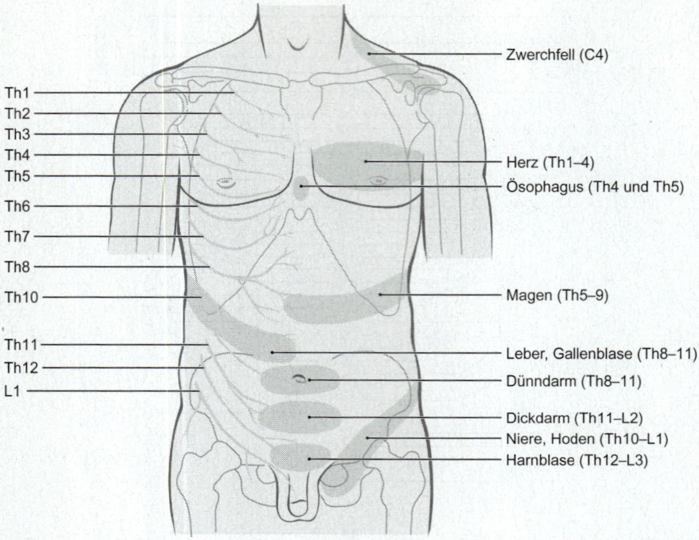

Abb. 20-2 Sensible Versorgung der inneren Organe und ihre zugehörigen Rückenmarkabschnitte. graue Flächen: Projektion auf segmentäre Hautbezirke

Die Ursprungszellen der präganglionären Sympathikusfasern liegen in der grauen Substanz des Rückenmarks im Bereich von C8–L2. Die postganglionären Sympathikusfasern bestehen aus somatischen und viszeralen Anteilen.

- Die somatischen Anteile enthalten gefäßkonstriktorische, sudomotorische und pilomotorische Fasern sowie Fasern für Knochen, Muskeln und Sinnesorgane.
- Die viszeralen Anteile versorgen die Eingeweide einschließlich deren Blutgefäße.

20.2 Neurale Blockade

Wird ein Lokalanästhetikum in den Subarachnoidalraum des Rückenmarks injiziert, so tritt innerhalb weniger Sekunden eine rasch zunehmende Blockade der neuralen Erregungsleitung auf. Hauptwirkort der Lokalanästhetika sind die Vorder- und Hinterwurzeln der Spinalnerven, daneben sind noch Hinterwurzelganglien, autonome Nervenfasern, gemischte Nervenstämme und die oberflächlichen Leitungsbahnen im Rückenmark selbst betroffen. Dünne Fasern werden zuerst geblockt, ihre Blockade hält auch am längsten an.

20.2.1 Reihenfolge der Blockade

Die neurale Blockade verläuft in einer bestimmten Reihenfolge, die am Patienten klinisch überprüft werden kann:

1. Präganglionäre Sympathikusfasern: Gefäßdilatation mit Warmwerden der Haut, evtl. Blutdruckabfall
2. Temperaturfasern: Kälte früher als Wärme
3. „Nadelstichfasern"

4. Fasern, die stärkeren Schmerz als Nadelstiche leiten
5. Berührung
6. Tiefensensibilität
7. Motorik
8. Vibration und Lageempfinden.

Bei der Ausbreitung des Lokalanästhetikums entsteht eine abgestufte Blockade:

- Sympathikusblockade am höchsten
- sensorische Blockade 2–4 Segmente tiefer
- motorische Blockade 2 Segmente unter sensorischer Blockade.

Beim Abklingen der Blockade kehrt die Motorik zuerst zurück, danach die Sensibilität und zum Schluss die autonome Funktion. Klinisch ist wichtig:

! Merke
Wegen der lang dauernden Blockade präganglionärer Sympathikusfasern ist mit einer anhaltenden Störung der Gefäßregulation zu rechnen.

20.2.2 Ausdehnung der Blockade

Die Größe des anästhesierten Gebiets hängt von der Ausbreitung des Lokalanästhetikums im Subarachnoidalraum ab. Wie stark sich das Lokalanästhetikum ausbreitet, wird vor allem von folgenden Faktoren bestimmt:

Dichte des Lokalanästhetikums

Von größter klinischer Bedeutung ist das Verhältnis der spezifischen Dichten von Lokalanästhetikum und Liquor, die sog. **Barizität.** Aufgrund dieses Verhältnisses können die Lokalanästhetika in folgender Weise unterschieden werden:

- Isobare Lokalanästhetika (Barizität 0,99–1,00 g/ml) besitzen die gleiche Dichte wie Liquor. Sie bleiben in der Nähe des Injektionsortes.
- Hyperbare Lokalanästhetika (Barizität > 1,00 g/ml) sind schwerer als Liquor; sie sinken, der Schwerkraft entsprechend, im Subarachnoidalraum ab. Dieser Zustand wird durch Zusatz von Glukose erreicht.
- Hypobare Lokalanästhetika (Barizität < 0,9990 g/ml) sind spezifisch leichter als Liquor; sie steigen im Subarachnoidalraum auf.

Die meisten glukosefreien („isobaren") Lokalanästhetika sind bei Körpertemperatur hypobar, bei < 20 °C dagegen hyper- oder isobar. Durch Zusatz von Opioiden wird die Dichte der Mischlösung weiter erniedrigt.

Position des Patienten während und nach der Injektion

In sitzender Position sinken hyperbare Lokalanästhetika ab, hypobare Substanzen steigen auf. In Rückenlage breiten sich hyperbare Lösungen aufgrund der Krümmungen der Wirbelsäule von S5–Th5 aus, hypobare Substanzen steigen bis zur Spitze der Lendenwirbelkrümmung, isobare Lokalanästhetika entfalten ihre maximale Wirkung in Nähe des Injektionsortes bzw. bis in den unteren Thorakalbereich.

→ Alter, Größe und Gewicht haben keinen wesentlichen Einfluss auf die Ausdehnung der Blockade.

20.2.3 Anschlagzeit der Lokalanästhetika

Die Anschlagzeit ist definiert als Zeit zwischen Injektion des Lokalanästhetikums und vollständiger Blockade. Sie beträgt für Lidocain und Mepivacain etwa 10 bis 15 min, für Bupivacain 0,5% hyperbar etwa 10–30 min.

Fixierungszeit. Eine sog. Fixierungszeit, in der das LA sich definitiv an die neuralen Strukturen gebunden hat und Lagerungsmanöver keinen Einfluss mehr auf die Ausbreitung haben, gibt es **nicht.** Es muss vielmehr auch nach langen Wartezeiten noch mit Veränderungen der Anästhesieausdehnung durch Lagerungsmaßnahmen gerechnet werden.

20.2.4 Dauer der Spinalanästhesie

Die Wirkung der Spinalanästhesie nimmt schrittweise von oben nach unten ab. Die chirurgische Anästhesie hält in den sakralen Segmenten somit wesentlich länger an als in den thorakalen und lumbalen.

20.3 Systemische Wirkungen der Spinalanästhesie

Im Mittelpunkt stehen die Auswirkungen der Spinalanästhesie auf den arteriellen Blutdruck. Weiterhin werden Atmung, Urogenitaltrakt, Magen-Darm-Trakt und Nebenniere beeinflusst. Systemisch-toxische Wirkungen des Lokalanästhetikums sind dagegen wegen der sehr geringen LA-Mengen nicht zu erwarten.

20.3.1 Herz-Kreislauf-System

Von praktischer Bedeutung sind die Blockade präganglionärer vasokonstriktorischer Sympathikusfasern sowie die Blockade des Herzsympathikus bei Th1–4.

Blockade präganglionärer Sympathikusfasern

Durch die Blockade präganglionärer sympathischer Gefäßnervenfasern werden die Arterien, Arteriolen, Venen und Venolen dilatiert.

Klinische Auswirkungen der Sympathikusblockade:
- Blutdruckabfall
- venöses Pooling mit Abnahme des venösen Rückstroms
- relative Hypovolämie.

! Merke

Je mehr spinale Segmente geblockt werden bzw. je höher die Spinalanästhesie, desto stärker der Abfall des arteriellen Blutdrucks.

Totale Sympathikusblockade:

Umfasst die Sympathikusblockade auch die Fasern von Th1–4 (Nn. accelerantes), so liegt eine totale Sympathikusblockade vor, die sich von Th1–L2 erstreckt. Folgende Auswirkungen treten zu den vorher beschriebenen Veränderungen hinzu:
- Blockade segmentärer Herzreflexe in den Abschnitten Th1–4
- Blockade von Efferenzen aus dem Vasomotorenzentrum zu den sympathischen Herznerven (Nn. accelerantes) aus Th1–4

- Blockade vasokonstriktorischer Sympathikusfasern in Kopf, Hals und oberen Extremitäten
- Blockade des N. splanchnicus (Th5–L1) mit Ausschaltung der Katecholaminsekretion im Nebennierenmark.

! Merke

Bei totaler Sympathikusblockade sind die sympathischen Reflexreaktionen des Herz-Kreislauf-Systems vollständig ausgeschaltet, so dass bei Volumenmangel, Volumenverlusten und Veränderungen der Körperlage der Blutdruck besonders stark abfällt.

20.3.2 Weitere Wirkungen

- Darm kontrahiert, klein und hyperperistaltisch durch Sympathikusblockade von Th5–L1
- Blasenatonie und Ausschaltung des Harndrangs durch Blockade der parasympathischen sakralen Segmente S2–4
- Hemmung der Katecholaminsekretion des Nebennierenmarks auf Reize aus dem Operationsgebiet bei hoher Spinalanästhesie
- respiratorische Wirkungen meist gering, solange bei Lungengesunden der N. phrenicus (C3–5) nicht ausgeschaltet wird.

20.4 Praxis der Spinalanästhesie

Die Spinalanästhesie ist eine einfache, billige und zuverlässige Methode, die für viele operative und diagnostische Maßnahmen eingesetzt werden kann.

EBM

Einfluss der Spinalanästhesie auf die postoperative Morbidität und Letalität

Es gibt Hinweise, dass rückenmarknahe Anästhesien (Spinal- oder Periduralanästhesie) im Vergleich mit Allgemeinanästhesien seltener mit tiefen Venenthrombosen, Lungenembolien, Bluttransfusionen, Pneumonien und Ateminsuffizienz einhergehen. Auch die Letalität ist geringer. Allerdings ist das Ausmaß einiger dieser Vorteile nicht gesichert, auch ist unklar, ob diese Wirkungen ausschließlich auf der regionalen Blockade selbst beruhen oder darauf, dass eine Allgemeinnarkose vermieden wird (Systematischer Review Rodgers et al., 2000).

20.4.1 Indikationen

Die Entscheidung für eine Spinalanästhesie hängt von zahlreichen Faktoren ab. Die wichtigsten sind:

- Zustand des Patienten
- Art und Dauer der Operation
- welcher Operateur
- Möglichkeiten der postoperativen Nachsorge.

Operationen

Wichtige Kriterien für die Entscheidung über die Anästhesieform sind:

- Operationsgebiet: besonders für Eingriffe unterhalb des Bauchnabels (Th 10)

- Dauer der Operation: nicht bei sehr kurzen (< 10 min) oder sehr langen (> 3–4 h) Eingriffen
- erforderlicher Grad der Muskelrelaxierung
- Blutverluste: sind stärkere Blutverluste wahrscheinlich, sollte keine SPA durchgeführt werden.

Patienten

Grundsätzlich sind die meisten Patienten der ASA-Risikogruppen I–III für eine Spinalanästhesie geeignet. Bei manchen Patienten der Gruppe IV kann eine begrenzte Blockade günstiger sein als eine Allgemeinnarkose. Folgende Erkrankungen bedürfen besonderer Erwägungen:

- Bei **COPD-Patienten,** die auf die Atemhilfsmuskulatur angewiesen sind, dürfen keine hohen Blockaden mit Ausschaltung der Bauchmuskulatur angewandt werden.
- Bei **Herzerkrankungen** muss die Indikation zur Spinalanästhesie besonders sorgfältig abgewogen werden. Herzkranke, deren Sympathikotonus bereits kompensatorisch erhöht ist, sollten keine Spinalanästhesie erhalten.

20.4.2 Kontraindikationen

In ▶ Tabelle 20-1 sind die wichtigsten absoluten und relativen Kontraindikationen für eine Spinalanästhesie zusammengefasst.

20.4.3 Blutgerinnung und Spinalanästhesie

Störungen der Blutgerinnung können bei der spinalen Punktion zu Blutungen im Bereich des Rückenmarks und der Spinalnervenwurzeln mit nachfolgender Kompression und schweren neurologischen Ausfällen führen. Daher gilt:

! Merke

Bei angeborenen oder erworbenen Störungen der Blutgerinnung sowie bei therapeutischer Antikoagulation mit Antifibrinolytika, Marcumar oder Heparin dürfen keine Spinalanästhesien durchgeführt werden.

Tab. 20-1 Kontraindikationen für Spinalanästhesien

Absolute	• Ablehnung durch den Patienten • Störungen der Blutgerinnung • bestimmte neurologische Erkrankungen • Spinalkanalstenose • Sepsis • Hypovolämie oder Schock • spezifische kardiovaskuläre Erkrankungen (▶ Kap. 14)
Relative	• schwere Deformierungen der Wirbelsäule • starke Kopf- oder Rückenschmerzen in der Vorgeschichte • Patienten mit hohem Risiko • bestimmte neurologische Erkrankungen (meist aus forensischen Gründen) • Arthritis, Osteoporose, Bandscheibenprolaps, Wirbelsäulenmetastasen

Thromboseprophylaxe mit niedrig dosiertem Heparin

Eine Spinalanästhesie bei niedrig dosierter Heparinzufuhr gilt als sicher, wenn folgende Empfehlungen beachtet werden:

- **unfraktioniertes Heparin** (z.B. Calciparin, Liquemin, Thrombophob): letzte Dosis 4–6 h vor der Spinalanästhesie
- **niedermolekulares Heparin** (z.B. Fraxiparin, Fragmin, Clexane, Clivarin, Mono-Embolex, Innohep): letzte Dosis 10–12 h vor der Spinalanästhesie oder erste Dosis 1 h nach der Punktion.

Intraoperative Heparinzufuhr

Auch die intraoperative Zufuhr von Heparin unter einer Spinalanästhesie, z.B. bei Gefäßoperationen, wird von einigen Autoren als sicher angesehen, vorausgesetzt, es bestehen keine Gerinnungsstörungen, Thrombozytopenie oder eine präoperative Antikoagulanzientherapie und die spinale Punktion verlief atraumatisch, d.h. ohne Blutaustritt aus der Kanüle.

Acetylsalicylsäure und nichtsteroidale antiinflammatorische Substanzen

- Acetylsalicylsäure (30–100 mg/d) und NSAID erhöhen, wenn sie allein zugeführt werden, vermutlich nicht das Risiko für spinale epidurale Hämatome bei Spinal- oder Epiduralanästhesie.
- Die Kombination von ASS mit lang wirkendem Heparin zur Thromboembolieprophylaxe kann dagegen das Blutungsrisiko erhöhen. Daher empfiehlt die DGAI Folgendes:

Leitlinien/Empfehlungen
ASS bei Spinalanästhesie (Empfehlung der DGAI 2007)
Bei Patienten, die unter ASS stehen und eine Spinal- oder Epiduralanästhesie erhalten sollen, sollte am Vorabend kein länger wirkendes Antikoagulans wie NMH gegeben werden, sondern erst postoperativ.

Postoperative Antikoagulanzientherapie

Wurde für die Operation ein Spinalkatheter gelegt, sollte er vor Beginn einer Kumarintherapie entfernt werden. Eine Heparintherapie kann bei liegendem Spinalkatheter eingeleitet werden. Soll dieser Katheter im weiteren Verlauf entfernt werden, empfiehlt sich die vorübergehende Unterbrechung der Heparinzufuhr mindestens 1–2 h vorher. Soll eine s.c. Heparintherapie postoperativ fortgesetzt werden, sollte der Katheter ca. 1 h vor der erneuten s.c. Injektion entfernt werden.

20.4.4 Zubehör

Am häufigsten werden sterile, kommerzielle Einmalsets eingesetzt.

Inhalt eines Sets für die Spinalanästhesie
- 1 Spinalnadel (22, 25, 26, 27 oder 29 G), bevorzugt mit stumpfer Spitze
- 1 Einführungskanüle (für 25- bis 29-G-Nadeln)
- 1 Kanüle für die Hautquaddel
- 1 Kanüle für die Infiltrationsanästhesie
- 1 Kanüle mit Bakterienfilter zum Aufziehen der Lokalanästhetika
- 1 Abdecktuch mit zentraler Öffnung, Tupfer, Platten, Handschuhe, Schwämmchen, Wannen für Desinfektionsmittel
- Spritzen: 2 ml (3 ml) und 5 ml

Spinalnadeln. Für die Spinalanästhesie sollten dünne, nicht schneidende Kanülen mit einem Durchmesser von 25 G (0,5 mm) oder 26 G (0,46 mm) verwendet werden, da hiermit wesentlich seltener postpunktionelle Kopfschmerzen auftreten als bei der scharfen Quincke-Nadel. Die Spitze dieser Nadeln ist verschlossen; beim Vorschieben ist eine Einführungskanüle erforderlich.

20.4.5 Lokalanästhetika

Für die Spinalanästhesie werden in Deutschland vor allem amidartige Lokalanästhetika eingesetzt. Gebräuchliche Substanzen sind in ▶ Tabelle 20-2 zusammengestellt. Bupivacain, Ropivacai, Lidocain und Mepivacain sind als hyperbare Handelspräparate erhältlich.

Zusatz von Vasokonstriktoren: Hiermit kann die Wirkdauer der Lokalanästhetika verlängert werden:

- **Phenylephrin** (Neosynephrin): Standarddosis 5 mg (≙ 0,5 ml der 1%igen Lösung), unabhängig von der Dosis des Lokalanästhetikums
- **Adrenalin:** Standarddosis 0,2 mg (≙ 0,2 ml der Lösung), ebenfall unabhängig von der Dosis des Lokalanästhetikums.

Bupivacain 0,5% hyperbar

In einer Ampulle „Bupivacain 0,5% hyperbar" befinden sich 4 ml Injektionslösung. 1 ml enthält 5 mg Bupivacainhydrochlorid und 50 mg Glukose mit einer spezifischen Dichte von 1,013 g/ml bei 37 °C.

Pharmakologie

Dosierung und Wirkdauer von Bupivacain 0,5%:

- hohe Spinalanästhesie (bis Th5): 2–4 ml
- mittelhohe Spinalanästhesie (bis Th10): 1,5–3 ml
- tiefe Spinalanästhesie (bis L1): 1–1,5 ml
- Sattelblock (S1–S5): 1–1,5 ml hyperbare Lösung
- empfohlene Höchstdosis 20 mg bzw. 4 ml
- Anschlagzeit 15–30 min, selten mehr
- Wirkdauer bzw. Regression der sensorischen Blockade um 2 Dermatome: 90–140 min, mit Vasopressor + 20–50 min, vollständige Aufhebung der Blockade: nach 240–380 min

Levobupivacain (Chirocain)

Wirkungseintritt, Intensität und Dauer der sensorischen und motorischen Blockade entsprechen klinisch denen von Bupivacain.

Ropivacain (Naropin)

Klinisch unterscheidet sich Ropivacain nicht wesentlich von Bupivacain.

Tab. 20-2 Lokalanästhetika für die Spinalanästhesie

Substanz	Konzentration (%)	Barizität	Glukosekonzentration (%)	Volumen (ml)	Gesamtdosis (mg)	Wirkdauer ohne Vasokonstriktor (min)	Wirkungsverlängerung mit Vasokonstriktor (%)
Bupivacain	0,5	hyperbar	5	3–4	15–20	75–150	20–50
		isobar					
Levobupivacain	0,5	isobar		3–4	15–20	75–150	20–50
Ropivacain	0,5	isobar		3–4	15–20	75–150	20–50
Lidocain	5	hyperbar	6,83	1–2	30–100	30–90	20–50
Mepivacain	4	hyperbar	9,5	1–2	40–80	30–90	20–50
Prilocain	2	isobar		4	80	120	20–50

Pharmakologie

Dosierung von Ropivacain 0,5%:

- hohe Spinalanästhesie (bis Th4/5): 2–4 ml
- mittelhohe Spinalanästhesie (bis Th10): 1,5–3 ml
- tiefe Spinalanästhesie (bis L1): 1–1,5 ml
- Sattelblock: 1–1,5 ml hyperbare Lösung
- empfohlene intrathekale Höchstdosis: 20–25 mg bzw. 4–5 ml

Mepivacain 4%

Eine Ampulle enthält 2 ml „Mepivacain 4%" in 10%iger Glukose; in 1 ml befinden sich 40 mg Mepivacain und etwa 100 mg Glukose. Die Lösung ist hyperbar.

Die Fixierungszeit beträgt etwa 5–10 min, die Wirkungsdauer der Operationsanalgesie ohne Vasokonstriktorzusatz etwa 45–60 min, mit Vasokonstriktorzusatz 60–90 min.

Pharmakologie

Dosierung von Mepivacain 4% hyperbar:

- hohe Spinalanästhesie (bis Th5): 1,5–2,0 ml
- mittelhohe Spinalanästhesie (bis Th10): 1,0–1,5 ml
- tiefe Spinalanästhesie (bis L1): 0,8–1,2 ml
- Sattelblock (S1–S5): 0,6–1,0 ml hyperbare Lösung

Lidocain 5%

Die Substanz sollte wegen möglicher Neurotoxizität nicht mehr für die Spinalanästhesie eingesetzt werden. Alternative für kurze Eingriffe: Prilocain.

Opioidzusatz zum Lokalanästhetikum

Durch Zusatz von Opioiden zum Lokalanästhetikum kann die Dauer der chirurgischen Anästhesie verlängert und der Dosisbedarf für das Lokalanästhetikum vermindert werden.

Intrathekal injizierte Opioide vermindern selektiv die nozizeptive afferente Aktivität in den Aδ- und C-Fasern. Lipophile Opioide wie Fentanyl oder Sufentanil werden in Deutschland dem hydrophilen Morphin meist vorgezogen, weil die Wirkung rascher einsetzt und nicht mit später Atemdepression einhergeht.

- Sufentanil: Dosierung 5 bis maximal 10 µg; Wirkdauer 1–4 h
- Fentanyl: minimale effektive Dosis 10 µg.

Zusatz von Clonidin

Der α_2-adrenerge Agonist Clonidin vermindert die nozizeptive Aktivität in den Aδ- und C-Fasern und wirkt synergistisch mit spinal injizierten Lokalanästhetika. Die Wirkdauer wird nicht verlängert, Pruritus und Atemdepression treten nicht auf, Harnverhalt ist seltener. Nebenwirkungen sind Blutdruckabfall, Bradykardie und Sedierung.

→ Dosierung von Clonidin bei Kombination mit Lokalanästhetika: 15–45 mg.

20.4.6 Techniken der Spinalanästhesie

Isobare Technik

Bei echten isobaren Lokalanästhetika hat die Schwerkraft bzw. die Lagerung des Patienten während und nach der Injektion keinen Einfluss auf die Ausbreitung im Subarachnoidalraum. Bei entsprechender Dosierung breiten sich isobare Lokalanästhetika in der Regel bis in die untere thorakale Region aus. Bei gleicher Dosierung führen isobare Lokalanästhetika meist zu einer geringeren Anästhesiehöhe als hyperbare.

Hyperbare Technik

Da hyperbare Lokalanästhetika schwerer sind als Liquor, breiten sie sich **lagerungsabhängig** aus:

- Bei Injektion am sitzenden Patienten und anschließender Hochlagerung des Oberkörpers werden die sakralen und unteren lumbalen Segmente anästhesiert.
- Bei flacher Rückenlagerung oder Trendelenburg-Lagerung nach der Injektion breiten sich die hyperbaren Lokalanästhetika bis in den hohen thorakalen oder den zervikalen Bereich aus.

Einseitige Spinalanästhesie

Bei der einseitigen Spinalanästhesie sollen jeweils nur die Vorder- und Hinterwurzeln der zu operierenden Seite ausgeschaltet werden.

Voraussetzungen:

- Verwendung eines hyperbaren Lokalanästhetikums
- spinale Punktion möglichst bei Lagerung auf der zu operierenden Seite
- Reduzierung des Lokalanästhetikums auf die Hälfte der sonst erforderlichen Dosis
- langsame Injektion des Lokalanästhetikums
- Beibehaltung der Seitenlage für ca. 20–30 min.

Eine strikt einseitige sensorische Blockade lässt sich so bei 30–45 % der Patienten erreichen, eine einseitige motorische Blockade bei 70–80 %.

Kontinuierliche Spinalanästhesie

Bei diesem Verfahren wird ein Kunststoffkatheter in den Subarachnoidalraum eingeführt, über den die Lokalanästhetika, je nach Bedarf, nachinjiziert werden können (Einzelheiten ▸ Kap. 20.4.10). Von Vorteil ist, dass hiermit eine relativ genau begrenzte sensorische Blockade erreicht werden kann.

20.4.7 Präoperative Maßnahmen

Bei der präoperativen Einschätzung muss vor allem überprüft werden, ob der Patient für eine Spinalanästhesie geeignet ist. Grundsätzlich entspricht jedoch das Vorgehen bei der Prämedikationsvisite dem für eine Allgemeinnarkose (▸ Kap. 13): Von großer Bedeutung sind Störungen der Blutgerinnung und die Einnahme von Antikoagulanzien und anderen Medikamenten mit Einfluss auf die Thrombozytenfunktion und Blutgerinnung (▸ Kap. 12 und ▸ 13).

Körperliche Untersuchung

Sie richtet sich speziell auf neurologische Erkrankungen sowie, aus punktionstechnischen Gründen, auf den Zustand der Wirbelsäule und der großen Gelenke (Lagerungs- und Punktionsschwierigkeiten).

Laborwerte

Grundsätzlich werden die gleichen Laborwerte wie für eine Allgemeinnarkose bestimmt. Routinemäßige Untersuchungen des Gerinnungssystems sind nicht erforderlich. Anders hingegen bei Verdacht oder konkreten Hinweisen auf Störungen der Blutgerinnung:

Labor

Untersuchungen bei Hinweisen auf Gerinnungsstörungen (Grenzwerte für Spinal- und Periduralanästhesie in Klammern):
- Quick-Test (nicht unter 50–70%)
- PTT (nicht über 40 s)
- Thrombozytenzahl (nicht unter 50 000–80 000/μl; nicht über 500 000/μl)
- Blutungszeit (Duke nicht > 4 min; IVY nicht > 7 min).

Die Blutungszeit oder ein Thrombelastogramm sollte bestimmt werden, wenn die Thrombozytenzahl außerhalb der Grenzwerte liegt. Ist das Thrombelastogramm normal, können Spinalanästhesien auch außerhalb der angegebenen Grenzwerte durchgeführt werden. Katheterspinalanästhesien sollten jedoch vermieden werden.

Aufklärung über Besonderheiten

- Typische Risiken einschließlich Querschnittslähmung und andere neurologische Komplikationen
- Möglichkeit der ungenügenden Anästhesie
- kurze Darstellung des technischen Vorgehens und korrekte Angaben über den Verlauf und die Auswirkungen der Blockade.

Prämedikation

Starke Sedierung sollte vermieden werden, um die Mitarbeit des Patienten nicht unnötig einzuschränken.

20.4.8 Durchführung der Spinalanästhesie

Vorbereitungen

Wegen der möglichen Nebenwirkungen und Komplikationen erfolgt jede Spinalanästhesie in Reanimationsbereitschaft.

Vorbereitungen für die Spinalanästhesie

- Spinalanästhesie-Set
- Lokalanästhetika für die Spinal- und Infiltrationsanästhesie
- in Spritzen aufgezogen: Vasopressor, Atropin, Adrenalin, Midazolam (Dormicum), alternativ i.v. Anästhetikum (z.B. Propofol), Succinylcholin
- Venenkanüle, bilanzierte Elektrolytlösung
- Blutdruckmanschette, EKG-Monitor, Pulsoxymeter, evtl. Thermosonde
- Intubationsbesteck, Beatmungsbeutel, Narkosegerät

Lagerung des Patienten

Die Punktion erfolgt in sitzender Position oder in Seitenlage des Patienten

→ Für die **Punktion in Seitenlage** (▶ Abb. 20-3 und ▶ Abb. 20-4) muss der Patient sich wie ein Embryo zusammenkrümmen, d.h. die Beine bei gekrümmten Knien maximal an den Bauch ziehen, außerdem die Brustwirbelsäule maximal krümmen und das Kinn auf die Brust legen. Die Wirbelsäule muss parallel zum Tisch verlaufen, die Schultern und Beckenschaufeln senkrecht dazu. Diese Lage sollte ebenfalls durch einen vor dem Patienten stehenden Helfer gesichert werden.

→ Bei der Punktion im Sitzen (▶ Abb. 20-5) muss der Patient sich aufrecht hinsetzen, dann die Brustwirbel maximal beugen („Katzenbuckel") und die Unterarme auf die Knie legen. Dabei steht ein Helfer vor dem Patienten und stützt ihn.

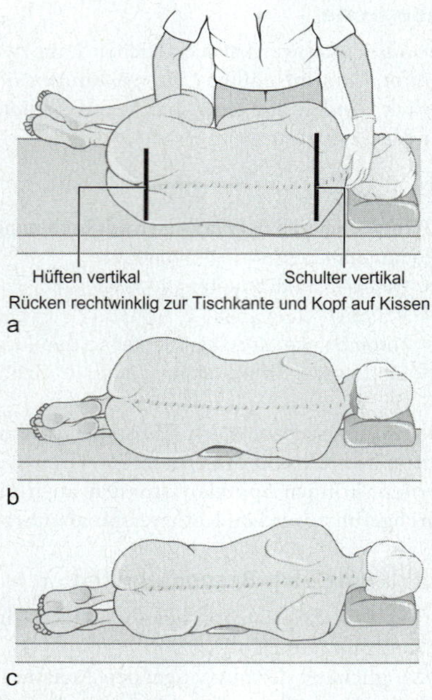

Abb. 20-3 Seitenlagerung des Patienten für die Punktion des Subarachnoidalraums.
a) Der Helfer unterstützt die gekrümmte Haltung des Patienten.
b) Verlauf der Wirbelsäule bei der Frau (breiteres Becken) und
c) beim Mann.

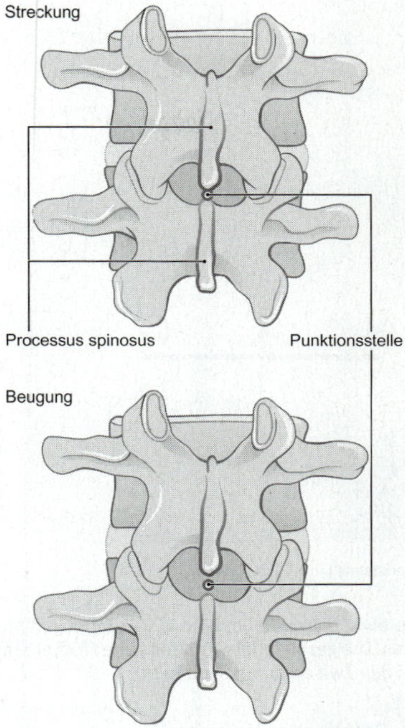

Abb. 20-4 Auseinanderweichen der Dornfortsätze im Lumbalbereich durch die in Abb. 20-3 und 20-5 gezeigten Lagerungsmaßnahmen. Hierdurch wird die Punktion der Zwischenwirbelräume wesentlich erleichtert.

√ Praktisches Vorgehen
Spinalanästhesie

1. Nach der endgültigen Lagerung Einstichstelle markieren; hierfür die in ▶ Abbildung 20-5 gezeigte Linie zwischen den Oberkanten der Darmbeinschaufeln zur Wirbelsäule ziehen. Sie entspricht meist (aber nicht immer!) dem Zwischenraum von L4 und L5.
2. Mundschutz und Kopfbedeckung anlegen, dann Hände desinfizieren und sterile Handschuhe anziehen.
3. Großflächige Desinfektion der Punktionsstelle (2–3-mal von innen nach außen), feucht einwirken lassen, dann Reste abwischen, dabei Fingerkontakt mit dem Desinfektionsmittel vermeiden und Punktionsstelle mit einem sterilen Lochtuch abdecken.
4. Hautquaddel anlegen, dann Infiltrationsanästhesie mit geringer LA-Menge.

Technik der Lumbalpunktion

Der Subarachnoidalraum kann von der Mittellinie (medianer Zugang) oder von der Seite her (lateraler oder paramedianer Zugang) punktiert werden (▶ Abb. 20-6). Am häufigsten wird der mediale Zugang angewandt.

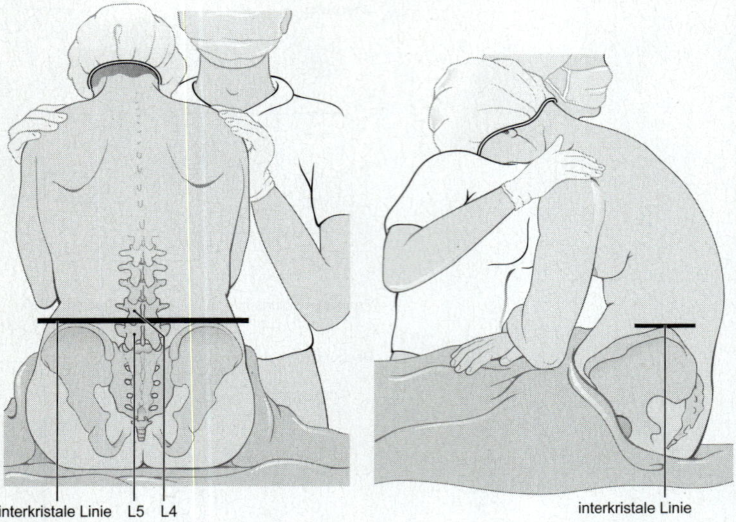

Abb. 20-5 Sitzende Position („Katzenbuckel") für die Punktion des lumbalen Subarachnoidalraums. Die gezeigte interkristale Linie (Tüffier-Linie) schneidet den 4. Lendenwirbel-Dornfortsatz oder den Zwischenraum von L4/5.

Praktisches Vorgehen

Technik der medianen Lumbalpunktion

1. Führungskanüle genau in der Mittellinie, leicht nach oben ansteigend (100–105°), in das Lig. interspinale einführen, danach die Spinalkanüle hierdurch in den Liquorraum vorschieben. Dabei sind oft zwei deutliche Widerstände zu verspüren: die Perforation des Ligamentum flavum und die Perforation der Dura-Arachnoidea.
2. Nach Erreichen des Subarachnoidalraums Mandrin entfernen, damit Liquor frei abfließen kann (▶ Abb. 22-7b). Tritt kein Liquor aus, wird die Nadel so lange um jeweils 90° rotiert und evtl. etwas vor- oder zurückgeschoben, bis Liquor abfließt (ohne Liquor keine Anästhesie!).
3. Werden beim Vorschieben der Nadel Parästhesien ausgelöst, so hat die Spitze eine Nervenwurzel berührt. Nadel sofort zurückziehen und Stichrichtung ändern.
4. Ist der Liquor blutig tingiert: abwarten, bis klarer Liquor abtropft; dann das Lokalanästhetikum injizieren.
5. Tropft nur Blut aus der Kanüle: Kanülenlage korrigieren, bis Liquor austritt.
6. Wird immer nur Knochenkontakt hergestellt: Lagerung überprüfen und korrigieren; wenn weiter erfolglos: paramedianen Zugang wählen (s.u.).
7. Tritt Liquor frei aus der Kanüle, ist der Subrachnoidalraum erreicht. Beim Aufziehen von etwas Liqor in die Lokalanästhetikum-Spritze treten Schlieren in der Flüssigkeit auf: Jetzt kann das Lokalanästhetikum injiziert werden.
8. Bei der Injektion des Lokalanästhetikums die Kanüle mit der linken Hand zwischen Zeigefinger und Daumen halten, dabei den Handrücken am Patienten fixieren; mit der rechten Hand das Loklanästhetikum injizieren.
9. Treten Schmerzen bei der Injektion auf: Injektion sofort unterbrechen und Position der Kanüle korrigieren.
10. Punktionsstelle mit Pflaster abdecken.

Seitlicher Zugang: Hierbei wird die Spinalnadel etwa 1–2 cm seitlich von den Dornfortsätzen im Zwischenwirbelraum eingeführt und lateral der interspinalen Bänder vorgeschoben (▶ Abb. 20-6).

Lagerung nach der Injektion des Lokalanästhetikums:

- sofort nach der Injektion Rückenlage; bei hyperbaren LA kann die Ausbreitung durch Lagerungsmaßnahmen beeinflusst werden
- wenn einseitige Anästhesie angestrebt: Lagerung auf die Operationsseite
- bei Sattelblock: sitzende Position für 10–15 min beibehalten.

Kontrolle der Anästhesieausbreitung

Die Wirkung der Spinalanästhesie setzt meist bereits während der Injektion ein. Erste Zeichen sind **Wärme- und Schweregefühl in den Beinen** (Sympathikusblockade), oft auch **Kribbelparästhesien oder Taubheitsgefühle.** Die Ausbreitung der Anästhesie sollte bis zur Anschlagzeit fortlaufend kontrolliert werden. Folgende Methoden werden hierbei verwendet:

- Kältereize, z.B. mit alkoholischem Spray
- Reaktion auf Nadelstiche
- mechanische Stimuli wie Berührung oder Drücken der Haut
- Überprüfung der Motorik: können die gestreckten Beine nicht mehr angehoben werden, sind alle lumbalen Segmente motorisch geblockt.

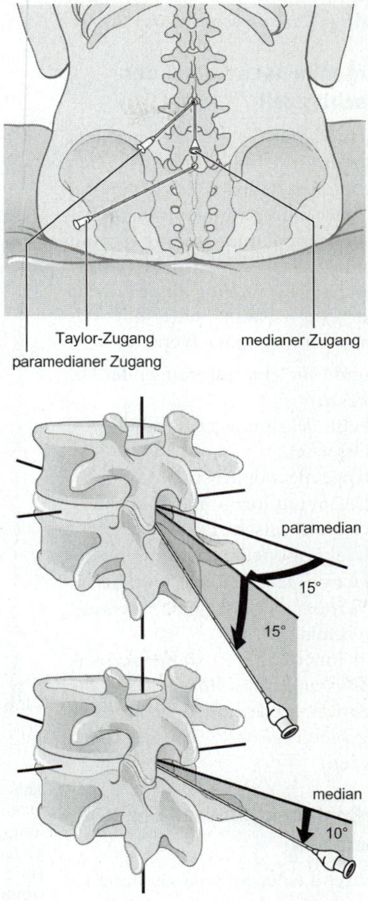

Abb. 20-6 Medianer, paramedianer (seitlicher) und Taylor-Zugang zum Subarachnoidalraum.

Überwachung der Vitalfunktionen in der frühen Postinjektionsphase

Die Phase unmittelbar nach der Injektion des Lokalanästhetikums ist besonders kritisch und bedarf genauester Überwachung, weil die Anästhesie sich unkontrolliert hoch ausbreiten und außerdem der arterielle Blutdruck und manchmal auch die Herzfrequenz bedrohlich abfallen können.

Ein komisches Gefühl, plötzliche Gesichtsblässe, Gähnen oder Übelkeit/Erbrechen können **Frühzeichen** des Blutdruckabfalls sein:

→ Sofort Blutdruck messen; wenn niedrig: Vasopressor injizieren!

Vorgehen nach Ablauf der Anschlagzeit

Nach Ablauf der für die einzelnen Lokalanästhetika unterschiedlich langen Anschlagzeit wird **vor** Beginn der Operation die Anästhesieausbreitung und -qualität mit Schmerzreizen (Nadelstichen) überprüft. Erst wenn eine ausreichende Analgesie besteht, darf mit der Operation begonnen werden.

Gründe für eine ungenügende Anästhesie:

- Fehlinjektion des LA (häufigste Ursache).
- Ungenügende Ausbreitung des LA im Liquorraum. Mögliche Gründe: falsche Dosis, zu tiefe Injektionsstelle, zu langsame Injektion, falsche Lagerung, LA-Verlust über Foramina intervertebralia.

Tritt innerhalb von 10 min keinerlei Wirkung ein, sollte entweder die Injektion wiederholt oder auf eine Allgemeinnarkose übergegangen werden.

a

b

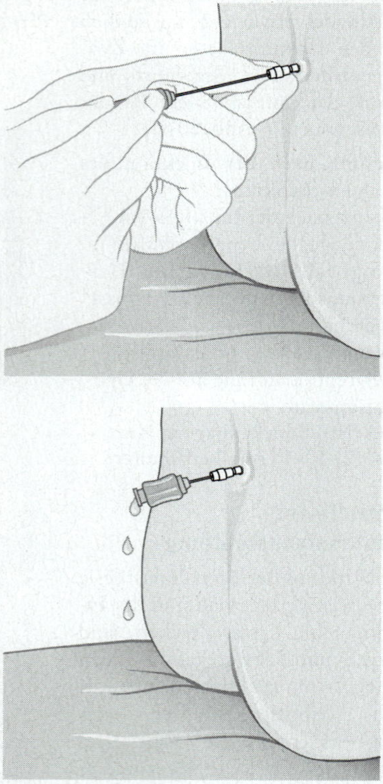

Abb. 20-7 Technik der Lumbalpunktion:
a) Vorschieben der Spinalnadel durch die Einführungskanüle;
b) nach Erreichen des Subarachnoidalraums und Entfernen des Mandrins zeigt der freie Abfluss von Liquor die richtige Lage der Kanüle an.

Maßnahmen während der Operation

Während einer Spinalanästhesie ist die gleiche sorgfältige Überwachung erforderlich wie bei einer Allgemeinnarkose.

- bei Bedarf Sedierung, z.B. mit Midazolam (Dormicum) i.v. in titrierenden Dosen
- Vasopressor bei Blutdruckabfall, ebenfalls in titrierenden Dosen
- bei ungenügender OP-Analgesie: Allgemeinnarkose.

Aufwachraum und Verlegung auf die Normalstation

Bei anhaltender Blockade ist im Aufwachraum eine lückenlose Überwachung von Blutdruck und Herzfrequenz erforderlich, da weiterhin Blutdruckabfälle und Bradykardien auftreten können. Übelkeit und Erbrechen sind ebenfalls möglich. Bei Verdacht auf neurologische Komplikationen ist eine frühzeitige neurologische Konsiliaruntersuchung erforderlich.

Voraussetzungen für eine Verlegung des Patienten:
- Regression der sensorischen Blockade um mindestens 4 Segmente bzw. unterhalb von Th10
- hämodynamische Stabilität
- Wohlbefinden des Patienten.

20.4.9 Sattelblock

Beim Sattelblock beschränkt sich die Anästhesieausdehnung auf das Perineum; ausgeschaltet werden nur die sakralen Segmente (S1–5) (▶ Abb. 20-1). Bei richtiger Technik bleibt die Beinmotorik weitgehend erhalten.

Wichtigste Vorteile:
- geringe Nebenwirkungen, kein Blutdruckabfall, da keine Sympathikusfasern geblockt werden
- gute postoperative Analgesie.

→ Beachte: für Operationen an der Vulva reicht der Sattelblock nicht aus, da deren obere Anteile von den Segmenten L1 und L2 versorgt werden.

Vorgehen:
1. Punktion des Subarachnoidalraums am sitzenden Patienten bei L4/5
2. Injektion von 0,5–1 ml hyperbarem Lokalanästhetikum
3. Beibehalten der sitzenden Position für ca. 10–15 min.

20.4.10 Kontinuierliche Spinalanästhesie (CSA)

Bei der CSA wird nach Punktion im Lumbalbereich ein dünner Kunststoffkatheter (20–32 G) in den Subarachnoidalraum vorgeschoben und hierüber das Lokalanästhetikum nach Bedarf injiziert. Mit dieser Technik kann die Anästhesieausbreitung besser gesteuert werden und es treten weniger Blutdruckabfälle auf; auch können kurz wirkende Lokalanästhetika eingesetzt und so die Erholungsphase in der postoperativen Phase verkürzt werden. Daher eignet sich die CSA besonders für sehr kranke und alte Patienten.

✓ Praktisches Vorgehen

CSA

1. Lumbalpunktion wie beschrieben.
2. Katheter nach oben in den Subarachnoidalraum vorschieben. Das Erreichen der distalen Kanülenöffnung ist meist als leichter Widerstand zu spüren.
3. Katheter nicht mehr als 2–3 cm in den Subarachnoidalraum vorschieben; niemals über die Kanüle zurückziehen, da er hierbei abgeschnitten wird!
4. Nach korrekter Platzierung des Katheters die Kanüle sehr vorsichtig zurückziehen, dabei durch „Gegenstopfen“ ein versehentliches Mitentfernen des Katheters verhindern. Danach den Mandrin herausziehen.
5. Die Aspiration von Liquor zur Verifizierung der korrekten Lage ist bei Mikrokathetern nicht möglich.

20.4.11 Kombinierte Spinal-Epiduralanästhesie (CSE)

Bei diesem Verfahren wird zunächst der Periduralraum mit einer Tuohy-Nadel punktiert, dann eine sehr dünne Spinalnadel durch die Öffnung der Tuohy-Nadel in den Subarachnoidalraum vorgeschoben, anschließend das Lokalanästhetikum für die Spinalanästhesie injiziert. Während sich nun die Spinalanästhesie entwickelt, wird der Periduralkatheter eingeführt.

Vorteil: rasche OP-Analgesie, die später bei Bedarf durch periduralе Injektion des Lokalanästhetikums verlängert werden kann.

20.5 Komplikationen

Jedes Narkoseverfahren birgt bestimmte Risiken und Nebenwirkungen, so auch die Spinalanästhesie. Hierbei können früh und verzögert einsetzende Komplikationen unterschieden werden (s. ▶ Kap. 20.3.1).

20.5.1 Bradykardie und Herzstillstand

Bradykardien treten bei 10–15% der Spinalanästhesien auf, besonders wenn die Nn. accelerantes (Th1–4) blockiert sind, aber auch bei tieferen Blockaden.

Eine schwere Bradykardie unter Spinalanästhesie kann bei 0,3–0,6% der Fälle in eine Asystolie übergehen.

→ Bei massiver Bradykardie wird die sofortige Injektion von Adrenalin empfohlen, um einen Herzstillstand zu verhindern. Atropin sollte nur bei weniger schweren, aber therapiebedürftigen Bradykardien angewandt werden.

20.5.2 Totale Spinalanästhesie

Die insgesamt sehr seltene totale Spinalanästhesie geht mit einer vollständigen Sympathikusblockade und einer Lähmung des Zwerchfells einher. Wichtigste **Ursachen:**
- Überdosierung des Lokalanästhetikums
- Lagerungsfehler bei hyperbarer Technik.

Zeichen der totalen Spinalanästhesie:
- Angst, Aufgeregtheit und Atemnot
- massiver Blutdruckabfall
- Atemstillstand
- Pupillenerweiterung
- Bewusstseinsverlust.

✓ Praktisches Vorgehen

Behandlung der totalen Spinalanästhesie
1. Sofort endotracheale Intubation und Beatmung mit 100% Sauerstoff (Muskelrelaxanzien sind für die Intubation nicht mehr erforderlich).
2. Beine hochlagern, rasch Volumen infundieren.
3. Vasopressor (z.B. Phenylephrin, Ephedrin, Akrinor).
4. Bei Bradykardie sofort Adrenalin; wenn erforderlich, Noradrenalin zur Blutdrucksteigerung.

20.5.3 Harnverhalt

Um eine Überdehnung der Harnblase zu vermeiden (besonders nach ausgiebiger Volumenzufuhr), wird der Patient spätestens 4 h nach der Spinalanästhesie aufgefordert, Urin zu lassen. Bei Misserfolg kann ein Parasympathomimetikum, z.B.

1 Ampulle Carbachol (Doryl), i.m. injiziert oder die Harnblase einmal katheterisiert werden.

20.5.4 Postspinale Kopfschmerzen

Die typischen Kopfschmerzen entwickeln sich 24–48 h nach der Spinalanästhesie; Ursache ist der anhaltende Liquorverlust über das Punktionsloch in der Dura.

- Die Kopfschmerzen treten vorwiegend okzipital und beiderseits frontal auf, manchmal begleitet von Seh- und Hörstörungen sowie Schwindel.
- Die Schmerzen sind lageabhängig und nehmen in aufrechter Position sowie beim Pressen mit der Bauchmuskulatur zu, im Liegen dagegen ab.

Differentialdiagnose:

- Subdurales Hämatom/Hygrom (bei prolongierten Beschwerden)
- entzündliches Liquorsyndrom oder Meningitis (Rarität)
- spontanes (idiopathisches) Liquorunterdrucksyndrom: gleiche Symptome wie postpunktionelles Syndrom, jedoch ohne vorangegangene Liquorpunktion.

Prävention

- Keine Spinalanästhesie bei Patienten mit schweren Kopfschmerzen in der Vorgeschichte.
- Verwendung möglichst dünner Spinalnadeln (25 oder 26 G) mit geschlossener Spitze
- keine mehrfache Punktion der Dura beim Aufsuchen der Subarachnoidalraums
- bei Quincke-Nadeln (Patient > 40 Jahre): Punktion der Dura mit zur Seite gedrehter Öffnung der Nadelspitze
- Wiedereinführen des Mandrins vor dem Herausziehen der Spinalnadel.

Fakten zum Kopfschmerz nach Spinalanästhesie

- Gesamthäufigkeit schwerer Kopfschmerzen bei Verwendung dünner, nicht schneidender Nadeln ca. 1%
- bei jüngeren Patienten häufiger als bei älteren, bei Frauen häufiger als bei Männern
- bei Schwangeren häufiger als bei Nichtschwangeren (▶ Kap. 34)
- bei scharfen (schneidenden) Quincke-Nadeln häufiger als bei stumpfen (nicht schneidenden) Pencil-Point- und Sprotte-Nadeln
- optimale Kanülengröße vermutlich 25, 26 und 27 G; bei 29 G technische Versagerrate höher
- Einhalten einer 24-stündigen prophylaktischen Bettruhe nach Spinalanästhesie überflüssig, da ohne Einfluss auf die Entwicklung postspinaler Kopfschmerzen
- bei 90% Auftreten innerhalb von 3 Tagen nach der Punktion, selten sofort oder später als 5 Tage. Weitere mögliche Symptome: Übelkeit, Erbrechen, Hörverlust, Tinnitus, Benommenheit, Schwindel, Parästhesien der Kopfhaut, Hirnnervenlähmungen, Sehstörungen
- Dauer bei ca. 70% bis zu 7 Tagen, vereinzelt mehrere Monate anhaltend
- Kopfschmerz bei ambulanten Patienten nicht häufiger als bei stationären
- epiduraler Blutpatch bei > 90% der Patienten wirksam

Behandlung nach Schweregrad

1. Leichte, lagerungsabhängige Kopfschmerzen: bei guter Mobilisierbarkeit rechtzeitige Zufuhr von Coffein 3 × 200 mg/d (Erfolgsrate nach 4 h 90 %, nach 72 h 70 %); Theophyllin 3 × 350 mg/d.
2. Mittelstarke oder mäßige Kopfschmerzen; Mobilisierbarkeit eingeschränkt tolerierbar: Bettruhe fraglich, Coffein wie oben, Antiemetika nach Bedarf.
3. Starke Kopfschmerzen; Mobilisierbarkeit nicht möglich: Coffein 500 mg langsam i.v. (akute Besserung bei 75 %, anhaltende Besserung bei 50 %). Bei anhaltenden Schmerzen epiduraler Blutpatch: 20 ml Eigenblut in Höhe der ursprünglichen Punktionsstelle, danach 2 h Bauch- oder Rückenlage, Erfolgsrate bis 85–98 % innerhalb von 2 h.

Nicht empfohlene oder unwirksame Maßnahmen:

- prophylaktische Bettruhe nach Spinalanästhesie
- prophylaktischer Blutpatch
- vermehrte Flüssigkeitszufuhr
- prophylaktische Medikamentengabe (Theophyllin, Vasopressin, Flunarizin)
- epidurale NaCl-Infusion
- Bauchbinden zur Steigerung des intraabdominellen Drucks.

20.5.5 Neurologische Komplikationen

Bleibende neurologische Schäden nach Spinal- oder Periduralanästhesie werden zwar von vielen Patienten befürchtet, sind aber nach einer Metaanalyse von Brull (2007) mit geschätzten 0,04 % sehr selten.

Häufigkeit neurologischer Komplikationen:

- Radikulopathien/periphere Neuropathien: 0,13 auf 10 000
- Cauda-equina-Syndrom 0,1 pro 10 000
- Paraplegie: 0,04 pro 10 000.

Als wichtigste **Schädigungsmechanismen** gelten:

- direkte traumatische Schädigung des Rückenmarks
- spinales Hämatom, vor allem bei Patienten mit Störungen der Blutgerinnung.

Klinische Manifestationen:

- Spinales Hämatom mit Kompression des Rückenmarks und neurologischen Ausfällen
- TNS: transiente neurologische Symptome
- Arachnoiditis mit Lähmung der unteren Extremitäten sowie Blasen- und Darmfunktionsstörungen
- Myelitis durch Injektion des Lokalanästhetikums in das Rückenmark, mit Störungen wie für die Arachnoiditis beschrieben
- Epiduralabszess mit Kompression des Rückenmarks
- Cauda-equina-Syndrom mit Harn- und Stuhlinkontinenz, Sensibilitätsstörungen im Bereich der S-Segmente (nach oben scharf abgegrenzte Reithosenanästhesie) und Lähmungen des M. triceps surae und der kleinen Fußmuskeln sowie segmententsprechenden Reflexausfällen. Geschätzte Häufigkeit: 0,1 auf 10 000
- aseptische Meningitis mit Nackensteife, Kopfschmerzen und Fieber durch meningeale Reizung
- bakterielle Meningitis durch Missachtung der aseptischen Technik
- direkte Rückenmarkverletzung bei zu hoher Punktion: schwerer brennender Schmerz im Rücken und in den Beinen, Dysästhesien, Taubheit, die nicht dem üblichen Dermatommuster folgt.

! Merke
Bei den geringsten Anzeichen neurologischer Komplikationen nach einer Spinalanästhesie muss umgehend eine Konsiliaruntersuchung durch einen Neurologen erfolgen.

Spinale Hämatome

Die Komplikation ist sehr selten: Schätzungen gehen von 1 Hämatom auf 220 000 Spinalanästhesien aus. Männer sind etwa doppelt so häufig betroffen wie Frauen.

Mögliche **Risikofaktoren:**
- Antikoagulanzientherapie, Thrombozytenaggregationshemmer, Störungen der Blutgerinnung
- schwierige Punktion
- Blutaustritt aus der Kanüle.

Ursache und Pathogenese

Die Blutungen entstehen durch Gefäßverletzungen (meist einer Periduralvene) mit der Punktionskanüle, und erstrecken sich über einen Bereich von 2–3 Rückenmarksegmenten.
- Als wesentlicher oder unabdingbarer Kofaktor gelten Gerinnungsstörungen, blutgerinnungshemmende Medikamente oder (extrem selten) Gefäßmissbildungen.
- Die alleinige traumatische Punktion eines Gefäßes hingegen reicht vermutlich nicht aus, um ein komprimierend wirkendes Hämatom hervorzurufen.

Zeichen akuter spinaler Hämatome

- Akuter, scharfer Rückenschmerz in Höhe der Blutung mit Ausstrahlung in die Beine
- Parese oder schlaffe Paralyse mit abgeschwächten Reflexen (selten Spastik mit Hyperreflexie)
- sensible Ausfälle
- Harnverhalt, intestinale Störungen.

Diese Zeichen müssen nicht gleichzeitig bestehen; oft klagen die Patienten bei Entwicklung eines Hämatoms initial über eine erneut einsetzende Muskelschwäche (46%) oder ein Taubheitsgefühl (14%) als führendes Symptom.

Die Symptome eines epiduralen Hämatoms entwickeln sich im Mittel 16 h nach der Spinalpunktion, die eines subarachnoidalen Hämatoms dagegen im Mittel erst nach 72 h.

Diagnose und Behandlung

Bei Verdacht sofort MRT oder – wenn nicht verfügbar – CT mit Myelographie.

→ Wenn Hämatom: sofortige chirurgische Dekompression.

Transiente neurologische Symptome (TNS)

TNS ist ein Symptomenkomplex aus mittelstarken bis starken, meist als dumpf beschriebenen Rückenschmerzen oder Dysästhesien, die in das Gesäß, die Hüften, Oberschenkel und Waden ausstrahlen. Die Beschwerden treten innerhalb von 24 h nach einer unauffällig verlaufenen Spinalanästhesie auf und halten meist 1–3 Tage an. Die Ursache ist unbekannt, steht jedoch im Zusammenhang mit der Art des Lokalanästhetikums.

EBM

EBM Metanalyse 2002 (Eberhardt et al.): Spinalanästhesien mit 4%igem Mepivacain oder mit 5%igem Lidocain gehen deutlich häufiger mit TNS einher als Spinalanästhesien mit Bupivacain oder Prilocain. Für die anderen Lokalanästhetika liegen keine verwertbaren Befunde vor.

Für kurze Eingriffe kann Prilocain anstelle von Lidocain oder Mepivacain verwendet werden. Isobare Lösungen können durch Glukosezusatz in hyperbare umgewandelt werden.

Literatur

Aldrete JA: Neurologic deficits and arachnoiditis following neuroaxial anesthesia. Acta Anaesthesiol Scand 2003, 47(1):3–12.

Brull R, McCartney CJ, Chan VW, El-Beheiry H: Neurological complications after regional anesthesia: contemporary estimates of risk. Anesth Analg 2007, 104, (4): 965–973.

Casati, A, Mouo E, Marchetti C, Vinciguerra F: A prospective, randomized, double-blind comparison of unilateral spinal anesthesia with hyperbaric bupivacaine, ropivacaine oder levobupivacaine for inguinal herniorrhaphy. Anesth Analg 2004, 99:1387–92.

Deutsche Gesellschaft für Anästhesiologie und Intensivmedizin. Empfehlungen: Rückenmarksnahe Regionalanästhesie und Thromboembolieprophylaxe/antithrombotische Medikation. Anästh Intensivmed 2007, 48:S109–124 oder unter www.dgai.de

Eberhart LH, Morin AM, Kranke P, Geldner G, Wulf H: Transient neurologic symptoms after spinal anesthesia. A quantitative systematic overview (meta-analysis) of randomized controlled studies. Anaesthesist 2002, Jul, 51(7):539–46. Erratum in: Anaesthesist 2002 Aug, 51(8):633.

Hocking G, Wildsmith JAW: Intrathecal drug spread. Review article. Br J Anaesth 2004, 93(4):568–78.

Johnson ME: Neurotoxicity of lidocaine: implications for spinal anesthesia and neuroprotection. J Neurosurg Anesthesiol 2004, 16:80–83.

Kreppel D, Antoniadis G, Seeling W: Spinal hematoma: a literature survey with meta-analysis of 613 cases. Neurosurg Rev 2003, 26:1–49.

Litz RJ, Koch T: Steuerbarkeit der Spinalanästhesie – nach wie vor ein ungelöstes Problem? Anästhesiologie und Intensivmedizin 2007, 7:404–418.

Moen V, Dahlgren N, Irestedt L: Severe neurological complications after central neuraxial blockades in Sweden 1990–1999. Anesthesiology 2004, 101:950–959.

21 Periduralanästhesie

Die Peri- oder Epiduralanästhesie ist eine vorübergehende Unterbrechung der neuralen Erregungsleitung, hervorgerufen durch Injektion eines Lokalanästhetikums in den Periduralraum des Wirbelkanals. Die Punktion kann lumbal, thorakal und zervikal erfolgen.

Hauptwirkort sind die Wurzeln der Spinalnerven. Einsatzgebiete sind: geburtshilfliche Analgesie; Operationen bis Th4, postoperative Analgesie, Behandlung chronischer Schmerzen.

21.1 Periduralraum

Der Periduralraum (auch Epi- oder Extraduralraum) befindet sich im Wirbelkanal zwischen der Dura mater des Rückenmarks und den Knochen und Bändern des Spinalkanals (▶ Abb. 21-1). Er erstreckt sich vom Foramen magnum der Schädelbasis bis hinunter zum Ligamentum sacrococcygeum, das sich zwischen Steißbein und Kreuzbein befindet.

Nach hinten wird der Periduralraum vom Ligamentum flavum begrenzt (▶ Abb. 21-2). Dieses Band ist dick (im Lumbalbereich mehrere mm) und reich an elastischen Fasern. Es dient als wichtigste Orientierungshilfe für die Punktion des Periduralraums. Seitlich steht der Periduralraum über die Zwischenwirbellöcher mit dem paravertebralen Raum in Verbindung.

Weite des Periduralraums:
- lumbal etwa 5–6 mm
- in Thoraxmitte etwa 3–5 mm
- zervikal etwa 3 mm.

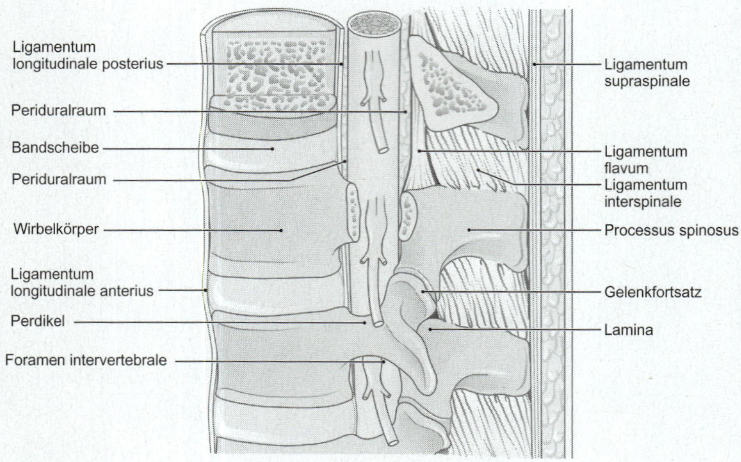

Abb. 21-1 Begrenzungen des Periduralraums.

Inhalt

Im Periduralraum befinden sich Bindegewebe und Fett, Arterien- und Venenplexus, Lymphgefäße und die Wurzeln der Spinalnerven. Das Fettgewebe ist an einigen Stellen über Pedikel mit dem Lig. flavum verbunden.

Die vorderen und hinteren Nervenwurzeln sind im Periduralraum noch von ihren Hüllen – Dura-Arachnoidea und Pia mater – umgeben. Bei etwa 80–90% aller Patienten besteht im Periduralraum ein **subatmosphärischer Druck** (Sog), der in der thorakalen Region am größten ist und im Kreuzbein vollständig fehlt.

Punktionsort. Der Periduralraum kann praktisch in allen Abschnitten der Wirbelsäule punktiert werden. Am sichersten und einfachsten ist jedoch der Zugang in der mittleren lumbalen Region, weil die Dornfortsätze hier fast horizontal verlaufen, der Periduralraum am weitesten ist und der Conus medullaris des Rückenmarks oberhalb der Punktionsstelle liegt.

Für Oberbauch- und Thoraxoperationen wird thorakal punktiert.

→ Die Entfernung von der Haut bis zum Periduralraum beträgt etwa **3–6 cm,** manchmal auch 8 cm oder mehr.

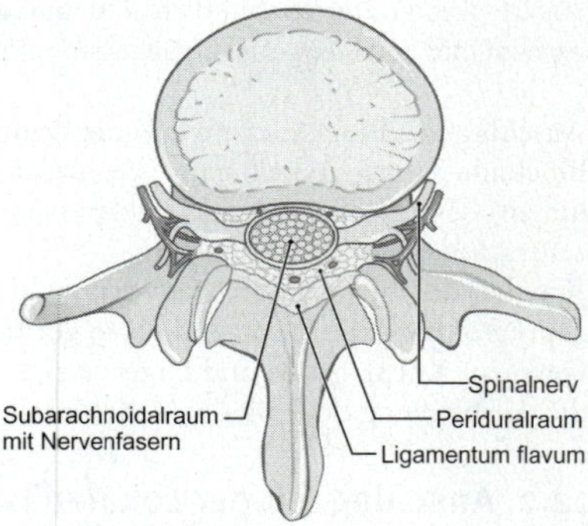

Abb. 21-2 Periduralraum mit Ligamentum flavum im Querschnitt.

21.2 Neurale Blockade

Die neurale Blockade verläuft prinzipiell wie bei der Spinalanästhesie; beide Verfahren unterscheiden sich aber in Teilen ganz wesentlich (▶ Tab. 21-1).

Tab. 21-1 Periduralanästhesie und Spinalanästhesie im Vergleich

	Periduralanästhesie	**Spinalanästhesie**
Punktionsstelle	lumbal, kaudal, thorakal, zervikal	lumbal
Punktionstechnik	schwierig	einfach
Injektionsort	Periduralraum	Subarachnoidalraum
Lokalanästhetikummenge	groß	gering
Wirkungseintritt	langsam	rasch
Wirkungsdauer	lang	weniger lang
Ausbreitung nach Injektion	weniger gut steuerbar	besser steuerbar (hyper- u. hypobare Technik)
Anästhesiequalität	weniger gut	sehr gut
Motorische Blockade	geringer ausgeprägt	stark ausgeprägt
Toxische Reaktionen auf Lokalanästhetikum	möglich	nicht zu erwarten
Postspinale Kopfschmerzen	keine	bei etwa 0,2–24%

Hauptwirkort der Periduralanästhesie sind die **Wurzeln der Spinalnerven.** Um zu den subdural gelegenen Wurzeln zu gelangen, müssen die Lokalanästhetika durch die Dura diffundieren. Die höchsten Konzentrationen im Subarachnoidalraum werden nach etwa 10–20 min erreicht.

21.2.1 Ausdehnung der Blockade

Bei der Injektion breitet sich das Lokalanästhetikum nach oben und unten aus, 10 ml etwa über 6–8 Segmente. Hierbei spielt es keine Rolle, ob das Lokalanästhetikum hyper-, hypo- oder isobar ist.

> **! Merke**
> Das Volumen hat den größten Einfluss auf die Ausbreitung des Lokalanästhetikums und damit auf die neurale Blockade: Je mehr Volumen, desto ausgedehnter das anästhesierte Gebiet. Durchschnittlich sind **lumbal 2–2,5 ml/Segment, thorakal 1,5–2 ml/Segment und zervikal 1–1,5 ml/Segment** erforderlich.

- **Anschlagzeit, Blockadetiefe und die Dauer der sensorischen und motorischen Blockade** hängen jedoch ganz wesentlich von der **Menge** (Konzentration × Volumen) des Lokalanästhetikums ab, weniger vom Volumen oder von der Konzentration allein.
- Je näher die **Injektionsstelle** an den zu blockierenden Segmenten liegt, desto ausgeprägter die Anästhesie und desto geringer die jeweils benötigte Dosis.
- **Gewicht, Körpergröße** und **Lagerung** des Patienten haben keinen Einfluss auf die Ausbreitung des Lokalanästhetikums und den Dosisbedarf.

21.2.2 Anschlagzeit der Lokalanästhetika

Die Wirkung beginnt etwa 2–6 min nach der periduralen Injektion des Lokalanästhetikums. Die Hautanalgesie erfasst zunächst 2–3 Segmente in unmittelbarer Nachbarschaft des Injektionsorts und breitet sich anschließend über die angrenzenden Segmente aus.

→ Eine vollständige Operationsanästhesie und motorische Blockade tritt nach etwa 15–30 min ein.

21.2.3 Resorption

Peridural injizierte Lokalanästhetika werden zum Teil in das Blut aufgenommen; die höchsten Plasmakonzentrationen treten nach 10–20 min auf, daher muss in dieser Zeit besonders auf systemisch-toxische Reaktionen (▶ Kap. 6) geachtet werden.

21.3 Systemische Wirkungen der Periduralanästhesie

Die indirekten Auswirkungen der periduralen Blockade entsprechen weitgehend denen der Spinalanästhesie (▶ Kap. 20) Allerdings setzt die Sympathikusblockade bei der periduralen Anästhesie **langsamer** ein, entsprechend fällt der Blutdruck nicht so rasch ab wie bei der Spinalanästhesie. Im Gegensatz zur Spinalanästhesie können wegen der wesentlich höheren Dosen **systemisch-toxische Wirkungen** der Lokalanästhetika auftreten, vor allem bei Überdosierung oder versehentlicher Injektion in eine Periduralvene.

21.3.1 Einfluss auf den Operationsstress

Die Periduralanästhesie blockiert die chirurgische Stressreaktion, da die nozizeptiven Signale aus dem Operationsgebiet nicht zum zentralen Nervensystem weitergeleitet werden. Außerdem werden autonome Reflexreaktionen unterdrückt.

Selbst in der postoperativen Phase kann die Stressreaktion auf den Eingriff unterdrückt werden, wenn die Periduralanalgesie für 12–24 h oder länger fortgesetzt wird; hierbei ist eine vor dem Eingriff begonnene Periduralanästhesie wirksamer als eine postoperativ begonnene Blockade.

21.3.2 Häufigkeit von Thromboembolien

Die Häufigkeit postoperativer thromboembolischer Komplikationen (tiefe Venenthrombose, Lungenembolie) soll nach Periduralanästhesien (und Spinalanästhesien) insbesondere bei Gefäßoperationen und orthopädischen Eingriffen signifikant geringer sein als nach Allgemeinnarkosen, vermutlich aufgrund besserer Blutströmung in den unteren Extremitäten, stärkerer fibrinolytischer Aktivität und verminderter Gerinnungsneigung.

21.4 Praxis der Periduralanästhesie

Die Periduralanästhesie ist technisch aufwändiger und außerdem schwieriger durchzuführen als die Spinalanästhesie; die Anästhesiequalität ist oft geringer, auch sind Sensorik und Motorik nicht in gleicher Intensität betroffen (sog. **Differentialblockade**), schließlich ist die Anästhesieausbreitung weniger gut vorherseh- und steuerbar und verläuft nicht selten mehr segmentär.

21.4.1 Indikationen und Kontraindikationen

Die Indikationen und Kontraindikationen stimmen weitgehend mit denen der Spinalanästhesie überein (▶ Kap. 20). Daneben gibt es noch einige besondere Einsatzmöglichkeiten.

Indikationen:
- Schmerzerleichterung für die normale vaginale Entbindung
- postoperative und posttraumatische Schmerzbehandlung über einen Periduralkatheter
- Langzeitschmerzbehandlung mit Opioiden, z.B. bei Tumorerkrankungen
- Diagnostik chronischer Schmerzen.

21.4.2 Blutgerinnung und Periduralanästhesie

Angeborene oder erworbene Störungen der Blutgerinnung und die Zufuhr gerinnungshemmender Medikamente gelten als wichtigste Risikofaktoren für epidurale Hämatome bei der Periduralanästhesie. Weitere Risikofaktoren: Verwendung von Kathetern, Blutaustritt aus der Kanüle und wiederholte Punktionsversuche.

Heparintherapie und -prophylaxe

Bei der Risikoeinschätzung muss zwischen therapeutischer und prophylaktischer Heparinzufuhr unterschieden werden.

! Merke

Die „Vollheparinisierung" des Patienten ist eine absolute Kontraindikation für jede Art von Periduralanästhesie! Auch sollte während der therapeutischen Heparinisierung ein Periduralkatheter nicht entfernt werden.

Weitere Empfehlungen:

- Soll aus dringenden medizinischen Gründen eine Periduralanästhesie durchgeführt oder ein Katheter entfernt werden, sollte die Heparintherapie mindestens 4 h vorher unterbrochen und sollten die aPTT und die Thrombozytenzahl bestimmt werden.
- Ist eine Heparintherapie dringend indiziert, kann vor Beginn eine Einzelinjektions-Periduralanästhesie durchgeführt und ca. 1 h später mit der Heparinisierung begonnen werden.
- Ist der Nutzen der Heparintherapie absehbar gering, der Vorteil einer Periduralanästhesie für den Patienten jedoch hoch, sollte auf die Heparintherapie verzichtet und eine Periduralanästhesie durchgeführt werden.

Thromboembolieprophylaxe bei nichtelektiven Operationen

Wegen des erhöhten Thromboembolierisikos sollten **unfallchirurgische Patienten** nach den chirurgischen Leitlinien unmittelbar nach Aufnahme in die Klinik zur Thromboseprophylaxe **5000 IE unfraktioniertes Heparin** erhalten. Hierdurch kann ein größeres Zeitintervall zwischen Heparingabe und evtl. rückenmarknaher Anästhesie erreicht werden. Niedermolekulare Heparine werden erst postoperativ und frühestens 7–9 h nach Gabe unfraktionierter Heparine zugeführt.

Empfohlene Zeitintervalle vor und nach rückenmarknaher Punktion bzw. Katheterentfernung beim Einsatz gerinnungsaktiver Pharmaka sind in ▶ Tabelle 21-2 zusammengefasst.

Leitlinien/Empfehlungen
Empfehlungen der DGAI

Das für elektive Eingriffe geforderte 4-h-Intervall zwischen der Gabe von unfraktioniertem Heparin und einer rückenmarknahen Punktion kann bei nicht-elektiven Eingriffen nach sorgfältiger individueller Nutzen-Risiko-Analyse umgangen werden, erfordert jedoch eine engmaschige neurologische Kontrolle.

Prophylaxe mit niedrig dosiertem, unfraktioniertem Heparin (z.B. 3 × 5000 E/Tag s.c.).

Die Halbwertszeit von unfraktioniertem Heparin beträgt, je nach Dosis, 2,5–5 h. Bei Patienten mit Lungenembolie kann die Halbwertszeit verkürzt sein, bei Leberzirrhose oder terminaler Niereninsuffizienz hingegen verlängert.

→ Nach ein- bis zweiwöchiger Low-Dose-Heparinisierung entwickelt sich bei 1–5% der Patienten eine Thrombozytopenie (< 100 000/µl), bei vorheriger Exposition auch früher. Nach Absetzen des Heparins verschwindet die Thrombozytopenie wieder.

→ Bei einer kleinen Zahl von Patienten mit heparininduzierter Thrombozytopenie (HIT-Syndrom) treten thromboembolische Komplikationen einschließlich arterieller Embolien mit Plättchen-Fibringerinnsel („white clot") auf.

Tab. 21-2 Empfohlene Zeitintervalle vor und nach rückenmarknaher Punktion bzw. Katheterentfernung beim Einsatz gerinnungsaktiver Pharmaka (DGAI, 2007)

	Vor Punktion/ Katheterentfernung*	Nach Punktion/ Katheterentfernung*	Laborkontrolle
Unfraktionierte Heparine	4 h	1 h	Thrombozyten bei Therapie (Prophylaxe ≤ 15 000 IE/d) > 5 Tage
Unfraktionierte Heparine (Therapie)	4–6 h	1 h (kein i.v. Bolus)	aPPT, (ACT), Thrombozyten
Niedermolekulare Heparine	12 h	2–4 h	Thrombozyten bei Therapie (Prophylaxe**) > 5 Tage
Niedermolekulare Heparine (Therapie)	24 h	2–4 h	Thrombozyten, (anti-Xa)
Fondaparinux (Prophylaxe ≤ 2,5 mg/d)	36–42 h	6–12 h	(anti-Xa)
Vitamin-K-Antagonisten	INR < 1,4	nach Katheterentfernung	INR
Hirudine (Lepirudin, Desirudin)	8–10 h	2–4 h	aPTT, ECT
Argatroban***	4 h	2 h	aPTT, ECT, ACT
Acetylsalicylsäure (100 mg)****	keine	keine	
Clopidogrel	7 Tage	nach Katheterentfernung	
Ticlopidin	10 Tage	nach Katheterentfernung	
NSAR	keine	keine	

* alle Zeiten beziehen sich auf eine normale Nierenfunktion
** prophylaktische Dosierung bei Hochrisikopatienten siehe ▶ Tab. 21-3
*** verlängertes Zeitintervall bei Leberinsuffizienz
**** NMH einmalig pausieren; kein NMH 36–42 h vor Punktion oder geplanter Katheterentfernung

! Merke

Untersuchungen des Gerinnungssystems sind vor der Periduralanästhesie bei prophylaktischer Heparindosierung nicht erforderlich. Bei längerer Zufuhr von Heparin (> 5–7 Tage) empfiehlt sich aber die Bestimmung der Thrombozytenzahlen zum Ausschluss einer heparininduzierten Thrombozytopenie.

Nach den Empfehlungen der DGAI kann 2–4 h nach der periduralen Punktion bzw. Katheterisierung erneut niedrig dosiertes Heparin zugeführt werden.

Prophylaxe mit niedermolekularem, fraktioniertem Heparin (z.B. 0,2 ml/Tag s.c.).

Präparate mit niedermolekularem Heparin (Molekulargewicht 5000–6000 D; z.B. Fraxiparin, Clexane, Fragmin) weisen eine unterschiedliche Zusammensetzung auf,

Tab. 21-3 Gebräuchliche Antithrombotika/Thrombozytenaggregationshemmer (nach Leitlinie DAGI 2007)

Substanz	Generikum (max. Dosis/Tag zur Prophylaxe)	Handelsname (Auswahl)
Acetylsalicylsäure	Acetylsalicylsäure	Aspisol, Aspirin, ASS, Togal, Thomapyrin
Unfraktioniertes Heparin	Heparin (3 × 5000 IE oder aPTT im Referenzbereich)	Calciparin, Heparin, Liquemin, Thrombophob
Niedermolekulares Heparin	Certoparin (1 × 3000 aXa E s.c.)	Mono-Embolex
	Dalteparin (1 × 5000 aXa E s.c.)	Fragmin
	Enoxaparin (1 × 40 mg s.c.)	Clexane
	Nadoparin (2850 aXa E [0,3 ml] oder gewichtsangepasst, max. 5700 IE s.c. [0,6 ml])	Fraxiparin
	Reviparin (1 × 1750 IE s.c.)	Clivarin
	Tinzaperin (1 × 4500 IE s.c.)	Innohep
Synthetisches Pentasaccharid	Fondaparinux (1 × 2,5 mg s.c.)	Arixtra
Danaparoid	Orgaran (2 × 750 IE s.c.)	Orgaran
Thrombininhibitoren	Desirudin (2 × 15 mg s.c.)	Revasc
	Lepirudin (Therapie)	Refludan
	Argatroban (Therapie)	Argatra
Vitamin-K-Antagonisten	Phenprocoumon (Therapie)	Faltithrom
	Warfarin	Marcumar, Coumadin
Thienopyridine (ADP-Antagonisten)	Ticlopidin	Tiklyd
	Clopidogrel	Iscover, Plavix
GIIb/IIIa-Antagonisten	Abciximab	Reopro
	Eptifibatid	Integrilin
	Tirofiban	Aggrastat

entsprechend wechselt auch die Anti-Xa-Aktivität bzw. der antithrombotische Effekt. Gerinnungsparameter wie die aPTT werden nicht wesentlich beeinflusst und sind daher für die Kontrolle des Effekts nicht geeignet. Die Halbwertszeit beträgt ca. 4–7 h, so dass die Zufuhr von 1 Dosis pro Tag in der Regel für die Thromboseprophylaxe ausreicht. Maximale Plasmakonzentrationen werden 4 h nach subkutaner Injektion erreicht, und auch nach 12 h sind noch ausreichend antithrombotisch wirkende Plasmakonzentrationen vorhanden. Im Gegensatz zu unfraktionierten Heparinen wirken niedermolekulare Heparine dosisabhängig fibrinolytisch, während die Wirkung auf die Thrombozytenaggregation geringer ist.

! Merke
Bei Periduralanästhesie keine Zufuhr von niedermolekularem Heparin am Morgen der Operation!

Intraoperative Heparinisierung

Nach derzeitigem Kenntnisstand ist nicht mit einem erhöhten Blutungsrisiko nach Periduralanästhesie zu rechnen, wenn intraoperativ, z.B. bei Gefäßoperationen, eine Vollheparinisierung eingeleitet wird. Aus Sicherheitsgründen sollte hiermit aber frühestens 1 h nach der periduralen Punktion begonnen und der Effekt anhand der Gerinnungsparameter kontrolliert werden (DGAI).

Weitere Empfehlungen der DGAI

- Tritt bei Patienten mit geplanter intraoperativer Heparinisierung während der Punktion Blut aus der Periduralkanüle, sollte die Operation um mindestens 12 h verschoben werden. Alternativ kann die peridurale Katheterisierung bereits am Vorabend der Operation erfolgen.
- Ein Periduralkatheter sollte frühestens 2–4 h nach Unterbrechung der Heparinzufuhr und Normalisierung der Blutgerinnung entfernt werden.

Prophylaxe mit Fondaparinux.

Bei kontinuierlichen rückenmarknahen Verfahren sollte die Substanz nach den Empfehlungen der DGAI nur „mit Zurückhaltung und nach individueller Nutzen-Risiko-Einschätzung" angewandt werden (▶ Tab. 21-2).

Kumarintherapie

Unter einer effektiven Therapie mit Vitamin-K-Antagonisten dürfen keine Peridural- und Spinalanästhesien durchgeführt werden. Ist eine Periduralanästhesie erwünscht, müssen die Kumarinderivate mehrere Tage vor einer geplanten Periduralanästhesie abgesetzt werden. Vor der Punktion muss der Quick-Wert im Normbereich liegen (▶ Tab. 21-3 und ▶ Kap. 12).

Acetylsalicylsäure und nichtsteroidale antiinflammatorische Substanzen (NSAID)

Einzelheiten zu diesen Substanzen sind in ▶ Kapitel 29 dargestellt.

Acetylsalicylsäure (ASS)

Nach derzeitigem Kenntnisstand kann Folgendes empfohlen werden:

- Bei niedrig dosierter Acetylsalicylsäureprophylaxe (30–100 mg) besteht keine Kontraindikation für eine Periduralanästhesie.
- Bei mehr als einmaliger hochdosierter ASS-Zufuhr (> 1,5 g/d) in den letzten 3 Tagen vor der Operation sollte entweder von vornherein auf die Periduralanästhesie verzichtet oder aber ein Thrombelastogramm bestimmt werden. Ist das Thrombelastogramm normal, kann eine Periduralanästhesie durchgeführt werden.

Andere Cyclooxygenasehemmstoffe oder NSAID

Diese Substanzen hemmen die Cyclooxygenase und damit die Thrombozytenaggregation, allerdings ist der Effekt reversibel und verschwindet 1–3 Tage nach Unterbrechung der Zufuhr.

Leitlinien/Empfehlungen
Empfehlungen der DGAI (2007)
NSAID sind keine Kontraindikation für eine rückenmarknahe Anästhesie. Ein Zeitintervall zwischen Punktion/Katheterentfernung und dem Absetzen von NSAI ist nicht erforderlich.

21.4.3 Zubehör

Für die Periduralanästhesie werden meist kommerzielle Einmalsets verwendet.

Inhalt eines Einmalsets für die Periduralanästhesie
- 1 Periduralnadel: Tuohy-Nadel, 17 oder 18 G, 9–10 cm lang, alternativ: Pencil-point-Nadeln
- 1 Periduralkatheter (wahlweise) 20 G, mit oder ohne Spirale, endständige oder seitliche Öffnungen
- 1 Hautquaddel-Kanüle 25 G, 2,5 cm lang
- 1 Kanüle für die Infiltrationsanästhesie 22 G, 4 cm
- 1 20-ml-Spritze für das Lokalanästhetikum
- 1 10-ml-Spritze aus Glas oder Kunststoff (z.B. Omnifix) für Widerstandverlust-Technik
- 1 Aufziehkanüle für Lokalanästhetika mit Bakterienfilter, 18 G
- 1 5-ml-Spritze für das Infiltrationsanästhetikum
- Abdecktuch mit zentraler Öffnung, Tupfer, Platten, Schwämme, Wännchen für Desinfektionsmittel, Handschuhe

Periduralnadeln

Drei Typen von Periduralkanülen werden am häufigsten verwendet: Tuohy-Nadel, Sprotte-Epiduralnadel (▶ Abb. 21-3) und Crawford-Nadel. Alle Kanülen enthalten einen Mandrin.

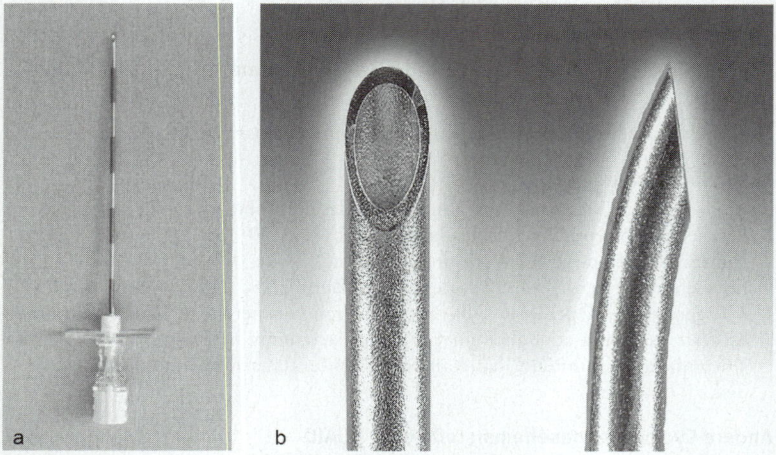

Abb. 21-3 Tuohy-Nadel. a) Nadel mit Flügeln und Mandrin; b) Nadelspitze von der Seite.

→ Die Tuohy-Nadel ist in Deutschland Standard; ihre Spitze ist abgerundet und stumpf, die Öffnung liegt seitlich; der Schaft weist cm-Markierungen auf. Gebräuchliche Größen sind 18 G (1,2 mm Durchmesser) und 17 G (1,5 mm Durchmesser) mit einer Länge von 9–10 cm. Für sehr adipöse Patienten sind Überlängen erhältlich.

Periduralkatheter

Für die **kontinuierliche Periduralanästhesie** werden zumeist 90–100 cm lange 18- oder 20-G-Katheter aus röntgenfähigem Kunststoff mit aufzuschraubendem Bakterienfilter verwendet. Katheter mit eingearbeiteter Metallspirale knicken weniger leicht ab. Markierungen am distalen Ende zeigen die Einführtiefe an.

21.4.4 Lokalanästhetika

Die Auswahl der Lokalanästhetika richtet sich vor allem nach der Art der angestrebten Blockade und der für den jeweiligen Eingriff erforderlichen Wirkdauer.

- Für eine Operationsanalgesie sind hohe Konzentrationen erforderlich, z.B 0,5%iges Bupivacain.
- Überwiegend sensorische Blockaden werden durch niedrige Konzentrationen des Lokalanästhetikums erreicht, z.B. 0,125%iges oder 0,25%iges Bupivacain.
- Vasokonstriktorzusatz verstärkt bei einigen Lokalanästhetika (z.B. Lidocain, Mepivacain) die Intensität und Dauer der sensorischen und motorischen Blockade.

Opioidzusatz zum Lokalanästhetikum siehe ▶ Kapitel 29 und ▶ Kapitel 34.

In ▶ Tabelle 21-4 sind gebräuchliche Lokalanästhetika für die Periduralanästhesie zusammengestellt.

Tab. 21-4 Lokalanästhetika für die Periduralanästhesie

	Konzentration (%)	Volumen (ml)	Gesamtdosis (mg)	Wirkungseintritt (min)	Wirkdauer Substanz (min)
Lidocain	1–2	15–30	200–500*	10–30	100 ± 40
Prilocain	1–2	15–30	150–600* #	12–16	100 ± 40
Mepivacain	1–2	15–30	150–500*	15–20	120 ± 50
Bupivacain	0,25–0,75	15–30	150	18–30	200 ± 80
Ropivacain	0,2–1	15–30	220	10–20	180–360

* = mit Adrenalinzusatz, # = nicht in der Geburtshilfe einsetzen
Wirkungseintritt = Eintritt vollständiger Operationsanalgesie aller geblockten Segmente
Wirkungsdauer = Durchschnittszeit für Regression zweier Segmente

21.4.5 Präoperative Maßnahmen

Grundsätzlich entspricht das Vorgehen dem für die Allgemeinnarkose und die Spinalanästhesie. Die ausdrückliche Aufklärung über die **spezifischen Risiken** ist obligat (▶ Kap. 20). Der Begriff „bleibende Querschnittslähmung" muss aus medikolegalen Gründen offen ausgesprochen und erläutert werden.

21.4.6 Durchführung der Periduralanästhesie

Vorbereitungen und Lagerung

Die Vorbereitungen für eine Periduralanästhesie und die Lagerung für die Punktion entsprechen weitgehend denen der Spinalanästhesie (Einzelheiten ▶ Kap. 20). Stark sedierte Patienten sollten in Seitenlage punktiert werden.

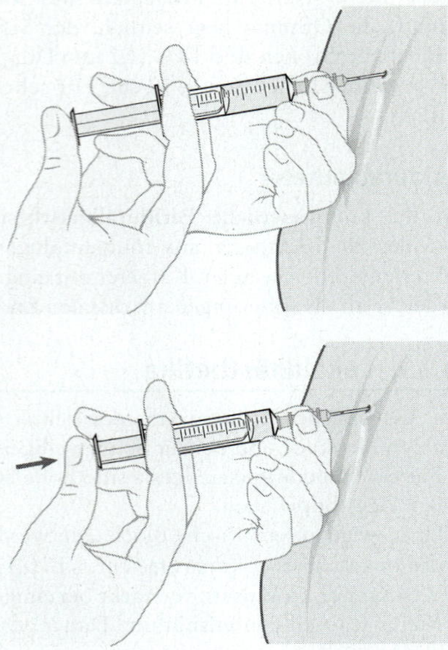

Abb. 21-4 Auffinden des Periduralraums mit der Widerstandverlust-Technik.

Auffinden des Periduralraums

Die **Widerstandverlust-Technik** ist das Standardverfahren. Sie beruht auf den verschiedenen Widerständen, die beim Vorschieben der Periduralnadel auf dem Weg zum Periduralraum zu spüren sind. Hierbei ist der Widerstand im Lig. flavum am größten; nachdem die Nadelspitze das Band durchstochen hat, tritt ein schlagartiger Widerstandverlust auf: Der Periduralraum ist erreicht. Um den Widerstandsverlust zu spüren, wird eine leicht gängige, mit Kochsalz oder Luft gefüllte Spritze auf die Kanüle gesetzt und dann das ganze System unter ständigem Druck auf den Spritzenstempel vorgeschoben.

✓ Praktisches Vorgehen
Periduralanästhesie

1. Nach Abschluss der Lagerung Einstichstelle markieren.
2. Großflächige Desinfektion des Punktionsgebietes durch den mit sterilen Handschuhen (vorher Händedesinfektion!), Mundschutz und Kopfbedeckung versehenen Anästhesisten.
3. Danach Lokalanästhetika aufziehen und Desinfektionsmittelreste vom Rücken des Patienten abwischen.
4. Anlegen einer Hautquaddel und interspinale Infiltration.
5. Dann Tuohy-Nadel mit Mandrin von der Mitte des Zwischenwirbelraums in das Lig. interspinale vorschieben.
6. Nach Erreichen des Lig. interspinale Mandrin entfernen und eine mit Kochsalz oder Luft gefüllte Kunststoff- oder Glasspritze dicht schließend auf die Kanüle setzen.

7. Nun die Kanüle, wie in ▶ Abbildung 21-4a gezeigt, mit Daumen und Zeigefinger der linken Hand ergreifen, dabei Handrücken am Rücken des Patienten abstützen. Die rechte Hand ergreift zwischen Zeige- und Mittelfinger die Spritze, während der Daumen auf den Stempel der Spritze drückt.
8. Kanüle und Spritze jetzt **unter ständigem Druck auf den Spritzenstempel** in Richtung Periduralraum vorschieben. Hierbei ist in der Regel ein straffer Widerstand gegen die Injektion der Kochsalzlösung im Lig. interspinale zu spüren. Dieser Widerstand nimmt bei Erreichen des mehrere mm dicken Lig. flavum weiter zu.
9. Ist die Spritze anstelle der Flüssigkeit mit **Luft** gefüllt, so ist ein straff **federnder** Widerstand zu spüren.
10. Nach Durchstechen des Lig. flavum **gibt der Spritzenstempel schlagartig** nach, und die Kochsalzlösung lässt sich leicht („butterweich") injizieren (▶ Abb. 21-4b): Der Periduralraum ist erreicht; das Vorschieben der Nadel wird sofort unterbrochen!
11. Jetzt die Spritze entfernen, das Kanülenende zwischen beiden Daumen und beiden Zeigefingern ergreifen und die Kanüle vorsichtig so weit vorschieben, bis die Öffnung vollständig im Periduralraum liegt. Die Handkanten stützen sich hierbei auf dem Rücken des Patienten ab.
12. Treten beim Vorschieben der Periduralnadel **Parästhesien** (Missempfindungen) oder **Muskelzuckungen** (Berührung einer Nervenwurzel!) auf, muss die Nadel sofort zurückgezogen und mit veränderter Richtung erneut eingeführt werden.
13. **Einseitige Parästhesien** ergeben Hinweise auf die Seite, zu der die Nadel abgewichen ist. Beim erneuten Vorschieben Kanülenrichtung entsprechend zur anderen Seite hin korrigieren.
14. Tropft **Blut** aus der Kanüle, so wurde eine Periduralvene kanüliert. Dann muss die Lage der Kanülenspitze entsprechend verändert werden, bis kein Blut mehr austritt und auch nicht aspiriert werden kann.
15. Tropft **klare Flüssigkeit** aus der Kanüle, so handelt es sich hierbei um Kochsalzlösung, Lokalanästhetikum oder Liquor. Zur Überprüfung einige Tropfen auf den Handrücken fallen lassen: Liquor ist warm! Dann wird entweder eine **Spinalanästhesie** durchgeführt oder das Verfahren abgebrochen.
16. Liegt die Kanüle vermutlich sicher im Periduralraum, wird, nach vorsichtiger Aspiration, eine **Testdosis von 3–5 ml LA** injiziert, um zu überprüfen, ob die Nadel nicht doch versehentlich in den Subarachnoidalraum gelangt ist.
17. Befindet sich die Nadel im Subarachnoidalraum, tritt meist innerhalb weniger Minuten ein **Wärme- und Taubheitsgefühl** in den unteren Extremitäten auf.
18. Verläuft der Test negativ, d.h., sind **keine Anzeichen einer Spinalanästhesie** nachweisbar, wird das restliche Lokalanästhetikum injiziert. Ein negativer Test schließt allerdings eine versehentliche subarachnoidale Injektion des Lokalanästhetikums allerdings nicht sicher aus.

Kontinuierliche Katheter-Periduralanästhesie

Im Gegensatz zur Einzelinjektion („single-shot") ermöglicht die kontinuierliche Katheter-Periduralanästhesie eine fortlaufende Steuerung der Anästhesiedauer und -ausbreitung. Sie wird daher vor allem **bei lange dauernden Operationen** und für die **postoperative Schmerzbehandlung** sowie für die **geburtshilfliche Anästhesie** eingesetzt.

21

Praktisches Vorgehen

Katheterperiduralanästhesie (▶ Abb. 21-5)

1. Zunächst den Periduralraum mit einer der üblichen Techniken punktieren, dann den Katheter über die Kanüle vorschieben. Sobald der Katheter das Ende der Tuohy-Kanüle erreicht hat, ist ein Widerstand zu spüren, der bei vollständiger Lage der Kanülenspitze im Periduralraum jedoch meist leicht überwunden werden kann.
2. Lässt sich der Katheter nicht vorschieben, liegt die Kanülenspitze sehr wahrscheinlich nicht im Periduralraum. Dann die Kanüle zusammen mit dem Katheter zurückziehen und erneut einführen. Auf keinen Fall den Periduralkatheter durch die Kanüle zurückziehen, da er hierbei abgeschnitten werden kann!
3. Kanülenöffnung nach oben oder unten drehen und Katheter zunächst ca. 15 cm in den Periduralraum vorschieben, dann Kanüle entfernen, dabei den Katheter gegenstopfen, um ein Mitherausziehen zu vermeiden.
4. Schließlich den Katheter so weit herausziehen, dass seine Spitze sich etwa 3–5 cm im Periduralraum befindet. Zu weites Vorschieben führt leicht zum Abknicken oder Aufrollen des Katheters und sollte daher vermieden werden.
5. Treten beim Vorschieben des Katheters **Parästhesien** (Hinterwurzel) oder **Muskelzuckungen** (Vorderwurzel) auf, muss die Richtung der Kanülenöffnung geändert oder das ganze System herausgezogen und neu platziert werden.
6. Fließt Blut oder Liquor aus dem Katheter, muss das System meist vollständig entfernt und neu eingeführt werden.
7. Katheter zunächst mit einer leichten Schlinge nach unten führen und mit Strips fixieren, dann über eine Schulterseite nach oben ableiten und insgesamt verkleben, z.B. mit sterilem, atmungsaktivem Folienverband.

Bakterienfilter auf das proximale Katheterende setzen und – nach Aspiration – Testdosis injizieren. Bei negativem Aspirationstest: restliches Lokalanästhetikum injizieren.

Nachinjektionen des Lokalanästhetikums

Nachinjektionen müssen rechtzeitig erfolgen, um eine **Tachyphylaxie** zu vermeiden. Beim narkotisierten Patienten kann die Regression der Blockade nicht korrekt eingeschätzt werden; daher sind hier nur **Anhaltswerte für Nachinjektionen möglich:**

- Lidocain, Prilocain und Mepivacain nach 60 min
- Bupivacain, Levobupivacain und Ropivacain nach 120 min.

Häufige Nachinjektionen erhöhen die Gefahr der Toxizität, daher sollten länger wirkende und weniger oft nachzuinjizierende Lokalanästhetika wie **Bupivacain** oder **Ropivacain bevorzugt werden.**

→ Die **Dosis für Nachinjektionen** umfasst für alle Lokalanästhetika jeweils etwa die Hälfte der Ausgangsdosis; für Bupivacain sollte eine Gesamtdosis von 2 mg/kg innerhalb einer 4-h-Periode nicht überschritten werden.

! Merke

Vor jeder Nachinjektion des Lokalanästhetikums über den Periduralkatheter muss, nach vorangehender Aspiration, immer eine Testdosis von 3–4 ml injiziert und deren Wirkung etwa 5 min abgewartet werden.

Im Anschluss an jede Nachinjektion wird der Patient für etwa 30 min sorgfältig überwacht. Wegen der beschriebenen Komplikationsmöglichkeiten sollten Nachinjektionen nur durch entsprechend geschultes Personal durchgeführt werden.

Versagerrate bei der Kathetertechnik

Bei etwa 10% aller Patienten ist nach Injektion des Lokalanästhetikums durch den Katheter die Anästhesie unzureichend oder fehlt vollständig.

→ Zu weites Vorschieben des Periduralkatheters ist eine häufige Ursache für mangelhafte Anästhesie. Darum sollte er nicht mehr als 3–4 cm im Periduralraum vorgeschoben werden.

Verweildauer von Periduralkathetern

Für die postoperative Analgesie werden die Katheter meist 2–3 Tage in situ belassen; längere Verweildauern sind möglich, erhöhen aber das Infektionsrisiko (Hauptgefahr: epiduraler Abszess mit Querschnittslähmung). Entfernte Katheter auf Vollständigkeit prüfen.

Maßnahmen nach Injektion des Lokalanästhetikums

Nach der Injektion des Lokalanästhetikums kann der Patient für die Operation gelagert werden. In der Frühphase muss vor allem auf typische Komplikationen geachtet und die Ausbreitung der Anästhesie kontrolliert werden.

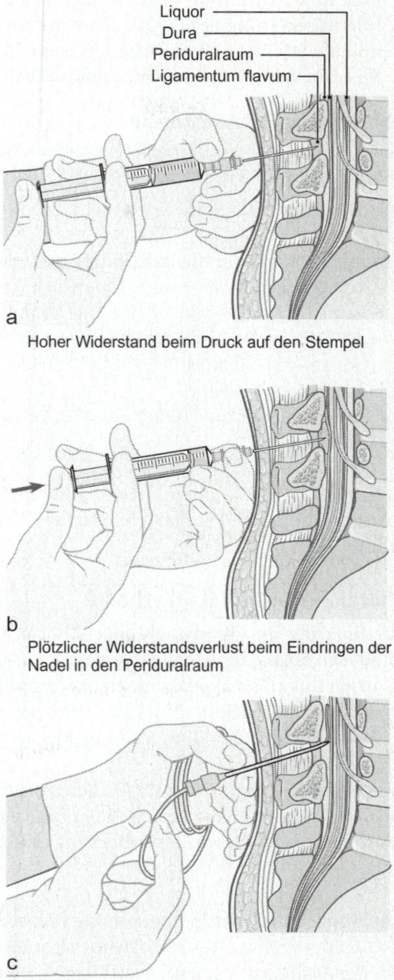

Abb. 21-5 Einführen eines Katheters zur kontinuierlichen Periduralanästhesie in den lumbalen Periduralraum.

Sofortkomplikationen

- **Zerebrotoxische Reaktion:** Bei Überdosierung entwickeln sich die Zeichen allmählich über etwa 5–15 min und führen zu generalisierten Krämpfen, während bei intravasaler Injektion die Krämpfe sofort auftreten.
- **Vagovasale Reaktion,** meist durch Angst und Aufregung, begünstigt durch die sitzende Position bei der Punktion.

- Eine **totale Peridural- oder Spinalanästhesie;** entsteht durch übermäßige peridurale Ausbreitung des Lokalanästhetikums bzw. durch versehentliche subarachnoidale Injektion (Behandlung ▶ Kap. 20).
- **Blutdruckabfall durch Sympathikusblockade.**

Überprüfung der Anästhesie

Nach Ablauf der Fixierungszeit werden Anästhesieausbreitung und -qualität endgültig bestimmt. Vorgehen siehe ▶ Kapitel 20.

Die motorische Blockade wird meist anhand der Bromage-Skala beurteilt.

Bromage-Skala zur Klassifizierung der motorischen Blockade
- Kein Block (0%): normale Beugung in Knie- und Fußgelenk möglich.
- Partieller Block (Grad 1; 33%): Knie können gerade noch gebeugt werden, während die Füße noch vollständig beweglich sind.
- Nahezu vollständiger Block (Grad 2; 66%): Knie können nicht mehr gebeugt werden, jedoch die Füße.
- Komplette Blockade (Grad 3; 100%): Beine und Füße können nicht mehr bewegt werden.

Reflexreaktionen können ebenfalls herangezogen werden, um die Blockade grob einzuschätzen, z.B. Patellarsehnenreflex, Kremaster- und Analreflex, Bauchdeckenreflexe.

Thorakale Periduralanästhesie

Für **Eingriffe im Oberbauch oder Thorax** ist die **lumbale** Periduralanästhesie aus folgenden Gründen weniger geeignet:
- große Lokalanästhetikummengen erforderlich
- unnötig ausgedehnte Blockade auf Beckenregion und untere Extremitäten
- frühzeitige Rückbildung der Anästhesie im Operationsgebiet (das weit entfernt vom Injektionsort liegt).

Wird stattdessen das Lokalanästhetikum direkt in den **thorakalen Periduralraum** injiziert, so können die betreffenden Segmente ausgeschaltet werden, ohne dass die Sensibilität und Motorik des Beckens und der unteren Extremitäten mit betroffen sind.

Anatomische Orientierungspunkte für thorakale Punktionen
- Der Dornfortsatz des 7. Halswirbels springt am stärksten vor.
- Der Angulus des Schulterblatts liegt in Höhe des 7. Brustwirbelkörpers.
- Der Dornfortsatz des 12. Brustwirbels befindet sich in Höhe der letzten Rippe.

Punktiert wird möglichst im **Zentrum** der für die Blockade ausgewählten Segmente. Hierbei kann der mediale oder der seitliche (paramediale) Zugang gewählt werden (▶ Abb. 21-6).

Vor allem im mittleren thorakalen Bereich ist der **seitliche Zugang** oft einfacher als der mediale: Infiltration bis in den Bereich der Wirbelbogen, dann Periduralnadel neben dem Dornfortsatz in einem Winkel von 55–60° zur Haut mit einer Einwärtsrichtung von 10–15° vorschieben und das Lig. flavum in der Mitte durchstechen.

Auswirkungen der thorakalen Periduralanästhesie:
- **Blockade der Nn. accelerantes** mit Abnahme von Herzfrequenz, Herzzeitvolumen und peripherem Gefäßwiderstand
- komplette **Sympathikusblockade im Splanchnikusgebiet**; hierdurch Vasodilatation mit venösem Pooling
- bei hoher thorakaler Blockade mit Lähmung der Bauch- und Interkostalmuskulatur: signifikante Abnahme des exspiratorischen Reservevolumens und des exspiratorischen Spitzenflows mit Dyspnoe möglich. Daher keine hohen Blockaden bei Patienten mit chronisch-obstruktiven Lungenerkrankungen, die auf die Atemhilfsmuskulatur angewiesen sind.

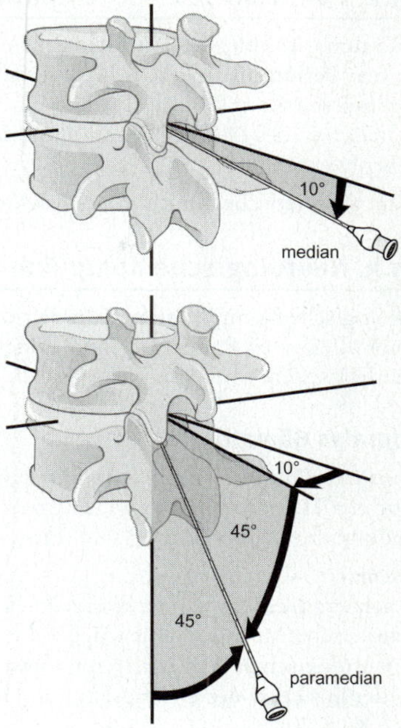

Abb. 21-6 Medianer und paramedianer (seitlicher) Zugang zum Periduralraum.

21.5 Komplikationen

Die Periduralanästhesie kann teilweise zu ähnlichen Komplikationen führen wie die Spinalanästhesie, daneben gibt es jedoch einige spezifische Komplikationen.

21.5.1 Unbeabsichtigte Punktion der Dura oder Katheterperforation

Die Verletzung der Dura mater mit der **Periduralnadel,** in der Regel erkennbar am massiven Abfluss von Liquor, führt bei 70–80% aller Patienten zu teilweise heftigen **Kopfschmerzen,** meist beginnend am Tag nach der Perforation (▶ Kap. 20).

Liegt die Periduralnadel eindeutig im Subarachnoidalraum, sollte entweder über die liegende Kanüle eine Spinalanästhesie durchgeführt oder das Verfahren insgesamt abgebrochen werden. Strittig ist, ob alternativ eine erneute Punktion und Katheterisierung in einer anderen Etage erfolgen soll.

→ Auch ein **Periduralkatheter** kann beim Einführen, aber auch zu einem späteren Zeitpunkt die Dura perforieren und in den Liquorraum gelangen. Diese relativ seltene Komplikation ist besonders gefährlich, weil sie leicht übersehen wird. Darum sollten folgende **Vorsichtsmaßnahmen bei der Kathetertechnik** beachtet werden:
- vor dem Fixieren des Katheters und vor jeder Nachinjektion aspieren, außerdem Testdosis
- Patienten nach jeder Nachinjektion für 20–30 min überwachen.

21.5.2 Punktion des Rückenmarks oder einer Nervenwurzel

Die Traumatisierung des Rückenmarks oder von Nervenwurzeln durch die Kanüle oder den Periduralkatheter geht praktisch immer mit **heftigen Schmerzen** einher. Dann müssen Kanüle oder Katheter sofort zurückgezogen werden. Ebenso muss eine Injektion des Lokalanästhetikums, die mit Schmerzen einhergeht, sofort abgebrochen werden.

Für die traumatische Punktion des Rückenmarks gibt es keine Therapie.

21.5.3 Neurologische Komplikationen

Neurologische Komplikationen der Periduralanästhesie werden zwar sehr gefürchtet (vor allem vom Patienten), sind jedoch zum Glück bei richtiger Technik außerordentlich selten.

Epidurales Hämatom

Bei normaler Blutgerinnung führt die Punktion einer Periduralvene kaum zu einem epiduralen Hämatom; Antikoagulanzientherapie oder Blutungskrankheiten sollen unabdingbare Risikofaktoren sein (Einzelheiten ▶ Kap. 20).

Zeichen:
- scharfe radikuläre Schmerzen im Rücken oder in den Beinen
- sensorische Ausfälle, Schwächegefühl oder Lähmung in beiden Beinen.

Die neurologischen Ausfälle treten meist rasch, d.h. im Mittel innerhalb von 16 h nach der Punktion des Gefäßes, auf und müssen sofort diagnostisch abgeklärt werden (▶ Kap. 20).

> **! Merke**
> Bei positivem myelographischem Befund muss sofort eine Laminektomie durchgeführt werden, um irreversible neurologische Schäden zu verhindern!

Wird mit Verzögerung, d.h. nach Eintreten von Paresen laminektomiert, ist die Prognose schlecht.

Epiduraler Abszess

Die wichtigsten **Zeichen** sind:
- Heftige Rückenschmerzen und Druckschmerz im Injektionsgebiet, später auch radikulär ausstrahlend
- Fieber und Leukozytose
- nach wenigen Tagen progrediente Tetra- bzw. Paraparese.

Die Zeichen können sich typischerweise erst nach Wochen entwickeln. Die Diagnose wird durch **MRT** gesichert.

→ Wie beim Epiduralhämatom sind eine sofortige Laminektomie und eine gezielte antibiotische Therapie erforderlich.

Cauda-equina-Syndrom

Dieses Syndrom ist bei voller Ausprägung in folgender Weise gekennzeichnet:
- Störungen der Blasenentleerung
- Stuhlinkontinenz

- Sensibilitätsstörungen im Bereich der sakralen Segmente (nach oben scharf begrenzte Reithosenanästhesie)
- Lähmung des M. triceps surae und der kleinen Fußmuskeln
- segmentäre Reflexausfälle.

Ursachen können u.a. sein: operationsbedingte Kompression von Sakralwurzeln oder des N. pudendus, Unterbindung iliakaler Blutgefäße, epidurales Hämatom, Abszess, Punktion des Conus medullaris mit der Periduralnadel.

Literatur

Aromaa U, Lahdensuu M, Cozanitis DA: Severe complications associated with epidural and spinal anaesthesia in Finland 1987–1993. A study based on patient insurance claims. Acta Anaesthesiol Scand 1997, 41:445–452.

Haljamäe H: Thromboprophylaxis, coagulation disorders, and regional anaesthesia. Acta Anaesthesiol Scand 1996, 40:1024–1040.

Moen V, Dahlgren N, Irestedt L: Severe neurological complications after central neuraxial blockades in Sweden 1990–1999. Anesthesiology 2004, 101(4):950–959.

Vandermeulen EP, van Aken H, Vermylen H: Anticoagulants and spinal-epidural anesthesia. Review Article. Anesthesiology 1994, 79:1165–1177.

Leitlinie

Rückenmarknahe Regionalanästhesien und Thromboembolieprophylaxe/antithrombotische Medikation. 2, überarbeitete Empfehlung der DGAI. Anästh Intensivmed 2007, 48:S109–S124.

22 Periphere Nervenblockaden

Unterschieden wird zwischen großer Nervenblockade (Plexus brachialis, Plexus lumbosacralis) und der Blockade einzelner Nerven.

22.1 Lokalanästhetika

Für regionale Nervenblockaden können die in ▶ Tabelle 22-1 angegebenen Lokalanästhetika verwendet werden.

22.2 Allgemeines Vorgehen

22.2.1 Präoperative Visite

Bei **großen Nervenblockaden** entsprechen präoperative Einschätzung, präoperative Maßnahmen und intraoperative Überwachung dem Vorgehen für eine Allgemeinnarkose.

Bei Gerinnungsstörungen und bei Patienten mit Antikoagulanzientherapie sollten Blockaden im Kopf-, Hals- und Rumpfbereich nicht durchgeführt werden.

22.2.2 Elektrische Nervenstimulation

Hierbei werden gezielt die **motorischen** Fasern eines Nervs elektrisch stimuliert und eine (nicht schmerzhafte) Zuckungsreaktion der zugehörigen Muskeln ausgelöst. Eine Berührung des Nervs mit der Nadelspitze ist nicht erforderlich.

→ Für die Lokalisation des Nervs sollten Muskelkontraktionen bei einer Impulsamplitude von 0,2–0,5 mA (Impulsbreite 0,1 ms) oder von 0,05–0,3 mA (Impulsbreite 1 ms) ausgelöst werden.

✓ Praktisches Vorgehen

Aufsuchen des Nervs oder Nervenplexus

1. Zunächst Hautquaddel und -inzision im Bereich der Punktionsstelle.
2. Elektrodenkabel mit der Stimulationskanüle und mit der in Nähe des Punktionsorts platzierten Hautelektrode verbinden.
3. Dann Impulsamplitude einstellen (meist 1–2 mA) und Stimulationskanüle in Richtung auf den Nerv vorschieben, bis eindeutige, aber nicht maximale Muskelzuckungen auftreten.
4. Nun Impulsamplitude auf 0,2–0,3 mA (bei 0,1 ms Impulsdauer) oder 0,05–0,2 mA (bei 1 ms Impulsdauer) reduzieren; sind hiermit noch eindeutige Muskelkontraktionen auslösbar, so liegt die Nadelspitze in der Regel in unmittelbarer Nähe des Nervs, und das Lokalanästhetikum kann injiziert werden.
5. Die Injektion einer Testdosis ist bei diesem Vorgehen nicht erforderlich.

Tab. 22-1 Lokalanästhetika für die Blockade von Nervenstämmen oder Nervenplexus

Substanz mit	Konzentration (%)	Volumen (ml)	Höchstdosis (mg)*	Wirkungseintritt (min)	Wirkdauer (min)
Lidocain	1–1,5	30–50	500	10–20	120–240
Mepivacain	1–1,5	30–50	500	10–20	180–300

Tab. 22-1 Lokalanästhetika für die Blockade von Nervenstämmen oder Nervenplexus *(Forts.)*

Substanz mit	Konzentration (%)	Volumen (ml)	Höchstdosis (mg)*	Wirkungseintritt (min)	Wirkdauer (min)
Prilocain	1–2	30–50	600	10–20	180–300
Bupivacain	0,25–0,5	30–50	150	15–30	360–720
Ropivacain	0,5–1	15–30	220	15–30	120–360

* Richtwerte

22.2.3 Postoperative Überwachung

Patienten mit peripheren Nervenblockaden können meist direkt nach dem Eingriff auf die Station verlegt werden, vorausgesetzt, es sind keine größeren Blutverluste zu erwarten und die noch anästhesierte Extremität ist ausreichend durch Verbände, Schienen usw. vor Selbstverletzung geschützt.

22.3 Nervenblockaden der oberen Extremität

Die obere Extremität wird durch den **Plexus brachialis** innerviert, der zusammen mit der A. brachialis und A. axillaris in einer gut abgegrenzten Scheide verläuft.

22.3.1 Anatomie des Plexus brachialis

Der Plexus brachialis besteht aus fünf segmentalen Nerven, die zu den vorderen Zweigen der Spinalnervenwurzeln von **C5, C6, C7, C8 und Th1** gehören (▶ Abb. 22-1). Außerdem erhält der Plexus in wechselndem Maße Nervenfasern von C4 und Th2. Diese Nerven vereinigen sich zu Bündeln, die gemeinsam mit der A. subclavia durch die Skalenuslücke zwischen M. scalenus anterior und M. scalenus medius im äußeren Halsdreieck austreten (▶ Abb. 22-2).

Innervationsgebiet des Plexus brachialis. Der Plexus brachialis versorgt die gesamte obere Extremität motorisch und zum größten Teil auch sensorisch (▶ Tab. 22-2). Nur die Haut im Bereich der Schulter wird von absteigenden Ästen des Plexus cervicalis versorgt, der hintere mediale Oberarm bis nahe zum Ellenbogen von Ästen des 2. Interkostalnervs (Th2).

22.3.2 Interskalenäre Plexusblockade

Indikationen: Operationen an Schulter, Oberarm und Ellbogen.

(Relative) Kontraindikationen:

- bei COPD ist Vorsicht geboten
- bei stark Adipösen mit kurzem Hals sollte die Blockade vermieden werden
- bei kontralateraler Phrenikusparese ist das Verfahren nicht indiziert
- bei Gerinnungsstörungen sollte die Blockade nicht angewandt werden.

Technik der interskalenären Blockade nach Winnie

Das Lokalanästhetikum wird in den interskalenären oder paravertebralen Raum zwischen Mm. scaleni anterior und medius injiziert. Hier verlaufen die drei Trunci des Plexus (▶ Abb. 22-2).

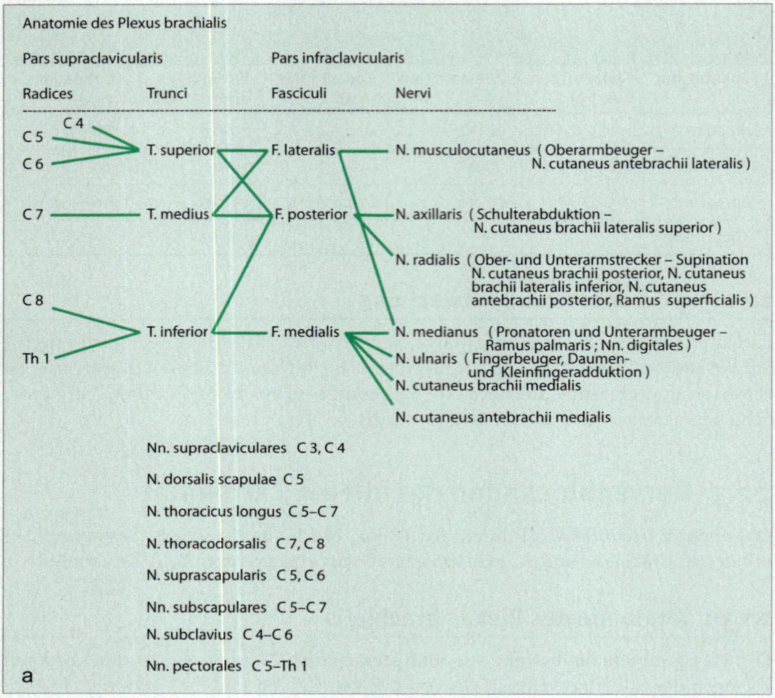

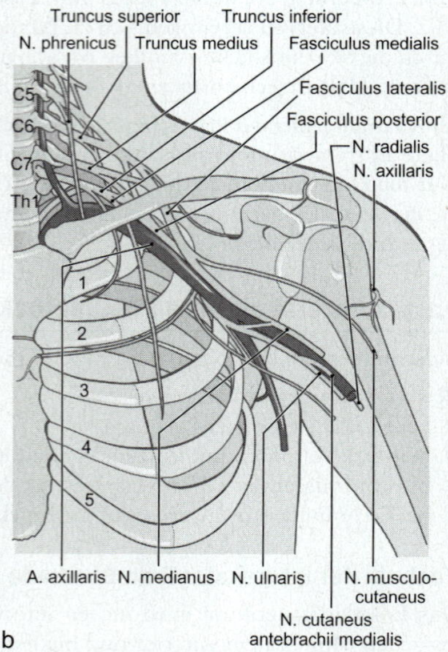

Abb. 22-1 Plexus brachialis.
a) Schematischer Aufbau.
b) Anatomie.

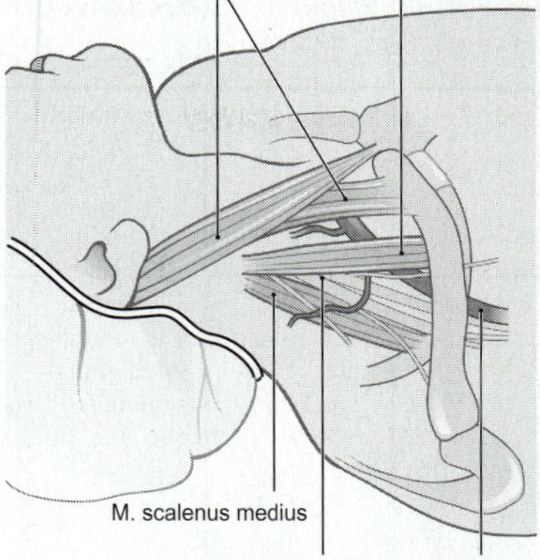

Abb. 22-2 Plexus brachialis in der Skalenuslücke.

Tab. 22-2 Nervenversorgung der oberen Extremität

Nerv	Wurzel	Faszikulus	Sensorik	Motorik	Reaktion bei Nervenstimulation
Nn. supraclaviculares	C3/4 (Plexus cervicalis)	–	Schulter, Schlüsselbeingrube	–	
N. axillaris	C5/6	F. posterior	Seitenfläche von Schulter und Oberarm	M. teres minor	
N. cutaneus brachii medialis	C8/Th1	F. medialis	medialer Oberarm zwischen Achselhöhle und Ellenbogengelenk	–	
N. cutaneus antebrachii medialis	C8/Th1	F. medialis	mediale Beuge- und Streckseite des Unterarms	–	
N. musculocutaneus	C5–7	F. lateralis	lateraler Unterarm, Daumenballen	Oberarmbeuger: Mm. biceps brachii, coracobrachialis, brachialis	Beugung Ellenbogen, Supination Unterarm

Tab. 22-2 Nervenversorgung der oberen Extremität *(Forts.)*

Nerv	Wurzel	Faszikulus	Sensorik	Motorik	Reaktion bei Nervenstimulation
N. radialis	C5–8	F. posterior	Streckseite Oberarm, Unterarm und radialer Handrücken	Oberarm-, Unterarm- und Handstrecker	Streckung Ellenbogen, Hand, Finger
N. medianus	C6–Th1	F. lateralis und medialis (Medianusschlinge)	Beugeseite Finger D1 bis zur Hälfte von D4	Pronatoren, Unterarmbeuger, M. opponens pollicis, Beugung Finger D1–D3	Pronation Unterarm, Beugung Handgelenk, Beugung Daumen, Zeige- und Mittelfinger
N. ulnaris	C8/Th1	F. medialis	Hand ulnar: Hälfte von D4–D5 dorsal: Hälfte von D3–D5	Beuger der Fingergrundgelenke, Daumenadduktoren	Beugung Finger, Adduktion von Daumen und Kleinfinger

√ Praktisches Vorgehen

Winnie-Block

1. Lagerung: Rückenlage, Nacken gerade, Kopf leicht zur Gegenseite gedreht, Arme angelegt, Schultern leicht nach unten gedrückt.
2. Patienten Kopf anheben lassen, damit der Hinterrand des M. sternocleidomastoideus palpiert werden kann.
3. Dann die Skalenuslücke zwischen dem M. scalenus anterior und dem M. scalenus medius palpieren; hilfreich ist hierbei das Fühlen der pulsierenden A. subclavia, die unterhalb der Trunci durch die Skalenuslücke zieht.
4. Danach die Skalenuslücke markieren und eine Verbindungslinie vom Schildknorpel des Kehlkopfes zur Skalenuslücke ziehen (▶ Abb. 22-3), außerdem den Querfortsatz von C6 mit seinen Tubercula anterius und posterius tasten. **Punktionsort** ist der Schnittpunkt der Verbindungslinie mit der Skalenuslücke. Er liegt direkt gegenüber dem 6. Halswirbelquerfortsatz.
5. Zunächst Anlegen einer Hautquaddel am Punktionsort.
6. Dann die Stimulationskanüle durch die Quaddel in einer nahezu parallelen Richtung zum Boden der Furche in Richtung auf den Querfortsatz des 6. Halswirbels vorschieben, während Zeige- und Mittelfinger weiterhin die Skalenuslücke palpieren. Die **Stichrichtung** verläuft 45° nach kaudal und 45° nach dorsal (▶ Abb. 22-3). Bei zu flacher Stichrichtung wird der N. phrenicus stimuliert (sichtbare ipsilaterale Zwerchfellkontraktionen). Dann muss die Kanülenspitze nach dorsal abgesenkt werden.
7. Stimulationskanüle so weit vorschieben, bis eine motorische Reaktion des M. deltoideus (C5) oder des M. biceps (C6) auftritt.
8. Wurden keine Muskelzuckungen ausgelöst, jedoch in etwa 1,5–2 cm Tiefe Knochenkontakt gespürt, so befindet sich die Kanülenspitze auf dem Querfortsatz des 6. Halswirbels. Dann sollte die Spitze so lange auf dem Querfortsatz hin- und herwandern, bis Zuckungen auftreten.

9. Wurde hingegen der Knochenkontakt erst in einer Tiefe von mehreren Zentimetern hergestellt, so ist nicht der Querfortsatz, sondern der Wirbelkörper erreicht.
10. Vor der Injektion muss immer aspiriert werden: Lässt sich Blut aspirieren, so befindet sich die Kanüle wahrscheinlich in der A. vertebralis, lässt sich hingegen klare Flüssigkeit (= Liquor) aspirieren, so wurde der Subarachnoidalraum punktiert.
11. Die erforderliche Lokalanästhetikummenge beträgt zwischen 10 und 40 ml, je nach gewünschter Anästhesieausdehnung.
    - Mit 20 ml und weniger wird gewöhnlich keine ausreichende Anästhesie des Unterarms erreicht.
    - 40 ml führen zu einer kompletten Blockade des Plexus brachialis und des Plexus cervicalis.
12. Die **kraniale** Ausbreitung des Lokalanästhetikums kann durch Druck mit dem Finger während der Injektion und anschließendes Massieren des Injektionsorts gefördert werden.

Bei einer kompletten Blockade erstreckt sich die **Anästhesie von C4–Th1** und umfasst damit das in ▶ Abbildung 22-4 dargestellte Gebiet.

Zugang nach Meier

Vorbereitung und Zubehör siehe Winnie-Block. Für die Blockade wird ein Nervenstimulator verwendet. Bei korrekter Durchführung kann ein Pneumothorax sicher vermieden werden.

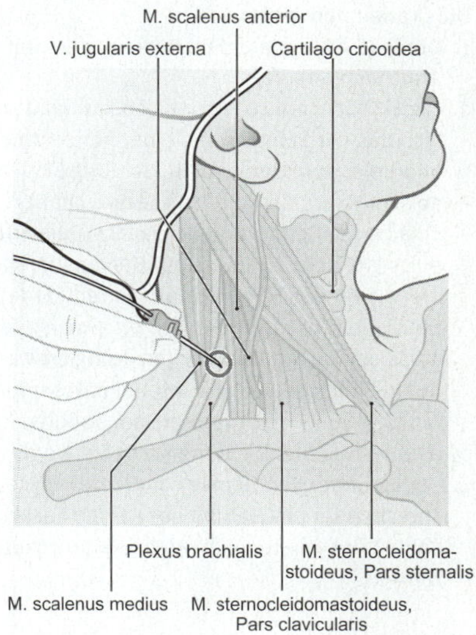

Abb. 22-3 Intraskalenärer Plexuxblock nach Winnie. Der Plexus tritt zwischen M. scalenus anterior und M. scalenus medius, also in der Skalenuslücke, aus. Der Punktionsort befindet sich in der Lücke, direkt gegenüber dem Querfortsatz des 6. Halswirbels. Stichrichtung ist der Querfortsatz.

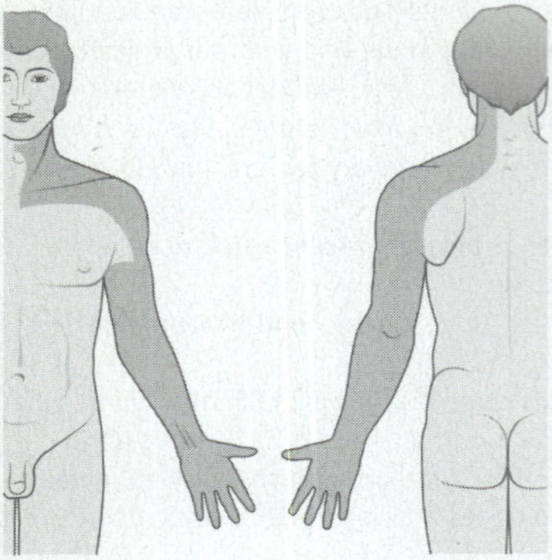

Abb. 22-4 Interskalenusblock. Anästhesieausbreitung.

Praktisches Vorgehen

Blockade nach Meier

1. Der Patient liegt auf dem Rücken, der Kopf wird leicht zur Gegenseite gedreht; die Arme sind angelegt.
2. Die Einstichstelle befindet sich kranial der von Winnie angegebenen: Sie ergibt sich aus der Schnittstelle einer horizontalen Linie etwa 2 cm oberhalb des Ringknorpels; punktiert wird in Richtung Skalenuslücke; der Stichwinkel beträgt ca. 30° zur Haut; die Nadelspitze erreicht nach 2,5 bis maximal 5 cm den Plexus brachialis. Die Perforation der Fascia praevertebralis wird oft als „Klick" verspürt.
3. Als motorische Reaktion auf Nervenstimulation wird eine Kontraktion des M. deltoideus oder des M. biceps angestrebt. Eine Reaktion der Hand ist nicht erforderlich. Bei Zwerchfellzuckungen (N. phrenicus) liegt die Kanüle zu weit medial vorn und muss nach lateral und hinten korrigiert werden. Bei Stimulation des N. suprascapularis (Mm. supra- und infraspinatus mit Außenrotation und Abduktion der Schulter) befindet sich die Kanüle am äußeren Rand des Plexus brachialis und muss evtl. in medialer Richtung korrigiert werden.
4. Bei korrekter Kanülenlage kann die Blockade durch Einzelinjektion oder nach entsprechender Platzierung über einen Katheter erfolgen. Bei der Kathetertechnik sollte der Katheter nicht mehr als 3–4 cm über die Kanülenspitze vorgeschoben werden.

Anästhesieausbreitung wie Winnie-Block.

Nebenwirkungen und Komplikationen

Die wichtigsten Komplikationen des Skalenusblocks sind:

- ipsilaterale Phrenikusparese (Häufigkeit 100%)
- Horner-Syndrom
- Rekurrensparese mit Heiserkeit
- hohe Periduralanästhesie, totale Spinalanästhesie
- Pneumothorax

- Injektion des Lokalanästhetikums in die A. vertebralis: sofort ZNS-Symptome
- Blockade von N. vagus, N. recurrens sowie sympathischen zervikalen Nerven.

22.3.3 Vertikale infraklavikuläre Plexusblockade (VIP)

Bei diesem Verfahren wird der Plexus brachialis in seinem Verlauf unter der Klavikula, etwa in der Medioklavikularlinie im Bereich des Trigonum clavipectorale, blockiert.

Indikationen: Eingriffe an Hand, Unterarm und Ellbogen.

Punktionsstelle. Zunächst werden entweder das Sternoklavikulargelenk und das Akromioklavikulargelenk oder das Akromion und die Oberkante des Sternums in der Fossa jugularis getastet und markiert. Danach wird die Strecke zwischen den beiden Knochenpunkten vermessen und ihr Mittelpunkt als Einstichstelle markiert (▶ Abb. 22-5).

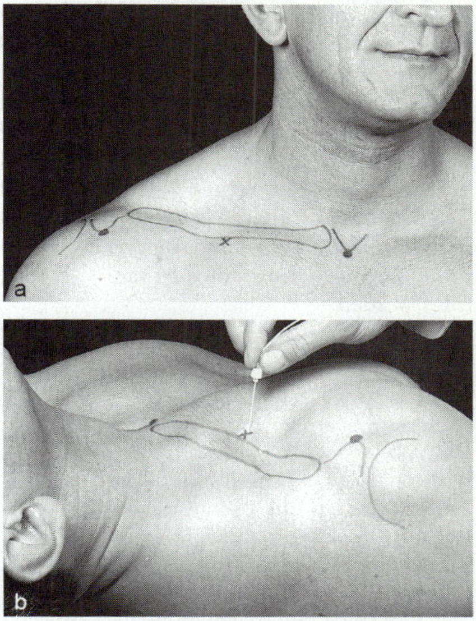

Abb. 22-5 Vertikale infraklavikuläre Plexusblockade (VIP).
a) Auffinden der Punktionsstelle: Zunächst werden Akromion und Sternumoberkante in der Fossa jugularis markiert, dann die Strecke zwischen beiden Knochenpunkten vermessen und deren Mittelpunkt als Einstichstelle markiert.
b) Langsames Vorschieben der Stimulationskanüle in streng senkrechter (= vertikaler) Richtung, bis Zuckungen der Finger auftreten.

Praktisches Vorgehen
Vertikale infraklavikuläre Plexusblockade (VIP)

1. Lagerung des Patienten auf dem Rücken mit angelegtem Arm.
2. Markieren der oben beschriebenen Punktionsstelle.
3. Steriles Abdecken und Lokalanästhesie der Punktionsstelle.
4. Dann Stimulationsnadel langsam in streng senkrechter (vertikaler) Richtung unter kontinuierlicher Aspiration vorschieben (▶ Abb. 22-5b).
5. Tritt in ca. 3 cm Tiefe Muskelzucken auf: Nadel in dieser Position fixieren und den zuckenden Muskel identifizieren: Oberarm – Unterarm – innen – außen. Zuckungen der Finger zeigen die richtige Lage der Kanülenspitze an (Fasciculus medialis), Zuckungen des M. triceps brachii entstehen durch Stimulation des Fasciculus posterior. In diesem Fall muss die Nadel in medialer Richtung geführt werden. Bei Aspiration von Blut: zu weit mediale Punktion. Kanüle zurückziehen und 1 cm weiter lateral vorschieben.
6. Bei korrekter Nadelspitze 50 ml Lokalanästhetikum injizieren.
7. Bei kontinuierlicher Analgesietechnik: Vorschieben des Katheters ca. 5 cm über die Kanülenspitze hinaus (Abstand zur Haut ca. 10 cm). Dosierung: Bupivacain 0,25% 5–15 ml/h.

Komplikationen und Gefahren:
- intravasale Injektion des Lokalanästhetikums
- Verletzungen der Pleura mit Pneumothorax
- Verletzung der A. und V. axillaris mit Hämatothorax
- Horner-Syndrom.

Bei Störungen der Blutgerinnung sollte die Blockade nicht durchgeführt werden.

22.3.4 Axilläre Plexusblockade

Die axilläre Plexusblockade entsteht durch Injektion des Lokalanästhetikums in die Gefäßnervenscheide des Plexus brachialis im Bereich der Axilla.

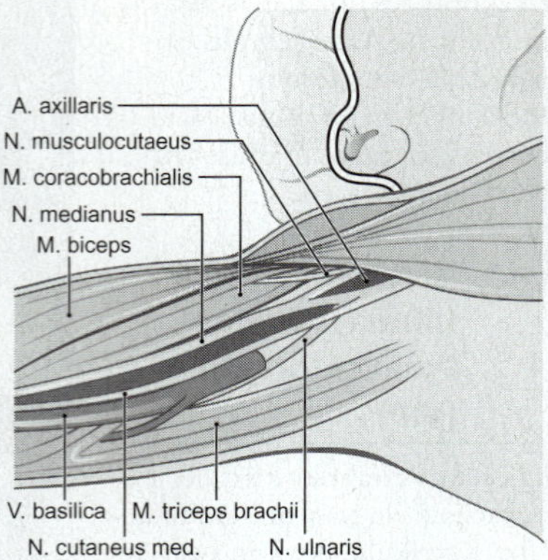

Abb. 22-6 Topographie des Plexus brachialis, der A. axillaris und benachbarter Strukturen.

Indikationen: Verfahren der Wahl für Eingriffe und Manipulationen an Hand, Unterarm und Ellenbogen. Spezielle Kontraindikationen bestehen nicht.

Vorteile:
- einfache und sichere Methode
- keine Pneumothoraxgefahr
- besonders geeignet für ambulante und Notfallpatienten
- auch bei Kindern einfach durchzuführen.

Nachteile:
- nicht geeignet für Eingriffe und Manipulationen an Oberarm und Schultergelenk
- oft keine ausreichende Blockade des N. musculocutaneus
- Oberarm muss für die Blockade abduziert werden.

Anatomie

In ▶ Abbildung 22-6 ist die Gefäßnervenscheide im Bereich der Axilla mit ihrem Inhalt dargestellt. Nach medial wird die Gefäßnervenscheide nur von Bindegewebe bedeckt, lateral befindet sich der Humerus. Die Scheide reicht bis wenige Zentimeter unterhalb der Axilla.

Der N. musculocutaneus befindet sich bereits nicht mehr in der Gefäßnervenscheide, sondern im M. coracobrachialis.

Technik der axillären Plexusblockade

✓ Praktisches Vorgehen

Axilläre Plexusblockade

1. Der Arm des auf dem Rücken liegenden Patienten wird um 90° nach außen rotiert, der Unterarm um 90° gebeugt und auf einer Armschiene oder einem zusammengefalteten Laken gelagert.
2. Nach Desinfektion und Abdecken der Punktionsstelle wird der Patient zunächst über mögliche Parästhesien und Muskelzuckungen aufgeklärt.

3. Danach die A. axillaris so hoch wie möglich in der Axilla palpieren und mit dem Zeige- und Mittelfinger gegen den Humerus fixieren.
4. Nun unmittelbar oberhalb der pulsierenden Arterie eine Hautquaddel setzen.
5. Dann die Stimulationskanüle unterhalb (N. ulnaris) oder oberhalb (N. medianus) der Arterie durch die Quaddel in Längsrichtung in die Gefäßnervenscheide vorschieben (▶ Abb. 22-7). Die Gefäßnervenscheide ist erreicht, wenn die Perforation des Bindegewebes durch die Kanülenspitze als „Ruck" verspürt wurde oder
   - Parästhesien auftreten oder
   - Blut aus der Kanüle zurückfließt (Kanüle zurückziehen) oder
   - die losgelassene Kanüle pulssynchron und frei oszilliert oder
   - mit dem Nervenstimulator entsprechende Muskelkontraktionen ausgelöst werden.
6. Liegt die Kanüle sicher in der Gefäßnervenscheide, so wird, nach Aspiration, das Lokalanästhetikum injiziert, ohne die Lage der Kanülenspitze zu verändern.

22

→ Für eine komplette Blockade des Plexus brachialis sind beim Erwachsenen etwa 30–40 ml Lokalanästhetikum erforderlich, bei Kindern 10–20 ml.

Sofort nach der Injektion des Lokalanästhetikums wird der Arm am Körper angelegt, um die zentralwärts gerichtete Ausbreitung des Lokalanästhetikums zu fördern. Nach vollständigem Wirkungseintritt des axillären Blocks ergibt sich die in ▶ Abbildung 22-8 dargestellte **Anästhesieausbreitung.**

Ist für die Operation eine **Blutleere** erforderlich, kann zusätzlich ein **subkutaner Ringwall** mit 10 ml Lokalanästhetikum am Oberarm angelegt werden.

Komplikationen:
- arterielle Punktion mit Hämatombildung
- versehentliche intravasale Injektion
- traumatische Nervenschädigung.

Blockade des N. musculocutaneus zur Vervollständigung des axillären Plexusblocks

Wurde der N. musculocutaneus bei der Plexusblockade nicht erfasst, so kann er peripher blockiert werden.

Blockade am Ellenbogen lateral der Bizepssehne.

- Arm abduzieren, Unterarm im Ellenbogengelenk strecken und supinieren, dann die interkondyläre Linie ziehen und die Bizepssehne markieren (▶ Abb. 22-9)

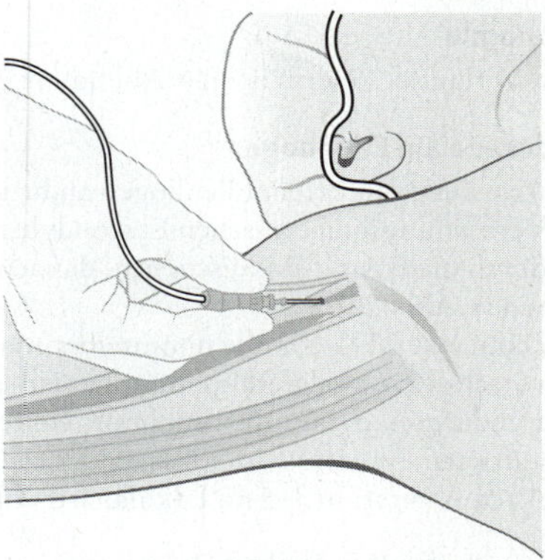

Abb. 22-7 Axilläre Plexusblockade. Punktionstechnik: Palpation des Unterrandes des M. coracobrachialis mit dem Zeige- und Mittelfinger der linken Hand und Fixierung der A. brachialis gegen den Humerus. Die stumpfe Kanüle wird in Längsrichtung nach proximal in die Gefäßnervenscheide vorgeschoben. Das Lokalanästhetikum kann über eine mit der Kanüle verbundene Zuleitung von einem Helfer injiziert werden (Technik der immobilen Nadel).

- 25-G-Kanüle an der Stelle, wo die interkondyläre Linie den seitlichen Rand der Bizepssehne kreuzt, subkutan einführen und 2 ml Lokalanästhetikum lateral der Sehne und **oberhalb** der Muskelfaszie injizieren.

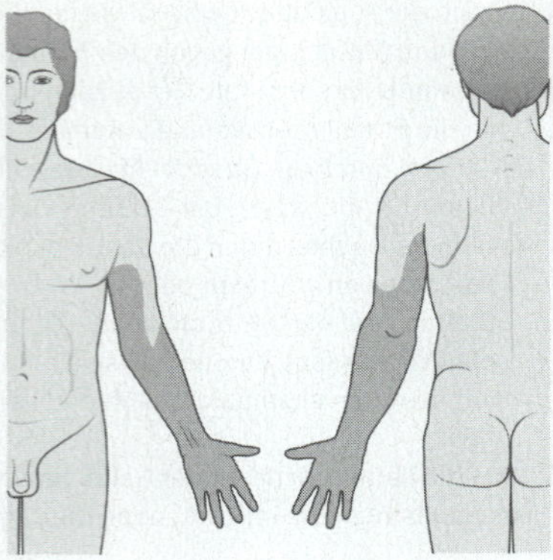

Abb. 22-8 Axilläre Plexusblockade – Anästhesieausbreitung.

22.3.5 Periphere Nervenblockaden der oberen Extremität

Einzelnervenblockaden werden durchgeführt, um einen nicht ausreichenden Plexusblock mit Aussparung von Einzelnerven gezielt zu vervollständigen.

Blockade des N. medianus

Indikationen:
- Operationen an der radialen Seite der Handinnenfläche und den 3½ radialen Fingern
- Reposition von Frakturen, z.B. des Daumens.

Meist wird der Medianusblock mit einer Blockade des **N. ulnaris** oder **N. radialis** kombiniert.

Anatomie

Der Verlauf des Nervs ist in ▶ Abbildung 22-10 dargestellt.

Blockade am Ellenbogen

- Arm bei gestrecktem Ellenbogen abduzieren, den Unterarm supinieren.
- Verbindungslinie zwischen Epicondylus lateralis und medialis des Humerus durch die Fossa cubitalis ziehen, danach die A. brachialis palpieren und markieren (▶ Abb. 22-11).
- Dann eine 22-G-Kanüle unmittelbar **medial** von der Arterie senkrecht zur Haut vorschieben, bis lateral-palmar Parästhesien der 2½ Finger auftreten. Bei Verwendung eines Nervenstimulators sollte eine **Beugebewegung der ersten 3 Finger** auftreten.
- Nach Aspiration 3–5 ml Lokalanästhetikum injizieren.

Blockade am Handgelenk

- Arm bei gestrecktem Ellenbogen abduzieren, den Unterarm supinieren.
- Sehne des M. palmaris longus durch Beugung des Handgelenks bei gestreckten Fingern sichtbar machen (▶ Abb. 22-12). Der Nerv verläuft zwischen der Sehne des M. palmaris longus und des M. flexor carpi radialis.
- Punktionskanüle in Höhe der proximalen Handgelenkfalte radial von der Sehne des M. palmaris longus einführen und senkrecht zur Haut vorschieben, bis Par-

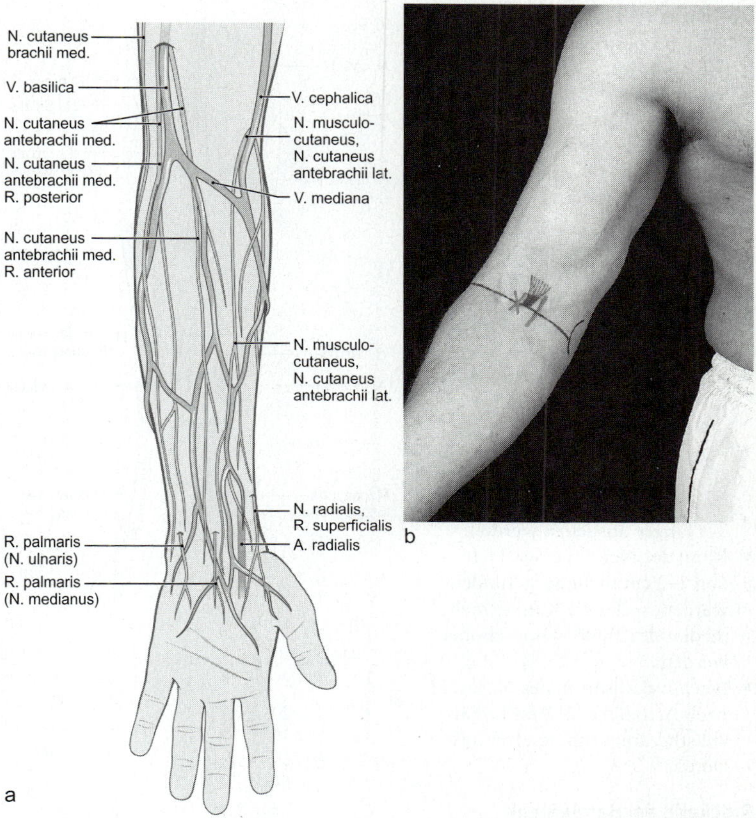

Abb. 22-9 Blockade des N. musculocutaneus im Ellenbogengelenk.
a) Verlauf des Nervs in der Ellenbogenbeuge und am Unterarm.
b) Punktionsstelle (x) direkt lateral der Bizepssehne auf der interkondylären Linie. Eine Perforation der Faszie mit der Kanüle muss in jedem Fall vermieden werden.

ästhesien auftreten. Fehlt die Sehne des M. palmaris longus, so wird ulnar von der Sehne des M. flexor carpi radialis eingestochen.

- Nach Auslösen von Parästhesien 3–5 ml Lokalanästhetikum injizieren, außerdem beim Zurückziehen 1 ml subkutan injizieren, um die palmaren Hautäste zu blockieren.

Die **Anästhesieausbreitung** ist in ▶ Abbildung 22-13 dargestellt.

Blockade des N. radialis

Der Block wird durchgeführt für Eingriffe am Handgelenk sowie als Ergänzung eines unzureichenden Plexusblocks, besonders bei Frakturen des Radius.

Anatomie

Verlauf des Nervs siehe ▶ Abbildung 22-10, Funktionen siehe ▶ Tabelle 22-2.

22

Blockade am Ellenbogen

- Arm mit gestrecktem Ellenbogen abduzieren, Unterarm supinieren.
- Auf der Beugeseite die interkondyläre Verbindungslinie ziehen und die Sehne des Bizeps in dieser Höhe palpieren (▶ Abb. 22-14)
- 1–2 cm lateral der Bizepssehne die Einstichstelle markieren und dann eine 22-G-Kanüle, 4–5 cm lang, senkrecht auf den Epicondylus lateralis vorschieben.
- Nach Perforation der Faszie können meist in 1–2 cm Tiefe mit der Kanüle Parästhesien oder mit dem Nervenstimulator eine Dorsalflexion der Hand bzw. Streckung und Spreizung der Finger ausgelöst werden.
- Kann der Nerv in einer Tiefe von 1–2 cm nicht aufgefunden werden, sollte die Kanüle mehr medial des Nervs vorgeschoben werden.
- Nach Lokalisation des Nervs, je nach Armdicke, 2–8 ml Lokalanästhetikum schmerzfrei injizieren.

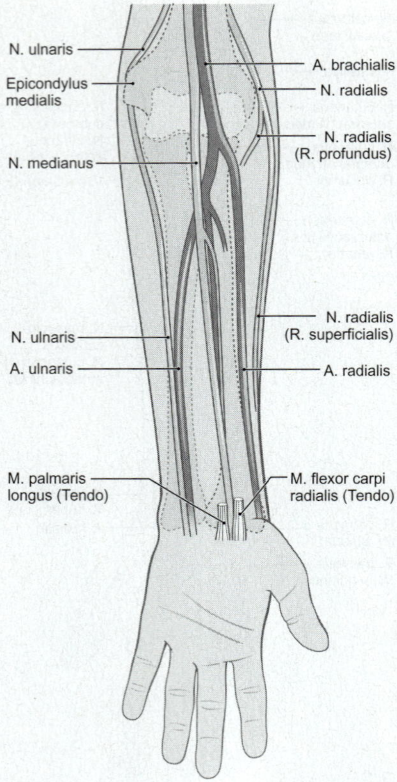

Abb. 22-10 Verlauf des N. medianus und des N. radialis in der Ellenbeuge und am Unterarm.

Blockade am Handgelenk

- Arm im Ellenbogen strecken, Unterarm supinieren und das Handgelenk leicht beugen.
- Dann die A. radialis in Höhe der proximalen Handgelenkfalte palpieren.
- Danach 3 ml Lokalanästhetikum unmittelbar lateral der Arterie injizieren.
- Dann den Unterarm pronieren und von der ursprünglichen Injektionsstelle aus weitere 5 ml subkutan in den radial-dorsalen Bereich des Handgelenks in Richtung auf den Processus styloideus injizieren (▶ Abb. 22-15).

Anästhesieausbreitung siehe ▶ Abbildung 22-16.

Blockade des N. ulnaris

Indikationen:

- Operationen an der ulnaren Seite der Hand und den 1½ ulnaren Fingern
- Reposition von Frakturen des 5. Fingers
- Ergänzung eines nicht ausreichenden Plexusblocks.

Anatomie

Verlauf des Nervs siehe ▶ Abbildung 22-10, Funktion siehe ▶ Tabelle 22-2.

Blockade am Handgelenk

Die Blockade am Handgelenk ist meist wirksamer und außerdem komplikationsärmer als der Block am Ellenbogengelenk.

- Arm mit gestrecktem Ellenbogen abduzieren, Unterarm supinieren.
- Beim Zugang von der Ulnarseite (▶ Abb. 22-17) die Kanüle ulnar von der Sehne nach radial etwa 1,5 cm vorschieben, bis **Parästhesien** auftreten.
- Danach jeweils **3–5 ml Lokalanästhetikum** schmerzfrei injizieren.
- Vor dem vollständigen Zurückziehen der Kanüle 2–5 ml Lokalanästhetikum subkutan infiltrieren, um die Hautäste zu blockieren.

Anästhesieausbreitung siehe ▶ Abbildung 22-18.

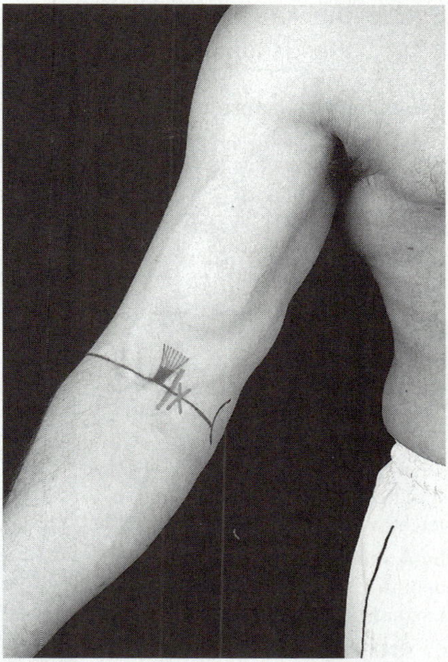

Abb. 22-11 Blockade des N. medianus in der Ellenbeuge. Die Punktionsstelle (x) befindet sich unmittelbar an der A. brachialis (rot) auf der interkondylären Linie. Die Kanüle wird senkrecht zur Haut vorgeschoben, bis in 0,5–1 cm Tiefe Parästhesien auftreten.

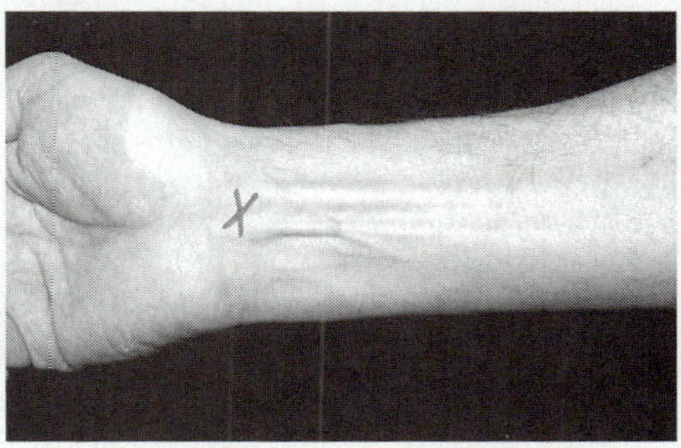

Abb. 22-12 Blockade des N. medianus am Handgelenk. Die Punktionsstelle (x) befindet sich in Höhe der proximalen Handgelenkfalte zwischen der Sehne des M. palmaris longus und des M. flexor carpi radialis.

22.4 Nervenblockaden der unteren Extremität

Im Gegensatz zum Arm kann das Bein nicht durch eine Einzelinjektion des Lokalanästhetikums vollständig anästhesiert werden, sondern nur durch mehrere Injektionen an unterschiedlichen Stellen.

22.4.1 Anatomie des Plexus lumbosacralis

Die untere Extremität wird von zwei Nervenplexus versorgt:

- Plexus lumbalis: (Th12) L1–4
- Plexus sacralis: L4–S2 (S3).

Fünf Hauptnerven ziehen zur unteren Extremität (▶ Tab. 22-3):

22.4.2 Blockaden des Plexus lumbalis

Psoaskompartmentblock

Bei dieser Blockade wird das Lokalanästhetikum in die Kammer des M. psoas major injiziert. Die Blockade umfasst folgende Nerven:

- N. femoralis
- N. cutaneus femoris lateralis
- N. obturatorius
- N. genitofemoralis
- Anteile des N. ischiadicus.

Allerdings werden die **sakralen Anteile des N. ischiadicus** nicht ausgeschaltet, so dass auch keine vollständige Anästhesie des Beins erreicht wird.

Indikationen: diagnostische und operative Eingriffe an der unteren Extremität, soweit das Versorgungsgebiet des N. ischiadicus nicht betroffen ist.

Anatomische Beziehungen

Der Plexus lumbalis verläuft in einer Serie von Schleifen anteromedial zwischen dem M. psoas major und dem M. quadratus lumborum und kann durch Injektion des Lokalanästhetikums in die Faszienloge zwischen M. psoas major und M. quadratus lumborum geblockt werden. Der Injektionsort wird von hinten erreicht.

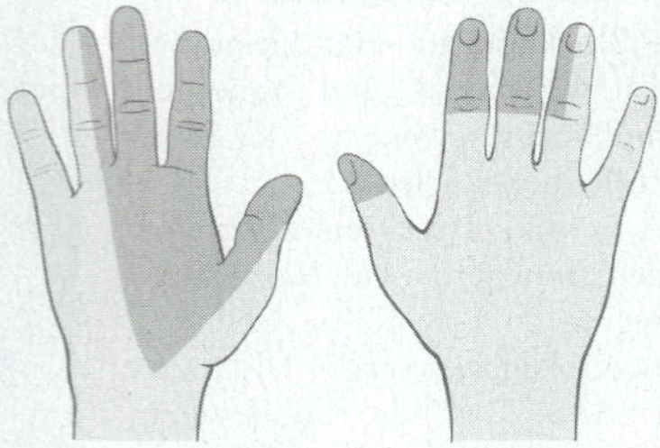

Abb. 22-13 Anästhesieausbreitung beim N.-medianus-Block.

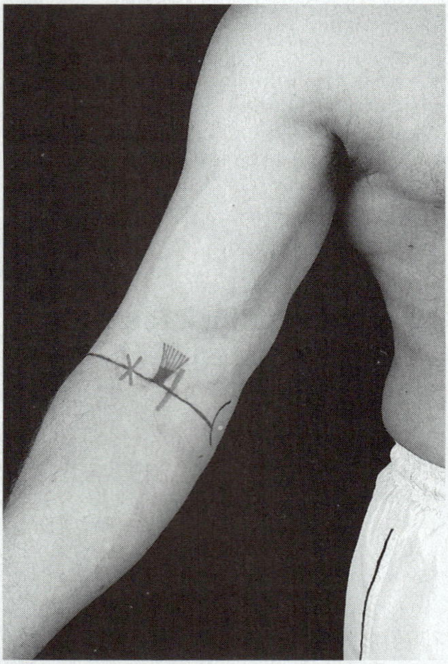

Abb. 22-14 Blockade des N. radialis im Ellenbogengelenk. Die Punktionsstelle (x) befindet sich 1–2 cm lateral der Bizepssehne auf der interkondylären Linie. Der Nerv liegt zumeist in 1–2 cm Tiefe.

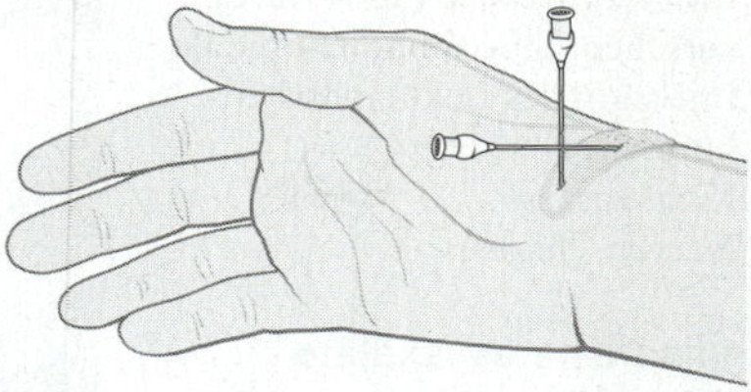

Abb. 22-15 Blockade des N. radialis am Handgelenk.

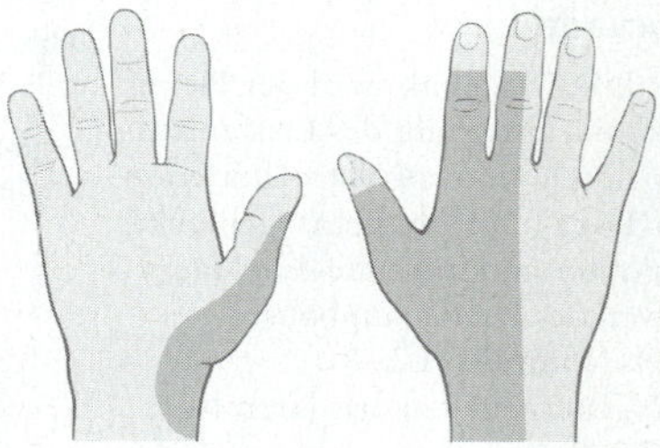

Abb. 22-16 Anästhesieausbreitung beim N.-radialis-Block.

Praktisches Vorgehen

Psoaskompartmentblock

1. Für die Blockade den Patienten mit angezogenen Beinen auf die Gegenseite des Blocks lagern, alternativ sitzende Position oder Bauchlage.
2. Die Einstichstelle für die 10–12 cm lange 22- bis 25-G-Kanüle befindet sich in einem Punkt, der neben dem 4. Lendenwirbel-Dornfortsatz 3 cm kaudal der interkristalen Linie und 5 cm lateral von der Mittellinie entfernt liegt.
3. Die Kanüle unter kontinuierlicher Stimulation strikt senkrecht in Richtung **Querfortsatz des 5. Lendenwirbels** vorschieben, bis in ca. 5–8 cm Tiefe Knochenkontakt erreicht wird. Dann die Kanüle wenige Zentimeter zurückziehen und leicht nach kranial vorschieben. Sie gleitet oberhalb des 5. Querfortsatzes in den **M. quadratus lumborum** ein, durchsticht in einer Tiefe von etwa 8–12 cm den Vorderrand des Muskels und erreicht die Kammer des **M. psoas.**
4. Das Eindringen in die Kammer wird vom Geübten als **Widerstandverlust** verspürt; oft treten auch **Parästhesien** auf, wenn die Kanüle in die Kammer vordringt. Bei Verwendung eines Nervenstimulators müssen mit 0,3–0,5 mA **Kontraktionen der Mm. vasti oder der Adduktoren** ausgelöst werden.
5. Danach Injektion von 40–50 ml Lokalanästhetikum in die Kammer (3-ml-Testdosis zum Ausschluss einer subarachnoidalen Kanülenlage empfohlen!).
6. **Katheterblockade:** Katheter 5 cm über Kanülenöffnung vorschieben; 5–15 ml/h Ropivacain 0,2% oder Boli von 20 ml Ropivacain 0,2–0,375% (maximal 37,5 mg/h).

Die **Anästhesieausbreitung** erstreckt sich von L1 bis L4.

Komplikationen:

- intravasale Injektion
- Verletzungen innerer Organe

- totale Spinalanästhesie durch versehentliche **subarachnoidale** Injektion des Lokalanästhetikums
- Psoasabszess
- Nervenschäden.

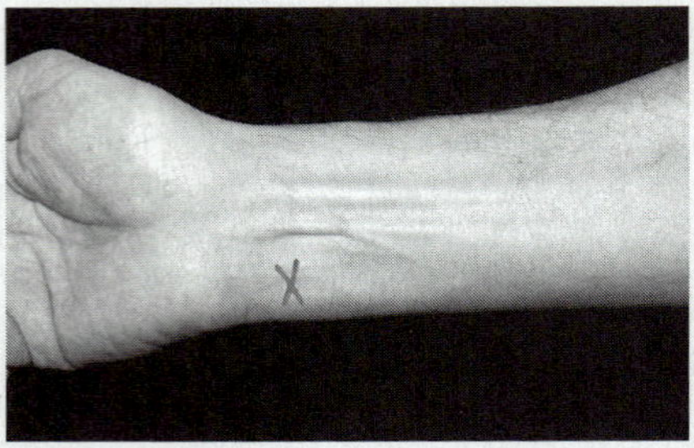

Abb. 22-17 Blockade des N. ulnaris am Handgelenk von ulnar. Die Punktionsstelle (x) befindet sich 3–4 Querfinger oberhalb der Handwurzel, radial unmittelbar neben der Sehne des M. flexor carpi ulnaris an der ulnaren Seite der A. ulnaris.

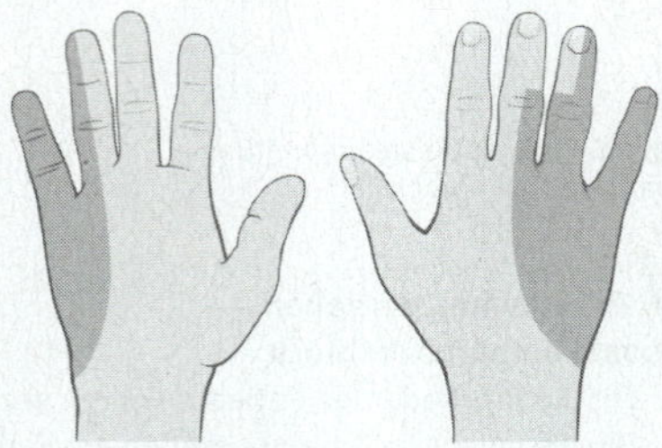

Abb. 22-18 Anästhesieausbreitung beim N.-ulnaris-Block.

Inguinale paravaskuläre Blockade des Plexus lumbalis (3-in-1-Block; N.-femoralis-Blockade)

Bei dieser Technik wird der Plexus lumbalis unterhalb des Leistenbandes durch perivaskuläre Injektion des Lokalanästhetikums geblockt. Betroffen sind folgende drei Hauptnerven des Plexus lumbalis:

- N. femoralis (L2–4)
- N. cutaneus femoris lateralis (L2/3)
- N. obturatorius (L2–4).

Indikationen:

- Eingriffe im vorderen und seitlichen Bereich des Oberschenkels
- in Kombination mit Ischiadikusblock: alle Eingriffe am Bein einschließlich Endoprothetik
- postoperative Schmerztherapie über Katheter.

Tab. 22-3 Nervenversorgung der unteren Extremität

Nerv	Wurzel	Sensorik	Motorik	Reaktion bei Nervenstimulation
Plexus lumbalis	Th12–L4			
• N. femoralis	L1–4	ventraler und medialer Oberschenkel, medialer Unterschenkel	Mm. iliopsoas, sartorius, quadriceps femoris	Kontraktion M. quadriceps mit Beugung der Patella
– N. saphenus		medialer Unterschenkel	–	–
• N. cutaneus femoris lateralis	L2/3	lateraler Oberschenkel	–	–

Tab. 22-3 Nervenversorgung der unteren Extremität *(Forts.)*

Nerv	Wurzel	Sensorik	Motorik	Reaktion bei Nervenstimulation
• N. obturatorius	L2–4	Hautstreifen am medialen Oberschenkel	Oberschenkeladduktoren, M. obturatorius ext.	Adduktion und Außenrotation des Oberschenkels
Plexus sacralis	L5–S_2			
• N. ischiadicus	L4–S3	Oberschenkel dorsal, Unterschenkel dorsal und lateral	Mm. biceps femoris, semitendinosus, semimembranosus	Beugung des Unterschenkels
– N. peroneus communis	L4–S1	Fußrücken	Mm. peronei, lange Extensoren des Fußes	Dorsalflexion und Supination des Fußes, Streckung der Zehen
– N. tibialis	L4–S2	dorsaler Unterschenkel, plantarer Fuß	Mm. gastrocnemius, triceps surae, soleus, tibialis posterior, flexor hallucis longus, digitorum brevis, plantares pedis	Plantarflexion und Supination des Fußes
– N. suralis		laterale Fersenseite, lateraler Fußrand	–	–

Anatomische Beziehungen

Wird das Lokalanästhetikum unterhalb des Leistenbandes injiziert, so fließt es das Kompartment zwischen M. psoas und M. iliacus hinauf und breitet sich zu den drei Hauptnerven des Plexus lumbalis aus.

✓ Praktisches Vorgehen

3-in-1-Block

1. Den Patienten auf den Rücken lagern; Bein leicht abduzieren und außenrotieren.
2. Die **Einstichstelle** befindet sich 1 cm unterhalb des Leistenbandes 1–2 cm **lateral** neben der pulsierenden A. femoralis (Merke: IVAN, innen Vene, Arterie, Nerv).
3. Haut mit einer Lanzette inzidieren und die 5 cm lange Stimulationskanüle unmittelbar oberhalb des palpierenden Fingers lateral der Arterie in einem Winkel von ca. 30° zur Haut und parallel zur Arterie vorsichtig nach kranial vorschieben, bis Kontraktionen des M. quadriceps mit essentiellem „Tanzen" der Patella ausgelöst

werden. Die hierfür erforderliche Impulsamplitude sollte bei 0,2–0,5 mA liegen (Impulsdauer 1 ms).
4. Aspirieren und dann 30–50 ml Lokalanästhetikum, z.B. Bupivacain 0,5% oder Ropivacain 0,75%, injizieren; hierbei den Bereich unmittelbar **unterhalb der Injektionsstelle** fest abdrücken, um die kraniale Ausbreitung des Lokalanästhetikums in Richtung Plexus lumbalis zu fördern.
5. **Kathetertechnik:** Katheter maximal 3–4 cm über Kanülenöffnung vorschieben; 8–10 ml/h Ropivacain 0,2–0,375%.

→ Der 3-in-1-Block (30 ml Prilocain 1%) kann mit einem Ischiadikusblock (20 ml Prilocain 1%) kombiniert werden, so dass eine von L2 bis S3 reichende Anästhesie eintritt.

22

22.4.3 Blockade des N. obturatorius

Anatomie

Der N. obturatorius (L2–4) tritt durch das Foramen obturatorium auf den Oberschenkel über und zweigt sich hier in einen vorderen und hinteren Ast auf.

Indikationen

- Ergänzung einer Blockade anderer Nerven (Nn. ischiadicus, femoralis, cutaneus femoris lateralis)
- bei Operationen an der Blasenwand sowie am oder oberhalb des Knies

Vorgehen

- Patienten mit leicht abduziertem Bein auf den Rücken lagern.
- Die **Punktionsstelle** befindet sich 2 cm lateral und 2 cm kaudal des Tuberculum pubicum.
- Eine 7–10 cm lange Kanüle durch eine Hautquaddel senkrecht zur Haut in leicht medialer Richtung auf den unteren Ast des Schambeins vorschieben.
- Danach die Kanüle nach medial-kranial auf und ab wandern lassern, bis sie in das Foramen obturatorium eindringt. Hierbei können Parästhesien auftreten.
- Bei Verwendung eines Nervenstimulators müssen sichtbare Kontraktionen der Adduktoren mit 0,5 mA oder weniger ausgelöst werden.
- Nach Aspiration 10–15 ml Lokalanästhetikum in den Kanal injizieren.

Alternativ kann die Kanüle vom oben aufgeführten Markierungspunkt auch nach kaudal unter dem M. adductor longus fächerförmig vorgeschoben werden, um den Nerv mit der Stimulationskanüle zu lokalisieren.

22.4.4 Blockade des N. cutaneus femoris lateralis

Der rein sensible Nerv verläuft über den M. iliacus superior bis unter die Spina iliaca anterior superior. Von dort zieht er unter dem Leistenband durch den lateralen Anteil der Lacuna musculorum nach außen auf den Oberschenkel und gelangt durch die Fascia lata zur Haut.

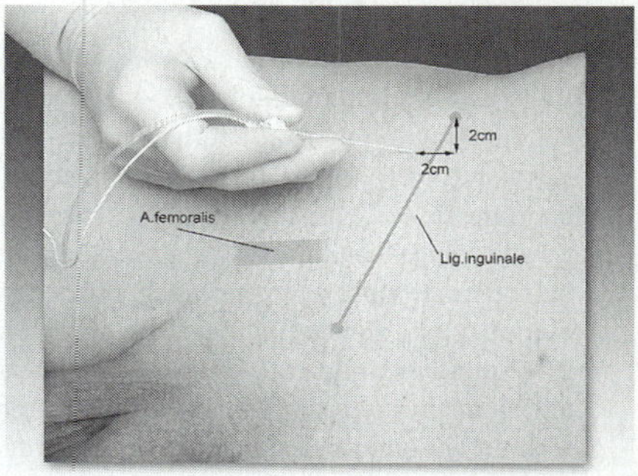

Abb. 22-19 Blockade des N. cutaneus femoris lateralis. Die Punktionsstelle befindet sich 2–3 cm medial und unterhalb der Spina iliaca anterior superior. Punktiert wird senkrecht zur Haut mit einer 4 cm langen Kanüle.

√ Praktisches Vorgehen

Blockade des N. cutaneus femoris lateralis

1. Rückenlage.
2. Punktionsstelle: 2–3 cm medial und unterhalb der **Spina iliaca anterior superior** (▶ Abb. 22-19).
3. Eine 3–4 cm lange Kanüle parallel zur Haut auf die Fascia lata vorschieben.
4. Faszie perforieren (Widerstandverlust!) und 10 ml Lokalanästhetikum oberhalb und unterhalb der Faszie fächerförmig infiltrieren, den größeren Anteil hiervon unterhalb der Faszie.

→ Die Blockade wird meist als Ergänzung eines unvollständigen Femoralis-Ischiadikus-Blocks durchgeführt.

22.4.5 Ischiadikusblockade

Der N. ischiadicus (L4–S3) kann im Bereich der Hüfte von drei Zugangswegen aus blockiert werden: von hinten, von vorn und von der Seite.

Indikationen:

- chirurgische Eingriffe am lateralen Unterschenkel und am gesamten Fuß – mit Ausnahme des Innenknöchels
- in Kombination mit dem 3-in-1-Block: sämtliche Eingriffe an der unteren Extremität, einschließlich Blutsperre
- Schmerztherapie nach großen Knieoperationen oder Eingriffen distal des Knies.

Hintere Ischiadikusblockade (nach Labat)

Anatomische Beziehungen. Der Nerv verlässt das Becken über das Foramen infrapiriforme und verläuft unter dem M. gluteus maximus über die Hinterfläche des M. obturatorius internus.

Praktisches Vorgehen

Hintere Ischiadikusblockade

1. Für die Punktion den Patienten auf die Gegenseite des Blocks lagern und die obere Extremität im Hüftgelenk um 20–30° und im Kniegelenk um 90° beugen. Alternativ: Bauchlage.
2. Orientierungspunkte: Spina iliaca posterior superior, Trochanter major und Steißbeinspitze (▶ Abb. 22-20). Zwischen Trochanter major und Spina iliaca eine Verbindungslinie ziehen und die Mitte dieser Linie markieren.
3. Die **Punktionsstelle** ergibt sich, wenn eine 3–5 cm lange Senkrechte durch den Mittelpunkt der Verbindungslinie nach unten gezogen wird. Am Ende der Senkrechten befinden sich dann der Oberrand des M. piriformis und der N. ischiadicus. Die Punktionsstelle kann auch auf der Verbindungslinie zwischen Trochanter major und Steißbeinspitze markiert werden.
4. Eine 7–12 cm lange Kanüle durch eine Hautquaddel und -inzision am oben bezeichneten Punktionsort, unter kontinuierlicher Stimulation, senkrecht zum N. ischiadicus vorschieben: zuerst treten Kontraktionen der Glutealmuskulatur auf, nach ihrem Verschwinden Muskelkontraktionen im Ausbreitungsgebiet des N. ischiadicus mit 0,2–0,5 mA. **Stimulationsreaktion:** entweder Supination mit Plantarflexion bei Reizung des Tibialisanteils oder Pronation mit Dorsalflexion bei Reizung des N. peroneus.
5. Anschließend Injektion von 20–30 ml Lokalanästhetikum, z.B. Bupivacain 0,5% oder Prilocain 1%.

Die **Anästhesieausbreitung** ist in ▶ Abbildung 22-21 dargestellt.

Da bei der hinteren Blockade der N. cutaneus femoris posterior mit geblockt wird, ist eine Blutsperre am Oberschenkel möglich.

Vordere Ischiadikusblockade (nach Beck)

Wesentlicher Vorteil: Der Patient kann für den Block auf dem Rücken liegen bleiben; auch wird der N. cutaneus femoris post. besser erreicht als bei der hinteren Technik.

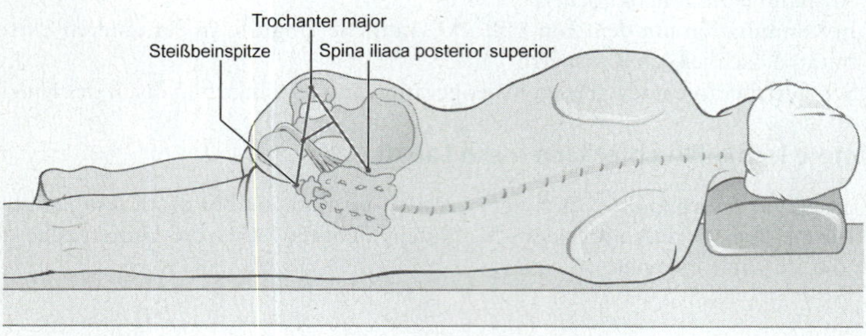

Abb. 22-20 Hintere Ischiadikusblockade; Lagerung, anatomische Beziehungen und Punktionsstelle. Einzelheiten siehe Text.

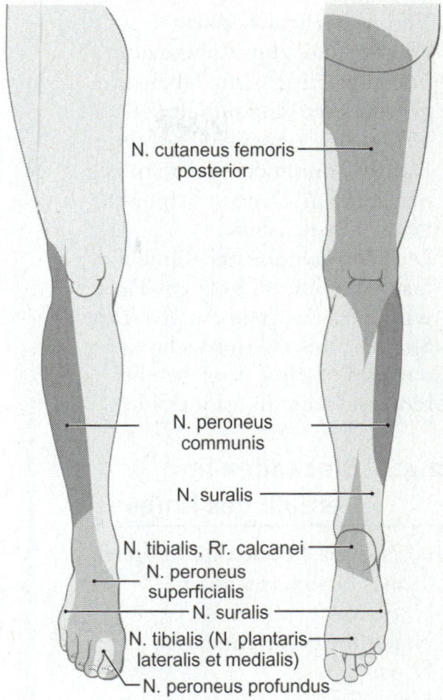

Abb. 22-21 Hintere Ischiadikusblockade – Anästhesieausbreitung.

✓ Praktisches Vorgehen

Vordere Ischiadikusblockade

1. Rückenlage des Patienten, Extremitäten in Neutralposition.
2. Orientierung: Die Verbindungslinie Spina iliaca anterior superior–Tuberculum pubicum oder Symphysenmitte (Leistenband) in drei gleich große Abschnitte unterteilen, anschließend eine Senkrechte durch die Verbindungsstelle von mittlerem und medialem Drittel dieser Linie nach unten auf den Oberschenkel ziehen, danach eine Linie vom Trochanter major parallel zum Leistenband auf die Vorderseite des Oberschenkels. Die **Punktionsstelle** befindet sich im Schnittpunkt der beiden Senkrechten (▶ Abb. 22-22).
3. Eine 10 cm lange Kanüle durch eine Hautquaddel, leicht lateral zur Senkrechten, so weit vorschieben, bis Knochenkontakt auftritt. Dann Zurückziehen der Kanüle und erneutes, mehr senkrechtes Vorschieben etwa 5 cm über das Femur hinaus bis in die Gefäßnervenscheide.
4. Durch Verwendung eines Nervenstimulators wird das Aufsuchen des Nervs erleichtert; erforderliche Reaktion bei Stimulation (0,3 mA) siehe Kasten „Praktisches Vorgehen bei hinterer Ischiadikusblockade"
5. Bei korrekter Stimulationsreaktion (0,2–0,5 mA) 20–30 ml Lokalanästhetikum, z.B. Bupivacain 0,5%, injizieren.
6. Kathetertechnik: Katheter 4 cm nach proximal vorschieben.

Variante nach Meier.

- Verbindungslinie Spina iliaca anterior sup. zum Tuberculum pubicum dritteln; am Übergang vom inneren zum mitteleren Drittel eine Senkrechte auf die Parallele durch den Trochanter major fällen. Der Schnittpunkt ist die Einstichstelle.
- Die Stichrichtung der Kanüle ist fast senkrecht; in 8–12 cm Tiefe wird der N. ischiadicus erreicht; Stimulationsreaktion siehe Kasten „Praktisches Vorgehen bei hinterer Ischiadikusblockade".

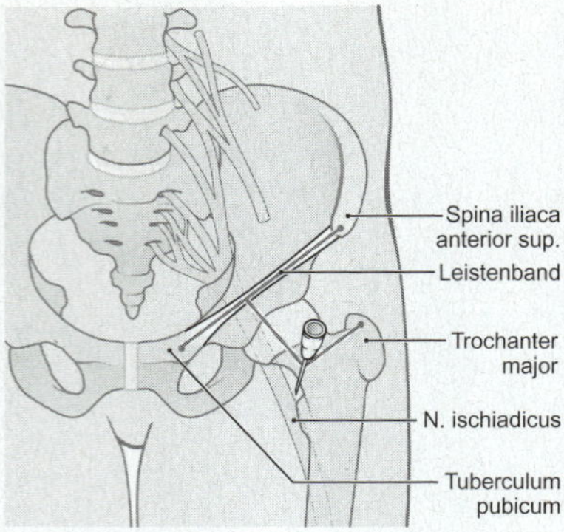

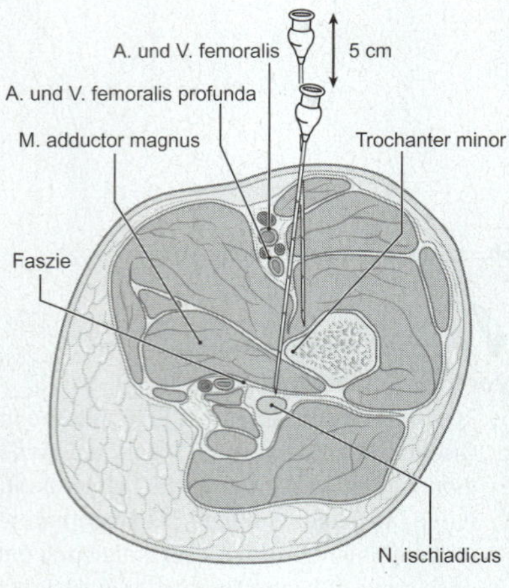

Abb. 22-22 Vordere Ischiadikusblockade.
a) Punktionsstelle.
b) Querschnitt durch den Oberschenkel mit Verlauf des Nervs und der Punktionskanüle.

22.4.6 Blockaden im Bereich des Knies

Drei Nerven können im Bereich des Knies blockiert werden:

- N. tibialis
- N. peroneus communis
- N. saphenus.

Die gleichzeitige Blockade dieser drei Nerven führt zu einer Anästhesie des gesamten Unterschenkels und des Fußes.

Anatomie

Verlauf des N. peroneus communis (N. fibularis) und des N. tibialis im Bereich des Kniegelenks siehe ▶ Abbildung 22-23. Der N. saphenus stammt aus dem N. femoralis und zieht an der medialen Seite des Kniegelenks und des Unterschenkels, zusammen mit der V. saphena magna, zum Innenknöchel.

Gemeinsame Blockade von N. peroneus communis und N. tibialis

Bei diesem Verfahren – auch als „kleine Ischiadikusblockade" bezeichnet – werden beide Nerven im Bereich oberhalb der Kniekehle gemeinsam blockiert. In Kombination mit der unten beschriebenen Blockade des N. saphenus lässt sich eine Anästhesie des Unterschenkels und des Fußes erreichen, allerdings keine Blutsperre des Oberschenkels anlegen.

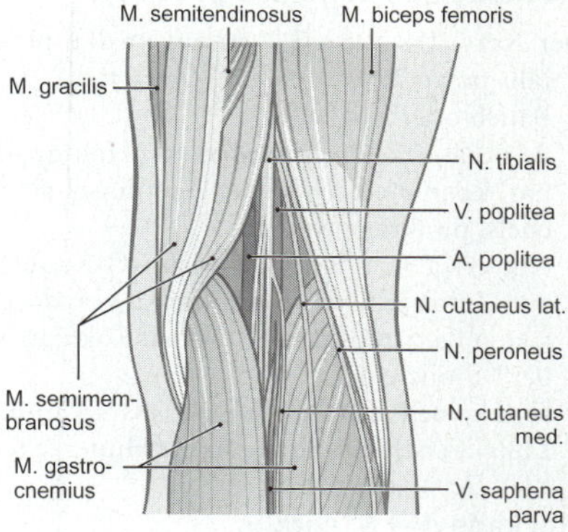

Abb. 22-23 Nervenblockaden im Bereich des Kniegelenks; Topographie des N. tibialis und N. peroneus.

Praktisches Vorgehen

„Knieblock"

1. Patienten auf den Bauch oder die Seite lagern, das zu blockierende Knie gebeugt, um die Begrenzungslinien der Fossa poplitea besser identifizieren zu können.
2. Die Kniekehle in zwei gleiche Dreiecke, ein mediales und ein laterales, unterteilen, wobei die gemeinsame Basis beider Dreiecke von der Linie zwischen dem medialen und lateralen Condylus femoris, der hinteren Hautfalte, gebildet wird.
3. Die **Punktionsstelle** befindet sich 5 cm proximal der Hautfalte und 1 cm lateral der Mittellinie des großen Dreiecks. An dieser Stelle eine 3–6 cm lange 22-G-Nadel in einem Winkel von 45–60° nach vorn-kranial vorschieben, bis in etwa 1,5–2 cm Tiefe unter Stimulation mit 0,3 mA Muskelkontraktionen ausgelöst werden, und zwar entweder Plantarflexion und Supination bei Stimulation des N. tibialis oder Dorsalflexion und Supination bei Reizung des N. peroneus communis.
4. Anschließend 35–40 ml 1%iges Lokalanästhestikum injizieren.

Blockade des N. saphenus

Durch die technisch einfache Infiltrationsanästhesie des N. saphenus entsteht eine Anästhesie der Unterschenkelinnenseite bis zum Fußrücken.

Praktisches Vorgehen

N.-saphenus-Block

1. Rückenlage, Bein leicht abduziert und angewinkelt.
2. Epicondylus medialis tasten und von dort einen subkutanen Ringwall bis zum Lig. patellae anlegen.
3. Dosis: 5–10 ml 1%iges Lokalanästhetikum.

22.4.7 Blockaden am Fußgelenk (Fußblock)

Werden alle fünf Nerven im Bereich des Fußgelenks blockiert, entsteht ein sog. Fußblock, der sich für alle Operationen des Fußes eignet, wenn keine Blutsperre erforderlich ist. Ein Nervenstimulator oder das Auslösen von Parästhesien sind nicht erforderlich, da es sich im Wesentlichen um eine subkutane Infiltrationsanästhesie handelt.

Blockade des N. tibialis posterior

Der Nerv (L4–5, S1–3) verläuft medial neben der Achillessehne und hinter der A. tibialis posterior.

- Bauch oder Rückenlage
- A. tibialis tasten, lateral davon Hautquaddel anlegen. Ist die Arterie nicht tastbar, kann medial von der Achillessehne, in Höhe des Oberrandes des **Innenknöchels,** punktiert werden.
- eine etwa 3 cm lange 23- bis 25-G-Kanüle durch die Quaddel in rechtem Winkel zur Hinterseite der Tibia lateral von der A. tibialis posterior vorschieben
- treten Parästhesien auf: 3–5 ml Lokalanästhetikum, z.B. Bupivacain 0,25 bis 0,5%, injizieren
- sind **keine Parästhesien** auslösbar: Kanüle um 1 cm zurückziehen und 7 ml Lokalanästhetikum gegen die Hinterseite der Tibia injizieren.

Blockade des N. suralis

Dieser Hautnerv verläuft zusammen mit der V. saphena parva hinter und unter dem **Außenknöchel;** er versorgt die untere posterolaterale Oberfläche des Unterschenkels, die Außenseite des Fußes und den seitlichen Anteil der Kleinzehe.

- Bauch- oder Rückenlage
- Hautquaddel, seitlich von der Achillessehne, in Höhe des Außenknöchels
- Vorschieben einer 3 cm langen 23- bis 25-G-Kanüle durch die Hautquaddel um etwa 1 cm
- dann fächerförmige subkutane Infiltration mit 5–10 ml Lokalanästhetikum, z.B. Bupivacain 0,25–0,5%
- bei Parästhesien genügen meist 3–5 ml Lokalanästhetikum.

Blockade des N. peroneus superficialis

Der Nerv verläuft subkutan auf dem Fußrücken, den er, mit Ausnahme der ersten und zweiten Zehe, versorgt.

- **Punktionsort:** unmittelbar oberhalb und medial vom Außenknöchel
- **5–10 ml Lokalanästhetikum**, z.B. Bupivacain 0,25–0,5%, subkutan von der Vorderkante der Tibia bis zur Oberseite des Außenknöchels infiltrieren.

Blockade des N. peroneus profundus

Der Nerv verläuft zwischen den beiden Knöcheln auf dem Fußrücken entlang und versorgt die kurzen Extensoren der Zehen sowie die Haut neben der ersten und zweiten Zehe. Auf dem Fußrücken liegt die A. tibialis anterior **medial** vom Nerv, ebenso die Sehne des M. extensor hallucis longus.

- **Punktionsort:** unmittelbar oberhalb der Knöchel zwischen den Sehnen des M. tibialis anterior und M. extensor hallucis longus
- **3–5 ml Lokalanästhetikum**, z.B. Bupivacain 0,25–0,5%.

Blockade des N. saphenus

Der Nerv verläuft zusammen mit der V. saphena magna zum Innenknöchel und versorgt die Haut des Unterschenkels vor dem Innenknöchel und den medialen Anteil des Fußes bis etwa zur Mitte.

- **Punktionsort:** unmittelbar oberhalb und vorn vom Innenknöchel
- 3–5 ml Lokalanästhetikum, z.B. Bupivacain 0,25–0,5%, um die V. saphena magna herum subkutan infiltrieren.

22.5 Intravenöse Regionalanästhesie (Bier-Block)

Die Injektion eines Lokalanästhetikums in die Vene einer gestauten Extremität bewirkt eine sensorische und motorische Blockade. Die Anästhesie tritt wenige Minuten nach der Injektion des Lokalanästhetikums ein und hält so lange an, bis die Staumanschette abgelassen wird. Das Verfahren sollte sich auf die Arme beschränken.

! Merke

Bupivacain, Levobupivacain und Ropivacain sollten wegen der Gefahr kardiotoxischer Nebenwirkungen nicht für die i.v. Regionalanästhesie eingesetzt werden!

Indikationen:
- Eingriffe und Maßnahmen an Unterarm und Hand, OP-Dauer < 60 min
- Reposition von Unterarmfrakturen.

Kontraindikationen:
- keine spezifischen
- Vorsicht bei Epileptikern und Herzkranken.

Ausrüstung und Zubehör
- Lokalanästhetikum, z.B. Prilocain 0,5%, Mepivacain 0,5%, Lidocain 0,5%
- Venenverweilkanüle
- 20- oder 50-ml-Spritze
- Esmarch-Binde
- Manschette für Blutleere
- Narkose- und Notfallzubehör wie bei den anderen größeren Blockaden.

✓ Praktisches Vorgehen

Intravenöse Regionalanästhesie
1. Venenkanüle mit kurzer Zuleitung für die Injektion des Lokalanästhetikums am Handrücken oder Unterarm einführen.
2. Notfall-Venenkanüle am anderen Arm.
3. Doppelstaumanschette proximal des Operationsgebiets anlegen.
4. Arm anheben und mit einer Esmarch-Binde auswickeln.
5. Proximale Staumanschette auf 200–250 mm Hg bzw. 50 mm Hg über den systolischen Blutdruck aufblasen, dann Esmarch-Binde entfernen.
6. Lokalanästhetikum langsam injizieren, je nach Armumfang, bis zu 50 ml Lokalanästhetikum bzw. bis zu 3,5 mg/kg Prilocain 0,5% ohne Adrenalin.
7. Nach der Injektion Manschette die gesamte Operationszeit über gestaut halten und fortlaufend kontrollieren. Bei Stauungsschmerzen distale Manschette aufblasen, proximale ablassen.
8. Die Mindestzeit für eine gestaute Manschette beträgt nach der Injektion 15–20 min, die Maximalzeit für die Stauung 2 h.
9. Manschette immer erst nach Operationsende ablassen, um Schmerzen zu vermeiden. Auf systemische Wirkungen des Lokalanästhetikums achten.

Komplikationen:
- systemisch-toxische LA-Reaktionen (Krämpfe, Arrhythmien) nach Freigabe der Staumanschette
- Nervenschäden durch den Druck der Staumanschette.

Literatur

Cousins MJ, Bridenbaugh PO (eds.): Neural Blockade in Clinical Anesthesia and Management of Pain, 3rd ed. Lippincott-Raven, Philadelphia 1998.
Hahn, McQuillan, Sheplock (Hrsg.): Regionalanästhesie. Anatomie und Techniken. Ullstein Medical, Wiesbaden 1999.
Jankovic D: Regionalblockaden in Klinik und Praxis, 3. Aufl. ABW, Berlin 2004.
Meier G, Büttner J: Atlas der peripheren Regionalanästhesie. 2. Aufl. Thieme, Stuttgart 2006.
Moore DC, Mulroy MF, Thompson GE: Peripheral nerve damage and regional anaesthesia. Br J Anaesth 1994, 73:435–436.
Niesel HC, van Aken H: Lokalanästhesie, Regionalanästhesie, regionale Schmerztherapie. Thieme, Stuttgart 2003.

23 Lagerung des Patienten zur Operation

Die Narkoseeinleitung erfolgt immer in **Rückenlage** des Patienten. Erst nach Abschluss aller anästhesiologischen Maßnahmen wird der Patient in die Operationslage gebracht.

23.1 Verantwortung für die Lagerung

Nach einer Vereinbarung des Berufsverbandes Deutscher Anästhesisten und des Berufsverbandes Deutscher Chirurgen (1982, 1987) sind die prä-, intra- und postoperative Lagerung des Patienten auf dem Operationstisch und ihre Überwachung eine **gemeinsame Aufgabe von Chirurg und Anästhesist.** Da durch die Lagerung Lähmungen und andere Schädigungen auftreten können, muss die Art der Lagerung **dokumentiert** werden. Für die Verantwortlichkeit wurde Folgendes festgelegt:

- Der Anästhesist ist für die Lagerung des Patienten zur Narkoseeinleitung bis zur Operationslagerung verantwortlich.
- Die Art der Operationslagerung ergibt sich aus den Erfordernissen der Operation; hierbei muss das anästhesiologische Risiko aber berücksichtigt werden.
- Die Durchführung der Lagerung auf dem Operationstisch ist grundsätzlich Aufgabe des **Operateurs.** Pflegekräfte handeln in seinem Auftrag und unter seiner Verantwortung. Der Chirurg muss die Lagerung von Beginn an kontrollieren; der Anästhesist muss aber auf erkennbare Fehler bei der Lagerung hinweisen.
- Der Anästhesist ist verantwortlich für die Lagerung der Extremitäten, die er für die Narkoseüberwachung und die Zufuhr von Narkosemitteln und Infusionslösungen benötigt. Er muss außerdem die spezifischen Sicherheitsmaßnahmen treffen, die sich aus der Lagerung für die Überwachung und Aufrechterhaltung der Vitalfunktionen ergeben.
- Für planmäßige Umlagerungen während der Operation ist ebenfalls der Chirurg verantwortlich.
- Treten im Verlauf des Eingriffs unbeabsichtigte Lageveränderungen auf, die das Lagerungsrisiko erhöhen, so ist der Operateur für deren Kontrolle verantwortlich, wenn solche Lageveränderungen und andere Einwirkungen auf den Körper des Patienten von ihm und seinen Mitarbeitern ausgehen. Bemerkt der Anästhesist solche nicht beabsichtigten Lageveränderungen oder Einwirkungen, so muss er den Operateur darauf hinweisen.
- Für die intraoperative Kontrolle der Extremitäten, die er für die Infusionen und die Überwachung des Patienten benötigt, ist der Anästhesist zuständig.
- Für die Lagerung und Umlagerung des Patienten nach OP-Ende bis zur Beendigung der postanästhesiologischen Überwachung ist der Anästhesist verantwortlich, soweit nicht besondere Umstände die Mitwirkung des Operateurs bei der Umlagerung erfordern.

23.2 Rückenlage

Die Rückenlage ist die Standardlagerung für eine Vielzahl von Operationen.

23.2.1 Pulmonale Veränderungen

In Rückenlage wird das Zwerchfell durch die Baucheingeweide nach kranial verschoben; die Zwerchfellbeweglichkeit wird vermindert; die funktionelle Residualkapazität und die Totalkapazität der Lunge nehmen ab. Auch durch Beatmung mit

PEEP und hohen Atemzugvolumina können diese Veränderungen nicht vollständig beseitigt werden. Bei übergewichtigen Patienten sind die Auswirkungen stärker als bei Normalgewichtigen, vor allem unter erhaltener Spontanatmung.

23.2.2 Lagerungsschäden

Lagerungsschäden betreffen vor allem den **Plexus brachialis** und hiervon am häufigsten den **N. ulnaris** im Bereich des Ellenbogens. Diese Komplikation kann durch richtige Lagerung des Arms verhindert werden.

Vorsichtsmaßnahmen bei Rückenlagerung

1. Arm bis in Höhe des Thorax anheben.
2. Nicht über 90° im Schultergelenk abduzieren!
3. Arm im Schultergelenk nach innen rotieren.
4. Im Ellenbogengelenk leicht beugen.
5. Handrücken pronieren.
6. Arm im Bereich des Handgelenks festschnallen, um ihn vor Herunterfallen zu schützen.

Werden die Arme angelagert, sollte die Neutralposition des Unterarms bevorzugt werden.

23.3 Bauchlage

Die Bauchlage wird vor allem für orthopädische und neurochirurgische Operationen im Bereich der Wirbelsäule angewandt.

23.3.1 Respiratorische und kardiovaskuläre Veränderungen

Atmung: Die Beweglichkeit des Zwerchfells wird eingeschränkt, das Atemzugvolumen nimmt ab. Wegen der Hypoxiegefahr sollte der Patient in Bauchlage nicht spontan atmen.

→ Schultergürtel und Becken sollten unterpolstert werden, um die freie Beweglichkeit der Bauchwand zu erhalten; hierdurch werden die Verschiebung des Zwerchfells und die Abnahme der funktionellen Residualkapazität minimiert.

Herz-Kreislauf-Funktion: Falsche Bauchlagerung erhöht den intraabdominellen Druck und behindert den venösen Rückstrom. Hierdurch können Herzzeitvolumen und arterieller Druck abfallen.

23.3.2 Lagerungsschäden

Die Bauchlagerung kann zu einer Reihe von Druckschäden führen.

- Bulbus: Orbita druckfrei lagern.
- **Plexus brachialis:** Schäden entstehen durch Druck oder Zug; wiederum ist der **N. ulnaris** besonders betroffen.
- **Nerven und Sehnen des Fußrückens** werden durch Druck gegen den Operationstisch geschädigt und müssen daher geschützt werden.
- **N. femoralis cutaneus des Oberschenkels:** Dieser Nerv ist ebenfalls durch Druck gefährdet.

23.4 Seitenlage

Seitenlagerungen werden vor allem bei thoraxchirurgischen und urologischen Operationen durchgeführt, außerdem bei Operationen an der Wirbelsäule und in der hinteren Schädelgrube.

Lithotomie-Lagerung siehe ▶ Kapitel 46; sitzende Position siehe ▶ Kapitel 38.

23.5 Lagerungsschäden

Zu den wichtigsten Lagerungsschäden gehören:
- Verletzungen der Weichteile und Knochen
- Rückenschmerzen
- Verletzungen der Augen
- Schäden peripherer Nerven und Plexus.

23

23.5.1 Augenschäden

Die **Hornhauterosion** gehört zu den häufigsten Augenschäden bei Operationen. Wichtigste Ursachen sind die verminderte Tränenproduktion und ein direktes Trauma durch die Atemmaske oder falsche Kopflagerung bei Bauchlage.

Prophylaxe:
- geschlossene Augenlider, inerte Augensalbe
- druckfreie Lagerung der Orbita.

23.5.2 Nerven- und Plexusschäden

Die wichtigsten Ursachen sind Druck und Zug, weiterhin das direkte Nerventrauma durch den Operateur.

Schädigung des N. ulnaris

Meist wird der Nerv im Bereich des Ellenbogengelenks geschädigt, in der Regel durch Zug oder Kompression. Ein großer Teil der Ulnarisschäden soll nicht während der Operation, sondern zu einem anderen Zeitpunkt des Krankenhausaufenthalts auftreten. Etwa die Hälfte der Funktionsstörungen des N. ulnaris verschwindet innerhalb von 6 Monaten wieder.

Schädigung des Plexus brachialis

Wichtigste Auslöser sind ebenfalls Zug (Dehnung) und Kompression, vor allem an verschiedenen knöchernen Punkten, z.B. an der Rippe, der Klavikula, am Ansatz des M. pectoralis minor am Korakoid und schließlich am Humeruskopf. Zu den wichtigsten Faktoren einer **Dehnung des Plexus brachialis** gehören:
- Extension und seitliche Beugung des Kopfes in Rücken- oder Seitenlage
- Herabfallen des Arms über die Kante des Operationstisches (Abduktion, Außenrotation und Extension)
- Aufhängen des Arms in Abduktionsstellung
- Abduktion des Arms um mehr als 90° in Rücken- oder Bauchlage
- Aufspreizen des Sternums bei Herzoperationen.

Nervenschäden der unteren Extremität

Sie entstehen am häufigsten bei der **Steinschnittlagerung** und werden oft auf Lagerungsfehler zurückgeführt; es müssen jedoch auch andere begünstigende oder auslösende Faktoren berücksichtigt werden. Eine wichtige Rolle spielt die **Dauer** der Steinschnittlagerung, besonders bei Schädigungen des N. obturatorius und des N. cutaneus femoris lateralis.

Beurteilung von Nervenschäden

Tritt postoperativ eine Neuropathie auf, sollte eine vollständige neurologische Untersuchung, aber auch eine Untersuchung des Muskel- und Skelettsystems erfolgen; weiterhin sollte in der Vorgeschichte nach begünstigenden oder auslösenden Faktoren gesucht werden.

23.6 Perioperative Erblindung

In sehr seltenen Fällen kann perioperativ eine Erblindung des Patienten auftreten, am häufigsten bedingt durch eine anteriore oder posteriore ischämische Optikus-Neuropathie, einen Verschluss der A. centralis retinae oder eine nicht näher bezeichnete Ischämie des zerebralen Kortex. Der genaue Mechanismus ist allerdings nicht bekannt, ebenso wenig effektive Prophylaxemaßnahmen.

Literatur

Berufsverband Deutscher Anästhesisten und Berufsverband Deutscher Chirurgen: Vereinbarung: Verantwortung für die prä-, intra- und postoperative Lagerung des Patienten. Anästh Intensivmed 1987, 28:65. www.bda.de

Gild WM, Posner KL, Caplan RA et al.: Eye injuries associated with anesthesia. A closed claims analysis. Anesthesiology 1992, 76:204–208.

Martin JT, Warner MA (ed.): Positioning in Anesthesia and Surgery, 3nd ed. Saunders, Philadelphia 1997.

Mumenthaler M, Stöhr M, Müller-Vahl H (Hrsg.): Läsionen peripherer Nerven und radikuläre Syndrome, 8. Aufl. Thieme, Stuttgart 2003.

Practice Advisory for the Prevention of Perioperative Peripheral Neuropathies. A Report by the American Society of Anesthesiologists Task Force on Prevention of Perioperative Peripheral Neuropathies. Anesthesiology 2000, 92:1168–82.

Stoelting RK: Brachial plexus injury after median sternotomy: An unexpected liability for anesthesiologists. J Cardiothorac Vasc Anesth 1994, 8:2–4.

Warner MA, Warner ME, Martin JA: Ulnar neuropathy. Anesthesiology 1994, 81:1332–1340.

Warner ME, Warner MA, Garrity JA, MacKenzie RA, Warner DO: Frequency of perioperative vision loss. Anesth Analg 2001, 93:1417–21.

24 Überwachung und Monitoring

Überwachung dient der Narkosesteuerung und der Sicherheit des Patienten. Im Mittelpunkt stehen hierbei die Herz-Kreislauf- und Atemfunktion. Zu unterscheiden ist zwischen essentiellen, d.h. unverzichtbaren Überwachungsmaßnahmen und erweitertem Monitoring für große oder spezielle Eingriffe.

24.1 Stufen der Überwachung

24.1.1 Standardüberwachung

Die Standard- oder Routineüberwachung wird bei jeder Narkose durchgeführt und umfasst folgende Parameter:

- Narkosetiefe und Relaxierungsgrad
- Herz-Kreislauf-Funktion
- Atmung: Oxygenierung und Ventilation
- inspiratorische O_2-Konzentration
- in- und exspiratorische Narkosegaskonzentration.

Hierfür ist das nachfolgende Standardzubehör erforderlich.

Standardzubehör für die Routineüberwachung

- Stethoskop
- Blutdruckmanschette bzw. NIBP-Monitor
- EKG-Monitor
- Pulsoxymeter
- Kapnometer
- elektrisches Thermometer (verfügbar)
- Narkosegasmessung
- Relaxometer (verfügbar)

24.1.2 Spezielle Überwachung

Bei der speziellen Überwachung werden die Standardmaßnahmen durch invasive Methoden ergänzt. Hierzu gehören:

- zentraler Venenkatheter und Messung des zentralen Venendrucks
- arterielle Kanüle und kontinuierliche intraarterielle Druckmessung sowie arterielle Blutgasanalysen
- Bestimmung verschiedener Laborparameter
- Blasenkatheter und Überwachung der Urinausscheidung.

24.1.3 Umfassende Überwachung

Hierbei werden die Standard- und speziellen Verfahren durch weitere invasive Überwachungsmaßnahmen ergänzt. Indikationen sind z.B. Herzoperationen oder Kraniotomien. Je nach Indikation werden u.a. folgende Maßnahmen und Methoden eingesetzt:

- Pulmonalarterienkatheter und Messung der Pulmonalarteriendrücke sowie des Wedge-Drucks und des HZV bzw. PICCO-Monitoring o.Ä.
- umfangreiche Laboruntersuchungen
- Messung des intrakraniellen Drucks.

Risikofaktoren: Unabhängig vom jeweils geplanten Eingriff gibt es zusätzlich bestimmte Faktoren, die das Risiko von Narkose und Operation erhöhen und bei den

Überwachungsmaßnahmen entsprechend berücksichtigt werden müssen. Hierzu gehören:
- Herz-Kreislauf-Erkrankungen
- pulmonale Erkrankungen
- Nierenerkrankungen
- Diabetes mellitus
- Übergewicht: BMI > 40% des Idealgewichts
- extreme Altersgruppen.

24.2 Klinische Überwachung der Narkosetiefe

Derzeit wird die Narkosetiefe anhand klinischer Parameter eingeschätzt. Hierzu gehören:
- Blutdruck
- Herzfrequenz und -rhythmus
- Atmung (nur bei Spontanatmung)
- Pupillenveränderungen
- Tränenfluss
- Schwitzen
- Muskelbewegungen.

Klinische Zeichen allein ermöglichen allerdings nur begrenzt Rückschlüsse auf den Bewusstseinszustand des Patienten. Wachheit kann daher bei einigen Patienten nicht mit letzter Sicherheit ausgeschlossen werden.

24.2.1 Intraoperative Wachheit (Awareness)

Intraoperative Wachheit und Wahrnehmung des Geschehens beruhen auf einer ungenügenden Narkosetiefe. Erinnert sich der Patient postoperativ an diese Ereignisse, so handelt es sich um eine **explizite,** d.h. bewusste Erinnerung oder intraoperative Wachheit.

Eine **implizite** Erinnerung liegt dagegen vor, wenn die Ereignisse gespeichert werden, der Patient sie aber nicht erinnern kann. Das implizite Gedächtnis kann aber Fühlen und Handeln des Patienten beeinflussen.

→ Intraoperative Wachheit kann zum posttraumatischen Stresssyndrom führen, besonders bei starken Schmerzen.

! Merke

Die mittlere Häufigkeit von intraoperativer Wachheit bei TIVA oder balancierter Anästhesie wird derzeit mit jeweils 0,2% = 1 von 500 Patienten (Bereich 0,1–0,4%) angegeben. Der Verzicht auf Lachgas erhöht nicht die Inzidenz von Wachheit und gilt daher nicht als Risikofaktor. Sectio, Herzoperationen und Traumachirurgie sind bei korrekter Narkosetechnik ebenfalls keine Risikofaktoren.

Prophylaxe. Intraoperative Wachheit kann nicht mit letzter Sicherheit vermieden werden. Berichtet ein Patient postoperativ über intraoperative Wachheit, sollte der Anästhesist nicht bagatellisieren, sondern einfühlend auf die möglichen Klagen und Befindlichkeitsstörungen des Patienten eingehen. Im Zweifelsfall sollte rechtzeitig ein Psychiater hinzugezogen werden.

24.3 Apparative Überwachung der Narkosetiefe

24.3.1 Elektroenzephalographie (EEG)

Mit dem EEG können die Anästhesietiefe und die globale Sauerstoffversorgung des Gehirns beurteilt oder eine elektrische Krampfaktivität erkannt werden.

Original-EEG

Beim Original- oder Roh-EEG werden willkürlich folgende Frequenzbereiche unterschieden:

- δ-(Delta-)Wellen: 0,5–4 Hz
- θ-(Theta-)Wellen: 4–8 Hz
- α-(Alpha-)Wellen: 8–13 Hz
- β-(Beta-)Wellen: >13 Hz.

Mit zunehmender Narkosetiefe nimmt die EEG-Aktivität ab; langsame δ-Wellen hoher Amplitude dominieren (Synchronisation). Bei weiterer Vertiefung der Narkose treten kurze Phasen elektrischer Stille, gefolgt von kurzen Aktivitätsphasen mit niedriger Frequenz und hoher Amplitude auf, die sog. **„burst supression“.** Im tiefsten Narkosestadium ist das EEG isoelektrisch (Nulllinien-EEG).

24

Für die Routineüberwachung der Narkosetiefe ist das Roh-EEG vor allem wegen technischer Schwierigkeiten nicht geeignet.

Prozessiertes EEG

Bei einem häufig angewandten Verfahren werden das komplexe EEG-Signal durch Fourier-Transformation und Spektralanalyse in die spektralen Wellenanteile zerlegt und die Amplituden oder die Leistung definierter Frequenzbänder geschätzt. Die Verteilung des Leistungsspektrums eines EEG-Signals wird mit einem Lageparameter beschrieben, z.B.:

- Median-Frequenz: 50%-Perzentile
- spektrale Eckfrequenz: 90- oder 95%-Perzentile.

Bispektraler Index (BIS)

Grundlage des BIS ist die bispektrale Analyse, d.h. die Beschreibung eines kontinuierlichen, pseudo-zufällig variierenden Signals wie z.B. dem EEG. Der bispektrale Index umfasst die Daten der bispektralen Analyse und der konventionellen Frequenz/Power-Analyse des EEG.

Der BIS ist eine dimensionslose Zahl auf einer Skala zwischen 0 und 100, bei der 100 ein Wach-EEG repräsentiert und die 0 die vollständige elektrische Stille.

→ BIS-Werte von 40 bis 65 gelten als Zeichen der ausreichenden Narkosetiefe.

In ▶ Tabelle 24-1 ist die Beziehung zwischen BIS, klinischem Zustand und vorherrschender EEG-Aktivität zusammengestellt.

Bei einem BIS von 83–89 soll Amnesie auftreten, bei 64–72 Bewusstlosigkeit.

Abrupte Veränderungen der Anästhesie- oder Hypnosetiefe werden mit einer Verzögerung von 5–10 s gegenüber den Veränderungen des klinischen Zustands angezeigt.

Postulierte Vorteile des BIS-Monitorings:

- bessere individuelle Dosierung der Anästhetika
- größere hämodynamische Stabilität

Tab. 24-1 Beziehung zwischen BIS, klinischem Zustand und vorherrschendem EEG-Muster

BIS	Klinischer Zustand	Vorherrschendes EEG-Muster
100–85	wach, Erinnerung vorhanden	
85–65	Sedierung	synchronisierte hochfrequente Aktivität
60–40	mäßige bis tiefe Hypnose mit Amnesie, empfohlen für Allgemeinanästhesie	normalisierte niedrigfrequente Aktivität
< 30	Koma	zunehmende burst suppression
0		Kortex isoelektrisch

- vermindertes Risiko intraoperativer Wachheit
- rascheres Erwachen aus der Narkose.

→ Bislang ist nicht nachgewiesen worden, dass durch BIS-Monitoring Phasen intraoperativer Wachheit signifikant vermindert werden können.

Mit dem BIS-Monitor kann nicht die Hypnose unter Ketaminanästhesie überwacht werden.

Narcotrend-Monitor

Unterschieden werden hierbei sechs EEG-Hauptstadien (A–F) mit diversen Unterstadien und ein numerischer Index von 100 bis 0:

- A: Wachheit
- B (B0–B2): Müdigkeit/Sedierung
- C (C0–C2): Sedierung/oberflächliche Anästhesie
- D (D0–D2): Allgemeinanästhesie
- E (E0–E2): tiefe Allgemeinanästhesie
- F (F0–F1): tiefe Allgemeinanästhesie mit zunehmendem „Burst suppression"-EEG.

Auf dem Monitor werden die Roh-EEG-Signale der letzten 5 s, das resultierende EEG-Stadium und der Narcotrend-Index kontinuierlich dargestellt. Außerdem können Powerspektrum, Median und spektrale Eckfrequenz 95 % (SEF_{95}) angezeigt werden.

Durch Verwendung eines Narcotrend-Monitors kann die Steuerung der Narkosetiefe verbessert werden. Nach derzeitigem Kenntnisstand sollten folgende Zielwerte angestrebt werden:

Narcotrend-Zielwerte
- Narkoseeinleitung: D2, Index 35–45
- Aufrechterhaltung: D0–D1, Index 45–60
- Narkoseausleitung: C1, Index 70–75

24.4 Atemfunktion

Die Überwachung der Atmung während der Narkose ist von lebenswichtiger Bedeutung, denn **Störungen der Atmung** gehören zu den häufigsten Ursachen von Narkosezwischenfällen.

Die wichtigsten **Ursachen** für Atemstörungen beim narkotisierten Patienten sind:
- Hypoventilation durch Anästhetika, Sedativa, Anrelaxierung
- Verlegung der Atemwege

- Funktionsstörungen des Narkosegeräts
- falsche Einstellung des Narkosegeräts
- falscher Zusammenbau des Narkosegeräts
- Diskonnektion des Atemsystems
- Intubation des Ösophagus.

24.4.1 Ventilation

Zur Überwachung der Ventilation dienen Inspektion und Auskultation sowie Apnoemonitore und die Bestimmung von Atemfrequenz, Atemzugvolumen, Atemminutenvolumen, arterieller Sauerstoffsättigung und endexspiratorischer CO_2-Konzentration. Atemfrequenz, Atemzugvolumen, Atemminutenvolumen und Beatmungsdruck werden vom Narkosegerät ermittelt.

Respiratorische Normalwerte (Erwachsene)

- Atemfrequenz f = 12–20/min
- Atemzugvolumen V_T = 6,3 ml/kg (Idealgewicht) (400–500 ml)
- Atemminutenvolumen AMV = ca. 6000 ml (12 × 500)

Beatmungsdruck. Die meisten Beatmungsgeräte verfügen über einen Druckabfallalarm, der bei Unterschreiten eines bestimmten, vorher eingestellten Druckwerts ausgelöst wird und auf Diskonnektion oder Leck im Atemsystem hinweist.

Ursachen hoher Beatmungsdrücke:

- Änderungen des Muskeltonus, z.B. durch Nachlassen der Relaxierung
- Obstruktion der Atemwege
- Abnahme der Lungencompliance durch interstitielles Lungenödem
- vorbestehende Lungenerkrankungen.

Bei **druckgesteuerten** Beatmungsgeräten nimmt mit abnehmender Compliance auch das Atemzugvolumen ab, weil der Umschaltdruck des Respirators rascher erreicht wird.

24.4.2 Pulmonaler Gasaustausch

Die Effektivität der Ventilation kann letztlich nur durch eine arterielle Blutgasanalyse objektiviert werden. Für klinische Zwecke reichen meist nicht-invasive Verfahren aus:

- Pulsoxymetrie für die Aufnahme von O_2 (Oxygenierung)
- Kapnometrie für die Ventilation bzw. Ausatmung von CO_2.

Pulsoxymetrie

Die Pulsoxymetrie ist ein nichtinvasives Verfahren zur kontinuierlichen Überwachung der Oxygenierung des arteriellen Blutes. Gemessen wird die partielle O_2-Sättigung des arteriellen Hämoglobins, psO_2. Die Messwerte werden innerhalb weniger Sekunden angezeigt, die Fehlerbreite beträgt im Sättigungsbereich von 60 bis 90% lediglich 1–2%. Dunkle Hautfarbe beeinflusst den Messvorgang nicht.

Das Pulsoxymeter kann nur zwischen desoxygeniertem (reduziertem) und dem restlichen Hämoglobin unterscheiden. Das restliche Hämoglobin besteht aus Oxyhämoglobin, Carboxyhämoglobin (CO-Hb) und Methämoglobin (Met-Hb). CO-Hb und Met-Hb werden vom Pulsoxymeter immer mit erfasst und verfälschen bei entsprechend hoher Konzentration das Messergebnis.

→ Normalwert der psO_2: 98 %

Klinisch ist Folgendes zu beachten:

! Merke

Das Pulsoxymeter ermöglicht keine Aussagen über die Ventilation, nur über den Austausch von Sauerstoff. Erhält der Patient Sauerstoff, kann sich unter Spontanatmung trotz ausreichender Oxygenierung eine schwere Hyperkapnie entwickeln.

Grenzen der Methode. Die Pulsoxymetrie wird durch zahlreiche Faktoren beeinflusst, die den Messwert verändern können und daher bei der Interpretation beachtet werden müssen:

- Ungenügende Pulsationen: Hypothermie, Hypotension, Schock, Kompression der Arterien
- erhöhte Methämoglobin- und Carboxyhämoglobinkonzentrationen im Blut: falsch hohe Messwerte
- Anämie, Hämodilution
- Bewegungsartefakte, z.B. Muskelzittern
- Indikatorfarbstoffe im Blut: Indocyaningrün, Methylenblau, Indigokarmin
- Nagellack; Blau, Grün und Schwarz können zu falsch hohen Sättigungs- und Pulswerten führen; Rot hat keinen Einfluss
- infundierte Lipide: falsch hohe Werte möglich.

→ **Hyperbilirubinämie** und **dunkle Hautfarbe** haben keinen wesentlichen Einfluss auf die Messwerte.

Kapnometrie

Die Kapnometrie gehört zum essentiellen Monitoring in der Anästhesie, beginnend bei der Narkoseeinleitung (DGAI-Empfehlung). Das Kapnometer misst mit jedem Atemzug den prozentualen Anteil des CO_2 im ausgeatmeten Gasgemisch und zeigt den Messwert auf einem Display an; bei der Kapnographie wird zusätzlich die CO_2-Kurve während des gesamten Atemzyklus aufgezeichnet.

Kapnogramm

Am Kapnogramm, der aufgezeichneten Kurve des ausgeatmeten CO_2, können die in ▶ Abb. 24-1 dargestellten Anteile unterschieden werden.

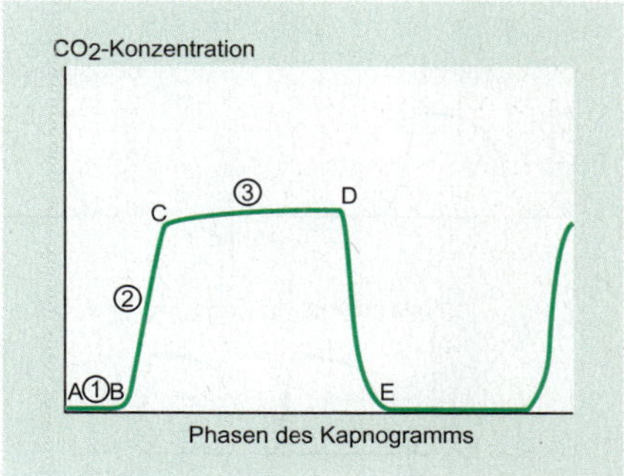

Abb. 24-1 Phasen des normalen Kapnogramms (Exspirationsphase).
A bis B = inspiratorische Grundlinie,
B bis C = steiler Anstieg der CO_2-Konzentration kurz nach Beginn der Exspiration,
C bis D = Plateau,
D bis E = steiles Absinken.
1 = Totraum: kein Anstieg der CO_2-Konzentration,
2 = Mischluft: steiler Anstieg,
3 = langsam ansteigendes Plateau.

24

Dem Kapnogramm kann Folgendes entnommen werden

- Vorhandensein oder Fehlen der Ventilation
- Größe des exspiratorischen (und inspiratorischen) pCO_2
- Art des Kurvenanstiegs: steil oder verzögert
- Verlauf des Plateaus: horizontal, ansteigend, unregelmäßig

Durch direkte Messung des arteriellen pCO_2 und Vergleich mit dem $petCO_2$ kann außerdem die arterioendexspiratorische pCO_2-Differenz bestimmt werden.

Arterioendexspiratorische pCO_2-Differenz

Die Differenz zwischen arteriellem pCO_2 und endexspiratorischem pCO_2 wird als arterioalveolärer pCO_2-Gradient bezeichnet. Sie beträgt unter klinischen Bedingungen 3–5 mm Hg. Ausgeprägte Störungen des Belüftungs-/Durchblutungsverhältnisses mit Zu- oder Abnahme des V/Q-Quotienten vergrößern den arterioalveolären pCO_2-Gradienten. Die Zunahme des Gradienten ist bei Anstieg von V/Q stärker ausgeprägt als bei einer Abnahme von V/Q (= intrapulmonaler Shunt).

Pathologische pCO_2-Kurven

24

Durch kontinuierliche Monitor-Registrierung des $petCO_2$ mit jedem Atemzug können Störungen der Ventilation frühzeitig erkannt und differenziert werden (▶ Abb. 24-2).

Schlagartiger Abfall des $petCO_2$ auf null

Der schlagartige Abfall des $petCO_2$ auf null ist meist ein kritisches Alarmzeichen, vorausgesetzt, es liegt keine Funktionsstörung des Geräts vor.

Wichtige Ursachen:

- Vollständige Diskonnektion des Beatmungssystems
- Ausfall des Beatmungsgeräts
- komplette Verlegung des Tubus
- Fehllage des Tubus im Ösophagus.

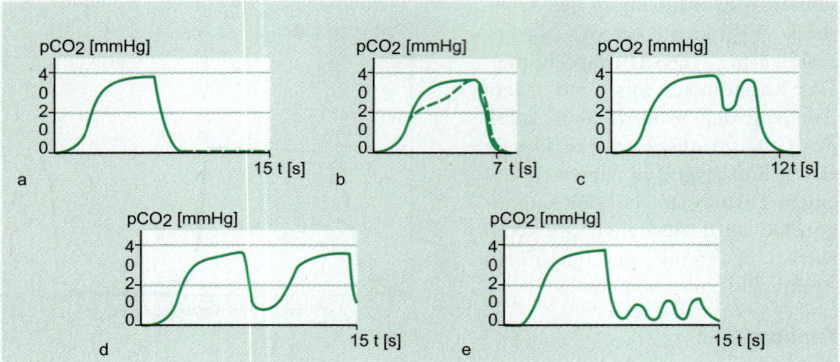

Abb. 24-2 Kapnogramme unter verschiedenen klinischen Bedingungen.
a) Diskonnektion des Beatmungssystems.
b) Kurvenverlauf bei Obstruktion (gestrichelte Linie) im Vergleich mit normalem Kapnogramm.
c) Spontane Atemzüge während maschineller Beatmung (Dazwischenatmen).
d) Rückatmung im Atemsystem mit Anstieg der Grundlinie des Kapnogramms.
e) Normaler Atemzug, gefolgt von Hecheln, das wegen der hohen Frequenz nicht dem alveolären Gas entspricht.

Ein Fehler des Geräts darf bei schlagartigem Abfall des $petCO_2$ nur dann angenommen werden, wenn die oben angeführten Ursachen sicher ausgeschlossen worden sind!

Schlagartiger Abfall auf niedrige Werte

Fällt der $petCO_2$ plötzlich auf niedrige Werte, jedoch nicht auf null ab, so wird die Exspiration des Patienten nicht mehr vollständig gemessen. Wichtige **Ursachen** sind:

- partielle Undichtigkeiten im Atemsystem einschließlich Tubusmanschette
- partielle Verlegung des Tubus (Atemwegsdruck steigt an!)
- Undichtigkeit im Ansaugsystem des Seitenstromkapnometers.

Exponentieller Abfall des $petCO_2$

Fällt der $petCO_2$ innerhalb kurzer Zeit, d.h. weniger Atemzüge, exponentiell ab, so liegt meist eine schwerwiegende kardiopulmonale Störung vor, die sofort behandelt werden muss. Wichtigste Ursachen sind:

- massiver Blutverlust mit Hypotension
- Low-Output-Syndrom, z.B. durch Herzinfarkt oder Lungenembolie (Luft oder Thrombus)
- Herzstillstand.

Konstanter, aber niedriger $petCO_2$

Ist der $petCO_2$ niedriger als zu erwarten, so kommen vor allem folgende Ursachen in Frage:

- Atemwegsobstruktion: Bronchospasmus, Sekret, Tubusverlegung durch Sekret
- Verdünnung des ausgeatmeten Gases durch Frischluft, z.B. bei Undichtigkeiten im System
- Hyperventilation (wenn typisches Plateau vorhanden)
- fehlerhafte Eichung des Geräts.

Langsamer, kontinuierlicher Abfall des $petCO_2$

Fällt bei gleichbleibender Einstellung des Beatmungsgeräts der $petCO_2$ langsam ab, so kommen folgende Ursachen in Frage:

- Abfall der Körpertemperatur
- Abnahme des Herzzeitvolumens, z.B. durch Hypovolämie oder volatile Anästhetika.

Kontinuierlicher Anstieg des $petCO_2$

Die wichtigsten Ursachen für einen zunehmenden Anstieg des $petCO_2$ sind:

- Hypoventilation
- Hyperthermie bei unveränderter Respiratoreinstellung
- partielle Atemwegsobstruktion
- Absorption von CO_2 bei Kapnoperitoneum.

Eine plötzliche Verschiebung der Nulllinie in den positiven Bereich ist gewöhnlich durch Feuchtigkeit oder Sekret in der Messzelle bedingt.

Analyse der arteriellen Blutgase

Der pulmonale Gasaustasch kann nur anhand der arteriellen Blutgase ausreichend genau beurteilt werden; venöse Blutgasanalysen sind hierfür nicht geeignet. In ▶ Tabelle 24-2 sind die Normalwerte der Blutgase zusammengestellt.

Der paO_2 nimmt mit zunehmenden Alter progredient ab:

$$paO_2 \text{ (mm Hg)} = 102–0{,}33 \times \text{(Alter in Jahren)}$$

Tab. 24-2 Normalwerte der Blutgase und der Sauerstoffsättigungen

Parameter	Arteriell	Gemischtvenös
pO_2	70–105 mm Hg	35–40 mm Hg
pCO_2	35–45 mm Hg	41–51 mm Hg
O_2-Sättigung	96–98%	70–75%

→ Als unterer Schwellenwert für therapeutische Maßnahmen gilt ein akuter Abfall des paO_2 auf ca. 60 mm Hg.

Bei chronischer Hypoxie werden auch niedrigere paO_2-Werte toleriert.

Sauerstoffsättigung des Blutes

Der paO_2 bestimmt über die O_2-Bindungskurve die Sauerstoffsättigung des arteriellen Blutes (saO_2) d.h. den prozentualen Anteil des mit Sauerstoff gesättigten (oxygenierten) Hämoglobins (O_2Hb) am Gesamthämoglobin des Blutes.

→ Normalwert der arteriellen Sauerstoffsättigung: 96%.

Als Schwellenwert für therapeutische Maßnahmen gilt ein akuter Abfall der saO_2 auf 90%.

Sauerstoffgehalt im Blut und Sauerstoffangebot an die Organe siehe ▶ Kapitel 10.

Arteriovenöse Sauerstoffgehaltdifferenz (av-DO_2)

Je größer der O_2-Verbrauch (VO_2), desto größer die av-DO_2 des Organs; av-DO_2 und VO_2 verhalten sich proportional. Umgekehrt gilt: je größer die Durchblutung eines Organs (bzw. das HZV), desto kleiner die av-DO_2; av-DO_2 und HZV verhalten sich also umgekehrt proportional. Diese Beziehungen werden durch das Fick-Prinzip beschrieben:

$$\text{av-DO}_2 = \frac{O_2\,(\text{ml/min})}{\text{HZV}\,(\text{l/min})} = \text{mlO}_2\,/\,\text{Liter Blut}$$

Um die av-DO_2 zu berechnen, muss der O_2-Gehalt einer definierten Menge arteriellen und venösen Blutes bekannt sein. Danach ergibt sich die O_2-Gehaltdifferenz zwischen 100 ml arteriellem Blut (caO_2) und 100 ml venösem (cvO_2) aus folgender Formel:

$$\text{av-DO}_2\,(\text{ml O}_2/\text{dl Blut}) = caO_2 - cvO_2$$

→ Normalwert der av-DO_2: 5 ml O_2/100 ml Blut.

Klinische Bedeutung. Die av-DO_2 umfasst zwei wesentliche Determinanten des O_2-Status: das Herzzeitvolumen als eine Determinante des Sauerstoffangebots und den Sauerstoffverbrauch. Tritt ein Ungleichgewicht zwischen Sauerstoffangebot und Sauerstoffverbrauch ein, verändert sich auch die av-DO_2. So führen z.B. eine Abnahme des HZV um die Hälfte bei gleichbleibendem O_2-Verbrauch zu einer Zunahme der av-DO_2 von 5 auf 10 ml/dl und eine Zunahme des O_2-Verbrauchs bei gleichbleibendem HZV zu einer Zunahme der av-DO_2 von 5 auf 7,5 ml/dl. Andererseits bewirkt eine Abnahme des O_2-Verbrauchs um 50% bei gleichbleibendem HZV eine Verkleinerung der av-DO_2 von 5 auf 2,5 ml O_2/dl.

Alveoloarterielle Sauerstoffdruckdifferenz (A-aDO_2)

Die alveoloarterielle Sauerstoffdruckdifferenz ist ein semiquantitatives Maß für den physiologischen Rechts-links-Shunt, d.h. für die Blutmenge, die, ohne mit Sauerstoff gesättigt zu werden, direkt von der Lungenarterie in die Lungenvene einströmt. Sie ist die Differenz zwischen dem alveolären pO_2 und dem paO_2.

→ Normalwerte der A-aDO_2: 20–35 mm Hg.

Das entspricht einem normalen Shuntanteil von 3–5% des Herzzeitvolumens. Bei pathologisch erhöhtem Rechts-links-Shunt, z.B. durch Atelektasen, nimmt die A-aDO_2 zu.

Störungen des arteriellen Sauerstoffstatus

Für die Beurteilung von Störungen des arteriellen O_2-Status des Blutes sind folgende Begriffe klinisch von Bedeutung:

- Hypoxie: Abnahme des paO_2. Sie führt zu Hypoxygenation und Hypoxämie.
- Hypoxygenation: Verminderung der arteriellen Sauerstoffsättigung (saO_2). Sie führt zur Abnahme des Sauerstoffgehalts bzw. Hypoxämie.
- Hypoxämie: Abnahme des arteriellen Sauerstoffgehalts.

Eine Anämie führt ebenfalls zur Abnahme des arteriellen Sauerstoffgehalts, d.h. zur Hypoxämie.

Hypoxämie. Folgende Formen der Hypoxämie, d.h. einer Abnahme des arteriellen Sauerstoffgehalts bzw. der caO_2, können unterschieden werden:

- **hypoxische** Hypoxämie: Abnahme von paO_2, saO_2 und caO_2; Beispiel: Störungen der Lungenfunktion, der äußeren Atmung oder Beatmung
- **toxische** Hypoxämie: verminderte saO_2 und caO_2 bei zunächst normalem paO_2; Beispiel: CO-Intoxikation
- **anämische** Hypoxämie: verminderte cHb und caO_2 bei normaler saO_2 und normalem paO_2; Beispiel: Anämie.

! Merke

Eine anämische Hypoxämie wird wesentlich besser toleriert als eine hypoxische Hypoxämie und diese wiederum besser als eine toxische Hypoxämie gleichen Ausmaßes. Der Grund für diese unterschiedliche Toleranz beruht auf dem unterschiedlichen Verlauf der O_2-Gehaltskurve bei hypoxischer, toxischer und anämischer Hypoxämie.

Für die **Behandlung** der verschiedenen Formen der Hypoxämie gelten folgende Grenzwerte der arteriellen Sauerstoffkonzentration (caO_2):

- hypoxische Hypoxämie: Therapie zu erwägen oder zu beginnen: 18 ml/dl; Behandlung obligat: 15 ml/dl
- toxische Hypoxämie: Therapie zu erwägen oder zu beginnen: 17 ml/dl; Behandlung obligat: 14 ml/dl
- anämische Hypoxämie: Therapie zu erwägen oder zu beginnen: 13 ml/dl; Behandlung obligat: 10 ml/dl

Beachte: Die Werte gelten für akute, innerhalb von Minuten auftretende Veränderungen. Bei chronischen, sich im Verlauf von Tagen entwickelnden Veränderungen können die Grenzwerte evtl. bis zur Hälfte tiefer angesetzt werden.

24.4.3 Respiratorische Insuffizienz

Die respiratorische Insuffizienz ist gekennzeichnet durch einen Abfall des paO_2 auf 60 mm Hg und einen Abfall der arteriellen O_2-Sättigung (hypoxische Hypoxämie) auf < 90%. Der Schweregrad der hypoxischen Hypoxämie hängt vom Ausmaß des paO_2-Abfalls ab. Der Abfall kann mit oder ohne Anstieg des arteriellen Kohlendioxidpartialdrucks ($paCO_2$) einhergehen.

Pathophysiologie und Ursachen

Die respiratorische Insuffizienz wird durch vier grundlegende Mechanismen hervorgerufen:

- Hypoventilation
- Verteilungsstörungen der Atemluft
- intrapulmonaler Rechts-links-Shunt bzw. venöse Beimischung
- Diffusionsstörungen der Atemgase.

Hypoventilation

Hypoventilation ist die zu geringe Belüftung der Lunge; sie führt zu Hypoxämie und Hyperkapnie (Anstieg des $paCO_2$), d.h. zur respiratorischen Globalinsuffizienz. Die Diagnose wird aufgrund der Blutgasanalyse gestellt. Die spezielle Therapie richtet sich nach den zugrunde liegenden Ursachen (▶ Tab. 24-3).

Verteilungsstörungen

Bei Verteilungsstörungen sind die Atemgase inhomogen über die Lungen verteilt; hierdurch wird das Verhältnis von Durchblutung zu Belüftung (V/Q) gestört (▶ Abb. 24-3). Die Verteilungsstörung führt zur Hypoxie; der $paCO_2$ bleibt meist im Normbereich, weil die Atmung kompensatorisch gesteigert wird. Es entsteht eine respiratorische Partialinsuffizienz, weil nur der Austausch von Sauerstoff gestört wird. Die wichtigsten Ursachen sind in ▶ Tabelle 24-4 zusammengestellt.

Eine Verteilungsstörung spricht gut auf die Zufuhr von Sauerstoff an. Die spezielle Therapie richtet sich nach den zugrunde liegenden Ursachen.

Tab. 24-3 Ursachen der Hypoventilation (Hypoxämie und Hyperkapnie)

A. Hypoventilation bei gesunden Lungen
1. zentrale Atemdepression • Anästhetika, Sedativ-Hypnotika, Opioide • Schädel-Hirn-Trauma • Apoplex • Anstieg des intrakraniellen Drucks
2. neuromuskuläre Störungen • Muskelrelaxanzien • Myasthenia gravis • Polyneuritis • degenerative Muskelerkrankungen • Botulismus, Tetanus
B. Hypoventilation bei Erkrankungen der Atmungsorgane
• Obstruktion der Atemwege • Lungenemphysem • Kyphoskoliose • Thoraxtrauma

Intrapulmonaler Rechts-links-Shunt

Ein Teil der Alveolen ist noch durchblutet, aber nicht mehr belüftet, so dass dieser Anteil des Blutes nicht arterialisiert wird (▶ Abb. 24-3). Er erniedrigt als venöse Beimischung den O_2-Gehalt des arteriellen Blutes belüfteter Alveolen. Es entsteht eine Hypoxie, während der $paCO_2$ normal bleibt, weil die gut belüfteten Alveolen kompensatorisch **hyperventiliert** werden. Diese Art von venöser Beimischung wird als funktioneller Rechts-links-Shunt bezeichnet. Beispiel: **Atelektasen.**

In ▶ Tabelle 24-5 sind wichtige Ursachen eines Rechts-links-Shunts zusammengestellt.

Diagnose:

- Blutgasanalyse: Hypoxie mit normalem oder erniedrigtem $paCO_2$
- 100% Sauerstoffatmung: Die alveoloarterielle Sauerstoffdruckdifferenz ist vergrößert. Der Shuntanteil kann nach der Standardformel errechnet werden.

Zufuhr von Sauerstoff beeinflusst den Rechts-links-Shunt bzw. pulmonalen Gasaustausch nicht wesentlich: Die Hypoxie bleibt bestehen. Die Therapie muss sich nach den zugrunde liegenden Ursachen richten: z.B. Anwendung von PEEP bei erniedrigter funktioneller Residualkapazität.

Diffusionsstörung

Bei dieser Störung wird die Diffusion von Sauerstoff durch die Alveole in die Kapillare behindert, weil die alveolokapilläre Membran verdickt und damit die Diffusionsstrecke verlängert ist oder weil die Kontaktzeit der Erythrozyten in den Kapillaren zu kurz ist. Beide Störungen führen zur Hypoxie, während die Diffusion von CO_2 nicht

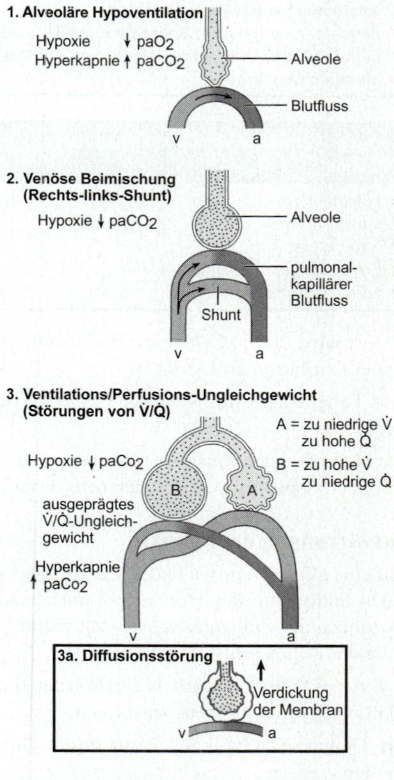

Abb. 24-3 Ursachen der arteriellen Hypoxie.

Tab. 24-4 Ursachen von Verteilungsstörungen der Atemgase (Ventilation vermindert, Perfusion normal)

• Obstruktion der Atemwege, z.B. durch Fremdkörper, Bronchospasmus, Emphysem, Asthma
• Kyphoskoliose
• interstitielle Lungenerkrankungen
• Fettsucht

Tab. 24-5 Ursachen des Rechts-links-Shunts (Hypoxämie durch venöse Beimischung)

A. Funktioneller Rechts-links-Shunt
- Atelektasen
- Pneumothorax
- Hämatothorax
- Pleuraerguss
- Lungenödem
- Pneumonie
- akutes Lungenversagen (ARDS)

B. Anatomischer Rechts-links-Shunt
- normaler anatomischer Shunt (bronchiale, pleurale und thebesische Venen)
- pathologischer intrapulmonaler Shunt: AV-Fistel
- intrakardialer Shunt

Tab. 24-6 Ursachen von Diffusionsstörungen (Hypoxämie durch Behinderung der O_2-Diffusion)

- Lungenödem
- Lungenfibrose
- Sarkoidose
- Erkrankungen der Lungengefäße
- Lungenemphysem

gestört wird, der $paCO_2$ somit im Normbereich liegt oder durch kompensatorische Hyperventilation erniedrigt ist.

In ▶ Tabelle 24-6 sind wichtige Ursachen für eine Diffusionsstörung zusammengestellt.

Die Hypoxie bei Diffusionsstörungen wird in der Regel bereits durch geringe Erhöhung der inspiratorischen Sauerstoffkonzentration beseitigt.

Auswirkungen der Hypoxie

Auf eine akute Hypoxie reagiert der Organismus zunächst mit einer kompensatorischen Steigerung des Herzzeitvolumens und Hyperventilation. Hypoxie führt zu Störungen des Zellstoffwechsels mit metabolischer Azidose, schließlich zur Schädigung der Zellen selbst.

→ Ein paO_2 von 30 mm Hg gefährdet die Organfunktion, ein paO_2 von unter 20 mm Hg ist akut lebensbedrohlich.

Die **Diagnose** „Hypoxie" kann durch eine arterielle Blutgasanalyse objektiviert werden.

Auswirkungen der Hyperkapnie

Durch Hyperkapnie wird ebenfalls das zentrale Nervensystem stimuliert: Die Atmung wird gewöhnlich zunächst stark gesteigert. Die **kardiovaskulären Reaktionen** sind hingegen komplex.

- Tachykardie, Anstieg des Herzzeitvolumens und Gefäßkonstriktion
- Dilatation der Hirngefäße
- Kontraktion der Lungengefäße (v.-Euler-Liljestrand-Mechanismus bzw. -Reflex, ausgelöst durch Hyperkapnie und Hypoxie)

- starker Anstieg des $paCO_2$: Lethargie/Somnolenz, Bewusstseinsverlust, Koma bzw. CO_2-Narkose.

Wirkungen auf den Säure-Basen-Haushalt. CO_2 verbindet sich mit Wasser zu Kohlensäure, die wiederum zu Bikarbonat und H^+ dissoziiert, so dass eine (lineare) Beziehung zwischen pH-Wert und $paCO_2$ hergestellt wird. Akute Hyperkapnie führt innerhalb weniger Minuten zum Abfall des pH-Werts und Zunahme des Basendefizits (BE), Hypokapnie hingegen zum Anstieg des pH-Werts und Abnahme des Basendefizits.

- Pro 10 mm Hg $paCO_2$-Anstieg fällt der pH-Wert um 0,05 Einheiten ab.
- Pro 10 mm Hg $paCO_2$-Abfall steigt der pH-Wert um 0,1 Einheiten an.
- Die Basen ändern sich jeweils um 7 mval/l pro 0,1 pH-Wert-Einheiten, z.B. entsteht beim Anstieg des pH-Werts von 7,4 auf 7,5 ein Basenüberschuss von 7 mval/l.

24.5 Herz-Kreislauf-Funktion

24.5.1 EKG

Ein EKG-Monitor ist Standardüberwachungsgerät für jede Narkose. Hiermit können auf technisch relativ einfache Weise Herzfrequenz und Herzrhythmus kontinuierlich überwacht sowie Störungen der elektrischen Herzfunktion sofort festgestellt werden.

Ableitungen

Intraoperativ werden in der Regel Klebeelektroden eingesetzt. Wo die Elektroden platziert werden, hängt im Wesentlichen vom Patientenzustand, Operationsgebiet und Überwachungszweck ab. Am häufigsten wird die II. Extremitätenableitung oder eine modifizierte Brustwandableitung angewandt. Eingesetzt werden hierzu 3, 4 oder 5 Elektroden. Bei allen Ableitungsformen befindet sich jeweils eine Elektrode auf den beiden Armen und eine Elektrode am linken Bein. Werden 4 Elektroden verwendet, so befindet sich die 4. Elektrode als Erdung am rechten Bein. Bei Ableitungen mit 5 Elektroden wird die 5. Elektrode über dem Präkordium angebracht. Sie dient speziell zur Aufdeckung einer Myokardischämie.

Perioperative Herzrhythmusstörungen

Die wichtigsten Ursachen für Herzrhythmusstörungen und Erregungsleitungsstörungen in der perioperativen Phase sind:

- Wirkung von Inhalationsanästhetika
- vagale Reflexe: Sinusbradykardie oder Extrasystolen
- starke anästhesiologische und chirurgische Stimuli, z.B. endotracheale Intubation, meist in Verbindung mit Blutdruckanstieg, Operationen an den Augenmuskeln
- Einführen eines Katheters in das Herz, z.B. Venenkatheter, Pulmonaliskatheter
- Elektrolytstörungen, besonders des Serumkaliums
- Hypoxie und/oder Hyperkapnie
- intrakranielle Eingriffe
- Eingriffe im Mund-Kiefer-Bereich: meist Knotenrhythmen, vermutlich durch Stimulation des autonomen Nervensystems über den V. Hirnnerv
- vorbestehende Herzerkrankungen.

Tab. 24-7 Allgemeine Differentialtherapie von Herzrhythmusstörungen

Sinustachykardie	β-Rezeptoren-Blocker, Sedierung, Herzglykoside
Sinusbradykardie	Atropin, Orciprenalin, elektrischer Schrittmacher
Supraventrikuläre Extrasystolie	β-Rezeptoren-Blocker, Verapamil, Propafenon, Chinidin, Disopyramid, Flecainid, Ajmalin
Supraventrikuläre Tachykardie	Sedierung, Vagusreiz (Karotisdruck, Pressatmung), Verapamil, Adenosin, β-Rezeptoren-Blocker bzw. Sotalol, Herzglykoside, Chinidin, Disopyramid, Ajmalin/Prajmalin, Propafenon; Elektrotherapie (Hochfrequenzstimulation, programmierte Stimulation, Elektroschock); Katheterablation (z.B. bei Präexzitationssyndrom); His-Bündel-Ablation; ggf. chirurgische Maßnahmen
Vorhofflattern/-flimmern	Verapamil, β-Rezeptoren-Blocker, Amiodaron, Chinidin, Disopyramid, Flecainid, Propafenon, Herzglykoside, Elektrotherapie, Ablation, atriale Defibrillation bzw. implantierbarer Atrioverter
SA-/AV-Blockierungen, Bradyarrhythmia absoluta, Karotissinussyndrom	Elektrischer Schrittmacher
Ventrikuläre Extrasystolie	Lidocain, Mexiletin, β-Rezeptoren-Blocker bzw. Sotalol, Tocainid, Propafenon, Chinidin, Flecainid, Aprindin, Amiodaron, Ajmalin/Prajmalin
Kammertachykardie	**Akut:** Lidocain, Ajmalin **Dauertherapie:** Sotalol, Mexiletin, Amiodaron, Propafenon, Flecainid, Disopyramid, Tocainid, Aprindin; Elektrotherapie, Katheterablation und chirurgische Maßnahmen bei Therapieresistenz
Kammerflimmern	Defibrillation (200–400 J) bzw. implantierbarer Kardioverter-Defibrillator (ICD)

Systematisches Vorgehen bei der Beurteilung perioperativer Herzrhythmusstörungen

- Wie hoch ist die Herzfrequenz?
- Ist der Herzrhythmus unregelmäßig?
- Wie viele P-Wellen sind vorhanden?
- Wie sieht der QRS-Komplex aus?
- Ist die Herzrhythmusstörung gefährlich, und bedarf sie der Behandlung?

In ▶ Tabelle 24-7 sind die wichtigsten perioperativen Herzrhythmusstörungen sowie ihre Diagnose und Behandlung zusammengefasst.

24.5.2 Arterieller Blutdruck

Die arterielle Blutdruckmessung ist obligatorischer Bestandteil jeder Narkoseüberwachung. Der arterielle Mitteldruck (MAP) hängt vom Herzzeitvolumen (HZV) und vom totalen peripheren Widerstand (TPR) ab, ermöglicht aber keine Aussagen über die Höhe des Blutstroms.

$$\text{MAP} = \text{HZV} \times \text{TPR}$$

Der MAP kann daher nur als grober Indikator für die Organdurchblutung angesehen werden, zumal zahlreiche Organe eine Autoregulation aufweisen, d.h. ihre Durchblutung über einen weiten Bereich von Perfusionsdruckänderungen durch Änderungen des Gefäßwiderstands konstant halten können.

Indirekte Blutdruckmessung

Mit der indirekten Methode werden systolischer und diastolischer Blutdruck gemessen. Der mittlere arterielle Druck kann aus den ermittelten Werten nach folgender Formel berechnet werden:

$$\text{MAP} = \text{diastolischer Druck} + \tfrac{1}{3}\,(\text{systolischer Druck} - \text{diastolischer Druck})$$

Automatische nichtinvasive Blutdruckmessung. In der Regel werden bei Narkosen und im Aufwachraum automatische, mikroprozessorgesteuerte Blutdruckmessgeräte eingesetzt. Sie messen den systolischen, diastolischen und mittleren arteriellen Druck in vorwählbaren Zeitabständen über aufblasbare Manschetten mit verschiedenartigen Sensoren (z.B. Oszillometrie zusammen mit elektronischer Auskultation), außerdem oft zusätzlich die Herzfrequenz. Obere und untere Alarmgrenzen sind ebenfalls einstellbar; einige Geräte besitzen zusätzlich einen Schreiber.

Unterschiede zwischen der indirekten und der intraarteriellen Druckmessung ergeben sich vor allem bei Schock, Hypertonie, Hypothermie und Übergewicht.

Die indirekte Blutdruckmessung kann bei allen hämodynamisch stabilen Patienten, bei denen auch intraoperativ nicht mit schweren Störungen der Herz-Kreislauf-Funktion zu rechnen ist, eingesetzt werden.

Intraarterielle Blutdruckmessung

Bei großen chirurgischen Eingriffen, speziellen Operationen oder schwer kranken Patienten sollte der arterielle Blutdruck direkt in einer leicht zugänglichen peripheren Arterie gemessen werden.

Indikationen für die direkte arterielle Druckmessung

Patientenabhängige Faktoren:
- klinisch relevante Herzerkrankung
- respiratorische Insuffizienz
- hämodynamische Instabilität
- erhöhter intrakranieller Druck
- Polytrauma

Art der Operation:
- Herzchirurgie
- große intrathorakale Eingriffe
- große abdominale Eingriffe
- intrakranielle Eingriffe

Bestandteile einer Druckmesseinrichtung:
- Druckaufnehmer (Transducer)
- Verstärker
- Anzeige
- arterielle Kanüle oder Katheter mit Zuleitungen.

24

Um genaue und reproduzierbare Blutdruckwerte zu erhalten, muss der Druckaufnehmer an einen Referenzpunkt platziert werden:

→ Referenzpunkt für Druckmessungen im Herz-Kreislauf-System ist die Thoraxmitte des Patienten.

Vor Beginn der arteriellen Druckmessung sind zwei Maßnahmen erforderlich: Nullabgleich und Kalibrierung.

Arterielle Kanülierung

Für die intraarterielle Druckmessung können verschiedene Arterien kanüliert werden:
- A. radialis, Standard, einfach zu kanülieren, guter Kollateralkreislauf, intraoperativ meist leicht zugänglich; 20-G-Kanüle oder Katheter
- A. ulnaris, selten verwendet
- A. brachialis, mit 20-G-Katheter
- A. femoralis, mit 18-G-Katheter
- A. dorsalis pedis, nur in Ausnahmefällen.

Die **A. radialis** wird am häufigsten kanüliert, weil folgende Vorteile gegenüber anderen Arterien bestehen:
- einfach zu kanülieren
- guter Kollateralkreislauf
- intraoperativ meist leicht zugänglich.

Meist wird die Arterie der nichtdominanten Hand kanüliert; gebräuchliche Größe für Erwachsene ist die 20-G-Kanüle, für Kinder 20, 22 oder 24 G. Schwer zu punktierende Arterien können auch per Seldinger-Technik katheterisiert werden.

Vor der Kanülierung wird häufig ein Allen-Test durchgeführt, obwohl der klinische Nutzen fraglich ist.

✓ Praktisches Vorgehen

Arterienkanülierung

1. Aseptisches Vorgehen: Desinfektion der Punktionsstelle, sterile Handschuhe und steriles Abdecktuch.
2. Für die Kanülierung das Handgelenk des Patienten überstrecken, z.B. durch Unterlegen eines kleinen zusammengerollten Handtuchs oder der Desinfektionsmittelflasche.
3. Nach Desinfektion der Haut und Setzen einer Lokalanästhesiequaddel im Bereich der Punktionsstelle Kanüle, mit der distalen Öffnung nach oben, unmittelbar oberhalb des Lig. carpale in einem Winkel von etwa 30° zur Haut parallel zur Arterie einstechen und vorschieben.
4. Beim Eintritt der Kanüle in die Arterie strömt Blut in den Kanülenansatz. Jetzt die Kanüle weiter senken und flach insgesamt noch 1–2 mm vorschieben, um die Spitze der Kunststoffkanüle sicher im Gefäß zu platzieren.
5. Dann die (äußere) Kunststoffkanüle weit in die Arterie vorschieben, die Stahlkanüle dabei unverändert festhalten und anschließend entfernen. Bei sicherer Lage im Gefäß spritzt das Blut rhythmisch aus der Kanüle.
6. Die Hinterwand der Arterie sollte beim Kanülieren nicht durchstochen werden, um eine Hämatombildung zu vermeiden.
7. Die korrekt liegende Kanüle mit einer kurzen, starren Zuleitung mit 3-Wege-Hahn versehen und an die Druckleitung anschließen.
8. Kanüle auffällig mit „Arterie“ kennzeichnen, um Verwechslungen mit einer Venenkanüle zu vermeiden.

Kanülierungsschwierigkeiten:

- Es tritt Blut aus, die Kunststoffkanüle lässt sich jedoch nicht vorschieben: die Kanüle liegt lediglich mit der **Öffnung** der Stahlkanüle im Gefäß, die Kanülenspitze liegt entweder in der Gefäßwand oder hat die Hinterwand durchstochen.
- ausgeprägter Gefäßspasmus
- arteriosklerotische Gefäßveränderungen.

Bei schwierigen Gefäßverhältnissen sollte die Seldinger-Technik bevorzugt werden.

Praktisch sollte noch Folgendes beachtet werden:

> **! Merke**
> Die arterielle Kanüle dient nur der Druckmessung und der Entnahme von Blutproben. Die Injektion von Medikamenten kann zu einem schweren Gefäßspasmus mit nachfolgender Schädigung der Hand führen und muss daher unbedingt vermieden werden.

Die häufigsten **Komplikationen** sind:

- **Durchblutungsstörungen,** Thrombosen
- **abnorme Pulse**
- **Hämatome**
- massive Blutverluste (Verblutungsgefahr!) durch unbemerkte Diskonnektion
- Infektionen
- abnorme Hautverfärbung und Sensibilitätsstörungen am Daumen
- Embolien
- Nekrosen der Finger
- arteriovenöse Fisteln.

Störungen der arteriellen Druckmessung:

Die wichtigsten Störungen der arteriellen Druckmessung und ihre Ursachen sind:

- **Schleuderzacken:** Sie entstehen meist, wenn eine überlange Zuleitung mit einer 20-G-Kanüle in der A. radialis verbunden wird. Durch Verwendung einer kürzeren Zuleitung (< 100 cm) oder Einspritzen einer kleinen Luftblase in die Zuleitung kann eine Dämpfung der Kurve erreicht werden.
- **Gedämpfte Kurve:** Bei einer Dämpfung der Druckkurve wird der systolische Blutdruck zu niedrig, der diastolische Druck hingegen zu hoch gemessen. Häufigste Ursachen sind:
  - Luftblasen im System
  - Blutgerinnsel in der Kanüle oder im System.
- **Druck wird zu hoch angezeigt:** Ursachen:
  - Druckaufnehmer unterhalb des Referenzpunktes platziert
  - Druckaufnehmer nicht richtig abgeglichen.
- **Direkte Druckmessung stimmt nicht mit Manschettendruck überein:** Die direkte Druckmessung ist zumeist genauer, besonders bei Hypotension, niedrigem Herzzeitvolumen und Zentralisation.

24.5.3 Zentraler Venendruck

Der Druck in der Vena cava im Bereich der Einmündungsstelle in den rechten Vorhof wird als zentraler Venendruck bezeichnet. In horizontaler Rückenlage sind die Drücke in rechtem Vorhof, oberer Hohlvene und unterer Hohlvene oberhalb des Zwerchfells gleich.

Determinanten des zentralen Venendrucks

Der zentrale Venendruck (ZVD) wird vom zentralen venösen Blutvolumen und von der Compliance des intrathorakalen Kompartiments bestimmt.

Druckänderungen im Thorax beeinflussen den zentralen Venendruck; entsprechend ändert er sich mit jedem Atemzyklus:

- Unter Spontanatmung nimmt der zentrale Venendruck bei der Inspiration ab, bei der Exspiration zu.
- Bei Überdruckbeatmung tritt der umgekehrte Effekt ein: Zunahme bei Inspiration, Abfall bei Exspiration.

→ PEEP und CAPAP erhöhen den intrathorakalen Druck und damit auch den zentralen Venendruck.

Aussagewert des zentralen Venendrucks

Wegen der zahlreichen Einflüsse ist der zentrale Venendruck nur stark eingeschränkt als Parameter der rechtsventrikulären Vorlast (Preload) zu verwerten. Auch korreliert der zentrale Venendruck nur schlecht mit dem Herzindex und mit dem Schlagvolumenindex. Selbst bei Volumenbelastung besteht keine eindeutige Beziehung zwischen zentralem Venendruck und Änderungen des Schlagvolumens.

Reaktion auf Volumenbelastung: Die meisten klinischen Untersuchungen haben ergeben, dass keine Beziehung zwischen dem Ausgangs-ZVD und der Reaktion auf Volumenzufuhr besteht und somit der ZVD als Vorhersageparameter für die Reaktion auf Volumenbelastung ungeeignet ist.

Indikationen

Die Messung des zentralen Venendrucks ist indiziert bei:

- chirurgischen Eingriffen, die mit größeren Flüssigkeitsverschiebungen und/oder Blutverlusten einhergehen
- hypovolämischen Patienten, z.B. bei Ileus, Aszites, massiver Diuretikavorbehandlung
- Patienten im Schock
- schwer traumatisierten bzw. polytraumatisierten Patienten.

Der zentrale Venendruck kann elektronisch oder über eine Wassersäule gemessen werden.

Im OP sollte der ZVD elektronisch gemessen werden: Die Messung ist genauer und ermöglicht die kontinuierliche Darstellung der Kurve auf dem Monitor.

Zentrale Venendruckkurve

▶ Abbildung 24-4 zeigt eine normale zentrale Venendruckkurve: Sie besteht aus drei positiven Wellen, a, c und v, sowie zwei negativen Wellen, x und y. Die Wellen stehen in fester Beziehung zum EKG und haben folgende Bedeutung:

- **a-Welle:** Sie entsteht durch die Kontraktion des rechten Vorhofs. Mit der Erschlaffung des Vorhofs fällt die Kurve ab, bis die c-Welle beginnt. Bei Vorhofflimmern fehlt die a-Welle. Hohe a-Wellen treten u.a. bei pulmonaler Hypertonie auf. Riesenwellen sind zu beobachten bei Knotenrhythmen, ventrikulären Arrhythmien und AV-Block.
- **c-Welle:** Sie entsteht durch das Vorwölben der Trikuspidalklappe in den rechten Vorhof zu Beginn der Kontraktion des rechten Ventrikels. Die **x-Welle** entsteht

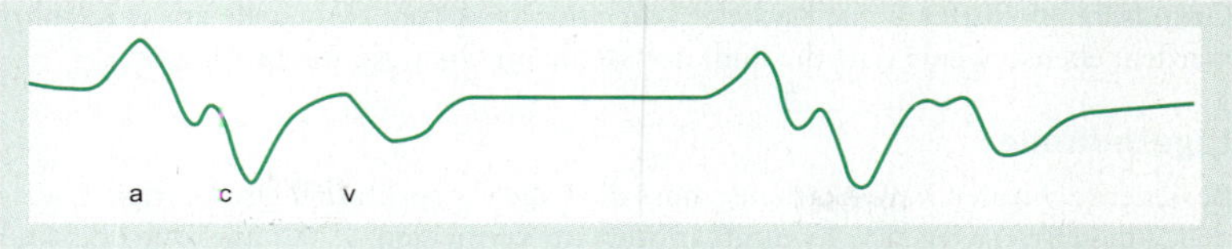

Abb. 24-4 Zentrale Venendruckkurve mit a-, c- und v-Wellen.

durch weitere Erschlaffung des Vorhofs und Abwärtsverschiebung des rechten Ventrikels und der Trikuspidalklappe während der Kammersystole.

- **v-Welle:** Diese Welle entsteht durch die Füllung des rechten Vorhofs bei geschlossener Trikuspidalklappe, die **y-Welle** hingegen durch Öffnen der Trikuspidalklappe mit Einstrom von Blut in den rechten Ventrikel.

→ **Normalwerte des zentralen Venendrucks:** 1–10 mm Hg, Mittelwert 5 mm Hg.

Erniedrigter zentraler Venendruck: wichtigste Ursache ist die Hypovolämie.

Erhöhter zentraler Venendruck: Die wichtigsten Ursachen sind:

- Hypervolämie
- Rechtsherzinsuffizienz
- Lungenembolie (Thromben oder Luft)
- Obstruktion der oberen Hohlvene
- Herztamponade.

24.5.4 Zentraler Venenkatheter

Dies ist ein Katheter, dessen Spitze in der oberen Hohlvene liegt. Als optimal gilt die Lage unmittelbar vor der Einmündung der oberen Hohlvene in den rechten Vorhof; in diesem Bereich befinden sich keine Venenklappen.

Indikationen

Die wichtigsten Indikationen für einen zentralen Venenkatheter während der Narkose sind:

- Messung des zentralen Venendrucks (s.o.)
- Zufuhr hochwirksamer Medikamente, z.B. Katecholamine, Puffersubstanzen usw.

Für die perioperative Routine-Flüssigkeits- und Elektrolytzufuhr ist im Allgemeinen kein zentraler Venenkatheter erforderlich; hierfür reichen sicher laufende Venenkanülen aus.

Zugänge zur oberen Hohlvene

Die obere Hohlvene kann über verschiedene periphere und große körpernahe Venen mit einem Katheter erreicht werden:

- V. basilica und V. cephalica
- V. jugularis interna und externa
- V. anonyma (V. brachiocephalica), V. subclavia
- V. femoralis und V. saphena magna.

Bei nur kurzer Verweildauer genügt meist der Zugang über eine periphere Armvene, während bei langer Liegedauer ein zentraler Zugang (V. jugularis, V. subclavia) gewählt werden sollte, da hiermit die Infektions- und Thromboserate geringer ist.

Grundsätzlich dürfen keine Katheter von einer infizierten Hautstelle aus eingeführt werden; ebenso wenig darf die Punktionsstelle im Operationsgebiet liegen.

Lagekontrolle

Bei jedem zentralen Venenkatheter muss die Lage überprüft und ggf. korrigiert werden, um schwerwiegende Komplikationen zu vermeiden. Zur Lagekontrolle sind zwei Verfahren geeignet: das Röntgenbild des Thorax und die Ableitung des EKG von der Katheterspitze.

Die **EKG-Diagnostik** ist einfach und ohne großen Aufwand durchzuführen und sollte daher im Narkoseeinleitungsraum der Röntgendiagnostik vorgezogen werden. Die Lage der Katheterspitze im Bereich des SA-Knotens im rechten Vorhof ist an einer stark erhöhten P-Welle zu erkennen. Bei diesem EKG-Bild wird der Katheter so weit zurückgezogen, bis eine normale P-Zacke auf dem Monitor erscheint. Die Spitze liegt nun korrekt in der oberen Hohlvene.

V.-basilica- und V.-cephalica-Katheter

Die Vena basilica sollte wegen ihres konstanten Verlaufs bevorzugt werden; sie kann in der Ellenbeuge oder auch distal am Unterarm punktiert werden. Hingegen weist die V. cephalica große anatomische Varianten auf, auch kann der Katheter oft nicht über die Achselhöhle hinaus in die V. subclavia vorgeschoben werden.

- **Vorteile** des Verfahrens: meist einfache Punktionstechnik mit geringen Komplikationsmöglichkeiten
- **Nachteile**: Bei 25–55% der Patienten gelangt der V.-basilica-Katheter beim Vorschieben nicht in eine zentrale Vene; häufigste Fehllage ist die Platzierung in einer Jugularvene. Bei Katheterisierung der V. cephalica sind Fehllagen wesentlich häufiger als bei der V. basilica. Atemschwankungen der Druckkurve sind kein Beweis für eine zentrale Lage der Katheterspitze.

V.-jugularis-interna-Katheter

Beim Zugang über die **rechte** V. jugularis interna lässt sich der Katheter nahezu immer in die obere Hohlvene vorschieben.

Vorteile:
- kurzer gerader Verlauf der rechten Vene zur oberen Hohlvene
- einfache Punktionstechnik mit hoher Erfolgsrate (über 90%)
- Fehllagen sehr selten
- guter intraoperativer Zugang zum Katheter für den Anästhesisten
- weniger Komplikationen als bei der Katheterisierung der V. subclavia.

Kontraindikationen (relativ):
- manifeste Gerinnungsstörungen oder i.v. Heparintherapie zum Zeitpunkt der Kanülierung (Seldinger-Technik bevorzugen!)
- vorangegangene Operationen im Bereich des Halses, z.B. der Schilddrüse, Endarteriektomie der A. carotis
- Verletzungen oder Tumoren im näheren Bereich der Punktionsstelle
- Schwierigkeiten bei der richtigen Lagerung des Kopfes für die Punktion.

Topographische Anatomie

Die V. jugularis interna verläuft im Gefäß-Nerven-Strang des Halses vom Foramen jugulare durch das Trigonum caroticum, danach unter dem medialen Rand des lateralen Kopfes des M. sternocleidomastoideus; hierbei befindet sich die A. carotis communis tiefer und medial von der V. jugularis interna. Hinter dem Sternoklavikulargelenk vereinigt sich die Vene mit der V. subclavia zur V. brachiocephalica.

Abgesehen vom geraden Verlauf sollte die **rechte** V. jugularis interna bei der Katheterisierung aus folgenden Gründen bevorzugt werden.

- Die rechte Lungenspitze steht niedriger als die linke, kann also weniger leicht versehentlich angestochen werden.
- Der Ductus thoracicus befindet sich auf der linken Seite und kann daher nicht versehentlich punktiert werden.

Praktisches Vorgehen bei der Katheterisierung

Die Seldinger-Technik ist am schonendsten und sollte daher bevorzugt. werden. Folgende Zugangswege sind möglich:

✓ Praktisches Vorgehen

Katheterisierung der V. jugularis interna

Zentraler Zugang:

1. Zunächst Kopftieflagerung zur besseren Füllung der Vene und zur Prophylaxe einer Luftembolie; Kopf leicht dorsal flektieren und etwas zur Gegenseite drehen; Verlauf der A. carotis mit den Fingern der linken Hand palpieren.
2. Händedesinfektion, steriler Kittel, sterile Handschuhe, Mundschutz.
3. Desinfektion der Haut im Bereich der Punktionsstelle.
4. Wenn Patient wach: Setzen einer Lokalanästhesiequaddel in der Spitze des von den beiden Köpfen des M. sternocleidomastoideus gebildeten Dreiecks: Dieser Punkt befindet sich etwa 2–3 Querfinger oberhalb der Klavikula.
5. Einführungskanüle (5 cm lang) mit aufgesetzter Spritze mit der rechten Hand in kaudaler Richtung in einem Winkel von 30° zur Haut, von der Mittellinie weg, unter den lateralen Kopf des M. sternocleidomastoideus, unter ständiger Aspiration, durch die Quaddel vorschieben; die Finger der linken Hand können hierbei die A. carotis fixieren. Einströmen von dunklem Blut in einer Tiefe von etwa 1–2 cm beim Erwachsenen zeigt die erfolgreiche Punktion der V. jugularis interna an. Beim Abweichen der Kanüle in den medialen Bereich des Dreiecks besteht die Gefahr der Karotispunktion.
6. Nun den Seldinger-Draht durch die Stahlkanüle ca. 15–20 cm ins Gefäß vorschieben, dann die Kanüle entfernen und dabei den Draht „gegenhalten".
7. Dilatator über den Draht bis in die V. jugularis vorschieben, dann wieder herausziehen.
8. Nun den Katheter über den Draht einführen und etwa 15–20 cm vorschieben, dann EKG-gesteuert platzieren.
9. Katheter mit einer Hautnaht sicher fixieren; anschließend Verband.

Anteriorer Zugang: Hierbei wird die Einführungskanüle in der Mitte des M. sternocleidomastoideus an dessen medialen Rand eingestochen und in Richtung auf die gleichseitige Mamille vorgeschoben.

Posteriorer Zugang: Hierbei wird die Einführungskanüle etwa an der Verbindungsstelle zwischen medialem und unterem Drittel des lateralen Randes unter den M. sternocleidomastoideus eingestochen und in Richtung Fossa jugularis parallel zur A. carotis vorgeschoben (Vorsicht: Gefahr der Karotispunktion!).

Spezifische Komplikationen

- Punktion der A. carotis (sofort Druckverband, um starke Blutung zu vermeiden!); hierdurch gelegentlich massive Hämatombildung mit Kompression der Atemwege, Stimmbandlähmung, zervikaler Nervenschädigung, Horner-Syndrom. Gelegentlich kann eine operative Entlastung erforderlich sein.
- Katheterisierung der A. carotis, mitunter erst später bemerkt
- Pneumothorax und Hämatothorax (durch zu tiefes Einstechen)
- Verletzung des Plexus brachialis bei zu weit lateraler Punktionsrichtung
- Luftembolie (vermeidbar durch Kopftieflagerung)
- Verletzung des Ductus thoracicus bei Punktion der linken V. jugularis interna.

V.-jugularis-externa-Katheter

Alternativer Zugang, wenn z.B. die V. jugularis interna nicht katheterisiert werden kann. Fehllagen, überwiegend in der V. subclavia, sind häufig. Die Erfolgsrate kann durch Seldinger-Technik mit J-Draht wesentlich verbessert werden.

- Für die Punktion Kopf tieflagern.
- Zur besseren Füllung kann die Vene fingerbreit über der Klavikula durch einen Helfer abgedrückt werden.
- Nach Desinfektion und Lokalanästhesie: Kanüle durch die Hautquaddel vorschieben und dann mit einem „Ruck" durch die Gefäßwand gleiten lassen. Beim langsamen Punktieren weicht die verschiebliche Vene häufig aus.

V.-subclavia-Katheter

Dieser Zugang wird vor allem bei Intensivpatienten gewählt. Die wichtigsten **Vorteile** gegenüber der V. jugularis interna sind:

- bessere Mobilität des Patienten (im Bereich der Intensivmedizin)
- keine Punktion der tiefen Strukturen des Halses
- Lumen der Vene aus anatomischen Gründen immer offen und daher auch bei ausgeprägter Hypovolämie katheterisierbar.

Nachteile:

- relativ hohe Komplikationsrate (abhängig von Übung und Erfahrung)
- wegen Pneumothoraxgefahr möglichst nicht unmittelbar vor der Narkose katheterisieren (Ausnahmen: Thorakotomie der gleichen Seite).

Kontraindikationen:

- manifeste Gerinnungsstörungen und Antikoagulanzientherapie
- ausgeprägtes Lungenemphysem
- schwere Deformitäten der Thoraxwand
- extreme Kachexie
- Adipositas
- Frakturen im Bereich des Schultergürtels.

Topographische Anatomie

Die V. subclavia verläuft als Fortsetzung der V. axillaris vom lateralen Rand der 1. Rippe nach hinten zum medialen Drittel der Klavikula. Hier vereinigt sie sich mit der gleichseitigen V. jugularis interna zur V. brachiocephalica (V. anonyma). Die beiden Vv. brachiocephalicae bilden zusammen die V. cava superior. Die A. subclavia befindet sich dorsokranial bzw. dorsolateral von der V. subclavia.

Die Vene kann supra- oder infraklavikulär punktiert werden. Am häufigsten wird der infraklavikuläre Weg gewählt.

Praktisches Vorgehen
Katheterisierung der V. subclavia

1. Kopftieflage zur Prophylaxe der Luftembolie, Kopf leicht zur Gegenseite drehen, Arme an den Körper anlegen, evtl. gleichseitigen Arm leicht nach unten ziehen.
2. Desinfektion der Haut und Lokalanästhesie der Punktionsstelle und des Periosts.
3. Die Punktionsstelle befindet sich etwa in der Medioklavikularlinie, in der Mohrenheim-Grube dicht unterhalb der Klavikula.
4. Einführungskanüle (5–8 cm lang) mit aufgesetzter Kochsalzspritze durch die Hautquaddel flach zur Haut in Richtung auf den medialen Anteil des Sternoklavikulargelenks bis zum eindeutigen Kontakt mit der Klavikula vorschieben.
5. Nun die Kanüle in ständigem Knochenkontakt unter bzw. hinter die Klavikula gleiten lassen. Hierbei dringt die Nadel (unter ständiger Aspiration) zwischen der ersten Rippe und der Klavikula hindurch auf die Rückseite des medialen Klavikuladrittels.
6. Schlagartiges Füllen der aufgesetzten Spritze mit dunklem Blut in einer Tiefe von etwa 4 cm zeigt die intravasale Lage der Kanülenspitze an. Bei Bedarf die Kanüle vorsichtig noch 1–2 mm vorschieben, um eine vollständige intravasale Lage der Spitze zu gewährleisten.
7. Seldinger-Draht einführen; Kanüle entfernen, Dilatator ins Gefäß vorschieben, dann wieder entfernen und Katheter über den Draht in die obere Hohlvenen vorschieben. Lagekontrolle mit EKG oder postoperativ mit Röntgenbild des Thorax.
8. Katheter mit Naht fixieren; anschließend Verband.

Spezifische Komplikationen

- Pneumothorax; Häufigkeit 2–16%
- Hämatothorax durch Verletzung der A. subclavia
- Schädigung des Plexus brachialis
- Luftembolie (vermeidbar durch Kopftieflagerung).

V. femoralis

Die Punktion der V. femoralis erfolgt unter sterilen Bedingungen unterhalb des Leistenbandes. Wegen der hohen Komplikationsrate (aufsteigende Infektion und Thrombosierung) mit der Gefahr der Sepsis und tödlicher Lungenembolien sollte dieses Verfahren nur kurzfristig angewandt werden, wenn andere Verfahren nicht möglich sind.

Allgemeine Komplikationen zentraler Venenkatheter

Bei allen beschriebenen Katheterisierungen der V. cava können folgende Komplikationen auftreten:

- lokale und systemische Infektionen (Kathetersepsis)
- Thrombose
- Luftembolie
- Gefäßperforation
- Herzperforation
- Katheterembolie
- Katheterfehllagen.

Prävention der Kathetersepsis: die effektivsten Maßnahmen (Pronovost 2006)
- Händedesinfektion mit Chlorhexetidin (in Deutschland nicht üblich)
- Mundschutz, steriler Kittel, sterile Handschuh
- steriles Abdecktuch
- V. subclavia bevorzugen; V. femoralis meiden
- Katheter frühzeitig entfernen

Pneumothorax

Der Pneumothorax ist eine typische Komplikation der V.-subclavia-Punktion, kann jedoch auch bei Punktion der V. jugularis auftreten.

Diagnose. Aufsteigen von Luftbläschen in der Spritze sowie Husten, Thoraxschmerzen oder Luftnot während der Punktion weisen beim wachen Patienten auf eine Pleuraverletzung hin.
- Klinisch manifestiert sich der Pneumothorax beim spontan atmenden Patienten meist erst 2–6 h nach der Punktion, gelegentlich erst nach 12–14 h oder später.
- Wird dagegen der Patient maschinell beatmet, kann sich bereits kurz nach der Punktion ein lebensbedrohlicher (Spannungs-)Pneumothorax entwickeln.
- Verminderte Beweglichkeit, hypersonorer Klopfschall und abgeschwächtes Atemgeräusch der betroffenen Thoraxseite sind die wichtigsten klinischen Zeichen des einfachen Pneumothorax während der Narkose. Ein zusätzlicher Blutdruckabfall weist auf Spannungspneumothorax hin.

Therapie.
- Bei beatmeten Patienten sofortige Thoraxdrainage.
- Bei wachen, spontan atmenden Patienten mit geringem (< 20%) und symptomlosem Pneumothorax kann der weitere Verlauf abgewartet werden.

Herztamponade

An diese sehr seltene, aber lebensbedrohliche Komplikation sollte immer gedacht werden, wenn bei einem Patienten mit zentralem Venenkatheter ein unerklärlicher Herz-Kreislauf-Kollaps oder ein Herzstillstand auftritt. Die Tamponade entsteht durch Perforation des rechten Vorhofs oder des rechten Ventrikels durch den Seldinger-Führungsdraht, den Dilatator oder den Katheter selbst. Typischerweise treten die klinischen Zeichen der katheterbedingten Herztamponade nicht sofort, sondern erst 1–2 Tage nach der Perforation auf und werden daher bei mehr als 70% der Patienten fehlgedeutet.

24.5.5 Pulmonaliskatheter

Mit dem Pulmonalarterienkatheter (Balloneinschwemmkatheter, Swan-Ganz-Katheter) können die Pulmonalarteriendrücke und indirekt die Füllungsdrücke des linken Herzens sowie das Herzzeitvolumen gemessen und zusätzlich gemischtvenöse Blutproben entnommen werden.

Messgrößen des vierlumigen Pulmonaliskatheters
- rechter Vorhofdruck (RAP) bzw. zentraler Venendruck (ZVD)
- Pulmonalarteriendrücke: systolisch, diastolisch, Mitteldruck
- Lungenkapillaren-Verschlussdruck (Wedge-Druck, PCWP = pulmonary capillary wedge pressure)
- Herzzeitvolumen

Praktisch bestehen beim herzgesunden Patienten folgende Beziehungen:

- Der linke Vorhofdruck (LAP) entspricht angenähert dem Wedge-Druck (PCWP) oder dem diastolischen Pulmonalarteriendruck.
- Der linke Vorhofdruck entspricht angenähert dem linksventrikulären enddiastolischen Druck (LVEDP); somit ist der Wedge-Druck ein indirektes Maß für den LVEDP, allerdings nur über einen Bereich von 5–25 mm Hg.
- Der LVEDP ist proportional dem linksventrikulären enddiastolischen Volumen (LVEDV), jedoch in Abhängigkeit von der individuellen Compliance (Volumendehnbarkeit) des Ventrikels, d.h., nicht immer ist eine lineare Beziehung zwischen LVEDP und LVEDV vorhanden.
- Die Größe des Herzzeitvolumens des rechten Ventrikels ist identisch mit dem des linken Ventrikels.

Indikationen

Der Pulmonaliskatheter wird vor allem zur perioperativen Überwachung schwer herzkranker Patienten eingesetzt und bedarf wegen seiner schwerwiegenden Komplikationsmöglichkeiten einer strengen Indikationsstellung.

Einführen des Pulmonaliskatheters

Der Pulmonaliskatheter wird mit Seldinger-Technik über eine Schleuse in der rechten V. jugularis interna in eine Pulmonalarterie eingeführt, alternativ auch über die linke V. jugularis interna, V. subclavia oder eine Vene der Ellenbeuge (bevorzugt links). Hierbei wird der Katheter unter kontinuierlicher Kontrolle der auftretenden Drücke auf dem Monitor des Verstärkers durch das rechte Herz in die A. pulmonalis bzw. Wedge-Position vorgeschoben. Die jeweilige Lage der Katheterspitze kann anhand der Druckkurven genau bestimmt werden, dennoch muss gelegentlich ein C-Bogen für das Einschwemmen eingesetzt werden.

Praktisches Vorgehen

Einführen des Pulmonaliskatheters

1. Einführen der Katheterschleuse mit Seldinger-Technik.
2. Anschlüsse „distal" und „proximal" des Pulmonaliskatheters mit Dreiwegehähnen versehen, beide Lumina mit Kochsalzlösung füllen; danach den Anschluss „distal" mit einem Druckaufnehmer verbinden und das System an einen Verstärker anschließen; Druckaufnehmer abgleichen und kalibrieren.
3. Nun den Pulmonaliskatheter langsam durch die Katheterschleuse, unter kontinuierlicher Druckkontrolle auf dem Monitor, herzwärts vorschieben.
4. Bei Eintritt des Katheters in die obere Hohlvene 1,5 ml Luft in den Ballon injizieren, damit der Katheter beim weiteren behutsamen Vorschieben über den rechten Vorhof durch die Trikuspidalklappe in den rechten Ventrikel und von dort durch die Pulmonalklappe in eine Lungenarterie eingeschwemmt werden kann (▶ Abb. 24-5). Der aufgeblasene Ballon erleichtert nicht nur das „Einschwemmen" des Katheters, sondern schützt das Herz auch vor der harten Katheterspitze.
5. Sobald auf dem Monitor die Wedge-Druck-Kurve erscheint (▶ Abb. 24-6), wird der Ballon entblockt. Bei richtiger Lage der Katheterspitze muss danach die Pulmonalarteriendruckkurve sichtbar sein. Die meisten Katheter gelangen in den **rechten** Mittel- oder Unterlappen. Auf dem Schirm des Bildwandlers kann der Positionswechsel des Katheters unmittelbar beobachtet werden.

6. Wedge-Position: Die Spitze des Katheters ist eingekeilt und bewegt sich nicht.
7. Pulmonalarterienposition: Die Katheterspitze bewegt sich mit jeder Herzaktion rhythmisch mehrere Zentimeter hin und her.
8. Beim Einschwemmen in den rechten Ventrikel können salvenartige **Extrasystolen** oder eine **ventrikuläre Tachykardie** ausgelöst werden.
9. Behandlung: Katheterlage korrigieren, **Lidocain.** Wegen dieser möglichen Komplikation sollte immer ein **Defibrillator** beim Einführen des Katheters bereitstehen.
10. Ist der Katheter beim Zugang über die V. jugularis interna oder V. subclavia nach Vorschieben von etwa 40–60 cm noch nicht in die Pulmonalarterie gelangt, so sollte er, bei entblocktem Ballon, zurückgezogen und nach erneuter Blockung wieder vorgeschoben werden, um eine Knotenbildung zu vermeiden. Beim Zugang von der Ellenbeuge aus sollte der Katheter nach 80–85 cm die Pulmonalarterie erreicht haben.
11. Bei richtiger Lage (Pulmonalarteriendruckkurve bei entblocktem Ballon, Wedge-Druck-Kurve bei geblocktem Ballon) Schleuse herausziehen und den Katheter mit Schutzhülle fixieren, dass die Lage, wenn erforderlich, korrigiert werden kann (besser: Schutzhülle verwenden). Denn nicht selten verändert der Pulmonaliskatheter nach einer gewissen Zeit durch die hämodynamischen Einwirkungen seine Position. Auch sollte die Katheterlage so früh wie möglich röntgenologisch kontrolliert bzw. dokumentiert werden.
12. Nun den Anschluss „proximal“ des Katheters ebenfalls mit einem Druckaufnehmer verbinden und den rechten Vorhofdruck bzw. zentralen Venendruck kontinuierlich registrieren.
13. Im weiteren Verlauf die Position des Katheters regelmäßig anhand der auf dem Monitor angezeigten Druckkurven überwachen. Hierbei gilt:

→ Die Wedge-Position der Pulmonaliskatheterspitze darf nur für die kurze Zeit des Messvorgangs beibehalten werden, um eine Infarzierung des Gebiets jenseits des blockierten Pulmonalarterienastes zu vermeiden.

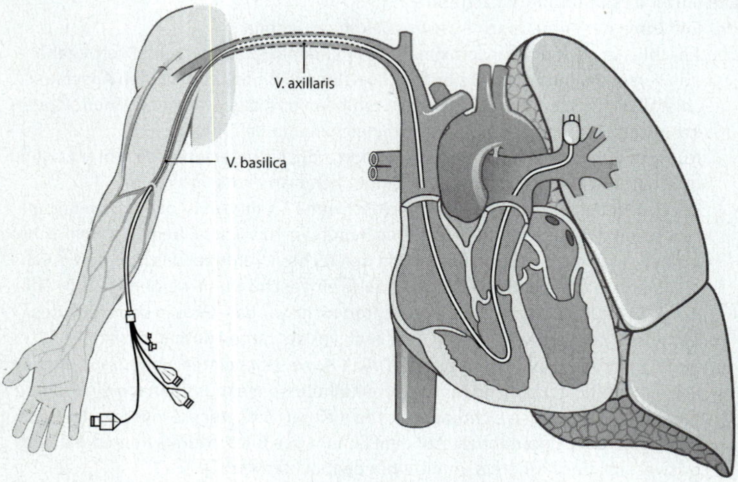

Abb. 24-5 Weg des Pulmonaliskatheters (links); Spitze bei geblocktem Ballon in Wedge-Position (rechts).

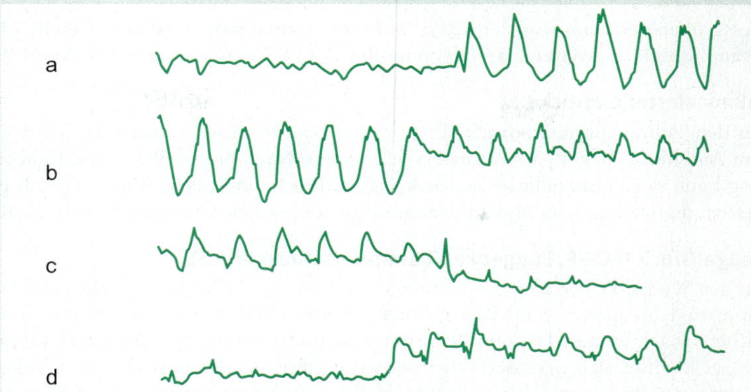

Abb. 24-6 Druckkurven auf dem Monitor beim Vorschieben des Pulmonaliskatheters in die Wedge-Position.
a) Vom rechten Vorhof in den rechten Vetrikel.
b) Vom rechten Ventrikel in die A. pulmonalis.
c) Von der A. pulmonalis in die Wedge-Position.
d) Nach Entblocken des Ballons gleitet der Katheter aus der Wedge-Position zurück in die A. pulmonalis.

Tab. 24-8 Messgrößen des Pulmonaliskatheters und ihre Normalwerte

Parameter	**Normalwerte**
Zentraler Venendruck	1–10 mm Hg, Mittel 5 mm Hg
Rechter Vorhofdruck	−1 bis +8 mm Hg, Mittel 4 mm Hg
Rechter Ventrikel systolisch enddiastolisch	 15–28 mm Hg, Mittel 24 mm Hg 0–8 mm Hg, Mittel 4 mm Hg
Pulmonalarterie: – systolisch – diastolisch – Mitteldruck	 15–28 mm Hg, Mittel 24 mm Hg 5–16 mm Hg, Mittel 10 mm Hg 10–22 mm Hg, Mittel 9 mm Hg
Wedge-Druck	5–16 mm Hg, Mittel 9 mm Hg
Herzzeitvolumen	4–6,5 l/min

Tab. 24-9 Hämodynamische Normalwerte und O_2-Parameter

Parameter	**Mittelwert**	**Bereich**
Schlagvolumen (ml)	75	60–90
Systemischer Gefäßwiderstand (Dyn × s × cm^{-5})	1200	800–1600
Pulmonaler Gefäßwiderstand (Dyn × s × cm^{-5})	80	40–180
Arterieller O_2-Gehalt (ml/dl)	18	16–20
Gemischtvenöser O_2-Gehalt (ml/dl)	14	13–15
Arteriovenöse O_2-Gehaltdifferenz, av-DO_2 (ml/dl)	4	3–5
Sauerstoffverbrauch (ml/min)	225	200–250

Messungen mit dem Pulmonaliskatheter

Messgrößen des Pulmonaliskatheters und ihre Normalwerte sind in ▶ Tabelle 24-8 zusammengefasst, weitere hämodynamische und O_2-Parameter in ▶ Tabelle 24-9.

Pulmonalarteriendrücke

Um den Pulmonalarteriendruck (PAP) zu messen, wird ein Druckaufnehmer mit dem Anschluss „distal" des Katheters verbunden. Nach Nullabgleich und Kalibrierung kann der Pulmonalarteriendruck, bei entblocktem Ballon, kontinuierlich gemessen, digital angezeigt und auf einem Schreiber registriert werden (▶ Tab. 26-10).

Wedge-Druck (PCWP, Lungenkapillaren-Verschlussdruck)

Um den Wedge-Druck zu messen, muss der Ballon an der Katheterspitze **vorsichtig** mit etwa 1 bis max. 1,5 ml Luft geblockt werden: Hierdurch schwemmt sich der Katheter nach einigen Herzaktionen mit dem Blutstrom in die „Wedge-Position", d.h., er klemmt sich gewissermaßen in den Pulmonalarterienast ein, so dass kein Blut mehr von proximal durch dieses Gefäß strömen kann, solange der Ballon aufgeblasen ist. Darum wird der in dieser Position der Katheterspitze gemessene Druck auch als „Verschlussdruck" bezeichnet. Er entspricht bei gesunden und oft auch bei kranken Herzen dem Druck im linken Vorhof oder, angenähert, dem linksventrikulären enddiastolischen Druck. Der PCWP schwankt mit dem Atemzyklus, insbesondere unter Überdruckbeatmung.

→ Bei **Mitralinsuffizienz** können hohe v-Wellen auftreten, die nicht mit der Pulmonalarteriendruckkurve verwechselt werden dürfen.

→ Bei linkem Vorhofdruck über 25 mm Hg oder PEEP von mehr als +10 cmH_2O besteht keine enge Korrelation mehr.

Folgende Fehlermöglichkeiten müssen beim Messen des Wedge-Drucks beachtet werden:

- **PCWP höher als LAP (LVEDP):** Mitralstenose; erhöhter Atemwegsdruck (PEEP); linker Vorhoftumor (selten)
- **PCWP niedriger als LAP (LVEDP):** LVEDP > 25 mm Hg; steifer linker Ventrikel; vorzeitiger Schluss der Mitralklappe (Aorteninsuffizienz).

Besteht keine pulmonale Hypertonie bzw. kein erhöhter pulmonaler Gefäßwiderstand, kann auch der enddiastolische Pulmonalarteriendruck (PAEDP) mit ausreichender Genauigkeit als Näherungswert für den linken Vorhofdruck herangezogen werden.

Der Wedge-Druck ist vor allem beim Low-Output-Syndrom eine wichtige differentialdiagnostische Größe (▶ Tab. 24-10).

Tab. 24-10 Wedge-Druck bei der Differentialdiagnose des Low-Output-Syndroms

Ursache des Low-Output-Venendrucks	Rechter Vorhofdruck	Wedge-Druck	Diastolischer oder zentraler Pulmonalarteriendruck
Hypovolämie	erniedrigt	erniedrigt	erniedrigt
Linksherzinsuffizienz	normal oder erhöht	erhöht	erhöht
Rechtsherzinsuffizienz	erhöht	normal	normal
Pulmonale Hypertonie	erhöht	normal	höher als Wedge-Druck
Lungenembolie	erhöht	normal	höher als Wedge-Druck
Herztamponade	erhöht	erhöht	erhöht

Herzzeitvolumen

Das Herzzeitvolumen wird nach der Thermodilutionsmethode gemessen, einer Modifikation der Farbstoffverdünnungsmethode, bei der die Kälte als Indikator dient. Durch Injektion einiger ml kalter Kochsalz- oder Glukoselösung wird das Blut kurzzeitig abgekühlt. Der Wechsel der Bluttemperatur wird in seinem zeitlichen Verlauf vom Thermistor an der Spitze des Katheters gemessen und an den Computer weitergeleitet, der den Blutfluss aus der Fläche unter der Temperaturkurve nach der **Stewart-Hamilton-Gleichung** integriert.

Komplikationen des Pulmonaliskatheters

Insgesamt ist die Morbidität durch Pulmonalarterienkatheter niedrig. Die wichtigsten Komplikationen sind:

- **Herzrhythmusstörungen:** supraventrikuläre und ventrikuläre Arrhythmien, ventrikuläre Tachykardien, Kammerflimmern, Rechts- oder Linksschenkelblock oder kompletter Herzblock beim Vorschieben des Katheters durch das Herz.
- **Lungeninfarkt:** Kann entstehen, wenn der Katheter zu lange in der Wedge-Position bleibt.
- **Ruptur eines Pulmonalarterienastes** durch zu starke Blockung des Ballons. Daher Ballon langsam und mit minimalem Volumen blocken, vor allem bei alten Patienten, pulmonaler Hypertonie und Hypothermie; des Weiteren bei zu weit nach distal vorgeschobener Spitze. Klinische Manifestation: Hämoptyse, bei massiver Blutung als Schock bzw. Herzstillstand.
  Therapie: weitgehend symptomatisch; bei massiver Blutung Intubation mit einem Doppellumentubus, evtl. gefolgt von einer chirurgischen Intervention.
- **Schädigungen des Herzklappenendokards:** können bereits nach wenigen Stunden Liegezeit des Katheters auftreten. Darum sollte der Katheter immer nur so kurz wie nötig belassen werden.
- **Knotenbildung:** kann bei zu weitem Vorschieben in den rechten Ventrikel auftreten. Beim Zugang über die rechte V. jugularis interna sollte nach spätestens 60 cm die Pulmonalarterie erreicht sein, beim Zugang von der Ellenbeuge aus nach etwa 80–85 cm.

24.5.6 Gemischtvenöse Sauerstoffsättigung (svO_2)

Die Sauerstoffsättigung im Blut der **A. pulmonalis** wird als gemischtvenöse O_2-Sättigung bezeichnet. Dieses Blut stellt ein repräsentatives Gemisch von Blut aus sämtlichen Teilkreisläufen des Organismus dar. Das Blut wird aus der distalen Leitung des Pulmonaliskatheters entnommen; die Messung erfolgt mit dem CO-Oxymeter, alternativ kontinuierlich über einen fiberoptischen Katheter in der A. pulmonalis.

- Ein Abfall der arteriellen O_2-Sättigung, des Herzzeitvolumens, der Hämoglobinkonzentration oder ein erhöhter O_2-Verbrauch können zum Abfall der gemischtvenösen Sauerstoffsättigung (gesteigerte Sauerstoffextraktion der Gewebe) führen.
- Ein Abfall der svO_2 auf 60% und weniger ist Zeichen der Gewebehypoxie, meist bedingt durch einen Abfall des Herzzeitvolumens.
- Ab einer kritischen Sauerstoffzufuhr (DO_2-Schwelle) von ca. 7 ml/kg/min hängt der O_2-Verbrauch von der Sauerstoffzufuhr (DO_2) ab, und ein weiterer Abfall der DO_2 führt zum Abfall des O_2-Verbrauchs.

24.5.7 Zentralvenöse Sauerstoffsättigung ($scvO_2$)

Sie wird in der oberen Hohlvene gemessen. Dieses Blut repräsentiert den venösen Rückstrom aus der oberen Körperhälfte und weist eine etwas niedrigere O_2-Sättigung auf als das Blut in der unteren Hohlvene. Liegt kein Schockzustand vor, besteht eine gute Korrelation zwischen svO_2 und $scvO_2$; bei kardiovaskulärer Instabilität und im Schockzustand sind die $scvO_2$-Werte höher als die svO_2-Werte und dürfen daher nur zusammen mit anderen Vitalparametern für die Beurteilung des Patientenzustands herangezogen werden.

24.5.8 HZV-Messung durch Pulskonturanalyse

Durch eine Analyse der arteriellen Pulskontur kann das Herzzeitvolumen kontinuierlich und ohne einen Pulmonaliskatheter gemessen werden. Anstelle des Pulmonaliskatheters wird ein Thermodilutionskatheter in eine Arterie (bevorzugt die A. femoralis) eingeführt und unter Verwendung eines Pulskonturalgorithmus das HZV berechnet. Die anfängliche Kalibrierung des Pulskontur-Herzzeitvolumens erfolgt durch eine transpulmonale Thermodilutionsmessung. Hierbei wird ein kalter Kochsalzbolus in einen zentralen Venenkatheter injiziert, die sich ergebende Temperaturverlaufskurve im arteriellen System vom Thermodilutionskatheter registriert und hieraus vom Gerät das HZV nach der Stewart-Hamilton-Gleichung berechnet.

Die Messung ist unabhängig vom Atemzyklus. Zusätzlich berechnet das Gerät aus der transpulmonalen Thermodilution das kardiale Preload, das intrathorakale Blutvolumen und das extravasale Lungenwasser.

Unter Verwendung des transpulmonal bestimmten HZV, der Herzfrequenz, des integrierten Wertes für die Fläche unter dem systolischen Anteil der Druckkurve, der Compliance der Aorta und der Form der Druckkurve (Druckänderung über die Zeit, dp/dt) wird kontinuierlich das Pulskontur-HZV berechnet.

Insgesamt werden mit dem kommerziellen PiCCO-plus-System kontinuierlich folgende Parameter aus der arteriellen Druckkurve berechnet:
- Pulskontur-HZV (PC-HZV) in l/min oder PC-Herzindex (PC-CI) in $l/min/m^2$
- arterieller Blutdruck (systolisch, diastolisch, Mittel)
- Herzfrequenz
- Schlagvolumen (SV) oder Schlagvolumenindex (SVI), Schlagvolumenvariation
- Pulsdruckvariation
- systemischer Gefäßwiderstand
- linksventrikulärer Kontraktilitätsindex dp/dt_{max}.

24.5.9 Transösophageale Echokardiographie

Mit der transösophagealen Echokardiographie können verschiedene kardiovaskuläre Funktionsparameter und anatomische Strukturen beurteilt werden:
- Funktion der Herzklappen
- Beweglichkeit der Ventrikelwände
- Volumina der Ventrikel
- Blutflusscharakteristik in der Aorta ascendens und descendens
- Diagnose der Luftembolie.

Des Weiteren könnte die transösophageale Echokardiographie für die intraoperative Überwachung von Patienten mit kritischer koronarer Herzkrankheit von großem Nutzen sein, da das Verfahren spezifischer bei der Aufdeckung von Myokardischämien ist als der Pulmonalarterienkatheter und das EKG.

24.6 Körpertemperatur

Während ein leichter Anstieg oder Abfall der Körpertemperatur im Allgemeinen ohne schwerwiegende Reaktionen toleriert wird, können bei Abkühlung unter 34 °C oder Anstieg der Körpertemperatur um mehr als 2–3 °C über den Normwert erhebliche Störungen auftreten. Lebensbedrohlich ist insbesondere die maligne Hyperthermie, eine Komplikation, die sofort erkannt und behandelt werden muss (▶ Kap. 30).

Abgesehen von kurzen Eingriffen sollte daher die Körpertemperatur während jeder Narkose kontinuierlich elektronisch überwacht werden.

24.6.1 Anästhetika und Temperaturregulation

Alle Anästhetika beeinträchtigen die Funktion des Hypothalamus und verschieben die thermoregulatorische Schwelle. In der ersten Stunde einer Anästhesie fällt die Körperkerntemperatur um ca. 1 °C ab, auch wenn die Wärmeverluste über die Haut zu diesem Zeitpunkt nur sehr gering sind. Ursache des initialen Temperaturabfalls ist eine durch Anästhetika ausgelöste periphere Vasodilatation, durch die Körperwärme aus dem Kern in die Peripherie umgeleitet wird.

! Merke

Ohne wärmeschützende Maßnahmen fällt bei allen anästhesierten Patienten die Körperkerntemperatur ab, wenn die Temperatur im Operationssaal weniger als 21 °C beträgt. Hierbei wird die Auskühlung durch Klimaanlagen mit laminarem Flow erheblich beschleunigt.

Weitere begünstigende Faktoren der intraoperativen Hypothermie sind:

- Eröffnung großer Körperhöhlen: Verluste durch Verdampfung
- Zufuhr großer Mengen kalter Infusionslösungen und Blutkonserven
- höheres Lebensalter: niedrigerer Schwellenwert für Vasokonstriktion.

Spinal- und Periduralanästhesie siehe ▶ Kapitel 20 und ▶ Kapitel 21.

24.6.2 Auswirkungen der leichten Hypothermie (33–35 °C)

Mögliche ungünstige Auswirkungen der Hypothermie sind:

- verzögerter Metabolismus und verlängerte Wirkung von Anästhetika und Muskelrelaxanzien
- Störungen der Blutgerinnung mit Steigerung des Transfusionsbedarfs
- erhöhte Wundinfektionsrate
- Steigerung des Sauerstoffverbrauchs durch Kältezittern, hierdurch Myokardischämien bei Patienten mit KHK.

24.6.3 Prophylaxe und Therapie der Hypothermie

Abgesehen von den Auswirkungen der Hypothermie auf den Organismus führt die erforderliche Nachbeatmung eines stark ausgekühlten Patienten zu einer erheblichen Bindung von Personal und Ressourcen in der postoperativen Phase. Daher sollte eine Hypothermie möglichst vermieden werden.

Prophylaxe

Während die Umverteilung der Körpertemperatur vom Kern zur Peripherie nicht verhindert werden kann, lassen sich weitere Verluste durch intraoperative Anwendung einer **Warmluftdecke** gewöhnlich vermeiden. Bei Neugeborenen und Kleinkindern ist zudem eine Erhöhung der Temperatur im Operationssaal erforderlich (▶ Kap. 36).

Postoperative Wiedererwärmung

Im Aufwachraum können hypotherme Patienten ebenfalls mit einer Warmluftdecke aufgewärmt werden. Wärmestrahler sind angenehm für den Patienten, aber weniger effektiv als Warmluftdecken.

Postoperatives Kältezittern kann durch folgende Medikamente behandelt werden:
- Pethidin, 25–50 mg i.v.; Wirkdauer 20–30 min
- Clonidin, 75–150 µg i.v.
- Ketanserin, 10 mg i.v.

24.7 Urinausscheidung

Bei allen größeren und lange dauernden Eingriffen (über 2 h) sollten ein Blasenkatheter gelegt und die Urinausscheidung kontinuierlich überwacht werden. Anhand der Urinausscheidung können Nieren- und Herz-Kreislauf-Funktion während der Narkose innerhalb bestimmter Grenzen beurteilt werden.

→ Normale Urinausscheidung (> 1 ml/kg/h) weist auf ausreichenden Flüssigkeits- und Blutersatz sowie ein ausreichendes Herzzeitvolumen hin.

24.7.1 Oligurie, Anurie

Eine Abnahme der Urinausscheidung während der Narkose kann folgende Ursachen haben:
- verstopfter, dislozierter oder abgeknickter Blasenkatheter
- zu niedriger renaler Perfusionsdruck
- ungenügender Flüssigkeitsersatz, Hypovolämie
- chirurgische Stressreaktion
- renale Wirkungen von Anästhetika
- Obstruktion der unteren Hohlvene durch chirurgische Manipulationen
- tiefe Hypothermie.

Die Behandlung richtet sich nach der zugrunde liegenden Ursache.

24.8 Narkoseprotokoll

Alle wichtigen erhobenen Daten werden in das Narkoseprotokoll eingetragen. Die Protokollierung vitaler Parameter erhöht die Sicherheit für den Patienten, weil der Anästhesist auf diese Weise zu einer lückenlosen Überwachung des Patienten angehalten wird. Das Narkoseprotokoll ist außerdem ein juristisches Dokument, in dem alle mit der Narkose in Zusammenhang stehenden wichtigen Daten und Komplikationen festgehalten werden müssen.

Literatur

Cholley BP, Payen D: Noninvasive techniques for measurements of cardiac output. Curr Opin Crit Care. 2005, 11(5):424–9.

Hoeft A, Metzler H, Pasch T (Hrsg.): Monitoring in Anästhesie und Intensivmedizin. Springer, Berlin–Heidelberg–New York 2008.

O'Connor MF, Daves SM, Tung A, et al.: BIS Monitoring to prevent awareness during general anesthesia. Anesthesiology 2001, 94:520–2.

Pinsky MR, Payen D (eds.): Functional hemodynamic monitoring. Update in intensive care and emergency medicine. Vol. 42. Springer, Heidelberg 2005.

Pittman J, Bar-Yosef S, SumPing J, Sherwood M, Mark J: Continuous cardiac output monitoring with pulse contour analysis: a comparison with lithium indicator dilution cardiac output measurement. Crit Care Med 2005, Sep, 33(9):2015–21.

Reuter DA, Goetz AE: Messung des Herzzeitvolumens. Anaesthesist 2005, Nov, 54(11):1135–53.

Shah MR, Hasselblad V, Stevenson LW, Binanay C, O'Connor CM, Sopko G, Califf RM: Impact of the pulmonary artery catheter in critically ill patients: meta-analysis of randomized clinical trials. JAMA 2005, 294(13):1664–70.

Wilhelm W, Bruhn J, Kreuer S (Hrsg.): Überwachung der Narkosetiefe. Grundlagen und klinische Praxis. 2. Aufl. Deutscher Ärzte Verlag, Köln 2006.

Leitlinien/Empfehlungen

AARC Clinical Practice Guideline: Capnography/Capnometry during mechanical ventilation. Respir Care 1995, 40(12):1321–1324.

American Society of Anesthesiologists: ASA-Standards, Guidelines and Statements. Standards for Basic Anesthetic Monitoring. www.asahg.org 2005.

American Society of Anesthesiologists: Practice Guidelines for Pulmonary Artery Catheterization. 2002. www.asahq.org/PublicationsAndServices/

American Society of Anesthesiologists: Practice Guidelines for intraoperative awareness and brain function monitoring. 2005. www.ahaq.org

Deutsche Gesellschaft für Anästhesiologie und Intensivmedizin, Berufsverband Deutscher Anästhesisten: Entschließungen, Empfehlungen, Vereinbarungen, 3. Aufl. 1999. www.dgai.de

25 Perioperative Flüssigkeits- und Elektrolyttherapie

Die perioperative **Flüssigkeitstherapie** soll das Flüssigkeitsgleichgewicht des Organismus aufrechterhalten oder wiederherstellen. Dagegen dient die **Volumentherapie** definitionsgemäß dem Erhalt des intravasalen Volumens, also der Normovolämie. Evidenzbasierte Empfehlungen zu Art und Umfang des Flüssigkeitsersatzes liegen derzeit nicht vor.

25.1 Körperflüssigkeiten

25.1.1 Verteilung

Der erwachsene Mensch besteht etwa zur Hälfte seines Körpergewichts aus Wasser; der Rest ist feste Substanz.

Gesamtkörperwasser

Das Gesamtkörperwasser variiert mit Geschlecht, Alter und Körperbau. Neugeborene bestehen zu 70–80% ihres Körpergewichts aus Wasser, Männer zu 60% und Frauen zu 50%. Allerdings ist die individuelle Schwankungsbreite groß. Praktisch gilt jedoch:

→ **Je mehr Fett, desto weniger Wasser; je älter, desto „trockener".**

25

Das Gesamtkörperwasser verteilt sich auf zwei Kompartimente, die durch Zellmembranen voneinander getrennt sind:
- Extrazellularflüssigkeit (ECF): 25–45% des Gesamtkörperwassers
- Intrazellularflüssigkeit (ICF):. 55–75% des Gesamtkörperwassers.

Aus praktischen und theoretischen Erwägungen wird die Extrazellularflüssigkeit weiter unterteilt in:
- interstitielle Flüssigkeit: 15% des Körpergewichts
- Plasmavolumen: 5% des Körpergewichts.

Gesamtblutvolumen

Plasmavolumen (PV) plus zelluläre Blutbestandteile machen das Gesamtblutvolumen aus.

Das **Gesamtblutvolumen** des Erwachsenen beträgt 7,5% des Körpergewichts bzw.
- 69 ml/kg bei Männern
- 65 ml/kg bei Frauen

Plasmavolumen:
- 39 ml/kg bei Männern
- 40 ml/kg bei Frauen.

Klinisch ist wichtig, dass Veränderungen der Extrazellularflüssigkeit mit Veränderungen der interstitiellen Flüssigkeit und des Plasmavolumens einhergehen. Um das Blutvolumen aufrechtzuerhalten, muss also das normale extrazelluläre Volumen erhalten werden.

25.1.2 Zusammensetzung der Kompartimente

Die großen Kompartimente unterscheiden sich ganz wesentlich in ihrer Zusammensetzung (▶ Tab. 25-1). Während Wasser als freies Lösungsmittel sich praktisch un-

Tab. 25-1 Ionenzusammensetzung der Körperkompartimente (nach Schmidt/Thews: Physiologie, 29. Aufl., Springer, Berlin 2005)

	Plasma	Interstitiell	Intrazellulär
Kationen mmol/l			
Na^+	142	144	10
K^+	4	4	150
Ca^{2+}	2,5	1,25	0
Mg^{2+}	1,5	0,75	15
Gesamt (mmol/l)	**150**	**150**	**180**
Anionen mmol/l			
Cl^-	103	114	2
HCO_3^-	27	30	10
SO_4^{2-}	0,5	0,5	10
HPO_4^{2-}	1	1	50
org. Säuren	5	5	< 0
Proteine	16	1	63
Gesamt (mmol/l)	**152,5**	**150,5**	**135**
Osmolyte (mosmol/kg)	290	290	290

gehindert in allen Kompartimenten verteilen kann, ist die Ausbreitung der gelösten Substanzen begrenzt.

25.1.3 Beziehungen zwischen den Kompartimenten

Die meisten Zellmembranen sind für Wasser frei permeabel, so dass intrazelluläre und extrazelluläre Flüssigkeit die gleiche Osmolalität besitzen. Jede vorübergehende Änderung der Osmolalität des einen Kompartiments muss zu einer Umverteilung von Wasser führen, bis beide Flüssigkeitsräume wieder die gleiche Osmolalität aufweisen.

Klinisch ist wichtig:

→ Die **Natriumkonzentration** ist die Hauptdeterminante für die Osmolalität der extrazellulären Flüssigkeit, die Osmolalität des ICR hängt dagegen von der Kaliumkonzentration ab.

Osmolalität und Tonizität

Osmolalität/Osmolarität

Die Plasmaosmolalität beschreibt das Verhältnis von gelösten Teilchen (primär Natrium) zum Plasmawasser, d.h. die molare Konzentration gelöster Teilchen pro **kg Wasser.** Die Osmolarität ist dagegen die molare Konzentration gelöster Teilchen **pro Liter Lösung.**

In stark verdünnten Lösungen wie denen des menschlichen Organismus können beide Größen einander gleichgesetzt werden.

25

Unter physiologischen Bedingungen stehen intra- und extrazellulärer Raum miteinander im osmotischen Gleichgewicht. Die Serumosmolalität ist daher repräsentativ für beide Räume.

→ Die Serumosmolalität beträgt 290–300 mosmol/l.

Tonizität

Die Tonizität oder effektive Osmolalität des Plasmas wird von den auf den ECR beschränkten Teilchen bestimmt. Dies sind vor allem die Na^+-Ionen. Bezugspunkt der Tonizität ist die normale Plasmaosmolalität.

→ Hypotone Lösungen weisen eine geringere Osmolalität auf als Plasma, hypertone Lösungen dagegen eine höhere.

Interstitielle Flüssigkeit und Plasmavolumen

Das Kapillarendothel ist mit einer **Glykokalyx** ausgekleidet, die für Wasser und die meisten gelösten Substanzen permeabel ist, für Proteine jedoch als Barriere wirkt. Die Glykokalyx bindet Plasmaproteine, so dass sich eine endotheliale Oberflächenschicht bildet. Zwischen der mit Proteinen beladenen Glykokalyx und dem Spalt direkt unterhalb der Kalyx besteht ein Gradient, der Flüssigkeit im Gefäßsystem zurückhält. Der früher als bedeutsam angesehene kolloidosmotische Druck im Interstitium soll bei intakter Glykokalyx keine wesentliche Rolle spielen und sich zudem nicht wesentlich von dem des Plasmas unterscheiden. Wird die Glykokalyx zerstört, kommt es nach dem Starling-Prinzip zum massiven Abstrom von Flüssigkeit und Proteinen aus dem intravasalen Raum in das Interstitium.

25.2 Regulation von extrazellulärem Volumen und Osmolarität

Volumen und Osmolalität der Extrazellularflüssigkeit werden vor allem von der Niere durch selektive Reabsorption von Wasser und Natrium reguliert. Dieser Vorgang steht unter Kontrolle des antidiuretischen Hormons (ADH = Arginin-Vasopressin) und von Aldosteron.

25.2.1 Antidiuretisches Hormon (ADH oder Arginin-Vasopression, AVP)

ADH wird im Hypophysenhinterlappen gespeichert; die Sekretion erfolgt unter Kontrolle von **Osmorezeptoren** im Hypothalamus und **Volumenrezeptoren** im linken Vorhof sowie von **Barorezeptoren** in den großen Gefäßen.

- Steigt die Zahl der gelösten Teilchen und damit die Osmolalität an, so wird die ADH-Sekretion stimuliert und nachfolgend Wasser retiniert, beim Gesunden außerdem Durst ausgelöst.
- Entsteht durch Zufuhr von Wasser eine **Hypoosmolalität,** so werden die Osmorezeptoren in ihrer Aktivität gedämpft und dadurch vermehrt Wasser ausgeschieden.
- **Hypovolämie** stimuliert über die Druckrezeptoren im linken Vorhof ebenfalls die ADH-Sekretion, so dass vermehrt Wasser retiniert wird. Außerdem führt die Hypovolämie zur Reninfreisetzung im juxtaglomerulären Apparat der Niere.

Renin kontrahiert die Arteriolen und stimuliert zudem die renale Natriumretention.
- Ein **Abfall des arteriellen Mitteldrucks stimuliert** die ADH-Sekretion; ADH kontrahiert die Arteriolen und Venen.

25.2.2 Aldosteron

Nimmt die Durchblutung im juxtaglomerulären Apparat der Niere ab, so wird die Reninsekretion stimuliert. Renin stimuliert die Bildung von Angiotensin, und Angiotensin wiederum stimuliert die Aldosteronfreisetzung aus der Nebennierenrinde. Aldosteron bewirkt in den Nierentubuli, dass Natrium retiniert wird.

Die klinisch wichtigsten Stimuli für die Freisetzung von ADH und Aldosteron sind:
- Hypovolämie durch starke Dehydratation
- funktioneller Verlust extrazellulärer Flüssigkeit in traumatisiertes oder chirurgisch verletztes Gewebe.

Treten diese Störungen auf, wird in den Nierentubuli vermehrt Flüssigkeit reabsorbiert, um das intravasale Volumen aufrechtzuerhalten.

25.3 Normaler Flüssigkeits- und Elektrolytbedarf

25

Die obligate **Flüssigkeitsaufnahme** eines Erwachsenen beträgt ca. 1600 ml/d; sie setzt sich wie folgt zusammen:
- Trinkflüssigkeit ca. 500 ml
- Wasser in der Nahrung ca. 850 ml
- Oxidationswasser ca. 350 ml.

Die täglichen **Wassserverluste** umfassen:
- Urin ca. 500 ml
- Perspiratio insensibilis ca. 900 ml
- mit dem Stuhl: ca. 200 ml.

25.3.1 Perspiratio insensibilis

Dies sind die unsichtbaren Wasserverluste über die intakte Haut und über die Lungen. Sie bestehen aus reinem Wasser, gelöste Substanzen bzw. Elektrolyte sind nicht enthalten.

Perspiratio insensibilis
- Erwachsene etwa 0,5 ml/kg/h, davon
- 200–400 ml über die Haut
- 400–600 ml über die Atemluft
- Säuglinge 2–3 ml/kg/h

Mit steigender Temperatur nimmt die Perspiratio insensibilis zu, mit zunehmender Luftfeuchtigkeit ab. Eine gewisse Flüssigkeitsmenge wird auch als **Schweiß** verloren. Schweiß enthält Elektrolyte in geringerer Menge als das Plasma und ist damit **hypoton.**

→ Der Flüssigkeitsbedarf eines erwachsenen Menschen beträgt etwa 25–40 ml/kg/d. Kinder benötigen mehr Flüssigkeit als Erwachsene.

25.3.2 Elektrolytbedarf

In ▶ Tabelle 25-2 sind Anhaltswerte für den täglichen Erhaltungsbedarf an Wasser und Elektrolyten zusammengestellt.

25.4 Perioperative Flüssigkeits- und Volumentherapie

Klinisch wird zwischen Flüssigkeits- und Volumenersatz unterschieden:

- Perioperative **Flüssigkeitssubstitution** ist der Ausgleich von Flüssigkeitsverlusten durch Perspiratio insensibilis (intakte Haut, Atemwege), Wundflächen und Flüssigkeitsverschiebungen in den dritten Raum. Sie erfolgt mit kristalloiden Infusionslösungen.
- Perioperative **Volumentherapie** bezeichnet den Ersatz von Blutverlusten durch kolloidosmotisch wirksame Lösungen (Kolloide) und Blutkomponenten.

In ▶ Tabelle 25-3 sind die verschiedenen Flüssigkeiten zusammengestellt, die, je nach Bedarf und Indikation, während einer Operation und Narkose zugeführt werden.

25.4.1 Kristalloide Lösungen

Kristalloide sind Elektrolytlösungen oder niedermolekulare Kohlenhydratlösungen. Sie diffundieren frei durch Kapillarmembranen und bleiben daher nur zu höchstens einem Drittel im Gefäßsystem.

→ Kristalloide werden zugeführt, um den Erhaltungsbedarf zu decken, Flüssigkeitsverluste zu ersetzen und spezielle Störungen zu korrigieren.

Tab. 25-2 Täglicher Erhaltungsbedarf an Wasser und Elektrolyten (Anhaltswerte!)

Wasser	25–40 ml/kg/d
Natrium	2 mmol/kg/d
Kalium	1 mmol/kg/d
Kalzium	0,1–0,2 mmol/kg/d
Magnesium	0,1–0,2 mmol/kg/d
Phosphat	0,2–0,5 mmol/kg/d

Tab. 25-3 Flüssigkeiten für die perioperative Volumenzufuhr

Kristalloide • Elektrolytlösungen • niedermolekulare Kohlenhydratlösungen
Künstliche Kolloide • Hydroxyethylstärke • Dextrane (in Deutschland nicht im Handel) • Gelatine
Blutkomponenten • Erythrozytenkonzentrat • Humanalbumin • Frischplasma

Zu beachten ist, dass Infusionslösungen ohne die Pufferbase Bikarbonat zu einer **Verdünnungs- oder Dilutionsazidose** führen, da hierdurch die HCO_3^--Konzentration des Extrazellularraums abnimmt.

In ▶ Tabelle 25-4 ist die Zusammensetzung einiger Lösungen dargestellt; zum Vergleich ist die der Extrazellularflüssigkeit (ECF) mit angegeben.

Isotone bilanzierte Elektrolytlösungen

Bilanzierte Elektrolytlösungen enthalten ein weitgehend physiologisches Elektrolytmuster; isoton und bilanziert sind derzeit nur zwei Präparate:

- Sterofundin ISO (B. Braun): Osmolalität 281 mmol/l; keine Wirkung auf den Säure-Basen-Status, jedoch leicht hyperchlorämisch
- E 153 (Serumwerk Bernburg): Osmolalität 281 mmol/l; alkalisierende Wirkung.

Indikationen: Deckung des perioperativen Erhaltungsbedarfs an Flüssigkeit; Ersatz perioperativer Flüssigkeitsverluste (nicht Volumenersatz).

Isotone Kochsalzlösung (NaCl 0,9%)

Diese Lösung ist plasmaisoton, jedoch nicht physiologisch, denn sie enthält 154 mval Cl pro Liter, während die normale Serumchloridkonzentration 103 mval/l beträgt. Die Natriumionenkonzentration ist mit 154 mval/l ebenfalls höher als die des Plasmas.

Indikationen: extrazelluläre Flüssigkeitsverluste, die mit metabolischer Alkalose einhergehen (z.B. Magensaft).

Die Zufuhr großer Mengen kann eine **hyperchlorämische Azidose** auslösen, vor allem bei eingeschränkter Nierenfunktion, des Weiteren eine Dilutionsazidose. Nierenschäden durch Zufuhr großer Mengen sind ebenfalls beschrieben worden.

Tab. 25-4 Zusammensetzung kristalloider Infusionslösungen

mval/l	Na	K	Cl	Base	Ca	Mg	pH	kcal	Osmol.
ECF	138	5	108	27	5	3	7,4	12	isoton
Glukose 5%	–	–	–	–	–	–	4,5	200	hypoton
Glukose 10%	–	–	–	–	–	–	4,5	400	hyperton
NaCl 0,9%	154	–	154	–	–	–	6,0	–	isoton
Ringer-Laktat	130	4	109	28	3	–	6,5	–	isoton
Ringer-Laktat G 5	130	4	109	28	3	–		200	hyperton
Eufusol	139	5	108	45	2,5	1		–	isoton
Sterofundin	140	4	106	45	2,5	1		–	isoton
Sterofundin ISO	140	4	127	24					isoton
E 153	140	5	105	50					isoton
Ionosteril	137	4	110	37	1,7	1,3		–	isoton

Ionosteril, Eufusol, Sterofundin ISO und E 153 enthalten Azetat als Anion (Base), Sterofundin und Ringer-Laktat hingegen Laktat.

Ringer-Laktat-Lösung

Diese Lösung enthält neben 130 mval/l Natriumionen noch Kalium und Kalzium als Kationen sowie 108 mval/l Chlorid und 28 mval/l Laktat als Anionen. Das Laktat wird – bei ungestörter Leberfunktion – zu Bikarbonat metabolisiert.

Indikationen:
- präoperativer Ersatz gastrointestinaler Flüssigkeitsverluste
- Ausgleich vorbestehender Flüssigkeitsdefizite, soweit keine schwerwiegenden Störungen von Volumen und Zusammensetzung der Extrazellularflüssigkeit vorliegen.

Ringer-Laktat in Glukose 5%

Diese Lösung ist mit 545 mosmol/l deutlich hyperton zum Plasma; sie liefert Wasser, Elektrolyte und Kalorien. Bei langsamer Infusionsgeschwindigkeit von 0,5 bis 0,75 g/kg/h tritt zumeist keine osmotische Diurese auf. Nach der Metabolisierung der Glukose wird die Lösung nahezu plasmaisoton. Anstelle von Ringer-Laktat in Glukose 5% werden häufig modifizierte Lösungen verwendet, z.B. Sterofundin G 5.

Glukoselösung 5%

5%ige Glukoselösung enthält 50 g Glukose in 1 Liter Wasser. Die Lösung ist mit 253 mosmol hypoton; der pH-Wert liegt bei 4,5. Glukose wird im Organismus metabolisiert und liefert 200 kcal (836 kJ). Nach der Metabolisierung enthält die Lösung keine osmotisch aktiven Substanzen mehr, sondern liegt als freies Wasser vor. Daher gilt:

> **! Merke**
>
> 5%ige Glukoselösung ist für den Ersatz isotoner Flüssigkeitsverluste aus dem Extrazellularraum nicht geeignet. Die Zufuhr großer Mengen führt zur gefährlichen Hyponatriämie!

25.4.2 Kolloidale Lösungen

Kolloide sind hochmolekulare Substanzen, die für den Ausgleich intravasaler Volumenverluste eingesetzt werden. Unterschieden werden:
- künstliche Kolloide (▶ Tab. 25-5): Hydroxyäthylstärke, Gelatine und Dextrane. Unbegrenzte Verfügbarkeit, kein Infektionsrisiko
- körpereigene Kolloide: Humanalbumin, Plasmaproteinlösung, gefrorenes Frischplasma (GFP). Teuer, begrenzte Verfügbarkeit, Infektionen möglich.

Charakterisierung der Volumenwirkung

Kolloide üben einen onkotischen Druck aus und verfügen über eine entsprechende Bindungskapazität für Wasser. Im Gegensatz zu den Kristalloiden können die Kolloide nicht frei durch Kapillarmembranen diffundieren; daher verweilen sie auch länger im Gefäßsystem.
- **Maximaler Volumeneffekt:** initialer maximaler Volumeneffekt in % des infundierten Volumens. Beträgt bei Normovolämie für isoonkotische Lösungen ca. 90–100%, für hyperonkotische Lösungen ca. 150%. Bei **Hypervolämie** soll der Volumeneffekt jedoch weniger als 50% betragen, weil ein Teil der Kolloidmole-

Tab. 25-5 Pharmakologische Eigenschaften gebräuchlicher Kolloide*

Präparat	Max. Volumenwirkung (%)	Volumenwirkdauer (h)	Halbwertszeit (h)	Max. Dosis (ml/kg/d)#
6% HES 70/0,5	100	1,5 (4 h?)	5	20
6% HES 130/0,4 oder 0,42	120 125	4	7	50
10% HES 130/0,42	150	4	7,5	30
6% HES 200/05	100	4	8	33
10% HES 200/0,5	150	4	9	20
6% HES 200/0,62	110	8	18	20
6% HES 450/0,7	100	4	16	20
3% MF-Gelatine 35	100	1,5	5	Keine

* nach Adams; Zander
# bezogen auf die Gerinnungsfunktion
10% HES 200/0,5 ist hyperonkotisch

küle über die vaskuläre Barriere rasch in den extravasalen Raum eindringt, möglicherweise bedingt durch Zerstörung der Glykokalyx.

- **Volumenwirkdauer:** Zeit, in der das infundierte Volumen mindestens zu 100% intravasal wirksam ist.
- **Halbwertszeit der Volumenwirkung:** Zeitspanne, in der das infundierte Volumen mindestens zu 50% intravasal wirksam ist.

Hydroxyethylstärke (HES)

Hydroxyethylstärke ist ein Amylopektin-Derivat (Polysaccharid) aus Mais- oder Kartoffelstärke. Um den raschen Abbau dieser Stärkekomponente durch α-Amylase im Serum zu verhindern, wird Amylopektin durch Hydroxyethylierung substituiert. Der **Substitutionsgrad** gibt das Verhältnis der Anzahl substituierter Glukoseeinheiten im Hydroxyethylmolekül zur Gesamtzahl der Glukoseeinheiten an. Ein Substitutionsgrad von 0,5 bedeutet, dass von 10 Glukoseeinheiten 5 eine Hydroxyethylgruppe tragen. Die gebräuchlichen Präparate der einzelnen Hersteller weisen unterschiedliche Substitutionsgrade auf (▶ Tab. 25-5).

- HES wird enzymatisch gespalten und metabolisiert, zum Teil aber auch im retikuloendothelialen System (RES) für lange Zeit gespeichert. Die **Eliminationshalbwertszeit** von HES wird mit ca. 13 Tagen angegeben.
- Die **Volumenwirkung** wird sehr wahrscheinlich durch das Molekulargewicht und die Konzentration (3%, 6% oder 10%) bestimmt, die Verweildauer durch den Substitutionsgrad (0,5; 0,62; 0,7).
- **Kardiovaskuläre Wirkungen:** mittelmolekulares HES verbessert die Mikrozirkulation.

Blutgerinnung

HES, in großen Mengen zugeführt, beeinträchtigt die Thrombozytenaggregation (Coating-Effekt) und die plasmatische Gerinnung und kann dadurch intraoperative Blutverluste verstärken. Der Effekt scheint von der Halbwertszeit des Präparats abzuhängen: HES 130 weist eine kurze Verweildauer auf und soll die Blutgerinnung weniger beeinträchtigen als Präparate mit langer Halbwertszeit.

Nierenfunktion

Die Zufuhr von HES bei großen operativen Eingriffen an Patienten mit intakter Nierenfunktion hat nach derzeitiger Datenlage keine nierenschädigende Wirkung. Dagegen tritt bei Intensivpatienten mit Sepsis oder septischem Schock unter HES-Zufuhr (6% HES 200) häufiger ein Nierenversagen auf als bei Patienten, die nur Kristalloide erhalten.

→ Patienten mit beeinträchtigter Nierenfunktion sollten kein HES erhalten.

Anaphylaktische/anaphylakoide Reaktionen

Die Häufigkeit anaphylaktischer/anaphylaktoider Reaktionen auf HES ist gering und wird derzeit mit 0,1% angegeben. Beobachtet werden vor allem Reaktionen der Typen I und II.

Klinisch gebräuchliche Lösungen

Die neuen, mittelmolekularen Präparate 6% HES 130/0,4; 6% HES 130/0,42 und 10% HES 130/0,42 wirken kürzer als die älteren Präparationen, entsprechend sind die ungünstigen Effekte auf das Gerinnungssystem geringer. Präparate mit bilanzierter, isotoner Elektrolytlösung als Träger sind verfügbar (z.B. Tetraspan und Volulyte).

25

→ Mittelmolekulare HES-Lösungen sind die Mittel der Wahl für die akute Volumensubstitution.

HyperHES. Dieses hyperonkotische Kolloid ist eine Kombination von 7,2%iger NaCl- und 6%iger HES 200/0,5-Lösung. Das Präparat wird initial bei akuter Hypovolämie bzw. hämorrhagischem Schock eingesetzt (sog. small volume resuscitation). Der Na^+- und Cl^--Gehalt beträgt je 1232 mmol/l, die Osmolarität 2464 mosmol/l, der pH-Wert 3,5–6,0. Wegen der hohen Osmolarität der Lösung wird nach der Infusion rasch Flüssigkeit aus dem Interstitium in das Gefäßsystem aufgenommen (Volumenexpansion), allerdings hält dieser Effekt nur kurz an.

- Das Präparat wird **einmalig** als Kurzinfusion (innerhalb von 2–5 min) bevorzugt zentralvenös, fakultativ auch periphervenös verabreicht
- Dosierung ca. 4 ml/kg (ca. 250 ml).

Kontraindikationen:

- Herzinsuffizienz
- Nierenversagen mit Oligurie/Anurie
- Blutgerinnungsstörungen
- Leberfunktionsstörungen
- Dehydratation
- Hyperosmolarität.

Gelatine

Gelatine-Lösungen werden aus Kollagen von Rinderhaut- und -knochen hergestellt; das mittlere Molekulargewicht beträgt 30 000 D, die Konzentration 3–5%.

- Der maximale **Volumeneffekt** beträgt etwa 100%.
- Die **Wirkdauer** soll nach neueren Untersuchungen weniger kurz sein als bislang angenommen, sondern der von 6% HES 200/0,5 und 6% HES 130/0,4 entsprechen.

- Gelatine wird zu 80% im Urin ausgeschieden; eine Speicherung im Körper findet nicht statt. Niedermolekulare Anteile werden innerhalb von 30 min ausgeschieden, höhermolekulare nach ca. 8 h.
- Von allen künstlichen Kolloiden hat Gelatine die geringsten Auswirkungen auf die **Thrombozytenfunktion** und das plasmatische **Gerinnungssystem;** die Einhaltung einer hämostaseologischen Höchstdosis ist nicht erforderlich, der Transfusionsbedarf wird nicht erhöht, die Wirkung auf die Fibronektinfunktion scheint klinisch nicht bedeutsam zu sein.
- Gelatine beeinträchtigt nicht die Nierenfunktion und kann daher auch bei Nierentransplantationen eingesetzt werden. Bei Normovolämie zugeführt, steigert Gelatine die Diurese.
- Die Häufigkeit anaphylaktischer/anaphylaktoider Reaktionen wird mit insgesamt 0,8% angegeben. Durch Vorgabe von H_1- und H_2-Antagonisten kann die Häufigkeit anaphylaktoider Reaktionen gesenkt werden.

Klinische Anwendung:

- kurzfristiger Ersatz von Blutverlusten
- präoperative isovolämische Hämodilution (▶ Kap. 26).

25

25.5 Intraoperative Flüssigkeitszufuhr

Die intraoperative Flüssigkeitszufuhr umfasst den Ersatz der insensiblen und renalen Verluste sowie der schwer abzuschätzenden Verluste in das Interstitium. Über die zu verabreichende Flüssigkeitsmenge besteht keine Einigkeit: das traditionelle Konzept geht von einem hohen Flüssigkeitsbedarf aus, neue Konzepte vertreten dagegen eine restriktive, bedarfsadaptierte Flüssigkeitszufuhr.

25.5.1 Präoperatives Flüssigkeitsdefizit

Das am Operationsmorgen nach einer Nüchternzeit von 6–8 h bestehende Flüssigkeitsdefizit kann wie folgt kalkuliert werden:

- Perspiratio insensibilis (ca. 0,5 ml/kg/h): ca. 280 ml
- Urinausscheidung: ca. 400 ml
- Gesamtdefizit im ECR: ca. 700 ml
- davon intravasales Defizit: ca. 100 ml.

Hieraus folgt, dass bei sonst gesunden Patienten am Operationsmorgen keine relevante Hypovolämie vorliegt und daher ein präoperativer Flüssigkeitsbolus nicht erforderlich ist.

25.5.2 Flüssigkeitsverluste bei Narkose und operativem Eingriff

Bei Verwendung von Rückatmungssystemen ist die Perspiratio insensibilis des narkotisierten Patienten ohne chirurgisches Trauma deutlich geringer als im Wachzustand. Bei großen Baucheingriffen „verdampfen“ unter maximaler Eventration zusätzlich etwa 0,5 ml/kg/h, die der Perspiratio insensibilis hinzugerechnet werden müssen. Hiernach gilt Folgendes:

→ Bei großen Bauchoperationen an Erwachsenen beträgt der Flüssigkeitsverlust durch Perspiratio insensibilis lediglich ca. 70 ml/h.

Chirurgischer Stress

Starke chirurgische Reize lösen endokrine und entzündliche Reaktionen aus, vor allem, um das Flüssigkeitsgleichgewicht aufrechtzuerhalten. Durch Flüssigkeitsverluste wird das Renin-Angiotensin-Aldosteron-System aktiviert und die Aktivität von ADH gesteigert. Die Effekte sind:

- Retention von Natrium und Wasser, Kaliumverlust
- gesteigerte Wasserreabsorption in der Niere mit Abnahme der Diurese
- Zunahme der Kapillarpermeabilität durch Entzündungsmediatoren wie Interleukin 6, Bradykinin oder Substanz P.

Flüssigkeitsbelastung (Hypervolämie)

Wird während der Operation zu viel infundiert und dadurch eine Hypervolämie erzeugt, kommt es zur vermehrten Freisetzung von atrialem natriuretischem Peptid (ANP). ANP steigert die Natrium- und Wasserausscheidung über die Nieren und wirkt so den pathophysiologischen Reaktionen auf chirurgischen „Stress" entgegen; unter experimentellen Bedingungen kann ANP zudem die Kapillarpermeabilität erhöhen, so dass Flüssigkeit und Proteine in den Extravasalraum abströmen.

Eine **übermäßige Volumenzufuhr** während der Operation kann zu Komplikationen führen, die sich ungünstig auf das Outcome auswirken:

- Lungenödem, Hirnödem
- Darmwandödem, verzögert einsetzende und verminderte Darmmotilität
- Anastomoseninsuffizienz
- Gerinnungsstörungen
- Wundheilungsstörungen.

25.5.3 Bedarfsadaptierte Flüssigkeitszufuhr

Bei diesem Konzept wird eine perioperative Hypervolämie vermieden und die Flüssigkeit den mutmaßlichen Verlusten entsprechend ersetzt (siehe auch ▶ Kap. 45).

Restriktives periperatives Flüssigkeitskonzept

1. Keine prophylaktischen Flüssigkeitsboli vor der Narkoseeinleitung, auch nicht vor Spinal- oder Periduralanästhesie, wenn kein Volumenmangel vorliegt
2. Behandlung des Blutdruckabfalls durch Anästhetika mit Vasopressoren, nicht durch Volumenzufuhr
3. Erhaltungstherapie mit 0,5–1 ml/kg/h (bei max. Eventration des Darms) + verlorener Urinmenge mit bilanzierter, isotoner Elektrolytlösung
4. Keine routinemäßige Erhöhung der Infusionsrate bei der Eröffnung großer Körperhöhlen
5. Ersatz von Verlusten in das Interstitium durch Kolloide
6. Bei positiver Flüssigkeitsbilanz: Zufuhr von Diuretika

25.6 Akuter Volumenersatz

Die Reaktion des Organismus auf Blutverluste besteht in einer sofortigen Reduzierung des funktionellen Gefäßbetts durch Vasokonstriktion (**Zentralisation**). Betroffen sind in erster Linie Nieren, Haut, Splanchnikusgebiet und Kapazitätsgefäße (Venen). Hierdurch wird das wirkliche Ausmaß des Volumenverlustes zunächst maskiert.

- Der sonst Gesunde toleriert im Liegen Blutverluste von etwa 20% des Blutvolumens (in aufrechter Position ist die Toleranz hingegen erheblich eingeschränkt).
- Anästhetika beeinträchtigen die Kompensationsmechanismen erheblich, so dass bereits bei geringeren Blutverlusten der Blutdruck abfällt.
- Ein weiterer Kompensationsmechanismus bei akuten Blutverlusten besteht in der Verschiebung interstitieller Flüssigkeit und extravasaler Proteine in das Gefäßsystem. Hierdurch wird das intravasale Volumen wiederhergestellt, nicht aber der Erythrozytengehalt.

Klinisch ist wichtig:

- Wird das verlorene Blutvolumen nicht ersetzt, so verändern sich Hämoglobinkonzentration und Hämatokrit zunächst nicht. Darum können diese beiden Laborwerte **initial** nicht verwendet werden, um den Blutverlust richtig einzuschätzen.
- Erst nach einigen Stunden, wenn interstitielle Flüssigkeit in größerer Menge in das Gefäßsystem eingeströmt ist, fallen Hämoglobinkonzentration und Hämatokrit ab.
- Werden hingegen die Blutverluste akut durch Kolloide oder bilanzierte Elektrolytlösungen ersetzt, so fallen Hämoglobinkonzentration und Hämatokrit sofort ab.

Ziel der Therapie ist die Aufrechterhaltung bzw. Wiederherstellung eines ausreichenden zirkulierenden intravasalen Volumens (**Normovolämie**) sowie der Sauerstofftransportkapazität und des Gerinnungssystems.

Therapieempfehlungen:

- Verluste bis etwa 30% des Blutvolumens sollten mit bilanzierten, isotonen Kolloiden ersetzt werden. Die Zufuhr von Erythrozytenkonzentraten ist in der Regel nicht erforderlich (Einzelheiten s. ▶ Kap. 26).
- Verluste ab ca. 40% des Blutvolumens erfordern die Zufuhr von Sauerstoffträgern, d.h. Erythrozytenkonzentraten.
- Höhere Verluste erfordern zusätzlich die Zufuhr plasmatischer Gerinnungsfaktoren und Thrombozyten.

Behandlung des hämorrhagischen Schocks siehe ▶ Kapitel 31 und ▶ Kapitel 49.

25.7 Störungen des Flüssigkeits- und Elektrolytgleichgewichts

Hierbei handelt es sich vereinfacht um Störungen des Natrium- und Wassserbestandes. Unterschieden werden:

- **Volumenmangel** (Dehydratation): je nach Osmolalität: isoton, hypoton oder hyperton
- **Volumenexzess** (Hyperhydratation): je nach Osmolalität: isoton, hypoton oder hyperton.

Vereinfacht handelt es sich hierbei im Wesentlichen um Störungen des Natrium- und Wasserbestands.

25.7.1 Hypovolämie

Bei **echter** Hypovolämie sind die Salz- und Wasserverluste höher als die Aufnahme; ECF und Plasmavolumen sind vermindert. Die Natriumverluste können renal oder extrarenal bedingt sein (▶ Tab. 25-6).

Tab. 25-6 Ursachen der Hypovolämie

I. ECF vermindert
A. Extrarenale Na^+-Verluste • gastrointestinal: Erbrechen, Magenabsaugung, Drainagen, Fisteln, Durchfälle • insensible Verluste: starkes Schwitzen, Verbrennungen • Blutverluste
B. Renale Na^+- und Wasserverluste • Diuretika • osmotische Diurese • Hypoaldosteronismus • Salzverlust-Nephropathien **C. Renale Wasserverluste** • Diabetes insipidus (zentral oder nephrogen)
II. ECF normal oder vergrößert
A. Vermindertes Herzzeitvolumen • myokardiale, epikardiale oder Perikarderkrankungen **B. Umverteilung** • Hypalbuminämie (nephrotisches Syndrom, Leberzirrhose) • Kapillarleckage: akute Pankreatitis, Darmischämie, Rhabdomyolyse **C. Erhöhte venöse Kapazität** • Sepsis

25

Pathophysiologie

Plasmavolumen und Blutdruck sind vermindert, das sympathoadrenerge System und das Renin-Angiotensin-Aldosteron-System aktiviert. Die glomeruläre Filtrationsrate wird eingeschränkt und die Na^+- und Wasserreabsorption verstärkt.

Bei Verlusten über den Magen-Darm-Trakt müssen folgende Besonderheiten beachtet werden:

- Verlust von stark saurem Magensaft führt zusätzlich zu einer **metabolischen Alkalose.**
- Verlust von Gallenflüssigkeit und Pankreassaft (bikarbonatreich!) sowie der weniger alkalischen Darmsekrete (Durchfälle) kann zusätzlich eine **metabolische Azidose** auslösen.

Diagnose

Die Ursache ergibt sich meist aus Anamnese und Untersuchungsbefund; Laborwerte stützen die Diagnose.

Labor

- Urinnatrium < 25 mval/l; Ausnahme: akute Tubulusnekrose, metabolische Alkalose durch Erbrechen mit Ausscheidung von Natriumbikarbonat und erniedrigtem Urinchlorid
- konzentrierter Urin mit erhöhter Osmolalität (< 450 mosmol/l)
- Urinvolumen erniedrigt, Oligurie
- Blutharnstoff und Serumkreatinin steigen mit abnehmender GFR an
- Hypokaliämie oder (seltener) Hyperkaliämie

Therapie

Ziel ist die Wiederherstellung der Normovolämie mit Infusionslösungen, die weitgehend der Zusammensetzung der Verluste entsprechen. Je nach Schweregrad werden in den ersten 24 h 1,5–2,4 l Flüssigkeit/m² Körperoberfläche zugeführt.

- bei Patienten mit normalem oder leicht erniedrigtem Serumnatrium: bilanzierte Infusionslösungen oder NaCl 0,9%
- bei ausgeprägter Hyponatriämie: 3%ige (hypertone)NaCl-Lösung
- Hypernatriämie ist Zeichen des überproportionalen Wasserverlusts und kann durch Zufuhr hypotoner Lösungen behandelt werden, z.B. mit Glukose 5% oder halbnormaler NaCl-Lösung (0,45%)
- bei schwerer Hypovolämie: Kolloide; bei erheblicher Anämie: Erythrozytenkonzentrate
- bei Hypokaliämie: Kaliumsubstitution.

25.7.2 Hyponatriämie

Eine Plasmanatriumkonzentration von < 135 mmol/l wird als Hyponatriämie bezeichnet. Meist ist die Plasmaosmolalität erniedrigt (hypotone Hyponatriämie), und es besteht ein Wasserüberschuss im ECR.

→ Hyponatriämie ist nicht gleichbedeutend mit Natriummangel!

Ursachen

Die Hyponatriämie ist keine eigenständige Störung, sondern Symptom verschiedenartiger Erkrankungen. Die wichtigsten sind in ▶ Tabelle 25-7 zusammengestellt.

Klinisches Bild

Die Schwere der Symptome hängt in Regel vom Ausmaß der Hirnschwellung ab.

- Frühzeichen sind Übelkeit, Unwohlsein (Plasmanatrium < 125–130 mmol/l)
- Kopfschmerzen, Lethargie, Verwirrtheit, Benommenheit
- Krampfanfälle, Koma, Atemstillstand, wenn Serumnatrium < 115–120 mmol/l.

Diagnose

Die Ursache kann meist durch eine eingehende Anamnese und körperliche Untersuchung einschließlich Einschätzung des ECF-Volumenstatus und des zirkulierenden Blutvolumens herausgefunden werden.

Labor

Laborbefunde bei Hyponatriämie:

- meist Hypoosmolarität des Plasmas (unter 270 mosmol/l)
- Urinosmolalität < 100 mosmol/kg, spez. Gewicht < 1003
- Hyponatriämie
- Serumkalium normal

Therapie

Die wichtigsten Maßnahmen sind:

- Anhebung der Plasma-Natriumkonzentration durch Einschränkung der Wasserzufuhr und Förderung der Wasserausscheidung
- Beseitigung der auslösenden Ursache.

Tab. 25-7 Ursachen der Hyponatriämie

I. Hypoosmolale Hyponatriämie
A. Primäre Na-Verluste (sekundäre Wasserzunahme) • Schwitzen, Verbrennungen • gastrointestinale Verluste: Erbrechen, Durchfälle, Drainagen, Fisteln, Obstruktion • renale Verluste: Diuretika, osmotische Diurese, Hypoaldosteronismus, Salzverlust-Nephropathie, nicht oligurische akute Tubulusnekrose
B. Primäre Wasserzunahme • primäre Polydipsie • verminderte Natriumaufnahme • AVP (Arginin-Vasopressin bzw. ADH) Freisetzung durch Schmerz, Übelkeit, Medikamente • Syndrom der unangemessenen AVP-(ADH-)Sekretion • Glukokortikoidmangel • Hypothyreoidismus • chronische Niereninsuffizienz
C. Primäre Natriumzunahme (relativ stärker als Wasserzunahme) • Herzinsuffizienz • Leberzirrhose • nephrotisches Syndrom
II. Pseudohyponatriämie
A. Mit normaler Plasmaosmolalität • Hyperlipidämie • Hyperproteinämie • TUR-Syndrom (Verdünnungshyponatriämie ▶ Kap. 46)
B. Mit erhöhter Plasmaosmolaliät • Hyperglykämie • Mannitol-Zufuhr

Behandlung der Hyponatriämie

1. Eine leichte, asymptomatische Hyponatriämie ist ohne klinisch Bedeutung und wird nicht therapiert.
2. Eine asymptomatische Hyponatriämie in Verbindung mit verminderter ECF sollte mit isotoner NaCl-Lösung behandelt werden, weil durch Wiederherstellung der Normovolämie die AVP-Freisetzung unterdrückt und das überschüssige freie Wasser ausgeschieden wird.
3. Bei schwerer, symptomatischer Hyponatriämie (Serumnatrium < 110–115 mval/l) sollte hypertone NaCl-Lösung zugeführt werden, um die Plasmakonzentration anzuheben. Eine rasche Korrektur muss vermieden werden, da hierdurch ein osmotisches Demyelinisierungssyndrom ausgelöst werden kann, gekennzeichnet durch schlaffe Parese, Dysarthie und Dysphagie. Die Plasma-Natriumkonzentration sollte in den ersten 3–4 h nicht mehr als um 2 mmol/l pro Stunde angehoben werden und wahrscheinlich nicht um mehr als 12 mmol/l in den ersten 24 h.
4. Eine Hyponatriämie mit normaler Plasmaosmolarität darf nicht durch Zufuhr von Natrium behandelt werden!

25.7.3 Hypernatriämie

Ein Plasmanatriumkonzentration von > 145 mmol/l wird als Hypernatriämie bezeichnet. In der Regel besteht eine Hyperosmolalität des Plasmas.

Ursachen

Primäre Ursachen sind Natriumzuwachs oder ein Wasserdefizit durch renale oder extrarenale Verluste (▶ Tab. 25-8). Nicht ersetzte Wasserverluste (meist renal bedingt) sind die häufigste Ursache. Die Störung entwickelt sich daher vor allem bei kleinen Kindern und bewusstseinsgetrübten Patienten.

Pathophysiologie

Die Hypertonizität des Plasmas bewirkt den Ausstrom von Flüssigkeit aus dem ICR; das Volumen der Gehirnzellen nimmt ab, verbunden mit einem erhöhten Risiko für subarachnoidale oder intrazerebrale Blutungen. Bei rascher Entwicklung der Hypernatriämie stehen neurologische Symptome und Zeichen im Vordergrund.

Klinisches Bild

- Bewusstseinsstörungen, Schwäche
- neuromuskuläre Übererregbarkeit
- fokale neurologische Ausfälle
- selten: Krämpfe und Koma
- Polyurie, Durst.

Diagnose

Die Ursache und Diagnose ergeben sich aus Anamnese, körperlicher Untersuchung, Symptomen und Laborwerten.

Labor

Labor bei Hypernatriämie:
- Plasmanatrium › 145 mmol/l
- Plasmaosmolalität › 295 mosmol/l
- minimales Urinvolumen mit maximaler Konzentration (Urinosmolalität › 800 mosmol/kg)

Tab. 25-8 Ursachen der Hypernatriämie

Ungenügende Wasseraufnahme • gestörter Durstmechanismus • Bewusstseinstrübung • Beeinträchtigung der enteralen Wasseraufnahme
Gesteigerte renale Wasserverluste • Diabetes insipidus centralis • erworbene ADH-Resistenz: osmotische Diurese, Hypokaliämie, Hyperkalzämie
Interstitielle Nephritis • hereditäre ADH-Resistenz
Gesteigerte extrarenale Wasserverluste • Fieber • Verbrennungen
Exzessive Natriumzufuhr • mit der Nahrung (nur bei Kleinkindern) • Infusion konzentrierter Natriumbikarbonatlösungen bei Azidosekorrektur

Therapie

Die beiden wesentlichen Ziele sind:

- Unterbrechung der Wasserverluste durch Beseitigung der Ursache
- Korrektur des Wasserdefizits.

Bei hypovolämischen Patienten wird das ECF-Volumen wiederhergestellt. Die erforderliche Wassermenge kann nach folgender Formel berechnet werden:

$$\text{Wasserdefizit} = \frac{\text{Plasma-Na}^{+}\text{-Konzentration} - 140 \times \text{Gesamtkörperwasser}}{140}$$

Bei Hyponatriämie durch Wasserverlust beträgt das Gesamtkörperwasser ca. 50 und 40% der fettfreien Körpermasse von Männern bzw. Frauen.

- Eine rasche Korrektur ist gefährlich (Hirnschwellung!); Die Plasmakonzentration sollte daher um nicht mehr als 0,5 mval/l pro Stunde und nicht mehr als 12 mval/l pro Tag gesenkt werden.
- Die Korrektur erfolgt durch Zufuhr von 5%iger Glukoselösung, ca. 80 ml/h; hinzu kommt der Ersatz insensibler Verluste.

25.7.4 Hypokaliämie

25

Die Hypokaliämie ist die häufigste Störung des Kaliumbestandes beim chirurgischen Patienten.

→Hypokaliämie: Abfall des Serumkaliums auf < 2,8 mmol/l.

Ein Abfall des Serumkaliums um 1 mval/l bedeutet ein Gesamtdefizit an Kalium von etwa 200 mmol.

Ursachen

Die wichtigsten Ursachen für eine Hypokaliämie sind in ▶ Tabelle 25-9 zusammengestellt.

Klinisches Bild

- Arrhythmien, Tachykardie, EKG-Veränderungen, Herzstillstand
- Appetitlosigkeit, Erbrechen, Magen-Darm-Atonie
- Muskelschwäche, Muskellähmung, wenn K^+ < 2,5 mmol/l oder bei raschem Abfall
- verminderte Glukosetoleranz
- renale Konzentrationsschwäche
- allgemeine Schwäche, Apathie, Durst.

Diagnose

- **Serumkalium < 2,8 mmol/l**
- EKG, wenn K < 2,5 mmol/l (▶ Abb. 25-1):
  - ST-Senkung
  - flache T-Welle
  - U-Welle.

Bei Kaliummangel ist die Kaliumausscheidung im Urin vermindert.

Tab. 25-9 Ursachen der Hypokaliämie

Renale Verluste
• Diuretikabehandlung • nephrotisches Syndrom • akutes Nierenversagen: polyurische Phase • osmotische Diurese bei Diabetes mellitus • Alkalose
Gastrointestinale Verluste
• Erbrechen, Durchfälle • Ileus • Gallen-, Pankreas-, Darmfisteln • Abführmittel • Kationenaustauscher • villöse Rektumtumoren
Ungenügende Kaliumaufnahme
• Erkrankungen des oberen Verdauungstrakts • parenterale Zufuhr elektrolytfreier Infusionslösungen
Andere Ursachen
• Aldosteronismus • Morbus Cushing

Schweregrade

Klinisch werden, mit Einschränkungen, folgende Schweregrade der Hypokaliämie unterschieden:

- **leichte bis mäßige Hypokaliämie:** Serumkalium 2,5–3,5 mmol/l
- **schwere Hypokaliämie:** Serumkalium unter 2,5 mmol/l.

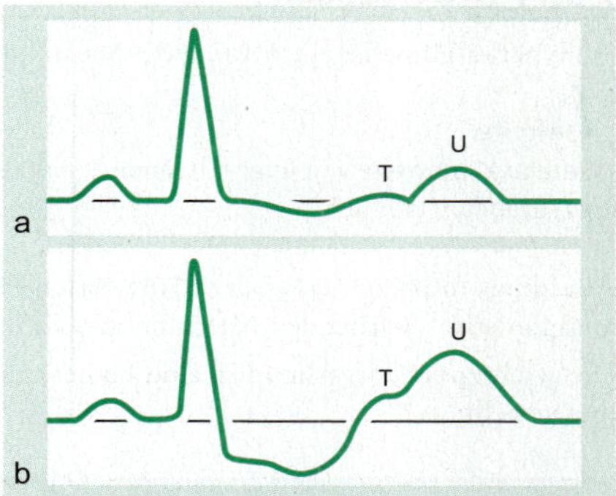

Abb. 25-1 EKG bei Hypokaliämie
a) Leichte Hypokaliämie, Serumkalium 2,5 bis 3,5 mval/l; geringe ST-Senkung, biphasisches bzw. leicht negatives T, U deutlich positiv, QT normal.
b) EKG bei erheblicher Hypokaliämie, Serumkalium unter 2,5 mval/l; deutliche ST-Senkung, biphasisches T (evtl. negativ), positives U, TU-Verschmelzung, QT normal.

Therapie

In der perioperativen Phase erfolgt die Kaliumsubstitution parenteral mit kaliumreichen Infusionslösungen oder durch Zusatz von Kaliumchlorid zu anderen Infusionslösungen. Hierbei wird neben dem kalkulierten Defizit noch der tägliche Kaliumbedarf von etwa 60 bis 80 mval berücksichtigt. Das Kaliumdefizit kann grob nach folgender Formel eingeschätzt werden:

$$\text{mmol Kaliumdefizit} = [4{,}5\,\text{mmol/l-Serumkalium}] \times \text{ECF(l)} \times 2$$

(ECF = Extrazellularflüssigkeit)

Praktisches Vorgehen

Praktische Empfehlungen für die Kaliumzufuhr

1. Bei schwerem Kaliummangel müssen zumeist mehrere 100 mval über einige Tage zugeführt werden, um das Defizit auszugleichen. Hierbei sollten 2–3 mmol/kg/24 h möglichst nicht überschritten werden.
2. Pro Stunde sollten nicht mehr als 20 mmol Kalium infundiert werden.
3. Der Kaliumzusatz zur Infusionslösung sollte 40 mmol nicht überschreiten, damit bei versehentlich zu rascher Infusion keine schwerwiegenden kardialen Wirkungen auftreten können.
4. Im Notfall können vor einer Narkoseeinleitung 0,5 mmol/kg/h Kalium über einen zentralen Venenkatheter zugeführt werden. Die rasche Kaliumzufuhr erfolgt unter Kontrolle von EKG und Urinausscheidung.
5. Bei Zufuhr von Kalium über eine **periphere** Venenkanüle darf die Kaliumkonzentration in der Infusionslösung wegen der gefäßschädigenden Wirkung 20 mmol/l nicht überschreiten.

Kontraindikationen für eine perioperative Kaliumzufuhr:
- Oligurie, Anurie, unklare Urinausscheidung
- akute schwere Dehydratation
- Hyperkaliämie
- schwere Azidosen.

25.7.5 Hyperkaliämie

→ Hyperkaliämie ist ein Anstieg des Serumkaliums auf über 5,5 mmol/l.

Merke

Serumkaliumwerte von über 6,6 mmol/l sind lebensbedrohlich, Serumwerte von über 10–12 mmol/l tödlich.

Allerdings müssen hierbei der Säure-Basen-Haushalt und die Konzentrationen der antagonistisch wirkenden Natrium- und Kalziumionen berücksichtigt werden.

Die wichtigsten Ursachen für eine Hyperkaliämie sind in ▶ Tabelle 25-10 zusammengestellt.

Tab. 25-10 Ursachen der Hyperkaliämie
Renal
• akutes und chronisches Nierenversagen
Übermäßige Kaliumzufuhr bei eingeschränkter Diurese
• Infusionstherapie • Massivtransfusionen
Freisetzung von Kalium aus den Zellen
• metabolische und respiratorische Azidose • Trauma, Verbrennungen • Katabolie • Dehydratation • Hämolyse

Ist die Urinausscheidung ausreichend hoch (über 1 ml/kg/h), so besteht klinisch keine Gefahr einer Hyperkaliämie.

Klinisches Bild und Diagnose

Es gibt keine Symptome, die für eine Hyperkaliämie beweisend wären.

→ Schwere Hyperkaliämie führt zu Herzrhythmusstörungen, Kammerflimmern und Herzstillstand.

EKG (▶ Abb. 25.2):

- hohe, spitze T-Zacken
- QRS-Verbreiterung durch S-Verbreiterung
- verschiedene Formen des Herzblocks.

Allerdings besteht keine lineare Beziehung zwischen EKG-Veränderungen und Serumkaliumwerten.

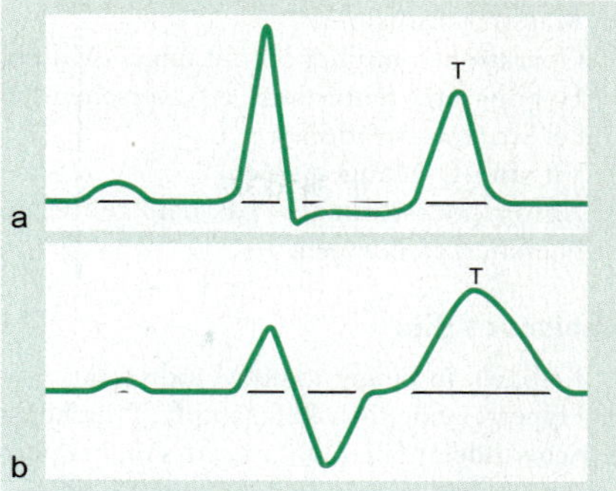

Abb. 25.2 EKG bei Hyperkaliämie.
a) Leichte Hyperkaliämie, Serumkalium 5 bis 6,5 mval/l; ST evtl. leicht gesenkt, schmales und hoch positives T, QT normal, flaches P, verlängertes PQ. b) Erhebliche Hyperkaliämie, Serumkalium über 6,5 mval/l; QRS breit, plumpes S, T hoch und breit, QT verlängert, Herzrhythmusstörungen.

Labor: Beweisend sind Serumkaliumwerte von über 5,5 mmol/l.

Therapie

Serumkaliumwerte von über 5,5 mmol/l müssen vor der Narkose gesenkt werden. Hierzu können folgende Maßnahmen eingesetzt werden:

Praktisches Vorgehen

Perioperative Akutbehandlung der Hyperkaliämie

1. Kaliumzufuhr sofort unterbrechen.
2. Zufuhr antagonistischer Ionen:
   - wiederholte i.v. Injektion von 10 ml Kalziumglukonat
   - 20–40 mmol Natriumchlorid- oder Natriumbikarbonat-Lösung infundieren, wenn erforderlich wiederholt.
3. Urinausscheidung steigern: Diuretika, Osmotherapeutika.
4. Infusion von Glukoselösung zusammen mit Altinsulin: 1 IE Altinsulin auf 4–5 g Glukose.
5. Azidose korrigieren.
6. Kationenaustauscher (z.B. Aluminium oder Kalziumserdolit) mehrmals täglich (nicht bei Darmatonie, Subileus oder Ileus!).

→ Hyperkaliämie bei Nierenerkrankungen: Dialysebehandlung.

25.7.6 Hypokalzämie

→ Hypokalzämie ist ein Abfall des Serumkalziums unter 4,5 mmol/l.

Die wichtigsten **Ursachen** sind:

- Massivtransfusionen
- Operationen mit der Herz-Lungen-Maschine
- Hypoparathyreoidismus, z.B. versehentliche Entfernung der Nebenschilddrüsen bei Strumaoperationen
- Vitamin-D-Mangel
- Absorptionsstörungen, z.B. bei Pankreasinsuffizienz
- Nierenerkrankungen.

Klinisches Bild

- Kribbeln in Fingern und Mundregion
- Hyperreflexie, Muskelkrämpfe, Pfötchenstellung der Hände, Laryngospasmus
- Schwindelanfälle, Ohnmacht, Angina pectoris, paroxysmale Tachykardie.

Diagnose

Sie ergibt sich aus Vorgeschichte, klinischem Bild, EKG, Labor.

- EKG: ST- und QT-Verlängerung
- Labor: Serumkalzium < 4,5 mmol/l.

Therapie

25

Injektion von jeweils 10 ml Kalziumglukonat 10% i.v. Bei digitalisierten Patienten muss Folgendes beachtet werden:

→ Kalzium steigert die Digitalistoxizität!

25.7.7 Hyperkalzämie

→ Hyperkalzämie ist ein Anstieg des Serumkalziums auf über 5,5 mmol/l.

Ein Anstieg des Serumkalziums auf über 7,5 mmol/l ist lebensbedrohlich.

Wichtigste Ursachen:

- erhöhter Knochenabbau
- primärer Hyperparathyreoidismus
- Vitamin-D-Intoxikation.

Klinisches Bild

- Erbrechen, Übelkeit, Durst, Polydipsie, Antriebsarmut
- verminderte neuromuskuläre Erregbarkeit, Magen-Darm-Atonie.

Diagnose

- Vorgeschichte und klinisches Bild
- EKG: ST- und QT-Verkürzung
- **Labor:** Anstieg des ionisierten Serumkalziums auf über 5,5 mmol/l.

Symptomatische Therapie

- Infusion von Glukoselösungen
- Diuretika in hohen Dosen, z.B. Furosemid
- isotone Natriumsulfat-Lösung, 1 l alle 3–6 h, unter Zusatz von 20–40 mmol Kaliumchlorid
- bei bedrohlichen Herzrhythmusstörungen: EDTA
- Dialysebehandlung.

Literatur

Boldt J: Hydroxyethylstarch (HES). Wien Klin Wochenschr. 2004 Mar 31, 116 (5–6):159–69. Review.

Boldt J: Hydroxyethylstarch as a risk factor for acute renal failure: is a change of clinical practice indicated? Drug Saf 2002, 25(12):837–46. Review.

Hartig W, Biesalski HK, Druml W, Fürst P, Weimann A: Ernährungs- und Infusionstherapie. 8. Aufl. Thieme, Stuttgart 2004.

Haynes GR, Navickis RJ, Wilkes MM: Albumin administration – what is the evidence of clinical benefit? A systematic review of randomized controlled trials. Eur J Anaesthesiol 2003, 20(10):771–93. Review.

Jacob M, Chappell D, Hofmann-Kiefer K, Conzen P, Peter K, Rehm M: Determinanten des insensiblen Flüssigkeitsverlustes. Anaesthesist 2007, 56:747–764.

Nisanevich V, Felsenstein I, Almogy G, Weissman C, Einav S, Matot I: Effect of intraoperative fluid management on outcome after intraabdominal surgery. Anesthesiology. 2005,103(1):25–32.

Zander R, Adams HA, Boldt J, Hiesmayr MJ, Meier-Hellmann A, Spahn DR, Standl T: Forderungen und Erwartungen an einen optimalen Volumenersatz. Anasthesiol Intensivmed Notfallmed Schmerzther 2005, 40(12):701–19.

26 Hämotherapie

Anstelle von Vollblut werden heutzutage gezielt einzelne Blutkomponenten transfundiert: Erythrozyten, Thrombozyten, Plasma und Plasmabestandteile. Die Sicherheit der Hämotherapie ist sehr hoch; allerdings gehört der hämolytische Transfusionszwischenfall unverändert zu den gefährlichsten Komplikationen.

26.1 Blutgruppen und Verträglichkeitsteste

Neun Blutgruppenantigene sind klinisch von Bedeutung (▶ Tab. 26-1). In der Transfusionspraxis spielen die **Antigene des AB0- und des Rhesus-Systems** eine herausragende Rolle.

26.1.1 AB0-System

Die Hauptantigene des AB0-Systems sind A, B und H; daneben gibt es noch Antigenvarianten (Untergruppen). Die Blutgruppenantigene befinden sich auf der Oberfläche der Erythrozytenmembran, außerdem an zahlreichen anderen Membranen des Körpers. Sie sind genetisch festgelegt, während die Antikörper durch eine immunologische Auseinandersetzung des Organismus mit körperfremden Antigenen entstehen.

Im AB0-System können reguläre, d.h. immer vorhandene, und irreguläre, meist durch parenterale Sensibilisierung erworbene, Antikörper unterschieden werden:

Klinische Bedeutung. Häufigste Ursache hämolytischer Transfusionsreaktionen ist die versehentliche Übertragung einer Konserve mit falscher Blutgruppe, viel seltener hingegen eine Fehlbestimmung der Blutgruppe.

26

Echte **Universalspender** sind nur solche Träger der Blutgruppe 0, bei denen speziell festgestellt wurde, dass in ihrem Plasma keine oder nur niedrige Titer von Anti-A- bzw. Anti-B-Hämolysinen vorkommen. Klinisch gilt jedoch:

→ Gewaschene, d.h. deplasmatisierte Erythrozytensedimente der Gruppe 0 (möglichst rh-negativ) können ohne Berücksichtigung der AB0-Zugehörigkeit des Empfängers transfundiert werden.

Universalempfänger hießen früher Träger der Blutgruppe AB. Diese Bezeichnung ist falsch. Erhielte ein Träger der Blutgruppe AB das Plasma eines Nicht-AB-Spen-

Tab. 26-1 Klinisch wichtige Blutgruppensysteme und ihre Antigene

Natürliche System	Hauptantigene	Antikörper
AB0	ABH	regelmäßig
Rhesus	C, C^w, c, D, D^u, E, e	sehr selten
MNSs	M, N, S, s	selten
P	P_1, P_2	regelmäßig
Lewis	Le^a, Le^b	selten
Kell	K, k, Kp^a, Kp^b	niemals
Duffy	Fy^a, Fy^b	niemals
Lutheran	Lu^a, Lu^b	extrem selten
Kidd	Jk^a, Jk^b	niemals

ders, so könnten die im Plasma des Spenders vorkommenden Antikörper sich gegen die Erythrozyten des Empfängers richten und eine hämolytische Reaktion auslösen.

26.1.2 Rhesus-System

Etwa 85% aller Menschen sind Träger des Rhesusfaktors. Die Rhesusantigene befinden sich ausschließlich an der Erythrozytenmembran.

Fünf serologisch erfassbare Hauptantigene des Rh-Systems werden unterschieden und in Europa nach Fisher und Race mit D, C, c, E, e bezeichnet. Der große Buchstabe ist immer dominant. D hat die größte Bedeutung, weil er am stärksten antigen wirkam ist; andere Faktoren werden klinisch meist nicht berücksichtigt. D-Träger werden als **Rhesus-positiv, Rh-pos. oder D-pos.** bezeichnet.

! Merke
Da das Rhesus-System antigen wirksam ist, darf einem rh-negativen Empfänger nur im Notfall Rh-positives Blut übertragen werden.

26.1.3 Kell-System

Das K-Antigen ist sehr stark wirksam. Anti-K wird nicht selten bei Massivtransfusionen gebildet, wenn K-negative Empfänger K-positives Blut erhalten haben.

26.1.4 Verträglichkeitsteste

26

Vor jeder Bluttransfusion müssen nach dem **Transfusionsgesetz** folgende Untersuchungen durchgeführt werden, um das Risiko einer Transfusionsreaktion auf ein Minimum herabzusetzen bzw. ganz auszuschalten:
- Bestimmung von Blutgruppe und Rh-Faktor
- Kreuzprobe: Dauer mindestens 30–45 min
- Antikörper-Suchtest bei Spender und Empfänger; Dauer 30–45 min.

Die AB0-Blutgruppenzugehörigkeit und der Rh-Faktor müssen auch bei **Notfällen** bestimmt werden, die serologische Verträglichkeitsprobe auch dann, wenn bereits vorher mit der Transfusion begonnen worden ist.

26.2 Konservierung von Blut

Nach den Richtlinien müssen mindestens 70% aller Erythrozyten einer Blutkonserve nach der Transfusion 24 h im Blut des Empfängers überleben. Um dieses Ziel zu erreichen, sind konservierende Maßnahmen erforderlich, die den Alterungsprozess der Erythrozyten verzögern.

Konservierende Maßnahmen:
- Kühlung des Blutes bei +4 ± 2 °C im erschütterungsfreien Kühlschrank
- Zusatz von Stabilisatoren zum Blut: ACD- oder CPD-Stabilisator.

! Merke
Wegen der begrenzten Lebensfähigkeit der Erythrozyten ist die zulässige Konservierungsdauer bei 2–6 °C, je nach Hersteller, auf 28–49 Tage beschränkt.

Veränderungen im konservierten Blut. Alle Stabilisatoren zögern die Alterungsvorgänge im Konservenblut nur hinaus, verhindern sie jedoch nicht. Außerdem verändern sie durch ihre spezifischen Eigenwirkungen die Funktion des Blutes. **Klinisch wichtig** sind vor allem folgende Veränderungen:

- Abnahme der Überlebenszeit von Erythrozyten, Thrombozyten und Leukozyten
- verminderte Aktivität von Gerinnungsfaktoren
- Elektrolytveränderungen: Anstieg von Kalium, Abfall von Natrium
- pH-Wert-Verschiebungen: metabolische Azidose.

26.3 Blutkomponenten und Plasmaderivate

Nach den **Richtlinien** des wissenschaftlichen Beirats der Bundesärztekammer und des Paul-Ehrlich-Instituts (2005/2007) werden die in ▶ Tabelle 26-2 zusammengestellten Arten von Blutkonserven unterschieden.

26.3.1 Erythrozytenkonzentrate

Erythrozytenkonzentrate werden aus frischem Vollblut einer Einzelspende hergestellt. Der zugesetzte Stabilisator ist entweder CPD oder CPD-1. Die Haltbarkeit beträgt (je nach Additivlösung) maximal 49 Tage bei +4 ± 2 °C.

Leukozytendepletiertes Erythrozytenkonzentrat in additiver Lösung

26

Durch spezielle Leukozytenfilter werden die Leukozyten des Ausgangskonzentrats um 98–99,8% vermindert, die Thrombozyten um 95–98%; der Erythrozytenanteil beträgt ca. 90% der Ausgangskonserve.

Tab. 26-2 Arten von Blutkomponenten und Plasmaderivaten

Tab. 26-2 Arten von Blutkomponenten und Plasmaderivaten
1. Blutkomponenten
• **Erythrozytenkonzentrate** – leukozytendepletiertes Erythrozytenkonzentrat in additiver Lösung – kryokonserviertes Erythrozytenkonzentrat
• **Thrombozytenkonzentrate** – Einzelspender-Thrombozytenkonzentrat – leukozytendepletiertes Pool-Thrombozytenkonzentrat – leukozytendepletiertes Apherese-Thrombozytenkonzentrat
• **Plasma** – gefrorenes Frischplasma; GFP oder FFP (quarantänegelagert) – virusinaktiviertes Plasma
• **patientenbezogene Einzelzubereitungen** – bestrahlte Blutkomponenten – gewaschenes Erythrozytenkonzentrat – thrombozytenreiches Plasma – kryokonserviertes Thrombozytenpräparat – Granulozytenkonzentrat – Stammzellpräparate
2. Plasmaderivate (nach Fraktionierung)
• Albumin, Immunglobuline, Gerinnungspräparate (Faktor VIII, Faktor IX, Prothrombinkomplex/PPSB), gerinnungshemmende Präparate: Fibrinkleber, Antithrombin, Protein C und S, Fibrinolytika

Leukozytendepletiertes Erythrozytenkonzentrat in additiver Lösung (Richtlinien)

- Volumen: 200–350 ml
- Hämatokrit: 50–70%
- Gesamt-Hb: 40 g/Einheit oder 2,48 mmol/Einheit
- Restleukozyten: $< 1 \times 10^6$/Einheit
- Lagerungstemperatur: 2–6 °C
- Lagerungsdauer: nach Angaben des Herstellers
- visuelle Kontrolle: Beutel unversehrt, keine sichtbare Hämolyse

Kryokonserviertes Erythrozytenkonzentrat

Die Kryokonservierung ist aufwendig und teuer und wird daher nur noch selten angewandt, z.B. bei extremen Blutgruppenmerkmalen oder Sonderfällen der autologen Transfusion.

Gewaschenes Erythrozytenkonzentrat

Um Plasmaproteine zu entfernen, wird das Blut einer einzelnen Spende mehrmals in isotonischer Kochsalzlösung aufgeschwemmt.

Gewaschenes Erythrozytenkonzentrat

- Volumen: 200–300 ml
- Hämatokrit: 50–75%
- Gesamt-Hb: 40 g/Einheit oder 2,48 mmol/Einheit
- Proteingehalt: < 0,5 g/Einheit
- Lagerungstemperatur: 2–4 °C
- Lagerungszeit: nach Angaben des Herstellers

Bestrahltes leukozytendepletiertes Erythrozytenkonzentrat

Das Konzentrat wird mit einer mittleren Strahlendosis von ca. 30 Gy bis zum 14. Tag nach der Herstellung bestrahlt.

- Lagerungszeit 28 Tage
- Lagerungstemperatur 2–4 °C

Bestrahlte Konzentrate müssen für den jeweiligen Patienten speziell angefordert werden.

Indikationen

Erythrozytenkonzentrate werden bei akuten Blutverlusten und chronischen Anämien zugeführt, um die Erythrozytenverluste auszugleichen und so die Sauerstofftransportkapazität des zirkulierenden Blutes zu steigern. Plasmaverluste können hiermit nicht ersetzt werden.

→ Standardpräparat in der operativen Medizin ist das „buffy-coat"-freie Erythrozytenkonzentrat in additiver Lösung.

Der kritische Hämoglobin- oder Hämatokritwert

Fällt der Hämoglobinwert des Blutes unter eine kritische Schwelle, so tritt eine Gewebehypoxie mit Organfunktionsstörungen auf. Dieser für den Gesamtorganismus geltende Schwellenwert wird als kritischer Hämoglobinwert (Hb_{krit}) oder als kritischer Hämatokritwert (Hkt_{krit}) bezeichnet.

! Merke

Bei gesunden, wachen Menschen im Ruhezustand beträgt der kritische Hämoglobinwert unter Normovolämie weniger als 5 g/dl, das kritische Sauerstoffangebot, DO_{2krit}, weniger als 7,3 ml $O_2 \times kg^{-1} \times min^{-1}$.

Der kritische Hb-Wert ist keine konstante Größe, sondern hängt von verschiedenen Faktoren und Bedingungen ab.

Leitlinien/Empfehlungen
Leitlinien/Richtlinien Bundesärztekammer
Eine Bluttransfusion ist bei Hämoglobinwerten von ≥10 g/dl nur selten gerechtfertigt, bei Werten von weniger als 6 g/dl jedoch praktisch immer erforderlich. Bei Hämoglobinwerten von 6–10 g/dl muss individuell entschieden werden.

Weitere Indikationen

- Bei Patienten mit **erhöhtem Sauerstoffbedarf** sollte der Hämoglobinwert über 10 g/dl betragen.
- Bei **alten Patienten** (> 80 Jahre) ohne kardiovaskuläre und andere Risikofaktoren sollte der perioperative Hb-Wert > 8 g/dl betragen.
- **Kinder und Jugendliche** tolerieren intraoperativ Hb-Werte von 2,1–4,5 g/dl (bei strikter Normovolämie und Beatmung mit 100%igem O_2!). Postoperativ sind jedoch Hb-Konzentrationen von 4–7 g/dl erforderlich.
- **Koronare Herzkrankheit; akutes Koronarsyndrom, Myokardinfarkt:** Hb-Werte von ca. 10 g/dl (Hkt 30%) gelten im Allgemeinen als sicher, Hb-Werte von 8 g/dl sollten nicht unterschritten werden.
- Bei den meisten **Intensivpatienten** scheint eine Hb-Konzentration von 7–9 g/dl auszureichen; Werte unter 7 g/dl gelten derzeit als Beginn des kritischen Bereichs. Auch hier ist immer individuell zu entscheiden!
- Bei **chronischen Anämien** können in der Regel Hämoglobinwerte von 6–8 g/dl ohne Transfusion toleriert werden, sofern die Patienten keine Herz-Kreislauf-Erkrankungen aufweisen und keine klinischen Zeichen des Sauerstoffmangels auftreten.
- Bei **Anämien durch primäre oder sekundäre Knochenmarkinsuffizienz** sollte so wenig wie möglich transfundiert werden, besonders wenn eine spätere Knochenmarktransplantation nicht ausgeschlossen ist.

Blutgruppenkompatibilität von Erythrozytenkonzentraten

Leitlinien/Empfehlungen
Richtlinien der Bundesärztekammer (2005)
- Erythrozytenkonzentrate werden AB0-gleich transfundiert.
- In Ausnahmefälle können auch AB0-ungleiche, sog. majorkompatible Präparate transfundiert (▶ Tab. 26-3). Die Ausnahmen müssen dokumentiert werden.
- Die Übertragung Rh-positiver Erythrozytenkonzentraten an rh-negative Empfänger darf nur dann erfolgen, wenn die Transfusion lebensnotwendig ist (z.B. bei Massivtransfusionen) und wenn rh-negative Erythrozytenkonzentrate nicht zeitgerecht beschafft werden können und wenn es sich um nicht gebärfähige Frauen oder um Männer handelt.

Tab. 26-3 Verträglichkeit AB0-ungleicher, plasmaarmer Erythrozytenkonzentrate

Patient	Kompatible Erythrozytenkonzentrate
A	A oder 0
B	B oder 0
AB	AB, A, B oder 0
0	0

Dosierung

Grundsätzlich sollte nur so viel Blut transfundiert werden, wie unbedingt erforderlich. Die Übertragung eines einzelnen Erythrozytenkonzentrats ist bei Erwachsenen in der Regel nicht gerechtfertigt.

! Merke

Beim normalgewichtigen Erwachsenen ohne gesteigerten Erythrozytenumsatz bewirkt die Übertragung eines Erythrozytenkonzentrats einen Anstieg des Hämoglobinwerts um ca. 1–1,5 g/dl und des Hämatokriten um etwa 3–4%.

Blutfilter: Erythrozytenkonzentrate werden über einen **Standardfilter** mit einer Porengröße von 170–230 μ transfundiert, um Zellaggregate oder Gerinnsel zurückzuhalten. Mikrofilter sind nicht erforderlich.

26.3.2 Thrombozytenpräparate

Die **Richtlinien der Bundesärztekammer** unterscheiden folgende Präparate:

- leukozytendepletiertes Pool-Thrombozytenkonzentrat
- leukozytendepletiertes Apherese-Thrombozytenkonzentrat
- kryokonserviertes Thrombozytenkonzentrat.

Leukozytendepletiertes Pool-Thrombozytenkonzentrat

Das Präparat entsteht durch Zusammenfügen von 4–6 blutgruppenkompatiblen Thrombozytenkonzentraten verschiedener Einzelspender (Pool). Additive Nährlösung kann zugesetzt werden, um die Lagerungsfähigkeit zu verbessern.

Leukozytendepletiertes Pool-Thrombozytenkonzentrat

- Thrombozytengehalt: $> 2 \times 10^{11}$/Einheit
- Restleukozyten: $< 1 \times 10^{6}$/Einheit
- Resterythrozyten: $< 3 \times 10^{9}$/Einheit
- pH-Wert: 6,5–75
- Lagerungstemperatur: 22 ± 2 °C unter ständiger Agitation
- Lagerungsdauer maximal 5 Tage nach Spende

Bestrahlung von Thrombozytenkonzentraten

Um bei immungeschwächten Patienten eine Graft-versus-Host-Reaktion zu vermeiden, müssen die Thrombozytenpräparate vor der Transfusion mit einer Dosis von 30 Gy bestrahlt werden. Die transfusionsmedizinische Abteilung muss bei der Präparateanforderung auf diese Indikation hingewiesen werden.

- Lagerungstemperatur 22 ± 2 °C
- Lagerungsdauer maximal 5 Tage.

Indikationen – Kontraindikationen

Indikationen

Thrombozytenkonzentrate werden in erster Linie zur Behandlung, in ausgewählten Fällen auch zur Prophylaxe von Blutungen durch Störungen der Thrombozyten**bildung** eingesetzt, nur ausnahmsweise – und dann als Notfallmaßnahme – bei Thrombozyten**umsatzstörungen.** Vor der Transfusion sollte daher die Art der Thrombozytenfunktionsstörung abgeklärt werden.

Leitlinien/Empfehlungen
Leitlinien 2005/2007 der Bundesärztekammer

- Bei Operationen, Lumbal- oder Periduralanästhesien, Organbiopsien oder ähnlichen Eingriffen sollten die Thrombozytenzahlen bei > 50 000/µl gehalten werden.
- Bei risikobehafteten Operationen (Auge, Gehirn) bei > 80 000/µl, wenn erforderlich durch Thrombozytentransfusionen.

Leitlinien 2006 der ASA

- Die prophylaktische Zufuhr von Thrombozyten bei Thrombozytopenie durch gesteigerten Umsatz oder Zerstörung (z.B. idiopathische thrombozytopenische Purpura) ist unwirksam und nur selten indiziert.
- Thrombozytentransfusion nicht oder nur selten indiziert bei chirurgischen oder geburtshilflichen Patienten mit normaler Thrombozytenfunktion und Thrombozytenzahlen > 100 000/µl.
- Thrombozytentransfusion indiziert bei chirurgischen oder geburtshilflichen Patienten mit normaler Thrombozytenfunktion und Thrombozytenwerten unter 50 000/µl bei exzessiver Blutung.
- Vaginale Entbindungen oder operative Maßnahmen möglich bei Thrombozytenwerten < 50 000/µl.
- Thrombozytentransfusion möglicherweise indiziert trotz ausreichender Plättchenzahl bei bekannter oder vermuteter Thrombozytenfunktionsstörung (z.B. Thrombozytenaggregationshemmer; kardiopulmonaler Bypass; mikrovaskuläre Blutungen).
- Ob Patienten mit Thrombozytenwerten zwischen 50 000 und 100 000/µl Thrombozytenpräparate (auch prophylaktisch) erhalten sollten, kann anhand folgender Kriterien entschieden werden:
  - Möglichkeit von Thrombozytenfunktionsstörungen
  - zu erwartende oder anhaltende Blutungen
  - Risiko der Blutung in geschlossene Körperhöhlen, z.B. Gehirn, Auge.

26

Starke Blutverluste mit Thrombozytopenie sind die wichtigste Indikation für die Transfusion von Thrombozytenkonzentraten in der operativen Medizin.

Relative Kontraindikationen

Nach den **Leitlinien der Bundesärztekammer** sollten bei folgenden Patienten bzw. Erkrankungen Thrombozyten möglichst nicht zugeführt werden:

- aplastische Anämie (Panmyelopathie) und potentielle Knochenmarktransplantation
- chemotherapeutisch behandelte Leukämie vor Knochenmarktransplantation
- bekannte Allergie gegen humane Plasmaproteine

- posttransfusionelle Purpura
- thrombotisch-thrombozytopenische Purpura
- heparinassoziierte Thrombozytopenie (HAT).

Auswahl und Dosierung

Leitlinien/Empfehlungen
Richtlinie der Bundesärztekammer (2005)
Thrombozytenkonzentrate müssen in der Regel AB0-kompatibel übertragen werden; der Rhesusfaktor D sollte wegen der möglichen Immunisierung berücksichtigt werden. Eine serologische Verträglichkeitsprobe mit Spendererythrozyten ist nicht erforderlich. Bei Kindern unter 25 kg Körpergewicht sollte die Transfusion plasma(minor)-inkompatibler Thrombozyten vermieden werden.

Bei unvermeidlicher Transfusion von D-positiven Thrombozytenkonzentraten sollte eine Prophylaxe mit Anti-D-Immunglobulin (250–300 µg i.v.) durchgeführt werden.

Die **Dosierung** richtet sich nach dem klinischen Zustand des Patienten und nach immunologischen und nichtimmunologischen Faktoren, durch die der Verbrauch beeinflusst wird. Der Effekt ist variabel!

Berechnung des minimalen Thrombozytenbedarfs (Leitlinie der Bundesärztekammer):
Dosis (Thrombozytenzahl) = gewünschter Anstieg ($\times 10^9$/l) $\times$ Blutvolumen (l)[1] $\times$ 1,5
Die Transfusion der Thrombozyten erfolgt – möglichst rasch – über einen 170-µm-Filter oder über ein spezielles Thrombozyten-Transfusionsbesteck (geringere Verluste im System) und sollte innerhalb von 30 min beendet sein.

→ Unmittelbar nach der Transfusion sollten die Thrombozytenzahlen im Blut bestimmt und außerdem der Erfolg der Transfusion anhand klinischer Zeichen beurteilt werden. Bei ungenügendem Anstieg müssen, je nach Bedarf, auch wesentlich höhere Dosen zugeführt werden.

Refraktärzustand

Steigen die Thrombozytenwerte im Blut trotz scheinbar ausreichender Zufuhr von Thrombozytenkonzentraten nicht an und persistiert die Blutung, so liegt ein Refraktärzustand vor.

Der Refraktärzustand kann durch immunologische und nichtimmunologische Faktoren bedingt sein. Zu den wichtigsten Ursachen gehören u.a. Splenomegalie, Blutungen, Fieber, Sepsis und Bildung plättchenreaktiver Alloantikörper gegen Antigene der übertragenen Thrombozyten.

26.3.3 Gefrorenes Frischplasma

Frischplasma (GFP; syn.: Fresh Frozen Plasma, FFP) wird aus Blut einer Einzelspende gewonnen, anschließend bei –80 °C tiefgefroren und bei –30 bis –40 °C gelagert. Die Lagerungszeit beträgt 1–2 Jahre.

[1] 70 ml/kg bei normalgewichtigen Erwachsenen

Frischplasma (FFP)
- 200 ml Frischplasma + Stabilisator
- Proteingehalt 60 g/l
- Aktivität labiler Gerinnungsfaktoren erhalten
- Faktor-VIII-Aktivität ≥ 0,7 U/ml

Bei der Transfusion von Frischplasma muss Folgendes beachtet werden:

! Merke
Frischplasma muss blutgruppengleich transfundiert werden, da im Plasma von Spendern der Blutgruppen A, B und 0 unverändert die Isoagglutinine und Isohämolysine enthalten sind (▶ Tab. 26-4)! Nur im Notfall darf AB-Plasma für alle Patienten verwendet werden.

Des Weiteren enthält das korrekt gelagerte Plasma die Inhibitoren der Gerinnungs- und Fibrinolyseenzyme in wirksamer Form: Antithrombin III, Protein C, Protein S, α_2-Makroglobulin, α_2-Antiplasmin und PAI-1 (Plasminogenaktivator-Inhibitor).

Indikationen – Kontraindikationen

Indikationen

Frischplasma ist vor allem beim **klinisch manifesten Mangel an Gerinnungsfaktoren** indiziert.

26

Leitlinien/Empfehlungen
Indikationen für FFP nach den Richtlinien der Bundesärztekammer (2005)
- Notfallbehandlung einer klinisch relevanten Blutungsneigung oder manifesten Blutung bei komplexen Störungen der Blutgerinnung, vor allem bei schwerem Leberparenchymschaden
- disseminierte intravasale Gerinnung
- Verlust- und/oder Verdünnungskoagulopathie
- Substitution bei Faktor-V- und Faktor-XI-Mangel (hierfür gibt es keine Konzentrate)
- thrombotisch-thrombozytopenische Purpura (TTP)
- Austauschtransfusion.

Nicht indiziert ist FFP nach den **Leitlinien:**
- für den Ersatz von Blutverlusten
- als Albumin- und Eiweißersatz zur Anhebung des kolloidosmotischen Drucks
- zur parenteralen Ernährung
- für die Substitution von Immunglobulinen.

Tab. 26-4 Übertragbarkeit von Frischplasma an Empfänger verschiedener Blutgruppen

Empfänger-Blutgruppe	Spender-Blutgruppe
0	0, A, B, AB
A	A, AB
B	B, AB
AB	AB

Kontraindikationen

Absolute Kontraindikation: Plasmaunverträglichkeit.

Relative Kontraindikationen nach den **Leitlinien** der Bundesärztekammer:

- kardiale Dekompensation, Lungenödem
- IgA-Mangel
- disseminierte intravasale Gerinnung ohne Behandlung der zugrunde liegenden Störung.

Dosierung

Die Dosierung von GFP richtet sich nach dem klinischen Bild, ergänzt durch gerinnungsphysiologische Untersuchungen. Bei der Therapie kann folgende **Faustformel** zugrunde gelegt werden:

→ 1 ml FFP/kg erhöht den Faktorengehalt beim Empfänger um ca. 1–2 %.

! Merke

Grundsätzlich sollte FFP so dosiert werden, dass sich eine minimale Aktivität der plasmatischen Gerinnungsfaktoren von 30% ergibt. Hierfür sind in der Regel 10–15 ml/kg erforderlich.

- **Notfallbehandlung:** Initial sollten 15 ml/kg GFP zugeführt werden; die weitere Dosierung sollte sich nach dem klinischen Bild und den Ergebnissen der Gerinnungsuntersuchungen richten.
- **Faktor-V-Mangel:** Bei Spontanblutungen müssen die Plasmakonzentrationen auf 5–15 % der Normaktivität angehoben werden, während für operative Eingriffe mindestens 20 % erforderlich sind. Die Regeldosierung beträgt 20 ml/kg alle 12 h.
- **Faktor-XI-Mangel:** Bei chirurgischen Eingriffen oder Verletzungen werden 10 ml/kg GFP zugeführt bzw. Konzentrationen von > 20 % angestrebt. Faktor XI weist eine Halbwertszeit von 60–80 h auf, daher kann GFP in Abständen von 24–48 h verabreicht werden.
- **Thrombotisch-thrombozytopenische Purpura (TTP):** sofortige Infusion von 30 ml/kg FFP; Austauschtransfusion mit 3–4 l GFP/d. Bei chronischer TTP 10 ml/kg GFP alle 3 Wochen.
- **Aufhebung der Kumarintherapie:** Die ASA-Task-Force empfiehlt in dringlichen Situationen die Zufuhr von 5–8 ml/kg FFP.

✓ Praktisches Vorgehen

Anwendung von FFP

1. Das Präparat wird in einem speziellen Gerät aufgetaut; hierbei dürfen 37 °C nicht überschritten werden. Gelegentliches Schwenken des Beutels wird empfohlen. Alle Proteinniederschläge müssen vor der Infusion aufgelöst sein.
2. FFP wird sofort nach dem Auftauen infundiert; aufgetautes Plasma darf nicht wieder für eine spätere Transfusion eingefroren werden.
3. Für die Infusion von FFP wird ein Standard-Transfusionsfilter eingesetzt; Mikrofilter sind nicht erforderlich.
4. Die Infusionsgeschwindigkeit sollte mindestens 200 ml/h betragen, die gesamte Einheit muss innerhalb von 2 h transfundiert sein.

Nebenwirkungen und Gefahren

Zu den wichtigsten Komplikationen der FFP-Zufuhr gehören:

- Volumenüberlastung mit Herzinsuffizienz und Lungenödem, besonders bei Herzkranken
- transfusionsassoziierte akute Lungeninsuffizienz (durch Antikörper)
- Reaktionen durch Alloantikörper bei Nichtbeachtung der Blutgruppenverträglichkeit im AB0-System (Ausnahme AB-Plasma).

Bei der Transfusion von GFP muss das Restrisiko der Übertragung von Infektionserregern wie HBV, HCV, CMV, HIV, Yersinien, Treponemen usw. berücksichtigt werden.

26.3.4 Humanalbuminlösungen

Die Lösungen enthalten die isolierte Albuminfraktion von menschlichem Plasma, Globuline fehlen. Die Albuminkonzentration beträgt 96%, der Natriumgehalt 130–160 mmol/l („salzarm“) oder 300 mmol/l.

→ Humanalbuminlösungen sind hepatitissicher und können unabhängig von der Blutgruppe des Empfängers infundiert werden.

Die 5%ige Lösung ist plasmaisoton, die 20%ige Lösung hingegen hyperonkotisch.

Der Preis von Humanalbuminlösungen ist sehr hoch, darum muss sich die Anwendung auf wenige **Indikationen** beschränken:

- akute Hypoproteinämie
- Verbrennungskrankheit
- schwerer Ileus
- hämolytische Erkrankungen von Neugeborenen.

Nicht indiziert ist Humanalbumin bei chronischer Nephrose und Leberzirrhose.

26.3.5 Gerinnungsfaktorenpräparate

Mit Gerinnungspräparaten kann bei angeborenem oder erworbenem Gerinnungsfaktorenmangel eine gezielte Substitutionstherapie durchgeführt werden.

Humanfibrinogen

Das hochreine, virusinaktivierte Präparat enthält 1 oder 2 g gerinnbares Fibrinogen in trockener Form. Dies entspricht dem Fibrinogengehalt von 500–1000 ml Vollblut. Für die Transfusion wird die Substanz mit Aqua dest. aufgelöst, so dass eine 1- bis 2%ige Lösung entsteht.

Indikationen: schwerer Fibrinogenmangel bzw. Plasmafibrinogengehalt unter 100 mg/dl.

Dosierung: Initial 1–2 g, bei schwerstem Fibrinogenmangel (unter 50 mg/dl) bis zu 6 g. Da Fibrinogenkonzentrat das Thrombose- und DIC-Risiko erhöht, sollte vor der Zufuhr eine niedrig dosierte Heparintherapie, evtl. auch eine AT-III-Substitution begonnen werden.

Rekombinanter Faktor VIIa

Eptacog alfa (aktiviert; Präparat NovoSeven) ist der rekombinante Gerinnungsfaktor VIIa (rFVIIa). Das Gerinnungssystem wird am Ort der Verletzung durch Bildung eines Komplexes aus Faktor VIIa und Gewebefaktor (tissue factor, TF, ein membranständiges Glykoprotein) aktiviert. Der Komplex aus TF-FVIIa aktiviert den Faktor X zu FXa, der wiederum aus Prothrombin geringe Mengen Thrombin freisetzt. Thrombin aktiviert die am Verletzungsort adhärenten Thrombozyten. In weiteren Schritten wird dann an der Verletzungsstelle ein stabiles Gerinnsel gebildet.

Die Bolusinjektion von rFVIIa führt zu supraphysiologischen Konzentrationen, die das Gerinnungssystem am Verletzungsort optimal aktivieren.

Lagerung und Haltbarkeit

Rekombinanter Faktor VIIa muss bei +2 bis +8 °C gelagert werden. Das Produkt ist in Packungsgrößen von 60 KIE (1,2 mg), 120 KIE (2,4 mg) und 240 KIE (4,8 mg) erhältlich (KIE = Kilo Internationale Einheiten). Die Haltbarkeit beträgt 2 Jahre.

Indikationen

Das Präparat ist zugelassen für die Behandlung und Prophylaxe schwerer Blutungen bei Operationen an Patienten mit Hemmkörpern gegen Faktor VIII oder IX (Hemmkörperhämophilie).

Pharmakologie

Dosierung von rFVIIa (NovoSeven):
- initial 4,5 KIE/kg (90 µg/kg KG) als i.v. Bolus über 2–5 min
- Erhaltungsdosis: 3–6 KIE/kg KG
- Behandlungsintervalle anfangs 2–3 h; wenn weitere Zufuhr erforderlich: schrittweise auf 4–12 h verlängern

Kontraindikationen

- Simultane Verabreichung von rFVIIa und aktivierten Prothrombinkomplex-Konzentraten nur unter strenger Nutzen-Risiko-Abwägung (Potenzierung der thrombogenen Wirkung).
- Nicht bei bekannter Überempfindlichkeit gegen Mäuse-, Hamster- und Rindereiweiß zuführen.

Faktor-VIII-Konzentrat

Dieses virussichere Präparat dient der Behandlung des kongenitalen Faktor-VIII-Mangels, der **Hämophilie A** sowie zur Substitution bei erworbenem Faktor-VIII-Mangel.

Rekombinante oder hochgereinigte Faktor-VIII-Präparate enthalten keinen von-Willebrand-Faktor (vWF). Im intermediär gereinigten Konzentrat Haemate P (Fa. Behring) ist der Faktor enthalten. Daher kann das Präparat bei Patienten mit von-Willebrand-Syndrom Typ I, IIA, IIB, III und Pseudo-von-Willebrand-Syndrom eingesetzt werden.

! Merke

Für operative Eingriffe bei Hämophilie A sollte präoperativ die Faktor-VIII-Aktivität auf 80–100% angehoben werden, um einen perioperativen Abfall der Aktivität auf unter 30% zu verhindern.

Faktor-IX-Konzentrat

Dieses lyophilisierte Präparat enthält die Faktoren IX, II und X sowie in geringer Menge Faktor VII. Hauptindikation ist die **Hämophilie B** (Faktor-IX-Mangel).

Prothrombinkomplex-Präparat (PPSB)

Das Präparat wird durch Fraktionierung von gepooltem Plasma gewonnen und enthält die Faktoren II, VII, IX und X. Moderne Präparate sind Hepatitisvirus- und HIV-sicher.

Das Präparat wird bei 2–8 °C gelagert, vor der Zufuhr mit Aqua dest. aufgelöst und bei der Infusion filtriert.

Wichtigste **Indikation** für PPSB ist der Faktor-IX-Mangel, die Hämophilie B. Außerdem kann das Präparat **im Notfall** bei Überdosierung von Kumarinpräparaten eingesetzt werden.

- PPSB ist nicht indiziert, um einen durch Kumarinderivate erniedrigten Quick-Wert für einen elektiven chirurgischen Eingriff wieder in den Normbereich anzuheben.
- Bei Verbrauchskoagulopathie und allergisch bedingter Thrombopenie ist PPSB kontraindiziert.

Pharmakologie

Dosierung von PPSB:

1 E/kg hebt den Quick-Wert um 0,5–1% an.

Faktor-XIII-Konzentrat

Das Präparat wird aus menschlichem Plazentagewebe gewonnen und ist in erster Linie bei **schwerem kongenitalem Faktor-XIII-Mangel** indiziert. Erworbener Faktor-XIII-Mangel kann bei akuter Leukämie, chronisch-degenerativen Lebererkrankungen sowie nach ausgedehnten operativen Eingriffen auftreten.

Antithrombin-III-Konzentrat

Die Injektionsflaschen enthalten 500 oder 1000 IE AT III, daneben geringe Mengen an Heparin-Cofaktor II, Albumin und z.T. auch Heparin. Die Präparate sind virusinaktiviert.

Indikationen:

- erworbener oder angeborener AT-III-Mangel: vor jeder Therapie mit Aktivatoren der Blutgerinnung wie PPSB, Faktor IX, Fibrinogen ausgleichen!
- verminderte AT-III-Synthese
- disseminierte intravasale Gerinnung (DIC) bzw. Verbrauchskoagulopathie
- Hämodialyse, Plasmapherese.

Pharmakologie

Dosierung von AT III:

- initial 1500 IE, anschließend 700–1000 IE in 8–24-stündigen Intervallen
- bei Verbrauchskoagulopathie: Aktivität mindestens 80% des Normwerts
- bei gleichzeitiger Heparingabe: nicht mehr als 500 IE Heparin/h zuführen

26.4 Praxis der homologen Bluttransfusion

26.4.1 Beachtung des Transfusionsgesetzes

Bei der Anwendung von Blutprodukten müssen das Transfusionsgesetz und die aktuellen Richtlinien der Bundesärztekammer zur Hämotherapie beachtet werden.

Leitlinien/Empfehlungen
Erforderliche Dokumentation bei jeder Anwendung von Blutprodukten in den Patientenakten (Richtlinien der Bundesärztekammer bzw. Transfusionsgesetz)

- Aufklärung des Patienten über die Risiken der Transfusion und Einwilligungserklärungen des Patienten
- Ergebnis der Blutgruppenbestimmungen und des Antikörpersuchtests
- Anforderungsformular
- bei zellulären Produkten: Produktbezeichnung/Präparatenummer, Hersteller, Blutgruppenzugehörigkeit
- bei Erythrozytenpräparaten und ggf. Granulozytenpräparaten: Kreuzprobe und ABO-Identitätstest
- bei Plasma zur Transfusion: Blutgruppenzugehörigkeit, Hersteller, Produktbezeichnung/Präparatenummer, Packungsgröße, Anzahl der verwendeten Packungen
- bei Plasmaderivaten und bei gentechnisch hergestellten Plasmaproteinen zur Behandlung von Hämostasestörungen: Hersteller, Produktbezeichnung, Chargennummer, Packungsgröße und Anzahl der verwendeten Packungen
- Datum und Uhrzeit der Verabreichung der Blutprodukte
- anwendungsbezogene Wirkungen durch geeignete Laborparameter (z.B. Hämatokrit, Thrombozytenzahl) oder anhand klinischer Parameter
- unerwünschte Wirkungen mit Datum/Uhrzeit und nach geltenden Vorschriften.

Bei **Eigenblut** sind diese Vorschriften sinngemäß anzuwenden.
Die Aufzeichnungen einschließlich der mit EDV erfassten Daten müssen mindestens 15 Jahre lang aufbewahrt werden und zu Zwecken der Rückverfolgung unverzüglich verfügbar sein.

Unterrichtspflichten

Unerwünschte Ereignisse im Zusammenhang mit der Anwendung von Blutprodukten und gentechnisch hergestellten Plasmaproteinen zur Behandlung von Gerinnungsstörungen muss der behandelnde Arzt dem Transfusionsbeauftragten und dem Transfusionsverantwortlichen mitteilen.

Nicht verwendete Blutprodukte

Nicht verwendete Blutprodukte müssen innerhalb der Einrichtungen der Krankenversorgung sachgerecht gelagert, transportiert, abgegeben oder entsorgt werden.

- Transport und Abgabe von Blutprodukten aus zellulären Blutbestandteilen und Frischplasma dürfen nur nach einem schriftlich festgelegten Verfahren erfolgen.
- Dem Patienten nicht zugeführte **Eigenblutentnahmen** dürfen nicht bei anderen Personen verwendet werden.
- Der Verbleib nicht angewandter Blutprodukte muss dokumentiert werden.

Nachprüfbarkeit der Indikationen

Wegen der schwerwiegenden Risiken muss die Indikation zur Transfusion von Blutprodukten sehr streng gestellt werden und nachprüfbar sein.

> **Leitlinien/Empfehlungen**
> **Leitlinie der Bundesärztekammer 2005**
> Die Indikation für die Transfusion von Blutprodukten und von gentechnisch hergestellten Gerinnungspräparaten muss aus der dokumentierten Diagnose (insbesondere Laborbefunde; ggf. klinische Befunde) hinreichend ersichtlich sein. Ein Abweichen der Indikation von den Leitlinien zur Hämotherapie muss begründet werden.

26.4.2 Bereitstellung von Blut

Allgemein werden, je nach Ausdehnung der Operation, zwischen 2 und 8 Konserven präoperativ bereitgestellt. Die unnötige Bereitstellung von Blutprodukten muss strikt vermieden werden.

26.4.3 Verantwortung für die Transfusion im OP

Intraoperativ entscheidet der Anästhesist, ob, zu welchem Zeitpunkt und in welchem Umfang eine Transfusion von Blut oder Blutkomponenten erforderlich ist. Damit liegt bei ihm allein die volle ärztliche und rechtliche Verantwortung für die rechtzeitige Transfusion. Dies gilt auch für Tranfusionen im Aufwachraum.

26.4.4 Aufklärungspflicht über Transfusionsrisiken

Vor allen invasiven und operativen Eingriffen, bei denen intra- und perioperativ eine Transfusion „ernsthaft in Betracht kommt", muss der Arzt den Patienten rechtzeitig über die **Risiken einer Fremdbluttransfusion** (homologe Transfusion) und die **Möglichkeit einer Eigenbluttransfusion** (autologe Transfusion) aufklären.

Hinzuweisen ist auf folgende Risiken, auch wenn sie teilweise extrem gering sind:
- HIV-Infektion
- Posttransfusionshepatitis
- immunologisch bedingte Nebenwirkungen
- Nebenwirkungen aus anderer Ursache.

26.4.5 Bluttransfusion bei Zeugen Jehovas

Zeugen Jehovas verweigern in der Regel jede Transfusion von Blut und Blutprodukten, meist auch die von Autotransfusionsblut. Aus dieser juristisch wirksamen Ablehnung folgt:

> **! Merke**
> Ärzte sind nicht berechtigt, bei Zeugen Jehovas gegen deren Willen Blut zu transfundieren, auch wenn hierdurch ihr Leben gerettet werden würde!

Folgendes muss nach Weißauer beachtet werden:
- Keine elektiven Operationen, bei denen eine Bluttransfusion vorhersehbar zwingend erforderlich sein wird.

- Akut lebensrettende Operationen müssen dagegen auch dann durchgeführt werden, wenn eine hohe Wahrscheinlichkeit besteht, dass eine Bluttransfusion erforderlich werden kann. Der Anästhesist muss an dem Eingriff mitwirken.
- Bei elektiven Operationen muss der Anästhesist zustimmen, da er die volle ärztliche und rechtliche Verantwortung für die Indikation und die Durchführung der intraoperativen Transfusion trägt. Er kann aber seine Mitwirkung verweigern.
- Droht der Patient zu verbluten, so handelt der Arzt auch dann rechtmäßig, wenn er – dem Willen des Patienten entsprechend – keine Transfusion durchführt und der Patient stirbt. Transfundiert der Arzt dennoch, ist sein Vorgehen als Körperverletzung zu werten (zivilrechtliche Haftung für die möglichen Folgen).

Vorgehen bei nicht volljährigen Kindern von Zeugen Jehovas. Verweigern die Eltern ihre Einwilligung in eine lebensnotwendige Bluttransfusion, so muss sich der Arzt an das Vormundschaftsgericht wenden, um eine Entscheidung herbeizuführen. In Notfällen muss er sich über die Entscheidung der Eltern hinwegsetzen.

26.4.6 Durchführung der Transfusion

Serologische Untersuchungen

Zunächst werden 5 ml nichthämolytisches Patientenblut für folgende serologische Untersuchungen entnommen:

- Blutgruppe
- Rhesus-Faktor
- Antikörpersuchtest
- Kreuzprobe.

Probenröhrchen und des Blutanforderungsschein müssen sorgfältig ausgefüllt werden, um Verwechslungen zu vermeiden.

→Bei unbekannten Notfallpatienten sichere Erkennungsmerkmale anbringen.

Transport und Aufbewahrung

Blutkonserven werden in Kühltaschen transportiert (Transporttemperatur s. ▶ Tab. 26-5)

- Nicht sofort zu transfundierendes Blut wird im erschütterungsfreien **Blutkühlschrank** im OP-Bereich aufbewahrt (Temperatur s. ▶ Tab. 26-5).
- Das Blut muss übersichtlich, nach Patienten geordnet, gelagert werden, um die Kühlkette nicht zu unterbrechen; die Lagerungstemperaturen sind zu dokumentieren.

! Merke

Die Kühlkette gilt als unterbrochen, wenn die Bluttemperatur auf über 8 °C angestiegen ist.

Dies kann bereits geschehen, wenn die Konserve länger als 15 min bei Zimmertemperatur aufbewahrt wird.

Nicht benötigtes Blut wird der Blutbank umgehend und ebenfalls ohne Unterbrechung der Kühlkette zurückgegeben.

Tab. 26-5 Temperatur für die Lagerung und den Transport von Blutprodukten

Produkt	Lagerung	Transport
Erythrozyten	+4 ± 2°	+1 bis +10°
Thrombozyten	+22° ± 2° unter ständiger Agitation	Raumtemperatur
gefrorenes Frischplasma	−30° bis −40° (Toleranz +3°)	tiefgefroren
gefrorenes Frischplasma aufgetaut	zur sofortigen Transfusion	Raumtemperatur

Identitätssicherung

Unmittelbar vor der Transfusion muss der transfundierende Arzt **persönlich** die Daten auf dem Konservenbegleitschein und dem Etikett der Konserve sowie die Identität des Empfängers überprüfen, außerdem die Unversehrtheit der Konserve.

Des Weiteren muss vom Arzt oder unter seiner direkten Aufsicht am Patienten erneut ein **AB0-Identitätstest mit Testkarten** durchgeführt werden, um eine Verwechslung der Blutgruppen zu verhindern bzw. die vorher bestimmten AB0-Blutgruppenmerkmale des Empfängers zu bestätigen (▶ Abb. 26-1). Das Ergebnis ist **schriftlich** festzuhalten.

Durchführung der Transfusion

✓ **Praktisches Vorgehen**

Bluttransfusion

1. Zunächst Blutdruck und Herzfrequenz bestimmen, dann mit der Transfusion beginnen. Konserve getrennt von anderen Infusionen einlaufen lassen; keine Medikamente in die Konserve geben.
2. In den ersten 10–30 min während der Transfusion ist **besondere Aufmerksamkeit** geboten. Die Transfusionsgeschwindigkeit sollte, mit Ausnahme von Notfällen, während dieser Zeit nicht mehr als **5 ml/min** betragen.
3. Treten keine Zeichen einer Unverträglichkeit auf, so kann die Transfusionsgeschwindigkeit gesteigert werden. Bei alten Patienten sowie Herzkranken und Kindern muss jedoch langsamer transfundiert werden.
4. Treten Transfusionsreaktionen auf, Blutzufuhr sofort unterbrechen und die in ▶ Kap. 26.5.1 beschriebenen Maßnahmen ergreifen.
5. Während der Transfusion Blutdruck und Herzfrequenz kontrollieren.
6. Beginn und Ende der Transfusion sowie Besonderheiten während der Transfusion und die Verträglichkeit im Narkoseprotokoll vermerken.
7. Transfusionsbeutel mit dem enthaltenen Restblut 24 h bei 2–8 °C für evtl. erforderliche serologische Nachuntersuchungen aufbewahren.

Notfalltransfusion. Eine notfallmäßige Transfusion darf nur bei vitaler Indikation durchgeführt werden. Die entsprechende Blutanforderung muss vom zuständigen Anästhesisten schriftlich als „Notfall“ gekennzeichnet werden. Er trägt auch die Verantwortung für das erhöhte Transfusionsrisiko.

- Vor der Notfalltransfusion muss ein AB0-Identitätstest durchgeführt werden.
- In Ausnahmefällen darf bei vitaler Indikation Erythrozytenkonzentrat der Blutgruppe 0, möglichst rh-negativ, transfundiert werden.

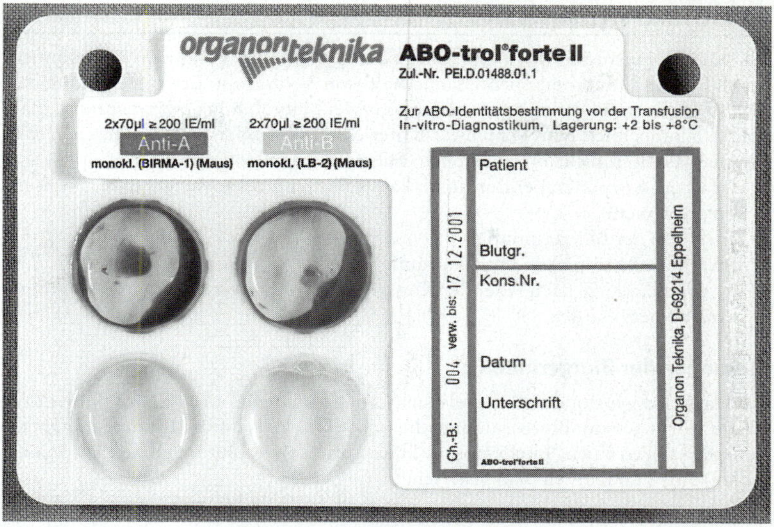

Abb. 26-1 Testkarte zur Bestimmung der ABO-Identität des Empfängers unmittelbar vor der Transfusion.

26.4.7 Vorgehen bei akuten Blutverlusten

Bei der Indikationsstellung sollte Folgendes beachtet werden: Verluste von mehr als 30% des Blutvolumens können nicht kompensiert werden, wohl aber **Erythrozytenverluste bis zu 65%**, wenn das intravasale Volumen aufrechterhalten wird. Darum gilt:

→ Im Notfall geht Volumenersatz vor Erythrozytenersatz!

Praktisches Vorgehen

Akute Blutverluste

1. **Blutverluste von weniger als 15% des Blutvolumens (≤ 750 ml):** keine Bluttransfusion erforderlich, außer bei Anämie oder fehlenden Kompensationsmechanismen durch schwere pulmonale oder kardiovaskuläre Erkrankungen.
2. **Blutverluste von 15–30% (800–1500 ml):** Volumenersatz durch Kristalloide/Kolloide erforderlich; Bluttransfusion eher nicht notwendig, außer bei Anämie, anhaltenden Blutverlusten oder eingeschränkter kardiovaskulärer Reserve.
3. **Blutverluste von 30–40% (1500–2000 ml):** rascher Volumenersatz durch Kristalloide/Kolloide; Bluttransfusionen wahrscheinlich ebenfalls erforderlich.
4. **Blutverluste von > 40% (> 2000 ml):** rascher Volumenersatz einschließlich Bluttranfusionen erforderlich.
5. Sind die **plasmatischen Gerinnungsfaktoren** durch Verlust und/oder Verdünnung so weit abgesunken, dass eine plasmatisch bedingte Gerinnungsstörung auftritt, sollten initial mindestens 3–4 Einheiten FFP zugeführt werden.
6. Sind die **Thrombozyten** bei akuten Blutverlusten auf unter 30 000–50 000/µl abgefallen und besteht eine thrombozytäre Blutungsneigung, sollten Thrombozytenkonzentrate infundiert werden, ebenso bei bekannter Thrombozytenfunktionsstörung.

26.4.8 Massivtransfusion

Als Massivtransfusion wird der Ersatz mindestens des gesamten Blutvolumens durch Blut und Blutkomponenten innerhalb von 3–4 h (beim Erwachsenen mindestens 10 Erythrozytenkonzentrate) oder von zwei Blutvolumina oder mehr innerhalb von 24 h bezeichnet. Nur wenn diese Kriterien erfüllt sind, ist mit spezifischen Risiken der Massivtransfusion zu rechnen. Hierzu gehören vor allem:

- Abfall der Körpertemperatur durch kaltes Blut in großer Menge (daher Konserven erwärmen!)
- Störungen der Blutgerinnung
- Zitratintoxikation bzw. Hypokalzämie
- Hyperkaliämie, je nach Alter der Konserve und meist erst, wenn < 120 ml/min transfundiert werden.

Störungen der Blutgerinnung

Bei Massivtransfusionen entwickeln sich häufig komplexe, meist multifaktoriell bedingte Störungen der Blutgerinnung, die sich klinisch als diffuse Blutung im Operationsgebiet, Petechien, Ekchymosen, Hämaturie sowie Blutungen aus Punktionsstellen und Wundnähten manifestieren.

Hauptursachen:

- Verlust, Verbrauch und Verdünnung von Gerinnungsfaktoren und Thrombozyten
- ungenügende Synthese und Mobilisation von Thrombozyten und Gerinnungsfaktoren bei Schock, Leberschaden und toxischer Einschwemmung von Gerinnungsfaktoren
- Funktionsstörungen von Gerinnungsfaktoren und Thrombozyten durch Hypothermie (bereits bei Abfall der Körpertemperatur um 1 °C)
- disseminierte intravasale Gerinnung (DIC).

! Merke

- Ab Thrombozytenwerten von weniger als 50 000–80 000/μl muss mit einer thrombozytopenischen Blutung gerechnet werden. Bei diesen Werten ist während massiver Blutverluste die Zufuhr von Thrombozytenpräparaten indiziert.
- Bei Verlängerung der plasmatischen Gerinnungszeiten sollten 2 Einheiten FFP zugeführt werden.

Während einer Massivtransfusion sollten regelmäßig Quick-Wert, PTT, Fibrinogen und Thrombozytenzahl kontrolliert werden.

Zitratintoxikation

Das in den Blutkonserven enthaltene Zitrat bindet Kalzium im Empfängerorganismus. Hierdurch kann in seltenen Fällen eine Zitratintoxikation bzw. ein Mangel an ionisiertem Kalzium auftreten, außerdem eine metabolische Alkalose.

Zeichen der Hypokalzämie:

- Blutdruckabfall
- Anstieg des zentralen Venendrucks und des linksventrikulären enddiastolischen Drucks
- EKG: Verlängerung des QT-Intervalls.

Werden weniger als 120 ml/min Erythrozytenkonzentrat zugeführt, ist nicht mit einer Hypokalzämie zu rechnen.

! Merke

Kalzium sollte nicht routinemäßig mit den Konserven injiziert werden, sondern nur dann, wenn das ionisierte Kalzium im Serum erniedrigt ist oder im EKG die Zeichen der Hypokalzämie nachweisbar sind.

Dosierung:
- 2–5 ml Kalziumchlorid 10% pro 500 ml Blut oder
- 10–20 ml Kalziumglukonat 10% pro 500 ml Blut.

✓ Praktisches Vorgehen

Massivtransfusionen
1. Alle Konserven erwärmen (max. 42 °C).
2. Möglichst frische, d.h. nicht mehr als wenige Tage alte Erythrozytenkonzentrate in additiver Lösung transfundieren.
3. Verhältnis Erythrozytenkonzentrat zu FFP 3:1 oder 1:1 – je nach plasmatischer Gerinnung und klinischer Situation.
4. Blutgerinnung wiederholt kontrollieren. Zielparameter der plasmatischen Gerinnung: Quick > 40–50%, PTT < 55 s, Fibrinogenkonzentration bei > 100 mg/dl.
5. Bei Thrombozyten < 5000/µl und nach Transfusion von 10–20 Einheiten Erythrozytenkonzentrat: 6 Thrombozytenkonzentrate; zu erwartender Thrombozytenanstieg pro Konzentrat: 5000–10 000/µl.
6. Wenn Fibrinogen < 100 mg/dl: 2 Einheiten Frischplasma; wenn nicht ausreichend wirksam: Fibrinogenkonzentrat, 80–100 mg/kg oder Kryopräzipitat, 1–1,5 U pro 10 kg KG.
7. Regelmäßige Kontrollen von Hämoglobingehalt, Hämatokrit, Blutgasen, Säure-Basen-Parametern, Elektrolyten und Blutzucker.

26.5 Komplikationen durch Blutderivate

Hauptursache tödlicher Zwischenfälle ist die hämolytische Transfusionsreaktion. Spätkomplikationen werden vor allem durch transfusionsvermittelte Infektionen hervorgerufen.

26.5.1 Hämolytische Transfusionsreaktion (Sofortreaktion)

Hämolytische Transfusionsreaktionen beruhen zumeist auf einer **Unverträglichkeit im AB0-System**, hervorgerufen durch die **fehlerhafte Übertragung von Blut einer falschen Blutgruppe.**

Am häufigsten ist die Reaktion zwischen Antikörpern im Empfängerblut und Spendererythrozyten. Die hieran beteiligten regulären Isoantikörper Anti-A und Anti-B können innerhalb weniger Minuten durch Aktivierung des Komplementsystems sämtliche fehltransfundierten Erythrozyten zerstören (Sofortreaktion).

Klinisches Bild

Reaktionen mit starken Antikörpern wie Anti-A oder Anti-B beginnen sofort nach der Transfusion von wenigen Millilitern Blut.

Patient wach:
- brennendes Gefühl entlang der Transfusionsvene
- Engegefühl, Unruhe, Übelkeit
- Schüttelfrost und Fieber, kalter Schweiß
- Kreuz-, Brust- und Kopfschmerzen
- Tachypnoe, Tachykardie und Blutdruckabfall, Schock.

Patient in Narkose:
- Hämolyse (klinisch nicht sichtbar)
- Hämoglobinurie (wenn Blasenkatheter in situ vorhanden)
- diffuse Blutung im Operationsgebiet
- Blutdruckabfall.

! Merke

Hämolyse und Hämoglobinurie müssen immer den Verdacht auf eine Transfusionsreaktion wecken!

Die wichtigsten **Komplikationen** der hämolytischen Transfusionsreaktion sind:
- akutes Nierenversagen durch das Stroma der zerstörten Erythrozyten
- DIC mit nachfolgender Blutung (Verbrauchskoagulopathie).

Therapie

Beim geringsten Verdacht auf eine Transfusionsreaktion muss die Transfusion sofort unterbrochen werden, denn das Ausmaß der Komplikationen hängt direkt von der **zugeführten Blutmenge** ab. Die wichtigsten therapeutischen Schritte sind nachfolgend zusammengefasst:

! Praktisches Vorgehen

Sofortbehandlung der hämolytischen Transfusionsreaktion

1. Transfusion sofort abbrechen, Blutkonserve aufbewahren.
2. Blutdruckabfall mit Volumenzufuhr und Vasopressoren (z.B. Noradrenalin) behandeln.
3. Kortikosteroide in hohen Dosen i.v., z.B. Dexamethason
4. Urinausscheidung auf mindestens 75–100 ml/h steigern:
   - Volumenzufuhr
   - Furosemid oder Mannitol
   - Urin mit 40–70 mval Natriumbikarbonat alkalisieren (umstritten).
5. Bei besonders schweren Reaktionen: Austauschtransfusion und/oder Dialysebehandlung.

Außerdem müssen bei Transfusionsreaktionen alle Blutproben- und Konservenreste von Empfänger und Spender aufbewahrt und untersucht werden.

26.5.2 Verzögerte hämolytische Reaktion

Die verzögerte hämolytische Transfusionsreaktion kann vermutlich durch Antikörper gegen Antigene aller Blutgruppensysteme induziert werden (z.B. Kell, Duffy, Kidd). Fieber, Hb-Abfall, Hämoglobinurie und Ikterus treten 5–7 Tage oder später nach der Blutübertragung auf. Nierenversagen ist selten. Therapie ist meist nicht erforderlich.

26.5.3 Allergische Reaktion

Im Gegensatz zur Alloimmunreaktion gegen Zellen (hämolytischer Transfusionszwischenfall) werden allergische Reaktionen durch Antikörper gegen lösliche Plasmabestandteile hervorgerufen. Bei bekannter Allergie wird folgende Prophylaxe empfohlen:

- Gabe von H_1- und H_2-Rezeptoren-Blockern (Antihistaminika) per os oder parenteral.
- Gabe von Kortikosteroiden bei vorangegangenen schweren allergischen Reaktionen.

26.5.4 Fieberreaktion

Nichthämolytische Fieberreaktionen treten meist etwa 30 min bis 2 h nach Beginn der Transfusion auf, gelegentlich jedoch bereits innerhalb von 5 min. Häufigste Ursache sind zytotoxische Antigen-Antikörper-Reaktionen, ausgelöst durch leukozyten- und thrombozytenspezifische Antigene.

Die **Therapie** ist symptomatisch: sofort Transfusion abbrechen, zumal die Zeichen anfangs oft nicht von einer beginnenden hämolytischen Reaktion zu unterscheiden sind. Außerdem Antipyretika i.v.; Antihistaminika sind wirkungslos und darum nicht indiziert.

26.5.5 Reaktion auf bakterielle Toxine

Ist die Konserve bakteriell verunreinigt, so kann bereits nach der Transfusion von nur wenigen Millilitern Blut eine schwere Transfusionsreaktion mit foudroyantem Verlauf ausgelöst werden. Die Reaktion entsteht durch bakterielle Toxine.

26

26.5.6 Transfusionsassoziierte akute Lungeninsuffizienz (TRALI)

Diese immunologisch ausgelöste Transfusionsreaktion ist zwar selten, nach dem hämolytischen Transfusionszwischenfall jedoch die zweithäufigste transfusionsassoziierte Todesursache. Das klinische Bild ist dem des ARDS vergleichbar, die Prognose jedoch besser.

Diagnose: Der Nachweis von Antikörpern gegen Granulozyten beim Spender oder Empfänger sichert zusammen mit dem klinischen Bild die Diagnose.

Therapie: sofortiger Abbruch der Transfusion! Meist ist eine maschinelle Unterstützung der Atmung erforderlich, bei Bedarf auch kardiovaskuläre Medikamente.

26.5.7 Transfusionsinduzierte Graft-versus-Host-Krankheit (TI-GVHD)

Die TI-GVHD entsteht durch Ansiedlung immunkompetenter Lymphozyten (T-Zellen) des Spenders im Empfänger. Das Vollbild tritt 4–30 Tage nach Transfusion auf, gekennzeichnet durch Fieber, Hautausschläge, Darmkrämpfe, Diarrhö, Hepatitis usw. und verläuft in der Regel tödlich. Die Diagnose wird durch Nachweis von Spenderlymphozyten im Empfänger gesichert.

→ Die TI-GVHD kann durch Bestrahlung aller Blutkomponenten mit 30 Gy verhindert werden.

26.5.8 Posttransfusionshepatitis (PTH)

Die Posttransfusionshepatitis ist eine Spätkomplikation der Transfusion von Blut und Blutkomponenten, die bis zu 6 Monate nach der Transfusion auftreten kann. Ursache ist die Übertragung von **Hepatitis-B-Virus** (HBV) oder **Hepatitis-C-Virus** (**HCV; früher Non-A-non-B-Virus**). Hepatitis A und Hepatitis E sind für die Transfusionsmedizin von wesentlich geringerer Bedeutung.

- Hepatitis C: 90% aller Transfusionshepatitiden; Infektionsrisiko: < 1 auf 5 Millionen transfundierte Einheiten
- Hepatitis B: 10% aller Transfusionshepatitiden; Infektionsrisiko: 1 auf 400 000 transfundierte Einheiten.

26.5.9 Transfusionsassoziierte HIV-Infektion

Grundsätzlich können HI-Viren durch Vollblut, Blutzellprodukte, Gerinnungsfaktoren und Plasma übertragen werden.

- Infektionsrisiko < 1 auf 3 Millionen transfundierte Einheiten
- Um das Restrisiko einer HIV-Übertragung weiter zu senken, sollte die Indikation für eine homologe Transfusion von Blut(bestandteilen) sehr streng gestellt werden.

26.6 Autologe Bluttransfusion

26

Bei der autologen Bluttransfusion sind Spender und Empfänger identisch. Um Fremdblut zu sparen, muss die autologe Transfusion aber durch weitere Maßnahmen ergänzt werden. Hierzu gehören: blutsparendes Operieren, strenge Indikationsstellung für Bluttransfusionen, Akzeptieren niedriger Hämatokritwerte, evtl. adjuvante Maßnahmen wie kontrollierte Hypotension und Aprotinin.

Bei der autologen Transfusion werden im Wesentlichen folgende Techniken angewandt:

- präoperative Eigenblutspende
- präoperative isovolämische Hämodilution
- intraoperative maschinelle Autotransfusion.

26.6.1 Präoperative Eigenblutspende

Bei diesem Verfahren wird dem Patienten eigenes Blut oder Plasma (Plasmapherese) für einen geplanten operativen Eingriff entnommen, konserviert und bei Bedarf retransfundiert. Das Eigenblut kann als Vollblut oder in Komponenten aufgetrennt, flüssig oder tiefgefroren gelagert werden.

Je nach Eingriff und zu erwartendem Blutverlust werden meist bis zu drei Entnahmesitzungen durchgeführt.

Indikationen und Auswahl der Spender

Grundsätzlich ist die Eigenblutspende indiziert bei operativen Eingriffen, die erfahrungsgemäß mit wesentlichen Blutverlusten einhergehen und für die gewöhnlich Fremdblut bereitgestellt wird.

! Merke
Als wesentliche Voraussetzung für die präoperative Blutentnahme gilt ein Hb-Wert von ≥ 11 g/dl bzw. ein Hämatokrit von ≥ 34%.

Für Plasmapheresen sollte das Gesamteiweiß 6 g/dl betragen.

Kontraindikationen

Bei folgenden Patienten sollte keine Eigenblutspende durchgeführt werden:
- Anämie: Hb < 11 g/dl bzw. Hämatokrit < 34%
- instabile Angina pectoris
- hochgradige koronare Hauptstammstenose
- Linksherzinsuffizienz
- Aortenstenose Grade III und IV
- Störungen der Blutgerinnung
- schwere pulmonale Erkrankungen
- akute Infektionskrankheiten, Bakteriämie.

Aufklärung, Einwilligung und Zuständigkeit

Ist bei planbaren Operationen eine Bluttransfusion „ernsthaft in Betracht zu ziehen", so muss der Patient nach den Richtlinien der Bundesärztekammer auf die Eigenblutspende einschließlich deren Risiken als Alternative zur Transfusion von Fremdblut hingewiesen werden, soweit für ihn diese Möglichkeit besteht. Bei der Eigenblutherstellung müssen grundsätzlich die „Richtlinien zur Blutgruppenbestimmung und Bluttransfusion" beachtet werden.

Zuständigkeit: Die rechtliche Verantwortung für die Initiative und Herstellung von Eigenblutkonserven bei geeigneten Patienten trägt der Operateur, denn nur er kann rechtzeitig (= mehrere Wochen) vor dem geplanten Eingriff die Eigenblutspende veranlassen.

Entnahme des Blutes

Bei der Entnahme müssen die Richtlinien zur Blutgruppenbestimmung und Bluttransfusion beachtet werden.

Beim **Standardverfahren** wird alle 4–7 Tage (bzw. 1-mal/Woche) 1 Einheit Vollblut gespendet und möglichst in je 1 Erythrozytenkonzentrat und 1 Frischplasma (GFP bzw. FFP) aufgetrennt. Die letzte Entnahme erfolgt spätestens 3 Tage vor der Operation.

→ Die Konserven müssen entsprechend den Richtlinien für Fremdblut gekennzeichnet werden.

Transfusion

Die Transfusion von Eigenblut muss indiziert sein, d.h., die bloße Verfügbarkeit von Eigenblut ist allein kein ausreichender Grund zur Retransfusion!
- Nicht benötigte Konserven dürfen auf keinen Fall für die homologe Bluttransfusion verwendet werden.
- Unmittelbar vor der Transfusion muss der transfundierende Arzt einen **AB0-Identitätstest** durchführen; eine Kreuzprobe ist hingegen nicht erforderlich.

26.6.2 Präoperative isovolämische Hämodilution

Bei der isovolämischen bzw. normovolämischen Hämodilution wird unmittelbar präoperativ Blut entnommen und anschließend durch kolloidale Lösungen ersetzt. Die Verdünnung des Blutes führt zum Abfall des Hämatokriten, so dass bei Blutungen entsprechend weniger Erythrozyten verloren werden. Das entnommene Warmblut enthält neben den Erythrozyten auch alle Thrombozyten und Gerinnungsfaktoren.

Auswirkungen der akuten Hämodilution

Durch die Hämodilution werden die Fließeigenschaften des Bluts verbessert; der periphere Gefäßwiderstand fällt ab, der venöse Rückstrom nimmt zu; die Herzfrequenz ändert sich nicht, solange Normovolämie besteht, d.h. sich keine Hypovolämie entwickelt.

Den akuten Abfall des Hämoglobingehalts kompensiert der Organismus durch Steigerung des Herzzeitvolumens und/oder vermehrte Ausschöpfung von Sauerstoff aus dem Blut.

→ Hämatokritwerte von 25 % sollten nur ausnahmsweise unterschritten werden.

Indikationen und Auswahl der Patienten

Nach einer Konsensuskonferenz ist die akute Hämodilution indiziert, wenn Blutverluste von mehr als 1 Liter zu erwarten sind. Die Indikation muss aber individuell gestellt werden; das Lebensalter ist für sich genommen kein begrenzender Faktor.

26

Die Kontraindikationen entsprechen im Wesentlichen denen der Eigenblutspende (s.o.).

Praktisches Vorgehen

Das Blut wird unmittelbar vor der Operation, entweder vor oder nach der Narkoseeinleitung, entnommen und in Standardbeuteln mit Antikoagulans-Stabilisator-Zusatz (z.B. 70 ml CPDA-1) aufgefangen.

→ Die Entnahmemenge beträgt 7,5–20 ml/kg. Nach einer Faustregel fällt der Hämoglobinwert pro entnommener Einheit Blut um ca. 1 g/dl ab.

> **! Merke**
> Bei der Entnahme sollten Hämoglobinwerte von 10 g/dl in der Regel nicht unterschritten werden.

- **Überwachung:** Bei der Entnahme ist eine lückenlose Überwachung von Blutdruck und Herzfrequenz erforderlich. Bei älteren Patienten darf das Blut nicht zu schnell entnommen werden, weil die kardiovaskulären Kompensationsreaktionen meist eingeschränkt sind oder verzögert einsetzen.
- **Beschriftung der Konserven:** Eine standardisierte Kennzeichnung der Konserven ist erforderlich, um Verwechslungen auszuschließen: Name, Vorname, Geburtsdatum, Entnahmezeitpunkt und der Begriff „Eigenblut". Bei Abnahme mehrerer Konserven sollten die Beutel entsprechend der Reihenfolge nummeriert werden.
- **Aufbewahrung der Konserven:** Um die Vorteile der Warmblutkonserve (Thrombozyten!) zu erhalten, sollte das Blut bei Raumtemperatur im OP aufbewahrt

werden. Wird das Blut jedoch vermutlich nicht innerhalb von 6 h nach der Entnahme retransfundiert, so ist eine Kühlung erforderlich.

- **Ersatz des entnommenen Blutes:** Unmittelbar nach der Entnahme muss das Blut durch künstliche Kolloide ersetzt werden, um die Normovolämie zu erhalten.
- **Maßnahmen vor der Retransfusion:** Erfolgt die Retransfusion noch im Operationssaal durch den gleichen Arzt, der zuvor das Blut im Einleitungsraum oder Operationssaal entnommen hat, kann auf einen AB0-Identitätstest verzichtet werden.
- **Zeitpunkt der Retransfusion:** Das Blut sollte möglichst erst nach Stillung größerer Blutungen (über Standardfilter) retransfundiert werden, und zwar in umgekehrter Reihenfolge der Entnahme, d.h. zuerst die als letzte entnommene Konserve, zum Schluss die als erste entnommene mit dem höchsten Hämatokriten und den meisten Thrombozyten und Gerinnungsfaktoren.

Komplikationen

Beim sonst Gesunden sind, selbst bei sehr tiefen Hämoglobinwerten, keine wesentlichen Komplikationen zu erwarten, sofern die Normovolämie aufrechterhalten wird.

- Hirn- und Myokardischämie bei Patienten mit schwerwiegenden Gefäßstenosen
- Tachykardie: meist durch Hypovolämie bedingt; muss sofort korrigiert werden.

26.6.3 Intraoperative maschinelle Autotransfusion

Bei der maschinellen Autotransfusion wird das Blut aus dem Operationsgebiet abgesaugt, in einer **Zellwaschzentrifuge** „gewaschen" und anschließend retransfundiert. Das gewaschene Blut enthält kein Plasma, sondern nur noch Erythrozyten. Die Aufbereitung des Blutes dauert, je nach Maschine, ca. 3–8 min; gewonnen werden können ca. 50–70% des verlorenen Blutes. Das Blut muss wegen der Gefahr der bakteriellen Kontamination innerhalb von 6 h retransfundiert werden.

Indikationen und Kontraindikationen

Die maschinelle Autotransfusion ist indiziert, wenn Blutverluste von mehr als 1000 ml zu erwarten sind. Die Retransfusion erfolgt sofort nach der Aufarbeitung.

Als Kontraindikationen gelten derzeit die Tumorchirurgie, Eingriffe in infizierten Wundgebieten sowie septische Zustandsbilder.

Nebenwirkungen und Komplikationen

Bei Zufuhr großer Mengen aufbereiteten Blutes kann eine Verdünnungskoagulopathie auftreten, da der Plasmaanteil fehlt. In diesen Fällen sollte GFP (wenn möglich autolog) substituiert werden. Eine sinnvolle Ergänzung der maschinellen Autotransfusion ist außerdem die präoperative Hämodilution, durch die autologes Warmblut zur Verfügung gestellt wird.

Literatur

Carless P, Moxey A, O'Connell D, Henry D: Autologous transfusion techniques: a systematic review of their efficacy. Transfus Med 2004, 14(2):123–44. Review.

Mueller-Eckhardt C, Kiefel V (Hrsg.): Transfusionsmedizin 3. Aufl. Springer, Berlin–Heidelberg–New York 2004.

Singbartl G, Walther-Wenke G: Transfusionspraxis. Perioperatives Management. Springer, Berlin 2003.

Leitlinien/Empfehlungen

American Society of Anesthesiologists: Practice Guidelines for perioperative blood transfusion and adjuvant therapies. Anesthesiology 2006, 105:198–208 und unter www.asahq.org

Bundesärztekammer. Richtlinien zur Gewinnung von Blut und Blutbestandteilen und zur Anwendung von Blutprodukten (Hämotherapie) – aufgestellt von der Bundesärztekammer im Einvernehmen mit dem Paul-Ehrlich-Institut – Gesamtnovelle 2005. Deutscher Ärzte-Verlag und unter www.bundesaerztekammer.de/page.asp?his=0.6.3288; Änderungen und Ergänzungen 2007: www.bundesaerztekammer.de/page.asp?his=0.6.3288

Bundesärztekammer: Muster-Arbeitsanweisung zur Transfusion von Erythrozytenkonzentraten (EK) vom 16.12.05. www.bundesaerztekammer.de

27 Kontrollierte Hypotension

Nach einer gebräuchlichen Definition ist die kontrollierte Hypotension eine pharmakologisch induzierte Blutdrucksenkung auf einen systolischen arteriellen Druck von 80–85 mm Hg oder einen mittleren arteriellen Druck zwischen 50 und 65 mm Hg.

Ziele:
- weniger Blutungen im Operationsgebiet, z.B. bei mikrochirurgischen Eingriffen
- geringere operative Blutverluste, z.B. bei orthopädischen Eingriffen
- Senkung der Wandspannung im Aneurysmasack und damit der Rupturgefahr bei Hirnaneurysma-Operation (kaum noch eingesetzt).

27.1 Indikationen

Die Indikationen zur kontrollierten Hypotension sind umstritten und in den letzten Jahren zunehmend eingeengt worden. Die wichtigsten Indikationen sind in ▶ Tabelle 27-1 zusammengestellt.

27.2 Kontraindikationen

Hauptgefahr der kontrollierten Hypotension ist eine **unzureichende Durchblutung der Organe,** darum sollte die Technik bei folgenden Erkrankungen nicht angewendet werden:
- Herzinsuffizienz
- koronare Herzerkrankung
- Herzklappenfehler
- Hypertonie
- Arteriosklerose der Hirngefäße
- ausgeprägte Anämie

Tab. 27-1 Indikationen für die kontrollierte Hypotension
Hals-Nasen-Ohren-Heilkunde
• Operationen am Mittelohr • Tumorchirurgie, z.B. totale Laryngektomie mit Neck-Dissection
Mund-Kiefer-Gesichts-Chirurgie
• Tumoroperationen • Osteotomien im Bereich des Gesichtsschädels
Orthopädie und Unfallchirurgie
• Wirbelkörperersatz • Wirbelsäulen- und Beckenosteosynthesen • Skolioseoperationen
Tumorchirurgie
• Duodenopankreatektomie • abdominoperineale Rektumexstirpation • radikale Prostatektomie
Neurochirurgie
• intrakranielle Aneurysmen (kaum angewandt) • arteriovenöse Fehlbildungen wie Angiome • gefäßreiche Tumoren

- erhöhter Hirndruck
- Hypovolämie.

Bei **schweren Lungenfunktionsstörungen** kann sich unter kontrollierter Hyptension der pulmonale Gasaustausch weiter verschlechtern.

27.3 Systemische Auswirkungen

Die wichtigste Gefahr der kontrollierten Hypotension ist eine ungenügende Durchblutung der Organe, vor allem von Herz und Gehirn.

27.3.1 Gehirn

Wegen der Autoregulation bleibt die Hirndurchblutung im Bereich arterieller Mitteldrücke zwischen 50 und 150 mm Hg konstant – unabhängig vom zerebralen Perfusiondruck.

- Praktisch wichtig ist, dass die autoregulative Anpassung an einen Abfall des arteriellen Mitteldrucks nicht sofort, sondern erst innerhalb von 2 min auftritt. Darum darf mit der kontrollierten Hypotension nicht schlagartig begonnen werden.
- Bei Patienten mit **Hypertonus und arteriosklerotisch veränderten Hirngefäßen** ist die Autoregulationskurve nach rechts verschoben, so dass bereits bei höheren Perfusionsdrücken eine Hirnischämie auftreten kann.

27.3.2 Herz

Die Koronardurchblutung unterliegt ebenfalls der Autoregulation; der kritische koronare Perfusionsdruck ist allerdings nicht genau bekannt. Es gilt aber:

→ Beim **Koronarkranken** muss bei den für eine kontrollierte Hypotension angewandten Blutdruckwerten mit einer **Myokardischämie** gerechnet werden.

27

27.3.3 Weitere systemische Wirkungen

- Die **Nierendurchblutung** nimmt parallel mit der Blutdrucksenkung ab. Es tritt eine **Oligurie** ein, die aber nach Beendigung der kontrollierten Hypotension rasch reversibel ist.
- Die **Leberdurchblutung** nimmt unter kontrollierter Hypotension ab; Funktionsstörungen der Leber nach kontrollierter Hypotension sind aber bisher nicht beschrieben worden.
- Die zur Blutdrucksenkung verwendeten Vasodilatatoren erhöhen den **intrapulmonalen Rechts-links-Shunt** und vermindern dadurch den pulmonalen Gasaustausch. Außerdem nimmt unter kontrollierter Hypotension der **physiologische Totraum** zu.
- Alte Patienten reagieren empfindlich auf Hypotension, so dass die Indikation zur kontrollierten Hypotension sehr streng gestellt werden sollte. Tiefe arterielle Mitteldrücke müssen vermieden werden.

27.4 Substanzen zur Blutdrucksenkung

Die kontrollierte Hypotension wird in Intubationsnarkose mit gut steuerbaren Pharmaka induziert und aufrechterhalten; Lagerungsmaßnahmen können unterstützend angewandt werden.

Die gebräuchlichen Substanzen zur kontrollierten Hypotension sind:

- volatile Anästhetika (supplementierend): Desfluran, Sevofluran, Isofluran;
- Vasodilatatoren: Nitroprussid, Nitroglyzerin, Urapidil.

! Merke

In der Regel kann durch Remifentanil in Kombination mit Desfluran, Sevofluran oder Isofluran bereits eine zufriedenstellende und gut steuerbare Hypotension erreicht werden. Sind volatile Anästhetika kontraindiziert, kann stattdessen Propofol eingesetzt werden.

27.4.1 Nitroprussid (NPN)

Die Substanz senkt den Blutdruck durch direkte Vasodilatation, bevorzugt der Arteriolen. Die Wirkung ist außerordentlich flüchtig: Der Blutdruck fällt innerhalb von Sekunden ab und steigt nahezu ebenso schnell nach Unterbrechung der Zufuhr wieder an. Nitroprussidnatrium gehörte früher zu den Standardsubstanzen der kontrollierten Hypotension, wird aber wegen seiner möglichen Toxizität (Zyanidvergiftung), der nicht selten ausgeprägten Reflextachykardie und der Tachyphylaxie angesichts alternativer Substanzen kaum noch empfohlen.

Für die kontrollierte Hypotension sind Dosen von etwa 0,5–10 µg/kg/min Nitroprussid erforderlich; die maximale Dosierung beträgt 0,5 mg/kg/h oder 1–1,5 mg/kg für die Zeit der Hypotension (2–3 h).

Antidote bei Zyanidvergiftung sind 4-DMAP (4-Dimethylaminophenolhydrochlorid) 3–4 mg/kg bzw. Natriumnitrat 5 mg/kg, Natriumthiosulfat (10 g) und Hydroxycobalamin (0,1 mg/kg i.v.).

27

27.4.2 Nitroglyzerin

Für die **kontrollierte Hypotension** mit arteriellen Mitteldrücken zwischen 50 und 60 mm Hg, wie z.B. bei der Chirurgie intrakranieller Aneurysmen, ist Nitroglyzerin wegen ungenügender Wirksamkeit **nicht geeignet.** Hingegen kann die Substanz für eine mäßige Hypotension oder zur Kontrolle von Blutdruckspitzen meist erfolgreich eingesetzt werden.

Die Zufuhr erfolgt am besten über einen Perfusor; dosiert wird nach Wirkung. Initial können 1–2 µg/kg/min zugeführt werden.

27.4.3 Urapidil

Im Gegensatz zu Nitroprussid und Nitroglyzerin wird das sympathoadrenerge System durch Urapidil nicht wesentlich aktiviert, auch treten keine Tachykardie und keine Rebound-Hypertension nach Unterbrechung der Zufuhr auf. Für die kontrollierte Hypotension sollte die Substanz mit einem volatilen Inhalationsanästhetikum kombiniert werden, um ausreichend tiefe arterielle Mitteldrücke zu erreichen.

Pharmakologie

Kontrollierte Hypotension mit Urapidil:
- zu Beginn der Hypotension 25 mg langsam i.v.
- bei Bedarf weitere 25 mg, danach 50 mg
- anschließend kontinuierliche Infusion, dosiert nach Wirkung (2–9 mg/kg/h über Perfusor)
- bevorzugt Kombination mit einem Inhalationsanästhetikum zur Verstärkung der Vasodilatation

27.4.4 Volatile Anästhetika

Isofluran, Desfluran und Sevofluran können ebenfalls zur kontrollierten Hypotension eingesetzt werden, und zwar als **Supplement** eines Opioids oder eines Vasodilatators.

Bei Desfluran müssen abrupte Konzentrationssteigerungen in der Einleitungsphase wegen der Gefahr der sympathoadrenergen Stimulation vermieden werden (▶ Kap. 1).

27.4.5 Weitere Substanzen

Esmolol

Dieser selektive β_1-Rezeptoren-Blocker ohne intrinsische sympathomimetische Aktivität bewirkt ebenfalls eine Blutdrucksenkung, bedingt durch die negativ inotrope Wirkung mit Abfall des Herzzeitvolumens. Wichtigste **Vorteile** sind:
- rascher Wirkungseintritt
- kurze Wirkdauer
- gute Steuerbarkeit.

Der maximale blutdrucksenkende Effekt tritt nach etwa 6 min ein, 15–20 min nach Absetzen der Substanz sind keine Wirkungen mehr nachweisbar.

Pharmakologie

Dosierungsempfehlungen für Esmolol:
- initial ca. 1 mg/kg i.v.
- danach 150 µg/kg/min als kontinuierliche Infusion
- möglichst Kombination mit anderen blutdrucksenkenden Substanzen (s.u.)

Wegen der ausgeprägten negativ inotropen Wirkung sollte Esmolol nicht als Monosubstanz für die kontrollierte Hypotension eingesetzt, sondern nur mit anderen Substanzen, z.B. einem volatilen Anästhetikum wie Desfluran oder Sevofluran, kombiniert werden. Vorsicht: Gefahr der Herzinsuffizienz.

Adenosin und Adenosintriphosphat (ATP)

Adenosin und ATP als körpereigene Purinnukleotide senken den arteriellen Blutdruck vor allem durch Dilatation der arteriolären Widerstandsgefäße. Der Blutdruck fällt schlagartig ab, begleitet von einer reflektorischen Tachykardie und einem Anstieg des Herzzeitvolumens. Von Nachteil ist der konstringierende Effekt an den Nierengefäßen.

Pharmakologie

Dosierung von Adenosin für die kontrollierte Hypotension:

- ca. 100–140 µg/kg/min
- **Wirkungseintritt:** < 20 s

Prostaglandin E_1

Prostaglandin E_1 senkt den Blutdruck durch direkte Vasodilatation, die Myokardkontraktilität und die Herzfrequenz werden kaum beeinflusst.

Pharmakologie

Dosierung von Prostaglandin E1 für die kontrollierte Hypotension:

- ca. 0,1 µg/kg/min

Als Nebenwirkungen können Erytheme, bevorzugt im Gesicht, auftreten.

27.5 Praxis der kontrollierten Hypotension

27.5.1 Überwachungsmethoden

Im Mittelpunkt steht die Herz-Kreislauf-Funktion; der arterielle Blutdruck sollte direkt und kontinuierlich gemessen werden; der ZVD fakultativ, weitere Parameter wie Blutgase und Säure-Basen-Parameter nach individueller Abwägung.

27.5.2 Unterstützende Maßnahmen

27

Wird das Operationsgebiet erhöht gelagert, so nimmt unter kontrollierter Hypotension die Durchblutung vermutlich ab, während gleichzeitig die venöse Drainage verbessert wird. In **sitzender Position** führt die kontrollierte Hypotension zu einer Abnahme des venösen Rückstroms, hierdurch können Herzzeitvolumen und Blutdruck abfallen (Gefahr der Hirnischämie).

PEEP erhöht den intrathorakalen Druck und vermindert den venösen Rückstrom; hierdurch wird die pharmakologisch induzierte Blutdrucksenkung verstärkt.

27.5.3 Praktische Empfehlungen für die kontrollierte Hypotension

- Beim gefäßgesunden Patienten sollte der arterielle Mitteldruck **nicht tiefer als 50–65 mm Hg** gesenkt werden, um eine Mangeldurchblutung der Organe zu vermeiden.
- Hoch wirksame Substanzen wie **Nitroprussid** sollten immer über **Infusionspumpe bzw. Perfusor** zugeführt werden, um eine bessere Steuerbarkeit zu gewährleisten.
- Mit der kontrollierten Hypotension sollte **einschleichend** begonnen werden, damit die Adaptationsvorgänge des Organismus rechtzeitig wirksam werden können.
- Das Beatmungsgasgemisch sollte mindestens **50% Sauerstoff** enthalten, um die durch den Blutdruckabfall bzw. die Pharmaka induzierte Störung des pulmonalen Gasaustausches zu kompensieren.

- Während der Hypotension sollten regelmäßig die **arteriellen Blutgase und Säure-Basen-Parameter** kontrolliert werden, um frühzeitig Störungen des pulmonalen Gasaustausches und eine metabolische Azidose festzustellen.
- **Stärkere Blutverluste** während der Operation müssen umgehend ersetzt werden, denn **Hypovolämie** kann zu schwerem Blutdruckabfall führen.
- Die hypotensive Phase sollte **so kurz wie möglich** sein und sich auf die kritische Operationsphase beschränken.
- Die **Nitroprussid-Hypotension** sollte **ausschleichend** beendet werden, um eine Rebound-Hypertension zu verhindern.

Literatur

Dutton RP: Controlled hypotension for spinal surgery. Eur Spine J 2004 Oct, 13 Suppl 1:S66–71.

Fukusaki M, Sumikawa K: The combination of hemodilution and controlled hypotension: physiology and clinical application. J Anesth 2000, 14(4):194–203.

Tobias JD: Strategies for minimizing blood loss in orthopedic surgery. Semin Hematol 2004, 41(1 Suppl 1):145–56. Review.

Zellin G, Rasmusson L, Palsson J, Kahnberg KE: Evaluation of hemorrhage depressors on blood loss during orthognathic surgery: a retrospective study. J Oral Maxillofac Surg 2004, 62(6):662–6.

28 Aufwachraum

In der unmittelbaren postoperativen Phase ist eine sorgfältige und lückenlose Überwachung des Patienten durch geschultes Personal in einer speziellen Aufwachzone erforderlich, denn ein Teil der innerhalb der ersten 24 h nach der Operation auftretenden Todesfälle beruht auf einer unzulänglichen postoperativen Überwachung und ist damit vermeidbar.

28.1 Ausstattung

Die **Größe des Aufwachraums** richtet sich in erster Linie nach der operativen Kapazität des Krankenhauses. Für jeden Operationssaal werden durchschnittlich 1 bis 1½ Aufwachbetten benötigt; pro Stellplatz sollten 12 m^2 Nutzfläche zur Verfügung stehen. Wünschenswert ist außerdem eine separate „septische Zone“, in der Patienten mit Infektionen gesondert überwacht werden können.

Ausrüstung des Aufwachplatzes:
- Sauerstoff- und Druckluftanschluss
- Vakuumanschluss zum Absaugen von Drainagen
- Absauggerät und Absaugkatheter
- Beatmungsgerät und Beatmungsbeutel, evtl. Masken-CPAP, Kapnometer
- Monitor für EKG, Blutdruck, Atmung und Temperatur
- Pulsoxymeter
- Blutdruckmanschette
- Infusionsständer
- Infusionspumpe
- Sauerstoffmasken und Atemluftanfeuchter
- Kanülen, Spritzen, Handschuhe
- Schreibunterlage für postoperatives Protokoll
- Trennschirme.

Außerdem müssen in der Aufwachzone bereitstehen:
- Narkosewagen mit Notfallzubehör
- Defibrillator für den Sofortgebrauch
- Thoraxdrainagen
- Venenkatheter, Venenkanülen, arterielle Kanülen
- Freilegungsbesteck
- Koniotomie-/Tracheotomiebesteck
- Medikamentenschrank mit den wichtigsten Arzneimitteln
- Geräte zur Aufwärmung des Patienten
- Transportmonitor.

Der Aufwachraum sollte des Weiteren einen zentralen Überwachungsplatz für alle Aufwachbetten, ausreichende Abstell- und Lagerräume sowie eine Nasszelle mit Fäkalienspüle aufweisen.

28.2 Personelle Besetzung

Der postoperative Aufwachraum wird von einem Anästhesisten geleitet. Er ist für die Behandlung der Patienten zuständig und entscheidet über deren Verlegung auf eine Allgemein- oder Intensivstation. Die Betreuung der Patienten sollte durch ausgebildete Anästhesieschwestern und -pfleger erfolgen. Im Allgemeinen versorgt hierbei eine Schwester, je nach Schweregrad der Erkrankung bzw. Art des Eingriffs, zwei bis drei Patienten.

Die ständige Präsenz eines Arztes ist im Aufwachraum in der Regel nicht erforderlich, jedoch muss ein kompetenter Arzt immer sofort verfügbar sein.

28.3 Einschätzung und Protokollierung

Bei jedem Patienten werden während seines Aufenthalts im Aufwachraum die Vitalfunktionen systematisch und in regelmäßigen Zeitabständen kontrolliert und klinisch eingeschätzt. Die erhobenen Befunde werden, ähnlich wie bei der Narkose, in ein postoperatives Überwachungsprotokoll eingetragen.

Überwachung und Dokumentation im Aufwachraum

- Sauerstoffzufuhr
- saO_2
- Atemfrequenz
- Herzfrequenz und -rhythmus
- arterieller Blutdruck
- Bewusstseinslage
- Einschätzung postoperativer Schmerzen
- Zufuhr von Analgetika und/oder Sedativa
- Volumenersatz
- Urinausscheidung
- Temperatur
- Drainageverluste
- Name des Patienten
- Zeitpunkt der Aufnahme und Verlegung
- Verlegungsort
- Ausstattungsgegenstände (Perfusoren, Monitore etc.), die mit auf die Station gegeben werden.

28.3.1 Postoperativer Aufwach-Score

Für die systematische Einschätzung des Patientenzustands kann der modifizierte postoperative Aufwach-Score nach Aldrete (▶ Tab. 28-1) eingesetzt werden. Dieser Score umfasst fünf Merkmale: Atmung, Kreislauf, Aktivität, Bewusstsein und arterielle O_2-Sättigung. Jedes Merkmal wird, ähnlich wie beim Apgar-Schema, mit 0, 1 oder 2 Punkten benotet; die maximal erreichbare Punktzahl beträgt 10, die niedrigste 0. Die Verlegung aus dem Aufwachraum erfolgt ab 9 Punkten.

28.3.2 Einschätzung von Schmerzen

Wache Patienten sollten sofort nach der Aufnahme zur Stärke ihrer Schmerzen befragt werden. Hierfür können die üblichen verbalen Einschätzskalen, visuellen Analogskalen oder numerischen Rating-Skalen eingesetzt werden (▶ Kap. 29). Sind stärkere Schmerzen vorhanden, sollte sofort mit der Schmerztherapie begonnen werden.

Tab. 28-1 Modifizierter postoperativer Aufwach-Score nach Aldrete

Merkmal – Benotung	Befund
Aktivität	
2	bewegt vier Extremitäten spontan oder nach Aufforderung
1	bewegt zwei Extremitäten spontan oder nach Aufforderung
0	bewegt sich weder spontan noch nach Aufforderung
Atmung	
2	atmet tief durch, hustet ausreichend
1	Luftnot oder eingeschränkte Atmung
0	Apnoe
Kreislauf	
2	Blutdruck ± 20% vom Ausgangswert vor Narkose
1	Blutdruck ± 20–50% vom Ausgangswert vor Narkose
0	Blutdruck > 50% vom Ausgangswert vor Narkose
Bewusstsein	
2	vollkommen wach
1	durch Anruf erweckbar
0	reagiert nicht
O_2-Sättigung	
2	saO_2 > 92% bei Atmung von Raumluft
1	zusätzlich O_2-Zufuhr erforderlich, um saO_2 > 90% zu halten
0	saO_2 < 92% trotz Sauerstoffzufuhr
Gesamtpunktzahl 10; Entlassung aus dem Aufwachraum ab 9 Punkten.	

28.4 Aufnahme des Patienten

Die Übergabe des Patienten an das Personal des Aufwachraums erfolgt am besten durch den Anästhesisten, der die Narkose durchgeführt hat.

Übergabebericht

- Name und Alter des Patienten
- durchgeführte Operation
- Name des betreffenden Operateurs
- Anzahl und Art der Drainagen, Katheter und Sonden
- operative Komplikationen
- Anästhesietechnik und Narkoseverlauf
- Einsatz von Antagonisten
- Flüssigkeits- und Blutersatz
- Anästhesiekomplikationen
- Blutverluste und Verluste über Drainagen
- Urinausscheidung

- aktuelle Vitalparameter
- Informationen über erforderliche Untersuchungen wie Röntgen oder Laborparameter
- Fortführung bereits eingeleiteter Therapiemaßnahmen wie Antibiose, Augentropfen oder Heparinisierung.

Anweisungen des Chirurgen über spezielle Überwachungs- und Therapiemaßnahmen sollten ebenfalls zu diesem Zeitpunkt vorliegen. Erst wenn das weitere postoperative Vorgehen festgelegt worden ist und sich der initiale Zustand stabilisiert hat, darf der den Patienten übergebende Anästhesist den Aufwachraum verlassen.

28.5 Routineüberwachung

Wache, extubierte Patienten mit stabiler Atmung und Herz-Kreislauf-Funktion erhalten angefeuchteten **Sauerstoff** über eine Maske und werden regelmäßig zum Abhusten und tiefen Durchatmen aufgefordert. Außerdem werden folgende **Überwachungsmaßnahmen** durchgeführt und protokolliert:

- Atmung, Blutdruck und Herzfrequenz (EKG-Monitor) in den ersten 1–2 h mindestens alle 15 min
- arterielle O_2-Sättigung kontinuierlich (Pulsoxymeter)
- Körpertemperatur, Blutverluste sowie Verluste über Drainagen und Sonden werden ebenfalls regelmäßig kontrolliert.

Instabile Patienten werden am besten auf einer Intermediate Care Station oder einer Intensivstation überwacht und behandelt.

28.6 Postoperative Frühkomplikationen

28

Die wichtigsten Komplikationen der frühen postoperativen Phase sind:

- Atemstörungen
- Störungen der Herz-Kreislauf-Funktion
- Störungen des Flüssigkeits- und Elektrolytgleichgewichts
- Nachblutungen
- Unterkühlung
- Muskelzittern
- Übelkeit und Erbrechen
- Hyperthermie.

28.6.1 Atemstörungen

Die wichtigsten Störungen der Atemfunktion in der frühen postoperativen Phase sind:

- Verlegung der Atemwege durch die zurücksinkende Zunge, vor allem bei bewusstseinsgetrübten oder noch anrelaxierten Patienten
- Laryngospasmus durch Schleim, Blut, Magensaft oder -inhalt
- Hypoxämie
- verlängerte Apnoe und Hypoventilation
- Aspiration.

Hypoxie

Die Hypoxie, der Abfall des paO_2 unter 70–75 mm Hg, ist eine typische Komplikation der frühen postoperativen Phase. Zu den wichtigsten Ursachen gehören:

- Hypoventilation
- Störungen des Belüftungs-/Durchblutungs-Verhältnisses
- erhöhter intrapulmonaler Rechts-links-Shunt, z.B. durch Atelektasen
- erhöhter Sauerstoffbedarf durch Muskelzittern oder Fieber
- zu niedrige inspiratorische Sauerstoffkonzentration
- Lungenödem
- Pneumothorax
- Bronchusobstruktion
- Aspiration von Mageninhalt
- Low-Output-Syndrom bzw. niedriges Herzzeitvolumen
- Lungenembolie.

Hypoxiegefährdet sind vor allem Patienten nach Oberbaucheingriffen und Thoraxoperationen sowie Patienten mit chronischen Lungenerkrankungen und erheblichem Übergewicht.

→ **Prophylaxe**: Sauerstoffzufuhr über Maske.

Verlängerte Apnoe und Hypoventilation

Verlängerte Apnoe und Hypoventilation sind eine typische anästhesiebedingte Komplikation.

Die wichtigsten **Ursachen** sind:

- zentrale Atemdepression durch Anästhetika und/oder Opioide
- periphere Ateminsuffizienz durch Muskelrelaxanzien
- Beeinträchtigung der Ventilation durch Schmerzen, Übergewicht, Pneumothorax, Hämatothorax, straffe Verbände usw.
- Atemstillstand durch verlängerte Hyperventilation während der Narkose.

28

Die **opioidbedingte Atemdepression** kann mit Naloxon antagonisiert werden. Hierbei ist zu beachten, dass die Wirkdauer des Antagonisten kürzer sein kann als die der verwendeten Opioide, so dass eine erneute Atemdepression auftritt. In diesem Fall muss nachantagonisiert werden.

> **! Merke**
> Keineswegs darf ein Patient bereits kurz nach der Antagonisierung auf die Allgemeinstation verlegt werden.

Ist eine **„Anrelaxierung"** des Patienten Ursache der Atemdepression bzw. der unzureichenden mechanischen Atemfunktion, muss das (nichtdepolarisierende) Muskelrelaxans antagonisiert oder der Patient bis zum Abklingen der Wirkung maschinell beatmet werden.

Ist eine **Hypokapnie** die Ursache des Atemstillstands, wird das Atemminutenvolumen am Respirator so lange vermindert, bis der $paCO_2$ sich normalisiert hat. Danach sollte der Patient seine Spontanatmung wieder aufnehmen. Hierbei muss beachtet werden, dass für den Wiederanstieg des $paCO_2$ eine gewisse Zeit erforderlich ist: Bei Apnoe steigt der $paCO_2$ um etwa 3 mm Hg/min an.

Aspiration

Bei Husten, Giemen, Bronchospasmus und Hypoxämie sollte immer an die Möglichkeit einer Aspiration gedacht werden (Einzelheiten s. ▶ Kap. 30).

Die wichtigsten Risikofaktoren für eine pulmonale Aspiration im Aufwachraum sind:

- anhaltende Sedierung und Bewusstseinseinschränkung des extubierten Patienten
- aufgehobene respiratorische Schutzreflexe durch Oberflächenanästhesie oder laryngeale Nervenblockade
- restliche neuromuskuläre Blockade mit Beeinträchtigung des Glottisverschlusses und Hustenmechanismus
- Überblähung des Abdomens mit Gas bzw. Luft
- Übelkeit und Erbrechen.

Patienten mit wesentlich höherem Aspirationsrisiko dürfen erst nach vollständiger Rückkehr der Schutzreflexe extubiert werden.

28.6.2 Störungen der Herz-Kreislauf-Funktion

Die wichtigsten postoperativen Störungen der Herz-Kreislauf-Funktion sind:

- Hypotension
- Hypertension
- Herzrhythmusstörungen,
- Herzinsuffizienz.

Hypotension

Anhaltend niedriger Blutdruck gehört zu den häufigsten kardiovaskulären Komplikationen in der frühen postoperativen Phase. Wichtigste Ursache ist der **Volumenmangel,** seltene **Ursachen** sind:

- Herzinsuffizienz, Low-Output-Syndrom
- Sepsis
- vasodilatierende Substanzen
- Pneumothorax
- Lungenembolie
- Herztamponade
- Nebenniereninsuffizienz.

Hypertension

Blutdruckanstiege sind ebenfalls eine relativ häufige Komplikation im Aufwachraum. Die wichtigsten Ursachen sind:

- Schmerzen
- Hypoxie
- Hyperkapnie
- Hypervolämie durch Überinfusion bzw. -transfusion,
- volle Harnblase
- Hypertonus in der Vorgeschichte.

Ein massiver Blutdruckanstieg kann zu Herzinsuffizienz, Myokardischämie oder Hirnblutung führen und sollte daher umgehend behandelt werden.

Behandlung:

- Zunächst Schmerzen, Hypoxie, Hyperkapnie oder Hypervolämie beseitigen, Harnblase entleeren.

28

- Bleibt der Blutdruck erhöht, werden Antihypertensiva zugeführt, z.B. Nitroglyzerin, Clonidin, Urapidil, β-Blocker (z.B. Esmolol) oder Nifedipin.
- Bei vorbehandelten Hypertonikern sollte die antihypertensive Dauermedikation frühzeitig wieder aufgenommen werden, wenn erforderlich, vorübergehend intravenös.

Herzrhythmusstörungen

Die wichtigsten **Ursachen** für Herzrhythmusstörungen in der frühen postoperativen Phase sind:

- Elektrolytstörungen, besonders Hypokaliämie
- Hypoxämie
- Hyperkapnie
- metabolische Alkalose oder Azidose
- Digitalisintoxikation
- vorbestehende Herzerkrankungen
- operationsbedingte Irritationen des Herzens nach Thorax- und Oberbaucheingriffen.

Sinustachykardie

Eine gesteigerte Herzfrequenz ist postoperativ relativ häufig zu beobachten. Die wichtigsten **Ursachen** sind:

- Schmerzen
- Hypovolämie
- Hypoxie
- Fieber
- Sepsis
- Angst und Aufregung
- Hyperthyreose, Phäochromozytom.

Die Therapie richtet sich primär nach den zugrunde liegenden Ursachen. Beim Koronarkranken muss eine Tachykardie sofort behandelt werden, um eine Myokardischämie zu vermeiden. Lässt sich bei Patienten mit schwerer Koronarkrankheit keine plausible Ursache für die Tachykardie feststellen, so können vorsichtig β-Rezeptoren-Blocker zugeführt werden, z.B. Esmolol unter kontinuierlicher EKG-Überwachung.

Sinusbradykardie

Sie tritt postoperativ eher selten auf. **Ursachen** können u.a. sein:

- schwere Hypoxie
- Wirkung von Cholinesterasehemmern, z.B. Neostigmin (Prostigmin)
- Unterkühlung
- Anstieg des Hirndrucks nach neurochirurgischen Eingriffen
- erhöhter Augeninnendruck nach Augenoperationen.

Eine Behandlung ist zumeist nicht erforderlich. Geht die Bradykardie mit Blutdruckabfall einher, sollte **Atropin** i.v. injiziert werden, bei Bedarf auch Adrenalin. Bei ausgeprägter, therapierefraktärer Bradykardie ist u.U. ein transvenöser Schrittmacher erforderlich.

Supraventrikuläre Extrasystolen bedürfen gewöhnlich keiner Therapie.

Ventrikuläre Extrasystolen

Sie können Vorläufer von Kammerflimmern sein. Hier ist erhöhte Aufmerksamkeit geboten. **Ursachen** sind u.a.:

- Hypoxie
- Hyperkapnie
- Elektrolytstörungen (vor allem Kalium)
- Azidose
- koronare Herzerkrankung.

Eine Therapie ist zumeist erst erforderlich, wenn mehr als fünf ventrikuläre Extrasystolen pro Minute auftreten. Auch hier müssen primär, soweit möglich, die zugrunde liegenden Ursachen beseitigt werden. Medikamentös können z.B. Lidocain oder Propafenon eingesetzt werden.

Supraventrikuläre und ventrikuläre Tachykardien

Die wichtigsten **Ursachen** in der postoperativen Phase sind:

- Hypoxie
- Hyperkapnie
- Elektrolytstörungen, besonders Hypokaliämie
- Azidose
- koronare Herzerkrankung.

Zunächst muss möglichst die zugrunde liegende **Ursache** beseitigt werden.

→ Bei **supraventrikulären Tachykardien** können Kalziumantagonisten, z.B. Verapamil (Isoptin), oder β-Rezeptoren-Blocker, z.B. Esmolol, eingesetzt werden, evtl. ist eine Kardioversion erforderlich.

→ Bei **ventrikulärer Tachykardie** droht Kammerflimmern, so dass eine umgehende Behandlung erforderlich ist. Medikamentös wird Lidocain eingesetzt; nicht selten ist jedoch eine Kardioversion erforderlich.

Herzstillstand

Ein Herzstillstand im Aufwachraum beruht meist auf einer **Hypoxie**, z.B. durch Atemstillstand oder Verlegung der Atemwege, oder auf einer schweren **Hypovolämie**, gelegentlich auch auf Elektrolytstörungen oder Lungenembolie. Behandlung siehe ▶ Kapitel 32.

28

28.6.3 Nachblutung

Postoperative Nachblutungen sind eine häufige Ursache für Hypovolämie mit Blutdruckabfall. Die meisten Blutungen sind chirurgisch bedingt, eher selten liegt eine Störung der Blutgerinnung zugrunde. Chirurgische Blutungen müssen durch den Operateur behandelt werden.

28.6.4 Unterkühlung

Die Auskühlung des Patienten ist eine typische Komplikation in vollklimatisierten Operationsräumen. Besonders gefährdet sind die Patienten bei lange dauernden Operationen in Abdomen oder Thorax. Bei einigen Patienten fällt hierbei, wenn keine entsprechende Vorsorge getroffen wird, die Rektaltemperatur bis auf 30 °C ab. Bei ausgeprägter Unterkühlung können folgende Zeichen auftreten:

- Schläfrigkeit und Verlangsamung
- Bradykardie
- erniedrigter Blutdruck
- verminderte Atmung.

Alle diese Zeichen sind gewöhnlich Folge des erniedrigten Stoffwechsels und bedürfen keiner Therapie.

Behandung:
- Schutz vor weiteren Wärmeverlusten durch vorgewärmte Betten
- Wiedererwärmung mit Decken, Warmluftgebläsen, Wärmelampen, Wärmematten und erwärmten Infusionslösungen.

Kältezittern steigert den Sauerstoffverbrauch und muss vermieden werden. Auf die Normalstation darf der Patient erst verlegt werden, wenn die Rektaltemperatur auf über 35 °C angestiegen ist.

28.6.5 Muskelzittern

Postoperatives Muskelzittern wird vor allem nach Inhalationsanästhesie beobachtet. Der genaue Mechanismus ist unbekannt.

Behandlung: Wärmeschutz, zusätzliche Decken beim Unterkühlten, Sauerstoffzufuhr, wenn erforderlich Pethidin oder Clonidin.

28.6.6 Hyperthermie

Die wichtigsten Ursachen für einen Anstieg der Körpertemperatur in der frühen postoperativen Phase sind:
- Infektionen, vorbestehend oder akut auftretend, z.B. nach Darmoperationen oder urologischen Eingriffen
- Atropinüberdosierung bei Kleinkindern
- verminderte Wärmeabgabe
- Pyrogene, z.B. aus Blutkonserven oder Infusionslösungen
- übermäßiger Einsatz von Wärmesystemen und/oder Abdecktüchern
- maligne Hyperthermie (extrem selten).

Die Therapie ist zumeist symptomatisch: physikalische Maßnahmen, Antipyretika bei Rektaltemperaturen über 39 °C.

28

28.6.7 Flüssigkeits- und Elektrolytstörungen

Diese Störungen beruhen meist auf ungenügender perioperativer Flüssigkeits- und Elektrolyttherapie. Klinisch wichtig ist vor allem die **Hypokaliämie.** Einzelheiten hierzu siehe ▶ Kapitel 25.

28.6.8 Oligurie und Polyurie

Oligurie

Eine Abnahme der Urinausscheidung in der frühen postoperativen Phase bis hin zur Oligurie ist zumeist **prärenal** bedingt. Die wichtigsten Ursachen sind:
- Hypovolämie
- Herzinsuffizienz bzw. Low-Output-Syndrom.

→ Gelegentlich ist aber die Oligurie bereits Hinweis auf ein sich entwickelndes **akutes Nierenversagen** (akute Tubulusnekrose), insbesondere beim schwer kranken Patienten.

→ Eine **postrenale** Oligurie beruht auf einer Obstruktion der ableitenden Harnwege, die zumeist chirurgisch beseitigt werden muss.

→ Bei **Hypovolämie** ist ausreichende Flüssigkeitszufuhr erforderlich, am besten unter Kontrolle des zentralen Venendrucks. Kommt nach Beseitigung der Hypovolämie die Urinausscheidung nicht in Gang, können Diuretika in niedriger Dosierung, z.B. Furosemid (Lasix), zugeführt werden.

Polyurie

Eine verstärkte Urinausscheidung in der postoperativen Phase beruht in erster Linie auf einer (zu) ausgiebigen intraoperativen Flüssigkeitszufuhr. Andere Ursachen sind:

- osmotische Diurese bei Hyperglykämie (auch durch Zufuhr großer Mengen Glukoselösung)
- intraoperative Diuretikazufuhr
- Diabetes insipidus nach neurochirurgischen Eingriffen, Schädel-Hirn-Trauma, erhöhter Hirndruck, Zufuhr von Vasopressin
- polyurisches Nierenversagen.

28.6.9 Übelkeit und Erbrechen

Postoperative Übelkeit, Brechreiz und Erbrechen (PONV = Post-Operative Nausea and Vomiting) sind typische Komplikationen von Narkosen und Operationen. Sie werden vom Patienten als besonders unangenehm empfunden. Die Häufigkeit beträgt ca. 30%, bei Hochrisikopatienten bis zu 70%. Das Maximum liegt gewöhnlich in den ersten 2 h nach der Operation. Einmaliges Erbrechen verlängert die Aufenthaltsdauer im Aufwachraum um ca. 25 min.

Begünstigende Faktoren

Postoperative Übelkeit und Erbrechen beruhen zumeist nicht auf einer einzelnen Ursache, sondern entstehen eher multifaktoriell. Als wichtigste prädisponierende und auslösende Faktoren gelten (s.a. ▶ Kap. 16):

- weibliches Geschlecht
- Nichtraucher
- Reisekrankheit in der Vorgeschichte
- emetogene Narkosesubstanzen: volatile Anästhetika, Lachgas, Opiode, > 2 mg Neostigmin
- lange OP-Dauer (> 60 min)
- postoperative Opioidgabe.

Prophylaxe siehe ▶ Kapitel 16.

Behandlung

Die Behandlung ist schwierig und nicht immer erfolgreich:

- Antiemetika i.v. jedoch möglichst ohne sedierende Wirkung, um den Aufenthalt im Aufwachraum nicht unnötig zu verlängern. Minimale Dosen verwenden, um extrapyramidale Nebenwirkungen zu vermeiden.
- Keine Antiemetika einsetzen, die bereits prophylaktisch zugeführt worden sind, da Wirkung nicht besser als Placebo.
- Die 5-HT_3-Rezeptor-Antagonisten Ondansetron, Dolasetron, Granisetron und Tropisetron sind eine wirksame Substanzklasse, wenn sie nicht vorher bereits zur Prophylaxe gegeben worden sind.

- Metoclopramid scheint wirksam zu sein, wenn nicht die übliche Standarddosis von 10 mg verabreicht wird, sondern mindestens 25 mg, besser 50 mg.
- DHBP ist so wirksam wie 4 mg Ondansetron, wenn es nicht vorher prophylaktisch zugeführt wurde.
- Dexamethason und Scopolamin sind unwirksam.

In ▶ Tabelle 28-2 sind gebräuchliche Medikamente für die Behandlung von PONV zusammengestellt.

Weitere Maßnahmen:
- ausreichende Hydrierung durch Infusion von Elektrolytlösung bzw. Blutersatz bei Blutungen
- Beseitigung von Schmerzen
- Entfernen einer dicht sitzenden Gesichtsmaske; wenn möglich, Hochlagerung des Oberkörpers, Aufforderung zum tiefen Einatmen unter beruhigendem Zureden.

28.6.10 Agitiertheit

Bei einigen Patienten treten in der postoperativen Phase Unruhe und Erregungszustände auf. Ursachen können u.a. sein:
- Hypoxämie
- Hyperkapnie
- Harnverhaltung
- Aufblähung des Magens
- Schmerzen
- Angst
- Alkohol- und/oder Medikamentenentzug (vor allem Psychopharmaka)
- Wirkung anticholinerger Medikamente, z.B. Atropin.

Bei der Behandlung müssen primär die Ursachen herausgefunden werden, bevor sediert wird.

28

28.6.11 Verzögertes Erwachen und anhaltende Bewusstlosigkeit

Verzögertes Erwachen, Bewusstseinseinschränkung oder Reaktionslosigkeit in der frühen postoperativen Phase beruhen meist auf den anhaltenden Wirkungen von Prämedikationssubstanzen, Inhalationsanästhetika, i.v. Anästhetika, Sedativ-Hypnotika, Anticholinergika und Muskelrelaxanzien. Andere Ursachen wie metabolische und neurologische Störungen (▶ Tab. 28-3) müssen ebenfalls bedacht werden, sind aber im Vergleich zu den Medikamentenwirkungen eher selten.

Die Überprüfung der Bewusstseinslage im Aufwachraum erfolgt am besten durch einen starken taktilen Stimulus, nicht durch Ansprache allein. Reagiert der Patient nicht, muss nach den Ursachen der anhaltenden Bewusstlosigkeit gesucht werden. Sind Medikamentenwirkungen, z.B. durch Antagonisten wie Naloxon, Flumazenil, Physostigmin oder Anticholinesterasen, ausgeschlossen worden, sollte bei anhaltender Bewusstlosigkeit eine neurologische Konsiliaruntersuchung erfolgen.

Opiatüberhang

Die Zufuhr hoher Opioiddosen mit relativ langer Halbwertszeit oder Opioidnachinjektion kurz vor OP-Ende kann zum Opioidüberhang führen. Die gleichzeitige

Tab. 28-2 Medikamentöse Therapie von postoperativer Übelkeit und Erbrechen

Antiemetikum-Typ	Wirkmechanismus	Nebenwirkungen	Anmerkungen	Dosierung
5-HT_3-Antagonisten Ondansetron, Dolasetron Granisetron	Rezeptorantagonismus: Serotoninrezeptor	Kopfschmerzen, Obstipation, allergische Reaktionen, vorübergehende Erhöhung der Leberenzyme, Verlängerung von EKG-Intervallen	gehören zu den stärksten Antiemetika, Ondansetron für Kinder ab 4 Jahren	**Ondansetron:** Erwachsene: 1 mg i.v. Kinder: 0,1 mg/kg i.v. **Dolasetron:** Erwachsene: 12,5 mg i.v. Kinder: 350 µg/kg i.v.
Antihistaminika Dimenhydrinat	Rezeptorantagonismus: Histaminrezeptor (Muskarinrezeptor) (Dopaminrezeptor)	Sedierung, Mundtrockenheit	gut bei vestibulär vermitteltem Erbrechen, wird bevorzugt bei Kindern eingesetzt	Erwachsene: 16–32 mg i.v. Kinder: 2–5 mg/kg rektal 0,5–1 mg/kg i.v.
Neuroleptika Triflupromazin, Droperidol	Rezeptorantagonismus: Dopaminrezeptor (Histaminrezeptor) (Muskarinrezeptor) (Serotoninrezeptor)	Sedierung, extrapyramidalmotorische Störungen, Unruhe, Dysphorie, Hypotension	Nebenwirkungen dosisabhängig, Droperidol gehört zu den stärksten Antiemetika; Anwendung von Droperidol besonders bei Kindern durch Angstzustände limitiert	**Triflupromazin:** Erwachsene: 5–10 mg i.v. **Droperidol:** Erwachsene: 10–20 µg/kg i.v. Kinder: 50–75 µg/kg i.v.

Tab. 28-3 Ursachen des verzögerten Erwachens aus der Narkose

Verlängerte Wirkung von Medikamenten
• Überdosierung, relativ oder absolut • erhöhte Empfindlichkeit • verminderte Proteinbindung • Interaktion mit anderen Medikamenten • Umverteilung • verzögerte Ausscheidung
Respiratorische und metabolische Faktoren
• Hypoxie, Hyperkapnie • hepatische, renale oder endokrine Störungen • Hypoglykämie, hyperosmolare Hyperglykämie, diabetische Ketoazidose • schwere Elektrolytstörungen
Neurologische Komplikationen
• Hirnembolie • Hirnischämie • intrakranielle Blutung • Hirnödem • subklinische Krampfanfälle

Zufuhr von Benzodiazepinen und Opioiden in üblicher Dosierung kann das Erwachen aus der Narkose ebenfalls erheblich verzögern.

Typische **Zeichen des Opioidüberhangs** sind:

- Reaktionslosigkeit
- ausgeprägte Atemdepression
- stecknadelkopfgroße Pupillen
- rasches und vollständiges Erwachen nach Injektion eines Antagonisten.

Behandlung:

- Der Opioidüberhang wird durch Injektion eines Antagonisten wie **Naloxon** beseitigt.
- Naloxon sollte titrierend injiziert werden, um ein schlagartiges Erwachen des Patienten mit bedrohlichen Blutdruckanstiegen und Herzrhythmusstörungen sowie Auftreten starker Operationsschmerzen zu vermeiden.
- Wurden hohe Opioiddosen verabreicht, kann die Atemdepression nach Abklingen der Naloxonwirkung zurückkehren. Darum muss die Atemfunktion auch nach der Antagonisierung noch ausreichend lange überwacht werden.

Hypothermie

Hypothermie verzögert aus verschiedenen Gründen das Erwachen: Durch die Dämpfung der metabolischen Aktivität wird die Elimination zahlreicher Substanzen verzögert; außerdem verstärkt die Hypothermie die Wirkung von Muskelrelaxanzien und beeinträchtigt die Effektivität einer Antagonisierung der neuromuskulären Blockade. Des Weiteren erhöht die Hypothermie die Löslichkeit der Inhalationsanästhetika und verzögert deren Ausscheidung. Nicht zuletzt wirkt die Hypothermie selbst direkt zentral dämpfend bis hin zur tiefen Bewusstlosigkeit.

28.6.12 Zentral anticholinerges Syndrom

Das Syndrom beruht auf einer Blockierung cholinerger Rezeptoren durch anticholinerge Substanzen wie Atropin oder Scopolamin, möglicherweise auch weiterer Substanzen wie Phenothiazine, Butyrophenone, H_2-Antagonisten, Benzodiazepine, Opioide und Inhalationsanästhetika. Das Syndrom soll bei 1 % aller Narkosen auftreten.

- **Periphere Symptome** sind Tachykardie, Herzrhythmusstörungen, Mydriasis, Rötung des Gesichts, Harnretention, Abnahme der Schweiß- und Schleimproduktion sowie der Darmmotorik.
- **Zentrale Symptome** sind: Angst, Hyperaktivität, Unruhe und Erregbarkeit, Desorientiertheit, Halluzinationen, zentrale Hyperpyrexie, Somnolenz, Koma.

> **! Merke**
> Bei verlängerter postoperativer Bewusstlosigkeit oder Angst, Unruhe und Agitiertheit aus ungeklärter Ursache sollte an die Möglichkeit eines zentral anticholinergen Syndroms gedacht werden.

Behandlung:

- Bei komatösen Formen wird Abwarten empfohlen; agitierte Formen sollten antagonisiert werden.
- Physostigmin (Anticholium) 0,04 mg/kg langsam i.v. (ca. 1 mg/min), zunächst bis zu einer Gesamtdosis von 2 mg.
- Die Wirkung tritt innerhalb von ½–20 min ein. Nachinjektionen von Physostigmin sollten daher frühestens nach 5–20 min erfolgen.

Nebenwirkungen von Physostigmin: Bradykardien (EKG-Monitor!), gesteigerter Speichelfluss, Schweißausbruch.

28.7 Schmerzen

Häufigkeit und Intensität der postoperativen Schmerzen hängen von einer Vielzahl Faktoren ab (▶ Kap. 29). Sehr junge und sehr alte Patienten benötigen zumeist nur geringe Mengen Analgetika. Opioide in der Prämedikation schieben den postoperativen Bedarf an Analgetika hinaus, ebenso balancierte Anästhesietechniken mit Opioiden, während nach reinen Inhalationsnarkosen oder Remifentanil-basierten Anästhesien häufig die Schmerzen bereits während des Erwachens auftreten. Eine wichtige Rolle spielt auch die Art des Eingriffs: Oberbaucheingriffe und Thoraxoperationen sind zumeist besonders schmerzhaft und der Analgetikabedarf entsprechend höher.

Behandlung:

Für die Behandlung postoperativer Schmerzen werden Opioide und Nichtopioid-Analgetika, meist NSAID, eingesetzt, bei Bedarf auch kombiniert. Die Auswahl der Substanzen und ihre Dosierung (▶ Kap. 29) richten sich in erster Linie nach der Intensität der Schmerzen.

Postoperative Schmerzbehandlung bei Kindern siehe ▶ Kapitel 36.

Neben den systemischen Verfahren der postoperativen Schmerzbehandlung werden regionale Anästhesieverfahren wie Nervenblockaden oder Periduralanästhesie angewandt.

28.8 Verlegung des Patienten

Die Verlegung des Patienten erfolgt auf Anordnung des zuständigen Anästhesisten. Vor der Verlegung müssen folgende Kriterien erfüllt sein:

- ausreichende Spontanatmung
- stabile Herz-Kreislauf-Funktion
- keine Blutungstendenz
- funktionierende Schutzreflexe
- klares Bewusstsein
- ausreichende Analgesie
- evtl. Übelkeit/Erbrechen: ausreichend behandelt.

Bestehen Zweifel, ob in den nachfolgenden Stunden der Zustand des Patienten stabil bleiben wird, sollte nicht mit einer Verlegung auf eine postoperative Überwachungs- oder Intensivbehandlungsstation gezögert werden.

28.8.1 Verlegung nach Regionalanästhesien

- Nach **Plexusblockaden** können die Patienten in der Regel direkt auf die Allgemeinstation verlegt werden. Hierbei den Patienten auf die Verletzungsgefahr für die noch anästhesierten Extremität und deren Vermeidung hinweisen!
- Nach **Spinal- und Periduralanästhesien** sollten die Patienten erst bei Erfüllung folgender Anforderungen verlegt werden:
  - ausreichender Volumenersatz, stabile Herz-Kreislauf- und Atemfunktion
  - Rückkehr der Empfindlichkeit auf Nadelstiche in der perinealen Region (S4/5)
  - Plantarflexion des Fußes möglich
  - Propriozeption in der Großzehe vorhanden
  - bei ambulanten Patienten: Rückkehr der Sensorik.

Literatur

28

Arcangeli A, Antonelli M, Mignani V, Sandroni C: Sedation in PACU: the role of benzodiazepines. Curr Drug Targets 2005, 6(7):745–8. Review.

De Gaudio AR, Rinaldi S: Sedation in PACU: indications, monitoring, complications. Curr Drug Targets 2005, 6(7):729–40. Review.

Donatelli F, Tran D, Mistraletti G, Carli F: Epidural analgesia in the Post-anaesthesia Care Unit. Curr Drug Targets 2005, 6(7):795–806. Review.

Friedman DM, Sokal SM, Chang Y, Berger DL: Increasing operating room efficiency through parallel processing. Ann Surg 2006, 243(1):10–4.

Pandharipande P, Ely EW, Maze M: Alpha-2 agonists: can they modify the outcomes in the Postanesthesia Care Unit? Curr Drug Targets 2005, 6(7):749–54. Review.

Savoia G, Gravino E, Loreto M, Erman A: Analgesia in PACU: indications, monitoring, complications. Curr Drug Targets 2005, 6(7):755–65. Review.

29 Postoperative Schmerztherapie

29.1 Definition des Schmerzes

Schmerz ist nach der Definition der „International Association for the Study of Pain“ ein unangenehmes Sinnes- und Gefühlserlebnis in Verbindung mit einer tatsächlichen oder potenziellen Gewebeschädigung oder beschrieben in Begriffen einer solchen Schädigung. Schmerz ist immer subjektiv und wird als körperliches Phänomen erlebt, ist somit nicht lediglich ein sensorischer Wahrnehmungsprozess.

29.2 Akuter Schmerz

Ein akuter Schmerz beruht auf der Stimulation des nozizeptiven Systems durch eine Noxe, d.h. durch Verletzung und/oder Erkrankung der Haut, tiefer somatischer Strukturen oder der Eingeweide, aber auch durch abnorme Funktion von Muskeln oder Eingeweiden, die nicht zur Gewebeschädigung führt.

29.3 Einschätzung des Schmerzes

Schmerz kann nicht direkt gemessen werden; Ärzte und Pflegepersonal sind daher weitgehend auf die (subjektiven) Angaben des Patienten angewiesen. Grundlage der Schmerztherapie ist daher die Selbsteinschätzung der Schmerzintensität durch den Patienten mit Hilfe von Schmerzskalen.

Kategorial- und Analogskalen. Meist werden sog. Analog- oder Kategorialskalen (▶ Abb. 29-1) eingesetzt, um die Schmerzintensität und -qualität zu erfassen.

Kategorialskalen enthalten Kriterien, mit denen der Patient die Intensität und die Art des Schmerzes verbal angeben kann, z.B.:

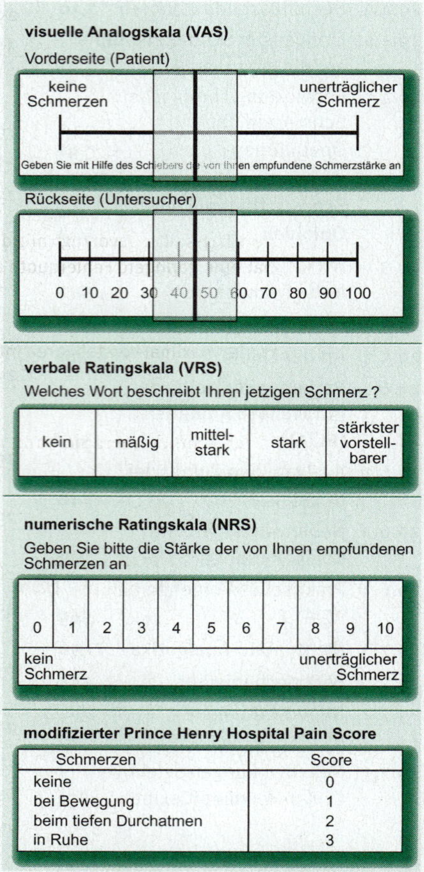

Abb. 29-1 Gebräuchliche Skalen zur Einschätzung der Schmerzintensität durch den Patienten (nach Wulf et al., 1997).

0	kein Schmerz
1	leichter Schmerz
2	lästiger Schmerz
3	störender Schmerz
4	schrecklicher Schmerz
5	quälender Schmerz.

Bei der **visuellen Analogskala** (VAS) wird dem Patienten eine 10 cm lange Linie vorgelegt, an deren einem Ende das Kriterium „keine Schmerzen", an deren anderem Ende das Kriterium „unerträglicher Schmerz" angegeben ist. Der Patient muss nun mit einem Bleistift zwischen diesen Extremen auf der Linie die Stärke seiner Schmerzempfindung eintragen.

Bei der 11-stufigen **numerischen Ratingskala** (NRS) wird der Patient aufgefordert, eine Zahl zwischen 0 und 10 anzugeben, mit der die Intensität seiner Schmerzen am besten beschrieben wird. Die beiden Extreme entsprechen denen der visuellen Analogskala (▶ Tab. 29-1).

Die Skalen erfassen nicht die Reaktion des Patienten auf den Schmerz, das reaktive Verhalten.

Leitlinien/Empfehlungen
S3-Leitlinie der DIVS
Die Schmerzintensität sollte bevorzugt mit der NRS erfasst werden: Sie ist einfach anzuwenden, hat eine geringere Fehlerquote als die VAS und wird von den Patienten akzeptiert.

Intensität von Schmerzen
- gering: < 30% der maximal vorstellbaren Intensität
- mittel: ≥ 30 < 50%
- hoch: ≥ 50%

Die Wirksamkeit der Schmerztherapie kann ebenfalls anhand dieser Skalen eingeschätzt werden.

Leitlinien/Empfehlungen
S3-Leitlinie der DIVS
Vor Beginn der Schmerztherapie sollte die Intensität des Schmerzes anhand von Schätzskalen erfasst und dokumentiert werden. Auch sollte unter der Schmerztherapie wiederholt deren Wirksamkeit mit diesen Skalen beurteilt und ebenfalls im Krankenblatt dokumentiert werden. Dabei sollte die Schmerzintensität auch bei Bewegungen und Aktivitäten des Patienten erfasst werden.

Tab. 29-1 Korrelation zwischen verbaler Einschätzung und numerischer Schätzskala (NRS)

Verbale Einschätzung	NRS
geringe Schmerzen	1–2
mäßige Schmerzen	3–4
mittelstarke Schmerzen	5–6
starke Schmerzen	7–8
sehr starke/unerträgliche Schmerzen	9–10

29.4 Der postoperative Schmerz

29.4.1 Mechanismen

Der postoperative Impulseinstrom beruht auf einer Erregung der Nozizeptoren durch schmerzauslösende (algetische) Substanzen aus dem Wundgebiet und dem Druck des Gewebeödems sowie auf der Spontanaktivität der sich regenerierenden Nozizeptoraxone.

Mögliche Wirkungen der Impulse:
- Anstieg des Skelettmuskeltonus mit Abnahme der Thoraxwand-Compliance
- reflektorische Aktivierung sympathischer Neurone mit Zunahme von Herzfrequenz und Schlagvolumen
- zentrale Steigerung der Atem- und Herz-Kreislauf-Funktion
- vermehrte Ausschüttung kataboler Hormone wie Katecholamine, Kortison, ACTH, ADH, Glukagon (usw.) und Sekretionshemmung anaboler Hormone
- Aktivierung komplexer Systeme, die an der Integration und Wahrnehmung des Schmerzes beteiligt sind und motorische Reaktionen sowie Ängste und Befürchtungen mit entsprechenden Verhaltensweisen auslösen können.

29.4.2 Auswirkungen des postoperativen Schmerzes

Der postoperative Schmerz kann, abgesehen vom Leiden des Patienten, direkt oder indirekt zu zahlreichen Funktionsstörungen führen, die sich evtl. ungünstig auf den Heilungsverlauf auswirken. Hierzu gehören:
- respiratorische Komplikationen wie Atelektasen, Störungen des pulmonalen Gasaustausches, Pneumonien, vor allem nach Oberbaucheingriffen
- Aktivierung des sympathoadrenergen Systems
- neuroendokrine Reaktionen
- Übelkeit und Erbrechen.

29.4.3 Beeinflussende Faktoren

29

Der postoperative Schmerz unterliegt einer großen interindividuellen Variabilität und wird außerdem durch eine Vielzahl von Faktoren beeinflusst.

Die Art der Operation, deren Lokalisation und Dauer sowie das Ausmaß des chirurgischen Traumas beeinflussen Art, Intensität und Dauer des postoperativen Schmerzes.

Schmerzintensität verschiedener Eingriffe

Sehr starker Operationsschmerz
- intrathorakale Eingriffe
- Bauchoperationen, besonders im Oberbauch
- ausgedehnte Operationen an Knochen, Gelenken und Wirbelsäule

Weniger starker Operationsschmerz
- oberflächliche Operationen an Bauch- und Thoraxwand
- oberflächliche Operationen an Kopf, Hals und Extremitäten

Häufig wird der primäre Operationsschmerz durch sekundäre Faktoren wie Zug und Druck bei Bewegungen, Husten oder tiefe Inspiration verstärkt, besonders nach intraabdominellen und intrathorakalen Eingriffen, des Weiteren durch reflektorische Muskelspasmen, z.B. nach Hüftoperationen.

29.4.4 Einfluss der Schmerztherapie auf die Prognose

Vor allem bei Hochrisikopatienten scheint durch eine umfassende postoperative Schmerztherapie unter Einschluss periduraler Opioide die perioperative Morbidität gesenkt zu werden; ein wesentlicher Einfluss auf die Letalität ist jedoch nicht nachgewiesen worden.

EBM

Metaanalyse von Metaanalysen (Liu 2007)

Es gibt derzeit keine Beweise, dass Epiduralanalgesie, kontinuierliche Wundkatheter mit Lokalanästhetika, i.v. PCA mit Opioiden oder ein multimodales Schmerztherapie-Konzept einen günstigen Einfluss auf die postoperative Morbidität und Letalität haben. Das hierzu keine eindeutigen Aussagen möglich sind, beruht in erster Linie auf den angesichts der niedrigen postoperativen Komplikationsrate typischerweise zu geringen Patientenzahlen in den verschiedenen Untersuchungen.

29.4.5 Entwicklung chronischer Schmerzen nach Operationen

Postoperative Schmerzen können in chronische Schmerzen übergehen und damit das weitere Leben des Patienten nachhaltig verändern. Chronische postoperative Schmerzen liegen vor, wenn folgende **Kriterien** erfüllt sind:

- Entwicklung des Schmerzes nach einer Operation
- Mindestdauer 2 Monate
- keine anderen Ursachen für den Schmerz nachweisbar
- Der Schmerz war präoperativ nicht vorhanden.

Häufigkeit chronischer postoperativer Schmerzen

- Thorakotomien (Postthorakotomiesyndrom): 29–67%
- Mammachirurgie: bis zu 50%
- Amputationen von Gliedmaßen: 30–83%
- Polytrauma: 17–50%
- Sectio caesarea: 10%

Die genauen Mechanismen der Chronifizierung sind nicht bekannt.

Phantomschmerzen sind ein häufiges Phänomen nach Amputationen. Als wichtigster begünstigender Faktor gilt ein hohes präoperatives Schmerzniveau.

Prophylaxe

Ein einheitliches Konzept der Prophylaxe chronischer postoperativer Schmerzen liegt derzeit nicht vor. Eine bereits vor der Operation eingeleitete Analgesie (präemptive und präventive Analgesie) soll der Chronifizierung postoperativer Schmerzen entgegenwirken.

Präemptive Analgesie bezeichnet eine Schmerzbehandlung, die effektiver ist, wenn sie bereits vor der Operation statt danach begonnen wird.

Präventive Analgesie ist eine Erweiterung der präemptiven Analgesie und umfasst alle perioperativen Analgesiemaßnahmen, die eine schmerzinduzierte periphere und zentrale Sensibilisierung verhindern. Hierfür wird eine multimodale Schmerztherapie mit verschiedenen Substanzen eingesetzt. Wichtiger als der Zeitpunkt des Beginns scheint aber die **Anwendungsdauer** der präventiven Maßnahmen zu sein.

29.5 Konventionelle systemische Schmerztherapie mit Opioiden

Opioide sind die Standardsubstanzen für die Behandlung starker und stärkster postoperativer Schmerzen.

29.5.1 Wirkungen und Nebenwirkungen

Mit starken Opioiden können in der Regel auch stärkste Schmerzen beseitigt oder wesentlich gelindert werden; steigende Dosen führen nicht zum „ceiling effect", jedoch vermehrt zu Nebenwirkungen (s. a. ▶ Kap. 3), von denen aber – entgegen häufigen Befürchtungen – Abhängigkeit und Sucht bei der postoperativen Schmerztherapie in der Regel klinisch keine Rolle spielen.

Einfluss von Alter und Vorerkrankungen

- Im höheren Lebensalter nimmt die Empfindlichkeit gegenüber Opioiden zu, darum muss bei geriatrischen Patienten die Dosis des Opioids reduziert werden.
- Bei eingeschränkter respiratorischer Reserve, z.B. durch COPD, erhebliche Adipositas, Kyphoskoliose, Phrenikuslähmung, können Opioide zur akuten respiratorischen Insuffizienz führen.
- Bei Niereninsuffizienz kann die Wirkung von Morphin und Dihydrocodein verlängert sein (Einzelheiten siehe jeweilige Substanz).
- Bei Lebererkrankungen kann die Wirkung verstärkt und verlängert sein. Daher vorsichtig anwenden: langsame Injektion in kleinen Dosen, Vermeidung lang wirkender Substanzen!
- Bei Hypothyreose ist die Empfindlichkeit gegenüber Opioiden (und anderen zerebral dämpfenden Substanzen) erheblich gesteigert, daher ist Vorsicht geboten! Bei Hyperthyreose können gegenteilige Effekte erwartet werden.
- Bei Alkoholabhängigen ist die Empfindlichkeit gegenüber Opioiden vermindert, so dass häufig erstaunlich hohe Dosen vertragen werden. Ähnliches gilt auch für den chronischen Missbrauch von Psychopharmaka.

29.5.2 Einzelne Substanzen

Morphin

Morphin ist die Referenzsubstanz der Schmerztherapie; sie wird bei mäßigen bis starken Schmerzen eingesetzt.

Pharmakologie
Dosierung und Wirkdauer von Morphin:
- intravenöse Einzeldosis: 2–10 mg bzw. 0,1–0,15 mg/kg langsam (4–5 min) i.v.
- 0,2 mg/kg i.m.
- Wirkungseintritt: 15 min
- max. Wirkung: innerhalb 30 min
- Wirkdauer: 4–5 h

- Bei schwerer Niereninsuffizienz sollte die Dosis um 50% reduziert werden, bei mäßiger Niereninsuffizienz um ca. 25%, da sonst eine Kumulation des aktiven Metaboliten Morphin-6-Glukuronid mit starker Sedierung und Atemdepression auftritt.
- Vorsicht bei Patienten mit Leberinsuffizienz und bei Hypophysenunterfunktion: Komagefahr!
- Nicht bei akutem Asthmaanfall oder Atemwegsobstruktion einsetzen.

Piritramid

Piritramid ist ein reiner Opioidagonist, der ausschließlich parenteral für die Behandlung mäßiger bis starker Akutschmerzen eingesetzt wird. Die analgetische und atemdepressorische Wirkung entspricht im Wesentlichen denen von Morphin, jedoch hält die Wirkung länger an.

Pharmakologie
Dosierung und Wirkzeiten von Piritramid (z.B. Dipidolor®):
- intravenöse Einzeldosis: 7,5–15 mg bzw. 0,1–0,15 mg/kg
- 0,2–0,4 mg/kg i.m.
- Wirkungseintritt: nach 2–5 min
- max. Wirkung: nach ca. 10 min
- mittlere Wirkdauer: 4–6 h

Pethidin

Der Einsatz von Pethidin zur postoperativen Schmerzbehandlung ist nach wie vor verbreitet, obwohl keine wesentlichen Vorzüge gegenüber anderen Opioiden bestehen und in der postoperativen Phase gehäuft mit unerwünschten kardiovaskulären Nebenwirkungen wie Blutdruckabfall und (kompensatorischer) Tachykardie gerechnet werden muss.

Leitlinien/Empfehlungen
S3-Leitlinie der DIVS
Pethidin ist wegen der Kumulationsgefahr des aktiven neurotoxischen Metaboliten und wegen der kurzen Wirkdauer für die Akutschmerztherapie nicht geeignet.

Pharmakologie
Dosierung und Wirkdauer von Pethidin (z.B. Dolantin®):
- intravenöse Einzeldosis: 0,15–0,7 mg/kg
- 0,5–1 mg/kg i.m.
- Geburtshilfe: 100–150 mg i.m. alle 2–3 h
- mittlere Wirkdauer: 2–3 h

29

Buprenorphin

Buprenorphin, ein partieller μ-Rezeptor-Agonist, wird bei starken und stärksten postoperativen Schmerzen eingesetzt, z.B. nach Bauch- oder Thoraxoperationen.

Buprenorphin ist 30–50-mal stärker analgetisch wirksam als Morphin, die Wirkung setzt verzögert ein und hält wesentlich länger an. Die atemdepressorischen Wirkungen entsprechen denen anderer Agonisten, jedoch entwickelt sich ein „ceiling effect“. **Respiratorische** Komplikationen sind dennoch möglich.

> **! Merke**
> Naloxon kann die atemdepressorische Wirkung von Buprenorphin wegen dessen starker Bindung an den μ-Rezeptor nicht ausreichend antagonisieren. Bei klinisch relevanter Atemdepression können Analeptika wie **Doxapram** eingesetzt werden.

Buprenorphin verdrängt andere Agonisten vom μ-Rezeptor und antagonisiert deren Wirkung. Bei Opioidabhängigen kann die Substanz daher ein Entzugssyndrom auslösen.

> **Pharmakologie**
> **Dosierung und Wirkdauer von Buprenorphin (z.B. Temgesic®):**
> - parenterale Einzeldosis: 0,3 mg i.v. oder i.m.
> - sublinguale Einzeldosis: 0,2–0,4 mg, evtl. alle 6–8 h
> - Wirkungseintritt: bei i.v. Injektion nach 15–25 min, bei i.m. Injektion nach 30 min
> - maximale Analgesie: nach 3 h
> - Wirkdauer: 6–8 h, Restwirkungen bis zu 24 h

Tramadol

Tramadol wird häufig für die postoperative Schmerztherapie eingesetzt, auch in Kombination mit antipyretisch-antiphlogistischen Analgetika. Die Gefahr einer Atemdepression ist sehr gering, jedoch treten relativ häufig Übelkeit und Erbrechen auf. Das Präparat unterliegt nicht der BtMV.

> **Pharmakologie**
> **Dosierung und Wirkdauer von Tramadol (z.B. Tramal®):**
> - Einzeldosis: 50–100 mg p.o., s.c., i.m., i.v.
> - Wirkungseintritt nach i.m. Injektion: 10–30 min
> - Wirkdauer: 1–4 h

Pentazocin

Pentazocin wird bei postoperativen Schmerzen nicht zu starker Intensität eingesetzt, des Weiteren bei anderen akuten Schmerzen, z.B. Koliken, außerdem zur Therapie chronischer Schmerzen und in der Geburtshilfe.

Die Substanz besitzt neben der schwach agonistischen auch eine schwach antagonistische Wirkung, durch die bei Opioidagonistenabhängigkeit ein Abstinenzsyndrom ausgelöst werden kann.

Leitlinien/Empfehlungen
Leitlinie der DIVS
Pentazocin ist wegen der kurzen Wirkdauer und wegen der psychomimetischen und kardiovaskulären Wirkungen für die Schmerztherapie nicht geeignet.

Hydromorphon

Hydromorphon ist ein reiner Opioidagonist; die analgetische Potenz ist ca. 8- bis 10-mal größer als die von Morphin, die Wirkdauer etwas kürzer. Der Einsatz von Hydromorphon entspricht im Wesentlichen dem von Morphin.

Pharmakologie
Dosierung und Wirkdauer von Hydromorphon (z.B. Dilaudid®):
- parenterale Einzeldosis: 1,5 mg
- mittlere Wirkdauer: 3–5 h

Dextromoramid

Die Substanz ist ein vollsynthetischer, dem Methadon verwandter Opioidagonist mit erheblich größerer analgetischer Potenz als Morphin bei gleicher Wirkdauer, jedoch schnellerem Wirkungseintritt. Die orale Bioverfügbarkeit beträgt über 50%, die orale Wirksamkeit ist gut und tritt nach etwa 15–20 min ein; die initiale orale Dosis beträgt 5 mg. Bei längerer Zufuhr kann die Substanz kumulieren, so dass die Applikationsintervalle entsprechend geändert werden müssen.

In Deutschland ist Dextromoramid nur in Tablettenform erhältlich (Handelspräparat: Jetrium®).

Tilidin

Tilidin wird gelegentlich zur postoperativen Schmerztherapie eingesetzt, des Weiteren im Rettungswesen. Wegen der großen Suchtgefahr ist Tilidin in Deutschland nur in einer fixen Kombination mit Naloxon im Handel. Dieses Kombinationspräparat (Valoron® N Kapseln oder Tropfen: 50 mg Tilidin + 4 mg Naloxon) unterliegt nicht dem Betäubungsmittelgesetz.

Pharmakologie
Dosierung und Wirkdauer von Tilidin:
- Einzeldosis: 50–100 mg als Kapsel/Retardtabletten oder -tropfen
- Wirkdauer: 3–5 h; Retardtablette ca. 12 h

Bei Niereninsuffizienz muss Tilidin wegen der Kumulationsgefahr niedriger dosiert werden.

Oxycodon

Die pharmakodynamischen Eigenschaften dieses μ-Agonisten entsprechen denen von Morphin. Oxycodon kann oral (Tabletten) oder parenteral zugeführt werden.

Pharmakologie

Dosierung und Wirkdauer von Oxycodon (z.B. Eukodal®):

- parenterale Einzeldosis: 10–20 mg
- mittlere Wirkdauer: 4–5 h

Codein

Codein wird nur selten zur postoperativen Schmerztherapie verwendet, z.B. nach kleineren ambulanten Eingriffen. Gebräuchlicher ist hingegen der Einsatz als Antitussivum.

Zu beachten ist, dass Codein die Wirkungen von Sedativa verstärkt, auch kann durch die Kombination eine **Atemdepression** auftreten (Antagonist: Naloxon).

Pharmakologie

Dosierung und Wirkdauer von Codein:

- enterale Einzeldosis: 120 mg
- mittlere Wirkdauer: 3–4 h
- keine i.v. Injektion wegen starker Venenreizung

Dihydrocodein (Paracodin): Die analgetische Wirkung von 30 mg Dihydrocodein entspricht etwa der von 10 mg Morphin; die pharmakologischen Wirkungen sind identisch. Die Substanz wird nur selten zur postoperativen Schmerztherapie eingesetzt; Dosierung: 30–60 mg p.o. oder s.c.; 20–30 mg i.v; als Antitussivum: 30 mg p.o.

EBM

Cochrane Review: Eine Einzeldosis von 30 mg Dihydrocodein führt nicht zu einer ausreichenden Linderung postoperativer Schmerzen. 400 mg Ibuprofen sind analgetisch wirksamer als 30 oder 60 mg Dihydrocodein.

Methadon

29

Methadon wird als Ersatzdroge für Heroin bei Süchtigen und zur Behandlung von Entzugserscheinungen nach längerem Opioidgebrauch eingesetzt.

Leitlinien/Empfehlungen

Leitlinie der DIVS

Methadon ist wegen seiner unvorhersehbar langen Wirkdauer und der Kumulationsgefahr für die Akutschmerztherapie nicht geeignet.

Opioidantagonisten siehe ▶ Kapitel 3.

29.5.3 Art der Zufuhr

Bei der konventionellen Schmerztherapie werden die Opioide intravenös, intramuskulär, sublingual, rektal, per os oder, iontophoretisch, transdermal zugeführt. In der Akutphase postoperativer Schmerzen werden die Opioide i.v. zugeführt, danach oral. Ist die orale Zufuhr nicht möglich, werden die Substanzen s.c. oder i.v. angewandt.

Intravenöse Zufuhr

Wichtigste **Vorteile** der i.v. Zufuhr:
- rascherer Wirkungseintritt als bei allen anderen Formen der Zufuhr
- bessere individuelle Steuerbarkeit.

Nachteil:
- größere Gefahr der Atemdepression und stärkeren Sedierung.

! Merke

Initial wird das Opioid schrittweise mit i.v. Bolusinjektionen titriert, bis die Schmerzintensität in Ruhe auf ≤ 30 und bei Belastung auf 50 gesenkt worden ist.

Bei der kontinuierlichen Infusion ist der individuelle Bedarf nur schwierig zu ermitteln.

Intramuskuläre Injektion

Hierbei wird, oft aus „Sicherheitsgründen", bei allen Patienten nach einem starren Schema mit Standarddosen vorgegangen, ohne den individuellen Bedarf ausreichend zu berücksichtigen.

Leitlinien/Empfehlungen
S3-Leitlinie der DIVS

Die i.m. Zufuhr von Analgetika in der postoperativen Phase ist obsolet. Es stehen genügend alternative Applikationsformen zur Verfügung, so dass diese Form der Schmerzmittelgabe generell zu vermeiden ist.

Orale, transdermale, sublinguale und rektale Zufuhr

Diese Arten der Zufuhr sind für die **frühe** postoperative Schmerztherapie nicht geeignet.

29.6 Patientenkontrollierte intravenöse Analgesie (PCIA)

Bei der patientenkontrollierten (PCA, „patient-controlled analgesia") verabreicht sich der Patient selbst das Opioid und zwar entsprechend seinem Bedarf („on demand").

Die Selbstmedikation des Opioids erfolgt über eine mikroprozessorgesteuerte Infusionspumpe; der Patient aktiviert das System durch Knopfdruck und erhält einen vorher vom Arzt eingestellten Opioidbolus.

Eine erneute Injektion ist erst nach Ablauf einer programmierbaren Sperrzeit möglich, um eine Überdosierung zu vermeiden.

Leitlinien/Empfehlungen
S3-Leitlinie der DIVS

- Bei starken Schmerzen in der frühen postoperativen Phase sollte die PCA konventionellen Verabreichungstechniken vorgezogen werden.
- Durch zusätzliche Gabe eines Nichtopioid-Analgetikums kann die tägliche Opioiddosis um 30–50% gesenkt werden.
- Die PCA bewirkt eine bessere Schmerzkontrolle und stärkere Patientenzufriedenheit als die konventionelle parenterale Analgesie „nach Bedarf".

- PCA-Patienten verbrauchen mehr Opioide und leiden häufiger unter Juckreiz als Kontrollpatienten; andere Nebenwirkungen sind gleich häufig; die Dauer des Krankenhausaufenthalts wird nicht beeinflusst (Hudcova, 2007).

29.6.1 Auswahl und Zufuhr der Substanzen

Das Opioid wird intravenös, subkutan, peridural oder iontophoretisch transdermal zugeführt. Gebräuchliche Substanzen für die PCA sind Piritramid (in Deutschland), Morphin, Fentanyl, Sufentanil, Hydromorphon und Pethidin. Abgesehen von bestimmten Erkrankungen (z.B. Leber- oder Niereninsuffizienz) scheint die Wahl des Opioids für die PCIA keine wesentliche Rolle zu spielen.

Bei extrem starken Schmerzen ist Sufentanil wirksamer als Piritramid und Piritramid wirksamer als Morphin

! Merke

Bei der Dosierung muss grundsätzlich die große individuelle Variabilität beachtet werden, des Weiteren die geringe Korrelation zwischen der selbst zugeführten Dosis und der analgetischen Wirksamkeit. Daher sollte auch bei der PCIA nicht nach einem pharmakokinetisch ausgerichteten Dosierungsschema vorgegangen werden.

Vorprogrammierte Demand-Dosis

Die selbst zuführbaren Einzelboli dürfen nicht zu niedrig dosiert werden, weil hiermit keine ausreichende Analgesie erzielt wird. Zu hohe Demand-Boli führen dagegen zu Überdosierung mit Sedierung und Atemdepression.

Alternativ zu diesem Konzept kann auch zu Beginn der PCIA einmalig ein Bolus zur Aufsättigung injiziert werden. Dessen Dosis richtet sich nach der Wirkung, d.h. dem Erreichen einer zufriedenstellenden Analgesie, z.B. 2–20 mg Morphin über 10 min i.v. Der Vorteil dieses Verfahrens besteht darin, dass bei starken Schmerzen, z.B. unmittelbar nach der Operation, rasch eine ausreichende Analgesie erzielt und eine initial hohe Anforderungsfrequenz vermieden wird. Das Vorgehen hat sich vor allem bei anfänglich nicht kooperationsfähigen Patienten bewährt, die das PCIA-System noch nicht selbständig aktivieren können.

Hintergrundinfusion

Grundsätzlich möglich ist auch eine kontinuierliche, bedarfsunabhängige Basisinfusion einer festgelegten, niedrigen Opioiddosis, die, nach Bedarf, durch selbst zugeführte Boli überlagert wird. Hierdurch wird allerdings mehr Opioid verbraucht und die Häufigkeit von Nebenwirkungen gesteigert.

Leitlinien/Empfehlungen
S3-Leitlinie der DIVS
Die Opioidzufuhr mit kontinuierlicher Basalrate/Hintergrundinfusion ist außerhalb von Überwachungseinheiten kontraindiziert.

Transdermales iontophoretisches PCA-System mit Fentanyl

Das System wird auf die Haut geklebt und ermöglicht die Zufuhr definierter Fentanylboli (jeweils 40 μg):

- maximale Anforderung pro Stunde: 6 × 40 μg
- Sperrzeit 10 min
- maximal 80 Boli in 24 h.

Die Analgesiequalität entspricht der einer Morphin-PCA.

Die wichtigsten **Vorteile** sind: keine Programmierung und kein i.v. Zugang erforderlich; technische Fehler wie bei PCA-Pumpen sind ausgeschlossen.

Nachteilig sind die sehr hohen Kosten des Systems.

29.6.2 Nebenwirkungen und Komplikationen

Klinik

- Übelkeit tritt besonders häufig bei Sufentanil, Fentanyl, Buprenorphin und Tramadol auf.
- Juckreiz ist ausgeprägter bei Sufentanil.
- Sedierung ist stärker bei Morphin.
- Atemdepression (selten; ca. 0,21%), erkennbar am Abfall der Atemfrequenz auf < 10/min.

29.6.3 Praktisches Vorgehen bei PCIA

Der Einsatz der PCIA setzt entsprechend **geschultes Personal** voraus, das auch die Programmierung der Pumpen durchführen kann. Einzelheiten zum Ablauf sollten in einem Protokoll niedergelegt werden.

Weitere Voraussetzungen:

- verständiger Patient, der die PCA-Pumpe selbständig bedienen kann
- Es sollte das Opioid verwendet werden, mit dem Ärzte und Pflegepersonal am besten vertraut sind. Bei wesentlich eingeschränkter Nierenfunktion sollte Morphin vermieden werden (Kumulationsgefahr bzw. Glukuronidwirkung!).

√ **Praktisches Vorgehen**

1. **„On-demand"-Bolus, Refraktärzeit** („lock-out interval") und **stündliche Maximaldosis** festlegen und die Pumpe entsprechend programmieren
2. Beim Auftreten von Schmerzen kann der Patient die vorgewählten Boli anfordern.
3. Alternativ kann die Anfangsdosis des Opioids in titrierten Boli von z.B. 2 mg Morphin i.v. über einen Zeitraum von ca. 10 min bis zum Erreichen des gewünschten Analgesieniveaus (mindestens Grad 2) zugeführt werden.
4. Lässt sich mit der gewählten „Demand"-Dosis innerhalb einer Stunde keine befriedigende Analgesie erreichen, sollte die Dosis des „Demand"-Bolus erhöht werden. Tritt auch danach keine ausreichende Analgesie ein, kann die Refraktärzeit verkürzt werden.
5. Während der PCIA dürfen keine anderen Opioide oder Sedativa/Hypnotika ohne Rücksprache mit dem für die PCIA verantwortlichen Arzt zugeführt werden (Gefahr der übermäßigen Sedierung und gefährlichen Atemdepression!).
6. **Überwachung der PCIA:** Atemfrequenz, saO_2, Analgesiequalität, Sedierungsgrad; Eintrag in das Verlaufsprotokoll
7. **Anwendungsdauer** der PCIA: nach Bedarf; maximal 48 h
8. bei übermäßiger Sedierung oder Atemdepression: **Naloxon**
9. bei Übelkeit/Erbrechen: z.B. Ondansetron, Dimenhydrinat
10. bei Juckreiz: Naloxon in niedriger Dosierung; wenn unwirksam: Absetzen der PCIA
11. bei Harnverhaltung: Einmalkatheterisierung der Harnblase.

29

29.7 Nichtopioid-Analgetika

Im Gegensatz zu den „zentral" wirkenden Opioiden beeinflussen diese Substanzen vorwiegend die Nozizeptoren im geschädigten Gewebe. Sie werden daher pragmatisch, aber nicht ganz zutreffend als „periphere" Analgetika bezeichnet, denn **zentrale** analgetische Mechanismen sind experimentell auch für diese Substanzen nachgewiesen worden.

Einteilung der Analgetika mit antipyretischen Eigenschaften

- saure Analgetika, die sich bevorzugt im sauren Gewebe anreichern: Acetylsalicylsäure und nichtsteroidale Antiphlogistika oder NSAID (= non-steroidal antiinflammatory drugs) wie Diclofenac und Ibuprofen
- nichtsaure Analgetika: Metamizol, Paracetamol, COX-2-Hemmer

- Die sauren Analgetika und die COX-2-Hemmer wirken analgetisch, antiinflammatorisch und antipyretisch.
- Paracetamol und Metamizol wirken nur analgetisch und antipyretisch, jedoch nicht antientzündlich.

Die Substanzen werden überwiegend oral verabreicht; die Bioverfügbarkeit beträgt mindestens 50%, bei Metamizol und Paracetamol 80–100%. Rektale und intravenöse Zufuhr einzelner Substanzen ist ebenfalls möglich.

! Merke

Metamizol, Paracetamol, Ibuprofen und Parecoxib sind auch für die **i.v. Schmerztherapie** zugelassen. Die Zufuhr als Kurzinfusion (ca. 15 min) wird ausdrücklich empfohlen.

29.7.1 Wirkmechanismus

Acetylsalicylsäure und die nichtsteroidalen Antiphlogistika (NSAID) blockieren die Aktivität der Cyclooxygenase in peripheren Geweben und hemmen hierdurch die Prostaglandinsynthese, die Entzündung und den Schmerz. Eine Hemmung von COX-2 im ZNS mit nachfolgender Modulation der Nozizeption spielt vermutlich ebenfalls eine Rolle. Außerdem hemmen diese Substanzen die Synthese von Prostacyclin und Thromboxan A_2.

Hochselektive COX-2-Hemmer (Celecoxib, Valdecoxib, Etoricoxib, Parecoxib) wirken, selbst in supratherapeutischen Dosen, selektiv auf die Cyclooxygenase 2.

Alle COX-2-Hemmer wirken analgetisch, entzündungshemmend und antipyretisch. Allerdings wird das Risiko von Myokardinfarkt, Schlaganfall und Nierenschäden erhöht.

Vorteile der COX-2-Hemmer:

- Magen-Darm-Ulzera selten
- keine Hemmung der Thrombozytenaggregation.

Folgendes sollte aber beachtet werden:

! Merke

Bei Patienten mit Nieren- und Herzerkrankungen sollten COX-2-Hemmer wegen der Möglichkeit bedrohlicher kardialer und renaler Nebenwirkungen nicht eingesetzt werden, auch nicht für die kurzfristige postoperative Schmerztherapie.

29.7.2 Nebenwirkungen nichtselektiver NSAID

Alle nichtselektiven NSAID können mit erheblichen Nebenwirkungen einhergehen, die beim klinischen Einsatz berücksichtigt werden müssen (▶ Tab. 29-2).

29.7.3 Nebenwirkungen selektiver COX-2-Hemmer (Coxibe)

Die Thrombozytenaggregation und die Blutgerinnungsfähigkeit werden in klinischen Dosen nicht beeinträchtigt. COX-2-Hemmer hemmen jedoch die Produktion des aggregationshemmenden und vasoprotektiven Prostacyclins (PGI_2). Hierdurch wird die Adhäsion von Thrombozyten am Endothel gesteigert und das Myokardinfarkt- und Schlaganfallrisiko erhöht. Auch bei COX-2-Hemmern besteht das Risiko von Magen-Darm-Ulzera, es ist jedoch geringer als bei nichtselektiven COX-Hemmern.

29.7.4 Klinische Anwendung

Die Substanzen werden vor allem bei **leichten bis mittelstarken Schmerzen** eingesetzt; der maximale analgetische Effekt entspricht etwa dem niedrig potenter Opioide. Werden die Höchstdosen überschritten, ist kein stärkerer analgetischer Effekt zu erwarten; die Nebenwirkungen nehmen jedoch zu.

Die wichtigsten Vorteile von Nichtopioid-Analgetika sind:

- keine Sedierung und keine Atemdepression
- keine Beeinträchtigung der Darm- und Blasenfunktion.

Leitlinien/Empfehlungen

S3-Leitlinie der DIVS

- Bei leichten Schmerzen reicht die alleinige Gabe von Nichtopioiden aus.
- Bei starken und mittelstarken Schmerzen sollten Opioide in Kombination mit Nichtopioid-Analgetika zugeführt werden.

ASA-Task-Force-Leitlinie Akutschmerzbehandlung

- Wenn keine Kontraindikationen vorliegen, sollten alle Patienten rund um die Uhr NSAIDs, Coxibe oder Paracetamol erhalten.
- NSAIDs sollten Bestandteil einer multimodalen Behandlung von Akutschmerzen sein.

Bei der multimodalen Schmerztherapie sollten Nichtopioide als Basismedikamente zugeführt werden, damit die Opioiddosis reduziert werden kann.

Tab. 29-2 Schädigungspotential von Nichtopioid-Analgetika

Substanz	Thrombozytenaggregationshemmung	Niere	Leber	Magen-Darm-Trakt	Herz
Paracetamol	nein*	nein	ja**	nein	nein
NSAID	ja	ja	nein	ja	ja
COX-2-Hemmer	nein	ja	nein	möglich	ja
Metamizol	nein*	nein	nein	nein	nein

* keine klinisch relevante Hemmung
** erst bei Überdosierung (> 5 g/d)
NSAID und COX-2-Hemmer: Schädigungen bereits in therapeutischer Dosierung möglich

Präemptive Analgesie

Bislang ist nicht erwiesen, dass vor dem Hautschnitt zugeführte Nichtopioid-Analgetika einen präemptiven analgetischen Effekt aufweisen. Als vermutlich bedeutsamer wird dagegen eine ausreichend lange Zufuhr dieser Substanzen in der postoperativen Phase angesehen, um eine zentrale Sensibilisierung durch anhaltende Schmerzen zu vermeiden (= präventive Analgesie).

29.7.5 Auswahl der Substanzen

Die Nichtopioid-Analgetika unterscheiden sich nicht wesentlich in ihrer analgetischen Potenz, auch sind die Nebenwirkungen bei kurzfristiger Zufuhr (oft nur 2–3 Tage postoperativ) meist gering.

Paracetamol

Die Blutungszeit bzw. Thrombozytenaggregation wird durch Paracetamol nicht beeinflusst; gastrointestinale Nebenwirkungen oder allergische Reaktionen sind ebenfalls nicht zu erwarten. Die Substanz kann per os, rektal oder intravenös zugeführt werden. Nach rektaler Zufuhr wird die Substanz allerdings nur langsam und variabel resorbiert. Überdosierung kann zum **Leberversagen** führen!

Bei dem sehr seltenen **Glukose-6-Phosphat-Dehydrogenase-Mangel** kann Paracetamol eine akute Hämolyse auslösen.

Kontraindikationen oder große Vorsicht:
- Unverträglichkeit
- schwere Leber- oder Niereninsuffizienz
- Mangelernährung, Alkoholismus (Glutathionsäuremangel).

> **Pharmakologie**
> **Dosierung von Paracetamol:**
> - Einzeldosis: 0,5–1,0 g alle 4–6 h p.o.
> - Tageshöchstdosis: ca. 4 g bzw. 80 mg/kg
> - bei Kindern initial und nur 1 × 45 mg/kg rektal als „loading-dose“ (bei der Tagesgesamtdosis berücksichtigen)
> - Maximalwirkung nach ca. 60 min

Perfalgan

Mit diesem Präparat steht Paracetamol als i.v. Infusionslösung zur Verfügung. 100 ml Lösung enthalten 1 g, 1 ml somit 10 mg. Das Präparat ist für die Anwendung bei Erwachsenen, Jugendlichen und bei Kindern mit einem Körpergewicht von > 10 kg (entspricht etwa 1 Jahr) zugelassen.

> **Pharmakologie**
> **Dosierung von Perfalgan:**
> - Erwachsene und Jugendliche > 50 kg Körpergewicht: 1 g pro Anwendung; bis zu 4 × in 24 h; Mindestabstand zwischen 2 Anwendungen 4 h; maximale Tagesdosis 4 g
> - Kinder und Jugendliche 33–50 kg: 15 mg/kg pro Anwendung (1,5 ml Lösung/kg); Mindestabstand zwischen 2 Anwendungen 4 h; maximale Tagesdosis 60 mg/kg
> - Kinder 16–32 kg: 15 mg/kg (1,5 ml/kg); Mindestdauer zwischen 2 Anwendungen 4 h; maximale Tagesdosis 2 g
> - Infusionsdauer 15 min; Maximalwirkung nach 20–30 min

Metamizol

Die Substanz blockiert vermutlich die spinale COX-2, aktiviert das absteigende nozizeptive System und hemmt direkt nozizeptive C-Fasern. Metamizol wird bei mittelstarken bis starken Schmerzen eingesetzt und kann per os sowie intramuskulär und intravenös zugeführt werden.

Nachteile, Nebenwirkungen:
- lebensbedrohliche anaphylaktische Reaktionen
- Agranulozytose, aplastische Anämie möglich, aber sehr selten
- keine entzündungshemmende Wirkung
- kann bei disponierten Patienten Asthmaanfall auslösen
- Gefahr des Blutdruckabfalls bei Hypovolämie.

Kontraindikationen:
- Granulozytopenie, Leukopenie
- multiple Allergien
- Porphyrie.

Metamizol kann bei zu rascher i.v. Injektion einen **Kreislaufschock** auslösen, der nicht allergisch bedingt ist.

> **Pharmakologie**
> **Dosierung von Metamizol:**
> - Einzeldosis: 0,5–1,0 g
> - Tageshöchstdosis: ca. 4 g

Ibuprofen

Analgetische Wirksamkeit, Wirkungseintritt und Wirkdauer entsprechen denen von Acetylsalicylsäure.

> **Pharmakologie**
> **Dosierung von Ibuprofen:**
> - Einzeldosis: 0,2–0,4 g alle 4–6 h
> - Tageshöchstdosis: 0,8 g

Diclofenac

Die analgetische Wirksamkeit von Diclofenac soll der von Pethidin oder Pentazocin entsprechen. Vorteilhaft ist die starke antiphlogistische Wirkung.

Kontraindikationen:
- Magen-Darm-Ulzera (akut oder anamnestisch)
- schwere Nieren- und Leberfunktionsstörung
- schwere Herzinsuffizienz
- Hypovolämie
- gleichzeitige Gabe von COX-2-Hemmern.

> **Pharmakologie**
> **Dosierung von Diclofenac:**
> - Einzeldosis: 0,1–0,2 g alle 6 h per os oder rektal
> - Maximalwirkung: frühestens nach 30 min
> - Wirkdauer 6–8 h

29.8 Adjuvanzien und Koanalgetika

Die Schmerztherapie mit Opioiden, Nichtopioid-Analgetika und regionalen Analgesieverfahren kann bei Bedarf durch Adjuvanzien und Koanalgetika ergänzt werden.

29.8.1 Spasmolytika

Diese Substanzen sind, neben den üblichen Analgetika, bei Spasmen der glatten Muskulatur indiziert, so z.B. nach Cholezystektomie und urologischen oder gynäkologischen Eingriffen. Verwendet werden z.B. Butylscopolamin oder Metamizol.

29.8.2 α_2-Adrenozeptor-Agonisten

Diese Substanzen (z.B. Clonidin, Dexmedetomidin) vermindern den postoperativen Opioidbedarf um etwa 30%. Wegen ihrer Nebenwirkungen sollten sie aber nicht routinemäßig als Analgetika-Adjuvanzien eingesetzt werden.

29.8.3 Ketamin

Insgesamt wird die postoperative Schmerztherapie durch Ketamin als Adjuvans nicht verbessert. Ein präemptiver oder präventiver analgetischer Effekt ist ebenfalls nicht erwiesen. Ketamin ist nur in der Notfallmedizin für die Schmerztherapie zugelassen.

Pharmakologie

Dosierung von Ketamin als analgetisches Adjuvans:

< 2 mg/kg i.m.

< 1 mg/kg i.v.

< 20 µg/kg/min als kontinuierliche Infusion

29.8.4 Kortikosteroide

Diese Substanzen sollen, wenn prophylaktisch vor Operationsbeginn zugeführt, den Analgetikabedarf nach verschiedenen Operationen um 30–60% vermindern. Eine Routineanwendung wird derzeit nicht empfohlen.

29.9 Epidurale Analgesie

Die epidurale Analgesie mit Lokalanästhetika und Opioiden bewirkt eine bessere Schmerztherapie als die systemische Zufuhr von Opioiden, auch treten seltener pulmonale Komplikationen auf. Die Letalität wird allerdings nicht beeinflusst.

29.9.1 Einfluss auf den Behandlungserfolg (outcome)

→ Eine patientenkontrollierte Epiduralanalgesie für bis zu 72 h nach intraabdominellen Eingriffen bewirkt eine bessere Analgesie als die i.v. PCA mit Opioiden. Die Morbidität und Letalität nach großen Baucheingriffen wird jedoch nicht nachweislich gesenkt.

→ Die Periduralanalgesie kann die Beatmungszeit und die Aufenthaltsdauer auf der Intensivstation verkürzen.

→ Eine postoperative Epiduralanalgesie für mehr als 24 h senkt die postoperative Myokardinfarktrate; hierbei ist die thorakale Epiduralanalgesie effektiver als die lumbale.

29.9.2 Indikationen

Indiziert ist die Katheter-Periduralanalgesie für die Behandlung starker und stärkster Schmerzen nach verschiedenen Operationen, des Weiteren für die Therapie schwerer posttraumatischer Schmerzen und für die Sympathikolyse bei bestimmten Eingriffen. Die Platzierung des Katheters richtet sich nach der Art des Eingriffs (▶ Tab. 29-3).

Die **lumbale** Katheter-Periduralanalgesie wird in der Unfallchirurgie, Orthopädie, Gynäkologie, Geburtshilfe, Urologie und in der Abdominalchirurgie angewendet.

Die **thorakale** Katheter-Periduralanalgesie ist das Verfahren der Wahl nach Oberbaucheingriffen und intrathorakalen Operationen.

Für einige Operationen müssen jedoch anatomische Besonderheiten beachtet werden:

- transthorakale Zwerchfellhernienoperation oder Ösophagogastrektomie: Th2–Th12
- intrathorakale Organe, Plexus coeliacus (Oberbaucheingeweide): C8–Th1–Th4
- Operationen in Zwerchfellmitte: C3, C4.

Thorakale und lumbale Epiduralanalgesie im Vergleich

Thorakale Epiduralanalgesie

- Die thorakale Epiduralanalgesie blockiert die sympathischen Fasern im Splanchnikusgebiet, außerdem die Nn. accelerantes des Herzens. Der Blutfluss zum Myokard und das Sauerstoffangebot werden verbessert, eine Konstriktion der Koronararterien verhindert.
- Bei großen **abdominalchirurgischen und thorakalen Eingriffen** geht die thorakale Periduralanalgesie postoperativ mit einer besseren Darmfunktion einher als die systemische Opioidzufuhr.

Tab. 29-3 Platzierung des Periduralkatheters und zu blockierende Segmente in Abhängigkeit vom Operationsgebiet (mod. nach Jage, 1997)

Operationsgebiet	Punktionsstelle	Auszuschaltende Segmente
Thorakotomie	Th4–8	Th2–8
Oberbauch	Th6–8	Th6–12
abdominothorakal	Th7–9	Th4–12
Sectio	L3/4	Th4–S5
Mittel- und Unterbauch	Th7–11	Th6/8–L2
Hüftgelenk	L2–4	Th10–L4
untere Extremität	L1–4	L1–5

- Nach **herzchirurgischen Eingriffen** ergeben sich mit EDA eine bessere Analgesie, weniger Herzrhythmusstörungen und pulmonale Komplikationen als nach systemischer Opioidanalgesie. Die Letalität und die Häufigkeit von Myokardinfarkten werden jedoch nicht beeinflusst.

Lumbale Epiduralanalgesie

- Bei der lumbalen Epiduralanalgesie wird der Sympathikus im anästhesierten Gebiet sowie 2–3 Segmente darunter und darüber blockiert. Die Sympathikusaktivität im Splanchnikusgebiet und in den oberen thorakalen Segmenten nimmt dagegen reflektorisch zu. Durch die Sympathikolyse kann der Blutdruck abfallen und die Herzfrequenz reflektorisch ansteigen.
- Nach Knie- und Hüftoperationen wird mit lumbaler Epiduralanalgesie eine bessere Analgesie erreicht als mit systemischer Opioidtherapie.
- Nach peripheren Gefäßoperationen kann durch lumbale Epiduralanalgesie die Wiederverschlussrate des Gefäßes gesenkt werden.

29.9.3 Kontraindikationen

Die allgemeinen Kontraindikationen für eine Periduralanästhesie sind ausführlich in ▶ Kapitel 21 beschrieben.

29.9.4 Komplikationen

Eine ausführliche Darstellung der Komplikationen findet sich in ▶ Kapitel 21.

29.9.5 Wahl des Lokalanästhetikums

Bupivacain, Levobupivacain oder **Ropivacain** sollten wegen ihrer langen Wirkdauer bevorzugt werden. Zudem ermöglichen diese Substanzen in niedrigen Konzentrationen eine „Differentialblockade" der sensorischen Fasern bei weitgehendem Erhalt der Willkürmotorik.

29.9.6 Zufuhr des Lokalanästhetikums

Das Lokalanästhetikum kann intermittierend injiziert oder kontinuierlich infundiert werden; eine Kombination beider Verfahren ist ebenfalls möglich.

Intermittierende Injektion, auch als PCA

Das Lokalanästhetikum kann intermittierend nach Bedarf (auch als PCA) oder in vorgegebenen Zeitintervallen injiziert werden.

Injektion nach Bedarf

Wird Bupivacain 0,25% als Bolus von 5–20 ml nach Bedarf, d.h. bei Schmerzen, injiziert, so betragen die durchschnittlichen Zeitintervalle 4–6 h, die Tagesdosen 75–150 mg.

Injektion nach Schema

Bei dieser Technik wird das Lokalanästhetikum nach einem festen Zeitschema, z.B. stündlich 5 ml Bupivacain 0,5% oder alle 2 h 6–10 ml, injiziert, somit nicht erst bei Schmerzäußerungen des Patienten. Bei diesem Vorgehen soll sich weniger rasch eine Tachyphylaxie entwickeln.

Kontinuierliche Infusion

Durch kontinuierliche Infusion des Lokalanästhetikums lässt sich meist eine gleichmäßigere Analgesie erreichen als mit intermittierenden Injektionen; Blutdruckabfälle und Überdosierungen sollen seltener auftreten.

Grundsätzlich sollten bei der kontinuierlichen periduralen Infusion **niedrige** Konzentrationen des Lokalanästhetikums bevorzugt werden. Hierdurch wird die Motorik in geringerem Maße beeinträchtigt als durch höhere Konzentrationen, außerdem treten weniger Nebenwirkungen auf.

Eine interdisziplinäre Expertenkommission verschiedener Berufsverbände (Wulf et al., 1997) empfiehlt folgende Dosierungen und Konzentrationen:

Pharmakologie

Kontinuierliche Infusion von Bupivacain 0,25% (0,1–0,5%) oder Ropivacain 0,2%:
- thorakal: 2–4 ml/h Bupivacain 0,25% oder 6–14 ml/h Ropivacain 0,2%
- lumbal: 3–5 ml/h Bupivacain 0,25% oder 5–10 ml/h Ropivacain 0,2%
- Bolusinjektionen: 5–10 ml Bupivacain 0,25% oder 5–10 ml Ropivacain 0,2%

→ Maximale Dosierung bei normalgewichtigen Patienten ohne Störungen der Leber- und Nierenfunktion: 30 mg/h ≙ 12,5 ml/h Bupivacain 0,25%.

Unter der periduralen Infusion müssen die Ausbreitung der Analgesie und das Ausmaß der motorischen Blockade in regelmäßigen Abständen überprüft werden.

29.9.7 Opioide

Die gleichzeitige epidurale Zufuhr von Lokalanästhetika mit Opioiden bewirkt einen synergistischen analgetischen Effekt. Hierdurch kann die Dosis der Einzelsubstanzen erheblich reduziert werden, außerdem treten weniger substanzspezifische Nebenwirkungen auf.

Leitlinien/Empfehlungen

S3-Leitlinie der DIVS

Die Kombination von Lokalanästhetika mit Opioiden ist effektiver als die Zufuhr der Einzelsubstanzen.

Wirkmechanismus

Ein Teil des Opioids gelangt über Dura/Liquor in das Rückenmark, aktiviert dort die μ-Rezeptoren und hemmt dadurch die Weiterleitung afferenter nozizeptiver Impulse.

Pharmakokinetik

Das Verhalten des Opioids nach periduraler Injektion hängt von der Lipidlöslichkeit der Substanz, von der Größe und Konfiguration des Moleküls sowie von der Dosis und dem Vaskularisationsgrad des Periduralraums ab.

Lipophile Opioide

Lipophile Opioide werden nach Passage der Dura rasch und in großer Menge in das Rückenmark aufgenommen und an die Opiatrezeptoren gebunden. Die hierdurch entstehende Analgesie beschränkt sich im Wesentlichen auf die Segmente im Bereich der Injektionsstelle. Hirnwärts breiten sich die lipophilen Opioide, wie z.B. Fentanyl oder Buprenorphin, nicht nennenswert aus.

Hydrophile Opioide

Hydrophile Opioide werden nur langsam in das Rückenmark aufgenommen, so dass im Liquor längere Zeit eine hohe Konzentration vorhanden ist. Die Analgesie beschränkt sich nicht auf die Segmente im Bereich der Injektionsstelle, weil das Opioid in größerer Menge nach rostral transportiert wird. Ein gewisser Anteil gelangt sogar in das Gehirn und kann einige Stunden nach der Injektion zu zentralen Wirkungen, vor allem einer späten Atemdepression, führen (s.u.).

Systemische Resorption

Lipophile Opioide wie Sufentanil, Fentanyl oder Alfentanil können bereits kurz nach der periduralen Injektion im Plasma nachgewiesen werden, manchmal schneller als nach intramuskulärer Injektion, gelegentlich sogar mit höheren Spitzenkonzentrationen. Bei höheren Dosen muss mit stärkerer Resorption und entsprechend mit klinisch bedeutsamen systemischen Wirkungen gerechnet werden.

Auswahl der Substanzen

Die einzelnen Opioide unterscheiden sich bei äquipotenter Dosierung nicht in ihrer analgetischen Wirksamkeit, jedoch in Wirkungseintritt und Wirkdauer (▶ Tab. 29-4). Die Wirkung der ersten periduralen Morphindosis setzt verzögert ein (nach 30 bis 90 min), hält aber von allen Opioiden am längsten an. Lipophile Opioide weisen einen raschen Wirkungseintritt auf, die Wirkdauer ist hingegen nur mittellang.

Leitlinien/Empfehlungen
S3-Leitlinie der DIVS
Lipophile Opioide sind bei epiduraler Zufuhr analgetisch wirksamer als hydrophile Opioide. Die gleichzeitige Zufuhr von Sedativa und i.v. Opioiden sollte vermieden werden, da hierdurch die Gefahr der Atemdepression unverhältnismäßig zunimmt.

Morphin und Sufentanil sind in Deutschland für die epidurale Analgesie zugelassen; Fentanyl wird jedoch ebenfalls sehr häufig angewandt.

Morphin

Bolusinjektionen sollen häufiger zur Atemdepression führen als die kontinuierliche epidurale Infusion. Daher sollte Morphin, wenn überhaupt, kontinuierlich epidural infundiert werden (Dosierung siehe ▶ Tab. 29-4); bei älteren Patienten sollten, unabhängig von der Art des Eingriffs, Einzeldosen von 2 mg nicht überschritten werden.

Sufentanil

Die Substanz diffundiert rasch durch die Dura, aber auch durch die Blutgefäße, so dass (dosisabhängig) relativ schnell analgetisch wirksame Blutkonzentrationen auftreten können.

Tab. 29-4 Dosierung und Wirkdauer peridural injizierter Opioide

Substanz	Einzeldosis (mg)	Infusion	Wirkungseintritt (min)	volle Analgesie (min)	Wirkdauer (h)
Morphin	1–5	0,1–1 mg/h	24	37–60	8–12
Fentanyl	0,05–0,1	25–100 µg/h	4–10	15–30	2–4
Sufentanil	0,01–0,05	10–20 µg/h	5	15–30	2–4
Buprenorphin	0,3		2–6	–	4–10

Pharmakologie

Epidurale Dosierung von Sufentanil:

Bei der kontinuierlichen Epiduralanalgesie in Kombination mit einem Lokalanästhetikum sollte die Sufentanilkonzentration 0,75 µg/ml nicht überschreiten.

Fentanyl

Wird ein rascher Wirkungseintritt gewünscht, so kann das lipophile Fentanyl eingesetzt werden, am besten als kontinuierliche Infusion nach einem vorangehenden Bolus von 0,05– 0,1 mg (in 15–20 ml bei lumbaler Injektion).

Opioidbedingte Atemdepression

Zwei Formen lassen sich unterscheiden: frühe Atemdepression und späte Atemdepression.

- Die **frühe** Atemdepression, bedingt durch systemische Resorption, entwickelt sich innerhalb von 2–4 h nach der Injektion, mit einem Häufigkeitsgipfel nach 30 min.
- Die **späte** Atemdepression, bedingt durch rostrale Ausbreitung, tritt hingegen meist ca. 6–12 h nach der Injektion auf, vor allem bei Morphin.

Die Gesamthäufigkeit der Atemdepression nach periduraler Opioidinjektion wird mit 0,12–2,3% angegeben.

Leitlinien/Empfehlungen

S3-Leitlinie der DIVS

Wegen der Gefahr der Atemdepression ist es ratsam, eine Periduralanalgesie mit Opioiden auf **Allgemeinstationen** nur nach speziellen, regelmäßigen und dokumentierten Schulungen durchzuführen. Für eine adäquate Überwachung sind 2 Besuche pro Tag durch geschultes Fachpersonal erforderlich.

Das **Pflegepersonal** muss nicht nur im rechtzeitigen Erkennen der Atemdepression geschult, sondern auch in den Techniken der Atemhilfe, insbesondere der Masken- bzw. Beutelbeatmung, ausgebildet sein und diese sofort anwenden können. Keineswegs darf sich die Tätigkeit des Pflegepersonals in dieser Situation auf die Alarmierung des diensthabenden Arztes und das Warten auf sein Eintreffen beschränken.

Es wird empfohlen, den intravenösen Zugang bis zu 24 h nach der letzten Opioidinjektion zu belassen, damit im Notfall rasch **Naloxon** (Narcanti) injiziert werden kann. Naloxon sollte in Nähe des Patientenbetts gebrauchsfertig aufbewahrt werden.

Punktionsort

Bei der kombinierten epiduralen Zufuhr von Lokalanästhetika und Opioiden entscheidet der Punktionsort bzw. die Katheterlage über die Effizienz des Verfahrens, da bei korrekter Platzierung der Dosisbedarf reduziert und das Analgesiegebiet auf den erforderlichen Bereich begrenzt wird. Auch treten hierdurch weniger Nebenwirkungen auf.

→ Die alleinige epidurale Opioidzufuhr wird nicht empfohlen.

Art der Zufuhr

Folgende Anwendungen sind möglich:
- kontinuierliche Infusion
- alleinige Bolusinjektionen, auch als PCA
- Basisinfusion + PCA-Boli.

Die Basisinfusion in Kombination mit PCA-Boli soll der alleinigen patientenkontrollierten Bolusinjektion in Analgesiequalität und Patientenzufriedenheit überlegen sein.

Dauer der Epiduralanalgesie

Die Dauer der Katheter-Epiduralanalgesie richtet sich nach dem individuellen Bedarf des Patienten. Im Allgemeinen genügt eine Zufuhr von 2–6 Tagen, danach steigt das Infektionsrisiko (epiduraler Abszess!) an. Daher sollte dieser Zeitraum nur in begründeten Ausnahmefällen überschritten werden.

Spinale Injektion von Opioiden

Opioide können zur Schmerzbehandlung auch direkt intrathekal, d.h. in den **lumbalen Liquorraum,** injiziert oder über einen Katheter infundiert werden. Hierdurch lässt sich im günstigen Fall mit sehr geringen Opioiddosen (z.B. 0,5–1,0 mg Morphin nach größeren abdominalen Operationen) eine lange Analgesiedauer erreichen (▶ Tab. 29-5).

29.9.8 Epiduralanalgesie mit Lokalanästhetika in Kombination mit Opioiden

Durch die kombinierte Zufuhr werden die Vorteile der Lokalanästhetika – rascherer Wirkungseintritt, wirksamere Analgesie – mit den Vorteilen der Opioide – längere Wirkdauer, kein Blutdruckabfall, keine Muskelschwäche – vereint.

> **Pharmakologie**
>
> **Kontinuierliche epidurale Zufuhr von Lokalanästhetika mit Opioiden:**
> - lumbale Katheterlage: Bupivacain 0,125% + 2 μg/ml Fentanyl; Infusionsrate ca. 10–ml/h
> - thorakale Katheterlage: Bupivacain 0,175% + 0,75 μg/ml Sufentanil oder 2 μg/ml Fentanyl; Infusionsrate 5–10 ml/h

29

Grundsätzlich gelten für das Kombinationsverfahren die gleichen Sicherheitsregeln und Vorsichtsmaßnahmen wie zuvor für die jeweiligen Einzelverfahren beschrieben.

Tab. 29-5 Intrathekale Opioide zur postoperativen Schmerztherapie

Substanz	Subarachnoidale Einzeldosis	Wirkdauer
Fentanyl	5–25 μg	2–4 h
Sufentanil	2–10 μg	2–4 h
Morphin	0,1–0,3 mg	6–24 h

Patientenkontrollierte epidurale Analgesie (PCEA)

Wie bei der intravenösen PCA kann mit der epiduralen PCA eine stärker am Bedarf des Patienten ausgerichtete Schmerztherapie erfolgen als durch eine starre, kontinuierliche Zufuhr. Das Verfahren gilt als sicher und kann – unter entsprechender Überwachung – auch auf operativen Normalstationen durchgeführt werden.

29.10 Andere Regionalanästhesieverfahren

Durch Platzierung von Kathetern in Nähe von Nerven oder Plexus, über die Schmerzen aus dem Operationsgebiet geleitet werden, kann ebenfalls eine wirksame Schmerzbehandlung durchgeführt werden. Folgende kontinuierliche Blockadeverfahren werden angewandt:

- oberer Plexus: interskalenär, axillär, VIP
- Plexus lumbosacralis
- N. femoralis, N. cutaneus femoris lateralis und N. obturatorius („3-in-1-Block")
- N. ischiadicus
- thorakale Spinalnerven (Paravertebralblock)
- Einzelnerven.

Einzelheiten der Blockadetechnik und Dosierung der Lokalanästhetika siehe ▶ Kapitel 22.

29.11 Praxis der Akutschmerztherapie

29.11.1 Basisanalgesie

Bei überwiegend geringen bis mäßig starken Schmerzen werden in **regelmäßigen** Abständen Nichtopioid-Analgetika verabreicht; treten gelegentlich stärkere Schmerzen auf, kann zusätzlich ein Opioid eingesetzt werden, z.B. Piritramid. Des Weiteren umfasst die Basisanalgesie folgende Maßnahmen:

- regelmäßige Bestimmung der Schmerzstärke (mindestens 1–2 × pro Tag) und Dokumentation in der Krankenakte durch das Pflegepersonal
- Anpassung der Schmerzmedikation anhand dieser Bestimmunge durch den zuständigen Arzt
- Zufuhr der Analgetika in festen Zeitabständen und Standarddosierungen, nicht auf Anforderung der Patienten; hierdurch Vermeidung von Schmerzspitzen
- Konzepte für die zusätzliche, am Bedarf orientierte Gabe anderer Analgetika, wie z.B. Opioide, einschließlich Kontrolle deren Wirkung und Nebenwirkungen.

Reicht die Basisanalgesie nicht aus, muss auf andere Formen der Schmerztherapie umgestellt werden.

> **! Merke**
> Starke Schmerzen können mit einer Basisanalgesie allein nicht ausreichend behandelt werden und bedürfen daher von vornherein spezieller therapeutischer Konzepte.

29

29.11.2 Spezielle Schmerztherapieverfahren

Eine spezielle Schmerztherapie ist vor allem nach großen Operationen erforderlich. Folgende grundlegende Verfahren werden hierbei eingesetzt:
- patientenkontrollierte intravenöse Analgesie (PCIA)
- peridurale Analgesie mit Lokalanästhetika und/oder Opioidn, auch patientenkontrollier
- regionale Analgesieverfahren: Plexuskatheter, periphere Nervenkatheter
- multimodale Schmerztherapie.

29.11.3 Multimodale Schmerztherapie

Dieses Konzept umfasst die ausführliche präoperative Aufklärung des Patienten über Aktivitäten, Operationsschmerzen und deren Therapie, postoperative Mobilisierung und Beginn der oralen Ernährung sowie über chirurgische Gesichtspunkte (durch den Operateur). Grundlegendes Ziel ist die beschleunigte Wiederherstellung des Patienten (sog. Fast-Track, ▶ Kap. 18).

Bei der multimodalen Schmerztherapie werden 2 oder mehrere analgetisch wirkende Substanzgruppen miteinander kombiniert, um die Analgesie zu verbessern und die Häufigkeit von Nebenwirkungen zu vermindern:

Über den gleichen Zufuhrweg, z.B.:
- Lokalanästhetikum epidural + Opioid epidural
- Opioid intravenös + Metamizol intravenös.

Über verschiedene Zufuhrwege:
- NSAID + periphere Nervenblockaden mit Lokalanästhetika
- Opioide epidural + i.v., i.m., oral, transdermal oder subkutan
- Opioide i.v. + NSAID, Coxibe oder Paracetamol oral.

Bei diesem Konzept können zusätzlich regionale Anästhesieverfahren eingesetzt werden.

29.12 Besondere Situationen

29.12.1 Schwangerschaft

Für die Frühschwangerschaft gilt: strengste Indikationsstellung, niedrigste mögliche Dosierung und möglichst kurze Einnahmedauer.

Leitlinien/Empfehlungen
S3-Leitlinie der DIVS
Nichtopioide:
- Paracetamol ist von den Nichtopioid-Analgetika das Mittel der 1. Wahl in der Schwangerschaft.
- Metamizol ist im I. und III. Trimenon kontraindiziert, kann aber im II. Trimenon gegeben werden.
- Ibuprofen ist Mittel der Wahl unter den NSAID; die Substanz kann im I. und II. Trimenon gegeben werden, im III. Trimenon ist Ibuprofen relativ kontraindiziert.
- Acetylsalicylsäure ist im III. Trimenon kontraindiziert, außerdem in hohen Dosen.
- COX-2-Hemmer sind in der Schwangerschaft und während der Stillzeit kontraindiziert.

Opioide:
- Buprenorphin ist das Mittel der Wahl zur Dauerschmerztherapie in der Schwangerschaft.
- Fentanyl kann in der Schwangerschaft für die Akutschmerztherapie verwendet werden; Piritramid bei zwingender Indikation.
- Morphin und Oxycodon sind kontraindiziert, Hydromorphon wird nicht empfohlen; Tramadol sollte auf Einzelinjektionen beschränkt werden.

29.12.2 Drogenabhängigkeit

Opiate

Bei Opiatabhängigen besteht eine Toleranz gegenüber der euphorisierenden und analgetischen Wirkung der Opioide, das Schmerzempfinden ist aber normal oder wegen der häufig vorhandenen Angst (z.B. vor dem Opiatmangel) sogar verstärkt. Ein Entzugssyndrom in der postoperativen Phase muss vermieden werden.

Postoperativ wird Opiathunger mit dem lang wirkenden Opioid Methadon behandelt, die analgetische Therapie erfolgt opioidfrei oder mit kurz wirksamen Opioiden wie z.B. Fentanyl oder Piritramid.

Pharmakologie

Prophylaxe und Therapie von Entzugssymptomen mit Methadon (nach Heid und Jage):
- 10–20 mg p.o. pro Tag, bei Bedarf auch 2 × pro Tag
- 5–10 mg s.c.; 1 oder 2 × pro Tag

Bei starken Entzugsymptomen:
- 0,5–1 mg alle 5– 10 min oder
- 5–10 mg p.o. alle 30 min

Postoperative Schmerztherapie

Die Therapie der postoperativen Schmerzen kann, je nach Intensität und Art des Eingriffs, mit antipyretisch-antiphlogistischen Analgetika, kurz wirkenden Opioiden oder regionalen Anästhesieverfahren erfolgen.

→ Bei Bedarf können ergänzend auch Benzodiazepine oder trizyklische Antidepressiva eingesetzt werden.

! Merke

Opioidantagonisten wie Naloxon oder der gemischte Agonist-Antagonist Pentazocin sollten auf keinen Fall eingesetzt werden, da hierdurch ein Entzugssyndrom ausgelöst wird.

Buprenorphin soll hingegen den Opiathunger wesentlich vermindern.

Während der Behandlung muss sorgfältig auf **Entzugserscheinungen** geachtet werden.

Bei Morphin und Heroin treten die Entzugssymptome 5–10 h nach der letzten Dosis auf, der Höhepunkt ist nach 2–3 Tagen überwunden. Bei Methadon verläuft der Entzug protrahiert über 12–24 Tage mit einem Höhepunkt nach 2–3 Wochen.

Da der operierte Opioidabhängige entzugsgefährdet ist, kann außerdem Clonidin eingesetzt werden.

EBM

Clonidin bei Opioidentzug

Die Substanz kann die noradrenerg induzierten Entzugssymptome unterdrücken, Opiathunger und Dysphorie werden hingegen nicht beseitigt. Die Entzugssyndrome sind stärker ausgeprägt als beim Entzug mit Methadon, halten aber weniger lange an.

Alkohol, Benzodiazepine, Barbiturate

Bei **Alkoholikern** sind oft hohe Opioiddosen erforderlich. Bei Entzugserscheinungen wie Unruhe, Tremor usw. können ergänzend Clonidin, Alkohol und Benzodiazepine zugeführt werden. Neuroleptika wie Haloperidol oder Phenothiazine senken die Krampfschwelle und sollten daher eher vermieden werden.

Bei **Barbiturat- oder Benzodiazepinabhängigen** besteht keine Kreuztoleranz mit Opioiden, so dass diese Substanzen für die postoperative Schmerztherapie eingesetzt werden können.

Ehemalige Drogenabhängigkeit

Nimmt der Drogenabhängige erst seit kurzer Zeit keine Drogen mehr, so besteht eine besondere Empfindlichkeit gegenüber diesen Substanzen mit Neigung zu Krämpfen und Atemdepression. Keinesfalls ist, wie oft irrtümlich angenommen, der Analgetika- und Sedativabedarf erhöht.

Ist der ehemalige Drogenabhängige schon lange abstinent, kann der postoperative Einsatz von Opioiden, Alkohol oder anderen ehemals gewohnten Pharmaka zu einem Rückfall in das frühere Suchtverhalten führen und muss daher unbedingt vermieden werden. Stattdessen sollte eine opioidfreie Analgesie einschließlich regionaler Anästhesieverfahren durchgeführt werden.

Literatur

Block BM, Lui SS, Rowlingson AJ, Cowan A, Cowan JA, Wu CL: Efficacy of postoperative epidural analgesia. A meta-analysis. JAMA 2003; 18:2455–2463.

Capdevila X et al. French Study Group on Continuous Peripheral Nerve Blocks. Continuous peripheral nerve blocks in hospital wards after orthopedic surgery: a multicenter prospective analysis of the quality of postoperative analgesia and complications in 1,416 patients. Anesthesiology. 2005;103(5):1035–45.

Freye E: Opioide in der Medizin, 6. Aufl. Springer, Berlin 2004.

Jage J: Essentials der postoperativen Schmerztherapie. Thieme, Stuttgart 2004.

Mitra S, Sinatra RS: Perioperative management of acute pain in the opioid-dependent patient. Anesthesiology 2004; 101:212–27.

Pogatzki-Zahn EM, van Aken H, Zahn PK. Postoperative Schmerztherapie. Thieme, Stuttgart 2008.

Shapiro A et al. The frequency and timing of respiratory depression in 1524 postoperative patients treated with systemic or neuraxial morphine. J Clin Anesth. 2005;17(7):537–42.

Viscusi ER et al. An iontophoretic fentanyl patient-activated analgesic delivery system for postoperative pain: a double-blind, placebo-controlled trial. Anesth Analg. 2006;102(1):188–94.

Metaanalyse/system. Review

Barden J et al.: Single dose oral paracetamol (acetaminophen) for postoperative pain. The Cochrane Database of Systematic Reviews 2004, Issue 1.

Beattie WS, Badner NH, Choi P. Epidural analgesia reduces postoperative myocardial infarction: a meta-analysis. Anesth Analg 2001; 93(4):853–858.

Bell RF, Dahl JB, Moore RA, Kalso E. Perioperative ketamine for acute post-operative pain: a quantitative and qualitative systematic review (Cochrane Review). Acta Anaesthesiol Scand. 2005;49(10):1405–28.

Collins SL et al.: Single dose oral ibuprofen and diclofenac for post-operative pain relief (Cochrane Review). In: The Cochrane Library, Issue 4, 2005. Oxford: Update Software.

Edwards JE, Moore RA, McQuay HJ: Single dose oxycodone and oxycodone plus paracetamol (acetaminophen) for acute postoperative pain (Cochrane Review). In: The Cochrane Library, Issue 4, 2005. Oxford: Update Software.

Edwards JE, McQuay HJ, Moore RA: Single dose dihydrocodeine for acute postoperative pain (Cochrane Review). In: The Cochrane Library, Issue 4, 2005. Oxford: Update Software.

Gowing L, Farrell M, Ali R, White J: Alpha2-adrenergic agonists for the management of opioid withdrawal 2005. Oxford: Update Software.

Hudcova J, McNicol E, Quah C, Lau J, Carr DB. Patient controlled opioid analgesia versus conventional opioid analgesia for postoperative pain. Cochrane Pain, Palliative and Supportive Care Group. Cochrane Database of Systematic Reviews. 4, 2007.

Liu SS, Wu CL. Effect of postoperative analgesia on major postoperative complications: a systematic update of the evidence. Anesth Analg 2007; 104:689–702.

Peyton PJ, Myoles PS, Silber BS, et al. Anesth Analg 2003:96:548–54.

Remy C, Marret E, Bonnet F: Effects of acetaminophen on morphine side-effects and consumption after major surgery: meta-analysis of randomised controlled-trials. Br J Anaesth 2005; 94(4)505–13.

Werawatganon T, Charuluxanum S. Patient controlled intravenous opioid analgesia versus continuous epidural analgesia for pain after intra-abdominal surgery. Cochrane Anaesthsia Group. Cochrane Database of Systematic Reviews. 4, 2007.

Leitlinien/Empfehlungen

ASA Practice Guidelines for acute pain management in the perioperative setting. 2003. www.asahq.org

AWMF Leitlinien. Behandlung akuter perioperativer und posttraumatischer Schmerzen 2007. Online: www.awmf.org/

30 Narkosezwischenfälle und -komplikationen, maligne Hyperthermie

Keine Narkose ist frei von Risiken. Fehler und Irrtümer spielen bei Narkosezwischenfällen eine herausragende Rolle, jedoch weist die Anästhesie selbst, wie andere medizinische Verfahren auch, inhärente Risiken auf, die unabhängig von vermeidbaren menschlichen Fehlern oder defekten Ausrüstungsgegenständen auftreten und zur perioperativen Morbidität und Mortalität beitragen.

30.1 Morbidität und Letalität

30.1.1 Klassifikationen

Traditionell werden die perioperative Morbidität und Mortalität in folgender Weise klassifiziert:

- primär anästhesiebedingt
- Anästhesie als beitragender Faktor
- primär operationsbedingt
- Operation als beitragender Faktor
- primär durch die Erkrankung des Patienten bedingt.

Nicht immer ist jedoch eine eindeutige Zuordnung zu einer der Kategorien möglich.

30.1.2 Definitionen

Mortalität

Mortalität bezeichnet den Tod, der vor Abklingen der Wirkung eines oder mehrerer Pharmaka, die zur Ermöglichung eines Eingriffs oder Linderung eines schmerzhaften Zustands gegeben wurden, auftrat oder der durch ein Ereignis während der Wirkung dieser Pharmaka hervorgerufen wurde.

Morbidität

Morbidität bezeichnet die nicht geplante und unerwünschte Wirkung einer Narkose. Hierbei lassen sich drei Arten unterscheiden:

- hochgradige Morbidität: Schädigung, die zu bleibender Behinderung führt
- mittelgradige Morbidität: schwerwiegende Schädigung und/oder verlängerter Krankenhausaufenthalt, jedoch ohne bleibende Folgen
- geringfügige Morbidität: mäßige Schädigung, jedoch ohne Verlängerung des Krankenhausaufenthalts oder bleibende Folgen.

30.2 Narkosezwischenfälle

Narkosezwischenfälle gehören zu den wichtigsten Ursachen der primär anästhesiebedingten Mortalität.

30.2.1 Definitionen

Verbindliche Definitionen gibt es nicht.

Narkosezwischenfall

Traditionell wird als Narkosezwischenfall eine Komplikation bezeichnet, die während oder im Anschluss an eine Narkose auftritt, in unmittelbarem Zusammenhang mit den Anästhetika oder anästhesiologischen Techniken steht und zum Tod des Patienten oder zu bleibenden zerebralen Schäden geführt hat. Nicht eingeschlossen in diese Definition sind:

- andere, leichtere Anästhesiekomplikationen
- primär durch die Erkrankung des Patienten bedingter Tod während oder nach der Narkose
- anaphylaktische Reaktionen (soweit eine entsprechende Disposition zum Zeitpunkt der Narkose nicht bekannt war)
- tödliche Lungenembolien.

Kritisches Narkoseereignis (critical incident)

Definition von Cooper:

Menschlicher Fehler oder ein Versagen der Ausrüstung, die, nicht rechtzeitig erkannt und korrigiert, zu verlängertem Krankenhausaufenthalt oder gar Tod des Patienten geführt hätten oder haben. Einbezogen in die Definition ist auch der hierdurch verlängerte Aufenthalt im Aufwachraum oder auf der Intensivstation.

Definition des Royal College of Anaesthesist (UK):

Kritischer Vorfall, der zu Schäden hätte führen können und durch Änderung des Vorgehens hätte vermieden werden können.

In einer dänischen Untersuchung betrug die Häufigkeit von Narkoseereignissen 12,1 %; davon wurden 0,5 % als kritisch eingestuft (Maaloe, 2006).

30.2.2 Ursachen von Narkosezwischenfällen und kritischen Narkoseereignissen

Narkosezwischenfälle treten per definitionem unabhängig von Alter und Gesundheitszustand des Patienten und den spezifischen Risiken des Eingriffs auf. Sie beruhen auf einem Irrtum bzw. Fehler des Anästhesisten oder Funktionsstörungen des Narkosezubehörs, die nicht rechtzeitig erkannt und behoben worden sind.

Narkosezwischenfälle treten meist nicht einfach „aus heiterem Himmel" auf, sondern häufig im Zusammenhang mit **begünstigenden Faktoren:**

- keine Überprüfung des Zubehörs vor der Narkose
- erste Erfahrung mit der Situation
- mangelhafte Gesamterfahrung
- Unaufmerksamkeit und Nachlässigkeit
- Eile und Hektik
- mangelnde Vertrautheit mit der Umgebung
- Einschränkung des Sehbereichs
- Übermüdung.

Ausrüstungsbedingte Zwischenfälle

Technische Mängel, Funktionsstörungen und die falsche Bedienung des Instrumentariums und der Anästhesiegeräte spielen bei Narkosezwischenfällen eine herausragende Rolle. Dies gilt vor allem für das **Narkosesystem** bzw. **Beatmungsgerät:**

- Diskonnektion der Frischgaszufuhr
- falsch zusammengeschlossene Verbindungen
- Leckagen der Atemgase
- Funktionsstörungen oder Funktionsausfall
- Bedienungsfehler durch Unkenntnis oder Nachlässigkeit
- falsch eingestellte Sauerstoffkonzentration.

Auch hierbei sind wiederum sehr oft **begünstigende Faktoren** beteiligt:

- mangelhafte Gesamterfahrung
- technisches Unvermögen
- unzureichende Ausbildung an Geräten und Instrumentarium mit mangelhafter praktischer Unterweisung und zu geringer Vertrautheit
- Unachtsamkeit und Nachlässigkeit.

30.2.3 Perioperativer Herzstillstand

Die Häufigkeit anästhesiebezogener Herzstillstände bei nicht herzchirurgischen Erwachsenen wird in der aktuellen Literatur mit 0,2–1,1 pro 10 000 Narkosen angegeben, bei Kindern mit 1,4–2,9 pro 10 000 Narkosen, je nach Alter (Einzelheiten siehe ▶ Kapitel 36).

Risikofaktoren

Folgende Faktoren begünstigen das Auftreten eines perioperativen Herzstillstandes:

- schlechte Patientenvorbereitung
- falsche Risikoeinschätzung
- falsches Vorgehen bei der Narkose
- menschlicher Fehler oder Irrtum
- Systemfehler: Technik, Ausrüstung, Kommunikation, Standards.

Ursachen

Oft entsteht der Herzstillstand nicht durch einen Einzelfaktor, sondern durch Verkettung mehrerer Faktoren:

- Probleme mit den Atemwegen oder der Beatmung
- Medikamentenfehler
- Infusions-/Transfusionszwischenfälle
- Hypovolämie durch Blutverluste
- Hyperkaliämie bei Massivtransfusion.

30.2.4 Prävention

Die Mehrzahl aller Zwischenfälle und schwerer Komplikationen ist vermeidbar, vor allem, wenn folgende Grundsätze beachtet werden:

- Ausbildung und Überwachung des Anästhesie-Assistenzarztes durch erfahrene Instruktoren (Oberärzte, Fachärzte)
- funktionsgerechte Gestaltung des Zubehörs und des Arbeitsplatzes
- angemessene Vorbereitung von Zubehör, Geräten und Arbeitsplatz
- Überprüfung des Narkosezubehörs vor jeder Narkose
- regelmäßige Wartung der Geräte
- ausreichende präoperative Vorbereitung des Patienten

- der jeweiligen Operation und Narkose angepasste Überwachungsmaßnahmen und -geräte
- lückenlose Überwachung und Behandlung in der frühen postoperativen Phase
- keine Narkose durch übermüdete Anästhesisten oder unbeaufsichtigte Anfänger.

30.2.5 Anonyme Fehler-Meldesysteme (CIRS, critical incident reporting system)

Zwei Arten von Fehlern werden in der Medizin unterschieden:
- das Versagen einer geplanten Maßnahme, ihr Ziel zu erreichen
- die Anwendung eines falschen Plans oder einer falschen Maßnahme zur Erreichung des Ziels.

Durch systematisches Erfassen solcher Fehler oder kritischer Zwischenfälle kann ein Sicherheitssystem entwickelt werden, um künftige Fehler zu vermeiden (Motto: „aus Fehlern lernen"). Da der Begriff „Fehler" oft fälschlich mit „Schuld" oder „Versagen" gleichgesetzt wird, können die Fehler meist anonym mitgeteilt werden. CIRS weist allerdings folgende Nachteile oder Grenzen auf:
- Es werden nur Zwischenfälle gemeldet, die auch bewusst wahrgenommen worden sind.
- Es werden eher seltene Zwischenfälle gemeldet, alltägliche hingegen nicht.
- Die Qualität von CIRS hängt von wahrheitsgetreuen Berichten ab.

Kritische Zwischenfälle können anonym über Internet an ein international tätiges critical incident reporting system unter folgender Adresse gemeldet werden: https://www.cirsmedical.ch.

30.3 Laryngospasmus

Der Laryngospasmus ist ein akuter reflektorischer Verschluss des Kehlkopfs durch einen anhaltenden Spasmus der falschen Stimmbänder und aryepiglottischen Falten. Er tritt am häufigsten bei **Kindern** auf.

30.3.1 Auslösende Mechanismen

Auslöser ist ein Stimulus in den Atemwegen bei (zu) flacher Narkose, z.B.
- Sekrete, Blut oder Erbrochenes in den oberen Atemwegen
- Intubationsversuche bei nicht ausreichender Narkosetiefe
- Einführen oraler oder nasopharyngealer Tuben
- viszerale oder periphere Schmerzreize bei nicht ausreichender Narkosetiefe
- Extubation während des Exzitationsstadiums der Inhalationsnarkose
- Tonsillektomie und Adenotomie
- psychogene Faktoren bei ängstlichen Kindern und Heranwachsenden.

30.3.2 Klinisches Bild

Bei **partiellem Verschluss** der Stimmbänder treten Stridor bzw. krächzende oder juchzende Atmung auf, bei **totalem Verschluss** hingegen ruckartige paradoxe Atembewegungen: Thorax bei Inspiration eingezogen, Abdomen vorgewölbt und bei Exspiration die umgekehrten Bewegungen („schlingerndes Schiff"); Atemgeräusche sind nicht vorhanden. Folgendes ist zu beachten:

! Merke
Bei komplettem Laryngospasmus ist eine Maskenbeatmung nicht möglich.

Unbehandelt führt der Laryngospasmus zu Hypoxie und Hyperkapnie; hierdurch wird der Reflex bei den meisten Patienten wieder aufgehoben. Bei einigen Patienten bleibt der Laryngospasmus aber unter anhaltender Stimulation bestehen und kann zu postobstruktivem Unterdruck-Lungenödem, Bradykardie und Herzstillstand führen.

Differentialdiagnose:
- Bronchospasmus
- supraglottische Obstruktion.

30.3.3 Therapie

Die Behandlung des Laryngospasmus muss **sofort und wohlüberlegt** durchgeführt werden, bei Säuglingen und Kleinkindern wegen der niedrigen funktionellen Residualkapazität innerhalb von Sekunden. Die wichtigsten Maßnahmen sind:
- rasche Beseitigung des auslösenden Stimulus, z.B. durch Absaugen des Pharynx, Herausziehen pharyngealer Tuben, Unterbrechung schmerzhafter Stimuli
- Hilfe herbeirufen
- Vertiefung der Narkose durch ein rasch und kurz wirkendes i.v. Anästhetikum
- Zufuhr von 100%igem Sauerstoff über eine dicht sitzende Maske; Kopf in Schnüffelposition, Esmarch-Handgriff
- wenn ohne Erfolg: 10–20 mg Succinylcholin i.v. und Beatmung mit 100%igem O_2 über Maske.

30.3.4 Prophylaxe

- Keine Stimulation der oberen Atemwege bei zu flacher Narkose
- Laryngoskopie und Intubation nur in tiefer Narkose
- Extubation entweder in tiefer Narkose oder am wachen Patienten, niemals während des Exzitationsstadiums.

30.4 Pulmonale Aspiration

30

Die pulmonale Aspiration von Mageninhalt ist eine gefürchtete, insgesamt aber seltene Komplikation der Narkose. Aspirationsgefahr besteht bei allen Patienten mit vollem Magen, darum werden grundsätzlich keine elektiven Eingriffe ohne eine vorangehende **Nahrungskarenz von mindestens 6–8 h** durchgeführt.

Risikofaktoren und **Prophylaxe** der Aspiration siehe ▶ Kapitel 16

30.4.1 Mechanismen und Pathophysiologie

Beim **anästhesierten** Patienten können zwei Mechanismen zur pulmonalen Aspiration von Mageninhalt führen:
- Erbrechen (aktiv)
- Regurgitation (passiv).

In beiden Fällen ist die pulmonale Aspiration nur möglich, weil der Patient sediert oder anästhesiert ist und die Schutzreflexe des oberen Atemtrakts beeinträchtigt oder aufgehoben sind. Eine flache Narkose begünstigt die pulmonale Aspiration. Regurgitation kann nur auftreten, wenn zwischen Magen und Ösophagus ein Druckgradient besteht, d.h. der intragastrale Druck höher ist als der Druck im unteren Ösophagus.

Aspiration sauren Magensafts

Die Aspiration größerer Mengen (vermutlich > 0,8 ml/kg) sauren Magensafts (kritischer Bereich pH 1,7–2,4) führt zum **Mendelson-Syndrom** mit einer ausgedehnten chemischen Pneumonitis. Auch kleinere Mengen aspirierten Magensafts können jedoch lebensbedrohliche Komplikationen hervorrufen.

Klinik
Sofortreaktionen und Zeichen der pulmonalen Aspiration:
- Bronchospasmus
- Rasselgeräusche
- Zyanose
- pulmonale Gefäßkonstriktion
- Hypoxämie

→ Nach Warner sind pulmonale Komplikationen nicht zu erwarten, wenn sich innerhalb von 2 h nach der Aspiration keine entsprechenden Zeichen und Symptome entwickeln.

Aspiration fester Partikel

Die Aspiration von festem Material führt zu einer kompletten oder partiellen **Verlegung** der großen oder kleinen Atemwege. Bei kompletter Obstruktion entwickelt sich rasch eine **Hypoxämie** mit Erstickungsgefahr, bei partieller Obstruktion entstehen **Atelektasen** distal davon.

Zeichen:
- Tachykardie
- Atemnot (wenn wach)
- Tachypnoe (bei Spontanatmung)
- paradoxe Atmung (bei kompletter Obstruktion)
- Dazwischenatmen bei kontrollierter Beatmung (wenn nicht relaxiert)
- Zyanose
- verminderte oder aufgehobene Atemgeräusche.

Differentialdiagnose der pulmonalen Aspiration:
- Bronchospasmus
- Verlegung der Atemwege
- Laryngospasmus
- Lungenödem.

30.4.2 Häufigkeit der pulmonalen Aspiration

Die pulmonale Aspiration im Zusammenhang mit Narkosen ist insgesamt ein seltenes Ereignis:
- Erwachsene: 1 auf 3216 Narkosen (Warner et al.,1993)
- Kinder: 1 auf 2500
- Notfallpatienten: 1 auf 400–900 Anästhesien, Kinder 1 auf 400.

30

30.4.3 Wahl des Narkoseverfahrens

Kleinere Eingriffe sollten beim nicht nüchternen Patienten möglichst in Lokalanästhesie durchgeführt werden. Ist eine Allgemeinnarkose erforderlich, so wird immer endotracheal intubiert. Es gilt:

! Merke

Keine Maskennarkose und keine Maskenbeatmung beim nicht nüchternen Patienten! Dies gilt auch für den Einsatz von Larynxmaske oder Larynxtubus!

30.4.4 Behandlung der Aspiration

Die Behandlung richtet sich vor allem nach der Art des aspirierten Materials:

- Bei Aspiration von **festem Material** mit Verlegung der Atemwege ist evtl. eine umgehende bronchoskopische Entfernung erforderlich.
- Bei weniger schwerer Aspiration kann das feste Material häufig durch den Tubus abgesaugt werden, unterstützt durch wiederholte Spülungen mit einigen ml physiologischer Kochsalzlösung; später bronchoskopische Kontrolle.
- Bei der Aspiration von stark **saurem Magensaft** (**Mendelson-Syndrom**) sollten folgende Maßnahmen durchgeführt werden:

! Praktisches Vorgehen

Behandlung der Magensaftaspiration

1. Sofortige endotracheale Intubation.
2. Kopftieflagerung, damit das aspirierte Material evtl. ablaufen kann; sofort endobronchiales Absaugen.
3. Kontrollierte Beatmung, zunächst mit 100% Sauerstoff und PEEP.
4. Wurde flüssiges Material bzw. saurer Magensaft aspiriert, sollte keine endobronchiale Spülung mit Kochsalz durchgeführt werden, damit der aspirierte Magensaft sich nicht peripher ausbreitet.
5. Bei Bronchospasmus evtl. Bronchodilatatoren; Kortikosteroide nur, solange Giemen vorhanden.
6. Keine prophylaktische Zufuhr von Antibiotika.
7. Beurteilung der respiratorischen Auswirkungen anhand von arteriellen Blutgasen und Säure-Basen-Parametern.
8. Postoperativ: sofort Röntgenbild des Thorax, Verlegung auf eine Intensivbehandlungsstation.
9. Trat die Aspiration bei der Narkoseeinleitung auf, sollte nicht mit der Operation begonnen werden, wenn es sich um einen elektiven Eingriff handelt.
10. Klinisch stabile Patienten können nach der Operation extubiert und für ca. 2 h nach der Aspiration im Aufwachraum überwacht werden. Treten innerhalb dieses Zeitraums keine Symptome auf, kann der Patient auf die Allgemeinstation verlegt werden.

30

30.5 Anaphylaxie und perioperative Histaminfreisetzung

Anaphylaktische Reaktionen während der Anästhesie sind selten (1:5000–1:20 000). In der klinischen Situation ist die auslösende Substanz oft nicht zu identifizieren und die korrekte Diagnose manchmal sehr schwierig zu stellen. Die Mehrzahl der Reaktionen verlaufen gleichförmig mit Blutdruckabfall und Bronchospasmus.

Anaphylaxie:
- Häufigkeit 1:5000–1:20 000 Anästhesien
- Letalität 3–6%
- schwere Hirnschäden 2%

- **Allergische Anaphylaxie** ist eine lebensbedrohliche Reaktion (hypersensitive Sofortreaktion), vermittelt durch Immunglobulin E (IgE) und hervorgerufen durch die Freisetzung pharmakologisch aktiver Substanzen.
- **Nichtallergische Anaphylaxien** (anaphylaktoide Reaktionen) werden – im Gegensatz zur allergischen Anaphylaxie – nicht durch eine Antigen-Antikörper-Reaktion ausgelöst, sondern durch unspezifische Mediatoren, in der Anästhesie vor allem durch Histamin. Das klinische Bild beider Formen ist dagegen sehr ähnlich oder identisch.

30.5.1 Pathophysiologie

Die freigesetzten Mediatoren führen im Wesentlichen zu folgenden Veränderungen:
- Zunahme der Gefäßpermeabilität
- Vasodilatation
- Bronchospasmus.

Eine dominierende Rolle spielt hierbei das Histamin.

30.5.2 Auslösende Faktoren

Grundsätzlich können anaphylaktische und anaphylaktoide Reaktionen durch eine Vielzahl von Substanzen sowie durch verschiedene anästhesiologische und chirurgische Maßnahmen ausgelöst werden.

Die häufigsten Auslöser perioperativer Anaphylaxien
- Muskelrelaxanzien
  - IgE-vermittelt, vor allem durch Aminosteroide wie Rocuronium
  - unspezifisch durch Mastzellstimulation: vor allem Benzylisochinoline wie Mivacurium, Atracurium
  - häufig in Frankreich, Norwegen und England; weltweit jedoch selten: 1:50 000 bis 1:150 000 (Kroigaard)
- Antibiotika: grundsätzlich alle, am häufigsten aber Penicilline (1 auf 1000 Anwendungen)
- Latex: < 5% aller Allergien unter Narkose
- Gelatine-Lösung: bis zu 4% (Laxenaire 1993)

30

- HES: schwere Reaktionen, mit 0,006% der Anwendungen sehr selten
- Opioide: selten
- Propofol: selten
- Thiopental: selten
- Ketamin: sehr selten
- Midazolam: extrem selten
- ASS, NSAID: selten

Weitere Auslöser:
- Desinfektionsmittel, z.B. Chlorhexidin
- Exploration bei Operationen an Lunge, Gallenblase und Dickdarm (Mediatorfreisetzung)
- Bluttransfusion bzw. Blutprodukte
- Implantation von Knochenzement (Palakos), z.B. Hüftgelenkersatz oder Schädeldachplastik
- Injektion von Chymopapain zur Chemonukleolyse bei Bandscheibenvorfall
- Injektion von Kontrastmitteln
- unmittelbare Wundreaktionen nach der Operation.

30.5.3 Klinisches Bild

Klinisch können Anaphylaxie und anaphylaktoide Reaktionen nicht unterschieden werden.

Das **Syndrom der Anaphylaxie** setzt in der Regel innerhalb von Minuten nach i.v. Zufuhr der auslösenden Substanz und bis zu ca. 15 min nach Latex- oder Desinfektionsmittelexposition ein, ist lebensbedrohlich und muss sofort behandelt werden. Die klinischen Manifestationsstadien sind in ▶ Tabelle 30-1 zusammengefasst.

Tab. 30-1 Stadien anaphylaktischer und anaphylaktoider Reaktionen

Stadium	Zeichen und Symptome
0	keine
I	**leichte Allgemeinreaktion:** • Flush, generalisierte Urtikaria, Pruritus • Schleimhautreaktion, z.B. an Nase, Konjunktiven • Allgemeinreaktionen, z.B. Unruhe, Kopfschmerzen
II	**ausgeprägte Allgemeinreaktion:** • Kreislaufstörungen • leichte Luftnot, beginnender Bronchospasmus • Stuhl-/Harndrang
III	**bedrohliche Allgemeinreaktion:** • Schock • Bronchospasmus, starke Luftnot • Bewusstseinsstörungen • evtl. Stuhl-/Harnabgang
IV	**Versagen der Vitalorgane:** • Atem- und Herz-Kreislauf-Stillstand • Tod durch Nichtansprechen auf Wiederbelebungsmaßnahmen

30.5.4 Therapie

Grundsätzlich: Zufuhr der verdächtigen Substanzen sofort abbrechen, Hilfe holen lassen, Atemwege sichern und aufrechterhalten, 100% O_2 zuführen, wenn möglich: Kopftieflagerung.

Primärbehandlung der Anaphylaxie

- Adrenalin 0,05–0,2 mg/kg, in schwersten Fällen 5 mg und mehr i.v.; wenn therapierefraktär: Vasopressin 0,05–0,1 µg/kg/min i.v.
- isotone Kristalloide/Kolloide; in schweren Fällen mehrere Liter
- Adrenalin wirkt den Gefäßreaktionen entgegen, vermindert die weitere Histaminausschüttung und beseitigt den Bronchospasmus.
- Durch Volumenzufuhr wird der intravasale Volumenmangel ausgeglichen.

Anthistaminika und Kortikosteroide

Dies sind sekundäre Medikamente, mit denen Ödeme, kutane Manifestationen und Rezidive der Anaphylaxie verhindert werden sollen.

- **H_1-Rezeptor-Antagonisten,** z.B. Dimetinden (Fenistil) 1–2 Amp. bzw. 4–8 mg i.v. oder 0,1 mg/kg oder 100 mg Ranitidin i.v.
- **H_2-Rezeptor-Antagonisten,** z.B. Cimetidin (Tagamet) 1–2 Amp. bzw. 200–400 mg i.v. oder 5 mg/kg oder 100 mg Ranitidin i.v.
- **Kortikosteroide** in hoher Dosierung, z.B. 8–40 mg Dexamethason (Fortecortin) oder Methylprednisolon (Urbason) 1 g i.v. bei typischen IgE-vermittelten Reaktionen. Wirkungseintritt erst nach 5–10 min, spezifische antiinflammatorische Wirkungen nach 1–2 h, membranstabilisierende Wirkung sehr hoher Dosen nach 10–30 min; zur Prophylaxe von Spätreaktionen und Rezidiven.

Weitere Maßnahmen

Hierzu gehören:

- **Salbutamol** bei anhaltendem Bronchospasmus
- Vasopressoren bei anhaltender Hypotension
- endotracheale Intubation bei Ödem des oberen Respirationstrakts
- kardiopulmonale Wiederbelebung.

30.5.5 Abklärung und Prophylaxe

Bei allen Patienten mit mäßigen oder schweren anaphylaktischen Reaktionen (Stadien II–IV) sollte sofort Blut für Untersuchungen entnommen und nach ca. 4 Wochen eine Allergietestung vorgenommen werden.

Bei Verdacht auf IgE-vermittelte allergische Reaktionen ist eine präoperative Testung sinnvoll. Bei positivem Test muss das Allergen vermieden werden, ebenso bei bekannter Allergie.

Die Prämedikation mit Kortikosteroiden und Antihistaminika kann sehr wahrscheinlich einen anaphylaktischen Schock nicht verhindern, jedoch die durch **unspezifische Histaminfreisetzung** hervorgerufenen Reaktionen abschwächen oder verhindern. Histaminfreisetzende Medikamente sollten bei diesen Patienten vermieden oder nur sehr langsam und nacheinander i.v. injiziert werden.

30.6 Maligne Hyperthermie

Die „klassische" myopathische maligne Hyperthermie ist eine genetisch determinierte, lebensbedrohliche Störung der Skelettmuskelfunktion, die durch volatile Inhalationsanästhetika und durch Succinylcholin ausgelöst wird und mit einem exzessiven Anstieg des Stoffwechsels und der Körpertemperatur einhergeht.

Nichtdepolarisierende Muskelrelaxanzien, Lachgas, i.v. Anästhetika, Sedativ-Hypnotika und Lokalanästhetika lösen keine maligne Hyperthermie aus.

Maligne Hyperthermie

- Voraussetzungen: genetische Disposition (autosomal-dominant) und Zufuhr von Triggersubstanzen
- Trigger: alle volatilen Inhalationsanästhetika und Succinylcholin
- Häufigkeit von MH-Episoden nicht bekannt; vermutete Häufigkeit in den USA pro Jahr 707
- klinische Indikatoren: Muskelrigidität, Rhabdomyolyse, respiratorische Azidose, Temperaturanstieg bis 42 °C, Sinustachykardie/Rhythmusstörungen, Basenexzess > −8 mval/l
- Herzstillstände bei 2,7% der Fälle, Tod bei 1,4%; Letalität ohne Dantrolen-Behandlung: 64%
- essentielles Basismedikament: Dantrolen
- Sicherung der Diagnose bei Verdacht auf Disposition: In-vitro-Kontrakturtest mit Muskelbiopsat

30.6.1 Pathophysiologie

Die Trigger der malignen Hyperthermie lösen eine funktionelle Störung des Kalzium-Freisetzungskanals im Muskel aus; hierdurch werden vermehrt Kalziumionen freigesetzt und die Wiederaufnahme in die Zelle vermindert, so dass die Kontraktion verstärkt und auch länger aufrechterhalten wird. Die aeroben und anaeroben Stoffwechselprozesse der Muskelzelle werden erheblich gesteigert: Es kommt zu vermehrter Produktion von **Wärme, CO_2 und Laktat.**

Auslöser der malignen Hyperthermie können sein:

- alle volatilen Inhalationsanästhetika
- Succinylcholin.

→ Alle anderen Substanzen sind vermutlich kein Trigger für eine maligne Hyperthermie.

Fallberichte über eine MH nach Intoxikation mit Alkohol, Ecstasy, Kokain oder nach extremer körperlicher Belastung liegen vor.

30.6.2 Familienanamnese, Indikatoren

In der Familienanamnese finden sich häufig Hinweise auf Anästhesiekomplikationen und Muskelerkrankungen. Besondere Beachtung verdienen präoperativ folgende Faktoren:

- spontane Muskelkrämpfe
- hohes Fieber bei Anstrengung, Infektionen oder Aufregung
- Myoglobinurie nach Anstrengung.

Skoliosen, Hernien, Strabismus und das neuroleptische maligne Syndrom sind dagegen **keine** Indikatoren einer erhöhten Empfänglichkeit für eine maligne Hyperthermie.

Die maligne Hyperthermie tritt außerdem im Zusammenhang mit verschiedenen **neuromuskulären Erkrankungen oder Störungen** auf, so z.B.:
- Central Core Disease
- King-Denborough-Syndrom (bei 100%)
- Myotonia congenita
- Duchenne-Dystrophie
- Osteogenesis imperfecta
- Arthrogryposis.

Bodybuilding gilt als erheblicher Risikofaktor für besonders schwere Verläufe.

30.6.3 Diagnostik bei Verdacht auf Disposition für maligne Hyperthermie

Bei Indexpatienten kann eine **Muskelbiopsie** mit Kontrakturtest durchgeführt werden. Die Spezifität des In-vitro-Kontrakturtests wird mit 93% angegeben; ergänzend können molekulargenetische Verfahren eingesetzt werden.

30.6.4 Klinisches Bild

Die maligne Hyperthermie kann während der Narkose, aber auch noch in der postoperativen Phase auftreten. Hierbei kann zwischen Früh- und Spätzeichen unterschieden werden; fulminante Verläufe und abortive Formen sind jedoch ebenfalls möglich.

Frühzeichen der malignen Hyperthermie:
- Anstieg der endexspiratorischen CO_2-Konzentration bei unveränderter Einstellung des Beatmungsgeräts (obligates Zeichen!), bei Spontanatmung zunächst Hyperventilation
- unklare Tachykardie/Arrhythmien
- Masseterspasmus nach Succinylcholin-Injektion
- Muskelrigidität
- initial Hautrötung, dann ausgeprägtes Schwitzen und fleckige Zyanose
- Hyperkaliämie.

→ Diese Zeichen müssen als Indikatoren einer sich entwickelnden malignen Hyperthermie angesehen werden und nach Ausschluss anderer Ursachen sofort zu therapeutischen Maßnahmen veranlassen.

30

Fieber ist dagegen meist ein Spätzeichen, dass zudem in Einzelfällen auch fehlen kann.

Spätsymptome der malignen Hyperthermie:
- respiratorisch-metabolische Azidose
- Hyperkaliämie
- Hyperthermie
- Rhabdomyolyse, Myoglobinurie (colafarbener Urin), Myoglobinämie
- Anstieg der Kreatinphosphokinase (CK) und der Transaminasen
- akutes Nierenversagen
- Multiorganversagen.

30.6.5 Diagnose

Der Verdacht ergibt sich aus dem klinischen Bild, vor allem aber aus dem **frühen** Anstieg der endexspiratorischen CO_2-Konzentration (Kapnographie!), bei dem folgende Untersuchungen zur Sicherung der Diagnose durchgeführt werden sollten:

- arterielle Blutgasanalyse und Säure-Basen-Status
- pCO_2 und pO_2 im zentralvenösen Blut
- Serumlaktat
- Serumkalium.

Leitlinien/Empfehlungen
Leitlinie der DGAI
Zeichen der fulminanten MH-Krise sind:

- $paCO_2 > 60$ mm Hg
- Basendefizit von > −5 mval/l
- Anstieg der Körpertemperatur von > 1 °C/15 min

Differentialdiagnosen:

- thyreotoxische Krise
- malignes neuroleptisches Syndrom
- serotonerges Syndrom
- akute febrile Katatonie
- Hitzschlag
- Phäochromozytom
- Kokain- oder Amphetaminvergiftung
- Sepsis.

30.6.6 Therapie

Handle rasch, wohlüberlegt und entschlossen!

Wichtigste Maßnahme ist die Zufuhr von **Dantrolen.** Diese Substanz vermindert spezifisch die Kalziumfreisetzung aus dem endoplasmatischen Retikulum. Innerhalb von 30 min nach Gabe von Dantrolen fallen Körpertemperatur, Herzfrequenz und Atemfrequenz in der Regel, und die metabolische Azidose bildet sich zurück.

! Merke
Die Zufuhr von Dantrolen ist die einzige kausale Therapie der malignen Hyperthermie. Sie muss so früh und so schnell wie möglich erfolgen!

30

✓ Praktisches Vorgehen
Sofortbehandlung der malignen Hyperthermie unter Berücksichtigung der DGAI-Leitlinie:

1. Zufuhr der Triggersubstanzen (volatile Anästhetika, Succinylcholin) sofort unterbrechen.
2. Verdampfer entfernen, Narkosesystem wechseln oder, wenn nicht möglich, volatile Anästhetika durch sehr hohen Frischgasfluss auswaschen, gleichzeitig Hilfe und Dantrolen anfordern.
3. Kontrollierte Hyperventilation mit 100%igem Sauerstoff unter hohem Flow (10 l/min) beginnen; Narkose als TIVA fortsetzen; Relaxierung mit nichtdepolarisierenden Muskelrelaxanzien, Operation möglichst rasch beenden.

4. **Dantrolen, 1 mg/kg,** als Schnellinfusion (20 mg aufgelöst in 50 ml Aqua dest.) zuführen, danach Infusion fortsetzen bis zu einer Mindestdosis von 2,5 mg/kg. Bei Bedarf weiteres Dantrolen zuführen, auch wenn die empfohlene Maximaldosis von 10 mg/kg überschritten wird.
5. Als Leitgrößen für die Zufuhr von Dantrolen gelten Herzfrequenz, Körpertemperatur und $paCO_2$.
6. Bei massiver metabolischer Azidose: Bikarbonat entsprechend dem im gemischtvenösen Blut gemessenen Basendefizit zuführen.
7. Herzrhythmusstörungen verschwinden gewöhnlich unter der Dantrolentherapie, Hyperventilation und Abnahme der metabolischen Azidose. **Kalziumantagonisten** sind zu vermeiden, da sie in Anwesenheit von Dantrolen eine Hyperkaliämie auslösen können.
8. Die Senkung der erhöhten Körpertemperatur durch Oberflächenkühlung, Infusion kalter Lösungen und/oder Eiswasserspülungen gehört zu den sekundären Maßnahmen. Zentral wirkende Antipyretika sind unwirksam. Bei Erreichen einer Körpertemperatur von 38 °C können die Kühlmaßnahmen unterbrochen werden.
9. Bei Hyperkaliämie: Standardtherapie (▶ Kap. 25).
10. **Förderung der Diurese,** z.B. mit Furosemid, zur Prophylaxe des akuten Nierenversagens (Blasenkatheter!).
11. Nach Stabilisierung: Überwachung und Weiterbehandlung auf einer anästhesiologischen Intensivstation.

Komplikationen nach erfolgreicher Initialbehandlung:
- Muskelschwäche durch Dantrolen (ca. 25%)
- Nierenversagen durch Myoglobinurie oder Hypotension
- Verbrauchskoagulopathie
- Schäden des zentralen Nervensystems.

30.6.7 Anästhesie bei maligner Hyperthermie in der Vorgeschichte

Ist aus der Vorgeschichte des Patienten eine maligne Hyperthermie bekannt oder ergibt sich ein entsprechender Verdacht, dürfen die Triggersubstanzen **Succinylcholin, Halothan, Enfluran, Isofluran, Desfluran und Sevofluran** nicht eingesetzt werden.

Soll eine **Regionalanästhesie** durchgeführt werden, ist eine stärkere Sedierung erforderlich, um eine Triggerung der malignen Hyperthermie durch Angst und Aufregung („human stress syndrome“) zu verhindern.

30

Anästhesievorbereitungen für MH-empfängliche Patienten

- Verdampfer für volatile Anästhetika ausschalten
- Narkosegerät 20 min mit 100%igem O_2 durchspülen
- CO_2-Absorber austauschen
- triggerfreie Anästhetika und Adjuvanzien auswählen (Opioide, i.v. Anästhetika, nichtdepolarisierende Muskelrelaxanzien, Benzodiazepine, Lokalanästhetika)
- Körpertemperatur überwachen
- Dantrolen bereitstellen.

Die **Allgemeinnarkose** muss triggerfrei, z.B. als TIVA, mit Opioiden erfolgen. Die prophylaktische Zufuhr von **Dantrolen** ist nicht erforderlich!

→ Präoperativ ist zumeist eine **stärkere Sedierung** erforderlich, da Angst und Aufregung die maligne Hyperthermie triggern können (s.o.).

→ Nach der Narkoseeinleitung (z.B. mit Propofol) sollte ein Blasenkatheter gelegt werden, damit die Urinausscheidung und die Farbe des Urins kontrolliert werden können.

→ Die Überwachung der Körpertemperatur ist obligat.

→ Ambulante Eingriffe können bei MH-empfänglichen Kindern und Erwachsenen ebenfalls gefahrlos durchgeführt werden. Empfohlen wird eine postoperative Überwachungszeit von etwa 4 h.

Literatur

Beck-Schimmer B, Rosenberger DS, Neff SB, et al. Pulmonary aspiration: New therapeutic approaches in the experimental model. Anesthesiology. 2005; 103(3): 556–66.

DGAI: Therapie der malignen Hyperthermie. Leitlinie der DGAI Anästhesiologie und Intensivmedizin 2002; 43:50–54. Im Internet unter www.uni-duesseldorf.de/awmf/II-na/001-008.htm.

Eber DG, Fisher MM, Hagendorens MM, Bridts CH, Stevens WJ: Anaphylaxis during anaesthesia: diagnostic approach. Allergy 2007; 62:471–487.

Hübler M, Möllemann A, Eberlein-Gonska M, Regner M, Koch T: Anonymes Meldesystem kritischer Ereignisse in der Anästhesie. Anaesthesist 2006; 55:133–141.

Kroigaard M, Garvey LH, Gilberg L, et al.: Scandinavia clinical practice guidelines on the diagnosis, management and follow-up of anaphylaxis during anaesthesia. Acta Anaesthesiol Scand 2007; 51:655–670.

Laxenaire MC, Moneret-Vautrin DA, Gueant JL et al: Drugs and other agents involved in anaphylactic shock occuring during anaesthesia. A French multicentre epidemiological inquiry. Ann Fr Anesth-Reanim 12:91–96, 1993.

Maaloe R, La Cour M, Hansen A, et al.: Scrutinizing incident resporting in anaesthesia: why is an incident perceived as critical? Acta Anaesthesiol Scand 2006; 50:1005–1013.

Mertes PM, Laxenaire MC, Lienhart A, Aberer W, Ring J, Pichler WJ, Demoly P; Working Group for the SFAR; ENDA; EAACI Interest Group on Drug Hypersensitivity: Reducing the risk of anaphylaxis during anaesthesia: guidelines for clinical practice. J Investig Allergol Clin Immunol. 2005;15(2):91–101.

Schüttler J, Biermann E (Hrsg.): Der Narkosezwischenfall. Thieme, Stuttgart 2003.

MH-Zentren und Hotlines

Abteilung für Pädiatrie
Universitäts-Krankenhaus Bochum
Alexandrinenstraße 5, D-44791 Bochum

30

Klinik und Poliklinik für Anästhesiologie
Maligne Hyperthermie Sprechstunde
Universitäts-Krankenhaus Eppendorf
Martinistraße 52, D-20246 Hamburg
Tel.: 0 40/4 28 03-46 04

Abteilung für Anästhesiologie und operative Intensivmedizin
Krankenhaus Hannover Nordstadt
Haltenhoffstraße 41, D-30167 Hannover
Tel.: 05 11/97 0-0

Klinik und Poliklinik für Anästhesiologie
und Intensivtherapie
Universität Leipzig
Liebigstraße 20a, D-04103 Leipzig
Tel.: 03 41/9 71 77 00

Klinik für Anästhesiologie
Johannes Gutenberg Universität
Langenbeckstraße 1, D-55131 Mainz
Tel.: 0 61 31/17 71 16

Institut für Angewandte Physiologie, Universität Ulm
Albert-Einstein-Allee 11, D-89069 Ulm

Klinik für Anästhesiologie der Universität Würzburg
MH-Ambulanz
Josef-Schneider-Straße 2, D-97080 Würzburg
Tel.: 09 31/2 01-3 01 21

Hotline MH-Notfälle

Klinik für Anästhesie und operative Intensivmedizin
Klinikum Heilbronn, Postfach, D-74064 Heilbronn
Tel.: 0 71 31/48 20 50

31 Schock und Anästhesie

Der Schock ist eine akute oder subakute kritische Abnahme der Organdurchblutung oder eine primär verminderte Sauerstoffaufnahme der Zellen mit nachfolgender Zellhypoxie und Anhäufung toxischer Metaboliten sowie Störungen des Zellstoffwechsels. Unbehandelt führt der Schock zu Zusammenbruch des Zellstoffwechsels und der Mikrozirkulation und letztlich zum irreversiblen Herz-Kreislauf-Kollaps. In der Anästhesie spielt der **hämorrhagische Schock** eine herausragende Rolle

31.1 Einteilung

Der Schock ist keine Krankheitseinheit, sondern umfasst eine Gruppe von Syndromen verschiedener Ätiologie und wechselnder Auswirkungen auf die Herz-Kreislauf-Funktion. Vereinfacht können 6 Schockkategorien unterschieden werden (▶ Tab. 31-1).

31.2 Pathophysiologie

Allen Schocksyndromen ist das Versagen von Zellfunktionen der lebenswichtigen Organe gemeinsam.

Tab. 31-1 Klinische Einteilung der Schocksyndrome und deren auslösende Mechanismen
Hypovolämischer Schock • Blutverluste • Plasmaverluste • Wasserverluste
Kardiogener Schock • Herzinfarkt • Herzrhythmusstörungen • Herztamponade • Lungenembolie
Septisch-toxischer Schock • Veränderungen des peripheren Gefäßwiderstandes • Veränderungen der venösen Gefäßkapazität • periphere arteriovenöse Shunts
Anaphylaktischer Schock • Fremdeiweiße, Polysaccharide • Medikamente, Kontrastmittel
Neurogener Schock • Spinal- oder Periduralanästhesie • neurogene Reflexe, z.B. durch Schmerzen • Barbituratintoxikation • Hirnstamm- oder Rückenmarktrauma
Endokriner, metabolischer und toxischer Schock • akute Nebennierenrindeninsuffizienz • thyreotoxische Krise • Coma diabeticum • Leber- und Nierenversagen • Arzneimittelintoxikation

31

31.2.1 Kompensationsreaktionen

Anfangs reagiert der Organismus kompensatorisch mit einer sympathoadrenergen Aktivierung: Herzfrequenz, Myokardkontraktilität und Herzzeitvolumen nehmen zu, der Kreislauf ist zentralisiert, so dass die Durchblutung der Vitalorgane Herz und Gehirn begünstigt wird; die Atmung wird gesteigert.

Die Kompensationsreaktionen treten vor allem im hypovolämischen Schock auf und können hierbei Volumenverluste von bis zu 30 % des Blutvolumens kompensieren. Bei anderen Schocksyndromen sind die Reaktionen hingegen häufig unwirksam oder fehlen vollständig.

32.2.2 Störungen der Makro- und Mikrozirkulation

Bei den meisten Schockformen fallen Herzzeitvolumen und Blutdruck bereits frühzeitig ab. Ursache ist ein Versagen der Pumpleistung des Myokards oder eine erhebliche Abnahme des venösen Rückstroms zum Herzen. Der **periphere Widerstand** ist beim hypovolämischen und kardiogenen Schock erhöht, im septischen Schock hingegen vermindert.

Bei allen Schocksyndromen stehen Störungen der Mikrozirkulation mit Abnahme des Blutflusses und inhomogener Verteilung der Perfusion im Mittelpunkt. Die Mikrozirkulationsstörung breitet sich zunehmend aus und schränkt die Durchblutung der Organe ein, so dass eine Gewebehypoxie und schließlich eine irreversible Schädigung der Zellfunktion mit Tod des Organismus eintreten.

Weitere Folgen:

- Abnahme der Nierendurchblutung und der glomerulären Filtrationsrate mit **Oligurie oder Anurie,** die zunächst dazu dient, das intravasale Volumen aufrechtzuerhalten (**Niere im Schock**). Unter normothermen Bedingungen tolerieren gesunde Nieren eine Ischämiezeit von 15–90 min. Nach Ablauf der Ischämietoleranz entwickelt sich eine Schockniere.
- **disseminierte intravasale Gerinnung** und **Verbrauchskoagulopathie** (DIC, ▶ Kap. 12)
- **metabolische Azidose** durch anaeroben Stoffwechsel: bei allen Schockformen.

31.3 Hypovolämischer Schock

Kennzeichen ist die Abnahme des zirkulierenden Blutvolumens durch Verlust von Blut, Plasma oder Wasser. Am häufigsten entsteht der hypovolämische Schock durch massiven Blutverlust. Diese spezielle Form des hypovolämischen Schocks wird als **hämorrhagischer Schock** bezeichnet. 2 Formen werden unterschieden:

- hämorrhagischer Schock durch akute Blutung ohne wesentliche Gewebeschädigung
- traumatisch-hämorrhagischer Schock durch akute Blutung und gleichzeitig ausgedehnte Gewebeschädigung mit Freisetzung von Mediatoren.

Akute Blutverluste von 1000–1500 ml innerhalb von 30–60 min rufen in der Regel auch bei sonst Gesunden einen deutlichen Schockzustand hervor.

Klinik

Frühzeichen des hypovolämischen Schocks:

- Tachykardie, fadenförmiger Puls
- kalte, blasse Haut, Schwitzen, periphere Zyanose
- niedriger arterieller Blutdruck
- vermindertes Herzzeitvolumen
- erniedrigter zentraler Venendruck

Das zentrale Blutvolumen ist vermindert, die Sauerstoffextraktion in den Geweben gesteigert, so dass die arteriovenöse Sauerstoffgehaltsdifferenz zunimmt. Bleibt der Schockzustand bestehen, entwickeln sich wegen der hiermit verbundenen Hypoxie schwere Organfunktionsstörungen, später eine Myokardinsuffizienz.

31.3.1 Ischämie – Reperfusion

Bei der Wiederaufnahme der Perfusion mit oxygeniertem Blut (Reperfusion) kommt es zu einer massiven Synthese freier Sauerstoffradikale, als deren Folge hochtoxische Hydroxylradikale entstehen können. Am Ende dieser Reaktion steht die strukturelle Schädigung der Gefäße und Gewebe durch Lipidperoxidation von Membranen. Das Ausmaß der Reperfusionsschäden hängt vor allem von der Dauer der Schockphase ab.

Auslösung von Entzündungsreaktionen. Der durch Sauerstoffradikale induzierte Reperfusionsschaden kann vielfältige Entzündungsreaktionen auslösen. Hierdurch werden die Membran- und Gewebeschäden verstärkt: Interstitielle Ödeme und Entzündungsreaktion sind die Folge.

31.4 Kardiogener Schock

Bei diesem Schocksyndrom beruht die ungenügende Durchblutung der lebenswichtigen Organe auf einem Versagen der Pumpleistung des Herzens

Klinisch wichtige **Ursachen:**

- akuter Myokardinfarkt
- kardial entzündliche, toxische und metabolische Ursachen
- Herzrhythmusstörungen.

! Merke

Kennzeichen des kardiogenen Schocks:

- systolischer Blutdruck < 80 mm Hg (intravasal gemessen)
- Herzindex (cardiac index) < 2 $l/min/m^2$
- Lungenkapillaren-Verschlussdruck (PCWP) > 15 mm Hg

31.5 Septischer Schock

Bei der Sepsis wird der Schockzustand in der **Mikrozirkulation** ausgelöst: Hier führen Veränderungen der Kapillardurchblutung und -permeabilität sowie eine disseminierte intravasale Gerinnung zur ungenügenden Sauerstoff- und Substratversorgung der Gewebe.

Als **Ursache** des septischen Schocks gilt die Einschwemmung von **Endotoxinen** aus gramnegativen oder grampositiven Bakterien in die Blutbahn während einer Allgemeininfektion. Zwei Formen des septischen Schocks werden unterschieden:

- **Hyperdynamer septischer Schock:** Herzzeitvolumen und Herzfrequenz sind erhöht, der periphere Widerstand erniedrigt, ebenso der arterielle Blutdruck („warme Hypotension").
- **Hypodynamer septischer Schock:** niedriges Herzzeitvolumen und niedriger arterieller Blutdruck bei erhöhtem peripherem Widerstand. Die Zeichen der disseminierten intravasalen Gerinnung sind fast immer nachweisbar.

Anaphylaktischer Schock siehe ▶ Kapitel 30.

31.6 Neurogener Schock

Das neurogene Schocksyndrom tritt sehr selten auf. Es entsteht durch funktionelle oder organische Störungen des zentralen Nervensystems. Volumenverluste liegen nicht vor, vielmehr ist die **neurale Kontrolle der Kreislaufregulation** schwer beeinträchtigt, so dass der venöse Rückstrom und nachfolgend das Herzzeitvolumen und die Myokardkontraktilität abnehmen. Als Sonderform des neurogenen Schocks kann der **massive** Blutdruckabfall durch Spinal- oder Periduralanästhesie angesehen werden.

In ▶ Tabelle 31-2 sind die pathophysiologischen Charakteristika der drei Schockkategorien zusammengestellt.

31.7 Klinisches Bild und präoperative Einschätzung

31.7.1 Allgemeine Schockzeichen

Das klinische Bild der verschiedenen Schocksyndrome ist nicht immer gleich (▶ Tab. 31-3). Vielmehr bestehen oft geradezu charakteristische Unterschiede, die diagnostisch verwertet werden können.

31.7.2 Einschätzung des hypovolämischen Schocks

Der **hämorrhagische Schock** entsteht durch akute äußere (▶ Kap. 49) oder innere Blutungen.

Zu den wichtigsten **nichttraumatischen Blutungsursachen** gehören:

Tab. 31-2 Charakteristika der Schocksyndrome

Parameter	Hypovolämischer Schock	Kardiogener Schock	Septischer Schock
Blutdruck	erniedrigt	erniedrigt	erniedrigt
Herzzeitvolumen	erniedrigt	erniedrigt	erhöht/erniedrigt
Afterload bzw. Gefäßwiderstand	erhöht	erhöht	erniedrigt/erhöht
Preload bzw. Wedge-Druck	erniedrigt	erhöht	erniedrigt

Tab. 31-3 Klinisches Bild verschiedener Schockformen

	Hypovolämischer Schock	Kardiogener Schock	Septischer Schock
peripherer Kreislauf	kalt, Vasokonstriktion	kalt, Vasokonstriktion	warm, Vasodilatation
periphere Zyanose	häufig	häufig	meist nicht
Puls	schwach, fadenförmig	schwach, fadenförmig	gespannt
zentraler Venendruck	erniedrigt	erhöht	nicht erhöht
Auskultation des Herzens	unauffällig	Galopp, Geräusche, Reiben	unauffällig

- Gastrointestinale Blutungen:
  - Ulcus duodeni oder ventriculi
  - Magen- oder Dickdarmtumoren
  - Meckel-Divertikel
  - Ösophagusvarizenblutung
  - Hämorrhoidalblutungen.
- Ruptur von Gefäßen
  - Aortenaneurysma
  - Aneurysma spurium
  - Angiodysplasien.
- Gynäkologie und Geburtshilfe
  - Uterusruptu
  - Placenta praevia
  - Extrauteringravidität
  - postpartale Uterusatonie.
- Weitere Ursachen:
  - Gefäßarrosionen bei Tumoren oder chronischen Entzündungen
  - Nasenblutungen
  - Varizenblutungen usw.

In ▶ Tabelle 31-4 ist die Schweregrad-Klassifikation des hämorrhagischen Schocks dargestellt.

Herzfrequenz

In der Regel gilt: je größer der Blutverlust, desto höher die Herzfrequenz. Allerdings steigt im Schock die Herzfrequenz meist **nicht über 150/min** an. Liegt die Herzfrequenz höher, so muss an eine primäre Tachyarrhythmie gedacht werden.

Auch im kardiogenen und septischen Schock ist die Herzfrequenz meist erhöht.

Arterieller Blutdruck

Ein systolischer Blutdruck von **unter 80–90 mm Hg** oder unter 30–40 % des Ausgangswerts bzw. ein arterieller Mitteldruck von **weniger als 50 mm Hg** gilt im Allgemeinen als Indikator für einen Schockzustand. Allerdings kann aus der Höhe des Blutdrucks nicht ohne weiteres auf die Höhe der Blutzufuhr zu den einzelnen Organen geschlossen werden.

Schockindex. Der Schockindex kennzeichnet das Verhältnis von Herzfrequenz zu Blutdruck. Bei Werten unter und um 0,5 besteht kein Schock; um 1,0 liegt ein mäßiger Schock vor, über 1,5 ein schwerer Schock. Der Aussagewert ist allerdings begrenzt.

Weitere Parameter siehe ▶ Tabellen 31-2 bis ▶ 31-4.

31.7.3 Laboruntersuchungen

Bei Patienten im Schock sollten zunächst die in ▶ Tabelle 31-5 aufgeführten Laborparameter bestimmt werden.

Tab. 31-4 Klassifikation des hämorrhagischen Schocks

	Klasse I	Klasse II	Klasse II	Klasse IV
Blutverlust (ml)	< 750 (< 10%)	< 1500 (15–30%)	< 2000 (30–40%)	> 2000 (> 40%)
syst. Blutdruck	normal	normal	erniedrigt	erniedrigt
diast. Blutdruck	normal	erhöht	erniedrigt	erniedrigt
Puls (1/min)	< 100	100–120	120 (flach)	> 120 (sehr schwach)
Pulsdruck	normal oder erhöht	erniedrigt	erniedrigt	erniedrigt
Kapillarfüllung	normal	verzögert (> 2 s)	verzögert (> 2 s)	nicht feststellbar
Atemfrequenz (1/min)	14–20	20–30	30–40	< 35
Urinfluss (ml/h)	> 30	20–30	10–20	0–10
Extremitäten	normale Farbe	blass	blass	blass und kalt
mentaler Status	wach	ängstlich	ängstlich und verwirrt	verwirrt und lethargisch

Tab. 31-5 Laboruntersuchungen bei Schocksyndromen

- Blutgruppe und Kreuzprobe
- Hämoglobin, Hämatokrit und Leukozyten
- Blutgasanalyse und Säure-Basen-Parameter
- arteriovenöse Sauerstoffdifferenz
- Serumelektrolyte
- Harnstoff und Kreatinin
- GOT, GPT, γ-GT und Amylase
- CK, CK-MB
- Gerinnungsstatus, Fibrinspaltprodukte und Thrombozyten
- arterielle Laktatkonzentration
- Amylasen

31.8 Präoperative Behandlung des Schocks

Für eine erfolgreiche Therapie muss das Schocksyndrom **frühzeitig** erkannt werden. Vorrangiges Ziel ist die Wiederherstellung einer ausreichenden Herz-Kreislauf-Funktion und Organdurchblutung. Häufig sind therapeutische Maßnahmen nur dann wirksam, wenn auch rasch die **Ursache** des Schocks beseitigt wird. Dies gilt ganz besonders für schwere Traumen, bei denen die Blutungen so massiv sind, dass die Volumenzufuhr mit den Verlusten nicht Schritt halten kann: In dieser Situation muss umgehend operiert werden, auch wenn der Schockzustand noch nicht durch therapeutische Maßnahmen kompensiert werden konnte.

31.8.1 Hypovolämischer Schock

Wichtigste Maßnahmen beim hypovolämischen Schock sind die (meist operative) Blutstillung und der ausreichende Ersatz von Volumen und Sauerstoffträgern.

Einzelheiten siehe ▶ Kapitel 25, 26 und ▶ 49.

Behandlung des kardiogenen Schocks siehe ▶ Kapitel 14.

Literatur

Eroglu E, Eroglu F, Yavuz L, Agalar C, Agalar F: The effect of colloidal fluid replacement on wound healing in an experimental sublethal hemorrhagic shock model. Eur J Emerg Med. 2005;12(6):282–4.

Green R, Ball A.: Alpha-agonists for the treatment of anaphylactic shock. Anaesthesia. 2005;60(6): 621–2.

Interdisziplinäre Arbeitsgruppe Schock der DIVI. Die Definitionen der Schockformen. Intensivmed 2001; 38:541–553.

Jackson WL Jr.: Should we use etomidate as an induction agent for endotracheal intubation in patients with septic shock?: a critical appraisal. Chest. 2005 Mar;127(3):1031–8. Review.

Lomas-Niera JL, Perl M, Chung CS, Ayala A.: Shock and hemorrhage: an overview of animal models. Shock. 2005;24 Suppl 1:33–9.

Mullner M, Urbanek B, Havel C, Losert H, Waechter F, Gamper G: Vasopressors for shock. Cochrane Database Syst Rev. 2004;(3):CD003709. Review.

Peng TC, Liao KW, Lai HL, Chao YF, Chang FM, Harn HJ, Lee RP: The physiological changes of cumulative hemorrhagic shock in conscious rats. J Biomed Sci. 2006 18:1–10.

Watters JM, Brundage SI, Todd SR, Zautke NA, Stefater JA, Lam JC, Muller PJ, Malinoski D, Schreiber MA: Resuscitation with lactated ringer's does not increase inflammatory response in a swine model of uncontrolled hemorrhagic shock. Shock. 2004; 22(3):283–7.

32 Kardiopulmonale Reanimation

32.1 Definitionen

Leitlinien/Empfehlungen
ACC/AHA/HRS-Definitionen
Plötzlicher Herzstillstand ist das plötzliche Aufhören der elektrischen Aktivität des Herzens, verbunden mit Bewusstlosigkeit, Atemstillstand und Stillstand der Zirkulation. Werden nicht rasch korrigierende Maßnahmen ergriffen, entwickelt sich ein plötzlicher Herztod. Der Herzstillstand kann in der Regel durch kardiopulmonale Wiederbelebung und/oder Defibrillation, Kardioversion oder kardiales Pacing beseitigt werden. Der Begriff plötzlicher Herztod sollte nicht für die Beschreibung nichttödlicher Ereignisse angewandt werden.

32.1.1 Wiederbelebungszeit

Die Zeit zwischen dem Herzstillstand und dem Eintritt der irreversiblen Schädigung der Organe wird als Wiederbelebungszeit bezeichnet. Innerhalb dieser Zeit kann der Patient wiederbelebt werden. Allerdings ist die Wiederbelebungszeit der einzelnen Organe unterschiedlich lang:

- Gehirn 4–6 min
- Herz 15–30 min

Unterkühlung verlängert die Wiederbelebungszeit, Hyperthermie verkürzt sie.

32.1.2 Einteilung der kardiopulmonalen Reanimation – CPR (cardiopulmonary resuscitation)

Die kardiopulmonale Wiederbelebung kann in drei Phasen eingeteilt werden:

- Basismaßnahmen ohne Hilfsmittel (BLS, basic life support): ABC der Wiederbelebung
- erweiterte Reanimationsmaßnahmen (ACLS, advanced cardiovascular life support)
- Intensivtherapie nach Reanimation.

ACLS ist wesentlich effektiver als BLS und sollte daher so früh wie möglich eingesetzt werden.

In ▶ Abbildung 32-1 sind die Maßnahmen des BLS und des ACLS schematisch zusammengefasst.

32.1.3 Klassifikation von Reanimationsmaßnahmen

Eine internationale Konsensuskonferenz hat in ihren „Guidelines 2000 for Cardiopulmonary Resuscitation and Emergency Cardiovascular Care" alle **Vorgehensweisen** und **Medikamente** bei der kardiopulmonalen Reanimation in 4 Klassen eingeteilt und deren Nutzen und Risiko oder Wirksamkeit und Sicherheit auf der Grundlage der evidenzbasierten Medizin definiert (▶ Tab. 32-1).

32.2 Atemstillstand

Ein Atemstillstand führt innerhalb weniger Minuten zu schweren Hirnschäden und Herzstillstand.

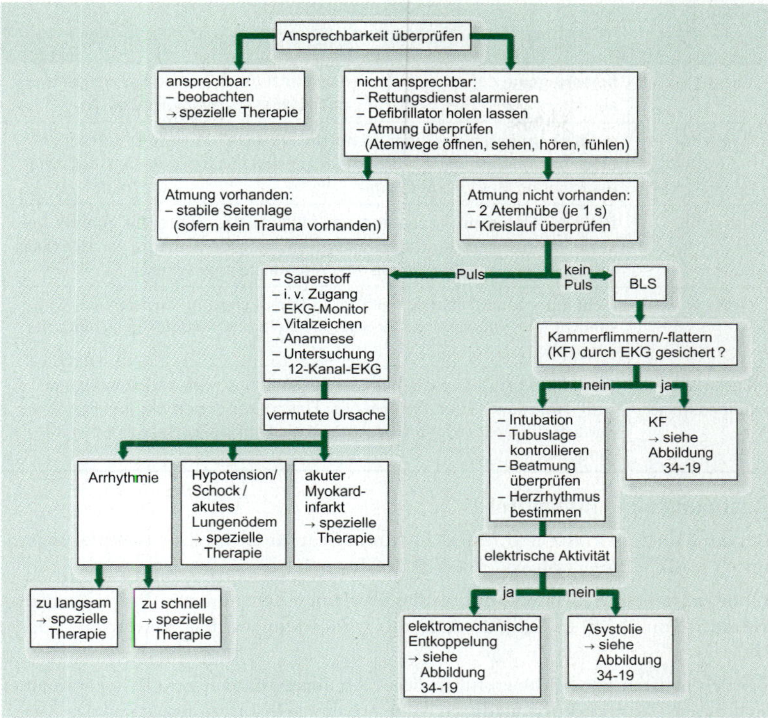

Abb. 32-1 Notfall-Algorithmus.

32.2.1 Ursachen

Die wichtigsten Ursachen für einen Atemstillstand oder eine akute schwere respiratorische Insuffizienz sind:

- Verlegung der Atemwege (Atemwegobstruktion)
- zentrale Atemdepression
- periphere Atemdepression.

Nach 3–10 min tritt ein hypoxischer Herzstillstand auf.

32.2.3 Sofortmaßnahmen

Die wichtigsten Behandlungsmaßnahmen sind:

- Öffnen der Atemwege durch Esmarch-Handgriff
- Freimachen der Atemwege durch Reinigen und Absaugen
- Intubation des Pharynx per os oder durch die Nase
- Combitubus, Larynxmaske, endotracheale Intubation
- kontrollierte Beatmung.

Tab. 32-1 Bewertung und Einstufung von Reanimationsmaßnahmen nach den „Guidelines 2000"

Klasse I	**hervorragend;** definitiv empfohlen, gestützt durch hervorragende Nachweise, immer akzeptabel, Sicherheit nachgewiesen, definitiv nützlich
Klasse IIa	**gut bis sehr gut;** akzeptabel, sicher und nützlich, unterstützt durch gute bis sehr gute Nachweise, als Standard anzusehen, nach Ansicht der meisten Experten Methode der Wahl
Klasse IIb	**mittelmäßig bis gut;** akzeptabel und nützlich, begründete bis gute Hinweise der Nützlichkeit, kann als Standard erwogen werden, wird von den meisten Experten als Wahlmethode oder Alternative angesehen
Klasse III	**nicht akzeptabel,** nicht nützlich, kann schädlich sein, Nachweis der Wirksamkeit fehlt vollständig oder Schädlichkeit durch Studien gesichert oder nahegelegt
Klasse IV „unbestimmt"	vorläufiges Forschungsstadium; vorliegende Nachweise reichen für eine endgültige Klassifizierung nicht aus; Einsatz kann nach wie vor empfohlen werden; die Klassifizierung beschränkt sich auf viel versprechende Interventionen

Beatmung ohne Hilfsmittel

Bei der Mund-zu-Nase- und Mund-zu-Mund-Beatmung enthält das Beatmungsgemisch 16–18% Sauerstoff und 3–4 Vol.% CO_2.

Ohne zusätzliche Sauerstoffzufuhr sollte über einen Zeitraum von 2 s ein Atemzugvolumen von ca. 10 ml/kg (700–1000 ml) verabreicht werden (Bewertung: Klasse IIa).

Bei den meisten Erwachsenen führt dieses Atemzugvolumen gerade noch zu einer sichtbaren Thoraxexkursion; durch die relativ lange Inspirationszeit soll das Risiko der Luftinsufflation in den Magen vermindert werden.

Bei zusätzlicher Sauerstoffzufuhr (> 40%, entsprechend einem Flow von 10 l O_2/min) kann das Atemzugvolumen auf 6–7 ml/kg (400–600 ml) reduziert werden (Bewertung: Klasse IIb).

Bei allen Beatmungsformen über ungesicherte Atemwege besteht Aspirationsgefahr!

✓ Praktisches Vorgehen

1. Ist der Patient bewusstlos: Kopf überstrecken!
2. Atmet der Patient nicht: Mund-zu-Nase beatmen! (Verfahren der Wahl)
3. Ist Mund-zu-Nase-Beatmung nicht möglich: Esmarch-Handgriff anwenden und Mund-zu-Mund beatmen!
4. Liegt eine Obstruktion des Mundes vor: Mund verschließen und grundsätzlich Mund-zu-Nase beatmen!

32.3 Herzstillstand

Drei Phasen des Herzstillstands werden unterschieden:

- **Elektrische Phase:** die ersten 4–5 min eines Herzstillstand durch Kammerflimmern; Sofortbehandlung: Defibrillation.

- **Hämodynamische oder zirkulatorische Phase:** Sie folgt der elektrischen Phase und umfasst einen Zeitraum von 4–10 min nach plötzlichem Herzstillstand, innerhalb dessen das Kammerflimmern weiterbestehen kann.
- **Metabolische Phase:** Pulslosigkeit von mehr als 10 min Dauer; wird meist nicht überlebt, wenn nicht rasch Pulsationen hergestellt werden.

32.3.1 Ursachen

Ein Herzstillstand kann primär oder sekundär bedingt sein. Häufigste Ursache für einen **primären** Herzstillstand ist das **Kammerflimmern** aufgrund einer Myokardischämie bei koronarer Herzerkrankung.

Ein **sekundärer** Herzstillstand entsteht zumeist durch **Hypoxie, Ersticken** oder **Verbluten.**

32.3.2 Erkennen

Die Diagnose „Kreislaufstillstand" muss sofort, d.h. möglichst innerhalb von 5 bis 10 s, aufgrund einfacher Beobachtung gestellt werden.

Klinik
Kardinalzeichen des Kreislaufstillstands:
- Pulslosigkeit der großen Arterien (A. carotis, A. femoralis)
- Bewusstlosigkeit: meist innerhalb von 10–15 s
- Schnappatmung oder Atemstillstand (innerhalb von 60 s)
- totenähnliches Aussehen (Zyanose oder Blässe)

→ Nicht hörbare Herztöne und nicht messbarer Blutdruck sind unsichere Zeichen!

Für die Pulsdiagnostik wird die A. carotis palpiert, bei nicht bekleideten Personen alternativ die A. femoralis. Für eine 95%ige Diagnosegenauigkeit ist eine Palpationszeit von mehr als 30 s erforderlich!

32.3.3 Behandlung des Herzstillstands

Die extrathorakale Herzkompression ist das Verfahren der Wahl, während die interne Kompression, trotz größerer Effizienz, besonderen Indikationen vorbehalten ist, weil hierfür der Thorax eröffnet werden muss.

→ Beim Herzstillstand muss sofort mit der Reanimation begonnen werden, um irreversible Hirnschäden zu verhindern!

Extrathorakale Herzkompression

Bei der externen transthorakalen Herzkompression wird das Sternum in seinem unteren Abschnitt rhythmisch und senkrecht in Richtung Wirbelsäule gedrückt. Der dabei entstehende Blutfluss beträgt, je nach Wirksamkeit der Kompression, etwa 10–40% des normalen Herzzeitvolumens.

Hämodynamik unter der Reanimation

Eine ausreichende Durchblutung des Herzens und des Gehirns während der externen Kompression entscheidet über den Erfolg einer Reanimation.

Für eine erfolgreiche Reanimation wichtige Variablen

- Koronardurchblutung > 15–20 ml/min/100 g
- diastolischer Aortendruck > 40 mm Hg
- koronarer Perfusionsdruck >15–25 mm Hg
- $etCO_2$ > 10 mm Hg

Pulmonaler Gasaustausch unter Reanimation

Unter externer Herzkompression und ausreichender Ventilation der Lungen liegt der arterielle pO_2 meist im Normbereich, bei Beatmung mit 100%igem Sauerstoff oft darüber, während die arteriellen pCO_2-Werte meist 30–40 mm Hg betragen.

Mit zunehmendem Herzzeitvolumen steigt auch der endexspiratorische pCO_2 als Zeichen der besseren Lungendurchblutung wieder an.

Herzkompression ohne Beatmung

Bei Reanimation durch Laien werden bessere neurologische Ergebnisse erreicht, wenn auf die Beatmung verzichtet und nur die Herzkompression durchgeführt wird, vermutlich weil ohne Unterbrechung komprimiert und hierdurch ein besserer Blutfluss zum Gehirn erreicht wird.

Offene Herzkompression

Die offene Herzkompression ist der geschlossenen Kompression überlegen: Blutfluss („Herzzeitvolumen"), mittlerer Aortendruck sowie koronarer und zerebraler Perfusionsdruck sind höher, rechter Vorhofdruck und intrakranieller Druck niedriger als bei der externen Kompression. Die zerebrale Prognose ist insgesamt günstiger als mit der externen Herzkompression.

32.4 Basismaßnahmen – BLS (basic life support)

Die Basismaßnahmen der Wiederbelebung werden in Sekundenschnelle eingeleitet, um irreversible Hirnschäden zu verhindern. Erst danach darf mit den erweiterten Maßnahmen wie endotracheale Intubation, Medikamente, Defibrillation usw. begonnen werden. Allerdings gilt Folgendes:

! Merke

Steht das Notfallinstrumentarium sofort funktionsbereit, werden die erweiterten Maßnahmen wegen der geringen Effizienz der externen Herzkompression so rasch wie möglich eingeleitet.

In ▶ Abbildung 32-2 sind die wichtigsten Schritte bei der kardiopulmonalen Wiederbelebung zusammengefasst.

32.4.1 A – Atemwege frei machen

Vor Beginn der Beatmung müssen die Atemwege frei gemacht werden, es sei denn, der Patient ist bereits endotracheal intubiert.

32.4.2 B – Beatmung

Tritt nach dem Freimachen der Atemwege keine Spontanatmung auf, wird sofort mit der Beatmung begonnen: Zunächst den Patienten zweimal entweder Mund-zu-Nase oder Mund-zu-Mund mit Exspirationsluft beatmen:

- Inspirationsdauer jeweils 1 s
- angewandtes Atemzugvolumen etwa 700–1000 ml; praktisches Vorgehen siehe ▶ Kapitel 32.2.3 und ▶ Abbildung 32-2; danach Karotispuls fühlen:
- ist ein Puls vorhanden: mit einer Frequenz von 8–10/min weiterbeatmen
- ist kein Puls vorhanden: sofort externe Herzkompression (s.u.).

32.4.3 C – Extrathorakale Herzkompression

Durch die externe Herzkompression sollen Gehirn und Herz so lange mit arterialisiertem Blut versorgt werden, bis wieder ein ausreichender Spontankreislauf in Gang gekommen ist.

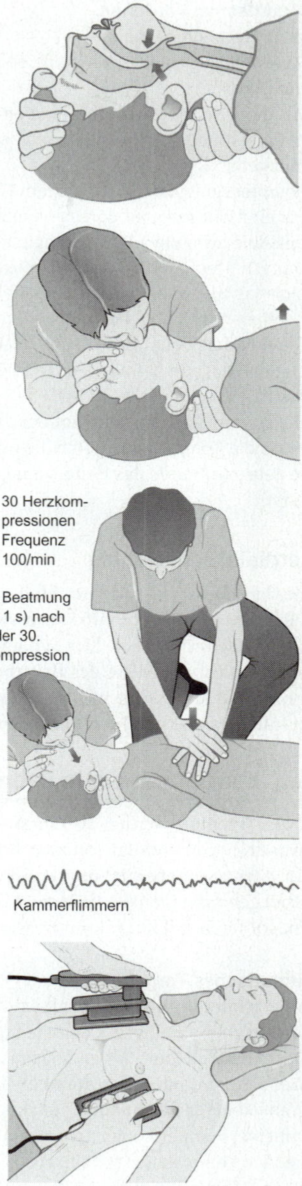

Abb. 32-2 Praktisches Vorgehen bei der kardiopulmonalen Wiederbelebung von Erwachsenen (BLS und ACLS) durch einen oder zwei Helfer.

Praktisches Vorgehen

Externe Herzkompression

1. Patienten mit dem Rücken auf eine flache und harte Unterlage oder auf den Fußboden legen.
2. Während der Herzkompression den Patienten beatmen: wenn nicht intubiert: 2 Beatmungshübe auf 30 Herzkompressionen, wenn intubiert: 1 asynchroner Beatmungshub 8–10×/min.
3. Kompressionspunkt für die externe Herzkompression ist die **untere Brustbeinhälfte.**
4. Für eine wirksame Kompression muss das Brustbein beim Erwachsenen der Wirbelsäule etwa um 3,8–5 cm angenähert werden.
5. Danach Sternum **vollständig** in die Ausgangsposition zurückkehren lassen, damit sich das Herz wieder mit Blut füllen kann. Hierbei Hände weder vom Brustbein nehmen noch deren Position verändern!
6. Die Kompressionsfrequenz soll nach den Empfehlungen der American Heart Association 100/min betragen, um den Blutfluss zu steigern. Motto: „push hard, push fast!“
7. Bei starrem Thorax ist ein hoher Kompressionsdruck nötig; wenn erforderlich, muss die Kompression durch die nebeneinander auf die ganze vordere Thoraxhälfte gelegten Hände des Helfers ausgeführt werden (Gefahr von Rippenbrüchen erhöht).

Präkordialer Faustschlag

Wurde der Herzstillstand vom Helfer unmittelbar selbst beobachtet, kann die kardiale Reanimation innerhalb der ersten Minute durch einen **einzigen** präkordialen Schlag eingeleitet werden. Der Schlag wird mit der Unterkante der Hand aus 20 bis 30 cm Höhe auf die **Mitte des Brustbeins** ausgeführt. Manchmal kommt hierdurch die spontane Herzaktion wieder in Gang. Tritt jedoch keine Herzaktion auf, wird sofort mit der externen Herzkompression begonnen.

32.4.4 Kardiopulmonale Reanimation durch einen Helfer

Bei dieser Technik werden 30 Herzkompressionen mit einer Frequenz von 100/min angewandt, jeweils gefolgt von zwei Beatmungen, so dass sich eine effektive Kompressionsfrequenz von etwa 80/min ergibt. Ist der Helfer nicht willens oder aus anderen Gründen gehindert, eine Mund-zu-Mund- oder Mund-zu-Nase-Beatmung durchzuführen, sollten nur Thoraxkompressionen vorgenommen werden (Klasse IIa).

Praktisches Vorgehen

Reanimation durch einen (professionellen) Helfer:

1. Wenn keine Atmung: 2 × beatmen (jeweils maximal 1 s).
2. Danach Karotispuls fühlen (maximal 10 s).
3. Wenn Puls vorhanden: 1 Atemhub alle 5–6 s; Puls alle 2 min kontrollieren.
4. Wenn kein Puls vorhanden: Herzkompression beginnen; 30 Herzkompressionen mit einer Frequenz von ca. 100/min. Danach 2 × beatmen (jeweils maximal 1 s), danach Kompression fortsetzen.
5. Nach 4 Kompressions- und Beatmungszyklen (4 × 30 : 2 für alle Altersgruppen außer Neugeborene) Karotispuls fühlen.

6. Wenn weiterhin pulslos: kardiopulmonale Reanimation fortsetzen; Sequenz: 2 Beatmungen (je 1 s Dauer) im Wechsel mit 30 Herzkompressionen; Kompressionsfrequenz ca. 100/min. Nach jeder Kompression volle Ausatmung abwarten.
7. Alle 2 min Karotispuls fühlen (maximal 5 s). Wenn vorhanden, überprüfen, ob Spontanatmung zurückgekehrt.
8. Wenn Puls vorhanden und Atmung fehlend: Beatmung 12×/min fortsetzen.

32.4.5 Kardiopulmonale Reanimation durch zwei Helfer

Die Herzkompression wird **kontinuierlich** mit einer Frequenz von 100/min durchgeführt. Bei Erwachsenen und Kindern über 8 Jahre werden nach jeder 30. Kompression 2 Beatmungshübe (jeweils 1 s) verabreicht, solange noch nicht intubiert worden ist.

√ Praktisches Vorgehen

Reanimation durch zwei (professionelle) Helfer:

1. Ein Helfer befindet sich an der Seite des Patienten und führt die Kompression durch; der andere Helfer platziert sich am Kopf, beatmet den Patienten und kontrolliert die Wirksamkeit der Reanimation.
2. Der beatmende Helfer überstreckt den Kopf des Patienten und beatmet initial 2 × (jeweils maximal 1 s). Danach Puls fühlen.
3. Bei Pulslosigkeit beginnt der zweite Helfer mit der Herzkompression. Frequenz ca. 100/min.

Wenn Patient intubiert:

4. Kontinuierliche Herzkompression ohne Pause, Frequenz 100/min sowie 8–10 Beatmungshübe/min (jeweils maximal 1 s); bei Erwachsenen und Kindern über 8 Jahre: Kompression-Beatmungs-Verhältnis 30 : 2, bei kleinen Kindern 15 : 2. Alle 2 min Pulskontrolle.

Wenn Patient nicht intubiert:

5. Verhältnis Kompression zu Ventilation immer 30:2 bei allen Erwachsenen und Kindern ab 8. Lebensjahr. Bei Neugeborenen und Kindern unter 8 Jahren immer 15:2.
6. Alle 2 min kontrollieren, ob Spontanpuls zurückgekehrt ist.

Gleichzeitige Kompression und Beatmung

Ist der Patient intubiert, wird kontinuierlich komprimiert und **asynchron** 8–10 ×/min beatmet. Gleichzeitige Beatmung und Kompression sollen den Blutfluss in der A. carotis steigern. Hyperventilation muss wegen der Abnahme der Hirndurchblutung vermieden werden.

32.4.6 Kontrolle der Wirksamkeit

Die Wirksamkeit der Wiederbelebungsmaßnahmen muss in regelmäßigen Abständen durch die Helfer kontrolliert werden.

Pupillenverengung und Rückkehr der Lichtreaktion sind ein günstiges zerebrales Zeichen, während anhaltende Pupillendilatation auf ungenügende Wirksamkeit der Wiederbelebungsmaßnahmen und zerebrale Schädigungen hinweist, allerdings auch durch hohe Adrenalindosen bedingt sein kann.

! Merke
Die kardiopulmonale Wiederbelebung wird so lange fortgesetzt, bis die spontane Herzaktion zurückkehrt, die Beatmung, bis eine ausreichende Spontanatmung auftritt.

Häufige Fehler bei der Reanimation:
- zu lange Unterbrechung der Herzkompression, hierdurch Sistieren der Durchblutung von Herz und Hirn
- falscher Kompressionspunkt
- zu geringer Kompressionsdruck
- zu langsame Kompressionsfrequenz
- zu hohes Beatmungsvolumen
- zu lange Dauer des Beatmungshubes
- Hyperventilation.

32.5 Erweiterte Reanimationsmaßnahmen – ACLS (advanced cardiovascular life support)

Die erweiterten Reanimationsmaßnahmen sind darauf ausgerichtet, so rasch wie möglich einen ausreichenden Spontankreislauf wiederherzustellen. Zu den wichtigsten Maßnahmen gehören:
- EKG-Diagnose und -Überwachung
- Defibrillation
- endotracheale Intubation
- venöser Zugang
- Zufuhr von Medikamenten und Infusionslösungen.

! Merke
Während der erweiterten Reanimationsmaßnahmen müssen jedoch die Basismaßnahmen bis zum Eintreten des Erfolgs fortgesetzt werden.

32.5.1 EKG-Diagnostik des Kreislaufstillstands und EKG-Überwachung der Reanimation

Sofort nach Einleitung der Basismaßnahmen sollte der Patient an einen EKG-Monitor angeschlossen werden, um die Ursache des Kreislaufstillstands festzustellen. Nach dem EKG-Befund können folgende drei **Formen des Herzstillstands** unterschieden werden (▶ Abb. 32-3a und b):
- Kammerflimmern oder pulslose Kammertachykardie
- Asystolie
- elektromechanische Entkoppelung.

Das Vorhandensein eines EKG-Bildes auf dem Monitor beweist nicht, dass auch ein ausreichender Kreislauf besteht.

Kammerflimmern und Kammerflattern

Kammerflimmern ist gekennzeichnet durch eine ungeordnete (chaotische) elektrische Aktivität und den Verlust koordinierter Kontraktionen der Ventrikel mit sofortigem Ausfall der Pumpfunktion des Herzens. Bei Kammerflattern ist die Frequenz so hoch, dass Beginn und Ende des QRS-Komplexes nicht mehr abgegrenzt werden können.

Risikofaktoren des Kammerflimmerns:

- akuter Myokardinfarkt
- vorübergehende Myokardischämie
- strukturelle Myokardveränderungen (meist durch Infarkt)
- Hypokaliämie, Hypomagnesiämie
- Verlängerung des Q-Intervalls.

Zu unterscheiden ist zwischen primärem und sekundärem Kammerflimmern.

Primäres Kammerflimmern

Bei Abwesenheit von Schock oder Herzinsuffizienz tritt innerhalb von 5–10 min nach Koronarverschluss primäres Kammerflimmern auf. Wichtigster Auslöser ist eine frühe ventrikuläre R-auf-T-Extrasystole. Initial weist das Flimmern eine hohe Amplitude auf (> 0,2 mV), schließlich nehmen Frequenz und Amplitude mehr und mehr ab, nach etwa 12–15 min tritt eine isoelektrische Strecke auf.

Sekundäres Kammerflimmern

Diese Störung entwickelt sich auf der Grundlage eines Schocks oder einer Herzinsuffizienz. Oft handelt es sich um ein terminales Ereignis mit schlechter Reanimations- und Langzeitprognose, bedingt durch die schwere myokardiale Schädigung. Andere Ursachen sekundären Kammerflimmerns sind u.a. Hypoxie, Hypothermie sowie schwere Elektrolytstörungen.

Behandlungsalgorithmus beim Kammerflimmern siehe ▶ Kapitel 32.5.6.

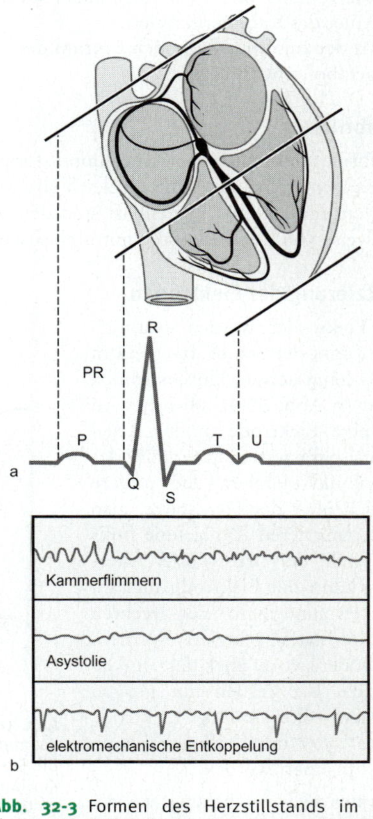

Abb. 32-3 Formen des Herzstillstands im EKG. a) Normales EKG und seine Beziehung zur Herzaktion; b) von oben nach unten: Kammerflimmern, Asystolie, elektromagnetische Entkoppelung (elektrische Systole ohne mechanische Systole).

Asystolie

Bei elektrischer Asystolie besteht Pulslosigkeit mit isoelektrischem EKG. Ursache ist meist eine schwere anhaltende Myokardischämie. Eine primäre Asystolie kann durch elektrischen Schock, AV-Block mit schwerer Bradykardie, bestimmte herzschädigende Medikamente oder starke vagale Stimulation bedingt sein.

Behandlungsalgorithmus der Asystolie siehe ▶ Kapitel 32.5.6.

Elektromechanische Entkoppelung

Bei der elektromechanischen Entkoppelung (EMD) besteht eine mechanische Asystolie, erkennbar an der Pulslosigkeit; die elektrische Depolarisation des Herzens ist hingegen erhalten. Elektrische und mechanische Aktivität sind also entkoppelt. Im EKG können ein Sinusrhythmus und alle Arten von Erregungsblockierungen auftreten, meist findet sich aber ein idioventrikulärer Rhythmus (Hyposystolie oder „weak action"), gekennzeichnet durch breit deformierte Kammerkomplexe niedriger Frequenz; eine mechanische Aktivität ist nicht vorhanden. Häufigste Ursache einer elektromechanischen Entkoppelung ist eine länger dauernde Myokardischämie, aber auch extrakardiale Ursachen sind möglich.

32.5.2 Elektrische Defibrillation

Die elektrische Defibrillation des Herzens ist die einzig folgerichtige und effektive Behandlungsmethode bei Kammerflimmern. Hierbei hängt die Defibrillierbarkeit des Herzens vor allem von folgenden Faktoren ab:

- Dauer des Kammerflimmerns
- Art der zugrunde liegenden Erkrankung oder Störung
- metabolischer Status.

Defibrillator

Defibrillatoren mit **biphasischer Impulsform** erreichen schon mit niedrigeren Energiemengen (120–200 J) eine vergleichbare Konversionsrate wie monophasische Defibrillatoren (360 J). Vorteilhaft sind das geringere Gewicht und die kompaktere Bauweise von Defibrillatoren mit biphasischen Impulsformen.

Platzierung der Elektroden

Die Elektroden werden so aufgesetzt, dass der Strom das Herz in der Längsachse durchströmen kann (▶ Abb. 32-4). Hierzu wird die eine Elektrode in der Regel rechts parasternal unterhalb der Klavikula platziert, die andere seitlich über der Herzspitze, also in der mittleren Axillarlinie links unterhalb der Brustwarze. Alternativ kann eine Elektrode auch im Rücken unterhalb des rechten Schulterblatts platziert werden, die andere vorn über dem linken Herzen. Bei Frauen mit großen Brüsten sollte die linke Elektrode lateral oder unterhalb der linken Brust platziert werden.

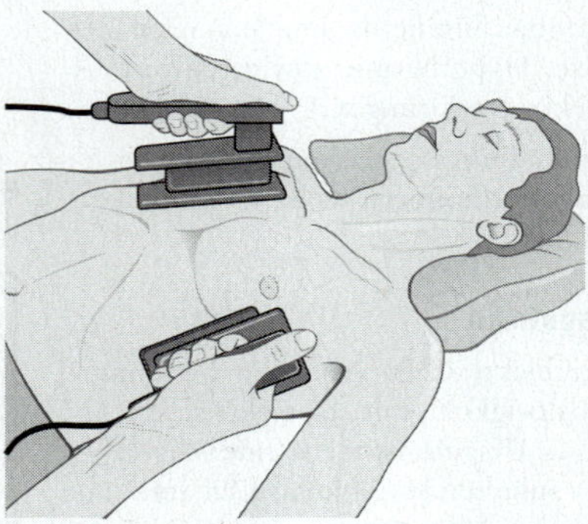

Abb. 32-4 Elektrische Defibrillation des Herzens bei Kammerflimmern.
Die Elektrode wird rechts parasternal unterhalb der Klavikula aufgesetzt, die andere seitlich in der linken mittleren Axillarlinie unterhalb der Brustwarze über der Herzspitze, damit der Strom das Herz in der Längsachse durchströmen kann. Festes Andrücken der ausreichend mit Gel bestrichenen Elektroden ist für den Erfolg der Defibrillation erforderlich.

Patienten mit Herzschrittmacher oder implantiertem Defibrillator. Bei diesen Patienten sollten die Elektroden möglichst nicht unmittelbar

32

über dem Schrittmacheraggregat platziert werden, sondern in mindestens 10 cm Abstand und im rechten Winkel zur Sondenposition, um eine Schädigung des Aggregats zu vermeiden. Nach erfolgreicher Defibrillation muss die Funktion des Aggregats umgehend überprüft werden.

Energiebedarf bei der Defibrillation

Bei monophasischen Defibrillatoren werden 360 J für Erwachsene angewandt, bei biphasischen Geräten 120–200 J; wenn Gerätetyp unbekannt: 200 J. Kinder erhalten initial einen Elektroschock mit 2 J/kg, weitere Schocks mit 2–4 J/kg, jeweils unabhängig vom Gerätetyp.

Leitlinien/Empfehlungen
Anzahl der Elektroschocks
Nach den aktuellen Leitlinien sollte nicht mehr eine 3er-Elektroschockseqenz ohne interponierte Herzkompressionen angewandt werden, sondern nur noch 1 Elektroschock, sofort gefolgt von einer Kompressionssequenz, weil sonst zu viel Zeit verloren würde. War der Elektroschock erfolgreich, besteht bei vielen Patienten häufig eine minutenlang anhaltende Asystolie oder pulslose elektrische Aktivität, die mit sofortiger Herzkompression behandelt werden muss.

✓ Praktisches Vorgehen
Angewandte Energiemengen bei Kammerflimmern oder ventrikulärer Tachykardie:
1. Nur 1 Elektroschock mit 360 J bei Erwachsenen (monophasische Geräte) oder mit 120–200 J bei Erwachsenen mit biphasischen Geräten.
2. Sofort nach dem Schock CPR wieder aufnehmen: 5 Zyklen (ca. 2 min). Keine sofortige EKG- und Pulskontrolle, erst nach 5 Zyklen EKG und Puls überprüfen.
3. Wenn intravenöser oder intraössärer Zugang vorhanden: Vasopressoren vor oder nach Elektroschock zuführen:
   - Adrenalin 1 mg alle 3–5 min oder
   - Vasopressin 40 E anstelle der ersten oder zweiten Adrenalindosis.
4. Herzrhythmus kontrollieren; wenn Elektroschock indiziert: Vorgehen wie zuvor.

Kardioversion

Als Kardioversion wird die R-Zacken-gesteuerte Elektroschocktherapie des noch schlagenden Herzens bei bestimmten Herzrhythmusstörungen bezeichnet, soweit diese durch medikamentöse Therapie nicht zu beherrschen sind. Hierzu gehören:
- Vorhofflimmern,
- Vorhofflattern,
- supraventrikuläre Tachykardie,
- ventrikuläre Tachykardie.

Durch die R-Zacken-Steuerung wird die vulnerable Phase umgangen, so dass weniger häufig eine Kammertachykardie ausgelöst wird. Die Kardioversion erfolgt ebenfalls mit dem Defibrillator.

Automatischer externer Defibrillator (AED)

Der AED wird vor allem in der präklinischen Notfallmedizin eingesetzt. Er enthält ein automatisches Rhythmusanalysesystem. Die Analyse des Rhythmus und die Defibrillation erfolgen über die beiden auf den Thorax geklebten Elektroden.

Leitlinien/Empfehlungen

Für den Einsatz des AED wird nach den „Leitlinien 2000" folgendes praktische Vorgehen empfohlen

- Die frühestmögliche Defibrillation hat höchste Priorität.
- Professionelle nichtärztliche Helfer sollen in der Durchführung der Defibrillation ausgebildet, außerdem mit AEDs ausgestattet und zu deren Anwendung berechtigt werden (Bewertung: Klasse IIa).
- Im Krankenhaus sollten AEDs und entsprechend ausgebildetes Personal in allen Bereichen verfügbar sein (Klasse IIa). In allen Krankenhausbereichen sollte ein Kollaps-Defibrillations-Intervall von weniger als 3 min angestrebt werden (Bewertung: Klasse I).
- Der Einsatz von AEDs bei Kindern über 8 Jahre (> 25 kg Körpergewicht) wird als Klasse IIb bewertet.
- Kinder unter 1 Jahr sollten nicht mit AED behandelt werden.
- Die Defibrillation mit biphasischem Stromverlauf und einem Energieniveau von 120–200 J gilt bei der Behandlung von Kammerflimmern als ebenso wirksam wie höher energetische, monophasische Defibrillationen (Bewertung: Klasse IIa).

32.5.3 Endotracheale Intubation

Während der kardiopulmonalen Reanimation sollte der Patient so früh wie möglich intubiert werden. Für die Intubation darf die Herzkompression maximal 15 s unterbrochen werden. Außerdem sollte während der Reanimation so früh wie möglich mit 100%igem O_2 beatmet werden.

32.5.4 Venöser Zugang und alternative Zugangswege

Ein sicherer venöser Zugang sollte ebenfalls so früh wie möglich während der Wiederbelebung angelegt werden, damit kardiovaskuläre Medikamente ohne wesentliche Verzögerung zugeführt werden können, bei Bedarf auch Puffersubstanzen und Infusionslösungen.

! Merke

Auf keinen Fall dürfen während der Reanimation die kardiovaskulären Medikamente intramuskulär oder subkutan zugeführt werden, da eine extreme Zentralisation vorliegt und die Substanzen nicht in den zentralen Kreislauf gelangen.

Peripherer Venenzugang

Die AHA empfiehlt die Kanülierung einer Antekubitalvene und die Injektion der Medikamente als Bolus, gefolgt von einer Spülung mit 20 ml 0,9%iger NaCl-Lösung und Anheben des Arms. Hierdurch kann die Zeit, in der das Medikament in die großen Arterien gelangt, um etwa 40% verkürzt werden.

Zentraler Venenkatheter

Verglichen mit der peripheren Injektion, führt die Injektion von Medikamenten in eine zentrale Vene rascher zu einer maximalen Konzentration in den großen Arterien und damit zu einer schnelleren und stärkeren pharmakologischen Wirkung. Die Anlage des zentralen Venenkatheters ist jedoch aufwendig. Liegt bereits ein zentraler Venenkatheter, werden die Medikamente primär hierüber injiziert, da die Wirkung schneller eintritt.

Endobronchiale Medikamentenzufuhr

Lässt sich nicht umgehend eine Venenkanüle platzieren, können folgende Medikamente auch endobronchial instilliert werden:

- Adrenalin,
- Atropin,
- Lidocain,
- Bretylium,
- Naloxon.

Adrenalin führt zur Vasokonstriktion. Hierdurch werden niedrigere Plasmakonzentrationen erreicht, und die maximale Wirkung setzt verzögert ein, hält aber länger an. Auch die Wirkung von Atropin tritt verzögert ein.

Leitlinien/Empfehlungen
Empfehlungen des ERC zur endobronchialen Medikamentenzufuhr

- Die Dosierung endobronchial zugeführter Medikamente sollte das 2fache der üblichen i.v. Dosis betragen.
- Diese Dosis sollte in 10 ml NaCl-Lösung 0,9% verdünnt und durch einen über den Endotrachealtubus in das Bronchialsystem vorgeschobenen Absaugkatheter instilliert werden.
- Danach sollte mit 5 Atemhüben beatmet werden, um die Ausbreitung der Medikamente zu fördern.

Grundsätzlich sollte aber die transtracheale Zufuhr von Medikamenten nur erfolgen, wenn kein i.v. Zugang gelegt werden kann. Auch ist zu beachten, dass gewebeschädigende Medikamente wie Natriumbikarbonat nicht endobronchial instilliert werden dürfen.

Arterielle Punktion bzw. Kanülierung

Um keine Zeit mit schwierigen Punktionsversuchen zu verlieren, sollte die arterielle Kanülierung erst nach Wiederherstellung des Spontankreislaufs erfolgen – es sei denn, genügend versierte Helfer sind verfügbar, die nicht unmittelbar für die Reanimationsmaßnahmen (Beatmung, Herzkompression, Bereitstellung von Ausrüstungsgegenständen und Medikamenten) erforderlich sind.

32.5.5 Medikamente

Lässt sich durch die Basismaßnahmen der Wiederbelebung nicht innerhalb ganz kurzer Zeit der Spontankreislauf wiederherstellen oder aufrechterhalten, müssen entsprechende Medikamente eingesetzt werden. Hierbei sollte deren Klassifizierung nach den in ▶ Tabelle 32-1 aufgestellten Kriterien berücksichtigt werden.

→ Orciprenalin, Kalziumantagonisten und β-Rezeptoren-Blocker sind während der Herzkompression nicht indiziert.

Adrenalin

Adrenalin ist die sympathoadrenerge Substanz der Wahl für die medikamentöse Behandlung des Herzstillstands (Klasse I). Die Substanz bewirkt eine periphere Vasokonstriktion mit Anstieg des diastolischen Aortendrucks und damit des koronaren Perfusionsdrucks. Hierdurch nehmen die Koronardurchblutung und die Hirndurchblutung zu.

Leitlinien/Empfehlungen
Standarddosierung von Adrenalin beim Herzstillstand (Internationale Leitlinien 2000)
- initial 1 mg i.v., mit 20 ml Flüssigkeit nachspülen
- Wiederholungsdosen: 1 mg alle 3–5 min.

Grundsätzlich sollte Adrenalin so früh wie möglich nach Beginn der externen Herzkompression i.v., bei fehlendem Venenzugang auch endobronchial injiziert wird. Eine EKG-Diagnose darf nicht abgewartet werden, da hierdurch die metabolische Azidose verstärkt und möglicherweise die Adrenalinwirkung beeinträchtigt wird.
- Während des Herzstillstands kann Adrenalin auch als kontinuierliche Infusion über einen zentralen Venenkatheter zugeführt werden; die Dosen sollten denen der Standardtherapie vergleichbar sein. Initial sollten 1 µg/min zugeführt werden, danach 3–4 µg/min.
- Die hoch dosierte (0,1 mg/kg) oder eskalierende Gabe von Adrenalin bei Nichtansprechen auf die Standarddosen wird nicht mehr empfohlen (Bewertung: Klasse IIb), da hiermit keine höhere Überlebensrate erreicht wird.
- Eine Höchstdosis gibt es für Adrenalin unter der Reanimation nicht, d.h., die Substanz wird so lange intermittierend injiziert, bis ein Spontankreislauf eintritt oder die Reanimationsmaßnahmen abgebrochen werden.

! Merke
Adrenalin ist nicht indiziert, wenn Kammerflimmern auf einem bereits angeschlossenen Monitor festgestellt und umgehend beseitigt werden konnte.

Vasopressin

Nach den Internationalen Leitlinien 2000 wird Vasopressin als effektiver Vasopressor eingestuft, der bei Erwachsenen als Alternative zu Adrenalin bei defibrillationsrefraktärem Kammerflimmern eingesetzt werden kann (Klasse IIb).

Leitlinien/Empfehlungen
Bei **Kammerflimmern/pulsloser Tachykardie** können anstelle von Adrenalin (1 mg/3–5 min) einmalig 40 IE Vasopressin als Bolus i.v. injiziert werden (Bewertung: Klasse IIb).

Allerdings werden mit Vasopressin keine besseren Reanimationserfolge bei **Kammerflimmern oder pulsloser Tachykardie** erzielt als mit Adrenalin.

Eine höhere Entlassungsrate aus dem Krankenhaus ergab sich dagegen bei Behandlung der **Asystolie** mit 2 × 40 IE Vasopressin, gefolgt von jeweils 1 mg Adrenalin alle 3 min.

✓ Praktisches Vorgehen
Vasopressin bei kardialer Reanimation
1. Bei nicht defibrillierbarem Herzrhythmus oder nach erfolgloser Defibrillation: Beginn der Vasopressortherapie im 1. Zyklus mit 1 mg Adrenalin i.v. (oder 2,5 mg in 10 ml NaCl 0,9% endobronchial). Dann 1–3 min kontinuierliche Herzdruckmassage.
2. Beginn des 2. Zyklus mit EKG-Diagnostik, dann Defibrillation bei Kammerflimmern oder -flattern; danach 2. Vasopressorgabe: 1 mg Adrenalin, gefolgt von Herzdruckmassage zur Perfusion von Herz und Gehirn.
3. 3. und 5. Zyklus: 40 IE Vasopressin i.v. als Vasopressor, im 4. Zyklus Adrenalin.

Andere Sympathomimetika und Vasopressoren

- **Noradrenalin:** steigert wie Adrenalin den koronaren Perfusionsdruck und kann ebenfalls den Spontankreislauf wiederherstellen. Die Überlebens- oder Entlassungsrate aus dem Krankenhaus ist jedoch nicht höher als mit Adrenalin.
- **Dopamin:** Diese Substanz ist beim Herzstillstand nicht so wirksam wie Adrenalin, möglicherweise sogar schädlich. Sie wird daher, wenn erforderlich, erst nach Wiederherstellung des Spontankreislaufs eingesetzt.

Atropin

Atropin ist vor allem wirksam bei Bradykardie mit Hypotonie aufgrund eines hohen Vagotonus (z.B. durch Schmerz) oder durch Hypoxie oder Sensibilisierung des Myokards.

Indikationen für Atropin:

- Asystolie durch hohen Vagotonus oder Hypoxie
- hämodynamisch wirksame Sinusbradykardie (Klasse I)
- AV-Block auf Knotenebene (Klasse IIa).

Nicht wirksam ist Atropin hingegen bei Asystolie oder elektromechanischer Entkoppelung aufgrund einer ausgedehnten ischämischen Myokardschädigung.

Pharmakologie

Dosierung von Atropin:

- initial 1 mg i.v.
- bei Bedarf wiederholen bis zu einer Gesamtdosis von 3 mg oder 0,04 mg/kg

Leitlinien/Empfehlungen

Der ERC empfiehlt bei Asystolie die einmalige Bolusinjektion von 3 mg Atropin nach Adrenalinzufuhr.

Antiarrhythmika

Antiarrhythmika werden im Zusammenhang mit der Reanimation aus folgenden Gründen eingesetzt:

- Behandlung einer malignen ventrikulären Tachyarrhythmie
- Erleichterung der Defibrillation
- Prophylaxe der Rückkehr von Kammerflimmern oder ventrikulärer Tachykardie.

Lidocain

Die Substanz dämpft die Erregbarkeit des Myokards durch Blockade der Na-Kanäle. Die Flimmerschwelle des Myokards wird erhöht, die Erregungsleitung und die Repolarisation werden hingegen nur geringfügig beeinflusst.

Leitlinien/Empfehlungen

Nach den Internationalen Leitlinien 2000 wird Lidocain für Kammerflimmern und pulslose Kammertachykardie als Klasse IV (unbestimmt) bewertet.

Pharmakologie

Dosierung von Lidocain bei Kammerflimmern oder pulsloser Kammertachykardie nach mindestens 4 erfolglosen Defibrillationen:

- 1,5 mg/kg als Bolus i.v.
- bei Bedarf zusätzliche Gabe von 1,5 mg/kg nach 3–5 min

Amiodaron

Für folgende Situationen gilt die Wirksamkeit von Amiodaron als gesichert:

- maligne ventrikuläre Arrhythmien
- sekundär präventive Effekte bei akutem Herzinfarkt, Herzinsuffizienz und primären ventrikulären Arrhythmien
- präklinisches Kammerflimmern.

Leitlinien/Empfehlungen

Nach den Internationalen Leitlinien 2000 wird Amiodaron beim Patienten mit präklinischem Kammerflimmern als Substanz der Klasse IIb eingestuft. Dosierung: 300 mg als i.v. Bolus.

Natriumbikarbonat

EBM

Derzeit wird Natriumbikarbonat im Zusammenhang mit Reanimationsmaßnahmen wie folgt bewertet:

- Nicht empfohlen als Routinemedikament für die kardiopulmonale Reanimation – trotz der Laktatazidose (= Klasse III).
- Bei länger bestehendem Herzstillstand und/oder Reanimationsmaßnahmen wird Bikarbonat nur als möglicherweise hilfreich angesehen (= Klasse IIb).
- Bei vorbestehender metabolischer Azidose oder Vergiftung mit trizyklischen Antidepressiva oder Phenobarbital gilt Natriumbikarbonat als vorteilhaft (= Klasse IIa).
- Bei hyperkaliämischem Herzstillstand gilt Natriumbikarbonat als indiziert und effektiv (= Klasse I).

Leitlinien/Empfehlungen

Dosierung von Natriumbikarbonat nach Ablauf der ersten 10 min:

- AHA-Empfehlung: 1 mmol/kg über 10 min per Infusion
- ERC-Empfehlung: 50 mmol per Infusion.

Bei Erfolglosigkeit können nach Ablauf von jeweils 10 min erneut 0,5 mmol/kg infundiert werden, in der Klinik jedoch möglichst unter Kontrolle des Säure-Basen-Status und der Blutgase.

Bei Hypernatriämie kann Trometamol (THAM, TRIS) statt Natriumbikarbonat eingesetzt werden.

Kalzium

Für die Reanimation wird Kalzium als Klasse-III-Medikament eingestuft und sollte daher nicht routinemäßig injiziert werden.

Leitlinien/Empfehlungen

Bei Hyperkaliämie, Hypokalzämie und Vergiftung mit Kalziumantagonisten ist Kalzium ein Klasse-IIa-Medikament und kann daher bei diesen Störungen zugeführt werden.

Pharmakologie

Dosierung von Kalzium:

- 5–8 ml Kalziumglukonat 10% oder
- 2–4 mg/kg Kalziumchlorid
- Nachinjektion bei Bedarf

Bei elektromechanischer Entkoppelung sollte Adrenalin vorgezogen werden.

Magnesium

Die Injektion von Magnesium unterdrückt ventrikuläre Extrasystolen nicht nur bei Hypomagnesiämie, sondern auch bei normalen Serumkonzentrationen. Die Substanz kann bei wiederkehrendem oder therapierefraktärem Kammerflimmern injiziert werden. Allerdings liegt hierfür derzeit vom ERC keine Empfehlung vor.

Pharmakologie

Dosierung von Magnesium bei wiederkehrendem oder refraktärem Kammerflimmern: 1–2 g Magnesiumsulfat i.v.

32.5.6 ACLS-Algorithmen

Die erweiterten Reanimationsmaßnahmen (ACLS) sollten nach den internationalen Algorithmen durchgeführt werden.

Kammerflimmern und pulslose Kammertachykardie

Die Defibrillierbarkeit des Herzens nimmt rasch ab, und das Flimmern geht häufig innerhalb weniger Minuten in eine Asystolie über. Darum sollte bei Kammerflimmern oder -flattern so schnell wie möglich defibrilliert werden.

Hierbei ist Folgendes zu beachten:

Nach 4–5-minütigem Kammerflimmern (zirkulatorische Phase) sind die energiereichen Phosphate des Herzen so stark vermindert, dass eine normale Kontraktilität nur schwer oder gar nicht erreicht werden kann. Dann ist die Sofortdefibrillation kontraproduktiv und führt zur Asystolie oder zur elektromechanischen Entkopplung. In diesem Fall sollten **vor** der Defibrillation 5 Kompressionszyklen (2 min) angewandt werden, weil hierdurch die ATP-Speicher zumindest partiell wieder aufgefüllt werden.

! Merke

Bis zum Herbeischaffen und Anschließen eines Defibrillators müssen die Basismaßnahmen der Reanimation – externe Herzkompression und Beatmung – ohne wesentliche Unterbrechungen fortgesetzt werden.

Praktisches Vorgehen siehe ▶ Abbildung 32-5.

Asystolie/elektromechanische Entkoppelung

Nur bei 10–25% aller Herz-Kreislauf-Stillstände besteht eine primäre Asystolie mit guten Therapieaussichten; die meisten Asystolien und auch die elektromechanische Entkoppelung sind vielmehr **sekundär** bedingt und oft bereits Zeichen des eingetretenen Todes. Unter **präklinischen** Bedingungen festgestellte Asystolien sind ebenfalls meist sekundärer Natur.

EBM

Bei gesicherter Asystolie/elektromechanischer Entkoppelung sollte kein Elektroschock angewandt werden, da hierdurch ein möglicherweise erhöhter Parasympathikotonus noch verstärkt werden kann.

Mit zunehmender Reanimationsdauer nehmen die Erfolgsaussichten ab: So gelingt es in der Regel nach Ablauf einer 15-minütigen Asystolie nicht, das Herz erfolgreich wiederzubeleben – außer es liegen spezielle Umstände wie Hypothermie oder eine Vergiftung mit trizyklischen Antidepressiva vor.

Praktisches Vorgehen siehe ▶ Abbildung 32-5.

32.5.7 Offene oder direkte Herzkompression

Die offene oder direkte Herzkompression ist indiziert, wenn nur mit dieser Methode ein Spontankreislauf wiederhergestellt werden kann, z.B. bei Herzstillstand durch massive intrathorakale Blutung oder Herzstillstand während Oberbauch- oder Thoraxeingriffen mit unmittelbarem operativem Zugang zum Herzen.

32.5.8 Geräte zur Herz-Lungen-Reanimation

Hierbei handelt es sich um automatisch arbeitende Geräte, die den Patienten beatmen und den Thorax rhythmisch komprimieren. Die individuelle Belüftung der Lungen erfolgt ebenfalls automatisch.

32.5.9 Reanimation von Schwangeren

Bei der Reanimation von Hochschwangeren sind folgende Besonderheiten zu beachten:

- möglichst sofortige endotracheale Intubation wegen erhöhter Aspirationsgefahr und erschwerter Maskenbeatmung
- Linksverschiebung des Uterus während der Reanimation wegen Gefahr des aortokavalen Kompressionssyndroms (ab 20. Schwangerschaftswoche)
- sofortige Sectio caesarea anstreben, weil hierdurch die Überlebenschancen von Mutter und Kind verbessert werden, Herzkompressionen unmittelbar oberhalb der Sternummitte durchführen
- bei Defibrillation: Elektroden in anterior-posteriorer Position anbringen, Standard-Defibrillation
- Adrenalin entsprechend den Richtlinien. Beachte: Gefahr der Minderdurchblutung des Uterus durch Vasopressoren, jedoch keine medikamentöse Alternative vorhanden.

32.5.10 Reanimation von Unterkühlten

Bei unterkühlten Patienten ohne Puls und Atmung und ohne sichere Zeichen des Todes gilt in der Regel der Grundsatz: „Nobody is dead until warm and dead." Daher wird umgehend mit der CPR begonnen.

- wenn Herzstillstand oder extreme Bradykardie: sofort mit Herzkompressionen beginnen, 5 Zyklen für 2 min
- ACLS: möglichst rasch intubieren, beatmen und i.v. Zugang anlegen, weitere Auskühlung und Lagerungsmanöver möglichst vermeiden
- Bei Kammerflimmern: 1 × Standard-Defibrillation, danach sofort 5 Zyklen CPR für 2 min usw.
- Infusion angewärmter Lösungen
- Wenn Körperkerntemperatur < 30 °C: Herzdruckmassage kontinuierlich fortsetzen, bei Flimmern 1 × defibrillieren; kein Adrenalin injizieren; wenn kein Spontankreislauf vorhanden: aktive Erwärmung des Körperkerns

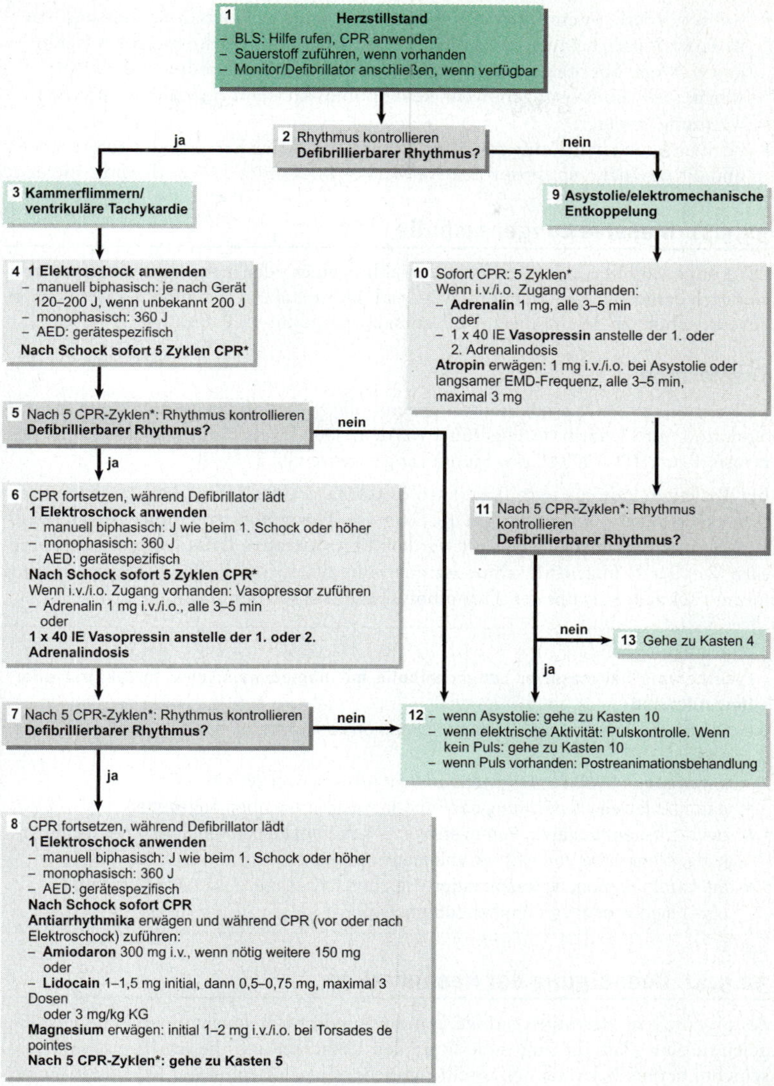

Abb. 32-5 ACLS-Algorithmus für den pulslosen Herzstillstand beim Erwachsenen nach den Leitlinien 2005 der internationalen Konsensuskonferenz.
1 CPR-Zyklus = 15 Kompressionen, 2 Beatmungen; i.o. = intraossär; AED = automatischer externer Defibrillator.
* Wenn Patient intubiert: keine zyklische CPR, sondern kontinuierliche Herzkompression 100/min; ohne Kompressionspause 8–10 × /min beatmen. Rhythmus alle 2 min kontrollieren.

- wenn Körperkerntemperatur > 30 °C: Fortsetzung der Herzdruckmassage, bei Bedarf zusätzlich 1 mg Adrenalin alle 5 min; bei Kammerflimmern 1 × Defibrillation. Wenn Spontankreislauf vorhanden: externe Erwärmung und Zufuhr warmer Infusionslösungen; wenn kein Spontankreislauf herstellbar: interne Erwärmung erwägen
- bei Erreichen einer Kerntemperatur von 33 °C: aktive Erwärmung unterbrechen und die mögliche zerebroprotektive Wirkung der milden Hypothermie nutzen.

32.5.11 Massive Lungenembolie

Die Lungenembolie, d.h. der akute Verschluss einer oder mehrerer Pulmonalarterien durch embolisch verschlepptes Material (meist aus den tiefen Bein- oder Beckenvenen), gehört zu den häufigen Todesursachen operativer Patienten.

Reanimation

Bei vermuteter oder gesicherter Lungenembolie sollte sofort eine wirksame Antikoagulation mit Heparin durchgeführt werden: 5000 IE als Bolus i.v., danach Dauerinfusion von 800–1000 IE pro Stunde; angestrebte aPTT 55–70 s.

Bei Patienten mit hochgradiger kardiovaskulärer Instabilität bzw. kardiogenem Schock erfolgt in der Regel eine intravenöse **Thrombolysetherapie**, bei Herzstillstand muss reanimiert **und** lysiert werden. Eine **operative Embolektomie** unter Einsatz der Herz-Lungen-Maschine ist nur indiziert, wenn die Rechtsherzentlastung hiermit schneller als mit der Thrombolyse erreicht werden kann.

Pharmakologie

Lysetherapie bei massiver Lungenembolie mit hämodynamischer Instabilität oder Herzstillstand:

- Alteplase: Bolus 10 mg i.v., danach Infusion von 90 mg über 2 h
  oder
- Reteplase: 2 i.v. Boli von jeweils 10 U im Abstand von 30 min
- darunter jeweils Fortführung der Heparintherapie wie oben angegeben
- bei rechtsventrikulärem Pumpversagen: Noradrenalin per Infusion, Dosis nach Wirkung. Allergrößte Vorsicht mit Volumenzufuhr!
- bei kardiopulmonaler Reanimation: Herzdruckmassage, zusätzlich Adrenalin, 0,5–1 mg i.v. oder verdünnt endobronchial

32.5.12 Beendigung der Reanimation

Bei plötzlichem Herzstillstand werden die Wiederbelebungsmaßnahmen meist eingeleitet, ohne dass die zugrunde liegenden Ursachen und die medizinische Vorgeschichte bereits bekannt sind. Stellt sich jedoch nach Beginn der Reanimation heraus, dass der Patient sich im Terminalstadium einer unheilbaren Krankheit befindet, so können die Wiederbelebungsmaßnahmen, nach individueller Wertung der Situation des Patienten, eingestellt werden. Für alle anderen wiederbelebbaren Patienten gilt hingegen:

! Merke

Die kardiopulmonale Wiederbelebung wird so lange fortgesetzt, bis der Spontankreislauf zurückkehrt oder die Zeichen des irreversiblen Herzstillstands bzw. Herztodes eintreten.

32

Zwei Umstände müssen bei allen Wiederbelebungsmaßnahmen besonders beachtet werden: der irreversible Herztod und der Eintritt des Hirntodes.

Herztod

Der Herztod liegt vor, wenn trotz optimaler Reanimationsmaßnahmen und medikamentöser Therapie im EKG für mehr als 30 min eine elektrische Asystolie, d.h. flache Grundlinie, nachweisbar ist. Dann werden die Reanimationsmaßnahmen eingestellt. Solange jedoch im EKG noch Zeichen der elektrischen Aktivität vorhanden sind, muss davon ausgegangen werden, dass eine Wiederbelebung des Herzens noch möglich ist. Kammerflimmern ist, bei entsprechender Therapie, immer potentiell reversibel.

32.6 Wiederbelebung von Kindern

Ein Herzstillstand bei Kindern beruht am häufigsten auf einer respiratorischen Störung (meist Asphyxie) und ist somit sekundär. Ein primär kardial bedingter Herzstillstand ist hingegen selten, ebenso Kammerflimmern oder eine pulslose Kammertachykardie.

Die Erfolgsaussichten der Kinderreanimation liegen zwischen 3 und 17%, sind also sehr gering. Zudem erleidet die Mehrzahl der reanimierten Kinder bleibende neurologische Schäden.

Respiratorisch bedingte Herzstillstände weisen eine günstigere Prognose auf als primär kardial bedingte.

32.6.1 Basismaßnahmen

Die Basismaßnahmen der Säuglings- und Kinderreanimation sind in ▶ Abbildung 32-6 zusammengefasst. Der erste Schritt ist die Überprüfung der Bewusstseinslage. Hierzu muss das Kind geschüttelt (nicht zu heftig!) oder gekniffen werden. Reagiert das Kind nicht: sofort Hilfe rufen.

Atemwege

Häufigste Ursache der Atemwegsobstruktion beim Kind ist die zurückgefallene Zunge. Diese Obstruktion kann durch leichtes Überstrecken des Kopfes bzw. Anheben des Kinns beseitigt werden. Befinden sich Fremdkörper in der Mundhöhle oder im oberen Respirationstrakt, sollten sie entfernt werden. Fremdkörper unterhalb der Glottis erfordern allerdings entsprechende Hilfsmittel.

Aspiration von Fremdkörpern

Werden die Atemwege durch Fremdkörper, Nahrung oder Erbrochenes verlegt, sollte das noch bei Bewusstsein befindliche Kind zum Husten aufgefordert werden. Reichen die Hustenstöße nicht aus, können Schläge auf den Rücken ausgeführt werden. Hierzu sollte das Kind mit leicht erniedrigtem Kopf in Bauchlage gehalten und sollten dann mit der flachen Hand kräftige Schläge zwischen die Schulterblätter ausgeführt werden. Thoraxkompressionen können ebenfalls versucht werden, des Weiteren Schläge auf den Rücken im Wechsel mit Thoraxkompressionen oder Oberbauchkompressionen im Wechsel mit Thoraxkompressionen (wegen der Verletzungsgefahr jedoch nicht bei Kindern < 1 Jahr).

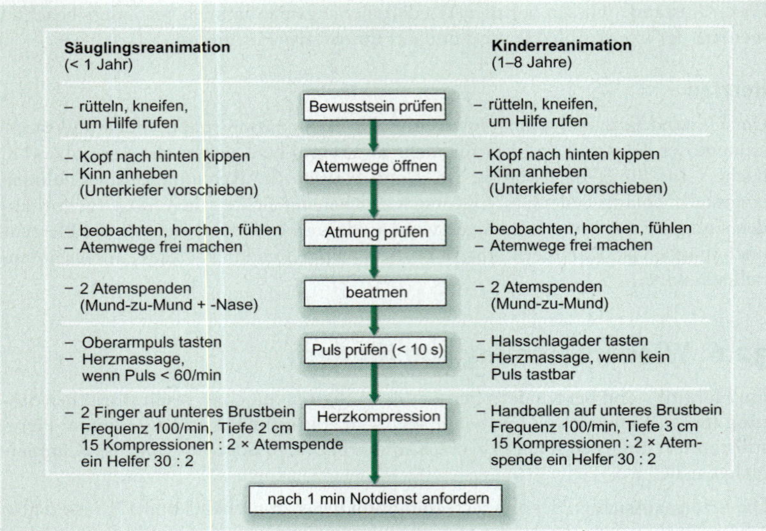

Abb. 32-6 Algorithmus der Säuglings- und Kinderreanimation (bis zum 8. LJ).

Praktisches Vorgehen

1. 5 Schläge auf den Rücken, danach
2. 5 Thoraxkompressionen.
3. Mundhöhle auf Fremdkörper überprüfen; wenn vorhanden: entfernen.
4. Dann Atemwege öffnen und beatmen.
5. Ist der Fremdkörper noch nicht entfernt: Ablauf zyklisch wiederholen, bis Erfolg eingetreten ist.

Atmung

Atmet das Kind nicht, so muss es sofort beatmet werden:

- Kinder < 1 Jahr: 2 Atemhübe, und zwar Mund-zu-Mund/Nase oder Mund-zu-Nase (Thorax muss sich heben!),
- Kinder > 1 Jahr: 2 Atemhübe Mund-zu-Mund (Thorax muss sich heben!).

Die Beatmung sollte pro Atemhub 1 s dauern. Exzessiv hohe Atemhübe müssen vermieden werden, da sie zur Magendilatation und Regurgitation von Mageninhalt führen können. Bei der Beatmung sollte sich der Thorax des Kindes so weit heben, wie es einem tiefen Atemzug entspricht. Hebt sich der Thorax nicht, müssen die Atemwege erneut auf eine Obstruktion überprüft werden.

32

Diagnose des Herzstillstands

Pulslosigkeit kann bei Kleinkindern durch Palpation der A. brachialis, bei größeren Kindern der A. carotis, alternativ auch der A. femoralis festgestellt werden. Erholt sich das Kind unter Beatmung nicht und lässt sich innerhalb von 10 s kein Puls tasten, sollte mit der Herzkompression begonnen werden, bei Kleinkindern auch dann, wenn ein Puls tastbar ist, die Herzfrequenz jedoch weniger als 60/min beträgt.

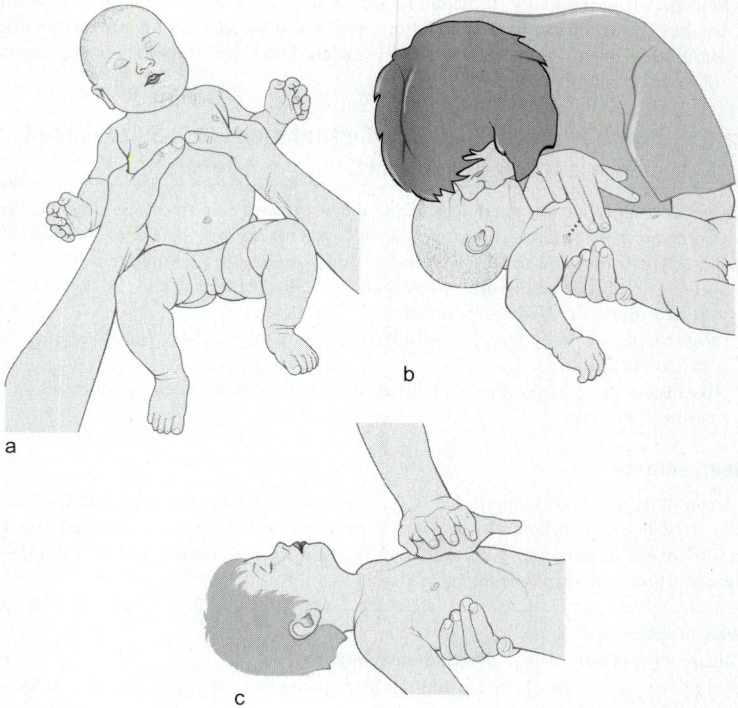

Abb. 32-7 Kardiopulmonale Wiederbelebung bei Kindern.
a) Herzkompression beim Säugling durch die im mittleren Sternumdrittel direkt unterhalb der Intermammillarlinie nebeneinander auf das Sternum gelegten Daumen.
b) Kompression beim Kleinkind mit zwei Fingern der einen Hand, die andere Hand liegt als Widerlager im Rücken; die Beatmung erfolgt Mund-zu-Nase/Mund.
c) Herzkompression beim älteren Kind mit dem Ballen einer Hand; die andere Hand befindet sich als Widerlager im Rücken.

Kompression des Thorax

Die Thoraxkompressionen erfolgen auf der unteren Hälfte des Sternums.

Kleinkinder:

- Kompressionspunkt eine Fingerbreite unterhalb einer virtuell durch die Mamillen gezogenen Linie auf dem Brustbein
- Brustbein am Kompressionspunkt bei Neugeborenen mit dem Daumen, bei Kleinkindern mit 2–3 Fingern um ca. 2 cm herunterdrücken (▶ Abb. 32-7a und b)
- Kompressionspunkt wie beim Erwachsenen aufsuchen
- Sternum ca. 2,5–4 cm herunterdrücken; bei kleineren Kindern mit 2 oder 3 Fingern, bei größeren Kindern mit dem Handballen der einen Hand auf die untere Sternumhälfte, während die andere Hand als Widerlager im Rücken dienen kann (▶ Abb 32-7c)
- Kompressionsfrequenz 100/min, Kompressions-/Beatmungsverhältnis 15 : 2

32

- Sind bei größeren Kindern beide Hände für die Kompression erforderlich, kann wie bei der Methode für einen Helfer beim Erwachsenen das Kompressions-/Beatmungsverhältnis von 30 : 2 gewählt werden. Die Kompressionsfrequenz sollte 100/min betragen.

32.6.2 Erweiterte Reanimationsmaßnahmen – ACLS (advanced cardiovascular life support)

Anders als beim Erwachsenen liegt bei Kindern zumeist eine Asystolie oder extreme Bradykardie vor; Kammerflimmern besteht höchstens bei 10% der Kinder. Die ACLS-Algorithmen für Kinder sind in ▶ Abbildung 32-8 zusammengestellt.

- sofortige endotracheale Intubation (maximal 30 s Dauer), um die Atemwege und Beatmung des Kindes zu sichern
- möglichst rasch Venenkanüle einführen; wenn nicht möglich: Medikamente intraossär zuführen
- Misslingen diese Maßnahmen, können die Medikamente auch endobronchial instilliert werden.

Medikamente

Adrenalin ist das Medikament der Wahl, auch in der Kinderreanimation. Die Substanz wird bei Herzstillstand unabhängig von der auslösenden Ursache eingesetzt, außerdem bei extremer Bradykardie (< 60/min) von Säuglingen und Kleinkindern, die sich unter Sauerstoffzufuhr nicht bessert.

> **Pharmakologie**
>
> **Dosierung von Adrenalin in der Kinderreanimation:**
>
> - initialer Bolus 0,01 mg/kg i.v. oder 0,1 mg/kg über Endotrachealtubus (0,1 ml/kg der Lösung 1 : 1000)
> - Wiederholungsdosen 0,01 mg/kg alle 3–5 min

Die gleichen Dosen können auch intraossär injiziert werden, bei endobronchialer Instillation ist wahrscheinlich eine 10fach höhere Dosierung erforderlich.

- **Vasopressin:** Hierzu liegen nicht genügend Erfahrungen vor, so dass keine Empfehlung gegeben werden kann.
- **Atropin:** Bei Asystolie ist Atropin nicht indiziert, kann jedoch bei extremer Bradykardie (< 60/min) injiziert werden. Die Mindestdosis beträgt 0,1 mg/kg, die Höchstdosis bei Kindern 1 mg, bei Jugendlichen 2 mg.
- Für **Kalzium** und **Natriumbikarbonat** gelten die gleichen Grundsätze wie für den Erwachsenen.
- **Infusiontherapie:** Kann das Kind durch die Standardmaßnahmen nicht reanimiert werden, sollte zur Vermeidung einer Hypovolämie die Bolusgabe von NaCl-Lösung (0,9%) oder 5%iger Albuminlösung erfolgen.

32.6.3 Algorithmen der Kinderreanimation

Die Kinderreanimation sollte ebenfalls nach Algorithmen erfolgen, um ein höheres Maß an Effizienz und Erfolgsaussichten zu erreichen (▶ Abb. 32-6).

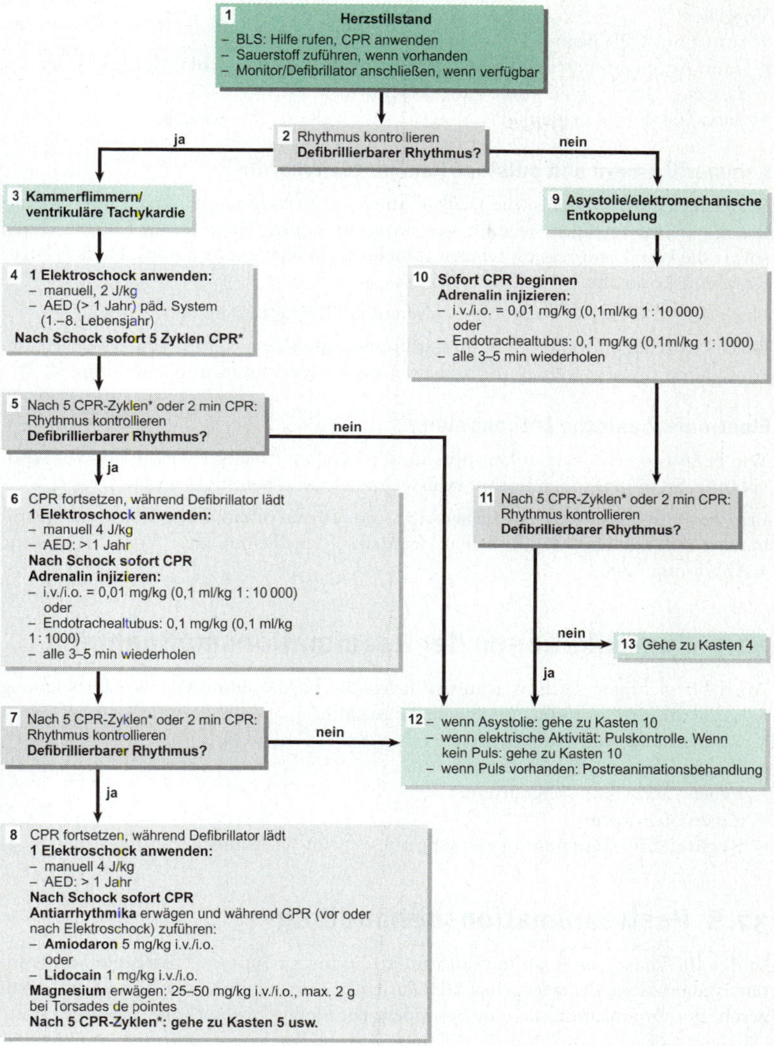

Abb. 32-8 ACLS-Algorithmus für den pulslosen Herzstillstand bei Kindern nach den Leitlinien 2005 der internationalen Konsensuskonferenz.
i.o. = intraossär; AED = automatischer externer Defibrillator.

Asystolie und Bradykardie

Die Asystolie oder eine ausgeprägte Bradykardie sind die häufigsten EKG-Diagnosen bei Kindern mit Herz-Kreislauf-Stillstand. Eine Bradykardie geht der Asystolie häufig voran, ist aber bei Kleinkindern mit einem funktionellen Herzstillstand gleichzusetzen, wenn sie weniger als 60 Herzschläge/min beträgt.

Vorgehen:

- sofort mit CPR beginnen
- dann Adrenalin 0,01 mg/kg i.v. oder 0,1 mg/kg endobronchial (0,1 ml/kg der Lösung 1:1000), wiederholen alle 3–5 min
- danach sofort 5 Zyklen CPR.

Kammerflimmern und pulslose Kammertachykardie

Wie beim Erwachsenen ist die **Defibrillation** das Verfahren der Wahl. Sie sollte initial mit 2 J/kg erfolgen, weitere Versuche mit 4 J/kg. Nach jedem Elektroschock sofort die Herzkompression wieder aufnehmen (5 Zyklen für 2 min), danach Puls-/Rhythmuskontrolle.

Nach dem 1. Elektroschock sollte Adrenalin (0,01 mg/kg) injiziert werden.

Bei elektroschockrefraktärem Kammerflimmern/pulsloser Kammertachykardie kann Amiodaron injiziert werden (Einzelheiten siehe Algorithmus in ▶ Abbildung 32-5).

Elektromechanische Entkoppelung

Wie beim Erwachsenen sollten potentiell reversible Auslöser wie Hypoxie, Hypovolämie, Spannungspneumothorax usw. gesucht und beseitigt werden.

Erst wenn die Auslöser beseitigt worden sind, dürfen offenkundig erfolglose Reanimationsmaßnahmen abgebrochen werden. Einzelheiten des Vorgehens siehe ▶ Abbildung 32-8.

32.7 Komplikationen der Reanimationsmaßnahmen

Auch bei richtiger Technik können durch die kardiopulmonale Wiederbelebung Komplikationen auftreten. Die wichtigsten sind:

- Rippen- und Sternumfrakturen
- Pneumothorax, Hämatothorax
- Leber-, Milz- und Magenruptur
- Zwerchfellruptur
- Regurgitation und pulmonale Aspiration (beim Nichtintubierten).

32.8 Postreanimationsbehandlung

In der III. Phase der Reanimation erfolgt die hirnorientierte **Postreanimations-Intensivbehandlung** des wiederbelebten Patienten, ergänzt durch Stabilisierung extrazerebraler Organfunktionen, insbesondere der Herz-Kreislauf- und Atemfunktion.

32.8.1 Hirnprotektive Maßnahmen nach Reanimation

Die Standardmaßnahmen der kardiopulmonalen Wiederbelebung bieten zumeist nur einen unzureichenden Schutz vor ischämischen Hirnschäden. Gelingt es nicht, die Reanimationsmaßnahmen innerhalb von 15–30 min erfolgreich durch Wiederherstellung eines ausreichenden Spontankreislaufs abzuschließen, so ist die zerebrale Prognose gewöhnlich schlecht,

Die Postreanimationsbehandlung besteht aus allgemeinen hirnorientierten Maßnahmen und der speziellen („spezifischen“) Reanimation.

Praktisches Vorgehen

Hirnorientierte Behandlung:

1. Frühzeitig Röntgenbild des Thorax zum Ausschluss von Verletzungen durch die Reanimationsmaßnahmen (Pneumothorax, Rippenfrakturen)
2. Kontrolle des mittleren arteriellen Blutdrucks und Normalisierung des Blutvolumens: mittlerer arterieller Blutdruck um 90 mm Hg oder leicht darüber
3. Vasopressoren, inotrope Substanzen, Vasodilatatoren: je nach Indikation
4. Sedierung nur, wenn erforderlich; dabei kurz wirkende Substanzen bevorzugen, z.B. Propofol, Remifentanil
5. Komatöse Patienten intubieren und kontrolliert beatmen: $paCO_2$ im Normbereich; keine kontrollierte Hyperventilation; paO_2 100 mm Hg; Muskelrelaxierung nur, wenn für die kontrollierte Beatmung zwingend erforderlich; bei erhöhtem Hirndruck: Oberkörper hochlagern (30°)
6. Prophylaxe bzw. Kontrolle von anhaltenden Krämpfen: Barbiturate, Benzodiazepine, Diphenylhydantoin oder Propofol
7. Blutzucker 80–110 mg/dl, Hyperglykämie und Hypoglykämie vermeiden; häufige Blutzuckerkontrollen
8. Blutparameter:
   - Hämatokrit 30–35%
   - normale Serumelektrolyte, Serumkalium 4–4,5 mmol
9. Hyperthermie vermeiden oder aggressiv behandeln; induzierte Hypothermie (s.u.)

Patienten, die innerhalb weniger Stunden nach der Reanimation erwachen, benötigen gewöhnlich keine hirnorientierte Intensivbehandlung; eine maschinelle Beatmung ist nur bei respiratorischer Insuffizienz erforderlich.

→ Jedoch sollten die Patienten bis zur Abklärung der Ursache des Herzstillstands und vollständigen Stabilisierung der Vitalfunktionen auf der Intensivbehandlungsstation bleiben.

Therapeutische Hypothermie

Durch induzierte Hypothermie kann bei Erwachsenen die Häufigkeit schwerer neurologischer Schäden nach Reanimation gesenkt werden. Bei Kindern sollte das Verfahren dagegen nicht angewandt werden.

Leitlinien/Empfehlungen

Nach den Empfehlungen der ILCOR (2003) und ERC (2005) sollten bewusstlose Erwachsene mit Spontankreislauf nach präklinischer Reanimation für 12–24 h auf 32–34 °C abgekühlt werden, wenn Kammerflimmern der initiale Rhythmus war (Klasse I).

32.9 Prognose reanimierter Patienten

Die Prognose reanimierter Patienten ist schlecht: Mehr als 80% bleiben komatös und sterben dann oder überleben mit schweren, irreversiblen Hirnschäden (bleibende Bewusstlosigkeit, apallisches Syndrom oder neurologisches Defektsyndrom mit dauerhafter Pflegebedürftigkeit).

EBM

Auf einen neurologisch ungünstigen Verlauf weisen in den ersten 3 Tagen folgende Faktoren hin:

- beidseitiger Ausfall der Pupillenreaktion auf Licht
- beidseitiger Ausfall der Kornealreflexe
- fehlende motorische Reaktion auf Schmerzreize
- Burst-Suppression-EEG oder isoelektrisches EEG
- beidseitiger Ausfall der kortikalen somatosensorischen Potentiale nach N.-medianus-Stimulation
- Anstieg der neuronspezifischen Enolase
- Auftreten von Myoklonien in der ersten 24 h

Bei der Beurteilung müssen allerdings die Wirkungen von Sedativa und Muskelrelaxanzien berücksichtigt werden. Hohes Lebensalter wirkt sich ungünstig auf die Prognose aus.

Literatur

Aung K: Vasopressin for cardiac arrest: a systematic review and meta-analysis. Arch Intern Med 2005;10165(I):17–24.

Boddicker A, Zhang Y, Zimmerman MB, Davies LR, Kerber RE: Hypothermia improves defibrillation-success and resuscitation outcomes from ventricular fibrillation. Circulation 2005;111(24):3195–3201.

Callans DJ: Out-of-hospital cardiac arrest – the solution is shocking. N Engl J Med 2004;351:632–4.

Ewy GA: Cardiocerebral resuscitation: The new cardiopulmonary resuscitation. Circulation 2005;111(16): 2134–2142K.

Hypothermia after cardiac arrest study group: mild therapeutic hypothermia to improve the neurologic outcome after cardiac arrest. N Engl J Med 2002;346 (8):549–556.

Kudenchuk PJ, Cobb LA, Copass M, et al.: Amiodarone for resuscitation after out-of-hospital cardiac arrest due to ventricular fibrillation. N Engl Med 1999; 341:871–878.

Wenzel V, Krismer AC, Arntz HR, Sitter H, Stadlbauer KH, Lindner KH: European Resuscitation Council. Vasopressor during Cardiopulmonary Resuscitation Study Group: A comparison of vasopressin and epinephrine for out-of-hospital cardiopulmonary resuscitation. N Engl J Med 2004;350(2):105–113.

Leitlinien/Empfehlungen

ECC Guidelines Part 6: Advanced cardiovascular life support. Circulation 2000;102: 1–129.

ILCOR: Advisory Statement. Therapeutic hypothermia after cardiac arrest. An Advisory Statement by the Advanced Life Support Task Force of the International Liaison Committee on Resuscitation. Writing Group: J.P. Nolan, FRCA; P.T. Morley, MD; T.L. Vanden Hoek, MD; R.W. Hickey, MD. Circulation 2003; 108:118.

International Liaison Committee on Resuscitation, American Heart Association, and European Resuscitation Council. 2005 International Consensus on Cardiopulmonary Resuscitation (CPR) and Emergency Cardiovascular Care (ECC) Science With Treatment Recommendations. Circulation 2005; 112(22): Supplement; im Internet kostenlos abrufbar unter http://www.circulationaha.org.

Nolan JP, Morley PT, van den Hoek TL, et al.: Therapeutic hypothermia after cardiac arrest: an advisory statement by the advanced life support task force of the International Liaison Committee on resuscitation. Circulation 2003;108(1):118–121.

33 Ambulante Anästhesie

Ambulante Operationen, bei denen der Patient wenige Stunden nach dem Eingriff nach Hause entlassen wird, weisen folgende Vorteile auf: Kostenersparnis, Vermeidung unnötiger familiärer Trennungen (vor allem bei Kindern), Schutz des Patienten vor krankenhauserworbenen Infektionen, Freihalten von Krankenhausbetten für andere Patienten.

Leitlinien/Empfehlungen

Voraussetzungen für ambulante Operationen (Leitlinie DGAI)

- minimales Risiko einer Nachblutung
- minimales Risiko postoperativer respiratorischer Komplikationen
- keine spezielle postoperative Pflege erforderlich
- rasche Flüssigkeits- und Nahrungsaufnahme

33.1 Rahmenbedingungen

Die personellen, sachlichen und räumlichen Voraussetzungen für ambulante Narkoseverfahren sind im Einzelnen in entsprechenden Entschließungen und Leitlinien der Deutschen Gesellschaft für Anästhesiologie und Intensivmedizin und des Berufsverbandes Deutscher Anästhesisten, in Verträgen mit der GKV und in „Richtlinien der Bundesärztekammer zur Qualitätssicherung ambulanter Operationen" dargelegt, auf die der interessierte Leser verwiesen wird. Ambulante Eingriffe mit Anästhesien können in der Praxis, in Tageskliniken (= Betrieb, in dem ambulant operiert wird und die Nachsorge mindestens 1–2 h dauert) und im Krankenhaus (krankenhausambulantes Operieren) durchgeführt werden.

! Merke

Für ambulante Anästhesien gilt der Facharztstandard, d.h., ambulante Narkosen dürfen nur von Fachärzten für Anästhesie, unter Assistenz von Fachärzten oder unter deren unmittelbarer Aufsicht und Weisung mit der Möglichkeit des unverzüglichen Eingreifens durchgeführt werden.

33.2 Welche Operationen?

Eine Vielzahl von diagnostischen und chirurgischen Eingriffen kann auf ambulanter Basis durchgeführt werden. In ▶ Tabelle 33-1 sind einige Beispiele aufgeführt.

Tab. 33-1 Ambulant durchführbare Eingriffe (Auswahl)

- Exzisionen
- Arthroskopien
- Eingriffe an der oberen Extremität
- Biopsien
- Computertomographie
- Bestrahlungen
- Bronchoskopie, Laparoskopie, Zystoskopie
- Abrasio, elektiver Abort
- Zirkumzision, Orchidopexie, Vasektomie
- Hämorrhoiden-Op., Analabszess
- elektive Operationen im Mundbereich, z.B. Zahnsanierung

Intraabdominelle und intrathorakale Eingriffe sollten, mit Ausnahme von Laparoskopien und Bronchoskopien, nicht ambulant durchgeführt werden, ebenso wenig Eingriffe, die länger als 4 h dauern oder mit größeren Blutverlusten einhergehen. Nach allen Operationen muss ausreichend Zeit für die postoperative Überwachung zur Verfügung stehen.

33.3 Auswahl der Patienten

Ambulante Narkosen und Operationen werden, nach entsprechend sorgfältigen Voruntersuchungen, bei Patienten der ASA-Risikogruppen I und II, auch III durchgeführt, wenn chronische Erkrankungen wie Asthma, Hypertonie, Diabetes oder Angina pectoris gut eingestellt sind. Höheres Lebensalter soll kein wesentlicher Risikofaktor sein. Kinder siehe ▶ Kapitel 36.

33.3.1 Ungeeignete Patienten

Die Entscheidung für eine ambulante Narkose sollte immer individuell getroffen werden und die besonderen Risikofaktoren des Patienten berücksichtigen. Bei folgenden Patienten sollten Operationen eher unter stationären Bedingungen erfolgen, um das Risiko zu vermindern:

- instabile Patienten der ASA-Gruppen III und IV mit ungenügender medikamentöser Einstellung oder Vorbehandlung
- Einnahme von MAO-Hemmern: Gefahr der kardiovaskulären Instabilität während der Narkose
- akuter Substanzenmissbrauch: Gefahr der kardiovaskulären Instabilität während der Narkose
- Adipositas permagna mit kardialen, pulmonalen oder renalen Begleiterkrankungen
- maligne Hyperthermie in der Vorgeschichte: triggerfreie Narkose und evtl. Überwachung in der Nacht nach der Operation
- psychosoziale Schwierigkeiten.

33.3.2 Mündliche Aufklärung und schriftliche Instruktionen

Zum Zeitpunkt der Vereinbarung eines ambulanten Operationstermins erhält der Patient eine mündliche Aufklärung und schriftliche Instruktionen über das **prä- und postoperative Verhalten.** Die wichtigsten Hinweise sind:

- Keine Nahrungs- und Flüssigkeitsaufnahme, kein Nikotin nach Mitternacht vor dem Operationstag beim Erwachsenen.
- Bei Kleinkindern letzte Milch- oder Flaschennahrung 6 h vor der Operation, klare Flüssigkeit (Tee) bis zu 2 h vor der Operation.
- Kein Make-up, keine Augenschminke oder Nagellack auftragen.
- Kinder durch die Eltern oder einen anderen Erwachsenen begleiten lassen.
- Erwachsene sollten ebenfalls in Begleitung kommen. Sie dürfen innerhalb von 24 h nach der Narkose kein Fahrzeug führen.
- Alle zwischenzeitlichen Veränderungen des Gesundheitszustands müssen rechtzeitig vor der geplanten Operation mitgeteilt werden.

33.4 Präoperative Diagnostik

Die Voruntersuchung des Patienten sollte idealerweise durch den Anästhesisten erfolgen, jedoch lässt sich dieses Prinzip nicht grundsätzlich bei allen Patienten einhalten. Alternativ können die erforderlichen Laboruntersuchungen und physikalischen Befunde auch vom Hausarzt oder vom Operateur erhoben werden. Die wichtigsten Labor- und körperlichen Untersuchungsbefunde sollten dem Anästhesisten möglichst 24 h vor der Operation vorliegen, damit evtl. erforderliche Zusatzuntersuchungen noch durchgeführt werden können.

In ▶ Tabelle 33-2 sind Erkrankungen und Veränderungen zusammengestellt, bei denen präoperativ eine genauere Abklärung erforderlich ist.

Tab. 33-2 Erkrankungen und Veränderungen, bei denen vor dem Eingriff eine Einschätzung erfolgen sollte

Atmung
• Asthma mit chronischer Einnahme von Bronchodilatatoren oder Steroiden oder kürzlich erlittenem Asthmaanfall • klinisch relevante COPD • andere klinisch manifeste Lungenerkrankungen • größere Operationen an den Atemwegen in der Vorgeschichte
Herz-Kreislauf
• Angina pectoris in der Vorgeschichte • bekannte koronare Herzkrankheit • Myokardinfarkt in der Vorgeschichte • Zustand nach Herzoperation • Hypertonie (systolisch > 160 mm Hg, diastolisch > 110 mm Hg) • symptomatische Herzrhythmusstörungen • Herzinsuffizienz in der Vorgeschichte
Leber
• aktive Lebererkrankung oder Funktionsstörung • Aszites
Niere
• klinisch manifeste Niereninsuffizienz
Magen-Darm-Trakt
• Hiatushernie • gastroösophagealer Reflux
Nervensystem
• wesentliche ZNS-Erkrankungen • Krampfleiden • Myopathie und andere Muskelerkrankungen
Muskeln und Skelettsystem
• Kyphose oder Skoliose mit wesentlicher funktioneller Einschränkung • Störungen der Kiefergelenke • Verletzungen oder Operationen der zervikalen oder thorakalen Wirbelsäule in der Vorgeschichte

Tab. 33-2 Erkrankungen und Veränderungen, bei denen vor dem Eingriff eine Einschätzung erfolgen sollte *(Forts.)*

endokrine Organe
• nicht ausreichend eingestellter Diabetes mellitus • aktive Schilddrüsenerkrankungen • Erkrankungen der Nebenniere
Blut
• klinisch wesentliche Anämien • Störungen der Blutgerinnung
Onkologie
• Chemotherapie • onkologische Erkrankungen mit funktionellen Auswirkungen
Ernährung
• Kachexie • Adipositas permagna

33.4.1 Laborwerte

Das Laborscreening hängt vor allem von Alter, Gesundheitszustand und Medikamentenanamnese des Patienten ab. Die Laborwerte sollten ca. 1–10 Tage vor der Operation bestimmt werden. Für das Vorgehen relevante Veränderungen sind nur bei 0,2% der Untersuchungen zu erwarten (▶ Kap. 13).

33.4.2 Körperliche Untersuchung

Die körperliche Untersuchung kann in der Anästhesieambulanz erfolgen oder vom Hausarzt bzw. Operateur durchgeführt werden. Die Ergebnisse müssen schriftlich niedergelegt werden und dem Anästhesisten rechtzeitig zur Verfügung stehen. Im Zweifelsfall sollte der Anästhesist nicht zögern, kurz vor der Operation selbst eine narkosebezogene Kurzuntersuchung durchzuführen.

Röntgenbild, Lungenfunktionstest, EKG: wie bei stationären Patienten (▶ Kap. 13).

33.5 Anästhesiologisches Vorgehen

Die Narkose sollte so durchgeführt werden, dass keine lang dauernde postoperative Überwachung erforderlich ist.

33.5.1 Präoperative Nahrungskarenz und Aspirationsprophylaxe

Hier gelten die gleichen Grundsätze wie bei stationären Patienten, sie sind aber bei ambulanten Patienten schwieriger zu kontrollieren. Kleine Kinder sollten möglichst früh am Morgen operiert werden, um die Nahrungskarenz weiter abzukürzen und hungerbedingte Störungen der Befindlichkeit und des Verhaltens zu verhindern.

33.5.2 Ankunft des Patienten

Die Patienten sollten rechtzeitig, aber nicht zu früh vor dem Eingriff eintreffen, damit sie einerseits bei organisatorischen Verschiebungen vorgezogen werden können, andererseits nicht zu lange warten müssen. Als ausreichend gelten 1–2 h vor dem Eingriff, je nach Organisationsstruktur der Ambulanz.

33.5.3 Wahl des Narkoseverfahrens

Bei ambulanten Eingriffen werden häufig lokale oder regionale Anästhesieverfahren eingesetzt, des Weiteren Allgemeinanästhesien als TIVA oder balancierte Anästhesie mit oder ohne endotracheale Intubation/Larynxmaske.

Intubationsnarkose

Dauert die Operation länger als 45–60 min, befindet sich das Operationsgebiet im Mund- oder Gesichtsbereich oder ist für den Eingriff eine Bauchlagerung erforderlich, wird der Patient endotracheal intubiert oder erhält eine Larynxmaske (für Bauchlage nicht empfohlen).

Wegen der Gefahr der Schleimhautschwellung sollten besonders Kleinkinder nach der Extubation ausreichend lange im Aufwachraum gezielt auf diese Komplikationen hin überwacht werden.

Larynxmaske

Bei vielen ambulanten Eingriffen kann anstelle des Tubus eine Larynxmaske eingeführt werden. Die Ausleitung der Narkose verläuft häufig glatter, Husten, wie bei der Extubation, tritt beim Entfernen der Larynxmaske kaum auf, ein Relaxanzienüberhang ist ausgeschlossen.

33.5.4 Prämedikation

Damit die Patienten rasch aus der Narkose erwachen, sollte auf eine Prämedikation möglichst verzichtet werden.

- Ist der Patient sehr ängstlich und aufgeregt, kann vor der Operation Midazolam zugeführt werden.
- Geistig retardierte und hyperaktive Patienten können zumeist ohne ausreichende Prämedikation nicht narkotisiert werden. Hier empfiehlt sich die orale Zufuhr eines Benzodiazepins, z.B. Midazolam.
- Ist bereits bei der Voruntersuchung abzusehen, dass der Patient eine Prämedikation benötigen wird, sollte er 2 h vor der Operation eintreffen, damit der Anästhesist entsprechende Prämedikationssubstanzen verordnen kann.
- Kinder sind gewöhnlich ängstlicher als Erwachsene und bedürfen daher häufiger einer Prämedikation. Midazolam oral, nasal oder rektal hat sich bewährt.

33.5.5 Einleitung der Narkose

Vor der Narkose wird ein venöser Zugang gelegt; mögliche Ausnahme: Kinder, die Spritzen fürchten, aber eine Einleitung mit Sevofluran tolerieren.

- Für die Narkoseeinleitung sollte Propofol verwendet werden, da diese Substanz kürzere Aufwachzeiten aufweist als Thiopental.
- Für die Intubation kann ein ND-Muskelrelaxans eingesetzt werden.

33.5.6 Aufrechterhaltung der Narkose

- TIVA mit Propofol und Remifentanil. Vorteil: sehr gute Steuerbarkeit, rasches Erwachen, weniger häufig PONV als bei Inhalationsanästhesie.

- Inhalationsanästhesie bevorzugt mit Desfluran oder Sevofluran. Vorteile: bessere Steuerbarkeit und rascheres (in Minuten) Erwachen als mit Isofluran.
- Ketamin nur bei spezieller Indikation.

33.5.7 Muskelrelaxanzien

Ist eine Muskelrelaxierung zwingend erforderlich, scheint Mivacurium wegen seiner kurzen Wirkdauer von 12–18 min am besten für die ambulante Anästhesie geeignet zu sein. Mittellang wirkende Muskelrelaxanzien wie Atracurium oder Rocuronium werden ebenfalls eingesetzt, jedoch kann nach kurzen Eingriffen noch ein Relaxanzienüberhang bestehen, der eine Antagonisierung erfordert. Es empfiehlt sich daher, auf eine Vollrelaxierung zu verzichten.

33.5.8 Flüssigkeitsersatz

Für kurze Eingriffe ist keine Flüssigkeitszufuhr erforderlich, bei länger dauernden Eingriffen kann der Erhaltungsbedarf (▶ Kap. 25) mit isotoner, bilanzierter Elektrolytlösung ersetzt werden.

33.5.9 Regionalanästhesien

Regionalanästhesien sind bei ambulanten Patienten von wesentlichem Vorteil, vor allem bei Operationen an den Extremitäten. Sensorik und Motorik sollten bei rückenmarknahen Leitungsanästhesien vor der Entlassung des Patienten zurückgekehrt sein, damit sichergestellt ist, dass er sich nicht verletzen kann.

Spinalanästhesie

Das Verfahren ist geeignet für Eingriffe unterhalb des Bauchnabels. Nach der Spinalanästhesie sollte der Patient erst entlassen werden, wenn die sensorische und motorische Funktion vollständig zurückgekehrt ist; dann ist auch keine wesentliche Hypotension durch Sympathikusblockade mehr zu erwarten.

Intravenöse Regionalanästhesie

Dieses einfache Verfahren eignet sich für kurze Eingriffe an einer Extremität, auch bei Kindern. Durch Verwendung eines Doppel-Tourniquets kann der Tourniquetschmerz vermindert werden. Bei länger dauernden Eingriffen sollte die axilläre Plexusblockade der intravenösen Regionalanästhesie vorgezogen werden.

Plexus-brachialis-Blockade

Für ambulante Patienten sind zwei Verfahren geeignet: axilläre Plexusblockade und interskalenärer Block (bei dem der Patient auf die Möglichkeit eines Horner-Syndroms hingewiesen werden muss).

Selbst bei noch anhaltender motorischer und sensorischer Blockade bestehen keine Bedenken gegen eine Entlassung nach Hause, wenn die Extremität ausreichend geschützt und der Patient über die Möglichkeit der Selbstverletzung und deren Vermeidung aufgeklärt worden ist.

Sedierung

Ob eine Sedierung bei Eingriffen in Regionalanästhesie erforderlich ist, sollte der Anästhesist individuell entscheiden. Übermäßige Sedierung, vor allem mit lang wirkenden Substanzen, sollte vermieden werden, um die Entlassung nach Hause nicht wesentlich zu verzögern.

33.5.10 Postoperative Überwachung

Die für die postoperative Überwachung erforderliche Zeit richtet sich vor allem nach der **Dauer der Narkose** und dem gewählten Anästhetikum bzw. den evtl. zusätzlich verabreichten Sedativa und/oder Opioiden. Die Überwachungsmaßnahmen entsprechen denen stationärer Patienten.

33.5.11 Postoperative Schmerztherapie

Schmerzen im Aufwachraum müssen umgehend behandelt werden, auch weil sich sonst die Entlassung des Patienten verzögert. Die Schmerzintensität sollte mit den gebräuchlichen Skalen erfasst und dokumentiert werden.

Opioide

Opioide verzögern die Entlassung nach Hause, erhöhen den ärztlichen und pflegerischen Aufwand im Aufwachraum und beeinträchtigen die Verkehrsfähigkeit des Patienten. Weitere unerwünschte Nebenwirkungen sind Übelkeit/Erbrechen, Schwindel, Benommenheit, Sedierung, Harnverhalt. Daher sollten diese Substanzen nach ambulanten Eingriffen oder nur sehr zurückhaltend verwendet werden. Wenn dennoch erforderlich, sollten kurz wirkende Opioide bevorzugt werden.

Nichtopioid-Analgetika

NSAID sind zwar schwächer wirksam als Opioide, führen jedoch nicht zu Übelkeit, Erbrechen und Sedierung und können daher bei ambulanten Patienten großzügig eingesetzt werden. Geeignet sind z.B. Metamizol oder Paracetamol, die beide auch i.v. zugeführt werden können. Wegen des verzögerten Wirkungseintritts bei oraler oder rektaler Zufuhr mit einem analgetischen Wirkungsmaximum von 1–2 h müssen diese Substanzen entweder vor Operationsbeginn oder kurz vor Operationsende i.v. zugeführt werden (▶ Kap. 29).

Pharmakologie

Schema der Schmerztherapie nach ambulanten Eingriffen

Präemptiv:
- 1–2 h vor dem Eingriff:
  - Ibuprofen 400–600 mg p.o. (Wirkdauer bis 8 h) oder
  - Diclofenac 50–75 mg p.o. (Wirkdauer 8–12 h) oder
- direkt vor dem Eingriff oder kurz vor OP-Ende:
  - Paracetamol 1 g als Kurzinfusion (Wirksamkeit bis 6 h) oder
  - Metamizol 1 g als Kurzinfusion (Wirksamkeit bis 6 h) oder
  - Parecoxib 20–40 mg i.v. (Wirksamkeit bis 12 h)

Postoperative Analgesie im Aufwachraum (p.o, rektal, i.v.):
- Paracetamol 1 g alle 6 h (Zeitabstände einhalten!) und/oder
- Ibuprofen 400–800 mg alle 8 h oder
- Diclofenac 50 mg alle 8 h oder 75 mg alle 12 h oder
- Metamizol 1 g alle 4–6 h

Lokalanästhesie

Durch Infiltrationsanästhesie der Haut, der tieferen Gewebe und des Periosts oder durch Oberflächenanästhesie von Haut und Schleimhaut kann eine Stunden anhaltende Schmerzfreiheit erreicht werden, z.B. bei folgenden Eingriffen:

- Herniotomie: Feldblock; Blockade der Nn. ilioinguinalis und hypogastricus
- Zirkumzision: Peniswurzelblock; subkutane Infiltration; Gel, Salbe
- Vasektomie: Feldblock
- Eingriffe an Arm oder Hand: Plexus- oder Nervenblockade
- Eingriffe an der Schulter: interskalenärer Block, supraskapulär
- Eingriffe am Bein oder Fuß: Blockade der Nn. femoralis, ischiadicus, saphenus, obturatorius; Fußblock
- Kniearthroskopie: Femoralisblock; intraartikuläre Injektion.

33.5.12 Postoperative Übelkeit und Erbrechen

Postoperative Übelkeit mit und ohne Erbrechen ist der häufigste Grund für eine verzögerte Entlassung ambulanter Patienten nach Hause. Prophylaxe siehe ▶ Kapitel 16.

- Therapie: Dolasetron 1 mg, Granisetron 0,1 mg oder Tropisetron 0,5 mg; wenn nicht zur Prophylaxe eingesetzt.
- Wurde ein 5-HAT3-Antagonist bereits prophylaktisch gegeben, ist die erneute Zufuhr bei manifestem PONV in der Regel in den ersten 6 postoperativen Stunden unwirksam. In diesem Fall sollte ein anderes Antiemetikum versucht werden.

33.5.13 Entlassungskriterien

Vor der Entlassung des Patienten sollten bestimmte Kriterien erfüllt sein, insbesondere die vollständige Rückkehr des Bewusstseins bzw. der psychomotorischen und kognitiven Funktionen, bei Spinal- und Periduralanästhesie außerdem der Sensorik und Motorik. Einen Entlassungsscore für ambulante Anästhesien zeigt ▶ Tabelle 33-3.

Regionalanästhesien

Spinalanästhesie

Nach einer Spinalanästhesie sollten Patienten folgende Entlassungskriterien erfüllen:

- Rückkehr der Motorik (Plantarflexion des Fußes)
- normale perianale Sensibilität
- Rückkehr des Lagesinns in der Großzehe
- Rückkehr der Sympathikusfunktion (Fähigkeit, spontan Urin zu lassen).

Vor der Entlassung sollte der Patient erneut auf folgende Komplikationsmöglichkeiten im weiteren Verlauf hingewiesen werden:

- Harnverhalt
- postspinale Kopfschmerzen
- transiente neurologische Symptome (TNS).

Kontinuierliche Nervenblockade

Studien weisen darauf hin, dass kontinuierliche periphere Nervenblockaden sicher und effektiv auch zu Hause angewandt werden können.

Tab. 33-3 Entlassungsscore für ambulante Anästhesien (PADSS = postanesthesia discharge scoring system)

Parameter	Score	Bewertung
Vitalzeichen (Blutdruck und Puls)	2	innerhalb 20% vom Ausgangswert
	1	20–40% vom Ausgangswert
	0	> 40% vom Ausgangswert
Aktivität	2	sicherer Gang, keine Benommenheit oder Zustand, wie präoperativ
	1	benötigt Hilfe
	0	nicht gehfähig
Übelkeit und Erbrechen	2	minimal: behandelt mit oralen Medikamenten
	1	mäßig: behandelt mit i.m. Medikamenten
	0	hält trotz wiederholter Behandlung an
Schmerz: behandelt mit oralen Medikamenten, für den Patienten akzeptabel?	2	= ja
	1	= nein
Chirurgische Blutung	2	minimal, kein Verbandwechsel erforderlich
	1	mäßig, bis zu 2 Verbandwechsel erforderlich
	0	stark, mehr als 3 Verbandwechsel erforderlich

Maximale Punktzahl = 10; mindestens 9 Punkte für Entlassung erforderlich
Schmerzgrenzen bei Entlassung: in Ruhe VAS < 3; bei Bewegung VAS < 5.

Mögliche Vorbehalte: Verletzungsgefahr für die betroffene Extremität, intravasale Kathetermigration, potentielle Lokalanästhetikum-Toxizität.

Flüssigkeitsaufnahme vor Entlassung

Patienten, die aktuell erbrechen und das Trinken klarer Flüssigkeit nicht tolerieren, sollten zunächst nicht entlassen werden. Patienten ohne aktuelles Erbrechen können aber ohne vorherigen Trinkversuch entlassen werden.

Urinlassen

Zu den wichtigsten Gründen des postoperativen Harnverhalts gehören Schmerzen, Blockade der autonomen Blaseninnervation, Zufuhr anticholinerg wirkender Substanzen sowie nicht zuletzt psychische Hemmnisse. Sofern Urinlassen kein unabdingbares Entlassungskriterium des Operateurs ist, können die meisten Patienten auch ohne vorherige Miktion entlassen werden. Allerdings müssen sie darüber unterrichtet werden, was bei einem zu Hause weiterbestehenden Harnverhalt zu tun ist.

Hinweise auf Komplikationsmöglichkeiten

Vor der Entlassung wird der Patient über mögliche Anästhesiekomplikationen aufgeklärt und erhält eine Telefonnummer, über die er einen Arzt des Krankenhauses notfalls erreichen kann.

Die häufigsten Komplikationen sind:

- Übelkeit und Erbrechen (bei Erwachsenen 12–54%, bei Kindern: bis 85%)
- Kopfschmerzen (10–20%)
- Muskelschmerzen (bei bis zu 46% nach Succinylcholin)
- Verhaltensstörungen oder Alpträume (bei Kindern: 15–20%).

Gründe für eine Verzögerung der Entlassung

Zu den wichtigsten Gründen einer verzögerten Entlassung nach ambulanten Anästhesien gehören:
- anhaltend starke Schmerzen
- Übelkeit und/oder Erbrechen
- niedriger Blutdruck
- Benommenheit
- Gangunsicherheit
- Nachblutungen.

Starke Schmerzen sind am häufigsten nach orthopädischen Eingriffen zu erwarten, gefolgt von urologischen und allgemeinchirurgischen Eingriffen.

33.6 Nicht geplante stationäre Aufnahme des Patienten

Die unerwartete stationäre Aufnahme nach ambulanten Operationen liegt im Allgemeinen unter 1%, bei Ambulatorien ist der Prozentsatz noch geringer. Zu den häufigsten Ursachen für eine ungeplante Aufnahme gehören:
- starke postoperative Schmerzen
- unstillbares Erbrechen
- Nachblutungen
- chirurgische Komplikationen wie Perforation des Darms oder der Blase.

Literatur

Chung F, Kayumov L, Sinclair DR, Edward R, Moller HJ, Shapiro CM: What is the driving performance of ambulatory surgical patients after general anesthesia? Anesthesiology. 2005;103(5):951–6.

Ersin NK, Oncag O, Cogulu D, Cicek S, Balcioglu ST, Cokmez B: Postoperative morbidities following dental care under day-stay general anesthesia in intellectually disabled children. J Oral Maxillofac Surg. 2005;63(12):1731–6.

Klein SM, Evans H, Nielsen KC, Tucker MS, Warner DS, Steele SM: Peripheral nerve block techniques for ambulatory surgery. Anesth Analg. 2005;101(6): 1663–76. Review.

Liu SS, Strodtbeck WM, Richman JM, Wu CL: A comparison of regional versus general anesthesia for ambulatory anesthesia: a meta-analysis of randomized controlled trials. Anesth Analg. 2005;101(6): 1634–42.

Lux EA, Stamer U, Meissner W, Moser K, Neugebauer E, Wlebalck A: Postoperative Schmerztherapie nach ambulanten Operationen. Schmerz 2008; 22:171–175.

Mattila K, Toivonen J, Janhunen L, Rosenberg PH, Hynynen M: Postdischarge symptoms after ambulatory surgery: first-week incidence, intensity, and risk factors. Anesth Analg. 2005;101(6):1643–50.

Olson RP, Stone A, Lubarsky D: The prevalence and significance of low preoperative hemoglobin in ASA 1 or 2 outpatient surgery candidates. Anesth Analg. 2005;101(5):1337–40.

Ward B, Imarengiaye C, Peirovy J, Chung F: Cognitive function is minimally impaired after ambulatory surgery: Can J Anaesth. 2005;52(10):1017–21.

White PF: The changing role of non-opioid analgesic techniques in the management of postoperative pain. Anesth Analg. 2005 Nov;101(5 Suppl):S5–22. Review.

Yuan H, Chung F, Wong D, Edward R: Current preoperative testing practices in ambulatory surgery are widely disparate: a survey of CAS members. Can J Anaesth. 2005 Aug–Sep;52(7):675–9.

Systematischer Review/Metaanalysen-(Internetrecherche); Leitlinien

DGAI. Leitlinie für ambulantes Operieren bzw. Tageschirurgie. Leitlinien der deutschen Gesellschaft für Anästhesiologie und Intensivmedizin. Anästhesiologie und Intensivmedizin 1998; 39(4), 201. Im Internet: www.uni-duesseldorf.de/AWMF//II-na/001-003.htm

Smith AF, Pittaway AJ: Premedication for anxiety in adult day surgery (Cochrane Review). In: The Cochrane Library. Issue 2, 2001. Oxford: Update Software.

III Spezielle Anästhesie

34 Geburtshilfe

Das Spektrum der geburtshilflichen Anästhesie umfasst folgende Aktivitäten
- Analgesie für die Wehentätigkeit und vaginale Entbindung,
- Sectio caesarea
- Ausräumung von Plazentaresten (Nachkürettage)
- postpartale Tubenligatur.

34.1 Grundlagen

Die Schwangerschaft führt zu anatomischen und physiologischen Veränderungen, die bei der Anästhesie berücksichtigt werden müssen. Von Bedeutung sind vor allem folgende Organe und ihre Funktionen:
- Lunge und Atmung
- Herz und Kreislauf
- Blutzusammensetzung und Plasmavolumen
- Magen-Darm-Trakt.

Außerdem sind die Auswirkungen von Anästhetika und anderen Pharmaka auf den Fetus zu beachten, des Weiteren schwangerschaftsspezifische Anästhesierisiken.

34.1.1 Respirationstrakt und Atmung

Die wichtigsten Veränderungen sind in ▶ Tabelle 34-1 zusammengestellt.

Tab. 34-1 Respiratorische Veränderungen am Geburtstermin

Variable	Durchschnittliche Veränderung
Totalkapazität	0 bis −5%
inspiratorisches Reservevolumen	+5%
exspiratorisches Reservevolumen	−20%
Residualvolumen	−20%
funktionelle Residualkapazität	−20%
Vitalkapazität	unverändert
„closing volume"	unverändert
Atemzugvolumen	+40%
Atemfrequenz	+15%
Minutenventilation	+50%
alveoläre Minutenventilation	+70%
Sauerstoffaufnahme	+20%
Totraum	unverändert
Atemwegswiderstand	−36%
Lungencompliance	unverändert
Gesamtcompliance	−30%

Blutgaswerte in der Schwangerschaft:
- $paCO_2$ 32–33 mm Hg
- paO_2 106–108 mm Hg
- pH-Wert: unverändert
- BE: −4 mmol/l

Der Sauerstoffverbrauch nimmt in der Schwangerschaft progredient zu und liegt am Geburtstermin ca. 20% über dem Ausgangswert.

Bei der Intubationsapnoe fällt der arterielle pO_2 wegen der geringeren funktionellen Residualkapazität und des gesteigerten Sauerstoffverbrauchs innerhalb von 30 s auf 50–60 mm Hg ab und entsprechend auch die arterielle Sauerstoffsättigung (Präoxygenierung siehe ▶ Kap. 34.3.8).

34.1.2 Herz-Kreislauf-Funktion

Die wichtigsten Veränderungen sind in ▶ Tabelle 34-2 zusammengestellt.

Erhöhte Blutdruckwerte in der Schwangerschaft sind immer pathologisch! Als obere Grenzwerte des Blutdrucks gelten 139/89 mm Hg. Systolische Werte von ≥ 160 mm Hg oder diastolische Werte von ≥110 mm Hg sind Zeichen der schweren Hypertonie.

Aortokavales Kompressionssyndrom

In der Spätschwangerschaft komprimiert der Uterus in **flacher** Rückenlage die V. cava inferior und die untere Aorta abdominalis. Herzzeitvolumen und arterieller Blutdruck fallen ab, ebenso die Durchblutung des Uterus und der uteroplazentaren Einheit. Bei längerer Dauer entwickelt sich eine fetale Azidose.

Tab. 34-2 Hämodynamische Veränderungen in der Schwangerschaft

Variable	Veränderung
Herzfrequenz	+17%
Herzzeitvolumen	+30 bis 50%
Schlagvolumen	+18%
mittlerer arterieller Druck	−15 mm Hg im 2. Trimenon
peripherer Gefäßwiderstand	−20%
pulmonaler Gefäßwiderstand	−35%
Venendruck	keine
Uterusdurchblutung	+40% am Termin

Klinik

Klinisches Bild des aortokavalen Kompressionssyndroms

Bei wacher Patientin:

- Übelkeit
- Schwächegefühl
- Schwitzen
- Luftnot

Bei anästhesierter Patientin:

- Blässe
- Blutdruckabfall
- initial Tachykardie, dann Bradykardie

→ Das aortokavale Kompressionssyndrom tritt nur in flacher Rückenlage auf.

→ Es kann daher durch entsprechende Linksseitwärtsverschiebung des Uterus oder Seitenlagerung der Patientin verhindert und behandelt werden.

34.1.3 Hämatologische Veränderungen

Die wichtigsten Veränderungen sind in ▶ Tabelle 34-3 zusammengefasst.

Das Plasmavolumen nimmt von 40 auf 70 ml/kg zu, das Blutvolumen insgesamt um 1000–1500 ml. Da die Anzahl der Erythrozyten langsamer ansteigt als das Plasmavolumen, entwickelt sich eine relative Anämie. Durch den Verdünnungseffekt (Hämodilution) nimmt die Blutviskosität um ca. 16% ab.

Bereits im ersten Trimenon entwickelt sich eine Hyperkoagulabilität; während dieser Zeit sind schwangerschaftsverbundene Lungenembolien am häufigsten.

! Merke

Untere Grenzwerte der Hämoglobinkonzentration bei Schwangeren:

- 11 g/dl im 1. und 3. Trimenon
- 10,5 g/dl im 2. Trimenon

Tab. 34-3 Hämatologische Veränderungen in der Schwangerschaft

Variable	Veränderung
Plasmavolumen	+15% im 1. Trimenon +55% im 2. Trimenon
Erythrozytenvolumen	+30% am Termin
Leukozyten	keine
Blutvolumen	+45%
Hämoglobin	−15% Mittschwangerschaft
Thrombozyten	keine oder leichte Abnahme
PT und PTT	vermindert
Fibrinogen	Zunahme (auf 400–600 mg/dl)
Fibrinolyse	erhöht
Faktoren VII, VIII, IX, X, XII	erhöht
Antithrombin	erniedrigt

34.1.4 Magen-Darm-Trakt

Der Magen wird im Verlauf der Schwangerschaft durch den wachsenden Uterus kopfwärts verschoben, die Achse verlagert sich von vertikal nach horizontal. Außerdem steigt der Druck im Magen an, während der Tonus des gastroösophagealen „Sphinkters" abnimmt:

- Die **Regurgitation** von Magensaft wird begünstigt, und es tritt vermehrt **Sodbrennen** auf.
- Die Entleerungszeit des Magens für feste Nahrung und Flüssigkeit ändert sich im Verlauf der Schwangerschaft nicht.
- **Unter der Geburt** kommt wird jedoch die Magenentleerung verzögert; auch nimmt bei vielen Schwangeren hierunter das Magensaftvolumen zu und der Magensaft-pH-Wert weiter ab.
- Durch Zufuhr von Opioiden gegen Geburtsschmerzen wird die Magenentleerung zusätzlich verzögert.

! Merke

Jede Schwangere gilt **unter der Geburt** als nicht nüchtern und hochgradig aspirationsgefährdet!

Die beschriebenen Organveränderungen bilden sich innerhalb von Tagen bis Wochen nach der Geburt zurück.

34.1.5 Uterus und Plazenta

Die Uterusgefäße sind sympathisch innerviert (überwiegend α-adrenerg); ihre Durchblutung wird vom Sympathikotonus bestimmt.

- Blutdruckabfall vermindert die Plazentadurchblutung: Gefahr der fetalen Asphyxie.
- Extreme Hyperventilation vermindert wahrscheinlich ebenfalls die Uterusdurchblutung.
- Anästhetika beeinflussen die Kontraktilität, Aktivität und Durchblutung des Uterus.
- Uterotonika stimulieren die Uterusaktivität, Tokolytika hemmen sie.

34.1.6 Plazentapassage von Pharmaka und Wirkung auf den Fetus

Wegen ihres niedrigen Molekulargewichts (von 250–500 D) passieren die meisten Pharmaka die Plazenta und diffundieren in den fetalen Kreislauf. Hierbei gilt:

- Lipophile Substanzen diffundieren leicht durch die Plazenta, z.B. Barbiturate.
- Stark ionisierte, d.h. lipophobe Substanzen gelangen verzögert und in niedrigerer Konzentration in den fetalen Kreislauf, z. B. Succinylcholin.

Intravenöse Anästhetika

Alle i.v. Anästhetika erreichen innerhalb weniger Minuten im Fetus maximale Konzentrationen (die aber unter denen im Blut der Schwangeren liegen). Wiederholte Injektionen, z.B. von Thiopental oder Propofol, führen zur Neugeborenendepression.

Empfohlene Dosierungen:
- Thiopental 4–7 mg/kg
- Propofol 2–2,8 mg/kg
- Ketamin 1 mg/kg; höhere Dosen steigern den Uterustonus und führen zu fetaler Depression mit niedrigen Apgar-Werten und Thoraxrigidität des Neugeborenen.

Inhalationsanästhetika

Alle Inhalationsanästhetika (Isofluran, Desfluran, Sevofluran, Lachgas) passieren rasch die Plazenta und bewirken in anästhetischen Konzentrationen eine fetale Depression. Hierbei gilt:

> **! Merke**
> Die Schwere der Neugeborenendepression durch Inhalationsanästhetika hängt von der Tiefe und der Dauer der Narkose ab. Verlängerte Zufuhr von Lachgas (> 15–17 min) führt häufig zur Neugeborenendepression.

Opioide

Alle Opioide passieren nach **intravenöser** Injektion rasch und in größerer Menge die Plazenta und bewirken beim Neugeborenen eine Atemdepression. Dagegen werden bei **intramuskulärer** Injektion maximale fetale Plasmaspiegel erst nach etwa 2–3 h erreicht; zu diesem Zeitpunkt muss mit einer Atemdepression gerechnet werden.

Die fetale Wirkung von Opioiden kann durch i.v. Injektion des Opioidantagonisten **Naloxon** aufgehoben werden; besser ist jedoch die Injektion in ein Nabelschnurgefäß **erst nach der Geburt,** wenn sichere Zeichen der fetalen Opioiddepression vorhanden sind.

Neugeborene opioidabhängiger Mütter sollten kein Naloxon erhalten, sondern respiratorisch unterstützt werden.

Benzodiazepine

Sie passieren leicht die Plazenta und erscheinen in größerer Menge im fetalen Kreislauf. Höhere Dosen können beim Neugeborenen folgende **unerwünschten Nebenwirkungen** hervorrufen:
- verminderter Tonus
- Schläfrigkeit
- Störungen der Temperaturregulation mit Hypothermie
- Trinkschwierigkeiten.

Niedrige intravenöse Dosen von Midazolam zur Sedierung bei der Sectio gelten als sicher für den Fetus.

Muskelrelaxanzien

Muskelrelaxanzien sind gering fettlöslich und stark ionisiert, so dass die Plazentapassage erschwert ist. Dennoch treten auch diese Substanzen in den fetalen Kreislauf über.

Succinylcholin passiert nur in geringer Menge die Plazenta. Klinische Effekte auf den Fetus sind erst nach höheren Dosen (> 10 mg/kg) zu erwarten. Praktisch gilt:

Dosen von maximal 2–3 mg/kg Succinylcholin führen nicht zur Relaxierung des Fetus bzw. Neugeborenen.

Alle **ND-Muskelrelaxanzien** passieren in klinischen Dosen rasch die Plazenta, bewirken jedoch keine wesentliche Muskelrelaxierung beim Fetus; hohe Dosen führen jedoch zur Relaxierung.

Atropin

Atropin und **Scopolamin** passieren rasch die Plazenta. Injektion von 0,5 mg Atropin i.v. steigert bei Mutter und Fetus etwa innerhalb von 1 min die Herzfrequenz. Atropin kann ohne Gefahr für den Fetus für Narkosen eingesetzt werden.

Lokalanästhetika

Amid-Lokalanästhetika passieren aufgrund ihrer physikochemischen Eigenschaften leicht die Plazenta. Hohe fetale Konzentrationen können zu toxischen Wirkungen mit nachfolgender Depression des Fetus bzw. Neugeborenen führen. Die wichtigsten **Wirkungen** sind:

- Beeinträchtigung der Herzfunktion mit fetaler Bradykardie
- Dämpfung des zentralen Nervensystems
- Störungen des „neurologischen Verhaltens".

Am geringsten ist die Plazentapassage von Bupivacain, Levobupivacain und Ropivacain. Prilocain wird wegen seiner dosisabhängigen Methämoglobinbildung in der geburtshilflichen Anästhesie nicht angewandt.

34.1.7 β-Rezeptoren-Stimulatoren

β-adrenerge Substanzen wie z.B. **Fenoterol** (Partusisten) oder **Ritodrin** (Prepar) **vermindern den Uterustonus** und werden daher eingesetzt, um eine zu frühe Wehentätigkeit zu unterbrechen bzw. einen drohenden Abort zu behandeln oder die Wehentätigkeit bis zum Beginn der Sectio zu hemmen. In klinischen Dosen erregen die Substanzen jedoch auch die β_1-Rezeptoren, so dass entsprechende kardiovaskuläre und respiratorische (Neben-)Wirkungen auftreten. Um diese Wirkungen abzuschwächen, werden die β-Sympathomimetika in der Regel mit β-Blockern kombiniert (s.u.).

Pharmakologie

Dosierungen von Tokolytika bei der Akutbehandlung (Anhaltswerte):

- Fenoterol etwa 0,8–4 μg/min
- Ritodrin 60–400 μg/min
- Hexoprenalin 0,075–0,3 μg/min per Infusion

Unter der β-Sympathomimetika-Therapie kann sich als schwerwiegendste Komplikation ein lebensbedrohliches **Lungenödem** entwickeln, und zwar im letzten Schwangerschaftsdrittel, meist in Zusammenhang mit zu hoher intravenöser Flüssigkeitszufuhr, Gabe von Glukokortikoiden und/oder Prostaglandinantagonisten sowie präexistenten oder schwangerschaftsspezifischen Erkrankungen (z.B. Präeklampsie, Eklampsie).

34.1.8 Überwachung des Fetus während der Geburt

Mit dem Kardiotokographen können die fetale Herzfrequenz und die Wehentätigkeit überwacht werden, allerdings ist die Spezifität des Verfahrens niedrig und für viele Frauen lästig oder unangenehm.

Leitlinien/Empfehlungen
Leitlinie des National Institute for Health and Clinical Excellence (NICE) 2007:
Der Einsatz des CTG während der Geburt wird bei Schwangeren mit niedrigem Risiko nicht empfohlen.

Fetale Blutgasanalyse

Eine Unterversorgung des Fetus mit Sauerstoff führt zur Azidose („Asphyxie"), erkennbar am Abfall des fetalen pH-Werts. Folgende Arten von fetalen Azidosen werden unterschieden:

- respiratorische Azidose: $pCO_2 > 65$ mm Hg, Basendefizit normal (−6,4 ±1,9)
- metabolische Azidose: pCO_2 normal, d.h. < 65 mm Hg, Basendefizit hoch (−15,9 ±2,8)
- gemischte Azidose: $pCO_2 > 65$ mm Hg, Basendefizit hoch (−9,8 ±2,5).

Eine respiratorische Azidose entsteht durch kurzfristige Nabelschnurkompression, eine metabolische Azidose durch lang anhaltende Gefäßkonstriktion oder Abnahme der Plazentadurchblutung.

Stadien der Azidose nach Saling:

- pH 7,24–7,20: Präazidose
- pH 7,19–7,15: leichte Azidose
- pH 7,14–7,10: mittelgradige Azidose
- pH 7,09–7,00: fortgeschrittene Azidose
- pH < 6,99: schwere Azidose

Schwere intrauterine Azidosen, die länger als 15–20 min bestehen, führen häufig zu Spätschäden. Nach einer Stellungnahme der Deutschen Gesellschaft für Gynäkologie und Geburtshilfe muss bei schwerer fetaler Azidose der Fetus innerhalb von 15–20 min nach Indikationsstellung für den Kaiserschnitt entbunden sein, d.h.: **Entscheidung-Entbindungszeit (E-E-Zeit) maximal 20 min.**

→ Nach Ablauf dieser Zeit steigt das Risiko eines perinatal induzierten Hirnschadens auf 50 % an.

Fetale Herzfrequenz

Das Herz des Fetus schlägt schnell, der Grundrhythmus ist variabel und weist normalerweise eine Bandbreite von 10–25 Schläge/min auf.

→ Normalwert der fetalen Herzfrequenz zwischen den Wehen: 120–160 min.

Eine Zunahme der Herzfrequenz während der Wehen – Akzeleration – ist gewöhnlich ohne klinische Bedeutung, ein Abfall um mehr als 20/min – Dezeleration – ist hingegen häufig pathologisch. Folgende Dezelerationen können unterschieden werden:

- **Frühe Dezeleration** (DIP I): schlagartiger Abfall der Herzfrequenz mit Beginn der Wehe; physiologische Reaktion in der Austreibungsphase.

- **Späte Dezeleration (DIP II):** tritt nach Beginn der Wehe auf und hält nach Beendigung an; Zeichen der uteroplazentaren Insuffizienz bzw. ungenügenden Sauerstoffversorgung des Fetus; führt zur vorübergehenden fetalen Azidose; muss durch fetale Mikroblutanalysen abgeklärt werden.
- **Variable Dezeleration:** wiederkehrende Bradykardien ohne direkten Zusammenhang mit uterinen Kontraktionen; sind ebenfalls Zeichen der fetalen Hypoxie und Azidose; werden vermutlich durch intermittierende Kompression der Nabelschnur ausgelöst; Kontrolle durch fetale Mikroblutuntersuchungen.

34.2 Peridural- und Spinalanalgesie für die vaginale Entbindung

Die kontinuierliche lumbale Periduralanästhesie ist das wirksamste Analgesieverfahren bei der vaginalen Entbindung, wird aber von einigen Frauen auch als „ärgster Störfaktor" bei der Geburt angesehen.

EBM

Vergleich der Epiduralanalgesie mit nichtepiduralen Analgesieverfahren für die Geburt (Anim-Somuah; Cochrane Review 2005)

Die Periduralanalgesie ist wirksamer als nichtepidurale Analgesieformen. Allerdings wird das 1. Stadium der Geburt verlängert (statistisch nicht signifikant), ebenso das 2. Stadium (statistisch signifikant). Der Oxytocin-Bedarf wird erhöht, ebenso die instrumentelle Entbindungsrate. Die Sectio-Rate wird nicht beeinflusst. Ein ungünstiger Einfluss auf das Neugeborene konnte nicht nachgewiesen werden.

Bei Anwendung der Periduralanästhesie müssen die anatomischen Leitungsbahnen des Geburtsschmerzes, der Geburtsverlauf und der Einfluss dieser Analgesietechnik auf die Wehentätigkeit besonders berücksichtigt werden.

34.2.1 Geburtsschmerzen

Die Intensität der Geburtsschmerzen variiert individuell und scheint bei Erstgebärenden größer zu sein als bei Mehrgebärenden. Grundsätzlich besteht eine enge Korrelation zwischen Dilatation der Zervix und Schmerzintensität: Mit zunehmender Dilatation nehmen auch die Schmerzen zu.

Schmerzen in der Eröffnungsphase

Die Eröffnungsphase (I. Stadium) umfasst die Zeit von den ersten regelmäßigen Wehen bis zur vollständigen Eröffnung des Muttermundes. Sie dauert bei **Erstgebärenden** 10–12 h, bei **Mehrgebärenden** 6–8 h.

Leitungsbahnen. Die Schmerzimpulse aus Zervix und Uterus werden über viszerale afferente Nervenbahnen (marklose C-Fasern) und sympathische Fasern geleitet und treten über die Hinterwurzeln der Spinalnerven bei Th10–L1 in das Rückenmark ein (▶ Abb. 34-1).

Schmerzen in der Austreibungsphase

Die Austreibungsphase (II. Stadium) umfasst den Zeitraum zwischen vollständiger Eröffnung des Muttermunds (10 cm) und der Geburt des Kindes. Sie dauert bei **Erstgebärenden** ca. 30–40 min, bei **Mehrgebärenden** 20–30 min. Bei Erstgebärenden sollten 2 h, bei Mehrgebärenden sollte 1 h nicht überschritten werden, um den Fetus nicht zu gefährden.

Bei rückenmarknahen Anästhesieverfahren kann diese Dauer um jeweils 1 h überschritten werden.

Die **Pressphase** beginnt mit dem reflektorischen Pressdrang, ausgelöst durch den Druck des Schädels auf den Plexus lumbosacralis nach Passage der Beckenmitte. Sie sollte bei einer Erstgebärenden nicht länger als 30 min dauern, bei einer Mehrgebärenden nicht länger als 20 min.

Leitungsbahnen. Weiterhin über Th10–L1, hinzu kommen jetzt aber die Segmente von S2–S4 (N. pudendus, somatische perineale Dehnungsschmerzen).

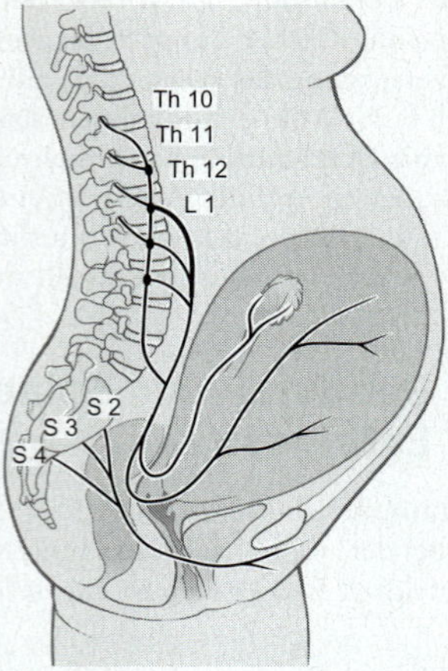

Abb. 34-1 Leitungsbahnen für den Geburtsschmerz. In der Eröffnungsphase sind die Rückenmarkssegmente Th 10–L1 beteiligt, in der Austreibungsphase zusätzlich die Segmente L2–S4.

34.2.2 Lumbale Katheterperiduralanalgesie

Die kontinuierliche segmentäre **Katheter-Periduralanalgesie** berücksichtigt mehr als alle anderen Analgesieverfahren die physiologischen Besonderheiten der Schmerzmechanismen unter der Geburt.

Eröffnungsphase

In dieser Phase werden nur die Rückenmarksegmente Th10–L1 blockiert und damit Wehenschmerz und Zervixdilatationsschmerz vermindert oder ausgeschaltet. Die sakralen Segmente werden noch nicht blockiert, so dass der Tonus der Beckenbodenmuskulatur erhalten bleibt und die Rotation des kindlichen Kopfes durch die Anästhesie nicht beeinträchtigt wird. Die Anästhesieausbreitung ist in ▶ Abbildung 34-2a dargestellt.

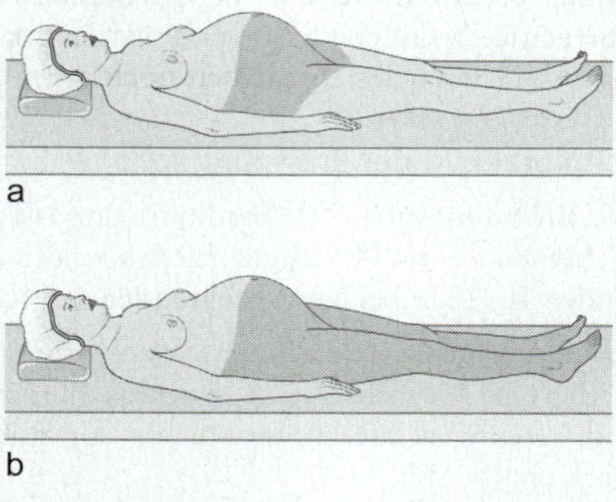

Austreibungsphase

Neben den Segmenten Th10–L1 werden in dieser Phase zusätzlich die Segmente von S2–S5 geblockt. **Die sensible Blockade reicht dann theoretisch von Th10–S4 (S5 ist praktisch mitbetroffen).** Dadurch ist der Geburtsschmerz im Idealfall vollständig ausgeschaltet; oft wird

Abb. 34-2 Lumbale Periduralanästhesie für die vaginale Entbindung.
a) Anästhesieausbreitung in der Eröffnungsphase.
b) Anästhesieausbreitung in der Austreibungsphase.

bei guter Qualität der Analgesie nur ein **vages Druckgefühl** verspürt. Bei Verwendung höherer Lokalanästhetikakonzentrationen können in diesem Stadium außerdem vaginale geburtshilfliche Eingriffe sowie die Episiotomienaht weitgehend schmerzfrei durchgeführt werden. Die **Anästhesieausbreitung** ist in ▶ Abbildung 34-2b dargestellt.

Klinisch ist Folgendes zu beachten:

! Merke

Damit die Blockade weitgehend nur die Sensibilität ausschaltet, muss das Lokalanästhetikum in „ultraniedriger" Konzentration injiziert werden. Höhere Konzentrationen (z.B. Bupivacain 0,25%) bzw. größere Mengen blockieren zusätzlich die Motorik, beeinträchtigen dadurch das aktive Mitpressen der Schwangeren in der Austreibungsphase und erhöhen die instrumentelle Entbindungsrate!

34.2.3 Indikationen

Neben dem Wunsch der Schwangeren gibt es noch besondere Indikationen, bei denen eine Periduralanalgesie wegen ihrer günstigen Wirkungen durchgeführt werden sollte. Die wichtigsten sind:

- Risikogeburt
- Einleitung der Geburt mit Oxytocin
- verlängerte Geburt
- unkoordinierte Uterusaktivität (Dystokie)
- Beckenendlage
- Mehrlingsschwangerschaft
- Präeklampsie/Eklampsie
- Erkrankungen der Mutter: Herzerkrankungen, respiratorische Erkrankungen, Diabetes mellitus
- operative vaginale Entbindungen.

34.2.4 Kontraindikationen

Zunächst gelten die allgemeinen Kontraindikationen für eine Periduralanalgesie, vor allem Ablehnung durch die Patientin, Blutgerinnungsstörungen sowie lokale Infektion und Sepsis, daneben noch als spezielle Kontraindikationen **geburtshilfliche Notfälle** wie z.B.:

- Placenta praevia
- Nabelschnurvorfall
- akute fetale Asphyxie.

Relative Kontraindikationen

- Vorangegangene Sectio (Übersehen der Uterusruptur)
- vorzeitige Plazentalösung (fehlender Schmerz).

34.2.5 Anatomische Besonderheiten

Die Besonderheiten gegenüber Nichtschwangeren sind:

- verkleinerter Periduralraum wegen der stark gefüllten und erweiterten Periduralvenen

- verminderter Dosisbedarf für Lokalanästhetika
- aufgelockerte Bänder der Wirbelsäule; dadurch Widerstandsverlust oft weniger ausgeprägt und Gefahr der Duraperforation erhöht.

34.2.6 Zeitpunkt der Katheteranlage und des Analgesiebeginns

Liegen Schwangerschaftskomplikationen vor, kann bereits sehr früh der Periduralkatheter gelegt und zu einem späteren Zeitpunkt mit der Analgesie begonnen werden. Ansonsten gilt:

> **Leitlinien/Epfehlungen**
> **Beginn der Analgesie (ASA-Leitlinie 2006 Geburtshilfliche Anästhesie):**
> Der Zeitpunkt des Beginns einer rückenmarknahen Analgesie hat keinen Einfluss auf die Sectio-Rate. Der frühe Beginn der Periduralanalgesie (Muttermundweite < 5 cm) verbessert die Analgesie. Die Experten sind der Meinung, dass der frühe Analgesiebeginn nicht häufiger zu motorischer Blockade und maternalen, fetalen oder neonatalen Komplikationen führt als ein späterer Beginn (Muttermund > 5 cm).

34.2.7 Vorbereitung

Ist die Geburt bereits in Gang, steht meist nur wenig Zeit für eine umfassende Anästhesievisite zur Verfügung. Wenn immer möglich, sollten folgende Basismaßnahmen durchgeführt werden:

- Abstimmung mit dem Geburtshelfer; Information über alle relevanten geburtshilflichen Fakten wie Gestationsalter, Schwangerschaftskomplikationen, Kindslage, Zustand des Fetus, Risiko geburtshilflicher Blutungen, vorangegangene Sectio, Einsatz von Wehenmittel
- kurze Erhebung der Vorgeschichte
- körperliche Untersuchung: Herz, Lunge, Rücken
- messen von Blutdruck und Herzfrequenz
- kurze, einfühlende Aufklärung über die Risiken; Einholung des Einverständnisses
- Information der Patientin über den Ablauf der Periduralanalgesie.

Routinemäßige Untersuchungen der Blutgerinnung vor Regionalanästhesien sind nicht erforderlich (▶ Kap. 21)

34.2.8 Wahl des Lokalanästhetikums

Angestrebt wird eine Differentialblockade, also die Ausschaltung des Schmerzes bei erhaltener Motorik. Hierdurch wird der Geburtsvorgang weniger beeinträchtigt, auch kann die Gebärende sich frei im Kreißsaal oder im Klinikbereich bewegen. Da der Schmerz im Liegen größer ist als in aufrechter Position, wird durch die erhaltene Mobilität außerdem eine bessere Analgesiequalität erreicht.

→ **Bupivacain, Ropivacain und Levobupivacain** – mit oder ohne Zusatz von Opioiden – sind am besten für die geburtshilfliche Periduralanalgesie geeignet.

Ropivacain ist weniger kardiotoxisch als Bupivacain; die motorische Blockade ist ebenfalls geringer, allerdings auch die analgetische Wirksamkeit (um 40%).

34.2.9 Peridurale Opioide

Eine ausreichende Schmerzlinderung über den **gesamten** Geburtsverlauf ist mit peridural zugeführten Opioiden allein nicht möglich, vor allem wird hiermit nicht die im II. Stadium erforderliche sakrale Analgesie erreicht. Daher werden die Opioide mit Lokalanästhetika kombiniert.

Leitlinien/Empfehlungen
ASA-Praxisleitlinie Geburtshilfliche Anästhesie 2006
Die Periduralanalgesie mit Lokalanästhetika in niedrigen Konzentrationen in Kombination mit periduralen Opioiden bewirkt eine bessere Analgesie als die Zufuhr höherer Konzentrationen von Lokalanästhetika ohne Opioidzusatz. Es besteht keine Einigkeit, dass hierdurch die Rate an Spontangeburten erhöht wird. Einigkeit besteht aber, dass die motorische Blockade geringer ist, maternale Nebenwirkungen seltener auftreten und fetale/neonatale Nebenwirkungen vermindert werden.

Welches Opioid?

Das lang wirkende Morphin gilt in Europa für die geburtshilfliche Anästhesie als überholt. Standard sind derzeit die kurz, d.h. 2–3 h wirkenden μ-Agonisten Fentanyl und Sufentanil. Bei korrekter Anwendung von Fentanyl oder Sufentanil muss – im Gegensatz zum hydrophilen Morphin – kaum mit einer **Atemdepression** gerechnet werden. Die instrumentelle Entbindungsrate wird nicht erhöht.

Fentanyl

Die Substanz kann peridural als Bolus injiziert oder kontinuierlich zusammen mit einem Lokalanästhetikum bis zur Geburt des Kindes peridural infundiert werden. Wiederholte Bolusinjektionen sollten auf die Eröffnungsphase beschränkt werden, um eine Kumulation zu vermeiden. Durch kontinuierliche Zufuhr von Fentanyl oder Sufentanil mit Lokalanästhetika in niedrigen Konzentrationen lässt sich im günstigen Fall eine stabilere Analgesie mit seltener erforderlichen Zusatzboli bei geringerer motorischer Blockade erzielen.

Pharmakologie
Epidurales Fentanyl oder Sufentanil für die vaginale Entbindung:
- Bolusinjektionen: 0,05 bis 0,1 mg bzw. 1 μg/kg in 10 ml NaCl alle 2–3 h
- kontinuierliche Infusion: 10–15 ml/h einer Lösung aus 1–3 μg/ml Fentanyl oder 0,3–1 μg/ml Sufentanil und 0,0625- bis 0,125%igem bzw. maximal 0,25%igem Bupivacain mit oder ohne 1–2 μg/ml Adrenalin bis zur Geburt

Sufentanil

Durch einmalige peridurale Bolusinjektion von 30 μg Sufentanil in 10 ml NaCl können Wehenschmerzen für 1½–2½ h reduziert werden, ohne dass mit wesentlichen Nebenwirkungen bei Mutter und Neonaten gerechnet werden muss.

Wie Fentanyl sollte auch Sufentanil mit Lokalanästhetika kombiniert werden, um eine bessere Analgesiequalität zu erreichen. Die hierfür erforderlichen Dosen schwanken zwischen 0,1 und 0,2 μg/ml als Zusatz für verdünnte Bupivacainlösungen (z.B. 0,125%ig). Bei Verwendung der hohen Dosis (0,2 μg/ml) kann aber eine Kumulation mit Beeinträchtigung der Gebärenden und des Neonaten (Sedierung, Atemdepression) nicht sicher ausgeschlossen werden. Daher sollten aus Vorsichts-

Tab. 34-4 Intrathekale Opioide für die vaginale Entbindung

Substanz	Dosis	Wirkungseintritt (min)	Wirkdauer (h)
Fentanyl	10–25 µg	5	1,5
Sufentanil	2,5–10 µg	5	1,5

gründen eher niedrige Dosen verwendet werden. Einige Autoren empfehlen die Begrenzung der Gesamtdosis von Sufentanil auf 30 µg/24 h.

34.2.10 Subarachnoidale Injektion von Opioiden

Die alleinige intrathekale Injektion von Opioiden für die vaginale Entbindung ist in Deutschland wenig gebräuchlich. Wie bei der periduralen Zufuhr lässt sich eine ausreichende Analgesie allenfalls für die **Eröffnungsphase** erreichen.

- In der **Austreibungsphase** bewirkt die intrathekale Kombination von 1,25 bis 2,5 mg Bupivacain mit 2,5–5 µg Sufentanil eine rasch einsetzende Analgesie ohne wesentliche motorische Blockade.
- Bei allen Opioiden muss mit Nebenwirkungen wie Übelkeit und Erbrechen, Pruritus, Harnverhalt und vor allem einer frühen Atemdepression, manchmal bereits wenige Minuten nach der Injektion, gerechnet werden.

Insgesamt ist das Risiko der Atemdepression bei subarachnoidaler Injektion von Opioiden in der Geburtshilfe bisher nicht ausreichend quantifiziert.

Weitere mögliche Nebenwirkungen sind Blutdruckabfall und hohe sensorische Bockade.

Pharmakologie

Subarachnoidales Sufentanil für die Austreibungsphase:

- 10 µg Sufentanil plus 2,5 mg Bupivacain
- Wirkungsdauer ca. 130 min

34.2.11 Kombinierte spinale und epidurale Zufuhr von Opioiden

Bei diesem Verfahren wird das Opioid anfangs subarachnoidal injiziert und anschließend eine Katheter-Periduralanalgesie (Lokalanästhetikum plus Opioid) durchgeführt. Die Vorteile sind ein schnellerer Wirkungseintritt und eine längere Wirkdauer, während sich bei der Analgesiequalität keine wesentlichen Unterschiede ergeben. Juckreiz und postspinale Kopfschmerzen sollen hiermit häufiger auftreten als bei alleiniger Zufuhr von Opioiden.

34.2.12 Praxis der geburtshilflichen Periduralanalgesie

Für die geburtshilfliche Periduralanalgesie gelten folgende Grundsätze:

→ Methode der Wahl ist die Katheterperiduralanalgesie; die „Single-shot"-Technik ist Ausnahmen vorbehalten, z.B. wenn klar abzusehen ist, dass keine weiteren Injektionen mehr erforderlich sind.

→ Konzentrationen von 0,125% Bupivacain und 0,2% Ropivacain sollten möglichst nicht überschritten werden, um die Auswirkungen auf den Geburtsvorgang und die instrumentelle Entbindungsrate so gering wie möglich zu halten. Bei Verwendung sehr niedriger Konzentrationen (0,065–0,125%) ist häufig keine ausreichende Analgesie zu erreichen, so dass die Substanzen mit **periduralen Opioiden** wie Fentanyl oder Sufentanil kombiniert werden sollten.

→ Bei instrumentellen Entbindungen oder Episiotomien kann wegen seiner raschen Anschlagzeit auch **Lidocain** (10–15 ml 1,5%ig) verwendet werden, um eine Bupivacain- oder Ropivacain-Periduralanalgesie zu verstärken.

Volumenzufuhr (Prähydrierung)

Schwerwiegende Blutdruckabfälle durch die Periduralanalgesie sind in der Regel nicht zu befürchten; darum sollten auch nicht routinemäßig prophylaktisch ca. 1000 ml Flüssigkeit innerhalb kürzester Zeit infundiert werden, zumal hierdurch die Wehentätigkeit gehemmt und die Geburt verlängert werden kann.

Leitlinien/Empfehlungen
ASA-Leitlinie 2006 Geburtshilfliche Anästhesie
Vor Beginn der neuralen Blockade sollte eine intravenöse Infusion angeschlossen und über den Zeitraum der periduralen Analgesie zugeführt werden. Die Infusion einer fixierten Volumenmenge vor Beginn der Blockade ist nicht erforderlich.

Vasopressoren

Bei Anwendung „ultraniedriger" Konzentrationen des Lokalanästhetikums sind Blutdruckabfälle selten. Fällt der Blutdruck aufgrund der Vasodilatation ab, sollte **sofort** ein Vasopressor wie **Akrinor, Neosynephrine** oder **Ephedrin** injiziert werden, am besten schon dann, wenn der Blutdruck erkennbar auch nur wenige mm Hg unter den Ausgangswert vor Beginn der Schwangerschaft absinkt, weil erfahrungsgemäß sehr rasch **Übelkeit** und evtl. auch Erbrechen folgen. Welche der 3 Substanzen die beste ist, bleibt umstritten. Vasokonstriktoren wie Akrinor und Phenylephrin scheinen wirksamer zu sein als Ephedrin, ohne die Uterusdurchblutung wesentlich zu beeinträchtigen. Auch lassen sich beide Substanzen besser titrieren und sind besser prophylaktisch wirksam als Ephedrin. Dosiert wird nach Wirkung, z.B beginnend mit 100 µg Phenylephrin oder 5 mg Ephedrin i.v.

Testdosis

Nach Platzierung des Katheters und Aspirationsversuch, bei dem weder Liquor noch Blut im Katheter aufsteigen dürfen, sollte eine intravasale oder subarachnoidale Katheterlage zusätzlich durch Injektion einer Testdosis des Lokalanästhetikums ausgeschlossen werden, z.B. 10–15 mg Bupivacain oder 40–60 mg Lidocain.

Bei versehentlicher intrathekaler Injektion des Lokalanästhetikums entwickelt sich eine Spinalanästhesie.

Nahrungszufuhr

Kreißende sollten keine feste oder halbfeste Nahrung zu sich nehmen, um das Aspirationsrisiko bei einer evtl. erforderlichen Sectio nicht unnötig zu erhöhen. Wasser oder kalorienhaltige „Sportlergetränke" sind hingegen bei vaginaler Entbindung erlaubt, solange keine Sectio zu erwarten ist (**Leitlinie DGAI**). Bei Hochrisikoschwangerschaften ist ein individuelles Vorgehen erforderlich; im Zweifelsfall sollte die Hydrierung intravenös erfolgen.

Intermittierende oder kontinuierliche Katheter-Periduralanalgesie?

Grundsätzlich kann die geburtshilfliche Periduralanalgesie durch intermittierende Bolusinjektionen nach Bedarf, durch kontinuierliche Infusion des Lokalanästhetikums (auch mit Opioidzusatz) oder als patientenkontrollierte Analgesie (PCA) durchgeführt werden. Alle drei Verfahren weisen Vor- und Nachteile auf.

Intermittierende Periduralanalgesie

Bei diesem Verfahren wird das Lokalanästhetikum jeweils als Bolus injiziert. Nach dem initialen Bolus wird abgewartet, bis die Schmerzen zurückzukehren beginnen; dann wird erneut ein Bolus injiziert usw. Durch dieses Vorgehen entstehen Phasen der relativen Überdosierung wie auch der Unterdosierung, die von der Schwangeren meist als beeinträchtigend und unangenehm empfunden werden. Mit jedem neuen Bolus besteht die Gefahr der versehentlichen intrathekalen oder intravasalen Injektion, so dass vor jedem Bolus eine Testdosis injiziert und beim Ausschluss einer Katheterfehllage fraktioniert aufgespritzt werden sollte. Von Vorteil ist die intermittierende Analgesie jedoch, wenn die Mobilität der Schwangeren erhalten werden soll.

Pharmakologie

Intermittierende Periduralanalgesie:

- Testdosis, 2–3 ml Lidocain 2% mit oder ohne Adrenalin (10–15 µg) oder 3 ml Bupivacain 0,25%
- initialer Bolus in der Eröffnungsphase:
  5–8 ml Bupivacain 0,25% fraktioniert oder
  10–16 ml Bupivacain 0,125% mit 5–10 µg Sufentanil fraktioniert; jeweils bis Analgesieniveau bei Th10
- Repetitionsdosen, nach ca. 60–90 min wie Initialdosis, fraktioniert bzw. nach Bedarf
- Anstelle von Bupivacain kann auch Ropivacain 0,2 bzw. 0,1% verwendet werden.

Kontinuierliche Infusionsperiduralanalgesie

Um die Nachteile der intermittierenden Periduralanalgesie zu vermeiden, kann das Lokalanästhetikum, nach einer initialen Bolusinjektion, kontinuierlich infundiert werden. Hierdurch werden geringere Mengen an Lokalanästhetikum benötigt; außerdem ergibt sich zumeist ein ausgeglichenerer Analgesieverlauf. Allerdings wird durch die kontinuierliche PDA die Mobilität der Schwangeren beeinträchtigt.

Kontinuierliche Infusionsperiduralanalgesie:

- Testdosis wie oben angegeben
- initialer Bolus: wie oben angegeben, bis Analgesie bei Th10, danach
- Infusion: Bupivacain 0,125% plus Fentanyl 1–2 µg/ml: 10–12 ml/h oder Bupivacain 0,0625% plus Fentanyl 1–2 µg/ml: 10–15 ml/h
- bei Bedarf: zusätzliche Boli wie oben angegeben
- Anstelle von Bupivacain kann auch Ropivacain verwendet werden (s.o.), anstelle von Fentanyl auch Sufentanil.

8 ml Lokalanästhetikum + 100 µg Fentanyl als Bolus, gefolgt von 12 ml Lokalanästhetikum/h mit 2 µg/ml Fentanyl: kein Unterschied in Schmerz-VAS und

Bromage-Scores zwischen 0,125%igem Bupivacain, 0,1%igem Ropivacain und 0,1%igem Levobupivacain (Sah 2007).

Patientenkontrollierte epidurale Analgesie (PCEA)

EBM

Metaanalyse zur patientenkontrollierten Periduralanalgesie (van der Vyver, 2002):

Verglichen mit der kontinuierlichen Periduralanalgesie erfordert die patientenkontrollierte PDA weniger häufig zusätzliche Lokalanästhetikum-Injektionen. Die Gesamtmenge des Lokalanästhetikums ist geringer und eine motorische Blockade der Beine seltener. Beide Verfahren sind sicher für Mutter und Kind. Unklar ist, welche Analgesiemethode mit einer geringeren instrumentellen Entbindungsrate einhergeht und zu größerer Patientinnenzufriedenheit führt.

Pharmakologie

Patientenkontrollierte Periduralanalgesie (PC-PDA):

- Ansatz für Spritzenpumpe: Bupivacain 0,04–0,125% oder Ropivacain 0,0625% bis 0,2% zusammen mit Fentanyl 1–3 µg/ml oder Sufentanil 0,3–1 µg/ml mit oder ohne Adrenalin, 1–2 mg/ml
- Testdosis wie oben
- initialer Bolus wie oben, fraktioniert, bis Analgesie bei Th10, danach
- basale Infusion mit 0–15 ml/h
- abrufbarer Bolus: 3–7 ml
- Lock-out-Intervall: 5–20 min

Bei der PC-PDA ist die Injektion höherer Bolusdosen möglicherweise stärker analgetisch wirksam, als die kontinuierliche Infusion niedriger Volumina (Wong 2006)

Empfehlungen zum praktischen Vorgehen

✓ Praktisches Vorgehen

1. Zunächst Ausrüstung, Medikamente und Notfallzubehör einschließlich Intubationsbesteck und Beatmungshilfsmitteln (wie bei einer Allgemeinanästhesie) bereitstellen. Meist werden Einmalbestecke verwendet; die Größe der Tuohy-Nadel sollte 16–18 G betragen.
2. Infusion anschließen; außerdem EKG-Monitor, NiBP, Pulsoxymeter.
3. Punktion des Periduralraums mit der Widerstandverlust-Methode.
4. Bei versehentlicher Durapunktion: Kanüle entfernen und an andere Stelle einführen (▶ s.u.).
5. Perforiert der Katheter eine Periduralvene oder die Dura: Katheter entfernen und an anderer Stelle einführen.
6. Katheter maximal 3 cm in den Periduralraum vorgeschieben, um Abknicken, Schlingenbildung oder Fehllagen mit einseitiger oder ungenügender Analgesie zu vermeiden.

7. Bei Erst- und Mehrgebärenden das Lokalanästhetikum nach individuellem Bedarf injizieren, unabhängig von der Weite des Muttermunds. Die Wirkung tritt nach ca. 10 min ein, ist nach etwa 15–20 min vollständig und hält durchschnittlich 90 min an.
8. Bei intermittierenden Verfahren Auffrischdosen in der Eröffnungsphase immer injizieren, bevor die Schmerzen zurückgekehrt sind, und zwar möglichst in regelmäßigen Intervallen von ca. 90 min, bei Bedarf auch früher: Die Wirkung tritt deutlich schneller ein als nach der Erstdosis. Nachinjektionen erst nach Rückkehr der Schmerzen verschlechtern meist die Analgesiequalität.
9. Bei wiederholten Injektionen ist die Gefahr der Überdosierung zu beachten! Vor jeder erneuten Injektion des Lokalanästhetikums: Testdosis zum Ausschluss einer intravasalen oder subarachnoidalen Fehllage des Katheters.

Mobile Periduralanalgesie („walking epidural")

Bei dieser Variante bleiben Motorik und der Lagesinn weitestgehend erhalten, so dass die Schwangere das Bett verlassen und im Kreißsaal oder Klinikbereich (mit telemetrischer Überwachung) umhergehen kann. Hierzu müssen die Lokalanästhetika stark verdünnt und mit einem Opioid kombiniert werden. Bei kontinuierlichen Techniken sollten für die mobile Periduralanalgesie kleine tragbare Pumpen anstelle der sonst üblichen Perfusoren eingesetzt werden.

Pharmakologie

Vorläufige Dosierungsempfehlungen für die mobile epidurale Analgesie:

- Testdosis: 3 ml Bupivacain 0,125%
- nach 3–4 min 12 ml Bupivacain 0,125% + 5–10 µg Sufentanil (50 µg Fentanyl) als Bolus
- anschließend Bupivacain 0,0625% mit 0,15–0,2 µg/ml Sufentanil (oder 1–2 µg/ml Fentanyl), 12–15 ml/h
- maximale kumulative Sufentanildosis: 30 µg/24 h; Fentanyl: 300 µg/24 h
- Anstelle von Bupivacain 0,125% kann auch Ropivacain 0,85 oder 0,1% mit Sufentanil oder Fentanyl verwendet werden.

Mobile epidurale PCA:

- Testdosis: 3 ml Bupivacain 0,125%
- nach 3–4 min 12 ml Bupivacain 0,125% oder Ropivacain 0,1% + 5–10 µg Sufentanil (oder 50 µg Fentanyl) als Bolus
- Lock-out-Zeit 25 min, PCA-Boli von 12 ml Bupivacain 0,125% oder Ropivacain 0,85% + 0,156 µg/ml Sufentanil
- bei Schmerzen: Bolus von 6 ml Bupivacain 0,25% durch Arzt oder Hebamme
- maximale kumulative Sufentanildosis: 30 µg/24 h

Hinweise zur Mobilisierung

Um einen Kreislaufkollaps und/oder Verletzungen der Schwangeren zu vermeiden, müssen vor Beginn der Mobilisierung die Ausbreitung der sensorischen Blockade sowie die motorische Kraft und die Propriozeption der unteren Extremitäten sorgfältig überprüft werden. Die Propriozeption kann durch verdecktes Bewegen der Großzehe durch den Arzt kontrolliert werden. Ist die Propriozeption erhalten, so kann die Patientin hierbei die jeweilige Stellung der Großzehe korrekt angeben.

Praktisches Vorgehen

Mobilisierung der Kreißenden

1. Erster Mobilisierungsversuch nach ca. 30 min und nur dann, wenn die Patientin sich hierzu in der Lage fühlt.
2. Zunächst die Patientin die Beine aus dem Bett heben lassen (Einschätzung der Kraft).
3. Danach die Patientin auf der Bettkante sitzen lassen, Pulsfrequenz und Blutdruck messen.
4. Wenn normal möglich: Patientin vor dem Bett stehen lassen, Orthostase überprüfen, Knie leicht beugen lassen.
5. Wenn erfolgreich: Patientin mit Begleitperson umhergehen lassen, jedoch nicht außerhalb der Entbindungsstation.

Subarachnoidale mobile Analgesie

Anstelle der epiduralen mobilen Analgesie wird auch die intrathekale Injektion von Lokalanästhetika und Opioiden, auch in Kombination mit der Periduralanalgesie, eingesetzt, um die Mobilität der Kreißenden zu erhalten. In Deutschland liegt für dieses Verfahren allerdings keine Zulassung vor.

Pharmakologie

Dosierungsempfehlungen für die subarachnoidale mobile Analgesie

Frühes Geburtsstadium (Muttermund < 5 cm):
- 25 μg Fentanyl oder 2,5–5 μg Sufentanil subarachnoidal
- und 12–15 ml/h Bupivacain 0,125% peridural

Fortgeschrittenes Geburtsstadium (Muttermund > 5 cm):
- 0,5–1 ml Bupivacain 0,25% plus 25 μg Fentanyl oder 2,5–5 μg Sufentanil
- und 12–15 ml/h Bupivacain 0,125% peridural

Austreibungsphase:
- Bupivacain plus Fentanyl oder Sufentanil wie oben

Kombinierte Spinal-/Epiduralanästhesie (CSE)

Bei der CSE setzt die analgetische Wirkung 5–10 min früher ein als bei alleiniger Epiduralanalgesie; auch soll weniger häufig Juckreiz auftreten. Bewertung des Verfahrens:

EBM

Bewertung der CSE für die geburtshilfliche Analgesie (Simmons; Cochrane Review 2007)

Es gibt kaum Gründe für eine CSE anstelle der Epiduralanalgesie für die normale Geburt, obwohl die CSE etwas schneller wirkt und weniger häufig mit Juckreiz einhergeht als die Epiduralanalgesie. Es ergeben sich hiermit keine Unterschiede in Zufriedenheit der Schwangeren, geburtshilflichem Verlauf und neonataler Prognose.

Einfluss auf den Geburtsverlauf

Nach der ersten Injektion des Lokalanästhetikums ist die Uterusaktivität meist für 10–30 min vermindert, auch kann die Dilatation der Zervix verzögert werden.

Wird der Muskeltonus durch zu ausgedehnte Blockade allzu früh vermindert, kann der weitere Geburtsvorgang durch Schwächung der austreibenden Kräfte oder Beeinträchtigung der fetalen Rotation verzögert werden.

Insgesamt gilt:

Geburtsdauer unter PDA

Die Eröffnungsphase wird durch die **„konventionelle"** Periduralanalgesie mit 0,25%igem Bupivacain um etwa 1 h und die Austreibungsphase um 15–30 min verlängert. Negative Auswirkungen auf den Fetus sind hierdurch nicht zu erwarten.

Instrumentelle Entbindungsrate

Die **konventionelle** Periduralanalgesie beeinträchtigt sehr häufig die **aktive Mitarbeit** der Gebärenden bei der Austreibung des Kindes:

Bei etwa 40% der Schwangeren treten Störungen der Beinmotorik auf, bei 30% ist das perineale Druckgefühl aufgehoben; der **unwillkürliche Pressdrang,** ausgelöst durch den Ferguson-Reflex, fehlt nahezu bei allen Frauen.

EBM

Systematischer Review (Liu und Sia, 2004)

Die kontinuierliche epidurale Infusion von Bupivacain in niedriger Konzentration (0,0625–0,125%) mit oder ohne Fentanylzusatz scheint die Sectio-Rate, verglichen mit systemischer Opioidzufuhr, nicht zu erhöhen, vermutlich aber die instrumentelle Entbindungsrate. Die Austreibungsphase wird verlängert und der Oxytocinbedarf gesteigert. Die Analgesiequalität ist jedoch besser, der Einfluss auf den Neonaten möglicherweise günstiger.

Einfluss auf die Sectio-Rate

Ob die geburtshilfliche Periduralanalgesie als alleiniger kausaler Faktor die Sectio-Rate erhöht, ist umstritten. Eine Metaanalyse hat Folgendes ergeben:

EBM

Cochrane-Review zur geburtshilflichen Periduralanalgesie (verschiedene Techniken, mit und ohne Opioide, auch als PCA), verglichen mit anderen Formen der Analgesie:

Die Periduralanalgesie bewirkt eine stärkere Schmerzlinderung als andere Analgesieverfahren, verlängert das erste und zweite Stadium der Geburt, führt häufiger zu regelwidrigen Kindslagen, Einsatz von Oxytocin und Zangenentbindung. Ein signifikanter Einfluss auf die Sectio-Rate konnte hingegen nicht nachgewiesen werden. Nach Meinung des Reviewers sind weitere Studien zu den ungünstigen Auswirkungen erforderlich; auch sollten die verschiedenen Techniken der Periduralanalgesie evaluiert werden.

Auswirkungen auf den Fetus

Werden bei der Periduralanalgesie Lokalanästhetika **in niedriger Konzentration und Gesamtmenge** verwendet, ist mit keiner lokalanästhetikabedingten Depression des Neonaten zu rechnen. Auch sind signifikante Blutdruckabfälle durch die Sympathikusblockade bei strikt begrenzter Analgesieausdehnung nicht zu erwarten.

34.2.13 Nebenwirkungen und Komplikationen

Die Komplikationsrate ist gering, schwerwiegende Komplikationen, insbesondere neurologische Schäden sind extrem selten.

Versehentliche Perforation der Dura

Duraperforationen können durch die Periduralkanüle oder den Katheter hervorgerufen werden. Vorgehen siehe ▶ Kapitel 21.

Kathetermigrationen in den Subarachnoidalraum (oder in eine Periduralvene) können auch im weiteren Verlauf der geburtshilflichen Periduralanalgesie auftreten. Daher gilt:

! Merke

Bei jeder Nachinjektion des Lokalanästhetikums sorgfältige Aspirationskontrolle auf Blut und Liquor über den Katheter!

Wichtigste unerwünschte Nebenwirkung der versehentlichen Duraperforation mit der Periduralkanüle ist der **postspinale Kopfschmerz.** Die Häufigkeit beträgt, abhängig vom Kanülendurchmesser, 44–79%.

EBM

Metaanalyse zum **postspinalen Kopfschmerz** bei geburtshilflicher Periduralanalgesie:
- unbeabsichtigte Duraperforation: Häufigkeit ca. 1,5%
- davon postspinale Kopfschmerzen: 52,1%
- Beginn: 1–7 Tage nach der Perforation
- Dauer 12 h bis 7 Tage, gelegentlich auch länger

Weitere Komplikationen der Duraperforation:
- N.-abducens-Parese
- Hörstörungen
- subdurales Hämatom/Hygrom (8 Fallberichte; Diagnose 8–42 Tage postpartum).

Mangelhafte oder ausbleibende Analgesie

Bei etwa 90% aller Schwangeren kann mit der Periduralanalgesie eine zufriedenstellende Schmerzlinderung erreicht werden, bei den restlichen Patientinnen ist die Analgesie mangelhaft, einseitig oder fehlt vollständig. Wichtige Ursachen sind:
- Katheterfehllage
- zu spät erfolgende Nachinjektionen.

Ungeblockte Segmente

Sie treten bei etwa 7% aller Schwangeren auf, gehäuft im sakralen bzw. perinealen Bereich. Ein wesentlicher begünstigender Faktor ist das **zu weite Vorschieben des Periduralkatheters.** Behandlungsversuch:
- Neueinführen oder Zurückziehen des Katheters
- wiederholte Nachinjektionen des Lokalanästhetikums; zusätzlich Opioid.

Ausgeprägte motorische Blockade

Eine gewisse motorische Schwäche ist bei den meisten Schwangeren nachweisbar. Wiederholte Bolusinjektionen oder mehrstündige Infusionen der Lokalanästhetika können zu einer ausgeprägten und unerwünschten motorischen Blockade führen. Mögliche Folgen sind:

- Abschwächung des Pressdrangs
- Erhöhung der instrumentellen Entbindungsrate.

Entwickelt sich eine stärkere motorische Blockade, sollte die Periduralanalgesie vorübergehend unterbrochen und dann mit reduzierter Dosis oder stärker verdünntem Lokalanästhetikum in Kombination mit einem Opioid fortgesetzt werden.

Unerwartet hohe Blockade

Sie kann durch 2 Mechanismen hervorgerufen werden:

- hohe Spinalanästhesie durch primäre subdurale Platzierung des Periduralkatheters und Injektion des Lokalanästhetikums in den Subarachnoidalraum
- Duraperforation des Katheters im Verlauf der Geburt und unbemerkte Injektion des Lokalanästhetikums in den Subarachnoidalraum.

Juckreiz

Juckreiz ist eine häufige Nebenwirkung der peridural injizierten Opioide; er tritt dagegen nicht auf, wenn Lokalanästhetika allein peridural injiziert werden. Behandlungsversuch:

- 40–160 µg Naloxon i.v.
- Propofol 20–50 mg i.v.

Übelkeit und Erbrechen

Übelkeit tritt unter der Geburt häufig auf, meist in Verbindung mit viszeralen Schmerzen. Andere Ursachen sind:

- peridural zugeführte Opioide
- Blutdruckabfall durch Sympathikusblockade.

Übelkeit durch Opioide kann mit Naloxon i.v. behandelt werden, durch Hypotension bedingte Übelkeit mit einem Vasopressor.

34.2.14 Aufgabenteilung bei der Katheter-Periduralanalgesie

Nach einer Vereinbarung der Berufsverbände der Anästhesisten und Gynäkologen (1988) ist bei der Katheter-Periduralanalgesie eine Arbeitsteilung möglich, wenn ein Anästhesist nicht durchgängig zur Verfügung steht. In diesem Fall legt der Anästhesist den Periduralkatheter und injiziert die Testdosis und die erste Volldosis des Lokalanästhetikums; der Geburtshelfer führt anschließend die Anästhesie fort.

Als **Voraussetzungen** für dieses Vorgehen gelten:

- Verbleiben des Anästhesisten, bis Anästhesie voll wirksam ist und der Kreislauf stabil bleibt, mindestens aber für 30 min nach der ersten Vollinjektion
- Übergabe von Zuständigkeit und Verantwortung für die Fortführung der Narkose in gegenseitigem Einvernehmen
- umgehende Erreichbarkeit des Anästhesisten bei anästhesiebedingten Zwischenfällen
- ausreichende Kenntnis und Erfahrung des Geburtshelfers, der die Verantwortung übernimmt

- individuelle ärztliche Entscheidung über Zeitpunkt und Dosis des Lokalanästhetikums; bei Delegation der Injektion an speziell unterwiesene Pflegepersonen oder Hebammen muss sich der Arzt in unmittelbarer Nähe aufhalten
- Dokumentation des Anästhesieverlaufs in üblicher Weise, evtl. auch durch die Hebamme; Vermerk des Übergabezeitpunkts an den Geburtshelfer.

Periduralanalgesie durch den Geburtshelfer

Besteht zwischen anästhesiologischer und gynäkologischer Abteilung eine Vereinbarung, dass der Geburtshelfer die Periduralanalgesie durchführt, so trägt er hierfür auch die volle ärztliche und rechtliche Verantwortung.

Folgende **Voraussetzungen** müssen erfüllt sein:
- ausreichende Übung in einer entsprechenden Zahl dieses Verfahrens
- eingehende Kenntnis und Erfahrung im Erkennen und Behandeln von Zwischenfällen.

Dem Anästhesisten vorbehaltene Aufgaben: Nach der Vereinbarung der Berufsverbände müssen Narkosen vom Anästhesisten durchgeführt werden. Des Weiteren muss, unabhängig von der Art des Anästhesieverfahrens, in folgenden Fällen grundsätzlich ein Anästhesist hinzugezogen werden und entsprechend umgehend erreichbar sein:
- Sectio
- anästhesiologische Risiken
- anästhesiebedingte Zwischenfälle.

34.2.15 Spinalanästhesie

In dringlichen geburtshilflichen Situationen, bei denen eine Periduralanästhesie nicht mehr durchführbar ist, kann eine Spinalanästhesie angewandt werden.

Zu den **Indikationen** gehören u.a.:
- Zervixriss
- operative vaginale Entbindung
- manuelle Plazentalösung.

Für perineale oder vaginale Operationen reicht ein **Sattelblock** aus, während bei Zangenextraktionen und manueller Plazentalösung eine Anästhesieausdehnung bis Th10 erforderlich ist.

Lokalanästhetika: 0,5–1,5 ml hyperbare Lösungen von Bupivacain 0,5%, Lidocain 5% oder Mepivacain 4%. Isobare Techniken, z.B. mit Bupivacain 0,5%, können mit gleichem Erfolg angewandt werden.

34.3 Anästhesie bei Sectio

Durch die Sectio kann die Geburt zu jedem Zeitpunkt beendet werden. Das OP-Risiko ist niedrig: Die maternale Letalität beträgt in Deutschland 0,04%. Die fetale Gefährdung ist zumeist geringer als bei der vaginalen Entbindung, wenn **geburtshilfliche Komplikationen** vorliegen.

34.3.1 Sectio caesarea

Primäre (geplante) Sectios sind deutlich sicherer als sekundäre, d.h. solche, deren Indikation erst unter der Geburt gestellt wird. Die 4 häufigsten Indikationen für eine Sectio sind:

- Geburtsstillstand
- vorangegangene Uterusoperation
- unsicherer fetaler Status
- fetale Malpräsentation.

Klassifikation der Sectio

- **Sofort** (Notsectio): Das Leben von Mutter und/oder Fetus sind unmittelbar bedroht.
- **Dringlich:** Beeinträchtigung von Mutter oder Fetus ist nicht unmittelbar lebensbedrohlich.
- **Bald:** aktuell keine Beeinträchtigung von Mutter und Fetus, jedoch baldige OP erforderlich.
- **Geplant:** OP zu einem vorgewählten Termin ohne Zeitdruck.

34.3.2 Wahl des Anästhesieverfahrens

Die Entscheidung für ein bestimmtes Anästhesieverfahren erfolgt in der Regel individuell. Eine herausragende Rolle spielt die **Dringlichkeit** des Eingriffs:

! Merke

Bei Not-Sectiones ist die Allgemeinnarkose das Verfahren der Wahl!

Regionale Anästhesieverfahren sind vor allem bei drohendem oder manifestem (Blutungs-)Schock kontraindiziert, weil der Schockzustand durch die Sympathikusblockade verschlimmert wird. Bei allen anderen Sectiones können – nach individueller Abwägung – regionale Anästhesieverfahren angewandt werden. Bei dringlicher Sectio sollte die Spinalanästhesie der Periduralanästhesie vorgezogen werden, da der zeitliche Aufwand geringer und die Analgesiequalität besser ist.

EBM

(Afolabi et al., Cochrane Collaboration 2006)

Es gibt derzeit nicht genügend Beweise, dass eines der üblichen Anästhesieverfahren für die Sectio – Allgemeinnarkose oder Regionalanästhesie – seltener mit schwerwiegenden Komplikationen bei Mutter und Neugeborenen einhergeht als das andere.

Allgemeinanästhesie

Die Allgemeinanästhesie wird als **Intubationsnarkose** durchgeführt; Larynxmaskennarkosen und Gesichtsmaskennarkosen sind kontraindiziert, müssen aber bei Misslingen der Intubation angewandt werden.

Bewertung der Allgemeinanästhesie im Vergleich mit regionalen Verfahren

Vorteile

- kürzere Einleitungszeit
- rasche und zuverlässige Wirkung (keine Versagerquote)
- keine Sympathikusblockade, daher Gefahr des Blutdruckabfalls wesentlich geringer

Nachteile
- erhöhte Aspirationsgefahr
- oft rascher Abfall der O_2-Sättigung bei der Intubation, da optimale Präoxygenierung schwierig
- Intubationsprobleme möglich bis hin zu **can't ventilate, can't intubate**
- intraoperative Wachheit mit Schmerzen möglich
- zügige Entwicklung des Kindes erforderlich, da sonst neonatale Depression durch Anästhetika
- fehlendes Geburtserlebnis für die Mutter

34.3.3 Präoperative Einschätzung

Empfohlen werden eine zielgerichtete Erhebung der Vorgeschichte und körperliche Untersuchung, außerdem eine enge und rechtzeitige Absprache mit dem Geburtshelfer.

Vorgeschichte

Die meisten Schwangeren sind gesund! Von Bedeutung sind vor allem Erkrankungen, die mit geburtshilflichen Komplikationen einhergehen können:
- Präeklampsie/Eklampsie
- HELLP-Syndrom
- Schwangerschaftshypertonie
- Diabetes mellitus
- Adipositas
- Herzkrankungen.

Körperliche Untersuchung

Untersucht werden Herz und Lunge, außerdem die Atemwege (schwierige Intubation?) und der Rücken, wenn eine Spinal- oder Periduralanästhesie geplant ist.

Weitere Maßnahmen:
- Messung des arteriellen Blutdrucks
- Thrombozyten: bei gesunden Schwangeren nicht routinemäßig, sondern zielgerichtet, z.B. bei Präeklampsie, HELLP-Syndrom oder Verdacht auf Koagulopathie
- Kreuzprobe bei allen Patientinnen und Bereitstellung von Blut bei zu erwartenden Blutungen.

33.3.4 Aspirationsprophylaxe und Nüchternheit

- Für geplante Sectiones muss eine Nahrungskarenz von 6–8 h eingehalten werden.
- Klare Flüssigkeit in mäßigen Mengen kann jedoch bis zu 2 h vor der Sectio getrunken werden. Vorsicht ist aber geboten, wenn Risikofaktoren für eine Aspiration vorliegen, z.B. Adipositas permagna, schwieriger Atemweg, Hiatushernie, Diabetes mellitus.

Antazida, H_2-Blocker und Metoclopramid

Gesicherte Zusammenhänge zwischen Antazidaprophylaxe und verminderter Letalität liegen für die Geburtshilfe nicht vor.

Pharmakologie

Antazidaprophylaxe bei Sectio:

- elektive Sectio:
  - Ranitidin 150 mg p.o. am Vorabend und 2 h vor OP
  - Metoclopramid 10 mg p.o. 2 h vor OP
  - Natriumzitrat 30 ml, direkt vor OP
- Notsectio (wenn bisher keine Prophylaxe erhalten)
  - Ranitidin 50 mg langsam i.v. direkt vor OP
  - Metoclopramid 10 mg i.v. direkt vor OP
  - Natriumzitrat 30 ml 0,3-molar p.o. direkt vor OP

34.3.5 Postoperative Analgesie

Schmerzen können mit Opioid-PCA behandelt werden, gefolgt von nichtsteroidalen Analgetika p.o. Liegt ein Periduralkatheter, sollten die Opioide hierüber zugeführt werden.

→ Vorteilhaft ist eine PCEA mit Lokalanästhetika in ultraniedriger Konzentration, z.B. 0,04 % Bupivacain zusammen mit 3 µg/ml Fentanyl; Basalrate 15 ml/h, anzufordernde Boli von 3 ml, Lock-out-Zeit 10 min.

34.3.6 Periduralanästhesie

Präoperative Visite

Der Anästhesist muss die Patientin bei der präoperativen Visite über den wesentlichen Ablauf von Anästhesie und Operation unterrichten und gleichzeitig einfühlend herausfinden, ob sie für eine Operation im Wachzustand geeignet ist. Überreden sollte vermieden werden.

Auf Folgendes sollte hingewiesen werden:

- Verspüren von Druck, Zug und Zerren unter der Operation
- Übelkeit und Erbrechen
- bei ungenügender Blockade mit Schmerzen: umgehende Allgemeinnarkose.

Wahl des Lokalanästhetikums

Lang wirkende Substanzen wie Ropivacain (0,75 %) und Bupivacain (0,5 %) werden bevorzugt.

Pharmakologie

Für die Sectio sind durchschnittlich 120 mg Bupivacain 0,5% oder 150 mg Ropivacain 0,75% erforderlich, um die notwendige sensorische Blockade von Th4/6–S5 zu erreichen.

Der Wirkungseintritt beträgt mit beiden Substanzen 10–20 min, die Anästhesiedauer 120–180 min.

Der Nutzen des **Adrenalinzusatzes** zum Lokalanästhetikum für geburtshilfliche Anästhesien oder Sectio ist **nicht gesichert.**

Kombination des Lokalanästhetikums mit epiduralen Opioiden

Der Zusatz von Opioiden (Fentanyl oder Sufentanil) zum Lokalanästhetikum gilt als Standardverfahren bei der Sectio. Er verbessert die Qualität der operativen Analgesie ohne nachteilige Wirkungen für die Schwangere und das Neugeborene, auch wird die Erstanforderung von Analgetika in der postoperativen Phase hinausgezögert (360 ± 150 min).

> **Pharmakologie**
> **Opioide für die Periduralanästhesie bei Sectio:**
> - Fentanyl: 0,05 mg als Zusatz zu mindestens 10 ml Bupivacain 0,5% oder Ropivacain 0,75% bzw. 0,1 mg in 20 ml oder
> - Sufentanil: 10–20 µg, ebenfalls als Zusatz zu mindestens 10 ml Bupivacain 0,5% oder Ropivacain 0,75%

Typische **Opioidnebenwirkungen** sind:
- Juckreiz
- Übelkeit und Erbrechen
- frühe Atemdepression (sehr selten)
- Harnverhalt.

Injektion des Lokalanästhetikums über die Kanüle oder über den Katheter?

Die Sicherheit der Injektion des Lokalanästhetikums (vorher Testdosis!) über die Kanüle hat sich bei unzähligen „single-shot"-Anästhesien für die Sectio und andere operative Eingriffe nachweisen lassen. Auch scheint die Wirkung früher einzusetzen als bei der Injektion über den Katheter; des Weiteren ist der Zeitaufwand wesentlich geringer.

Was tun bei versehentlicher Durapunktion?

Ein standardisiertes Vorgehen nach versehentlicher Durapunktion mit der Tuohy-Nadel ist bisher nicht entwickelt worden (s.a. ▶ Kap. 21). Die Wirksamkeit eines prophylaktischen periduralen Blutpatches ist nicht gesichert und wird daher nicht empfohlen (Behandlung der Kopfschmerzen siehe ▶ Kap. 21).

Hypotension

Der Blutdruckabfall ist eine typische Komplikation der Peridural- und Spinalanästhesie, jedoch muss auch ein aortokavales Kompressionssyndrom als Ursache des Blutdruckabfalls ausgeschlossen werden. Klinisch sollte Folgendes beachtet werden:
- Systolische Blutdruckwerte der Schwangeren von < 70 mm Hg führen regelmäßig zu fetaler Bradykardie.
- Anhaltende systolische Blutdruckwerte von < 100 mm Hg bei sonst normotensiven Schwangeren führen unter Regionalanästhesie zu fetaler Azidose und niedrigen Apgar-Werten.

Prophylaxe und Therapie

Durch standardisierte Zufuhr großer Mengen von Kristalloiden oder Kolloiden kann die Häufigkeit von Blutdruckabfällen gesenkt, aber nicht vollständig verhindert werden. Kolloide scheinen wirksamer zu sein als Kristalloide.

Ist der Blutdruck bereits abgefallen, muss in der Regel sofort ein Vasopressor injiziert werden, um ein weiteres Absinken mit Übelkeit und Erbrechen der Schwangeren zu verhindern. Die alleinige Zufuhr von Flüssigkeit reicht hierfür nicht aus!

Pharmakologie

Sofortbehandlung des Blutdruckabfalls:
- Theodrenalin oder Cafedrin = Akrinor ½–1 Ampulle langsam i.v.
- Neosynephrine 100–200 μg oder
- Ephedrin 5–10 mg

Intraoperative Sauerstoffzufuhr

Selbst bei verlängerter Entwicklungszeit des Kindes scheint eine O_2-Zufuhr an die Schwangere die fetale Oxygenierung nicht zu verbessern und daher ohne Nutzen zu sein.

→ Bei elektiver Sectio sollte nicht mehr routinemäßig Sauerstoff zugeführt werden, sondern nur, wenn die pSO_2 unter 96% liegt.

! Merke

Bei erheblicher Adipositas empfiehlt sich hingegen in der Regel die Zufuhr von Sauerstoff, da sich durch die Lagerung auf dem OP-Tisch der pumonale Gasaustausch erheblich verschlechtern kann.

Intraoperative Übelkeit und Erbrechen

Diese häufige Komplikation beeinträchtigt das Wohlbefinden der Patientin und kann außerdem das operative Vorgehen stören.

Die wichtigsten **Ursachen** sind:
- Blutdruckabfall
- Opioidwirkung
- vagale Hyperaktivität
- Eingeweideschmerz bei ungenügender Blockade
- grobes chirurgisches Vorgehen
- Injektion von Uterotonika.

Blutdruckabfall scheint die häufigste Ursache zu sein. Bereits ein Blutdruckabfall um wenige mm Hg unter den Schwangerschaftsausgangswert kann Unwohlsein bis hin zu Übelkeit/Erbrechen auslösen. Darum sollte rechtzeitig ein Vasopressor injiziert werden!

Muskelzittern

Muskelzittern tritt bei Schwangeren häufig im Zusammenhang mit einer Periduralanästhesie für die Sectio auf. Die Ursachen sind vielfältig, jedoch muss immer an die zentralen Wirkungen des resorbierten Lokalanästhetikums gedacht werden.

Toxische Reaktionen auf das Lokalanästhetikum

Bei Überdosierung des Lokalanästhetikums oder unbemerkter intravasaler Injektion großer Mengen können toxische Reaktionen auftreten (Einzelheiten siehe ▶ Kap. 21): generalisierte Krampfanfälle, bei Bupivacain auch Kreislaufkollaps oder Herzstillstand. Meist gehen der Reaktion Warnzeichen wie periorale Taubheit und Ohrklingeln voran. Bei diesen Prodromi sollte sofort Sauerstoff zugeführt werden, bei drohenden Krämpfen außerdem ein Benzodiazepin oder Thiopental, 50–100 mg i.v.

! Merke
Bei generalisierten Krämpfen oder Kreislaufkollaps muss der Fetus sofort entwickelt und die Schwangere reanimiert werden.

Totale Spinal- oder Periduralanästhesie

Diese Komplikationen sind zwar selten, jedoch muss der Anästhesist hierauf immer vorbereitet sein und entsprechendes Zubehör bereitstellen, damit sofort mit therapeutischen Maßnahmen begonnen werden kann. Während sich die totale Spinalanästhesie relativ rasch nach der versehentlichen subarachnoidalen Injektion des Lokalanästhetikums entwickelt, tritt die totale Periduralanästhesie eher verzögert ein.

! Merke
Bei totaler Spinal- oder Periduralanästhesie sind die sofortige endotracheale Intubation und kontrollierte Beatmung erforderlich, des Weiteren die Zufuhr von Vasopressoren und Volumen, bei Bedarf auch von positiv inotropen Substanzen.

Für die Intubation sollte die Patientin in Trendelenburg-Position mit Linksseitwärtsverlagerung des Tisches gebracht werden.

Ungenügende Analgesie

Selbst bei korrekter Katheterlage muss bei einigen Patientinnen mit Schmerzen während der Operation gerechnet werden. Betroffen sind häufig die oberen sakralen Segmente. Gelingt es nicht, durch Zuspruch und Ermunterung die schmerzhaften Episoden zu überbrücken, können 30–40 % Lachgas in Sauerstoff oder, als letztes Mittel, Ketamin in niedriger Dosierung (0,25 mg/kg) zugeführt werden. Nach der Abnabelung kann zusätzlich ein Analgetikum, z.B. Fentanyl, i.v. injiziert werden. Vorsicht ist bei der Kombination von Opioiden mit Sedativ-Hypnotika geboten, da hierdurch eine bedrohliche, möglicherweise zu spät bemerkte Atemdepression auftreten kann. Lässt sich keine ausreichende Analgesie erzielen, so muss auf eine Intubationsnarkose übergegangen werden.

Soll die Patientin sediert werden?

Sehr aufgeregte und ängstliche Patientinnen können mit Midazolam in niedriger Dosierung sediert werden. Hierdurch wird das Neugeborene in der Regel nicht beeinträchtigt.

Übelkeit und Erbrechen

Übelkeit mit oder ohne Erbrechen gehört zu den häufigeren (und unangenehmen) Komplikationen der Periduralanästhesie für die Sectio. Wenngleich verschiedene Ursachen in Frage kommen, sollte zuerst der Blutdruck gemessen und ein **Blutdruckabfall** ausgeschlossen oder behandelt werden. Bereits ein geringer Abfall unter den systolischen Ausgangswert der Schwangerschaft sollte zu blutdrucksteigernden Maßnahmen veranlassen. Andere Ursachen für Übelkeit sind Bradykardie oder chirurgische Stimulation der Eingeweide und des Peritoneums.

Übelkeit und Erbrechen: prophylaktische und therapeutische Maßnahmen
- Blutdruckabfall vermeiden oder rasch mit Vasopressoren beseitigen
- Opioide zurückhaltend dosieren
- Qualität der regionalen Blockade optimieren
- schonendes operatives Vorgehen
- Antiemetika nur bei Hochrisikopatientinnen oder wenn obige Maßnahmen nicht wirksam.

Dyspnoe

Gelegentlich klagen die Patientinnen perioperativ über Atemnot. Zu den wichtigsten Ursachen dieses Symptoms gehören: Angst und Aufregung, Blutdruckabfall, eine zu hohe motorische Blockade oder – selten – ein Lungenödem oder eine Lungenembolie. Die Behandlung richtet sich jeweils nach der zugrunde liegenden Ursache.

Praktisches Vorgehen

Für das praktische Vorgehen gelten einige Grundsätze.

Prophylaxe des Blutdruckabfalls

Ein Blutdruckabfall mit Hypoxiegefahr für den Fetus tritt bei 80% der Patientinnen auf, wenn keine prophylaktischen Maßnahmen ergriffen werden, hingegen nur bei 17% mit Prophylaxe. Zu den wichtigsten präventiven Maßnahmen gehören:
- Vasopressor i.v. mit Beginn der Regionalanästhesie oder sofortige Injektion, wenn Blutdruck zu fallen beginnt
- Volumenzufuhr vor Beginn der Periduralanästhesie
- Linksseitwärtsverschiebung des Uterus, um ein aortokavales Kompressionssyndrom zu verhindern.

Erforderliche Anästhesieausdehnung

Die Anästhesieausbreitung muss mindestens bis Th6 reichen und damit 17 Segmente umfassen. Bei einigen Patientinnen ist sogar eine Blockade bis Th4 erforderlich. Nicht immer werden die dicken Nervenwurzeln von L5, S1 und S2 ausreichend geblockt, so dass die Patientin einen tiefen Schmerz, Brennen oder ein vages Unwohlsein verspürt. Beachtet werden muss auch, dass die Blockade von S1 häufig sehr verzögert (mehr als 40 min) und bei etwa 8% der Patientinnen überhaupt nicht eintritt.

Wahl des Lokalanästhetikums

Bupivacain 0,5% oder Ropivacain 0,75% gelten als Lokalanästhetika der Wahl für die Sectio, am besten kombiniert mit 50–100 µg Fentanyl oder 10–20 µg Sufentanil. **Adrenalinzusatz** gilt bei Bupivacain als entbehrlich.

→ Für eine Anästhesieausbreitung bis Th4–6 sind etwa 20 ml Lokalanästhetikum erforderlich, die chirurgische Anästhesie ist nach etwa 30 min erreicht und hält 2–3 h an.

Wegen der hohen Dosis muss der Anästhesist auf toxische Reaktionen vorbereitet sein (▶ Kap. 6 und ▶ 21). Herzstillstände können auftreten, wenn große Mengen Bupivacain oder Ropivacain versehentlich intravasal injiziert werden.

Einführen des Periduralkatheters

- Die Punktion des Periduralraums erfolgt bevorzugt in Linksseitenlage bei L2/L3; Anfängern wird wegen der schwangerschaftsbedingten Lordose jedoch die sitzende Position empfohlen. Der lumbale Periduralraum wird im Median nach ca. 4,8 cm erreicht (Bereich 3,1–7,4 cm).
- Der Katheter sollte nur 2–3 cm in den Periduralraum vorgeschoben werden, um Fehllagen mit unzureichend oder nicht geblockten Segmenten zu vermeiden.
- Bei versehentlicher **Duraperforation** kann entweder eine Spinalanästhesie (s.u.) oder eine Allgemeinnarkose durchgeführt oder aber der Periduralraum über einen anderen Zwischenwirbelraum erneut punktiert werden.
- Die Injektion des Lokalanästhetikums erfolgt, nach Aspiration und Testdosis von 2–3 ml, langsam oder fraktioniert über die Kanüle (ca. 5 ml/30 s).
- Liegt bereits ein **Katheter,** weil eine vaginale Entbindung versucht wurde, muss die Dosis angepasst werden: Ist innerhalb der letzten 30 min kein Lokalanästhetikum zugeführt worden, können etwa 13–15 ml nachinjiziert werden. Wurde jedoch erst kurz vorher injiziert, werden zunächst lediglich 5–10 ml Bupivacain 0,5% nachinjiziert und danach, abhängig von Anästhesieausdehnung und -qualität, weitere 5 ml.
- Umlagerungsmanöver auf einen anderen Tisch sollten nach der Injektion wegen der Gefahr des Blutdruckabfalls nicht mehr durchgeführt werden.

OP-Lagerung

Die OP-Lagerung der Patientin erfolgt unmittelbar nach vollständiger Injektion des Lokalanästhetikums. Gelagert wird auf den Rücken in leichter (10°) Trendelenburg-Lage mit Linksseitwärtsverschiebung des Uterus (▶ Kap. 34.1.2).

Überwachung

Blutdruck und Herzfrequenz müssen nach der Injektion des Lokalanästhetikums in kurzen Abständen kontrolliert werden. Blässe, Gähnen, plötzliches Unwohlsein, Übelkeit und Erbrechen sind meist zuverlässige Zeichen des **Blutdruckabfalls!** Die fetalen Herztöne sollten ebenfalls regelmäßig überwacht werden. Intraoperativ sollte ein Pulsoxymeter angeschlossen werden.

Ein Blutdruckabfall unter 100 mm Hg systolisch bei sonst Normotensiven bzw. 30% unter den Ausgangswert muss sofort behandelt werden:

- Vasopressor, z.B. Akrinor, einige ml der auf 10 ml mit Kochsalz verdünnten Ampulle oder 100–200 µg Phenylephrin oder 10–20 mg Ephedrin
- Beine anheben (Vorsicht: Kava-Kompression!).

Weitere Maßnahmen

✓ Praktisches Vorgehen

1. Vor OP-Beginn Anästhesieausdehnung feststellen. Die Blockade von S1 kann durch Bestreichen der äußeren Fußsohle mit einer Kanüle überprüft werden. Reicht die Ausdehnung nur bis Th8, können etwa 4–5 ml Lokalanästhetikum nachinjiziert werden; reicht die Blockade nur bis Th6, werden 2–3 ml nachinjiziert.
2. Wenn erforderlich, kann die Patientin mit Midazolam, 1–2 mg i.v., sediert werden, bei ausgesparten Segmenten auch mit 40% **Lachgas** über Maske oder **Ketamin** 0,25–0,5 mg/kg i.v.
3. **Bei ungenügender Anästhesie** umgehend eine Intubationsnarkose durchführen!

4. Nach Ablösung der Plazenta für die Kontraktion des Uterus **3–5 E Oxytocin** (Syntocinon) i.v. injizieren und weitere 10–50 E in 500 ml Infusionslösung zuführen. **Ergotaminpräparate** (Methergin, Ergonovin) sollten nur angewandt werden, wenn eine rasche Rückbildung des Uterus erforderlich ist, z.B. bei postpartalen Blutungen. Nebenwirkungen bei i.v. Injektion können sein: Würgen, Erbrechen, massiver Blutdruckanstieg mit Gefahr von Hirnblutungen und Myokardinfarkt. Daher möglichst nur i.m. Injektion.
5. Der **Blutverlust** bei einer unkomplizierten Sectio beträgt etwa 900–1000 ml. Diese Verluste können mit bilanzierten, plasmaisotonen Elektrolytlösungen und/oder Kolloiden wie HES 6% ersetzt werden. Eine Bluttransfusion ist nur selten erforderlich.
6. **Nach der Operation:** Patientin sehr vorsichtig ins Bett legen (Gefahr des Blutdruckabfalls!), Katheter entfernen und auf Vollständigkeit überprüfen oder, wenn gewünscht, zur postoperativen Schmerzbehandlung belassen.

34.3.7 Spinalanästhesie

Die Spinalanästhesie ist derzeit das Standardverfahren für die elektive Sectio caesarea. Verglichen mit der Periduralanästhesie weist die Spinalanästhesie folgende **Vorteile** auf (▶ Tab. 34-5):

- einfachere Technik
- schnellerer Wirkungseintritt
- bessere Analgesiequalität einschließlich der sakralen Segmente
- keine toxischen Wirkungen des Lokalanästhetikums.

Als wesentliche **Nachteile** der Spinalanästhesie gegenüber der Periduralanästhesie gelten:

- größeres Risiko des schlagartigen Blutdruckabfalls aufgrund der rascher eintretenden Sympathikusblockade
- niedrigere fetale pH- und Base-Excess-Werte als bei Periduraloder Allgemeinanästhesie (Übersicht bei Keen, 2006)
- häufiger vagal bedingte Bradykardien
- Risiko postspinaler Kopfschmerzen.

Tab. 34-5 Vergleich von Spinalanästhesie und Katheter-Periduralanästhesie bei Sectio

	Spinalanästhesie	Periduralanästhesie
technischer Schwierigkeitsgrad	einfach	schwierig
Wirkungseintritt	rasch	verzögert (bis zu 45 min)
obere Blockadeausbreitung	variabel, höher als erwartet	meist bis Th4
untere Blockadeausbreitung	meist befriedigend bis S4	variabel mit Aussparungen im Sakralbereich
Intensität der Blockade	ausgeprägt	variabel
Dauer der motorischen Blockade	je nach Substanz verlängert	gewöhnlich nicht verlängert
systemische Absorption des Lokalanästhetikums	zu vernachlässigen	potentiell toxische Konzentrationen
Blutdruckabfall	häufig; meist schlagartig	graduell
Muskelzittern	selten	häufig
postspinaler Kopfschmerz	variabel	keiner
Möglichkeit der postoperativen Schmerztherapie	nein	kontinuierlich

Wahl des Lokalanästhetikums

Für die Spinalanästhesie können isobare oder hyperbare Lokalanästhetika eingesetzt werden, z.B. Bupivacain, Ropivacain, Levobupivacain, Mepivacain oder Lidocain. Eine stabile und ausreichende Operationsanalgesie wird mit Bupivacain innerhalb von etwa 20 min, mit Mepivacain 4% innerhalb von etwa 12 min erreicht.

→ In der Schwangerschaft ist der Dosisbedarf vermindert.

> **Pharmakologie**
> **Dosierung von Bupivacain:**
> 12,5 mg (Bereich 5–10 mg) bzw.
> 2–2,5 ml 0,5%ige Lösung plus 5 µg Sufentanil oder 5–10 µg Fentanyl

Die Wirkdauer von Bupivacain allein beträgt ca. 60–120 min, bei Opioidzusatz wird eine Analgesiezeit von ca. 3–4 h erreicht. Die motorische Blockade verschwindet zusammen mit der sensorischen.

Ropivacain: Die Substanz ist schwächer und kürzer wirksam als spinales Bupivacain. Die hyperbare Lösung (15 mg) bewirkt einen rascheren Wirkungseintritt und hat eine kürzere Wirkdauer als die isobare Lösung.

Hyperbares Mepivacain (4%) **und Lidocain** (5%)**:** Beide Substanzen sind wegen ihres raschen Wirkungseintritts von durchschnittlich 12 min besonders für die dringliche Sectio geeignet; die Wirkdauer ist mit ca. 120 min deutlich kürzer als die von Bupivacain, so dass die Patientinnen früher mobilisiert werden können als nach Bupivacain.

> **Pharmakologie**
> **Dosierungen von Mepivacain und Lidocain mit Opioiden für die Sectio:**
> - Mepivacain 4% hyperbar: 1,5–2 ml
> - Lidocain 5% hyperbar: 1,5–2 ml
> - fakultativ jeweils mit 2,5–5 µg Sufentanil oder 5–10 µg Fentanyl

Wahl der Spinalkanüle

Schwangere weisen ein erhöhtes Risiko für postspinale Kopfschmerzen auf. Darum sollten „nicht schneidende" Whitacre- oder Sprotte-Nadeln (Pencil-Point-Nadeln) der Größen 24–27 G bevorzugt wirden. Die Kopfschmerzrate beträgt hiermit ca. 2%. Andere Ursachen für Kopfschmerzen sind:

- Post-partum-Kopfschmerzen (Häufigkeit 12–15% nach Sectio)
- **intrakranielle Blutung** (sehr selten).

Blutdruckabfall

Der methodenspezifische Blutdruckabfall entwickelt sich oft bereits kurz nach der Injektion des Lokalanästhetikums, eher **schlagartig** als schleichend, und manifestiert sich klinisch oft als „komisches Gefühl", das unbehandelt rasch in Übelkeit mit oder ohne Erbrechen übergeht. Fast alle Schwangeren sind davon betroffen.

Gefahren des unbehandelten Blutdruckabfalls:

- Übelkeit und Erbrechen
- Bewusstseinsverlust
- pulmonale Aspiration

- Apnoe
- Herzstillstand
- ungenügende Plazentadurchblutung mit fetaler Hypoxie, Azidose und neurologischer Schädigung.

Prophylaxe und Behandlung

EBM

Cochrane-Review zur Prophylaxe des Blutdruckabfalls bei Spinalanästhesie (Cyna 2006)

Keine der gegenwärtig empfohlenen Prophylaxemaßnahmen – Kristalloid-/Kolloidzufuhr, Vasopressorgabe, Kompressionsstrümpfe – kann einen Blutdruckabfall durch die Spinalanästhesie für eine Sectio caesarea sicher verhindern. Fällt der Blutdruck ab, ist praktisch immer die Zufuhr eines Vasopressors oder eines Sympathomimetikums (Ephedrin) erforderlich. Inwieweit ein Blutdruckabfall sich ungünstig auswirkt, ist wegen der kleinen Fallzahl nicht bekannt.

Reine α-Agonisten wie Theodrenalin (Akrinor) oder Neosynephrine führen seltener zu fetaler Azidose als Ephedrin und sollten daher vorgezogen werden.

Praktisches Vorgehen bei der Spinalanästhesie

✓ Praktisches Vorgehen

1. Infusion anschließen, z.B. 500 ml isotone Elektrolytlösung oder HES 6%.
2. Patientin in sitzender Position auf dem OP-Tisch lagern, alternativ auch in linker oder rechter Seitenlage.
3. Subarachnoidalraum zwischen L3/4 oder tiefer mit einer 24–27-G-Pencil-Point-Nadel über Introducer punktieren.
4. Injektion von 12,5 mg Bupivacain hyper- oder isobar oder von 1,5 ml (60 mg) Mepivacain 4% hyperbar, möglichst mit 2,5–5 µg Sufentanil oder 5–10 µg Fentanyl.
5. Sofort nach der Injektion des Lokalanästhetikums die Patientin 15° auf die linke Seite lagern, möglichst bereits jetzt Akrinor oder Neosynephrine in niedriger Dosis i.v. injizieren.
6. Patientin in den OP-Saal fahren, bevor die Sympathikusblockade voll ausgeprägt ist.
7. Blutdruck und Herzfrequenz jede Minute messen.
8. Ausbreitung der sensorischen Blockade alle 30 s mit Kältereiz oder Nadelstichen überprüfen. Wenn Th10 erreicht ist: Oberkörper und Beine leicht erhöhen, um eine Ausdehnung der Blockade über Th4 hinaus zu vermeiden.
9. Bei Blutdruckabfall auf ca. 100 mm Hg: sofort Vasopressor injizieren: Theodrenalin (Akrinor) oder Neosynephrine oder Ephedrin.
10. Bei Bradykardie < 60/min: Atropin i.v., bei massiver Bradykardie (Gefahr des Herzstillstands) sofort Adrenalin.
11. Nach Abnabelung des Kindes: Injektion von Oxytocin (Syntocinon) nach Angabe des Operateurs. Methergin nur, wenn absolut erforderlich und möglichst nur i.m.
12. Vorsichtige Umlagerung am Ende der Operation, da Gefahr des Blutdruckabfalls mit Übelkeit und Erbrechen aufgrund der noch vorhandenen Sympathikusblockade.

Kombinierte Spinal-/Epiduralanästhesie (CSE)

Bei der CSE (Technik ▶ Kap. 21) soll mit der Spinalanästhesie rasch eine ausgeprägte Anästhesie vor allem der lumbalen und sakralen Segmente (z.B. durch 5 mg hyperbares Bupivacain) erreicht und mit der Periduralanästhesie in erster Linie die Ausbreitung nach kranial titriert werden.

EBM

Cochrane-Review zum Einsatz der CSE bei der Sectio caesarea (Hughes et al., 2003)

Es gibt kein Standardverfahren der CSE oder der Periduralanästhesie. Die CSE unterscheidet sich nicht von der Periduralanästhesie in der Häufigkeit des Blutdruckabfalls und der Zangenentbindung, in der Mobilität der Schwangeren, der Sectio-Rate, der Verlegung der Kinder auf die Neonaten-Intensivstation und der Häufigkeit des postspinalen Kopfschmerzes oder des postoperativen Harnverhalts. Die CSE führt rascher zur operativen Analgesie als die PDA, geht jedoch häufiger mit Juckreiz einher.

Transiente neurologische Symptome (TNS)

Typisch sind Schmerzen in Rücken, Gesäß und Oberschenkel, Regionen, die von Nerven der Cauda equina versorgt werden, vor allem beim Einsatz von Mepivacain und Lidocain. Die Schmerzen halten 1–3 Tage an; bleibende Störungen gehören nicht zu diesem Syndrom.

34.3.8 Allgemeinanästhesie

Die Allgemeinanästhesie ist das Verfahren der Wahl für Notfall-Sectiones, aber auch für geplante Sectiones, wenn die Schwangere eine Regionalanästhesie strikt ablehnt oder andere Kontraindikationen hierfür vorliegen. Wegen der erhöhten Aspirationsgefahr bei Hochschwangeren ist für die Sectio-Narkose immer die endotracheale Intubation erforderlich.

! Merke

Maskennarkosen sind bei Sectio kontraindiziert! Sie dürfen nur durchgeführt werden, wenn die Schwangere nach der Narkoseeinleitung nicht intubiert werden kann.

Larynxmaske

Auch der Einsatz der Larynxmaske bei elektiven Sectio-Narkosen wird derzeit nicht empfohlen. Es liegt aber hierzu eine Untersuchung von Han vor, in der bei 1067 Patientinnen (Ausschlusskriterien: Refluxkrankheit, Schwangerschafts-Body-Mass-Index > 30; bekannte oder vermutete Intubationsschwierigkeiten) primär eine Larynxmaske eingesetzt wurde. Wesentliche Komplikationen traten nicht auf; nur 7 Patientinnen (0,7%) mussten endotracheal intubiert werden.

Vorteile und Risiken

Die wichtigsten Vorteile der Allgmeinanästhesie gegenüber der Regionalanästhesie sind:

- raschere Einleitung und früherer OP-Beginn
- größere kardiovaskuläre Stabilität.

! Merke

Die Hauptgefahren der Allgemeinnarkose für die Sectio sind:
- Intubationsschwierigkeiten, vor allem bei erheblicher Adipositas
- versehentliche und unbemerkte Intubation des Ösophagus
- pulmonale Aspiration von Mageninhalt
- aortokavales Kompressionssyndrom (auch bei Regionalanästhesie!)

Intubationsrisiken und pulmonale Aspiration können durch den Einsatz regionaler Anästhesieverfahren vermieden werden.

Pulmonale Aspiration

Die pulmonale Aspiration von Mageninhalt gehört zu den häufigsten primär anästhesiebedingten Todesursachen bei Schwangeren.

Die Letalität der Aspiration ist niedrig (▶ Kap. 30), die des Mendelson-Syndroms wird dagegen auf 33% geschätzt.

Prävention

Die Aspiration ist eine lebensbedrohliche Komplikation, die durch die **akute Hypoxämie** nicht nur die Mutter, sondern auch den Fetus gefährdet. Sie kann bei sachgerechter Anästhesie meist vermieden werden (▶ Kap. 30).

Die wichtigsten Prophylaxemaßnahmen bei Schwangeren sind:
- keine Nahrungszufuhr mehr mit Beginn der Geburtswehen.
- ausreichende intravenöse Zufuhr von Glukose/Elektrolytlösungen zur Verhinderung von Dehydratation und Ketoazidose (fördert Übelkeit und Erbrechen)
- regionale Anästhesieverfahren bevorzugen
- Allgemeinnarkosen nur mit endotrachealer Intubation; dabei auf ausreichende Narkosetiefe achten
- Schwangere im 3. Trimenon niemals bzw. nur im Notfall über Maske beatmen
- Narkoseeinleitung bei Oberkörperhochlagerung
- Krikoiddruck während der Narkoseeinleitung
- Intubation in der Regel erst nach ausreichender Wirkung des Muskelrelaxans, danach rasche Blockung der Tubusmanschette
- Extubation erst nach Rückkehr der Schutzreflexe.

Weitere prophylaktische Maßnahmen:
- Zufuhr von **Antazida** in flüssiger Form, z.B. 20–30 ml Natriumcitrat 0,3-molar p.o., etwa 10 min vor der Narkoseeinleitung.
- **H_2-Rezeptor-Antagonisten** wie **Cimetidin und Ranitidin** vermindern die Magensaftproduktion und heben den pH-Wert des Magensafts an (▶ Kap. 16). **Cimetidin,** 300 mg p.o. am Vorabend und 300 mg i.m. 1–3 h vor der Operation gegeben, bewirkte bei Patientinnen zur elektiven Sectio einen Anstieg des Magensaft-pH auf 6–8 und eine Abnahme des Magensaftvolumens. Die Versagerquote von Cimetidin (pH-Wert weiterhin < 2,5) bei elektiven Sectiones beträgt bis zu 20%.

Bei **Notfall-Sectiones** ist Cimetidin wegen seines verzögerten Wirkungseintritts (> 60 min) ohne Nutzen. Bei **geplanten** Sectiones in Allgemeinnarkose kann die Substanz hingegen routinemäßig eingesetzt werden (allerdings sollte der Anästhesist sich stets die Versagerquote vergegenwärtigen).

Weitere Einzelheiten zur Aspirationsprophylaxe siehe ▶ Kapitel 30.

Soforttherapie siehe ▶ Kapitel 30

Intubationsschwierigkeiten und Misslingen der Intubation

Intubationsschwierigkeiten, Misslingen der Intubation oder Fehlintubation des Ösophagus mit nachfolgender Hypoxie und/oder pulmonaler Aspiration sind derzeit die zweithäufigste anästhesiebedingte Todesursache in der Geburtshilfe.

Intubationsschwierigkeiten sind bei Schwangeren im 3. Trimenon häufiger zu erwarten als bei Nichtschwangeren (1 : 280–300).

Anatomische Besonderheiten (große Brüste, kürzerer Abstand zwischen Thorax und Kinnspitze, Larynxödem) spielen vermutlich eine geringere Rolle als **Hektik, Aufgeregtheit und Unerfahrenheit** des Anästhesisten.

! Merke

Bei Schwangeren im 3. Trimenon sollte der Anästhesist immer mit Intubationsschwierigkeiten rechnen und entsprechend vorbereitet sein.

✓ Praktisches Vorgehen

(s.a. ▶ Kap. 18)

1. Voraussetzungen: vollständiges und funktionierendes Instrumentarium bereitgestellt; erfahrener Helfer zur Hand.
2. Für die endotracheale Intubation muss der Kopf ungehindert zugänglich sein.
3. Ausreichende Präoxygenierung zum Schutz vor Hypoxie (beachte: verminderte FRK und erhöhter O_2-Bedarf führen rascher zum Abfall des paO_2 und des psO_2 als bei Nichtschwangeren!).
4. Injektion des i.v. Anästhetikums.
5. Injektion von ca. 0,25 mg Atropin i.v., danach von mindestens 100 mg Succinylcholin. Vorangehende Präcurarisierung ist nicht erforderlich, da Faszikulationen nur selten auftreten.
6. Beginn der Intubationsmaßnahmen erst nach vollständigem Wirkungseintritt von Succinylcholin (hierfür sind durchschnittlich 50 s erforderlich). Krikoiddruck ist von fraglichem Nutzen.
7. Beginn der Operation erst dann, wenn der Tubus sicher in der Trachea platziert und geblockt worden ist (Kontrolle!). Eine unbemerkte **Intubation des Ösophagus** muss aus Sicherheitsgründen bis zum Beweis des Gegenteils angenommen werden. Darum sorgfältige Auskultation des Thorax und Messung der endexspiratorischen CO_2-Konzentration. Zyanose ist ein Spätzeichen. Im Zweifelsfall umgehende Reintubation.

! Merke

Bei **Misslingen der Intubation:** keine panischen Reaktionen, keine ständig wiederholten Intubationsversuche! Ruhe bewahren, keine weitere Zeit verlieren, Larynxmaske einführen und Patientin hierüber beatmen. Ist dies nicht möglich: Patientin mit Atembeutel über Gesichtsmaske beatmen.

Auswirkungen auf das Neugeborene

Wird das Kind innerhalb weniger Minuten nach Narkoseeinleitung entwickelt, sind keine Effekte beim Neugeborenen nachweisbar. Längere Operationszeiten mit entsprechend längerer Zufuhr von Allgemeinanästhetika führen hingegen zur Neugeborenendepression.

Wahl der Narkosemittel für die Einleitung

Thiopental

Dosen von 4–7 mg/kg führen nicht zu signifikant schlechteren Apgar-Werten, bewirken aber eine bessere Anästhesietiefe als niedrige Dosen. Höhere Dosen (> 8 mg/kg) führen allerdings zur Neugeborenendepression und sollten möglichst vermieden werden. Außerdem ist zu beachten, dass die Elimination von Thiopental beim Neugeborenen langsamer verläuft als bei Erwachsenen.

Ketamin

Die Substanz wirkt analgetisch, hypnotisch und amnestisch; die Häufigkeit von intraoperativer Wachheit wird vermindert. Bei geburtshilflichen Blutungen gewährleistet Ketamin zudem eine größere kardiovaskuläre Stabilität als andere Einleitungssubstanzen. Die Dosierung für die Einleitung bei Sectio beträgt im Durchschnitt 1 mg/kg. Höhere Dosen können zu Neugeborenendepression führen und sollten daher vermieden werden. Bei Patientinnen mit Schwangerschaftshypertonie bzw. Präeklampsie/Eklampsie sollte Ketamin wegen seiner blutdrucksteigernden Wirkung nicht eingesetzt werden.

Etomidat

Dosen von 0,3 mg/kg führen nicht zur Neugeborenendepression; die Substanz hat sich aber wegen ihrer Myokloni auslösenden Wirkung (Vorinjektion von Fentanyl!) in der Geburtshilfe nicht durchgesetzt. In geburtshilflichen Notfallsituationen mit Hypovolämie oder Schock, z.B. bei Placenta praevia, Abruptio placentae oder Uterusruptur, könnte Etomidat jedoch von Vorteil sein.

Propofol

Dosen von 2–2,8 mg/kg, für die Narkoseeinleitung bei Sectio wurden mit Thiopental, 4–5 mg, verglichen; hierbei ergaben sich keine wesentlichen hämodynamischen Unterschiede zwischen beiden Substanzen. In Kombination mit Succinylcholin führte Propofol bei einigen Patientinnen zu massiver Bradykardie.

Anästhetika für die Aufrechterhaltung der Narkose

Bei der Aufrechterhaltung der Narkose für die Sectio sind folgende Besonderheiten zu berücksichtigen:

- die Phase bis zur Geburt des Kindes
- Phase nach der Abnabelung des Neugeborenen
- Auswirkungen der Anästhetika auf die Kontraktion des Uterus.

Vom Operationsbeginn bis zur Geburt

Um Wachheit während der Narkose zu verhindern, sollte nach der i.v. Einleitung ein volatiles Anästhetikum in hypnotisch wirkender Konzentration zugeführt werden; alternativ auch Ketamin i.v. Opioide dürfen dagegen nicht eingesetzt werden. Hohe Konzentrationen volatiler Anästhetika führen, vor allem bei länger dauernder Anwendung, zu neonataler Depression und ausgeprägter Uterusrelaxation und müssen daher vermieden werden.

Länger dauernde Lachgaszufuhr (> 15 min) führt ebenfalls zu neonataler Depression und sollte möglichst vermieden werden.

Von der Abnabelung bis zum Operationsende

Nach der Abnabelung des Neugeborenen kann die Narkose als TIVA oder als balancierte Anästhesie mit Opioiden fortgesetzt werden. In dieser Phase müssen bei unkomplizierter Sectio vor allem die Auswirkungen der Anästhetika auf die Uterusaktivität berücksichtigt werden. Wie bereits dargelegt, führen alle volatilen Anästhetika zu einer konzentrationsabhängigen Relaxation des Uterus bis hin zur Atonie mit der Gefahr erheblicher Nachblutungen. Diese Effekte spielen bei Lachgas und den Opioiden keine wesentliche Rolle.

Muskelrelaxanzien

Succinylcholin

Die Substanz ist trotz ihren Nebenwirkungen (▶ Kap. 5) nach wie vor das Relaxans der Wahl für die Intubation bei Sectio. Auf eine Präcurarisierung sollte wegen der möglichen anrelaxierenden Wirkung verzichtet wirden.

Ist Succinylcholin kontraindiziert, kann stattdessen **Rocuronium** für die Blitzintubation eingesetzt werden. Dosierung: 0,6 mg/kg.

Nichtdepolarisierende Muskelrelaxanzien können bei Bedarf nach Abnabelung des Kindes zugeführt werden.

Präoxygenierung

In der Schwangerschaft ist der Sauerstoffverbrauch um ca. 20% erhöht und die FRK um ca. 20% vermindert. Darum fällt selbst bei kurz dauernder Apnoe für den Intubationsvorgang der arterielle pO_2 bei Schwangeren erheblich rascher ab als bei nichtschwangeren Patientinnen (innerhalb 1 min um 150 mm Hg gegenüber 50 mm Hg bei Nichtschwangeren). Entsprechend kann sich bei Intubationsschwierigkeiten sehr schnell eine bedrohliche Hypoxie entwickeln, wenn die Schwangere vor der Narkoseeinleitung nicht ausreichend präoxygeniert worden ist (▶ Kap. 18).

! Merke

Möglichst keine Narkoseeinleitung bei Sectio ohne ausreichend lange Präoxygenierung (3–5 min)! Die hierbei erreichbare sichere Apnoezeit beträgt meist nur 6 min.

Wachheit während der Narkose

Bei konventioneller Anästhesie mit Thiopentaleinleitung und Beatmung mit Sauerstoff bis zur Abnabelung des Kindes muss in einem hohen Prozentsatz mit intraoperativer Wachheit der relaxierten Schwangeren gerechnet werden. Erst durch Supplementierung mit einem volatilen Anästhetikum in niedrigen Konzentrationen kann die Wachheit vollständig verhindert werden. Bei Anwendung von 50% Lachgas sind als Anhaltswerte folgende Konzentrationen erforderlich:

- Isofluran 0,75 Vol.%
- Desfluran 2,4 Vol.%
- Sevofluran 0,67 Vol.%.

Diese Konzentrationen führen nicht zu höheren Blutverlusten. Muss auf Lachgas verzichtet werden, z.B. bei vitaler Gefährdung des Fetus, sollte das volatile Anästhetikum höher dosiert werden: Wachheit mit Schmerzen ist nicht akzeptabel!

Praktisches Vorgehen bei der Allgemeinanästhesie

Praktisches Vorgehen

1. Narkose immer mit einem erfahrenen Helfer (Anästhesieschwester, -pfleger oder zweiter Anästhesist) durchführen.
2. Patientin über die wichtigsten Maßnahmen aufklären. Auf eine Prämedikation kann meist verzichtet werden.
3. Patientin 25–30° auf die **linke Seite** und mit erhöhtem Oberkörper lagern.
4. Multifunktionsmonitor (EKG, NiBP, saO_2, CO_2) anschließen und Blutdruckmanschette anlegen.
5. 1–2 großlumige Venenkanülen einführen und Infusion (isotone Elektrolytlösung) anschließen.
6. Etwa **3–5 min Sauerstoff** unter hohem Flow voratmen lassen; 4 tiefe Atemzüge mit 100%igem Sauerstoff innerhalb von 30 s vor der Narkoseeinleitung sollen ebenfalls wirksam sein (Anstieg des paO_2 auf ca. 400 mm Hg). Dabei kann das Operationsgebiet vorbereitet und abgedeckt werden.
7. Fakultativ Vorinjektion von **0,25–0,5 mg Atropin** i.v.
8. Thiopental, 4–5 mg/kg, nicht zu langsam i.v. injizieren. Wenn erforderlich, kann auch ein anderes Einleitungsmittel, z.B. **Ketamin** ca. 1 mg/kg i.v., eingesetzt werden. Möglich ist auch die kombinierte Injektion von 2–4 mg/kg Thiopental und 0,5 mg/kg Ketamin.
9. Sobald die Patientin schläft, 1–1,5 mg/kg Succinylcholin injizieren. Bei Atemstillstand **nicht** über Maske beatmen.
10. Nach ausreichender Muskelerschlaffung **rasche Intubation** der Trachea. Sorgfältige Kontrolle der Tubuslage. Danach sofort mit der Operation beginnen lassen.
11. Bei nicht überwindbaren Intubationshindernissen: Larynxmaskennarkose oder konventionelle Maskennarkose durchführen!
12. Am Narkosegerät Lachgas und Sauerstoff im Verhältnis 50 : 50 einstellen und mit einem volatilen Anästhetikum supplementieren, z.B. 0,75 Vol.% Isofluran, mäßig hyperventilieren auf einen $paCO_2$ von 30–33 mm Hg. Exzessive Hyperventilation vermeiden (Gefahr der Plazentaischämie).
13. Wenn Narkose zu flach (weite Pupillen, Tränenfluss, Blutdruckanstieg, Tachykardie, Schluckbewegungen): volatiles Inhalationsanästhetikum höher dosieren oder Ketamin injizieren. Bei Bedarf mit Succinylcholin nachrelaxieren.
14. Nach Abnabelung des Neugeborenen kann die Narkose mit einem Opioid vertieft (z.B. **Fentanyl oder Remifentanil**) und außerdem mit einem nichtdepolarisierenden Muskelrelaxans (z.B. **Atracurium**) in niedriger Dosis nachrelaxiert werden. Hohe Dosen von Inhalationsanästhetika müssen wegen der Gefahr der Uterusatonie vermieden werden. Der Bedarf an nichtdepolarisierenden Muskelrelaxanzien ist in der Schwangerschaft erniedrigt!
15. Der Anästhesist oder Pädiater führt inzwischen zusammen mit der Hebamme die Primärversorgung des Neugeborenen durch (▶ Kap. 35).
16. Nach Ablösung der Plazenta **3 E Oxytocin** (Syntocinon) i.v. injizieren, danach 10–20 E per Infusion zuführen. Möglichst keine Ergotaminderivate während der Narkose i.v. injizieren.
17. Bei Operationsende Narkose ausleiten und Patientin nach Rückkehr der Schutzreflexe bzw. **im Wachzustand extubieren.**

34.4 Spezielle Anästhesie in der Geburtshilfe

34.4.1 Beckenendlage

Beckenendlagen erhöhen das fetale und maternale Risiko, besonders bei vaginaler Entbindung. In zahlreichen Kliniken gilt daher die Beckenendlage als Indikation für die primäre Sectio.

Praktisches Vorgehen

Primäre Sectio

Ist für die Beckenendlage eine primäre Sectio vorgesehen, kann eine Allgemeinanästhesie oder eine Regionalanästhesie durchgeführt werden. In Regionalanästhesie ist die Extraktion des Kindes aus dem Uterus häufig erschwert. Bei hypertonem Uterus sollte eine Allgemeinnarkose mit einem uterusrelaxierenden Inhalationsanästhetikum durchgeführt werden.

Vaginale Entbindung

Soll der Fetus aus Beckenendlage vaginal entbunden werden, ist eine **Anästhesiebereitschaft** erforderlich.

Ist hierbei eine Allgemeinnarkose vorgesehen, so wird die Patientin immer **endotracheal intubiert.**

- Ist für die Zangenextraktion eine gute Relaxierung des Uterus erforderlich, wird eine **tiefe Inhalationsanästhesie,** z.B. mit Isofluran, Desfluran oder Sevofluran, durchgeführt.
- Die Narkose wird so rasch wie möglich eingeleitet. Volatiles Anästhetikum nur so lange zuführen, bis Gesäß und Füße des Fetus entwickelt worden sind. Danach Zufuhr des volatilen Inhalationsanästhetikums unterbrechen und die Elimination durch Hyperventilation beschleunigen, um eine Uterusatonie mit Verblutungsgefahr zu vermeiden.

Periduralan- oder Spinalanästhesien werden von zahlreichen Geburtshelfern bei Beckenendlagen abgelehnt, weil die Geburt verlängert und die Fähigkeit der Schwangeren zum aktiven Pressen beeinträchtigt werden kann.

34.4.2 Mehrlingsschwangerschaft

Bei Mehrlingsschwangerschaften sind das maternale und das fetale Risiko erhöht.

Für die Mutter gilt Folgendes:

- Anämie, Präeklampsie/Eklampsie, Frühgeburt, verlängerte Geburt, prä- und postpartale Blutung häufiger
- Gefahr der aortokavalen Kompression größer
- Malposition der Feten häufiger
- Mortalität doppelt so hoch wie bei Einlingsschwangerschaft.

Für den Fetus gilt:

- Frühgeburt 10-mal häufiger, Beckenendlage häufiger
- Asphyxie und Mortalität höher, besonders beim zweiten Fetus.

Praktisches Vorgehen

- Die **vaginale Entbindung** sollte in Periduralanästhesie durchgeführt werden. Sie erleichtert das geburtshilfliche Vorgehen und wirkt sich günstiger auf die Neo-

naten auf, jedoch muss die bei Mehrlingsschwangerschaft erhöhte **Gefahr des Blutdruckabfalls** durch Periduralanästhesie besonders beachtet werden.
- Kann der zweite Neonat aus ungünstiger Geburtslage nur mit instrumenteller Geburtshilfe entwickelt werden, empfiehlt sich die bei Beckenendlage beschriebene tiefe Inhalationsanästhesie.
- Die **Sectio** kann, je nach Dringlichkeit, in Allgemeinnarkose oder Regionalanästhesie durchgeführt werden. Periduralanästhesie ist vor allem bei verlängerter Operationsdauer günstiger für die Feten als Allgemeinanästhesie.

34.4.3 Frühgeburt

Frühgeborene reagieren sehr empfindlich auf Analgetika, Sedativa und Anästhetika, weil die Blut-Hirn-Schranke unreif und die Proteinbindungskapazität des Plasmas vermindert ist und außerdem häufiger eine fetale Asphyxie auftritt.

Praktisches Vorgehen

Vaginale Entbindung

Sie muss langsam und behutsam, unter geringem Pressen durch die Schwangere, erfolgen, um eine intrakranielle Blutung beim Fetus zu vermeiden. Meist werden eine großzügige Episiotomie und eine Zangenextraktion aus dem Beckenausgang durchgeführt. Hierfür eignet sich die **Periduralanästhesie,** weil eine gute Relaxierung des Beckenbodens erreicht werden kann.

Sectio

Hierfür ist die **Spinal- oder Periduralanästhesie** vorzuziehen, weil sie die zentral dämpfenden Wirkungen der Allgemeinanästhesie auf den Fetus vermeidet.

Unabhängig vom Anästhesieverfahren sind nach der Geburt meist Reanimationsmaßnahmen erforderlich (▶ Kap. 35). Folgende **Komplikationen** treten gehäuft auf und müssen entsprechend behandelt werden:
- neonatale Asphyxie
- Atemnotsyndrom
- Hypovolämie
- Hypoglykämie
- Anämie
- Unterkühlung.

34.4.4 Blutungen vor und nach der Geburt

Schwere Blutungen (> 800 ml) gehören zu den häufigsten maternalen Todesursachen in der Geburtshilfe. Die wichtigsten Ursachen **präpartaler** Blutungen sind:
- Placenta praevia
- vorzeitige Plazentalösung
- Uterusruptur (selten).

Häufige Ursachen **postpartaler** Blutungen sind:
- Plazentareste
- Uterusatonie
- Zervix- und Vaginarisse.

Klinisch gilt:

! Merke
Geburtshilfliche Blutungen treten oft unerwartet auf und können innerhalb weniger Minuten zum Tod führen!

Grundsätzliches anästhesiologisches Vorgehen

Hämorrhagischer Schock und Blutgerinnungsstörungen sind die wesentlichen Risiken bei Blutungen im 3. Trimenon und in der Plazentaperiode. Bereits bei seiner Alarmierung durch den Geburtshelfer sollte der Anästhesist sich auf diese Komplikationen einstellen und auch bei noch stabiler Situation entsprechende vorbereitende Maßnahmen treffen. Hierzu gehören:

- Einführen von 2 großlumigen Venenkanülen
- fakultativ: arterielle Kanüle, zentraler Venenkatheter
- Blutgruppe, Kreuzprobe, sofortige Verfügbarkeit von mindestens 2 Erythrozytenkonzentraten und von Frischplasma
- Gerinnungsstatus, übliche Laborparameter
- Bereitstellung von Druckmanschetten für Infusionen und Transfusionen
- Gabe eines oralen Antazidums
- Einführen eines Blasenkatheters
- Sauerstoffzufuhr (100 %) über Maske.

Diese Maßnahmen sollten auch dann durchgeführt werden, wenn der Geburtshelfer die Schwangere in Anästhesiebereitschaft untersucht, um sich Klarheit über den aktuellen Befund zu verschaffen.

Placenta praevia

Normalerweise inseriert die Plazenta im oberen bis mittleren Drittel des Corpus uteri. Bei Placenta praevia ist sie hingegen vollständig oder teilweise im unteren Uterinsegment implaniert. Je nach Lage zum Muttermund werden folgen Formen unterschieden.

- Placenta praevia totalis (innerer Muttermund ist vollständig von Plazenta überdeckt)
- Placenta praevia partialis (innerer Muttermund ist teilweise überdeckt)
- Placenta praevia marginalis (Plazenta erreicht den inneren Muttermund)
- Tiefsitzende Plazenta (Implantation im unteren Uterinsegment, Plazentarand nicht mehr als 5 cm vom inneren Muttermund entfernt).

Leitsymptom der Placenta praevia ist die **Blutung;** Schmerzen werden dabei nicht empfunden, meist auch keine Wehentätigkeit.

→ Bei lebensbedrohlicher Blutung muss sofort eine **Sectio** durchgeführt werden, unabhängig vom jeweiligen Gestationsalter.

→ Bei reifem Kind und totaler oder partieller Placenta praevia sollte ebenfalls umgehend eine Sectio erfolgen.

Anästhesiologisches Vorgehen

Das Vorgehen richtet sich in erster Linie nach dem Sitz der Plazenta, der Dringlichkeit der Situation und dem Ausmaß der bereits eingetretenen oder zu erwartenden Blutverluste. Folgendes sollten beachtet werden:

- Bei hämorrhagischem Schock ist eine Regionalanästhesie kontraindiziert.
- Für operative Notfalleingriffe ist die Allgemeinnästhesie das Verfahren der Wahl.

- Für die („Ileus"-)Einleitung von Patientinnen im Schock kann Ketamin oder Etomidat verwendet werden, alternativ andere Einleitungssubstanzen in entsprechend reduzierter Dosis.
- Die Aufrechterhaltung der Narkose bis zur Entwicklung des Kindes richtet sich vor allem nach dem Zustand der Mutter. Inhalationsanästhetika in niedriger Konzentration können zugesetzt werden, um eine Amnesie zu erreichen, sofern es die Kreislaufsituation erlaubt.
- Nach Entfernen der Plazenta und Ausgleich der Blutverluste stabilisiert sich die Situation meist, so dass Opioide und Inhalationsanästhetika in niedriger Konzentration zugeführt werden können.

! Merke

Bei der Versorgung von Patientinnen mit Placenta praevia sollte der Anästhesist immer auf plötzliche massive Blutungen vorbereitet sein.

Placenta praevia accreta bei Zustand nach Sectio

Bei Zustand nach Sectio tritt in der nachfolgenden Schwangerschaft häufiger eine Placenta praevia accreta auf, die oft erst intraoperativ erkannt wird. Hierdurch wird das Risiko lebensbedrohlicher Blutungen wesentlich erhöht. Daher ist ein entsprechendes Risikomanagement erforderlich.

Klinik

Risikomanagement bei Placenta praevia accreta

- Pränatale Aufnahme der Patientin in ein Perinatalzentrum oder eine Schwerpunktklinik mit ausreichend verfügbaren Blutkonserven rund um die Uhr
- prophylaktische, bei Notfällen sofortige Bereitstellung von 4 gekreuzten Erythrozytenkonzentration
- präoperative Aufklärung über mögliche Hysterektomie zur Blutungskontrolle
- erfahrener Operateur, erfahrener Anästhesist, ausreichende Anzahl von Helfern
- bei massiven Blutungen: rechtzeitiger Entschluss zur lebensrettenden Hysterektomie

Vorzeitige Plazentalösung

Unterschieden wird zwischen vollständiger und partieller Ablösung der Plazenta von der Uterushaftfläche. Bei vollständiger Ablösung besteht keine maternale Perfusion der Plazenta mehr. Bei partieller Ablösung kann sich das Hämatom zentral oder randständig entwickeln. Bei starkem Blutverlust besteht das klinische Bild des **hämorrhagischen Schocks** mit den Zeichen des **akuten Abdomens.** Die vaginale Blutung ist dunkel.

Anästhesiologisches Vorgehen

Hämorrhagischer Schock, Störungen der Blutgerinnung und fetale Asphyxie sind die wesentlichen Gefahren der vorzeitigen Plazentalösung.

- Bei Notsectio sollte eine Allgemeinanästhesie mit endotrachealer Intubation durchgeführt werden.
- Starke Blutverluste werden mit Kristalloiden, Kolloiden und Erythrozytenkonzentraten ausgeglichen.

Nach Sectio, aber auch nach vaginaler Entbindung muss mit einer Uterusatonie und postpartalen Blutungen gerechnet werden. Daher ist eine entsprechende Überwachung erforderlich.

Uterusruptur

Vorangegangene Eingriffe am Uterus sind die häufigste Ursache einer Uterusruptur. Bei eingetretener Ruptur hört die Wehentätigkeit schlagartig auf, die fetale Herzfrequenz fällt ab; meist entwickelt sich das klinische Bild des hämorrhagischen Schocks. Das Ausmaß der vaginalen Blutungen kann gering sein.

Anästhesiologisches Vorgehen

Bei drohender Ruptur wird zunächst notfallmäßig eine intravenöse Tokolyse eingeleitet (z.B. mit Fenoterol oder Ritodrin), dann umgehend eine Sectio durchgeführt. Bei totem Kind kann im Einzelfall eine vaginale Entbindung nach Perforation des Kopfes vorgenommen werden.

- Bei Ruptur: Notfallsectio (mediane Unterbauchlaparotomie)
- bei schwerster, nicht zu beherrschender Blutung, Zerstörung der Uteruswand oder mehrfachen Einrissen: zusätzlich Hysterektomie
- bei diffusen Blutungen, besonders im Bereich der Zervix: ipsilaterale Ligatur der A. iliaca interna.

Uterusatonie

Bei Uterusatonie verkleinert sich der Uterus nicht ausreichend, auch werden die Spiralarterien nicht genügend abgeklemmt, und es kommt zu entsprechenden Blutverlusten, in schweren Fällen zum hämorrhagischen Schock.

Bei anhaltenden Blutungen trotz medikamentöser Therapie (Oxytocin, Methylergotamin, Prostaglandine): totale Hysterektomie.

→ Hierbei dürfen keine volatilen Anästhetika eingesetzt werden. Mit Blutgerinnungsstörungen muss gerechnet werden.

34.4.5 Manuelle Plazentalösung

Eine umgehende manuelle Plazentalösung ist besonders bei starker postpartaler Blutung erforderlich; aber auch bei nur geringen Blutungen sollte die Plazenta innerhalb von 30 min nach der Geburt manuell gelöst werden, wenn andere Maßnahmen erfolglos bleiben. Die manuelle Lösung kann in einem dafür geeigneten Gebärbett oder auf dem Operationstisch erfolgen.

Gefahren:

- Zervixriss
- Vergrößerung eines bereits bestehenden Damm- oder Scheidenrisses
- Weiterreißen einer bereits durchgeführten Episiotomie
- Infektionen.

Anästhesiologisches Vorgehen

Liegt bei starken Blutungen kein Periduralkatheter, sollte eine Allgemeinnarkose mit endotrachealer Intubation durchgeführt werden.

Praktisches Vorgehen

1. Injektion von Muskelrelaxanzien, um dem Operateur die Palpation des Fundus uteri durch die erschlafften Bauchdecken zu erleichtern.
2. Relaxierung des Uterus durch Zufuhr eines volatilen Inhalationsanästhetikums in hoher Konzentration
3. Sobald der Uterus für die manuelle Plazentalösung ausreichend schlaff ist: Zufuhr des Inhalationsanästhetikums unterbrechen und Elimination durch Hyperventilation beschleunigen.
4. Sofort nach Lösung der Plazenta: Oxytocin i.v. injizieren, damit der Uterus sich kontrahiert, und Zufuhr des volatilen Anästhetikums stoppen.

Klinisch sollte Folgendes beachtet werden: Ketamin ist wegen seiner tonussteigernden Wirkung bei manueller Plazentalösung **nicht** indiziert.

34.4.6 Präeklampsie, Eklampsie und HELLP-Syndrom

In ▶ Tabelle 34-6 ist die Einteilung der hypertensiven Erkrankungen in der Schwangerschaft der deutschen Arbeitsgemeinschaft Schwangerschaftshochdruck/Gestose, 1993, zusammengestellt.

Terminologie

Schwere Präeklampsie

Präeklampsie mit nachweisbaren Organfunktionsstörungen:

- anhaltende Hypertonie: 160/110 mm Hg oder höher
- Proteinurie > 5 g/dl
- Oligurie < 400 ml/24 h
- Thrombozytopenie
- erhöhte Transaminasen

Tab. 34-6 Einteilung der hypertensiven Schwangerschaftserkrankungen
• Gestationshypertonie Hypertonie, die weder vor der 20. Schwangerschaftswoche bestand noch länger als 6 Wochen nach der Geburt anhält; Hypertonie ohne Proteinurie
• Präeklampsie (Synonyme: Gestose, proteinurische Gestationshypertonie) Hypertonie und Proteinurie nach der 20. SSW mit oder ohne Ödeme • Eklampsie: Gestose mit tonisch-klonischen Krämpfen • HELLP-Syndrom: schwere Verlaufsform der Präeklampsie mit Hämolyse (H), erhöhten Leberenzymen (EL = elevated liver enzymes) und erniedrigten Thrombozytenwerten (LP = low platelets)
• Pfropfgestose charakteristische Gestosesymptome, meist Proteinurie bei Schwangeren mit chronischer Hypertonie
• Chronische Hypertonie vorbestehende primäre (essentielle) Hypertonie (95%) und sekundäre Hypertonie vor der 20. SSW
• sonstige hypertensive Komplikationen
• transiente Hypertonie: erhöhte Blutdruckwerte nach der 20. SSW ohne Proteinurie

- erhöhtes Serumkreatinin
- zerebrale Störungen: Kopfschmerzen, Sehstörungen, motorische Unruhe, Hyperreflexie
- epigastrische Beschwerden
- Zyanose.

HELLP-Syndrom

Hämolyse, erhöhte Leberenzyme und erniedrigte Thrombozytenwerte, meist in Verbindung mit einer schweren Präeklampsie, jedoch bei 10–20% der Patientinnen auch ohne Hypertonie. Häufig mit epigastrischen Schmerzen, Schmerzen in rechtem Oberbauch, Nacken oder Schulter, des Weiteren Übelkeit und Erbrechen.

Ätiologie und Pathophysiologie

Die Ursachen der Präeklampsie und des HELLP-Syndroms sind nicht bekannt.

Im Mittelpunkt der Erkrankung steht ein generalisierter Vasospasmus mit Störungen der Mikrozirkulation. Durch die generalisierten Mikrozirkulationsstörungen kommt es bei den schweren Formen der Präeklampsie zu klinisch manifesten Organfunktionsstörungen:

- Hypertonie durch generalisierten Arteriolenspasmus
- Hypovolämie (bis zu 40% bei schweren Formen) durch gesteigerte Gefäßpermeabilität und erniedrigten onkotischen Druck im Plasma; Hämokonzentration (Hb > 13 g/dl bzw. Hkt >38%)
- Thrombozytopenie; Blutgerinnung meist normal; selten DIC
- Lungenödem: 2 Formen: kardiales, bedingt durch Linksherzhypertrophie und diastolische Funktionsstörungen oder durch dilatative Kardiomyopathie. Nichtkardiogenes Lungenödem durch erhöhte Kapillarpermeabilität oder -leckage, Abnahme des kolloidosmotischen Drucks, iatrogene Überwässerung mit Zunahme des hydrostatischen Drucks.

Gehirn

Fokale Ischämie durch Vasospasmen; des Weiteren Kopfschmerzen, Sehstörungen, gesteigerte Erregbarkeit und Hyperreflexie durch Störungen der Hirndurchblutung und Gewebeödem, generalisierte Krämpfe (auch postpartal noch möglich, dann aber andere Ursachen ausschließen).

→ Schwerste Formen der Präeklampsie/Eklampsie können zu Koma, Hirninfarkt, Hirnödem und Hirnblutungen führen; die Prognose ist sehr ernst.

Niere

Thrombozytenaggregation und Fibrinniederschläge in den Nierengefäßen; Abnahme der Nierendurchblutung und der glomerulären Filtrationsrate; Anstieg des Renins, natriuretischen Faktors, Angiotensins und von Katecholaminen. In schweren Fällen Oligurie bis hin zum Nierenversagen.

Leber

Meist nur wenig betroffen; bei schwerer Hypertonie Leberzellschäden mit Anstieg der Transaminasen, periportalen Blutungen, generalisierter subkapsulärer Schwellung oder Hämatom mit Leberruptur möglich. Schmerzen im rechten oberen Quadranten sollten als Hinweis auf eine schwerwiegende Leberbeteiligung gewertet werden.

HELLP-Syndrom

Das HELLP-Syndrom tritt häufiger bei schwerer Präeklampsie oder Eklampsie auf, kann sich jedoch bei ca. 10–20% der Patientinnen auch ohne Hypertonie entwickeln.

Als zuverlässiges Zeichen des beginnenden HELLP-Syndroms gilt der durch eine Kapselspannung der Leber hervorgerufene **rechtsseitige Oberbauchschmerz.** Bei schwerem HELLP-Syndrom kann sich eine DIC mit Verbrauchskoagulopathie entwickeln, erkennbar an folgender **Laborparameterkonstellation:**

- Abfall des Fibrinogens
- Verlängerung der Thrombinzeit
- Thrombozytopenie
- Abfall von Faktor VIII.

Tritt eine DIC auf, muss die Schwangerschaft sofort beendet werden.

Uteroplazentare Einheit

Vasospasmus und Hämokonzentration mit Anstieg der Blutviskosität können zur Abnahme der Uterusdurchblutung um 50–70% führen. Aufgrund der grenzwertigen Plazentafunktion muss mit fetalen Wachstumsstörungen gerechnet werden. Der Uterus entwickelt eine Hyperaktivität und reagiert überempfindlich auf Syntocinon; zu früh einsetzende Wehentätigkeit ist daher nicht selten.

Behandlung

Derzeit gibt es keine kausale Therapie der Präeklampsie/Eklampsie; die Behandlung erfolgt daher nur symptomatisch. Wichtigste Therapieziele sind die Normalisierung der maternalen Hämodynamik bzw. des Blutdrucks und der Plazentadurchblutung sowie die Prophylaxe von Krämpfen.

Antihypertensive Therapie

Angestrebt werden Blutdruckwerte von < 160/100 mm Hg bzw. Normalwerte des systolischen und diastolischen Blutdrucks.

Dihydralazin

Diese Substanz senkt den Blutdruck durch direkte arterioläre Dilatation. Derzeit ist Dihydralazin vermutlich das am häufigsten bei Präeklampsie eingesetzte Antihypertensivum. Bei schwerer Präeklampsie sollte Dihydralazin kontinuierlich intravenös zugeführt werden.

> **Pharmakologie**
>
> **Dosierung von Dihydralazin:**
>
> 2–20 mg/h, maximal 200 mg/24 h

Zu den wichtigsten Nebenwirkungen von Dihydralazin gehören Tachykardie und Kopfschmerzen; neonatale Thrombozytopenien sind nach intravenöser Zufuhr beschrieben worden.

β-Rezeptoren-Blocker

Sie werden eingesetzt, um eine durch Dihydralazin ausgelöste Reflextachykardie zu beseitigen und den blutdrucksenkenden Effekt von Dihydralazin zu verstärken.

Prophylaxe und Therapie generalisierter Krämpfe

Magnesiumsulfat

Magnesiumsulfat ist nach wie vor das Mittel der Wahl zur Prophylaxe und Behandlung generalisierter Krämpfe bei Eklampsie. Bei schwerer Präeklampsie sollte sofort eine Krampfprophylaxe mit Magnesiumsulfat eingeleitet werden.

EBM

Cochrane Review über den Einsatz von Magnesiumsulfat bei Eklampsie im Vergleich mit anderen Antikonvulsiva (Duley 2003)

Magnesiumsulfat vermindert bei Präeklampsie das Krampfrisiko um die Hälfte und ist wirksamer als Phenytoin oder Nimodipin. Hauptnebenwirkung ist eine Hautrötung. Die Sectio-Rate wird leicht erhöht, die fetale Prognose nicht wesentlich beeinflusst. Die Zufuhr sollte normalerweise 24 h nicht überschreiten; bei i.v. Zufuhr sollte die Dosierung auf 1g/h beschränkt wirden. Eine Überwachung der Serumkonzentration ist nicht erforderlich (**Dosierung** siehe aber nachfolgende deutsche Empfehlungen).

Pharmakologie

Dosierung von Magnesiumsulfat (Leitlinie der DGGG 2002):

- initialer Bolus von 4–6 g i.v. über 15–20 min
- danach kontinuierliche Infusion von 1–2 g/h bis 24–48 h post partum

Die therapeutische Breite von Magnesiumsulfat ist gering, daher sollte die Serumkonzentration regelmäßig kontrolliert werden.

→ Angestrebter Serumwert 2–4 mmol/l.

Überdosierung führt zu folgenden **Nebenwirkungen:**

- Somnolenz
- Atemdepression
- Erregungsleitungsstörungen des Herzens, Herzstillstand.

Da Magnesium über die Nieren ausgeschieden wird, darf die Zufuhr nur bei ausreichender Nierenfunktion erfolgen.

Behandlung der Überdosierung: Bei versehentlicher Überdosierung mit schwerer Atemdepression muss die Patientin zunächst endotracheal intubiert und kontrolliert beatmet werden. Bei weniger bedrohlichen Formen können **Kalziumchlorid oder Kalziumglukonat** als Antidot i.v. injiziert werden.

Benzodiazepine, Phenytoin

Andere Antikonvulsiva wie Benzodiazepine oder Phenytoin werden ebenfalls bei Präeklampsie/Eklampsie eingesetzt.

Bei nicht beherrschbarem Status eclampticus werden auch Barbiturate und, wenn nötig, Muskelrelaxanzien eingesetzt.

Praktisches Vorgehen

Für die vaginale Entbindung werden regionale Anästhesieverfahren empfohlen; bei Sectio in Spinal- oder Periduralanästhesie besteht dagegen die sehr hohe Gefahr des **Blutdruckabfalls** und des **Lungenödems** durch übermäßige prophylaktische Volumenzufuhr.

! Merke

Bei gleichzeitiger Zufuhr von Tokolytika und Kortison ist die Gefahr eines Lungenödems wesentlich erhöht. Daher darf die Volumenzufuhr nur sehr vorsichtig erfolgen.

Vor der Narkose sollte sich der Anästhesist über den Schweregrad der Erkrankung, das Ausmaß möglicher Organfunktionsstörungen, den Volumenstatus, das Blutgerinnungssystem und die Wirksamkeit der therapeutischen Maßnahmen informieren (siehe Checkliste).

Anästhesiologische Checkliste bei Präeklampsie/HELLP-Syndrom

- Grad der Hypertonie?
- Hypovolämie (Hämokonzentration), Anämie?
- Hypoproteinämie?
- Elektrolytstörungen?
- Störungen der Blutgerinnung, Thrombozytopenie?
- Einschränkung der Nierenfunktion?
- Beteiligung der Leber (HELLP-Syndrom)?
- ZNS-Symptome: zentrale Übererregbarkeit, Krämpfe?
- kardiale Funktionsstörungen?
- respiratorische Störungen: Lungenödem?

Medikamente

- Antihypertensiva
- Magnesiumsulfat
- Phenytoin, Benzodiazepine
- Acetylsalicylsäure in niedriger Dosierung

Präoperative Laborwerte

Unabhängig vom gewählten Anästhesieverfahren sollten vor Beginn folgende für das Vorgehen wichtige Laborwerte bestimmt werden:

- Hämoglobin oder Hämatokrit
- Serumelektrolyte und -kreatinin
- Gesamteiweiß
- Proteinurie
- Bilirubin
- SGOT, SGPT
- Thrombozyten
- Gerinnungsstatus einschließlich Fibrinogen
- Antithrombin III

Geburtshilfliche Periduralanalgesie

Für die geburtshilfliche Katheter-Periduralanalgesie müssen folgende Voraussetzungen erfüllt sein:

- ausreichendes zirkulierendes Blutvolumen
- gute medikamentöse Einstellung der Hypertonie
- keine Störungen der Blutgerinnung, Thrombozyten > 80 000/µl.

Peridural- oder Spinalanästhesie für die Sectio

! Merke

Voraussetzungen für die Regionalanästhesie: Kontrolle der Krämpfe; Patientin bei Bewusstsein!

Gefahren:
- schlagartiger Blutdruckabfall
- Lungenödem durch zu starke Volumenzufuhr.

Allgemeinanästhesie für die Sectio

Bei Not-Sectiones ist die Allgemeinanästhesie das Verfahren der Wahl, des Weiteren in folgenden Situationen:
- massive Hypertonie, für deren pharmakologische Kontrolle nicht mehr ausreichend Zeit zur Verfügung steht
- schwere Präeklampsie mit manifesten Organfunktionsstörungen
- Störungen der Blutgerinnung.

Im Wesentlichen kann wie in ▶ Kapitel 34.3.8 beschrieben vorgegangen werden.

Folgende **Besonderheiten** sollten beachtet werden:
- bei schwerer Präeklampsie: ZVK und arterielle Kanüle
- angestrebter diastolischer Blutdruck: 90–100 mm Hg
- bei kardialen Funktionsstörungen: vorsichtige Volumenzufuhr
- ausreichende Narkosetiefe bei der Intubation: Gefahr des exzessiven Blutdruckanstiegs
- Magnesiumsulfat vermindert den Relaxanzienbedarf erheblich, darum zurückhaltende Dosierung
- Ketamin sollte wegen seiner blutdrucksteigernden Wirkung hingegen vermieden werden.

Postoperative Phase

Nach der Entbindung des Kindes bilden sich die krankheitsbedingten Veränderungen meist sehr rasch zurück, jedoch ist die **Gefahr des Lungenödems** auch post partum noch erhöht.

Patientinnen mit schwerer Präeklampsie sollten zur postoperativen Überwachung und Weiterbehandlung auf eine Intensivstation verlegt werden.

34.4.7 Diabetes mellitus

Der Diabetes in der Schwangerschaft erhöht das Risiko für Mutter und Fetus: erhöhte Frühgeburtsrate, Präeklampsie und Infektionen (vor allem der Harnwege) sowie Langzeitauswirkungen auf den maternalen Stoffwechsel, des Weiteren gehäuft auftretende Fehlbildungen oder Makrosomie des Fetus in der Spätschwangerschaft.

! Merke

Bei Schwangeren sollten die Nüchternblutglukosekonzentration 90 mg/dl und der Wert 2 h nach der Nahrungsaufnahme 120 mg/dl nicht überschreiten.

Bei guter Stoffwechselkontrolle und normaler Entwicklung des Fetus wird die Geburt in der Nähe des errechneten Geburtstermins eingeleitet, bei fetalen oder maternalen Komplikationen hingegen früher.

Besonderheiten:

- vaginale Entbindung: Periduralanalgesie
- Sectio: SPA, PDA oder ITN
- Ketoazidose, nicht ketoazidotisches Koma und Hypoglykämie müssen vermieden werden
- Insulinbedarf in der Schwangerschaft erhöht.

34.4.8 Herzerkrankungen

Das anästhesiologische Vorgehen bei den einzelnen Herzerkrankungen ist in ▶ Kapitel 43 beschrieben. Es gilt grundsätzlich auch für herzkranke Schwangere.

Praktisches Vorgehen

- Bei Mitralstenose, Mitralinsuffizienz, Aorteninsuffizienz und angeborenen Herzfehlern mit Links-rechts-Shunt muss der mit dem Geburtsvorgang verbundene Anstieg des Herzzeitvolumens bzw. der Herzarbeit vermieden werden. Darum sollte bei diesen Patientinnen für die **vaginale Entbindung** eine **Periduralanalgesie** durchgeführt werden. Ein Blutdruckabfall muss jedoch verhindert bzw. sofort behandelt werden.
- Für die **Sectio** ist eine **Allgemeinnarkose** vorzuziehen.
- Bei Aortenstenose, Herzfehlern mit Rechts-links-Shunt oder pulmonalem Hochdruck dürfen venöser Rückfluss und peripherer Widerstand nicht abfallen. Darum wird bei diesen Patientinnen **keine Periduralanästhesie** durchgeführt. Für die vaginale Entbindung ist eine Allgemeinnarkose vorzuziehen, ebenso für die Sectio.

34.5 Anästhesie in der Schwangerschaft

Grundsätzliche Ziele: keine Gefährdung der Schwangeren, Vermeidung einer fetalen Hypoxie/Asphyxie.

34.5.1 Wirkungen von Pharmaka auf den Fetus

Im ersten Drittel der Schwangerschaft, der Embryogenese, reagieren die schnell wachsenden embryonalen Zellstrukturen besonders empfindlich auf Pharmaka, so dass entsprechend leicht medikamentös bedingte Fehlbildungen hervorgerufen werden können. Aber auch allgemeine körperliche und psychische Entwicklungsverzögerungen können auftreten, die sich über das gesamte Kindesalter hinziehen können.

! Merke

In der Schwangerschaft dürfen nur Pharmaka eingesetzt werden, die beim Primaten nicht keimschädigend wirken.

Pharmakologie

Folgende Pharmaka und Substanzen sind u.a. in der Schwangerschaft kontraindiziert:

- ACE-Hemmer: Anurie
- Aldosteronantagonisten: nicht in der Frühschwangerschaft: Hypokaliämie
- Alkohol: embryofetales Alkoholsyndrom
- Amphetamine
- Androgene: Maskulinisierung
- Antimetaboliten: multiple Fehlbildungen
- Barbiturate: nicht in der Frühschwangerschaft (multiple Fehlbildungen), Ausnahme: Epilepsie
- Benzodiazepine: nicht in der Frühschwangerschaft (Ausnahme: Epilepsie); Floppy-infant-syndrome
- Carbamazepin: Spina bifida, Dysmorphien
- Ergotaminderivate: Abort, vorzeitige Plazentalösung, Ergotismus
- Jodüberdosierung: passagere Hypothyreose
- Kokain: ZNS-, Eingeweide-, Nierenschädigung
- Kortikoide: Fehlbildungen in der Frühschwangerschaft
- Kumarinderivate, Indandione: fetale Blutungen
- Lithium: Herz-/Gefäßfehlbildungen
- Plazentainsuffizienz, Retardierung, Unterentwicklung
- Opioide: somatische und psychische Retardierung bei chronischem Gebrauch, fetales Entzugssyndrom; einmalige Verwendung unschädlich
- Penicillamin: Cutis laxa
- Phenacetin: fetale Nephritis und Lebernekrosen
- Phenothiazine: bei sehr hohen Dosen Entwicklungsverzögerungen möglich
- Phenytoine: nicht in der Frühschwangerschaft, Ausnahme: Epilepsie
- Pyrazolonderivate: Purpura, Methämoglobinbildung, Agranulozytose
- Retinoide: Ohr-, ZNS-, Herz-Kreislauf-, Skelettfehlbildungen
- Saluretika: nicht in der Frühschwangerschaft: Hyponatriämie, Hypokaliämie
- Sulfonylharnstoffe: Fehlbildungen und Entwicklungsstörungen durch schlecht einstellbaren Blutzucker
- Tetrazykline (nach 15. SSW): Verfärbung der Milchzähne
- Thalidomid: Extremitätenfehlbildungen
- Trimethadion: multiple Fehlbildungen
- Valproinsäure: Spina bifida, multiple Fehlbildungen
- Vitamin A (> 25 000 IE/d): wie Retinoide?

Pharmakologie

Strengster Indikationstellung bedürfen in der Schwangerschaft u.a. folgende Pharmaka:

- Kortikoide: nicht bei Frühschwangerschaft
- Atropin: bei Dauerbehandlung: Retardierung, fetales Entzugsyndrom häufig; Einzelgaben unbedenklich
- Salicylate
- Antihistaminika
- Benzodiazepine
- Saluretika
- trizyklische Antidepressiva

- Lithium
- Insuline
- Barbiturate
- Hydantoine
- Neuroleptika
- Thymeretika (MAO-Hemmer)
- Meprobamat
- Methaqualon (nicht bei Frühschwangerschaft)

Pharmakologie

Wenn indiziert, können u.a. folgende Substanzen ohne Gefahr für den Fetus zugeführt werden:

- α- und β-Sympathomimetika für Narkosezwecke
- Analgetika: Paracetamol, ASS (Einzeldosen)
- Antazida
- Antiallergika
- Antiarrhythmika
- Antiasthmatika: β_2-Sympathomimetika (per Inhal.), Glukokortikoide (per Inhal.) Cromoglicinsäure, Theophyllin
- Antibiotika: Penicilline, Cephalosporine, Erythromycin
- Antihistaminika für Narkosezwecke
- Antihypertonika
- Antihypertonika für Narkosezwecke
- Antiparkinsonmittel außer Anticholinergika
- Benzodiazepine für Narkosezwecke
- ß-Rezeptoren-Blocker
- Digitalis
- Diuretika für Narkosezwecke
- Heparin
- Infusionslösungen
- Inhalationsanästhetika
- intravenöse Anästhetika
- Kalziumantagonisten
- Lokalanästhetika
- Migränemittel
- Mukolytika
- Muskelrelaxanzien
- Neuroleptika für Narkosezwecke
- Opioide für Narkosezwecke
- Parasympatholytika für Narkosezwecke (Atropin, Scopolamin)
- Parasympathomimetika (Anticholinesterasen, Acetylcholinderivate)
- Pravidel nicht in der Frühschwangerschaft
- Theophyllinderivate
- Vasodilatatoren

34.5.2 Wirkungen von Narkose und Operation

Operation und Narkose erhöhen das Risiko für Aborte und frühzeitige Wehentätigkeit. Die Gründe sind nicht bekannt. Es gibt aber keine ausreichenden Beweise dafür, dass die gebräuchlichen Anästhetika und Prämedikationssubstanzen teratogen wirken oder später beim Neugeborenen zu neurobiologischen Verhaltens- und Anpassungsstörungen führen.

Intrauterine fetale Asphyxie

Grundsätzlich besteht bei allen Narkosen während der Schwangerschaft die Gefahr einer fetalen Asphyxie, in erster Linie bedingt durch ungenügende Uterusdurchblutung, z.B. durch Blutdruckabfall oder zu hohe Dosierung von Vasopressoren oder Ketamin.

34.5.3 Gefahren für die Schwangere

Die spezifischen Gefahren für die Schwangere, **pulmonale Aspiration** und **aortokavales Kompressionssyndrom,** treten erst in der Spätschwangerschaft auf.

34.5.4 Praktisches Vorgehen

✓ Praktisches Vorgehen

Anästhesien in der Frühschwangerschaft (< 16. Gestationswoche)

1. Wenn möglich: Verschiebung der Operation in das zweite Drittel der Schwangerschaft.
2. Vor der Narkose: Untersuchung der Patientin durch den Gynäkologen.
3. Wenn möglich: regionale Anästhesieverfahren einsetzen.
4. Während der Narkose: Hypotension, Hypoxie und Hypoglykämie vermeiden.
5. Keine hohen Lachgaskonzentrationen zuführen.
6. Fetale Herztöne vor und nach dem Eingriff überprüfen.

Präoperative Einschätzung

Schwangere müssen grundsätzlich über das Risiko einer Gefährdung des Fetus und die Möglichkeit eines Aborts aufgeklärt werden.

Prämedikation

Aufgeregte Patientinnen können in üblicher Weise prämediziert werden. Eine routinemäßige medikamentöse Aspirationsprophylaxe ist in diesem Stadium nicht erforderlich, weil das Aspirationsrisiko nicht höher ist als bei Nichtschwangeren.

Prophylaktische Tokolyse

Die Indikation für eine prophylaktische Wehenhemmung stellt der Geburtshelfer. Eingesetzt werden β-Rezeptoren-Agonisten, Indometacin oder Magnesiumsulfat. Bei β-adrenergen Substanzen und Magnesiumsulfat muss mit kardiovaskulären Nebenwirkungen und Interaktionen mit den Anästhetika gerechnet werden.

Postoperativ sollte der Anästhesist gezielt nach frühzeitigen Wehen fragen. Rückenschmerzen können ein Hinweis sein.

Wahl des Anästhesieverfahrens

Grundsätzlich können in der Schwangerschaft Regional- und Allgemeinanästhesien durchgeführt werden.

Regionalanästhesie

Für die Frühschwangerschaft werden regionale Anästhesieverfahren bevorzugt, da hierunter die geringsten Auswirkungen auf den Embryo zu erwarten sind, vorausgesetzt, Blutdruckabfall, Hypoxie und eine Überdosierung von Lokalanästhetika werden vermieden.

Der Dosisbedarf an Lokalanästhetika ist bereits in der Frühschwangerschaft reduziert.

Allgemeinanästhesie

Die Auswahl der Anästhetika für die Narkose bei Schwangeren scheint von untergeordneter Bedeutung zu sein, solange die Uterusdurchblutung und die Sauerstoffversorgung der Plazenta gewährleistet sind.

Bei der Beatmung sollte der schwangerschaftsphysiologische $paCO_2$-Wert von ca. 32 mm Hg angestrebt werden.

Intraoperatives fetales Monitoring

Eine Routineüberwachung der fetalen Herztöne wird nicht empfohlen, zumal bislang kein günstiger Einfluss auf die fetale Prognose nachgewiesen werden konnte.

- Die Narkose kann in üblicher Weise erfolgen; eine Crash-Einleitung ist nicht erforderlich.
- Opioide können ohne Gefährdung des Fetus eingesetzt werden.
- Der uterusrelaxierende Effekt volatiler Anästhetika ist in der Regel erwünscht. Zu niedriger Blutdruck muss jedoch strikt vermieden werden.
- Ketamin: Dosen von mehr als 2 mg/kg können, besonders in der Frühschwangerschaft, den Uterustonus erhöhen und sollten daher in dieser Zeit nur in begründeten Fällen angewandt werden.
- Cholinesterasehemmer gelten als sicher, sollten jedoch langsam und zusammen mit einem Vagolytikum injiziert werden.

Postoperative Behandlung

Bereits im Aufwachraum sollten die fetale Herzfrequenz und die Uterusaktivität bestimmt werden, besonders wenn starke Analgetika verabreicht werden, die eine Wahrnehmung der vorzeitigen Wehentätigkeit durch die Schwangere beeinträchtigen. Wenn erforderlich, kann die postoperative Schmerztherapie auch mit regionalen Anästhesieverfahren durchgeführt werden.

Laparoskopische Operationen in der Schwangerschaft?

Mögliche Risiken sind Abfall des Blutdrucks und des HZV durch das Pneumoperitoneum mit fetaler Hypoxie.

- In der Regel erfolgt die laparoskopische Operation in Intubationsnarkose und Muskelrelaxierung.
- Für die Anästhesie eignen sich z.B. Propofol und Remifentanil.
- Der arterielle pCO_2 sollte im Bereich von 32–36 mm Hg gehalten werden, der arterielle Blutdruck im Normbereich.

Leitlinien/Empfehlungen
Leitlinien der SAGES zum laparoskopischen Operieren in der Schwangerschaft (2003)
- Hinausschieben der Operation bis in das 2. Trimester
- präoperatives Konsil durch den Gynäkologen/Geburtshelfer
- intermittierende pneumatische Vorrichtungen zur Thromboseprophylaxe
- fetale Überwachung und Kontrolle des Uterusstatus, des endexspiratorischen maternalen pCO_2 und der arteriellen Blutgase
- offene Technik beim Zugang zum Abdomen
- Vermeiden des aortokavalen Kompressionssyndroms
- Druck des Pneumoperitoneums 8–12 mm Hg, maximal 15 mm Hg
- Röntgenschutz des Uterus, wenn intraoperativ eine Cholangiographie geplant ist

Anästhesie in der Stillperiode

Die meisten Pharmaka gelangen in die Muttermilch, jedoch sind die während einer Narkose in die Muttermilch gelangenden Mengen so gering, dass keine klinischen Effekte nachweisbar sind. Daher kann, wenn aus operativen Gründen keine Kontraindikationen bestehen, bereits **wenige Stunden nach der Operation** das Stillen wieder aufgenommen werden.

Leitlinien/Empfehlungen
Derzeit als unbedenklich für stillende Mütter eingestufte Substanzen:
- Antibiotika: Penicilline, Cephalosporine, Erythromycin
- Analgetika/Antirheumatika: Paracetamol, ASS (Einzeldosen), Ibuprofen
- Antazida
- Antiallergika
- Antiemetika
- Antihypertensiva
- Antiasthmatika
- Antitussiva: Codein (in Einzeldosen), Dextromorphan
- β-Rezeptoren-Blocker
- Glukokortikoide
- Kalziumantagonisten
- Migränemittel
- Mukolytika
- Sedativa: Lormetazepam (kurzzeitig)

34.6 Anästhesiemortalität in der Schwangerschaft

Die maternale Mortalitätsrate in den westlichen Industrienationen beträgt ca. 1:10 000 Geburten (0,1‰). Davon sind 2,2% anästhesiebedingt.

34.6.1 Sectio caesarea

Die meisten anästhesiebedingten Zwischenfälle treten bei der Sectio auf, davon die Mehrzahl bei Allgemeinanästhesien. Die Häufigkeit wird mit 1 Todesfall auf 100 000 Sectiones angegeben.

Bei den Ursachen ergeben sich naturgemäß spezifische Unterschiede.

Allgemeinanästhesien

- Nicht erkannte Fehlintubation des Ösophagus
- Intubationsschwierigkeiten
- pulmonale Aspiration von Magensaft
- Verlegung der Atemwege oder Hypoventilation während der Narkoseausleitung und in der Aufwachphase.

Begünstigende Faktoren:

- schlechte oder fehlende interdisziplinäre Zusammenarbeit
- Fehleinschätzung der Schwere von Begleiterkrankungen
- mangelhafte perioperative Betreuung oder Supervision durch einen Anästhesisten (USA)
- ungenügende Versorgung akuter Blutungen
- ungenügende postoperative Überwachung
- Adipositas.

Regionalanästhesien

- Totale Peridural- oder Spinalanästhesie
- Herzstillstand durch toxische Reaktion auf das Lokalanästhetikum, vor allem bei fehlerhafter Dosierung.

Probleme mit den Atemwegen spielen bei Regionalanästhesien praktisch keine Rolle.

Literatur

Han T-H, Brimacombe J, Lee E-J, Yang H-S: The laryngeal mask airway is effective (and probably safe) in selected healthy parturient for elective Cesarean section: a prospective study of 1067 cases. Can J Anesth 2001; 48 (11):1117–1121.

Khaw KS, Ngan Kee WD, Lee A, Wang CC, Wong AS, Ng F, Rogers MS: Supplementary oxygen for elective caesarean section under spinal anaesthesia: useful in prolonged uterine incision-to-delivery interval? Br J Anaesth 2004;92(4):518–22.

Mhyre JM, Riesner MN, Polley LS, Naughton NN: A series of anesthesia-related maternal deaths in Michigan, 1985–2003. Anesthesiology 2007; 106:1096–1104.

Rorarius M, Suominen P, Haanpaa M, Puura A, Baer G, Pajunen P, Tuimala R: Neurologic sequelae after caesarean section. Acta Anaesthesiol Scand 2001 Jan;45(1):34–41.

Schaefer CN, Spielmann H: Arzneiverordnung in Schwangerschaft und Stillzeit, 6. Aufl. Urban & Fischer, München – Jena 2001.

Wong CA, Scavone BM, Peaceman AM, et al.: The risk of cesarean delivery with neuraxial analgesia given early versus late in labor. N Engl J Med. 2005;352(7):655–65.

Wong CA, Ratliff JT, Sullivan T, Scavone BM, Toledo P, McCarthy RJ: A randomized comparison of programmed intermittent epidural bolus with continuous epidural infusion for labor analgesia. Anesth Analg 2006; 102(3):904–909.

Systematischer Review/Metaanalysen

Afolabi BB, Lesi FEA, Merah NA: Regional versus general anaesthesia for caesarean section. Cochrane Database of Systematic Reviews 2006, Issue 4. Art. No.: CD004350

Cooper GM, McClure JH. Anaesthesia chapter from saving mother's lives; reviewing maternal daeths to make pregnancy saver. Br J Anaesth 2008; 100(1): 17–22.

Cyna AM, Emmett RS, Middleton P, Simmons SW: Techniques for preventing hypotension during spinal anaesthesia for caesarean section. Cochrane Database of Systemtatic Reviews 2006, Issue 4. Art. No.: CD00251

Duley L, Gülmezoglu AM, Henderson-Smart DJ: Magnesium sulphate and other anticonvulsants for women with pre-eclampsia. Cochrane Database of Systematic Reviews 2003, Issue 2. Art. No.: CD000025. DOI: 10.1002/14651858.CD000025.
Halpern SH, Walsh V: Epidural ropivacaine versus bupivacaine for labor: a meta-analysis. Anesth Analg 2003;96(5):1473–9.
Hofmeyr G, Cyna A, Middleton P: Prophylactic intravenous preloading for regional analgesia in labour. Cochrane Database Syst Rev 2004 18;(4):CD000175.
Hughes D, Simmons SW, Brown J, Cyna AM: Combined spinal-epidural versus epidural analgesia in labour. Cochrane Database Syst Rev 2003;(4):CD003401.
Kodali BS, Chandrasekahar S, Bulich L, Topulus GP, Datta S: Airway changes during labor and delivery. Anesthesiology 2008; 108(3):357–362.
Liu EHC, Sia ATH: Rates of caesarean section and instrumental vaginal delivery in nulliparous women after low concentration epidural infusions or opioid analgesia: systematic review. BMJ 2004;328:1410.
Ng K, Parsons J, Cyna AM, Middleton P: Spinal versus epidural anaesthesia for caesarean section. Cochrane Database Syst Rev 2004;(2):CD003765.
Simmons SW, Cyna AM, Dennis AT, Hughes D. Combined spinal-epidural versus epidural analgesia in labour. Cochrane Database of Systematic Reviews 2007, Issue 3. Art. No.: CD003401. DOI: 10.1002/14651858.CD003401.pub2
Torvaldsen S, Roberts CL, Bell JC, Raynes-Greenow CH: Discontinuation of epidural analgesia late in labour for reducing the adverse delivery outcomes associated with epidural analgesia. Cochrane Database Syst Rev 2004 Oct 18;(4):CD004457. Review.
van der Vyver M, Halpern S, Joseph G: Patient-controlled epidural analgesia versus continuous infusion for labour analgesia: a meta-analysis. Br J Anaesth 2002; 89:459–465.

Leitlinien

American Society of Anesthesiologists Task Force on Obstetric Anesthesia (last amended on October 18, 2006).
Arbeitsgemeinschaft Medizinrecht der Deutschen Gesellschaft für Gynäkologie und Geburtshilfe. Leitlinie: Absolute und relative Indikationen zur Sectio caesarea und so genannte Sectio auf Wunsch. Frauenarzt 2001, 42:1311ff. auch unter AWMF online: http://www.uni-duesseldorf.de/AWMF/II/015-054.htm
Deutsche Gesellschaft für Anästhesiologie und Intensivmedizin (DGAI): Leitlinien Durchführung von Regionalanästhesieverfahren in der Geburtshilfe. AWMF online, Stand 2003.
Deutsche Gesellschaft für Anästhesiologie und Intensivmedizin, Berufsverband Deutsche Anästhesisten, Deutsche Gesellschaft für Gynäkologie und Geburtshilfe und Berufsverband der Frauenärzte. Leitlinie Anwesenheit der Väter bei Sectio caesarea. AWMF online, Stand 2004.
Deutsche Gesellschaft für Gynäkologie und Geburtshilfe (DGGG): Leitlinien Bluthochdruck in der Schwangerschaft. AWMF online, Stand 2002.
Society of American Gastrointestinal Endoscopic Surgeons (SAGES): SAGES Guidelines for Laparoscopic Surgery During Pregnancy. http://www.sages.org/sg_pub23.html, 2003.

35 Erstversorgung des Neugeborenen

Das Leben des Neugeborenen beginnt mit entscheidenden Veränderungen der Herz-Kreislauf- und Atemfunktion. Die bisher flüssigkeitsgefüllte Lunge entfaltet sich und übernimmt die Gasaustauschfunktion der Plazenta, während gleichzeitig der fetale Kreislauf umgeschaltet wird und nun das rechte Herz sein gesamtes Blutvolumen in den Lungenkreislauf pumpt.

35.1 Der erste Atemzug

Der erste Atemzug erfolgt normalerweise innerhalb von 30 s nach der Geburt. Hierfür muss das Neugeborene einen intrathorakalen Druck von etwa −70 cm H_2O aufbringen; 40–70 ml Luft strömen in die Lunge ein, von denen 20–30 ml als Residualvolumen zurückbleiben. Bereits nach wenigen Atemzügen ist die Lunge voll entfaltet, und es sind nur noch geringe intrathorakale Druckschwankungen für die pulmonale Ventilation erforderlich. Innerhalb von 90 s nach der Geburt wird die Atmung aufrechterhalten.

Ursachen einer Atemdepression

- Schwere Azidose
- schwere Hypoxie
- Hirnschädigung
- Medikamentenzufuhr an die Mutter: Anästhetika, Opioide, Barbiturate, Lokalanästhetika, Alkohol, Magnesiumsulfat usw.

35.2 Kardiovaskuläre Anpassung

Durch die Entfaltung der Lunge und den Anstieg von pH-Wert und arteriellem Sauerstoffpartialdruck fällt der pulmonale Gefäßwiderstand steil ab und die Lungendurchblutung nimmt stark zu; gleichzeitig steigen peripherer Gefäßwiderstand und Druck im linken Vorhof an und der Ductus arteriosus wird funktionell geschlossen.

Klinisch ist zu beachten:

! Merke

Hypoxie, Azidose oder Unterkühlung können beim reifen Neugeborenen wieder zu einer Umschaltung auf den fetalen Kreislauf führen.

Die häufigste Störung des Anpassungsvorgangs beim reifen Neugeborenen ist die Asphyxie.

35.3 Neonatale Asphyxie

Neonatale Asphyxie ist das Unvermögen des Neugeborenen, eine ausreichende Atemfunktion herzustellen. Sie ist gekennzeichnet durch:

- Hypoxämie
- Hyperkapnie
- respiratorische und metabolische Azidose.

In ▶ Tabelle 35-1 sind einige Faktoren zusammengestellt, die häufig mit neonataler Asphyxie einhergehen.

Tab. 35-1 Risikofaktoren der neonatalen Asphyxie

Maternale Faktoren
• Präeklampsie/Eklampsie • Hypertonus • Diabetes mellitus • späte Erstgebärende (über 35 Jahre) • Herzerkrankungen • Blutungen in der Schwangerschaft • Placenta praevia • Abruptio placentae • Rh-Isoimmunisierung • Medikamente: Sedativa, Opioide, Magnesium, Reserpin, Alkohol
Fetale Faktoren
• Frühgeburt • Mehrlingsschwangerschaft • Übertragung (mehr als 43 Wochen) • Hydramnion • intrauterine Wachstumsverzögerung • mekoniumgefärbtes Fruchtwasser
Perinatale Faktoren
• Malposition • nichtelektive Zangengeburt • Nabelschnurvorfall • Sectio caesarea • Überdosierung von Analgetika oder Sedativa • verlängerte Geburt • Sturzgeburt • Wehensturm • verlängerte Allgemeinanästhesie • Narkosekomplikationen (Blutdruckabfall, Hypoxämie)

Durch die Asphyxie wird die Umschaltung des fetalen Kreislaufs verhindert. Anhaltende Asphyxie führt zu Myokardinsuffizienz mit Bradykardie, Abfall des Herzzeitvolumens und zerebralen Schäden

35.4 Erstmaßnahmen

Unabhängig vom klinischen Zustand werden bei der Erstversorgung des Neugeborenen zunächst immer folgende Maßnahmen durchgeführt:

- Sicherung der Atemwege
- Schutz vor Wärmeverlusten.

35.4.1 Sicherung der Atemwege

Die Erstversorgung beginnt bei allen Kindern mit dem **Absaugen des Mundes** – wenn erforderlich, durch den Geburtshelfer bereits bei der Geburt des Kopfes. Hierbei darf der Hypopharynx nicht stimuliert werden, um Bradykardie und/oder Laryngospasmus zu vermeiden.

Beim Absaugen wird folgende Reihenfolge eingehalten:

- Mund
- Rachen
- Nase
- Ösophagus und Magen.

Sind Mund und Rachen behutsam abgesaugt worden, wird **kurz** die Nase abgesaugt und außerdem sondiert, um eine **Choanalatresie** auszuschließen. Hat sich die Atmung stabilisiert, kann der Magen abgesaugt und hierbei die Durchgängigkeit des Ösophagus überprüft werden. Beträgt der Mageninhalt mehr als 25 ml, muss an eine **Obstruktion im oberen Magen-Darm-Trakt** gedacht werden.

35.4.2 Wärmeschutz

Wärmeschutz ist von allergrößter Bedeutung für das Neugeborene, weil die Thermoregulation nicht ausreichend funktioniert und die Körpertemperatur nicht konstant gehalten werden kann. Beträgt die Raumtemperatur 25 °C, fällt die Hauttemperatur des ungeschützten Neugeborenen innerhalb von 15 min um etwa 4 °C ab.

Unterkühlung steigert den Sauerstoffverbrauch erheblich und führt zu pulmonaler Vasokonstriktion mit Zunahme des Rechts-links-Shunts, Hypoxämie und metabolischer Azidose. Klinische Zeichen sind Tachypnoe und Knören.

✓ Praktisches Vorgehen

1. Das Neugeborene sofort nach der Geburt in ein warmes Handtuch einhüllen und vorsichtig trockenreiben.
2. Innerhalb 1 min nach der Geburt das Neugeborene in eine kontrollierte warme Umgebung, z.B. unter den Radiator des Versorgungstisches, bringen. Die Hauttemperatur sollte zwischen 35 und 38 °C und die Rektaltemperatur zwischen 37 und 37,5 °C gehalten werden.
3. Hyperthermie steigert ebenfalls den Sauerstoffverbrauch und muss daher vermieden werden.

35.4.3 Taktile Stimulation

Zahlreiche Neugeborene beginnen erst nach taktiler Stimulation ausreichend zu atmen. Atemstimulierend wirken z.B. das Abreiben des Körpers mit einem warmen Handtuch sowie vorsichtiges Beklopfen der Fußsohlen.

35.5 Ersteinschätzung des Neugeborenen

Die wichtigsten Maßnahmen sind:

- Einstufung nach dem Apgar-Index
- Auskultation des Thorax
- wenn erforderlich: Messung des Blutdrucks und der Körpertemperatur
- bei Asphyxie: Säure-Basen-Status, Blutgase, Blutzucker und Hämatokrit.

35.5.1 Apgar-Index

Der Apgar-Index berücksichtigt folgende 5 Merkmale:

- Herzfrequenz
- Atmung

- Muskeltonus
- Reflexaktivität
- Hautfarbe.

Die Apgar-Werte werden genau 1, 5 und 10 min nach der Geburt bestimmt. Jedes Merkmal wird getrennt beurteilt und je nach Fehlen, Vorhandensein und Stärke mit 0, 1 oder 2 bewertet (▶ Tab. 35-2). Von prognostischer Bedeutung ist der 5-min-Index bzw. der kumulative Asphyxie-Index, d.h. die Summe der Werte nach 1, 5 und 10 min.

Herzfrequenz

Die Herzfrequenz wird durch Auskultation des Thorax oder durch Palpation der noch weiter pulsierenden Nabelarterien an der Basis des Nabelstumpfes bestimmt.

Klinisch gilt:

- Die normale Herzfrequenz des Neugeborenen beträgt etwa 120–160/min.
- Herzfrequenzen unter 100 weisen auf Asphyxie hin.
- Tachykardien können durch einen Schock bedingt sein.

Atmung

Innerhalb von 90 s nach der Geburt sollte das Neugeborene eine „regelmäßige" Atmung aufrechterhalten. Die Atemfrequenz liegt meist zwischen 30 und 60/min.

Apnoe oder Bradypnoe tritt auf bei: intrauteriner Asphyxie, Medikamentenzufuhr an die Mutter (Anästhetika bei Sectio, Analgetika, Sedativa), Alkohol, Schädigung des zentralen Nervensystems.

Apnoe kann isoliert oder in Verbindung mit Bradykardie und Blutdruckabfall auftreten.

Tachypnoe (über 60/min) kann u.a. bedingt sein durch: Hypovolämie („weiße Asphyxie"), Hypoxie, Hirnblutung, Atemnotsyndrom, Aspiration.

Muskeltonus

Die meisten Neugeborenen einschließlich der Frühgeborenen sind gleich nach der Geburt aktiv und bewegen alle Extremitäten. Ein schlaffer oder verminderter Muskeltonus tritt vor allem auf bei:

- Asphyxie
- Pharmakazufuhr an die Mutter: Sedativa (z.B. Diazepam), Analgetika, Anästhetika
- Hirnschädigung.

Tab. 35-2 Apgar-Index zur Ersteinschätzung des Neugeborenen

Merkmal	0	1	2
Herzfrequenz	keine	unter 100	über 100
Atmung	keine	Schnappatmung, unregelmäßig	regelmäßig, schreit kräftig
Muskeltonus	schlaff	mittel, geringe Beugung	gut, aktive Bewegung
Reflexaktivität	keine	grimassiert	niest, hustet, schreit
Hautfarbe	blau oder weiß	Stamm rosig, Extremitäten blau	rosig

Reflexaktivität

Die Reflexaktivität wird geprüft durch Beklopfen der Fußsohlen, Einführen eines Katheters in die Nase oder kräftiges Abtrocknen der Haut mit einem Handtuch. Fehlende Reflexaktivität wird aus den im vorhergehenden Abschnitt aufgeführten Ursachen beobachtet.

Hautfarbe

Zwischen der Hautfarbe des Neugeborenen und dem Säure-Basen-Status im Nabelarterienblut besteht nur eine schlechte Korrelation.

Neugeborene sind unmittelbar nach der vaginalen Geburt blau, werden aber am Stamm rasch rosig, während Füße, Hände und Lippen länger blau sein können, besonders bei kühler Umgebungstemperatur. Frühgeborene sind häufig von Geburt an rosig, auch wenn der Apgar-Index niedrig ist.

Ist ein Neugeborenes **nach 90 s** am Stamm immer noch **blau,** kommen u.a. folgende **Ursachen** in Frage:

- Atemnotsyndrom
- niedriges Herzzeitvolumen
- zyanotischer Herzfehler
- Verlegung der Atemwege
- Methämoglobinämie
- Lungenhypoplasie
- Polyzythämie.

An diese Erkrankungen muss vor allem gedacht werden, wenn trotz Zufuhr von Sauerstoff die Hautfarbe nicht rosig wird.

Ist das Neugeborene **blass,** so sind die Blutgefäße kontrahiert. Wichtige **Ursachen:**

- Hypovolämie („weiße Asphyxie“)
- schwere Azidose
- Mekoniumaspiration
- Anämie.

Sieht ein Neugeborenes auch bei Luftatmung **hellrosa** aus, können hierfür folgende **Gründe** vorliegen:

- Magnesiumintoxikation (Magnesiumtherapie der Mutter bei Eklampsie)
- Alkoholintoxikation
- Alkalose.

Aufgrund des Apgar-Index 1 min nach der Geburt können die Neugeborenen in vier Gruppen eingeteilt werden, die in Beziehung zum Ausmaß der Depression stehen und als Leitlinie für die jeweils erforderlichen Behandlungsmaßnahmen dienen.

Einstufung der Neugeborenendepression nach dem Apgar-Index

- Apgar-Index 8–10: lebensfrische Neugeborene, die gut atmen bzw. kräftig schreien
- Apgar-Index 5–7: leichte Depression
- Apgar-Index 3–4: mäßige Depression
- Apgar-Index 0–2: schwere Depression

Bei der Verwendung des Apgar-Index in der klinischen Praxis müssen folgende Faktoren beachtet werden:

- Wertigkeit der Merkmale: Hautfarbe begrenzt verwertbar
- Zeitfaktor: willkürliche Festlegung auf 1 min

- Behandlungsmaßnahmen: kein Abwarten für 1 min, sondern Sofortbehandlung schwer asphyktischer Kinder
- prognostischer Wert: selbst bei schwerer Neugeborenendepression pessimistische Haltung nicht gerechtfertigt.

Insgesamt sollte bei der Einschätzung in den ersten Minuten **flexibel** und nicht nach einem starren Schema vorgegangen werden.

35.6 Neugeborenenversorgung im Kreiß- und Operationssaal

Die American Academy of Pediatrics und die American Heart Association haben einen Reanimations-Algorithmus für Neugeborene entwickelt, der nicht auf dem Apgar-Score beruht, sondern auf der Einschätzung folgender Parameter:

- Atemaktivität
- Herzfrequenz
- Hautfarbe.

Einzelheiten des schrittweisen Vorgehens sind in ▶ Abbildung 35-1 zusammengefasst.

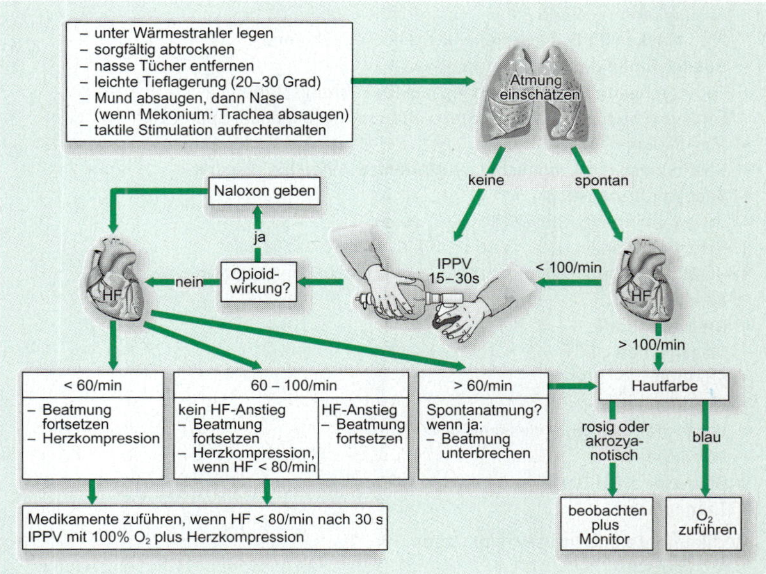

Abb. 35-1 Algorithmus der Neugeborenen-Reanimation. (HF = Herzfrequenz; IPPV = Überdruckbeatmung; mod. nach American Academy of Pediatrics and the American Heart Association, 1990).

35

Leitlinien/Empfehlungen
Zuständigkeit für die Erstversorgung des Neugeborenen
Nach einer Vereinbarung der Berufsverbände Deutscher Anästhesisten und Gynäkologen (1988) ist der Geburtshelfer für die Erstversorgung des Neugeborenen zuständig. Die Reanimation des Neugeborenen erfolgt primär durch den Geburtshelfer, Anästhesisten oder Neonatologen in Abhängigkeit von organisatorischen und personellen Gegebenheiten und Absprachen.

35.6.1 Notfallausrüstung für Neugeborene

Für die Erstbehandlung der Neugeborenendepression müssen vor der Geburt eine funktionierende Notfallausrüstung sowie Notfallmedikamente am Versorgungstisch bereitgestellt werden.

Zubehör und Notfallmedikamente für die Erstversorgung und Reanimation des Neugeborenen

Ausrüstung und Zubehör
- verstellbarer Reanimationstisch mit Wärmestrahler
- Sauerstoffquelle mit Flowmeter
- mechanisches Absauggerät
- Absaugkatheter 6 und 8 F
- Atemmasken für Frühgeborene und reife Neugeborene
- Guedel-Tuben 000, 00, 0 und 1
- Endotrachealtuben 2,5; 3 und 3,5 mm ID; Führungsstäbe
- Laryngoskop mit geradem Spatel 0 und 1, mit gebogenem Spatel 1
- Magill-Zange
- Beatmungsbeutel, möglichst mit Manometer; Beatmungsgerät
- Säuglingsstethoskop
- Venenkatheter (Seldinger-Besteck) 16–24 G
- Scheren, Spritzen (1, 2, 5 und 10 ml), Kanülen (19–25 G)
- Besteck für Nabelvenenkatheterisierung, 3,5- und 5-F-Nabelvenenkatheter
- Pflaster
- Dreiwegehähne
- Magensonde 5 F
- Stoppuhr
- EKG-Monitor
- Ultraschall-Blutdruckmessgerät
- Pulsoxymeter
- Blutgasanalyse-Gerät
- Thermometer

Medikamente und Infusionslösungen
- Albumin 5%
- Glukoselösung 10%ig und 20%ig
- Atropin 0,1 mg/ml
- Adrenalin 1 : 10 000 (0,1 mg/ml)
- Kalziumglukonat 10%
- Naloxon 1 mg/ml
- Natriumbikarbonat 4,2%ig (0,5 mval/l)
- Aqua dest., 10-ml-Ampullen
- Konakion-Ampullen
- evtl. Notfall-Blutkonserve 0 rh-neg., CMV-frei

35.6.2 Lebensfrische Neugeborene

Bei diesen Neugeborenen ist nur eine Routinebehandlung erforderlich: Absaugen von Mund und Nase, Abtrocknen, Wärmeschutz. Erneute Apgar-Kontrolle nach 5 min.

Bei stabilem Zustand wird das Neugeborene in eine warme Decke gehüllt und der Mutter gebracht bzw. nach Sectio caesarea aus dem Operationssaal in den Kreißsaal verlegt.

35.6.3 Leichte Neugeborenendepression

Ursache ist meist eine leichte fetale Asphyxie.

Praktisches Vorgehen

1. Taktile Stimulation
2. Maske über das Gesicht halten und Sauerstoff zuführen
3. Bei nur schwacher Reaktion: Beatmung über Babybeutel und Maske mit 80–100% Sauerstoff
4. Bei Aspiration mekoniumhaltigen Fruchtwassers: sofort intubieren und absaugen.

Die meisten Kinder sind nach 5 min wohlauf.

35.6.4 Mäßige Neugeborenendepression

Die Kinder sind meist zyanotisch und hypoventilieren, die Herz-Kreislauf-Funktion ist meist ausreichend. Diagnostisch hilfreich ist die Bestimmung von Säure-Basen-Status und Blutgasen aus Nabelarterien- oder Nabelvenenblut.

Praktisches Vorgehen

1. Sauerstoff über das Gesicht leiten und Fußsohlen beklopfen.
2. Wenn innerhalb 60 s keine Stabilisierung von Herzfrequenz und Atmung: Beatmung über Beutel/Maske mit 100%igem Sauerstoff.
3. Wenn Maskenbeatmung sehr schwierig: endotracheale Intubation und Beatmung.
4. Verschlechtert sich der Apgar-Index unter dieser Behandlung: korrigierende Maßnahmen (▶ Kap. 35.6.5).

35.6.5 Schwere Neugeborenendepression

Diese Kinder sind schwer asphyktisch: Sie atmen nicht, sind schlaff und blass und reagieren nicht oder nur gering auf Stimulation.

Merke

Neugeborene mit schwerer Asphyxie müssen sofort, ohne jede Verzögerung, reanimiert werden.

Reanimation der Atmung

- Zunächst absaugen, Wärmeschutz und Beatmung über Beutel und Maske mit Sauerstoff, dann endotracheale Intubation
- apnoische Kinder primär intubieren: normale Neugeborene mit Tubus Größe 3,0 mm ID, Frühgeborene mit Tubus Größe 2,5 mm ID.

Spricht das Neugeborene nicht sofort auf eine richtig durchgeführte Beatmung an, so besteht wahrscheinlich eine **schwere Azidose**.

35

Behandlung der Azidose

Die schwere Asphyxie des Neugeborenen geht immer mit einer erheblichen Azidose einher. Sie führt u.a. zur Herzinsuffizienz. Die Pufferung erfolgt am besten anhand der gemessenen Säure-Basen-Parameter, nur ausnahmsweise „blind".

Blindpufferung

Sie erfolgt mit 2 mval/kg Natriumbikarbonat (4,2%), wenn trotz ausreichender Beatmung mit Sauerstoff

- der Apgar-Index nach 2 min 2 oder weniger beträgt
- der Apgar-Index nach 5 min 5 oder weniger beträgt.

Pufferung nach Säure-Basen-Werten

Gepuffert wird, wenn

- der pH-Wert anfangs unter 7,0 liegt und der $paCO_2$ dabei normal ist
- der pH-Wert trotz ausreichender Beatmung mit Sauerstoff nach 5 min unter 7,05 liegt.

! Merke
Eine leichte bis mäßige Azidose mit einem pH-Wert zwischen 7,05 und 7,30 und einem Basendefizit von 5–15 mval/l bedarf in der Regel keiner Zufuhr von Puffersubstanzen.

Die Korrektur erfolgt anhand des kalkulierten Basendefizits mit Natriumbikarbonat oder Trispuffer.

Die erforderliche Dosis **Natriumbikarbonat** kann nach folgender Formel errechnet werden:

$$\text{mmol Bikarbonat} = \frac{\text{Geburtsgewicht (kg)}}{3} \times \frac{\text{Basendefizit (mmol / l)}}{2}$$

Die 8,4%ige Natriumbikarbonat-Lösung (1 ml = 1 mmol) wird im Verhältnis 1 : 1 mit Aqua dest. verdünnt. Der Puffer muss **langsam** injiziert werden: Die Injektionsgeschwindigkeit beträgt maximal 1 mmol/kg/min.

Nebenwirkungen: Hypernatriämie, Hyperosmolarität, Hirnblutungen

Die Puffersubstanzen werden über einen Katheter (3 F oder 5 F) in eines der Nabelgefäße injiziert.

Behandlung von Hypovolämie, Hypoglykämie und Hypokalzämie

Hypovolämischer Schock

Eine schwere intrauterine Asphyxie führt bei den meisten Kindern zu Hypovolämie und Schock. Hiermit ist vor allem zu rechnen bei der Ruptur von Plazenta- oder Nabelschnurgefäßen, schwieriger Steißgeburt und Nabelschnurkompression.

Zeichen:

- Blasse, kalte Extremitäten
- schwache oder fehlende Pulse
- Tachykardie
- Tachypnoe.

Diagnostik:

- Blutgase

- Säure-Basen-Parameter
- Hämatokrit
- Blutzucker
- Kalzium
- Blutdruck
- evtl. Röntgenbild.

Behandlung: Der hypovolämische Schock wird durch Volumenzufuhr behandelt:

- Bluttransfusion, evtl. auch Plazentablut
- 5–10 ml/kg plasmaisotone Elektrolytlösung oder Kolloid, wenn kein Blut verfügbar, je nach Wirkung wiederholt.

Hypoglykämie

Definition:

- reife Neugeborene: Blutzucker < 35 mg/dl in den ersten 24 h
- Frühgeborene: Blutzucker < 25 mg/dl in der ersten 24 h, < 45 mg/dl nach dem 1. Lebenstag.

Hypoglykämie führt zum Abfall von Herzzeitvolumen und Blutdruck, in schweren Fällen zu Krämpfen und Apnoe.

Therapie rezidivierender Hypoglykämien:

- 5–10 ml/kg Glukose 10% langsam injizieren, initial 3–5 ml/kg.

Kardiale Reanimation

Extrathorakale Herzkompression ist erforderlich, wenn

- keine Herztöne zu hören sind
- nach 15–30 s die Herzfrequenz trotz ausreichender Beatmung mit Sauerstoff unter 100/min liegt.

Technik

Vor Beginn der externen Herzkompression wird das Kind endotracheal intubiert. Der Einsatz der Larynxmaske ist ebenfalls möglich. Weiteres Vorgehen:

- Beide Daumen zwischen unterem und mittlerem Sternumdrittel bzw. eine Fingerbreit unterhalb der Intermamillarlinie aufsetzen (▶ Kap. 32). Die übrigen Finger umschließen nach hinten den Thorax und dienen als Widerlager.
- Das Sternum für die Kompression des Herzens jeweils 1 bis 2,5 cm tief eindrücken; dabei kontinuierlich weiterbeatmen.

Kardiopulmonale Reanimation des Neugeborenen

- Herzkompression: 100–150/min
- Beatmung: 40/min

Medikamentöse Wiederbelebung

Führt die Herzkompression nicht innerhalb von 30–60 s zur spontanen Herzaktion (> 80/min), werden kardiovaskuläre Medikamente eingesetzt: Dies sind die gleichen Substanzen wie bei der Erwachsenenreanimation (▶ Kap. 32). Fehlerhafte Anwendung und Dosierung sind jedoch beim Neugeborenen besonders gefährlich.

ILCOR-Empfehlungen:

- Adrenalin 0,01–0,03 mg/kg i.v. oder bis zu 0,1 mg/kg endotracheal,
- bilanzierte plasmaisotone Elektrolytlösung für die Volumenzufuhr anstelle von Humanalbumin.

35

35.7 Spezielle Neugeborenenversorgung

35.7.1 Mekoniumaspiration

Die Mekoniumaspirationspneumonitis gehört zu den häufigsten respiratorisch bedingten Todesursachen beim reifen Neugeborenen.

Praktisches Vorgehen

1. Kein endotracheales Absaugen bei lebensfrischen Neugeborenen mit mekoniumgefärbtem Fruchtwasser.
2. Anpassungsgestörte Neugeborene mit mekoniumgefärbtem Fruchtwasser sofort intubieren und endotracheal absaugen, danach Tubus unter Sog herausziehen.
3. Während des Absaugvorgangs Herzfrequenz kontinuierlich überwachen. Bei Frequenzabfall unter 100/min: Absaugen unterbrechen und spontan atmen lassen oder beatmen, wenn apnoisch.
4. Atmet das Neugeborene bereits vor der Intubation spontan: Mund und Nase absaugen und nach einigen Atemzügen mit Sauerstoffzufuhr endotracheal intubieren und Lunge mit Kochsalzlösung spülen.
5. Ist das Aspirat klar: Magen absaugen und anschließend den Endotrachealtubus während der Inspiration entfernen.

Die Mekoniumaspiration geht gehäuft mit Pneumothorax und Pneumomediastinum einher.

35.7.2 Depression durch Opioide

Hat die Schwangere unter der Geburt Opioide erhalten oder besteht eine Opioidabhängigkeit, so kann beim Neugeborenen eine Atemdepression vorliegen.

- Beruht die Atemdepression auf Überdosierung eines Opioids durch den Arzt, so wird mit **Naloxon,** 0,01 mg/kg als i.v. Bolus, antagonisiert.
- Bei opioidabhängigen Schwangeren ist hingegen die Zufuhr von Naloxon kontraindiziert, weil hierdurch beim Neugeborenen ein **akutes Entzugssyndrom** ausgelöst werden kann.

35.7.3 Magnesiumintoxikation

Ist die Schwangere wegen einer Eklampsie mit Magnesium behandelt worden, so kann beim Neugeborenen eine **Hypermagnesiämie** mit folgenden klinischen Zeichen bestehen:

- rosige Haut bei peripherer Vasodilatation
- schlaffer Muskeltonus
- niedriger Blutdruck.

Als Antidot wird Kalziumchlorid injiziert.

35.7.4 Lokalanästhetikumintoxikation

Eine Intoxikation mit Lokalanästhetika kann beim Neugeborenen auftreten, wenn bei der Schwangeren hohe Blutspiegel, z.B. durch Überdosierung oder intravasale Injektion, auftreten.

Klinische Zeichen:

- Bradykardie
- niedriger Blutdruck
- Apnoe
- schlaffer Muskeltonus
- Krämpfe.

Behandlung:

Reanimation, Magenspülung, Austauschtransfusion.

35.7.5 Pneumothorax

Ein Pneumothorax bei normaler Lunge ist meist durch exzessive Überdruckbeatmung bedingt. Andere Formen: Spontanpneumothorax, Pneumothorax bei Mekoniumaspiration, Zwerchfellhernie, Lungenhypoplasie.

Klinische Zeichen:

- flache Atmung
- Thorax in Inspirationsstellung
- Zyanos
- abgeschwächtes Atemgeräusch
- hypersonorer Klopfschall
- bei Spannungspneumothorax: Blutdruckabfall, Bradykardie, Vorwölbung des Abdomens.

Diagnose:

- Durchleuchten des Thorax mit einer Kaltlichtlampe: bei Pneumothorax Aufleuchten über der gesamten betroffenen Thoraxhälfte
- außerdem Röntgenbild des Thorax.

Behandlung:

Bei Spannungspneumothorax: sofort Punktion im 2. Interkostalraum (Medioklavikularlinie) und Aspiration. Danach Thoraxdrainage und Anschluss an Sog.

Literatur

Berufsverbände Deutscher Anästhesisten und Gynäkologen: Vereinbarung über die Zusammenarbeit in der operativen Gynäkologie und in der Geburtshilfe. Anästh Intensivmed 29:143–146, 1988.

Martin RJ, Walsh MC, Carlo WA: Reevaluating neonatal resuscitation with 100% oxygen. Am J Respir Crit Care Med 2005; 1;172(11):1360–1.

Oddie S, Wyllie J, Scally A: Use of self-inflating bags for neonatal resuscitation. Resuscitation 2005; 67(1): 109–12.

Roos R. Genzel-Boroviczeny O: Checkliste Neonatologie. 3. Auflage 2008. Thieme, Stuttgart.

Vento M, Sastre J, Asensi MA, Vina J: Room-air resuscitation causes less damage to heart and kidney than 100% oxygen. Am J Respir Crit Care Med 2005; 1;172(11):1393–8.

Leitlinie

ILCOR. Neonatal Resuscitation. Circulation 2005, Nov. 29; 112 (22 Suppl.): III 91–99.

Schulungsprogramme

American Academy of Pediatrics. NRP. Neonatal Resuscitation Program. www.aap.org

36 Anästhesie bei Kindern

36

Grundsätzlich können bei Kindern alle Verfahren der Erwachsenenanästhesie eingesetzt werden; hierbei sind aber die wesentlichen anatomischen, physiologischen, psychologischen und pharmakologischen Unterschiede besonders zu berücksichtigen. Es gilt: je kleiner das Kind, desto schwieriger die Narkose und desto größer die Gefahr von Zwischenfällen und Komplikationen.

36.1 Anatomische und physiologische Grundlagen

36.1.1 Atmungssystem

Die Unterschiede im Atmungssystem von Kindern und Erwachsenen sind für die Narkose von besonderer Bedeutung.

Respirationstrakt

Für die pädiatrische Narkosepraxis sind folgende anatomische Besonderheiten wichtig, die am deutlichsten beim Neugeborenen ausgeprägt sind:

- großer Kopf, kurzer Hals
- enge Nasenwege, Stimmritze, Ringknorpel und Trachea; können bereits bei geringer Schwellung die Atmung behindern
- große Zunge; kann Intubation erschweren
- hoch stehender Kehlkopf
- Epiglottis relativ lang und u-förmig
- Ringknorpel ist engste Stelle des Kehlkopfes
- Länge der Trachea (Abstand Stimmbänder – Karina) ca. 4 cm beim Neugeborenen und ca. 5,7 cm beim 8-jährigen Kind; Durchmesser: ca. 6 mm beim Neugeborenen und 11 mm beim 4-jährigen Kind
- Rechter und linker Hauptbronchus entspringen beide in einem Winkel von 55° von der Trachea. Einseitige endobronchiale Intubation ist daher nicht nur rechts, sondern auch links leicht möglich.

Atemphysiologie

Die $paCO_2$- und paO_2-Werte sind niedriger als beim Erwachsenen. Die **Reaktion auf Hypoxie** hängt vom Alter des Kindes ab: In der ersten Lebenswoche wird die Atmung bei Hypoxie nur gesteigert, wenn die Körpertemperatur im Normbereich liegt. Bei **Hypothermie** fehlt die Atemreaktion auf Hypoxie.

Die Atmung des Neugeborenen, vor allem des Frühgeborenen, ist meist unregelmäßig. Eine periodische Atmung, gekennzeichnet durch rasche Atemzüge im Wechsel mit apnoischen Phasen von 5–10 s Dauer, wird ebenfalls nicht selten innerhalb der ersten 6 Lebenswochen beobachtet.

Atemstillstände von mehr als 10 s Dauer, verbunden mit einem Abfall des paO_2 sowie Bradykardie und Zyanose, treten bei einigen Frühgeborenen auf und können die Morbidität und Mortalität erhöhen.

Lungenvolumina

Die Lungenvolumina von Kleinkindern entsprechen, auf die Körperoberfläche bezogen, denen der Erwachsenen, ebenso die funktionellen Unterteilungen der Volumina.

Lungenvolumina des Neugeborenen
- Totalkapazität etwa 160 ml
- funktionelle Residualkapazität etwa 80 ml
- Vitalkapazität (beim Schreien) etwa 120 ml

Die **alveoläre Ventilation** ist bei Neugeborenen wegen des höheren Stoffwechsels zweimal so hoch wie die des Erwachsenen; die Atemsteigerung wird durch eine höhere Atemfrequenz erreicht.

In ▶ Tabelle 36-1 sind wichtige Atemwerte von Neugeborenen und Erwachsenen zusammengestellt.

36.1.2 Herz-Kreislauf-System

Neugeborene

Kurz nach der Geburt wird beim Neugeborenen durch Verschluss des Ductus Botalli und des Foramen ovale anatomisch der Erwachsenenkreislauf hergestellt.

Besonderheiten:
- zentralisierter Kreislauf
- Herzfrequenz ca. 120/min
- Schlagvolumen: 4–5 ml
- Herzzeitvolumen 500–600 ml/min
- arterieller Blutdruck 160–80/40–50 mm Hg
- Das Blutvolumen beträgt etwa 80–85 ml/kg (relativ höher als beim Erwachsenen) (▶ Tab. 36-5).

Das Herz des Neugeborenen ist nur wenig dehnbar und kann sein Schlagvolumen nur innerhalb enger Grenzen erhöhen. Daher bestimmt die Herzfrequenz die Größe des Herzzeitvolumens.

Herzfrequenz

Als Regel gilt: je jünger das Kind, desto höher die Herzfrequenz (▶ Tab. 36-2).

→ **Bradykardien** sind beim Kind fast immer durch Hypoxie bedingt und müssen als lebensbedrohliche Störungen sofort behandelt werden.

→ **Tachykardien** werden von Neugeborenen und Kleinkindern gut toleriert und führen bis zu Frequenzen von etwa 210/min nicht zum Abfall des Herzzeitvolu-

Tab. 36-1 Atemwerte von Neugeborenen und Erwachsenen

Parameter	Neugeborene	Erwachsene
Atemfrequenz f (1/min)	40–60*	12–16
Atemzugvolumen V_T (ml/kg)	6	7
Totraum V_D (ml/kg)	2,2	2,2
V_D/V_T	0,3	0,3
$paCO_2$ (mm Hg)	32–35	35–44
paO_2 (mm Hg)	40–80	65–105

* Frühgeborene f = 50–70/min

Tab. 36-2 Herzfrequenz bei Kindern

Alter	Herzfrequenz/min
Frühgeborene	120–170
Neugeborene	115–151
6 Monate	100–140
1 Jahr	100–140
2 Jahre	80–130
3 Jahre	85–115
5 Jahre	80–100
10 Jahre	70–90

Tab. 36-3 Arterieller Blutdruck bei Kindern

Alter	Systolischer Druck	Diastolischer Druck
Frühgeborene	50 ± 3	30 ± 2
Neugeborene	67 ± 3	42 ±4
6 Monate	89 ± 29	60 ± 10
1 Jahr	96 ± 30	66 ± 25
2 Jahre	99 ± 25	64 ± 25
3 Jahre	100 ± 25	67 ± 23
4 Jahre	99 ± 20	65 ± 20
5–6 Jahre	94 ± 14	55 ± 9
6–7 Jahre	100 ± 15	56 ± 8
8–9 Jahre	105 ± 16	57 ± 9
10–11 Jahre	111 ± 17	58 ± 10
11–12 Jahre	113 ± 18	59 ± 10
12–13 Jahre	115 ± 19	59 ± 10
13–14 Jahre	118 ± 19	60 ± 10

mens. Eine medikamentöse Therapie ist zumeist nicht erforderlich, jedoch müssen auslösende Ursachen wie Schmerzen, volle Harnblase oder Hyperkapnie beseitigt werden.

Blutdruck

Je jünger das Kind, desto niedriger der Blutdruck (▶ Tab. 36-3). Der **zentrale Venendruck** entspricht dem des Erwachsenen.

Herzzeitvolumen

Das Herzzeitvolumen von Kleinkindern ist wegen des gesteigerten Metabolismus, auf das Körpergewicht bezogen, etwa 30–50% höher als das des Erwachsenen

Tab. 36-4 Herzzeitvolumen bei Kindern

Alter	Herzzeitvolumen (l/min)	Herzindex (l/min/m²)
Neugeborene	0,4 ± 0,1	2,5 ± 0,6
6 Monate	0,8 ± 0,2	2,0 ± 0,5
1 Jahr	1,1 ± 0,3	2,5 ± 0,6
2 Jahre	1,7 ± 0,4	3,1 ± 0,7
5 Jahre	2,7 ± 0,7	3,7 ± 0,9
12 Jahre	4,5 ± 1,0	4,3 ± 1,1
junge Erwachsene	6,5 ± 0,5	3,7 ± 0,3

Tab. 36-5 Blutvolumina bei Kindern (Anhaltswerte)

Alter	Blutvolumen (ml/kg)
Neugeborene	80–85
6. Woche bis 2 Jahre	75
2–15 Jahre	72

(▶ Tab. 36-4); berechnet auf die Körperoberfläche, ergeben sich jedoch keine wesentlichen Unterschiede.

Blutvolumen

Das Blutvolumen ist beim Kind, bezogen auf das Körpergewicht, höher als beim Erwachsenen und nimmt mit zunehmendem Alter ab (▶ Tab. 36-5).

- Bei Neugeborenen und Kleinkindern führen bereits geringe Blutverluste zu lebensbedrohlichem Volumenmangel.
- Der Blutdruck fällt proportional zum Blutverlust ab.
- Während der Narkose besteht eine enge Beziehung zwischen dem systolischen Blutdruck und dem zirkulierenden Blutvolumen.
- Bei Neugeborenen kann der Ersatz von Blutverlusten meist anhand der systolischen Blutdruckwerte erfolgen.

36.1.3 Blut

Die Hämoglobinkonzentration beträgt bei der Geburt zwischen 18 und 22 g/dl.

In den ersten 3–4 Lebensmonate fällt die Hb-Konzentration auf etwa 10–12 g/dl ab, bei Frühgeborenen noch stärker.

Zwischen dem 3. Lebensmonat und dem 3. Lebensjahr ist der Hb-Gehalt vermindert (▶ Tab. 36-6).

Kinder tolerieren eine Anämie in der Regel gut; erst bei Hb-Werten unter 6 g/100 ml muss mit einem Sauerstoffmangel der Gewebe gerechnet werden.

36.1.4 Temperaturregulation

Die Temperaturregulation von Neugeborenen ist mangelhaft ausgebildet, das schützende subkutane Fettgewebe fehlt, effektives Kältezittern ebenso. Daher küh-

Tab. 36-6 Hämoglobingehalt und Hämatokritwerte bei Kindern und Erwachsenen

Alter	Hämoglobingehalt (g/100 ml)	Hämatokrit (%)
Nabelschnurblut	13,7–20,1	45–65
2 Wochen	13,0–20,0	42–66
3 Monate	9,5–14,5	31–41
6 Monate bis 6 Jahre	10,5–14,0	33–42
7–12 Jahre	11,0–16,0	34–40
Erwachsene		
Frauen	12,0–16,0	37–47
Männer	14,0–18,0	42–52

len Neugeborene in kalter Umgebung rasch aus, ebenso Kleinkinder. Die nicht zitternde Thermogenese steigert den **Sauerstoffverbrauch** erheblich, so dass bei andauerndem Kältereiz rasch eine **metabolische Azidose** auftreten kann.

! Merke

Die ideale Umgebungstemperatur für unbekleidete Neugeborene beträgt 32–34°C, für Frühgeborene ca. 35,5°C, bei einer relativen Luftfeuchtigkeit von 50% und einer Luftbewegung von weniger als 5 cm/s.

Grundsätzlich gilt für alle Altersgruppen:

Während der Narkose sollte die Körpertemperatur im Normbereich gehalten werden. Hierfür sind wärmeerhaltende Maßnahmen erforderlich.

36.1.5 Sauerstoffverbrauch und Energiestoffwechsel

Der Sauerstoffbedarf des Neugeborenen beträgt etwa 6 ml/kg/min, der des Erwachsenen hingegen nur 4 ml/kg/min. Die Energievorräte des Neugeborenen sind gering, entsprechend werden Fasten und ungenügende Flüssigkeitszufuhr schlechter toleriert als von Erwachsenen. Längere Nahrungs- und Flüssigkeitskarenz muss daher vermieden werden, ebenso Steigerung des Energiebedarfs.

Reaktion auf Hypoxie

Neugeborene reagieren auf Hypoxie, unabhängig von der Ursache, mit einer **Bradykardie;** außerdem steigen pulmonaler und systemischer Gefäßwiderstand an, während das Herzzeitvolumen abfällt. Durch den Anstieg des pulmonalen Gefäßwiderstands kann beim Neugeborenen der Ductus arteriosus evtl. wieder eröffnet werden, so dass ein erheblicher Rechts-links-Shunt mit Abnahme der arteriellen Sauerstoffsättigung eintritt.

36.1.6 Flüssigkeitsgleichgewicht

In ▶ Tabelle 36-7 ist der Tagesbedarf an Flüssigkeit, Elektrolyten und Kohlenhydraten, bezogen auf das Körpergewicht, zusammengestellt.

Für die Narkose von Neugeborenen und Kleinkindern muss Folgendes beachtet werden:

Tab. 36-7 Tagesbedarf an Flüssigkeit, Elektrolyten und Glukose bei Kindern (bezogen auf kg KG)

Körpergewicht	Wasser (ml/kg)	Na^+ (mmol/kg)	K^+ (mmol/kg)	Glukose (g/kg)
< 1000 g	bis 200	3	2–2,5	bis 10
1000–1500 g	bis 180	2,5	2–2,5	bis 10
1500–2500 g	bis 160	2	1,5–2	bis 8
> 2500 g	bis 150	1,5–2	2	bis 5
4–10 kg	100–120	2–2,5	2–2,5	5–6
10–20 kg	80–100	1,6–2	1,6–2	4–5
20–40 kg	60–80	1,2–1,6	1,2–1,6	3–42

! Merke

Ungenügende Flüssigkeitszufuhr und/oder erhöhte Verluste führen bei Neugeborenen und Kleinkindern rasch zur bedrohlichen Dehydratation.

- Übertriebene Flüssigkeitszufuhr führt rasch zu Überwässerung, Natriumüberschuss und Ödemen.
- Zu hohe Natriumzufuhr (> 12 mmol/kg pro Tag) bewirkt eine positive Natriumbilanz und muss daher vermieden werden.

36.1.7 Säure-Basen-Haushalt

Beim Neugeborenen sind der pH-Wert und die Plasmabikarbonatkonzentration niedriger als beim Erwachsenen, bedingt durch die eingeschränkte Fähigkeit der Niere, Wasserstoffionen auszuscheiden und Bikarbonat zu retinieren.

36.2 Pharmakologische Besonderheiten

Neugeborene und Kleinkinder reagieren anders auf Pharmaka als Erwachsene. Daher ist es nicht möglich, die Dosierung von Medikamenten in dieser Altersgruppe aus Schemata für Erwachsene abzuleiten.

36.2.1 Barbiturate

Neugeborene reagieren empfindlicher auf Barbiturate als ältere Kinder und Erwachsene. Auch sind bei ihnen Metabolismus und Ausscheidung verzögert.

Jüngere Kinder benötigen höhere Barbituratdosen als Erwachsene (z.B. 4–6 mg/kg Thiopental für die Narkoseeinleitung).

36.2.2 Propofol

Der Dosisbedarf ist deutlich höher als bei Erwachsenen. Kinder unter 3 Jahren benötigen höhere Dosen als ältere Kinder.

Dosierung:
- Einleitungsdosis 3–4 mg/kg und mehr
- Aufrechterhaltung der Narkose: 9–15 mg/kg/h Propofol.

36.2.3 Opioide

Bei Neugeborenen und Säuglingen bis etwa zum 3. Lebensmonat ist die atemdepressorische Wirkung stärker ausgeprägt und hält auch länger an als beim Erwachsenen. Bei Neugeborenen ist die Blut-Hirn-Schranke durchlässiger für Opioide, und die Substanzen können im Gehirn kumulieren; die Toxizität ist erhöht, die Clearance vermindert, die Halbwertszeit verlängert.

Insgesamt sollten Opioide in der Kleinkinderanästhesie zurückhaltend eingesetzt werden; bei kleineren Eingriffen sind sie meist überflüssig.

Naloxon wird bei opioidbedingter Atemdepression eingesetzt. Die Initialdosis beträgt 0,1 mg/kg i.v. oder i.m.

36.2.4 Inhalationsanästhetika

Die Narkoseeinleitung verläuft schneller als beim Erwachsenen. Allerdings steht diesem Vorteil ein erhöhter Anästhetikumbedarf entgegen. Der MAC-Wert von Inhalationsanästhetika liegt jedoch bei Neugeborenen und Säuglingen bis zum 12. Lebensmonat unter dem von älteren Kindern.

36.2.5 Atropin

Neugeborene reagieren empfindlicher auf vagale Stimulation als Erwachsene. Um die hierdurch ausgelöste Bradykardie zu beseitigen, sind 5- bis 10fach höhere Dosen von Atropin erforderlich als beim Erwachsenen, meist 0,03–0,04 mg/kg.

36.3 Praxis der Kinderanästhesie

36.3.1 Narkosevorbereitung

Die Ziele der Narkosevorbereitung entsprechen denen bei Erwachsenen, beim praktischen Vorgehen bestehen jedoch zahlreiche Unterschiede, die sich vor allem aus den psychologischen Besonderheiten von Kindern ergeben: Krankheit, Hospitalisierung und vor allem chirurgische Eingriffe führen meist zu erheblichen emotionalen bzw. psychologischen Belastungen für das heranwachsende Kind. Um Verhaltensstörungen vorzubeugen, sollte der Mutter ein größtmöglicher Kontakt mit dem Kind erlaubt werden.

36.3.2 Narkosevisite

Die Narkosevisite sollte bei kleineren Kindern möglichst im Beisein der Eltern erfolgen. Hierbei muss der Anästhesist das Vertrauen des Kindes und der Eltern gewinnen und sich über die bisherige psychologische Vorbereitung des Kindes informieren:

Verständigen Kindern (meist ab etwa 3 Jahren) werden die wichtigsten Maßnahmen bei der Narkoseeinleitung und der postoperativen Intensivbehandlung erklärt. Detaillierte Fragen der Eltern sollten auf keinen Fall in Gegenwart des Kindes diskutiert werden.

Klinische Einschätzung

Zur Einschätzung des klinischen Zustands informiert sich der Anästhesist über die Vorgeschichte des Kindes, die bisherige Diagnostik und Befunderhebung sowie die medikamentöse Therapie und führt danach eine begrenzte körperliche Untersuchung durch.

Impfungen

Impfexperten empfehlen, folgende Zeitabstände zwischen einer Impfung und elektiven Narkosen und Operationen einzuhalten:

- Impfung mit Lebendimpfstoff wie bei Masern, Mumps, Röteln, Polio (Sabin), Varizellen, BCG, Typhus: 14 Tage
- Impfung mit Totimpfstoff wie bei Diphtherie, Tetanus, Pertussis, Polio (Salk), Influenza, Hepatitis, Tollwut, FSME, Cholera: 2 Tage.

Körperliche Untersuchung

Bei der körperlichen Untersuchung gilt die Aufmerksamkeit besonders der Größe und Entwicklung des Kindes, den oberen Luftwegen, dem Zustand der Zähne und der Funktion des Herz-Kreislauf-Systems sowie der Atmung und den Venenverhältnissen.

Akute Infekte der Atemwege

Akute Atemweginfekte erhöhen dass Risiko intra- und postoperativer respiratorischer Komplikationen wie z.B. Laryngospasmus, Bronchospasmus, Schwellung der Atemwege, Atelektasen und Pneumonien. Die Re-Intubationsrate ist erhöht.

Die erhöhte Anfälligkeit soll bis zu 6 Wochen nach einem viralen Infekt des Respirationstrakts anhalten.

Die **Diagnose** des Atemweginfekts stützt sich ausschließlich auf klinische Zeichen und Befunde. Üblicherweise werden folgende Kriterien herangezogen:

- Fieber (> 38,3 °C)
- grüner oder gelber Schnupfen
- produktiver Husten
- Giemen
- Rasselgeräusche.

! Merke

Fieber und produktiver Husten oder grüner/gelber Schnupfen mit Fieber (> 38,4 °C) sind die häufigsten Gründe für eine Verschiebung elektiver Operationen, gefolgt von Giemen oder Rasselgeräuschen. Die Operation sollte, wenn möglich, frühestens 4–6 Wochen nach Abklingen des akuten Infekts erfolgen.

Bei Kindern mit **hyperplastischen Adenoiden oder Gaumenspalten** bestehen häufig chronische Infekte wie Schnupfen oder Bronchitis. Bei ihnen ist vor einer Korrekturoperation keine wesentliche Besserung zu erwarten, daher sollte der Eingriff nicht verschoben werden.

Präoperative Laborwerte

Der Nutzen einer Routinebestimmung von Laborparametern bei sonst gesunden Kindern ist nicht gesichert (▶ Kap. 13).

→ Ein Röntgenbild des Thorax und ein EKG gehören nicht zum präoperativen Standarduntersuchungsprogramm.

→ Bei **Anämie** mit **Hämoglobinwerten unter 10 g/100 ml** sollte nach der Ursache gesucht werden.

Präoperative Blutanforderung

Bei allen großen Eingriffen muss am Operationstag Transfusionsblut sofort verfügbar sein. Besonders bei Neugeborenen sollten möglichst frische Erythrozytenkonzentrate eingesetzt werden.

36.3.3 Prä- und postoperative Nahrungskarenz

Zwar sollte der Magen des Kindes vor der elektiven Narkoseeinleitung leer sein, ausreichende Flüssigkeitszufuhr ist jedoch, vor allem bei kleinen Kindern, präoperativ erforderlich, um **Dehydratation, Hypovolämie und Hypoglykämie** zu vermeiden. Da die pulmonale Aspiration bei Kindern sehr selten und zudem 60 min nach Aufnahme klarer Flüssigkeit nur noch eine minimale Menge im Magen vorhanden ist, sollte nicht allzu restriktiv vorgegangen werden.

Präoperative Nahrungskarenz
- klare Flüssigkeit (gezuckerter Tee oder Apfelsaft) bis zu 2 h
- Brustmilch bis zu 3 h
- Säuglingsmilchnahrungen bis 4 h
- leichte Nahrung bis zu 6 h

- Bei Unfällen ist ein Abwarten von Nüchternzeiten oft nicht sinnvoll, da die Magenentleerung verzögert ist.
- Bestehen keine speziellen Kontraindikationen, kann bei Kleinkindern etwa 3–4 h nach unkomplizierten Eingriffen wieder mit der Nahrungszufuhr begonnen werden.

36.3.4 Prämedikation

Wichtigstes Ziel der Prämedikation ist ein gut sediertes, angstfreies Kind, bei dem die Narkose ohne Schreien und ohne heftigen Widerstand eingeleitet werden kann.

Midazolam

Das Benzodiazepin Midazolam ist das Standardmittel für die Prämedikation von Kindern. Die Wirkung tritt rasch ein und hält ca. 20–40 min an. Die Substanz kann oral, rektal, sublingual und transnasal zugeführt werden.
- **Orale Zufuhr:** Dosierung 0,4–0,6 mg/kg, meist als Saft mit Geschmackskorrektur, ca. 30 min vor der Trennung von den Eltern bzw. vor dem Transport in der Operationstrakt. Höhere Dosen führen zu Gleichgewichtsstörungen, mitunter auch zu Missstimmung. Die Wirkung hält insgesamt etwa 45 min an, und innerhalb dieser Zeit muss daher auch die Narkoseeinleitung erfolgen.
- **Rektale Instillation:** ca. 0,5–1 mg/kg. Wirkungseintritt nach ca. 10–15 min, Wirkdauer ca. 50 min. Die Narkose sollte auf dem Höhepunkt der Wirkung (ca. nach 15–20 min) eingeleitet werden.
- **Transnasale Zufuhr:** Dosierung ca. 0,4 mg/kg. Rascher Wirkungseintritt, aber bei Kindern wenig beliebt. Da hohe Blutkonzentrationen auftreten, besteht die Gefahr der Atemdepression und Verlegung der oberen Atemwege. Daher nur in

Notfallbereitschaft anwenden, also im Aufwachraum oder Narkoseeinleitungsraum.

- **Sublinguale Zufuhr:** Dosierung ca. 0,4 mg/kg; die Wirkung setzt meist innerhalb von 10 min ein; für die Überwachung gelten die gleichen Vorsichtsmaßnahmen wie bei der transnasalen Zufuhr.

Die intravenöse Injektion von Midazolam darf nur in Notfallbereitschaft erfolgen.

Anticholinergika

Eine Routinezufuhr von Anticholinergika zusammen mit den Prämedikationssubstanzen ist wegen der für das Kind unangenehmen Nebenwirkungen nicht zu empfehlen und auch nicht erforderlich.

Bellafolin und Scopolamin wirken stärker sedierend und sekretionshemmend als Atropin, jedoch geringer vagolytisch.

Praktische Leitsätze für die Prämedikation

- Kinder unter 10 kg Körpergewicht oder 6–12 Lebensmonaten benötigen meist keine Prämedikation.
- Sedativ-Hypnotika am Vorabend der Operation sind meist nicht erforderlich.
- Grundsätzlich soll die Prämedikation schmerzlos sein: darum möglichst keine i.m. oder i.v. Spritzen.
- Kinder unter 3 Jahren werden bevorzugt rektal prämediziert, Kinder über 3 Jahre per os. Midazolam ist das Mittel der Wahl
- **Anticholinergika** wie Atropin oder Scopolamin sollten, wenn erforderlich, erst während oder kurz nach der Narkoseeinleitung, bevorzugt i.v., injiziert werden.
- Die Zufuhr der Substanzen muss rechtzeitig erfolgen, damit das Kind gut sediert im Einleitungsraum ankommt.

36.3.5 Wahl des Narkoseverfahrens

Für Kinder ist die **Allgemeinnarkose** das Verfahren der Wahl; reine Regionalanästhesien sind speziellen Indikationen vorbehalten (▶ Kap. 36.4).

36.3.6 Inhalationsanästhetika

Aufnahme und Elimination von Inhalationsanästhetika verlaufen bei kleinen Kindern schneller als bei älteren Kindern und Erwachsenen, der Dosisbedarf ist höher und nimmt mit zunehmendem Alter ab.

Sevofluran

Wegen der günstigen pharmakokinetischen Eigenschaften und der geringeren kardialen Nebenwirkungen ist Sevofluran das Mittel der Wahl für die Inhalationseinleitung von Kindern.

Pharmakologie

MAC-Werte von Sevofluran bei Kindern:

- Neugeborene 3,3 Vol.%
- Säuglinge 3,2 Vol.%
- 1–12 Jahre 2,5 Vol. %

Zusatz von 60% Lachgas reduziert den MAC-Wert um ca. 25% (Erwachsene: um ca. 60%)

- endexspiratorische Konzentration, bei der eine Larynxmaske eingeführt werden kann: ca. 2 Vol.%
- endexspiratorische Konzentration für Intubation ohne Muskelrelaxanzien: ca. 2,7–2,8%

Aufwachverhalten: In der Ausleitungsphase treten bei vielen Kindern erhebliche Unruhezustände und Agitiertheit auf, die nicht schmerzbedingt sind. Bei stärkerer Agitation sind Sedativa oder Opioide erforderlich.

Isofluran und Desfluran sind für die Inhalationseinleitung nicht geeignet, können aber nach der i.v. Einleitung in üblicher Weise eingesetzt werden.

Lachgas

Lachgas wird praktisch nur als Adjuvans für andere Narkosemittel eingesetzt. Lachgaszusatz bei der Einleitung mit volatilen Anästhetika vermindert die Häufigkeit exzitatorischer Reaktionen.

36.3.7 Intravenöse Anästhesie

In der Kinderanästhesie gebräuchliche i.v. Anästhetika sind in ▶ Tabelle 36-8 zusammengestellt.

Tab. 36-8 Dosierung (nur Anhaltswerte!) und Wirkungseintritt gebräuchlicher Anästhetika bei Kindern

Substanz	Dosis (mg/kg)	Wirkungseintritt (min)	Nebenwirkungen, Komplikationen
Intravenöse Injektion			
Thiopental	4–8	1–2	Injektionsschmerz (geringer als bei Propofol)
Methohexital	2–4	1–2	nicht bei Epilepsie
Propofol	3–5	1	starker bis sehr starker Injektionsschmerz
Etomidat	0,3–0,4	1	Myokloni, Hemmung der Kortisolsynthese
Ketamin	1–3	1	gesteigerte Speichelsekretion (Atropin vorgeben!), verzögertes Erwachen bei kurzen Eingriffen, Dysphorie oder Erregungszustände (Benzodiazepine vorgeben!), ICP-Anstieg
Intramuskuläre Injektion			
Ketamin	Sedierung: 2–3 Anästhesie: 8–12		s. o.
Methohexital	10	3	Injektionsschmerz
Rektale Zufuhr			
Thiopental	40	5–15	Schluckauf
Methohexital	25–30	5–15	Schluckauf
Ketamin	6–10	7–15	s. o.

36.3.8 Muskelrelaxanzien

Standard sind nichtdepolarisierende (ND-)Muskelrelaxanzien, Succinylcholin ist Notfallsituationen vorbehalten.

In ▶ Tabelle 36-9 sind die Eigenschaften gebräuchlicher ND-Muskelrelaxanzien zusammengestellt.

Succinylcholin

Wegen seiner teils lebensbedrohlichen Nebenwirkungen wird Succinylcholin bei Kindern nur im Notfall eingesetzt. Eine Präcurarisierung ist nicht erforderlich, da bei kleinen Kindern keine Muskelfaszikulationen auftreten. Auf vorherige Atropininjektion sollte dagegen nicht verzichtet werden.

Pharmakologie

Intubationsdosis:

- Kinder ≤ 1 Jahr 2 mg/kg i.v. oder 2–4 mg/kg i.m.
- ältere Kinder 1 mg/kg i.v.

Wirkungseintritt:

- i.v. nach 20–30 s; Vollrelaxierung nach 60–90 s
- i.m. nach 40–60 s

Wirkdauer:

- 3–10 min

36.3.9 Narkosezubehör

Für die Narkose bei Kindern ist ein spezielles, den anatomischen Besonderheiten der verschiedenen Altersgruppen angepasstes Zubehör erforderlich. Erwachsenenzubehör ist zu groß und zu schwer und weist außerdem einen zu hohen Widerstand und Totraum auf.

Für Kleinkinder sollten **runde Masken** mit weichem Rand oder mit weichem aufblasbarem Wulst bevorzugt werden; die nicht aufblasbaren **Rendell-Baker-Masken** mit geringem Totraum und Gewicht sind weniger leicht dicht zu halten.

Tab. 36-9 Anschlagzeit und Wirkdauer von ND-Muskelrelaxanzien bei Vollrelaxierung

Relaxans	Intubationsdosis (mg/kg)	Anschlagszeit (min)	Wirkdauer bei Neugeborenen und Säuglingen (min)	Wirkdauer bei älteren Kindern (min)
Mivacurium	0,2–0,25 (ab 1. Lebensjahr)	ca. 2	ca. 6	ca. 10
Cisatracurium	0,1	3–5	ca. 32	
Atracurium	0,3 (Neugeborene) bis 0,5 (ältere Kinder)	ca. 3,8	ca. 32	ca. 25
Rocuronium	0,6	45–90 s	40	25
Vecuronium	0,1	1,5	55–73	20–35
Pancuronium	0,07	1,5	70	35

Der oropharyngeal eingeführte **Guedel-Tubus** dient zum Freihalten der Atemwege bei Maskennarkosen. Gebräuchliche Größen für Kinder sind, je nach Alter: 000, 00, 0, 1, 2 und 3.

Endotrachealtuben

Bei Kindern werden Einmaltuben aus PVC wegen ihrer besseren Gewebeverträglichkeit bevorzugt. Richtwerte für die Auswahl der Tubusgröße in den verschiedenen Altersklassen sind in ▶ Tabelle 36-10 zusammengestellt.

Richtwerte für Tubusgrößen bei Kindern > 1 Jahr
Tubusgröße (mm Innendurchmesser) = 4,5 + Alter in Jahren/4.

Hinweise für die Auswahl von Tuben:
- Tubus mit Blockmanschette meist erst jenseits des 6. Lebensjahres
- den größten Tubus auswählen, der leicht durch die Stimmritze und den Ringknorpel vorgeschoben werden kann und der erst bei Beatmungsdrücken von 25 cm H_2O ein Luftleck aufweist
- Spiraltubus bei Eingriffen im Kopf- und Halsbereich
- keine Tuben mit seitlicher Öffnung an der Spitze (Murphy-Auge) bei Kleinkindern (Sekretansammlung mit Verlegung des Tubuslumens).

Laryngoskope

Die Auswahl des Laryngoskopspatels hängt vor allem von der persönlichen Bevorzugung des Anästhesisten ab. Gerade Spatel sind bei Neugeborenen und Kleinkindern von Vorteil: Sie erleichtern die Einstellung und Immobilisierung des Larynx. Größen siehe ▶ Kapitel 19.

Tab. 36-10 Richtgrößen von Endotrachealtuben für Kinder

Alter	Innerer Tubusdurchmesser (mm)
Frühgeborene	2,5
Neugeborene	3
1–6 Monate	3,5
6–12 Monate	4
1–2 Jahre	3,5–4,5
2–3 Jahre	4–5
3–4 Jahre	4,5–5,5
4–5 Jahre	5–6
5–6 Jahre	5,5–6,5
6–7 Jahre	6–6,5
7–9 Jahre	6,5
10–11 Jahre	6,5–7
12 Jahre	7,5
14–16 Jahre	8

Narkosesysteme

Meist werden halbgeschlossene Systeme verwendet; sie können mit modernen Narkosegeräten in allen Altersgruppen bis hin zu Frühgeborenen eingesetzt werden.

Blutdruckmanschetten

Korrekte Messwerte erfordern eine dem Armumfang des Kindes sorgfältig angepasste Blutdruckmanschette. Bei zu breiten Manschetten wird der Blutdruck zu niedrig, bei zu schmalen zu hoch gemessen.

Richtwerte für Blutdruckmanschetten:
- Frühgeborene 3¾ cm
- Neugeborene: 4 cm
- Kleinkinder bis ca. 5 Jahre: 7 cm
- Schulkinder: 11 cm.

In jedem Fall muss die Blutdruckmanschette zwei Drittel bis drei Viertel des Arterienverlaufs am Oberarm umschließen.

Magensonden

Magensonden werden bei Kindern in der Regel nasal eingeführt. Die Einführtiefe sollte vorher anhand der Entfernung vom Ohr bis zum Xiphoid abgemessen werden, um ein zu weites Vorschieben zu vermeiden. Die Richtgrößen für Magensonden sind in ▶ Tabelle 36-11 aufgeführt.

Blasenkatheter

Bei lange dauernden Eingriffen (> 2 h) oder bei erforderlicher kontinuierlicher Überwachung der Diurese wird in der Regel ein Blasenkatheter eingelegt. Bei Neugeborenen und Säuglingen werden Kunststoffkatheter ohne Blockballon eingesetzt. Die Richtgrößen für Blasenkatheter sind in ▶ Tabelle 36-12 aufgeführt.

Tab. 36-11 Richtgrößen für Magensonden

Alter	Magensonde in Charr.
Frühgeborene	5
bis 1 Jahr	8
1–2 Jahre	10
2–6 Jahre	12
6–12 Jahre	14
> 12 Jahre	16

Tab. 36-12 Richtgrößen für Blasenkatheter

Alter/Körpergewicht	Blasenkatheter in Charr.
Neugeborene	4–6 (ohne Ballon)
5–10 kg	6
10–20 kg	8
20–40 kg	10
ab 40 kg	12

36.3.10 Überwachung während der Narkose

Die **Standardüberwachung** bei Routineeingriffen entspricht der bei Erwachsenen (▶ Kap. 24); das **erweiterte Monitoring** hängt wie beim Erwachsenen vom klinischen Zustand des Patienten und von der Art des chirurgischen Eingriffs ab.

36.3.11 Narkoseeinleitung

Die Narkoseeinleitung ist für die meisten Kinder eine besonders kritische Phase; sie muss daher behutsam, geduldig und ohne Gewalt in ruhiger Umgebung erfolgen.

→ Alle neueren Untersuchungen zeigen, dass die **Anwesenheit der Eltern** bei der Narkoseeinleitung nicht von Vorteil ist, mit Midazolam sedierte Kinder dagegen deutlich weniger ängstlich und zudem kooperativer sind.

Präoxygenierung

Je jünger das Kind, desto kürzer die erforderliche Zeit für die Präoxygenierung. Bei Säuglingen reichen ca. 35 s aus, mit zunehmendem Alter verlängert sich die Zeit. Diesem Vorteil steht allerdings die geringere Apnoetoleranz kleiner Kinder gegenüber.

Intravenöse Einleitung

Wichtigste Nachteile der i.v. Einleitung sind der häufig schmerzhafte (aber zumutbare) Nadelstich und die nicht immer einfache Venenpunktion. **EMLA®-Pflaster** (Prilocain) für die Venenpunktion sollte routinemäßig eingesetzt werden.

Thiopental (Trapanal) oder **Propofol,** die wichtigsten Einleitungssubstanzen, müssen bei kleinen Kindern in der Regel deutlich höher dosiert werden als beim Erwachsenen, z.B.:

- Thiopental 4–8 mg/kg i.v.
- Propofol 3–5 mg/kg i.v. (häufig starker Injektionsschmerz!!), Kinder unter 3 Jahren benötigen höhere Dosen als ältere Kinder.

Einleitung per Inhalation

Sind die Venenverhältnisse sehr schlecht oder fürchtet sich das Kind vor der Spritze mehr als vor der Maske, kann die Narkose per Inhalation eingeleitet werden. Mittel der Wahl ist Sevofluran.

✓ Praktisches Vorgehen

1. Ist das Kind gut sediert oder schläft es, sollten möglichst wenig äußere Reize einwirken, um den Effekt der Prämedikation zu erhalten.
2. Pulsoxymeter, Blutdruckmanschette und präkordiales Stethoskop befestigen (vorher in der Hand anwärmen), sofern das Kind diese Maßnahmen nicht abwehrt.
3. Ist das Kind wach und will sich nicht hinlegen: auf dem Schoß des Anästhesisten einleiten!
4. Allergrößte Vorsicht beim Umgang mit der Maske: niemals **fest** auf das Gesicht eines wachen Kindes setzen. Wird die Maske heftig abgewehrt: ohne Maske einleiten.
5. Gut prämedizierte Kinder schleichend einleiten, nicht zur Einleitung aufwecken: Frischgasschlauch mit Maske in die Nähe des Gesichts halten, ohne das Gesicht zu berühren. Zunächst nur Lachgas/Sauerstoff 60 : 40 für etwa 4 min zuführen, danach Sevofluran in sehr hoher Konzentration (z.B. 8 Vol.%) oder primär Sevofluran 8 Vol.% ohne Lachgas (vorher System füllen).

6. Sobald das Kind eingeschlafen ist (meist innerhalb 1 min): Maske fest aufsetzen, Kinn anheben und Kopf überstrecken. Noch keine Venenkanüle einführen, auch wenn der Lidreflex erloschen ist; Konzentration von Sevofluran noch nicht reduzieren. Wenn Atmung flacher wird: assistierte Beatmung. Wenn Narkose tief genug: Venenkanüle einführen.

Intramuskuläre Einleitung

Kommt das Kind bereits schreiend und abwehrend in den Einleitungsraum und bleiben alle Beruhigungsversuche und Ablenkungsmanöver erfolglos, kann die Narkose mit **Ketamin** i.m. eingeleitet werden.

→ **Dosierung:** etwa 5–12 mg/kg Ketanest i.m. oder 2–4 mg S-Ketanest i.m.

Sobald die Substanz zu wirken beginnt, wird rasch ein venöser Zugang gelegt und ein Muskelrelaxans für die Intubation injiziert.

Einleitung bei vollem Magen

Leitlinien/Empfehlungen

Das Kind mit vollem Magen (Empfehlungen des Arbeitskreises „Kinderanästhesie" der DGAI 2007)

- Die pulmonale Aspiration ist bei Kindern ein sehr seltenes Ereignis (ca. 1 : 2632 Anästhesien); nur selten treten schwerwiegende Symptome auf, und noch seltener müssen die Kinder deswegen beatmet werden; Todesfälle sind in den letzten 20 Jahren nicht veröffentlicht worden.
- Die Aspiration tritt häufig während der endotrachealen Intubation auf, wenn das nicht ausreichend anästhesierte und relaxierte Kind unter der Stimulation regurgitiert oder erbricht.
- Bei Neugeborenen, Säuglingen und Kleinkindern ist das Hypoxierisiko während der Narkoseeinleitung größer als das Aspirationsrisiko. Eine optimale Präoxygenierung gelingt häufig nicht, auch ist die Apnoetoleranz wesentlich kürzer als beim Erwachsenen.
- Eine bestimmte Lagerung für die Narkoseeinleitung bei Neugeborenen, Säuglingen und Kleinkindern wird nicht empfohlen, da deren prophylaktische Wirksamkeit nicht erwiesen ist.
- Krikoiddruck verschlechtert häufig die Intubationsbedingungen, auch ist die Wirksamkeit bei Kindern nicht bewiesen, so dass hierauf verzichtet werden sollte.
- Kinder mit erhöhtem Aspirationsrisiko werden immer intravenös eingeleitet; eine Masken-Inhalationseinleitung ist absolut kontraindiziert. Propofol und Thiopental sollten höher dosiert werden als bei normaler Einleitung. Ziel: rascher Bewusstseinsverlust und rasche Muskelrelaxierung für die „Blitzintubation".
- Eine „sanfte Zwischenbeatmung" nach Narkoseeinleitung (max. Druck 10–12 cm H_2O) wird ausdrücklich empfohlen, um eine Hypoxie während der Apnoephase zu verhindern.
- Gelingt die Intubation nicht: Maskenbeatmung fortsetzen oder Larynxmaske/Larynxtubus einführen und hierüber beatmen.
- Extubation erst nach Rückkehr der Schutzreflexe.

36.3.12 Venöser Zugang

Venenkanülen

Bei jeder Narkose muss ein venöser Zugang gelegt werden, über den bei Bedarf Medikamente und Volumen zugeführt werden können. Kunststoffkanülen werden bevorzugt.

Kanülengrößen:
- Frühgeborene: 22–26 G
- Kinder bis zu 5 Jahren: 20–24 G
- etwa ab 5 Jahren: 18–20 G.

Punktionsstellen:
- V. saphena im Knöchelbereich
- Radialvene am Handgelenk; Kubitalvene
- V. jugularis externa am Hals (Kopftieflagerung, Abdrücken der Vene oberhalb der Klavikula)
- Kopfschwarte bei Neugeborenen und Säuglingen.

Zentrale Venenkatheter

Zentrale Venenkatheter sind bei allen großen Operationen (z.B. Herzchirurgie, Neurochirurgie) erforderlich. Die Katheter werden bei Kindern grundsätzlich nach der Narkoseeinleitung gelegt.

36.3.13 Arterielle Kanülierung

Bei sehr großen Eingriffen und/oder schwer kranken und besonders gefährdeten Kindern wird **nach** der Narkoseeinleitung eine Arterie perkutan kanüliert.

Punktionsstellen:
- A. radialis: 20–24-G-Kanülen
- A. femoralis: 18–20-G-Katheter (Seldinger-Technik)
- A. axillaris
- A. dorsalis pedis.

Praktischer Umgang mit Arterienkanülen siehe ▶ Kapitel 24.

36.3.14 Endotracheale Intubation

Bei Neugeborenen und Kindern unter einem Jahr sollte immer eine **Intubationsnarkose mit kontrollierter Beatmung** durchgeführt werden, ebenso (unabhängig vom Alter) bei allen Eingriffen, die länger als 30 min dauern. Für die Intubation werden meist Muskelrelaxanzien eingesetzt; bei tiefer Inhalationsanästhesie kann dagegen auf Muskelrelaxanzien verzichtet werden. Intubiert wird oral oder nasal, bei Notfällen sollte die orale Intubation vorgezogen werden.

Intubationsbesonderheiten bei Neugeborenen und Kleinkindern:
- Die Achsen für die Intubation lassen sich schlechter herstellen.
- Die Epiglottis ist schwieriger aufzurichten.
- Kopf und Zunge sind beim Neugeborenen groß, der Hals fehlt.
- Der Larynx steht höher als beim Erwachsenen, die Epiglottis ist u-förmig und steifer.
- Der Ringknorpel ist die engste Stelle für die Tubuspassage.

Praktische Grundsätze:

- Bei Säuglingen und Kleinkindern werden meist Tuben ohne Blockmanschetten verwendet bzw. die Tuben nicht geblockt, um die empfindliche Schleimhaut nicht zu schädigen. Ein vollkommen luftdichter Abschluss ist zumeist nicht erforderlich.
- Bei Neugeborenen und Säuglingen lässt sich die Epiglottis wegen der relativ großen Zunge mit einem **geraden** Spatel oft besser einstellen als mit einem gebogenen.
- Die Auswahl der passenden Tubusgröße richtet sich nach der engsten Stelle des Kehlkopfs, dem **Ringknorpel.** Zur Orientierung dienen die Richtwerte in ▶ Kapitel 19. Daneben kann noch folgende Formel als grober Anhaltspunkt herangezogen werden:

$$\text{innerer Tubusdurchmesser (mm)} = \frac{\text{Alter (Jahre)}}{4} + 4$$

Die Gefahr einer **einseitigen Intubation,** d.h. der Intubation des rechten oder linken (!) Hauptbronchus (je nach Lage der distalen Tubusöffnung), ist in dieser Altersgruppe größer als beim Erwachsenen. Als grober Anhaltspunkt für die Lage der Tubusspitze in Tracheamitte kann bis zum Alter von etwa 14 Jahren folgende Formel herangezogen werden:

$$\text{Tubusspitze in Tracheamitte (cm)} = \frac{\text{Alter (Jahre)}}{2} + 12$$

Einführtiefe (Abstand Zahnleiste – Tracheamitte) bei Neugeborenen:

- 1 kg KG: 7 cm
- 2 kg KG: 8 cm
- 3 kg KG: 9 cm.

Intubationsschwierigkeiten

Die Situation der unerwartet schwierigen Intubation ist bei Kinder sehr selten, meist sind die Intubationsschwierigkeiten bekannt oder zu erwarten.

Mit Intubationsschwierigkeiten ist vor allem bei Neugeborenen und Kindern mit angeborenen Missbildungen oder Erkrankungen im Bereich von Kopf und Hals zu rechnen (▶ Tab. 36-13).

Bei Intubationsschwierigkeiten kann im Wesentlichen nach den Algorithmen für Erwachsene vorgegangen werden.

! Merke

Bei zu erwartenden wesentlichen Intubationsschwierigkeiten sollte grundsätzlich im Wachzustand – am besten fiberendoskopisch – intubiert werden, alternativ auch nach Einleitung mit einem Inhalationsanästhetikum über eine Maske unter erhaltener Spontanatmung.

Eine Obstruktion der oberen Atemwege nimmt häufig während der Narkoseeinleitung bedrohlich zu, besonders bei Aufregung, während andererseits eine Sedierung zu Atemdepression und respiratorischer Insuffizienz führen kann. Tracheotomiebereitschaft wird ausdrücklich empfohlen.

36.3.15 Larynxmaske

Die Larynxmaske kann auch bei Neugeborenen, Säuglingen und kleinen Kindern eingesetzt werden, allerdings kann die Maske bereits bei geringen Kopfbewegungen verrutschen; auch wird die Epiglottis durch die Larynxmaske häufiger abgeknickt als beim Erwachsenen. Wenn beatmet wird, sollte die druckbegrenzte Beatmung der

Tab. 36-13 Angeborene Syndrome, bei denen mit Intubationsschwierigkeiten zu rechnen ist
• Pierre-Robin-Syndrom: Mikrognathie, Makroglossie, Glossoptose, Gaumenspalte
• Treacher-Collins-Syndrom: Choanalatresie, Mandibulahypoplasie, Mikrostomie, Ohr- und Augendefekte
• Goldenhar-Syndrom: Mandibulahypoplasie, Okzipitalisierung des Atlas, aurikuläre und okuläre Defekte
• Down-Syndrom: Makroglossie, Mikrozephalie, abnorme Halswirbelsäule, unterentwickelter oder fehlender Nasensteg
• Klippel-Feil-Syndrom: kongenitale Verschmelzung von Halswirbeln, eingeschränkte Halsbeweglichkeit
• Alpert-Syndrom: Maxillahypoplasie, Prognathie, Gaumenspalte, Anomalien der tracheobronchialen Knorpel
• Beckwith-Syndrom: Makroglossie
• Cherubinismus: tumoröse Veränderungen von Mandibula und Maxilla mit intraoralen Fehlbildungen
• Kretinismus: fehlendes Schilddrüsengewebe oder gestörte Thyroxinsynthese, Makroglossie, Kropf, Kompression der Trachea, Deviation von Larynx/Trachea
• Cri-du-Chat-Syndrom: Mikrozephalie, Mikrognathie, gespaltene Epiglottis
• Meckel-Syndrom: Mikrozephalie, Mikrognathie, Laryngomalazie, Stridor
• von-Recklinghausen-Syndrom: gehäuftes Vorkommen von Phäochromozytom, Tumoren in Larynx und Ausflussbahn des rechten Ventrikels möglich
• Pfaundler-Hurler-Syndrom (Mukopolysaccharidose I): steife Gelenke, Obstruktion der oberen Atemwege durch Infiltration mit lymphatischem Gewebe, abnorme tracheobronchiale Knorpel, häufige Infekte der oberen Atemwege
• Hunter-Syndrom (Mukopolysaccharidose II): wie Pfaundler-Hurler (jedoch weniger schwer), Pneumonien
• Pomp-Erkrankung (Glykogenspeicherkrankheit II): Makroglossie, Muskelablagerungen

Tab. 36-14 Auswahl der Larynxmaske im Kindesalter

Maskengröße	Körpergewicht (kg)	Innerer Maskendurchmesser (mm)	Cuffvolumen (ml)	Größter einführbarer Endotrachealtubus (ID in mm)
1	< 6,5	5,25	2–5	3,5
2	6,5–20	7	7–10	4,5
2,5	20–30	8,4	14	5
3	30–70	10	15–20	6

volumenbegrenzten vorgezogen werden, um das Eindringen von Luft in den Magen zu verhindern. Die **Proseal-Maske** soll die Atemwege besser abdichten und damit einem größeren Aspirationsschutz bieten als die konventionelle Larynxmaske

Einführen der Larynxmaske

Die Auswahl der Maskengröße richtet sich nach dem Gewicht des Kindes (▶ Tab. 36-14). Die Maske darf gerade bei Kindern erst dann eingeführt werden, wenn die Narkose ausreichend tief ist, da sonst Husten oder ein bedrohlicher Laryngospasmus auftreten können.

Die Einführtechnik entspricht der beim Erwachsenen. Unter kontrollierter Beatmung tritt meist bei ca. 18 cmH_2O ein Luftleck auf.

Schwierigkeiten beim Einführen

Schwierigkeiten beim Einführen der Maske beruhen zumeist auf falscher Technik, großer Zunge oder hypertrophierten Tonsillen.

Vorgehen:

- Herausziehen der Zunge; hierdurch entsteht mehr Platz
- Einführen mit Hilfe eines Laryngoskops
- Einführen mit partiell geblockter Manschette
- Rotationstechnik: umgekehrtes Einführen der Maske mit nach hinten gerichtetem Lumen, dann beim Verspüren der hinteren Pharynxwand Rotation der Maske. Durch dieses Manöver wird die Zunge nach vorn geschoben und das Entlanggleiten der Maske an der hinteren Pharynxwand erleichtert.

Intraoperative Komplikationen

Die wichtigsten intraoperativen Schwierigkeiten und Komplikationen sind:

- Laryngospasmus, vor allem bei zu flacher Narkose
- Verrutschen der Maske, oft durch Zunahme des Tonus der Pharynxmuskulatur bei zu flacher Narkose
- Insufflation des Magens
- pulmonale Aspiration.

Larynxmaske bei schwierigem Atemweg

Derzeit ist nicht geklärt, ob die Larynxmaske beim schwierigen Atemweg des Neonaten oder Kleinkindes erfolgreich eingesetzt werden kann und dabei anderen Verfahren überlegen ist. Fest steht hingegen, dass bei Krikoiddruck das Einführen der Maske erschwert ist und daher in solchen Situationen nicht angewandt werden sollte.

36.3.16 Beatmung während der Narkose

Mit den modernen Narkosegeräten können Kinder aller Alters- und Gewichtsklassen im halbgeschlossenen System beatmet werden. Ein spezieller Kinderrespirator mit halboffenem System ist nicht mehr erforderlich. Die Beatmung kann druckkontrolliert (PCV) oder volumenkontrolliert (VCV) erfolgen. Low-Flow-Anästhesie wird bei Kindern ebenfalls angewandt.

Grundeinstellung des Respirators bei Kindern

- Atemfrequenz
  - bis 10 kg KG: 20–40/min
  - 10–20 kg KG: 20–30/min
  - 20–40 kg KG: 15–25/min
- Atemzugvolumen initial ca. 7 ml/kg, bis ca 10 ml/kg
- Atemminutenvolumen
  - bis 10 kg KG: ca. 200 ml/kg
  - 10–20 kg KG: ca. 150 ml/kg
  - 20–40 kg KG: ca. 100 ml/kg
- Verhältnis von In- zu Exspiration 1 : 1 bis 1 : 2
- PEEP, wenn indiziert, initial 3–5 cm H_2O, schrittweise um 2–3 cm H_2O steigern
- inspiratorische Sauerstoffkonzentration nur so hoch, dass paO_2 im Normbereich liegt

36.3.17 Wärmeschutz

Schutz vor intraoperativer Auskühlung ist bei allen Kindern erforderlich, jedoch sind **Neugeborene und Kleinkinder** ganz besonders gefährdet, vor allem während lang dauernder Operationen mit Eröffnung großer Körperhöhlen.

✓ Praktisches Vorgehen

Wärmeschutz bei Neugeborenen

1. Präoperativ den Operationssaal auf 24–30 °C vorheizen.
2. Neugeborene und Kleinstkinder im warmen Inkubator transportieren.
3. Die Kinder erst unmittelbar vor Narkoseeinleitung aus dem Inkubator nehmen.
4. Intraoperativ servogesteuerte Warmwasserdecke anwenden (auf 40 °C einstellen).
5. Kopf des Neugeborenen mit einer speziellen Mütze bedecken.
6. Infusionslösungen und Desinfektionslösungen anwärmen.
7. Bei der Narkoseausleitung von Neugeborenen erneut Infrarotstrahler einsetzen.

36.3.18 Intraoperative Flüssigkeitszufuhr

Für kurze chirurgische Eingriffe ist eine intraoperative Flüssigkeitszufuhr nicht zwingend erforderlich, wenn präoperativ kein wesentliches Flüssigkeitsdefizit bestanden hat und die intraoperativen Blutverluste minimal sind. Beispiele: Zirkumzision, Hydrozele, Leistenhernie.

Leitlinien/Empfehlungen

Perioperativer Flüssigkeitsbedarf von Kindern (Empfehlungen Wissenschaftlicher Arbeitskreis „Kinderanästhesie" der DGAI 2006)

- Bei Neugeborenen und Kleinkindern werden spezielle Kinderinfusionssets oder (besser) Infusionspumpen verwendet.
- Blutverluste von › 15% des Blutvolumens werden mit Blut ersetzt, von ‹ 15% mit den unten angegebenen Basislösungen und Kolloiden. Der Blutverlust ist schwierig einzuschätzen; der systolische Blutdruck gilt als zuverlässigster Parameter des Blutvolumens.
- Wegen der Gefahr einer lebensbedrohlichen Wasserintoxikation dürfen Neugeborene, Säuglinge und kleinere Kinder auf keinen Fall elektrolytfreie bzw. reine Glukoselösungen erhalten:

Teilmenge	Volumen	Infusionslösung
präoperatives Defizit	Erhaltungsbedarf × Nüchternzeit (in h)	Vollelektrolytlösung* mit 1–2% Glukose oder Vollelektrolytlösung
Erhaltungsbedarf (4-2-1-Regel)	bis 10 kg: 4 ml/kg/h 10–20 kg: 2 ml/kg/h 20–30 kg: 1 ml/kg/kg	Vollelektrolytlösung mit 1–2% Glukose oder Vollelektrolytlösung
Korrekturbedarf	2-4-6-10-30 ml/kg/h	Vollelektrolytlösung mit 1–2% Glukose; Vollelektrolytlösung
Blutverluste	nach Bedarf	Vollelektrolytlösung HES, Gelatine Blutprodukte

* Vollelektrolytlösung: z.B. Ringer-Acetat oder Ringer-Laktat

Tab. 36-15 Indikationen für die Bluttransfusion in Abhängigkeit vom Alter und Hämoglobinwert (nach Kretz, 1997)

Alter		Unterer Hämoglobingrenzwert (g/dl)
Frühgeborene	1. Woche	12
	2. Woche	11
	3. Woche	10
	4. Woche	9
	5. Woche	8
Neugeborene	1. und 2. Lebenstag	13
	3. Tag bis 2. Woche	11
	3. Woche	9
	4. Woche	8
	2. Monat	7
Säuglinge	2. Monat bis 1. Lebensjahr	6
Kleinkinder	2.–6. Lebensjahr	6
Schulkinder	7.–16. Lebensjahr	6

Präoperative Dehydratation

Kleinkinder und Kinder sind bei Erkrankungen besonders durch eine Dehydratation gefährdet. Die wichtigsten **auslösenden Faktoren** sind:
- Erbrechen und Durchfälle
- ungenügende Flüssigkeitszufuhr
- abnorme Flüssigkeitsverluste in Körperhöhlen
- Fieber
- Diuretikatherapie.

! Merke
Die schwere Dehydratation bei Kindern ist akut lebensbedrohlich und muss umgehend behandelt werden, initial mit 20–40 ml/kg plasmaisotoner bilanzierter Elektrolytlösung.

Wenn möglich, sollte ein dehydriertes Kind **vor** der Narkoseeinleitung rehydriert werden, nicht intraoperativ.

Ersatz von Blutverlusten

Blutverluste sind bei Kindern meist schwer einzuschätzen; als zuverlässigster Funktionsparameter des zirkulierenden Blutvolumens gilt der systolische Blutdruck. In ▶ Tabelle 36-15 sind Transfusionsindikationen in Abhängigkeit vom Lebensalter zusammengestellt.

36.3.19 Intraoperative Komplikationen bei Neugeborenen und Kleinkindern

Bei Neugeborenen und Kleinkindern können intraoperativ für die Altersgruppe typische Komplikationen eintreten, auf die der Anästhesist vorbereitet sein muss.

Hypoglykämie und Hyperglykämie

Das Hypoglykämierisiko ist bei gesunden Kleinkindern und Kindern trotz langer Nahrungskarenz mit 1–2% gering, so dass perioperativ meist keine Glukose zugeführt werden muss. Eine Hyperglykämie tritt dagegen perioperativ viel häufiger auf und kann durch die osmotische Diurese zu schwerwiegender Dehydratation mit Elektrolytstörungen führen.

Behandlung der Hypoglykämie: Zufuhr hochprozentiger Glukoselösung, z.B. **Glukose 20%, 3 ml/kg,** über 5 min infundiert.

Hypokalzämie

Neugeborene und schwer kranke Kleinkinder neigen zu Hypokalzämie. **Klinische Zeichen** sind:

- Blutdruckabfall
- Herzrhythmusstörungen
- Herzinsuffizienz.

Behandlung: i.v. Zufuhr von **Kalziumglukonat 10%, 100 mg/kg.**

36.3.20 Narkoseausleitung und Extubation

Die Extubation kann im Wachzustand oder in tiefer Narkose erfolgen. Bei Kindern wird durch die Extubation sehr leicht ein **Laryngospasmus und Atemanhalten** ausgelöst, besonders nach Inhalationsanästhesie und bei Extubation im Exzitationsstadium der Narkose. Die Entscheidung, ob in tiefer Narkose oder im Wachzustand extubiert werden soll, hängt von zahlreichen operationsspezifischen Besonderheiten ab.

Laryngospasmus

Der Laryngospasmus ist eine Verlegung der oberen Atemwege durch beidseitige Adduktion der echten und der falschen Stimmbänder, die länger anhält, als der Stimulus einwirkt. Die Komplikation tritt bei Kindern häufig auf, vor allem unmittelbar nach Extubation, und führt unbehandelt rasch zur bedrohlichen Hypoxie (Bradykardie, Herzstillstand).

Auslöser:

- orale Sekrete
- herabgelaufenes Blut aus dem OP-Gebiet (HNO, MKG)
- regurgitierter oder erbrochener Mageninhalt.

Klinische Zeichen:

- suprasternale und supraklavikuläre Einziehungen
- extreme Zwerchfellbewegungen
- bei partiellem Verschluss inspiratorisches Krächzen
- bei komplettem Verschluss (Laryngospasmus): Atemgeräusch aufgehoben, keine Ausatmung von CO_2.

Sofortmaßnahmen:

- Kinn anheben, Gesichtsmaske fest aufsetzen, 100% O_2 zuführen, am Ventil positiven Atemwegsdruck von 5–10 cm H_2O einstellen. Durch den Überdruck wird im günstigen Fall verhindert, dass die falschen Stimmbänder in Richtung Glottis gezogen werden; manchmal werden jedoch hierdurch die aryepiglottischen Falten stärker zusammengepresst.

- Wenn nicht ausreichend wirksam: Atropin 20 µg/kg + Propofol 1–2 mg/kg; über Maske beatmen.
- Wenn Lungen weiterhin nicht zu beatmen: Nicht auf Bradykardie warten, sondern Succinylcholin 0,25–0,5 mg/kg i.v. oder 2–4 mg/kg i.m. injizieren.

Prophylaxe: Irritation der Atemwege vermeiden, nicht bei zu flacher Narkose extubieren, sondern im Wachzustand oder, wenn nötig, in tiefer Narkose.

36.4 Regionalanästhesie bei Kindern

Ausschließlich regionale Anästhesieverfahren für operative Eingriffe werden bei Kindern im klinischen Routinebetrieb nicht standardmäßig angewandt.

36.4.1 Lokalanästhetika

Die Auswahl der Substanzen richtet sich prinzipiell nach der gewünschten Wirkdauer und nach den pharmakologischen Besonderheiten der pädiatrischen Altersgruppe.

- **Ropivacain** und **Levobupivacain** werden bei Kindern wegen ihrer mutmaßlich geringeren Kardiotoxizität dem **Bupivacain** häufig vorgezogen.
- **Prilocain** gilt als Mittel der Wahl für periphere Nervenblockaden und für die intravenöse Regionalanästhesie. Bei Säuglingen im Alter unter 3 Monaten sollte die Substanz wegen der Gefahr der gefährlichen **Methämoglobinbildung** aber nicht eingesetzt werden.

36.4.2 Obere Plexusblockaden

Obere Plexusblockaden sind besonders für die Erstversorgung von Frakturen und Verletzungen der oberen Extremität geeignet. Wenn erforderlich, können die Kinder hierfür sediert werden, z.B. mit Propofol oder Ketamin.

Wegen der einfachen Technik und geringen Komplikationsrate wird der **axilläre Plexusblock** bevorzugt. VIP und Skalenusblock sind ebenfalls möglich.

→ Erforderliche Lokalanästhetikum-Volumina **0,75 ml/kg** (Faustregel).

36.4.3 Intravenöse Regionalanästhesie

Bei älteren Kindern kann für kurze Eingriffe (max. 15 min) auch die i.v. Regionalanästhesie mit Prilocain 0,5% eingesetzt werden. Wie beim Erwachsenen sollte eine Doppelmanschette verwendet werden; auf ein Auswickeln der Extremität wird verzichtet, stattdessen der Arm einige Minuten hochgehalten.

→ Dosierung von Prilocain 0,5%: **0,75 ml/kg.**

36.4.4 Kaudalanästhesie

Die beim Kind einfach durchzuführende Kaudalanästhesie ist für die Schmerztherapie nach allen Eingriffen unterhalb des Nabels geeignet:

- Orchidopexie
- Leistenhernie
- Hypospasiekorrektur
- Klumpfußkorrektur.

Die Injektion erfolgt am schlafenden oder stark sedierten Kind in Seiten- oder Bauchlage durch den Hiatus sacralis, beim Säugling und Kleinkind in Narkose (▶ Abb. 36-1).

→ Das Lokalanästhetikum breitet sich bei Kindern bis etwa zum 10. Lebensjahr bis in die thorakalen Segmente aus (▶ Tab. 36-16); die Wirkdauer ist kürzer als bei Erwachsenen (Neugeborene ca. 2 h).

Pharmakologie

Dosierung von Lokalanästhetika für die Kaudalanästhesie:

- unabhängig von der gewählten Substanz **grundsätzlich 1 ml/kg Körpergewicht**
- Bupivacain 0,125% (für postoperative Analgesie) bis 0,25% (stärkere motorische Blockade)
- Levobupivacain 0,125–0,25%
- Ropivacain 0,2%
- Prilocain 1%

Der Zusatz von Opioiden ist grundsätzlich möglich, erfordert aber eine entsprechende Überwachung in der postoperativen Phase.

Gefahren/Komplikationen:

- versehentliche intravasale Injektion mit Herzstillstand
- totale Spinalanästhesie bei zu weit vorgeschobener Kanüle (Zeichen siehe ▶ Kap. 20).
- Beachte: die Dura reicht bis S2 herunter.

✓ Praktisches Vorgehen

Sakralblock (Kaudalanästhesie)

1. Allgemeinanästhesie einleiten.
2. Kind auf die linke Seite drehen (rechtshändiger Anästhesist); oberes Bein um 90° beugen, unteres um 45°.
3. Händedesinfektion, sterile Handschuhe, Mundschutz.
4. Punktionsstelle desinfizieren und mit sterilem Lochtuch abdecken.
5. Cornua sacralia tasten.
6. Kaudalkanal im Winkel von ca. 45° zur Haut mit einer 22- oder 25-G-Kaudalkanüle (alternativ: Injektionskanüle ohne Mandrin) punktieren; die Perforation des Lig. sacrococcygeum ist meist als „Plopp" zu spüren.
7. Kanüle maximal 1–2 mm in den Kanal vorschieben, um eine Perforation der Dura zu vermeiden (Kanülenfehllagen: subkutan, präsakral, intraossär, intravasal, subarachnoidal) und sorgfältig aspirieren.
8. Testdosis injizieren, z.B. 2 ml Bupivacain 0,125% mit Adrenalin. Ein Anstieg der Herzfrequenz oder ein höher werdendes T im EKG weist auf eine intravasale Fehllage der Kanüle hin.
9. Wenn Testdosis unauffällig: langsame Injektion der restlichen Lokalanästhetikum-Dosis.

36.4.5 Peniswurzelblock

Indikationen sind Phimosen-OP, Hypospadiekorrektur (oft nicht ausreichend, wenn Penisbasis mit betroffen). Die subpubische Blockadetechnik weist die geringsten Risiken auf und sollte daher bevorzugt werden.

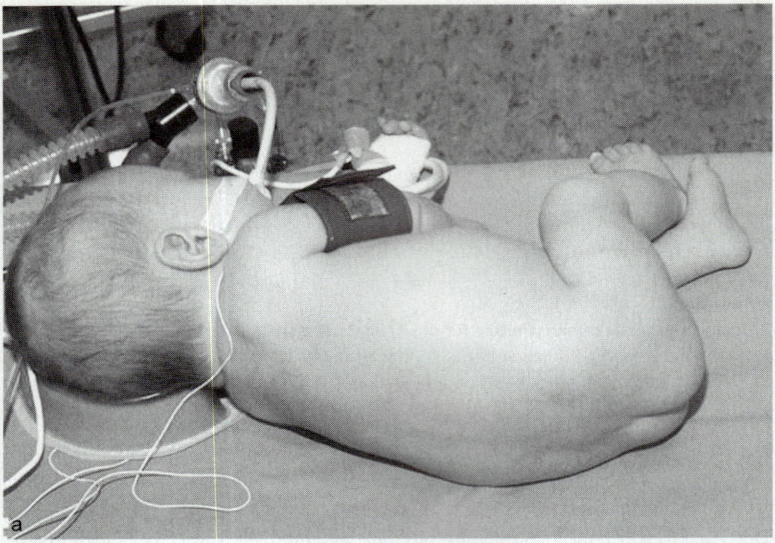

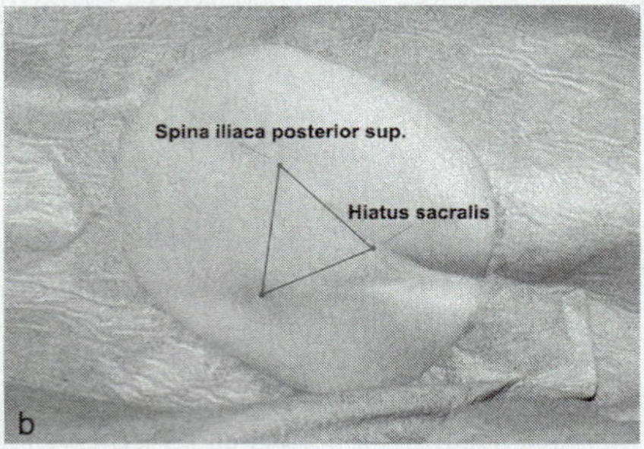

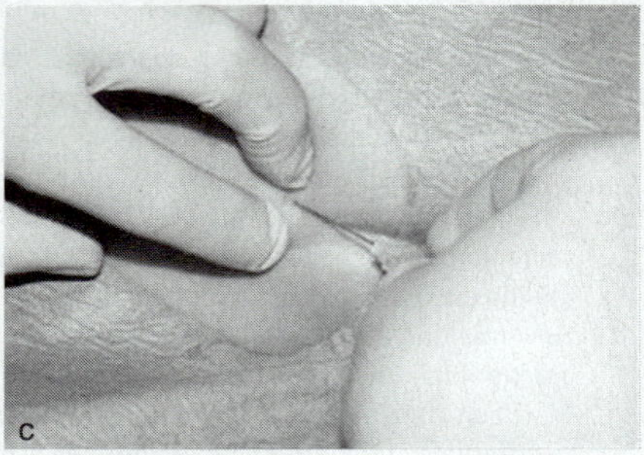

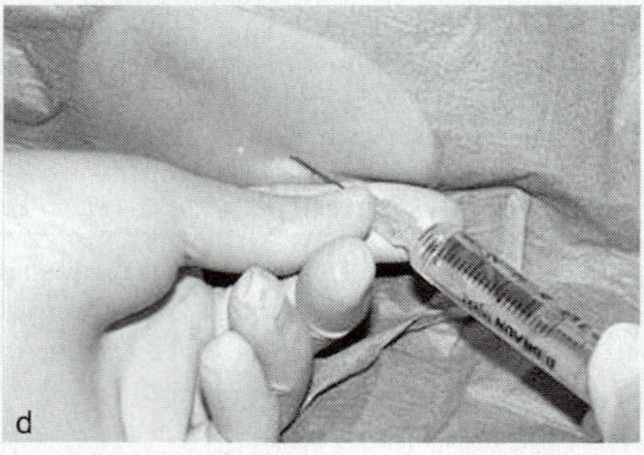

Abb. 36-1 a–d Sakral- oder Kaudalblock beim Kleinkind.
a) Seitenlangerung; b) Markierung der Punktionsstelle bzw. des Hiatus sacralis; c) Punktion des Sakralkanals; d) Injektion des Lokalanästhetikums.

Tab. 36-16 Ausdehnung der Sakralblockade bei unterschiedlichen LA-Volumina.

Lokalanästhetikum (ml/kg)	Dermatomhöhe
0,5	L 1
0,75	Th 12
1	Th 10
1,25–1,5	Th 8–6

Anatomie: Die paarigen dorsalen Penisnerven liegen beiderseits der Mittellinie, etwa bei 10.00 und 2.00 Uhr, lateral von den paarigen Penisarterien; bedeckt werden sie von der Fascia penis profunda, der Buck-Faszie.

✓ Praktisches Vorgehen

Peniswurzelblock (▶ Abb.36-2)

1. Symphyse markieren, außerdem die beiden Einstichstellen knapp unterhalb der Symphyse, etwa 0,5–1 cm beiderseits der Mittellinie.
2. Penis herunterziehen und mit einem Pflaster am Oberschenkel fixieren.
3. 25-G-Kanüle nahezu senkrecht zur Haut in leicht medialer und kaudaler Richtung vorschieben. Die Kanüle lässt sich zunächst leicht vorschieben; beim Eindringen in die Buck-Faszie tritt ein federnder Widerstand auf, nach Passieren der Faszie ein deutlicher Widerstandsverlust. Nun kann – nach Aspiration zum Ausschluss einer intravasalen Kanülenlage – das Lokalanästhetikum injiziert werden.

→ Dosierung von Bupivacain 0,5% ohne Adrenalin für den Peniswurzelblock: 0,1 ml/kg für jede Seite bis zu einem Maximum von 5 ml pro Seite.

Anstelle von zwei seitlichen Injektionen kann auch eine Einzelinjektion im Bereich der Mittellinie erfolgen, allerdings soll die Blockade hierbei weniger effektiv sein.

36.4.6 Inguinalis-Block (N. ilioinguinalis und N. iliohypogastricus)

Der Block eignet sich für Eingriffe in der Leistengegend, z.B. Hernien-OP oder Orchidopexie; Schmerzimpulse durch Zug am Peritoneum und am Samenstrang werden jedoch nicht blockiert.

Anatomie: Die Nn. iliohypogastricus und ilioinguinalis treten 2–3 cm medial von der Spina iliaca anterior superior durch den M. obliquus internus und verlaufen dann zwischen der Aponeurose von Obliquus internus und externus zusammen mit dem Samenstrang in den Genitalbereich.

Blockadetechnik: Zunächst wird eine Verbindungslinie von der Spina iliaca anterior superior zum Nabel gezogen und in vier gleiche Abschnitte unterteilt, danach eine 23- bis 25-G-Nadel auf dieser Linie, etwa ¼ von der Spina entfernt, im Winkel von 45° zur Haut in Richtung Nabel vorgeschoben, bis ein eindeutiger „Plopp“ bei der Perforation der Externus-Aponeurose verspürt wird (▶ Abb. 36-3). Danach Injektion von ca. 10 ml Lokalanästhetikum in den Spalt.

→ Dosierungen bei der Ilioinguinalis/Iliohypogastrikus-Blockade:

- Bupivacain 0,25%, Dosierung 0,5 ml/kg oder
- Ropivacain 0,375%, Dosierung 0,5 ml/kg.

36

Gefahren und Komplikationen:

- Hohe Blutspiegel durch rasche Resorption des Lokalanästhetikums
- intraperitoneale Injektion
- intravasale Injektion
- Blockade des N. femoralis.

36.4.7 Lumbale und thorakale Periduralanästhesie

Bei kleinen Kindern wird der kaudale Zugang bevorzugt. Vor allem die thorakale Periduralanästhesie mit oder ohne Katheter sollte nur vom sehr Erfahrenen durchgeführt werden. Der Periduralraum ist sehr klein, und die Bänder setzen der Nadel nicht den beim Erwachsenen bekannten Widerstand entgegen.

Punktiert wird in Seitenlage am wachen, sedierten Kind. Bei kleinen Kindern kann mit einer 19-G- (< 6 Jahre) oder 18-G-Nadel (> 6 Jahre) punktiert werden.

Vorsicht beim Vorschieben der Kanüle: sehr geringer Abstand von Haut bis Periduralraum:

- Neugeborene etwa 1,5 cm
- Kinder von 1–10 Jahren etwa 1,6–3 cm.

Lokalanästhetika:

- Bupivacain 0,25% (intraoperativ) oder 0,125% (postoperative Analgesie)
- Ropivacain 0,2% zur Therapie akuter Schmerzen:
  - 0–6 Monate: 0,1 ml/kg/h bis zu 72 h
  - 6–12 Monate: 0,2 ml/kg/h bis zu 72 h
  - 1–12 Jahre: 0,2 ml/kg/h, bis 72 h
- Die Höchstdosen sind zu beachten (siehe ▶ Tab. 36-17). Der Zusatz von Opioiden ist möglich; die Nebenwirkungen sind die gleichen wie bei Erwachsenen.

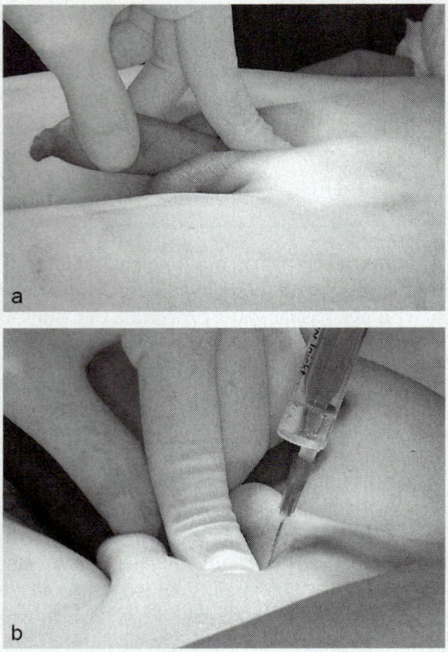

Abb. 36-2 Peniswurzelblock.
a) Der Penis wird nach Desinfektion des Punktionsgebiets heruntergezogen, fakultativ auch mit Pflaster am Oberschenkel fixiert.
b) Punktion der beiden Nerven jeweils 0,5–1 cm beiderseits der Mittellinie, knapp unterhalb der Symphyse. Vorschieben der Kanüle nahezu senkrecht zur Haut in leicht medialer und kaudaler Richtung.

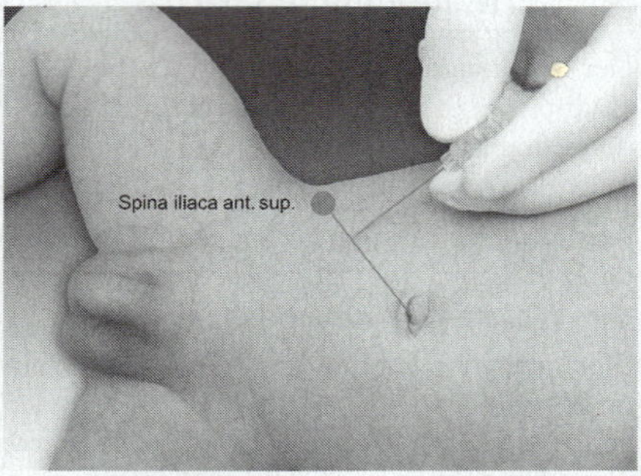

Abb. 36-3 Rechtsseitige Inguinalisblockade auf der Verbindungslinie zwischen Spina ant. sup. und Nadel.

Tab. 36-17 Lokalanästhetika: empfohlene Höchstdosen für Kinder

Substanz	Handelspräparat (Beispiele)	Maximaldosis (mg/kg)	Infusion (mg/kg/h)
Bupivacain	Carbostesin, Bucain, Bupivacain	2 (Kleinkinder) bis 4 (ältere Kinder)	0,2 (Neugeborene) bis 0,4 (ältere Kinder)
Levobupivacain	Chirocain	2,5	0,25
Ropivacain	Naropin	3–4	0,4
Lidocain	Xylocain	7	–
Mepivacain	Meaverin	8	–
Prilocain	Xylonest	7–10	–

Tab. 36-18 Dosierung von Lokalanästhetika für die pädiatrische Spinalanästhesie

Substanz	Dosierung (mg/kg)
Lidocain 5%	1,5–2,5
Mepivacain 4%	1,5–2,5
Bupivacain 0,5%	< 5 kg: 0,5–1 5–15 kg: 0,4–0,7 > 15 kg: 0,3–5

36.4.8 Spinalanästhesie

Beim Kind ist die Spinalanästhesie in der Regel einfach durchzuführen und grundsätzlich für die meisten Eingriffe unterhalb des Zwerchfells geeignet.

! Merke

Bei der Spinalanästhesie ist zu beachten, dass bis zum 1. Lebensjahr das Rückenmark bis in Höhe von L3 reichen kann und Punktionen daher im Bereich von L4/5 oder L5/S1 durchgeführt werden müssen.

Der Block erfolgt unter Sedierung oder Narkose, bei Früh- und Neugeborenen im Wachzustand; punktiert wird in Seitenlage, bei Früh-/Neugeborenen in sitzender Position mit einer 25-G-Spinalnadel für Kinder. Nach Aspiration von 0,1 ml Liquor werden 0,5 ml Lokalanästhetikum injiziert. Bei Früh- und Neugeborenen hält die Blockade meist nur ca. 1 h an. Dosierung von Lokalanästhetika für die Spinalanästhesie bei Kindern siehe ▶ Tabelle 36-18.

36.5 Postoperative Überwachung und Schmerzbehandlung

36.5.1 Überwachung

Alle Kinder werden nach der Anästhesie ausreichend lange überwacht; für die Aufwachphase kann der Steward-Aufwach-Score (▶ Tab. 36-19) herangezogen werden.

36

Tab. 36-19 Steward-Aufwach-Score für Kinder

Parameter	Punktzahl
Bewusstsein	
wach	2
reagiert auf Stimulation	1
reagiert nicht	0
Atemwege	
hustet nach Aufforderung oder schreit	2
hält Atemwege gut offen	1
Atemweg muss offen gehalten werden	0
Bewegungen	
bewegt gezielt die Extremitäten	2
ungezielte Bewegungen	1
bewegt sich nicht	0

36.5.2 Medikamentöse Schmerzbehandlung

Auch Neugeborene und Säuglinge empfinden Schmerzen, sie äußern sich nur anders als beim Erwachsenen! Die Schmerzreaktionen hängen vom Entwicklungsstand des Kindes ab: Weinen, Grimassieren, Schreien, ungerichtete Bewegungen, motorische Agitiertheit, zielgerichtetes Wegziehen.

Auswahl der Medikamente

Nach schmerzhafteren kleineren Eingriffen oder weniger schmerzhaften größeren Operationen werden nichtopioidartige Analgetika eingesetzt. Starke Schmerzen erfordern mindestens in den ersten 24 h die parenterale Zufuhr von Opioiden. Später kann auf orale oder rektale Gabe von Nichtopioid-Analgetika umgestellt werden.

Nichtopioid-Analgetika

Der Vorteil der Nichtopioid-Analgetika besteht in der langen Wirkdauer und der fehlenden Sedierung und Atemdepression. Von Nachteil ist die, im Vergleich mit Opioiden, schwächere analgetische Wirksamkeit.

Paracetamol

Die Substanz wird bei leichten bis mäßigen postoperativen Schmerzen i.v., rektal oder p.o. zugeführt.

- Gesamtdosen von 90 mg/kg pro Tag und bis zu 72 h gelten für gesunde Kinder als sicher.
- Bei Neonaten sollte die Maximaldosis auf 60 mg/kg pro Tag beschränkt werden.
- Nach rektaler Zufuhr ist die Resorption sehr langsam und variabel; Spitzenkonzentrationen werden erst nach 2–3 h erreicht; zusätzlich wird die Substanz rektal sehr häufig unterdosiert.

Pharmakologie
Dosierung von Paracetamol bei Kindern:
- rektal: initial 40 mg/kg (Früh- und Neugeborene 35 mg/kg), danach 20 mg/kg alle 6–8 h
- oral: initial 20 mg/kg, danach 15 mg/kg alle 4–8 h
- Perfalgan i.v.: Einzeldosis: 15–20 mg/kg als Kurzinfusion

Maximaldosen: 90 mg/d, bei Früh- und Neugeborenen 60 mg/d über 48 h; › 3 Monate 90 mg/kg/d über 72 h

Spätestens nach 48 h sollte die Tagesdosis überprüft werden, nach 72 h ist eine Reduktion erforderlich. Bei fieberhaften Viruserkrankungen mit Dehydratation und Hypovolämie muss sorgfältig nach Zeichen der Hepatotoxizität gesucht werden.

Ibuprofen

Diese Substanz wirkt stärker analgetisch als Paracetamol; sie kann oral (z.B. Nurofen-Saft) und rektal zugeführt werden.

Pharmakologie
Dosierung von Ibuprofen:
- Säuglinge ab 6 Monaten und Kinder bis zu 12 Jahren: 20–30 mg/kg pro Tag, verteilt auf 3–4 Einzeldosen

Bei Leber- und Nierenerkrankungen muss die Dosis reduziert werden.

Metamizol

Die Substanz kann ohne spezielle Risiken für Kinder angewandt werden. Die Zufuhr kann i.v., rektal oder oral erfolgen. Kinder unter 3 Monaten sollten kein Metamizol erhalten.

Pharmakologie
Dosierung von Metamizol:
- intravenöse Einzeldosen (1–4 × pro Tag):
  - 3–11 Monate: 0,1–0,2 ml (= 50–100 mg) 1–4-mal pro Tag (sehr langsam injizieren!!) oder Kurzinfusion
  - 1–3 Jahre: 0,2–0,5 ml (= 100–250 mg)
  - 4–6 Jahre: 0,3–0,8 ml (= 150–400 mg)
  - 7–9 Jahre: 0,4–1,0 ml (= 200–500 mg)
  - 10–12 Jahre: 0,5–1 ml (= 250–500 mg)
  - 13–14 Jahre: 0,8–1,8 ml (= 400–900 mg)
- Suppositorien (300 mg): je nach Alter 3–6 pro Tag
- oral (Tropfen 500 mg/ml): 2–10 Tropfen 1–4-mal pro Tag.

Opioide

Diese Substanzen werden vor allem wegen ihrer atemdepressiven Wirkung nur bei starken bis sehr starken Schmerzen eingesetzt, anfangs i.v., z.B.:
- **Piritramid** (Dipidolor) 0,1 mg/kg i.v.,
- **Morphin** 0,05–0,1 mg/kg i.v. oder 0,2 mg/kg i.m.

Bei weniger starken Schmerzen werden auch Codein, Oxycodon und Hydrocodon p.o. zugeführt. Die Substanzen können mit Paracetamol oder Ibuprofen kombiniert werden.

36.6 Sedierung und Analgesie außerhalb des Operationssaals

Bei Kindern mit wesentlich erhöhtem Risiko oder bei diagnostischen/therapeutischen Maßnahmen, die eine tiefe Sedierung erfordern, sollte ein Anästhesist hinzugezogen werden.

36.6.1 Definitionen

ASA und JCAHO unterscheiden in ihren Leitlinien folgende 4 Stadien, die bei der medikamentösen Sedierung durchlaufen werden:

Leitlinien/Empfehlungen
Das Kontinuum der Sedierung/Anästhesie (Leitlinie ASA/JCAHO)

- **Minimale Sedierung (Anxiolyse):** Dämpfung des Bewusstseins durch Medikamente; der Patient reagiert zielgerichtet auf verbale Aufforderungen allein oder zusammen mit leichter Berührung. Die Atemwege sind ohne Hilfsmittel frei, die Spontanatmung ist ausreichend, die Herz-Kreislauf-Funktion unbeeinträchtigt.
- **Mäßige Sedierung/Analgesie**: Der Patient reagiert zielgerichtet auf verbale Aufforderungen oder leichte Berührung; die Atemwege sind offen, die Herz-Kreislauf-Funktion ist nicht beeinträchtigt.
- **Tiefe Sedierung/Analgesie:** durch Medikamente induzierte Bewusstseinseinschränkung; der Patient ist nicht leicht zu erwecken, reagiert aber zielgerichtet auf wiederholte Aufforderungen oder Schmerzreize (Reflexreaktionen gelten hierbei nicht als zielgerichtete Reaktion). Selbständiges Offenhalten der Atemwege kann beeinträchtigt sein; die Spontanatmung reicht möglicherweise nicht aus. Die Herz-Kreislauf-Funktion ist in der Regel normal.
- **Anästhesie:** durch Medikamente induzierte Bewusstlosigkeit, aus der der Patient nicht erweckt werden kann, auch nicht durch Schmerzreize. Oft müssen die Atemwege offen gehalten und die Atmung unterstützt werden; die Herz-Kreislauf-Funktion kann beeinträchtigt sein.

Maßnahmen mit stärkerer Stimulation erfordern eine tiefere Sedierung/Analgesie als solche mit geringerer. Allerdings gilt Folgendes:

! Merke

Je tiefer die Sedierung, desto größer die Gefahr von Komplikationen, insbesondere einer Verlegung der Atemwege und einer Atemdepression.

36.6.2 Substanzen für die Sedierung

Für die Sedierung sollte das Kind nüchtern sein, um das Aspirationsrisiko zu vermindern. Bei schmerzhaften Maßnahmen sollten, wenn immer möglich, Lokalanästhetika eingesetzt werden. Für die Sedierung verwenden Anästhesisten häufig folgende Substanzen:

- Midazolam

- Propofol, z.B. 50–200 μg/kg/min
- Ketamin intravenös (0,25–0,5 mg/kg), intramuskulär (2 mg/kg) oder rektal (6–10 mg/kg) in Kombination mit einem Anticholinergikum (wegen Steigerung der Sekretproduktion)
- Remifentanil: besonders für kurze Maßnahmen geeignet, sollte nur vom Anästhesisten angewandt werden.

36.6.3 Überwachung während der Sedierung

Die Sedierung sollte in folgender Weise überwacht werden:
- EKG-Monitor
- Herzfrequenz
- nichtinvasive Blutdruckmessung
- Pulsoxymeter
- Kapnometer (über Nasensonde).

Bei tiefer Sedierung ist zusätzlich eine kontinuierliche klinische Beobachtung des Kindes erforderlich.

36.6.4 Sedierung bei Computertomographie (CT) oder Kernspintomographie (MRT)

Die Untersuchung erfolgt in der Regel in tiefer Sedierung, bei Neugeborenen auch in Intubations- oder in Larynxmaskennarkose. In beiden Fällen ist ein entsprechend qualifizierter Anästhesist erforderlich.
- Injektion von Propofol 1–2 mg/kg und Beginn einer Propofolinfusion, titriert bis zum Erreichen einer tiefen Sedierung
- Transport in das MRT
- Überwachung im MRT: Kapnometer (Nasensonde), Pulsoxymeter, NIBP, EKG, Herzfrequenz
- Ca. 1 h nach Abschluss der Untersuchung kann das Kind entlassen werden.

36.7 Anästhesie bei Neugeborenen

36.7.1 Wichtige Definitionen

- Neugeborenenperiode: 0–28 Tage
- Körpergewicht: 2500–3500 g
- Körperlänge: 48–52 cm
- unreifes Neugeborenes: Gewicht unter 2500 g, fehlende Reifezeichen
- Frühgeborenes: Geburt vor der 37. Schwangerschaftswoche.

36.7.2 Praktisches Vorgehen bei der Narkose

Transport des Neugeborenen

Um eine schwere Hypothermie zu verhindern, müssen Neugeborene in speziellen Transportinkubatoren in den Operationssaal transportiert werden.

Kinder mit **respiratorischer Insuffizienz** werden vor dem Transport intubiert und an ein transportables Beatmungsgerät angeschlossen.

Narkosezubehör für die Neugeborenenanästhesie

- Wärmedecke, Infrarotstrahler
- Atemmasken Nr. 0 und 1
- Ambu-Beutel für Neugeborene
- Guedel-Tuben Nr. 000, 00, 0
- Endotrachealtuben, oral und nasal, 2,5, 3 und 3,5 mm ID
- Laryngoskope mit geradem und gebogenem Spatel Nr. 0 und 1
- Gleitmittel für Tubus
- Absaugkatheter ab 5 F
- Absauggerät
- Narkosegerät, für Früh- und Neugeborene aufgerüstet
- Ösophagus- und präkordiales Stethoskop
- Blutdruckmanschette 3,75 cm breit
- Ultraschall-Doppler
- EKG-Monitor
- Pulsoxymeter
- Kapnometer
- elektrisches Thermometer
- Venenkanülen: 26, 24, 22, 20 G, Butterfly
- Infusionslösungen mit Pädiatrie-System: plasmaisotone Elektrolytlösung mit 5% Glukosezusatz, Kolloide
- Erythrozytenkonzentrat (im Kühlschrank)
- aufgezogen in Spritzen:
  - Atropin, Dosierung 0,02 mg/kg
  - Thiopental, Dosierung 4–6 mg/kg
  - Fentanyl, Dosierung initial 0,01 mg/kg, Nachinjektionen 0,001 mg/kg
  - Succinylcholin nur für Notfallintubation, Dosierung 2 mg/kg i.v. (vorher: Atropin, aber keine Präcurarisierung!)),3 mg/kg i.m.
  - Atracurium, Dosierung 0,3 mg/kg

Hypovolämie, metabolische Azidose, Hypoglykämie, Hypokalzämie und Pneumothorax müssen möglichst vor dem Transport behandelt werden.

Vorbereitungen

Operationssaal auf 24–30 °C vorwärmen, gesamtes Narkosezubehör bereitstellen. Das Kind wird erst nach Abschluss aller Vorbereitungen bzw. unmittelbar vor der Narkoseeinleitung aus dem Inkubator genommen.

Narkose

Die Einleitung sollte möglichst i.v. erfolgen, Einleitung per Inhalation ist jedoch prinzipiell möglich. Alle Operationen werden in **Intubationsnarkose mit druckkontrollierter Beatmung** (PCV) durchgeführt. Gebräuchliche Verfahren sind balancierte Anästhesie und TIVA.

- Muskelrelaxanzien sollten sehr zurückhaltend nachinjiziert werden.
- Die Beatmung erfolgt in der Regel über einen speziell aufgerüsteten Narkoserespirator.

Respiratoreinstellung beim Neugeborenen
- FiO_2: 0,4; Frühgeborene: nach Bedarf
- Atemfrequenz: 40/min; Frühgeborene 40–80/min
- Atemzugvolumen: ca. 6 ml/kg
- Inspirationsdruck: 13 cm H_2O; Frühgeborene 20 cmH_2O
- PEEP: 3 cmH_2O; Frühgeborene 5 cmH_2O
- Inspirationszeit: 0,4–0,5 s; Frühgeborene 0,3–0,4 s

(Angaben für Frühgeborene bei Vorhandensein hyaliner Membranen)

- **Intraoperativer Flüssigkeitsersatz:** plasmaisotone, bilanzierte Elektrolytlösung mit 5% Glukosezusatz; Basisbedarf: ca. 4 ml/kg/h möglichst über Perfusor zuführen.
- **Volumenverluste** zunächst mit dieser Lösung oder mit Kolloiden ersetzen, stärkere **Blutverluste** (▶ Tab. 36-5 und ▶ 36-15) mit angewärmtem Erythrozytenkonzentrat. Das Blut hierzu in 10- oder 20-ml-Spritzen aufziehen und langsam injizieren.
- Die Wirkung von **Muskelrelaxanzien** sollte am Ende der Operation antagonisiert werden: 0,08 mg/kg Prostigmin und 0,02 mg/kg Atropin i.v. Alternativ kann eine Nachbeatmung bis zum vollständigen Abklingen der Relaxanswirkung durchgeführt werden.
- **Extubation:** erst, wenn Muskeltonus und Spontanatmung wiederhergestellt und Körpertemperatur im Normbereich.

36.7.3 Besonderheiten bei Frühgeborenen

Das anästhesiologische Vorgehen einschließlich endotrachealer Intubation wird durch die sehr geringe Körpergröße des Frühgeborenen erheblich erschwert. Außerdem besteht eine besondere Gefährdung durch **Hypothermie, Hypoglykämie und apnoische Phasen.**

Anästhesiologische Besonderheiten:
- Wärmeschutz hat höchste Priorität.
- FiO_2 nur so hoch, dass paO_2 im Normbereich liegt
- **Hypoglykämie-Prophylaxe** (Blutzucker < 40 mg/dl) mit Glukose 5% in NaCl- oder Vollelektrolyt-Lösung (Glukosezufuhr ca. 5 mg/kg/min)
- behutsame Flüssigkeitszufuhr!

36.7.4 Spezielle Operationen

Omphalozele und Gastroschisis

Omphalozele: Herniation der Baucheingeweide in die Basis der Nabelschnur. In der Omphalozele befinden sich Teile des Dünn- und Dickdarms, eingeschlossen in einem dünnen Sack aus Peritoneum und Amnionmembran.

Gastroschisis: Vorfall der Baucheingeweide ebenfalls nach außen, jedoch fehlt eine bedeckende Membran. Die Öffnung in der Bauchwand befindet sich hierbei neben der Nabelschnur, d.h., die Nabelschnur ist unversehrt.

Bei der Operation werden die vorgefallenen Eingeweide in das Abdomen zurückverlagert und der Bauchwanddefekt verschlossen. Bei großen Defekten ist ein Verschluss in mehreren Sitzungen erforderlich.

Anästhesiologische Besonderheiten:

Die wichtigsten Komplikationen sind:

- Wärmeverluste über die exponierten Eingeweide
- Störungen des Flüssigkeits- und Elektrolythaushalts durch Transsudation von Flüssigkeit
- intraoperative Beeinträchtigung des venösen Rückstroms durch Kompression der V. cava inferior bei Rückverlagerung der Eingeweide
- postoperative Atemstörungen durch den Verschluss der Bauchwand.

Kongenitale Zwerchfellhernie

Die Verlagerung von Eingeweiden in den Thorax führt zu **respiratorischer Insuffizienz** und **Verschiebung des Mediastinums.** Die Lunge der betroffenen Seite ist hypoplastisch und bei der Geburt nicht entfaltet. Außerdem entwickelt sich nicht selten ein **Pneumothorax,** von dem beide Lungen betroffen sein können. Begleitmissbildungen sind ebenfalls häufiger vorhanden.

Therapie: sofortiger operativer Verschluss des Zwerchfelldefekts.

✓ Praktisches Vorgehen

1. Kind auf der betroffenen Seite mit etwas erhöhtem Oberkörper lagern.
2. Magensonde einführen und Magen absaugen.
3. Sauerstoff zuführen.
4. Bei respiratorischer Insuffizienz **nicht mit Beutel/Maske beatmen,** um eine weitere Ausdehnung der Eingeweide zu vermeiden.
5. Endotracheale Intubation im Wachzustand durchführen, danach Narkose einleiten, z.B. mit Sevofluran per inhalationem oder intravenös, dann Kind ausreichend relaxieren. **Kein Lachgas zuführen!**
6. Nabelarterienkatheter legen und Blutgase sowie Säure-Basen-Parameter bestimmen, wenn erforderlich korrigieren; intraoperativ wiederholte Kontrollen.
7. Keinen exzessiven Beatmungsdruck anwenden, um die hypoplastische und atelektatische Lunge vor Rückverlagerung der Eingeweide aufzublähen.

Nekrotisierende Enterokolitis

Die nekrotisierende Enterokolitis ist eine lebensbedrohliche hämorrhagische Entzündung des Dünn- und Dickdarms. Betroffen sind vor allem sehr kleine Frühgeborene mit einem Körpergewicht von < 1500 g.

Präoperative Maßnahmen:

- Beseitigung der Dehydratation
- Entlastung des Abdomens
- Behandlung der respiratorischen und metabolischen Azidose und Hyperkaliämie.

Ösophagusatresie und tracheoösophageale Fistel

Unter den fünf verschiedenen Typen von Ösophagusatresien mit Fisteln ist der blind endende obere Ösophagus mit einer Fistel zwischen Trachea und distalem Ösophagus am häufigsten. Begleitmissbildungen (Herz und andere Organe) sind häufig. Die chirurgische Korrektur erfolgt, je nach Anatomie des Defekts, einzeitig oder in mehreren Schritten.

Anästhesiologische Besonderheiten:
- Hauptkomplikationen der Operation (rechtsseitige Thorakotomie) sind die pulmonale Aspiration, die Überblähung des Magens und die Verlegung der Atemwege durch operative Manipulationen.
- vor der Narkose: halbaufrechte Lagerung und Absaugen der Sekrete im Blindsack
- Narkoseeinleitung i.v. unter Muskelrelaxierung; nasotracheale Intubation. Vorsicht: Bei Überdruckbeatmung können große Menge Luft in den Magen gelangen.
- Tubuslage möglichst fiberoptisch kontrollieren; dabei Fistel lokalisieren (mündet häufig direkt vor der Karina)
- Liegt die Fistel im Karinabereich, kann der Tubus in den Hauptbronchus der nicht zu operierenden Seite vorgeschoben werden.
- während der Operation Magensonde unter Sicht vorschieben
- beim Anlegen der Anastomose behutsam manuell beatmen
- postoperative Nachbeatmung für einige Tage auf Wunsch des Chirurgen.

Kongenitales lobäres Emphysem

Bei entsprechender Ausprägung komprimiert ein lobäres Emphysem die restliche Lunge und verschiebt das Mediastinum zur Gegenseite. Hierdurch tritt eine **schwerste respiratorische Insuffizienz mit Zyanose** auf, so dass eine sofortige Lobektomie erforderlich ist.

Anästhesiologische Besonderheiten:
- Überdruckbeatmung kann den betroffenen Lungenlappen noch stärker überdehnen: Kompression und respiratorische Insuffizienz nehmen zu.
- Daher das Kind nach der endotrachealen Intubation spontan atmen lassen, bis der Thorax eröffnet worden ist.
- Nach Eröffnung behutsame kontrollierte Beatmung. Lachgas sollte nicht eingesetzt werden.
- Postoperativ können die Kinder, bei ausreichender Spontanatmung, meist extubiert werden.

Meningomyelozele und Meningozele

Bei der **Meningomyelozele** sind Haut, Wirbelbogen, Rückenmarkhäute und Rückenmark gespalten und die Rückenmarkanlage durch einen Hydrops nach außen vorgewölbt. Bei der **Meningozele** hingegen sind Wirbelbogen und Dura mater gespalten, das Rückenmark befindet sich jedoch im Spinalkanal, die Sackwand besteht aus Haut und Arachnoidea. Wegen des Infektionsrisikos werden die Meningomyelozelen meist innerhalb der ersten Lebenswoche operiert.

→ **Operation:** Reposition des Rückenmarks und der Nervenwurzeln in den Spinalkanal und Verschluss des Spalts in Rückenmarkshäuten, Wirbelkanal und Haut.

Pylorusstenose

Die Erkrankung betrifft vor allem männliche Kinder im Alter von 3–6 Wochen. Der hypertrophierte Muskel des Sphincter pylori führt zur Obstruktion mit Erbrechen, **Dehydratation** und **hypochlorämischer Alkalose.** Die Behandlung besteht in einer Pyloromyotomie.

Anästhesiologische Besonderheiten:

Dehydratation und metabolische (hypochlorämische) Alkalose sind die typischen Störungen bei Pylorospasmus. Sie müssen **präoperativ ausgeglichen** werden. Außerdem ist die Gefahr des Erbrechens mit nachfolgender pulmonaler Aspiration erhöht:

- Magen vor Narkose absaugen
- Ileuseinleitung!

36.8 Ambulante Anästhesie

Die Mehrzahl elektiver Eingriffe kann bei Kindern ambulant durchgeführt werden, da es sich meist um einfache Operationen an sonst gesunden Kindern handelt.

In ▶ Tabelle 36-20 sind Eingriffe zusammengestellt, die ambulant durchgeführt werden können.

Tab. 36-20 Beispiele für ambulant mögliche Eingriffe

Allgemein
• Hernien (Leiste, Nabel, epigastrisch) • Hydrozele • Verbandwechsel • eingewachsener Zehennagel • Hautexzisionen • Endoskopie: Magen, Rektum, Kolon • Knochenmarkpunktion • Lumbalpunktion • CT, MRT • interventionelle Radiologie
HNO
• Adenotomie • Myringotomie; Paukenröhrchen • Fremdkörperentfernung • Korrektur abstehender Ohren
Urologie
• Zirkumzision • Lösen präputionaler Verklebungen • Orchidopexie • Zystoskopie • geringgradige Hypospadie
Ophthalmologie
• Schieloperation • Tränengangsondierung
Orthopädie
• Arthroskopie • Metallentfernung • Gipsanlegen oder -entfernen
ZMK
• Zahnextraktion • Zahnbehandlung

36.8.1 Auswahlkriterien für ambulante Eingriffe

Gut geeignet für ambulante Eingriffe sind vor allem ansonsten gesunde Kinder, aber auch Kinder mit sicher eingestellten Erkrankungen wie Asthma oder Epilepsie.

Schnupfen: meist nichtinfektiöse Rhinitis oder Infektion der Adenoide; Verschiebung der OP in der Regel nicht erforderlich.

Infektionen der Atemwege: Klinisch manifeste Infektionen des Respirationstrakts sollten als Kontraindikation für den elektiven ambulanten Eingriff angesehen werden.

Asthma: Bei leichten Formen (selten Anfälle, keine Dauermedikation erforderlich) bestehen keine Einschränkungen; Kinder mit mäßig schwerem Asthma müssen ihre Dauermedikation auch am OP-Morgen einnehmen. Bei Giemen, Infekten der oberen Atemwege, anhaltendem Husten oder Tachypnoe am OP-Tag sollte der Eingriff verschoben werden.

Herzgeräusche: zunächst Abklärung.

Herzfehler: Nicht korrigierte komplexe Herzfehler sind immer eine Kontraindikation für ambulante Operationen.

Untere Altersgrenze

Die untere Altersgrenze bei sonst gesunden Kindern richtet sich vor allem nach dem Zustand des Kindes, der Erfahrung des Anästhesisten und des Pflegepersonals sowie den vorhandenen Ressourcen. Für die Versorgung in nicht spezialisierten Praxen wird häufig eine untere Altersgrenze von 6 Monaten bis zu einem Jahr festgelegt.

36.8.2 Präoperative Diagnostik

Ein präoperatives Screening kann bereits einige Tage vor dem Eingriff durch einen Kinderarzt oder durch die Ärzte des Ambulatoriums erfolgen. Am Operationstag sollte der Anästhesist Herz und Lunge auskultieren und akute respiratorische Infekte ausschließen.

36.8.3 Anästhesiologisches Vorgehen

Nahrungskarenz (▶ Kap. 36.3.3)

Prämedikation

Ambulante Kinder werden im Allgemeinen nicht prämediziert. Wenn erforderlich kann Midazolam eingesetzt werden.

→ **Dosierung von Midazolam,** z.B. 0,5 mg/kg p.o., 20–45 min vor der Operation.

Narkose

Es können alle gebräuchlichen Anästhesieverfahren angewandt werden.

Einsatz der Larynxmaske

Die meisten ambulanten Eingriffe einschließlich Adenotomie, Zahnextraktionen und Strabismuschirurgie können in Larynxmaskennarkose durchgeführt werden. Propofol sollte für die Einleitung bevorzugt werden.

Flüssigkeitszufuhr

Bei den meisten Eingriffen ist kein Volumenersatz erforderlich. In folgenden Situationen sollte jedoch intraoperativ Flüssigkeit, in der Regel plasmaisotone bilanzierte Elektrolytlösung ohne Glukosezusatz, zugeführt werden:

- nach einer längeren Nüchternheitsphase
- bei Eingriffen mit erhöhter Blutungsgefahr, z.B. Adenotonsillektomien
- bei Eingriffen mit erhöhter Rate postoperativen Erbrechens.

Postoperative Analgesie

Durch intraoperative Lokalanalgesie kann der Bedarf an Analgetika in der postoperativen Phase hinausgezögert werden. Zu den gebräuchlichen Verfahren gehören die Wundinfiltration, Penisblock, Kaudalanalgesie und periphere Nervenblockaden.

- Nichtopioid-Analgetika wie Paracetamol und NSAID sind Grundlage der postoperativen Analgesie.
- Länger wirkende **Opioide** sollten bei ambulanten Kindern nicht verabreicht werden.

Übelkeit und Erbrechen

Übelkeit und Erbrechen sind häufige Komplikationen der ambulanten Kinderanästhesie. Eine routinemäßige antiemetische Prophylaxe gilt als nicht erforderlich, wird jedoch für Hochrisikogruppen empfohlen, z.B. mit Ondansetron oder Granisetron. Zusätzlich kann Dexamethason verabreicht werden (Dosierung ▶ Kap. 18).

Entlassungskriterien

Die Entscheidung über die Entlassung des Kindes muss immer individuell erfolgen. Im Wesentlichen gelten die gleichen Kriterien wie für Erwachsene.

Grundsätzlich sollten die Kinder erst nach Hause entlassen werden, wenn die Schmerzen unter Kontrolle sind.

Vor der Entlassung müssen die Eltern eindeutige und ausreichende **Instruktionen** für die Nachsorge des Kindes erhalten, insbesondere über die postoperative Schmerzbehandlung, die Nahrungskarenz und die erforderliche körperliche Schonung.

Literatur/Lehrbücher

Bissonnette B, Dalens B (ed.): Pediatric anaesthesia. McGraw-Hill, New York 2002.
Frei FJ, Erb T, Jonmarker C, Sümpelmann R, Werner O: Kinderanästhesie, 3. Aufl. Springer, Berlin – Heidelberg – New York 2004.
Jöhr M: Kinderanästhesie, 6. Aufl. Urban & Fischer, München – Jena 2004.
Kretz FJ, Becke K (Hrsg.): Anästhesie und Intensivmedizin bei Kindern, Thieme, Stuttgart 2007.
Zernikow B (Hrsg.): Schmerztherapie bei Kindern. Springer, Berlin 2005.

Originalien

Aono J, Ueda W, Mamiya K, Takimoto E, Manabe M: Greater incidence of delirium during recovery from sevoflurance anesthesia in preschool boys. Anesthesiology 1997;87:1298–1300.

Birmingham PK, Tobin MJ, Fisher DM, et al.: Initial and subsequent dosing of rectal acetaminophen in children. Anesthesiology 2001;94:385–9.

Flick RP, Sprung J, Harrison TE, Gleich SJ, Schroeder DR, Hanson AC, Buenvenida SL, Warner DO: Perioperative Cardiac Arrests in Children between 1988 and 2005 at a Tertiary Referral Center. Anesthesiology 2007, 106:225–37.

Lönnqvist PA, Morton NS: Postoperative analgesia in infants and children. Br J Anaesth 2005;95(1):59–68.

Murat I, Constand I, Maud'Huy: Perioperative anaesthetic morbidity in children: a database of 24 165 anaesthetics over a 30-month-period. Paediatr Anaesth 2004;14: 158–166.

Tait AR, Malviya S, Voepel-Lewis T, et al.: Risk factors for perioperative adverse respiratory events in children with upper respiratory infections. Anesthesiology 2001; 95:299–306.

Uezono S, Goto T, Terui K, et al.: Emergence agitation after sevoflurane versus propofol in pediatric patients. Anesth Analg 2000;91:563–6.

Warner M, Warner M, Warner D, et al: Perioperative pulmonary aspiration in infants and children. Anesthesiology 1999; 90:66–71.

Leitlinien, Empfehlungen

Deutsche Gesellschaft für Anästhesiologie und Intensivmedizin: Leitlinie zur Therapie der malignen Hyperthermie. Anästhesiologie und Intensivmedizin 2002;43:50–54.

Practice Guidelines for Sedation and Analgesia by Non-Anaesthesiologists (Amended October 17, 2001) Anaesthesiology 2002;96:1004–7.

Schmidt J, Strauß JM, Becke K, Giest J, Schmirzt B: Handlungsempfehlungen zur Rapid-Sequence-Induction im Kindesalter. Vom wissenschaftlichen Arbeitskreis Kinderanästhesie der Deutschen Gesellschaft für Anästhesiologie und Intensivmedizin (DGAI) Anästh Intensivmed 2007; 48:S88–S93.

Sümpelmann R, Hollnberger H, Schmidt J, Strauß JM: Empfehlungen zur perioperativen Infusionstherapie bei Neugeborenen, Säuglingen und Kleinkindern. Vom wissenschaftlichen Arbeitskreis Kinderanästhesie der Deutschen Gesellschaft für Anästhesiologie und Intensivmedizin (DGAI) Anästh Intensivmed 2006; 47:616–61.9

37 Anästhesie bei geriatrischen Patienten

Der alte Mensch ist gekennzeichnet durch eingeschränkte Organreserven, verminderte Belastbarkeit, Multimorbidität und Polypharmazie. Es gibt jedoch keine obere Altersgrenze für Narkosen; auch die Ältesten (oldest old) können anästhesiert werden; Risiken ergeben sich vor allem aus den Begleiterkrankungen.

Definition geriatrischer Patient (DGG, DGGG und BAG)
Alte Patienten sind definiert durch:
- geriatrietypische Multimorbidität (vorrangig vor dem Alter)
- höheres Lebensalter (überwiegend 70 Jahre oder älter)

oder durch:
- Alter ≥ 80 Jahre

DGG: Deutsche Gesellschaft für Geriatrie; DGGG: Deutsche Gesellschaft für Gerontologie und Geriatrie; BAG: Bundesarbeitsgemeinschaft Geriatrischer Einrichtungen.

37.1 Altersbedingte Veränderungen

Der Alterungsprozess schränkt die funktionelle Reserve der Organe oder das Verhältnis zwischen maximaler und basaler Funktion zunehmend ein und damit auch die Belastbarkeit.

Gebrechlichkeitssyndrom (Frailty-Syndrom): Dieser Begriff kennzeichnet die eingeschränkte Belastbarkeit des alten Menschen gegenüber externen Stressoren oder die Prädisposition für die Entwicklung einer Behinderung, seien es Verlust der Selbständigkeit, Hospitalisierung oder gar Tod.

Körperliche Zeichen für Gebrechlichkeit (frailty):
- körperliche und psychische Erschöpfung
- körperliche Schwäche, verminderte Handkraft, Gewichtsverlust
- verlangsamte Gangart
- verminderte körperliche Aktivität
- rasche Ermüdbarkeit.

37.1.1 Herz-Kreislauf-System

Beim gesunden alten Menschen ist die Herz-Kreislauf-Funktion in Ruhe nicht beeinträchtigt. Eingeschränkt ist aber die Funktionsreserve.

Arterieller Blutdruck

Der arterielle Blutdruck, insbesondere der systolische, steigt im Alter an, hauptsächlich bedingt durch eine Verdickung der elastischen Fasern in den Wänden der großen Arterien und der Aorta.

→ Wie beim Jüngeren gelten aber auch beim alten Menschen Blutdruckwerte von > 140/90 mm Hg als Hypertonie, die behandelt werden muss (Einzelheiten ▶ Kapitel 14).

Herzfrequenz

Die Ruheherzfrequenz ist im Alter nicht wesentlich verändert oder erniedrigt, bedingt durch graduelle Abnahme der Schrittmacherzellen im Vorhof; die Herzfrequenzvariabilität nimmt ab.

- Die Reaktion der Herzfrequenz auf Blutdruckanstieg und Blutdruckabfall ist weniger ausgeprägt, bedingt durch eingeschränkte Barorezeptoren-Aktivität.
- Unter körperliche Belastung, β-adrenerger Stimulation bzw. Zufuhr von β-Sympathomimetika, Hypoxie und Hyperkapnie steigt die Herzfrequenz weniger stark an als beim Jüngeren.
- Intraoperativ treten häufiger Bradykardien auf als beim Jüngeren.

Myokardfunktion

In Ruhe sind Herzzeitvolumen, Schlagvolumen und Ejektionsfraktion unverändert; unter Belastung nehmen die Kontraktionsdauer und die Relaxationszeit zu.

Unter Belastung steigt die Herzfrequenz weniger stark an, bedingt durch die verlängerte Kontraktionszeit des Herzens.

- Das Myokard reagiert weniger empfindlich auf direkte Stimulation durch Katecholamine.
- Eine ausreichende Zeit für die diastolische Füllung des Herzens ist beim alten Menschen von besonderer Bedeutung, ebenso ein ausreichend hoher Füllungsdruck. Hierdurch wird die perioperative Steuerung der Volumenzufuhr erschwert.
- Das Herz des alten Menschen reagiert empfindlich auf Hypovolämie und Überinfusion/-transfusion!
- Anstiege der Herzfrequenz auf mehr als 120/min werden wegen der verkürzten Diastolendauer von alten Menschen gewöhnlich schlecht toleriert.

! Merke

Wegen der erhöhten Gefahr der Myokardischämie sollte bei Patienten > 70 Jahre der diastolische Blutdruck > 70 mm Hg betragen, die Pulsamplitude < 70 mm Hg und die Herzfrequenz etwa 70 Schläge/min.

37.1.2 Atmungssystem

Im Alter nimmt die **Atemreserve** ab: Während der junge Mensch seine Atmung um das 12fache des Ruhewertes steigern kann, ist im höheren Alter nur noch eine Steigerung um das 7fache möglich.

Funktionelle Veränderungen

Residualvolumen und funktionelle Residualkapazität nehmen im Alter zu Lasten der Vitalkapazität zu, forcierte Vitalkapazität (FVC) und forciertes Exspirationsvolumen der 1. Sekunde (FEV_1) nehmen ab, während die Totalkapazität der Lungen sich nicht wesentlich verändert.

- Der Atemwiderstand bei maximaler Exspiration ist im Alter erhöht, so dass die maximale Strömungsgeschwindigkeit und die zeitabhängigen forcierten Exspirationsvolumina abnehmen.
- Die kleinen Atemwege kollabieren während der Exspiration bereits bei höheren Lungenvolumina als beim Jüngeren („closing volume" erhöht!).
- Störungen des Ventilations/Perfusions-Verhältnisses nehmen im Alter zu; die alveoloarterielle Sauerstoffpartialdruck-Differenz ($A\text{-}aDO_2$) wird größer.
- Der arterielle pO_2 nimmt progredient ab.
- Die Reaktion des zentralen Atemantriebs auf CO_2-Anstieg bzw. Hyperkapnie und auch auf Hypoxie ist vermindert. Dieser Effekt wird durch Anästhetika und

Sedativa noch verstärkt; entsprechend ist die Gefahr einer respiratorischen Insuffizienz, besonders in der frühen postoperativen Phase, erhöht.

- Der Hustenreflex und die laryngealen Schutzreflexe sind im Alter ebenfalls weniger aktiv; hierdurch werden die bronchopulmonale Sekretretention und die Aspiration von Fremdkörpern begünstigt.

37.1.3 Nierenfunktion

Die glomeruläre Filtrationsrate und der renale Plasmafluss nehmen im Alter ab, ebenso die Nierenmasse und die Anzahl funktionierender Glomeruli.

Die Kreatininclearance nimmt progredient ab, aber auch die Muskelmasse, so dass die Serum-Kreatininwerte im Wesentlichen unverändert bleiben.

Eine ungenügende Salzaufnahme zusammen mit der eingeschränkten Fähigkeit, Natrium zu konservieren, führt beim alten Patienten leicht zur **Abnahme des extrazellulären Volumens mit Störungen der Herz-Kreislauf-, Hirn- und Nierenfunktion** (▶ Kap. 25). Ebenso können ältere Patienten bei mangelnder Flüssigkeitszufuhr ihren Urin weniger konzentrieren als jüngere.

37.1.4 Leberfunktion

Die Leberfunktion ist im Alter ebenfalls eingeschränkt, auch soll eine erhöhte Empfindlichkeit der Leber gegenüber Hypoxie, Medikamenten und Bluttransfusionen bestehen. Die Halbwertszeit von Medikamenten, die in der Leber metabolisiert und über die Galle ausgeschieden werden, kann verlängert sein.

37.1.5 Nervensystem

Im Alter tritt eine Atrophie des Gehirns auf; die Anzahl der Neurone ist vermindert, vor allem im Kortex. Hirndurchblutung und zerebraler Sauerstoffverbrauch nehmen ab. Verminderte Leitungsgeschwindigkeit in den peripheren Nerven führt zu Störungen der Koordination. Die zentrale Thermoregulation ist beeinträchtigt, die Anpassung an Kälte und Wärme eingeschränkt.

Demenzerkrankungen gehören zu den häufigen Komorbiditäten alter Menschen. Sie erhöhen das Risiko postoperativer Komplikationen, insbesondere des **postoperativen Delirs.**

Depressionen und **ungenügende soziale Unterstützung** des alten Patienten wirken sich ebenfalls ungünstig auf den postoperativen Verlauf aus.

37.2 Pharmakologische Besonderheiten

Im Alter ist die Pharmakodynamik und Pharmakokinetik zahlreicher Medikamente verändert. Unerwünschte Arzneimittelreaktionen treten wesentlich häufiger auf als bei jungen Patienten.

37.2.1 Pharmakodynamik

Veränderungen der Pharmakodynamik sind schwer nachzuweisen und nicht leicht von pharmakinetisch bedingten Effekten abzugrenzen. Vereinfacht gilt:

- Alte Menschen reagieren empfindlicher auf zentral wirkende Substanzen wie Opioide, Benzodiazepine und i.v. Anästhetika.
- Der MAC-Wert von Inhalationsanästhetika nimmt im Alter ab und damit auch der Dosisbedarf.
- Das Nierengewebe reagiert empfindlicher auf NSAID und auf COX-2-Hemmer (Nierenschädigung!)

37.2.2 Pharmakokinetik

Folgende Faktoren können beim alten Patienten die Pharmakokinetik von Medikamenten beeinflussen:
- Veränderung der Körperkompartimente (Verteilungsvolumina für Pharmaka), vor allem Zunahme des Fettgewebes und Abnahme des Wasseranteils, hierdurch Anstieg der Plasmakonzentration hydrophiler Pharmaka möglich, bei lipophilen Substanzen dagegen erniedrigte Konzentrationen.
- Erniedrigtes Serumalbumin: geringere Plasmaeiweißbindung mit Anstieg freier Substanz.
- Abnahme der glomerulären Filtrationsrate, hierdurch verzögerte Elimination vor allem hydrophiler Pharmaka.
- Abnahme der hepatischen Enzymaktivität und der Leberdurchblutung; hierdurch Verlängerung der Eliminationshalbwertszeit und der Wirkdauer, vor allem lipophiler Pharmaka.

37.3 Anästhesiologisches Vorgehen

Die klinische Bedeutung der physiologischen Alterungsvorgänge für die Anästhesie ist gegenwärtig nur unzureichend untersucht, so dass noch kein einheitliches Narkosekonzept für geriatrische Patienten entwickelt werden konnte.

37.3.1 Spezielle präoperative Einschätzung

Der alte Patient ist häufig polymorbide! Hinzu kommen folgende charakteristische Störungen:

Die 4 Giganten oder die 4 „I" der Geriatrie
- Immobilität
- Instabilität
- Inkontinenz
- Intellektueller Abbau

Bei der präoperativen Untersuchung sollte der Anästhesist seine Aufmerksamkeit gezielt auf folgende Erkrankungen richten:
- koronare Herzerkrankung: bei ca. 20% manifest
- Hypertonie: Männer 20%; Frauen 33%; Abnahme des intravasalen Volumens; Autoregulationskurve der Hirndurchblutung nach rechts verschoben
- Hypotension: bei 20–30%, orthostatische Hypotension durch beeinträchtigte Baroreflexe
- Herzinsuffizienz; wichtigste Ursachen: KHK und Hypertonie; häufig diastolische Dysfunktion bei erhaltener Pumpfunktion (normale EF), bedingt durch verzögerte Relaxation und verminderte LV-Dehnbarkeit

- Vorhofflimmern: häufigste Rhythmusstörung im Alter; verschlechtert in Kombination mit eingeschränkter LV-Funktion die Prognose
- Herzrhythmusstörungen, meist KHK-bedingt
- respiratorische Erkrankungen, vor allem COPD
- Diabetes mellitus
- Nierenerkrankungen
- zerebrale Störungen.

37.3.2 Prämedikation

Grundsätzlich werden alle Prämedikationssubstanzen beim alten Patienten niedriger dosiert als bei jüngeren. Als Prämedikationssubstanz eignet sich z.B. Midazolam 7,5 mg p.o. oder Diazepam 5–10 mg p.o. Flunitrazepam führt nicht selten zu starker Sedierung, Desorientiertheit, manchmal auch zur Bewusstlosigkeit mit partieller Verlegung der oberen Atemwege.

37.3.3 Wahl des Narkoseverfahrens

Ein spezifisches Narkoseverfahren für geriatrische Patienten gibt es nicht. **Postoperative Verwirrtheitszustände** sind nach Regionalanästhesien nicht wesentlich seltener als nach Allgemeinnarkosen.

Spinalanästhesie

- Besonders geeignet für transurethrale und andere urogenitale Eingriffe sowie Operationen an der Hüfte und den Beinen.
- Anatomische Veränderungen der Wirbelsäule können die Punktion erschweren; dann sollte der paramediane Zugang gewählt werden.
- Die Häufigkeit des Blutdruckabfalls ist bei Spinal- oder Periduralanästhesie 2fach höher als bei Jüngeren.
- Ausgedehnte Blockaden führen zu einem stärkeren Abfall der Körperkerntemperatur.
- Die Häufigkeit postspinaler Kopfschmerzen ist bei Älteren wesentlich geringer als bei Jüngeren.

Periduralanästhesie

- Im Alter nimmt der Dosisbedarf für peridurale Lokalanästhetika ab.
- Bei der intraoperativen **Sedierung** mit Benzodiazepinen ist Vorsicht geboten: Gefahr der Verwirrtheit und Desorientierung oder Atemdepression bzw. Verlegung der oberen Atemwege.
- Bei Spinal- und Periduralanästhesie muss auch postoperativ wegen der lang anhaltenden Sympathikusblockade mit einem **Blutdruckabfall** gerechnet werden, insbesondere bei andauernden (sonst geringen) Blutverlusten.

37.3.4 Narkoseeinleitung

Bei der Narkoseeinleitung müssen einige **anatomische Besonderheiten** vieler alter Patienten beachtet werden, die das anästhesiologische Vorgehen erschweren oder zu Komplikationen führen können:

- Das Gebiss ist häufig unvollständig, die restlichen Zähne oft locker, so dass bei der Intubation die Gefahr des Herausbrechens besteht.

- Patienten ohne Zähne lassen sich zwar meistens leichter intubieren, die Maskenbeatmung wird jedoch erschwert, weil oft kein luftdichter Sitz der Maske erreicht werden kann.
- Eine zervikale Arthritis schränkt bei einigen Patienten die Beweglichkeit von Kopf und Hals ein, so dass die endotracheale Intubation erschwert werden kann.
- Arthritische Veränderungen in den Gelenken beeinträchtigen die Lagerung und prädisponieren zu Lagerungsschäden.
- Die Schutzreflexe in den oberen Atemwegen sind bei alten Patienten abgeschwächt, so dass die Aspirationsgefahr erhöht ist.

! Merke

Grundsätzlich müssen alle Einleitungshypnotika beim geriatrischen Patienten **niedriger dosiert** werden als beim jüngeren. Je nach Alter (und körperlichem Zustand) sind Dosisreduktionen von 55–60% erforderlich. Schlagartiger Blutdruckabfall und Bradykardie sind die häufigsten Komplikationen.

37.3.5 Narkoseführung

Die Narkoseführung ist bei alten Menschen häufig schwieriger als bei jüngeren, vor allem bedingt durch stärkere Schwankungen des Blutdrucks und der Herzfrequenz.

- Wie die Einleitungssubstanzen müssen meist auch die zur Aufrechterhaltung der Narkose eingesetzten Substanzen beim alten Menschen deutlich reduziert werden: Opioide um ca. 40–50%, Inhalationsanästhetika um ca. 20% (bei Kombination mit Lachgas um ca. 50%).
- Bei der **intraoperativen Flüssigkeitszufuhr** müssen die eingeschränkten Regulationsmechanismen des Wasser- und Elektrolythaushalts sowie der Niere und des Herz-Kreislauf-Systems besonders berücksichtigt werden. Präoperativ festgestellte Defizite im Wasser- und Elektrolythaushalt sollten möglichst auch präoperativ beseitigt werden (▶ Kap. 25)!

! Merke

Vorsicht bei diastolischer Herzinsuffizienz: Gefahr des akuten Lungenödems durch zu rasche oder exzessive Flüssigkeitszufuhr!

Alte Patienten kühlen intraoperativ leichter aus als jüngere, darum ist ein Schutz vor Wärmeverlusten essentiell. Eine ausgedehnte Spinalanästhesie geht mit einem stärkeren Abfall der Körperkerntemperatur einher.

37.3.6 Intraoperative Überwachung

Die Standardüberwachung des geriatrischen Patienten entspricht der bei jüngeren Patienten (▶ Kap. 24). Die Indikation zu Katheterisierung der oberen Hohlvene und Kanülierung einer Arterie sollte, abhängig von Zustand, Begleiterkrankungen und operativem Eingriff, großzügig gestellt werden. Von besonderer Bedeutung ist die Überwachung des **Herzrhythmus** mit dem EKG-Monitor.

Tab. 37-1 Delirantes Syndrom: ursächlich beteiligte Faktoren

- Infektionen
- Traumen
- vorbestehende ZNS-Erkrankungen, vor allem Demenz
- Alkohol-, Medikamenten- oder Opiatabhängigkeit
- Elektrolytstörungen, vor allem des Natriums

37.3.7 Aufwachraum

In der frühen postoperativen Phase ist das Risiko einer **respiratorischen Insuffizienz** bei älteren Patienten erhöht, besonders nach opioidbasierten Anästhesien. Bei einigen Patienten muss mit einer, im Vergleich zu jüngeren Patienten, erheblich verlängerten **Bewusstlosigkeit bzw. Schläfrigkeit und Atemdepression** gerechnet werden, besonders, wenn zu großzügig Benzodiazepine verabreicht worden sind.

Des Weiteren ist beim alten Menschen die Gefahr der postoperativen **pulmonalen Aspiration** erhöht, bedingt durch Veränderungen der Pharynxfunktion, abgeschwächten Hustenreflex, Überhang von Anästhetika und Muskelrelaxanzien sowie Operationen im Halsbereich oder im Abdomen. Die Indikation zur postoperativen Intensivüberwachung sollte beim geriatrischen Patienten großzügiger als beim jüngeren gestellt werden.

37.3.8 Postoperatives Delir

Bei alten Menschen tritt häufiger ein postoperatives Delir auf als bei jüngeren; zu den wichtigsten Risikofaktoren gehören **Demenzerkrankungen.** Das Syndrom entwickelt sich typischerweise in den ersten 3 postoperativen Tagen und kann länger als eine Woche anhalten. Die Pathogenese der Störung ist vermutlich multifaktoriell bedingt (▶ Tab. 37-1); perioperativ sind häufig Medikamente an der Entstehung beteiligt. Eine spezifische Behandlung gibt es derzeit nicht. Unabhängig davon erhöht ein Delir das Risiko schwerwiegender Komplikationen und verlängert die Dauer des Krankenhausaufenthalts.

Pharmakologie

Medikamente mit Risikopotential für ein Delir:

- Hohes Risiko
  - Anticholinergika wie Atropin und Scopolamin, besonders bei Demenz
  - Opioide
  - Antidepressiva, am höchsten für Amitriptylin
  - Neuroleptika, vor allem Phenothiazine
  - Lithium
  - H_2-Antagonisten, vor allem Cimetidin
  - Antiarrhythmika: Disopyramid
- Mittleres Risiko
  - Benzodiazepine, alle Vertreter
  - Parkinson-Therapeutika: L-Dopa, Dopaminagonisten, MAO-B-Hemmer
  - Antiepileptika
  - Digitalis
  - NSAID, ASS hoch dosiert, Paracetamol

- Niedriges Risiko
  - Theophyllin

Literatur

Bekker AY, Weeks EJ: Cognitive function after anaesthesia in the elderly. Best Pract Res Clin Anaesthesiol. 2003 Jun;17(2):259–72. Review.

Cook DJ, Rooke GA: Priorities in perioperative geriatrics. Review. Anaesth Analg 2003;96:1823–36.

Hestermann U, Thomas C, Oster P: „FRAGILE“ – Der alte Mensch und die Chirurgie. Chirurg 2005; 76: 28–34.

Sear JW, Higham H: Issues in the perioperative management of the elderly patient with cardiovascular disease. Drugs Aging. 2002;19(6):429–51. Review.

Vuyk J: Pharmacodynamics in the elderly. Best Pract Res Clin Anaesthesiol. 2003 Jun;17(2):207–18. Review.

38 Neuroanästhesie

Hirndurchblutung, Hirnstoffwechsel und intrakranieller Druck werden in unterschiedlicher Weise durch Anästhetika, Narkosetechniken und perioperative Maßnahmen beeinflusst. Veränderungen dieser Faktoren können den Verlauf und die Ergebnisse neurochirurgischer Operationen mit entscheiden.

38.1 Grundlagen der Neuroanästhesie

38.1.1 Hirndurchblutung

Die Blutversorgung des Gehirns erfolgt nahezu ausschließlich über die Aa. carotis internae und die Vertebralarterien. Die beiden Vertebralarterien vereinigen sich an der Schädelbasis zur A. basilaris, die mit den Aa. carotis internae über den Circulus Willisii in Verbindung steht. Die Hirnarterien entspringen aus dem Circulus Willisii.

Das venöse Blut verlässt zum großen Teil über die Vv. jugulares internae den Schädel, zum geringeren Teil über vertebrale und spinale Abflüsse.

Globale Hirndurchblutung:
- 50 ml/min/100 g Gehirn
- 700–900 ml/min
- 15 % des Herzzeitvolumens.

Durchblutung und Stoffwechsel weisen im Gehirn große regionale Unterschiede auf, so beträgt die Durchblutung der grauen Substanz 80–140 ml/min/100 g, die der weißen Substanz hingegen nur etwa 23 ml/min/100 g. Die Gesamtdurchblutung des Gehirns bleibt jedoch, unabhängig vom Aktivitätszustand, relativ konstant.

Autoregulation der Hirndurchblutung

Die Hirndurchblutung (CBF, cerebral blood flow) wird im Wesentlichen von zwei Größen bestimmt: dem zerebralen Perfusionsdruck (CPP, cerebral perfusion pressure) und dem zerebralen Gefäßwiderstand (CVR).

Der **zerebrale Perfusionsdruck** ist die Differenz zwischen mittlerem Aortendruck (MAP) und intrakraniellem Druck (ICP, intracranial pressure):

$$CPP = MAP - ICP \text{(mm Hg)}$$

Aufgrund der Autoregulation bleibt die Hirndurchblutung im Bereich arterieller Mitteldrücke zwischen etwa 50 und 150 mm Hg, unabhängig vom Perfusionsdruck, konstant. Unter- und oberhalb der Grenzwerte folgt die Hirndurchblutung **passiv** dem zerebralen Perfusionsdruck.
- Fällt der zerebrale Perfusionsdruck auf 25–30 mm Hg ab, muss mit ischämisch bedingten Störungen des Hirnstoffwechsels gerechnet werden.
- Bei Hypertonikern mit Arteriolosklerose der Hirngefäße ist die Autoregulationskurve insgesamt nach rechts verschoben, daher sind höhere Perfusionsdrücke erforderlich.

Verlust der Autoregulation

Ist die Autoregulation aufgehoben, so folgt die Hirndurchblutung passiv dem zerebralen Perfusionsdruck. Hierdurch drohen 2 spezifische Gefahren:
- Hirnischämie bei Blutdruckabfall
- **zerebrale Hyperämie** mit Anstieg des intrakraniellen Drucks bei Anstieg des zerebralen Perfusionsdrucks.

Folgende Faktoren können u.a. zum Verlust der Autoregulation führen:
- Hypoxie
- Hyperkapnie
- Ischämie
- Hirntrauma
- bestimmte Anästhetika.

Metabolische Kontrolle der Hirndurchblutung

Nimmt der zerebrale Stoffwechsel zu, so steigt die regionale Durchblutung an. Dieser Vorgang wird als autoregulative Anpassung der Durchblutung an den metabolischen Bedarf bezeichnet. Im Koma sind zerebraler Stoffwechsel und Hirndurchblutung erniedrigt, generalisierte Krämpfe hingegen erhöht.

$paCO_2$

Zwischen arteriellem pCO_2 und der Hirndurchblutung besteht eine enge Beziehung, die für die neurochirurgische Anästhesiepraxis von besonders großer Bedeutung ist:
- Hypokapnie führt zur Kontraktion der Hirngefäße: Die Hirndurchblutung nimmt ab.
- Hyperkapnie dilatiert die Hirngefäße: Die Hirndurchblutung steigt an.
- Beide Reaktionen erfolgen sehr rasch und unabhängig vom jeweils herrschenden arteriellen Druck. Erst wenn der arterielle Mitteldruck auf etwa 50 mm Hg abgesunken ist, wird der Einfluss des $paCO_2$ auf die Hirndurchblutung aufgehoben.

paO_2, Hämodilution

Erst wenn der paO_2 auf unter 50 mm Hg absinkt, nimmt die Hirndurchblutung stark zu; bei weiterem Absinken verdoppelt sie sich. Hohe Sauerstoffpartialdrücke führen zu zerebraler Vasokonstriktion mit Abnahme der Hirndurchblutung:

Hämodilution unter einen Hämatokriten von 30% steigert die Hirndurchblutung, **Polycythämie** mit Hämatokritwerten von über 50% vermindert sie. Kolloide (z.B. HES) verbessern die Fließeigenschaften des Blutes und steigern hierdurch die Hirndurchblutung.

Zerebrale Ischämie

Hirnischämie bezeichnet eine Abnahme der Hirndurchblutung auf Werte, bei denen die Sauerstoffversorgung der Gewebe unzureichend ist.
- Die **kritische Schwelle,** bei der zerebrale Funktionsstörungen auftreten, liegt bei etwa **20 ml/min/100 g.**
- Eine zweite Schwelle liegt bei **15 ml/min/100 g:** Jegliche neuronale Aktivität kommt zum Erliegen.
- Bei Erreichen der dritten Schwelle von **8–10 ml/min/100 g** treten schwere metabolische Entgleisungen auf, die zum Gewebetod führen können. Die Auswirkungen der Ischämie werden ganz wesentlich von deren Dauer bestimmt.

Überwachung der zerebralen Sauerstoffversorgung

Unter klinischen Bedingungen kann die Sauerstoffversorgung des Gehirns mit indirekten Verfahren eingeschätzt werden. Hierzu gehören:

- **Messung der jugularvenösen Sauerstoffsättigung, Svj-O_2,** Normalwert 55–70%; Abfall auf 40–50% kann Zeichen einer relativen Minderdurchblutung des Hirns sein; Werte von < 40% weisen auf eine globale Hirnischämie hin; Werte von unter 50% gelten als behandlungsbedürftig; ein Anstieg auf > 75% gilt als Zeichen der relativen Hyperämie.
- **Nahe-Infrarotspektroskopie:** bislang nicht validiert, daher nicht für den Routineeinsatz empfohlen.

Diese Verfahren werden vor allem für die intensivmedizinische Überwachung von Patienten mit intrakranieller Druckerhöhung und zur Überwachung der Hyperventilationsbehandlung empfohlen.

38.1.2 Intrakranieller Druck

Der Schädel ist ein halbgeschlossener starrer Behälter, in dem sich folgende Bestandteile befinden:

Inhalt des Schädels:
- 1400 g Hirn
- 130 ml Blutvolumen
- 75 ml Liquor cerebrospinalis.

Der im Innern des Schädels herrschende intrakranielle Druck (ICP) ist die Summe der Druckwirkungen dieser einzelnen Bestandteile. Unter klinischen Bedingungen bezeichnet der intrakranielle Druck den supratentoriellen Druck des Liquor cerebrospinalis in einem Seitenventrikel oder im Subarachnoidalraum über der Konvexität der Hirnrinde.

Zerebrales Blutvolumen

Ein Anstieg des arteriellen Drucks kann, bei aufgehobener Autoregulation, eine zerebrale Hyperämie mit Anstieg des intrakraniellen Drucks hervorrufen. Hauptfaktor für den Hirndruckanstieg ist die Volumenzunahme in den dünnwandigen Hirnvenen.

paCO_2

Hyperventilation oder Hypokapnie vermindert die Hirndurchblutung und das intrakranielle Blutvolumen: Der intrakranielle Druck fällt ab.

Hypoventilation oder Hyperkapnie steigert die Hirndurchblutung und das zerebrale Blutvolumen: Der intrakranielle Druck steigt an. Außerdem wird durch die zerebrale Hyperämie das operative Vorgehen erschwert.

paO_2

Hirndurchblutung und Hirndruck steigen erst an, wenn der paO_2 auf 50 mm Hg und darunter abgefallen ist. Die Kombination von Hyperkapnie und Hypoxie führt zu Störungen der Blut-Hirn-Schranke, Hirnödem und lang anhaltendem Anstieg des intrakraniellen Drucks.

Zentraler Venendruck

Ein erhöhter Venendruck bzw. intrathorakaler Druck wird retrograd auf die Jugular- und Vertebralvenen übertragen: Der intrakranielle Druck steigt an.

Hirndrucksteigernde Faktoren sind hierbei:
- Husten und Pressen
- erhöhter intraabdominaler Druck
- Kopftieflagerung
- Beatmung mit PEEP und/oder hohen Atemzugvolumina.

Körpertemperatur

Abfall der Körpertemperatur senkt den Hirnstoffwechsel und die Hirndurchblutung und nachfolgend den intrakraniellen Druck. Anstieg der Körpertemperatur hat den gegenteiligen Effekt.

Hirnödem und Hirnschwellung

Als Hirnödem wird eine Zunahme des extrazellulären und/oder intrazellulären Wassergehalts des Gehirns bezeichnet, die bei entsprechender Ausprägung den intrakraniellen Druck steigert und dann zu klinischen Zeichen und Symptomen führt. Zwei grundlegende Formen von Hirnödemen werden unterschieden:
- **Vasogenes Hirnödem,** bedingt durch Störungen der Blut-Hirn-Schranke und gekennzeichnet durch Zunahme des extrazellulären Wassergehalts, vor allem in der weißen Substanz; häufigste Form des Hirnödems.
- **Zytotoxisches Hirnödem,** gekennzeichnet durch eine abnorme Zunahme des intrazellulären Wassergehalts; Ursache ist eine toxische Schädigung von Gliazellen und Neuronen, bedingt durch toxische Schädigung.

Gesteigerter intrakranieller Druck

Der **normale intrakranielle Druck** beträgt beim liegenden Patienten **10–15 mm Hg;** ein anhaltender Anstieg des intrakraniellen Drucks auf über 50 mm Hg gilt als sicher pathologisch, während kurzfristige Anstiege auf über 30 mm Hg beim Husten und Pressen normal sind.

→ Als obere Grenze für Tagesmittelwerte werden 30 mm Hg angesehen.

Pathologische Anstiege des intrakraniellen Drucks entstehen vor allem durch **raumfordernde intrakranielle Prozesse,** z.B.:
- Hirntumor
- Hirnabszess
- Hirnödem
- intrakranielle Blutungen
- Störungen der Liquorsekretion, -resorption oder -zirkulation.

Daneben spielen **sekundäre Faktoren** im Zusammenhang mit der Narkose und Intensivbehandlung eine wichtige Rolle:
- Husten und Pressen bei der endotrachealen Intubation
- hirndurchblutungssteigernde Anästhetika und Pharmaka
- falsche Einstellung des Beatmungsgeräts
- Hyperkapnie und Hypoxie
- falsche Lagerung des Patienten mit Abflussbehinderung des Hirnvenenblutes
- zu flache Narkose mit Blutdruckspitzen auf Schmerzreize
- falsche Infusionstherapie, z.B. Zufuhr hypotoner Lösungen.

Auswirkungen des erhöhten Hirndrucks

Steigt der intrakranielle Druck in den pathologischen Bereich an, so drohen vor allem drei Gefahren:

- Abfall des zerebralen Perfusionsdrucks mit Abnahme der Hirndurchblutung (zerebrale Ischämie)
- regionale Abnahme der Hirndurchblutung, auch wenn die globale Durchblutung gleich bleibt
- Einklemmung von Hirnteilen.

! Merke

Der zerebrale Perfusionsdruck (CPP) sollte bei Erwachsenen mit erhöhtem intrakraniellem Druck › 70 mm Hg betragen, bei Kindern mindestens 40–50 mm Hg.

Klinische Zeichen

Die klinischen Zeichen des gesteigerten intrakraniellen Drucks sind unspezifisch und beim anästhesierten oder sedierten und beatmeten Patienten häufig nicht nachweisbar oder nicht ausreichend zu beurteilen. Als typische Zeichen gelten:

- Kopfschmerzen
- Erbrechen
- Bewusstseinstrübung
- Nackensteife.

Mit zunehmender Kompression und Verschiebung des Gehirns durch den weiter ansteigenden Druck tritt das klinische Bild der Einklemmung von Hirnteilen auf:

Klinik

Zeichen der Einklemmung

- Bewusstlosigkeit
- Streckstellung der Extremitäten
- maximale Miose oder träge Lichtreaktion
- Atemstörungen
- zunehmende Pupillendilatation (Kompression des N. oculomotorius)
- Erlöschen der Schmerzreaktion
- Zusammenbruch von Atem- und Herz-Kreislauf-Funktion

Um die Höhe des intrakraniellen Drucks zu objektivieren und eine rationale Basis für die Therapie zu erhalten, wird daher der intrakranielle Druck, bei entsprechender Indikation, direkt gemessen.

Messung

Der intrakranielle Druck kann an 4 anatomischen Orten gemessen werden:

- in den Hirnventrikeln über ein(en) Katheter/Transducersystem
- im Hirnparenchym über Mikrokatheter in der grauen Substanz
- subarachnoidal über ein Bohrloch
- epidural: über Bohrloch mit Druckaufnehmern.

Bei allen beschriebenen Verfahren wird der intrakranielle Druck **supratentoriell,** d.h. oberhalb der Konvexität des Kortex, gemessen; Druckunterschiede bestimmter Abschnitte innerhalb des Schädels werden dabei nicht berücksichtigt.

Klinische Bereiche des intrakraniellen Drucks

- 0–15 mm Hg: normal
- 15–30 mm Hg: leicht erhöht
- 30–50 mm Hg: stark erhöht
- über 50 mm Hg: pathologisch

Echte intrakranielle Druckanstiege liegen erst vor, wenn ein bestimmter Wert für längere Zeit überschritten wird und nicht in den Normbereich zurückkehrt.

Klinisch gilt Folgendes:

- Steigt der intrakranielle Druck auf über 20 mm Hg, ist erhöhte Aufmerksamkeit geboten; auch sollte nach den Ursachen gesucht werden.
- Bei ICP-Werten von 20–25 mm Hg sollte therapeutisch interveniert werden.
- Bei ICP-Werten unter 30 mm Hg droht keine Einklemmung von Hirnteilen.
- Tagesmitteldrücke von mehr als 30 mm Hg werden im Allgemeinen nicht überlebt.
- Bei Druckwerten ab 50 mm Hg beginnt der kritische Bereich für eine Einklemmung.

38.1.3 Intrakranielle Wirkungen von Anästhetika und Pharmaka

Die Wirkungen von Anästhetika auf Hirndurchblutung und intrakraniellen Druck sind in ▶ Tabelle 38-1 zusammengefasst. Einflüsse von Anästhetika auf den intrakraniellen Druck entstehen immer sekundär durch Veränderungen der Hirndurchblutung.

- Anästhetika, die eine Zunahme der Hirndurchblutung bewirken, steigern den intrakraniellen Druck.
- Anästhetika, die eine Abnahme der Hirndurchblutung hervorrufen, senken den intrakraniellen Druck.

Lachgas

Lachgas kann den intrakraniellen Druck steigern, besonders wenn eine intrakranielle Raumforderung vorliegt. Der Anstieg des intrakraniellen Drucks kann durch vorherige Zufuhr von Barbituraten oder Benzodiazepinen verhindert werden.

Die Autoregulation der Hirndurchblutung ist unter Lachgas erhalten, ebenso die CO_2-Reaktivität der Hirngefäße.

Tab. 38-1 Wirkungen von Anästhetika auf Hirndurchblutung und intrakraniellen Druck

Substanz	Hirndurchblutung	intrakranieller Druck
Barbiturate	↓	↓
Etomidat	↓	↓
Opioide	↔ oder ↓	↔ oder ↓
Benzodiazepine	↓	↓
Ketamin	↑ oder →	↑ oder →
Lachgas	↔ oder ↑	↔ oder ↑
Halothan	↑↑	↑↑
Enfluran	↑	↑
Isofluran	↑	↑
Desfluran	↑	↑
Sevofluran	↑	↑

Volatile Inhalationsanästhetika

Nach traditioneller Auffassung steigern die volatilen Inhalationsanästhetika konzentrationsabhängig die Hirndurchblutung, das zerebrale Blutvolumen und den intrakraniellen Druck, während gleichzeitig der Hirnstoffwechsel bzw. der zerebrale Sauerstoffverbrauch gesenkt wird. Die Autoregulation der Hirndurchblutung wird aufgehoben.

Isofluran, Desfluran und Sevofluran können den intrakraniellen Druck bei neurochirurgischen Patienten in vergleichbarem Ausmaß steigern. Dieser Effekt tritt unter Hypokapnie (kontrollierte Hyperventilation) nicht auf. Ungünstige Auswirkungen auf die neurologische Prognose sind bislang nicht nachgewiesen worden.

Barbiturate

Barbiturate vermindern dosisabhängig die Hirndurchblutung und den zerebralen Sauerstoff- und Glukoseverbrauch, maximal um 50% (erkennbar am isoelektrischen EEG).

- Barbiturate senken den erhöhten intrakraniellen Druck und schützen bei ausreichender Dosierung vor den hirndrucksteigernden Wirkungen von Laryngoskopie, endotrachealer Intubation und endobronchialem Absaugen.
- Die Autoregulation der Hirndurchblutung und die CO_2-Reaktivität der Hirngefäße werden durch Barbiturate nicht beeinflusst.

Propofol

Die zerebrovaskulären Effekte von Propofol entsprechen im Wesentlichen denen der Barbiturate und denen von Etomidat, d.h.:

- dosisabhängige Abnahme des zerebralen Sauerstoffverbrauchs und der Hirndurchblutung, maximal um ca. 50%
- hirndrucksenkende Wirkung
- erhaltene CO_2-Reaktivität der Hirngefäße.

Etomidat

Unter Etomidat nehmen Hirndurchblutung und zerebraler Sauerstoffverbrauch um 30–50% ab. Nach einer Einzelinjektion von Etomidat werden innerhalb weniger Minuten die Ausgangswerte wieder erreicht. Zerebrale Autoregulation und die CO_2-Reaktivität der Hirngefäße bleiben unter Etomidat erhalten.

Ketamin

Die Wirkungen von Ketamin auf den Hirnkreislauf und den Hirnmetabolismus neurochirurgischer Patienten sind nach wie vor ungeklärt:

- Bei erhaltener Autoregulation und Normokapnie sollen Hirndurchblutung und intrakranieller Druck nicht ansteigen; die Autoregulation und die CO_2-Reaktivität sollen nicht beeinflusst werden.
- Bei unprämedizierten Freiwilligen fand sich ein dosisabhängiger Anstieg der globalen Hirndurchblutung unter S-Ketamin, während sich die zerebrale Sauerstoff- und Glukoseaufnahme nicht wesentlich veränderten.
- Bei kontrolliert beatmeten Patienten mit schwerem Schädel-Hirn-Trauma ergaben sich unter einer kontinuierlichen Ketamin-Midazolam-Infusion im Vergleich mit einer Sufentanil-Midazolam-Gruppe keine Unterschiede im Verhalten des intrakraniellen Drucks und des zerebralen Perfusionsdrucks.

- Neuroprotektive Effekte konnten weder für Ketamin-Racemat noch für das S-Enantiomer nachgewiesen werden.

Opioide

Remifentanil, Alfentanil, Fentanyl und Sufentanil vermindern die Hirndurchblutung und den Hirnstoffwechsel nur minimal oder mäßig; die zerebrale Autoregulation wird nicht beeinträchtigt. Bei Normokapnie ist der Einfluss der Opioide auf den intrakraniellen Druck gering, jedoch können Alfentanil, Fentanyl und Sufentanil bei einigen, nicht näher klassifizierten Patienten zum Anstieg des Hirndrucks führen.

Naloxon

Dieser Opioidantagonist hat bei sorgfältiger Titrierung der Dosis keinen wesentlichen Einfluss auf Hirndurchblutung, Hirnstoffwechsel und intrakraniellen Druck. Eine abrupte Antagonisierung der Opioide am Ende der Narkose kann jedoch zu Blutdruckanstieg, Herzrhythmusstörungen und intrakranieller Blutung führen.

Benzodiazepine

Benzodiazepine wie **Diazepam** (Valium), **Flunitrazepam** (Rohypnol) oder **Midazolam** (Dormicum) senken beim Menschen die Hirndurchblutung und den Hirnstoffwechsel in unterschiedlichem Ausmaß; der intrakranielle Druck kann leicht abnehmen, bedingt durch die Verminderung der Hirndurchblutung.

Succinylcholin

Die Substanz kann den intrakraniellen Druck steigern. Der Anstieg ist mäßig ausgeprägt, hält nur kurz an und kann durch Präcurarisierung mit einem ND-Muskelrelaxans verhindert werden.

→ Bei neurochirurgischen Notfallpatienten kann Succinylcholin angewandt werden.

Vasodilatatoren

Vasodilatatoren wie Nitroprussidnatrium, Nitroglyzerin, Hydralazin, Adenosin und ATP dilatieren die Hirngefäße und können das zerebrale Blutvolumen und den intrakraniellen Druck erhöhen. Die Auswirkungen auf die Hirndurchblutung sind variabel.

38.2 Praxis der allgemeinen Neuroanästhesie

38.2.1 Spezielle präoperative Einschätzung

Die spezielle präoperative Einschätzung des neurochirurgischen Patienten richtet sich vor allem auf den **neurologischen Status.** Im Mittelpunkt stehen hierbei:

- Bewusstseinslage
- Zeichen des erhöhten intrakraniellen Drucks
- fokale neurologische Ausfälle.

Der allgemeinen Befunderhebung schließt sich eine neurologische Kurzuntersuchung an (▶ Kap. 38.4.4). Vor Operationen an der Wirbelsäule oder peripheren

Nerven werden kurz die dem Operationsgebiet zugehörigen neurologischen Funktionen überprüft.

38.2.2 Präoperative Medikamentenzufuhr

Grundsätzlich werden dringend erforderliche Medikamente auch am Operationstag zugeführt (▶ Kap. 15), z.B.

- **Antikonvulsiva** werden präoperativ nicht abgesetzt, weil durch den Entzug der Medikamente gehäuft generalisierte Krämpfe auftreten können.
- **Antidepressiva** prädisponieren zu perioperativem Blutdruckabfall, so dass besondere Vorsicht geboten ist.
- **Chronische Kortikoidtherapie,** z.B. bei Patienten mit Hypophysentumoren, muss perioperativ fortgesetzt werden, häufig mit erhöhter Dosis, um den „Stress" von Narkose und Operation aufzufangen.

38.2.3 Prämedikation

Patienten mit intrakraniellen Erkrankungen reagieren häufig besonders empfindlich auf zentral dämpfende Pharmaka. Darum ist **besondere Vorsicht bei der präoperativen Gabe von Opioiden und Sedativ-Hypnotika** geboten. Oft reicht eine geringe Sedierung, z.B. mit **Diazepam**, aus.

> **! Merke**
> Keine Sedativa oder Opioide bei bewusstseinsgetrübten oder komatösen Patienten bzw. bei Patienten mit erhöhtem intrakraniellem Druck!

Patienten mit schmerzhaften Erkrankungen der Wirbelsäule oder mit intrakraniellen Erkrankungen, die ohne Erhöhung des intrakraniellen Drucks einhergehen, können zumeist in üblicher Weise prämediziert werden.

38.2.4 Auswahl der Narkosemittel

Es gibt gegenwärtig keine idealen Narkosemittel für Patienten mit intrakraniellen Erkrankungen; darum ist ein starres Festhalten an einer einzelnen Narkosetechnik falsch.

- **Narkoseeinleitung bei erhöhtem intrakraniellem Druck:** Geeignet sind Thiopental 3–5 mg/kg, Propofol 2–3 mg/kg, bei kardiovaskulären Risikopatienten auch Etomidat, 0,2–0,3 mg/kg bzw. nach Wirkung dosiert.
- **Aufrechterhaltung der Narkose:** TIVA (Opioid + Propofol) oder Opioid + volatiles Inhalationsanästhetikum in hypnotischer Konzentration; Lachgas sollte nicht eingesetzt werden. Wenn der Patient frühzeitig extubiert werden soll: Remifentanil 0,25–0,05 µg/kg/min bzw. nach Wirkung in Kombination mit Propofol oder einem volatilen Inhalationsanästhetikum in hypnotischer (d.h. niedriger) Konzentration (siehe MAC_{awake} ▶ Kap. 1).
- **Muskelrelaxierung**: mittellang wirkende Relaxanzien.

38.2.5 Beatmungstechnik

Die **kontrollierte Hyperventilation auf einen arteriellen pCO_2 von ca. 32–35 mm Hg** gilt als Beatmungsverfahren der Wahl bei allen intrakraniellen Eingriffen. **Hypo-**

kapnie senkt die Hirndurchblutung und vermindert das zerebrale Blutvolumen; hierdurch wird das operative Vorgehen erleichtert.

- **$paCO_2$-Werte von 30 mm Hg** sollten nicht unterschritten werden, um eine zerebrale Minderdurchblutung zu vermeiden.
- Die Exspirationszeit sollte bei der Hyperventilation relativ lang gehalten werden, um einen möglichst niedrigen mittleren Atemwegsdruck zu erreichen. Hohe Atemwegsdrücke können den Abfluss des hirnvenösen Blutes behindern und dadurch **den intrakraniellen Druck erhöhen.**
- Ein PEEP von 5–8 mm Hg hat meist keinen nachteiligen Einfluss auf den intrakraniellen Druck.

38.2.6 Sicherung der Atemwege

Die Atemwege sind bei neurochirurgischen Operationen wegen der verschiedenen Lagerungen besonders gefährdet. Zusätzlich verhindern Lagerung und Abdeckung des Patienten den **raschen Zugang zum Endotrachealtubus;** außerdem ist eine **Verlegung der Atemwege** leicht möglich.

Sichernde Maßnahmen:

- flexibler, nicht abknickbarer Spiraltubus
- Anschluss des Tubus an den Respirator über ein ausreichend langes Verbindungsstück
- sicheres Verkleben von Tubus und allen Zuleitungen vor dem Abdecken des Patienten
- Tubusspitze nicht zu weit vorschieben, damit sie bei Kopfbewegungen nicht in einen Hauptbronchus gelangt.

38.2.7 Überwachung während der Narkose

Die perioperativen Überwachungsmaßnahmen für intrakranielle Operationen entsprechen weitgehend denen für andere große Eingriffe. Es können aber folgende typische **Komplikationen** auftreten:

- Luftembolie
- Herzrhythmusstörungen
- Blutdruckschwankungen
- exzessive Urinausscheidung
- starke Blutverluste.

Auf diese Komplikationen muss der Anästhesist intraoperativ besonders achten.

Folgende Überwachungsmaßnahmen werden bei intrakraniellen Eingriffen, soweit möglich und sinnvoll, bereits vor der Narkoseeinleitung eingesetzt:

Standardüberwachung bei Kraniotomien

- präkordiales oder Ösophagusstethoskop: Herztöne und Atemgeräusche
- EKG-Monitor: Herzfrequenzänderungen bei Störungen der Hirnstamm- und Hirnnervenfunktion; Luftembolie
- intraarterielle Druckmessung
- zentrale Venendruckmessung; ZVK meist über Jugularvene
- Pulsoxymeter und Kapnometer
- präkordiale Ultraschall-Doppler-Sonde: Feststellung einer Luftembolie

- Relaxometer
- Pulmonaliskatheter, fakultativ bei Operationen im Sitzen wegen Luftemboliegefahr
- Temperatursonde
- Intrakranieller Druck: bei Patienten mit erhöhtem Hirndruck
- Urinausscheidung (Blasenkatheter)
- Labor: arterielle Blutgase, Säure-Basen-Parameter, Serumelektrolyte (Kalium), Osmolarität, Hämatokrit

38.2.8 Lagerung des Patienten

Beim neurochirurgischen Patienten werden vier Lagerungsarten angewandt:
- Rückenlage: Standardlagerung für intrakranielle Eingriffe
- sitzende Position: hauptsächlich bei Operationen in der hinteren Schädelgrube
- Bauchlage: bei Wirbelsäulenoperationen
- Seitenlage.

Grundsätzlich wird bei allen Lagerungen für intrakranielle Eingriffe der **Kopf etwas erhöht** gelagert, um den venösen Abfluss zu begünstigen sowie Blutungen im Operationsgebiet zu vermindern und den intrakraniellen Druck zu senken. Außerdem werden immer die **Beine gewickelt,** um den venösen Rückstrom zu fördern.

38.2.9 Narkoseeinleitung

Bei Patienten mit intrakranieller Raumforderung bzw. erhöhtem intrakraniellem Druck müssen weitere Anstiege des intrakraniellen Drucks strikt vermieden werden. Die wichtigsten den Hirndruck steigernde Faktoren bei der Einleitung sind:
- ungenügende Muskelrelaxierung bei der Intubation mit Husten oder Pressen
- zu flache Narkose für die Intubation mit Anstieg von Blutdruck und Hirndurchblutung
- CO_2-Anstieg durch zu lange dauernden Intubationsvorgang
- Hypoxie durch zu kurze Sauerstoffvoratmung
- falsche Lagerung des Kopfes bei der Intubation.

38.2.10 Aufrechterhaltung der Narkose

Während der Operation darf der Patient sich weder bewegen noch husten oder pressen, auch darf der zerebrale Perfusionsdruck nicht kritisch abfallen oder ansteigen.

Bei Bedarf können **Inhalationsanästhetika** in niedriger Konzentration (< 1 MAC) und **in Kombination mit leichter kontrollierter Hyperventilation** eingesetzt werden, um unerwünschte Blutdruckanstiege zu verhindern.

Blutdruckspitzen können häufig auch durch **Bolusinjektionen von Thiopental oder Propofol** abgefangen werden.

Spezielle Reize, die eine tiefere Narkose erfordern, sind:
- Einspannen des Kopfes in die Klemme
- Inzision der Kopfschwarte
- Eröffnen des Periosts und der Dura.

38.2.11 Intraoperative Flüssigkeitszufuhr

Falsche Flüssigkeitszufuhr kann zu **Hirnschwellung mit Anstieg des intrakraniellen Drucks** führen. Dies gilt besonders für reine Glukoselösungen, die daher nicht infundiert werden dürfen.

- Für den Erhaltungsbedarf werden standardmäßig balancierte, plasmaisotone Elektrolytlösungen eingesetzt.
- Häufig wird hypertones Mannitol infundiert, um das Hirnvolumen zu vermindern und dadurch das operative Vorgehen zu erleichtern.
- **Blutverluste** werden, je nach Ausmaß, mit kolloidalen Lösungen und Erythrozytenkonzentraten, bei Bedarf auch mit Frischplasma ersetzt, nicht hingegen mit großen Mengen Elektrolytlösungen, weil hierdurch die Überwässerung des Gehirns begünstigt wird. Albumin ist nicht indiziert.

38.2.12 Kontrolle des intrakraniellen Drucks

Bei einigen Patienten ist bereits präoperativ der intrakranielle Druck so stark erhöht, dass vor der Narkoseeinleitung oder auch intraoperativ spezielle Maßnahmen ergriffen werden müssen, um den intrakraniellen Druck zu senken. Hierzu gehören z.B. Osmotherapeutika, kontrollierte Hyperventilation, Liquordrainage der Seitenventrikel. Nähere Einzelheiten siehe ▶ Kapitel 38.4.6.

38.2.13 Kontrolle des Blutzuckers

Im Tierexperiment verschlechtert eine Hyperglykämie konzentrationsabhängig das neurologische Outcome nach fokaler und globaler Hirnischämie. Bei Intensivpatienten konnte durch eine strikte Begrenzung der Blutzuckerwerte auf 80–110 mg/dl die Morbidität und Letalität reduziert werden. Ob dieser Effekt auch für eine enge Einstellung der intraoperativen Blutzuckerwerte neurochirurgischer Patienten gilt, ist derzeit nicht geklärt.

38.2.14 Ausleitung der Narkose

Nach einer Kraniotomie ist rasches, unkontrolliertes Erwachen unerwünscht, vielmehr sollte die Narkose ohne größere Reaktionen des Herz-Kreislauf-Systems ausgeleitet werden.

→ Blutdruckanstieg sowie Husten oder Pressen gegen den Tubus müssen unbedingt vermieden werden.

Erst wenn ein freier Zugang zum Kopf bzw. Tubus besteht, kann entschieden werden, ob die Muskelrelaxanzien und/oder Opioide antagonisiert werden sollten.

Bei Patienten die wegen eines **schweren Schädel-Hirn-Traumas** oder **schlechten präoperativen Zustands** postoperativ weiterbeatmet werden müssen, wird die Narkose nicht ausgeleitet.

Außerdem sollten Patienten mit folgenden Störungen intubiert bleiben und, wenn erforderlich, nachbeatmet werden:

- Bewusstlosigkeit,
- schweres Schädel-Hirn-Trauma
- schlechter Ausgangszustand
- Schädigung von Hirnnerven mit Gefährdung der oberen Atemwege
- wesentliche Gefährdung durch postoperative Hirnschwellung.

38

38.2.15 Praktisches Vorgehen bei Kraniotomien

Die Kraniotomie oder Trepanation erfolgt entweder osteoplastisch, d.h., der Knochendeckel wird nach der Operation wieder eingesetzt, oder osteoklastisch: Der Knochendeckel wird herausgelöst und bei einer späteren Operation durch eine Plastik ersetzt.

Kraniotomie
- Indikationen: Tumorentfernung oder -verkleinerung; Hirnbiopsie, Drainage von intrakraniellen Blutungen oder Hirnabszessen
- Dauer: 1–12 h oder mehr
- Lagerung: Rücken; Oberkörper hoch oder Seite
- Blutverluste: keine bis 2000 ml; Kreuzprobe; bei zu erwartenden Blutverlusten: 2 Erythrozytenkonzentrate bereitstellen
- Techniken: ITN (TIVA oder balancierte Anästhesie), kontrollierte Beatmung; arterielle Kanüle, ZVK, Blasenkatheter

✓ **Praktisches Vorgehen**
Beispielhaftes Vorgehen bei Kraniotomien
Vor Narkoseeinleitung (beispielhaft)
1. Sofort nach der Ankunft des Patienten im Einleitungsraum: großlumige Venenkanüle einführen und plasmaisotone Elektrolytinfusion anschließen.
2. Arterielle Kanüle oder Katheter, 20 G, in die A. radialis; wenn nicht möglich: A. cubitalis oder femoralis
3. Bei **Eingriffen in sitzender Position:** Doppler-Ultraschallsonde präkordial; transösophageale Echokardiogarphie, fakultativ Pulmonaliskatheter (in Narkose).

Narkoseeinleitung
1. Sauerstoffvoratmung über 3–5 min; hierbei Patienten zum Hyperventilieren auffordern („tief durchatmen").
2. Injektion von **Fentanyl 1–2 µg/kg**
3. Wenn Sedierung eingetreten: Einschlafdosis **Thiopental 3–5 mg/kg oder Propofol 2–3 mg/kg langsam** i.v. injizieren, um stärkere Blutdruckabfälle zu vermeiden; Remifentanil infundieren, ca. 0,2–0,5 µg/kg/min
4. Patienten manuell über Maske **hyperventilieren;** dann Intubationsdosis eines ND-Muskelrelaxans, z.B. 0,6 mg/kg Rocuronium i.v.
5. Nach vollständiger Relaxierung in tiefer Narkose (ca. 4–6 min später) endotracheale Intubation mit nicht abknickbarem Tubus
6. Tubus ausreichend blocken und sicher mit wasserdichtem Pflaster fixieren
7. Ösophagusstethoskop so weit einführen, bis Herztöne und Atemgeräusche gut hörbar sind
8. Zentralen Venenkatheter mit Seldinger-Technik über Jugularvenen einführen
9. Weitere großlumige Venenkanülen für den akuten Volumenersatz an gut zugänglichen Punktionsstellen anlegen, z.B. Füße
10. Blasenkatheter
11. Temperatursonde
12. Augenschutz
13. Kopfrasur
14. Operationslagerung
15. Verbindungen zwischen Tubus und Narkosegerät sichern

Narkoseführung

1. Die Narkose, z.B. mit Remifentanil, reduziert auf ca. 0,0,15–0,25 µg/kg/min und Propofol, ca. 4–6 mg/kg/min, über Perfusor aufrechterhalten. Alternativ zu Propofol volatiles Inhalationsanästhetikum in hypnotischer Konzentration.
2. Beim Einsetzen der Mayfield-Klemme zur Fixierung des Kopfes kann der Blutdruck exzessiv ansteigen. Die 3 Fixierpunkte sollten mit Lokalanästhetikum infiltriert werden; wenn erforderlich kann zusätzlich Remifentanil oder Propofol zugeführt werden.
3. Nur wenn erforderlich: weitere Muskelrelaxierung mit dem initial verabreichten ND-Muskelrelaxans, möglichst unter Kontrolle eines Nervenstimulators.
4. Weitere Zielgrößen:
   - normaler arterieller Blutdruck; kontrollierte Hypotension gilt als überholt
   - leichte Hypokapnie
   - normale Körpertemperatur; Hypothermie nur in speziellen Situationen
5. **Flüssigkeitserhaltungsbedarf ca. 2 ml/kg/h** mit plasmaisotonen Elektrolytlösungen, Blutverluste mit Kolloiden bzw. Blut und Blutderivaten ersetzen.
6. Einstellung des Beatmungsgeräts durch arterielle Blutgasanalysen überprüfen.
7. Überwachungsmaßnahmen siehe Abschnitt 3.7.

Narkoseausleitung

1. Mit Beginn des Duraverschlusses kann ein Opioid für die postoperative Schmerztherapie injiziert werden.
2. Narkose erst ausleiten, wenn der Kopfverband angelegt worden ist.
3. Extubation nur, wenn Patient wach, Atmung ausreichend und Herz-Kreislauf-Funktion stabil. Opioide und Muskelrelaxanzien, wenn erforderlich, antagonisieren.
4. Muss nachbeatmet werden oder ist eine Langzeitintubation erforderlich, Patienten oral intubiert auf die Intensivstation verlegen; bei besonderer Indikation nasotracheal umintubieren.
5. Vor dem Transport auf die Intensivstation Patienten an einen EKG/Blutdruck-Monitor mit Pulsoxymeter und Kapnometer anschließen.
6. Während des Transports sorgfältige Überwachung; beatmete Patienten nicht hypoventilieren.
7. Auf der Intensivstation: Patienten dem diensthabenden Arzt übergeben und dabei über Verlauf und Besonderheiten sowie Komplikationen während der Operation berichten.

38.3 Spezielle Neuroanästhesie

38.3.1 Eingriffe in der hinteren Schädelgrube

Allgemein

- Operation von Hirntumoren (Gliome, Medulloblastome, Akustikusneurinome, Hämangioblastome) oder Aneurysmen der Hirngefäße, Arnold-Chiari-Missbildung
- Mikrochirurgie von Hirnnerven
- Implantation von Elektroden zur Stimulierung des Kleinhirns
- Dauer: 3–14 h

- Lagerung: Oberkörper hoch, Seite oder Rücken
- Blutverluste: 100–2000 ml; Kreuzprobe
- Anästhesietechniken: ITN (TIVA oder balanciert), kontrollierte Beatmung, arterielle Kanüle, ZVK, Luftembolie-Überwachung, Blasenkatheter,

Raumfordernde Prozesse in der hinteren Schädelgrube führen durch Verlegung der Liquorwege oft frühzeitig zum Anstieg des intrakraniellen Drucks oder zur Kompression des Hirnstamms mit neurologischen Störungen. Chirurgische Manipulationen lösen intraoperativ häufig Herz-Kreislauf- und Atemstörungen aus, die bis in die postoperative Phase hinein andauern können.

Präoperative Gesichtspunkte

Bei Patienten mit Erkrankungen in der hinteren Schädelgrube bestehen häufig folgende präoperative Besonderheiten:

- eingeschränktes Bewusstsein
- Atemdepression
- abgeschwächte Schutzreflexe der Atemwege
- gesteigerte Empfindlichkeit gegenüber Analgetika und Sedativ-Hypnotika
- Obstruktion der Liquorwege im Bereich des VI. Ventrikels
- **Volumenstatus:** Hypovolämie prädisponiert zu starkem Blutdruckabfall, wenn in sitzender Position operiert wird
- Erkrankungen des Herz-Kreislauf-Systems: Patienten mit eingeschränkter kardialer Reserve sollten nicht in sitzender Position, sondern in Seiten- oder Bauchlage operiert werden.
- präoperativ Echokardiographie zum Ausschluss eines offenen Foramen ovale.

! Merke

Bei Patienten mit offenem Foramen ovale darf der Eingriff wegen der Gefahr der paradoxen Luftembolie nicht in sitzender Position durchgeführt werden.

Überwachungsmaßnahmen

Sie entsprechen weitgehend denen für die allgemeine Kraniotomie (▸ Kap. 38 2.15), daneben werden noch spezielle Maßnahmen durchgeführt, um eine **Luftembolie zu entdecken und zu behandeln:**

- rechter Vorhofkatheter
- Pulmonalarterienkatheter
- präkordiale Ultraschall-Doppler-Sonde
- Kapnometrie
- wenn vorhanden: transösophageale Echokardiographie.

Lagerung des Patienten

Operationen in der hinteren Schädelgrube können in sitzender Position sowie in Seiten- oder Bauchlage des Patienten durchgeführt werden. Die wichtigsten lagerungsbedingten Komplikationen sind der **arterielle Blutdruckabfall** und die **Luftembolie.**

Luftembolie

Befindet sich das Operationsgebiet oberhalb der Herzebene, kann Luft über die eröffneten Venen in den Kreislauf gesaugt werden und die Lungenarteriolen verstopfen. Mit zunehmendem Anstieg des Lungengefäßwiderstands entwickelt sich ein akutes **Cor pulmonale** mit Abfall des Herzzeitvolumens bis hin zum akuten Herztod.

Die Luftembolie tritt am häufigsten bei Operationen in sitzender Position auf, wird jedoch auch bei Seiten-, Rücken- oder Bauchlage beobachtet. Begünstigend wirken, neben der sitzenden Position, ein niedriger zentraler Venendruck und mangelhafte chirurgische Technik.

Bei **offenem Foramen ovale** kann die Luft direkt in den Koronar- und Hirnkreislauf gelangen und tödliche Embolien auslösen.

Klinische Zeichen

- Blutdruckabfall
- Tachykardie
- Herzrhythmusstörungen
- gestaute Halsvenen
- Zyanose
- Mühlradgeräusch (mit dem Stethoskop zu hören), nur bei massiver Luftmenge.

Treten diese Zeichen auf, sind allerdings schon größere Mengen Luft in den Kreislauf gelangt.

Diagnose

Um die Luftembolie rechtzeitig zu erkennen, werden spezielle Überwachungsverfahren eingesetzt:

- Kapnometrie
- Messung des Pulmonalarteriendrucks
- präkordiale Ultraschall-Doppler-Sonde
- transösophageale Echokardiographie.

Endexspiratorische CO_2-Konzentration

Als Frühzeichen der Luftembolie gilt ein **plötzlicher Abfall der endexspiratorischen CO_2-Konzentration.** Der CO_2-Abfall tritt auf, weil durch die pulmonale Vasokonstriktion die Totraumbelüftung zunimmt, so dass weniger CO_2 ausgeatmet werden kann. Die Methode ist nicht so zuverlässig wie die Überwachung mit der Ultraschallsonde, gibt jedoch Hinweise auf die Menge der angesaugten Luft.

Pulmonaliskatheter

Ein akuter Anstieg des Pulmonalarteriendrucks kann durch eine Luftembolie bedingt sein. Bei mäßig großen Luftmengen steigt der Pulmonalarteriendruck an, bevor Blutdruck und Herzzeitvolumen abfallen.

Präkordiale Ultraschall-Doppler-Sonde

Sie gilt – nach der nicht routinemäßig verfügbaren transösophagealen Echokardiographie – als empfindlichstes Verfahren zum Nachweis einer Luftembolie; bereits Luftmengen von 0,1 ml verändern die Doppler-Frequenz. Somit kann die Diagnose der Luftembolie bereits gestellt werden, bevor schwerwiegende pathophysiologische Veränderungen eintreten.

- Zur kontinuierlichen Überwachung wird der Doppler-Transducer rechts vom Sternum, zwischen 3. und 6. Interkostalraum, über dem rechten Herzen befestigt.
- Die richtige Lage wird durch Injektion einiger Milliliter Kochsalzlösung in den rechten Vorhofkatheter überprüft: Hierdurch entsteht ein Geräusch, das dem einer Luftembolie ähnelt.

Transösophageale Echokardiographie

Hiermit kann die eingedrungene Luftmenge bestimmt werden. Der Einsatz erfordert allerdings entsprechende Kenntnisse.

√ **Praktisches Vorgehen**

Behandlung der Luftembolie

1. Sobald die Doppler-Signale oder die anderen Verfahren auf eine Luftembolie hinweisen, den weiteren Eintritt von Luft in den Kreislauf verhindern: **Identifizierung und Verschluss der Eintrittsstelle** durch den Chirurgen mit Spülflüssigkeit, Gelschaum oder Knochenwachs.
2. Lachgaszufuhr (wenn eingesetzt) sofort unterbrechen; FiO_2 auf 1,0 erhöhen.
3. **Absaugen des Blut-Luft-Gemisches** über den rechten Vorhofkatheter und den Pulmonaliskatheter.
4. Bei **Abfall des Herzzeitvolumens** bzw. arteriellen Blutdrucks: Zufuhr **kardiovaskulärer Medikamente.**
5. **Beatmung mit 100%igem Sauerstoff;** zusätzlich kann ein PEEP angewandt werden, um den intrathorakalen Druck zu erhöhen, eine wesentliche Wirkung auf das Eindringen der Luft ist jedoch hiervon nicht zu erwarten; die prophylaktische Beatmung mit PEEP ist ebenfalls wirkungslos.
6. Bleiben diese Maßnahmen ohne Erfolg: Patienten umgehend in **horizontale Rückenlage** bringen, da hierdurch der Druckgradient beseitigt und der venöse Rückstrom gefördert wird.
7. Lässt sich mit diesen Maßnahmen die Herz-Kreislauf-Funktion nicht stabilisieren: sofortige kardiopulmonale Reanimation.

Intraoperative kardiovaskuläre Störungen

Chirurgische Manipulationen in der Nähe des Hirnstamms und der Hirnnerven können zu Herzrhythmusstörungen und Blutdruckschwankungen führen:

- **Bradykardie und Blutdruckabfall** entstehen durch Kompression, Retraktion oder Diathermie in Nähe des Hirnstamms oder Stimulation des N. vagus.
- EKG-Veränderungen wie supraventrikuläre und ventrikuläre Extrasystolen, Tachykardien, Knotenrhythmen, AV-Dissoziation.
- **Ausgeprägte Hypertension** wird durch Kompression von Medulla oblongata und Pons oder Stimulation des V. Hirnnervs ausgelöst, nicht selten zusammen mit Bradykardie oder Tachykardie.

Ausleitung der Narkose

Die Narkose wird nach den in Abschnitt ▶ 38.2.14 beschriebenen Grundsätzen ausgeleitet.

Besonderheiten:

- Nach Eingriffen in sitzender Position wird die kontrollierte Beatmung so lange fortgeführt, bis der Patient in die Rückenlage gebracht worden ist.

- Husten und Pressen gegen den Endotrachealtubus bei in der Krone fixiertem Kopf müssen unbedingt vermieden werden.
- Postoperativ wird der Patient mit **erhöhtem Oberkörper** im Bett gelagert.
- Operationen in der hinteren Schädelgrube gehen nicht selten mit Funktionsstörungen der unteren Hirnnerven einher. Sind die Nerven IX, X oder XI betroffen, muss mit **Schluckstörungen, abgeschwächten Larynxreflexen** und **Gefährdung der Atemwege** gerechnet werden. Diese Patienten sollten zunächst nicht extubiert werden, bis die Störungen (meist nach 1–2 Tagen) wieder verschwinden.

Postoperative Komplikationen

Die wichtigsten Komplikationen nach Eingriffen in der hinteren Schädelgrube sind:
- arterielle Hypertension: muss sofort behandelt werden, um eine Blutung oder einen hämorrhagischen Hirnstamminfarkt zu verhindern
- Ödem, Hämatom und Infarkt des Hirnstamms: Reexploration der hinteren Schädelgrube zur Druckentlastung
- Fieberreaktion
- Magen-Darm-Ulzera
- Schädigung von Hirnnerven
- persistierender Hydrozephalus
- Liquorfisteln
- aseptische und bakterielle Meningitis.

38.3.2 Aneurysmen der Hirngefäße

Aneurysmen sind umschriebene, meist sack- oder spindelförmige Erweiterungen der Hirngefäße, die bei Ruptur zu einer **Subarachnoidalblutung** führen. Betroffen sind vor allem die A. carotis interna, die A. cerebri anterior und die A. cerebri media.

Symptome, klinische Zeichen und Diagnose

Bei der Ruptur gelangt Blut unter arteriellem Druck in den Subarachnoidalraum; der intrakranielle Druck steigt an; das Blut löst eine meningeale Reizung aus.

Patienten mit rupturiertem Aneurysma können aufgrund meningealer Zeichen, Bewusstseinslage und fokaler neurologischer Ausfälle nach den in ▶ Tabelle 38-2 bzw. ▶ 38-3 angegebenen Schweregraden eingeteilt werden.

Diagnostik bei Verdacht auf Subarachnoidalblutung:
- Lumbalpunktion (blutiger Liquor) und/oder
- **Computertomographie (orientiert zusätzlich** über Blutungsort und -quelle),
- nach Sicherung der Diagnose **zerebrale Angiographie,** um die Blutungsquelle genau zu lokalisieren und andere Ursachen der Subarachnoidalblutung auszuschließen.

Komplikationen

Die wichtigsten Komplikationen sind:
- erneute Blutung: meist innerhalb von 24 h; begünstigt durch hohen Blutdruck
- Spasmus der Hirngefäße
- Hydrozephalus

Tab. 38.2 Schweregrade und perioperative Mortalität bei rupturierten intrakraniellen Aneurysmen (nach Hunt und Hess)

Grad	Klinische Zeichen	Perioperative Mortalität (%)
1	asymptomatisch oder geringe Kopfschmerzen und Nackensteife	0–5
2	mäßige bis schwere Kopfschmerzen, Nackensteife, keine neurologischen Ausfälle außer Hirnnervenlähmungen	1–10
3	Schläfrigkeit, Verwirrtheit oder leichte fokale Ausfälle	10–15
4	Stupor, mäßige bis schwere Hemiparese, evtl. Dezerebrationsstarre und vegetative Störungen	60–70
5	tiefes Koma, Dezerebrationsstarre, moribundes Aussehen	70–100

Tab. 38-3 Klassifizierung der Subarachnoidalblutung nach der WFNS

Schweregrad	Glasgow-Coma-Scale	Motorisches Defizit
I	15	fehlt
II	13–14	fehlt
III	13–14	vorhanden
IV	7–12	fehlt oder vorhanden
V	3–6	fehlt oder vorhanden

- Herzrhythmusstörungen
- Elektrolytstörungen („cerebral salt waste").

Zerebraler Vasospasmus

Zerebrale Vasospasmen (anhaltende und ausgeprägte Kontraktion der größeren zuführenden Arterien im Subarachnoidalraum), die mit neurologischen Zeichen der Ischämie einhergehen, treten etwa bei 30% aller Patienten mit Subarachnoidalblutung auf, am häufigsten zwischen dem 4. und 12. Tag; sie halten 2–3 Wochen an.

Diagnose: zerebrale Angiographie.

Prophylaxe und Therapie

Häufig wird die sog. Triple-H-Therapie angewandt:

- **Hypervolämie** mit kristalloiden und/oder kolloidalen Lösungen, angestrebter ZVD 10–12 mm Hg
- **Hypertension,** dadurch Steigerung des zerebralen Perfusionsdrucks
- **Hämodilution** (angestrebter Hämatokrit 33%), dadurch Steigerung der Hirndurchblutung.

Mögliche Komplikationen der Triple-H-Therapie sind:

- erneute Subarachnoidalblutung bei ungeklippten Aneurysmen durch den hohen Blutdruck
- Herzinsuffizienz und Lungenödem.

Neben der Triple-H-Therapie werden meist Kalziumantagonisten, z.B. Nimodipin oder Nicardipin, eingesetzt. Sie sollen den zerebralen Vasospasmus aufheben.

Operatives Vorgehen

Clipping des Aneurysmas

Operatives Standardverfahren ist derzeit die Ausschaltung der Arterie, die das Aneurysma trägt, mit einem Clip unter Verwendung des Operationsmikroskops.

Proximale Ligatur

Ist der direkte Zugang zum Aneurysma nicht möglich oder das Clipping gefährlich, wird gelegentlich die A. carotis communis oder interna ligiert. Hierdurch kommt es gewöhnlich zu einer vollständigen Thrombosierung des Aneurysmas.

Coiling

Bei diesem interventionellen radiologischen Verfahren wird der Aneurysmasack über ein Mikrokathetersystem mit spezialbeschichteten Platinmikrospiralen ausgefüllt und so vom weiteren Blutfluss ausgeschlossen. Die 30-Tage-Letalität ist erheblich geringer als bei der Operation.

- Der Zugang zum zerebralen Aneurysma erfolgt über die A. femoralis mit Roadmap-Technik und gleichzeitigem nativem Durchleuchtungsbild.
- Der Eingriff wird in der Regel in **Allgemeinanästhesie** durchgeführt, um eine vollständige Ruhigstellung des Patienten zu gewährleisten.
- Durchschnittliche Dauer des Coilings: 1–2 h; danach kann der Patient sofort extubiert werden.

Zu den wichtigsten **Komplikationen** gehören:

- Perforation des Aneurysmas mit massiver intrazerebraler Blutung
- Thromboembolien
- Verschluss des Aneurysmagefäßes mit entsprechenden neurologischen Ausfällen
- Ruptur und Dislokation von Spiralen mit Gefäßverschluss
- Rezidivblutung bei unvollständig verschlossenem Aneurysma.

Anästhesiologisches Vorgehen

Es gelten die allgemeinen Grundsätze für Kraniotomien. Eine spezifische Besonderheit der Operation ist die Gefahr der perioperativen Ruptur des Aneurysmas mit nachfolgender bedrohlicher Blutung.

Prämedikation

Blutdruckanstiege und Atemdepression mit Hyperkapnie und Anstieg des intrakraniellen Drucks müssen unbedingt vermieden werden. Das Vorgehen bei der Prämedikation kann sich nach dem Schweregrad richten.

- Bei Patienten der Gruppen I und II ist der intrakranielle Druck gewöhnlich normal, so dass eine mäßige Sedierung mit Benzodiazepinen erfolgen kann.
- Demgegenüber dürfen somnolente Patienten oder Patienten mit fokalen Ausfällen (Grad III und IV) nicht auf der Allgemeinstation sediert werden.

Präoperative Besonderheiten

Elektrolytstörungen und EKG-Veränderungen gehören zu den häufigsten präoperativen Befunden.

Elektrolytstörungen: meist Hyponatriämie; häufigste Ursache: unangemessene ADH-Sekretion oder Diabetes insipidus. Im Gegensatz zum Syndrom der unangemessenen ADH-Sekretion besteht jedoch meist eine Hypovolämie. Dieses zerebrale Salzverlustsyndrom wird auf die Freisetzung von natriuretischem Faktor zurückgeführt. Zum Ausgleich der Hyponatriämie wird die Zufuhr von isotoner Kochsalzlösung empfohlen. Neben der Hyponatriämie wird bei Subarachnoidalblutung auch eine Hypernatriämie mit Hyperosmolarität beobachtet, die in schweren Fällen in ein hyperosmolares Koma übergehen kann.

Abnorme EKG-Befunde finden sich häufig bei Patienten mit Subarachnoidalblutung; beobachtet werden ST-Senkung oder -Hebung, umgekehrte T-Welle oder Abflachung, U-Wellen, verlängertes QT-Intervall und schließlich Herzrhythmusstörungen.

Perioperative Rupturgefahr

Die Gefahr einer Ruptur des Aneurysmas ist während der Narkoseeinleitung gering, intraoperativ zu folgenden Zeitpunkten am größten:

- während der Dissektion des Aneurysmas
- beim Platzieren des Clips um den Aneurysmahals
- beim Lösen des Cliphalters vom Clip.

Der wichtigste **auslösende Faktor** einer perioperativen Ruptur ist ein **Anstieg des transmuralen Drucks** im Aneurysma, d.h. der Differenz zwischen mittlerem arteriellem Druck und intrakraniellem Druck. Hierbei gilt:

! Merke

Je höher der arterielle bzw. transmurale Druck, desto größer die Wandspannung im Aneurysma und desto höher die Rupturgefahr.

Die früher übliche kontrollierte Blutdrucksenkung gilt heute als überholt. Riesenaneurysmen der A. basilaris werden, wenn erforderlich, in tiefer Hypothermie und Kreislaufstillstand operiert.

Praktische Grundsätze für die Narkose

- **Abrupte Blutdruckanstiege** erhöhen die Rupturgefahr und müssen präoperativ, während der Narkoseeinleitung und intraoperativ unbedingt vermieden werden. Darum ausreichende Prämedikation und Narkosetiefe, vor allem während der endotrachealen Intubation. Vasodilatator bereithalten.
- **Intrakraniellen Druck** nicht zu rasch senken, um eine Schrumpfung des Gehirns mit Zerreißung von Brückenvenen zu vermeiden. Darum vor Eröffnung des Schädels nicht hyperventilieren, keine Osmotherapeutika zuführen, keine rasche Liquordrainage!
- **Nach Eröffnung der Dura** kann das Hirnvolumen durch Hyperventilation und Osmotherapeutika vermindert und hierdurch das operative Vorgehen erleichtert werden. Zusätzlich kann der arterielle Mitteldruck auf etwa 60–65 mm Hg gesenkt werden.
- **Bei Ruptur des Aneurysmas** und massiver Blutung ist ein forcierter Volumenersatz erforderlich; die kontrollierte Hypotension ist in dieser Situation wegen der Ischämiegefahr nicht zu empfehlen.
- Patienten der Schweregrade I und II ohne intraoperative Komplikationen können am Ende der Operation extubiert werden.
- Patienten der Schweregrade III und IV sowie Patienten mit intraoperativen Komplikationen werden postoperativ nachbeatmet.
- Für die **postoperative Intensivbehandlung** wird der Patient mit um 20–30° **erhöhtem Oberkörper** gelagert, der Kopf befindet sich in Neutralposition.

Postoperative Komplikationen

Bei den meisten Patienten der Schweregrade I und II ist der postoperative Verlauf komplikationslos; Patienten höherer Schweregrade benötigen dagegen eine Intensivbehandlung.

Postoperative Komplikationen:
- arterielle Thrombose in Nachbarschaft des verschlossenen Aneurysmas mit Hirninfarkt
- anhaltender zerebraler Vasospasmus mit Hirnödem/Ischämie.

38.3.3 Supratentorielle Tumorchirurgie

Die wichtigsten supratentoriellen Hirntumoren sind:
- Gliome
- Meningeome
- Ventrikeltumoren
- Metastasen.

Anästhesiologische Besonderheiten

Sind durch die intrakranielle Massenzunahme die Kompensationsmechanismen erschöpft, so steigt der intrakranielle Druck an. Hierdurch kann unmittelbar nach Eröffnung der Dura eine **äußere Herniation** des Gehirns mit nachfolgender ischämischer Schädigung auftreten.

Grundsätze für das praktische Vorgehen

- Inhalationsanästhetika sollten nur in niedriger Konzentration im Rahmen balancierter Anästhesietechniken eingesetzt werden; TIVA mit Remifentanil und Propofol ist gleichwertig.
- Mäßige **kontrollierte Hyperventilation** während der gesamten Operation, um den intrakraniellen Druck zu senken.
- Bei Patienten mit Nasenliquorfistel wird der Rachen austamponiert. Bei frontalen Operationen sollte ebenfalls der Rachen austamponiert werden, weil bei Eröffnung der Stirnhöhle Blut in die Nase gelangen kann.
- Mannitolzufuhr: nach üblichem lokalem Vorgehen.
- **Vor Eröffnung der Dura** können **Barbiturate**, Propofol oder Opioide zugeführt werden, um das Risiko einer Herniation des Gehirns zu vermindern.
- Mit **größeren Blutverlusten** ist bei in das Schädeldach eingewachsenen Meningeomen zu rechnen, vor allem, wenn der Knochendeckel angehoben wird. Ausreichend Blut bereitstellen!
- **Husten und Pressen** müssen bei der Narkoseausleitung unbedingt vermieden werden, zumal nach Tumoroperationen immer eine **postoperative Hirnschwellung** unterschiedlichen Ausmaßes auftritt.

38.3.4 Trigeminusneuralgie

Bei Patienten mit therapieresistenter Trigeminusneuralgie oder erfolgloser Alkoholinjektion in das Ganglion Gasseri werden häufig die Trigeminuswurzeln durchschnitten, um die Schmerzen zu beseitigen.
- **Operationen in der mittleren Schädelgrube** erfolgen in sitzender oder halbsitzender Position des Patienten, am besten in Allgemeinanästhesie mit kontrollierter Beatmung.

- **Operationen in der hinteren Schädelgrube** werden in sitzender Position oder in Bauchlage des Patienten, ebenfalls in Allgemeinnarkose, durchgeführt.
- Bei chirurgischer Stimulation des Ganglion Gasseri ist mit einem, zumeist vorübergehenden, **Anstieg des arteriellen Blutdrucks** zu rechnen.

38.3.5 Stereotaktische Operationen

Bei stereotaktischen Operationen werden über ein Bohrloch zuvor festgelegte und genau umschriebene Hirngebiete durch Hitze, Kälte oder chemische Substanzen zerstört. Um Orientierungspunkte für den Eingriff zu erlangen, wird zuerst eine Ventrikulographie durchgeführt.

Anästhesiologisches Vorgehen

Das Vorgehen bei stereotaktischen Operationen hängt vom Patienten und vom jeweiligen stereotaktischen Operationsverfahren ab.

Wird die Operation in einer Sitzung durchgeführt, so kann bei Anlegen der Bohrlöcher, Röntgendarstellung und Befestigen des Stereotaxierahmens eine Allgemeinnarkose mit z.B. Remifentanil/volatilem Inhalationsanästhetikum oder TIVA unter kontrollierter Beatmung durchgeführt werden. Für die Stimulation und Zerstörung des Hirnareals wird der Patient anschließend erweckt.

38.3.6 Hypophysenoperationen

Hierbei handelt es sich zumeist um die operative Entfernung von Tumoren in der Sella turcica. Die wichtigsten sind:

- Hypophysenadenome: Akromegalie bei eosinphilen Adenomen; Cushing-Syndrom bei basophilen Adenomen
- Kraniopharyngeome: Kompressionszeichen, Hypophysenunterfunktion, Störungen thalamischer Funktion
- supra- und paraselläre Meningeome.

Operatives Vorgehen

Der Zugang zur Sella kann frontal oder transsphenoidal erfolgen.

- Beim **frontalen Zugang** wird der Schädel rechts frontal osteoplastisch eröffnet und der Frontallappen, nach Eröffnung der Dura, beiseite gezogen, um die Hypophysenregion darzustellen.
- Der **transsphenoidale Zugang** erfolgt über die Nase durch ethmoidale und sphenoidale Sinus. Auf diesem Wege kann auch radioaktives Material in die Sella implantiert werden. Die wichtigsten **Vorteile** sind: minimales Hirntrauma, geringer Blutverlust, außerordentlich niedrige Morbidität und Mortalität.

Anästhesiologische Besonderheiten

Die spezielle präoperative Einschätzung richtet sich besonders auf tumorbedingte Störungen:

- Diabetes mellitus
- Diabetes insipidus, Hypertonus
- Hypophysenunterfunktion oder -überfunktion
- Nebenniereninsuffizienz
- M. Cushing.

- Der **intrakranielle Druck** ist meist nicht erhöht.
- Eine präoperativ begonnene **endokrine Substitutionstherapie muss** intraoperativ fortgesetzt wird.

Prämedikation

Sie kann zumeist in üblicher Weise durchgeführt werden.

→ Patienten mit Hypophysenunterfunktion, chromophoben Hypophysenadenomen und Kraniopharyngeomen erhalten am Abend vor der Operation 50–100 mg Hydrocortison i.m.; vor Narkoseeinleitung 100 mg als Bolus i.v.

Anästhesie bei frontalem Zugang

Hierbei gelten folgende Besonderheiten:

- Patienten mit Hypophysenunterfunktion benötigen häufig eine geringere Dosis des Einleitungsanästhetikums, Patienten mit Akromegalie hingegen zumeist eine höhere Dosis.
- Bei Patienten mit Akromegalie ist meistens ein überlanger Spatel für die endotracheale Intubation erforderlich.
- Das Anheben des Temporallappens kann mit kardiovaskulären Reaktionen einhergehen.
- Eine postoperative Nachbeatmung ist meist nicht erforderlich.

Anästhesie bei transsphenoidalem Zugang

Dieser Weg wird für die Entfernung der normalen Hypophyse und von Tumoren ohne extraselläre Ausbreitung gewählt:

- orale endotracheale Intubation
- arterielle Kanüle, zentraler Venenkatheter
- Operationslagerung: Rückenlage mit um 10–15° erhöhtem Oberkörper
- Bei versehentlicher Eröffnung der A. carotis oder des Sinus cavernosus muss mit erheblichen Blutverlusten gerechnet werden;
- postoperativ Nasentamponade für einige Tage, dabei auf freie Atemwege achten.

Postoperative Behandlung

Eine Nachbeatmung ist zumeist nicht erforderlich. Wichtig ist eine ausreichende Substitutionstherapie mit **Kortikosteroiden.** Schwächegefühl, Tachykardie, Blutdruckabfall und Temperaturanstieg sind zumeist Hinweise auf eine unzureichende Steroidtherapie.

Komplikationen:

- Übelkeit und Erbrechen durch herablaufendes Blut und Sekrete
- Hypertension
- Diabetes insipidus
- Liquorrhö
- Nachblutung.

38.3.7 Neuroradiologische Untersuchungen

Die wichtigsten neuroradiologischen Untersuchungen, an denen der Anästhesist beteiligt sein kann, sind:

- zerebrale Angiographie
- Computertomographie

- lumbale Pneumenzephalographie
- Ventrikulographie.

Bei sehr vielen Patienten können diese Untersuchungen in Lokalanästhesie und Sedierung durchgeführt werden. Bei unkooperativen Patienten und Kindern ist jedoch zumeist eine Allgemeinanästhesie erforderlich.

Zerebrale Angiographie

Bei der zerebralen Angiographie werden Aortenbogen-, Karotis- und Vertebralisangiographie in einem Untersuchungsgang, meist über einen in der V. femoralis vorgeschobenen Katheter, durchgeführt.

- Ist eine Allgemeinnarkose erforderlich, kann eine TIVA oder eine balancierte Anästhesie mit kontrollierter Beatmung durchgeführt werden.
- Meist wird für die Angiographie eine kontrollierte Hyperventilation empfohlen, weil durch die zerebrale Vasokonstriktion die Transferzeit des Kontrastmittels verlängert wird und dadurch mehr Röntgenbilder angefertigt werden können.
- Während der Injektion des Kontrastmittels können verschiedene kardiovaskuläre Reaktionen auftreten:
  - Hypertension oder Hypotension bei der Karotisangiographie
  - Hypertension, Tachykardie oder Herzrhythmusstörungen bei der Vertebralisangiographie.

Komplikationen der Angiographie

- Massive Hämatombildung mit Kompression der Atemwege bei der Karotisangiographie aufgrund ungenügender Kompression der Punktionsstelle
- Hämatombildung, Gefäßspasmen und Thrombose nach Katheterisierung der A. femoralis
- schwerwiegende neurologische Störungen durch arterielle Thrombose, Embolie oder anhaltenden Gefäßspasmus.

Zerebrale Computertomographie

Ist eine vollständige Bewegungslosigkeit des Kopfes nicht gewährleistet, wird die Untersuchung in Allgemeinnarkose durchgeführt. Vor allem bei Patienten mit Schädel-Hirn-Trauma oder anderen schwerwiegenden Erkrankungen sollte eine Intubationsnarkose mit kontrollierter Beatmung durchgeführt werden.

Kernspintomographie (Magnetresonanztomographie, NMR oder MRT)

Das MRT ergibt einen sehr hohen Kontrast zwischen weißer und grauer Substanz und ist dem konventionellen CT bei der Untersuchung der hinteren Schädelgrube überlegen; außerdem können die MR-Bilder in axialer, koronarer oder sagittaler Ebene aufgenommen werden.

Kontraindikationen

Bei folgenden Patienten sollte keine MRT durchgeführt werden:

- Schwangere in den ersten 3 Monaten
- kardiovaskuläre Instabilität, Schock
- Demand-Schrittmacher- und AICD-Patienten
- Patienten mit metallischen (magnetischen) Gefäßclips.

Metallische Clips und auch Geschossteile oder Kugeln können durch das Magnetfeld angezogen und in ihrer Lage verändert werden, so dass entsprechende Vorsicht geboten ist. Bei Patienten mit größeren Metallprothesen oder Implantaten ist die MRT möglich, jedoch kann im Verlauf der Untersuchung eine stärkere Wärmeentwicklung im Bereich der Implantate auftreten, so dass die Untersuchung abgebrochen werden muss. Des Weiteren kann das Magnetfeld zu Störungen der Myokardkontraktilität oder zu Herzrhythmusstörungen führen.

Anästhesiologische Besonderheiten der MRT:

- mögliche Funktionsstörungen elektrischer, elektronischer und mechanischer Geräte durch das hohe Magnetfeld und ausgesandte Radiowellen beachten
- keine magnetischen Ausrüstungsgegenstände und Zubehörteile innerhalb des Magnetfeldes verwenden
- nur MRT-taugliche Geräte und Ausrüstung einsetzen
- Türen zum Tomographen während der Untersuchung schließen, damit von außen keine Radiowellen eindringen können
- Für die MRT steht eine kommerzielle Anästhesieausstattung einschließlich Narkosegerät und Monitor zur Verfügung, die diese Voraussetzungen erfüllt.

Überwachung bei MRT in Allgemeinanästhesie oder Sedierung

- EKG-Monitor
- NIBP, bei Bedarf auch invasive Messung
- Pulsoxymeter
- Kapnometer
- Respiratoralarme: Diskonnektion, Obstruktion
- Übertragung der Daten in den Kontrollraum.

Anästhesie

Die meisten MRT-Untersuchungen erfolgen ohne Narkose. Ist eine Narkose oder tiefere Sedierung mit erhaltener Spontanatmung erforderlich, müssen folgende Besonderheiten beachtet werden:

- Die Narkose kann mit Standardzubehör auch außerhalb des Magnetfeldes eingeleitet werden.
- Kopf und Atemwege sind während der Untersuchung für den Anästhesisten weder sichtbar noch zugänglich. Darum sollten bewusstlose Patienten endotracheal intubiert werden; die Intubation sollte außerhalb des Magnetfelds erfolgen; innerhalb des Magnetfelds sind mit Kunststoff überzogene Laryngoskope (zur Abschirmung der Batterien) erforderlich.
- Meist ist nur eine oberflächliche Narkose erforderlich; hierfür kann z.B. eine TIVA mit Propofol und Remifentanil unter Muskelrelaxierung angewandt werden.

38.3.8 Operationen an Wirbelsäule und Rückenmark

Häufige Indikationen für Operationen im Bereich der Wirbelsäule sind:

- Bandscheibenprolaps, Spondylose, Spinalkanalstenose
- Tumoren der Wirbelsäule, meist Metastasen anderer Tumoren
- Verletzungen der Wirbelsäule
- infektiöse Erkrankungen, vor allem akute oder chronische Epiduralabszesse.

Anästhesiologisches Vorgehen

Die anästhesiologischen Besonderheiten bei Operationen an der Wirbelsäule ergeben sich im Wesentlichen aus der Operationslagerung. Angewandt werden vor allem Bauchlage, Seitenlage und sitzende Position.

Leitsätze für die Anästhesie

- Alle Operationen an der Wirbelsäule sollten in Allgemeinnarkose unter kontrollierter Beatmung durchgeführt werden.
- Als Narkoseverfahren eignet sich die balancierte Anästhesie ebenso wie die TIVA.
- Die endotracheale Intubation erfolgt häufig mit einem **flexiblen Spiraltubus.**
- Der Tubus muss sicher fixiert werden, um eine versehentliche Extubation auszuschließen.
- Bluttransfusionen sind bei den meisten Operationen nicht erforderlich, hingegen muss gelegentlich, z.B. bei der Operation von Sarkomen oder Knochenmetastasen, mit massiven Blutverlusten gerechnet werden.
- Ausleitung der Narkose und Extubation erfolgen immer erst dann, wenn der Patient auf den Rücken zurückverlagert worden ist.

Verletzungen der Wirbelsäule

Verletzungen der Wirbelsäule können zu neurologischen Funktionsstörungen bis hin zum **Querschnittssyndrom** führen, so insbesondere die Luxationsfrakturen, bei denen fast immer das Rückenmark oder die Nervenwurzeln geschädigt sind.

Anästhesiologische Besonderheiten

Bei allen instabilen Frakturen der Wirbelsäule mit geringen oder fehlenden neurologischen Funktionsstörungen besteht die Gefahr einer irreversiblen Rückenmarkschädigung. Darum müssen unsachgemäße und unnötige Bewegungen des Kopfes und Halses vermieden werden!

- Bei akuter traumatischer Querschnittslähmung muss, in Abhängigkeit von der Höhe der Verletzung, mit **Störungen der Atem- und Herz-Kreislauf-Funktion** gerechnet werden.
- Die akute Querschnittslähmung geht mit schlaffer motorischer Lähmung, Reflexlosigkeit, Empfindungslosigkeit sowie Stuhl- und Harnretention einher.
- Hohe Querschnittslähmung führt zu respiratorischen Störungen, bei Beteiligung des thorakalen Sympathikus zu Blutdruckabfall und Bradykardie sowie geringerer Toleranz akuter Blutverluste.

√ **Praktisches Vorgehen**

Narkose bei Versorgung von Wirbelsäulenverletzungen

1. Bei der endotrachealen Intubation von Patienten mit instabilen Frakturen der Halswirbelsäule Kopf nicht beugen oder strecken.
2. Endotracheale Intubation in Mittelposition des Kopfes, meist ohne Intubationskissen, wenn erforderlich, fiberoptisch im Wachzustand des sedierten Patienten. Kein Succinylcholin bei Patienten mit seit mehreren Tagen bestehender Querschnittslähmung.
3. Bei Querschnittslähmung behutsame Narkoseeinleitung mit langsamer Injektion der Narkosemittel, da der Funktionszustand des sympathischen Nervensystems nicht vorhersehbar ist und je nach Reaktion Vasopressoren, inotrope Substanzen oder Vasodilatatoren erforderlich sein können. Die akute Querschnittslähmung prädisponiert zu **Blutdruckabfall,** spätere Stadien eher zu erheblichen **Blutdruckanstiegen,** gelegentlich auch zu ventrikulären **Herzrhythmusstörungen.**

4. Eine weitere kritische Phase ist die **Lagerung** des Patienten auf dem Operationstisch. Hierbei muss mit großer Sorgfalt und Umsicht unter minimaler Bewegung von Kopf, Wirbelsäule und Extremitäten vorgegangen werden. Außerdem können alle Lagerungsmanöver aufgrund der verminderten oder aufgehobenen orthostatischen Regulationsfähigkeit des Kreislaufs zu **starkem Blutdruckabfall** führen, besonders wenn gleichzeitig eine **Hypovolämie** besteht.
5. Mit einer **autonomen Hyperreflexie** muss intraoperativ nach Ablauf der ersten 1–3 Wochen gerechnet werden, besonders bei nicht ausreichender Narkosetiefe. Die Hyperaktivität des autonomen Nervensystems prädisponiert vor allem zu **erheblichen Blutdruckanstiegen,** ausgelöst durch Stimuli unterhalb der Läsion, und durch Dehnung von Blase oder Darm. Nach wie vor muss jedoch bei der Narkoseeinleitung mit einem **Blutdruckabfall** gerechnet werden. Gelegentlich wird auch eine **Bradykardie** oder ein **Herzblock** durch Aktivierung des Barorezeptorenreflexes bei Stimulation oberhalb der Läsion beobachtet.
6. Die Körpertemperatur des Querschnittsgelähmten muss kontrolliert werden, weil durch die autonomen Funktionsstörungen auch die Temperaturregulation beeinträchtigt ist.

38

38.4 Behandlung des Schädel-Hirn-Traumas

38.4.1 Einteilung der Verletzungen

Offenes Schädel-Hirn-Trauma

Hierzu gehören alle Verletzungen, bei denen die Dura eröffnet wurde. Häufigste Ursache sind penetrierende Verletzungen durch Schuss- oder Stichwaffen. Offene Verletzungen gehen mit großer Infektionsgefahr für Gehirn und Hirnhäute einher.

Gedecktes Schädel-Hirn-Trauma

Dies sind alle Verletzungen des Gehirns, bei denen die **Dura unverletzt** geblieben ist. Sie können mit oder ohne Schädelfraktur einhergehen. Folgende Schweregrade werden unterschieden:

- **Schädel-Hirn-Trauma I. Grades** (Commotio cerebri): Hierbei sind keine Substanzschädigungen des Gehirns nachweisbar. Initial besteht eine kurze Bewusstlosigkeit. Neurologische Ausfälle können ebenfalls vorhanden sein, klingen jedoch innerhalb von 4 Tagen wieder ab.
- **Schädel-Hirn-Trauma II. Grades** (leichte Hirnkontusion): Hierbei sind Substanzschädigungen des Gehirns vorhanden. Die Bewusstlosigkeit hält bis zu 1 h an; neurologische Ausfälle können bis zu 3 Wochen nachweisbar sein.
- **Schädel-Hirn-Trauma III. Grades** (schwere Hirnkontusion): Substanzschäden des Gehirns sind vorhanden; die Bewusstlosigkeit hält meist Tage bis Wochen an; neurologische Ausfälle bestehen länger als 3 Wochen und bilden sich nur teilweise zurück oder bleiben für immer bestehen.

38.4.2 Pathophysiologie

Primäre und sekundäre Hirnschädigung

Für die Behandlung und Prognose des Schädel-Hirn-Traumas muss zwischen primären und sekundären Hirnschädigungen unterschieden werden:

- **Primäre Hirnschädigungen** treten innerhalb von Sekundenbruchteilen nach Einwirkung der traumatischen Gewalt auf und können therapeutisch nicht beeinflusst werden.
- **Sekundäre Hirnschädigungen** sind hingegen Folge von Komplikationen, die sich innerhalb von Minuten bis Stunden oder Tage nach dem Trauma entwickeln. Hierbei können intrakranielle von extrakraniellen Komplikationen unterschieden werden (▶ Tab. 38-4).

Intrakranielle Blutungen

Intrakranielle Blutungen kommen bei etwa 40% aller Patienten mit schwerem Schädel-Hirn-Trauma vor und müssen meist umgehend chirurgisch behandelt werden. Eine Schädelfraktur erhöht das Risiko einer intrakraniellen Blutung um das 12fache im Vergleich mit Patienten ohne Fraktur.

Epidurale Hämatome

Sie entstehen am häufigsten durch Zerreißung eines Astes der A. meningea media, selten als venöse Blutung bei durch den Sinus verlaufenden Frakturen. Sie treten bei etwa 5% aller Schädel-Hirn-Traumen auf und gehen bei 80% der Erwachsenen und bei 50% der Kinder mit einer Schädelfraktur einher. Die Blutung befindet sich meist in der Temporalregion.

Die „klassische Symptomatik" tritt nur bei ca. 30% aller Patienten auf:
- initialer vorübergehender Bewusstseinsverlust
- luzides Intervall mit Normalisierung des neurologischen Status
- sekundär dann Kopfschmerzen und zunehmende Bewusstseinstrübung
- dann gleichseitige Pupillenerweiterung (bei 80%)
- Bewusstlosigkeit
- Cheyne-Stokes-Atmung
- Bradykardie, schließlich Tod durch Atem- und Kreislaufversagen.

Diagnose: Computertomographie; in Akutsituationen Anlegen von Bohrlöchern ohne vorherige Computertomographie.

Behandlung: sofortige chirurgische Entlastung. Die Prognose ist bei umgehender Behandlung gut, bei Verzögerung schlecht.

Akute subdurale Hämatome

Sie entstehen zumeist durch ein Akzelerations-Dezelerations-Trauma des sich bewegenden Kopfes, gehen mit Verletzung und Schwellung des darunterliegenden Hirngewebes einher und manifestieren sich innerhalb von 72 h nach dem Trauma.

Tab. 38-4 Sekundäre Hirnschäden nach Schädel-Hirn-Trauma
Intrakranielle Ursachen • intrakranielle Hämatome • posttraumatische Hirnschwellung • Hirnödem • Meningitis, Hirnabszess
Extrakranielle Ursachen • Hypoxie • Hypotension • Hyperkapnie • Anämie

Klinisches Bild:
- Bewusstlosigkeit ohne luzides Intervall
- Zeichen der Massenverschiebung: Hemiparese, einseitige Dezerebration, Pupillenerweiterung.

Bei einigen Patienten tritt keine Bewusstlosigkeit ein, bei anderen ein luzides Intervall.

Diagnose: Computertomographie (zeigt Größe und Lokalisation, Mittellinienverschiebung, Hirnödem und andere Läsionen).

Behandlung: meist umgehende Operation mit anschließender intensivmedizinischer Behandlung. Die Prognose ist ernst; die Mortalität beträgt bei beidseitigen subduralen Hämatomen oder multiplen Lazerationen des Gehirns 60–100%.

Intrazerebrale Hämatome

Sie treten meist nur zusammen mit schweren Verletzungen auf. Größere Hämatome, die mit erhöhtem intrakraniellem Druck einhergehen, werden operativ ausgeräumt.

Posttraumatische Hirnschwellung

Die Schwellung beruht auf einer **zerebralen Hyperämie** bei stark gesteigerter Hirndurchblutung und nicht auf einem Hirnödem. Sie wird durch einen lokalisierten oder generalisierten Verlust der zerebralen Autoregulation ausgelöst und spricht gut auf verschiedene Behandlungsmaßnahmen an.

Hirnödem

Das Hirnödem entsteht durch Störungen der Blut-Hirn-Schranke. Hierbei tritt proteinreiche Flüssigkeit in den extrazellulären Raum der weißen Substanz über. Am häufigsten entwickelt sich das Hirnödem 24 h nach dem Trauma und nimmt in den nachfolgenden Tagen progredient zu. Werden hierbei die Kompensationsmechanismen erschöpft, so steigt der intrakranielle Druck an.

38.4.3 Notfallbehandlung

Da Begleitverletzungen häufig sind, ist neben der neurologischen Untersuchung immer eine Einschätzung durch einen **Traumatologen** bzw. **Allgemeinchirurgen** erforderlich.

Initiale Maßnahmen:
- Notfalltherapie mit Sicherung von Atemwegen, Atmung und Herz-Kreislauf-Funktion
- allgemeine Einschätzung und Diagnostik
- spezielle Behandlung.

> **! Merke**
> Das Hauptziel der Notfallbehandlung: Verhinderung sekundärer Hirnschäden!

Atemwege und Atemfunktion

Bei komatösen Patienten mit Schädel-Hirn-Trauma müssen sofort die Atemwege gesichert werden, um eine Verlegung der Atemwege und pulmonale Aspiration von Mageninhalt zu verhindern.

Leitlinien/Empfehlungen
Indikationen für die sofortige endotracheale Intubation (NICE Clinical Guideline 2007)
- Glasgow-Coma-Scale < 8
- Verlust der laryngealen Schutzreflexe
- respiratorische Insuffizienz, beurteilt anhand der Blutgaswerte: Hypoxämie (paO_2 < 12 kPa unter O_2-Zufuhr) oder Hyperkapnie ($paCO_2$ > 6 kPa)
- spontane Hyperventilation mit einem $paCO_2$ < 4 kPa
- irreguläre Atmung.

- Endotracheale Intubation spätestens nach der neurologischen Kurzuntersuchung; keine Verzögerung durch andere diagnostische oder therapeutische Maßnahmen.
- Möglichst orale Intubation in Narkose und Muskelrelaxierung, um einen Anstieg des intrakraniellen Drucks zu vermeiden.
- Keine nasotracheale Intubation bei Schädelbasisfrakturen und Frakturen des Mittelgesichts.
- Bei der Intubation davon ausgehen, dass der Patient einen vollen Magen hat.
- Bei Begleitverletzungen von Gesicht, Mund oder Kiefer immer mit Intubationsschwierigkeiten durch abgebrochene Zähne, Gewebsfetzen oder Blutungen rechnen.
- Bei Verdacht auf Halswirbelsäulenverletzung Kopf für die Intubation nicht überstrecken.
- Den Patienten kontrolliert beatmen, um Hyperkapnie und Hypoxie zu vermeiden.

Herz-Kreislauf-Funktion

Ein isoliertes Schädel-Hirn-Trauma beeinträchtigt nur selten die Herz-Kreislauf-Funktion. Ist der Blutdruck niedrig, muss daher immer nach multiplen Frakturen sowie Verletzungen im Bauchraum und Thorax gesucht werden. Gelegentlich können auch massive Blutungen aus Skalpwunden oder dem Ohr einen Schockzustand auslösen.

Ein häufiger Fehler während der Initialbehandlung ist die massive Überwässerung des Patienten, da hierdurch eine posttraumatische Hirnschwellung begünstigt wird.

Weitere Maßnahmen:
- Blasenkatheter
- Magensonde
- Analgesie
- bei starker Unruhe oder Streckkrämpfen Benzodiazepine, z.B. Diazepam oder Clonazepam.

38.4.4 Spezielle neurologische Einschätzung und Diagnostik

Die neurologische Einschätzung des komatösen Patienten muss innerhalb von Minuten durch einen erfahrenen Arzt erfolgen und darf die initialen Notfallbehandlungsmaßnahmen nicht behindern.

Die Ersteinschätzung wird häufig durch neurologisch nicht geschulte Ärzte vorgenommen. Darum muss das Untersuchungsschema, vor allem in der Akutphase, einfach, praktikabel und zuverlässig sein.

Neurologische Kurzuntersuchung
- Bewusstseinslage und motorische Reaktion, z.B. nach der Glasgow-Coma-Scale
- Pupillenweite und Lichtreaktion
- okulovestibulare Reaktionen
- Atmung und Schluckreflexe

Bewusstseinslage und motorische Reaktion

Tiefe und Dauer der Bewusstlosigkeit sind die beste Leitlinie, um die Schwere einer Hirnschädigung einzuschätzen.

Die Tiefe der Bewusstlosigkeit wird meist mit der Glasgow-Coma-Scale (GCS) bestimmt (▶ Tab. 38-5). Beurteilt werden hierbei Augenöffnen, verbale Reaktion und motorische Reaktion. Nach dieser Skala wird Koma in folgender Weise definiert:

Komadefinition nach der GCS
- öffnet nicht die Augen
- äußert keinerlei Worte
- kommt keinen Aufforderungen nach

Tab. 38-5 Glasgow-Coma-Scale

Kriterium	Punkte
Augenöffnen	
• spontan	4
• auf Geräusche	3
• auf Schmerz	2
• nicht	1
Verbale Reaktion	
• orientiert	5
• verwirrte Unterhaltung	4
• unangemessene Worte	3
• unverständliche Geräusche	2
• keine	1
Motorische Reaktion	
• kommt Aufforderung nach	6
• lokalisiert Schmerz	5
• zieht normal zurück auf Schmerz	4
• beugt auf Schmerz	3
• streckt auf Schmerz	2
• keine	1
höchste Punktzahl	15
Werte bis 8 = schwere Hirnfunktionsstörung	

Schweregrade nach der GCS:

- leichtes Schädel-Hirn-Trauma: GCS 13–15 Punkte
- mittelschweres Schädel-Hirn-Trauma: GCS 9–12 Punkte
- schweres Schädel-Hirn-Trauma: GCS: 3–8 Punkte für mehr als 6 h.

Ältere Einteilungen wie Commotio, Contusio und Compressio cerebri sind ungenau und gelten als überholt.

Die Glasgow-Coma-Scale eignet sich auch zur Verlaufsbeobachtung während der Intensivbehandlung; initiale Verschlechterungen werden allerdings nicht rasch genug erfasst.

Pupillenreaktion und -form

Die Überprüfung der Pupillengröße und -reaktion auf Licht ermöglicht Aussagen über die Funktion des Mittelhirns und des N. oculomotorius (III. Hirnnerv). Geprüft werden mit hellem Licht die direkte und die konsensuelle Lichtreaktion jedes Auges:

Pupillenweite: maximal weit, mittelweit, eng, maximal eng

Pupillenform: normal, entrundet

Lichtreaktion: sofort, träge, keine

- Seitengleiche und reagierende Pupillen zeigen an, dass oberer Hirnstamm, Mittelhirn sowie II. und III. Hirnnerv normal funktionieren.
- Einseitiger Verlust der direkten Lichtreaktion bei erhaltener konsensueller Reaktion weist auf **Schädigung des N. opticus** hin.
- Einseitige Pupillenerweiterung tritt auf bei **Einklemmung des Gehirns** im Tentoriumschlitz, meist der gleichen Seite; sie entsteht durch Kompression des N. oculomotorius.
- Beiderseitige Pupillendilatation entsteht entweder durch Kompression beider Okulomotoriusnerven oder durch lokale Schädigung des Mittelhirns. Es kann jedoch auch eine sekundäre Kompression des Mittelhirns bei Einklemmung zugrunde liegen.
- Beiderseits extrem verengte Pupillen können durch sekundäre Hirnstammkompression bei Anstieg des intrakraniellen Drucks bedingt sein.
- Weite, reaktionslose und entrundete Pupillen bei tiefem Koma sprechen für einen irreversiblen Ausfall der Hirnstammfunktion.

Atmung

Atmet der Patient bei Aufnahme in die Klinik nicht spontan, so ist die Prognose vermutlich infaust, vor allem, wenn andere Hirnstammfunktionen ebenfalls fehlen. Wurde der Patient jedoch initial hyperventiliert, so muss zunächst der Anstieg des $paCO_2$ abgewartet werden, um die Atemfunktion zu beurteilen.

Weiterführende Untersuchungen

Hat sich der Zustand des Patienten stabilisiert, können weiterführende Untersuchungen erfolgen. Die Indikation ergibt sich aus Bewusstseinslage, klinischem Untersuchungsbefund und Traumavorgeschichte.

- Primäre Standarduntersuchung bei Schädel-Hirn-Trauma ist das CT des Kopfes.
- Die MRT ist in der Akutphase nicht indiziert.
- Bei allen Patienten mit einem Akzelerations-Dezelerations-Trauma muss so früh wie möglich ein seitliches Röntgenbild der Halswirbelsäule angefertigt werden, wenn klinisch vertretbar, noch vor der endotrachealen Intubation.

Zerebrale Computertomographie

Hiermit kann beim Schädel-Hirn-Trauma Folgendes festgestellt werden:

- Intrakranielle Blutungen einschließlich genauer Lokalisation und relativer Größe
- Kontusionsblutungen
- Hirnschwellung bzw. Hirnödem
- Schädelfrakturen.

Leitlinien/Empfehlungen

Indikationen für eine sofortige CT-Untersuchung des Kopfes (NICE Clinical Guideline 2007)

- GCS < 13 bei der Erstuntersuchung in der Notfallaufnahme
- GCS < 15 2 Stunden nach der Verletzung bei Einschätzung in der Notfallaufnahme
- Verdacht auf offene Schädelfraktur oder Impressionsfraktur
- jedes Zeichen, dass auf eine Schädel-Basis-Fraktur hinweist
- posttraumatische Krämpfe
- fokale neurologische Ausfälle
- mehr als 1 × Erbrechen
- Amnesie für Ereignisse, die mehr als 30 min vor der Verletzung stattgefunden haben.

Indikationen zur Operation

Raumfordernde, d.h. zerebrale Strukturen verlagernde, intrakranielle Verletzungen sind eine **absolut dringliche Indikation** für eine Operation:

- epidurales Hämatom
- subdurales Hämatom
- intrazerebrales Hämatom/Kontusion
- raumfordernde Impressionsfrakturen.

! Merke

Bei transtentorieller Einklemmung können Minuten über das klinische Ergebnis entscheiden!

Zu den Verletzungen mit **aufgeschobener Operationsdringlichkeit** gehören:

- offene oder geschlossene Impressionsfrakturen ohne Verlagerung der Mittellinienstrukturen
- penetrierende Verletzungen
- basale Frakturen mit Liquorrhö.

38.4.5 Anästhesie bei Schädel-Hirn-Trauma

Eine Narkose kann bei Patienten mit Schädel-Hirn-Trauma aus folgenden Gründen erforderlich sein:

- diagnostische Maßnahmen: Computertomographie, Angiographie, Bohrlöcher
- Kraniotomie bei intrakraniellen Blutungen
- Versorgung von Impressionsfrakturen des Schädels

- operative Versorgung von Begleitverletzungen
- epidurale Hämatome: sofortige OP-Indikation
- akute subdurale Hämatome: sollten ebenfalls rasch, spätestens aber innerhalb von 4 h nach der Verletzung operiert werden, da jede weitere Verzögerung die Prognose erheblich verschlechtert.

Liegen allerdings **mehrere** lebensbedrohliche Verletzungen vor, haben kreislaufstabilisierende Eingriffe Vorrang. Bei Kombinationsverletzungen, z.B. Milzruptur und epidurales Hämatom, sollten möglichst zwei Teams gleichzeitig operieren.

Präoperative Einschätzung und Prämedikation

Die präoperative Einschätzung beschränkt sich häufig auf den Funktionszustand der Vitalorgane und die Bestimmung von Labordaten hoher Priorität.

Auf eine **Prämedikation** wird meistens verzichtet.

Narkose

Es gelten die Narkoseprinzipien für Patienten mit erhöhtem intrakraniellem Druck:

- Bei der **Narkoseeinleitung** Anstiege des intrakraniellen Drucks durch falsche Techniken unbedingt vermeiden (▸ Kap. 38.2.9) und von erhöhter Aspirationsgefahr ausgehen.
- **Aufrechterhaltung der Narkose** als TIVA und Muskelrelaxierung: volatile Inhalationsanästhetika und Lachgas nicht einsetzen.
- Beatmungstechnik: **kontrollierte Normoventilation** auf einen $paCO_2$ von etwa 38 mm Hg.
- Der zerebrale Perfusionsdruck sollte zwischen 50 und 70 mm Hg gehalten werden
- Intraoperative Überwachungsmaßnahmen: wie bei Kraniotomie beschrieben.
- **Intraoperative Volumenzufuhr** siehe ▸ Kapitel 38.2.11; glukosehaltige Lösungen dürfen wegen ihrer möglichen zerebral schädigenden Wirkung nicht routinemäßig eingesetzt werden.
- Mit teilweise erheblichen Blutverlusten während der Kraniotomie muss gerechnet werden, so dass ausreichend Blutkonserven bereitgestellt werden müssen.
- **Ausleitung der Narkose:** In der Regel werden die Patienten anästhesiert und kontrolliert beatmet zur Intensivstation transportiert.

38.4.6 Kontrolle des intrakraniellen Drucks

Folgende Maßnahmen werden, meist in Kombination, zur Behandlung des erhöhten intrakraniellen Drucks eingesetzt (▸ Abb. 38-1):

- mäßige kontrollierte Hyperventilation
- Osmotherapie
- Barbiturate
- Liquordrainage
- Hypothermie
- operative Dekompression.

Kontrollierte Hyperventilation

Leitlinien/Empfehlungen

„Guidelines for the management of severe head injury" der American Association of Neurological Surgeons und der Brain Trauma Foundation

Eine anhaltende Hyperventilation bei Patienten mit schwerem Schädel-Hirn-Trauma sollte vermieden werden, wenn der ICP nicht erhöht ist. Auch sollte in den ersten 24 h nach Schädel-Hirn-Trauma nicht hyperventiliert werden. Eine Hyperventilationsbehandlung kann kurzfristig bei neurologischer Verschlechterung oder langfristig eingesetzt werden, wenn es nicht gelingt, einen erhöhten ICP durch Sedierung, Muskelrelaxierung, Liquordrainage und/oder Osmotherapie zu kontrollieren.

EBM Cochrane Review zur kontrollierten Hyperventilation beim schweren Schädel-Hirn-Trauma

Die derzeit verfügbaren Daten reichen nicht aus, um den Nutzen oder Schaden des Verfahrens ausreichend beurteilen zu können. Weitere Untersuchungen sind hierzu erforderlich.

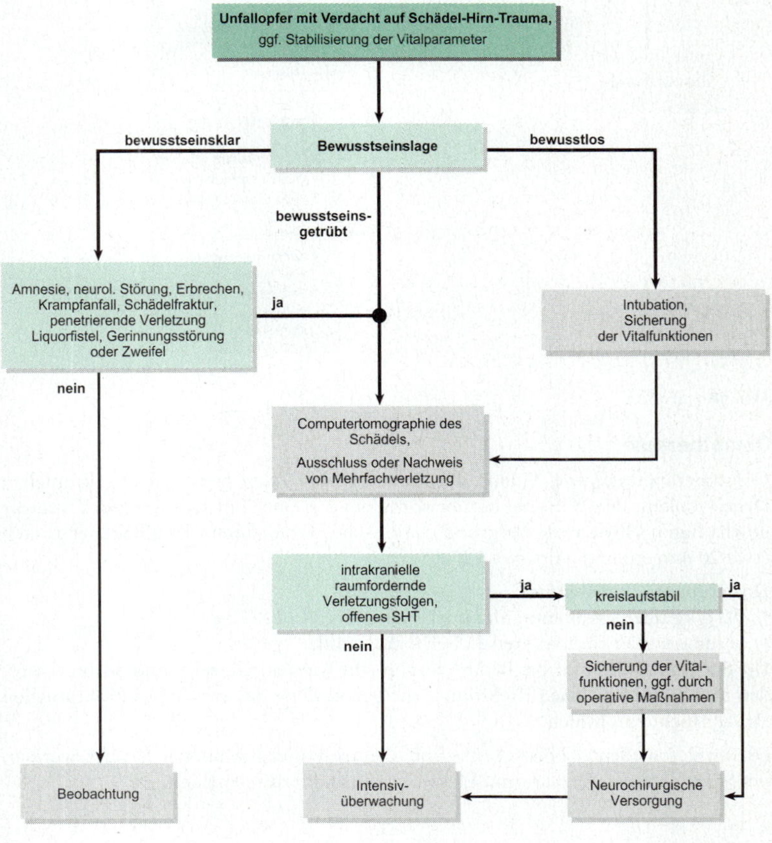

Abb. 38-1 Stufenplan zur Behandlung des erhöhten intrakraniellen Drucks beim schweren Schädel-Hirn-Trauma (ICP = intrakranieller Druck; CPP = zerebraler Perfusionsdruck [$MAP–ICP_{mittel}$]; Expertenforum Intensivmedizin, 1997).

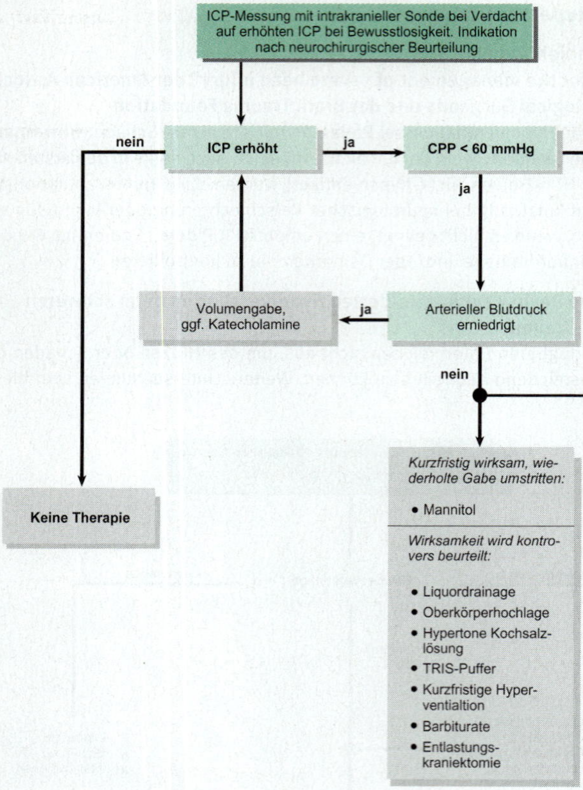

Abb. 38-1 (Forts.)

Osmotherapie

Osmotherapeutika wie **Mannitol** können ebenfalls den erhöhten intrakraniellen Druck senken. Die Wirkung beruht vor allem auf einer Entwässerung der weniger geschädigten Hirnanteile aufgrund osmotischer Gradienten; der Effekt setzt nach etwa 20 min ein und hält etwa 1 h an.

Dosierungen von Mannitol:

- 0,3 g/kg über 15–30 min; maximal 2 g/kg; bis zu 12 ×/Tag
- Serumosmolarität maximal 315–320 mosmol/l.

Die Substanz sollte nur bei Bedarf verabreicht werden. Glyzerol und Sorbitol werden in den Europäischen Richtlinien zur Behandlung des erhöhten intrakraniellen Drucks nicht empfohlen.

Die ausgeschiedenen Flüssigkeits- und Elektrolytmengen müssen ersetzt werden, um Störungen des Wasser- und Elektrolythaushalts zu vermeiden.

Diuretika wie Furosemid (Lasix) sind bei akuten Hirndruckanstiegen **nicht ausreichend wirksam.**

Barbiturate

Oft reichen bereits Dosen von z.B. **1,5–3 mg/kg Thiopental** i.v. (Trapanal) aus, um akute Hirndruckanstiege zu durchbrechen. Bei Zufuhr hoher Dosen besteht die Gefahr eines Blutdruckabfalls mit Abnahme des zerebralen Perfusionsdrucks und zerebraler Ischämie.

EBM

Cochrane Review

Barbiturate haben keinen Einfluss auf das Outcome von Patienten mit akutem schwerem Schädel-Hirn-Trauma. Bei einem von vier mit Barbituraten behandelten Patienten tritt ein Blutdruckabfall auf, der die hirndrucksenkende Wirkung der Barbiturate wegen des Abfalls des zerebralen Perfusionsdrucks aufheben kann.

Kortikosteroide

EBM

CRASH-Studie (2004)

Kortikosteroide senken die Letalität des Schädel-Hirn-Traumas nicht, sondern erhöhen das Risiko – unabhängig vom Schweregrad. Daher sollten diese Substanzen beim Schädel-Hirn-Trauma nicht routinemäßig eingesetzt werden.

Diese Ergebnisse stellen nach Ansicht von Autoren und Kommentatoren der Studie auch den Nutzen von Kortikosteroiden beim Rückenmarktrauma (siehe dort) in Frage.

Leitlinien/Empfehlungen

Leitlinie Schädel-Hirn-Trauma im Erwachsenenalter (Deutsche Gesellschaft für Neurochirurgie 2006)

Auf die lange Zeit umstrittene Gabe von Glukokortikoiden sollte nach neuesten Erkenntnisse aufgrund einer signifikant erhöhten 14-Tage-Letalität verzichtet werden (Alderson and Roberts 2005).

Liquordrainage

Für die Liquordrainage wird ein Katheter in einen Hirnventrikel eingeführt, über den beim Auftreten von **Hirndruckspitzen** einige Milliliter Liquor abgezogen werden. Oft sinkt der intrakranielle Druck bereits innerhalb kurzer Zeit danach in den Normbereich ab. Die Wirkungsdauer ist jedoch begrenzt, weil in wenigen Stunden erneut Liquor nachgebildet wird. Dann muss die Liquorentnahme wiederholt werden.

Hypothermie

Durch induzierte Hypothermie werden Hirnstoffwechsel und Hirndurchblutung vermindert und nachfolgend der intrakranielle Druck.

EBM

Cochrane Review (Alderson P. et al. 2004)

Es gibt keine Beweise für eine günstige Wirkung der induzierten Hypothermie bei Schädel-Hirn-Trauma. Hypothermie erhöht das Pneumonierisiko und hat andere potentiell schädliche Nebenwirkungen.

Operative Dekompression

Bei diesem „Ultima-Ratio-Verfahren" wird der Schädelknochen beiderseits großflächig entfernt und die Dura durch eine Plastik erweitert. Hierdurch fällt der ICP sofort und anhaltend um ca. 70% ab, und die Sauerstoffversorgung des Gehirns wird verbessert.

38.5 Pädiatrische Neuroanästhesie

Grundsätzlich gelten auch für die Narkose von Kindern die allgemeinen Regeln der pädiatrischen Anästhesie (▶ Kap. 36) und die zuvor beschriebenen Prinzipien der Neuroanästhesie.

38.5.1 Computertomographie

Bei Kleinkindern ist hierfür zumeist eine Allgemeinnarkose erforderlich, bei älteren Kindern genügt oft eine Sedierung. Durchführung der Allgemeinnarkose für die Computertomographie siehe ▶ Kapitel 38.3.7.

38.5.2 Ventrikulographie

Bei kleinen Kindern mit offener Fontanelle kann das Kontrastmittel über die Fontanelle in den Seitenventrikel injiziert werden; häufig reicht eine **Lokalanästhesie** aus. Bei älteren Kindern muss ein Bohrloch angelegt werden; hierzu ist eine **Allgemeinnarkose mit kontrollierter Beatmung** erforderlich.

38.5.3 Shuntoperationen

Ventrikuloperitoneale oder ventrikuloatriale Shuntoperationen zur Liquordrainage bei Hydrozephalus werden immer in **Allgemeinnarkose** durchgeführt. Da der intrakranielle Druck meist erhöht ist, sollte kontrolliert beatmet werden. Auf einen venösen Zugang darf nicht verzichtet werden.

38.5.4 Kraniopharyngeom

Das Kraniopharyngeom ist der häufigste intrakranielle Tumor nichtglialen Ursprungs bei Kindern. Nach der Lokalisation werden selläre, prächiasmatische und retrochiasmatische Tumoren unterschieden.

Anästhesiologische Besonderheiten

- Spezielle präoperative Einschätzung: Hydrozephalus? Endokrine Funktionen? Präoperative Hormonsubstitution erforderlich?
- Frontaler Zugang, der eine optimale Reduktion des Hirnvolumens erfordert
- Hypophysenunterfunktion

- Diabetes insipidus, gelegentlich bereits präoperativ, fast immer jedoch intra- oder postoperativ. Urinverluste ersetzen, bei Bedarf Vasopressin
- erhöhter Insulinbedarf
- Hyperthermie
- postoperative Krämpfe
- postoperative Nebenniereninsuffizienz zu erwarten, daher Beginn der Kortikoidzufuhr bereits präoperativ;
- postoperativ Substitution von Schilddrüsen- und Wachstumshormonen.

38.5.5 Tumoren in der hinteren Schädelgrube

Klinisch manifestieren sich die Tumoren gewöhnlich als Hydrozephalus mit den entsprechenden Symptomen.
- Vorgehen und Komplikationen: wie bei Erwachsenen (s.o.)
- OP-Lagerung: meist Bauchlage; sitzende Position und Seitenlage möglich
- Intubation: oral oder nasal (bei Bauchlagerung).

38.5.6 Epilepsiechirurgie

Die operative Exzision eines epileptogenen Fokus kann bei älteren Kindern in Sedierung erfolgen, bei jüngeren ist dagegen eine Intubationsnarkose erforderlich. Für den Eingriff sollte das Kind kooperativ und in der Lage sein zu sprechen. Medikamente, die das EEG wesentlich beeinflussen, müssen vermieden werden. Wenn unter Sedierung toleriert, kann ein nasopharyngealer Tubus eingeführt und hierüber Sauerstoff insuffliert werden. Blutverluste sind möglich, aber schwer einzuschätzen, so dass hierauf besonderes Augenmerk gerichtet werden sollte.

38.5.7 Kraniosynostosen-Operation

Frühzeitige Verknöcherung einer oder mehrerer Schädelnähte wird als Kraniosynostose bezeichnet.

Operation

Die operative Korrektur erfolgt am häufigsten durch eine lineare Kraniektomie, d.h. Trennung der Schädelknochen entlang der betroffenen Naht. Hierfür wird das Kind meist auf den Rücken gelagert und der Kopf in ein hufeisenförmiges Kissen gebettet. Bei Eingriffen im Okzipitalbereich kann auch eine Bauchlagerung erforderlich sein.

Mögliche Besonderheiten

- Schwierige Intubation bei kraniofazialen Syndromen (präoperative Einschätzung!)
- erhöhter intrakranieller Druck bei multiplen Stenosen
- massive Blutverluste
- venöse Luftembolie.

Anästhesie

Pädiatrische Standardnarkose, bevorzugt orale Intubation mit einem Spiraltubus, sorgfältige Kontrolle zum Ausschluss einer endobronchialen Fehllage des Tubus und sichere Fixierung in einem der Mundwinkel. Kontrollierte Beatmung ($paCO_2$ 35–40 mm Hg) und Relaxierung mit einem mittellang wirkenden ND-Muskelrelaxans.

Gefäßzugänge: ausreichende Zahl großlumiger, sicher laufender Venenkanülen, da Bluttransfusionen meist erforderlich und Massivtransfusion nicht ausgeschlossen sind. Bei mehrstündigen Operationen und zu erwartenden größeren Blutverlusten: arterielle Kanüle, zentraler Venenkatheter.

Überwachung: Standard einschließlich Ultraschall-Doppler wegen Gefahr der Luftembolie; außerdem Blasenkatheter.

- Körpertemperatur durch Wärmemaßnahmen im Normbereich halten.
- Besondere Aufmerksamkeit ist geboten, wenn der Neurochirurg die in der Mitte verschmolzene Sagittalnaht vom Sinus sagittalis abhebt. Hierbei kann es zu massivsten Blutungen und zur Luftembolie kommen.
- Meist können die Kinder am Operationsende extubiert werden; postoperative Intensivüberwachung ist aber wegen der Gefahr der Nachblutung nötig.
- Nach ausgedehnten frontalen Kraniotomien sollten die Kinder zunächst intubiert bleiben.
- **Postoperative Komplikationen:** Nachblutung mit Hypovolämie oder Schock.

38.5.8 Schädel-Hirn-Trauma

Initialbehandlung

Höchste Priorität haben:

- Sicherung der Atemwege und der Ventilation; **sofortige Intubation,** wenn GCS ≤ 8 Punkte; bei GCS ≥ 9 und stabilem neurologischem Status kann abgewartet werden.
- Kontrolle des intrakraniellen Drucks.
- Aufrechterhaltung eines ausreichenden zerebralen Perfusionsdrucks.

Übermäßige Volumenzufuhr muss beim isolierten Schädel-Hirn-Trauma unbedingt vermieden werden, da hierdurch die Hirnschwellung begünstigt wird. Die Zufuhr reiner Glukoselösungen ist kontraindiziert.

Zu achten ist auf das **Talk-and-die-Syndrom:** Bei Aufnahme ansprechbare und orientierte Kinder verschlechtern sich nicht selten innerhalb von 24 h und sterben.

Bei allen Kindern muss außerdem gezielt nach **Begleitverletzungen** gesucht werden, vor allem an Bauchorganen, Halswirbelsäule (bei Kindern sehr selten) und Thoraxorganen, des Weiteren nach Störungen der Blutglukose und der Serumelektrolyte.

Narkoseeinleitung wie bei „vollem Magen" mit orotrachealer Intubation; danach bei schwerem Schädel-Hirn-Trauma arterielle Kanüle, zentraler Venenkatheter, Magensonde und Blasenkatheter.

- Bei bereits vom Notarzt intubierten Kindern: immer Kontrolle der Tubuslage
- Narkoseführung wie bereits beschrieben; zerebraler Perfusionsdruck 50–70 mm Hg.
- bei schwerem Schädel-Hirn-Trauma arterielle Kanüle, zentraler Venenkatheter, Blasenkatheter und Magensonde
- bei posttraumatischer Hirnschwellung: kontrollierte Hyperventilation, normaler bis leicht erhöhter arterieller pO_2
- Lagerung von Kopf und Hals in Neutralposition mit um 15–20° angehobenem Kopf.

Literatur

Bourgoin A, Albanese J, Leone M, Sampol-Manos E, Viviand X, Martin C: Effects of sufentanil or ketamine administered in target-controlled infusion on the cerebral hemodynamics of severely brain-injured patients. Crit Care Med 2005;33(5): 1109–13.

Bourgoin A, Albanese J, Wereszczynski N, Charbit M, Vialet R, Martin C: Safety of sedation with ketamine in severe head injury patients: comparison with sufentanil. Crit Care Med 2003;31(3):711–7.

CRASH Trial Collaborators: Effect of intravenous corticosteroids on death within 14 days in 10 008 adults with clinically significant heard injury (MRC CRASH trial): randomised placebo-controlled trial. Lancet 2004;364:1321–28.

Holstörm A, Akeson J: Cerebral blood flow at 0.5 and 1.0 minimal alveolar concentrations of desflurane or sevoflurane compared with isoflurane in normoventilated pigs. J Neurosurg Anaesthesiol 2003;15(2) 90–7.

Holstörm A, Akeson J: Sevoflurane induces less cerebral vasodilatation than isoflurane at the same A-line autoregressive index level. Acta Anaesthesiol Scand 2005;49(1): 16–22.

Holstörm A, Rosen I, Akeson J: Desflurane results in higher cerebral blood flow than sevoflurane or isoflurane at hypocapnia in pigs. Acta Anaesthesiol Scand 2004;48(4):400–4.

Jantzen J-P, Löffler W: Neuroanästhesie. Thieme, Stuttgart 2000.

Langsjö JW, Kaisti KK, Aalto S, Hinkka S, Aantaa R, Oikonen V, Sipila H, Kurki T, Silvanto M, Scheinin H: Effects of subanaesthetic doses of ketamine on regional cerebral blood flow, oxygen consumption, and blood volume in humans. Anesthesiology 2003; 99(3):614–23.

Marval PD, Perrin ME, Hancock SM, Mahajan RP: The effects of propofol or sevoflurane on the estimated cerebral perfusion pressure and zero flow pressure. Anesth Analg 2005;100(3):835–40.

Oshima T, Karasawa F, Okazaki Y, Wada H, Satoh H: Effects of sevoflurane on cerebral blood flow and cerebral metabolic rate of oxygen in human beings: a comparison with isoflurane. Eur J Anaesthesiol 2003; 20(7):543–7.

Petersen KD, Landsfeldt U, Cold GE, Petersen CB, Mau S, Hauerberg J, Holst P, Olsen KS: Intracranial pressure and cerebral hemodynamics in patients with cerebral tumors. Anaesthesiology 2003;98:329–36.

Leitlinie

Deutsche Gesellschaft für Neurochirurgie. Leitlinie Schädel-Hirn-Trauma im Erwachsenenalter, 2007. http://www.uni-duesseldorf.de/AWMF/II/008-001.htm

NICE Guidance. Head injury (partial update of CG4) online: www.nice.org.uk/guidance/index

Systematischer Review/Metaanalysen

Bracken MB: Steroids for acute spinal cord (Cochrane Review). The Cochrane Database of Systematic Reviews Issue 1, 2006.

Roberts I: Barbiturates for acute traumatic brain injury (Cochrane Review). In: The Cochrane Library, Issue 1, 2006. Oxford: Update Software.

Schierhout G, Roberts I: Hyperventilation therapy for acute traumatic brain injury (Cochrane Review). In: The Cochrane Library, Issue 1, 2006. Oxford: Update Software.

Schierhout G, Roberts I: Mannitol for acute traumatic brain injury (Cochrane Review). In: The Cochrane Library, Issue 1, 2006. Oxford: Update Software.

39 Augenheilkunde

Augenoperationen werden in Lokalanästhesie oder Allgemeinanästhesie durchgeführt. Die Besonderheiten der Ophthalmochirurgie umfassen im Wesentlichen folgende Faktoren:

- ruhig gestelltes Auge
- Kontrolle des intraokularen Drucks
- Sicherung der Atemwege
- Herzrhythmusstörungen durch den okulokardialen Reflex
- systemische Wirkungen lokal applizierter Medikamente möglich
- schonende Narkoseausleitung, da Husten, Pressen und Erbrechen den Operationserfolg gefährden.

39.1 Ruhigstellung des Auges

Für mikrochirurgische Eingriffe muss das Auge vollkommen ruhig gestellt werden, auch darf der Patient sich nicht bewegen, pressen oder husten, um Blutungen in das Auge oder das Herauspressen von Glaskörpermaterial zu vermeiden.

Die Ruhigstellung des Auges wird durch **Relaxation der Mm. recti** erreicht; hierfür eignen sich Muskelrelaxanzien, tiefe Inhalationsanästhesie oder ein retrobulbärer Block.

39.2 Kontrolle des intraokularen Drucks

Der normale Augeninnendruck (IOP = intraocular pressure) beträgt 10–20 mm Hg. Husten, Pressen und Kopftieflage erhöhen vorübergehend den intraokularen Druck. Ein normaler Augeninnendruck ist Voraussetzung für einen ungestörten Sehvorgang.

- Ein chronisch erhöhter Augeninnendruck beeinträchtigt die intraokulare Blutversorgung und den Stoffwechsel und führt zu Papillenschädigung oder Hornhauttrübung (Epithelödem).
- Ein zu niedriger Augeninnendruck begünstigt eine Netzhautablösung oder Glaskörperblutung.

Perioperativ kann der IOP durch zahlreiche Faktoren beeinflusst werden. Hierzu gehören:

- arterieller Blutdruck: Anstieg des IOP bei Blutdruckanstieg und umgekehrt
- Venendruck: Anstieg des Venendrucks, z.B. durch Husten, Pressen oder Kopftieflagerung behindert den Abfluss des Kammerwassers und steigert hierdurch den IOP
- Atmung: Hyperkapnie steigert, Hypokapnie senkt den IOP
- Laryngoskopie und endotracheale Intubation können den IOP steigern, besonders bei zu flacher Narkose
- äußerer Druck auf das Auge, z.B. durch eine falsch platzierte Gesichtsmaske oder die Finger, steigert den IOP
- Inhalationsanästhetika senken den IOP, je nach Narkosetiefe, um bis zu 10 mm Hg,
- Propofol, Thiopental, Opioide, Benzodiazepine und Neuroleptika vermindern ebenfalls vorübergehend den Augeninnendruck
- Ketamin bewirkt einen mäßigen Anstieg des IOP, vermutlich durch Tonuszunahme der Augenmuskeln.

- Atropin i.v. steigert den IOP nicht, direkte Anwendung am Auge führt zum IOP-Anstieg. Für die Antagonisierung von Muskelrelaxanzien kann Atropin gefahrlos zusammen mit Neostigmin eingesetzt werden.
- Succinylcholin steigert innerhalb von 1–4 min nach i.v. Injektion den IOP um ca. 10 mm Hg; dieser Effekt hält ca. 7 min an.
- Nichtdepolarisierende Muskelrelaxanzien können den IOP senken, vermutlich durch Relaxierung der äußeren Augenmuskeln.
- Acetazolamin (Diamox), Osmotherapeutika (z.B. Mannitol) und Parasympathioomimetika wie die Cholinesterasehemmer (z.B. Neostigmin) werden zur Behandlung des erhöhten IOP eingesetzt.
- Medikamente
- äußerer Druck auf das Auge
- Laryngoskopie und Intubation.

39.3 Okulokardialer Reflex

Der okulokardiale Reflex wird durch Zug an den äußeren Augenmuskeln, Manipulationen am Auge oder durch Kompression des Bulbus ausgelöst. Afferente Leitungsbahn ist der N. trigeminus, der efferente Impuls wird vom Hirnstamm über den N. vagus geleitet. Kinder sind häufiger betroffen als Erwachsene. Der Reflex kann sich in folgender Weise manifestieren:

- Bradykardie
- Bigeminus
- Knotenrhythmen
- AV-Block
- Übelkeit
- Atemstillstand, Herzstillstand.

> **! Merke**
> Der okulokardiale Reflex kann lebensbedrohlich sein und muss deshalb sofort behandelt werden.

Begünstigende Faktoren sind: Hypoxie, Hyperkapnie, zu flache Narkose, erhöhter Vagotonus, Angst und Aufregung. Prämedikation mit Atropin gewährt keinen ausreichenden Schutz.

Maßnahmen:

- Bei jeder Augen-OP: EKG-Monitor anschließen.
- Tritt der okulokardiale Reflex auf: sofort jede Stimulation durch den Augenarzt unterbrechen.
- Verschwindet danach die Reflexreaktion nicht innerhalb von ca. 20 s: **i.v. Injektion von 0,5 mg Atropin.**
- Die intramuskuläre Prämedikation von Atropin verhindert den Reflex nicht.

39.4 Wirkungen von Ophthalmika

Zahlreiche Patienten erhalten in der perioperativen Phase Ophthalmika, die im Zusammenhang mit der Narkose systemische Reaktionen auslösen können und auf die der Anästhesist vorbereitet sein muss. Die wichtigsten sind:

- Phenylephrin
- Adrenalin
- Atropin
- Scopolamin
- Acetazolamid.

39.4.1 Phenylephrin

Bei lokaler Anwendung von Phenylephrin wird ein Teil der Substanz über die Konjunktiva und die Schleimhäute des Tränennasengangs resorbiert, so dass kardiovaskuläre Reaktionen auftreten können:

- starker Blutdruckanstieg mit Reflexbradykardie
- Tachykardie
- Herzrhythmusstörungen.

Gefährlich ist die Substanz vor allem bei Patienten mit **Hypertonus** oder **koronarer Herzerkrankung.**

39.4.2 Adrenalin

Lokale Anwendung von Adrenalintropfen vermindert die Kammerwasserproduktion, verbessert den Abfluss und senkt den intraokularen Druck bei Patienten mit Glaukom. Gelegentlich werden hierbei folgende Reaktionen beobachtet:

- Herzklopfen
- Schwindel
- Blässe
- Blutdruckanstieg
- Tachykardie
- Herzrhythmusstörungen.

39.4.3 Atropin

Systemische Reaktionen nach lokaler Anwendung von Atropintropfen werden in erster Linie bei Kindern und älteren Patienten beobachtet:

- Hautrötung, trockene Haut
- Durst
- Fieber
- beim älteren Patienten: Erregungszustände; zentral anticholinerges Syndrom.

39.4.4 Scopolamin

Systemische Wirkungen treten vor allem bei Kindern und älteren Patienten auf, am häufigsten sind Erregung und Desorientiertheit.

39.4.5 Acetazolamid

Die Substanz (Präparat Diamox) kann i.v. injiziert werden, um den intraokularen Druck zu senken. Die Dosierung beträgt 500 mg; die Wirkung setzt innerhalb weniger Minuten ein und ist nach etwa 20 min maximal ausgeprägt. Nebenwirkungen siehe ▶ Kapitel 39.2.

39.5 Anästhesiologisches Vorgehen

39.5.1 Patienten

Augenoperationen werden zwar bei Patienten aller Altersgruppen durchgeführt, Kinder und alte Patienten überwiegen jedoch. Bei geriatrischen Patienten sind die typischen Begleiterkrankungen zu berücksichtigen (▶ Kap. 37), bei Kindern die spezifischen Besonderheiten dieser Altersgruppe (▶ Kap. 36).

39.5.2 Prämedikation

Patienten mit eingeschränktem Sehvermögen oder Blindheit sind vor der Operation oft sehr aufgeregt und benötigen eine medikamentöse Sedierung. Geeignet ist z. B. Midazolam in niedriger Dosierung.

- Atropin, i.m. zugeführt, kann die kardiovaskulären Wirkungen des Retrobulbärblocks oder des okulokardialen Reflexes nicht verhindern.
- Antiemetika können prophylaktisch eingesetzt werden bei Kataraktoperation, Vitrektomie oder Hornhauttransplantation.
- **Clonidin,** ein α-adrenerger Agonist, wird ebenfalls für die Prämedikation eingesetzt: Dosen von 5 µg/kg, 90–120 min vor der Narkoseeinleitung p.o. zugeführt, senken den Augeninnendruck, wirken sedierend und verhindern außerdem den Anstieg des Augeninnendrucks und des arteriellen Blutdrucks während der endotrachealen Intubation. Ähnliche Effekte wurden auch durch i.v. Vorgabe von Dexmedetomidin erzielt.

39.5.3 Wahl des Narkoseverfahrens

Allgemeinnarkose

Lang dauernde intraokulare Eingriffe, vor allem mikrochirurgischer Art (z.B. Hornhauttransplantation), erfordern ein vollkommen ruhig gestelltes Operationsfeld, das am besten durch eine Allgemeinnarkose/Larynxmaskennarkose mit kontrollierter Beatmung und Muskelrelaxierung erreicht wird. Balancierte Anästhesietechniken (Opioid + Inhalationsanästhetikum), reine Inhalationsanästhesien oder TIVA (Propofol + Opioid) können angewandt werden.

Remifentanil: Dieses Opioid ist wegen seiner sehr kurzen Wirkdauer und guten Steuerbarkeit für Eingriffe am Auge besonders geeignet, weil es bis zum Operationsende zugeführt werden kann, ohne dass hierdurch das Erwachen wesentlich verzögert würde (Einzelheiten s. ▶ Kap. 2).

Lachgas sollte bei vitroretinealen Eingriffen nicht zugeführt werden, wenn intraoperativ der Einsatz von Hexafluorid geplant ist.

Endotracheale Intubation oder Larynxmaske (LAMA)?

Die wichtigsten Vorteile der LAMA sind: geringere Stimulation, glattere Narkoseausleitung mit weniger Husten und Pressen. Allerdings ist die Maske während der Operation nicht zugänglich, so dass intraoperativ aufgetretene Fehllagen schwer oder nicht zu korrigieren sind.

Lokalanästhesie

Extraokuläre und kleinere intraokuläre Eingriffe, wie Kataraktextraktion, periphere Iridektomie oder Blepharoplastik, werden häufig in Infiltrationsanästhesie oder unter Retrobulbärblock (durch den Ophthalmologen) durchgeführt, wenn erforderlich unter Sedierung mit einem Benzodiazepin.

39.5.4 Narkoseüberwachung

Der Kopf des Patienten ist vollständig durch Operationstücher abgedeckt, so dass für den Anästhesisten kein Zugang zu den Atemwegen mehr besteht. Darum müssen die Respirator-Tubus-Verbindungen sicher verklebt und die Beatmung durch Auskultation der Atemgeräusche überprüft werden. Die **Standardnarkoseüberwachung** umfasst die üblichen Maßnahmen.

39

Meist reicht für ophthalmologische Operationen eine sicher laufende Kanüle als venöser Zugang aus; zentrale Venenkatheter sind nicht indiziert bzw. speziellen Indikationen vorbehalten.

Leitsätze für die Allgemeinanästhesie

- Standard ist die Intubationsnarkose/Larynxmaskennarkose mit Muskelrelaxierung und kontrollierter Beatmung als TIVA oder balanciert.
- Für die endotracheale Intubation werden bei elektiven Eingriffen ND-Muskelrelaxanzien eingesetzt, z.B. Mivacurium oder Atracurium. Blutdruckanstiege mit Zunahme des IOP müssen hierbei vermieden werden.
- In Notfällen kann Succinylcholin eingesetzt werden, jedoch ist Vorsicht bei Patienten mit erhöhtem Augeninnendruck, perforierenden Augenverletzungen oder kurz vorangegangenen Augenoperationen geboten.
- Narkose nicht vorzeitig abflachen; Ausleitung erst nach Abschluss der operativen Maßnahmen. Dabei Husten, Pressen oder Aufbäumen des Patienten vermeiden.

Praktische Leitsätze für die Lokalanästhesie mit anästhesiologischem Stand-by

- Voruntersuchungen, Vorbereitungen und Prämedikation wie bei Allgemeinanästhesie
- zu starke Sedierung vermeiden, da Gefahr von Atemdepression, Unruhe, Verwirrtheit oder mangelnde Kooperation
- eine sicher laufende Venenkanüle
- vor OP-Beginn: Zubehör für Allgemeinanästhesie bereitstellen
- Monitoring wie bei Allgemeinanästhesie
- während OP: Sauerstoff über Nasensonde zuführen, Patienten regelmäßig zum Tief-Durchatmen auffordern.

39.6 Spezielle Anästhesie

39.6.1 Glaukom

Bei Glaukompatienten müssen alle Maßnahmen und Medikamente vermieden werden, die den intraokularen Druck steigern.

Glaukomoperation
- OP-Dauer: ca. 60 min
- Rückenlage
- Anästhesie: LA mit oder ohne Sedierung; Intubationsnarkose/Larynxmaske

Besonderheiten

- Miotisch wirkende Augentropfen bis zur OP zuführen
- kein Atropin bei Winkelblockglaukom
- kein Succinylcholin und kein Ketamin wegen Steigerung des IOP
- postoperative Analgesie: Nichtopioid.

39.6.2 Netzhautablösung

Bei diesen Notfallpatienten ist meist eine starke Prämedikation erforderlich, um präoperative Angst und Aufregung zu dämpfen.

Netzhautoperation
- OP-Dauer: 1–3 h
- Rückenlage
- Anästhesie: Intubationsnarkose/Larynxmaskennarkose: TIVA oder Opioid/Inhalationsanästhetikum und Muskelrelaxierung

Besonderheiten

- Okulokardialer Reflex durch Zug an den Augenmuskeln
- Husten und Pressen unbedingt vermeiden
- gelegentlich Senkung des IOP durch Mannitol (0,5 g/kg) erwünscht
- Narkose nicht vorzeitig abflachen
- behutsame Narkoseausleitung mit leicht erhöhtem Oberkörper; Kältezittern Pressen, Husten und Erbrechen vermeiden
- postoperative Analgesie: Nichtopioid, z.B. Metamizol.

39.6.3 Katarakt

Bei der OP wird die getrübte Linse entfernt und durch eine künstliche ersetzt:

Kataraktoperation
- OP-Dauer: 20–40 min
- Rückenlage
- Anästhesie: Lokalanästhesie mit oder ohne Sedierung, LMA oder Intubationsnarkose (Spontanatmung oder kontrollierte Beatmung)

Besonderheiten

- Husten, Pressen und Erbrechen während und in den ersten 24 h nach der Operation unbedingt vermeiden
- postoperative Analgesie: Nichtopioide p.o.

39.6.4 Keratoplastik (Hornhauttransplantation)

Die Operation ist semidringlich, da ein frisches Hornhauttransplantat zu besseren OP-Ergebnissen führt.

Keratoplastik
- OP-Dauer ca. 60 min
- Rückenlage
- Anästhesie: LA, bevorzugt jedoch Intubationsnarkose/Larynxmaske mit Muskelrelaxierung wegen erforderlicher Immobilität

Besonderheiten:

39

- vordere Augenkammer offen, wenn erkrankte Hornhaut entfernt: daher Husten und Pressen unbedingt vermeiden!
- Narkoseausleitung und postoperativ: Kältezittern, Husten, Pressen, Erbrechen und Unruhe unbedingt vermeiden, ebenso einen zu hohen oder zu niedrigen IOP
- postoperative Analgesie: Nichtopioid, z.B. Metamizol.

39.6.5 Vitrektomie

Bei dieser Operation von 3–4 h Dauer wird der Glaskörper entfernt und durch Elektrolytlösung oder hochgereinigtes Silikonöl ersetzt. Die Operation sollte möglichst in Allgemeinnarkose erfolgen, weil eine mehrstündige vollständige Immobilisierung des Patienten erforderlich ist.

39.6.6 Schieloperation

Strabismusoperation
- Patienten: meist gesunde Kinder ohne wesentliche Risiken (gilt auch für die maligne Hyperthermie); ambulante OP möglich
- OP-Dauer 60–90 min
- Rückenlagerung
- Schmerzintensität: gering
- Anästhesie: Allgemeinnarkose: endotracheale Intubation oder Larynxmaske mit kontrollierter Beatmung

Besonderheiten

- Succinylcholin vermeiden (▶ Kap.5), erhöht den Augenmuskeltonus für ca. 20 min
- häufiges Auftreten des **okulokardialen Reflexes** (Atropin bereithalten)
- lückenlose Überwachung der Körpertemperatur (Atropinüberdosierung vermeiden)
- postoperatives Erbrechen häufig
- postoperative Analgesie: erforderlich, aber Opioide wegen erhöhter PONV-Inzidenz möglichst vermeiden.

39.6.7 Perforierende Augenverletzung

Notfall, der wegen des möglichen Verlusts von Augeninhalt und der Infektionsgefahr dringlich versorgt werden muss:

Operation bei perforierender Augenverletzung
- OP-Dauer 30–120 min
- Rückenlage
- Schmerzintensität: gering bis sehr stark
- Anästhesie: Intubationsnarkose oder Larynxmaske, kontrollierte Beatmung

Besonderheiten

- Patienten häufig nicht nüchtern, dann „Ileuseinleitung“
- bei Präoxygenierung nicht das Auge berühren
- endotracheale Intubation nur bei ausreichender Narkosetiefe und Muskelrelaxierung. Anstiege des IOP durch Husten und Pressen oder Blutdruckanstieg unbedingt vermeiden; Succinylcholin kann im Notfall eingesetzt werden (langsam injizieren!)
- Bei der Narkoseausleitung und in der postoperativen Phase müssen Blutdruckanstiege, Husten, Pressen und Erbrechen vermieden werden, um das Operationsergebnis nicht zu gefährden.

39.6.8 Tränengangsondierung und -spülung

Bei Obstruktion des Nasentränengangs wird der Weg sondiert und mit Flüssigkeit (Kochsalz + Fluorescein) gespült. OP-Dauer 15–30 min.
- bei starker Spülung des Ganges: Intubationsnarkose zum Schutz vor Aspiration
- bei Sondierung und nur geringer Spülmenge: Ketaminnarkose oder Maskennarkose.

39.7 Postoperative Phase

In der frühen postoperativen Phase wird der Patient im Aufwachraum versorgt und mit um 15–20° erhöhtem Kopf auf die Seite des nichtoperierten Auges gelagert; das operierte Auge wird durch eine Metallkappe geschützt. Bei Kindern muss vor allem in der Aufwachphase damit gerechnet werden, dass sie zum operierten Auge greifen.

Aus den zuvor geschilderten Gründen müssen in der postoperativen Phase **Husten, Pressen, Erbrechen** und **exzessive Blutdruckanstiege** vermieden werden.

Treten postoperativ plötzlich Augenschmerzen auf, sollte an eine **Hornhautverletzung** oder einen **akuten Glaukomanfall** gedacht werden.

Literatur

Balkan BK, Gunenc F, Iyilikci L, Gokel E, Yaman A, Berk AT: The laryngeal mask airway (LMA) in paediatric ophthalmic anaesthesia practice. Eur J Anaesthesiol 2005; 22(1):77–9.

Eberhart LH, Geldner G, Horle S, Wulf H: Prophylaxis and treatment of nausea and vomiting after outpatient ophthalmic surgery. Ophthalmologe 2004;101(9): 925–30. Review.

Friedman DS, Reeves SW, Bass EB, Lubomski LH, Fleisher LA, Schein OD: Patient preferences for anaesthesia management during cataract surgery. Br J Ophthalmol 2004 Mar;88(3):333–5.
Sator-Katzenschlager SM, Oehmke MJ, Deusch E, Dolezal S, Heinze G, Wedrich A: Effects of remifentanil and fentanyl on intraocular pressure during the maintenance and recovery of anaesthesia in patients undergoing non-ophthalmic surgery. Eur J Anaesthesiol 2004 Feb;21(2):95–100.

40 Zahn-, Mund- und Kieferchirurgie

Anästhesist und Operateur teilen sich die Atemwege; die Gefahr der Tubusdislokation durch operative Manipulationen ist erhöht. Entsprechend ist eine enge Zusammenarbeit zwischen Operateur und Anästhesist erforderlich.

40.1 Grundsätze und Besonderheiten

- Riskante Sedierungsverfahren sollten vermieden werden.
- Die Augen des Patienten müssen besonders geschützt werden.
- Der Anästhesist muss auf schwierige Intubationen vorbereitet sein.
- Um das operative Vorgehen zu erleichtern, ist häufig eine nasale Intubation erwünscht; entsprechend sollte präoperativ die Durchgängigkeit der Nasenwege überprüft und außerdem nach Nasenbluten gefragt werden.
- Bei einfachen oralen Eingriffen kann die Larynxmaske verwendet werden; hierdurch wird jedoch der Zugang zum Mund eingeschränkt, auch kann die Maske leicht verrutschen, so dass besondere Aufmerksamkeit geboten ist.
- Durch Rachentamponaden kann das Eindringen von Blut und Sekret in die Luftwege meist verhindert werden.
- Die Augen sind vor Verletzungen zu schützen.
- Bei der Extubation ist die Gefahr der Aspiration von Blut, Gewebe und Eiter erhöht; der Patient sollte daher in Seitenlage und tiefliegendem Kopf extubiert werden

40.2 Spezielle Anästhesie

40.2.1 Zahnbehandlungen

Nur bei speziellen Zahnbehandlungen oder sehr unkooperativen Patienten (z.B. geistige Behinderung) wird eine Intubationsnarkose durchgeführt.

Besonderheiten

- Unkooperative Patienten müssen meist stärker sediert werden, um eine sichere Narkoseeinleitung zu ermöglichen.
- Je nach Zahnstatus kann die Intubation erschwert sein.
- Erhaltungsgdosen von **Antiepileptika, Tranquilizern** oder **Neuroleptika sollten zusammen mit der Prämedikation verabreicht werden,** um ein Entzugssyndrom bzw. perioperative epileptische Anfälle zu vermeiden.
- Bei beidseitigen Zahnsanierungen sollte bevorzugt nasotracheal intubiert werden; bei einseitigen Behandlungen oral.
- Bei Zahnabszessen muss überprüft werden, ob eine Kieferklemme besteht.
- Meist sind lange Beatmungsschläuche erforderlich, da das Narkosegerät kopffern platziert werden muss.
- Extubiert werden darf erst, wenn die Schutzreflexe vollständig funktionieren und die Rachentamponade entfernt worden ist.
- Für den Transport in den Aufwachraum wird der Patient mit tiefer gelegtem Kopf auf die Seite gelagert, um einen besseren Abfluss von Blut und Schleim zu ermöglichen.

40.2.2 Gesichtsschädeltrauma

Bei schwerem Gesichtsschädeltrauma sind die **Atemwege** häufig durch starke Blutungen, herausgebrochene Zähne und instabile Frakturen gefährdet, besonders wenn der Patient bewusstlos ist.

Bei Unterkieferfrakturen kann eine Kieferklemme auftreten und zu erheblichen Intubationsschwierigkeiten führen

Oberkieferfrakturen gehen fast immer mit Nasenbluten einher, bei 25% der Patienten auch mit einer Nasen-Liquor-Fistel. Wird der Oberkiefer gegen die Pharynxhinterwand gedrückt, kann die Nasenatmung behindert werden.

Erstmaßnahmen

- Zunächst die Atemwege frei machen: Zunge oder Oberkiefer festhalten, Kopf tieflagern und auf die Seite drehen, anschließend Mundhöhle und Pharynx absaugen; dabei auf lockere Zähne achten.
- Bewusstlose Patienten werden primär endotracheal intubiert. Bei schwerem Mittelgesichtstrauma darf der Tubus nicht über die Nase eingeführt werden.

Für die operative Versorgung von Gesichtsverletzungen gilt:

> **! Merke**
> Gesichtsverletzungen dürfen erst operativ versorgt werden, wenn die Schädel-Hirn-Trauma-Diagnostik abgeschlossen worden ist.

Unterkieferfrakturen

Behandlung

Zwei Vorgehensweisen sind möglich

- Überwiegend konservativ: Schienenverbände, die unter Sedierung oder Intubationsnarkose (nasotracheal) eingelegt werden, dann starre intermaxilläre Fixierung für 3–5 Wochen.
- Operativ: Einbringen provisorischer Schienenverbände mit vorübergehender intermaxillärer Fixierung von Ober- und Unterkiefer. Für den Eingriff muss der Patient **nasotracheal** intubiert werden.

Besonderheiten

- Die Patienten sind häufig nicht nüchtern;
- Während der Narkoseeinleitung besteht die Gefahr der Atemwegobstruktion.
- Bei einigen Patienten ist die Intubation wegen Schwellung und/oder Kieferklemme erschwert.
- Durch die Laryngoskopie können Blutungen ausgelöst oder verstärkt werden.

> **✓ Praktisches Vorgehen**
> **Narkose bei Gesichtsschädeltrauma**
> 1. Hat der Patient größere Mengen Blut verschluckt, besteht erhöhte Aspirationsgefahr.
> 2. Liegt keine orale Blutung vor und sind keine Intubationshindernisse zu erwarten: übliche „Ileuseinleitung" nicht nüchterner Patienten mit oraler Intubation (▶ Kap. 30).
> 3. Blutete dagegen der Patient oral oder sind Intubationsschwierigkeiten wahrscheinlich, sollte er im Wachzustand unter Sedierung intubiert werden; sind die Nasenwege unversehrt und liegt keine schwere Mittelgesichtsfraktur vor, kann der wache Patient auch vorsichtig nasotracheal intubiert werden.

40

4. Bei Unterkieferfrakturen besteht keine Gefahr, dass die Fraktur durch die Laryngoskopie verschlimmert wird; allerdings muss mit dem Herauslösen von Zähnen und entsprechender Aspirationsgefahr gerechnet werden.
5. Besteht eine **Kieferklemme,** muss präoperativ die Ursache abgeklärt werden. Sind Schmerzen oder Schwellungen die Ursache, so wird die Laryngoskopie hierdurch nicht beeinträchtigt. Ist die Kieferklemme jedoch mechanisch bedingt, muss mit „unmöglicher Intubation" gerechnet werden.
6. Patienten mit intermaxillärer Fixierung und Verdrahtung der Zähne dürfen erst extubiert werden, wenn sie vollständig aufgewacht sind. Aus Sicherheitsgründen muss an ihrem Bett eine Drahtschere griffbereit platziert werden, damit bei Atemstörungen die Verdrahtung rasch geöffnet werden kann.

Mittelgesichtsfrakturen

Diese Frakturen betreffen Oberkiefer, Orbitaboden und -rand, Jochbein und Nasenbein. Die Klassifizierung der Oberkieferfrakturen erfolgt meist nach Le Fort.

√ **Praktisches Vorgehen**

Narkose bei Mittelgesichtsfraktur

1. Zunächst **Atemwege frei machen** und Blutung kontrollieren. Oberkiefer nach vorn ziehen und den Mund von Blut, herausgebrochenen Zähnen usw. reinigen.
2. Bei Bewusstlosen umgehend **orale** Intubation. Die primär nasale Intubation ist bei Patienten mit schwerem Mittelgesichtstrauma mit intranasalen Verletzungen und Obstruktion kontraindiziert, ebenso das Einführen einer Magensonde durch die Nase: Fehllagen des Tubus bzw. der Sonde in Kieferhöhle, Orbita und, bei Schädelbasisfrakturen, sogar im Hirnschädel sind möglich. Erst nach sorgfältiger Überprüfung der Nasenwege und ggf. entsprechender Korrektur darf nasotracheal umintubiert werden.
3. Die Operation umfasst die Mobilisierung und Reposition der Gesichtsknochen und die innere oder äußere Fixierung und anschließende intermaxilläre Fixierung. Für die Operation wird der Patient **nasotracheal** intubiert. Bei einigen Patienten, z.B. mit Schwellungen der Nasenwege, ist es ratsam, vor der Fixierung für die folgenden postoperativen Tage einen nasopharyngealen Tubus einzuführen, um die Atemwege freizuhalten.
4. Die Extubation erfolgt immer am wachen Patienten und nur bei gesicherten Atemwegen; Bewusstlose werden nicht extubiert.

Offene Halsverletzungen

Offene Halsverletzungen entstehen meist durch Pfählung oder Schusswaffen sowie als Schnittverletzungen, z.B. durch Messer oder Glas, oft in suizidaler Absicht. Beachtet werden muss, dass die äußere Wunde oft keine Aussagen über den tatsächlichen Schweregrad erlaubt und leicht zu gefährlicher Fehleinschätzung verleitet.

Hauptgefahren:

- massive Blutungen, vor allem bei Verletzungen der A. carotis com. und/oder der A. thyroidea
- Verlegung der Atemwege mit Ersticken, besonders bei Verletzungen der Trachea
- pulmonale Aspiration.

Praktisches Vorgehen

Anästhesie bei offenen Halsverletzungen

1. Zunächst abklären, ob eine Verlegung der Atemwege droht oder besteht. Wenn ja, Sicherung der Atemwege, z.B. bei Durchtrennung der Trachea durch Einführen eines Endotrachealtubus über die offene Verletzung.
2. Bei Atembehinderung durch weniger offensichtliche Halsverletzungen besteht die Gefahr einer Verschlimmerung der Verletzung durch den Tubus oder aber des Misslingens der Intubation; daher ggf. vorherige **Sicherung der Atemwege durch Bronchoskopie.** Bei erheblicher Zerstörung des Kehlkopfs: sofortige **Tracheotomie** oder **Krikotomie.**
3. Besteht keine Obstruktion der Atemwege, werden vorrangig die Blutung gestillt und die Blutverluste durch Volumenzufuhr ausgeglichen.
4. Danach Begleitverletzungen, insbesondere Frakturen der Halswirbelsäule und des Thorax (Pneumothorax, Hämatothorax), ausschließen.
5. Liegt keine Verletzung der Trachea vor und kommt der Patient zur operativen Versorgung ohne Tubus in den Einleitungsraum, sollte die endotracheale Intubation unter Lokalanästhesie behutsam am wachen Patienten erfolgen. Sedativa dürfen bei Obstruktion der Atemwege nicht oder nur mit allergrößter Vorsicht angewandt werden. Die Intubation sollte wegen der einfacheren Durchführbarkeit primär **oral** erfolgen.
6. Ist eine Intubation am wachen Patienten nicht möglich, wird nach der Narkoseeinleitung intubiert (Vorsicht: voller Magen!). Bei Verlegung der Atemwege wird **per Inhalation unter erhaltener Spontanatmung** eingeleitet; intravenöse Anästhetika und Muskelrelaxanzien sind kontraindiziert; auch darf kein Krikoiddruck angewandt oder vor der Intubation eine Magensonde eingeführt werden, weil hierdurch die Verletzungen erheblich verschlimmert werden können. Ist bei der Laryngoskopie eine Verletzung der Trachea nachweisbar, sollte zunächst ein **starres Bronchoskop** eingeführt werden, um das Ausmaß der Verletzung festzustellen, danach ein Endotrachealtubus.
7. Bei wesentlichen Verletzungen der oberen Atemwege wird der Endotrachealtubus oder eine Trachealkanüle postoperativ zunächst belassen.

Geschlossene Halsverletzungen

Schwere geschlossene Halsverletzungen sind selten und entstehen durch Kompression des Halses gegen die Wirbelsäule. Betroffen sind vor allem Kehlkopf und Trachea. Nicht immer sind die Zeichen klinisch offenkundig.

Die Diagnose wird durch **Endoskopie** gesichert. Die hierfür erforderliche Narkose wird **per Inhalation unter erhaltener Spontanatmung** eingeleitet; bei ausreichender Narkosetiefe wird zunächst ein Bronchoskop eingeführt, um eine Orientierung über das Ausmaß der Verletzung zu ermöglichen, danach ein Endotrachealtubus.

40.2.3 Tumorchirurgie

Hier gelten die gleichen Besonderheiten wie für die Tumorchirurgie in der HNO-Heilkunde (Einzelheiten s. ▶ Kap. 41):

- häufig Alkoholabusus
- Intubationsschwierigkeiten und Gefährdung der Atemwege
- teilweise erhebliche Blutverluste.

40.2.4 Lippen- und Gaumenspalten

Lippenspalten werden meist nach 3 Monaten operiert, Gaumenspalten nach 6–9 Monaten.

Besonderheiten

- Narkoseeinleitung i.v., bei vermuteten Atemwegproblemen bevorzugt per Inhalation mit Sevofluran
- Intubation mit Spiraltubus; bei Gaumenspalte oral; Tubus tief genug vorschieben
- Augenschutz, Rachentamponade
- Der operative Verschluss der Gaumenspalte kann zu Verlegung der oberen Atemwege führen. Darum Vorsicht bei der Extubation!
- Extubation nur am wachen Kind; wenn nötig: nasale Stents einführen, um die Atemwege offen zu halten.

Literatur

Rodgers SF: Safety of intravenous sedation administered by the operating oral surgeon: the first 7 years of office practice. J Oral Maxillofac Surg 2005; 63(10):1478–83.

Sehata H, Kohase H, Takahashi M, Miyamoto T, Umino M: Tracheal intubation using a new CCD camera-equipped device: a report of two cases with a difficult intubation. Acta Anaesthesiol Scand 2005;49(8):1218–20.

Todd DW: Anesthetic considerations for the obese and morbidly obese oral and maxillofacial surgery patient. J Oral Maxillofac Surg 2005;63(9):1348–53. Review.

41 Hals-, Nasen- und Ohrenheilkunde

Die Besonderheiten der Anästhesie umfassen vor allem folgende Faktoren:
- schwierige Intubation
- Gefährdung der Atemwege
- Schutz vor reflektorischer vagaler Überaktivität
- Komplikationen bei der Extubation
- Vermeiden von Erbrechen und Pressen in der postoperativen Frühphase bei bestimmten Operationen.

41.1 Schwierige Intubation

Bei Erkrankungen im Mund- und Halsbereich (Tumoren, Abszesse) treten besonders häufig Intubationsschwierigkeiten auf. Darum muss sich der Anästhesist vor der Narkose sorgfältig über den mutmaßlichen Zustand der Luftwege sowie vorangegangene endotracheale Intubationen (Tubusgröße? Spezielle Schwierigkeiten?) informieren (Einzelheiten s. ▶ Kap. 19).
- Bei ausgewählten Patienten sollten vor der Narkose unter Lokalanästhesie und leichter Sedierung die oberen Atemwege mit einem Laryngoskop inspiziert werden.
- Sind Intubationsschwierigkeiten zu erwarten, sollte der Patient im Wachzustand, unter Lokalanästhesie, fiberoptisch intubiert werden. Hierbei sollte folgender Grundsatz beachtet werden:

! Merke
Erwartet schwierige Intubationen sollten bei HNO-Patienten in Tracheotomie-Bereitschaft durchgeführt werden.

41.2 Gefährdung der Atemwege

- Bei Operationen an den Atemwegen oder in deren unmittelbarer Nähe ist die Gefahr einer Verlegung durch Blut, Sekret, Eiter, Gewebe, Ödem, Instrumente oder operative Manipulationen besonders groß.
- Daher sollten diese Eingriffe möglichst in **Allgemeinnarkose mit endotrachealer Intubation** durchgeführt werden; nicht abknickbare Spiraltuben sind oft nützlich. Durch eine Rachentamponade kann zusätzlich das Eindringen von Blut und Sekreten in Kehlkopf und Trachea verhindert werden.
- Bei intraoperativen Umlagerungsmanövern des Kopfes besteht die Gefahr der versehentlichen Extubation, so dass entsprechende Vorsicht und Aufmerksamkeit geboten sind.
- Bei Blutungen in den Atemwegen sollte vor der Extubation unter direkter Sicht abgesaugt und dann die Rachentamponade entfernt werden.
- Blutet der Patient im Bereich der Atemwege oder war die Intubation schwierig, sollte erst dann extubiert werden, wenn die Schutzreflexe vollständig zurückgekehrt sind. Für die Extubation wird der Patient auf die Seite gelagert.

41.3 Spezielle Anästhesie

- Bei der Narkosevisite muss gezielt nach Hinweisen auf Intubationsschwierigkeiten gesucht werden.
- Patienten mit Luftnot oder inspiratorischem Stridor sollten nicht mit Sedativa oder Opioiden prämediziert werden.

- Notfälle in der HNO betreffen sehr häufig die oberen Atemwege. Diese Patienten erfordern einen besonders erfahrenen Anästhesisten und Operateur.
- Für die Narkoseüberwachung wird das Standardmonitoring eingesetzt; Relaxometrie wird ausdrücklich empfohlen. Bei großen Eingriffen kann ein invasives hämodynamisches Monitoring indiziert sein.
- Typische Komplikationen sind: Abknicken und Dislokation des Tubus, Abknicken und Diskonnektion von Beatmungsschläuchen, Laryngospasmus, Bronchospasmus, kardiovaskuläre Reflexreaktionen, Luftembolie, Aspiration, Schwellung der oberen Atemwege, Nachblutungen und PONV.

41.3.1 Ohrenoperationen

Länger dauernde Ohrenoperationen werden meist in Allgemeinnarkose mit endotrachealer Intubation durchgeführt. Gewöhnlich handelt es sich um junge gesunde Patienten mit geringem Operations- und Narkoserisiko. Bei Ohrenoperationen können folgende Besonderheiten von Bedeutung sein:

- kontrollierte Hypotension: risikoreiches Verfahren mit fraglichem Nutzen
- kardiovaskuläre Wirkungen von lokal appliziertem Adrenalin oder POR 8
- Erhöhung des Drucks im Mittelohr durch Lachgas: Konzentration von 50% nicht überschreiten, Zufuhr 15–20 min vor Verschluss des Mittelohrs unterbrechen, vor Verschluss Mittelohr mit Luft spülen
- intraoperative Reizung des N. facialis: in dieser Phase keine Muskelrelaxierung.

41.3.2 Nasenoperationen

Die häufigsten Nasenoperationen sind:

- Korrektur von Septumdeviationen
- plastische Korrekturen
- Eingriffe an den Nebenhöhlen
- Reposition von Nasenbeinfrakturen
- Polypektomien.

Einfache und kurz dauernde Eingriffe können häufig in Lokalanästhesie durchgeführt werden; für die meisten Operationen ist jedoch eine **Allgemeinnarkose mit endotrachealer Intubation** erforderlich, vor allem, um einen sicheren Schutz der Atemwege zu erreichen.

Praktisches Vorgehen

Anästhesie bei Nasen-OP

1. Nach der Intubation: Rachentamponade, um das Abfließen von Blut, Sekret und Eiter zu verhindern.
2. Eine Muskelrelaxierung ist für Nasenoperationen nicht erforderlich.
3. Vor der Extubation: Pharynx behutsam absaugen, größere Blutungen stillen, Rachentamponade unter laryngoskopischer Sicht entfernen, Rückkehr der Schutzreflexe abwarten, dann erst extubieren.
4. Besteht **Aspirationsgefahr:** Patienten zunächst auf die Seite und den Kopf tieflagern, um das Abfließen des Blutes und der Sekrete zu ermöglichen.
5. Postoperativ ist wegen der austamponierten Nase die Nasenatmung behindert, daher muss in der frühen postoperativen Phase die Atmung besonders überwacht werden.

Epistaxis

Die chirurgische Therapie des Nasenblutens umfasst die Ligatur der **A. maxillaris interna** und der **A. ethmoidalis anterior,** manchmal auch der **A. carotis externa.**

- Präoperativ muss nach Zeichen der **Hypovolämie** gesucht werden, besonders bei länger bestehendem Nasenbluten.
- Oft hat der Patient größere Mengen Blut verschluckt, so dass die Aspirationsgefahr erhöht ist.
- Störungen der Blutgerinnung als Ursache der Blutung müssen präoperativ durch entsprechende Laboruntersuchungen ausgeschlossen werden.
- Für die Operation müssen Blutkonserven transfusionsfertig bereitgestellt werden; außerdem sind 1 bis 2 weitlumige und sicher laufende Venenkanülen erforderlich.
- Die Narkoseeinleitung erfolgt nach den Grundsätzen der „Einleitung bei vollem Magen" (▶ Kap. 30).

Eingriffe an den Nasennebenhöhlen

41

Operationen an den Nasennebenhöhlen können mit beträchtlichen Blutverlusten einhergehen. Darum sollten präoperativ ausreichend Erythrozytenkonzentrate gekreuzt und 1 bis 2 sicher laufende, weitlumige Venenkanülen gelegt werden. Die Operation erfolgt in Intubationsnarkose.

41.3.3 Adenotomie und Tonsillektomie

Adenotomie (mit oder ohne Einlage von Paukenröhrchen) und Tonsillektomie gehören zu den häufigsten chirurgischen Eingriffen im Kindesalter. Adenotomien werden meist ambulant durchgeführt, Tonsillektomien überwiegend stationär. Die Operationen erfolgen am häufigsten in **Intubationsnarkose;** Einsatz einer **flexiblen Larynxmaske** ist jedoch ebenfalls möglich. Werden lediglich Paukenröhrchen eingesetzt, kann auch eine **Maskennarkose** durchgeführt werden. Nur bei sehr kooperativen Patienten sollte die Tonsillektomie unter Lokalanästhesie erfolgen. Die wichtigsten **operationsbedingten Komplikationen,** auf die der Anästhesist jederzeit vorbereitet sein muss, sind:

- Blutungen
- Verlegung der Atemwege
- Tubusdislokation oder Extubation, vor allem beim Einsetzen und Entfernen des Mundspreizers
- Herzrhythmusstörungen.

✓ Praktisches Vorgehen

Anästhesie bei Adenotomie und Tonsillektomie

1. Blutungsanamese erheben; wenn „leer": Gerinnungsstatus nicht erforderlich.
2. Narkoseeinleitung: bei Erwachsenen i.v., bei Kindern, je nach Wunsch, per Inhalation oder i.v. Relaxierung, z.B. mit Mivacurium.
3. Patienten orotracheal intubieren, anschließend Mundspreizer so einführen, dass der Tubus in der Grube des Zungenspatels in der Mundmitte fixiert wird; zusätzlich Tubus am Kinn mit Pflaster verkleben.
4. Wenn Tubus korrekt liegt: Mundspreizer weit öffnen und in der Haltevorrichtung fixieren. Vorsicht: Hierbei kann der Tubus verrutschen oder abknicken!

5. Im Verlauf der Operation, besonders bei Lagerungswechsel, besteht die Gefahr, dass der Tubus durch den Spreizer komprimiert wird, abknickt oder herausrutscht, so dass ganz besondere Aufmerksamkeit erforderlich ist. Bei versehentlicher Extubation: Ruhe bewahren und sofort reintubieren!
6. Aufrechterhaltung der Narkose: TIVA mit Muskelrelaxierung (z.B. Mivacurium) oder balancierte Anästhesie, jeweils mit kontrollierter Beatmung.
7. Bei zu flacher Narkose können Herzrhythmusstörungen auftreten, meist ausgelöst durch Stimulation von Larynx und/oder Trachea; begünstigend wirken hierbei Hypoxie und Hyperkapnie. Vertiefung der Narkose, Aufhebung der Stimuli und ausreichende Beatmung beseitigen die Störungen in den meisten Fällen.
8. Die intraoperativen Blutverluste sind meist gering und Bluttranfusionen nur ausnahmsweise erforderlich.
9. Am Ende der Operation entfernt der Operateur die Tupfer aus dem OP-Gebiet und inspiziert den Pharynx auf Blutungen; danach wird behutsam abgesaugt. Nach einer Adenotomie sollte der hintere Pharynx über die Nase abgesaugt werden, um loses Adenoidgewebe zu beseitigen.
10. Beim Entfernen des Mundspreizers kann der Tubus versehentlich herausgezogen werden, daher erhöhte Wachsamkeit!
11. Nach Beendigung der Operation für mindestens 3 min Sauerstoff zuführen, danach den Pharynx erneut auf Blutungen inspizieren und vorsichtig absaugen (jedoch nicht während der Exzitationsphase). Extubiert werden sollte erst, wenn Husten- und Schluckreflexe vollständig zurückgekehrt sind. Extubation in tiefer Narkose ist ebenfalls möglich, allerdings tritt hierbei häufiger ein Laryngospasmus auf als bei wacher Extubation.
12. Für die Extubation Patienten in „Tonsillenposition“ lagern (Kopf tief, zur Seite gedreht), um Blut und Sekret zu drainieren; außerdem 100%igen Sauerstoff über die Maske zuführen, bis die Atmung frei und ungehindert ist. Auf Laryngospasmus ausgelöst durch Blut oder Sekret, nach der Extubation vorbereitet sein.

Postoperative Phase

Die wichtigsten Komplikationen sind Blutungen und Verlegung der Atemwege, außerdem PONV (Prophylaxe mit Dexamethason und 5-HT3-Antagonisten erwägen).

Postoperative Schmerztherapie: Die Adenotomie ist wenig schmerzhaft: Nichtopioide, z.B. Paracetamol oder Ibuprofen, reichen bei Kindern meist aus. Die Wirksamkeit der Wundinfiltrationsanästhesie bei Tonsillektomie ist nicht gesichert. Bei starken Schmerzen können Opioide eingesetzt werden.

Blutung nach Tonsillektomie

Die Blutung nach Tonsillektomie ist eine **gefährliche Komplikation und eine der Haupttodesursachen** im Zusammenhang mit Tonsillenoperationen. Selten tritt die Blutung schlagartig auf; meist liegt eine kontinuierliche Sickerblutung vor. Hierbei wird der Blutverlust häufig unterschätzt: Oft besteht eine **Hypovolämie** mit **Hypotension** und **Tachykardie;** der Patient hat gewöhnlich größere Mengen Blut verschluckt, die plötzlich erbrochen werden können. Die operative Blutstillung erfolgt in Intubationsnarkose.

Praktisches Vorgehen

Tonsillektomie-Nachblutung

1. Präoperativ mehrere Erythrozytenkonzentrate kreuzen lassen und bereithalten; außerdem Hb-Kontrolle.
2. Vor der Narkoseeinleitung eine evtl. bestehende Hypovolämie ausgleichen. Anästhetika vorsichtig dosieren, da häufig noch larvierte Hypovolämie vorhanden.
3. Wegen der erhöhten Aspirationsgefahr Narkose wie bei „vollem Magen" einleiten, auf Intubationsschwierigkeiten wegen Blutung und Ödem vorbereitet sein.
4. Nach Stillen der Blutung den Magen über Sonde absaugen.
5. Extubation möglichst erst nach Rückkehr des Bewusstseins.
6. Postoperativ Hb-Kontrolle.

41.3.4 Tonsillen- oder Pharynxabszess

Hauptkomplikation ist die lebensbedrohliche **Verlegung der Atemwege** durch große Mengen von Eiter nach Durchbruch des Abszesses.

- Verlegt der Abszess nicht die oberen Atemwege und droht kein unmittelbarer Durchbruch, kann er gefahrlos in Intubationsnarkose gespalten werden.
- Steht der Abszess jedoch kurz vor dem Durchbruch, ist die Gefahr einer lebensbedrohlichen Verlegung der Atemwege während der Narkoseeinleitung sehr groß. Bei ausgedehnten, schmerzhaften Abszessen kann zusätzlich eine Kieferklemme auftreten. In dieser Situation empfiehlt sich zunächst eine **Nadelaspiration** unter Sedierung, um den Abszess zu verkleinern, und nachfolgend die vorsichtige Narkoseeinleitung mit behutsamer endotrachealer Intubation.
- Am Ende des Eingriffs Mund und Pharynx sorgfältig absaugen; Patienten erst extubieren, wenn Schutzreflexe vollständig zurückgekehrt sind.

41.3.5 Panendoskopie

Dies ist eine kombinierte endoskopische Untersuchung, bestehend aus Pharyngoskopie, Laryngoskopie, starrer Tracheobronchoskopie und Ösophagoskopie.

Nach der Narkoseeinleitung und Relaxierung führt der Operateur das starre Tracheobronchoskop ein; über dieses Rohr wird der Patient auch beatmet. Leckagen sind hierbei möglich, so dass die TIVA bevorzugt werden sollte. Alternative: Hochfrequenzbeatmung.

41.3.6 Laryngoskopie und Mikrolaryngoskopie

Die Laryngoskopie und die Mikrolaryngoskopie mit Endoskoprohr und Operationsmikroskop werden zu diagnostischen Zwecken oder für operative Eingriffe am Kehlkopf durchgeführt.

Besonderheiten:

- Anästhesist und Operateur teilen sich den Atemweg.
- Die Atemwege können bereits präoperativ durch Tumor, Ödem oder Fremdkörper beeinträchtigt sein.
- Bei präoperativer schwerer Obstruktion der Atemwege mit Stridor und inspiratorischen Einziehungen sollte der Patient vorher elektiv unter Lokalanästhesie tracheotomiert werden.

Praktisches Vorgehen

Allgemeinnarkose

1. Vor der Narkose muss sich der Anästhesist über den Zustand der Atemwege informieren; hierfür ist eine enge Zusammenarbeit mit dem Operateur erforderlich.
2. Für die endotracheale Intubation Tuben und Laryngoskope verschiedener Größen bereitstellen. Die Intubation erfolgt mit einem möglichst kleinen Tubus (4–5 mm Durchmesser), um das operative Vorgehen zu erleichtern. Alternative: Jet-Ventilation s.u.
3. Besteht der Verdacht, dass der Patient nicht mit der Maske beatmet werden kann, weil die Atemwege durch Tumoren (z.B. in der Fossa piriformis) oder eine verdickte immobile Epiglottis (nach Bestrahlung) verlegt werden, sollte er wach fiberoptisch intubiert werden.
4. Für den Eingriff sind eine tiefe Narkose und absolute Immobilität erforderlich, außerdem eine Relaxierung der Stimmbänder, z.B. mit Mivacurium.
5. Während der Manipulationen am Larynx können kardiovaskuläre Reaktionen wie Blutdruckanstieg, Tachykardie und Herzrhythmusstörungen (evtl. auch Herzstillstand!) auftreten. Begünstigend wirken zu flache Narkose und Hyperkapnie (sowie Hypoxämie).
6. Nach dem Eingriff wird erst extubiert, wenn die Schutzreflexe ausreichend zurückgekehrt sind und der Patient aufgewacht ist. War die Intubation extrem schwierig, sollte eine Tracheotomie im Anschluss an die Laryngoskopie erwogen werden.
7. Tritt nach der Extubation eine Obstruktion der Atemwege auf, muss umgehend reintubiert, bei einigen Patienten sogar notfallmäßig tracheotomiert werden.

41

Jet-Ventilation, Hochfrequenzbeatmung

Bei diesem Beatmungsverfahren können laryngoskopische Eingriffe in Allgemeinnarkose ohne störenden Endotrachealtubus durchgeführt werden.

- Jet-Ventilation/Hochfrequenzbeatmung mit O_2 über spezielle Katheter oder Öffnungen im Laryngoskop/Bronchoskop; Frequenzen 60–600/min, am relaxierten Patienten
- nur bei ungehinderter Exspiration durchführen, da sonst gefährliche Druckanstiege; Ventilationskatheter genau in Längsrichtung der Trachea platzieren
- kontrollieren, ob Luft in den Magen eindringt (absaugen) oder die Katheterspitze distal der Karina liegt (korrigieren!)
- bei schwerer COPD oder Adipositas permagna sowie bei starken Blutungen: Jet-Ventilation nicht einsetzen.

Laserchirurgie des Kehlkopfs

Der Laserstrahl wird vor allem eingesetzt, um Larynxpapillome zu entfernen. Gummituben und Endotrachealtuben aus Kunststoff werden durch den Laserstrahl zerstört, brennbares Plastikmaterial kann entzündet werden. Trifft der Laser auf Metall, wird der Strahl zerstreut.

Besonderheiten:

- Intubationsnarkose mit kontrollierter Beatmung und Muskelrelaxierung (Patient darf sich nicht bewegen!)
- Intubation mit speziellem Lasertubus (4–5 mm)
- wenn Tubus Sicht behindert: Jet-Ventilation

- nach OP: Atemwege und Pharynx sorgfältig absaugen; Extubation erst, wenn die Schutzreflexe vollständig zurückgekehrt sind.

Postoperative Gefahren:

- Verlegung der Atemwege durch Ödem (initial oft Stridor); evtl. Dexamethason; bei schwerer Obstruktion: Reintubation
- Nachblutungen.

41.3.7 Laryngektomie

Die Patienten sind meist starke Raucher und öfter auch alkoholabhängig; entsprechend häufig sind **chronisch-obstruktive Lungenerkrankungen** und **kardiovaskuläre Erkrankungen.** Nicht selten besteht präoperativ eine partielle Obstruktion der Atemwege durch den Tumor oder durch die Folgen der Bestrahlung (Fibrose, Glottisödem, Versteifung von Larynx und Epiglottis, Kieferklemme). Darum muss bei diesen Patienten immer mit **Intubationsschwierigkeiten** gerechnet werden.

Präoperativ ist eine sorgfältige Einschätzung der Atemwege erforderlich. Bei schwerer Obstruktion durch den Tumor empfiehlt sich zunächst eine elektive Tracheotomie in Lokalanästhesie (ohne Sedierung!).

41

Laryngektomie

- Totalexstirpation des Kehlkopfs und (bei Metastasen) Neck-dissection en bloc
- Operationsdauer: 3–4 h
- Schmerzintensität: sehr stark
- Rückenlage, Kissen unter der Schulter, Kopfring, Kopf erhöht
- Blutverluste: mäßig bis stark, 2–4 EK kreuzen
- Anästhesie:
  - Intubationsnarkose, später Trachealkanüle
  - arterielle Kanüle, ZVK bei lange dauernden/komplizierten Eingriffen, Blasenkatheter

Praktische Hinweise:

- Bei Obstruktion der Atemwege sollte die endotracheale Intubation in Tracheotomiebereitschaft erfolgen.
- Bei mäßiggradiger Obstruktion sollte der Patient wach fiberoptisch intubiert, bei hochgradiger Obstruktion bevorzugt tracheotomiert werden.
- Nach Durchtrennung der Trachea wird der Tubus in den Kehlkopfeingang zurückgezogen und ein Spiraltubus in den distalen Atemweg vorgeschoben. Anschließend den neuen Tubus über ein steriles Schlauchsystem mit dem Narkosegerät verbinden. Danach sofort auskultatorische Kontrolle der Tubuslage!
- Eine postoperative Nachbeatmung ist meist nicht erforderlich.

41.3.8 Fremdkörperentfernung aus dem Tracheobronchialsystem

Grundsätzlich können alle Arten von Fremdkörpern aspiriert werden; Kinder unter 4 Jahren sind am häufigsten betroffen.

Klinische Zeichen:

- Luftnot durch Obstruktion
- inspiratorischer Stridor (bei laryngotrachealen Fremdkörpern)
- exspiratorischer Stridor (bei tiefer sitzendem Fremdkörper)
- Hustenattacken

- retrosternale Schmerzen und Hämoptysen
- bei länger zurückliegender Aspiration auch Fieber.

Therapie: Extraktion des Fremdkörpers durch starre Tracheobronchoskopie, bei ösophagealen Fremdkörpern Ösophagoskopie.

Praktisches Vorgehen

Anästhesie bei Fremdkörperentfernung

1. **Keine Sedativa oder Opioide,** insbesondere bei Atemnot bzw. Obstruktion der Atemwege. Bereitstellung weiterer Atropinspritzen.
2. Bei schwerster Obstruktion keine Allgemeinnarkose, sondern Laryngoskopie in Lokalanästhesie.
3. Bei mäßiggradiger Obstruktion: Einleitung über Atemmaske mit einem Inhalationsanästhetikum in hoher Konzentration; Lokalanästhesie des Larynx mit Lidocain 4% nach dem Einschlafen; danach Vertiefen der Narkose und anschließend Entfernen des Fremdkörpers. **Beachte: bei zu flacher Narkose Gefahr eines ausgeprägten Laryngospasmus!** Lässt sich der Fremdkörper nicht ohne weiteres entfernen, kann vor einem erneuten Versuch eine Tracheotomie erforderlich sein.
4. Nach der Laryngoskopie tritt häufig ein **subglottisches Ödem** mit Stridor, Heiserkeit und Unruhe auf, so dass immer eine 24-stündige Überwachung nach dem Eingriff erforderlich ist. Dies gilt insbesondere für kleine Kinder.

41

41.3.9 Neck-dissection

Zu unterscheiden ist zwischen radikaler und modifiziert radikaler (funktioneller) Neck-dissection.

- **Radikale Neck-dissection:** Entfernung des gesamten lymphatischen Halsgewebes, des M. sternocleidomastoideus, der V. jugularis interna, des N. accessorius und evtl. von Ästen des Plexus cervicalis.
- **Funktionelle Neck-dissection:** wie oben, aber Erhalt des M. sternocleidomastoideus, der V. jugularis interna und des N. accessorius.

Radikale Neck-dissection

- OP-Dauer: 2–4 h
- Schmerzintensität: sehr stark
- Rückenlage, Kissen unter Schulter, Kopfring, Kopf zur Gegenseite gedreht und erhöht
- Blutverluste: mäßig bis stark (nicht immer gut sichtbar), 2–4 EK kreuzen
- Anästhesie:
  - Intubationsnarkose mit kontrollierter Beatmung
  - arterielle Kanüle, Blasenkatheter, ZVK bei langer/komplizierter OP oder kardialen Vorerkrankungen
- Besonderheiten:
  - Luftemboliegefahr
  - reflektorische kardiovaskuläre Reaktionen

In den ersten 48–72 h nach der Operation muss mit Weichteilschwellung und Atemwegskompression gerechnet werden; darum ist für diese Zeit eine Intensivüberwachung erforderlich.

41.3.10 Tracheotomie

Die Tracheotomie wird am besten elektiv durchgeführt, bevorzugt in Intubationsnarkose, weil hierdurch die Atemwege für den Eingriff gesichert sind und die unmittelbare Obstruktionsgefahr beseitigt ist. Bei vermuteten Intubationsschwierigkeiten kann jedoch die Lokalanästhesie sicherer sein.

Tracheotomie

- Lagerung: Rücken, Kissen unter die Schultern, Kopfring, Kopf erhöht, Hals stark überstreckt
- Operation: transversale Hautinzision in Höhe des 2. und 3. Trachealrings; vertikale Eröffnung der Tracheavorderwand im Bereich des 2. und 3. (4.) Knorpels (Vorsicht: Tubuscuff nicht zerschneiden); Zurückziehen des Tubus bis zum Oberrand der Inzision, dann Einführen der Trachealkanüle, danach Lagekontrolle durch Auskultation, dann Tubus entfernen.
- Operationsdauer: ca. 30 min
- Schmerzintensität: stark
- Blutverlust: meist gering, gelegentlich stark aus Schilddrüsengefäßen
- Anästhesie: Intubationsnarkose; Larynxmaske möglich, wenn keine Obstruktion besteht; Lokalanästhesie ebenfalls möglich
- Komplikationen: s.u.

41

Nottracheotomie

Die Nottracheotomie ist ein **komplikationsreicher** Eingriff, der nur bei zwingender Indikation vorgenommen werden darf, z.B. wenn bei Verlegung der oberen Luftwege durch Ödem, Trauma, Fremdkörper, Entzündung oder Verbrennungen eine endotracheale Intubation nicht möglich ist.

- Die Nottracheotomie erfordert einen erfahrenen Operateur und einen erfahrenen Anästhesisten!
- Bei unmittelbarer Erstickungsgefahr zunächst **Krikotomie** (▶ Kap. 30), da schneller durchzuführen und weniger komplikationsreich als die Nottracheotomie.
- Die Nottracheotomie erfolgt immer in **Lokalanästhesie.**
- Während der Operation wird dem Patienten Sauerstoff über eine Maske zugeführt und die Atmung, falls erforderlich und möglich, unterstützt. In dieser Phase möglichst keine **Sedativa** anwenden, um die behinderte Atmung nicht weiter lebensbedrohlich einzuschränken.

Frühkomplikationen

- Bedrohliche Blutungen
- Pneumothorax
- Kanülen- oder Tubusfehllagen und -obstruktion
- subkutanes Emphysem, Ösophagusperforation.

Literatur

Lysakowski C, Fuchs-Buder T, Tassonyi E: Mivacurium or vecuronium for paediatric ENT surgery. Clinical experience and cost analysis. Anaesthesist 2000; 49(5):387–91.

Mamie C, Habre W, Delhumeau C, Argiroffo CB, Morabia A: Incidence and risk factors of perioperative respiratory adverse events in children undergoing elective surgery. Paediatr Anaesth 2004;14(3): 218–24.

Pellegrini M, Lysakowski C, Dumont L, Borgeat A, Tassonyi E: Propofol 1% versus propofol 2% in children undergoing minor ENT surgery. Br J Anaesth 2003; 90(3):375–7.

Systematischer Review/Metaanalysen

Hollis J, Burton MJ, Millar JM: Perioperative local anaesthesia for reducing pain following tonsillectomy (Cochrane Review). In: The Cochrane Library, Issue 2, 2001. Oxford: Update Software.

42 Thoraxchirurgie

Die spezifischen Besonderheiten der Anästhesie für nichtkardiale Thoraxoperationen betreffen vor allem die Auswirkungen der Seitenlage mit offenem Thorax auf die Atemfunktion sowie die Pathophysiologie und Technik der Ein-Lungen-Anästhesie.

42.1 Spezielle präoperative Einschätzung

Im Mittelpunkt der speziellen Einschätzung thoraxchirurgischer Patienten stehen die Atem- und Herz-Kreislauf-Funktion. Insbesondere sollen die Operabilität des Patienten sowie das Risiko postoperativer Störungen der Lungen- und Herz-Kreislauf-Funktion beurteilt werden.

Die **Spirometrie** (▶ Kap. 13 und ▶ 14) wird routinemäßig vor allen thoraxchirurgischen Eingriffen durchgeführt, jedoch ist der Aussagewert für postoperative Störungen der Lungenfunktion begrenzt.

42.1.1 Pulmonalarteriendruck

Die präoperative Messung des Pulmonalarteriendrucks ermöglicht Aussagen über zu erwartende Funktionsstörungen des rechten Ventrikels, nicht jedoch über postoperative Störungen der Lungenfunktion.

→ Steigt der mittlere Pulmonalarteriendruck proximal der Okklusion auf mehr als 40 mm Hg an oder tritt eine Hypoxie auf, wird eine Pneumektomie sehr wahrscheinlich nicht toleriert.

Eine Verminderung des pulmonalen Gefäßbetts um mehr als 50–60% führt vermutlich zu einer **pulmonalen Hypertonie bereits in Ruhe.**

42.2 Präoperative Vorbereitung

Bei thoraxchirurgischen Eingriffen treten postoperativ gehäuft respiratorische Störungen wie **Atelektasen, Pneumonie** und **Bronchospasmus** auf. Durch **prophylaktische präoperative Maßnahmen** kann die Häufigkeit der postoperativen pulmonalen Morbidität und Mortalität gesenkt werden. Einzelheiten hierzu siehe ▶ Kapitel 14.

42.3 Prämedikation

Bei der Prämedikation müssen der Schweregrad der vorbestehenden Lungenerkrankung und die Art des geplanten Eingriffs besonders berücksichtigt werden. Einzelheiten hierzu siehe ▶ Kapitel 14.

42.4 Wahl des Narkoseverfahrens

Intrathorakale Eingriffe erfolgen in Intubationsnarkose und kontrollierter Beatmung als TIVA oder balancierte Anästhesie, bei Bedarf auch kombiniert mit einer thorakalen Periduralanalgesie.

Thorakale Periduralanalgesie

Der Katheter kann hochthorakal (C7–Th4), mittthorakal (Th4–9) oder thorakolumbal (Th9–L2) eingeführt werden. Allerdings ist es ratsam, den hohen thorakalen

Zugang zu vermeiden, da bei kranialer Ausbreitung des Lokalanästhetikums mit einer unerwünschten Blockade der Nn. phrenici gerechnet werden muss.

Intraoperative Überwachung: invasives Monitoring bei Ein-Lungen-Anästhesie.

42.5 Atemfunktion in Seitenlage bei offenem Thorax

Für den relaxierten und beatmeten Patienten gilt hierbei:

- Die obere Lunge ist gut ventiliert, jedoch schlecht perfundiert.
- Die untere Lunge ist gut perfundiert, jedoch schlecht ventiliert, außerdem besteht eine Tendenz zur Flüssigkeitstranssudation und Ödembildung.

Hierdurch können schwerwiegende Störungen des Ventilations/Perfusions-Verhältnisses mit nachfolgender Hypoxie auftreten.

Wird **selektiv ein positiver endexspiratorischer Druck** (**PEEP**) **auf die untere Lunge** angewandt, nimmt die Belüftung der unteren Lunge meist zu, und Ventilations/ Perfusions-Verhältnis und pulmonaler Gasaustausch bessern sich oft.

Allerdings kann durch selektiven PEEP der **pulmonale Gefäßwiderstand** ansteigen, so dass mehr Blut zur oberen Lunge fließt.

42.6 Ein-Lungen-Anästhesie

42

Bei der Ein-Lungen-Anästhesie werden beide Lungen mit einem Doppellumen-Tubus oder Bronchusblocker funktionell voneinander getrennt: Die zu operierende obere Lunge wird nicht beatmet und kollabiert, während die untere Lunge beatmet wird und allein das gesamte Atemminutenvolumen aufnehmen muss.

42.6.1 Pathophysiologie

Die Ein-Lungen-Anästhesie führt zwangsläufig zum **intrapulmonalen Rechts-links-Shunt:** Das gesamte Blut der nicht beatmeten Lunge fließt zum linken Herzen zurück, ohne mit Sauerstoff aufgesättigt zu werden. Hierdurch können im ungünstigen Fall der paO_2 und die pSO_2 auf hypoxische Werte abfallen. Der $paCO_2$ bleibt dagegen meist im Normbereich, weil die überbelüftete untere Lunge vermehrt CO_2 ausatmet.

Ob unter Ein-Lungen-Ventilation eine **Hypoxie** auftritt, hängt von verschiedenen Faktoren ab. Die wichtigsten sind

- hypoxische pulmonale Vasokonstriktion
- Ausmaß der chirurgischen Manipulation an der oberen Lunge
- prä- und intraoperativer Funktionszustand der unteren Lunge
- Beatmungsverfahren für die untere Lunge.

Hypoxische pulmonale Vasokonstriktion (HPV)

Hypoxie löst eine Kontraktion der Blutgefäße in der nicht ventilierten Lunge aus. Hierdurch wird das Blut aus den hypoxischen Gebieten der Lunge umgeleitet; der **intrapulmonale Rechts-links-Shunt** nimmt ab. Wie stark die nicht ventilierte Lunge vermindert durchblutet wird, hängt vor allem von der Höhe des pulmonalen Gefäßwiderstands ab. Daher müssen alle Faktoren ausgeschaltet werden, die den Gefäßwiderstand in der unteren Lunge erhöhen. Hierzu gehören:

- niedrige inspiratorische Sauerstoffkonzentration
- selektiver PEEP der unteren Lunge
- Unterkühlung des Patienten.

Außerdem muss die hypoxische Vasokonstriktion in der nicht belüfteten Lunge aufrechterhalten werden, weil sich sonst der pulmonale Gasaustausch wegen des zunehmenden Rechts-links-Shunts verschlechtert.

Folgende Faktoren können u.a. die HPV beeinträchtigen:

- Anstieg des Pulmonalarteriendrucks auf über 18 mm Hg
- Vasodilatatoren wie Nitroprussid und Nitroglyzerin
- Aminophyllin und Isoproterenol
- Hyperventilation auf einen $paCO_2$ unter 30 mm Hg.

Inhalationsanästhetika beeinflussen unter klinischen Bedingungen die HPV nicht oder bewirken allenfalls eine leichte Abnahme. Dies gilt auch für intravenöse Anästhetika, Ketamin und die thorakale Periduralanästhesie.

42.6.2 Indikationen

In ▶ Tabelle 42-1 sind absolute und relative Indikationen für die funktionelle Trennung beider Lungen zusammengestellt.

42.6.3 Intubationstechniken

Standard sind Doppellumentuben; Bronchusblocker werden dagegen seltener verwendet.

Doppellumentuben

Wesentliche Vorteile der Doppellumentuben sind die leichte Platzierbarkeit und die Möglichkeit, Sekret aus der isolierten Lunge abzusaugen.

Alle Doppellumentuben besitzen eine **proximale** Blockmanschette in der Trachea und eine **distale, meist blau gefärbte** Blockmanschette für den rechten oder linken Hauptbronchus. Am häufigsten wird der modifizierte Robertshaw-Tubus eingesetzt.

Tab. 42-1 Indikationen für die Ein-Lungen-Anästhesie

Absolute Indikationen
• Prävention einer Infektion der gesunden Lunge • massive Blutungen • bronchopleurale Fistel • einseitige Riesenzyste • alveoläre Proteinose einer Lunge
Relative Indikationen
• thorakale Aortenaneurysmen • Pneumektomie, Lobektomie des Oberlappens • Ösophagusresektion • Lobektomie

Robertshaw-Tubus (▶ Abb. 42-1a und b)

Robertshaw-Tuben gibt es für die rechtsseitige und die linksseitige endobronchiale Intubation. Der bronchiale Cuff des rechtsseitigen Tubus hat eine schlitzförmige Öffnung für die Beatmung des rechten Oberlappens.

Erhältliche Größen: 35, 37, 39 und 41 (29 und 26 F nur für die linksseitige Intubation).

Es sollte immer der größtmögliche Tubus gewählt werden, der sich atraumatisch durch die Glottis vorschieben lässt. Zu kleine Tuben verrutschen leicht und benötigen außerdem hohe endobronchiale Blockvolumina.

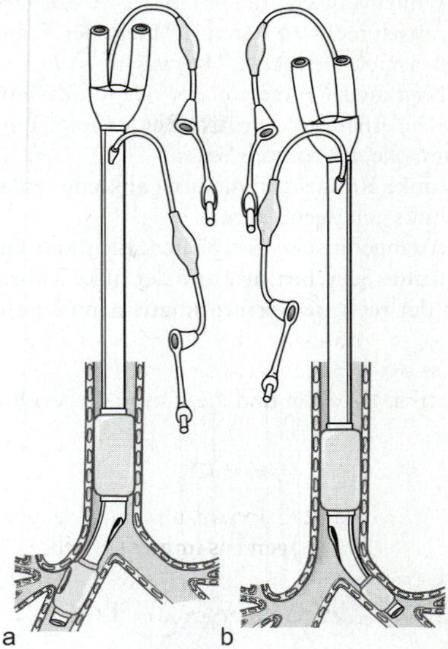

Abb. 42-1 Robertshaw-Tuben.

a) Für die rechtsseitige Intubation mit Schlitz im distalen Cuff.
b) Für die linksseitige Intubation.

Wahl der Tubusgröße:

- Frauen meist 37-F oder 35-F-Tuben
- Männer überwiegend 39-F oder 41-F-Tuben.

Praktische Hinweise:

- OP rechte Lunge: linksseitiger Tubus
- OP linke Lunge: rechts- oder linksseitiger Tubus; wenn OP hilusnah: rechter Tubus
- bei rechtsseitigem Tubus: Gefahr der Minderbelüftung des rechten Oberlappens.

Praktisches Vorgehen

Technik der Doppellumentuben-Intubation

1. Vor der Intubation Blockmanschetten und Zuleitungen auf Dichtigkeit überprüfen; danach Tubus mit Gleitmittel einschmieren; langen Führungsstab (Bougie) für Intubationsschwierigkeiten bereithalten, außerdem ein Fiberbronchoskop.
2. Für die Laryngoskopie Macintosh-Spatel verwenden.
3. **Robertshaw-Tubus** so einführen, dass die Konkavität der Tubusspitze **vorn** liegt.
4. Nachdem die Tubusspitze die Stimmbänder passiert hat: Tubus um 90° drehen; danach liegt Konkavität seitlich, und der Tubus gleitet beim weiteren Vorschieben in den gewählten Hauptbronchus.
5. Danach den doppelläufigen Konnektor an die beiden zugehörigen Lumina anschließen (die bronchiale Zuleitung ist meist blau gefärbt); dann den trachealen Cuff blocken und den Patienten beatmen. Anschließend Lage kontrollieren.

Kontrolle der linksseitigen endobronchialen Manschettenlage:

- Rechte Konnektorzuleitung abklemmen, so dass hierüber keine Luft mehr nach rechts gelangen kann.

- Linke Manschette mit einer 2-ml-Spritze so blocken, dass rechts kein Atemgeräusch mehr zu hören ist. Liegt der Tubus richtig, wird nur noch die linke Seite beatmet, die rechte Thoraxseite steht still.
- Nun die Klemme von der rechten Zuleitung wieder entfernen und Atemgeräusche erneut überprüfen. Beide Lungen müssen belüftet sein.

Kontrolle der rechten Seite:

- Linke Konnektorzuleitung abklemmen, so dass hierüber keine Luft mehr nach links gelangen kann.
- Atemgeräusche überprüfen. Liegt die Tubusspitze richtig, wird jetzt nur die rechte Seite beatmet und der linke Thorax steht still.

Bei der rechtsseitigen Intubation muss auf die **Beatmung des rechten Oberlappens** über den Schlitz im Bronchuscuff besonders geachtet werden.

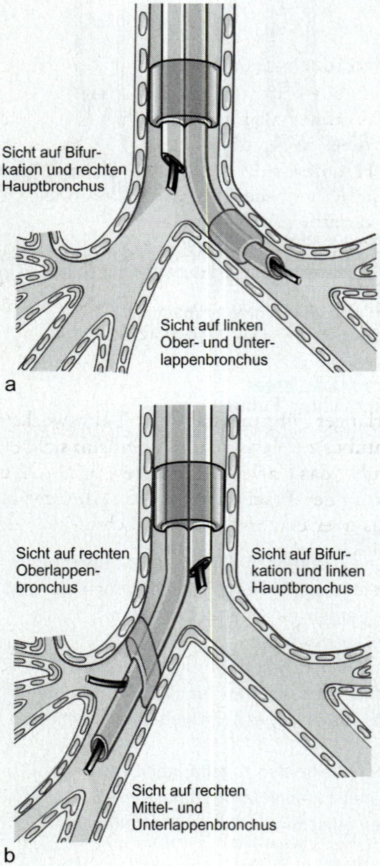

Abb. 42-2 Fiberoptische Kontrolle:
a) der linksseitigen,
b) der rechtsseitigen endobronchialen Tubuslage.

Fiberbronchoskopische Kontrolle der Tubuslage

Da mit der beschriebenen Intubationstechnik häufig Fehllagen des Tubus auftreten (falscher Hauptbronchus; zu tief oder nicht tief genug eingeführter Tubus), sollte die endobronchiale Lage des Tubus immer mit dem Fiberbronchoskop kontrolliert werden.

Folgende Größen werden eingesetzt:

- 4,9 mm Durchmesser bei 39- und 41-F-Tuben
- 3,6 mm bei kleineren Tuben
- 2,2 mm bei 26-F- und 28-F-Tuben.

Das Fiberbronchoskop wird über eine gefensterte flexible Membran im Konnektor eingeführt, so dass der Patient ohne Leckage weiterbeatmet werden kann.

Kontrolle des linksseitigen Doppellumentubus (▶ Abb. 42-2a)

Das Fiberbronchoskop wird durch das tracheale Lumen bis kurz vor die Karina vorgeschoben. Bei korrekter Lage ist die Karina frei sichtbar, die Tubusspitze liegt im linken Hauptbronchus; der mit ca. 2 ml (!) geblockte, blaue Bronchuscuff befindet sich links gerade unterhalb der Karina. Die bronchiale Cuffmanschette darf sich nicht über die Karina vorwölben oder die Karina zur Seite drängen. Wird das Bronchoskop durch das endobronchiale Lumen vorgeschoben, muss der Eingang in den linken Oberlappen frei sichtbar sein.

Kontrolle des rechtsseitigen Doppellumentubus (▶ Abb. 42-2b)
Das Bronchoskop wird in das tracheale Lumen eingeführt und ebenfalls bis kurz vor die Karina vorgeschoben. Der Blick zeigt eine freie Karina und den Abgang der rechten Tubusspitze nach rechts. Die rechte endobronchiale Blockmanschette befindet sich unterhalb der Karina, ist jedoch nicht immer zu sehen.

Beim Blick durch das rechte endobronchiale Lumen ist die Karina des rechten Hauptbronchus unterhalb der Tubusspitze zu sehen. Auch sollte der rechte Oberlappenbronchus nach Vorschieben des Bronchoskops durch den rechten Beatmungsschlitz des Tubus frei sichtbar sein.

→ Nach Abschluss der OP-Lagerung sollte die endobronchiale Tubuslage erneut fiberoptisch kontrolliert werden.

Endobronchiale Intubation mit dem Fiberbronchoskop

Linksseitige endobronchiale Intubation: Tubus unmittelbar oberhalb der Karina platzieren, dann das Bronchoskop über das bronchiale Lumen einführen und in den linken Hauptbronchus vorschieben, anschließenden Tubus über das als Führungsschiene dienende Bronchoskop im linken Hauptbronchus platzieren. Danach Bronchoskop über das tracheale Lumen einführen und die Lage der endobronchialen Blockmanschette kontrollieren, dann auskultatorische Kontrolle.

Rechtsseitige endobronchiale Intubation: Hier wird entsprechend vorgegangen: Vorschieben des Bronchoskops in den rechten Hauptbronchus, danach Vorschieben des rechtsseitigen Tubus in den rechten Hauptbronchus, dann fiberoptische Lagekontrolle wie oben beschrieben, zum Schluss auskultatorische Kontrolle.

Intubation mit Führungsstab oder Tubuswechsler

Bei schwieriger Intubation kann ein überlanger Führungsstab oder Tubuswechsler verwendet werden, um den Doppellumentubus zu platzieren. Es empfiehlt sich, den Führungsstab bereits vor der Intubation über das tracheale Lumen einzuführen, da das Auffädeln des Tubus über den bereits in der Trachea liegenden Stab nicht immer gelingt. Beim Vorschieben des Tubus über den Stab in die Trachea sollte das Laryngoskop eingesetzt werden, um des Vorschieben zu erleichtern.

Falsche Lage des Doppellumentubus

Fehllagen des Doppellumentubus treten primär beim Einführen oder sekundär bei der Operationslagerung oder intraoperativ bei Manipulationen an der Lunge auf.

Hauptfehllagen des linken Doppellumentubus:
- Tubus zu weit vorgeschoben: beide Lumina liegen im Hauptbronchus; kein Atemgeräusch über der rechten Lunge bei geblockten Cuffs
- Tubus nicht weit genug vorgeschoben: beide Lumina liegen in der Trachea
- Tubus nach rechts statt nach links gelangt
- Endobronchialer Cuff zu stark geblockt: Cuffhernie; Belüftung der rechten Lunge behindert, durch Einengung des bronchialen Lumens auch der linken
- Verlegung des rechten Oberlappenbronchus: keine Belüftung des Oberlappens; Anstieg des Beatmungsdrucks.

42

Einfluss von Lageänderungen und operativen Manipulationen

Lageänderungen begünstigen die Fehllagen von Doppellumentuben: Durch Flexion des Kopfes kann der Tubus zu weit eindringen, während Überstreckung des Kopfes oder Zug am nicht ausreichend fixierten Tubus diesen nach kranial verlagern kann. Des Weiteren kann der Tubus intraoperativ durch chirurgische Manipulationen in Hilusnähe verlagert werden.

! Merke

Plötzlicher Anstieg des Beatmungsdrucks, Hypoxämie oder Wiederbelüftung der ursprünglich ausgeschalteten Lunge weisen auf eine Fehllage des Doppellumentubus hin. Bei diesen Zeichen sollte die Tubuslage umgehend fiberoptisch kontrolliert und korrigiert werden; wenn erforderlich, unter manueller Führung durch den Operateur.

Komplikationen durch Doppellumentuben

- Verletzung des Kehlkopfs, besonders durch Carlens-Tuben
- Ruptur der Trachea, oft durch gewaltsames Vorschieben; manchmal bei Verwendung eines Tubuswechslers
- Bronchusruptur, vor allem bei zu starkem Blocken des endobronchialen Cuffs.

Bronchusblocker

Bronchusblocker werden vor allem bei Kindern angewandt, weil die doppellumigen Tuben in dieser Altersgruppe zu groß sind. Meist kann nur der Hauptbronchus geblockt werden. Eine Beatmung distal der Blockung ist nicht möglich, jedoch kann über Ballon-Endobronchialblocker abgesaugt werden. Sie enthalten ein kleines Lumen, über das die isolierte Lunge entlüftet werden kann. Die genaue Platzierung kann nur mit Hilfe eines flexiblen Bronchoskops erfolgen. Zwei Typen sind gebräuchlich:

- Univent-Bronchusblocker
- Arndt-Blocker.

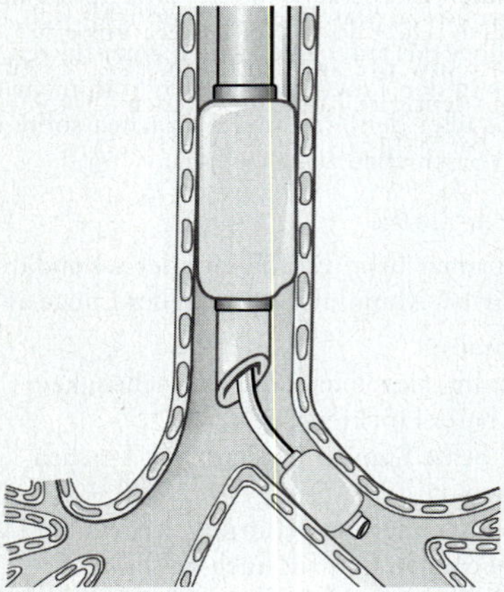

Abb. 42-3 Univent-Blocker.

Univent-Bronchusblocker bzw. Torque-Control-Blocker

Der Univent-Blocker (▶ Abb. 42-3) besteht aus einem Endotrachealtubus, in dem sich ein Kanal mit einem beweglichen, flexiblen Bronchusblocker befindet. Der Cuff des Blockers kann den rechten oder linken Hauptbronchus, aber auch jeden sekundären Bronchus blockieren. Für die Blockade der Hauptbronchien sind 4–8 ml, für die Blockade von Lappenbronchien ca. 2 ml erforderlich. Intubiert wird grundsätzlich fiberoptisch.

→ Durchmesser gebräuchlicher Univent-Tuben für Erwachsene: innen 6,0–9,0 mm, außen 9,7–12,7 mm (11,5–14,5 mm).

Vorteile:

- Leicht einzuführen und zu platzieren.
- Ermöglicht selektive Blockade einzelner Lungenlappen.
- Zentrales Lumen (2 mm ID) ermöglicht Absaugen und Zufuhr von O_2.
- Am OP-Ende keine Umintubation erforderlich.

Praktisches Vorgehen

Einführen des Univent-Blockers

1. Die Einheit aus Einlumentubus und Bronchusblocker in die Trachea vorschieben.
2. Den Cuff des Einlumentubus blocken und den Patienten hierüber beatmen.
3. Das flexible Bronchoskop über einen abdichtenden Adapter in den Einlumentubus einführen, dabei die Beatmung fortsetzen.
4. Identifikation der Karina und des linken und rechten Hauptbronchus.
5. Geringes Ablassen von Luft aus dem Cuff und Drehen des Univent-Tubus in Richtung der zu blockierenden Lungenseite; danach Lokalisierung des Bronchusblockers durch Hin- und Herbewegen.
6. Den Bronchusblocker unter bronchoskopischer Kontrolle ca. 5 mm in den zu blockierenden Hauptbronchus vorschieben. Ohne entsprechendes Dirigieren gelangt der Blocker meist spontan in den rechten Hauptbronchus. Das distale Ende des Univent-Tubus sollte mindestens 1–2 cm oberhalb der Karina liegen.
7. Soll der linke Hauptbronchus blockiert werden, muss daher der Einlumentubus um 90° nach links gedreht werden, damit seine Konkavität nach links weist. Für die Blockade des rechten Hauptbronchus wird in umgekehrter Weise vorgegangen.
8. Danach den Cuff des Blockers so abdichten, dass der proximale Saum des Cuffs gerade unterhalb der Karina zu sehen ist.

Arndt-Blocker

Der Arndt-Blocker wird über einen normalen Endotrachealtubus eingeführt; hierfür ist ein flexibles Bronchoskop erforderlich. Das Blockerset besteht aus einem 7- oder 9-F-Ballonkatheter mit „high volume, low pressure cuff" und einem Multiport-Tubusadapter. Der Blocker besitzt ein zentrales Lumen mit einem Durchmesser von 1,4 mm; am distalen Ende des 9-F-Katheters befinden sich Seitenlöcher, die zur Entlüftung der Lunge dienen

Empfohlene **Tubusmindestgrößen** für Arndt-Blocker:

- 9-F-Blocker: 7,5 mm ID
- 7-F-Blocker: 6,0 mm ID
- 5-F-Blocker: 4,5 mm ID.

Vorteile:

- kann bei bereits endotracheal intubierten Patienten eingesetzt werden
- kann auch über einen nasotrachealen Tubus eingeführt werden
- selektive Lappenblockade bei Patienten mit Zustand nach Pneumektomie
- selektiver Blocker bei massivem Lungenbluten
- kein Tubuswechsel für postoperative Nachbeatmung erforderlich
- Anwendung von CPAP über das zentrale Blockerlumen möglich.

Nachteile:

- 9-F-Blocker schwierig zu platzieren über Tuben mit 7 mm ID
- Wiedereinführen des Führungsdrahts nicht möglich

- lange Entlüftungszeit der blockierten Lunge
- häufig Fehllagen durch intraoperative Lagerungsmaßnahmen.

Praktisches Vorgehen

Einführen des Arndt-Blockers

1. Der Blocker sollte in Rückenlage des Patienten platziert werden.
2. Zunächst Dichtigkeit des Blockerballons prüfen, dann vollständig entlüften.
3. Den Blocker mit Gleitmittel einschmieren oder mit Spray besprühen.
4. Multiport-Airway-Adapter auf den Endotrachealtubus aufsetzen und an das Beatmungsgerät anschließen.
5. Bronchusblocker über den Port in den Tubus vorschieben, bis die Führungsschlaufe im Hauptkanal des Adapters zu sehen ist.
6. Das Bronchoskop durch den Bronchoskop-Port des Adapters einführen und an den Blocker ankoppeln.
7. Das Bronchoskop in den zu blockierenden Bronchus vorschieben.
8. Bronchoskop in dieser Position halten und den Blocker so weit vorschieben, bis der Ballon unterhalb des Eingangs in dem zu blockierenden Bronchus liegt.
9. Das Bronchoskop zurückziehen und den Cuff des Blockers mit Luft auffüllen: 2–3 ml für eine selektive Lappenausschaltung, 5–8 ml für die vollständige Blockade einer Lunge.
10. Die optimale Lage des Blockers im rechten oder linken Hauptbronchus befindet sich ca. 5 mm unterhalb der trachealen Karina.
11. Für die raschere Entlüftung der geblockten Lunge muss evtl. über den Blocker abgesaugt werden.

42

42.6.4 Praktisches Vorgehen bei einseitiger Beatmung

Hauptrisiko der Ein-Lungen-Anästhesie ist die **Hypoxie** durch Störungen des pulmonalen Gasaustauschs. Für das intraoperative Vorgehen müssen daher folgende Hinweise beachtet werden:

Praktisches Vorgehen

Ein-Lungen-Anästhesie

1. Zu Beginn der Ein-Lungen-Anästhesie: $F_i O_2 = 1{,}0$; **Atemzugvolumen ca. 8–10 ml/kg**, Atemfrequenz beibehalten
   - Zielwerte:
     - paO_2 150–210 mm Hg
     - $paCO_2$ 35 ± 3 mm Hg
     - Die **arteriellen Blutgase** müssen während der Ein-Lungen-Anästhesie sehr häufig kontrolliert werden.
2. Bei schwerer Hypoxie:
   - Kontrolle der Tubuslage
   - PEEP von 5 cm H_2O auf die beatmete Lunge
   - Wenn PEEP unwirksam:
     - kontinuierliche O_2-Insufflation der oberen Lunge bzw. CPAP 5–10 cm H_2O oder
     - intermittierende Beatmung der oberen Lunge in Kombination mit CPAP (5–10 cmH_2O) der oberen Lunge, wenn erforderlich, auch mit PEEP der unteren (5 cm H_2O).

3. Bei Pneumektomie: Pulmonalarterie der nicht beatmeten Lunge so früh wie möglich abklemmen, hierdurch wird der intrapulmonale Rechts-links-Shunt schlagartig beseitigt: Der paO_2 steigt meist deutlich an.
4. Die Gesamtzeit der einseitigen Beatmung so kurz wie möglich halten.

42.7 Spezielle Anästhesie

42.7.1 Mediastinoskopie

Mediastinoskopie

- Maßnahme: Inspektion und Biopsie von Tumoren und Lymphknoten im vorderen und oberen Mediastinum; Einführen des Endoskops über eine Inzision im Jugulum
- Dauer: 20–30 min
- Schmerzintensität: stark
- Lagerung: Rückenlage oder leicht erhöhter Oberkörper, Arme angelegt, Kopfring, Polster unter die Schulter
- Blutverlust: minimal, jedoch Gefahr massiver Blutung bei Gefäßverletzung
- Narkosetechnik: Intubationsnarkose mit kontrollierter Beatmung, balancierte Technik oder TIVA, Muskelrelaxierung
- postoperative Schmerztherapie: NSAID

Anästhesiologische Besonderheiten

- Wegen der **Blutungsgefahr** sollte vor dem Eingriff Blut gekreuzt werden.
- Blutdruckmanschette und Pulsoxymeter links anbringen, da Kompression der A. anonyma mit Druck- und Pulslosigkeit am rechten Arm möglich.
- Augenschutz, da Kopf vollständig abgedeckt und unzugänglich
- eine großlumige Venenkanüle
- Spiraltubus wegen der starken Überstreckung des Halses
- Meist tiefe Narkose erforderlich, um kardiovaskuläre Reaktionen, ausgelöst durch Streckung von Trachea, N. vagus und großen Gefäßen, zu verhindern.

42.7.2 Bronchoskopie

Allgemeinnarkose bei Bronchoskopie

Die Bronchoskopie erfolgt mit **Beatmungsbronchoskopen,** über die der Patient während der gesamten Maßnahme über einen Seitenarm des Bronchoskops kontinuierlich beatmet werden kann. Flexible Bronchoskope werden dagegen über einen endotrachealen Spiraltubus eingeführt; beatmet wird über ein spezielles Verbindungsstück. Hierdurch können Hypoxie und Hyperkapnie unter der Bronchoskopie weitgehend vermieden werden.

Narkoseverfahren: TIVA oder balancierte Anästhesie und kurz wirkende Muskelrelaxanzien.

42.7.3 Keilresektion, Lobektomie und Pneumektomie

Lungenoperationen
Maßnahme: operative Entfernung von Lungengewebe, Entfernung eines Lungenlappens (Lobektomie) oder eines Lungenflügels (Pneumektomie)
Dauer: 2–4 h
Lagerung: abgeknickte Seitenlagerung, zu operierende Seite oben
Schmerzintensität: sehr hoch
Blutverluste: 200–800 ml, gelegentlich massive Verluste; Bereitstellung von 2 EKs für Lobektomie/Pneumektomie
Narkosetechnik: TIVA oder balanciert; Doppellumentubus, in Ausnahmefällen Bronchusblocker, Ein-Lungen-Ventilation; thorakaler PD-Katheter für postoperative Analgesie bei geeigneten Patienten

Praktische Hinweise und Besonderheiten

- Arterielle Kanüle, ZVK (Messwert unzuverlässig in Seitenlage und eröffnetem Thorax); fakultativ Blasenkatheter und Magensonde.
- Linksseitiger Doppellumentubus bei allen Eingriffen. Ausnahmen: linksseitige Lobektomie oder Pneumektomie oder pathologische Bronchusanatomie, die eine linksseitige Intubation verhindert.
- Übermäßige Volumenzufuhr vermeiden, vor allem bei Pneumektomie.
- Vor Wiederbelüftung der kollabierten Lunge Atemwege absaugen, dann behutsam blähen, bis vollständig eröffnet.
- Vor Verschluss des Thorax beide Lungen manuell mit dem Atembeutel blähen, um Atelektasen wieder zu eröffnen und das Mediastinum in die Mittellage zurückzuverlagern.
- Bei Thoraxdrainagen muss starker Sog vermieden werden, damit das Mediastinum nicht zur betroffenen Seite herübergezogen wird.
- Am Ende der Operation sollte der wache Patient möglichst extubiert werden, um eine Belastung der frischen Bronchusstumpfnähte durch den Beatmungsdruck zu vermeiden.
- Etwa 15 min vor OP-Ende: 6–8 ml Bupivacain 0,25%/Sufentanil 0,5 µg/ml oder Ropivacain 0,2%/Sufentanil 0,5 µg/ml epidural oder Metamizol, 2 g als Kurzinfusion + 5 mg Piritramid i.v.
- Postoperativ: Sauerstoffzufuhr, Schmerztherapie: epidurale Analgesie, PCA oder Opioide i.v., Atemtherapie.
- Frühkomplikationen: Nachblutung, Pneumothorax, Spontanpneumothorax, Bronchusleckage.

42.7.4 Videoassistierte Thorakoskopie

Bei diesem Verfahren werden eine Videokamera und die chirurgischen Instrumente über kleine Öffnungen in den Thorax eingeführt. Die operativen Maßnahmen erfolgen unter videoskopischer Kontrolle.

- Doppellumentubus und Ein-Lungen-Ventilation obligat
- Beginn der Ein-Lungen-Ventilation bereits vor der Hautinzision.

42.7.5 Massive Lungenblutung

Eine massive Blutung in der Lunge führt rasch zu Volumenmangel und Ersticken. Eine konservative Behandlung ist meist wenig erfolgreich, bei operativem Vorgehen sind die Ergebnisse etwas günstiger.

Praktische Hinweise:
- Bei massiver Blutung: sofort endotracheal intubieren, möglichst unter erhaltener Spontanatmung im Wachzustand und in halbsitzender Position.
- Bei **einseitiger Blutung** Doppellumentubus in den Hauptbronchus der betroffenen Lunge vorschieben und blocken, damit kein Blut mehr in die gesunde Lunge gelangen kann.
- Sofort nach der Intubation Blut aus der Lunge absaugen, dann mit 100%igem Sauerstoff kontrolliert beatmen.
- Während der Thorakotomie möglichst Ein-Lungen-Ventilation.
- Intraoperativ Blutgase wiederholt kontrollieren.
- Zwischendurch erneut das Blut aus dem Bronchialsystem absaugen.

42.7.6 Bronchopleurale Fistel

Bronchopleurale Fistel
- Maßnahme: Verschluss einer Verbindung zwischen Pleurahöhle und Bronchus
- OP-Dauer: 2–3 h bei Thorakotomie
- Lagerung: Seitenlage für Thorakotomie
- Schmerzintensität: hoch bis sehr hoch
- Blutverlust: bis 300–800 ml; 2 EKs kreuzen
- Narkosetechnik bei Thorakotomie:
  - rasche i.v. Einleitung und Intubation mit Doppellumentubus oder
  - wach-fiberoptische Intubation mit Doppellumentubus oder
  - Doppellumen-Intubation in tiefer Inhalationsanästhesie bei erhaltener Spontanatmung

Wichtige Ursachen:
- Nahtinsuffizienz nach Pneumektomie oder Lobektomie
- Lungenabszesse
- pulmonales Barotrauma unter Beatmung
- Erosion durch Karzinome.

Praktisches Vorgehen:
- bei kleiner Fistel: meist bronchoskopischer Verschluss
- bei großer Fistel und/oder gleichzeitig bestehendem Abszess oder Empyem: Doppellumentubus und Ein-Lungen-Ventilation
- Intubation mit dem Doppellumentubus, am besten in halbsitzender Position beim narkotisierten Patienten; Alternativen: s.o.
- möglichst niedrigen Beatmungsdruck anwenden; Extubation so früh wie möglich.

42.7.7 Bronchiektasen und Lungenabszess

Bei beiden Erkrankungen besteht die **Gefahr einer Kontamination** der gesunden Lungenanteile. Die Ausbreitung von infektiösem Sekret auf die andere Lunge kann durch Intubation mit einem Doppellumentubus verhindert werden.

42.7.8 Lungentransplantation

Die Patienten sind in der Regel umfassend voruntersucht. Bereits präoperativ sollte das Vorgehen bei der postoperativen Schmerzbehandlung festgelegt werden. Auch hier gilt die thorakale Katheter-Periduralanästhesie als am besten geeignetes Verfahren, und es wird empfohlen, den Katheter bereits präoperativ einzuführen.

Anästhesiologisches Vorgehen und Besonderheiten

- Narkoseeinleitung und -führung: bei schwerer Dyspnoe: erhöhter Oberkörper, optimale Präoxygenierung, dann Narkoseeinleitung;
- maschinelle Beatmung (am besten: Intensivrespirator) mit möglichst niedrigen inspiratorischen Spitzendrücken, um ein pulmonales Barotrauma zu vermeiden.
- Ein-Lungen-Ventilation, $F_iO_2 = 1{,}0$, permissive Hyperkapnie; wenn erforderlich PEEP auf die abhängige Lunge und CPAP auf die nicht ventilierte Lunge;
- beim Abklemmen der Pulmonalarterie: Anstieg des Pulmonalarteriendrucks mit Gefahr der akuten Dilatation des rechten Ventrikels; Maßnahmen: pulmonale Vasodilatatoren wie Stickstoffmonoxid oder Prostacyclin; wenn erforderlich, positiv inotrope Substanzen;
- übermäßige Flüssigkeitszufuhr vermeiden, da die Lunge wegen der Unterbrechung der Lymphgefäße vermehrt Wasser aufnimmt; empfohlen wird vielmehr eine negative Flüssigkeitsbilanz, soweit die Herz-Kreislauf-Funktion dieses Vorgehen zulässt.

Postoperative Besonderheiten

In den ersten 2–3 Tagen nach der Operation muss die Atmung maschinell unterstützt werden.

42.8 Lebensbedrohliche Frühkomplikationen

Die wichtigsten lebensbedrohlichen Frühkomplikationen sind:

- Massive Blutungen: meist durch Lösung einer Gefäßligatur; sofortige Rethorakotomie erforderlich!
- Ausriss des Bronchusstumpfs mit bronchopleuraler Fistel und Spannungspneumothorax; sofortige Rethorakotomie, da lebensbedrohlich!
- Herniation des Herzens: kann auftreten, wenn bei einer Pneumektomie das Perikard eröffnet wurde und, bei großem Defekt, nicht wieder verschlossen werden konnte; sofortige Rethorakotomie. Bis OP-Beginn: mit niedrigem Druck beatmen, auf die nicht operierte Seite lagern, bei Bedarf Vasopressor.
- Vasopressoren infundieren.

42.9 Postoperative Schmerztherapie

Thorakotomien sind sehr schmerzhaft; eine effiziente Analgesie nach Thoraxoperationen ist besonders wichtig, um respiratorische Komplikationen durch schmerzbedingte Schonatmung und mangelnde Expektoration von Sekreten zu verhindern. Hierfür werden verschiedene Verfahren eingesetzt (Einzelheiten siehe ▶ Kapitel 29):

- Opioide: systemisch, peridural
- Interkostalnervenblockade
- thorakale Periduralanalgesie.

Die **thorakale Katheter-Periduralanalgesie** mit Opioiden ist in der Regel die wirksamste Methode der Schmerzbehandlung (▶ Kap. 29).

Literatur

Campos JH, Hallam EA, Van Natta T, Kernstine KH: Devices for Lung Isolation Used by Anesthesiologists with Limited Thoracic Experience: Comparison of Double-lumen Endotracheal Tube, Univent® Torque Control Blocker, and Arndt Wire-guided Endobronchial Blocker®. Anesthesiology 2006; 104(2):261–266.

Yasumoto M, Higa K, Nitahara K, Shono S, Hamada T: Optimal depth of insertion of left-sided double-lumen endobronchial tubes cannot be predicted from body height in below average-sized adult patients. Eur J Anaesthesiol 2006;23(1):42–4.

Mirzabeigi E, Johnson C, Ternian A: One-lung anesthesia update. Semin Cardiothorac Vasc Anesth 2005;9(3):213–26. Review.

Miranda A, Zink R, McSweeney M: Anesthesia for lung transplantation. Semin Cardiothorac Vasc Anesth 2005;9(3):205–12. Review.

Campos JH: Progress in lung separation. Thorac Surg Clin 2005;15(1):71–83. Review.

Brodsky JB. The evolution of thoracic anesthesia. Thorac Surg Clin 2005;15(1): 1–10.

43 Herzchirurgie

Die Anästhesie für die Herzchirurgie ist komplex und erfordert vom Anästhesisten grundlegende Kenntnisse über die Physiologie der Herz-Kreislauf-Funktion, die spezifische Pathophysiologie der Erkrankung, die Wirkungen von Anästhetika und Adjuvanzien auf das Herz-Kreislauf-System, den klinischen Einsatz kardiovaskulärer Medikamente und die Prinzipien der extrakorporalen Zirkulation.

43.1 Spezielle präoperative Einschätzung

Präoperative Einschätzung von Herzkranken siehe ▶ Kapitel 14. Der Anästhesist sollte sich präoperativ vor allem mit den Ergebnissen der Echokardiographie und des Herzkatheters befassen.

In ▶ Tabelle 43-1 sind die wichtigsten in Ruhe erhobenen hämodynamischen Herzkatheterbefunde zusammengestellt, in ▶ Tabelle 43-2 präoperativ zu bestimmende Laborparameter.

Auch für Herzoperationen gilt der Grundsatz, dass sich der Patient für den Eingriff im bestmöglichen Zustand befinden sollte, um die perioperative Morbidität und Mortalität so niedrig wie möglich zu halten. Allerdings gibt es derzeit kein Klassifizierungssystem, mit dem das Narkoserisiko bei Herzoperationen individuell festgelegt werden kann.

Tab. 43-1 Normale hämodynamische Herzkatheterbefunde in Ruhe

	Systolisch	Diastolisch
Drücke	(mm Hg)	(mm Hg)
• rechter Vorhof		
• rechter Ventrikel	15–30	0–8
• Pulmonalarterie	15–28	5–16
• Wedge-Druck		
• linker Vorhof		
• linker Ventrikel	100–140	60–90
Volumina		
• linker Ventrikel		
• enddiastolisch	70–95 ml/m²	
• endsystolisch	24–36 ml/m²	
Funktion		
• Herzindex	2,5–4,2 l/min/m²	
• Schlagindex	40–60 ml/m²	
• Ejektionsfraktion	0,67 ± 0,08	
Widerstände		
• peripherer Gefäßwiderstand	770–1500 dyn × s × cm^{-5}	
• pulmonaler Gefäßwiderstand	20–120 dyn × s × cm^{-5}	

Tab. 43-2 Präoperative Laborwerte für Herzoperationen

• Hb, Hkt, Leukozyten
• Serumelektrolyte, besonders Kalium
• Kreatinin und Harnstoff
• Gesamteiweiß
• Blutzucker
• Leberenzyme
• Herzenzyme (wenn indiziert)
• Gerinnungsstatus und Thrombozytenfunktion, AT III
• arterielle Blutgase (wenn indiziert)

43.2 Prämedikation

- Schwer kranke Patienten mit **eingeschränkter Herzfunktion** erhalten keine oder nur eine geringe Prämedikation.
- Sehr aufgeregte und ängstliche Patienten werden stärker sediert, um unerwünschte kardiovaskuläre Reaktionen wie Blutdruckanstieg und/oder Tachykardie zu verhindern.

43.3 Wahl der Anästhetika

In der Herzchirurgie werden grundsätzlich Anästhetika verwendet, die die Herz-Kreislauf-Funktion möglichst wenig beeinträchtigen und gleichzeitig ausreichenden Schutz vor anästhesiologischen und chirurgischen Stimulationen gewähren.

Gebräuchliche Verfahren:
- balancierte Anästhesie: Opioide in Kombination mit volatilen Inhalationsanästhetika
- TIVA: Opioide in Kombination mit Propofol oder Midazolam.

Präkonditionierung durch Anästhetika: Im Tierexperiment können volatile Inhalationsanästhetika das Myokard vor ischämischen Schädigungen schützen, also einen kardioprotektiven Effekt (Reduzierung der Infarktgröße) ausüben, wenn sie vor Eintritt der Ischämie zugeführt werden. Ähnliche Ergebnisse wurden auch für Opioide und für Propofol gefunden. Der Nutzen des Verfahrens bei Menschen ist nicht geklärt.

43.4 Intraoperative Überwachung der Herz-Kreislauf-Funktion

In der Herzchirurgie steht die Überwachung der Herz-Kreislauf-Funktion im Mittelpunkt aller Überwachungsmaßnahmen. In ▶ Tabelle 43-3 sind die wichtigsten kardiovaskulären Überwachungsmaßnahmen für Herzoperationen zusammengefasst.

Tab. 43-3 Überwachung der Herz-Kreislauf-Funktion bei Herzoperationen
• EKG-Monitor
• intraarterielle Blutdruckmessung
• zentraler Venendruck
• Pulmonalarteriendrücke
• linker Vorhofdruck
• Herzzeitvolumen und abgeleitete Größen

43.5 Extrakorporale Zirkulation

Eingriffe am stillstehenden Herzen erfordern den Einsatz einer Herz-Lungen-Maschine (extrakorporale Zirkulation oder kardiopulmonaler Bypass).

Während der extrakorporalen Zirkulation fließt das Blut beider Hohlvenen passiv über Kanülen und Schläuche in das Reservoir der Herz-Lungen-Maschine, wird dort mit Sauerstoff angereichert und über eine Kanüle in der Aorta oder A. femoralis in den Kreislauf zurückgepumpt.

43.5.1 Zubehör der Herz-Lungen-Maschine (HLM)

Pumpen

In der Regel werden **Zentrifugalpumpen** verwendet, weil hiermit die Traumatisierung des Blutes geringer ist.

- 1 Pumpe für den arteriellen Einstrom meist in die Aorta ascendens, selten in die A. femoralis
- 1 Pumpe zum Absaugen des Bluts aus dem Ventrikel (sog. Vent = Ventrikelsauger)
- 1–2 Pumpen zum Absaugen von freiem Blut aus dem Operationsgebiet (sog. Kardiotomiesauger)
- 1 Pumpe zum Absaugen von Blut in den „cell saver".

Eine Schädigung der Blutzellen entsteht vor allem durch Sog, weniger durch das Pumpen.

Oxygenatoren

Im Oxygenator der HLM wird das einströmende venöse Blut mit Sauerstoff angereichert und CO_2 eliminiert. Standard ist der **Membran-Oxygenator,** bei dem Blut und Gas durch eine Membran voneinander getrennt sind und der Gasaustausch mit dem der menschlichen Lunge vergleichbar ist.

Der für eine gute Oxygenierung des Bluts erforderliche Sauerstofffluss beträgt für die meisten Oxygenatoren 6 l/min, der erforderliche pO_2 100–150 mm Hg; meist müssen noch 3–5 Vol.% CO_2 zugesetzt werden, um eine Hypokapnie zu vermeiden.

Standard-Blutflussraten mit der Herz-Lungen-Maschine

- Erwachsene: 2,2–2,5 l/min/m²; 50–80 ml/kg/min
- Kinder: 2,2–2,6 l/min/m²

Diese Werte gelten bei Normothermie.

→ Pro Grad Temperatursenkung kann der Blutfluss um etwa 7% vermindert werden

43.5.2 Füllvolumen der Herz-Lungen-Maschine

Vor Beginn der extrakorporalen Zirkulation wird die Herz-Lungen-Maschine mit dem sog. **Prime Volume** gefüllt, das zwischen **2 und 4 l** für das gesamte System beträgt. Als Füllvolumen werden, je nach Herzzentrum, unterschiedliche Flüssigkeiten eingesetzt.

In der Regel wird während der extrakorporalen Zirkulation eine Hämodilutionsperfusion bis zu einem Hämatokriten von etwa 20–25% durchgeführt.

43.5.3 Aufhebung der Blutgerinnung für die extrakorporale Zirkulation

Vor Anschluss der Herz-Lungen-Maschine wird die Blutgerinnung vollständig mit **unfraktioniertem Heparin** aufgehoben. Die Halbwertszeit unfraktionierten Heparins beträgt 60–90 min; sie wird durch **Hypothermie, höhere Dosierung, Niereninsuffizienz** oder **verminderte Leberdurchblutung** verlängert.

→ Initial werden 300–400 IE/kg Heparin i.v. zugeführt.

Die Wirksamkeit wird mit dem ACT-Test (activated clotting time) kontrolliert. Für den **ACT-Test** gilt Folgendes:

- Normalwerte 80–100 s
- angestrebte Werte für den Bypass: 400–600 s.

Steuerung der Heparindosierung mit dem ACT-Test

- Kontrollwert unmittelbar vor Bypass-Beginn
- Zufuhr der Initialdosis von Heparin, z.B. 300–400 IE/kg über ZVK
- erneute Kontrolle des ACT-Werts nach 5 min
- wenn ACT > 400 s: Beginn des Bypasses, wenn ACT < 400 s: zusätzliches Heparin
- alle 30 min erneute ACT-Kontrolle
- Nachinjektionen von Heparin (nach ca. 60–90 min) mit ⅓–½ der Initialdosis; vor der Nachinjektion ACT-Kontrolle

In der Aufwärmphase ist zu beachten, dass der ACT-Wert durch das Erwärmen um 10–30% verkürzt wird.

Heparinresistenz

Bei einigen Patienten besteht eine angeborene oder erworbene Heparinresistenz, erkennbar am ungenügenden Anstieg der ACT. Die erworbene Heparinresistenz tritt vor allem bei Patienten auf, die bereits mit Heparin behandelt worden sind oder präoperativ Heparin erhalten.

Vorgehen:

- bei kongenitaler Heparinresistenz: Zufuhr von AT3
- bei erworbener Heparinresistenz: Heparindosis erhöhen, bei AT3-Mangel: AT3 zuführen.

43

Heparininduzierte Thrombozytopenie (HIT)

Bereits bei Verdacht auf HIT Typ II muss die Heparintherapie sofort unterbrochen und der Patient mit einem nicht kreuzreagierenden, direkten Thrombininhibitor wie Lepirudin (Refludan), Bivalirudin, Danaparoid (Orgaran), Argatroban (Argatra) oder Heparin plus Tirofiban (Aggrastat) weiterbehandelt werden.

Pharmakologie

Dosierung von Thrombininhibitoren:

- Bivalirudin: 1 mg/kg als Bolus i.v., danach 2,5 mg/kg/h als Infusion
- Argatroban: 0,1–0,2 mg/kg als Bolus i.v., danach 5–10 mg/kg/min als Infusion (Dosisreduktion bei Leberinsuffizienz)

43.5.4 Wiederherstellung der Blutgerinnung

Ist die extrakorporale Zirkulation beendet und sind die Kanülen aus den großen Gefäßen entfernt worden, wird die Blutgerinnung durch Infusion des Heparinantagonisten **Protamin** wiederhergestellt.

→ 1 ml Protamin neutralisiert 1000 IE Heparin (jedoch variabler Bedarf).

- Bei Unterdosierung von Protamin sind ACT, partielle Thromboplastinzeit (PTT) und Thrombinzeit (TZ) verlängert.
- Protamin wirkt selbst fibrinpolymerisationshemmend. Daher kann bei Überdosierung von Protamin die PTT verlängert sein. Fibrinogenmangel oder Fibrinspaltprodukte verlängern zusätzlich die TZ.
- Zu rasche Zufuhr von Protamin kann eine Herz-Kreislauf-Depression mit Blutdruckabfall, Tachykardie und Anstieg des linksventrikulären enddiastolischen Drucks hervorrufen. Daher langsame Infusion!

43

Hypothermie

Hypothermie senkt den Stoffwechsel bzw. Sauerstoffbedarf und erhöht die Ischämietoleranz der Organe. Daher wird die Körpertemperatur während der EKZ durch Kühlung des Bluts über einen Wärmeaustauscher der HLM abgesenkt.

Beziehung zwischen Hypothermie und Abnahme des O_2-Verbrauchs

- 30 °C: Abnahme auf 50% des Ausgangswertes
- 25 °C: Abnahme auf 25%
- 15 °C: Abnahme auf 10%

Außerdem nimmt durch die Hypothermie die Blutviskosität zu und die Gerinnungsaktivität ab.

Blutgase und pH-Wert in Hypothermie

Während die Löslichkeit der Blutgase in Hypothermie zunimmt, steigt der pH-Wert aufgrund der geringeren Dissoziation mit fallender Temperatur an und umgekehrt. Für die Beurteilung der Blutgase in Hypothermie wird die **Alpha-stat-Regulation** empfohlen: Blutgase und pH-Wert werden bei 37 °C gemessen und nicht auf die Körpertemperatur des Patienten korrigiert. Die **unkorrigierten Werte** sollten dann während der Hypothermie im **Normbereich von 37 °C** gehalten werden.

Beim Konzept der **pH-stat-Regulation** werden dagegen die bei 37 °C gemessenen Blutgas- und pH-Werte auf die aktuelle Körpertemperatur des Patienten korrigiert. Danach kann die bei 37 °C durchgeführte Blutgasanalyse eines auf 25 °C abgekühlten Patienten bei folgenden Werten als „normal" angesehen werden:

- pH 37 °C = 7,2 ↔ pH 25 °C = 7,4
- $paCO_2$ 37 °C = 75 mm Hg ↔ $paCO_2$ 25 °C = 40 mm Hg
- paO_2 37 °C > 140 mm Hg ↔ paO_2 25 °C > 25 mm Hg

43.5.5 Hypothermiegrade

Klinisch können folgende, nicht einheitlich verwendete Hypothermiegrade unterschieden werden:

Hypothermiegrade und tolerierter Kreislaufstillstand
- leichte Hypothermie: 37–32 °C; Kreislaufstillstand: 4–10 min
- mäßige Hypothermie: 32–28 °C; Kreislaufstillstand: 10–16 min
- tiefe Hypothermie: 28–18 °C; Kreislaufstillstand: 16–60 min
- ausgeprägte Hypothermie: 18–4 °C; Kreislaufstillstand: 60–90 min

Meist wird nur die **mäßige Hypothermie** angewandt, weil hierbei die Komplikationen am geringsten sind. Einige Eingriffe (insbesondere bei kongenitalen Vitien) erfolgen auch in tiefer Hypothermie.

43.5.6 Myokardprotektion

Strukturelle Myokardschäden während der extrakorporalen Zirkulation entstehen durch Myokardischämie und Myokardhypoxie (durch zu niedrigen Hb-Gehalt im Koronarblut).

Klinische Manifestationen sind:
- Low-Output-Syndrom
- anhaltende ventrikuläre Herzrhythmusstörungen
- ischämische Kontraktur des Myokards („stone heart").

Prädisponierende Faktoren:
- Kammerflimmern
- ungenügende Myokardperfusion
- Überdehnung der Ventrikel
- Ventrikelkollaps
- Koronarembolie.

Protektive Maßnahmen:
- Myokardhypothermie
- Kardioplegie, d.h. ein durch anterograde oder retrograde Infusion von Kardioplegie-Lösungen in den Koronarkreislauf induzierter **schlaffer Herzstillstand.**

43.5.7 Gerinnungsstörungen durch EKZ

Die Häufigkeit von Blutungen nach Operationen mit der HLM beträgt 3–5%. Wesentliche Ursache ist die Interaktion der Herz-Lungen-Maschine mit dem Gerinnungssystem, d.h. der Kontakt des Bluts mit einer fremden Oberfläche. Die wichtigsten Auswirkungen sind:

43

- Aktivierung der plasmatischen Gerinnung
- Verbrauch von Gerinnungsfaktoren
- Thrombozytopenie und -pathie
- regulatorische Aktivierung der Fibrinolyse.

Andere Blutungsursachen:
- **ungenügende Antagonisierung von Heparin**
- Überdosierung von Protamin
- chirurgisch bedingt.

Blutungsprophylaxe und -therapie

Die prophylaktische Hemmung der Fibrinolyse mit Antifibrinolytika ist Standard in der Herzchirurgie. Hierdurch werden die Blutverluste und der Transfusionsbedarf vermindert. Die Thrombozytenfunktion soll aufgrund der Plasminhemmung ebenfalls günstig beeinflusst werden. Nachdem der Proteaseninhibitor Aprotinin (Trasylol) vom Markt genommen worden ist, werden die synthetischen Antifibrinolytika Tranexamsäure und ε-Aminokapronsäure eingesetzt. Kardiale und renale Nebenwirkungen sollen nicht auftreten.

Pharmakologie

Dosierung von Tranexamsäure:
- bei Narkoseeinleitung 1 g über 20 min per Infusion
- anschließend 400 mg/h bis OP-Ende
- in die HLM: 500 mg

43

Therapie von Blutungen nach EKZ

Das Vorgehen bei Blutungen nach dem Bypass richtet sich nach den zugrunde liegenden Mechanismen.

Vorgehen bei starken postoperativen Blutungen
- bei operativ bedingten Blutungen: operative Blutstillung
- bei ungenügender Inaktivierung von Heparin: Zufuhr von Protamin unter ACT-Kontrolle
- wenn TZ und PTT um mehr als das 1,5fache verlängert: Frischplasma, ca. 15 ml/kg
- bei Thrombozytopenie von < 100 000/μl mit Blutungen: Thrombozytenkonzentrate
- bei Fibrinogenmangel < 100 mg/dl: Fibrinogenkonzentrat, 30 mg/kg
- bei Fibrinspaltprodukten von > 40 μg/ml: zusätzlich Tranexamsäure 0,5–1 mg langsam i.v., Wiederholung nach 2–3 h oder Aminokapronsäure 100–150 mg/kg
- bei Thrombozytopathie durch Urämie, Leberzirrhose, Acetylsalicylsäure: Desmopressin (z.B. Minirin) 0,3–0,4 g/kg alle 12 h für 2 Tage, jeweils über 20 min infundieren

43.5.8 Neurologische Störungen und Hirnprotektion

Die wichtigsten zerebralen Schädigungen bei herzchirurgischen Eingriffen sind:
- Schlaganfall ca. 1–3%
- Enzephalopathie: 10–15%
- neurokognitive Störungen bis zu 1 Monat postoperativ und länger: 20–30%.

Sie entstehen primär durch zerebrale Embolien und/oder zerebrale Minderdurchblutung. Weitere Ursachen sind Gas- und Fettembolien, ungenügende Kühlung des Gehirns oder zu rasche Erwärmung nach hypothermem Bypass.

EBM

Prophylaxe zerebraler Schäden

Klasse-I-Empfehlung
- Membran-Oxygenator und arterieller Filter ≤ 40 μ Porenweite
- apiaortaler Ultraschall zur Aufdeckung einer Atherosklerose der Aorta ascendens
- Vermeidung einer Hyperthermie während und nach Bypass

Klasse-IIa-Empfehlung
- nur 1 Aortenklemme bei Patienten mit Risiko atheromatöser Emboli
- Alpha-stat-Regulation des Säure-Basen-Haushalts
- arterielle Temperatur beim Wiedererwärmen nicht über 37 °C

Klasse-IIb-Empfehlung
- Naheinfrarot-Absorptionsspektrometrie, besonders bei Hochrisikopatienten
- arterieller Mitteldruck bei Hochrisikopatienten > 70 mm Hg
- Blutzucker < 140 mg/dl, wenn nötig, mit Insulin
- Aufbereitung des Kardiotomiesaugerblutes mit Cell-saver
- Erythrozytenkonzentrate bei Hochrisikopatienten, wenn Hb ≤ 7 g/dl oder höher (je nach Konstellation)

43.5.9 Bypass-Arten

43

Totaler Bypass

Beim totalen Herz-Lungen-Bypass sind Herz und Lungen vollständig aus der normalen Zirkulation ausgeschaltet (▶ Abb. 43-1a).

Drainage des venösen Bluts

Hierbei sind 3 Verfahren gebräuchlich:
- Einführung von 2 Kanülen über den rechten Vorhof in die untere und obere Hohlvene (bikavaler Zugang) für alle Operationen, bei denen das rechte Herz eröffnet wird
- Einführung einer Zweistufenkanüle, deren offene Spitze in der oberen Hohlvene und deren 2. Öffnung im rechten Vorhof liegt (kavoatrialer Zugang)
- Einführen von 1 Kanüle in den rechten Vorhof (singulärer atrialer Zugang); bevorzugt bei ACB-Operationen und beim Aortenklappenersatz.

Arterieller Einstrom

Die Zufuhr des in der Herz-Lungen-Maschine arterialisierten Bluts erfolgt in der Regel über eine 1–2 cm in die Aorta ascendens eingeführte und mit einer Tabaksbeutelnaht fixierte High-Flow-Kanüle (Durchmesser ca. 8 mm), ausnahmsweise auch retrograd über die A. femoralis, z.B. bei Aneurysmen der Aorta ascendens oder wenn die Kanülierung der Aorta nicht gelingt. In extremen Fällen kann auch die A. subclavia kanüliert werden (jedoch: Gefahr der Hirnischämie oder Ischämie der oberen Extremität).

Der Bypass ist total, sobald die Bänder um die Hohlvenen-Kanülen fest angezogen sind, denn nun kann kein Blut mehr in den rechten Vorhof einströmen. Das gesamte

Blut aus den beiden Hohlvenen fließt jetzt aufgrund der Schwerkraft in den Oxygenator der Herz-Lungen-Maschine und wird nach dem Gasaustausch in den Patienten zurückgepumpt. Eine kleine Blutmenge strömt jedoch auch während des totalen Bypasses über die Vv. Thebesii und periphere Bronchialvenen (via Lungenvenen) in das linke Herz und muss abgesaugt werden, damit sich das Herz nicht überdehnt.

→ Eine Beatmung der Lungen ist während des totalen Bypasses nicht erforderlich.

Partieller Bypass

Beim partiellen Bypass ist das Band um die venöse Drainagekanüle noch nicht fest angezogen, so dass ein Teil des venösen Bluts weiterhin über den rechten Vorhof in den rechten Ventrikel und von dort in den Lungenkreislauf und anschließend in den linken Ventrikel gelangen kann. Dieser Teil des Bluts wird vom Herzen in den Körperkreislauf gepumpt, der restliche Anteil strömt durch die Hohlvenenkanülen zur Herz-Lungen-Maschine und wird von dort nach dem Gasaustausch in den Körper zurückgepumpt (▶ Abb.43-1b).

→ Während des partiellen Bypasses müssen die Lungen weiter beatmet werden, um das in den Lungenkreislauf gelangende Blut zu arterialisieren.

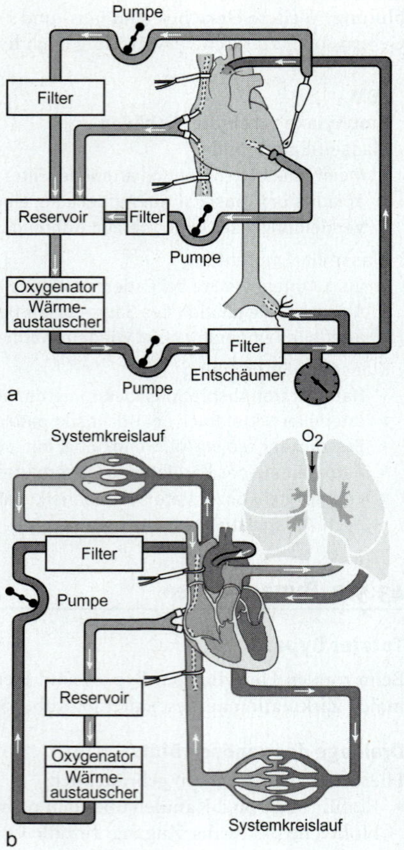

Abb. 43-1 Schema der extrakorporalen Zirkulation.
a) Totaler Bypass: Das gesamte Blut fließt aus den zentralen Venen in die Herz-Lungen-Maschine und wird von dort nach der Oxygenierung und Elimination von CO_2 in eine große Arterie des Körpers (Aorta oder A. femoralis) zurückgepumpt. Herz und Lungen sind vollständig aus der normalen Zirkulation ausgeschaltet.
b) Partieller Bypass: Die Bänder um die beiden Hohlvenenkanülen sind noch nicht fest angeschlungen, so dass ein Teil des venösen Bluts weiter in das schlagende Herz einströmen kann, während der restliche Anteil in die Herz-Lungen-Maschine fließt und von dort nach dem Gasaustausch in den Körper zurückgepumpt wird.

Linker atriofemoraler Bypass

Diese Art des Bypasses wird bei Operationen an der **Aorta descendens** eingesetzt, um während der Abklemmphase der Aorta die Durchblutung der Nieren und des Rückenmarks aufrechtzuerhalten. Hierzu wird arterielles Blut aus dem linken Vorhof entnommen und über eine Kanüle in der **A. femoralis** dem Aortenanteil unterhalb der Klemme zugeführt. Die obere Körperhälfte wird weiterhin durch das schlagende Herz versorgt

Femorofemoraler Bypass

Dieser Bypass wird bei Operationen an der **Aorta ascendens** eingesetzt. Hierzu werden Katheter in die **A. und V. femoralis** eingeführt. Das Blut aus der V. femoralis wird in den Oxygenator geleitet und nach dem Gasaustausch über die A. femoralis in die Aorta unterhalb der Klemme zurückgepumpt.

Linksherz-Bypass

Hierbei wird das in der Lunge des Patienten arterialisierte Blut am Einstrom in das linke Herz gehindert und stattdessen in ein Reservoir geleitet und von dort in das arterielle System gepumpt. Das rechte Herz behält seine Pumpfunktion bei.

Rechtsherz-Bypass

Das venöse Blut wird am Einstrom in das rechte Herz gehindert und stattdessen in die Pulmonalarterie gepumpt, von wo es seinen normalen Weg fließt. Die Pumpfunktion des linken Herzens bleibt erhalten.

43.6 Anästhesie bei HLM-Operationen: Standardvorgehen

Operationen mit der Herz-Lungen-Maschine werden in **Rückenlage** des Patienten durchgeführt; der Zugang zum Herzen erfolgt über eine **mediane Sternotomie.**

43.6.1 Vor der Narkoseeinleitung

√ **Praktisches Vorgehen**

Maßnahmen direkt nach Ankunft des Patienten im Einleitungsraum

1. EKG-Monitor anschließen
2. großlumige Venenkanüle legen und Infusionslösung anschließen
3. arterielle Kanüle/Katheter unter Lokalanästhesie einführen: A. radialis 20 G oder A. femoralis 18 G
4. Druckaufnehmer anschließen
5. bei **hohem Blutdruck und/oder Tachykardie** durch Angst und Aufregung: Sedativum injizieren, z.B. **Midazolam**
6. bei **pektanginösen Beschwerden:** Nitroglyzerin-Spray oder i.v. Bolus und Sedierung.

43.6.2 Narkoseeinleitung

Bei der Narkoseeinleitung des Herzkranken müssen alle Medikamente langsam injiziert und nach Wirkung dosiert werden. Das Körpergewicht dient nur als grober Anhaltspunkt.

Für die endotracheale Intubation ist in der Regel eine tiefe Narkose erforderlich, um kardiovaskuläre Reflexreaktionen zu verhindern.

Praktisches Vorgehen

Narkoseeinleitung zur Herzoperation (beispielhaft)

1. Infusion des Antibiotikums und des Antifibrinolytikums.
2. Ausreichend lange Präoxygenierung.
3. Vorinjektion von Fentanyl 1–10 µg/kg i.v.; alternativ Start eines Remifentanil-Perfusors, initial 0,5 µg/kg/min (bei älteren oder schwer kranken Patienten Dosisreduktion); evtl. Injektion einer kleinen Dosis eines ND-Muskelrelaxans zur Abschwächung der Thoraxrigidität. Weitere Alternative: Sufentanil fraktioniert, ca. 30–50 µg.
4. Nach Wirkungseintritt des Opioids: Injektion des Einleitungshypnotikums, z.B. Etomidat 0,2–0,3 mg/kg und Reduktion der Remifentanildosierung um ½–⅓, um einen stärkeren Blutdruckabfall zu verhindern.
5. Kontrollierte Ventilation über die Maske, bei balancierter Anästhesie Zufuhr des volatilen Anästhetikums beginnen. Bei sicherer Beatmung: Injektion eines ND-Muskelrelaxans in Intubationsdosis, z.B. Rocuronium, 0,6 mg/kg.
6. Danach Laryngoskopie und, wenn der Patient hierauf nicht mit Blutdruckanstieg reagiert, orale Intubation.
7. Mehrlumenkatheter über die rechte Vena jugularis interna einführen.
8. Pulmonaliskatheter oder PiCCO nur bei entsprechender Indikation, nicht routinemäßig.
9. 1 weitere großlumige Venenkanüle einführen.
10. Blasenkatheter, Thermosonden und Magensonde legen.
11. Patienten für die mediane Sternotomie lagern.
12. Propofolperfusor anschließen: Eine Dosierung von 2–3 mg/kg/h reicht bei den meisten Patienten für die Hypnose aus.
13. Anästhetikadosierungen reduzieren, um Blutdruckabfälle zu vermeiden.
14. Bei Blutdruckabfall: Vasopressor i.v.; inotrope Substanzen nur, wenn Störungen der Myokardkontraktilität Ursache des Blutdruckabfalls sind.

43.6.3 Narkoseführung bis zum kardiopulmonalen Bypass

Mögliche Anästhesieverfahren:

- TIVA mit Remifentanil und Propofol oder Sufentanil mit Propofol
- balancierte Anästhesie: Opioid plus volatiles Anästhetikum
- Muskelrelaxierung mit ND-Relaxans fortsetzen
- Erhaltungsbedarf mit plasmaisotoner, bilanzierter Elektrolytlösung decken
- Normoventilation bei der Narkosebeatmung.

Folgendes ist zu beachten:

- Die **stärksten chirurgischen Reize** sind Hautinzision, Sternotomie und Präparation der großen Gefäße. In dieser Phase ist der Anästhetikabedarf am größten.
- **Blutdruckanstieg und/oder Tachykardie** steigern den Sauerstoffverbrauch des Myokards und müssen vermieden werden. Behandlung: Narkose vertiefen; wenn nicht ausreichend: Vasodilatatoren und/oder kurz wirkender β-Blocker (Esmolol).

Checkliste vor Beginn des Bypasses
- Narkosetiefe und Relaxierungsgrad überprüft?
- Heparin gegeben? Wirksamkeit mit ACT-Test überprüft?
- Aortenkanüle luftleer? Keine Dissektion? Korrekte Lage?
- Venöse Kanüle: keine Obstruktion der oberen und unteren Hohlvenen?
- Pulmonaliskatheter 3–5 cm zurückgezogen?
- Alle Überwachungsgeräte in Funktion?
- Zusätzliche Medikamente erforderlich?
- Gesicht, Pupillen und Hals inspiziert?

43.6.4 Anschluss des Patienten an die Herz-Lungen-Maschine

- Injektion von **300–400 IE/kg Heparin** in den zentralen Venenkatheter
- Kanülierung der oberen und unteren Hohlvene über das rechte Herzohr und Anschluss der Schläuche an die venöse Linie der HLM
- dann Kanülierung der Aorta ascendens; in speziellen Fällen der A. femoralis, iliaca oder subclavia und Anschluss an die arterielle Linie der HLM
- nach Abschluss aller Kanülierungen beginnt die extrakorporale Zirkulation zunächst mit dem partiellen Bypass.

✓ **Praktisches Vorgehen**

Der Patient befindet sich am partiellen Bypass
1. Zufuhr von Inhalationsanästhetika unterbrechen und Patienten mit 100%igem Sauerstoff beatmen.
2. Die Narkose während des Bypasses kann z.B. als TIVA mit Remifentanil/Propofol über Perfusor aufrechterhalten werden.
3. Patienten ausreichend nachrelaxieren, z.B. mit 50 mg Rocuronium, um spontane Atembewegungen zu verhindern (Gefahr der Luftembolie).

Nach einigen Minuten wird auf den **totalen Bypass** übergegangen. Der Bypass ist total, wenn die Bänder um die Hohlvenenkanülen fest angezogen sind. Die Anweisung des Operateurs lautet hierzu: „Untere Hohlvene zu, obere Hohlvene zu, totaler Bypass!“

✓ **Praktisches Vorgehen**

Der Patient befindet sich am totalen Bypass
1. Beatmung abstellen; wenn gewünscht, Lunge mit einem Druck von etwa 5 cmH_2O gebläht halten.
2. Infusionen ebenfalls abstellen. Volumenersatz und Medikamentenzufuhr direkt über die Herz-Lungen-Maschine.
3. Pupillengröße, arteriellen Perfusionsdruck und zentralen Venendruck kontrollieren.

Nach Platzierung des Vents und Abkühlung des Bluts beginnt das Herz meist spontan zu flimmern, spätestens jedoch beim Übergießen mit kalter Ringer-Rösung. Die Aorta wird abgeklemmt („Aorta zu“) und Kardioplegie-Lösung in die Aortenwurzel infundiert.

Checkliste für die Bypassphase

Arterieller Einstrom:
- Wird das Blut im Oxygenator ausreichend oxygeniert?
- Gibt es Hinweise auf Fehllagen der Aortenkanüle (einseitige Gesichtsschwellung oder Unterschiede der Gesichtsfarbe)?
- Gibt es Hinweise auf eine Aortendissektion?
- Ist der arterielle Blutdruck anhaltend niedrig?
- Ist der arterielle Einstrom zu hoch?
- Fällt der Perfusatspiegel im Reservoir/Oxygenator?
- Ist der arterielle Blutdruck anhaltend hoch?

Venöser Ausstrom:
- ausreichende Drainage des venösen Bluts oder Hinweise auf Obstruktion der Kanüle?
- Gesicht verschwollen oder Gesichtsfarbe verändert?

Totaler Bypass:
- Beatmung eingestellt?
- Zufuhr von Medikamenten und Infusionen unterbrochen?

43.6.5 Überwachung während der extrakorporalen Zirkulation

Überwachungsparameter während extrakorporaler Zirkulation
- arterieller Perfusionsdruck: 60–100 mm Hg
- Pumpleistung der HLM; 2,2–2,5 l/min/m²
- zentraler Venendruck: bei gutem Rückfluss ≈ 0 mm Hg
- PAP, PCWP und LAP ≈ 0 mm Hg (wenn PK eingesetzt)
- EKG: Asystolie bei Kardioplegie
- Körperkerntemperatur
- Urinausscheidung: ca. 1 ml/kg/h
- Laborwerte 5 min nach Bypassbeginn, dann alle 15–30 min:
  - Blutgase und Säure-Basen-Parameter: Normalwerte (nicht temperaturkorrigiert)
  - Serumelektrolyte: Normalwerte
  - Blutzucker
  - Hämatokrit 20–30%
  - ACT: 400–600 s

Behandlung von Störungen

Wenn Perfusionsdruck zu hoch, d.h. über 100 mm Hg:
- Narkose vertiefen
- wenn Narkose ausreichend tief: Vasodilatator über die Herz-Lungen-Maschine zuführen.

Wenn Perfusionsdruck zu niedrig, d.h. unter 60 mm Hg:
- Noradrenalin über die Herz-Lungen-Maschine zuführen.

Wenn zentraler Venendruck ansteigt (Gefahr des Hirnödems!):
- Abflussbehinderungen beseitigen (Operateur).

Wenn Urinausscheidung zu gering:
- Obstruktion des Blasenkatheters beseitigen
- Pumpleistung der HLM erhöhen (wenn zu niedrig)
- Hypovolämie beseitigen
- Perfusionsdruck steigern
- Diuretika, z.B. 20–40 mg Furosemid (Lasix) i.v.

43.6.6 Narkose während des Bypass

Praktisches Vorgehen

Narkose während des Bypasses (beispielhaft)

1. TIVA mit Remifentanil in Kombination mit Propofol
2. Fentanyl oder Sufentanil in Kombination mit Propofol oder Midazolam
3. Opioid plus volatiles Anästhetikum (darf nicht in die Atmosphäre entweichen!)

Folgendes ist zu beachten:

→ Mit zunehmender Hypothermie nimmt der Bedarf an Anästhetika und Sedativa ab; in tiefer Hypothermie sind keine Anästhetika mehr erforderlich.

43.6.7 Abgehen vom kardiopulmonalen Bypass

Vor Abgehen von der Herz-Lungen-Maschine müssen folgende Maßnahmen durchgeführt werden:

Praktisches Vorgehen

Maßnahmen vor Abgehen von der HLM

1. Körperkerntemperatur auf ca. 34 °C anheben
2. Hämatokrit > 20–25%
3. Blutgase, Säure-Basen-Parameter, Serumkalium und ionisiertes Serumkalzium normalisieren
4. kalkulierte Protamindosis zur Infusion vorbereiten
5. kardiovaskuläre Medikamente, Blutkonserven, Frischplasma und evtl. Thrombozytenkonzentrate bereithalten
6. Narkose ausreichend tief halten
7. Pupillenweite kontrollieren

Beginnt das Herz nach dem Aufwärmen nicht spontan zu entflimmern, wird es mit 10–15 J intern defibrilliert.

Partieller Bypass

Der Entwöhnungsvorgang beginnt bei Verwendung von 2 V.-cava-Kanülen mit dem partiellen Bypass:

Praktisches Vorgehen

Maßnahmen bei partiellem Bypass

1. Patienten mit 100%igem Sauerstoff beatmen
2. Belüftung beider Lungen kontrollieren
3. Höhe des Beatmungsdrucks überprüfen
4. Nach Entfernen der Kanülen Blutgerinnung mit **Protamin** wiederherstellen. **Faustregel:** 1 ml Protamin neutralisiert 1000 IE Heparin. Meist sind zur Antagonisierung **100–130% Protamin** erforderlich; 130% sollten jedoch nicht überschritten werden. Die errechnete Menge sollte wegen der kardiovaskulären Wirkungen langsam infundiert und nicht injiziert werden; Infusionszeit: mindestens 15 min, Kontrolle mit ACT-Test.

43

43.6.8 Schwierigkeiten bei der Entwöhnung

Entwöhnungsschwierigkeiten treten vor allem bei Patienten auf, deren Herz-Kreislauf-Funktion bereits präoperativ erheblich beeinträchtigt war.

Andere **Ursachen:**
- Hyperkaliämie, Hypokalzämie, Hypothermie
- schlechte Ventrikelfunktion durch Myokardschädigung während der HLM
- Herzblock oder andere Arrhythmien
- Hypovolämie
- Luft in den Koronarien
- perioperativer Myokardinfarkt.

Kann der Patient nicht entwöhnt werden, wird das Herz durch Fortsetzung des partiellen Bypasses (wenn erforderlich für einige Stunden) entlastet.

Intraaortale Ballongegenpulsation (IABP)

Bei schwer beeinträchtigter Herzfunktion kann die IABP eingesetzt werden, um das Herz zu unterstützen. Das Instrumentarium besteht aus einem aufblasbaren Ballon und einer Maschine, die Gas (Helium oder CO_2) in den Ballon pumpt und wieder absaugt. Der Ballon wird mit Seldinger-Technik über die Arteria femoralis eingeführt und in die Aorta descendens vorgeschoben, in der Regel bis unmittelbar unterhalb der linken A. subclavia. Während der Diastole wird der Ballon aufgeblasen, während der Systole entleert. Hierdurch wird der arterielle Mitteldruck während der Systole maximal vermindert, während der Diastole maximal erhöht. Es werden folgende 3 **Wirkungen** hervorgerufen:

43

- Zunahme der Koronardurchblutung und Verbesserung der myokardialen Sauerstoffversorgung durch den diastolischen Druckanstieg
- Senkung des linksventrikulären Afterloads und dadurch Abnahme des myokardialen Sauerstoffverbrauchs
- Zunahme des Schlagvolumens aufgrund der Abnahme des Afterloads und Abnahme des endsystolischen Volumens.

Indikationen

Zu den wesentlichen Indikationen für eine IABP gehören:
- therapierefraktäres myokardiales Pumpversagen (Low-Output-Syndrom)
- instabiler Patient mit mechanischen Komplikationen, z.B. akute Mitralinsuffizienz oder Ventrikelseptumruptur
- anhaltende Myokardischämie bei Vorbereitung auf eine Herzkatheteruntersuchung und evtl. PTCA
- ausgewählte Patienten mit kardiogenem Schock zur Überbrückung bis zur Transplantation.

Beim isolierten Rechtsherzversagen ist die IABP meist wirkungslos.

43.6.9 Maßnahmen nach Abgehen vom kardiopulmonalen Bypass

- Laufende Blutverluste müssen ausreichend ersetzt werden.
- Wurde die Narkose als TIVA mit Remifentanil und Propofol durchgeführt, sollte der Patient beide Substanzen auch für den Transport auf die Intensivstation erhalten, um ein abruptes Erwachen mit stärkeren Schmerzen zu verhindern. Der durchschnittliche Dosisbedarf für den Transport beträgt ca. 0,25 µg/kg/min Remifentanil und ca. 2 mg/kg/h Propofol.

- Der **Transport** auf die Intensivstation erfolgt erst, wenn die Herz-Kreislauf-Funktion ausreichend stabil ist. Vor dem Transport tragbaren Herz-Kreislauf-Monitor (EKG, arterieller Blutdruck) und Pulsoxymeter, möglichst auch Kapnometer, anschließen und Notfallmedikamente bereitstellen.
- Begleitung des Patienten auf die Intensivstation durch den Anästhesisten; dort Übergabe an den diensthabenden Arzt. Bericht über Verlauf und Komplikationen sowie das weitere Vorgehen.

Frühe Extubation: Die Fast-Track-Herzchirurgie mit früher Extubation des Patienten erhöht nicht die postoperative Letalität und Morbidität, verkürzt jedoch die Verweildauer auf der Intensivstation und den Krankenhausaufenthalt.

43.7 Aortokoronare Bypass-Operationen (ACB)

Bei der Operation wird der stenotische Bereich mit einem neu implantierten Gefäß überbrückt. Arterielle Grafts (A. mammaria, A. radialis) werden bevorzugt, weil sie eine erheblich geringere Verschlussrate aufweisen als ein V.-saphena-magna-Graft (aortokoronarer Venenbypass, ACVB).

Aortokoronare Bypass-Operation

- Operation: Überbrückung der Stenose mit Bypass-Grafts (A. radialis, A. mammaria, Vena saphena)
  - mit HLM: On-Pump-Bypass (Standardverfahren)
  - ohne HLM am schlagenden Herzen: Off-Pump-Bypass (OPCAB) oder MIDCAB (minimal invasiver direkter Koronararterienbypass) (A. mammaria int., A. gastroepiploica)
- Lagerung: Rücken
- OP-Dauer: ca. 3 h
- chirurgische Stimulation: stark bis sehr stark
- Blutverluste: mäßig, 2–4 EKs erforderlich
- Anästhesie: ITN, arterielle Kanüle, ZVK, Blasenkatheter, Thermosonde, Magensonde, evtl. TEE oder Pulmonaliskatheter

43.7.1 Leitsätze für die Anästhesie

Patienten

Häufige Begleiterkrankungen: Myokardinfarkt, Hypertonie, Diabetes mellitus, Niereninsuffizienz, zerebrovaskuläre Insuffizienz, COPD.

Linksventrikuläre Funktion bzw. Ejektionsfraktion (EF)

- EF 40–50%: leichte Beeinträchtigung
- EF 30–40%: mäßige Beeinträchtigung
- EF < 30%: schwere Beeinträchtigung

Die Hauptrisiken für den Koronarkranken in der perioperativen Phase sind die **Myokardischämie** und der **Myokardinfarkt.** Begünstigende oder auslösende Faktoren sind:

- präoperative Angst und Aufregung
- Wirkungen von Anästhetika und Adjuvanzien
- Tachykardie und Blutdruckanstieg durch anästhesiologische und operative Stimulation.

43

Präoperative Medikamentenzufuhr

- Die antianginösen und antihypertensiven Medikamente werden auch am Operationsmorgen verabreicht.
- Meist ist eine stärkere Prämedikation erforderlich, um die Patienten abzuschirmen; bei Patienten mit schlechter Ventrikelfunktion sollte die Dosis verringert oder auf die Prämedikation gänzlich verzichtet werden.
- Dosisreduktion ist auch bei alten Patienten erforderlich.

Wahl des Anästhesieverfahrens

Häufig werden **Fast-Track-Konzepte** mit kurz wirkenden Substanzen angewandt:
- Sevofluran oder Desfluran in Kombination mit einem Opioid
- TIVA: Remifentanil oder Sufentanil mit Propofol.

Myokardprotektiv wirken (im Tierexperiment) alle volatilen Anästhetika, Opioide und Propofol.

Narkoseeinleitung

Bei der Narkoseeinleitung von Koronarkranken sind folgende Grundsätze zu beachten:
- starke Blutdruckanstiege und/oder Tachykardie vermeiden
- koronaren Perfusionsdruck bzw. mittleren diastolischen arteriellen Blutdruck im Normbereich halten.

Die Narkose kann wie in ▶ Kapitel 43.6.2 beschrieben eingeleitet werden. Bei Blutdruckabfall: sofort Beine anheben, wenn nötig Vasopressor.

Narkoseführung

Störungen des myokardialen Sauerstoffgleichgewichts mit nachfolgender Myokardischämie treten bis zum Anschluss an die Herz-Lungen-Maschine vor allem während maximaler chirurgischer Stimulationen auf. Hierzu gehören: Hautschnitt, Sternotomie, Spreizen des Sternums und Präparation der großen Gefäße.

Ziele für die Narkose bei Patienten mit guter Ventrikelfunktion
- Herzfrequenz zwischen 50 und 60/min
- systolischer Blutdruck nicht höher als 15% über Ausgangswert
- diastolischer Druck über 60 mm Hg
- Wedge-Druck bzw. LVEDP nicht über 12 mm Hg
- keine extreme Hämodilution

Behandlung intraoperativer hämodynamischer Störungen

Zu den häufigsten intraoperativen Störungen der Herz-Kreislauf-Funktion des Koronarkranken gehören:
- Hypertonie: Narkose vertiefen, Vasodilatator
- Tachykardie: Narkose vertiefen, β-Blocker
- Blutdruckabfall: Vasopressor; bei Volumenmangel: Volumen zuführen; bei Myokardinsuffizienz: Dobutamin/Noradrenalin
- starker Anstieg des zentralen Venendrucks mit Zeichen der Myokardischämie: Vorlast senken (Nitroglyzerin) u. positiv inotrope Substanzen
- supraventrikuläre Tachykardie: wird schlecht toleriert; Verapamil oder β-Blocker.

Nach der Operation

Der postoperative Verlauf ist bei den meisten Patienten komplikationslos. Bei Fast-Track-Konzepten können normotherme, respiratorisch und kardiovaskulär stabile Patienten in der Regel wenige Stunden nach der Operation extubiert werden.

Schmerztherapie: Opioide: PCA oder i.v.

Störungen und Komplikationen

- Hypertonie
- Blutungen: häufigster Grund für Reoperation
- Vorhofflimmern: bei 20–40%
- Low-Output-Syndrom; in der Regel bei Patienten mit präoperativ eingeschränkter LV-Funktion; bei Linksherzversagen meist IABP erforderlich
- Schlaganfall und andere neurologische Funktionsstörungen: 1–3%
- Operationsletalität

Hypertonie ist auch in der postoperativen Phase die typische Störung des Koronarkranken, die Behandlung erfolgt wie beschrieben.

43.8 Mitralstenose

43.8.1 Pathophysiologie

Die normale Öffnungsfläche der Mitralklappe beträgt 4–6 cm^2; erst wenn die Öffnungsfläche auf 2,6 cm^2 abnimmt, wird die Blutströmung durch die Klappe behindert. Folgen:

- Zunahme des Druckgradienten zwischen Vorhof und Ventrikel
- Dilatation des linken Vorhofs, häufig mit Vorhofflimmern; erhöhtes BNP
- Mediahypertrophie und Intimasklerose der Lungenarteriolen
- pulmonale Hypertonie bei 80% der Patienten, später Rechtsherzinsuffizienz und Trikuspidalinsuffizienz.

Schweregrade der Mitralstenose:

- Stadium I (leicht): ≥ 2 cm^2, mittlerer Druckgradient < 7 mm Hg
- Stadium II (mittelschwer): < 2 cm^2, mittlerer Druckgradient 7–15 mm Hg
- Stadium III (schwer): $< 1,0$ cm^2, mittlerer Druckgradient > 15 mm Hg.

43.8.2 Chirurgische Behandlung

Mitralstenose-Operation

- Operation: offene Kommissurotomie und Klappenrekonstruktion mit HLM, Mitralklappenersatz
- OP-Lagerung: Rücken, mediane Sternotomie
- OP-Dauer: 3–4 h
- chirurgische Stimulation: stark bis sehr stark
- Blutverlust: mäßig
- Anästhesie und Monitoring: Standard für HLM, intraoperativ TEE, Pulmonaliskatheter nicht routinemäßig
- Frühletalität: Klappenersatz ca. 6%, Rekonstruktion ca. 2%

43.8.3 Präoperative Einschätzung und Vorbereitung

- Vorhofflimmern wird mit Antikoagulanzien behandelt, bei schneller Überleitung zusätzlich mit Digitalis/β-Bockern.
- Bei kardialer Kachexie bestehen häufig eine Trikuspidal- und Rechtsherzinsuffizienz sowie ein Low-Output-Syndrom mit Aszites, Leberinsuffizienz, metabolischen Entgleisungen und immunologischen Störungen.
- Digitalis wird normalerweise 48 h vor der Operation abgesetzt, bei Patienten mit Vorhofflimmern und rascher Ventrikelfrequenz jedoch bis zur Operation weiter zugeführt.

43.8.4 Leitsätze für die Anästhesie

! Merke

Spezifische Gefahren bei Mitralstenose

- Tachykardie behindert bei Mitralstenose die diastolische Füllung des linken Ventrikels, so dass Herzzeitvolumen und Blutdruck abfallen.
- Vorhofflimmern mit schneller Überleitung kann ein akutes Lungenödem auslösen.
- Vermindertes Preload durch verminderte Füllung und erhöhte Nachlast durch Reflexkonstriktion beeinträchtigen die Myokardkontraktilität.

Prämedikation

Übermäßige Sedierung sollte vermieden werden. Bei Vorhofflimmern mit schneller Überleitung muss Digitalis auch am OP-Morgen zugeführt werden.

Anästhesie

- Bei schwerer Mitralstenose: bei Ankunft des Patienten im Einleitungsraum sofort Sauerstoff zuführen
- Standardmonitoring und Gefäßzugänge für HLM; Pulmonaliskatheter oder alternative Messverfahren bei Patienten mit pulmonaler Hypertonie oder schwerer Herzinsuffizienz
- Einleitung bevorzugt mit Etomidat und Opioid, ansonsten Standard für HLM-Operationen
- bei mit Diuretika entwässerten Patienten kann der Blutdruck schlagartig abfallen, daher vorher vorsichtig Volumen zuführen
- bei Myokardinsuffizienz: Vorsicht mit volatilen Anästhetika
- bei pulmonaler Hypertonie: kein Lachgas zuführen.

Volumenzufuhr

Die ventrikulären Füllungsdrücke sollten so hoch wie möglich gehalten werden, ohne dass hierdurch ein Lungenödem auftritt. Vorsicht ist bei Patienten mit erhöhtem Lungengefäßwiderstand geboten: Hier können Volumenzufuhr und exogene Volumenverschiebungen (Kopftieflage, periphere Vasokonstriktion durch die Intubation usw.) zu einem Anstieg des Wedge-Drucks führen.

Wegen der eingeschränkten Preloadreserve kann Dobutamin erforderlich sein, um das Schlagvolumen aufrechtzuerhalten (Tachykardie strikt vermeiden!).

Herzfrequenz

Die Herzfrequenz sollte bei Patienten mit Mitralstenose in einem Bereich von **60–80 Schlägen/min** gehalten werden. Daher:

- keine Substanzen verwenden, die zum Anstieg der Herzfrequenz führen
- sympathoadrenerge Reaktionen durch ausreichende Narkosetiefe unterdrücken
- schwere Anämie und Volumenmangel vermeiden.

Intraoperative Behandlung einer Tachykardie bei Mitralstenose

- Narkose vertiefen
- Verapamil, Dosierung nach Wirkung
- β-Blocker in niedriger Dosierung, z.B. Esmolol oder Metoprolol
- Amiodaron
- Kardioversion (bei Vorhofflimmern mit schneller Überleitung)

Peripherer Gefäßwiderstand

Der periphere Gefäßwiderstand ist kompensatorisch erhöht. Ein Abfall muss vermieden werden, weil hierdurch die Koronardurchblutung abnimmt. Venodilatation führt zum Abfall des HZV.

Pulmonaler Gefäßwiderstand

Nach dem Klappenersatz fällt der pulmonale Gefäßwiderstand meist ab. Er kann jedoch durch perioperative Faktoren ansteigen und zu Rechtsherzinsuffizienz und Low-Output-Syndrom führen. Solche Faktoren sind:

- Hypoxie
- Hyperkapnie
- Hypothermie
- endogenes Angiotensin
- Katecholamine mit α-adrenerger Wirkung
- Azidose.

Bleibt der Widerstand hoch und verschlechtert sich der Zustand des Patienten, sollte das **Afterload des rechten Ventrikels** durch pulmonale Vasodilatatoren gesenkt werden.

Kontraktilität

Die Ventrikelkontraktilität ist während der Narkose meist nicht wesentlich gestört. Folgendes Risiko muss jedoch beachtet werden: Besonders bei älteren Patienten kann nach Wiederaufnahme der Pumpfunktion des Herzens der linke Ventrikel transversal einreißen. Darum gilt:

→ Bei älteren Patienten sollte das Preload (LVEDV) niedrig gehalten und das Herzzeitvolumen durch inotrope Substanzen oder Senkung des Afterloads aufrechterhalten werden.

Low-Output-Syndrom

Das Syndrom tritt nicht selten nach Mitralklappenersatz auf und manifestiert sich in folgender Weise:

- niedriges Herzzeitvolumen
- Oligurie
- periphere Gefäßkonstriktion

- Unruhe und/oder Verwirrtheit
- **Dobutamin** kann zur Behandlung des **Rechts- und Linksherzversagens** eingesetzt werden. Die Substanz senkt den pulmonalen und peripheren Gefäßwiderstand. Andere pulmonal vasodilatierende Substanzen: Prostaglandine und NO.
- **Arrhythmien** treten besonders in der postoperativen Phase auf, häufig als supraventrikuläre Rhythmusstörungen, aber auch als atrioventrikuläre Leitungsstörungen durch chirurgisches Trauma. Dann ist ein Schrittmacher erforderlich.

Nach dem Bypass

- Da die Stenose beseitigt wurde, ist jetzt ein ausreichend hohes Preload erforderlich.
- Eine Abnahme des peripheren Gefäßwiderstands fördert jetzt den Vorwärtsblutstrom.
- Die pulmonale Vasodilatation sollte aufrechterhalten werden, um die Füllung des linken Ventrikels zu verbessern.
- Unterstützung der Myokardkontraktilität mit inotropen Substanzen kann erforderlich sein.

43.9 Mitralinsuffizienz

43.9.1 Pathophysiologie

Das **Regurgitationsvolumen** wird vor allem von folgenden Faktoren bestimmt:
- Größe der insuffizienten Klappenöffnung
- Druckgradienten zwischen linkem Ventrikel und linkem Vorhof
- Dauer der Auswurfphase.

Diese Faktoren hängen wiederum ab vom Kontraktilitätszustand des linken Ventrikels, der Compliance des linken Vorhofs und der Lungenvenen sowie vom Widerstand gegen das in die Aorta ausgeworfene Volumen.

Schweregrad der Mitralinsuffizienz nach der Regurgitationsfraktion (RF = Anteil am gesamten Schlagvolumen):
- Stadium I: RF $<$ 0,3: leichte Insuffizienz
- Stadium II: RF 0,3–0,6: mäßige Insuffizienz
- Stadium III: RF $>$ 0,6: schwere Insuffizienz

Nach der Regurgitationsfläche:
- $>$ 8 cm^2: schwere Insuffizienz
- $<$ 4 cm^2: leichte Insuffizienz.

Auswirkungen

- Dilatation des linken Vorhofs
- chronische Volumenüberlastung des linken Ventrikels mit Dilatation und Hypertrophie
- Kontraktilität bei **akuter** Mitralinsuffizienz normal oder gesteigert, bei **chronischer** Mitralinsuffizienz progrediente Abnahme
- mäßig ausgeprägte Veränderungen der Lungengefäße, pulmonale Hypertonie.

! Merke
Ein Anstieg des peripheren Widerstands erhöht das Regurgitationsvolumen.

43.9.2 Chirurgische Behandlung

Methode der Wahl ist der **Klappenersatz.** Klappenrekonstruierende Operationsverfahren spielen eine untergeordnete Rolle.

Mitralinsuffizienz-Operation
- Operation:
  - Klappenrekonstruktion mit HLM
  - Klappenersatz mit HLM
- OP-Lagerung: Rücken
- OP-Dauer ca. 3 h
- chirurgische Stimulation: stark bis sehr stark
- Blutverluste: mäßig
- Anästhesie und Monitoring:
  - Standard für HLM
  - intraop. TEE; Pulmonaliskatheter bei ausgewählten Patienten

43.9.3 Leitsätze für die Anästhesie

Bei Mitralinsuffizienz ist die Klappenöffnungsfläche nicht fixiert, sondern variiert mit der wechselnden Belastung des linken Ventrikels:
- Volumenzunahme des Ventrikels oder Anstieg des Afterloads durch Vasokonstriktoren vergrößert die Klappenöffnungsfläche und damit das Regurgitationsvolumen.
- Verminderung des Afterloads und Zunahme der Kontraktilität verkleinern die Öffnungsfläche und das Regurgitationsvolumen.
- Tachykardie verkürzt die Füllungszeit des Ventrikels und die Dauer der Systole: Das Regurgitationsvolumen nimmt ab.
- Bradykardie erhöht das Regurgitationsvolumen und wird schlecht toleriert.
- Dobutamin wirkt positiv inotrop und senkt das Afterload, hierdurch werden die endsystolische Ventrikelgröße und das Regurgitationsvolumen vermindert.

Hämodynamische Ziele bei Mitralinsuffizienz-OP
- Bradykardie vermeiden, da hierdurch Regurgitation zunimmt; Herzfrequenz › 70/min
- Afterload-Senkung mit leichter Preload-Erhöhung kann das HZV steigern und den Blutdruck anheben
- Anstieg des SVR oder des Afterloads vermeiden, da hierdurch Zunahme der Regurgitation

43.10 Aortenstenose

Nach der Lokalisation werden valvuläre, supravalvuläre und subvalvuläre Aortenstenose sowie idiopathische hypertrophische Subaortenstenose unterschieden.

43.10.1 Pathophysiologie

Mit zunehmender Verengung der Ausflussbahn muss der **Druckgradient** zwischen linkem Ventrikel und Aorta sehr stark ansteigen, damit das Schlagvolumen aufrechterhalten werden kann.

- Normale Klappenöffnungsfläche 2,5–3,6 cm^2
- erst wenn Öffnungsfläche < 1 cm^2: Behinderung des Blutstroms
- schwere Aortenstenose: Öffnungsfläche < 0,75 cm^2
- typische Symptome: Angina pectoris, Synkope und Dyspnoe, meist erst, wenn Öffnungsfläche nur noch 0,5–0,7 cm^2 beträgt.

Durch **Steigerung des linksventrikulären systolischen Drucks** wird zunächst ein normales Schlagvolumen aufrechterhalten. Wegen der Druckbelastung entwickelt sich eine konzentrische Hypertrophie ohne Zunahme des Ventrikelvolumens. Der Ventrikel ist steif, die diastolische Funktion bzw. Relaxation beeinträchtigt, die Auswurfzeit verlängert.

→ Tachykardie verkürzt die Diastolendauer und kann eine akute Linksherzinsuffizienz auslösen.

43.10.2 Chirurgische Behandlung

Bei schwerer Stenose ist der Klappenersatz das Verfahren der Wahl.

Aortenstenose-Operation

- Operation:
  - Klappenrekonstruktion in HLM
  - Klappenersatz in HLM
  - transapikale, minimal-invasive Implantation am schlagenden Herzen möglich
- OP-Lagerung: Rücken
- OP-Dauer: 2–3 h
- chirurgische Stimulation: stark bis sehr stark
- Blutverluste: mäßig (2 EKs bereithalten)
- Anästhesie und Monitoring: Standard für HLM-OP

Leitsätze für die Anästhesie

Patienten

- meist in höherem Lebensalter
- Männer häufiger betroffen als Frauen
- häufig Hypertonus; KHK ist möglich
- Patienten mit leichter oder mäßiger Aortenstenose tolerieren eine Narkose meist ohne wesentliche Schwierigkeiten, dagegen reagieren Patienten mit schwerer Aortenstenose oft außergewöhnlich empfindlich auf Anästhetika.

Prämedikation

Keine starke Sedierung bei Patienten mit Linksherzinsuffizienz, weil durch Vasodilatation linksventrikuläres enddiastolisches Volumen, systolischer Druck und Schlagvolumen abnehmen können.

Wahl der Anästhetika und Monitoring

- Standardverfahren für HLM-OP; Pulmonaliskatheter nur bei ausgewählten Patienten
- Etomidat ist gut geeignet, Propofol nicht
- Vasodilatation muss vermieden werden
- volatile Inhalationsanästhetika bei schwerer Aortenstenose mit Herzinsuffizienz sehr vorsichtig dosieren
- Angina pectoris im Einleitungsraum: O_2 zuführen, möglichst kein Nitroglyzerin (Venodilatation!).

Sinusrhythmus

Bei Aortenstenose hängt eine ausreichende Füllung des linken Ventrikels von einer geordneten Vorhofkontraktion ab. Darum muss der Sinusrhythmus erhalten bleiben.

Eine supraventrikuläre Tachykardie muss aggressiv behandelt werden: Kardioversion, auch unmittelbar vor Beginn der extrakorporalen Zirkulation.

Auch ein Sinusrhythmus muss sich bei Aortenstenose innerhalb bestimmter Grenzwerte bewegen.

! Merke

Grenzwerte des Sinusrhythmus bei Aortenstenose

- Ausgeprägte Bradykardie (unter 45/min) führt zum Abfall des Herzzeitvolumens und muss daher vermieden werden.
- Tachykardien steigern den myokardialen Sauerstoffverbrauch, verkürzen die Diastole und beeinträchtigen die subendokardiale Durchblutung und müssen daher ebenfalls vermieden werden.

Preload, Afterload und SVR

- Die Vorlast sollte angehoben werden, um die Füllung des steifen linken Ventrikels zu erhöhen.
- Systemischer Gefäßwiderstand oder Afterload müssen sorgfältig aufrechterhalten werden; wenn erforderlich, mit Vasopressoren wie Noradrenalin.
- Blutdruckanstieg kann den Druckgradienten an der Klappe vermindern und zum Abfall des Herzzeitvolumens führen.
- Blutdruckabfall kann zur Myokard- und Hirnischämie führen.
- Kontraktionsstörungen können die Zufuhr positiv inotroper Substanzen erfordern

Nach dem Bypass

- weiterhin ausreichende Vorlast erforderlich
- bei Bedarf AV-Schrittmacher, um die Vorhofkontraktion zu stimulieren und die Füllung zu verbessern
- bei Kontraktionsinsuffizienz: inotrope Substanzen; evtl. Pulmonaliskatheter.

43.11 Hypertrophe obstruktive Kardiomyopathie (HOCM)

43.11.1 Pathophysiologie

Bei dieser Erkrankung sind das Ventrikelseptum und die Hinterwand des linken Ventrikels hypertrophiert, die Ventrikelcompliance vermindert, die linke Ausflussbahn stenosiert. Mit zunehmender Obstruktion entsteht in Mitt- und Spätsystole ein Druckgradient zwischen Ventrikel und Aorta. Der Blutfluss nimmt ab, die Ausflussöffnung wird zunehmend kleiner.

Druckgradient und Obstruktion nehmen zu durch:

- Abfall des Blutdrucks
- Verminderung des linksventrikulären Volumens
- Anstieg der Strömungsgeschwindigkeit.

Druckgradient und Obstruktion nehmen ab durch:

- Anstieg des arteriellen Blutdrucks
- Zunahme des linksventrikulären Volumens
- Abnahme der Ausflussgeschwindigkeit.

43.11.2 Chirurgische Behandlung

Patienten mit schwerer Obstruktion, die nicht durch β-Blocker-Therapie zu beherrschen ist, werden operiert. Hierbei wird unter extrakorporaler Zirkulation ein Teil des hypertrophierten Septums reseziert.

Leitsätze für die Anästhesie

- **Hypovolämie** und **Valsalva-Manöver** vermindern den venösen Rückstrom und das linksventrikuläre Volumen, senken den Blutdruck und steigern die Blutströmungsgeschwindigkeit. Sie müssen daher vermieden werden.
- **Vasopressoren und β-Blocker** vermindern den Druckgradienten.
- **Wahl der Anästhetika:** Inhalationsanästhetika wie Sevofluran oder Desfluran sind wegen ihrer negativ inotropen Wirkung von Vorteil, weil der Druckgradient abnimmt.
- **Monitoring:** Standard für HLM-OP; ein Pulmonaliskatheter ist in der Regel nicht erforderlich.
- **Preload:** Das linksventrikuläre Preload sollte im Normbereich oder leicht erhöht gehalten werden, weil hierdurch der Druckgradient an der Ausflussbahn abnimmt. Hohe Beatmungsdrücke vermindern den venösen Rückstrom und damit das linksventrikuläre Volumen. Sie sollten daher vermieden werden.
- **Vorhofkontraktion:** Eine geordnete Vorhofkontraktion ist erforderlich, um den steifen linken Ventrikel ausreichend zu füllen. Aus diesem Grund müssen bei HOCM **Tachykardien** vermieden werden. Tachykardien können mit **β-Blockern** behandelt werden.
- **Vasodilatatoren** vermindern den Druckgradienten.
- **Intraoperativer Blutdruckabfall** ist häufig durch Zunahme des Druckgradienten mit Abfall des HZV bedingt. Behandlung: Volumenzufuhr, Vasopressoren.

43.12 Aorteninsuffizienz

43.12.1 Pathophysiologie

Bei Aorteninsuffizienz strömt während der Diastole Blut aus der Aorta in den linken Ventrikel zurück. Die **Größe des Regurgitationsvolumens** wird von folgenden Faktoren bestimmt:

- Größe der Klappenöffnungsfläche in Diastole
- mittlerer diastolischer Druckgradient zwischen Aorta und linkem Ventrikel
- Diastolendauer.

Durch folgende Faktoren nimmt die Regurgitation zu:

- hoher peripherer Widerstand
- geringe diastolische Ventrikelsteife
- Bradykardie.

Durch folgende Faktoren nimmt die Regurgitation ab:

- niedriger peripherer Widerstand
- hohe diastolische Ventrikelsteife
- Tachykardie.

Praktisch ist wichtig:

> **! Merke**
> Mit ansteigender Herzfrequenz nimmt das Regurgitationsvolumen ab und das Herzzeitvolumen zu, weil die Diastolendauer verkürzt wird. Bradykardie verlängert dagegen die Diastolendauer, steigert das Regurgitationsvolumen und vermindert das Herzzeitvolumen.

Bei **chronischer** Aorteninsuffizienz nimmt die Masse des linken Ventrikels meist erheblich zu. Das **enddiastolische Volumen** ist stärker als bei jedem anderen Herzfehler erhöht.

43.12.2 Chirurgische Behandlung

Jeder Patient mit Aorteninsuffizienz sollte operiert werden, bevor sich schwerwiegende Funktionsstörungen des linken Ventrikels einstellen. Klappenersatz ist die Operation der Wahl bei reiner Aorteninsuffizienz oder bei Kombination von Aortenstenose und Aorteninsuffizienz; bei günstigen Voraussetzungen ist auch eine Rekonstruktion möglich.

43.12.3 Leitsätze für die Narkose

Prämedikation

Besteht eine schwere Insuffizienz, sollte der Patient nicht zu stark sediert werden, weil Vasodilatation und Hypoxämie schlecht toleriert werden.

Wahl der Anästhetika

Volatile Anästhetika sollten wegen ihrer negativ inotropen Wirkung bei herzinsuffizienten Patienten vermieden oder sehr niedrig dosiert werden. TIVA mit Opioid und Propofol oder Midazolam wird im Allgemeinen besser vertragen.

Pulmonaliskatheter

Ein Pulmonaliskatheter kann bei Patienten mit schwerer Aorteninsuffizienz von Nutzen sein, um linksventrikulären Druck, Herzzeitvolumen sowie systemische und pulmonale Gefäßwiderstände einzuschätzen. Es muss jedoch beachtet werden, dass bei vorzeitigem Mitralklappenschluss der Wedge-Druck niedriger gemessen wird als der LVEDP.

Bradykardien

Niedrige Herzfrequenzen werden von Patienten mit Aorteninsuffizienz sehr schlecht vertragen und müssen darum verhindert werden.

Behandlung: Atropin, β-Sympathomimetika in niedriger Dosierung. Vorhof-Pacing bei eröffnetem Perikard. Praktisch gilt:

> **! Merke**
> Bei Aorteninsuffizienz sollte die Herzfrequenz > 90/min betragen; Bradykardien müssen vermieden werden.

Nach dem Bypass

Nach dem Bypass sollten optimale Füllungsdrücke hergestellt werden. Patienten mit akuter Aorteninsuffizienz benötigen sehr wahrscheinlich einen normalen LVEDP nach dem Klappenersatz, Patienten mit schwerer Aorteninsuffizienz und verminderter Kontraktilität vermutlich höhere Füllungsdrücke.

43.13 Trikuspidalinsuffizienz

Meist tritt die Trikuspidalinsuffizienz im Zusammenhang mit anderen Herzklappenfehlern auf, die dann klinisch im Vordergrund stehen.

Operation (jeweils mit HLM):
- Trikuspidalklappenersatz, wenn Klappe massiv zerstört oder degeneriert
- Klappenrekonstruktion mit Naht oder Klappenring.

43.13.1 Leitsätze für die Narkose

- Hohe Atemwegsdrücke und Venodilatation vermeiden, weil hierdurch der venöse Rückstrom gehemmt wird und das Herzzeitvolumen abfällt.
- Blutvolumen und zentralen Venendruck erhöhen, damit das effektive Rechtsherz-Schlagvolumen aufrechterhalten und so eine ausreichende Füllung des linken Ventrikels gewährleistet wird.
- Anstieg des pulmonalen Gefäßwiderstands verhindern, weil hierdurch eine Rechtsherzinsuffizienz entstehen kann.

43.14 Anästhesie bei Herztransplantationen

Die Herztransplantation ist indiziert bei einer Herzerkrankung im terminalen Stadium, die keiner medikamentösen oder anderen chirurgischen Therapie mehr zugänglich ist.

43.14.1 Operation

Nach Kanülierung der Aorta und des rechten Vorhofs sowie Anschluss an die Herz-Lungen-Maschine werden Aorta und Pulmonalarterie durchtrennt und das Herz im atrioventrikulären Übergang, unter Belassung entsprechender Vorhofstümpfe, exzidiert. Anschließend wird das Spenderherz mit den beiden Vorhöfen, der Aorta und der Pulmonalarterie anastomosiert. Dieser Vorgang dauert in der Regel etwa 90 min.

43.14.2 Anästhesiologisches Vorgehen

Grundsätzlich unterscheidet sich das anästhesiologische Vorgehen nicht wesentlich von dem bei anderen Herzoperationen. Zügiges Vorgehen ist geboten, da die sichere Ischämiezeit für das Transplantat nur ca. 4 h beträgt.

Angesichts des meist sehr schlechten körperlichen Zustands der Patienten sollte auf eine Prämedikation verzichtet werden.

Intraoperatives Vorgehen

Die Narkoseführung erfolgt in üblicher Weise unter vorsichtiger Dosierung sämtlicher Substanzen:

- Nach Abschluss der Anastomosierungen und Öffnen der Aorta wird mit der Infusion von **Adrenalin** begonnen, um die Kontraktionskraft und die Herzfrequenz zu steigern. Die Herzfrequenz sollte 90–120/min betragen, da das Zeitvolumen des denervierten Herzens von einer ausreichenden Herzfrequenz abhängt.
- Die Entwöhnung vom kardiopulmonalen Bypass sollte unter sorgfältiger Beobachtung der Herzfüllung erfolgen, bei Patienten mit pulmonaler Hypertonie vor allem des rechten Vorhofs und Ventrikels. Die Füllungsdrücke sollten bei der Entwöhnung nur mäßig ansteigen; der Wedge-Druck sollte etwa 12 mm Hg betragen.
- Blutungen sind eine typische Komplikation, daher ist nach dem Abgehen vom kardiopulmonalen Bypass eine sorgfältige Antagonisierung des Heparins unter Kontrolle der ACT-Werte erforderlich. Bei anhaltenden Blutungen sollten die Gerinnungswerte kontrolliert und, wenn erforderlich, Thrombozytenkonzentrate, Frischplasma, Fibrinogen, Faktorenkonzentrate (PPSB) und Tranexamsäure zugeführt werden.
- Der Blutersatz erfolgt mit Erythrozytenkonzentraten; hierbei wird ein Hämoglobinwert von > 8 g/dl angestrebt.
- Nach der Transplantation muss vermehrt mit **ventrikulären Herzrhythmusstörungen** gerechnet werden; länger anhaltende **Bradyarrhythmien** sind in den ersten 5 Tagen nach der Operation ebenfalls keine Seltenheit.
- Die Zufuhr von Adrenalin sollte auch in der unmittelbaren postoperativen Phase fortgesetzt werden, selbst bei scheinbar normaler Herzfunktion, um bedrohliche Bradykardien zu vermeiden.

Postoperative Behandlung

Die Zufuhr von **Adrenalin** sollte in den nächsten 4–5 Tagen in niedriger Dosierung fortgesetzt werden. Mit der immunsuppressiven Therapie (Ciclosporin, Azathioprin, Mofetil, Methylprednisolon) wird sofort begonnen. Meist können die Patienten am 1. postoperativen Tag extubiert werden. Die Mobilisierung sollte so früh wie möglich erfolgen.

Komplikationen

- Rechtsherzversagen
- primäres Transplantatversagen
- akutes Nierenversagen
- akute oder hyperakute Abstoßungsreaktion.

43.15 Implantationen eines automatischen Kardioverter-Defibrillators (AICD)

Lebensbedrohliche Arrhythmien werden vom AICD innerhalb von 5–10 s erkannt, weitere 5–7 s werden benötigt, um die für die Kardioversion bzw. Defibrillation erforderliche Energie abzugeben.

AICD-Implantation

- Operation: Einführen der Sonde über V. subclavia; Implantation des AICD
- Lagerung: Rücken
- OP-Dauer: ca. 1 h
- chirurgische Stimulation: gering
- Blutverlust: keiner
- Anästhesie-Besonderheiten:
  - Hochrisikopatienten: perioperative Gefahr: Kammertachykardie/Kammerflimmern
  - Anästhesie: ITN
  - Kanülierung: 1 Venenkanüle, arterielle Kanüle, ZVK,
  - Komplikationen/Störungen nach Kardioversion/Defibrillation: Hypertonie, Tachykardie, Bradykardie

Literatur

Fellahi JL, Parienti JJ, Hanouz JL, Plaud B, Riou B, Quattara A: Perioperative use of dobutamin in cardiac surgery and adverse cardiac outcome. Anesthesiology 2008; 108:979–987.

Hemmerling T, Olivier JF; Le N, Prieto I, Bracco D: Myocardial protection by isoflurane vs. sevoflurane in ultra-fast-track-anaesthesia off-pump aortocoronary bypass grafting. Eur J Anesthesiol 2008; 25(3):230–236.

Hogue CW, Gottesman RF, Stearns J: Mechanisms of cerebral injury from cardiac surgery. Critical Care Clinics 2008; 24(1):83–91.

Jambor C, Bremerich D, Morith A, Seifried E, Zwissler B: Gerinnungsmanagement bei Eingriffen mit extrakorporaler Zirkulation. Klinischer Therapiealgorithmus. Der Anaesthesist 2008; 57:(4)374–381.

Larsen R: Anästhesie für Herz-, Thorax- und Gefäßchirurgie, 7. Aufl. Springer, Berlin – Heidelberg – New York 2009.

Lauterbach G (Hrsg.): Handbuch der Kardiotechnik, 4. Aufl. Urban & Fischer, München 2002.

Myles PS, McIlroy D: Fast-track cardiac anesthesia: choice of anesthetic agents and techniques. Semin Cardiothorac Vasc Anesth. 2005 Mar;9(1):5–16. Review.

Cochrane-Review/Metaanalyse

The Cochrane Collaboration: Early extubation for adult cardiac surgical patients. The Cochrane Database of Systematic Reviews 2003.

Leitlinien

ACC/AHA 2004 guideline update for coronary artery bypass graft surgery: a report of the American College of Cardiology/American Heart Association Task Force on Practice Guidelines (Committee to update the 1999 guidelines for coronary artery bypass graft surgery) ACC. www.acc.org oder www.americanheart.org.

ACC/AHA 2006 Guidelines for the management of patients with valvular heart disease. www.acc.org/clinical guidelines/valvular/index.pdf.

Dietz R, Rauch B: Leitlinie zur Diagnose und Behandlung der chronischen koronaren Herzerkrankung der Deutschen Gesellschaft für Kardiologie – Herz- und Kreislaufforschung. Z Kardiol 2003;92:501–21.

Leitlinien der Deutschen Gesellschaft für Thorax-, Herz- und Gefäßchirurgie. www.uni-duesseldorf.de/AWMF//II/chthg001.htm

44 Gefäßchirurgie

Patienten mit Erkrankungen der Gefäße weisen oft klinisch relevante Begleiterkrankungen auf, die für das anästhesiologische Vorgehen von Bedeutung sein können (▶ Tab. 44-1).

44.1 Präoperative Einschätzung

Die atheromatöse Gefäßerkrankung tritt selten isoliert auf, sondern meist diffus in mehreren Organsystemen, von denen Herz, Gehirn und Niere für die perioperative Morbidität und Letalität eine herausragende Rolle spielen.

44.1.1 Präoperative Untersuchungen

Patienten mit Erkrankungen der Gefäße werden wegen der zu erwartenden Begleit- und Folgeerkrankungen vor der Operation in der Regel umfassend untersucht (▶ Tab. 44-2).

44.2 Thorakale Aortenaneurysma-Operationen

Von der Erkrankung sind vor allem ältere Patienten mit Arteriosklerose betroffen, die zumeist noch weitere Risikofaktoren aufweisen. Das operative Risiko bei thorakalen Aortenaneurysmen ist hoch, besonders bei Notfalleingriffen.

44.2.1 Ätiologie und Pathogenese

Die **Arteriosklerose** ist die häufigste Ursache eines Aneurysmas, andere Ursachen wie zystische Medianekrose oder Traumen sind selten. Pathologisch-anatomisch werden folgende zwei Formen unterschieden:

- Aortenaneurysma: entsteht durch Dilatation der Aorta
- Aortendissektion: entwickelt sich durch einen Riss der Intima, durch den Blut zwischen die Gefäßwände dringt und ein falsches Lumen bildet.

44.2.2 Klassifizierung

Die **Stanford-Klassifizierung** (Daily) orientiert sich am Therapieansatz und umfasst nur noch 2 Arten von Aortendissektionen: Typ A und Typ B.

- **Typ A:** Dissektionen der Aorta ascendens, unabhängig vom Ort des Intimarisses. Häufigkeit ca. 50%; bei der Hälfte der Patienten mit Aortenklappeninsuffizienz verbunden; akute Letalität der Ruptur: 60–70%.

Tab. 44-1 Häufige Erkrankungen des Gefäßpatienten
• koronare Herzkrankheit
• Myokardinfarkt in der Vorgeschichte
• Hypertonie
• Diabetes mellitus
• respiratorische Erkrankungen
• Niereninsuffizienz

Tab. 44-2 Präoperative Untersuchungen bei gefäßchirurgischen Patienten
• EKG
• Belastungs-EKG
• Holter-Monitoring
• Myokardszintigraphie
• Echokardiographie
• Angiographie
• Koronarangiographie
• Röntgenuntersuchung der Thoraxorgane

- **Typ B:** Dissektion beschränkt sich auf die Aorta descendens. Häufigkeit 30–35%; akute Letalität bei Ruptur ca. 40%.

44.2.3 Patienten

Die Patienten sind im Durchschnitt 50–70 Jahre alt und weisen häufig folgende Begleiterkrankungen auf:
- koronare Herzerkrankung
- Hypertonus
- respiratorische Erkrankungen
- Diabetes mellitus.

44.2.4 Aneurysmen der Aorta ascendens

Operation

Die Patienten werden meist elektiv operiert; nicht selten besteht eine Aortenklappeninsuffizienz durch Dehnung des Klappenrings.

Aszendens-Aneurysma-Operation
- Operation: mediane Sternotomie; Standardanschluss an die Herz-Lungen-Maschine, mäßige Hypothermie und Kardioplegie, Exzision des Aneurysmas, Rekonstruktion des Gefäßes durch Interponat, Raffung oder Ersatz der Aortenklappe
- Rückenlagerung, beide Arme ausgelagert
- chirurgische Stimulation: stark bis sehr stark
- OP-Dauer 2–4 h
- Blutverluste 500 ml bis 2 l, Cell-Saver bereitstellen
- Anästhesie: ITN, Arterie, 3-Lumen-ZVK; PD-Katheter, wenn möglich

Anästhesie

Grundsätzlich können die Standardverfahren der totalen intravenösen oder balancierten Anästhesie eingesetzt werden. Bei Patienten mit Aortenklappeninsuffizienz sind die in ▶ Kapitel 43 dargestellten Prinzipien zu beachten:
- Senkung des Afterloads bzw. des arteriellen Blutdrucks
- Vermeidung von Bradykardien.

Bei Eröffnung des Thorax besteht Rupturgefahr, darum vorher ausreichend Blutkonserven und Frischplasma bereitstellen, außerdem mehrere weitlumige Venenkanülen einführen.

44.2.5 Dissezierende Aortenaneurysmen

Die akute Aortendissektion ist lebensbedrohlich. Bei Typ A besteht eine absolut dringliche Operationsindikation, bei Typ B wird hingegen meist elektiv operiert. Haupttodesursache der akuten Aortendissektion ist die hämorrhagische Perikardtamponade.

Allgemeines Vorgehen

Zunächst Stabilisierung des Patienten auf der Intensivstation. Danach **Aortographie,** gleichzeitig Vorbereitung von Einleitungs- und Operationssaal. Um die Rupturgefahr zu vermindern, müssen der arterielle Druck und die vorwärtstreibenden Kräfte in der Aorta vermindert werden.

Akutbehandlung der thorakalen Aortendissektion (Prinzipien)

- Senkung des arteriellen Blutdrucks auf < 130/80 mm Hg, z.B. mit Vasodilatator, unter direkter arterieller Blutdruckmessung
- Verminderung der Myokardkontraktilität durch β-Blocker, z.B. Esmolol oder Metoprolol
- Analgesie und Sedierung
- Diagnostik unter Fortführung der medikamentösen Therapie
- Anforderung von Erythrozytenkonzentraten und Frischplasma
- Bereitstellung kardiovaskulärer Notfallmedikamente
- im Einleitungsraum:
  - Einführen je einer Kanüle in die rechte A. radialis und in eine A. femoralis (Absprache mit Operateur)
  - wenn erforderlich: Volumenersatz und Schocktherapie vor der Narkoseeinleitung
  - „Ileuseinleitung" beim nicht nüchternen Patienten
  - bei Aorta-descendens-Ersatz: Intubation mit Doppellumentubus unter bronchoskopischer Kontrolle

Aorta-ascendens-Ersatz

Bei akuten Dissektionen der aszendierenden Aorta ist der Aszendens-Ersatz indiziert.

Folgende Operationsverfahren werden derzeit angewandt:

- Ersatz der aneurysmatischen Aorta ascendens bis zum Abgang des Truncus brachiocephalicus durch eine Rohrprothese bei normal konfigurierter Aortenwurzel und normaler Aortenklappe
- Ersatz der aneurysmatischen Aorta ascendens und der pathologisch veränderten Aortenklappen durch einen klappentragenden Conduit
- Aszendens-Ersatz durch einen Conduit und klappenerhaltende Rekonstruktion der Aortenwurzel.

Anästhesie

Das Vorgehen entspricht weitgehend dem für Aneurysmen der Aorta ascendens und dem allgemeinen Vorgehen mit der Herz-Lungen-Maschine.

Partieller Aortenbogenersatz

Bei dieser Operation handelt es sich um einen suprakoronaren Aortenersatz bis in den Bogen hinein. Der Eingriff wird bei akuter oder chronischer Typ-A-Dissektion mit erhaltener Funktion der Aortenklappe durchgeführt.

Aortenbogenersatz

Der Aortenbogen umfasst das Segment vom proximalen Ursprung der A. anonyma bis zum distalen Abgang der linken A. subclavia. Der Bogenersatz ist komplex, schwierig und risikoreich und erfolgt im hypothermen kardiopulmonalen Bypass bei 15–18°C.

Operationsrisiken:
- Hirnischämie und Hirnembolie
- Myokardischämie
- Blutungen nach der Rekonstruktion.

Anästhesie bei Aorta-descendens-Ersatz

Dissezierende Aneurysmen der Aorta descendens werden reseziert und das betroffene Segment durch eine Prothese ersetzt.
- Linke posterolaterale Standardthorakotomie
- Linksherz-Bypass oder femorofemoraler Bypass
- während der Resektion Abklemmen der Aorta distal und proximal des betroffenen Segments.

44

Abklemmen der Aorta

Hierbei drohen 2 **Gefahren:**
- Linksherzbelastung bis hin zum Linksherzversagen, Anstieg des intrakraniellen Drucks, intrazerebrale Blutungen
- Mangeldurchblutung der unteren Körperhälfte bei nicht ausreichendem Kollateralkreislauf mit Querschnittslähmung, besonders bei verlängerter Abklemmzeit (> 30 min); akutes Nierenversagen.

Maßnahmen zur Entlastung des linken Ventrikels

Mechanische Maßnahmen zur Entlastung des linken Ventrikels und Aufrechterhaltung des Blutflusses zur unteren Körperhälfte sind:
- **Femorofemoraler Bypass:** Blut aus einer V. femoralis wird in den Oxygenator der Herz-Lungen-Maschine geleitet und nach dem Gasaustausch über die A. femoralis in den Körper zurückgepumpt.
- **Atriofemoraler Bypass:** Der linke Vorhof wird kanüliert, das arterialisierte Blut in den als Reservoir dienenden Oxygenator der Herz-Lungen-Maschine geleitet und in die A. femoralis zurückgepumpt. Flow-Raten im Bypass von 25–40 ml/kg/min gelten als klinisch ausreichend.
- **Gott-Shunt:** Hierbei wird ein heparinimprägnierter flexibler Schlauch ohne systemische Heparinisierung proximal in die **linke A. subclavia** oder in die **Aorta ascendens** eingeführt, der distale Anteil distal vom Aneurysma in die Aorta.

Die günstigen Auswirkungen der distalen Perfusion sind in ▶ Tabelle 44-3 zusammengestellt.

Bei **einfacher Abklemmung** muss der linke Ventrikel pharmakologisch entlastet werden, z.B. mit einem Vasodilatator. Folgendes sollte beachtet werden:

! Merke

Beim einfachen Abklemmen der Aorta sollte der Blutdruck wegen des druckpassiven Kollateralflusses zur unteren Körperhälfte im oberen Normbereich gehalten werden. Hypovolämie muss ebenfalls vermieden werden!

- Mit der Zufuhr des Vasodilatators sollte bereits kurz vor dem Abklemmen begonnen werden, um einen abrupten Blutdruckanstieg zu verhindern. Hierfür sollte der systolische Blutdruck zunächst auf etwa 90 mm Hg gesenkt und dann die Aorta schrittweise abgeklemmt werden.
- Reicht der Vasodilatator allein nicht aus, kann zusätzlich ein kurz wirkender β-Rezeptoren-Blocker wie Esmolol in vorsichtig titrierter Dosierung zugeführt werden.
- Wurde während der Operation kein Shunt eingesetzt, muss beim Öffnen der Aortenklemme mit schweren hämodynamischen Reaktionen und metabolischen Veränderungen (Declamping-Schock) gerechnet werden (▶ Tab. 44-4).

Maßnahmen zur Verhinderung des Declamping-Schocks:
- Ausreichender Volumenersatz vor Öffnen der Aortenklemme;
- Unterbrechung der Zufuhr von Vasodilatatoren, β-Rezeptoren-Blockern und Inhalationsanästhetika;
- langsames Öffnen der Klemme über einen Zeitraum von 2–4 min;
- vorübergehende Zufuhr eines Vasopressors bei Hypotension (Vorsicht: erhöhte Blutungsgefahr durch Hypertension!).

44

Tab. 44-3 Vorteile distaler Perfusionstechniken
• Entlastung des linken Ventrikels und Minderung des arteriellen Blutdruckanstiegs
• Zugang für den raschen Volumenersatz
• Minderung der viszeralen und renalen Ischämie
• Verhinderung einer metabolischen Azidose und eines Schocks beim Öffnen der Aortenklemme
• Möglichkeit der raschen Wiedererwärmung des Patienten
• Schutz vor einer ischämischen Schädigung des Rückenmarks (?)

Tab. 44-4 Reaktionen beim Öffnen der Aortenklemme
• Abfall des arteriellen Blutdrucks um bis zu 50%
• Abnahme des peripheren Gefäßwiderstands
• Anstieg des pulmonalarteriellen Drucks
• Anstieg des Herzzeitvolumens durch Abnahme der Nachlast
• Laktatazidose, Hyperkapnie

Praktisches Vorgehen

Narkose bei dissezierenden Aortenaneurysmen

1. Mehrere weitlumige Venenkanülen, Arterienkatheter in **rechter** A. radialis und in einer Femoralarterie, 3-Lumen-ZVK, bei Bedarf Schleuse (ermöglicht raschen Volumenersatz und Einführen eines Pulmonaliskatheters);
2. Cell-Saver bereitstellen, Wärmeschutz;
3. linke Seitenlage nach Narkoseeinleitung;
4. Ein-Lungen-Anästhesie, um das operative Vorgehen zu erleichtern;
5. Standardanästhesie: balanciert oder TIVA; möglichst keine intraoperative Kombination mit PDA wegen der Sympathikusblockade.
6. Beim einfachen Abklemmen der Aorta ist ein rasch wirkender und gut steuerbarer Vasodilatator erforderlich, um die proximale Hypertonie zu beseitigen und das linke Herz zu entlasten. Hierbei obere Normwerte einstellen und Volumendefizite ausgleichen. Während der Abklemmphase sistiert die Urinproduktion.
7. Vor dem Öffnen der Aortenklemmen muss das zirkulierende Blutvolumen normalisiert werden, um einen schweren Blutdruckabfall zu vermeiden. Auch sollte die Zufuhr von **Vasodilatatoren, β-Blockern** und **Inhalationsanästhetika** kurz vor Öffnen der Klemmen unterbrochen werden.
8. Bei einfacher Abklemmung der Aorta ohne temporären Shunt tritt nach Freigabe der Klemme eine **metabolische Azidose** auf, die nur bei entsprechender Schwere durch vorsichtige Infusion von Natriumkarbonat behandelt werden sollte.

Postoperativ

- Intensivüberwachung/-therapie
- Analgesie: PCA oder PDA

Komplikationen

Die wichtigsten Komplikationen sind:

- Paraplegie aufgrund einer Minderdurchblutung des Rückenmarks
- Blutungen
- akute Linksherzinsuffizienz
- Myokardinfarkt
- akutes Nierenversagen
- Herzrhythmusstörungen
- tödlicher Apoplex.

Endoluminale Stents der Aorta

Bei Hochrisikopatienten mit Aortendissektion kann ein endovaskulärer Stent implantiert werden, um den Aneurysmasack vom Blutstrom abzukoppeln. Der Stent wird über die freigelegten Iliaka-Arterien in die Aorta vorgeschoben. Der Eingriff erfolgt in Allgemeinanästhesie; regionale Anästhesieverfahren wie Periduralo- oder Spinalanästhesie sind jedoch ebenfalls möglich. Nach dem Eingriff kann der Patient extubiert und auf eine Intensivüberwachungsstation verlegt werden.

44.3 Bauchaortenaneurysma (BAA)

Das klinische Bild ist meist wenig ausgeprägt. Aneurysmen mit einem Durchmesser von mehr als 5 cm sollten elektiv operiert werden, symptomatische Aneurysmen innerhalb von Stunden. Die Ruptur ist ein absoluter Notfall mit hoher Letalität. Betroffen sind vor allem **ältere** Patienten mit typischen Begleiterkrankungen und hohem Risiko.

→ Diagnose: Sonographie, CT, Aortographie.

44.3.1 Operation

Das Abdomen wird meist in der Mittellinie eröffnet, dann die Aorta proximal abgeklemmt (Vermeidung von Embolien), danach distal; Inzision der Aorta, Ausschaltung des Aneurysmas und Überbrückung des entfernten Aortenteils durch eine Prothese: proximaler Anschluss an die infrarenale Aorta, distaler Anschluss entweder an die Aorta oberhalb der Bifurkation mit **Rohrprothese** oder an die Aa. iliacae externae oder Femoralarterien als sog. **Y-Bypass**.

BAA-Operation

- Operationen: Rohrprothese (Vorteil: kürzere Abklemmzeit und OP-Dauer); aorto-biiliakale/bifemorale Y-Prothese, Stentprothesen
- Rückenlage, Arme ausgelagert
- Operationsdauer ca. 3–5 h
- Blutverlust ca. 500 ml, aber auf massive Verluste vorbereitet sein und EKs und Cell-Saver bereitstellen
- chirurgische Stimulation: stark
- Gefahren: Aneurysmaruptur, Nierenischämie, Mesenterialischämie, Rückenmarkischämie, je nach Abklemmzeit und Beteiligung anderer Arterien
- Anästhesie: balanciert oder TIVA, PD-Katheter für postop. Analgesie (wenn möglich); Arterie, ZVK, Blasenkatheter, Magensonde
- starke postoperative Schmerzen (VAS 8–10): PDA oder PCA

44

Endovaskuläre Stentimplantation: Der Stent kann in Lokalanästhesie oder in Allgemeinanästhesie platziert werden. Die hämodynamischen Effekte sind weniger ausgeprägt als bei der Operation. Das Risiko stärkerer Blutverluste ist gering.

44.3.2 Anästhesiologisches Vorgehen

Präoperative Vorbereitung

Zu den Hauptrisiken von Operation und Narkose gehören kardiale, respiratorische und renale Erkrankungen. Sie sollten, soweit möglich, präoperativ stabil eingestellt werden.

Prämedikation

Wird elektiv operiert, kann in üblicher Weise, unter Berücksichtigung von Alter und Begleiterkrankungen, prämediziert werden. Bei akuter Ruptur wird zumeist auf eine Prämedikation verzichtet.

Präoperativ Intensivbett anmelden!

Wahl des Narkoseverfahrens

Grundsätzlich können für Bauchaortenaneurysma-Operationen die Standardverfahren der Allgemeinanästhesie eingesetzt werden. Die intraoperative Kombination mit einer Periduralanalgesie wird wegen der Sympathikusblockade nicht empfohlen.

Intraoperative Überwachung

Bei der perioperativen Überwachung ist ein invasives Vorgehen erforderlich, zumal mit teilweise erheblicher Instabilität der Herz-Kreislauf-Funktion zu rechnen ist.

Abklemmen der Aorta

Die Aorta muss vorübergehend abgeklemmt werden, meist unterhalb der Nierenarterien.

Auswirkungen:

- Anstieg des arteriellen Mitteldrucks und des systemischen Gefäßwiderstands oberhalb der Klemme um bis zu 50%
- Zunahme der linksventrikulären Nachlast
- initialer Abfall des HZV
- Abnahme der Durchblutung in den Regionen unterhalb der Klemme, die damit auf einen ausreichenden Kollateralfluss angewiesen sind
- bei suprarenalem Abklemmen: Abnahme der Nierendurchblutung um ca. 80%.

Akute Gefahren:

- Myokardischämie
- Herzinsuffizienz, akute Dekompensation.

Öffnen der Aortenklemmen

Auf das Öffnen der Aortenklemme muss der Anästhesist vorbereitet sein, da jetzt die umgekehrten Reaktionen wie beim Abklemmen auftreten:

- Abfall der Nachlast des linken Ventrikels
- Abfall des peripheren Gefäßwiderstands und des arteriellen Blutdrucks
- Zunahme des HZV bei ausreichendem venösem Rückstrom, sonst Abfall
- reaktive Hyperämie der Regionen unterhalb der Aortenklemme wegen der Vasoparalyse mit Abfall des HZV, wenn nicht ausreichend Volumen zugeführt wurde.

Der Abfall von Herzzeitvolumen und arteriellem Blutdruck nach Öffnen der Aortenklemme kann durch ausreichenden Flüssigkeitsersatz und rechtzeitiges Abstellen der Vasodilatator-Infusion vor dem Öffnen in der Regel verhindert werden.

✓ Praktisches Vorgehen

Anästhesie bei Bauchaortenaneurysma-Operation

1. Mehrere weitlumige Venenkanülen, arterielle Kanüle, mehrlumiger ZVK, Cell-Saver.
2. Ausreichend tiefe Narkose und Muskelrelaxierung bei der endotrachealen Intubation, da Husten und Pressen sowie Anstieg des Blutdrucks die Rupturgefahr erhöhen.
3. Vor Abklemmen der Aorta werden meist 5000 IE Heparin als Bolus i.v. injiziert, um das Thromboserisiko zu senken.
4. Beim **Abklemmen der Aorta** steigt der Blutdruck meist an: Narkose vertiefen, bei sehr hohen Druckwerten vorsichtig Vasodilatatoren, z.B. **Nitroglyzerin,** evtl. auch β-Blocker zuführen. Hypotension muss wegen der Ischämiegefahr in der unteren Körperhälfte strikt vermieden werden.

5. Wird die Aorta **suprarenal** abgeklemmt, sistiert die Nierendurchblutung, und es entwickelt sich vorübergehend eine **Oligurie/Anurie**.
6. Beim Öffnen der Klemme kann der Blutdruck abfallen. Rechtzeitig vorher Vasodilatatorzufuhr unterbrechen, ausreichend Volumen infundieren.
7. Nach dem Öffnen der Klemme sollte der **Säure-Basen-Status** überprüft werden, weil sich während der Abklemmphase eine metabolische Azidose entwickelt; Pufferung ist in der Regel nicht erforderlich.
8. Beim **Anlegen eines Y-Bypasses** fällt der Blutdruck meist weniger stark ab, vermutlich weil die Klemmen hierbei schrittweise geöffnet werden.

Vorgehen bei akuter Ruptur

Die akute Ruptur eines Aortenaneurysmas ist ein Notfall, der sofort chirurgisch versorgt werden muss!

- Mehrere weitlumige Venenkanülen, arterielle Kanüle, 3-Lumen-ZVK (ohne Zeitverzögerung)
- **systolischen Blutdruck** zunächst nicht über 80 mm Hg ansteigen lassen, damit Blutung und Ruptur nicht weiter fortschreiten
- Operationsfeld vor der Narkoseeinleitung vorbereiten
- bei der Narkoseeinleitung **Husten, Pressen und Blutdruckanstieg vermeiden**
- Anästhetika **extrem vorsichtig** dosieren. Auf **Aspirationsgefahr** vorbereitet sein: Die meisten Patienten sind nicht nüchtern! Wenn nötig, Patienten im Wachzustand intubieren.
- Nach Narkoseeinleitung wird sofort das Abdomen eröffnet und die Aorta zunächst digital komprimiert.

Komplikationen

44

- Myokardinfarkt (häufigste Todesursache)
- Hypertonie, Herzrhythmusstörungen
- respiratorische Insuffizienz
- akutes Nierenversagen: ca. 5% bei infrarenalem Klemmen und 13% bei suprerenalem Abklemmen
- Ileus, Ischämie der A. mesenterica inferior, Darminfarkt, Hyperperistaltik.

44.4 Periphere Gefäßoperationen

Die wichtigsten peripheren Gefäßoperationen sind:

- **Femoropopliteealer Venenbypass:** Durch diesen Bypass wird das verschlossene Gefäßgebiet überbrückt.
- **Femorofemoraler und axilloaxillärer Bypass:** Hierdurch wird Blut aus anderen Gefäßgebieten in das erkrankte Gebiet geleitet.
- **Femorale Profundaplastik:** Sie vergrößert den Durchmesser des erkrankten Gefäßes.

44.4.1 Patienten

Bei diesen Patienten bestehen die gleichen Begleiterkrankungen wie bei Aortenerkrankungen (s.o.).

44.4.2 Allgemeinnarkose oder Regionalanästhesie?

Grundsätzlich können periphere Gefäßoperationen unter Allgemeinanästhesie oder unter rückenmarknaher Regionalanästhesie (Spinalanästhesie oder Periduralanästhesie; Ausdehnung bis Th10) durchgeführt werden. Wesentliche Unterschiede in Morbidität und Letalität bestehen nicht.

44.5 Karotisstenosen-Operationen

Die **Thrombendarteriektomie der A. carotis,** zumeist im Bereich der Karotisbifurkation, ist das am häufigsten bei transitorischen ischämischen Attacken angewandte Operationsverfahren, nicht selten kombiniert mit einer Erweiterungsplastik.

- Die Operation ist indiziert bei Karotisstenosen mit > 75% Lumeneinengung.
- Die Operationsletalität beträgt ca. 1,6%; bleibende neurologische Ausfälle treten bei ca. 1,5% aller Patienten auf.

Karotisstenosen-OP

- Operation: Darstellung der Karotisbifurkation, Abklemmen der Karotis ober- und unterhalb der Stenose, dann Eröffnung und Arteriektomie, evtl. Erweiterungsplastik
- OP-Lagerung: Rücken, Kopf um 30–45° zur Gegenseite gedreht
- OP-Dauer: 1–3 h
- Blutverlust: minimal
- Anästhesie: ITN mit kontrollierter Beatmung; alternativ: Plexus-cervicalis-Block mit Sedierung; arterielle Kanüle

44.5.1 Anästhesiologisches Vorgehen

Alle Maßnahmen des Anästhesisten müssen darauf ausgerichtet sein, eine ausreichende Durchblutung und Sauerstoffversorgung des Gehirns während der Narkose und Operation aufrechtzuerhalten.

Risikofaktoren

Bei den meisten Patienten bestehen Risikofaktoren und Begleiterkrankungen, die vor der Operation durch eine gezielte internistische Untersuchung und Diagnostik abgeklärt werden müssen. Oft liegt eine **generalisierte Arteriosklerose** vor.

Zerebraler Perfusionsdruck

Bei Patienten mit zerebrovaskulärer Insuffizienz bestimmt vor allem der mittlere Aortendruck die Hirndurchblutung und den Blutfluss in den Kollateralgefäßen. Praktisch gilt Folgendes:

→ Bei Karotisstenosen-Operationen sollte der arterielle Mitteldruck im Bereich der Ausgangswerte liegen, in der Abklemmphase der A. carotis 15–20% darüber.

Starke **Blutdruckanstiege und Tachykardien** müssen besonders beim Koronarkranken umgehend behandelt werden:

- Vertiefung der Narkose, wenn zu flach
- Esmolol 50–100 mg i.v. bei Tachykardie und Hypertension
- Urapidil bei Hypertension.

44

Hypotension muss unbedingt vermieden werden, besonders beim Hypertoniker mit zerebraler Arteriolosklerose.

$paCO_2$

Hyperkapnie oder Hypokapnie haben keinen vorhersagbar günstigen Einfluss auf die Durchblutung ischämischer Hirnareale. Darum gilt praktisch Folgendes:

→ Der $paCO_2$ sollte bei Karotisstenosen-Operationen im Normbereich gehalten werden.

Wahl des Narkoseverfahrens

Grundsätzlich kann die Operation in Allgemeinanästhesie oder in Lokalanästhesie erfolgen.

- Für die **Allgemeinanästhesie** sollten kurz wirkende Substanzen wie Remifentanil und Desfluran oder Sevofluran bevorzugt werden, um ein rasches Erwachen mit neurologischer Beurteilbarkeit zu ermöglichen.
- Für die **Lokalanästhesie** wird am häufigsten die zervikale Plexusblockade in Kombination mit Sedierung (z.B. mit Midazolam oder Dexmedetomidin) angewandt. Wesentlicher Vorteil der Regionalanästhesie ist die einfache und kostengünstige Überwachung der neurologischen Funktionen während der Operation, die mit keinem der derzeit verfügbaren apparativen Überwachungsverfahren erreicht werden kann. Vorteilhaft ist des Weiteren die gute postoperative Analgesie.

Es gilt aber:

EBM

Cochrane-Review zur Wahl des Anästhesieverfahrens bei Karotisendarteriektomie (Rerkasem 2004)

Es gibt keine ausreichenden Beweise für die Bevorzugung eines speziellen Verfahrens (hier Lokalanästhesie im Vergleich zur Allgemeinnarkose). Lediglich nicht randomisierte Studien weisen auf Vorteile der Lokalanästhesie hin; sie sind allerdings mit signifikanten methodischen Fehlern behaftet.

44

Intraoperative Überwachung

Für Karotisstenosen-Operationen ist die perioperative Überwachung der Herz-Kreislauf- und Hirnfunktion von besonderer Bedeutung.

- Der arterielle Blutdruck sollte direkt gemessen werden.
- Ein ZVK ist nicht routinemäßig erforderlich.

Hirndurchblutung, Hirnfunktion

Durch die zerebrale Überwachung soll möglichst frühzeitig festgestellt werden, ob ein ausreichender Kollateralkreislauf während der Abklemmphase vorhanden ist. Hierzu werden verschiedene Verfahren angegeben:

- **Transkranielle Doppler-Sonographie** (**TCD**): misst die mittlere Blutflussgeschwindigkeit in der A. cerebri media. Eine starke Abnahme ist Zeichen der drohenden Minderdurchblutung; vorbeiströmende Emboli aus dem Operationsgebiet können ebenfalls festgestellt werden. Aber: Die Rate technischer Schwierigkeiten bei der TCD ist hoch (ca. 20%) (Moritz 2007).
- **Somatosensorisch evozierte Potentiale** (**SSEP**): Nutzen ungeklärt.

- **Messung des Stumpfdrucks** in der A. carotis: Drücke von ≥ 45 mm Hg sollen Hinweis für eine ausreichende Hirndurchblutung sein; die Datenlage ist jedoch widersprüchlich.
- **Naheinfrarot-Spektroskopie:** Datenlage unzureichend.
- **Intraoperative EEG-Registrierung:** zuverlässig, aber zu aufwendig und störanfällig.

Hirnprotektion

Allgemeine Maßnahmen der Hirnprotektion sind:

- extreme Lagerungen des Halses vermeiden, um die Durchblutung der A. carotis nicht zu beeinträchtigen
- stenosierte A. carotis wegen der großen **Emboliegefahr** auf keinen Fall palpieren
- arteriellen Mitteldruck und $paCO_2$ im Normbereich bzw. Bereich der Ausgangswerte halten.

Spezifische hirnprotektive Maßnahmen

Die wichtigste Einzelmaßnahme ist das Einlegen eines temporären Shunts in die A. carotis während der Endarteriektomie; sie ist jedoch wegen der Emboliegefahr aus dem Operationsgebiet umstritten. Medikamente haben keine gesicherte hirnprotektive Wirkung.

44.5.2 Postoperative Besonderheiten

Myokardinfarkt, Schlaganfall oder neurologische Ausfälle und Wundhämatom sind die wichtigsten Komplikationen der Karotisendarteriektomie. Daher ist eine entsprechende Intensivüberwachung erforderlich.

Normalisierung des Blutdrucks

Postoperativ muss mit akuten Blutdruckanstiegen gerechnet werden, besonders bei Hypertonikern. Die wichtigsten Risiken sind:

- zerebrales Hyperperfusionssyndrom
- Myokardinfarkt
- Wundhämatom.

Behandlung: Antihypertensiva i.v. oder per Infusion, z.B. Nifedipin, β-Rezeptoren-Blocker wie Esmolol.

Nachblutung

Blutungen im Wundgebiet sind eine typische Komplikation von Karotisstenosen-Operationen, die zur Kompression der oberen Atemwege führen können.

> **! Merke**
> Das Wundhämatom nach Karotisstenosen-Operationen ist ein chirurgischer Notfall, der wegen der Erstickungsgefahr die umgehende chirurgische Intervention erfordert. Bei ausgeprägtem Befund sollte der Patient sofort endotracheal intubiert werden.

Literatur

Jacob T, Hingorani A, Ascher E: Carotid artery stump pressure (CASP) in 1135 consecutive endarterectomies under general anesthesia: an old method that survived the rest of times. J Cardiovasc Surg 2007; 48(6):677–681.

Kahn RA, Stone ME, Moskowitz DM: Anesthetic considerations for descending thoracic aortic aneurysm repair. Seminar in Cardiothoracic and Vascular Anesthesia 2007. 11(3):205–223.

Moritz S, Kaasprzak P, Arlt M, Taeger K, Metz C: Accuracy of cerebral monitoring in detecting cerebral ischemia during carotid endarterectomy: A comparison of transcranial Doppler sonography, near-infrared spectroscopy, stump pressure, and somatosensory evoked potentials. Anesthesiology 2007; 107(4):563–569.

Greenhalgh RM, Powell JT: Endovascular repair of abdominal aortic aneurysm. NEJM 2008;358 (5):494–501.

Rössel T, Litz RH, Heller AR, Koch T: Anästhesie zur Karotischirurgie – Gibt es einen Goldstandard? Anaesthesist 2008; 57(2):115–130.

Systematischer Review/Metaanalysen/Leitlinien

Bond R, Rekasem K, Rothwell PM: Routine or selective carotid artery shunting for carotid endarterectomy (and different methods of monitoring in selective shunting). The Cochrane Library Issue 1, 2006, Chichester, Oxford, Update Software.

Deutsche Gesellschaft für Gefäßchirurgie: Leitlinie zur Stenose der A. carotis. Deutscher Ärzteverlag, Köln 1998.

Rerkasem K, Bond R, Rothwell: Local versus general anaesthesia for carotid endarterectomy (Cochrane Review). Cochrane Database of Systematic Reviews 2004, Issue 2, Art. No. CD000126.

45 Abdominalchirurgie

Die Besonderheiten der Abdominalchirurgie umfassen im Wesentlichen folgende Faktoren:

- häufiger erhöhte Aspirationsgefahr aufgrund der gastrointestinalen Erkrankung
- präoperativ öfter Störungen des Flüssigkeits- und Elektrolytgleichgewichts
- meist gute Muskelrelaxierung erforderlich
- unerwünschte kardiovaskuläre Reaktionen durch viszerale Stimulation
- Gefahr der intraoperativen Auskühlung
- postoperativ häufiger respiratorische Störungen.

45.1 Grundlagen

45.1.1 Präoperative Hypovolämie und Dehydrierung

Präoperative Volumenverluste sind vor allem durch folgende Faktoren bedingt:

- Ileus
- Aszites
- Reinigungseinläufe ohne Ersatz der Flüssigkeitsverluste
- massive Durchfälle und/oder Erbrechen.

Ein wesentlicher intravasaler Volumenmangel sollte präoperativ ausgeglichen werden; die Art der zu substituierenden Flüssigkeit richtet sich vor allem nach der Zusammensetzung der Volumenverluste. Einzelheiten ▶ siehe Kapitel 25.

45.1.2 Perioperative Antibiotikaprophylaxe

Bei allen viszeralen Eingriffen wird eine Antibiotikaprophylaxe mit einem Cephalosporin oder mit Mezlocillin durchgeführt, bei Eröffnung des Dickdarms kombiniert mit einem auch anaerobe Keime erfassenden Chemotherapeutikum, z.B. Metronidazol.

→ Das Antibiotikum wird ca. 30–60 min vor dem Hautschnitt infundiert, damit bei OP-Beginn ausreichend hohe Konzentrationen vorhanden sind.

45.1.3 Muskelrelaxierung

Eine gute Muskelerschlaffung ist nicht nur beim intraabdominellen Vorgehen erforderlich, sondern auch beim Verschluss des Peritoneums: Straffe Bauchdecken verhindern einen sicheren Wundverschluss; Pressen kann zum Ausreißen der Operationsnähte führen.

45.1.4 Wärmeverluste

Erhebliche Wärmeverluste mit starkem Abfall der Körpertemperatur können intraoperativ über die exponierten Eingeweide auftreten, besonders bei relativ kühler Umgebungstemperatur.

Maßnahmen:

- Temperatursonde
- konvektive Wärmezufuhr, z.B. mit Warm Touch oder Bair-Hugger
- Wärmematte
- Infusionswärmer, z.B. Level 1 oder Hotline.

45.1.5 Eventrationssyndrom

Das Eventrationssyndrom entsteht beim Vorlagern großer Darmabschnitte, vermutlich durch Freisetzung von Prostacyclin.

Kennzeichen:

- Erythem von Hals und Gesicht
- Blutdruckabfall, oft mit Tachykardie.

Behandlung: Vasopressor, z.B. Akrinor, Noradrenalin, evtl. Volumen.

45.1.6 Postoperative Analgesie

Nach Laparotomien treten in der Regel für mehrere Tage sehr starke Schmerzen auf, die durch Husten und Mobilisierung verstärkt werden. Die Zufuhr starker Analgetika ist obligat.

Therapieoptionen:

- Opioide: PCA oder intravenös
- epidurale Analgesie über PD-Katheter, vor allem bei Oberbaucheingriffen.

45.2 Anästhesiologisches Vorgehen

45.2.1 Wahl des Anästhesieverfahrens

Oberbaucheingriffe werden in ITN mit kontrollierter Beatmung durchgeführt; bei Unterbaucheingriffen sind prinzipiell auch regionale Verfahren (Spinalanästhesie, Periduralanästhesie) möglich. Lachgas sollte nicht zugeführt werden, wenn die Darmschlingen beim Ileus stark mit Luft gefüllt sind.

45.2.2 Narkoseeinleitung

Vor allem bei gastrointestinaler Obstruktion bzw. Ileus muss die Narkose, wie in ▶ Kapitel 30 beschrieben, eingeleitet werden. Vor der Narkoseeinleitung sollte eine **Magensonde** eingeführt und der Magen abgesaugt werden.

45.2.3 Narkoseüberwachung

Der Umfang intraoperativer Überwachungsmaßnahmen richtet sich nach dem klinischen Zustand des Patienten und der Art des Eingriffs. Bei großen Operationen:

- arterielle Kanüle
- ZVK
- PiCCO-Monitoring o.Ä.
- Blasenkatheter
- Elektrolyte, Säure-Basen-Parameter, arterielle Blutgase.

45.2.4 Muskelrelaxierung

Für die Muskelrelaxierung werden mittellang wirkende ND-Muskelrelaxanzien eingesetzt, möglichst unter Kontrolle mit dem Nervenstimulator.

Cholinesterasehemmer können eine starke Motilitätssteigerung des Darms auslösen und hierdurch die frischen Darmnähte gefährden. Daher sollte vorher **Atropin** in ausreichender Dosierung injiziert werden.

45.2.5 Flüssigkeitsersatz

Befürworter eines restriktiven Flüssigkeitskonzepts (ca. 4 ml/kg/h intraoperativ, maximal 2 l/24 h) postulieren eine erhöhte postoperative Morbidität durch eine ausgiebige intraoperative Flüssigkeitszufuhr, darunter vor allem wegen pulmonaler Komplikationen, aber auch wegen Nahtinsuffizienzen usw. Allerdings sind die Zusammenhänge bislang nicht ausreichend geklärt. **Verluste** werden, je nach Art und Ausmaß, mit Kristalloiden, Kolloiden, Erythrozytenkonzentraten und Frischplasma ersetzt. Bei großen Eingriffen kann die Flüssigkeitszufuhr anhand von Parametern aus der Pulskonturanalyse gesteuert werden (▶ Kap. 24).

45.2.6 Kombination von Allgemeinanästhesie und Katheter-Periduralanalgesie

Die Allgemeinanästhesie kann mit einer Katheter-Periduralanalgesie (▶ Kap. 21 und ▶ 29) kombiniert werden.

Vorteile:
- Dosisreduktion der Allgemeinanästhetika und Muskelrelaxanzien
- Fast-Track-Konzept
- gute Analgesie, auch postoperativ.

Indikationen

Als wichtigste Indikation für die Kombination von Allgemeinanästhetika und Periduralanalgesie gelten ausgedehnte Eingriffe:
- Oberbaucheingriffe: z.B. Gastrektomie, Pankreasresektion, Leberteilresektion, rekonstruierende Eingriffe an den ableitenden Gallenwegen
- ausgedehnte Tumorchirurgie im Mittel- und Unterbauch, z.B. abdominoperineale Rektumresektion.

45

Kontraindikationen

- Eingriffe, die typischerweise mit massiven Blutverlusten einhergehen
- vorbestehende Hypovolämie, z.B. durch Ileus oder gastrointestinale Blutungen.

Punktionsort und auszuschaltende Segmente

- Für Eingriffe im **Mittel- und Unterbauch:** Punktionsort Th7–11, auszuschaltende Segmente: Th6–L2
- für **Oberbaucheingriffe:** Punktion bei Th6–8, auszuschaltende Segmente Th6–12, bei thorakoabdominalen Operationen Th4–12.

Dosierung des Lokalanästhetikums

- Intraoperativ initialer Bolus von 8–12 ml Bupivacain 0,25–0,5 % ± 50–100 µg Fentanyl oder Sufentanil, 10–50 µg.
- Die Nachinjektionen von Bupivacain (ca. 8 ml) sollten in festen Zeitabständen erfolgen, meist 1–1½-stündlich.
- Über den N. vagus und den N. phrenicus geleitete afferente Impulse werden durch die Periduralanalgesie nicht ausgeschaltet, daher ist beim Einsetzen des Bauchspreizers und Zug am Magen (Reizung des Zwerchfells) sowie Manipula-

tionen an den Hohlorganen und Zug am Peritoneum eine ausreichend tiefe Narkose erforderlich.

Extubation

Selbst nach lang dauernden Oberbaucheingriffen erwachen die Patienten bei der beschriebenen Kombinationsanästhesie ohne wesentliche Schmerzen bei ausreichender Spontanatmung und können, wenn stabil, auf dem OP-Tisch extubiert werden.

Postoperative Analgesie

Der thorakale Periduralkatheter ermöglicht eine sehr effiziente postoperative Schmerztherapie. Nach Oberbaucheingriffen ist eine sensorische Blockade der Segmente Th5–10 erforderlich, die bei Bedarf mit epidural zugeführten Opioiden ergänzt werden kann (Einzelheiten siehe ▶ Kap. 21).

EBM

Cochrane-Review über den Einsatz epiduraler Lokalanästhetika in der Abdominalchirurgie, verglichen mit opioidbasierter Analgesie

- raschere Rückkehr der Darmfunktion bei Epiduralanalgesie
- vergleichbare Analgesiequalität, aber tendenziell bessere Analgesie, wenn LA mit epiduralem Opioid kombiniert wird
- kein Unterschied bei PONV.

45.3 Spezielle Anästhesie

45.3.1 Ileus

Der mechanische Ileus ist eine lebensbedrohliche Unterbrechung der Darmpassage, die chirurgisch behandelt werden muss. Der Eingriff ist dringlich, jedoch sollten vorher schwere Störungen des Wasser- und Elektrolythaushalts ausgeglichen werden, um perioperativ eine kardivaskuläre Instabilität zu vermeiden.

Beim **Dünndarmileus** treten erhebliche Flüssigkeits- und Eiweißverluste im Darm auf, die bei proximaler Lokalisation auch mit schweren Elektrolytverlusten einhergehen. Die Folgen sind:

- Dehydratation mit Hypochlorämie und Hypokaliämie
- metabolische Azidose
- Hypoproteinämie
- Beeinträchtigung der Herz-Kreislauf-Funktion bis hin zum Schockzustand.

Bei distalen Verschlüssen des Dünndarms sind die Elektrolytverluste weniger schwer. Beim **Dickdarmileus** sind die Flüssigkeits- und Elektrolytverluste ebenfalls meist geringer ausgeprägt.

Präoperative Maßnahmen

Wichtigste Ziele aller präoperativen Maßnahmen sind der Ausgleich der Flüssigkeits-, Elektrolyt- und Eiweißverluste, die Beseitigung der Hypovolämie sowie die Stabilisierung der Herz-Kreislauf-Funktion.

Anästhesiologisches Vorgehen

- Standardmonitoring, ZVK, arterielle Kanüle, Blasenkatheter
- die Narkoseeinleitung bei Dünndarmileus ist eine sehr kritische Phase, besonders wenn der Magen vorher nicht entlastet worden ist (Vorgehen siehe ▶ Kap. 30).
- Intraoperativ sind weiterhin eine kontinuierliche **Volumenzufuhr** und meist auch **Kaliumsubstitution** (auf ausreichende Urinausscheidung achten!) erforderlich.
- Bei erheblicher Luftansammlung im Darm kein Lachgas zuführen.
- Extubation nur am wachen Patienten.

45.3.2 Akute gastrointestinale Blutung

Die für den Anästhesisten wichtigen pathophysiologischen Veränderungen entstehen vor allem durch den **hämorrhagischen Schock.**

Anästhesiologisches Vorgehen

Die akute Gastrointestinalblutung ist ein Notfall, der eine intensive Überwachung und Therapie erfordert.

- Bei schwerem Schockzustand: endotracheale Intubation und Beatmung
- nach Stabilisierung der Vitalfunktionen: Sicherung der Blutungsquelle, danach, wenn indiziert, sofortige Laparotomie. Bei konservativ nicht beherrschbarer Blutung Laparotomie vor Stabilisierung des Zustands.

45.3.3 Ösophaguskarzinom

Folgende Operationsmethoden werden u. a. eingesetzt:

Transthorakale Ösophagektomie

- rechtsseitige Thorakotomie
- En-bloc-Resektion des intrathorakalen Ösophagus, je nach Lokalisation des Tumors in Höhe der Thoraxkuppe oder – nach Freilegung – an der **linken** Halsseite
- Ösophagusersatz durch Magenhochzug bzw. Ösophagogastrostomie oder Ausleitung des proximalen Ösophagus als zervikales Ösophagostoma; in 2. Operation dann Koloninterponat.

Transhiatale Ösophagektomie

Hierbei wird der Ösophagus von abdominal und zervikal mobilisiert und ohne Eröffnung des Thorax entfernt. Ösophagusersatz wie oben beschrieben.

Besonderheiten bei Ösophagektomie

- Patienten präoperativ häufig unterernährt oder kachektisch; nicht selten Alkohol- und Nikotinabusus
- eingehende kardiopulmonale, renale und gastrointestinale Voruntersuchungen erforderlich
- evtl. Immunsuppression durch vorangegangene Chemotherapie
- Operationsdauer: 3–6 h
- Lagerung: Rücken; Arme angelagert und/oder Linksseitenlage für Thorakotomie
- Aspirationsrisiko grundsätzlich erhöht, daher „Ileuseinleitung“
- bei Thorakotomie: Doppellumentubus und Ein-Lungen-Ventilation

45

- wenn möglich: thorakaler Periduralkatheter für die postoperative Schmerztherapie, evtl. auch intraoperative Periduralanalgesie
- anfangs Magensonde erforderlich; wird für die Resektion entfernt und nach Anastomosierung, unter Führung durch den Chirurgen, erneut vorgeschoben; verbleibt postoperativ 5 Tage
- Zurückhaltung bei der intraoperativen Flüssigkeitszufuhr: intraoperativer Erhaltungsbedarf ca. 2–3 Liter
- Blutverluste: ca. 500–1500 ml
- Gefahr von Herzrhythmusstörungen und starken Blutdruckabfällen bei Mobilisierung des Ösophagus
- starke postoperative Schmerzen

Perioperative anästhesiologische Maßnahmen bei Ösophagusoperationen

- Antibiotikaprophylaxe; Beginn bei Narkoseeinleitung
- zentraler Venenkatheter über **rechte** V. jugularis interna oder **rechte** V. subclavia (da operativer Zugang über linke Halsseite)
- arterielle Kanüle
- mehrere großlumige Venenkanülen
- Überwachung der Körpertemperatur, Schutz vor Auskühlung
- Blasenkatheter
- Flüssigkeitszufuhr: restriktiv, ca. 2 l plasmaisotone bilanzierte Elektrolytlösung; Blutverluste gesondert ersetzen
- möglichst frühzeitige Extubation
- postoperative Analgesie: thorakaler PDK oder Opioide als PCA oder i.v.

Komplikationen

Zu den wichtigsten Frühkomplikationen der Ösophagektomie gehören:

- akute respiratorische Insuffizienz (bis zu 40%)
- akute Kreislaufinsuffizienz durch Nachblutung
- Anastomoseninsuffizienz, früh oder spät (sofortige Abklärung erforderlich!)
- akute Mediastinitis.

45.3.4 Magenkarzinom

Zur Behandlung sind radikale chirurgische Resektionen erforderlich, und zwar, je nach Lokalisation, die distale subtotale Magenresektion, proximale Resektion und totale Resektion des Magens. Hierbei muss der resezierte Anteil durch eine Gastroduodenostomie (Billroth I), Gastrojejunostomie (Billroth II) oder Ösophagogastrostomie überbrückt werden.

Anästhesiologische Besonderheiten

Es gelten die Grundsätze der Anästhesie für große Eingriffe mit entsprechenden Voruntersuchungen und intraoperativer Überwachung.

Spezielle Operationsvorbereitungen

- orthograde Darmlavage mit 2–3 l isotoner Kochsalzlösung
- retrograde Abführmaßnahmen (Hebe-Senk-Einläufe) alternativ bei hochgradig stenosierenden Magenprozessen

- Magensonde bei stenosierenden Prozessen
- Ausgleich einer vorbestehenden Exsikkose
- perioperative Antibiotikaprophylaxe, Beginn meist bei der Narkoseeinleitung.

Anästhesie

- 2 Venenkanülen, arterielle Kanüle, ZVK, Blasenkatheter
- präoperativ Anlage eines thorakalen Periduralkatheters für die postoperative Schmerztherapie
- Ileuseinleitung bei stenosierenden Prozessen, evtl. vorangehende Absaugung des Magens
- ITN, balanciert oder TIVA, kontrollierte Beatmung
- bei unkompliziertem Verlauf Extubation am Narkoseende.

45.3.5 Pankreaskarzinom

Je nach Befund werden Radikaloperationen oder Palliativeingriffe durchgeführt. Radikale Eingriffe sind:

- **partielle oder totale Duodenopankreatektomie** bei Papillen- oder Pankreaskopfkarzinom
- **Whipple-Operation:** Resektion des Pankreaskopfes und des Duodenums sowie des Magenantrums, End-zu-Seit-Gastrojejunostomie, End-zu-End-Choledochostomie und End-zu-Seit-Pankreatojejunostomie.

Die totale Pankreatektomie führt zu Diabetes mellitus und exokriner Pankreasinsuffizienz.

Anästhesiologische Besonderheiten

Es gelten die Grundsätze für große Eingriffe mit den entsprechenden Voruntersuchungen und intraoperativen Überwachungsmaßnahmen:

- mindestens 2 großlumige Venenkanülen, da Blutverluste möglich
- präoperativ thorakaler Periduralkatheter für die postoperative Schmerztherapie
- Standardmonitoring und arterielle Kanüle, ZVK und Blasenkatheter
- Beginn der Antibiotikaprophylaxe bei Narkoseeinleitung
- Blutdruckabfälle durch Freisetzung von Mediatoren sind möglich
- möglichst frühzeitig extubieren
- postoperative Analgesie: thorakale PDA, Opioide: PCA oder i.v.

45.3.6 Dickdarmoperationen

Die häufigsten Indikationen für Dickdarmoperationen sind maligne oder benigne Tumorerkrankungen, vor allem Kolonkarzinome und die akuten und chronischen Komplikationen der Divertikelkrankheit.

Kolon- und Sigmakarzinom

Beim Kolonkarzinom wird der betroffene Kolonabschnitt reseziert und eine zentrale Lymphdissektion durchgeführt.

Anästhesiologische Besonderheiten bei Dickdarmoperationen

- perioperative Antibiotikaprophylaxe bei Narkoseeinleitung
- Fast-Track-Anästhesie möglich: TIVA mit Propofol und Remifentanil, thorakaler PD-Katheter (TH8–9) für postop. Analgesie

- ZVK, evtl. auch arterielle Kanüle
- Blasenkatheter
- OP-Lagerung: Rücken, Arme angelagert
- Volumenzufuhr: zielgerichtet, wenn vorhanden: Ösophagus-Doppler-Monitoring
- bei reiner TIVA: ca. 20 min vor Ausleitung Piritramid + Metamizol für postoperative Analgesie
- keine Magensonde oder vor Extubation entfernen
- Patienten im OP extubieren (Normothermie!)
- Überwachung im Aufwachraum
- bei komplikationslosem Verlauf Verlegung auf Allgemeinstation

45.3.7 Rektumoperationen

Häufigste OP-Indikation sind bösartige Rektumtumoren. Zu den wichtigsten Operationsverfahren gehören:

- anteriore Rektumresektion
- abdominoperineale Rektumexstirpation
- Diskontinuitätsresektion (OP nach Hartmann)
- totale mesorektale Exzision (TME).

Anästhesiologische Besonderheiten

In der Regel ergeben sich keine anästhesiologischen Besonderheiten. Allerdings muss nach ausgiebiger mechanischer Darmreinigung am Vortag der Operation mit **Dehydrierung und Hypovolämie** gerechnet werden. Wesentliche Mangelzustände müssen präoperativ ausgeglichen werden.

Für ein Fast-Track-Konzept wird die Kombination mit einem thorakalen Periduralkatheter (Th8–9) empfohlen:

- bei abdominoperinealen Exstirpationen können, schleichend, teilweise erhebliche Blutverluste auftreten
- wegen des hohen Thromboembolierisikos: Prophylaxe mit Heparin
- Beginn der Antibiotikaprophylaxe bei Narkoseeinleitung
- Dauerkatheter transurethral, vor allem bei Rektumexstirpation zur Identifizierung der Harnröhre
- Magensonde
- zentraler Venenkatheter.

45.3.8 Leberresektionen

Bis zu 70% der Leber können entfernt werden, ohne dass eine akute Dekompensation der Leberfunktion eintritt, vorausgesetzt, es liegen keine hepatozellulären Erkrankungen vor. Allerdings ist die Leber in ihrer Funktion bis zu 4 Wochen nach der Operation gestört.

Pringle-Manöver

Hierbei wird die Leber während der Operation teilweise oder vollständig für eine gewisse Zeit von der Blutzufuhr abgekoppelt, um die Blutverluste zu vermindern. Bei vollständiger Isolierung der Leber tritt eine Hypovolämie auf: Zentraler Venendruck, arterieller Blutdruck und Herzzeitvolumen können drastisch abfallen.

→ Tolerierte Ischämiezeit einer gesunden Leber: ca. 60 min oder mehr; bei Leberzirrhose kürzer.

Anästhesiologische Besonderheiten

Besonderheiten bei Leberresektionen
- Großer Eingriff mit teilweise erheblichen Blutverlusten; im Durchschnitt 1000 ml, daher Bereitstellung ausreichender Mengen von Erythrozytenkonzentraten und Frischplasma, im Einzelfall auch von Thrombozytenkonzentraten und Gerinnungsfaktoren
- Operationslagerung: Rücken, Arme ausgelagert
- Operationsdauer: mehrere Stunden
- thorakaler Periduralkatheter für postoperative Schmerztherapie empfohlen (Blutgerinnung beachten!)
- mehrere großlumige Venenkanülen für den raschen Volumenersatz
- ZVK, evtl. auch Schleuse
- arterielle Kanüle
- Blasenkatheter
- Magensonde
- Temperatursonde
- bei ausgedehnten Resektionen: niedrigen ZVD (2–5 mm Hg) und niedrigen arteriellen Mitteldruck hinnehmen
- akute Hypoglykämien möglich
- bei Resektionen in Nähe der unteren Hohlvene muss mit plötzlichen Blutungen gerechnet werden
- bei schlagartigem, ausgeprägtem Blutdruckabfall: an Kompression der V. cava durch den Operateur denken
- bei unkompliziertem Verlauf frühe Extubation möglich
- postoperative Analgesie: thorakale PDA, Opioide: PCA oder i.v.

Postoperativ muss nach ausgedehnten Leberresektionen mit folgenden Störungen gerechnet werden:
- Abfall von Gerinnungsfaktoren mit pathologischen Tests der plasmatischen Gerinnung
- Anstieg von Transaminasen, Bilirubin (Ikterus) und alkalischer Phosphatase
- weitere Komplikationen: Sepsis, Blutungen, Leberversagen, Lungenversagen.

45.3.9 Lebertransplantation

Häufigste Indikation für eine Lebertransplantation ist die Leberzirrhose auf dem Boden einer Hepatitis C.

Pathophysiologische Gesichtspunkte

Folgende Störungen sind für den Anästhesisten von Bedeutung:
- ZNS:
  – Hirnödem und erhöhter intrakranieller Druck bei akutem Leberversagen (ca. 80 %), selten hingegen bei chronischem Leberversagen
  – Enzephalopathie bei chronischem Leberversagen
- Herz-Kreislauf-System: hyperdynamer Kreislauf mit erhöhtem Herzzeitvolumen, arteriolärer Dilatation und erniedrigtem systemischem Gefäßwiderstand
- Lunge: restriktive Lungenerkrankungen, intrapulmonale Shunts, Störungen des Ventilations/Perfusions-Verhältnisses, pulmonale Hypertonie; hepatopulmonales Syndrom

- Niere: hepatorenales Syndrom
- Magen-Darm-Trakt: Ösophagusvarizen, portale Hypertension und Aszites
- Anämie
- komplexe Gerinnungsstörung.

Präoperative Einschätzung

Patienten zur Lebertransplantation sind in der Regel umfassend voruntersucht worden. Die Zuteilung einer Spenderleber erfolgt nach dem **MELD-Score** (model for endstage liver disease) des Empfängers. Der Score basiert auf 3 Laborwerten des Empfängers:

- Serumkreatinin
- Serumbilirubin
- INR.

$$\rightarrow \text{MELD-Score} = 10 \times \{0{,}957 \times \text{Ln (Serumkreatinin)} + 0{,}378 \times \text{Ln (Bilirubin ges.)} + 1{,}12 \times \text{Ln (INR)} + 0{,}643\}$$

Die Summe der Punkte reicht von 6 bis 40; je höher der Score, desto größer die Wahrscheinlichkeit, dass der Patient ohne Transplantation innerhalb von 3 Monaten stirbt.

Operationsphasen

Bei der Lebertransplantation können 3 Phasen unterschieden werden:

- präanhepatische oder Dissektionsphase: von der chirurgischen Inzision bis zum Abklemmen der Gefäße
- anhepatische Phase
- neohepatische Phase.

Anhepatische Phase

Die Phase beginnt mit dem Abklemmen der Pfortader, der A. hepatica und der suprahepatischen V. cava inferior. Hierdurch wird der venöse Rückstrom um bis zu 50 % vermindert; Blutdruck und HZV fallen ab.

Venovenöser Bypass: Das Blut aus der V. cava inferior und der V. portae kann über einen venovenösen Bypass (ohne systemische Heparinisierung) in die V. axillaris umgeleitet und so ein Stau im Splanchnikusgebiet verhindert werden. **Risiken** des venovenösen Bypasses sind:

- Luftembolie
- Thromboembolie
- versehentliche Dekanülierung.

Piggyback-Technik: Bei diesem alternativen Vorgehen ohne Shunt oder mit Drainage der Pfortader in die V. femoralis wird die V. cava während der Hepatektomie nur partiell ausgeklemmt; die V. cava des Spenderorgans bleibt erhalten. Die infrahepatische V. cava der Spenderleber wird ligiert, die suprahepatische V. cava mit der mittleren oder linken Lebervene des Empfängers anastomosiert.

Nach der Hepatektomie:

- Blutstillung,
- dann Anastomosierung des Transplantats mit der V. cava inferior und der A. hepatica. In der anhepatischen Phase wird die **Blutungsgefahr** durch eine Hyperfibrinolyse zusätzlich erhöht.

45

Neohepatische Phase

Diese sehr kritische Phase beginnt mit Aufnahme der Reperfusion der transplantierten Leber über die V. portae und kann nach Öffnen der Klemmen, vor allem der V. portae, schlagartig zu erheblicher Instabilität des Patienten führen. Durch die Reperfusion kommt es zu folgenden Veränderungen:

- abrupter Anstieg des Serumkaliums mit Bradyarrhythmien bis hin zum Kammerflimmern, Hypokalzämie, Laktatazidose, Hyperglykämie und Hypothermie,
- Zunahme der Vorlast des Herzens
- Abfall des peripheren Gefäßwiderstands und des arteriellen Blutdrucks
- pulmonale Hypertonie
- Hyperfibrinolyse und Aktivierung der plasmatischen Gerinnung, evtl. diffuse Blutungen.

Die Anastomosierung der A. hepatica und die Rekonstruktion der Gallenwege erfolgen meist nach der venösen Reperfusion.

Zeichen der Wiederaufnahme der Leberfunktion:

- verminderter Kalziumbedarf
- Abnahme der Azidose
- Zunahme der Urinausscheidung
- Anstieg der Körperkerntemperatur
- Galleproduktion des Transplantats.

Instrumentierung und Monitoring bei Lebertransplantation

- mehrere weitlumige Venenkanülen
- Standardmonitoring
- arterielle Kanüle: A. femoralis liefert bei Hypotension genauere Messwerte als A. radialis
- Mehrlumen-ZVK
- HZV-Monitoring, z.B. PiCCO, Cardio Q
- Magensonde, Blasenkatheter
- thorakaler PDK, wenn möglich
- Temperatursonde; Normothermie aufrechterhalten!
- Notfalllabor inkl. Blutgerinnung

Intraoperative Volumenzufuhr

Der Volumenersatz richtet sich nach der jeweiligen Operationsphase, allerdings gibt es keine verbindlichen Empfehlungen. Kristalloide und Kolloide sollten zurückhaltend eingesetzt werden; der Volumenersatz sollte frühzeitig mit Erythrozytenkonzentraten und Frischplasma erfolgen. Der mediane **Erythrozytenbedarf** beträgt 2 bis 5 Konzentrate.

- In der **Dissektionsphase** restriktive Flüssigkeitszufuhr, niedriger zentraler Venendruck, arterielle Hypotonie und Verzicht auf PEEP, um Blutungen aus den Kollateralgefäßen zu reduzieren. Dieses Konzept erfordert venovenösen Bypass, bei einigen Patienten auch Vasopressoren.
- In der **neohepatischen Phase** niedriger zentraler Venendruck (< 5 mm Hg) und kein oder nur geringer PEEP (< 5 mbar), um den venösen Abstrom aus der Leber zu verbessern;
- lückenlose Überwachung des Serumkalziums, da sich bei Bluttransfusionen wegen des fehlenden Lebermetabolismus eine Zitratintoxikation mit Hypokalzämie entwickeln kann. Bei Ca^{2+}-Werten von < 0,7 mmol/l sollte Kalzium substituiert werden.

- Vor Beginn der Reperfusion sollte das Blutvolumen angehoben werden, um den Blutverlust beim Ausspülen der Leber-Konservierungslösung mit dem Blut des Patienten zu kompensieren.

Postoperative Phase

Bei unkompliziertem Verlauf können stabile, normotherme Patienten unmittelbar postoperativ extubiert werden; instabile oder hypotherme Patienten werden unter kontrollierter Beatmung auf die Intensivstation verlegt.

45.4 Laparoskopische Chirurgie

Zahlreiche abdominale Eingriffe (▶ Tab. 45-1) werden minimal invasiv laparoskopisch durchgeführt.

45.4.1 Pneumoperitoneum

Anlegen des Pneumoperitoneums

Die Anlage des Pneumoperitoneums erfolgt in 15–20°-Trendelenburg-Lagerung des Patienten über die Veress-Nadel. Der intraabdominelle Druck wird während der Operation vom Insufflationsgerät automatisch auf dem gewünschten Wert zwischen 12 und 15 mm Hg (17–22 cm H_2O) gehalten.

Komplikationen beim Anlegen

- Extraperitoneale Insufflation von CO_2 durch Fehllage der Veress-Kanüle mit ausgedehntem subkutanem Emphysem („Hautemphysem")
- retroperitoneales Emphysem, das aufgrund der erhöhten systemischen Resorption zu einer Hyperkapnie mit plötzlichem Anstieg des $petCO_2$ führen kann
- Pneumothorax, bevorzugt in der rechten Thoraxhälfte, meist aufgrund eines anatomischen Zwerchfelldefekts
- Pneumomediastinum.

45

! Merke

Bei subkutanem Emphysem des Halses und der Thoraxwand oder plötzlicher hämodynamischer Instabilität, Anstieg des Beatmungsdrucks, unerklärlichem Abfall der Sauerstoffsättigung und Hyperkapnie muss immer an die Möglichkeit eines Pneumothorax gedacht werden.

Tab. 45-1 Beispiele für laparoskopische Eingriffe in der Abdominalchirurgie
• Cholezystektomie
• Vagotomie
• Zwerchfellhernien und Hiatushernien-Korrektur
• Kolektomie
• Appendektomie
• Leistenhernien-Operation
• Adrenalektomie
• Nephrektomie

Tab. 45-2 Hämodynamische Effekte des Pneumoperitoneums

Herzfrequenz	keine Veränderung oder Anstieg
arterieller Mitteldruck	Anstieg
peripherer Gefäßwiderstand	Anstieg
Nachlast des Herzens	Zunahme
zentraler Venendruck	Anstieg
pulmonalarterieller Verschlussdruck	Anstieg
Herzzeitvolumen	Abfall

Bei Verdacht: sofort Thoraxröntgenbild; bei Spannungspneumothorax sofort Entlastung (ohne Thoraxbild).

Kardiovaskuläre Auswirkungen

Die kardiovaskulären Auswirkungen des Pneumoperitoneums (▶ Tab. 45-2) entstehen durch mechanische und neurohumorale Faktoren. Arterieller Druck und Venendruck steigen an, das Herzzeitvolumen nimmt ab.

Respiratorische Wirkungen

Respiratorische Wirkungen während des Pneumoperitoneums entstehen durch den erhöhten intraabdominellen Druck und durch Diffusion von CO_2 in das Blut. Vitalkapazität und FRC nehmen ab, der inspiratorische Spitzendruck steigt an, ebenso der $paCO_2$. Anstiege des $paCO_2$ können durch Steigerung der Ventilation ausgeglichen werden.

45.4.2 Anästhesiologisches Vorgehen

45

Wahl des Anästhesieverfahrens

- Wegen der beschriebenen respiratorischen und hämodynamischen Veränderungen sollte die laparoskopische Operation in Intubationsnarkose mit kontrollierter Beatmung erfolgen.
- Die Larynxmaske sollte wegen der erhöhten Aspirationsgefahr aufgrund des intraabdominellen Druckanstiegs nicht eingesetzt werden.
- Für ein Fast-Track-Konzept eignet sich besonders Remifentanil in Kombination mit Desfluran/Sevofluran oder mit Propofol. Für die Muskelrelaxierung können kurz oder mittellang wirkende ND-Relaxanzien eingesetzt werden.

Monitoring und Instrumentierung

- Standardmonitoring
- 1–2 Venenkanülen
- Magensonde mit Absaugen des Magens nach Einleitung; Sonde am OP-Ende entfernen
- Blasenkatheter auf Wunsch des Operateurs
- ZVK: nicht erforderlich.

Postoperative Schmerzen

Schmerzen nach Laparoskopien können im oberen und unteren Abdomen sowie im Rücken und in der Schulter auftreten. Behandlung: am OP-Tag Opioide, sonst Paracetamol oder NSAID.

Literatur

Befeler AS, Hayashi PH, Di Bisceglie AM: Liver transplantation for hepatocellular carcinoma. Review. Gastroenterology 2005;128(6):1752–64.

De Boer, MT, Christensen MC; Asmussen M, et al.:The impact of intraoperative transfusion of platelets and red blood cells on survival after liver transplantation. Anesth Analg 2008, 106(1), 32–44.

Flisberg P, Tornebrandt K, Walther B, Lundberg J: Pain relief after esophagectomy: Thoracic epidural analgesia is better than parenteral opioids. J Cardiothorac Vasc Anesth 2001;15(3):282–7.

Gan TJ, Soppitt A, Maroof M et al.: Goal-directed intraoperative fluid administration reduces length of hospital stay after major surgery. Anaesthesiology 2002;97:820–6.

von Heyman C, Grebe D, Schwenk W, et al.: Einfluss der intraoperativen Flüssigkeitstherapie auf das postoperative Outcome bei Fast-track-Kolonchirurgie. Anaesthesiol Intensivmed Notfallmed Schmerzther 2006;41:1–7.

Kita T, Mammoto T, Kishi Y: Fluid management and postoperative respiratory disturbances in patients with transthoracic esophagectomy for carcinoma. J Clin Anaesth 2002;14:252–6.

Matthieu B, Karine NG, Vincent C, et al.: Cardiac output measurement in patients undergoing liver transplantation: Pulmonary artery catheter versus uncalibrated arterial pressure waveform analysis. Anesth Analg 2008; 06(5), 1480–1486.

Nisanevich V, Felsenstein I, Almogy G, Weissman C, Einav S, Matot I: Effect of intraoperative fluid management on outcome after intraabdominal surgery. Anaesthesiology 2005;103(1):25–32.

Steadman RH: Anaesthesia for liver transplant surgery. Review. Anesthesiol Clin North Am 2004;22(4): 687–711.

Zargar-Shoshtari K, Hill AG: Optimization of perioperative care for colonic surgery: a review of the evidence. ANZ J Surg 2008;78:13–23.

46 Urologie

Betroffen sind sehr häufig ältere Patienten mit entsprechender Multimorbidität. Hinzu kommen besondere Lagerungen, die sich ungünstig auf die Herz-Kreislauf-Funktion des Patienten auswirken können.

46.1 Wahl des Narkoseverfahrens

Eingesetzt werden Allgemeinanästhesieverfahren und zentrale Nervenblockaden, vor allem die Spinalanästhesie. Die Spinalanästhesie eignet sich besonders für transurethrale Eingriffe, während bei länger dauernden Operationen sowie Eingriffen an den Nieren oder bei Operationen, die eine extreme Lagerung erfordern, die Allgemeinanästhesie bevorzugt werden sollte.

46.2 Lagerung des Patienten

Die üblichen Lagerungen sind:
- Rückenlage
- Trendelenburg-Lagerung
- Steinschnittlagerung
- Nierenlagerung bzw. seitliche Taschenmesserlagerung.

46.2.1 Trendelenburg-Lagerung

Bei dieser Kopftieflagerung des auf dem Rücken liegenden Patienten ist die Symphyse der höchste Punkt des Stamms, der wiederum in seiner Längsachse ursprünglich in einem Winkel von 45° zur Horizontalen gehalten wurde. Die Lagerung wird vor allem bei Operationen im Becken angewandt, in Extremform bei Eingriffen mit dem DaVinci-Robotsystem.
- In der Regel muss der Patient endotracheal intubiert werden, um die Atemwege zu sichern und die Atemfunktion aufrechtzuerhalten.
- Bei sehr starker Schwellung der Kopfweichteile ist Vorsicht bei der Extubation geboten.
- Bei erhöhtem intrakraniellem Druck ist die Lagerung kontraindiziert.

Auswirkungen

- Kopfwärtsverschiebung von Eingeweiden und Zwerchfell
- Abnahme der Lungencompliance und der funktionellen Residualkapazität
- Anstieg des zentralen Venendrucks und des Pulmonalvenendrucks
- Anstieg des intrakraniellen Drucks
- Anstieg des Augeninnendrucks.

Komplikationen

- Schwellung von Gesicht, Augenlidern, Konjunktiven und Zunge
- Netzhautablösung
- Hirnblutung (Fallbericht)
- Apoplex bei Patienten mit Arteriosklerose der Hirngefäße (Fallbericht)
- Schädigung des Plexus brachialis, besonders bei Einsatz von Schulterstützen.

46.2.2 Steinschnittlagerung

Bei der Steinschnittlagerung liegt der Patient auf dem Rücken, Hüften und Knie werden gebeugt, die Oberschenkel abgespreizt und leicht nach außen rotiert; das Ausmaß der Beugung ist variabel.

Auswirkungen und Komplikationen

- Einschränkung der Zwerchfellbeweglichkeit, Abnahme der Vitalkapazität unter Spontanatmung, bei Extremlagerung auch des Atemzugvolumens (Vorsicht bei Adipositas- und COPD-Patienten!)
- Verschiebung von Blut in den zentralen Kreislauf; daher langsame Rückverlagerung der Beine aus der Steinschnittlagerung (Gefahr des Blutdruckabfalls!)
- Druckschäden von Nerven: N. femoralis (keine Hüftbeugung > 90°!), N. peroneus com., N. ischiadicus (keine Hüftbeugung > 90°!), N. saphenus, N. obturatorius, N. cutaneus femoris lateralis. Zeichen: kurz nach OP Parästhesien und/oder motorische Schwäche.

46.2.3 Seitliche Taschenmesserlagerung (Nierenlagerung)

Hierfür den Patienten zunächst auf die Seite lagern; das untere Bein wird gebeugt, das obere bleibt gestreckt. Danach Kopf- und Fußteil des Operationstisches **langsam** herunterdrehen, bis die Flanke des Patienten der am höchsten liegende Körperteil ist. Anschließend wird die richtige Höhe der Flanke durch ein Nierenbänkchen im OP-Tisch hergestellt. Das Nierenbänkchen sollte bevorzugt unter der Beckenschaufel platziert werden. Zum Abschluss den Patienten durch Gurte und Pflaster befestigen.

→ Alle Operationen in Taschenmesserlagerung sollten grundsätzlich in Intubationsnarkose mit kontrollierter Beatmung durchgeführt werden.

Auswirkungen und Komplikationen

- Störungen des Belüftungs/Durchblutungs-Verhältnisses der Lunge: obere Lungen vermehrt belüftet, jedoch weniger durchblutet und umgekehrt
- Versacken des Blutes in den beiden unten liegenden Körperanteilen
- Kompression der unteren Hohlvenen mit Behinderung des venösen Rückstroms, besonders bei Extremlagerung.

46.3 Transurethrale Resektionen

Transurethrale Eingriffe an Prostata oder Harnblase erfolgen in **Steinschnittlagerung** des Patienten. Häufig wird hierbei die Spinalanästhesie eingesetzt; Allgemeinanästhesie ist ebenfalls möglich und geht nicht mit höherer Morbidität und Letalität einher.

Transurethrale Prostataresektion (TURP)

- zystoskopische Resektion der Prostata mit Diathermie
- OP-Dauer: 30–90 min, je nach Größe der Prostata
- OP-Schmerz: mäßig
- Lagerung: Steinschnitt
- Blutverlust: variabel, manchmal bis zu 2 l
- Anästhesie:
  - Spinalanästhesie mit oder ohne Sedierung (sensorische Höhe bis Th12–10)
  - Intubationsnarkose oder LMA

46.3.1 Regionalanästhesie

Die transurethralen Resektionen können in **Spinal- oder Periduralanästhesie** durchgeführt werden. Regionalanästhesien sind von Vorteil, weil hierunter das TUR-Syndrom (s.u.) frühzeitiger erkannt wird, sofern der Patient nicht zu stark sediert worden ist. Auch sollen seltener tiefe Beinvenenthrombosen auftreten.

- Für Operationen an Blase und Prostata ist eine **Anästhesieausdehnung bis Th12–10** erforderlich. Hierfür reichen 2,5–3 ml Bupivacain meist aus.
- Die Spinalanästhesie blockiert die sakralen Segmente zuverlässiger als die Periduralanästhesie.
- Die Sedierung kann mit kleinen Dosen Midazolam erfolgen (1–2 mg bei Älteren).
- Störende Erektionen können im günstigen Fall durch geringe Dosen Ketamin beseitigt werden.
- Der mentale Status älterer Patienten wird durch die Wahl des Anästhesieverfahrens nicht wesentlich beeinflusst: Postoperative kognitive Funktionsstörungen (POCD) treten gleich häufig auf wie bei Allgemeinanästhesien.
- Bei Verwendung lang wirkender Lokalanästhetika benötigen nur 15% der Patienten nach Spinalanästhesie stärkere Schmerzmittel, nach Allgemeinanästhesie erheblich mehr.

46.3.2 Allgemeinanästhesie

Die Allgemeinanästhesie kann als Intubations- oder als Larynxmaskennarkose durchgeführt werden. Kontrollierte Beatmung wird ausdrücklich empfohlen, um lagerungsbedingte respiratorische Störungen zu vermeiden. Störende Erektionen werden durch Vertiefung der Narkose mit einem Inhalationsanästhetikum zumeist beseitigt.

Bei der Extubation müssen Husten und Pressen vermieden werden, weil hierdurch Blutungen aus der koagulierten Prostataloge hervorgerufen werden können.

TUR-Komplikationen

Typische Komplikationen der transurethralen Resektion sind:

- TUR-Syndrom
- Blasenperforation
- Blutungen
- Störungen der Blutgerinnung
- Nachblutungen.

TUR-Syndrom

Während der Operation werden mehrere Liter elektrolytfreie, den elektrischen Strom nicht leitende, plasmaisotone Spülflüssigkeit in die Blase instilliert, von erhebliche Mengen über eröffnete Kapselvenen in den Kreislauf gelangen und das Blutvolumen erhöhen. Die in den Kreislauf gelangende Flüssigkeitsmenge hängt im Wesentlichen von folgenden Faktoren ab:

- chirurgische Technik
- Druck der in die Blase infundierten Lösung
- Dauer der Operation.

Die nach intravasal gelangte Spülflüssigkeit kann zu folgenden Komplikationen führen:

- Kreislaufüberlastung mit Linksherzinsuffizienz und Lungenödem

- Verdünnungshyponatriämie mit zerebralen Störungen (Wasserintoxikation mit Hirnödem)
- Hämolyse (bei Verwendung hypotoner Spülflüssigkeit).

Zeichen des TUR-Syndroms (Häufigkeit 1–2%)

- Zeichen der Wasserintoxikation beim wachen Patienten: Gähnen, Unruhe, Verwirrtheit, Muskelsteife, Dyspnoe, Bewusstseinstrübung, Koma, Krämpfe
- Hyponatriämie
- Anstieg des systolischen und diastolischen Blutdrucks, Bradykardie
- Lungenödem und Herzinsuffizienz
- Hämolyse: Hypotension, Tachykardie, massive Blutungen
- EKG: wenn Na^+ 115 mval/l: Verbreiterung des QRS-Komplexes, ST-Hebung; wenn Na^+ 110 mval/l: Kammertachykardie oder -flimmern.

Behandlung

Die Therapie der Wasserintoxikation besteht in folgenden Maßnahmen:

- Flüssigkeitsrestriktion
- Diuretika i.v.
- Zufuhr von Natriumchlorid-Konzentrat: erst bei schwerer Hyponatriämie (Na^+ < 120 mmol/l) (Einzelheiten siehe ▶ Kap. 25)
- **Maßnahmen bei Hämolyse:** Stützung der Herz-Kreislauf-Funktion (Dobutamin/Noradrenalin), Steigerung der Urinausscheidung (Furosemid), Alkalisierung des Urins (umstritten).

√ **Praktisches Vorgehen**

Behandlung des TUR-Syndroms

1. Sicherstellung der Oxygenierung und der Herz-Kreislauf-Funktion.
2. Sofortige Unterrichtung des Operateurs; in schweren Fällen möglichst rasche Beendigung des Eingriffs.
3. Bestimmung von Serumelektrolyten, -kreatinin, -glukose und arteriellen Blutgasen.
4. EKG-Analyse.
5. Bei leichten Symptomen (Serum-Na^+ > 120 mval/l): Flüssigkeitsrestriktion und -ausschwemmung, z.B. mit Furosemid.
6. Bei schweren Störungen (Serum-Na^+ < 120 mval/l): Natriumchlorid 3% per Infusion (< 100 ml/h), wenn Serum-Na^+ > 120 mval/l: Abstellen der Infusion.

Blasenperforation

Die Perforation der Harnblase oder der Prostatakapsel (Häufigkeit 0,9%) ist eine schwerwiegende Komplikation, die sofort erkannt und behandelt werden muss.

Zeichen

- plötzlicher heftiger Schmerz im Unterbauch
- gespanntes Abdomen
- präkordialer Schmerz, Schulterschmerz, Übelkeit und Erbrechen bei Perforation in die freie Bauchhöhle
- oft Blutdruckanstieg und Tachykardie; gelegentlich Blutdruckabfall.

Wie beim TUR-Syndrom ist die Blasenperforation beim wachen Patienten leichter zu erkennen als beim allgemeinanästhesierten. **Behandlung:** sofortige Laparotomie

Blutungen

Bei ca. 2,5% aller Patienten mit TUR-Prostata treten intraoperativ Blutungen auf, die eine Transfusion erfordern. Die postoperative Zufuhr von Fremdblut ist bei ca. 3,7% aller Patienten erforderlich. Begünstigende Faktoren:
- große Prostata
- Resektionszeiten von > 90 min.

Störungen der Blutgerinnung

Prostatagewebe ist reich an Aktivatoren der Fibrinolyse; gelangt intraoperativ Gewebematerial in den Kreislauf, so kann eine gesteigerte Fibrinolyse mit nachfolgender Blutung auftreten, manchmal auch eine DIC (s. ▶ Kap. 12).

Die primär gesteigerte Fibrinolyse wird mit Fibrinolysehemmern (z. B. Aminokapronsäure) behandelt.

Nachblutungen

Die meisten Blutungen sind chirurgisch bedingt und erfordern evtl. die Reexploration. Weniger als 10% der Blutungen werden durch Urokinase und Aktivierung von Plasminogen mit systemischer Fibrinolysesteigerung hervorgerufen, erkennbar am Abfluss von hellrotem Blut über den Ureterenkatheter, an submukösen Blutungen und anhaltendem Bluten aus Punktionskanälen.

46.4 TUR-Blasentumor

Meist handelt es sich um ältere Patienten, oft mit Begleiterkrankungen und Nikotinabusus.

TUR-Blasentumor
- diathermische Resektion von Harnblasentumoren
- Lagerung: Steinschnitt
- Operationszeit: 10–40 min
- Operationsreiz: mäßig bis stark; Blasenspasmen
- Blutverluste: keine bis mehrere hundert ml
- Anästhesie: Spinalanästhesie bis Th10 mit N.-obturatorius-Block; ITN/LMA.

Die direkte elektrothermische Stimulation des N. obturatorius in der Seitenwand der Blase kann eine Außenrotation und Adduktion des Oberschenkels auslösen. Hierdurch wird das operative Vorgehen erschwert und die Gefahr einer Blasenperforation erhöht. Prophylaxe: N.-obturatorius-Blockade (s. ▶ Kap. 22) oder Muskelrelaxanzien bei ITN/LMA. Der postoperative Analgetikabedarf ist meist gering.

46.5 Zystoskopie

Hierbei handelt es sich um einen sehr häufig durchgeführten Eingriff, meist zur Abklärung von Hämaturie, Harnwegsinfekten oder Obstruktionen. Verwendet werden starre oder flexible Endoskope; ambulantes Vorgehen ist möglich.

Flexible Zystoskopien werden in Lokalanästhesie durchgeführt, starre Zystoskopien in Allgemeinanästhesie. Spinal- und Periduralanästhesien (Blockadehöhe Th10) sind möglich, werden jedoch wegen der Kürze des Eingriffs seltener angewandt.

Bei Patienten mit Querschnittslähmung oberhalb von Th6–7 besteht häufig eine autonome Hyperreflexie während der Zystoskopie: Die elektrothermische Stimulation löst eine sympathoadrenerge Hyperaktivität aus, die mit bedrohlichem Blutdruckanstieg und Tachykardie einhergehen kann.

46.5.1 Komplikationen

- Blasenperforation
- Bakteriämie
- Blasenspasmen
- Nachblutungen.

46.6 Radikale retropubische Prostatektomie

Bei der radikalen retropubischen Prostatektomie des Prostatakarzinoms werden, neben der gesamten Prostata, die Samenblasen, Teile des Blasenhalses und in begrenztem Umfang die Lymphknoten des Beckens entfernt. Der verbleibende Blasenhals wird mit der Urethra anastomosiert. Die Art des Anästhesieverfahrens hat keinen wesentlichen Einfluss auf die Morbidität und Letalität der Operation.

Retropubische radikale Prostektomie
- Operativer Zugang über Medianschnitt im unteren Abdomen
- OP-Lagerung: Rücken
- OP-Dauer: 1–2 h
- Operationsreiz: stark
- Blutverluste: 0,5–2l (Blut bereithalten!)
- Anästhesie: ITN mit kontrollierter Beatmung; evtl. kombiniert mit PDA

46.6.1 Anästhesiologisches Vorgehen

- Mehrere großlumige Venenkanülen, da massive Blutverluste möglich
- ZVK, Arterienkanüle bei Risikopatienten
- Wärmeschutz
- bei Kombination von ITN mit PDA ist wegen der möglichen Blutverluste Zurückhaltung geboten
- Luftemboliegefahr
- Patienten mit mäßigen Blutverlusten können meist auf dem OP-Tisch extubiert werden
- postoperative Analgesie: Periduralanalgesie und PCA sind gleichwertig.

46.7 DaVinci-Prostatektomie

Dieses robotergestützte laparoskopische Operationssystem besteht aus 3 bis 4 DaVinci-Trokaren mit 2 oder 3 chirurgischen Instrumenten und einer Kontrollkonsole, über die der Operateur das System steuert. Die Operation erfolgt in ITN mit kontrollierter Beatmung.

46.7.1 Besonderheiten

- Extreme Trendelenburg-Lagerung (s. ▶ Kap. 46.2.1) mit deren Komplikationsmöglichkeiten
- Pneumoperitoneum
- mediane Operationszeit 230 min
- 2 Venenkanülen, Standardmonitoring, bei Risikopatienten arterielle Kanüle
- Blutverluste: in der Regel gering
- Konversionsrate 1,7% (Rotering 2008); Organverletzungen möglich, aber selten
- geringer postoperativer Schmerz; frühe Mobilisierung und Entlassungsfähigkeit.

46.8 Radikale perineale Prostatektomie

Der Eingriff erfolgt in extremer Lithotomielagerung, kombiniert mit leichter Flexion des Stamms und Trendelenburg-Kippung. Auswirkungen der Lagerung s. ▶ Kap. 46.2.2. ITN mit kontrollierter Beatmung ist Standard.

- Mehrere großlumige Venenkanülen, da starke Blutverluste möglich (Blut bereithalten)
- ZVK, Arterienkanüle bei Risikopatienten
- Vorsicht mit der Kombination ITN/PDA wegen Blutverlusten
- Luftembolie möglich.

46.9 Radikale Zystektomie und Neoblase

Die radikale Zystektomie ist das Verfahren der Wahl bei infiltrierend wachsendem Harnblasenkrebs. Der operative Zugang erfolgt über eine mediale Laparotomie vom Xiphoid bis zum Os pubis.

Wichtigste intraoperative Komplikation sind massive Blutverluste und Lungenembolie.

Radikale Zystektomie

- Entfernung der Harnblase mit urinableitenden Eingriffen (Ileumkonduit) oder Neukonstruktion der Blase
- Lagerung: Lithotomie + Trendelenburg
- OP-Dauer: 2–3 h, bei Neoblase bis zu 7 h
- OP-Stimuli: sehr stark
- Blutverluste: 700 ml bis 3 l und mehr (Blut bereithalten)
- Anästhesie: INT mit kontrollierter Beatmung, evtl. kombiniert mit PDA (wenn keine Blutungen mehr)

46.9.1 Anästhesiologisches Vorgehen

- Präoperativ Überwachungsbett sichern; Thromboseprophylaxe beginnen
- mehrere großlumige Venenkanülen, da massive Blutverluste möglich
- Arterienkanüle, ZVK
- Wärmeschutz
- bei Kombination mit Periduralanästhesie kann der Darm klein und hyperaktiv sein und dadurch die Bildung einer Ileum-Neoblase erschweren (Behandlung mit Anticholinergika in höheren Dosen).

Postoperativ

- Häufig Nachbeatmung erforderlich
- Analgesie: PDA oder PCA.

46.9.2 Komplikationen

- Anastomoseninsuffizienz
- Ileus
- Schlingenabszess
- hyperchlorämische Azidose durch NH_4Cl-Resorption aus dem Urin
- respiratorische Insuffizienz.

46.10 Hodentumoren

Maligne Hodentumoren werden durch inguinale Orchiektomie entfernt. Der Eingriff kann in Allgemeinanästhesie oder Regionalanästhesie durchgeführt werden; die meisten Männer bevorzugen die Allgemeinnarkose. Bei retroperitonealer Staging-Lymphadenektomie von nichtseminomatösen Hodentumoren im Stadium I erfolgt der operative Zugang über eine thorakoabdominale oder eine mediale transabdominale Inzision. Hierfür ist eine ITN mit kontrollierter Beatmung erforderlich, bei Bedarf kombiniert mit PDA.

46.11 Nierenoperationen

Nierenoperationen erfolgen in Taschenmesserlagerung oder in Rückenlage des Patienten. In der Regel wird eine ITN mit kontrollierter Beatmung durchgeführt, bei Bedarf kombiniert mit PDA.

Nephrektomie

- OP: Entfernung einer Niere wegen Tumors oder anderer Erkrankungen
- Lagerung: Rücken- oder Nierenlagerung
- OP-Dauer: 1–3 h
- OP-Stimuli: stark bis sehr stark
- Blutverluste: gering bis massiv
- Anästhesie: ITN mit kontrollierter Beatmung, evtl. kombiniert mit PDA

46.11.1 Anästhesiologisches Vorgehen

- Mehrere großlumige Venenkanülen, da massive Blutverluste möglich (Blut bereitstellen)
- Arterienkanüle und ZVK bei Risikopatienten
- Vorsicht mit intraoperativer PDA wegen der möglichen Blutverluste.

Typische **Komplikationen** bei Nierenoperationen sind:

- massive, schwer zu beherrschende Blutungen aus dem Nierenstiel und der V. cava inferior
- Pneumothorax durch intraoperative Eröffnung der Pleura
- Thrombose durch Behinderung des venösen Rückstroms (Prophylaxe: beide Beine wickeln; extreme Abknickung des OP-Tisches vermeiden; Patienten frühzeitig mobilisieren).

46

Postoperativ
- Analgesie mit PDA (Höhe bis Th 7/8 bei Flankenschnitt) oder PCA.

46.12 Extrakorporale Stoßwellenlithotripsie (ESWL)

Bei diesem Verfahren werden röntgendichte Steine durch Ultraschallwellen zerstört. Hierzu wird der Patient in ein Wasserbad gelegt und unter Bildwandlerkontrolle so platziert, dass sich der Stein im Fokus der Schockwelle befindet. Bei Steinen im Nierenbecken ist nicht selten eine urologische Endoskopie erforderlich.

Absolute Kontraindikationen der Stoßwellenlithotripsie sind Störungen der Blutgerinnung und Schwangerschaft.

46.12.1 Anästhesiologisches Vorgehen

Wegen der Schmerzhaftigkeit des Verfahrens ist eine Anästhesie erforderlich, reine Sedierungstechniken sind nicht akzeptabel. PDA und ITN sind gleichwertige Verfahren.
- Am häufigsten wird vermutlich die Katheterperiduralanalgesie bis Th4 plus Sedierung angewandt.
- Typische postoperative Komplikationen sind Rückenschmerzen (40% bei Regionalanästhesie, 20% bei Allgemeinanästhesie) sowie postoperative Übelkeit und Erbrechen (auch bei Regionalanästhesie).

46.13 Nierentransplantation

Die Nierentransplantation ist das Behandlungsverfahren der Wahl bei terminaler Niereninsuffizienz. Hierdurch wird die Lebenserwartung der Patienten verlängert und die Lebensqualität verbessert.

46.13.1 Präoperative Vorbereitung

46

Begleiterkrankungen

In der Regel sind die Patienten gut voruntersucht und die Begleiterkrankungen bekannt (s.a. ▶ Kap. 14).

Zu den wichtigsten Vor- und Begleiterkrankungen gehören:
- KHK, Herzinsuffizienz
- Hypertonie
- Anämie
- Hyperparathyreoidismus
- Diabetes mellitus
- Hepatitiden B und C.

Maßnahmen nach dem Transplantatangebot

Die tolerable kalte Ischämiezeit für das Transplantat beträgt ca. 20 h, so dass genügend Zeit für die Vorbereitungen zur Verfügung steht.

Unmittelbar nach dem Transplantatangebot sind folgende Maßnahmen erforderlich:

- Immunologische Verträglichkeitsprobe („cross-match“) zwischen Patienten-Serum und Spender-Lymphozyten; Dauer ca. 3 h.
- Überprüfung der aktuellen Eignung des Patienten zur Transplantation, insbesondere Ausschluss akuter Infekte von oberen Atemwegen, Nasennebenhöhlen, Urogenital- und Intestinaltrakt sowie von Infektionen im Bereich der Gefäßzugänge (Gefahr der Staphylokokkensepsis!); außerdem aktuelle Anamnese zur Frage von Zweiterkrankungen.
- Einschätzung der Operations- und Narkosefähigkeit des Patienten und, wenn erforderlich, entsprechende Korrekturmaßnahmen, insbesondere Dialysebehandlung.

Präoperative Hämodialyse

! Merke

Innerhalb von 24 h vor der Operation ist eine Hämodialyse erforderlich, um den bestmöglichen Operations- und Narkosezustand des Patienten zu erreichen.

Nach der Hämodialyse sollten für die Narkose und Operation folgende Werte erreicht worden sein:
- Hämoglobin 6–8 g/dl
- Serumkalium 4,0–5,5 mval/l
- normaler Säure-Basen-Status
- normaler Gerinnungsstatus.

Präoperative Laborwerte

Unmittelbar vor der Narkose müssen folgende Laborwerte neu bestimmt werden:
- Serumkalium und Serumnatrium
- Blutbild
- Serumkreatinin und -harnstoff
- Gerinnungsstatus und Thrombozytenzahl
- Gesamteiweiß
- ASAT.

Des Weiteren sind für die Narkose ein aktuelles EKG und ein Röntgenbild des Thorax erforderlich.

Präoperative Bluttransfusion

Die präoperativen Hämoglobinwerte liegen häufig im Bereich von 6–8 g/dl, bei Dauerbehandlung mit Erythropoetin meist über 10 g/dl. Die präoperative Zufuhr von Erythrozytenkonzentraten zur Verbesserung der Überlebensfähigkeit der Transplantatniere ist dank Ciclosporinbehandlung nicht mehr erforderlich.

46.13.2 Operation

Die Operation erfolgt in Rückenlage des Patienten. Hierbei wird die Niere extraperitoneal in die kontralaterale Fossa iliaca des Empfängers implantiert. Der Ureter wird mit der Harnblase verbunden, die Nierenvene mit der V. iliaca externa oder communis. Mit der immunsuppressiven Therapie (Glukokortikoide) wird zumeist prä- oder intraoperativ begonnen; Ciclosporin A wird dagegen erst postoperativ zugeführt.

46.13.3 Anästhesiologisches Vorgehen

- Das Serumkalium sollte im oberen Normbereich liegen.
- Venenkanüle auf dem Handrücken (Shuntarm vermeiden). Nach Narkoseeinleitung: 3-Lumen-ZVK, arterielle Kanüle, Blasenkatheter.
- Geeignete Anästhetika: Propofol, Thiopental, Etomidat; alle Inhalationsanästhetika; Opioide: Fentanyl, Alfentanil, Sufentanil, Remifentanil.
- Muskelrelaxanzien: Succinylcholin (wenn Serumkalium < 5,5 mmol/l) sowie Atracurium, Cisatracurium und Mivacurium.
- Bei dialysebedingter Hypovolämie: Zufuhr von isotoner Kristalloidlösung, am besten unter direkter arterieller Druckmessung.
- Nach Anschluss der Niere wird versucht, die Diurese mit Osmotherapeutika (z. B. 100 ml Mannit 20%) und Schleifendiuretika in Gang zu bringen.
- Postoperativ besteht die Gefahr der Dehydratation und von Störungen des Elektrolytgleichgewichts, so dass entsprechende Aufmerksamkeit und Korrektur geboten sind.
- **Postoperative Analgesie:** PCA oder PDA. NSAID und Paracetamol sollten vermieden werden.

Literatur

Dasgupta P, Patil K, Anderson C, Kirby R: Transition from open to robotic-assisted radical prostatectomy. BJU International 101(6), 667–668.

Rotering J, Siemer S, Stöckle M: Roboterassistierte laparoskopische Prostatektomie. Urologe 2008; 47:420–424.

Sarinkapoor H, Kaur R, Kaur H: Anaesthesia for renal transplant surgery. Acta Anaesthesiol Scand 2007; 51(10); 1354–1367.

47 Gynäkologie

Bei gynäkologischen Patientinnen muss, in Abhängigkeit von der Erkrankung, oft mit einem höheren Grad an Angst und Aufgeregtheit, außerdem häufiger mit Scham- und auch Schuldgefühlen sowie einer Neigung zu Übelkeit und Erbrechen gerechnet werden. Diese Beeinträchtigungen des seelischen Gleichgewichts bedürfen einer einfühlsamen, ermunternden und oft auch tröstenden Narkosevisite, ergänzt durch Prämedikation mit Anxiolytika und Antiemetika.

In ▶ Tabelle 47-1 sind häufig vorkommende gynäkologische Eingriffe zusammengestellt.

47.1 Wahl des Anästhesieverfahrens

Eine spezielle gynäkologische Allgemeinnarkose gibt es nicht. Für viele Eingriffe sind zudem regionale Anästhesieverfahren geeignet.

Eingriffe, die in Allgemeinnarkose durchgeführt werden sollten oder müssen
- ausgedehnte intraabdominelle Eingriffe, vor allem bei Trendelenburg-Lagerung
- abdominale Laparoskopie und Pelviskopie mit CO_2-Insufflation
- Ablehnung regionaler Anästhesieverfahren durch die Patientin
- radikale Mastektomie und axilläre Lymphknotenausräumung
- sehr kurze Eingriffe (bevorzugt Maske oder Larynxmaske)

Tab. 47-1 Auswahl gynäkologischer Eingriffe

Transvaginal
• Abrasio
• Zervixbiopsie, -zerklage
• Hysteroskopie
• Scheidenplastik
• Hysterektomie
Perineal
• Kondylomabtragung
• Marsupialisation von Bartholini-Zysten
• Vulvektomie
Intraabdominell
• Ovarektomie
• Myomektomie
• Hysterektomie
• radikale Hysterektomie (Wertheim-Meigs-Operation)
• rupturierte Tubenschwangerschaft
Transabdominell
• Laparoskopie
• Pelviskopie
• Mammachirurgie

47.2 Vulvektomie

Zu unterscheiden sind drei operative Vorgehensweisen: Entfernung der Vulvahaut, einfache Vulvektomie und radikale Vulvektomie. Die radikale Vulvektomie wird bei Carcinoma in situ der Vulva durchgeführt und umfasst die Entfernung des gesamten Gewebes unterhalb der Faszie des urogenitalen Diaphragmas, meist auch die beidseitige inguinale Lymphadenektomie.

- **Anästhesie:** ITN/LMA oder Spinal-/Periduralanästhesie, jedoch mit stärkerer Sedierung, zumal die thermoelektrische Resektion der Vulva nach Berven mit einer erheblichen Geruchsbelästigung einhergehen kann.
- Bei radikaler Vulvektomie können erhebliche Blutverluste auftreten!

47.3 Abrasio

Zu den wichtigsten **Indikationen** für eine Abrasio oder Kürettage gehören:

- abnorme Blutungen, vor allem in der Postmenopause
- inkompletter Abort
- Schwangerschaftsabbruch
- unvollständige Plazentalösung post partum.

Bei der Abrasio wird die Zervix zunächst schrittweise mit Hegar-Stiften dilatiert, dann das Cavum uteri abradiert, bei der Postmenopausenblutung fraktioniert, beim Schwangerschaftsabbruch mit der Saugkürette. Wichtigste Komplikation ist die Perforation des Uterus mit nachfolgender Blutung.

- OP-Lagerung: Steinschnitt
- OP-Dauer: wenige Minuten
- Anästhesie: Maske/ITN oder LMA, da geringerer Aufwand als bei Spinal-/Periduralanästhesie
- für die Dilatation der Zervix ist eine tiefere Narkose erforderlich (Gefahr des Laryngospasmus und der Bradykardie)
- Spinalanästhesie: erforderliche Anästhesieausdehnung: mindestens bis Th10, in manchen Fällen bis Th8

47.3.1 Schwangerschaftsabbruch

Nach der Dilatation der Zervix führt der Operateur die Saugkürettage durch. Meist kann der Eingriff unter Parazervikalblockade, bei Bedarf ergänzt durch i.v. Sedierung, erfolgen. Nur sehr selten ist eine Allgemeinnarkose erforderlich.

47.4 Hysteroskopie

Hierbei handelt es sich um die endoskopische Untersuchung der Endozervix und des Cavum uteri. Zur Dilatation des Muttermundes wird ein flexibles oder starres Hysteroskop vorgeschoben und das Cavum uteri mit Flüssigkeit oder CO_2 erweitert, um die Sicht zu verbessern und evtl. operative Eingriffe zu ermöglichen.

- OP-Lagerung: Steinschnitt
- Dauer der diagnostische Hysteroskopie: wenige Minuten
- Anästhesie: Maske, ITN oder LMA; da weniger stark dilatiert wird als bei Abrasio kann die Narkose flacher gehalten werden
- bei operativer Hysteroskopie (z.B. für Leiomyomresektion) ist eine stärkere Zervixdilatation und entsprechend tiefere Narkose erforderlich

47.5 Zervikale Zerklage

Bei diesem Eingriff wird zwischen der 16. und 21. Schwangerschaftswoche wegen Zervixinsuffizienz und drohender Frühgeburt eine Naht um den Muttermund gelegt.

- OP-Lagerung: Steinschnitt
- OP-Dauer: bis zu 30 min
- Anästhesie: Spinalanästhesie bis Th10; alternativ ITN/LMA

47.6 In-vitro-Fertilisation (IVF)

Bei der IVF werden die Ovarien unter Ultraschallkontrolle transvaginal punktiert und die Follikelflüssigkeit abgesaugt. Das Punktat wird mit Sperma inkubiert und zu einem späteren Zeitpunkt, ohne Narkose, transzervikal in den Uterus injiziert. Die Follikelpunktion kann unter Analgosedierung oder in Allgemeinanästhesie erfolgen; als Verfahren der Wahl gilt die Analgosedierung.

47.6.1 Analgosedierung

Mittel der Wahl ist Remifentanil. Die Substanz bewirkt allein eine ausreichende Analgesie und Sedierung bei erhaltener Spontanatmung.

Praktisches Vorgehen

Analgosedierung bei IVF

1. Sauerstoffmaske oder -sonde anlegen.
2. Remifentanil zu Beginn in einer Dosierung von 0,25 μg/kg/min bei erhaltener Spontanatmung zuführen; bei Atemdepression: Kommandoatmung!
3. Nach wenigen Minuten kann die Dosierung oft auf 0,2 μg/kg/min reduziert werden.
4. Eine klinisch relevante Muskelrigidität tritt hierunter nicht auf.
5. Die Kombination mit Benzodiazepinen ist meist nicht erforderlich und sollte wegen der synergistischen Verstärkung der Atemdepression vermieden werden.
6. Überwachung:
   - Pulsoxymeter
   - NIBP
   - EKG
   - Atemfrequenz.

47.7 Extrauteringravidität

Häufigster Sitz der ektopischen Schwangerschaft ist der ampulläre Anteil der Tube. Wichtigste Zeichen und Symptome sind unspezifische Schmerzen und vaginale Blutungen, gespanntes Abdomen und tastbarer Tumor im Becken.

Bei **Tubenruptur** kann sich innerhalb weniger Minuten ein schwerster hämorrhagischer Schock entwickeln. In diesem Fall ist höchste Eile bei der Versorgung geboten:

- sofortige Anlage mehrerer großlumiger Venenkanülen
- ausreichender Volumenersatz: Kristalloide/Kolloide, Erythrozytenkonzentrate
- sofortige Notoperation in Intubationsnarkose.

47.8 Abdominale Hysterektomie

Indikationen:
- Myome
- Endometriose
- Dysmenorrhö.

Abdominale Hysterektomie
- Operation: Entfernung des Uterus, evtl. auch der Adnexen durch abdominale Inzision
- OP-Lagerung: Rücken, Kopf tief
- OP-Dauer: 1 h oder länger
- Blutverluste: gering (bis 500 ml)
- Anästhesie: ITN

- postoperative Analgesie: PDA oder PCA
- bei Bedarf Antiemetika.

47.9 Vaginale Hysterektomie

Indikationen:
- Myome
- Endometriose
- Dysmenorrhö.

Vaginale Hysterektomie
- Operation: Entfernung des Uterus durch die Vagina
- OP-Lagerung: Steinschnitt, evtl. Kopf tief
- OP-Dauer ca. 1 h
- Blutverlust: variabel, meist < 0,5 l
- Anästhesie: ITN/LMA, Spinalanästhesie (bis Th6–8)

- postoperativer Schmerz: leicht bis mäßig; Opioide i.v. oder PCA.

Komplikationen:
- Übelkeit, Erbrechen
- Anämie, Nachblutungen
- Verletzung der Harnblase.

47.10 Radikaloperation nach Wertheim-Meigs

Radikaloperation nach Wertheim-Meigs
- Indikationen: Zervix- oder Uteruskarzinom
- Längsschnittlaparotomie: Ausräumung der iliakalen Lymphknoten; bei pos. Schnellschnitt: radikale Operation mit Hysterektomie. Die OP-Dauer beträgt mehrere Stunden.
- präoperativ: Überwachungsbett anmelden
- wegen der erheblichen Blutungsgefahr ausreichend Blut bereithalten (6 bis 10 Erythrozytenkonzentrate)

- mindestens 2 großlumige Venenkanülen, großzügig: arterielle Kanüle, zentraler Venenkatheter
- Anästhesie: ITN; evtl. kombiniert mit PDA (Aufspritzen erst, wenn Blutungen sistieren)
- intraoperativ Wärmeschutz

Komplikationen:
- starke Blutungen
- Verletzungen von Darm, Harnblasen und Ureteren.

47.11 Laparoskopie

Laparoskopische Eingriffe im Unterbauch und Becken gehören zu den Standardverfahren der Gynäkologie (▶ Tab. 47-2). Besonderheiten s. ▶ Kap. 45.

Gynäkologische Laparoskopie
- Maßnahme: Inspektion gynäkologischer Organe; Tubenligatur
- Lagerung: Rücken, Steinschnitt, Kopf tief
- Dauer: 15–30 min
- Blutverluste: keine
- Anästhesie: ITN mit Muskelrelaxierung; evtl. LAMA

47.12 Brustchirurgie

Hierzu gehören: Mastektomie, rekonstruktive Chirurgie, Brustverkleinerung, Brustvergrößerung.
- Bei Brustkrebs: präoperativ oft große Ängste, stärkere Prämedikation sinnvoll.
- Bei kürzlicher Chemotherapie: Immunschwäche möglich.
- Bei großen Eingriffen: stärkere Blutverluste möglich.
- Venenzugang und Blutdruckmanschette nicht am Arm der betroffenen Seite anlegen.
- Anästhesie: ITN, LMA vor allem bei kürzeren Eingriffen.
- PONV-Risiko erhöht; Prophylaxe erwägen.

Tab. 47-2 Häufige Indikationen für gynäkologische Laparoskopie
• Diagnostik von Erkrankungen
• Tubenligatur
• Tubenrekonstruktion
• Endometriose
• Entfernung einer ektopischen Schwangerschaft
• Aspiration und Entfernung von Ovarialzysten
• Myomektomie

Literatur

Gan TJ, Coop A, Philip BK: A randomized, double-blind study of granisetron plus dexamethasone versus ondansetron plus dexamethasone to prevent postoperative nausea and vomiting in patients undergoing abdominal hysterectomy. Anesth Analg 2005;101(5):1323–9.

Miller DM, Camporota L: Advantages of ProSeal™ and SLIPA™ airways over tracheal tubes for gynecological laparoscopies:]. Can J Anaesth 2006;53(2):188–193.

Pay LL, Lim Y: Comparison of the modified Airway Management Device with the Proseal laryngeal mask airway in patients undergoing gynaecological procedures. Eur J Anaesthesiol 2006;23(1):71–5.

48 Orthopädie

Bei orthopädischen Operationen kann das gesamte Spektrum gebräuchlicher Anästhesieverfahren eingesetzt werden. Betroffen sind häufig Patienten in höherem Lebensalter mit den entsprechenden Begleiterkrankungen und Risiken.

48.1 Präoperative Einschätzung

Die präoperative Einschätzung orthopädischer Patienten erfolgt nach den in ▶ Kapitel 13 beschriebenen Grundsätzen. Daneben sollte besonders auf Arthritis, Übergewicht, Begleiterkrankungen und Polypharmazie geachtet werden.

48.1.1 Arthritis

Arthritis führt zu Deformierungen, Instabilität und Einschränkung oder Aufhebung der Beweglichkeit von Gelenken. Sie geht außerdem mit chronischen Schmerzen einher, die den Patienten oft zur Einnahme einer Vielzahl von Analgetika und Antirheumatika zwingen. Hieraus können sich folgende für die Narkose wichtige Besonderheiten ergeben:

- erschwerte Intubation bei Erkrankungen der Halswirbelsäule (▶ Kap. 19)
- Schwierigkeiten bei der Lagerung
- Störungen der Blutgerinnung durch Acetylsalicylsäure und nichtsteroidale antiinflammatorische Substanzen (NSAID)
- chronische Einnahme von Kortikosteroiden mit der Gefahr der akuten Nebennierenrindeninsuffizienz durch den Operationsstress und erschwerten Gefäßpunktionen durch die typischen Hautveränderungen (▶ Kap. 15)
- erschwerte Kanülierung der A. radialis, bedingt durch Verkalkungen und Einschränkung der Beweglichkeit des Handgelenks.

48.1.2 Spondylitis ankylosans (Morbus Bechterew)

Diese primär chronisch-rheumatoide Entzündung der Kreuzdarmbeinfugen und der Wirbelgelenke führt zur allmählichen Verknöcherung der Gelenke und zur Versteifung der Wirbelsäule.

Besonderheiten für die Anästhesie:

- Intubationsschwierigkeiten bei Deformierung, Unbeweglichkeit oder Instabilität der Halswirbelsäule; dann bevorzugt primär fiberoptische Intubation (Technik siehe ▶ Kapitel 19) oder Glidescope
- axilläre Plexusblockade oft leichter als interskalenärer Block
- lumbale Spinal- und Periduralanästhesie oft erschwert, gelegentlich unmöglich; seitlichen Zugang versuchen!
- Risiko von Wirbelfrakturen und Instabilität der Wirbelsäule erhöht; daher behutsame und sorgfältige Operationslagerung.

48.2 Wahl des Anästhesieverfahrens

Das jeweilige Anästhesieverfahren muss individuell gewählt werden unter Berücksichtigung von Patientenwunsch, Gesundheitszustand, spezieller Vormedikation (Acetylsalicylsäure, NSAID, Kortikosteroide, Heparin), Art des Eingriffs mit operativen Erfordernissen einschließlich Lagerung und Dauer der Operation.

! Merke

Große Eingriffe (z.B. Tumorchirurgie, Rekonstruktionen, schwere Traumen) sollten in Allgemeinnarkose durchgeführt werden, besonders wenn mit erheblichen Blutverlusten zu rechnen ist.

48.3 Operative Besonderheiten

Bei orthopädischen Eingriffen ergeben sich häufig einige Besonderheiten, die für das anästhesiologische Vorgehen von Bedeutung sind. Hierzu gehören:

- spezielle Lagerungen
- Blutsperre an den Extremitäten
- Fettemboliesyndrom
- Reaktion auf Knochenzement.

48.3.1 Lagerung des Patienten

Orthopädische Eingriffe erfordern häufig eine Vielfalt an Lagerungsmaßnahmen, um den operativen Zugang zu erleichtern oder zu ermöglichen. Oft muss der Patient **vor** der Operationslagerung anästhesiert werden, weil bereits präoperativ Schmerzen bestehen oder die Lagerung selbst mit erheblichen Schmerzen verbunden ist.

! Merke

Unsachgemäße Lagerung führt leicht zu Lagerungsschäden! Starke Beugung des Halses und übermäßige Bewegung von Gelenken über den normalen Umfang hinaus müssen vermieden werden.

48.3.2 Blutleere (Tourniquets)

Bei Operationen an den Extremitäten wird häufig ein pneumatisches (aufblasbares) Tourniquet eingesetzt, um ein blutleeres Operationsgebiet zu schaffen und Blutverluste zu reduzieren. Die potentiellen Schädigungen durch die Blutsperre hängen von der Dauer der Blutleere und vom Manschettendruck ab. Nervenschäden entstehen vor allem durch Druck, Muskelschäden durch lang dauernde Ischämie.

Blutleere

- Manschettendruck:
  - untere Extremität: ca. 100 mm Hg über arteriellen Blutdruck
  - obere Extremität: ca. 50 mm Hg über arteriellem Blutdruck
- Dauer der Blutleere: maximal 2 h

Tourniquetschmerz

Unter Regionalanästhesie kann sich trotz ausreichender Analgesie ca. 45–60 min nach Anlegen der Blutsperre ein schlecht definierbarer, dumpfer bis unerträglicher Schmerz in diesem Gebiet entwickeln. In Allgemeinanästhesie steigen Blutdruck, Herzfrequenz und zentraler Venendruck trotz unveränderter Vapor-Einstellung an.

Behandlung:

- bei Regionalanästhesie: Entblocken der Manschette beseitigt den Schmerz sofort
- bei Allgemeinanästhesie: Opioide oder Erhöhung der Konzentration des Inhalationsanästhetikums.

Aufhebung der Blutsperre

Nach Entblocken der Druckmanschette kann der arterielle Blutdruck abfallen und die Herzfrequenz ansteigen. Nicht selten entwickeln sich vorübergehend eine metabolische Azidose sowie ein Anstieg des $paCO_2$ und der Serumkaliumkonzentration. Ungünstige Auswirkungen sind bei sonst gesunden Patienten hierdurch nicht zu befürchten.

48.3.3 Fettemboliesyndrom

Das seltene Fettemboliesyndrom entsteht vor allem bei Frakturen oder Operationen der langen Röhrenknochen und des Beckens. Bei zementiertem Hüftgelenkersatz tritt das Syndrom häufiger auf als bei unzementiertem, vermutlich aufgrund des hohen intramedullären Drucks.

Klinisches Bild

Ausgeprägte Formen führen zu respiratorischer Insuffizienz (Hypoxämie), Lungenödem, axillären und subkonjunktivalen Petechien sowie zentralen Symptomen wie Unruhe und Verwirrtheit. Die fulminante Form ist gekennzeichnet durch ein akutes Cor pulmonale mit zerebralen Störungen; der Verlauf ist häufig letal.

Diagnose

Die Diagnose wird klinisch und anhand von Laborparametern gestellt (▶ Tab.48-1). Nach Gurd (1970) können Haupt- und Nebenkriterien des Syndroms unterschieden werden. Für die Diagnose müssen mindestens eins der Hauptkriterien und vier Nebenkriterien erfüllt sein. Da das Syndrom häufig nicht erkannt wird, sollte Folgendes beachtet werden:

→ Hypoxämie, Tachykardie und Fieber nach Operationen langer Röhrenknochen und des Beckens können Frühzeichen eines Fettemboliesyndroms sein und sollten zu entsprechenden diagnostischen Maßnahmen veranlassen.

Tab. 48-1 Diagnostische Kriterien des Fettemboliesyndroms (Gurd, 1970)

Hauptkriterien	Nebenkriterien
• Petechien: axillär, subkonjunktival	• Tachykardie: > 110/min
• Hypoxämie: paO_2 < 60 mm Hg bei FiO_2 < 0,4	• Hyperthermie
• Dämpfung des ZNS	• retinale Fettembolien
• Lungenödem	• Fetttröpfchen im Urin
	• unklarer Thrombozyten- und Hämatokritabfall
	• Fetttröpfchen im Sputum

Therapie

Die Behandlung ist symptomatisch und entspricht bei den schweren Formen im Wesentlichen der eines akuten Lungenversagens (ARDS).

48.3.4 Knochenzement (Methylmethacrylat, Palacos)

Knochenzement wird bei arthroplastischen Eingriffen verwendet. Das Einbringen des Zements kann zum schlagartigen Blutdruckabfall und zur Hypoxämie führen. Der genaue Mechanismus ist ungeklärt.

- Zur Abschwächung der Reaktion werden die ausreichende Zufuhr von Volumen und die Erhöhung der inspiratorischen Sauerstoffkonzentration kurz vor Einbringen des Zements empfohlen.
- Da durch das Zementieren auch Luft in den Knochen eingebracht werden kann, sollte während dieser Zeit die Zufuhr von Lachgas unterbrochen werden.

48.4 Operationen an der oberen Extremität

Eingriffe an der oberen Extremität werden besonders häufig unter Regionalanästhesie durchgeführt. Mögliche Verfahren, in Abhängigkeit vom Operationsgebiet, sind:

- Plexus-brachialis-Blockaden
- intravenöse Regionalanästhesie
- periphere Nervenblockaden am Ellenbogen- oder Handgelenk.

48.4.1 Schulter- und Oberarmoperationen

Operationen an der Schulter einschließlich Arthroskopie und Gelenkersatz erfolgen in sitzender Position des Patienten, so dass die Besonderheiten dieser Lagerung bedacht werden müssen (▶ Kap. 38). Luftembolien sind zwar theoretisch möglich, jedoch bislang nicht beschrieben worden.

Schulteroperationen können in Allgemeinanästhesie oder unter Regionalanästhesie durchgeführt werden.

Regionalanästhesie

Schulteroperationen

Eine ausreichende Blockade, die auch die Spinalnervenwurzeln bzw. Dermatome von C3 und C4 (Nn. supraclaviculares) erfasst, ist nur mit der interskalenären Plexusblockade (Einzelheiten siehe ▶ Kapitel 22) möglich. Das Verfahren ist daher die Methode der Wahl bei Eingriffen am Schultergelenk. Erstreckt sich die Inzision bis in die Axilla, kann zusätzlich eine Infiltrationsanästhesie durchgeführt werden.

- **Operationskomplikationen:** Schulteroperationen können zu Nervenschädigungen führen; die Häufigkeit beträgt 3–4%. Daher ist eine sorgfältige neurologische Untersuchung vor und nach dem Eingriff erforderlich.

Operationen am Oberarm

Von den regionalen Anästhesieverfahren sind nur die interskalenäre und die supraklavikuläre Plexusblockade geeignet.

- **Operationskomplikationen:** Eine Lähmung des N. radialis kann bei Humerusschaftfrakturen auftreten, Schädigungen des N. axillaris und des Plexus brachialis bei proximalen Humerusfrakturen.

48.4.2 Operationen im Bereich des Ellenbogens

Für Operationen im Ellenbogenbereich ist eine Blockade der vier Hauptnerven des Plexus brachialis – N. medianus, N. ulnaris, N. radialis und N. musculocutaneus – erforderlich. Sie lässt sich am besten mit der infraklavikulären oder interskalenären Plexusblockade erreichen. Die axilläre Plexusblockade ist zwar ebenfalls möglich, jedoch wird häufig der N. musculocutaneus nicht ausgeschaltet.

48.4.3 Operationen an Unterarm, Handgelenk und Hand

- Für Operationen am distalen Anteil des Arms wird am häufigsten die axilläre Plexusblockade eingesetzt. Der interskalenäre Block ist für Eingriffe an Hand und Handgelenk weniger geeignet, da bei 15–30% der Patienten der N. ulnaris nicht ausgeschaltet wird.
- Eingriffe an Unterarm und Hand können auch unter intravenöser Regionalanästhesie (▶ Kap. 22) durchgeführt werden.
- Für Eingriffe an der Hand reichen häufig auch periphere Nervenblockaden am Ellenbogen oder am Handgelenk aus.

48.5 Operationen an Hüfte und unterer Extremität

Operationen an der unteren Extremität können in Allgemeinanästhesie oder in Regionalanästhesie durchgeführt werden.

Regionalanästhesieverfahren für Operationen an der unteren Extremität
- Hüfte: Spinalanästhesie, Periduralanästhesie, Plexus-lumbalis-Blockade
- Knie: Spinalanästhesie, Periduralanästhesie, 3-in-1-Block, Femoralisblock, Ischiadikusblock
- Unterschenkel: Spinalanästhesie, Periduralanästhesie, Ischiadikusblock, Femoralis-Ischiadikus-Block, Blockade des N. ischiadicus und N. saphenus am Knie
- Sprunggelenk: wie „Unterschenkel"
- Fuß: Spinalanästhesie, Ischiadikusblock, Fußblock, transmetatarsaler Block, i.v. Regionalanästhesie

48.5.1 Totaler Hüftgelenkersatz (Hüft-TEP)

Die Hüft-TEP gehört zu den häufigsten orthopädischen Operationen.

Hüft-TEP
- Operation: prothetischer Ersatz von Femurkopf und Azetabulum
- OP-Lagerung: Seite oder Rücken
- OP-Dauer: 1,5–2 h
- Blutverlust: 300–500 ml, manchmal wesentlich mehr; Blut kreuzen lassen
- Anästhesie: ITN/LMA + Nervenblockade; Spinalanästhesie + Sedierung

- 2 Venenkanülen
- arterielle Kanüle bei Risikopatienten und bei TEP-Wechsel oder Ausbau einer septischen Prothese
- Standardmonitoring
- Blasenkatheter
- N.-femoralis-Blockade mit 20 ml Bupivacain 0,5%.

Anästhesieverfahren

Der Hüftgelenkersatz kann in Allgemeinanästhesie oder in Spinalanästhesie durchgeführt werden. Sind größere Blutverluste zu erwarten, z.B. bei Prothesenwechsel, sollte die Allgemeinnarkose vorgezogen werden.

- Die Allgemeinanästhesie kann mit einem 3-in-1-Block oder einem Psoas-Kompartment-Block kombiniert werden.
- Bei Spinalanästhesie muss die obere Anästhesieausdehnung bis Th10 reichen. Hierfür sind ca. 3 ml Bupivacain 0,5% erforderlich.

Blutverluste

Beim Hüftgelenkersatz können erhebliche Blutverluste auftreten, besonders beim Prothesenwechsel. Fremdblutsparende Maßnahmen sind:

- präoperative Eigenblutspende
- perioperative Hämodilution
- Cell-Saver.

Reaktion auf das Einsetzen der Prothese

Das Einzementieren der Hüftprothese kann zu Blutdruckabfall, Kreislaufkollaps und Hypoxämie führen. Diese Reaktion ist nach ca. 1 min maximal ausgeprägt und erfordert bei einigen Patienten die Zufuhr kardiovaskulärer Medikamente.

Postoperative Behandlung

Im Aufwachraum und in den nachfolgenden Stunden können noch weitere Blutverluste auftreten, so dass eine entsprechende Überwachung notwendig ist.

- Bei Hochrisikopatienten oder nach massiven Blutverlusten: Intensivstation für 1–3 Tage.
- Analgesie: Opioide und NSAID; Nervenblock siehe Box „Regionalanästhesieverfahren für Operationen an der unteren Extremität",
- Lungenembolierisiko.

48.5.2 Arthroskopie des Kniegelenks

Die meisten arthroskopischen Eingriffe am Kniegelenk erfolgen an jungen, sonst gesunden Patienten. Die Arthroskopie kann in ITN/LMA oder in Regionalanästhesie erfolgen. Die Wahl des Anästhesieverfahrens hängt in erster Linie vom Wunsch des Patienten ab.

- Die **Spinalanästhesie** bewirkt eine zuverlässige Blockade für alle arthroskopischen Eingriffe. Eine einseitige Anästhesie sollte versucht werden (▶ Kap. 20). Eine Anästhesiehöhe bis L1 reicht aus.
- Die **Periduralanästhesie** und der **3-in-1-Block** haben eine relativ hohe Versagerrate und werden daher nicht empfohlen.

48.5.3 Kniegelenkersatz (Knie-TEP)

Meist handelt es sich um Patienten mit schwerer rheumatischer Arthritis oder degenerativer Arthritis. Mit wesentlichen Begleiterkrankungen muss gerechnet werden.

Knie-TEP
- Operation: prothetischer Ersatz des Kniegelenks
- Lagerung: Rücken, beide Arme ausgelagert
- OP-Dauer: 1–2 h
- Schmerzen: sehr stark
- Blutverlust: mit Blutsperre minimal, ohne Sperre 250–500 ml; postoperativ weitere Verluste möglich, Blut kreuzen lassen
- Anästhesie: ITN/LMA ± Ischiadikus-/Femoralis-Block; Spinalanästhesie ± Nervenblockade

- 2 großlumige Venenkanülen
- arterielle Kanüle bei Risikopatienten; evtl. ZVK
- Standardmonitoring
- N.-femoralis- und N.-ischiadicus-Katheter, jeweils mit 20 ml Bupivacain 0,15%; Ischiadikus-Katheter erst postoperativ aufspritzen nach neurologischer Funktionsprüfung.

Regionalanästhesie

Mögliche **Verfahren** sind:
- Spinalanästhesie; Höhe bis L1
- Blockade des Plexus lumbalis, d.h. der Nn. femoralis, cutaneus femoris lateralis, obturatorius und ischiadicus; aufwendiges Verfahren, hohe Lokalanästhetikummengen erforderlich
- Periduralanästhesie (höhere Versagerrate als die Spinalanästhesie).

Postoperative Phase:
- Analgesie: Nervenblockade (N. femoralis u. N. ischiadicus, NSAID, Opioide)
- größere Blutverluste sind möglich
- Lungenembolierisiko hoch.

48.5.4 Eingriffe an Unterschenkel, Knöchel und Fuß

Operationen in diesem Bereich können in Allgemeinanästhesie oder unter regionalen Anästhesieverfahren durchgeführt werden (siehe Box „Regionalanästhesieverfahren für Operationen an der unteren Extremität"). Wie in ▶ Kapitel 22 dargelegt, wird der Fuß vom N. saphenus (aus N. femoralis) und vom N. ischiadicus über die Äste N. tibialis, N. suralis und N. peroneus versorgt. Die Nerven können am Knie oder im Bereich des Knöchels blockiert werden.

Die **intravenöse Regionalanästhesie** der unteren Extremität wird allenfalls bei Eingriffen am distalen Unterschenkel und am Fuß eingesetzt (▶ Kap. 22).

48.6 Skoliose-Operationen

Die Skoliose ist eine seitliche Deformierung der thorakolumbalen Wirbelsäule mit begleitender Rotation der Wirbelkörper und Verformung der Rippen. Die Brustwirbelsäule ist kyphotisch, Hals- und Lendenwirbelsäule sind lordotisch. Die Deformierung der Wirbelsäule ist meist nach rechts gerichtet und umfasst 7–10 Wirbelkörper. Eine Verbiegung von mehr als 40° gilt als schwer und führt meist zu Störungen der Ventilation und der Herz-Kreislauf-Funktion.

48.6.1 Auswirkungen der Erkrankung

Mit zunehmender Skoliose entwickeln sich restriktive Ventilationsstörungen mit Abnahme der Vitalkapazität und der Compliance, schließlich Störungen des Ventilations/Perfusions-Verhältnisses mit alveolärer Hypoventilation und Hypoxie (respiratorische Globalinsuffizienz). Der pulmonale Gefäßwiderstand steigt an, und es entwickelt sich ein Cor pulmonale.

Bei kongenitaler Skoliose können zusätzlich angeborene Herzfehler, Anomalien der Atemwege und neurologische Störungen vorliegen.

Bei neuromuskulären Erkrankungen muss mit einer zusätzlichen Beeinträchtigung der Atemfunktion gerechnet werden.

48.6.2 Operative Behandlung

Die Operation umfasst die Wirbelsäulenkorrektur in drei Ebenen mit Ausgleich der frontalen Krümmung und Wiederherstellung der thorakalen Kyphose und lumbalen Lordose sowie Korrektur der Wirbelkörperrotation. Außerdem erfolgt eine Spondylodese mit autologem Spanmaterial. Der Zugang zur Wirbelsäule erfolgt, je nach Sitz der Skoliose, von ventral oder von dorsal.

Operiert wird in Seitenlage (anteriore spinale Fusion) oder in Bauchlage (Harrington-Operation), wenn erforderlich, mit Eröffnung des Thorax. Die Operationsdauer beträgt 4–7 h.

48.6.3 Präoperative Einschätzung und Prämedikation

Im Mittelpunkt steht die Einschätzung der Atemfunktion durch klinische Untersuchung, Lungenfunktionstests und arterielle Blutgasanalyse. Für die Narkose relevante Atemstörungen treten meist erst ab einem Skoliosewinkel von 60° auf. Bei wesentlich eingeschränkter Atemfunktion ist häufig eine postoperative Nachbeatmung erforderlich. Des Weiteren sollte nach vorbestehenden Herzerkrankungen sowie neurologischen Erkrankungen gesucht werden.

Präoperative Einschätzung

- Lungenfunktionstests
- arterielle Blutgase
- Röntgenbild des Thorax
- EKG
- Echokardiographie bei Hinweisen auf pulmonale Hypertonie und Cor pulmonale.
- **Eigenblutspende:** Skoliose-Operationen gehen meist mit erheblichen Blutverlusten einher, daher sollten die Patienten zur Eigenblutspende ermuntert werden.
- **Schwierige Intubation:** Die Beweglichkeit der Halswirbelsäule und die Anatomie der oberen Atemwege müssen sorgfältig untersucht werden, um mögliche Intubationsschwierigkeiten und die Notwendigkeit einer fiberendoskopischen Intubation bereits vor Einleitung der Narkose zu erkennen.
- **Prämedikation:** Meist ist eine gute Sedierung bzw. Anxiolyse erforderlich, allerdings müssen die Prämedikationssubstanzen bei wesentlichen Störungen der Atemfunktion entsprechend niedriger dosiert werden.

48.6.4 Anästhesiologisches Vorgehen

Der Eingriff wird in Intubationsnarkose mit kontrollierter Beatmung durchgeführt. Die Intubation erfolgt mit einem Spiraltubus; bei Thorakotomien kann, wenn erforderlich, ein Doppellumentubus eingesetzt werden. Lachgas kann den pulmonalen Gefäßwiderstand erhöhen und sollte daher bei Patienten mit pulmonaler Hypertonie nicht eingesetzt werden.

Zu den wichtigsten Besonderheiten der Operation gehören:
- Auswirkungen und Risiken der Operationslagerung
- invasives Monitoring
- teilweise erhebliche Blutverluste
- Gefahr der Luftembolie
- intraoperative Überprüfung der Rückenmarkfunktion.

Monitoring

Das Standardmonitoring wird nach Bedarf ergänzt durch:
- arterielle Kanüle und ZVK
- Blasenkatheter
- arterielle Blutgase und Säure-Basen-Haushalt, Blutzucker und weitere Parameter nach Bedarf
- Überprüfung der Rückenmarkfunktion: intraoperativer Aufwachtest, evozierte Potentiale.

Intraoperative Blutverluste

Vor allem während der Dekortikation muss mit größeren Blutverlusten und kardiovaskulärer Instabilität gerechnet werden. Maßnahmen zur Reduzierung von Blutverlusten sind:
- Lagerungsmaßnahmen mit ausreichender periduraler Venendrainage
- Einsatz der Autotransfusion
- perioperative, normovolämische Hämodilution.

Venöse Luftembolie

Befindet sich das Operationsgebiet oberhalb der Herzebene, besteht die Gefahr der Luftembolie, zumal bei Skoliose-Operationen eine große Knochenfläche exponiert wird.

> **! Merke**
> Unerklärlicher Blutdruckabfall und Abfall der endexspiratorischen CO_2-Konzentration können die ersten Zeichen der Luftembolie sein!

Vorgehen siehe ▶ Kapitel 38.

Intraoperative Überprüfung der Rückenmarkfunktion

Die **Paraplegie** gehört zu den am meisten gefürchteten Komplikationen von Skoliose-Operationen. Eine Beeinträchtigung der Rückenmarkfunktion durch operative Maßnahmen sollte möglichst bereits intraoperativ festgestellt und beseitigt werden, um eine irreversible Querschnittslähmung zu verhindern.

Intraoperativ kann die Rückenmarkfunktion mit zwei Verfahren überprüft werden:

- intraoperativer Aufwachtest
- neurophysiologisches Monitoring: somatosensorisch evozierte Potentiale erfassen die sensorische Funktion im Hinterstrang des Rückenmarks.

Intraoperativer Aufwachtest

- der Patient muss präoperativ über den Test aufgeklärt werden
- bevorzugt wird eine Remifentanil-basierte Anästhesie angewandt
- Patienten nach vollständiger spinaler Instrumentierung intraoperativ aufwachen lassen
- anschließend auffordern, beide Hände zu bewegen, wenn Ergebnis positiv, auch die Beine.

Gefahren und Komplikationen des Aufwachtests:

- Schmerzen
- Erinnerung
- Luftembolie
- Dislokation der Operationsinstrumente
- Herausreißen von arteriellen und venösen Kanülen oder Kathetern
- unbeabsichtigte Extubation.

Postoperative Behandlung

- Patienten mit wenig eingeschränkter Lungenfunktion können postoperativ, sofern kreislaufstabil, normotherm und ohne Muskelrelaxansüberhang, sofort extubiert werden.
- Patienten mit wesentlichen präoperativen Störungen der Lungenfunktion sollten auf eine Intensivstation verlegt werden.
- Analgesie: Die Schmerzen nach dem Eingriff sind meist erheblich, so dass Opioide zugeführt werden sollten. Die Schmerztherapie erstreckt sich meist über einen Zeitraum von 3 bis 4 Tagen.

Postoperative Komplikationen:

- Ileus
- Hämatome, massive Blutungen
- Pneumothorax, Atelektasen, Pneumonien
- Verletzungen des Rückenmarks
- Thromboembolien
- Wundinfektion
- Harnwegsinfekte.

Literatur

Capdevila X, Pirat P, Bringuier S, Gaertner E, Singelyn F, Bernard N, Choquet O, Bouaziz H, Bonnet F: French Study Group on Continuous Peripheral Nerve Blocks. Continuous peripheral nerve blocks in hospital wards after orthopedic surgery: a multicenter prospective analysis of the quality of postoperative analgesia and complications in 1,416 patients. Anesthesiology 2005;103(5):1035–45.

Gonano C, Leitgeb U, Sitzwohl C, Ihra G, Weinstabl C, Kettner SC: Spinal versus general anesthesia for orthopedic surgery: anesthesia drug and supply costs. Anesth Analg 2006;102(2):524–9.

Rowlingson JC, Hanson PB: Neuraxial anesthesia and low-molecular-weight heparin prophylaxis in major orthopedic surgery in the wake of the latest American Society of Regional Anesthesia guidelines. Anesth Analg 2005;100(5):1482–8.

Sabeti M, Oberndorfer U, Ihra G, Nuhr G, Holzer G, Zwolak P, Kotz R: [Perioperative pain management at the department of orthopaedic surgery of the Vienna Medical School] Wien Med Wochenschr 2005;155(9–10):207–10.

49 Trauma

Traumen gehören zu den vierthäufigsten Todesursachen in den Industrienationen. Eine hohe Zahl der Überlebenden trägt bleibende Schäden und Behinderungen davon.

49.1 Polytrauma: Erstversorgung

Polytraumatisierte sind Patienten mit Verletzungen mehrerer Körperregionen oder Organsysteme, wobei mindestens eine Verletzung oder die Kombination der Verletzungen lebensbedrohlich ist. Nach einer alternativen Definition liegt eine schwerste Mehrfachverletzung vor, wenn der ISS (injury severity score) einen Punktwert von ≥ 16 ergibt.

In Deutschland erleiden ca. 8000 Menschen/Jahr eine schwerste Mehrfachverletzung; meist handelt es sich um ein stumpfes Trauma. Die Gesamtletalität beträgt ca. 20%. Häufigste Todesursache in der Frühphase ist der hämorrhagische Schock.

49.1.1 Notfallteam und Notfallabteilung

Das unmittelbare Überleben des Polytraumatisierten im Krankenhaus hängt ganz wesentlich von einem sorgfältig geplanten und gut koordinierten Schockraummanagement ab.

Notfallteam

Die Akutbehandlung erfolgt am besten durch ein sofort verfügbares und speziell geschultes Notfallteam. Hierbei leitet der Anästhesist die Wiederbelebungsmaßnahmen und behandelt kardiovaskuläre und respiratorische Störungen.

Die Anzahl der Schockraum-Teammitglieder sollte begrenzt sein, um ein organisatorisches Chaos zu vermeiden (▶ Tab. 49-1).

49.1.2 Notfallbehandlungsraum (Schockraum)

Die Erstbehandlung erfolgt am besten in einem speziell ausgerüsteten Notfallbehandlungsraum („Schockraum“), in dem entweder selbst operiert werden kann oder der in unmittelbarer Nähe der Notfalloperationssäle und einer Notfallröntgendiagnostik liegt.

Die Ausrüstung des Anästhesie-Arbeitsplatzes ist in ▶ Tabelle 49-2 zusammengestellt.

Tab. 49-1 Primärteam für die Polytraumaversorgung im Schockraum

Fachrichtung	Anzahl Personen
Unfallchirurgen/Chirurgen	2
Anästhesisten	2
Radiologe	1
Anästhesiepflegepersonal	2
chirurgisches Pflegepersonal	2
Röntgen-MTA	1
gesamt	10

Tab. 49-2 Anästhesiologische Ausstattung des Schockraums
• Intubationsbesteck einschließlich Zubehör
• Beatmungsgeräte, stationär und für Transport
• Überwachungsgeräte einschließlich invasiver Druckmessungen
• Absauggeräte
• Defibrillator
• Notfallmedikamente
• Infusionslösungen und -geräte
• Schnelltransfusionsgeräte
• Venen- und Arterienkanülen
• Venenkatheter (auch Shaldon)
• Fiberbronchoskop
• Urinkatheter
• Temperiersysteme für Patienten, Blutkonserven und Infusionen

49.1.3 Behandlungsphasen

Bei der klinischen Behandlung des polytraumatisierten Patienten werden folgende Phasen unterschieden:
- Akut- oder Reanimationsphase: 1.–3. Stunde
- Primärphase: 3.–72. Stunde
- Sekundärphase: 3.–10. Tag
- Tertiärphase: nach dem 10. Tag bis zu Wochen und Monaten.

Akut- oder Reanimationsphase

Auch hier werden verschiedene Phasen unterschieden:
- ALPHA: lebensrettende Sofortmaßnahmen der 1. Minute
- BRAVO: dringliche Sofortmaßnahmen der ersten 5 Minuten
- CHARLIE: dringliche und obligate Maßnahmen der ersten 30 Minuten
- DELTA: Vervollständigung der Diagnostik und Therapie.

Phasen ALPHA und BRAVO

Sofort mit der Aufnahme des Patienten in den Schockraum beginnt die Reanimationsphase. In der Phase **ALPHA**, auch als Phase des „ersten Blicks" bezeichnet, werden die Vitalparameter **Atmung, Herz-Kreislauf-Funktion** und **ZNS** eingeschätzt und die erforderlichen Reanimationsmaßnahmen eingeleitet. Angaben über den Unfallmechanismus und das Verletzungsmuster können hierbei hilfreich sein.

In der Phase **BRAVO** werden die Atem- und Herz-Kreislauf-Funktion gesichert oder wiederhergestellt und, wenn noch nicht geschehen, die erforderlichen Überwachungsgeräte angeschlossen, Venenzugänge gelegt und eine erste körperliche Untersuchung durchgeführt (▶ Abb. 49-1).

Grundsätzlich gilt:

! Merke

In den ersten Minuten nach Aufnahme des Patienten in den Schockraum haben die Wiederbelebungsmaßnahmen immer absolute Priorität vor allen anderen Maßnahmen.

Zu den wichtigsten Maßnahmen der Erstbehandlung von Polytraumatisierten gehören das Einführen venöser Zugänge und die endotracheale Intubation. Außerdem sollte frühzeitig eine Arterie kanüliert werden.

Sofort:
- mehrere großlumige Venenkanülen für den raschen Volumenersatz
- Monitor anschließen: EKG, NIBP, Pulsoxymetrie, Kapnometrie (wenn intubiert).

Sofort oder frühzeitig:
- endotracheale Intubation.

Frühzeitig:
- arterielle Kanülierung
- zentraler Venenkatheter
- Blasenkatheter
- Temperatursonde
- Magensonde
- Notfalllabor (▶ Tab. 49-3).

Endotracheale Intubation

Beim Polytraumatisierten muss immer mit respiratorischen Störungen gerechnet werden. Darum wird die Indikation zur endotrachealen Intubation und kontrollierten Beatmung bereits in der Frühphase großzügig gestellt.

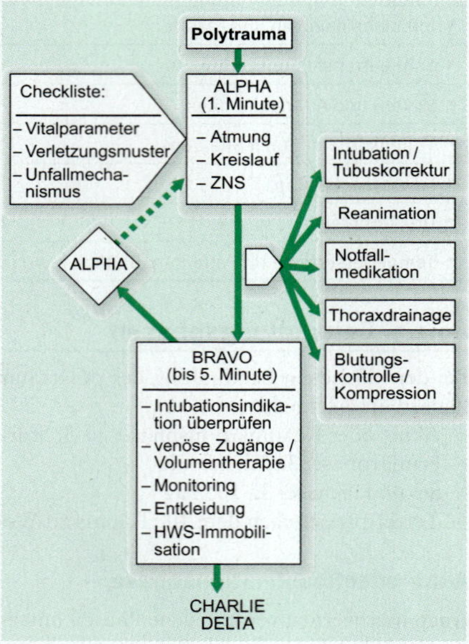

Abb. 49.1 Algorithmus der Phasen ALPHA und BRAVO. Lebensrettende Sofortmaßnahmen der 1. Minute und dringliche Sofortmaßnahmen der ersten 5 Minuten.

Tab. 49-3 Laborwerte hoher Priorität beim Polytrauma
• Blutgruppe und Kreuzprobe
• Hämoglobin, Hämatokrit und Leukozytenzahl
• Gerinnungsstatus: Thrombozytenzahl, Fibrinogen, Thrombinzeit, partielle Thrombinzeit, Quick-Test
• Elektrolyte: Na^+, K^+, Ca^{2+}, Cl^-
• Gesamteiweiß
• Harnstoff und Kreatinin
• Blutzucker
• arterielle Blutgasanalyse und Säure-Basen-Parameter, Laktat

Klinik

Dringliche Intubationsindikationen beim Polytrauma

- schweres Schädel-Hirn-Trauma (GCS ≤ 8), Bewusstlosigkeit anderer Ursache
- hämorrhagischer Schock
- schweres Thoraxtrauma
- schwere Gesichts- und Halsverletzungen

Bei der endotrachealen Intubation des Schwerverletzten müssen folgende Besonderheiten berücksichtigt werden:

- Halswirbelsäulenverletzungen: Häufigkeit ca. 1,5–3 %; davon sind 50–70 % Motorradfahrer
- Möglichkeit der schwierigen Intubation, besonders bei Verletzungen der oberen Atemwege
- Gefahr der pulmonalen Aspiration bei vollem Magen
- bei intubierten Patienten wird die Atmung maschinell unterstützt
- kommt der Patient bereits intubiert in die Notfallaufnahme, muss umgehend die Tubuslage überprüft werden, um Fehllagen sicher auszuschließen.

Initialer Volumenersatz

Massive Blutverluste sind meist typisch für den polytraumatisierten Patienten und erfordern die Zufuhr von Blutkomponenten (▶ Kap. 26). Oft sind die akuten Blutverluste schwierig einzuschätzen, besonders bei nicht nach außen tretenden Blutungen wie z.B. ausgedehnten retroperitonealen Hämatomen. Des Weiteren muss beachtet werden, dass beim Polytraumatisierten innerhalb der ersten 24–48 h erhebliche Flüssigkeitsverluste durch Exsudation in das traumatisierte Gewebe auftreten und zu Hypovolämie führen können.

Permissive Hypotension: Dieses Konzept nimmt bei blutenden Patienten ohne Schädel-Hirn-Trauma arterielle Mitteldrücke von 60–70 mm Hg in Kauf, um die möglichen schädigenden Auswirkungen der Zufuhr großer Volumenmengen zu vermeiden. Hierdurch soll die Prognose verbessert werden.

Analgesie und Sedierung

Für die Schmerzbehandlung werden Opioide eingesetzt, für die Sedierung Sedativ-Hypnotika, vor allem Benzodiazepine. Diese Substanzen können allerdings die Atmung (beim nicht beatmeten Patienten) und die Herz-Kreislauf-Funktion des schwerverletzten Patienten erheblich beeinträchtigen.

Praktisch sollte Folgendes beachtet werden:

- alle Substanzen i.v. zuführen, da hiermit rascher Wirkungseintritt und besser vorhersehbare Wirkung
- mit niedrigen Dosen beginnen, um Wirkung auszutesten
- bei Volumenmangel oder Schock, Elektrolyt- und Säure-Basen-Störungen oder Unterkühlung Dosis reduzieren, um starke Blutdruckabfälle zu vermeiden.

Phasen CHARLIE und DELTA

Innerhalb der Phase **CHARLIE,** den ersten 30 min, müssen lebens-, organ- und gliedmaßenbedrohende Verletzungen diagnostiziert werden. Diese Phase beginnt häufig schon parallel mit den Initialmaßnahmen und umfasst bei stabilem Zustand die Diagnostik und Behandlung von Verletzungen nach einem Prioritätensystem, bei Instabilität die sofortige operative Intervention.

In ▶ Tabelle 49-4 sind die apparativen diagnostischen Basismaßnahmen in dieser Phase zusammengestellt.

Tab. 49-4 Apparative Basisdiagnostik beim Polytrauma
• Röntgenuntersuchungen
– Thorax: Übersicht a.p.
– Becken. Übersicht a.p.
– HWS: seitlich, a.p.
– BWS in 2 Ebenen
– LWS in 2 Ebenen
– Schädel in 2 Ebenen
• Ultraschall
• CCT (Glasgow-Coma-Scale < 9)

In der Phase **DELTA** wird die Diagnostik vervollständigt, um die zweite Operationsphase, die eigentlichen Primäreingriffe, vorzubereiten. Zu dieser Phase gehören meist auch das MSCT des Schädels, evtl. auch des Thorax und Abdomens, sowie weitere Untersuchungen wie Angiographie, Bronchoskopie usw.

Parallel zu den Initialmaßnahmen führen die anderen Teammitglieder die genaue Diagnostik der Mehrfachverletzungen durch, sofern der Zustand des Patienten ausreichend stabilisiert worden ist. Hierbei werden die Verletzungen in einem prioritätenorientierten Vorgehen aufgrund des Schweregrads erwogen, und es gilt:

! Merke

Lebensbedrohliche Verletzungen müssen immer zuerst erkannt und behandelt werden.

Die festgestellten Verletzungen werden nach einem System der Prioritäten eingeordnet und entsprechend behandelt (▶ Tab. 49-5).

49.2 Schädel-Hirn-Trauma

Bei bewusstlosen Polytraumatisierten muss immer an ein Schädel-Hirn-Trauma gedacht werden; **extrakranielle** Ursachen für die Bewusstlosigkeit müssen jedoch ebenfalls berücksichtigt werden. **Alkohol** darf zunächst niemals als alleiniger Grund für die Bewusstseinstrübung oder ein Koma angesehen werden. Bei Hinweisen auf ein Schädel-Hirn-Trauma wird umgehend der Schädel geröntgt und ein CT durchgeführt. Einzelheiten der Diagnostik und Erstbehandlung siehe ▶ Kapitel 38.

49.3 Thoraxverletzungen

Thoraxverletzungen (▶ Tab. 49-6) sind häufig **Kombinationsverletzungen,** z.B. Rippenserienfraktur mit Thoraxwandinstabilität und Pneumothorax sowie Hämatothorax. Der Schweregrad einer Thoraxverletzung kann nur selten durch das äußere Erscheinungsbild allein richtig eingeschätzt werden. Die **Initialbehandlung** ist darauf ausgerichtet, eine ausreichende Atem- und Herz-Kreislauf-Funktion wiederherzustellen.

Tab. 49-5 Prioritätensystem beim Traumapatienten (mod. nach Schwartz et al., 1992)

Basisprioritäten
• Leben
• Gliedmaßen
• Funktion
• Aussehen
Höchste Priorität
• Atmung
• Herz-Kreislauf-Funktion
• schwerste Blutungen
Sehr hohe Priorität
• Schock
• intraabdominale Blutung
• retroperitoneale Blutung
Hohe Priorität
• Schädel-Hirn-Trauma
• Verletzungen des Rückenmarks
• Verbrennungen
Niedrige Priorität
• unterer Urogenitaltrakt
• periphere Nerven, Muskeln
• Weichteile (wenn Blutungen unter Kontrolle)
• Frakturen (wenn geschient)

Tab. 49-6 Akut lebensbedrohliche Thoraxverletzungen

• Spannungspneumothorax
• schwere Thoraxwandinstabilität
• saugende Thoraxwunde
• schwere Lungenkontusion
• traumatische Aortenruptur
• Herztamponade
• penetrierende Herzverletzungen
• penetrierende Aortenverletzungen

Symptome

Die häufigsten Symptome von Thoraxverletzungen sind Schmerzen und Kurzatmigkeit. Der Schmerz wird häufig genau umschrieben angegeben und stimmt meist mit der verletzten Stelle überein. Dyspnoe und Tachypnoe weisen zwar auf eine Verletzung der Lunge oder Thoraxwand hin, sind jedoch unspezifisch und können auch bei Angst und relativ leichten Thoraxverletzungen auftreten.

Röntgenbild des Thorax

Sofort nach der Aufnahme in die Notfallabteilung muss der Thorax des Patienten geröntgt werden. Spätestens nach 4–8 h sollte eine Kontrollaufnahme erfolgen.

Behandlung

Die meisten Thoraxverletzungen werden **konservativ** behandelt. Häufig genügen das Anlegen einer Thoraxdrainage mit Anschluss an einen Sog und der Ersatz von laufenden Blutverlusten. Nur selten ist eine Notthorakotomie erforderlich, z.B. bei massiven Blutverlusten.

49.3.1 Spannungspneumothorax

Sofortdiagnose

Die Diagnose kann sofort und ohne Röntgenbild gestellt werden:
- starke Ausdehnung der betroffenen Thoraxhälfte
- Nachschleppen der Thoraxhälfte während der Atmung
- hypersonorer Klopfschall
- fehlendes Atemgeräusch
- Luftnot, Tachypnoe, Zyanose
- rasches Herz-Kreislauf-Versagen
- Röntgenbild: Pneumothorax mit Verschiebung des Mediastinums zur Gegenseite.

Sofortbehandlung

Ein Spannungspneumothorax muss sofort entlastet werden:
- Thoraxdrainage
- steht keine Drainage zur Verfügung: dicke Punktionskanüle (z.B. 12 G) zur sofortigen Entlastung in den 4. Interkostalraum medioklavikulär einführen.

Praktisch muss beachtet werden:

> **! Merke**
> Überdruckbeatmung verstärkt den Spannungspneumothorax und kann innerhalb kurzer Zeit zum Tod des Patienten führen. Darum muss vor Beginn der Beatmung der Pneumothorax entlastet werden.

49.3.2 Instabiler Thorax

Die Thoraxwandinstabilität entsteht bei Rippenserienfrakturen, wenn mehr als zwei Rippen jeweils an mindestens zwei Stellen gebrochen sind. Die funktionellen Auswirkungen hängen vor allem von der Größe des betroffenen Segments ab.

Pathophysiologie

Die Instabilität bewirkt eine paradoxe Atmung: Während der Inspiration wird das instabile Segment einwärtsgezogen, während der Exspiration bewegt es sich auswärts. Durch diese **Schaukelatmung** kann sich sehr rasch eine lebensbedrohliche Atemnot bzw. respiratorische Insuffizienz entwickeln. Folgendes sollte beachtet werden:

> **! Merke**
> In der Regel führt nur eine starke Gewalteinwirkung zum instabilen Thorax. Darum muss immer auch an schwere intrathorakale und extrathorakale Begleitverletzungen gedacht werden.

Behandlung

Methode der Wahl im Notfallbehandlungsraum ist die „innere Schienung" durch endotracheale Intubation und Respiratorbeatmung. Operative Behandlungsverfahren spielen eine untergeordnete Rolle.

49.3.3 Saugende Thoraxwunde

Hierbei ist die Kontinuität der Thoraxwand durch ein Trauma unterbrochen: Es entsteht eine saugende Thoraxwunde mit ausgedehntem Pneumothorax.

- **Diagnostisches Kennzeichen:** schlürfendes Geräusch beim Ein- und Austritt der Luft in den Pleuraspalt.
- **Behandlung**: sofort Thoraxdrainage, danach operativer Verschluss. Kein provisorischer Verschluss der Wunde ohne Thoraxdrainage (Gefahr des Spannungspneumothorax)!

49.3.4 Lungenkontusion

Die Lungenkontusion ist eine Quetschung des Lungengewebes durch ein schweres Thoraxtrauma, das, je nach Schwere, gekennzeichnet ist durch einzelne blutdurchsetzte Herde oder ausgedehnte hämorrhagische Bezirke, meist am Ort der Einwirkung (einfache Kontusion). Bei schweren Kontusionsformen tritt zusätzlich ein interstitielles und intraalveoläres Ödem mit Mikroatelektasen und Abnahme des Surfactants auf.

Pathophysiologie

Bei schweren Formen:

- Abnahme der funktionellen Residualkapazität
- erheblicher funktioneller Rechts-links-Shunt
- Hypoxie.

Klinisches Bild und Diagnose.

Schweregrad I: klinisch unauffällig mit den radiologischen Zeichen der Kontusion oder geringen Zeichen der respiratorischen Insuffizienz wie Tachypnoe, Tachykardie; Verschwinden der Lungeninfiltrate nach 3–4 Tagen.

Schweregrad II: Zeichen der respiratorischen Insuffizienz:

- Tachypnoe
- Tachykardie

- niedriger paO_2
- funktioneller Rechts-links-Shunt
- radiologischer Nachweis ausgedehnter Kontusionsherde.

Schweregrad III: akute respiratorische Insuffizienz bereits bei der Aufnahme des Patienten mit Zyanose, Hypoxie ($paO_2 < 50$ mm Hg) und Hyperkapnie. Die Diagnose wird durch Röntgenbild und Blutgasanalyse gestellt.

Je nach Schweregrad der Kontusion finden sich im **Röntgenbild** kleine Verschattungen, großflächige Infiltrationen oder Verschattungen ganzer Lungenlappen.

Behandlung

- Schweregrad I: Sauerstoffzufuhr, Analgetika
- Schweregrad II: frühzeitige, lungenprotektive Beatmung
- Schweregrad III: sofortige Intubation, Beatmung mit PEEP. Sehr schlechte Prognose.

49.3.5 Herztamponade

Ein Hämoperikard mit akuter Tamponade des Herzens beruht fast immer auf einer schweren Herzverletzung. Die wichtigsten Ursachen sind:

- Zerreißung einer Koronararterie
- ausgedehnte Myokardverletzung
- Herzruptur.

Mit zunehmender Blutansammlung im Perikard steigt auch der Druck auf das Herz an: Die Füllung des Herzens und der Auswurf nehmen ab, es entwickelt sich ein **Low-Output-Syndrom** mit niedrigem arteriellem Druck. Zentraler Venendruck und Herzfrequenz steigen an.

Klinisches Bild

Patienten mit Herztamponade sind meist unruhig und klagen über Luftnot, oft besteht ein Schockzustand.

Klinik
Typische Trias der Herztamponade

- hoher zentraler Venendruck (wenn nicht hypovoläm)
- abgeschwächte Herztöne
- paradoxe arterielle Pulsamplitude.

Diagnose und Behandlung

An die Möglichkeit einer Herztamponade muss bei stumpfem Thoraxtrauma immer gedacht werden, besonders wenn ein Schockzustand offensichtlich in keinem Verhältnis zur Schwere der Verletzung und zum Blutverlust steht. Die Diagnose wird durch Echokardiographie gesichert.

Bei begründetem Verdacht wird sofort eine **Perikardiozentese** durchgeführt, meist über den linken substernalen (paraxiphoidalen) Zugang.

49.3.6 Penetrierende Herzverletzungen

Diese Verletzungen entstehen zumeist durch Stiche oder Schüsse, die auf den Thorax oder das Abdomen einwirken. Die Mortalität ist hoch: Über 50% der Verletzten sterben kurz nach dem Trauma durch Verbluten oder Herztamponade. Daher gilt:

> **! Merke**
> Eine penetrierende Herzverletzung muss sofort behandelt werden.

Klinisches Bild

Bei **offenem** Perikard kann das Blut abfließen, daher manifestiert sich die Herzwunde mit den Zeichen der Blutung und des Hämatothorax.

Schließt sich die Perikardwunde wieder, so entsteht das Bild der Herztamponade.

Behandlung

Bei Hämatothorax und hypovolämischem Schock wird zunächst der Thorax drainiert und Blut ersetzt. Die definitive Behandlung besteht in Thorakotomie und Naht des Herzens. Die Operation sollte so früh wie möglich durchgeführt werden.

49.3.7 Herzruptur

Die wichtigsten **Ursachen** einer Ruptur des Herzens sind:
- Starke Kompression des Herzens gegen die Wirbelsäule (sofortiger Riss)
- Aufspießung des Herzens durch ein Rippen- oder Sternumfragment (sofort)
- Myokardkontusion: verzögerte Ruptur (bis zu zwei Wochen nach dem stumpfen Thoraxtrauma)
- extremer Druck auf das Abdomen (sehr selten).

Klinisches Bild

Ist die freie Herzwand rupturiert, so bestehen die Zeichen des Hämoperikards und der Herztamponade.

Sind interventrikuläres Septum, Aorten-, Mitral- oder Trikuspidalklappe eingerissen, so treten die Zeichen der akuten Herzinsuffizienz auf.

Diagnose und Behandlung

Beim schweren stumpfen Thoraxtrauma immer an die Möglichkeit einer Herzruptur denken!
- Differentialdiagnose: schwere Myokardkontusion
- bei Verdacht Perikardpunktion, danach Notthorakotomie und definitive Versorgung
- traumatische Aortenruptur siehe ▶ Kapitel 44.

49.3.8 Verletzungen der großen Luftwege

Partielle oder komplette Zerreißungen der Trachea oder der großen Bronchien können durch ein schweres stumpfes Thoraxtrauma entstehen.

Klinisches Bild

Der Verdacht auf eine Verletzung der großen Atemwege liegt nahe, wenn ein schweres stumpfes Thoraxtrauma vorliegt und folgende **Zeichen** auftreten:

- Luftnot und Zyanose
- Blutdruckabfall
- massives subkutanes Emphysem („Hautemphysem").

Diagnose und Behandlung

Bei Verdacht auf Ruptur der großen Luftwege wird die Diagnose durch Bronchoskopie gesichert.

Behandlung: Umgehende Thorakotomie und Verschluss der Rupturstelle.

49.4 Intraabdominelle Verletzungen

Verletzungen der Bauchorgane sind beim Polytraumatisierten nicht immer leicht zu erkennen, besonders, wenn schwere Begleitverletzungen vorliegen und der Patient bereits anästhesiert und intubiert ist. In der Frühphase spielen **Blutungen** eine dominierende Rolle.

49.4.1 Klinisches Bild

Die Leitsymptome des stumpfen Bauchtraumas sind vielfältig und werden häufig durch die meist vorhandenen Begleitverletzungen modifiziert:

- Prellmarken auf dem Abdomen
- Abwehrspannung des Abdomens, Schulterschmerz
- aufgehobene Darmgeräusche
- Tachykardie, Blutdruckabfall
- Hämaturie.

Bei kleinen Kindern weist nicht selten eine Vorwölbung des Abdomens auf eine intraabdominelle Blutung hin, zusätzlich Zeichen des hämorrhagischen Schocks (siehe ▶ Kap. 31).

49.4.2 Diagnose und Behandlung

Bei Verdacht auf eine intraabdominelle Blutung wird die Sonographie eingesetzt. Absolute Indikationen zur sofortigen Laparotomie sind:

- Schock nach erfolgreicher Reanimation bei Patienten mit Verdacht auf eine intraabdominelle Blutung
- freie Luft im Abdomen auf der röntgenologischen Abdomenübersicht
- Milzruptursyndrom: persistierende Resistenz unter dem linken Rippenbogen Schmerzen in der linken Schulter, Frakturen der linken unteren Rippen
- zunehmende Vorwölbung des Abdomens
- zunehmender Bauchschmerz, Abwehrspannung oder Resistenz.

Notfallbehandlung

Schockbehandlung durch ausreichende Volumensubstitution, zusätzlich Analgesie; umgehende Laparotomie und definitive Versorgung.

49.5 Zwerchfellruptur

Die Zwerchfellruptur entsteht meist durch ein schweres stumpfes Bauch- oder Thoraxtrauma. Die linke Seite ist wegen des fehlenden Schutzes durch die Leber häufiger betroffen als die rechte.

49.5.1 Pathophysiologie

Ist das linke Zwerchfell rupturiert, können Baucheingeweide in den Thorax eindringen, die Lungen komprimieren, und das Mediastinum kann sich zur Gegenseite verschieben. Je nach Ausmaß der Herniation werden die Atem- und Herz-Kreislauf-Funktion schwer beeinträchtigt.

49.5.2 Diagnose und Behandlung

Diagnose:
- aufgehobenes Atemgeräusch im betroffenen Bereich, evtl. Darmgeräusche im Thorax
- Röntgenbild: komprimierte Lunge, Pneumothorax, luftgefüllte Magenblase oder Darmschlingen im Thorax
- Sicherung der Diagnose: durch Röntgenaufnahme mit Kontrastmittel.

Behandlung:
- Es sollte umgehend operiert werden, um eine Nekrose der in den Thorax verlagerten Eingeweide zu verhindern bzw. eine schwere kardiopulmonale Funktionsstörung zu beseitigen.
- Bei Verdacht auf **Nierentrauma** ist ein i.v. Pyelogramm indiziert; eine chirurgische Behandlung jedoch selten erforderlich.

49.6 Beckenringfrakturen

Für die Akutsituation werden die Beckenfrakturen vereinfacht in folgende Hauptgruppen unterteilt:
- Typ A: hinterer Beckenring intakt, stabile Läsion, Becken oder Sakrum
- Typ B: hinterer Beckenring zerrissen, inkomplett, partiell stabil, ein- oder beidseitig
- Typ C: hinterer Beckenring zerrissen, komplett, instabil, einseitig komplett oder bilateral.

Mehr als 80 % der instabilen Beckenverletzungen gehen mit Mehrfachverletzungen einher.

Komplexes Beckentrauma

Beckenfrakturen, die mit lokalen pelvinen Begleitverletzungen verbunden sind, werden als komplexe Beckenfrakturen bezeichnet. Sie umfassen zwar nur ca. 10 % aller Beckenverletzungen, weisen aber im Vergleich zu den Patienten ohne wesentliche Weichteilschäden eine erhöhte Letalität von 30–60 % auf.

! Merke

Das komplexe Beckentrauma geht mit massiven Blutverlusten und Gerinnungsstörungen einher und kann zum Tod durch Verbluten führen. Darum ist eine frühzeitige Diagnostik und Blutstillung erforderlich.

Begleitende Urogenital- und Darmverletzungen

Ist die Herz-Kreislauf-Funktion stabil, sollte nach begleitenden Verletzungen des Urogenitaltrakts und des Darms gesucht werden, um septische Komplikationen zu reduzieren. Bei Urogenitalverletzungen sollte für eine funktionierende Harnableitung gesorgt werden.

49.7 Anästhesie bei akuten schweren Verletzungen

Bei Operationen höchster Dringlichkeit ist meist nur eine unzulängliche präoperative Einschätzung möglich. Hierdurch bleiben weitere Verletzungen und für die Narkose wichtige Begleiterkrankungen und Störungen möglicherweise unerkannt, so dass entsprechende Aufmerksamkeit geboten ist.

! Merke

Massive Blutverluste sollten auch bei Operationen höchster Priorität vor der Narkoseeinleitung rasch durch Erythrozytenkonzentrate, Frischplasma, Kolloide und Kristalloide ausgeglichen werden, um bedrohliche hämodynamische Komplikationen zu vermeiden.

49.7.1 Transport des Patienten in den Operationssaal

- Für den Transport von Patienten mit instabilen oder gefährdeten Vitalfunktionen sind tragbare Beatmungsgeräte, Transportmonitore mit EKG, Pulsoxymeter, Kapnometer und invasiver Druckmessvorrichtung, Notfallmedikamente, Infusionsständer usw. erforderlich.
- Schonende Fahrweise ohne abrupte Bewegungen der Transportliege ist geboten (Gefahr des Blutdruckabfalls).
- Volumenersatz, Analgesie und Sedierung müssen fortgesetzt werden.
- Bei Verletzungen der Halswirbelsäule sollte die zervikale Extension beim Transport aufrechterhalten werden.
- Bei SHT: Anstiege des intrakraniellen Drucks durch Husten, Pressen oder Abwehrbewegungen verhindern.

49.7.2 Einleitung und Aufrechterhaltung der Narkose

Bei unkompensierter Hypovolämie, erkennbar am niedrigen Blutdruck oder Schock, ist die Narkoseeinleitung eine besonders risikoreiche Phase, in der bereits geringe Dosen der Anästhetika den Sympathikotonus aufheben und einen kardiovaskulären Kollaps hervorrufen können.

- Bei Hypovolämie oder Schock ist Ketamin wegen seiner sympathikusstimulierenden Wirkungen von Vorteil. Etomidat kann ebenfalls eingesetzt werden, kann aber einen Blutdruckabfall auslösen.
- Propofol ist wegen seiner negativ inotropen und vasodilatierenden Wirkung eher nicht geeignet.

Endotracheale Intubation

Ist der Patient bei der Ankunft im Operationssaal noch nicht intubiert, kann die endotracheale Intubation wegen der erhöhten Aspirationsgefahr als „Blitzintubation" in Narkose oder fiberoptisch unter Lokalanästhesie (meist mit Sedierung) am wachen Patienten durchgeführt werden.

Tracheotomie

Bei massiven Verletzungen des Kehlkopfs oder nicht zu behebenden Intubationsschwierigkeiten kann in seltenen Fällen eine Tracheotomie erforderlich sein, als lebensrettende Sofortmaßnahme vorangehend möglicherweise auch eine Koniotomie.

Intubation mit einem Doppellumentubus

Bei wesentlichen Verletzungen der Lunge mit Blutungen in einen Bronchus oder bei Bronchusruptur kann die verletzte Lunge durch Einführen eines Doppellumentubus oder eines Bronchusblockers isoliert werden. Alternativ kann in Notsituationen auch ein ausreichend langer Tubus über ein Fiberbronchoskop in den gegenseitigen Hauptbronchus vorgeschoben werden.

Aufrechterhaltung der Narkose

Auch bei Aufrechterhaltung der Narkose müssen der intravasale Volumenstatus und die Herz-Kreislauf-Funktion des Traumapatienten besonders beachtet werden. Opioide sind die analgetischen Basissubstanzen, supplementiert mit Propofol oder volatilen Anästhetika.

Für die Muskelrelaxierung werden mittellang wirkende, nichtdepolarisierende Substanzen eingesetzt.

49.7.3 Intraoperative Flüssigkeitszufuhr

Anhaltende Flüssigkeits- und Volumenverluste werden mit bilanzierten, plasmaisotonen Kristalloidlösungen, Kolloiden (6% HES 130 isoton und Gelatine) sowie Blut und Blutkomponenten ersetzt. Als Maximaldosis von HES werden 1500 ml empfohlen.

Der Hämatokrit sollte etwa 25–30% betragen und der arterielle Blutdruck im Normbereich liegen, ebenso der zentrale Venendruck; die Urinausscheidung sollte mindestens 0,5–1 ml/kg/h betragen.

49.7.4 Kardiovaskuläre Medikamente

Bei einigen Patienten müssen, neben der aggressiven Flüssigkeitssubstitution, auch kardiovaskuläre Medikamente eingesetzt werden, um die Herz-Kreislauf-Funktion zu stabilisieren. Bevor sympathoadrenerge Substanzen wie z.B. Noradrenalin und Dobutamin eingesetzt werden, sollten jedoch andere Ursachen der Hypotension ausgeschlossen werden.

Eine Tachykardie beruht fast immer auf einer Hypovolämie und/oder auf einer zu flachen Narkose.

49.7.5 Anhaltend niedriger Blutdruck

Zu den wichtigsten Ursachen eines anhaltend niedrigen Blutdrucks während der Operation gehören Blutungen, Spannungspneumothorax und Verletzungen des Herzens; demgegenüber spielen Vorerkrankungen des Herzens, allergische Reaktionen, Fehltransfusion von Blut usw. eine eher untergeordnete Rolle.

49.7.6 Störungen der Blutgerinnung

Massiver Volumenersatz führt zur Verdünnung von Gerinnungsfaktoren und Thrombozyten; daneben werden Gerinnungsstörungen durch Gewebehypoxie bzw. Schock, Hypothermie, Azidose und Freisetzung von Gewebethromboplastin ausgelöst oder begünstigt. Intraoperativ wird die Diagnose zunächst klinisch gestellt, für eine genauere Differenzierung zwischen Verbrauchskoagulopathie und Verdünnungskoagulopathie ist ein Gerinnungsstatus erforderlich, dessen Ergebnisse jedoch erst nach 30–40 min vorliegen.

Behandlung

Vorrangig müssen die auslösenden Ursachen der traumatisch bedingten Gerinnungsstörung beseitigt und außerdem Gerinnungsfaktoren und korpuskuläre Blutbestandteile ersetzt werden (▶ Tab. 49-7):

- Erythrozytenkonzentrate und Frischplasma im Verhältnis 1 : 1 bis 1 : 2 (nicht evidenzbasiert)
- Faktorenkonzentrate
- PPSB: wenn mit FFP kein Anstieg des Prothrombinkomplexes erreicht werden kann; Dosierung 20–25 IE/kg
- Fibrinogen
- Thrombozyten.

Außerdem können **blutstillend wirkende Medikamente** eingesetzt werden:

- Antifibrinolytika: Tranexamsäure; Wirksamkeit nicht gesichert
- Argininvasopressin (Minirin); Wirksamkeit nicht gesichert
- rekombinanter Faktor VIIa: als Ultima Ratio, wenn die Standardmaßnahmen versagt haben und folgende Voraussetzungen erfüllt sind:
  - Fibrinogen ≥ 50–100 mg/dl
  - Thrombozyten ≥ 50–100 G/l
  - pH-Wert ≥ 7,2
  - Normothermie.

Tab. 49-7 Zielwerte bei massiven Blutungen/Massivtransfusionen (nicht evidenzbasiert)

Parameter	Angestrebter Wert
Thrombozytenzahl	mindestens 50–80 G/l, bei SHT mindestens 80–100 G/l
Fibrinogen	> 100 mg/dl
PT/INR	< 1,5fache des mittleren Normbereichs; Einzelfaktoren > 30% der normalen Aktivität
PTT	< 1,5 fache des mittleren Normbereichs; Einzelfaktoren > 30% der normalen Aktivität
Hämatokrit	≥ 30%

Die Behandlung der klinisch manifesten Blutgerinnungsstörung erfolgt zunächst unabhängig davon, ob eine DIC oder eine Verdünnungskoagulopathie vorliegt, mit Frischplasma und Thrombozytenkonzentrat. Bei einer DIC sollten außerdem vorrangig die auslösenden Faktoren beseitigt werden.

→ Eine prophylaktische Zufuhr von Gerinnungspräparaten und Thrombozytenkonzentraten ist beim Traumapatienten trotz möglicherweise pathologischer Laborparameter nicht sinnvoll, solange keine klinisch manifeste Blutung besteht.

49.7.7 Elektrolyt- und Säure-Basen-Störungen

Hyperkaliämie

Nicht selten entwickelt sich beim Traumapatienten intraoperativ eine Hyperkaliämie. Zu den wichtigsten Ursachen gehören anhaltender Schock, Reperfusion ischämischer Organe und die Zufuhr großer Mengen von Blutkonserven. Es empfiehlt sich, intraoperativ das Serumkalium wiederholt zu bestimmen, damit im Notfall rasch therapeutische Maßnahmen ergriffen werden können. Hierzu gehören: Glukose-/Insulininfusion, Natriumbikarbonat und Kalziumchlorid (▶ Kap. 25).

Metabolische Azidose

Häufigste Ursache einer intraoperativen metabolischen Azidose ist der anhaltende Schock; andere, jedoch seltene Ursachen sind u.a. diabetische Ketoazidose, alkoholische Ketoazidose, alkoholische Laktatazidose, Kohlenmonoxidvergiftung und Cyanidintoxikation. Wichtigste therapeutische Maßnahme ist die Beseitigung der auslösenden Faktoren; die Zufuhr von Natriumbikarbonat ist selten sinnvoll.

49.7.8 Frühe postoperative Phase

Schwerverletzte und Polytraumatisierte müssen nach der Operation auf einer Intensivstation weiterbehandelt werden. Die Patienten sollten, bei stabiler Herz-Kreislauf-Funktion, unter Fortführung der Beatmung und Analgosedierung direkt auf die Intensivstation transportiert werden.

49.8 Spezielle Anästhesie

49.8.1 Hüftfrakturen

Die Hüftfraktur ist eine Verletzung des älteren Menschen; häufigster Unfallmechanismus bei alten Menschen ist der Sturz zu Hause, bei jüngeren Patienten hingegen Verkehrs- und Arbeitsunfälle sowie Stürze aus großer Höhe oder Sportunfälle, häufig mit schweren multiplen Verletzungen. Bei der sturzbedingten Hüftfraktur des alten Menschen handelt es sich meist um eine isolierte Verletzung, jedoch bestehen fast immer therapiebedürftige Vorerkrankungen, die für die anästhesiologische Versorgung von wesentlicher Bedeutung sind (▶ Tab. 49-8).

- Ein normaler oder erhöhter Hämatokritwert kann bei alten Menschen bereits Hinweis auf eine **Dehydratation mit Hypovolämie** sein.
- Eine klinisch relevante Dehydratation muss präoperativ durch ausreichende Volumen- und Elektrolytzufuhr korrigiert werden.

Tab. 49-8 Häufige Begleiterkrankungen bei geriatrischen Patienten mit Hüftfrakturen

Herz-Kreislauf-Erkrankungen
• Hypertonie
• Herzinsuffizienz
• Vorhofflimmern
• Erregungsleitungsstörungen
• Sinusknotensyndrom
• ventrikuläre Extrasystolen
• Angina pectoris
• Myokardinfarkt in der Vorgeschichte
• Durchblutungsstörungen
Respiratorische Erkrankungen
• reaktive Atemwegserkrankungen
• Lungenemphysem
• Pneumonie
Neurologisch-psychiatrische Erkrankungen
• zerebrovaskuläre Störungen
• Demenz
• Parkinson-Syndrom
• Epilepsie
Endokrine Erkrankungen
• Diabetes mellitus
• Schilddrüsenerkrankungen
Sonstiges
• Taubheit
• Glaukom
• Katarakt
• Arthritis
• Verwahrlosung

Zeitpunkt der Operation

Der Zeitpunkt der Operation für eine Hüftfraktur ist umstritten, jedoch gibt es Hinweise, dass ein starres Festhalten an einer operativen Versorgung innerhalb von 12–24 h nach dem Unfall nicht für alle Patienten angemessen ist und eher die perioperative Morbidität und Mortalität erhöht.

Wesentliche präoperative Abweichungen, wie z.B. schwere kardiopulmonale Funktionsstörungen, Anämie, Hyperglykämie, massive Dehydratation, sollten vor der Operation behandelt werden, vermutlich auch dann, wenn hierdurch die Operation nicht mehr am Unfalltag durchgeführt werden kann.

Wahl des Anästhesieverfahrens

Trotz unstrittiger Vorteile der regionalen Anästhesieverfahren ist insgesamt im Vergleich mit der Allgemeinanästhesie kein wesentlicher Einfluss auf die perioperative Mortalität nachweisbar. Es besteht aber eine eindeutige Beziehung zwischen Letalität und vorbestehenden Erkrankungen und/oder postoperativen Komplikationen.

EBM

Cochrane Review (Parker 2004)

Spinal-/Periduralanästhesie und Allgemeinanästhesie führten in den meisten Outcome-Studien zu ähnlichen Ergebnissen. Die Regionalanästhesie ging mit einer (statistisch grenzwertig) geringeren Kurzzeitmortalität (1 Monat) einher; bei der Dreimonatsmortalität bestand kein Unterschied, obwohl die Möglichkeit einer klinisch relevanten Minderung der Mortalität nicht ausgeschlossen werden konnte. Hingegen waren Rückschlüsse auf die Langzeitmortalität (1 Jahr) nicht möglich. Alle in das Review einbezogenen Studien wiesen methodische Mängel auf.

Postoperative Schmerzbehandlung

Sie erfolgt anfangs parenteral, später oral mit Analgetika. Häufig werden auch verschiedene Arten von Nervenblockaden mit Lokalanästhetika empfohlen.

49.9 Das verletzte Kind

Unfälle gehören zu den häufigsten Todesursachen jenseits des 1. Lebensjahres bis hin zum Jugendlichenalter.

49.9.1 Anästhesie bei leichten Verletzungen

Verletzungen des ISS-Schweregrads (injury severity score) von 9 und weniger werden als leicht bezeichnet; hierzu gehören ca. 80% aller Verletzungen beim Kind. Hier bestehen in der Regel keine anästhesiologischen Besonderheiten.

- Bei der Allgemeinanästhesie werden die gleichen Verfahren eingesetzt wie beim Erwachsenen.
- Bei kleineren Eingriffen und verständigen, kooperativen Kindern können regionale Anästhesieverfahren mit Sedierung eingesetzt werden.
- Bei einigen Eingriffen oder Maßnahmen genügt auch eine Analgosedierung.

49.9.2 Anästhesie bei schweren Verletzungen

Präoperative Einschätzung

Vorgeschichte: Die Bezugsperson sollte gezielt nach dem Gesundheitszustand des Kindes, Vorerkrankungen, früheren Narkosen, Vormedikation und Allergien befragt werden. Wichtig sind außerdem Informationen über Ablauf und Umstände des gegenwärtigen Unfalls, da hierdurch die Aufmerksamkeit des Untersuchers auf spezielle Verletzungen gerichtet werden kann.

Initiale Einschätzung: Zunächst muss die Notwendigkeit rascher Interventionen eingeschätzt werden. Hierbei haben Atemwege, Atmung und Herz-Kreislauf-Funktion oberste Priorität.

Prämedikation

Wache und kreislaufstabile Kinder, bei denen Schmerzen bestehen, können mit einem Opioid (z.B. Fentanyl i.v.) prämediziert werden. Sedativa sind bei schwerverletzten Kindern nur selten erforderlich; außerdem muss bei Unruhe oder Agitiertheit eine Hypoxie ausgeschlossen werden, bevor Sedativa und Analgetika zugeführt werden. Aufgeregte Kinder können mit einem Benzodiazepin, z.B. Midazolam i.v., sediert werden.

→ Kinder mit Schädel-Hirn-Trauma und/oder Polytrauma sollten möglichst keine Prämedikation erhalten.

Präoperative Stabilisierung der Herz-Kreislauf-Funktion

Bei Kindern mit Hypovolämie oder Schock sollte, wenn immer möglich, keine Narkose eingeleitet, sondern zunächst das Blutvolumen durch Zufuhr von Blut und Flüssigkeit wiederhergestellt werden. Zeichen der Hypovolämie oder des Schocks sind bei Kindern wegen der ausgeprägten sympathoadrenergen Reaktion über einen längeren Zeitraum oft nur wenig ausgeprägt.

Allgemeinanästhesie

Die Intubationsnarkose ist das Verfahren der Wahl für das schwerverletzte Kind. Hierbei gelten die gleichen Grundsätze wie für den Erwachsenen beschrieben.

Hämotherapie

Der akute Volumen- und Erythrozytenersatz erfolgt bei Kindern mit kristalloiden und kolloidalen Lösungen, Erythrozytenkonzentrat und Frischplasma. Anzustreben ist ein Hämatokrit von mindestens 25–30%; bei Neugeborenen sollte der Wert höher liegen. Bei Zufuhr von Erythrozytenkonzentrat kann folgende Faustregel angewandt werden:

! Merke

1 ml/kg Erythrozytenkonzentrat steigert den Hämatokrit etwa um 1%.

Bei Massivtransfusionen bzw. Verlusten, die etwa dem Gesamtblutvolumen des Kindes entsprechen, sollte der Ersatz von Gerinnungsfaktoren (15 ml Frischplasma/kg) und Thrombozyten erwogen werden.

Aufrechterhaltung der Körpertemperatur

Je kleiner das Kind, desto größer die Gefahr der intraoperativen Auskühlung! Begünstigende Faktoren sind Schock, Anästhetika, kalte Umgebungstemperatur sowie nicht angewärmte Infusionslösungen und Blutpräparate, des Weiteren ungenügendes Abtrocknen des Körpers nach der Desinfektion. Vor allem bei Kleinkindern sollte der Operationssaal vor Ankunft des Kindes erwärmt werden, außerdem sollten Wärmedecken usw. eingesetzt und Infusionslösungen, Blutkonserven und Atemgase erwärmt werden.

Aufrechterhaltung des Blutzuckers

Die Glykogenspeicher sind bei kleinen Kindern gering. Entsprechend besteht trotz stressbedingter Erhöhung der Katecholamine die Gefahr der Hypoglykämie. Daher sollten die Blutzuckerwerte intraoperativ lückenlos überwacht und bei Bedarf Glukose infundiert werden.

Ausleitung der Narkose und Extubation

Ist die Extubation grundsätzlich möglich, darf sie erst durchgeführt werden, wenn folgende **Voraussetzungen** erfüllt sind:

- kein Relaxanzien- und/oder Opioidüberhang
- ausreichende Schutzreflexe der oberen Atemwege
- Körpertemperatur mindestens 35–36 °C
- keine pulmonalen Komplikationen wie Atelektasen, Aspiration usw.
- kein prolongierter Schockzustand.

Vor der Extubation sollten erneut der Magen abgesaugt und ausreichend lange 100%iger Sauerstoff zugeführt werden.

49.10 Schwere Verbrennungen

Schwere Verbrennungen führen zu ausgeprägten metabolischen, respiratorischen und kardiovaskulären Störungen, die eine entsprechende Intensivtherapie erfordern. Je nach Ausdehnung und Schweregrad der Verbrennung sind bei diesen Patienten zahlreiche lebensrettende, funktionserhaltende und kosmetische Eingriffe erforderlich. Häufig müssen funktionserhaltende Eingriffe durchgeführt werden, bevor sich der Patient in einem stabilen Zustand befindet.

49.10.1 Einteilung von Verbrennungen

Je nach Ausmaß der Hautschädigungen werden Verbrennungen ersten, zweiten und dritten Grades unterschieden (▶ Tab. 49-9).

Die Ausdehnung der Verbrennung wird durch den Anteil der verbrannten Körperoberfläche in Prozent angegeben und nach der sog. **Neunerregel** eingeschätzt:

- Kopf 9%
- obere Extremitäten 18%
- Rumpf 36%
- untere Extremitäten 18%.

Bei Kindern ist der Kopf größer und umfasst zwischen 10 und 19% der Körperoberfläche.

49.10.2 Direkte Schädigung des Respirationstrakts

Verbrennungen können zu einem Inhalationstrauma des Respirationstrakts führen:

Tab. 49-9 Schweregrad von Verbrennungen

Schweregrad	Charakteristik
Grad I	nur Epidermis betroffen; schmerzhaftes Erythem, Spontanheilung in 48–72 h
Grad II (oberflächlich)	äußere Schichten der Haut zerstört, Blasen, Erythem, das bei Druck weiß wird
Grad II (tief)	nur die tiefsten Hautanhangsgebilde nicht geschädigt, Haut blass, Blasen, Ödem
Grad III	gesamte Epidermis und Dermis zerstört, anästhetisch, trocken, weiß

- Kohlenmonoxidvergiftung
- Schwellung und Obstruktion der Atemwege
- Schädigung des unteren Respirationstrakts.

Durch diese Komplikation wird die Mortalität von Verbrennungspatienten erheblich gesteigert.

Trauma der oberen Atemwege

Durch Inhalation von Flammen, heißer Luft und toxischen Chemikalien können die oberen und unteren Atemwege geschädigt werden. Dieses Inhalationstrauma führt bei 20–30% der Patienten zu einer lebensbedrohlichen Schwellung im oberen Respirationstrakt. Initial manifestiert sich das Trauma als Erythem, Blasen oder Nekrosen; nach einer Latenz von 4–48 h entwickelt sich ein Ödem der Epiglottis und des Larynx.

Die Diagnose wird durch Inspektion der oberen Atemwege gesichert, z.B. mit Hilfe eines Fiberendoskops oder durch direkte Laryngoskopie.

> **! Merke**
> Liegt ein Inhalationstrauma der oberen Atemwege vor, sollte der Patient rechtzeitig endotracheal intubiert werden, um ein Ersticken zu verhindern.

Bei nur geringem Trauma kann zunächst abgewartet werden – jedoch ist eine wiederholte Inspektion erforderlich, um auch bei zunehmender Schwellung noch rechtzeitig intubieren zu können.

Trauma des unteren Respirationstrakts

Schäden der unteren Atemwege und der Lunge entstehen zumeist durch Inhalation toxischer Substanzen während des Brandes. Dagegen sind direkte thermische Verletzungen, z.B. durch Dampf oder brennende Gase, selten. Die Inhalation toxischer Substanzen kann innerhalb weniger Stunden zum akuten Lungenversagen (ARDS) führen.

49.10.3 Systemische Auswirkungen schwerer Verbrennungen

Schwere Verbrennungen wirken sich auf den Stoffwechsel, die Herz-Kreislauf-Funktion und die Lungenfunktion aus und können dadurch folgende Komplikationen hervorrufen:

- Hypermetabolismus
- Hypovolämie durch massive Flüssigkeitsverluste
- akutes Lungenversagen 2–5 Tagen nach der Verbrennung
- Infektionen, Sepsis
- Lungenembolie, begünstigt durch Immobilität und Hyperkoagulabilität.

49.10.4 Anästhesiologische Besonderheiten bei Verbrennungskrankheit

Operative Eingriffe gehören zu den häufigen Maßnahmen bei Verbrennungskrankheit; anfangs das Débridement und die Hautdeckung, später rekonstruierende Eingriffe.

Der noch nicht intubierte Patient

Bei Verbrennung von Gesicht und Hals sollte die Indikation für eine fiberendoskopische Intubation des wachen Patienten großzügig gestellt werden. Dies gilt auch für spätere Stadien, wenn Kontrakturen und narbige Verziehungen in diesem Bereich bestehen.

Patienten mit Inhalationstrauma sollten, wenn noch nicht im Schockraum geschehen, möglichst frühzeitig intubiert werden, da Schwellungen im Bereich der oberen Atemwege rasch zunehmen und zum Ersticken führen können.

Gefäßkanülen und -katheter

Für den Volumenersatz ist eine ausreichende Zahl sicher zugänglicher Venenkanülen erforderlich.

Weitere Maßnahmen:
- arterielle Kanülierung
- ZVK (nicht durch verbranntes Gewebe einführen).

Wahl des Anästhesieverfahrens

Ein spezifisches Allgemeinanästhesieverfahren für Verbrennungspatienten existiert nicht, daher sollte der Anästhesist die ihm am besten vertrauten Verfahren anwenden. Vor Einleitung der Narkose sollte er den Volumenstatus des Patienten und die Herz-Kreislauf-Funktion einschätzen und sein Vorgehen danach ausrichten.

Muskelrelaxanzien

Wie in ▶ Kapitel 5 dargelegt, kann die Injektion von Succinylcholin bei Patienten mit Verbrennungskrankheit zur massiven Freisetzung von Kalium aus der Zelle mit Hyperkaliämie und Herzstillstand führen. Dies gilt jedoch nicht für die Notfallintubation des Verbrennungspatienten am Unfalltag.

> **! Merke**
> Succinylcholin ist bei Verbrennungskrankheit ab dem 10. Tag nach dem Unfall bis zum vollständigen Abheilen der Verbrennungen kontraindiziert.

Nichtdepolarisierende Muskelrelaxanzien sind sicher. Sie müssen jedoch bei Verbrennungskrankheit zumeist erheblich höher dosiert werden, um eine ausreichende neuromuskuläre Blockade, besonders für die endotracheale Intubation, zu erzielen.

Schutz vor Wärmeverlusten

Da die schützende Haut fehlt, sind Patienten mit ausgedehnten Verbrennungen besonders hypothermiegefährdet. Der Operationssaal sollte daher ausreichend vorgewärmt werden; auch sollte der Luftaustausch für die Zeit des Eingriffs reduziert werden.

Flüssigkeitszufuhr

Wie bereits dargelegt, führt die schwere Verbrennung in der Akutphase zu massiven Flüssigkeitsverlusten, die umgehend ausgeglichen werden müssen, um bedrohliche Störungen der Herz-Kreislauf-Funktion zu vermeiden. Für den initialen Flüssig-

Tab. 49-10 Initiale Flüssigkeitstherapie bei Verbrennungskrankheit
Evans-Formel
• 1 ml Kristalloide/kg/% verbrannter KOF/24 h
• 1 ml Kolloide/kg/% verbrannter KOF/24 h
• 2000 ml Glukose 4%/24 h
Brooke-Formel
• 1,5 ml Kristalloide/kg/% verbrannter KOF/24 h
• 0,5 ml Kolloide/kg/% verbrannter KOF/24 h
• 2000 ml Glukose 5%/24 h
Modifizierte Brooke-Formel
• 2 ml Ringer-Laktat/kg/% verbrannter KOF/24 h
Parkland-Formel
• 4 ml Kristalloide/kg/% verbrannter KOF/24 h
KOF = Körperoberfläche

keitsersatz werden verschiedene Formeln angegeben, die in ▶ Tabelle 49-10 zusammengestellt sind.

Die Flüssigkeitstherapie sollte sich an kardiovaskulären Parametern und an der Urinausscheidung (mindestens 0,5–1 ml/kg/24 h) orientieren.

Blutverluste

Beim Débridement der Verbrennungswunden können massive Blutverluste auftreten (ca. 200 ml pro 1% exzidierter Fläche) und innerhalb kurzer Zeit zur Hypovolämie führen. Für den Blutersatz bei diesen Eingriffen sind daher eine ausreichende Anzahl weitlumiger Venenkanülen und die Bereitstellung einer entsprechenden Anzahl von Erythrozytenkonzentraten erforderlich. Wurden vom Chirurgen lokal Vasopressoren angewandt, so muss unmittelbar nach Operationsende mit weiteren Blutverlusten gerechnet werden, wenn die Vasokonstriktion nachlässt.

Blutgerinnung

Unmittelbar nach dem operativen Eingriff kann die Aktivität verschiedener Gerinnungsfaktoren vermindert sein, so dass der Gerinnungsstatus bestimmt werden sollte.

Literatur

Cameron PA, Gabbe BJ, McNeil JJ, Finch CF, Smith KL, Cooper DJ, Judson R, Kossmann T: The trauma registry as a statewide quality improvement tool. J Trauma 2005;59(6):1469–76.

DeLoughery TG: Management of bleeding emergencies: when to use recombinant activated Factor VII. Expert Opin Pharmacother 2006;7(1):25–34.

Deutsche Gesellschaft für Unfallchirurgie. Traumaregister 2007. www.traumaregister.de/publikationen.htm

Dorges V: Airway management in emergency situations. Best Pract Res Clin Anaesthesiol 2005;19(4): 699–715.

Ghafoor AU, Martin TW, Gopalakrishnan S, Viswamitra S: Caring for the patients with cervical spine injuries: what have we learned? J Clin Anesth 2005;17(8):640–9.

Kuhne CA, Ruchholtz S, Buschmann C, Sturm J, Lackner CK, Wentzensen A, Bouillon B, Weber C; AG Polytrauma DGU. [Trauma centers in Germany Status report.] Unfallchirurg 2006; 27.
Madler C, Jauch KW, Werdan K, Siegrist J, Pajonk FG: Das NAW-Buch. Akutmedizin der ersten 24 h. 3. Aufl. Urban & Fischer, München 2005.
Ollerton JE, Parr MJ, Harrison K, Hanrahan B, Sugrue M: Potential cervical spine injury and difficult airway management for emergency intubation of trauma adults in the emergency department – a systematic review. Emerg Med J 2006;23(1):3–11.
Simon BJ, Cushman J, Barraco R, Lane V, Luchette FA, Miglietta M, Roccaforte DJ, Spector R: EAST Practice Management Guidelines Work Group. Pain management guidelines for blunt thoracic trauma. J Trauma 2005;59(5):1256–67.
Simpson J, Munro PT, Graham CA: Rapid sequence intubation in the emergency department: 5 year trends. Emerg Med J 2006;23(1):54–6.

Systematischer Review/Metaanalysen/Leitlinien

Parker MJ, Griffiths R, Appadu BN: Nerve blocks (subcostal, lateral cutaneous, femoral, triple, psoas) for hip fractures. Cochrane Database of Systematic Reviews 2002, Issue 1. Art. No.O CD0011159.
Parker MJ, Handoll HHG, Griffiths R: Anesthesia for hip fracture surgery in adults. Cochrane Database of Systematic Reviews 2004, Issue 4. Art. No.: CD000521
Spahn D, et al: Management of bleeding following major trauma: a European guideline. Critical Care 2007; 11:R17 oder online: http//ccforum/content/11/1/R17.

Schmerztherapie nach WHO-Stufenschema*

Orale Nichtopioid-Analgetika				
Wirkstoff	**Einzeldosis in mg/kgKG**	**Wirkdauer in h**	**Dosierungsmöglichkeiten in mg/d**	**THD in mg**
Paracetamol	10–15	6	4–6 × 500–1000	4–6 g (THD: max. 72 h)
Metamizol	30	4	4–6 × 500–1000	6000
Diclofenac	1	8	3–4 × 50/2 × 75	150 (200)
Ibuprofen	10	8	3–4 × 400–800	2400
Celecoxib	30	12	2 × 200	400
Proxen	15	12	2 × 500/1 × 750	1000

Opioide					
Wirkstoff	**Applikation**	**Einzeldosis in mg/kgKG**	**Dosierungshilfen**	**kontinuierliche Gabe in mg/kgKG/h**	**THD in mg**
Tramadol	oral, rektal, intravenös	0,5–2	20 gtt = 50 mg 2–3 × 100–200 mg/d	0,25	600
Pethidin	oral, intravenös, i.m., rektal, s.c.	0,5–2	4 × 50 mg parenteral		200
Morphin	oral, rektal intravenös	0,25 0,05–0,1	Morphin Tropfen 2% 16 gtt = 20 mg	0,01–0,03#	
Piritramid	intravenös	0,05–0,1		0,01–0,03#	
Buprenorphin	transdermal, oral intravenös	5–210 µg/h 3 µg/kgKG	3 × 0,2 mg	P-Wechsel 1 ×/Wo; alle 96 h (72 h); max. 4 mg/d	4
Hydromorphon	oral, intravenös	0,01–0,02			
Oxycodon Oxycodon/ Naloxon	oral, intravenös oral	0,15 0,06	2–3 ×/d	0,005	2 × 20 mg/d
Tilidin/ Naloxon	oral	0,5–2	20 gtt = 50 mg 2–3 × 100–200 mg/d		600
Levomethadon	oral intravenös	2,5–7,5 mg 2,5 mg	L-Methadon ≙ Morphin 16 mg ≙ 80 mg		
Fentanyl	intravenös, epidural, transdermal	12,5–300 µg/h	Fentanyl = Morphin 25 µg/h = 60 mg/d		
# bei kontinuierlicher Gabe strenge Überwachung der Atmung => Wachstation					

* Übersicht von: Dr. med. Patric Bialas, Universitätsklinik des Saarlandes, Klinik für Anästhesiologie, Intensivmedizin und Schmerztherapie

Opioid-Umrechnungstabelle									
Wirkstoff	**Handelsname (Bsp.)**	**Angaben in mg**							
Tramadol oral	Tramal long®	150	300	450	600				
Tramadol s.c./i.v.	Tramal®	100	200	300	400	500			
Tilidin/Naloxon oral	Valoron N ret®	150	300	450	600				
Morphin oral	**MST®**	**30**	**60**	**90**	**120**	**150**	**180**	**210**	**240**
Morphin i.v.	**MSI®**	**10**	**20**	**30**	**40**	**50**	**60**	**70**	**80**
Oxycodon oral	Oxygesic®	15	30	45	60	75	90	105	120
Oxycodon/Naloxon	Targin®		30	45					
Oxygesic i.v.	Oxygesic inject®		10		20		30		40
Hydromorphin oral	Palladon®/ Jurnista®*	4	8	12	16	20	24	28	32
Hydromorphin i.v.	Palladon inject®	1,5	3	4	5,5	7	8	9,5	10,5
Fentanyl TTS (µg/h)	Durogesic®	12,5	25		50		75		100
Fentanyl i.v.		0,1							
Sufenta i.v.		0,01							
Remifentanil i.v.		0,1							
Buprenorphin s.l.	Temgesic®	0,4	0,8	1,2	1,6		2,4		
Buprenorphin TTS (µg/h)	Transtec®, Norspan®	15	35	52,5	70		105		
L-Methadon	L-Polamidon®			16					
Heroin i.v.				100					

Jurnista* 1 x/d

Umrechnung Tagesdosis, Bedarfsmedikation bei Schmerzspitzen

Die Bedarfsmedikation errechnet sich aus der Tagesdosis geteilt durch sechs.

Beispiel:
- Morphin 2 × 30 mg ret = 6 × 10 mg Morphin (Sevredol®) bei Schmerzspitzen.
- Fentanyl 25 µg/h = 60 mg Morphin ret = 6 × 10 mg Morphin (Sevredol®) bei Schmerzspitzen.
- Oxycodon 3 × 20 mg ret = Morphin 120 mg (3 × 40 mg ret oder 2 × 60 mg ret) = 6 × 20 mg Morphin (Sevredol) bei Schmerzspitzen

Abhängig von der Morphinapplikation				
oral	**subcutan**	**intravenös**	**peridual**	**spinal**
10 mg	3–5 mg	3 mg	1–1,5 mg	0,1–0,3 mg

Kontinuierliche i.v.-Medikamentengabe über Spritzenpumpe			
Wirkstoff	**Spritzenpumpen-Dosierung in mg**	**Laufzeit in ml/h**	**Bemerkung**
Metamizol	5000 auf 50 ml NaCl	2	Blutdruckkontrolle; Allergie?
Morphin	50 auf 50 ml NaCl	2	kontinuierliches Monitoring
Dipidolor	50 auf 50 ml NaCl	2	kontinuierliches Monitoring

Kontinuierliche i.v.-Medikamentengabe über Spritzenpumpe (Dosierung)		
Wirkstoff	**Bolus**	**kontinuierlich**
Oxycodon	1–10 mg über 2 min	PCA 1 mg/ml; Bolus 0,03 mg/kgKG
Hydromorphon	1–1,5 mg über 2–3 min	PCA 0,2 mg; Bolus 0,15–0,45 mg/h (bzw. 0,004 mg/kgKG/h)
Piritramid	0,1 mg/kgKG	PCA 1 mg/ml; Bolus 1–3 mg

Reservoirbefüllung für Piritramid-PCA-Pumpe						
Konzentration	**NaCl in ml**	**Dipidolor Ampullen**	**Entfernen ml**	**Einfüllen ml Dipidolor**	**Volumen ml**	**max. Laufzahl**
1 mg/ml	100	7	14	14	100	12 h
1,5 mg/ml	100	10	20	20	100	16 h
2 mg/ml	100	16	32	32	120	26 h
3 mg/ml	100	20	40	40	100	33 h
1 mg/ml	500	30	60	60	450	50 h

Therapie von Übelkeit und Erbrechen			
Stufen	**Wirkstoff**	**Handelsname (Bsp.)**	**Dosierung**
Stufe I	Metoclopramid (cave: Ileus)	Paspertin®	3 × 10 mg (3 × 30 mg gtt)
	Haloperidol	Haldol®	3 × 0,5 mg (3–5 gtt)
Stufe II	Dimenhydrinat	Vomex®	1 mg/kgKG (ab 6 kg)
	Scopolamin	Scopoderm®	1 mg/72 h
Stufe III	Ondansetron	Zofran®	4–8 mg (ab 4. LJ 100 µg/kgKG)
	Dexamethason	Fortecortin®	1 × 4–8 mg

Therapie der Obstipation			
Stufen	**Wirkstoff**	**Handelsname (Bsp.)**	**Dosierung**
Stufe I	Natriumpicosulfat	Laxoberal®	10–20 gtt, 1–2 × täglich
	Lactulose	Bifiteral®	3 × 15–30 ml (1 Esslöffel)
	Macrogol	Movicol®	1–3 Beutel/d
Stufe II	Paraffin	Obstinol®	1–2 × 1 Esslöffel/d
	Sennosid	Liquidepur®	2 × täglich 1 Teelöffel
Stufe III	Sorbitol	Mikroklist®	Einläufe, digitale Ausräumung

Medikamentenauswahl		
Schmerzstärke		
Grunderkrankung des Patienten		
Nozizeptorschmerz	Nicht-Opioide/Opioide	z.B. Ibuprofen; Morphin
Neuropathischer Schmerz	Antidepressiva/Antikonvulsiva	z.B. Amitriptylin/Gabapentin
Kolikschmerz	Spasmolytika	z.B. Buscopan/Novalgin

Koanalgetika: Auswahl nach Schmerzart			
Medikamente	**Handelsname (Bsp.)**	**Dosierung in mg/d**	**Anwendung**
Amitriptylin	Saroten/Syneudon®	10–100 mg	Brennschmerz
Gabapentin	Neurontin®	900–3600 mg einschleichend	einschießende Schmerzattacken
Pregabalin	Lyrica®	150–600 mg einschleichend	einschießende Schmerzattacken
Carbamazepin	Tegretal®	600–1200 mg einschleichend	einschießende Schmerzattacken
Oxcarbazepin	Trileptal®	600–2400 mg einschleichend	einschießende Schmerzattacken
Dexamethason		nach Schema	Nerven-, Kompressions-, Kapselschmerz
Butylscopolamin		akut: 20 mg i.v.; 3–5 × 10 mg	Kolikschmerzen
Midazolam		10–25 mg	Unruhezustände, Angst, Übelkeit
Mirtazapin	Remergil®	15–45 mg	Depression, Schlafstörung
Flupiritin	Katadolon®	3 × 100 mg/400 mg	Muskelschmerzen

Therapie starker akuter Schmerzen				
Wirkstoff	**Applikation**	**Dosierung in mg**	**Laufzeit**	**Ziel**
Morphin	i.v. Bolus	2	alle 5 min	VAS < 3
Piritramid	i.v. Bolus	3	alle 5 min	VAS < 3
Piritramid	Kurzinfusion	7,5	über 15 min	VAS < 3
Metamizol	Kurzinfusion	1000	über 15 min	VAS < 3
Paracetamol	Kurzinfusion	1000	über 15 min	VAS < 3

Opioidüberdosierung			
reiner μ-Agonist	z.B. Morphin	Naloxon ≤ 1 Amp	0,1–0,2 mg i.v.
partial μ-Agonist	Buprenorphin	Doxapram 1 Amp o. Naloxon min 5–10 mg	20 mg
Cave: Immer Überwachung, da HWZ kürzer als die des Opioids; Entzugssymptomatik.			

Register

B

R